AF568660

Udo Brandes

Mikrocontroller ESP32

Rheinwerk
Computing

Liebe Leserin, lieber Leser,

es ist faszinierend, was Sie inzwischen mit kleinem Budget und überschaubarem Aufwand in der Mikrocontroller-Programmierung erreichen können. Sie möchten einen solar-betriebenen WLAN-Repeater bauen oder die eigene Hausautomation über Cloud-IoT-Plattformen steuern? Kein Problem für den ESP32. Er stellt Ihnen für solche Projekte eine ideale Basis bereit, denn das verbaute WLAN- und Bluetooth-Modul macht es fast kinderleicht, ihn in bestehende Schaltungen zu integrieren oder ihn zur Steuerung komplexer Aufgaben zu verwenden.

Dazu liefert Ihnen Udo Brandes in diesem Buch eine systematische Einführung in alle Themen rund um den Mikrocontroller. Sie werden unterschiedliche Entwicklungsumgebungen kennenlernen, damit Sie selbst entscheiden können, wie Sie Ihre Projekte mit dem ESP32 am besten umsetzen wollen. Ein Crashkurs zum Softwareentwurf und der Programmierung von Mikrocontrollern gehört genauso dazu wie ein Überblick über die verschiedenen Sensoren, Aktoren und Möglichkeiten der Stromversorgung. Und damit Sie die besondere Stärke des ESP32 ideal ausnutzen können, finden Sie ausführliche Erklärungen, wie Sie Cloud-Plattformen wie IFTTT nutzen. So wird der kleine ESP32 rasch zur Basis Ihrer Hausautomation oder anderer Elektronik-Projekte.

Abschließend noch ein Wort in eigener Sache: Dieses Werk wurde mit großer Sorgfalt geschrieben, geprüft und produziert. Sollte dennoch einmal etwas nicht so funktionieren, wie Sie es erwarten, freue ich mich, wenn Sie sich mit mir in Verbindung setzen. Ihre Kritik und konstruktiven Anregungen sind jederzeit willkommen.

Ihr Christoph Meister
Lektorat Rheinwerk Computing

christoph.meister@rheinwerk-verlag.de
www.rheinwerk-verlag.de
Rheinwerk Verlag · Rheinwerkallee 4 · 53227 Bonn

Auf einen Blick

Wir hoffen, dass Sie Freude an diesem Buch hast und sich ihre Erwartungen erfüllen. Ihre Anregungen und Kommentare sind uns jederzeit willkommen. Bitte bewerten Sie doch das Buch auf unserer Website unter **www.rheinwerk-verlag.de/feedback**.

An diesem Buch haben viele mitgewirkt, insbesondere:

Lektorat Christoph Meister
Korrektorat Friederike Daenecke, Zülpich
Herstellung Stefanie Meyer
Typografie und Layout Vera Brauner
Einbandgestaltung Mai Loan Nguyen Duy
Satz SatzPro, Krefeld
Druck mediaprint solutions, Paderborn

Dieses Buch wurde gesetzt aus der TheAntiquaB (9,35/13,7 pt) in FrameMaker.

Gedruckt wurde es mit mineralölfreien Farben auf chlorfrei gebleichtem, PEFC®-zertifiziertem Offsetpapier (90 g/m²).

Hergestellt in Deutschland.

Bibliografische Information der Deutschen Nationalbibliothek:
Die Deutsche Nationalbibliothek verzeichnet diese Publikation in der Deutschen Nationalbibliografie; detaillierte bibliografische Daten sind im Internet über *http://dnb.dnb.de* abrufbar.

ISBN 978-3-367-10284-6

3., aktualisierte und überarbeitete Auflage 2024

Informationen zu unserem Verlag und Kontaktmöglichkeiten finden Sie auf unserer Verlagswebsite **www.rheinwerk-verlag.de**. Dort können Sie sich auch umfassend über unser aktuelles Programm informieren und unsere Bücher und E-Books bestellen.

Inhalt

6 ESP32-Programming inside 287

7 Peripherie und Funktionen des ESP32 363

8 Externe Schnittstellen 427

9 Externe Kommunikations- und Steuerungsmöglichkeiten 511

Einleitung

Das *mooresche Gesetz* besagt, dass sich die Komplexität integrierter Schaltkreise mit minimalen Komponentenkosten regelmäßig verdoppelt; die Zeitspanne variiert zwischen 12 und 24 Monaten. Das ist zwar mehr eine Faustregel als ein Naturgesetz, aber wenn Sie sich die Geschichte der Mikroprozessoren anschauen, wird diese These eindrucksvoll belegt. Die Entwicklung verlief rasant von Prozessoren mit ca. 8.000 Transistoren Anfang der 1970er-Jahre bis zu heutigen Bausteinen mit in der Spitze nahezu 10.000.000.000 Transistoren.

Nutznießer dieser Entwicklung ist nicht nur der industrielle Bereich, in dem integrierte Schaltkreise heute nahezu überall Maschinen und Geräte steuern oder zur Verarbeitung von Daten eingesetzt werden. Auch im privaten Consumerbereich sind hochintegrierte Schaltkreise allgegenwärtig und unverzichtbar. Die Miniaturisierung und die Preisentwicklung sind inzwischen so weit fortgeschritten, dass bereits Kleidungsstücke (sogenannte *Wearables*) mit Schaltkreisen ausgestattet werden.

Vielfach genügen industriell gefertigte und angebotene Gegenstände jedoch nicht privaten, ganz spezifischen Anforderungen, wenn Sie etwas Eigenes entwickeln und bauen möchten. Dies betrifft auch den weiten Bereich der Elektrotechnik und Elektronik, in dem Enthusiasten aus purem Interesse für die Sache an sich anspruchsvolle Projekte verwirklichen oder mit den jeweils verfügbaren Bauteilen ganz eigene Lösungen für sehr individuelle Probleme realisieren. Allerdings haben sich im Laufe der Jahre bzw. Jahrzehnte die Projekte, die dafür verwendeten Materialien und die Vorgehensweisen entschieden verändert. Stand vor Jahren noch z. B. der Bau eines Verstärkers oder eines Kurzwellenempfängers im Vordergrund, sind dies heute Dinge, die eher dem Bereich Hausautomation oder Robotik zuzuordnen sind. Dementsprechend haben sich auch die verwendeten Arbeitsmaterialien – wie Röhren, mächtige Transformatoren oder dicke Kondensatoren – verändert und sind heute vielfach zugunsten von Mikrocomputern (z. B. dem *Raspberry Pi* und seinen Derivaten) oder Mikrocontrollern (wie etwa der *Arduino-Plattform* oder dem *ESP32*) in den Hintergrund getreten. In der Folge sind die Anforderungen an das Wissen und die Fähigkeiten der Maker gestiegen, denn ohne ein gewisses Maß an Programmierkenntnissen lässt sich diesen Bauteilen kein Leben einhauchen.

Obwohl sich die beiden Bauteilklassen Mikrocomputer und Mikrocontroller in ihren Anwendungsbereichen häufig überlappen, lässt sich dennoch eine grobe Unterscheidung treffen. Ein *Mikrocomputer* mit einem Mikroprozessor als zentraler Recheneinheit wird häufig mit einem Kleinrechner assoziiert, der – zwar mit deutlich abgespeckter Leistung – die wesentlichen Aufgaben eines normalen PCs abdecken kann.

Der *Mikrocontroller* hingegen ist auf die Bewältigung technischer Anforderungen zugeschnitten. Er tritt im Alltag häufig in Gestalt von sogenannten eingebetteten Systemen in Gebrauchsartikeln wie Staubsaugern, Fernbedienungen, Motorsteuerungen und vielem mehr auf. In Ihrem Haushalt werden Sie wahrscheinlich Hunderte Mikrocontroller finden, wenn Sie genau hinschauen.

Für beide Bauteilklassen ist im Handel eine sehr große Anzahl verschiedener Chips erhältlich, die in einer noch größeren Anzahl an Modulen und Boards verbaut sind. Für sich genommen, ist diese Hardware aber kaum sinnvoll einsetzbar. Richtig interessant wird es erst, wenn diese Bauteile mit anderen Komponenten, z. B. *Sensoren* oder *Schaltern*, verbunden werden und Informationen mittels entsprechender *Protokolle* über das *World Wide Web* austauschen.

Ob nun ein Mikrocontroller oder ein Mikrocomputer für die anstehenden Vorhaben die beste Wahl ist, kann an dieser Stelle nicht beantwortet werden. Der Schwerpunkt dieses Buches ist ein Mikrocontroller, der in einem Modul der ESP32-Baureihe enthalten ist. Bei Aufgabenstellungen, in denen der Mikrocontroller auf »Unterstützung« angewiesen ist (z. B. Datenspeicherung), zeige ich realisierbare Lösungswege auf und erläutere sie.

Der Ansatz des Buches

Dieses Buch ist keine schrittweise Einführung in ein spezielles und abgegrenztes Anwendungsgebiet des ESP32 (z. B. Robotik, Hausautomation oder Internet of Things). Sie werden also kein durchgehendes Projekt finden, das für Sie sehr wahrscheinlich gar keine Relevanz hätte, denn Sie können mit dem ESP32 sehr unterschiedliche Dinge realisieren. Stattdessen möchte ich Ihnen im Stil eines Handbuchs möglichst umfassend verschiedene Aspekte darstellen. Ich möchte auf diese Weise zum Experimentieren anregen und Ihnen den Einstieg auch in komplexere Vorhaben ermöglichen, die dann eingehendere Kenntnisse voraussetzen.

Deshalb erhalten die Themen Entwicklungsumgebungen, Programmiertechnik und die Programmiersprachen C/C++/Arduino IDE einen entsprechenden Stellenwert und Raum. Dabei beschränke ich mich nicht darauf, Beispielprojekte nur in einer Entwicklungsumgebung oder einer Programmiersprache vorzustellen. Im Sinne eines möglichst breiten Ansatzes greife ich Alternativen auf und erläutere diese praxisgerecht. Das soll allerdings nicht zulasten von einfachen und auch komplexeren Anwendungsbeispielen gehen.

Neben den Erklärungen spielen Abbildungen eine tragende Rolle. Getreu dem Motto, dass Bilder mehr als tausend Worte sagen, lässt sich mit ihnen trotz des Platzes, den Bilder nun einmal einnehmen, die zu vermittelnde Botschaft einfach besser darstellen.

Für wen das Buch gedacht ist

Das Buch richtet sich an alle,

- die sich die Möglichkeiten eines ESP32 zunutze machen möchten,
- die breit angelegte Informationen rund um den Mikrocontroller ESP32 suchen,
- die neugierig sind und gerne einmal »über den Tellerrand schauen«,
- die mit einfachen Mitteln schnell loslegen möchten,
- die nicht nur einen Einstieg in ein ausgewähltes Anwendungsgebiet von Mikrocontrollern suchen, sondern das gesamte Leistungsspektrum vorgestellt bekommen möchten,
- die es begrüßen, ausgewählte Techniken der Softwareentwicklung und Programmierung vorgestellt zu bekommen,
- die gerne eigene Projekte unabhängig von industriellen Produkten entwickeln möchten und
- die auch gerne neben der komfortablen Arduino-Welt in speziellen Beispielen in die etwas komplexere Entwicklungsumgebung der Firma Espressif eintauchen möchten.

Der Inhalt des Buchs

Dieses Buch soll Ihnen eine umfassende Unterstützung dabei bieten, den Mikrocontroller ESP32 zum Herz einer eigenen Schaltzentrale zu machen oder ihn zumindest für ausgesuchte Projekte einzusetzen (siehe Abbildung 1).

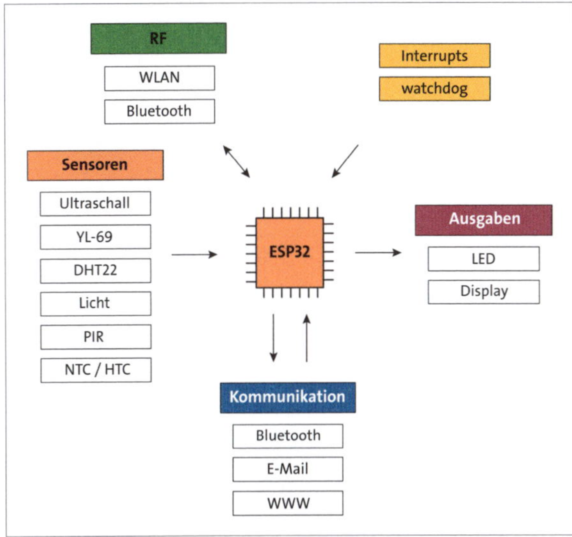

Abbildung 1 Der ESP32 als zentrales Steuerelement

Deshalb sind die Kapitel des Buches in ihrer Reihenfolge zunächst so angeordnet, dass sie Sie von Grund auf in die Welt des ESP32 einführen. Dennoch ist es auch möglich, einzelne Themenbereiche gezielt auszuwählen und für aktuelle Arbeiten heranzuziehen.

- **Kapitel 1: Der Mikrocontroller ESP32**

  Der Fokus von Kapitel 1 liegt auf der Hardware ESP32 und der Erstinbetriebnahme an einem PC.

- **Kapitel 2: Die Stromversorgung**

  Den Schwerpunkt dieses Kapitels bildet ein Blick auf die verschiedenen Möglichkeiten der Stromversorgung.

- **Kapitel 3: Ihre Werkstatt**

  Dieses Kapitel behandelt gebräuchliche Werkzeuge und Softwaretools rund um den Mikrocontroller.

- **Kapitel 4: Entwicklungsumgebungen**

  Hier lernen Sie unterschiedliche Möglichkeiten kennen, den Mikrocontroller zu programmieren.

- **Kapitel 5: Programmierung mit C und C++**

  Thema dieses Kapitels sind grundlegende Informationen zu den Programmiersprachen C und C++.

- **Kapitel 6: ESP32-Programming inside**

  Lernen Sie die Programmierung des ULP-Coprozessors, die Verwaltung von FreeRTOS-Tasks und die Thread-Funktionalitäten kennen.

- **Kapitel 7: Peripherie und Funktionen des ESP32**

  Dieses Kapitel befasst sich mit Schnittstellen zu Sensoren und Aktoren.

- **Kapitel 8: Externe Schnittstellen**

  In diesem Kapitel geht es um die Kommunikation mit externen Schnittstellen.

- **Kapitel 9: Externe Kommunikations- und Steuerungsmöglichkeiten**

  Dieser Teil widmet sich Bluetooth und WLAN sowie den umfangreichen Möglichkeiten der externen Kommunikation und Steuerung, die sich durch diese Techniken eröffnen.

- **Kapitel 10: Projektideen**

  In diesem Kapitel stelle ich komplexe und weniger komplexe Projektideen vor und möchte Sie zum Nachbauen anregen.

- Im **Anhang** finden Sie Übersichten zu Sensoren, Fritzing-Parts, verwendete Software und Softwareversionen sowie die RTC-MUX-Pin-Liste.

[«]

Hinweis für Schnelleinsteiger

Sie möchten schnell ein erstes Erfolgserlebnis haben? Kein Problem. Schließen Sie Ihr ESP32-Dev-KitC V4 an Ihren PC an, wie es in Abschnitt 1.6 beschrieben wird. Folgen Sie dann der Beschreibung in Abschnitt 4.4 zur Einrichtung der Entwicklungsumgebung und eines Blink-Programms.

Besondere Formate

Verschiedene Objekte werden in einer vom üblichen Text abweichenden Form dargestellt:

- */Pfad/Zu/Einer/Datei* kennzeichnet einen Dateipfad.
- Neu verwendete Begriffe, wie z. B. *Entwicklungsumgebung*, werden kursiv dargestellt.
- Codeelemente, wie z. B. `delay()`, haben ebenfalls eine eigene Schriftart.

[«]

Noch eine dringende Bitte vorab

Der ESP32, die Zusatzhardware, die Entwicklungsumgebungen und die Programmbibliotheken unterliegen einer unglaublich rasanten Entwicklung. Dinge, die gestern noch nicht möglich waren, bereiten heute vielleicht keine Schwierigkeiten mehr oder funktionieren morgen völlig anders. Wenn es Probleme gibt, ärgern Sie sich bitte nicht – und weisen Sie den Verlag entsprechend auf sie hin.

Vielen herzlichen Dank

Udo Brandes

Kapitel 1
Der Mikrocontroller ESP32

Dieses Kapitel soll Sie mit der Hardware ESP32 vertraut machen. In ihm stelle ich Ihnen die implementierten Funktionalitäten des Chips vor, die offiziellen auf dem Chip basierenden Module und verschiedene Boards, die diese Module enthalten. Außerdem erfolgt eine Festlegung auf das in diesem Buch verwendete Entwicklungsboard.

In diesem Kapitel möchte ich Ihnen zunächst einige Begriffe und Bezeichnungen erläutern, die Ihnen bei der Arbeit mit dem ESP32 oft begegnen werden. Nach einer kurzen Vorstellung der unterschiedlichen Boards, Chips und Module können Sie in Abschnitt 1.6 mit der Installation loslegen.

1.1 Ein kurzer Rückblick in die Entwicklung von Mikrocontrollern

Dieser kleine Rückblick zur Entwicklung von Mikrocontrollern und ihrem Weg in die Maker-Szene soll Ihnen ein besseres Gespür für das Umfeld vermitteln, in dem wir uns bewegen.

Als Mikrocontroller (auch µController, µC, MCU oder Einchipmikrorechner) werden Halbleiterchips bezeichnet, die einen Prozessor und zugleich auch Peripheriefunktionen enthalten. Sie sind Mitte der 1970er-Jahre aus dem Mikroprozessor hervorgegangen; auch heute noch ist der Übergang zwischen Mikrocontroller und Mikroprozessor fließend.

Die Verwendung von Mikrocontrollern war bis weit in die 2000er-Jahre professionellen Entwicklern und Nerds vorbehalten. Gamechanger war der Arduino, der 2005 basierend auf einem ATmega168 ein Development-Board mit einer leicht zu bedienenden und verständlichen Entwicklungsumgebung einführte. Darauf folgte eine sich durch Nachfrage und Angebot selbst befeuernde und unglaublich rasante Entwicklung, die ein nahezu unübersichtliches Angebotsspektrum zur Folge hatte. Und die Entwicklung ist sicherlich noch nicht beendet.

In diesem Umfeld gibt es Klassiker, wie z. B.:

- einen **ATiny** (z. B. ATtiny85): gut geeignet bei wenig Platz; geringer Stromverbrauch; allerdings nur beschränkte Anzahl GPIOs (*General Purpose Input Output Pins*), blanker IC
- einen **Arduino** auf ATmega168-Basis (z. B. Arduino Nano, Arduino Uno): maßgeschneiderte Entwicklungsumgebung; zwischenzeitlich recht teuer; kein WiFi
- den **ESP8266**: leistungsfähiger Mikrocontroller; viele Boards erhältlich; kein Bluetooth; im Vergleich zu einem ESP32 deutlich weniger GPIOs

Die Klassiker haben also durchaus noch ihre bevorzugten Einsatzgebiete. Das gilt insbesondere für den ESP8266, der in vielen industriellen Geräten wie WiFi-Steckdosen oder WiFi-Glühbirnen verbaut ist. Der ESP8266, der im August 2014 mit dem ESP-01-Modul Eingang in die Maker-Szene gefunden hat, wird von der chinesischen Firma *Espressif* hergestellt. Aus dem gleichen Hause stammen auch die ESP32-SoCs.

1.2 Die ESP32-SoCs

Unter *System-on-a-Chip* (SoC, dt. »Ein-Chip-System«), auch System-on-Chip, versteht man die Integration aller oder eines großen Teils der Funktionen eines programmierbaren elektronischen Systems auf einem Chip.

Hersteller der ESP32-SoCs ist die chinesische Firma *Espressif*. Bei diesen SoCs handelt es sich um verschiedene 32-Bit-Mikrocontroller. Die ersten Modelle kamen 2016 auf den Markt und zielen auf Anwendungen aus den Bereichen mobile Geräte, Wearables und *Internet of Things* (IoT). Espressif hat in den folgenden Jahren, beflügelt durch den Erfolg, seine Produktpalette dramatisch ausgebaut. Zwischenzeitlich umfasst das Portfolio unter dem Namen oder Überbegriff »ESP32« mehrere SoC-Serien:

- ESP32
- ESP32-S2
- ESP32-S3
- ESP32-C3
- ESP32-C6
- ESP32-H6

In Tabelle 1.2 finden Sie einen Überblick über die Fähigkeiten der verschiedenen Modelle anhand der Merkmale *Prozessor*, *SRAM* (statisches RAM), *ROM* (Festwertspeicher), *WiFi*, *BLE* (Blue Tooth Low Energy), *RTC* (Real Time Clock; dt.: Echtzeituhr) und *Flash Encryption*.

	ESP32	ESP32-S2	ESP32-S3	ESP32-C3	ESP32-C6	ESP32-H2
Prozessor	Tensilica Xtensa 32-bit 240 MHz dual core	Tensilica Xtensa 32-bit 240 MHz single-core	Tensilica Xtensa 32 bit 240 MHz dual-core	RISC V 32-bit 160 MHz	RISC V 32-bit 160 MHz	RISC V 32-bit 160 MHz
SRAM	520 KB	320 KB	520 KB	400 KB	512 KB	320 KB
ROM	448 KB	128 KB	384 KB	384 KB	320 KB	128 KB
WiFi	WiFi 4	WiFi 4	WiFi 4	WiFi 4	WiFi 6	WiFi 6
BLE	BLE 4.2	–	BLE 5.0	BLE 5.0	BLE 5.0	BLE 5.0
RTC	16 KB	16 KB	16 KB	8 KB	16 KB	–
Flash Encryption	×	XTS-AES-128/256	×	XTS-AES-128	XTS-AES-128	XTS-AES-128

Tabelle 1.1 Die Module der ESP32-Familie

Abbildung 1.1 zeigt – im Vorgriff – diverse ESP32-Boards.

Abbildung 1.1 Boards mit diversen SoCs (ESP32-S, ESP32-C3-Mini, ESP32-WROOM, ESP32-S3

Nicht jeder SoC ist für jedes Projekt gleichermaßen geeignet. Die folgende Liste ist der Versuch einer kleinen Hilfestellung.

- **Rechenleistung und Prozessor**

  Bei der Auswahl eines ESP-Mikrocontrollers für Ihr IoT-Projekt ist die Frage von entscheidender Bedeutung, wie viel Rechenleistung Sie benötigen. Hohe Anforderungen an die Rechenleistung erfordern einen Dual-Core-Prozessor, wie ihn der ESP32 und der ESP32-S3 mitbbringen, während Single-Core-Prozessoren wie der ESP32-C3, ESP32-S2 oder ESP32-H2 zwar weniger Leistung bieten, dafür aber günstiger und stromsparender sind.

- **Memory**

  Ein nicht zu unterschätzender Faktor ist die Speicherkapazität. Der ESP32 bzw. der ESP32-S3 bieten sich für Projekte mit hohem Speicherbedarf an. Das kann auch das Programmieren einfacher machen, wenn Sie nicht unbedingt auf jedes Kilobyte achten müssen.

- **Energieverbrauch**

  Bei IoT-Projekten, die mit einer Batterie oder einem Akku betrieben werden sollen, ist Energieeffizienz von entscheidender Bedeutung. Der ESP32-C6, ESP32-C3 oder ESP32-H2 verwenden RISC-V-32-Bit-Prozessoren, die so konzipiert sind, dass sie weniger Strom verbrauchen und somit ideal für batteriebetriebene Geräte und Wearables sind.

- **Konnektivität**

  ESP-Produkte sind für ihre WiFi- und BLE-Verbindungen bekannt, was sie zur idealen Wahl für IoT-Anwendungen macht. Die Angaben in Tabelle 1.1 geben eine Orientierung.

- **Sicherheit**

  Die Sicherheit von IoT-Geräten gewinnt auch in der heimischen Umgebung zunehmend an Bedeutung. Die SoCs ESP32-S2, ESP32-C3 oder ESP32-C6 haben hier Vorteile, da sie mit der Flash-Verschlüsselung XTS-AES-128/256 ausgestattet sind.

- **Zigbee- und Openthread-Kompatibilität**

  SoCs der Serien ESP32-C6 und ESP32-H2 verfügen über integrierte Funksender für *Openthread*- und *Zigbee*-Protokolle. Darüber hinaus ist die ESP32-C-Serie *Matter*-zertifiziert – das ist ein neuer Standard, der besonders für den Aufbau eines Smarthomes wichtig ist. Er soll dafür sorgen, dass unterschiedliche Geräte Informationen austauschen können. ESP32-S und ESP32-C können als Board-Router für Thread-Anwendungen verwendet werden und der ESP32-H2 kann als Funk-Coprozessor zum Einsatz kommen, was die drei zur idealen Wahl für Thread-, Matter- und Zigbee-basierte Projekte macht.

- **Entwicklungsumgebung und Programmiersprache**

  Nicht alle SoCs lassen sich über die beliebte *Arduino IDE* programmieren. Dies gilt z. B. noch für die SoCs, die mit einem RISC-V-Prozessor ausgestattet sind. Wenn Sie diese Geräte einsetzen wollen, müssen Sie sich in die ESP-Tools einarbeiten, die etwas weniger komfortabel als die Arduino IDE sind.

  Dies gilt ähnlich auch für die Programmiersprache, denn nicht alle Sprachen stellen umfassend Bibliotheken bereit. Hier ist C bzw. C++ eindeutig breiter aufgestellt.

- **Preis**

  Schließlich ist der Preis ein wesentlicher Faktor bei der Auswahl eines ESP-Produkts für Ihr IoT-Projekt. ESP-Produkte sind für ihr gutes Preis-Leistungs-Verhältnis bekannt. Dennoch kann der Unterschied zwischen einem auf einem Board verbauten etablierten ESP32 und einem ESP32-S3 erheblich sein.

Ich habe die Beispiele dieses Buches mit SoCs der ESP32-Serie umgesetzt. Gleichwohl lassen sich die Programme auch auf andere Mikrocontroller übertragen, sofern deren technische Gegebenheiten (z. B. Bluetooth) dies zulassen.

Aber auch bei der ESP32-Serie handelt es sich genau genommen um eine ganze Chipfamilie, die aus verschiedenen Chips besteht:

- ESP32-DOWD (zwei Kerne, kein Embedded Flash),
- ESP32-DOWD-Q6 (wie ESP32-DOWD, andere Abmessungen),
- ESP32-D2WD (zwei Kerne, 16 MBit Embedded Flash) und
- ESP32-SOWD (einfacher Prozessorkern, kein Embedded Flash).

Die übrigen Eigenschaften sind identisch.

Der Prozessorkern ist vom Typ *Xtensa LX6* und arbeitet mit einem Systemtakt von 160 MHz bis 240 MHz. Das Blockdiagramm in Abbildung 1.2 zeigt die wesentlichen Teile des Systems.

Die ESP32-Mikrocontroller weisen einige Eigenschaften auf, die sie für eine Vielzahl von Projekten interessant machen:

- Der Chip bietet **internen Speicher** in unterschiedlichen Konfigurationen:
  - 520 KB SRAM für Daten und Befehle
  - 448 KB ROM für das Booten und Kernfunktionen
  - 8 KB SRAM im RTC für Daten (RTC-FAST-Memory); sie werden von der CPU während des RTC-Boots aus dem Tiefschlaf gelesen.
  - 8 KB SRAM im RTC für Daten (RTC-SLOW-Memory); sie werden vom Coprozessor während des Tiefschlafs genutzt.
- Es werden bis zu **4 × 16 MB externer Speicher** unterstützt.

- Beim **Systemtakt** besteht die Möglichkeit, den internen Takt (8 MHz) oder einen externen Quarztakt mit üblicherweise 160 MHz zu nutzen. Dieser übernimmt auch bei einem Zurücksetzen des Prozessors das System-Timing.
- Ein **interner Hall-Sensor** kann für die Messung von Magnetfeldschwankungen genutzt werden.
- Ein **interner Temperatursensor** ist für einen Messbereich von –40 bis 125 Grad ausgelegt. Wie bei dem Hall-Sensor werden die analogen Messwerte von einem internen Analog-Digital-Wandler digitalisiert. Bei neueren Modellen ist der Temperatursensor jedoch nicht mehr vorhanden.
- Es sind **34 GPIOs** (universelle Ein- und Ausgänge) vorhanden. Sie dienen der Ein- und Ausgabe analoger und digitaler Signale. Die nach außen geführten Pins sind bezüglich ihrer Funktion überwiegend mehrfach belegt. Mit internen Pull-down- und Pull-up-Widerständen können definierte Zustände herbeigeführt werden.
- Der ESP32 kann Signale von bis zu zehn unterschiedlichen **kapazitiven Touch-Sensoren** verarbeiten. Die Eingänge sind diversen GPIO-Pins zugewiesen.
- **Transceiver**: Für die WLAN- und Bluetooth-Kommunikation hat der ESP32 interne 2,4-GHz-Sende- und -Empfangsbausteine.
- Das **WLAN** arbeitet nach dem Standard IEE 802.11 b/g/n.
- Unterstützt wird Bluetooth 4.2 (sowohl in der herkömmlichen als auch in der Betriebsart *Bluetooth Low Energy*).
- **UART** (*Universal Asynchronous Receiver Transmitter*) bezeichnet eine Form der seriellen Kommunikation. Hier stehen drei Bausteine zur Verfügung.
- Impulse bzw. Impulsflanken können mit acht **Impulszählern** erfasst werden. Bei Erreichen eines bestimmten Werts kann ein Interrupt ausgelöst werden.
- Der ESP32 verfügt über **vier 64-Bit-Universal-Timer**. Sie können softwareseitig gesteuert werden und Interrupts erzeugen.
- Es stehen **drei Watchdog-Timer** zur Verfügung. Dabei wird zwischen *Main-Watchdog-Timern* (davon zwei im Part der Universal-Timer) und *RTC-Watchdog-Timern* (einer im RTC-Modul) unterschieden. Ein Interrupt, ein Core-Reset oder ein CPU-Reset kann durch ein Reset des Watchdog-Timers ausgelöst werden.
- Verbaut ist ein **12-Bit-A/D-Wandler** (*Analog-Digital-Wandler*) mit 18 Kanälen.
- Es können **zwei unabhängige 8-Bit-DAC** (Digital-Analog-Wandler) genutzt werden.
- Der ESP verfügt über **drei periphere SPI-Schnittstellen** (*SPI1*, *HSPI* und *VSPI*), die im Master- oder Slave-Modus betrieben werden können.
- Es werden **zwei I2C-Bus-Schnittstellen** vorgehalten, die im Master- oder Slave-Modus betrieben werden können.

- **Pulsweitenmodulation** (PWM) dient dazu, Geräte wie Motoren, elektrische Heizungen oder Ähnliches zu steuern. Der Chip verfügt über ein programmierbares Hardware-PWM-Modul und 16 unabhängige Software-PWM-Module. Die Software-PWMs können bis zu 16 unabhängige digitale Wellenformen erzeugen. Tastverhältnis und Perioden sind frei wählbar. Software-PWMs eignen sich besonders zur LED-Ansteuerung.
- Ein **Infrarot-Controller**, der bis zu acht Kanäle einer programmierbaren Infrarotfernbedienung bedienen kann, rundet das Angebot an Schnittstellen ab.

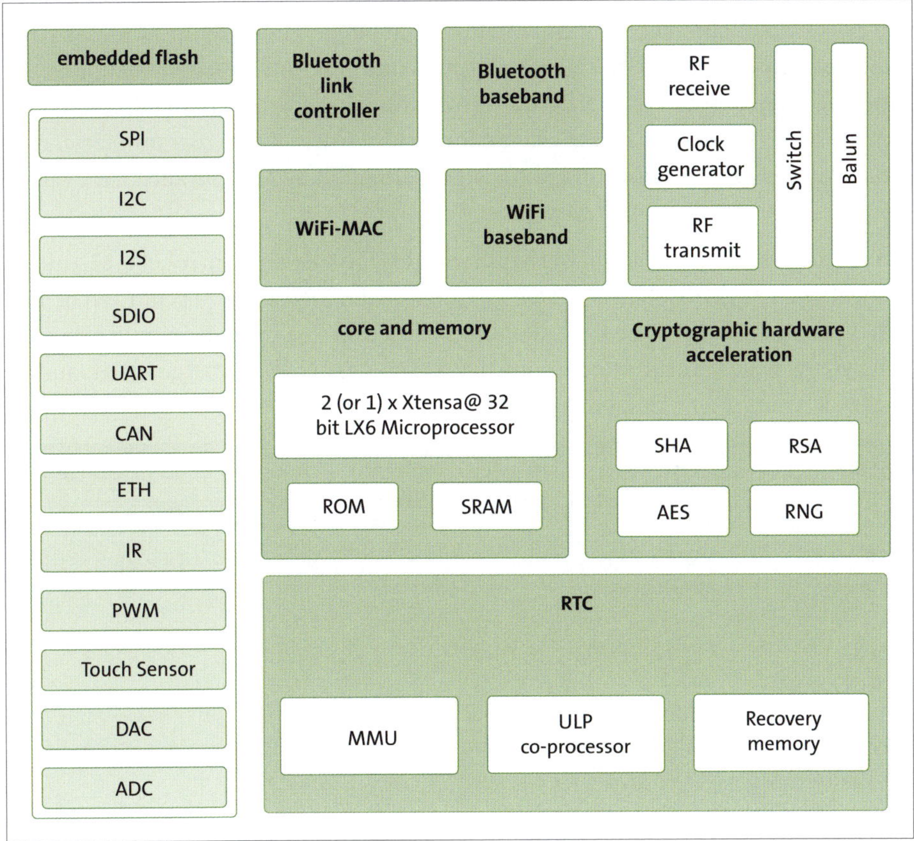

Abbildung 1.2 Blockschaltbild des ESP32

Weitere Einzelheiten können Sie dem Datenblatt entnehmen:

https://www.espressif.com/sites/default/files/documentation/esp32_datasheet_en.pdf

Darin wird Ihnen der Funktionsumfang detailliert erläutert, und auch bei allen Unklarheiten sollten Sie unbedingt dort nachsehen.

1.3 Die Module WROOM, SOLO, WROVER und PICO

Espressif entwickelt und fertigt verschiedene Module und Entwicklungsplatinen, um den Anwendern die Einschätzung des Potenzials der (reinen) ESP32-Serie zu erleichtern. Sie sind im Original oder auch als Klone bei den einschlägigen Bezugsquellen erhältlich.

Im Folgenden finden Sie eine kurze Beschreibung der wichtigsten Module, die von Espressif gefertigt werden. Weitere Informationen finden Sie unter *https://espressif.com/en/products/modules*.

Die ESP32-Modulfamilie basiert auf Modulen mit einigen integrierten Schlüsselkomponenten, einschließlich eines Quarzoszillators und einer Antennenanpassungsschaltung. Die Module sind vorgefertigte Lösungen für die Integration in Endprodukte. In Kombination mit einigen zusätzlichen Komponenten, wie einer Programmierschnittstelle, Pull-up-Widerständen und Stiftleisten, können diese Module auch zur Evaluierung der ESP32-Funktionalität verwendet werden.

Die wichtigsten Eigenschaften der verbreitesten Module sind in Tabelle 1.2 zusammengefasst. Einige zusätzliche Details werden in den folgenden Abschnitten behandelt. Vollständig kann diese Liste allerdings nicht sein – es werden ständig neue Modelle vorgestellt. Manche werden nur für den chinesischen Markt gefertigt, andere lassen sich nur in sehr kleinen Stückzahlen beziehen.

Modul	Chip	Flash (MB)	PSRAM (MB)	Antenne	Abmessungen (mm)
ESP32-WROOM-32	ESP32-D0W-DQ6	4	–	MIFA	18 × 25,5 × 3,1
ESP32-WROOM-32D	ESP32-D0WD	4, 8 oder 16	–	MIFA	18 × 25,5 × 3,1
ESP32-WROOM-32U	ESP32-D0WD	4, 8 oder 16	–	U.FL	18 × 25,5 × 3,1
ESP32-SOLO-1	ESP32-S0WD	4	–	MIFA	18 × 25,5 × 3,1
ESP32-WROVER (PCB)	ESP32-D0W-DQ6	4	8	MIFA	18 × 31,4 × 3,3
ESP32-WROVER (IPEX)	ESP32-D0W-DQ6	4	8	U.FL	18 × 31,4 × 3,3

Tabelle 1.2 Die Module der ESP32-Familie

Modul	Chip	Flash (MB)	PSRAM (MB)	Antenne	Abmessungen (mm)
ESP32-WROVER-B	ESP32-D0WD	4, 8 oder 16	8	MIFA	18 × 31,4 × 3,3
ESP32-WROVER-IB	ESP32-D0WD	4, 8 oder 16	8	U.FL	18 × 31,4 × 3,3

Tabelle 1.2 Die Module der ESP32-Familie (Forts.)

Zu den Angaben in der Tabelle gehören allerdings noch einige Erläuterungen:

- ESP32-**D...** kennzeichnet einen Dual-Core-Chip, ESP32-**S...** kennzeichnet einen Single-Core-Chip.
- MIFA steht für *Meandered Inverted-F Antenna*.
- U.FL und U.FL/IPEX sind Antennen-Konnektoren, die für Miniatur-HF-Steckverbinder ausgelegt sind.
- ESP32-WROOM-32x-, ESP32-WROVER-B- und ESP32-WROVER-IB-Module haben üblicherweise 4 MB Flash-Memory, sie sind aber auch mit Flash-Memory-Größen von 8 MB und 16 MB erhältlich.
- Die Erstversion des ESP32-WROVER-Moduls hatte 4 MB PSRAM.
- Der ESP32-WROOM-32 wurde früher als ESP-WROOM-32 bezeichnet.

ESP32-WROOM-32

Der ESP32-WROOM-32 ist ein grundlegendes und allgemein das gebräuchlichste ESP32-Modul mit integriertem ESP32-D0WDQ6-Chip. Es war das erste Modul der WROOM/WROVER-Familie, das auf den Markt kam (siehe Abbildung 1.3).

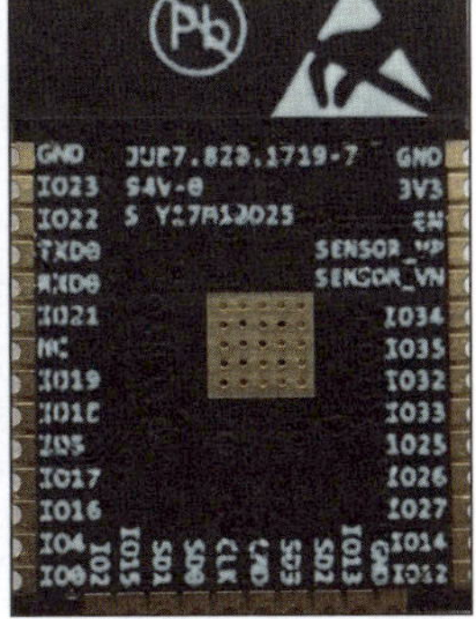

Abbildung 1.3 Das Modul »ESP-WROOM-32«, Vorder- und Rückseite

Dieses Modul wird mit den Pins direkt auf die Platine gelötet. Das Pinout des Moduls sehen Sie in Abbildung 1.4.

Das Datenblatt steht unter *https://www.espressif.com/sites/default/files/documentation/esp32-wroom-32_datasheet_en.pdf* zur Verfügung.

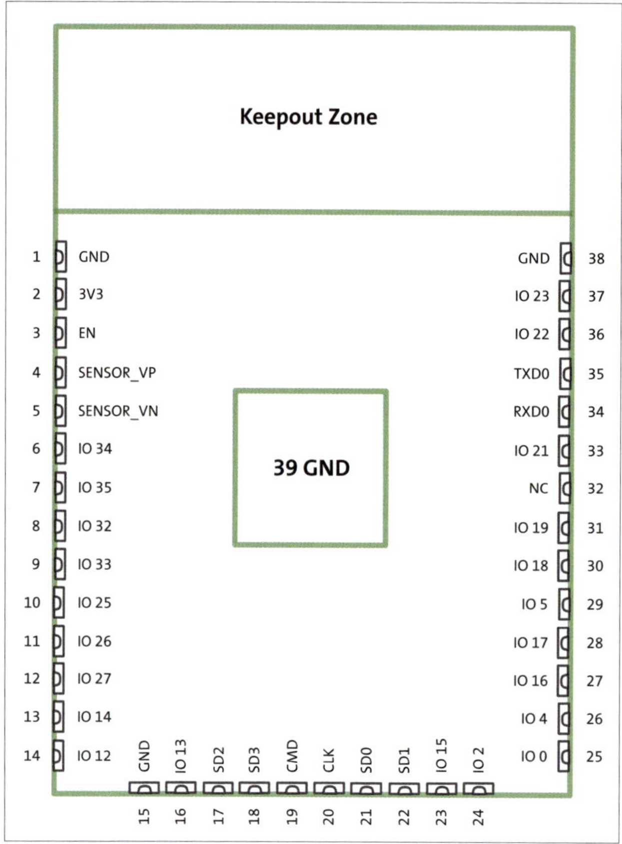

Abbildung 1.4 ESP32-WROOM-32, Pinout

ESP32-WROOM-32D und ESP32-WROOM-32U

Beide Module integrieren den ESP32-D0WD-Chip, der weniger Platz benötigt als der im ESP32-WROOM-32 installierte Chip ESP32-D0WDQ6. Der ESP32-WROOM-32U ist der kleinste Vertreter der gesamten WROOM/WROVER-Modulfamilie.

ESP32-SOLO-1

Der ESP32-SOLO-1 ist eine vereinfachte Version des ESP32-WROOM-32D-Moduls. Er enthält einen Single-Core-ESP32-Chip, der eine Taktfrequenz von bis zu 160 MHz unterstützt.

Die ESP32-WROVER-Serie

Die ESP32-WROVER-Serie besteht aus einigen Modifikationen der ESP32-WROOM-32x-Module, die unter anderem ein zusätzliches 8-MB-SPI-PSRAM (*Pseudo Static RAM*) enthalten.

- ESP32-WROVER (PCB) und ESP32-WROVER (IPEX) verfügen über ein PSRAM, das mit 1,8 V betrieben wird und eine Taktrate von bis zu 144 MHz unterstützt.
- ESP32-WROVER-B und ESP32-WROVER-IB verfügen über ein PSRAM, das mit 3,3 V betrieben wird und eine Taktrate von bis zu 133 MHz unterstützt.

1.4 Die Boards

Der ESP32-Chip wird auf einer Vielzahl von Boards verwendet. Der Hersteller Espressif führt selbst einige Module in seinem Programm auf.

- Das **ESP32-PICO-KIT** ist das kleinste Entwicklungsboard von Espressif. Es passt in ein Mini-Breadboard, ist aber mit der minimalen Anzahl diskreter Komponenten voll funktionsfähig, weil alle ESP32-Pins zugänglich sind.
- Das **ESP-WROVER-KIT** ist das vielseitige Entwicklungsboard von Espressif. Es hat eine lange Liste von Funktionen an Bord, z. B. LCD-Anzeige, JTAG, Kameraheader, RGB-LEDs usw. Es kann verschiedene Module aufnehmen (ESP32-WROVER, ESP-WROOM-32). Mehrere Stiftleisten und Steckbrücken machen die Anbindung und Konfiguration des ESP-WROVER-KIT sehr flexibel.
- Das **ESP32-Dev-KitC** ist eine Entwicklungsplattform für Einsteiger. Nahezu alle ESP32-Pins wurden herausgeführt und können einfach angeschlossen und verwendet werden.
- Das **ESP32-LyraTD-MSC** ist eines der Audio-Development-Boards von Espressif, die auf Spracherkennungsanwendungen ausgerichtet sind. Es unterstützt auch Nahfeld- und Fernfeld-Weckfunktionen.

Einen Überblick über die aktuellen Module und Boards von Espressif finden Sie auf der Seite *https://docs.espressif.com/projects/esp-idf/en/latest/hw-reference/modules-and-boards.html*.

Darüber hinaus wird der ESP32 auch von anderen Herstellern und Distributoren für eigene Boards eingesetzt:

- Das **LoLin32 ESP32 Development Board** ist in der Regel mit 4 MB Flash-Speicher und einer Lithium-Batterie ausgestattet.
- Das **ESP32-OLED Development Board** hat bereits ein OLED-Display.

- Das **SparkFun ESP32 Thing**:: Die Firma SparkFun bietet eine Fülle von Modulen, Sensoren und Platinen für eigene Entwicklungen an. Das von ihr vertriebene ESP32-Board hat bereits einige zusätzliche LEDs und Tasten.
- Das **ESP32-HiLetGo Development Board** kommt dem ESP32-Dev-KitC sehr nahe. Der Fritzing-Part wird zum Download angeboten.
- Das **Adafruit HUZZAH32 – ESP32 Feather Board** ist ein Development-Board von Adafruit. Auch hier wird der Fritzing-Part zum Download angeboten.

Es lässt sich im Vorhinein nur schwer einschätzen, ob Sie bei einer Bestellung dieser Geräte ein Original-Board von Espressif bekommen, einen mehr oder weniger gelungenen Klon erhalten oder stattdessen eine Eigenentwicklung eines Herstellers auspacken, die mehr oder weniger gut funktioniert. Sie müssen Vertrauen in die Bezugsquelle haben. Beim Erwerb preiswerter Ware aus Fernost lässt sich das Risiko etwas streuen, indem Sie das gleiche Bauteil bei unterschiedlichen Anbietern erwerben.

1.5 Das ESP32-Dev-KitC V4

Momentan zählt das ESP32-Dev-KitC V4 zu den gängigsten Entwicklungsboards auf Basis des ESP32. Aus diesem Grund verwende ich es für die Beispiele in diesem Buch. Die Kerninformationen zu diesem Modul lassen sich auch auf viele andere Varianten übertragen.

Abbildung 1.5 zeigt die wesentlichen Bauteile des ESP32-Development-Kit V4. Das Board selbst kann auf jedes passende Breadboard gesteckt werden. Durch seine Maße von ca. 53 mm × 25 mm lassen sich komfortabel sehr kompakte Schaltungen realisieren. Nur in den seltensten Fällen werden Sie auf das nackte Modul ausweichen müssen.

Abbildung 1.5 ESP32-Dev-KitC V4

❶ **ESP32-WROOM-32-Modul**: Bei manchen Boards kann hier auch das größere ESP32-WROVER-Modul vorhanden sein.

❷ **Antenne**

❸ **Header-Pins**: Die meisten Pins des ESP-Moduls sind auf die Pin-Header auf der Platine herausgeführt. Es gibt zwei Reihen zu je 19 Pins.

❹ **Reset-Knopf**: Bei manchen Boards wird diese Taste auch **EN** genannt.

❺ **USB-Anschluss**: Stromversorgung für das Board sowie die Kommunikationsschnittstelle zwischen einem Computer und dem ESP32-Modul.

❻ **Boot-Knopf** (Download-Knopf): Je nach gewählter Flash-Methode bzw. Entwicklungsumgebung ist diese Taste für das Aufspielen der Firmware zu drücken. Hier gibt es unterschiedliche Szenarien:

- **Arduino IDE**: Manchmal wird der Upload ohne zusätzliches Betätigen von Knöpfen initiiert. In der Regel müssen Sie aber den Boot-Knopf für das Initiieren des Uploads drücken.
- **Offiziell**: Halten Sie den Boot-Knopf gedrückt, um den Firmware-Download-Modus zum Herunterladen der Firmware über die serielle Schnittstelle zu starten, und drücken Sie gegebenenfalls anschließend EN für einen Reboot.

❼ **LED**: Sie leuchtet kurz auf, wenn an das Board Spannung angelegt wird. (Bei manchen alternativen Boards ist die LED auch mit GPIO2 verbunden.)

❽ **USB-UART-Bridge**: Verbaut ist eine CP2102-USB-to-UART-Bridge, die Transferraten bis zu 3 Mbps unterstützt.

Stromversorgung

Das Modul arbeitet mit einer Spannung von typischerweise +3,3 V. Die einzelnen Stromversorgungsmöglichkeiten sind:

- Micro-USB-Port: Dieser Port wird als hauptsächliche Stromversorgungsoption betrachtet. Da USB normalerweise mit +5 V arbeitet, wird die Spannung durch einen On-Board-Chip auf +3,3 V reduziert. Warnung: Periphere Geräte können nicht ausnahmslos und unbesehen an den 3V3-Ausgang angeschlossen werden, da der On-Board-Chip nur begrenzt belastbar ist.
- 5V/GND-Header-Pins
- 3V3/GND-Header-Pins

Je nach Einsatz (z. B. intensive WLAN-Nutzung) kann der ESP32 viel Strom ziehen. Laut Datenblatt können dies bis zu 500 mA sein.

1.5.1 Das Pinout

Das Pinout des ESP32-Dev-KitC V4 – soweit es in dem Buch von Bedeutung ist – finden Sie in Abbildung 1.6.

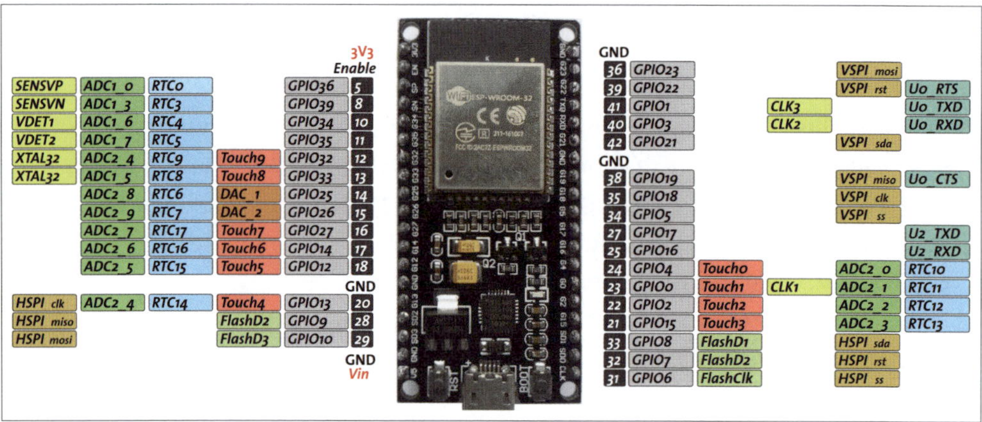

Abbildung 1.6 ESP32-Dev-KitC V4, Pinout

Die einzelnen Pins sind auf dem Board entsprechend bezeichnet. Dabei kann die aufgedruckte Beschriftung je nach Hersteller unterschiedlich sein. So bezeichnen manche Hersteller z. B. den Pin GPIO14 mit G14 (siehe Abbildung 1.6), manche mit D14 oder auch nur mit 14.

Auch ist es so, dass das Pinout nicht für alle Boards normiert ist; jeder Hersteller gönnt sich eigene Freiheiten. Im Extremfall kann sogar bei besonders einfach gehaltenen Klonen der Aufdruck bei einzelnen Pins gänzlich unzutreffend sein, obwohl die eigentliche Zuordnung richtig ist. Deshalb ist es besonders wichtig, sich vor jeder Inbetriebnahme mit dem Pinout zu befassen, und grundsätzlich ist natürlich etwas Vorsicht beim Anschluss geboten.

Im Schaubild aus Abbildung 1.6 ist den meisten Pins eine weiße Zahl in einem grauen Kasten zugeordnet. Sie verweist auf den entsprechenden Pin des Moduls.

Die GPIO-Pins sind spannungssensitiv. Es kann also zu Schädigungen oder einem Totalausfall des Mikrocontrollers führen, wenn die an einen Pin angelegte Spannung den Wert von 3,3 V überschreitet. Die Pins können nur mit maximal 40 mA belastet werden. Eine höhere Belastung kann ebenfalls zur Zerstörung des Boards führen.

Funktionen der GPIO-Pins

Das Schaubild zeigt auch, dass Pins durchaus mehrere Funktionen haben können. Darüber hinaus werden Sie bei akribischem Schauen feststellen, dass nicht alle GPIOs des Moduls auf dem Board nach außen geführt werden. Das ist dem Umstand geschuldet, dass manche Pins für interne Zwecke reserviert sind. Darüber hinaus gibt es

Pins mit spezifischen Merkmalen, die die allgemeine Funktion einschränken und sie nur für bestimmte Zwecke einsetzbar machen.

Eine Funktionsübersicht der Pins finden Sie in Tabelle 1.3.

GPIO	Input	Output	Bemerkungen
0	pulled up	OK	Gibt PWM-Signal beim Boot aus.
1	TX-Pin	OK	Debug-Output beim Boot
2	OK	OK	Verbunden mit Board-LED
3	OK	RX-Pin	HIGH beim Boot
4	OK	OK	
5	OK	OK	Gibt PWM-Signal beim Boot aus.
6	X	X	Verbunden mit internem SPI-Flash
7	X	X	Verbunden mit internem SPI-Flash
8	X	X	Verbunden mit internem SPI-Flash
9	X	X	Verbunden mit internem SPI-Flash
10	X	X	Verbunden mit internem SPI-Flash
11	X	X	Verbunden mit internem SPI-Flash
12	OK	OK	Wird bei einem Boot-Fehler auf HIGH gesetzt.
13	OK	OK	
14	OK	OK	Gibt PWM-Signal beim Boot aus.
15	OK	OK	Gibt PWM-Signal beim Boot aus.
16	OK	OK	
17	OK	OK	
18	OK	OK	
19	OK	OK	
20	OK	OK	
21	OK	OK	
22	OK	OK	

Tabelle 1.3 Funktionen der GPIO-Pins

GPIO	Input	Output	Bemerkungen
23	OK	OK	
24	OK	OK	
25	OK	OK	
26	OK	OK	
27	OK	OK	
28	OK	OK	
29	OK	OK	
30	OK	OK	
31	OK	OK	
32	OK	OK	
33	OK	OK	
34	OK		nur Input
35	OK		nur Input
36	OK		nur Input
39	OK		nur Input

Tabelle 1.3 Funktionen der GPIO-Pins (Forts.)

Interner SPI-Flash des ESP-WROOM-32

Die GPIOs 6 bis 11 können nicht genutzt werden, obwohl manche Boards sie nach außen führen. Der Grund ist, dass sie für den internen SPI reserviert sind.

Die GPIO-Pins 34 bis 39

Die GPIOs 34 bis 39 sind keine richtigen GPIOs, da sie nur als Input funktionieren (GPI). Sie haben keine internen Pull-up- oder Pull-down-Widerstände. Folgende GPIOs sind also nur Input-GPIOs:

- GPIO34
- GPIO35
- GPIO36
- GPIO39

PWM

Der ESP32-LED-PWM-Controller hat 16 unabhängige Kanäle, die mit unterschiedlichen Eigenschaften konfiguriert werden können. Alle richtigen Output-Pins können PWM generieren (also nicht die GPIOs 34 bis 39).

Interrupts

Alle GPIOs können für Interrupts konfiguriert werden.

Touch-GPIOs

Der ESP32 verfügt über zehn interne kapazitive Berührungssensoren. Diese können Schwankungen von elektrischen Ladungen registrieren, die z. B. durch Kontakt mit der menschlichen Haut entstehen (Berühren der GPIOs mit einem Finger). Ein Anwendungsfall ist unter anderem die Integration in kapazitive Touchpads, wo sie mechanische Tasten ersetzen können. Über die kapazitiven Touch-Pins kann der ESP32 auch aus dem Tiefschlaf erweckt werden. Die Touch-Pins sind folgendermaßen zugeordnet:

- T0 (GPIO4)
- T1 (GPIO0)
- T2 (GPIO2)
- T3 (GPIO15)
- T4 (GPIO13)
- T5 (GPIO12)
- T6 (GPIO14)
- T7 (GPIO27)
- T8 (GPIO33)
- T9 (GPIO32)

Analog to Digital Converter (ADC)

Der ESP32 hat 18 ADC-Input-Kanäle, die mit 12-Bit-Auflösung operieren. Das bedeutet, dass die Kanäle analoge Messwerte im Bereich von 0 bis 4095 aufnehmen können, wobei »0« 0 V und »4095« 3,3 V entspricht. Auflösung und ADC-Bereich können softwareseitig eingestellt werden.

- ADC1_CH0 (GPIO36)
- ADC1_CH1 (GPIO37)
- ADC1_CH2 (GPIO38)
- ADC1_CH3 (GPIO39)
- ADC1_CH4 (GPIO32)
- ADC1_CH5 (GPIO33)
- ADC1_CH6 (GPIO34)
- ADC1_CH7 (GPIO35)
- ADC2_CH0 (GPIO4)
- ADC2_CH1 (GPIO0)
- ADC2_CH2 (GPIO2)
- ADC2_CH3 (GPIO15)
- ADC2_CH4 (GPIO13)
- ADC2_CH5 (GPIO12)
- ADC2_CH6 (GPIO14)
- ADC2_CH7 (GPIO27)
- ADC2_CH8 (GPIO25)
- ADC2_CH9 (GPIO26)

[!]

ADC2-Pins und WLAN

Die ADC2-Pins können nicht gleichzeitig mit WLAN verwendet werden. Bei der Nutzung von WLAN muss auf die ADC1-Pins ausgewichen werden. Darüber hinaus ist der Verlauf nicht vollständig linear. So ist es nicht möglich, zwischen 0 und 0,1 V sowie zwischen 3,2 und 3,3 V zu unterscheiden.

Digital to Analog Converter (DAC)

Es gibt zwei DAC-Kanäle mit einer 8-Bit-Auflösung. Sie konvertieren digitale Signale oder analoge Werte in analoge Signale. Die Kanäle sind:

- DAC1 (GPIO25)
- DAC2 (GPIO26)

RTC-GPIOs

RTC steht für *Real Time Clock*. Der ESP32 bietet RTC-GPIO-Unterstützung. Das RTC-System selbst benötigt extrem wenig Strom und ist verantwortlich für die verschiedenen Energiesparmodi, die bis zum Tiefschlaf reichen. Mit den RTC-GPIOs kann der ESP32 geweckt werden. Die folgenden GPIOs können als externe Weckquelle verwendet werden:

- RTC_GPIO0 (GPIO36)
- RTC_GPIO3 (GPIO39)
- RTC_GPIO4 (GPIO34)
- RTC_GPIO5 (GPIO35)
- RTC_GPIO6 (GPIO25)
- RTC_GPIO7 (GPIO26)
- RTC_GPIO8 (GPIO33)
- RTC_GPIO9 (GPIO32)
- RTC_GPIO10 (GPIO4)
- RTC_GPIO11 (GPIO0)
- RTC_GPIO12 (GPIO2)
- RTC_GPIO13 (GPIO15)
- RTC_GPIO14 (GPIO13)
- RTC_GPIO15 (GPIO12)
- RTC_GPIO16 (GPIO14)
- RTC_GPIO17 (GPIO27)

I^2C

Der ESP32 hat zwei *I^2C*-Kanäle. Dabei kann jeder Pin als SDA oder SCL fungieren.

Die Arduino IDE hat die Pins für einen Kanal vorbelegt (SDA: GPIO21, SCL: GPIO22).

SPI

Es stehen zwei *SPI*-Kanäle zur Verfügung. Die Voreinstellung sehen Sie in Tabelle 1.4.

SPI	MOSI	MISO	CLK	CS
VSPI	GPIO23	GPIO19	GPIO18	GPIO5
HSPI	GPIO13	GPIO12	GPIO14	GPIO15

Tabelle 1.4 SPI-GPIOs

Strapping Pins

Ein IC kann eine oder mehrere Betriebsarten aufweisen. Festgelegt wird dies über einzelne Konfigurations-Pins. Sofern ein IC genügend Pins hat, können hierfür diese (Eingangs-)Pins auf LOW-Pegel (z. B. GND) bzw. HIGH-Pegel (z. B. 3,3 V) gelegt werden. Soll jedoch die Anzahl der Pins minimiert werden, z. B. für ein kleines Gehäuse, werden zum Konfigurieren (*Strappen*) merkwürdigerweise Output-Pins genutzt. Über diese wird dann direkt nach dem Einschalten oder nach einem Reset als Erstes die gewünschte Konfiguration eingelesen.

Der ESP32 hat folgende Strapping Pins:

- GPIO0
- GPIO2
- GPIO4
- GPIO5 (muss während des Boots HIGH sein)
- GPIO12 (muss während des Boots LOW sein)
- GPIO15 (muss während des Boots HIGH sein)

Diese GPIOs werden benötigt, um den ESP32 in den Bootloader- oder Flash-Modus zu versetzen. Allerdings ist es bei dem ESP32-Dev-KitC V4 wie übrigens auch bei den meisten anderen Entwicklungsboards so, dass das Board die richtigen Zustände für die verschiedenen Modi setzt. Weitere, recht ausführliche Informationen finden Sie in der Dokumentation *ESP32-Boot-Mode-Selection* (*https://github.com/espressif/esptool/wiki/ESP32-Boot-Mode-Selection*).

[!]

Probleme beim Hochladen

Es kann jedoch zu Problemen beim Hochladen von neuem Code, beim Flashen des ESP32 mit neuer Firmware oder beim Reset des Boards kommen, wenn diese Pins mit Peripheriegeräten belegt sind. Das kann darauf zurückzuführen sein, dass diese Geräte den ESP32 daran hindern, in den richtigen Modus zu wechseln. Auch hier kann die oben genannte Dokumentation weiterhelfen. Hilfreich ist in solchen Fällen auch, die gesamte Peripherie abzutrennen und schrittweise wieder anzuschließen, um so das störende Element zu isolieren.

Pins HIGH bei Boot

Einige GPIOs wechseln beim Booten oder beim Reset ihren Status zu HIGH oder geben PWM-Signale aus. Für möglicherweise angeschlossene Peripherie bedeutet dies, dass es bei ihr dann zu unerwartetem Verhalten kommen kann. Das betrifft:

- GPIO1
- GPIO3
- GPIO5
- GPIO6 bis GPIO11

  Diese GPIOs sind mit dem ESP32-integrierten SPI-Flash-Memory verbunden und sollten deshalb nicht benutzt werden.
- GPIO14 und GPIO15

Enable (EN)

Enable (EN) ist der Enable-Pin für den 3,3-V-Spannungsregler. Normalerweise liegt er per Widerstand auf HIGH (*pulled up*). Der Spannungsregler wird außer Betrieb gesetzt, wenn der Pin auf LOW (GND) gesetzt wird. Auf diese Weise lässt sich mit einem Button ein Restart des ESP32 erzwingen.

1.5.2 Höhere Eingangsspannung an GPIOs

Bedauerlicherweise ist es so, dass verschiedene im Mikrocontroller-Bereich eingesetzte Sensoren nur mit Spannungen über 3,3 V fehlerfrei betrieben werden können. Dementsprechend liegt ihr Ausgangspegel in der Regel ebenfalls über dieser Marke. Das führt gewissermaßen zu einem Dilemma, denn eine zu hohe Eingangsspannung an einem GPIO kann das Modul zerstören; auf der anderen Seite ist vielleicht gerade dieses Bauteil unverzichtbar. Die Eingangsspannung muss also abgesenkt werden. Hierzu gibt es zwei praktikable Möglichkeiten.

Spannungsteiler

Bei einem *Spannungsteiler* wird die Spannung durch eine Reihenschaltung passiver Elemente aufgeteilt. Einfache Spannungsteiler können bereits mit ein bzw. zwei Widerständen realisiert werden. Für die Absenkung der Eingangsspannung an einem GPIO könnte die Schaltung etwa so wie in Abbildung 1.7 aussehen.

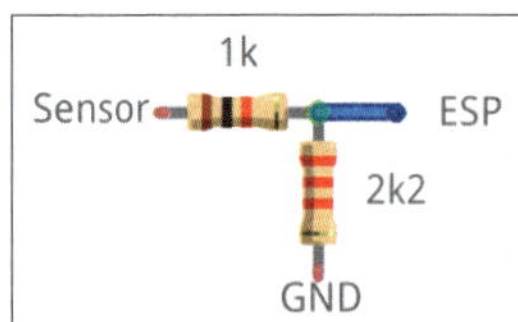

Abbildung 1.7 Sensor-Spannungsteiler mit Widerständen

Eine weitere Möglichkeit ist die Spannungsbegrenzung des Eingangssignals mit einer Zener-Diode (siehe Abbildung 1.8).

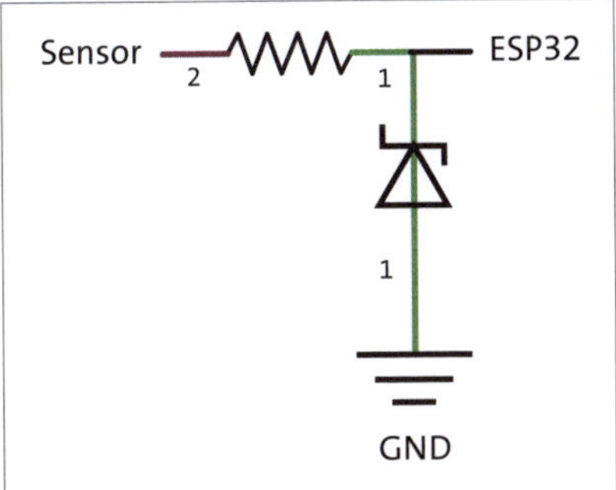

Abbildung 1.8 Sensor-Spannungsteiler mit Zener-Diode

Pegelwandler (Level Shifter)

Eleganter, aber auch etwas aufwendiger sind integrierte Pegelwandler (Pegelumsetzer, *Level Shifter*). Pegelwandler können unidirektional arbeiten, also nur in eine Richtung (z. B. bei Sensoren), oder bidirektional, also in zwei Richtungen für Bussysteme. Entsprechende Module sind auf dem Markt verfügbar (siehe Abbildung 1.9).

Abbildung 1.9 Pegelwandler

Die Anschlüsse sind:

- GND: für den gemeinsamen Ground-Anschluss
- HV: High-Voltage, das hohe VCC, z. B. 5 V
- LV: Low-Voltage, das niedrige VCC, z. B. 3,3 V
- HV1–HV4: die Ein-/Ausgänge Hochvolt
- LV1–LV4: die Ein-/Ausgänge Niedrigvolt

Der Einsatz von Pegelwandlern kann aber auch mit ein paar Nachteilen einhergehen:

- Überlastung einer oder beider Seiten bis hin zur Zerstörung
- inkompatible Logikpegel und daraus resultierendes Nichtfunktionieren der Schaltung oder, noch schlimmer, sporadische Fehlfunktionen
- Verzögerungen der Signale durch die Pegelwandlung und daraus resultierende maximale Signalfrequenzen

Das Board ESP32-CAM AI-Thinker

Das *ESP32-CAM AI-Thinker* ist ein sehr kleines ESP-Kameraboard mit dem ESP32-S-Modul (siehe Abbildung 1.10). Es verfügt über 420 KB SRAM und auf dem Board sind zusätzliche 4 MB PSRAM verbaut.

Neben der Kamera (meist einer *OV2640-Kamera* mit 2 Megapixel, die über einen FPC-Connector angeschlossen wird) und mehreren GPIOs für Peripheriegeräte verfügt das Board auf der Kameraseite auch über einen MicroSD-Kartensteckplatz zum Speichern von aufgenommenen Bildern oder Dateien für eine spätere Verarbeitung. Ein Blitzlicht, eine On-Board-LED und ein IPEX-Anschluss für eine externe Antenne runden das Bauteil ab.

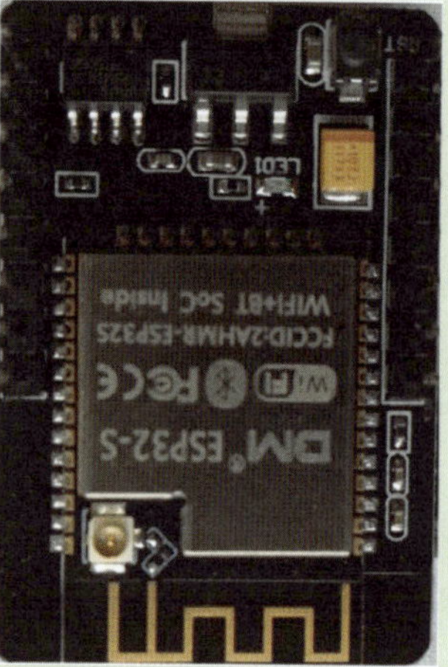

Das Board ist nicht allzu teuer und recht leistungsfähig; unter optimalen Bedingungen ist sogar eine automatisierte Gesichtserkennung möglich. Entsprechende Software hat die Arduino IDE im Gepäck.

Dennoch bieten meiner Meinung nach komplette Geräte, z. B. eine Tapo-Kamera, ein besseres Preis-Leistungs-Verhältnis, da in sie meist Servos zum Schwenken und Neigen der Kamera integriert sind und auch das Kameramodul besser auf das Gerät abgestimmt ist.

1.6 Das ESP32-Dev-KitC V4 – Erstinbetriebnahme am PC

Wenden wir uns nun der Praxis zu: Verbinden Sie das ESP32-Dev-KitC V4 über ein Micro-USB-B-Kabel erstmalig mit Ihrem PC. Die Betriebszustands-LED sollte einige Male deutlich rot blinken, bei anderen Boards kann sie dauerhaft leuchten. Das bedeutet, es liegt Spannung an, und der On-Board-Spannungsregler arbeitet einwandfrei.

1.6.1 Windows

Das Board sollte von Windows selbstständig erkannt werden. Dies lässt sich einfach im Geräte-Manager überprüfen (WINDOWS • SYSTEMSTEUERUNG • HARDWARE UND SOUND • GERÄTE-MANAGER, siehe Abbildung 1.10).

Hier ist das Modul an Port COM4 angeschlossen. Windows hat das neue USB-Gerät erkannt (hier die USB-to-UART-Bridge CP210x, in manchen Boards ist auch ein CH340-Chipsatz verbaut) und den nötigen Treiber installiert.

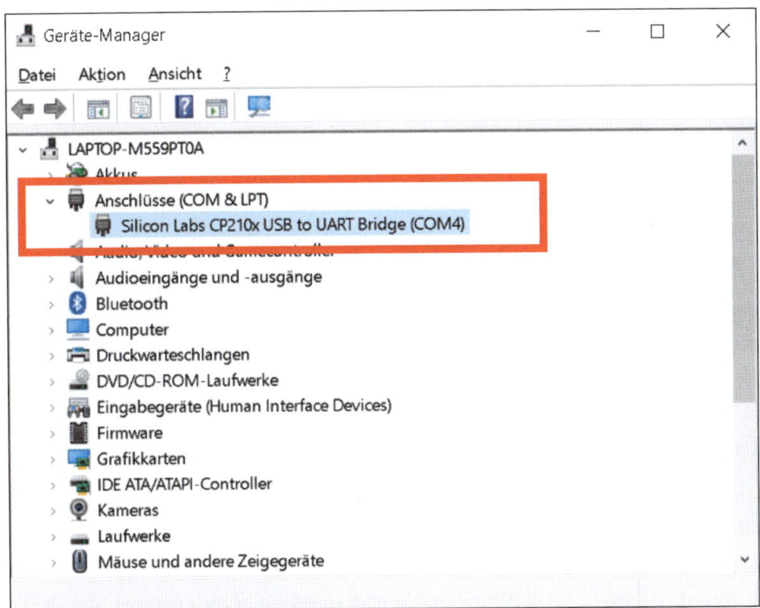

Abbildung 1.10 ESP32-Dev-KitC V4 im Geräte-Manager unter Windows

Sollte das Modul nicht identifiziert worden sein, kann das an fehlenden Datenleitungen im USB-Kabel liegen. Können Sie dies ausschließen bzw. hat das Betriebssystem einen unzutreffenden Treiber eingerichtet (z. B. bei Windows 11), dann hilft eventuell eine manuelle Installation des Treibers für die CP2102-Bridge (siehe Bauteil 8 des ESP32-Development-Kit V4).

Gehen Sie dann wie folgt vor:

1. Holen Sie sich das Treiberpaket von der Download-Seite des Herstellers – z. B. für die CP2102-Bridge von Silicon Labs von *https://www.silabs.com/developers/usb-to-uart-bridge-vcp-drivers?tab=downloads* und dort das Paket *CP210x Universal Windows Driver*.
2. Entpacken Sie die Datei *CP210x_Universal_Windows_Driver.zip*.
3. In dem entpackten Ordner befindet sich eine Datei *silabser.inf*. Gehen Sie mit einem rechten Mausklick auf die Datei, und wählen Sie aus der Dropdown-Liste INSTALLIEREN.

Je nach Ihrer Konfiguration müssen Sie noch eine Sicherheitsabfrage Ihrer Firewall bejahen. Eine erfolgreiche Installation erkennen Sie an der Meldung »The Operation Completed successfully«.

1.6.2 Linux

Linux erkennt üblicherweise das Board eigenständig – erfolgreich getestet wurde dies mit Ubuntu 22.04. Die Überprüfung erfolgt in einem Terminalfenster mit dem Befehl `lsusb` (siehe Abbildung 1.11).

```
Datei Bearbeiten Ansicht Suchen Terminal Hilfe
-PC-LINUX:~$ lsusb
Bus 002 Device 003: ID 046d:c534 Logitech, Inc. Unifying Receiver
Bus 002 Device 002: ID 8087:0024 Intel Corp. Integrated Rate Matching Hub
Bus 002 Device 001: ID 1d6b:0002 Linux Foundation 2.0 root hub
Bus 001 Device 003: ID 04f2:b354 Chicony Electronics Co., Ltd UVC 1.00 device HD UVC WebCam
Bus 001 Device 002: ID 8087:0024 Intel Corp. Integrated Rate Matching Hub
Bus 001 Device 001: ID 1d6b:0002 Linux Foundation 2.0 root hub
Bus 003 Device 002: ID 10c4:ea60 Cygnal Integrated Products, Inc. CP210x UART Bridge / myAVR mySmartUSB light
3-PC-LINUX:~$
```

Abbildung 1.11 ESP32-Development-Kit V4 an Linux (Ubuntu)

Zusammenfassung

An dieser Stelle beende ich die Beschreibung der Hardware rund um den Chip ESP32, die von Espressif gefertigten Module und erhältlichen Boards. Das ESP32-Dev-KitC V4 hat sich als äußerst vielfältiger Baustein und dennoch recht einfach zu handhabende Komponente präsentiert, die dazu einlädt, es für eigene Projekte zu nutzen. Deshalb ist dieser Baustein unsere Basis für die folgenden Projekte.

Kapitel 2
Die Stromversorgung

Strom ist das Lebenselixier des ESP32. Dieses Kapitel befasst sich mit seinem Stromverbrauch und seiner Stromversorgung.

Je intensiver ein elektrisches Gerät in Betrieb ist, desto höher ist sein Stromverbrauch. Das ist bei einer banalen Glühlampe so und ist auch bei einem Mikrocontroller nicht anders. Besonders im Akku- oder Batteriebetrieb ist eine schonende Inanspruchnahme der Energiequelle also unerlässlich. Sie sollten daher nie den Energieverbrauch aus den Augen verlieren.

Anders jedoch als eine Glühlampe stellt der ESP32 deutlich höhere Anforderungen an die Qualität der Stromversorgung. Entsprechende Qualitätsmerkmale sind unter anderem eine möglichst gleichförmige, störsignalfreie Spannung innerhalb eines engen Spannungsbereichs und eine ausreichende Stromstärke.

Die folgenden Abschnitte schlüsseln den typischen Stromverbrauch des ESP32 nach Betriebszuständen auf und stellen verschiedene Alternativen für Spannungsquelle und Stromversorgung vor.

2.1 Betriebszustände und typische Stromverbräuche

In der Dokumentation unterscheidet Espressif zwischen fünf Betriebszuständen:

- **Aktiver Modus**: Dies ist der normale Betriebszustand. In diesem Modus sind alle Funktionen des Chips aktiv. Alle Sende- und Empfangsfunktionen (WLAN- und Bluetooth-Modul) sind permanent eingeschaltet. Der Chip kann empfangen, senden oder nach eingehenden Nachrichten suchen.
- **Modem-Sleep-Modus**: Im Modem-Sleep-Modus sind das WLAN-, das Bluetooth- und das Radiomodul abgeschaltet. Allerdings können für den WLAN-Betrieb im Zusammenspiel mit dem Router Betriebsformen (DTIM-Beacon-Mechanismus) eingerichtet werden, die die Verbindung aufrechterhalten können. CPU (*Central Processing Unit*; dt. »zentraler Hauptrechner«), Coprozessor und RTC (*Real Time Clock*; dt. »Echtzeituhr«) sind außerdem in Betrieb. Das Clocksignal ist weiterhin konfigurierbar.

- **Light-Sleep-Modus**: Der *Light Sleep* entspricht im Wesentlichen dem *Modem Sleep*. Der Unterschied besteht darin, dass die CPU durch Ausschalten der Taktimpulse angehalten wird. Der RTC-Speicher und die RTC-Peripheriegeräte (»RTC« steht hier nicht nur für Real Time Clock, sondern für das gesamte von Espressif so benannte *RTC low-power and analog subsystem*) sowie der ULP-Coprozessor laufen weiter. (ULP steht für *Ultra Low Power*; der ULP-Coprozessor braucht nur 1,5 mA.) Alle Aktivierungsereignisse (MAC, Host, RTC-Timer oder externe Interrupts) aktivieren den ESP32.
- **Deep-Sleep-Modus**: Im Deep-Sleep-Modus sind die CPU, der größte Teil des RAM (*Random Access Memory*; dt. »Speicher mit wahlfreiem Zugriff« – bei Rechnern der Arbeitsspeicher) und alle digitalen Peripheriegeräte ausgeschaltet. Dies hat zur Folge, dass alle im abgeschalteten RAM gespeicherten Werte verloren gehen. Nur der RTC-Controller, die RTC-Peripheriegeräte (einschließlich ULP-Coprozessor) und der RTC-Speicher bleiben aktiv. WLAN- und Bluetooth-Verbindungsdaten werden vor dem Eintritt in den Deep-Sleep-Modus im RTC-Speicher abgelegt, sodass sie nach dem Aufwecken wieder zur Verfügung stehen. Ein aktiver ULP-Coprozessor erlaubt Sensorabfragen, sodass auf der Basis der Ergebnisse das Hauptsystem aufgeweckt werden kann.
- **»Winterschlaf«**: In diesem Modus sind auch der interne 8-MHz-Oszillator und der ULP-Coprozessor deaktiviert. Dies gilt ebenfalls für den RTC-Wiederherstellungsspeicher, sodass keine Daten im Ruhezustand gespeichert werden können. Lediglich ein RTC-Timer und bestimmte RTC-GPIOs sind aktiv. Nur sie können den Chip aus dem Ruhezustand aufwecken.

Espressif macht im Datenblatt die Angaben zum Stromverbrauch des ESP32-Moduls, die Sie in Tabelle 2.1 und Tabelle 2.2 sehen. (Die Werte des ESP32-Dev-KitC V4 liegen darüber, da auch die USB-Bridge und der Spannungsregler Strom verbrauchen.)

Betriebsmodus	Beschreibung	Stromverbrauch
Aktiver Modus	WLAN senden	siehe Tabelle 2.2
WLAN/BT senden		
WLAN/BT senden und empfangen		
Modem Sleep	WLAN/BT aus, CPU an	~ 20 mA – 31 mA
Light Sleep	CPU pausiert	0,8 mA
Deep Sleep	ULP-Coprozessor ein	150 µA

Tabelle 2.1 Stromverbrauch des ESP32 nach Betriebsmodi

Betriebsmodus	Beschreibung	Stromverbrauch
ULP-Sensorüberwachung	100 µA	
RTC-Timer und RTC-Speicher	10 µA	
Winterschlaf	nur RTC-Timer	5 µA
Ausgeschaltet	ESP32 aus	0,1 µA

Tabelle 2.1 Stromverbrauch des ESP32 nach Betriebsmodi (Forts.)

Beschreibung	Typischer Stromverbrauch
802.11b senden DSSS 1 Mbps, POUT = +19,5 dBm	240 mA
802.11g senden OFDM 54 Mbps, POUT = +16 dBm	190 mA
802.11n senden OFDM MCS7, POUT = +14 dBm	180 mA
802.11b/g/n empfangen	~ 95 mA – 100 mA
BT/BLE senden = 0 dBm	130 mA
BT/BLE empfangen	~ 95 mA – 100 mA

Tabelle 2.2 Stromverbrauch des ESP32 für WLAN/BT

Um die Realisierung verschiedener Sleep-Modi geht es in Abschnitt 7.10, »Energie-(Spar-)Modi«.

2.2 Anschlüsse zur Stromversorgung

Es gibt drei sich gegenseitig ausschließende Möglichkeiten, das ESP32-Dev-KitC V4 mit Strom zu versorgen:

- **Micro-USB-Anschluss**: Dieser Anschluss ist im Prinzip für das Laden von Programmen vorgesehen. (Die Ausnahme bildet *OTA – Over The Air Update* –, um das es in Kapitel 8, »Externe Schnittstellen«, geht.) Darüber hinaus können Sie den ESP32 auf diesem Weg auch mit Strom versorgen.

  Allerdings lauert hier eine Tücke. Sie betrifft das verwendete USB-Kabel. Für wenige Millisekunden kann der WLAN-Betrieb in der Spitze den typischen Stromverbrauch deutlich übersteigen. Diesen Stromverbrauch muss das Kabel bedienen können. Erweist sich das Kabel als Flaschenhals, führt zu wenig Strom zu einem

Absturz des ESP32. Verwenden Sie also kurze Kabel mit hinreichendem Querschnitt, die von renommierten Herstellern stammen.

Sollte auch dies ausnahmsweise nicht fruchten, sind zusätzliche stabilisierende Tantal- und Elektrolytkondensatoren an *Vin* noch eine Option.

[!]

Polung beachten

Sowohl Tantal- als auch Elektrolytkondensatoren müssen richtig gepolt eingebaut werden. Der Minusanschluss der Kondensatoren muss an GND und der Plusanschluss an Vin angeschlossen werden. Bei Elektrolytkondensatoren ist der Pluspol normalerweise durch ein Pluszeichen gekennzeichnet. Bei Tantalkondensatoren unterscheiden sich die Kennzeichnungen.

- **Vin- und GND-Header-Pins**: Dies ist eine gute Option, wenn Sie mit Ihrem eigenen externen Regler eine maßgeschneiderte Stromquelle für das Board bereitstellen möchten. Der Spannungsregler des Boards (in der Regel ein *AMS1117*) regelt die Spannung auf die erforderliche Höhe herunter. Er verträgt eine maximale Eingangsspannung von 9 V.
- **3V3-/GND-Header-Pins**: Hier setzt die Spannungsversorgung nach dem internen Spannungsregler an. Dies ist eine gute Option, wenn bereits durch andere Baugruppen eine entsprechende Stromversorgung zur Verfügung steht.

In manchen Anwendungsfällen sind vielleicht detaillierte Informationen hinsichtlich der internen Verdrahtung der Stromversorgung nötig. Sie finden diese unter *https://dl.espressif.com/dl/schematics/esp32_devkitc_v4-sch.pdf*.

[!]

Nur eine Art der Stromversorgung

Verwenden Sie nur eine der drei genannten Optionen für die Stromversorgung! Sie riskieren sonst Beschädigungen an dem ESP32-Development-Kit V4 und/oder der Stromquelle.

2.3 Grundschema der Stromversorgung

Die Stromversorgung eines Mikrocontrollers folgt einem einheitlichen Prinzip (siehe Abbildung 2.1).

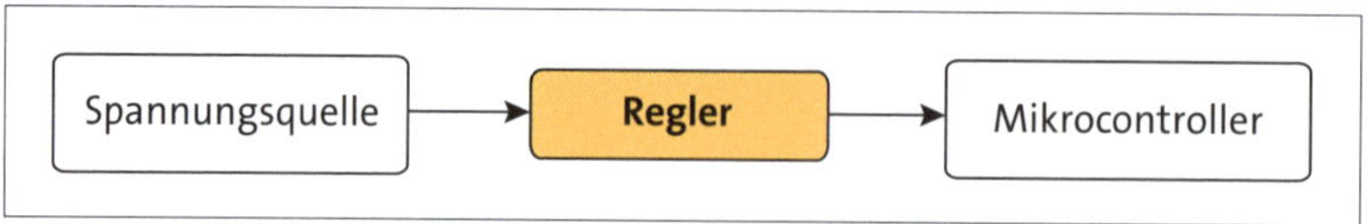

Abbildung 2.1 Grundschema der Stromversorgung

Eine *Spannungsquelle* (siehe Abschnitt 2.4) stellt eine Versorgungsspannung zur Verfügung und versorgt in der Regel einen *Spannungsregler* (siehe Abschnitt 2.5). Dieser bedient wiederum den Mikrocontroller. Die Mindestanforderung an eine Spannungsquelle hängt von den Betriebsmodi (siehe Abschnitt 2.1) des Mikrocontrollers ab. Beide zusammen beeinflussen die Auswahl des Spannungsreglers.

2.4 Spannungsquellen

Sie können unterschiedliche Spannungsquellen nutzen, um den ESP32 zu betreiben.

Der PC

Der PC ist im Entwurfs- und Programmierstadium zunächst die Stromversorgung der Wahl. Er liefert grundsätzlich eine äußerst stabile, weitgehend störungsfreie Spannung und ist meist hinreichend belastbar. Allerdings sind unter Umständen nicht unbedingt alle USB-Ports gleichermaßen geeignet, da einige Ports unter Umständen die erforderliche Stromstärke doch nicht zur Verfügung stellen können. Schauen Sie dazu in die Dokumentation Ihres Mainboards; oftmals können Sie aber nur ausprobieren, ob die versprochene Spannung auch geliefert wird. Weichen Sie gegebenenfalls auf andere USB-Ports aus.

Trotzdem bietet sich der PC als Rückzugsstromquelle an, wenn der Betrieb des Boards mit anderen Stromversorgungsquellen Schwierigkeiten bereiten sollte. Bleiben die Probleme weiterhin bestehen, liegt die Vermutung nahe, dass die Ursache eher beim Board zu suchen ist.

USB-Ladegeräte und USB-Schaltnetzteile

Die Vielfalt an im Handel erhältlichen *USB-Ladegeräten* und *USB-Schaltnetzteilen* ist beträchtlich. Die Preise und damit auch die Qualität schwanken enorm. Höherwertige Geräte namhafter Hersteller, wie sie zum Aufladen eines Mobiltelefons oder als Stromversorgung für einen Raspberry Pi angeboten werden, genügen in den allermeisten Fällen den Anforderungen eines ESP32.

Powerbank

Eine *Powerbank* (siehe Abbildung 2.2) ist im Grunde nichts anderes als ein großer Akku. Intern sind meistens 3,7-V-*Lithium-Akkus* verbaut. Ein Aufwärtswandler bringt die Spannung dann auf 5 V am USB-Anschluss. Beide Transformationsprozesse (das Aufwärtswandeln der Powerbank, der Laderegler des ESP32) verbrauchen Strom. Dies nagt erheblich am Wirkungsgrad. Zudem schalten einige Powerbanks bei geringer Stromentnahme, wie sie bei dem ESP32 vorkommen kann, automatisch ab.

Abbildung 2.2 Powerbank

Batteriebetrieb

Hier gilt grundsätzlich, dass Sie kurze und starke Leitungen sowie leistungsstarke Batterien verwenden sollten. Darstellbar sind Konfigurationen wie z. B.:

- 12-V-Batterie mit Spannungsregler an Vin
- 9-V-Batterie an Vin
- Batterie mit Spannungsregler an 3V3

Nicht wiederaufladbare Batterien (Primärzellen)

Reguläre Batterien liefern eine mittlere Ausgangsspannung von 1,3 V. Ungebraucht, können zwei Batterien die Mindestspannung von 2,55 V für den ESP32 liefern. Nach einer gewissen Betriebsdauer unterschreiten die Batterien diesen Wert, obwohl noch 70 % der Gesamtkapazität vorhanden sind. Vier Batterien (~ 6 V) vermeiden diesen Nachteil und ermöglichen einen Wirkungsgrad von 75 %.

Lithiumzellen weisen eine typische mittlere Ausgangsspannung von 3 V auf. Sie können die Stromversorgung bei kurzfristigen hohen Lasten sicherstellen, haben zudem eine sehr geringe Selbstentladung und funktionieren auch bei –20 Grad.

Aufladbare Batterien (Sekundärzellen)

Aufladbare Batterien (*Akkus*, siehe Abbildung 2.3) basieren auf unterschiedlichsten chemischen Elementen (Blei-Akku, Lithium-Ionen-Akku, Nickel-Metallhydrid-Akku usw.). Sie eignen sich genauso gut für den Betrieb eines ESP32 wie auch Primärzellen, haben aber den Vorteil, dass sie wieder aufgeladen werden können.

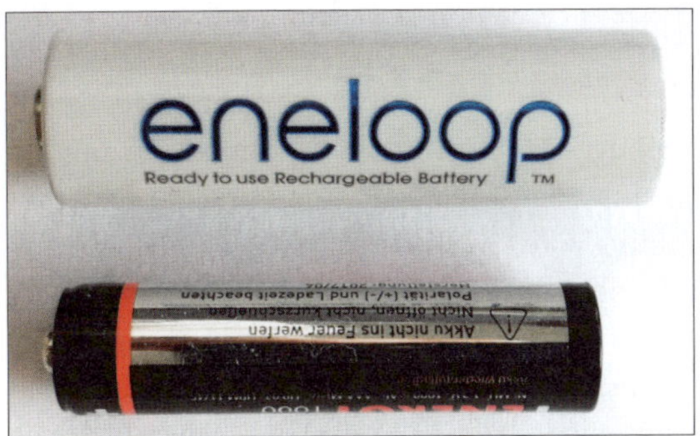

Abbildung 2.3 Akkus

Solarbetrieb

Der Elektronikfachhandel und die einschlägigen Plattformen bieten eine Vielzahl von kleinen *Solarzellen* an, so z. B. mit einer Nennspannung von 5 V und einem Nennstrom von 300 mA. Das erscheint zunächst einmal ausreichend. Allerdings erreicht das Modul diese Werte nur bei entsprechender Sonneneinstrahlung, und selbst dann reicht sie unter Umständen nicht aus, um Spitzenlasten zu bedienen – mit der Folge, dass der ESP32 ständig neu bootet.

Eine Alternative bilden *Solarpanele* mit *Laderegler* und nachgeordnetem Akku (siehe Abbildung 2.4).

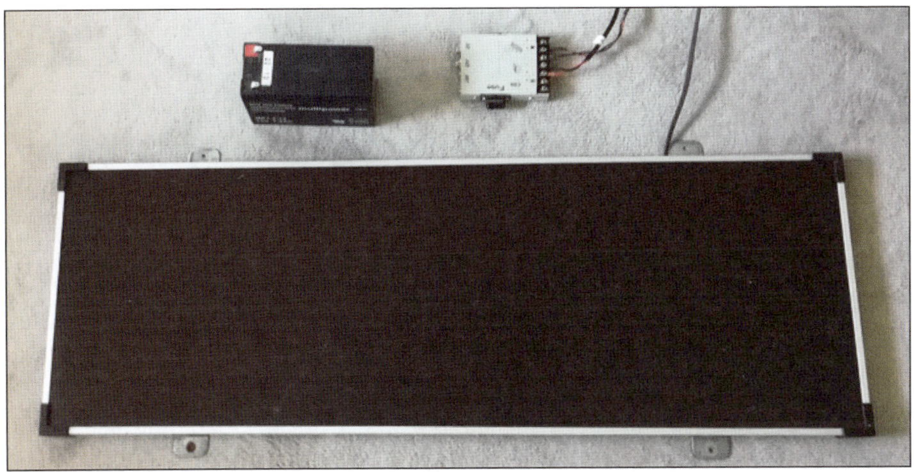

Abbildung 2.4 Solarmodul, Akku, Laderegler

Der Akku in dem oben genannten Beispiel bietet im Neuzustand über 7 Ah bei 12 V. Der Laderegler verfügt für eine problemlose Anbindung des ESP32-Boards über einen USB-Anschluss.

2.5 Spannungsregler

Spannungsregler kommen immer dann zum Einsatz, wenn die Spannung der Quelle nicht den Erfordernissen des ESP32 genügt. Das Gesamtbild verkompliziert sich zudem häufig durch den Umstand, dass einige Sensoren oder Module nicht mit der für einen Mikrocontroller üblichen Spannung von 3,3 V, sondern mit 5 V arbeiten. Kommen Motoren zum Einsatz, beträgt die benötigte Spannung häufig mindestens 6 V oder sogar 12 V. Spannungsregler sorgen in diesen Fällen für eine optimal angepasste Stromversorgung. Dieser Abschnitt befasst sich mit den Grundprinzipien der Spannungsregelung und stellt die hierzu einsetzbaren Bauteile vor.

Die Auswahl für Ihr Projekt richtet sich nach folgenden Fragen:

- Welche Ausgangsspannung und welcher Maximalstrom werden benötigt?
- Welche Eingangsspannung steht bei welcher Strombelastbarkeit zur Verfügung?

Hinsichtlich des Funktionsprinzips können Sie auf lineare Spannungsregler und Schaltregler zurückgreifen.

2.5.1 Lineare Spannungsregler

Lineare Spannungsregler arbeiten als Widerstände (siehe Abbildung 2.5).

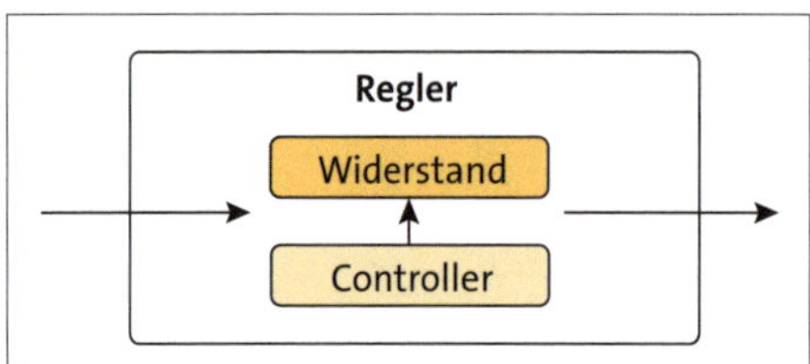

Abbildung 2.5 Linearer Spannungsregler

Die Größe des Widerstands bemisst sich nach dem ohmschen Gesetz ($R = U / I$). Das bedeutet, dass bei einer Eingangsspannung von 13,3 V und einer gewünschten Ausgangsspannung von 3,3 V an dem Widerstand 10 V an Spannung abfallen müssen. Der Widerstand bei einem Strom von 500 mA beträgt dann 20 Ω: $\frac{10\ \text{V}}{0{,}5\ \text{A}} = 20\ \Omega$.

Das heißt in der Folge, dass der Widerstand bzw. der lineare Spannungsregler Leistung in einer Größenordnung von 5 W ($W = U \times I = 10\ \text{V} \times 0{,}5\ \text{A} = 5\ \text{W}$) abbauen muss, indem er diese Energie in nutzlose Wärme umwandelt. Zum Ausdruck bringt dies ein Quotient aus Ausgangsleistung dividiert durch Eingangsleistung: die *Effizienz*. Sie beträgt also in diesem Beispiel:

$$\text{Effizienz} = \frac{\text{Ausgangsleistung}}{\text{Eingangsleistung}} = \frac{3{,}3\ \text{V} \times 0{,}5\ \text{A}}{13{,}5\ \text{V} \times 0{,}5\ \text{A}} = 0{,}25 = 25\ \%$$

Die *Wärmeentwicklung* lässt sich mithilfe des Datenblatts eines Bausteins berechnen: Temperatur = Verlustleistung × Typ. Die Wärmeentwicklung beträgt beispielsweise bei einem Regulator *TS7805* 25 °C pro Watt; hier also:

$$\text{Temperatur} = 5\,\text{W} \times \frac{25\,°\text{C}}{\text{W}} = 125\,\text{W}$$

Auch wenn der ESP32 eher nur sporadisch (z. B. in der Startphase) 0,5 A zieht, sind lineare Spannungsregler wenig bis gar nicht geeignet, um hohe Eingangsspannungen auf ein deutlich niedrigeres Niveau herunterzuregeln. Sie werden bevorzugt bei geringer Differenz zwischen Eingangs- und Ausgangsspannung eingesetzt. Die Effizienz bewegt sich dann im Rahmen von 66 % (z. B. 5 V USB-Eingang zu 3,3 V ESP32-Ausgang).

Lineare Spannungsregler gibt es in unterschiedlichen Ausführungen (z. B. zeigt Abbildung 2.6 den 5-V-Spannungsregler TS7805).

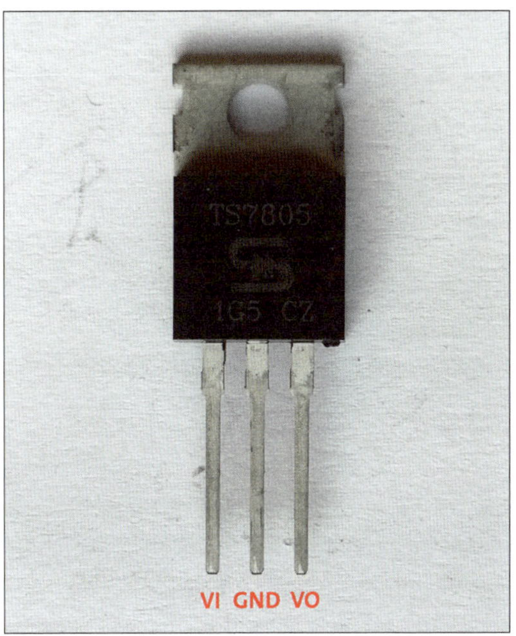

Abbildung 2.6 Der lineare Spannungsregler TS7805

Fügen Sie beim Aufbau Ihrer Schaltung mit einem externen Spannungsregler zwei externe Tantal-Elektrolytkondensatoren, die Eigenschwingungen entgegenwirken sollen, so nah wie möglich am Bauteil hinzu (siehe Abbildung 2.7).

Denken Sie auch daran, dass am Spannungsregler für eine korrekte Arbeitsweise eine Mindesteingangsspannung anliegen muss. Einzelheiten ergeben sich auch hier aus dem jeweiligen Datenblatt.

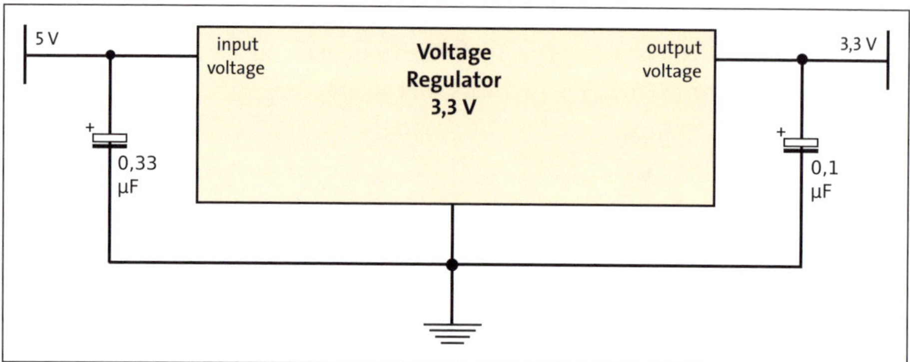

Abbildung 2.7 Schaltplan für die lineare Stromversorgung

Typischerweise liegt die Mindesteingangsspannung ca. 1,5 bis 3 V über der Ausgangsspannung. Für den Batteriebetrieb ist das recht viel. Daher sind LDOs (*Low-Drop-Out*) wie der AMS1117 (siehe Abbildung 2.8) eine gute Wahl, da hier die erforderliche Spannungsdifferenz nur bei 0,1 bis 1 V liegt.

Abbildung 2.8 Der Spannungsregler AMS1117

2.5.2 Schaltregler

Schaltregler umgehen den Nachteil erhöhter Wärmeverluste. Das Prinzip ist, dass die Spannung nur für kurze Zeit eingeschaltet wird (siehe Abbildung 2.9). Dabei ist die Ein-Aus-Zeit so bemessen, dass am Ausgang eine vermeintlich konstante Spannung entsteht.

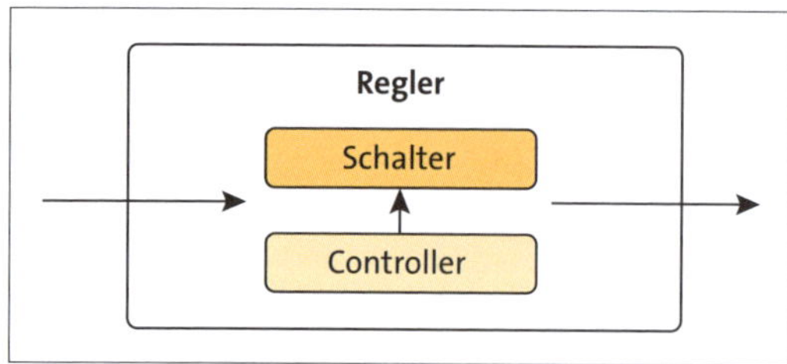

Abbildung 2.9 Schaltregler

Neben einem Element für die Schaltfunktion (Transistor, Thyristor) verfügen Schaltregler zumindest über einen Kondensator und zumeist eine Spule (sie dienen als Energiespeicher) sowie über eine Diode (Schaltbild und Funktionserläuterung siehe *https://de.wikipedia.org/wiki/Abw%C3%A4rtswandler*). Schaltregler gibt es mit dreierlei Funktionsprinzipien.

Abwärtswandler

Bei *Abwärtswandlern* (*Step-down-Converter, Buck-Converter*) ist die Ausgangsspannung immer kleiner als die Eingangsspannung. Weil die niedrigere Ausgangsspannung durch Schaltvorgänge erzeugt wird, entstehen wesentlich weniger Wärmeverluste. Dies erhöht dann im Ergebnis signifikant die Effizienz des Reglers. Sie bewegt sich üblicherweise in einer Spanne von 88 bis 95 %. Dabei gilt: Je höher die Spannungsdifferenz ist, desto schlechter ist die Effizienz.

Schaltregler benötigen ebenso wie lineare Spannungsregler eine Mindesteingangsspannung. Dabei gilt: Je kleiner die Eingangsspannung ist, desto größer ist auch die Eingangsstromstärke. Der Grund dafür ist das Erreichen der benötigten Ausgangsstromstärke.

Bei so viel Licht gibt es auch etwas Schatten: Die Ausgangsspannung hat keinen gleichmäßigen Verlauf, sondern weist aufgrund der Schaltvorgänge eine gewisse hochfrequente Wellenform (*Ripple*) auf. Damit tritt ein Schaltregler als Sender auf, der andere Geräte (AM-Empfänger, LoRa-Receiver) je nach Frequenzbereich mehr oder weniger stört.

Aufwärtswandler

Aufwärtswandler (*Step-up-Converter, Boost-Converter*) bringen eine niedrigere Eingangsspannung auf ein höheres Niveau. Sie eignen sich dann besonders, wenn periphere Geräte eine höhere Spannung benötigen, als die an den ESP32 angeschlossene Stromversorgung liefert.

Auf-/Abwärtswandler

Auf-/Abwärtswandler (*Buck-Boost-Converter, SEPIC-Converter*) vereinen Abwärtswandler und Aufwärtswandler in einem Gerät (siehe Abbildung 2.10).

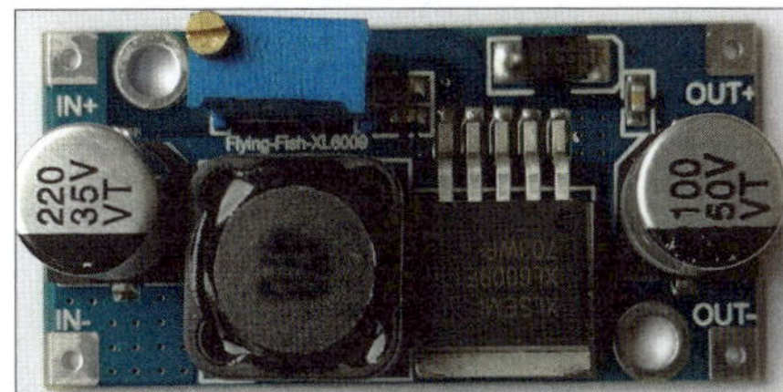

Abbildung 2.10 Auf-/Abwärtswandler

Deep Sleep

Beachten Sie, dass Spannungsregler auch dann Strom verbrauchen, wenn der ESP32 im Deep-Sleep-Modus ist. Der Stromverbrauch kann durchaus deutlich über dem Verbrauch des ESP32 liegen und die Ressourcen einer Batterie oder eines Akkus stark strapazieren. Konsultieren Sie in solchen Fällen vorab das Datenblatt des Moduls (Stichwort: *Quiescent Current*) oder greifen Sie auf ein Gerät zurück, das Sie abschalten können.

Kapitel 3
Ihre Werkstatt

Der Koch ist nur so gut wie seine Zutaten, der Handwerker nur so gut wie sein Werkzeug. Ohne geeignete Arbeitsmittel lassen sich auch Mikrocontroller-Projekte nur schwer realisieren.

In diesem Kapitel stelle ich Ihnen einige notwendige und nützliche Werkzeuge vor. Außerdem lernen Sie die gebräuchlichsten elektronischen Bauelemente kennen.

3.1 Breadboard & Co.

Bevor es in Abschnitt 3.2 um einige hilfreiche Werkzeuge geht, möchte ich Ihnen zunächst das Handwerkszeug vorstellen: Breadboards, Jumperkabel und Leiterplatten.

3.1.1 Das Breadboard

Breadboards (Steckbretter, siehe Abbildung 3.1) sind eine segensreiche Erfindung und ein unverzichtbares Hilfsmittel bei der Entwicklung elektronischer Schaltungen. Sie ermöglichen ein lötfreies Verbinden von Bauteilen und eignen sich somit bestens, um Prototypen oder temporäre Verdrahtungen zu erstellen. Im Handel ist eine Vielzahl von Breadboards erhältlich. Aufbau und Funktion sind allerdings im Prinzip identisch.

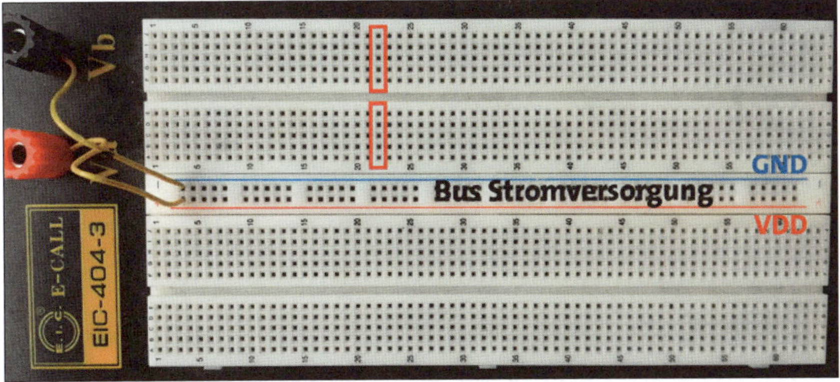

Abbildung 3.1 Breadboard

In der Länge verlaufen eine oder mehrere Busreihen für die Stromversorgung; Blau steht dabei für GND (*Ground*, minus) und Rot für VDD (plus). Idealerweise verfügen Breadboards an einer Seite über Buchsen, an die mit Bananensteckern eine externe Stromquelle angeschlossen werden kann.

Darüber hinaus verfügen Breadboards parallel zum Strombus über einen oder mehrere paarweise parallel verlaufende Doppelblöcke von Klemmreihen (in Abbildung 3.1 sehen Sie oben zwei Doppelblöcke). Die Blöcke sind durch eine Nut getrennt, sodass sich Bauteile mit ihren Anschlüssen über diese trennende Nut stecken lassen. Dabei sind jeweils fünf Löcher zu einer Gruppe miteinander verbunden (siehe roter Rahmen). Leider begrenzt dies die Anzahl möglicher Verbindungen. Die einzelnen Löcher sind mit den Buchstaben A bis E gekennzeichnet, die Gruppe ist einer Spalte mit einer laufenden Nummerierung zugeordnet. Damit entsteht ein Koordinatensystem, in dem der Kontakt eines jeden Bauteils einer Koordinate zugeordnet werden kann.

Der Lochabstand entspricht den *DIP-Maßen* (*Dual Inline Package*), sodass auch ICs mit derartigen Anschlüssen direkt auf das Breadboard gesteckt werden können. Koppler bzw. Adapter realisieren das Anschließen von Bauteilen, die diesen Maßen nicht entsprechen.

3.1.2 Jumperkabel

Nicht immer ist eine direkte Verbindung von Bauteilen auf dem Steckbrett oder auch bei offenen Schaltungen möglich; es muss quasi vom einen zum anderen Verbindungspunkt gesprungen werden. *Jumperkabel* übernehmen diese Funktion (siehe Abbildung 3.2).

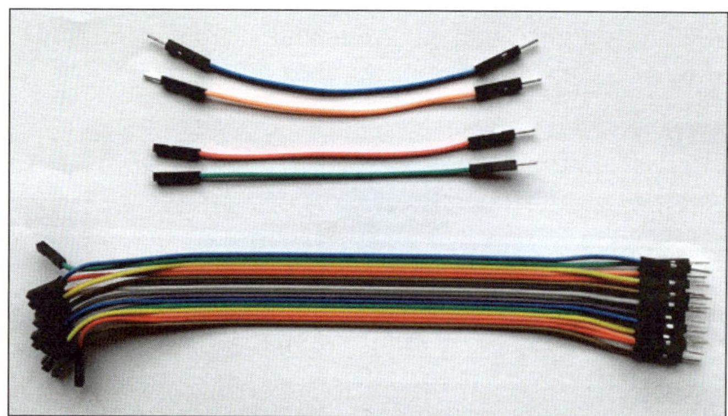

Abbildung 3.2 Jumperkabel

Die Art der Kabel unterscheidet sich danach, wie die Kabelenden ausgeführt sind. Haben beide Enden einen Stecker (Stift), heißen sie *Male-to-Male*-Jumperkabel. Sie werden vorwiegend bei der Arbeit mit Steckbrettern gebraucht. Ist das eine Ende eine Buchse, das andere ein Stecker, liegt ein *Female-to-Male*-Jumperkabel vor. Diese Kabel kommen häufig beim Anschluss einzelner externer Bauteile an das Steckbrett oder als Kabelverlängerung zum Einsatz.

Jumperkabel gibt es in unterschiedlichen Längen. In Hinblick auf den geringen Anschaffungspreis kann es durchaus komfortabel sein, Zugriff auf eine größere Auswahl an Längen und Ausführungsarten zu haben.

Darüber hinaus lassen sich auf dem Steckbrett auch Verbindungen mit einfachen Drahtbrücken herstellen. In manchen Situationen ist dies übersichtlicher als ein Wust von Jumperkabeln.

Behalten Sie die Übersicht

[«]

Es sorgt für Klarheit, wenn rote Kabel bzw. Drahtbrücken Verbindungen vorbehalten bleiben, die positive Spannung führen; schwarze Leitungen sollten GND- bzw. Masseleitungen zugeordnet sein.

3.1.3 Die Leiterplatine

Irgendwann kommt der Moment, an dem bei einem Projekt die Testphase abgeschlossen ist und die Schaltung ein finales Stadium erreicht hat. Spätestens dann ist es Zeit, dass sie das Breadboard verlässt und eine beständigere Montage erfährt. Die Basis eines solchen Zusammenbaus ist eine *Leiterplatine*. Sie dient als Trägermaterial der Bauteile und verbindet sie über Leiterbahnen aus Kupfer. Sehr gebräuchlich sind Lochraster- oder Lochstreifenplatinen (siehe Abbildung 3.3).

Abbildung 3.3 Lochraster- und Streifenrasterplatine

Sie werden im Fachhandel in der Größe 160 × 100 × 1,5 mm angeboten. Der Lochrasterabstand beträgt 2,54 × 2,54 mm, sodass auch das ESP32-Dev-KitC V4 ohne modifizierende Adapter platziert werden könnte. Bewährt haben sich Leiterplatinen aus Epoxydharz.

Welche Ausführung Sie wählen, hängt weitgehend von Ihren persönlichen Vorlieben ab; jede hat ihre Vor- und Nachteile, die in Tabelle 3.1 aufgelistet sind.

	Vorteil	Nachteil
Lochraster-platine	▸ Leiterbahnen müssen nicht unterbrochen werden. ▸ Eine kompaktere Anordnung der ist Komponenten möglich. ▸ Flexiblere Verdrahtung auf der Kupferseite, da Leitungen z. B. auch abgewinkelt geführt werden können	▸ Sorgfältiges Arbeiten bei ICs o. Ä. ist nötig. ▸ Es ist etwas schwierig, benachbarte Löcher zu verbinden. ▸ (Alternativ: Lochrasterplatine mit 3er-Streifen) ▸ Lötaugen lösen sich schnell ab, wenn sie während des Lötens überhitzt werden.
Streifenraster-platine	▸ Bauteile mit eng nebeneinanderliegenden Anschlüssen (ICs) lassen sich leichter montieren. ▸ Weist eine gewisse Robustheit gegenüber thermischen und mechanischen Belastungen auf.	▸ Leiterbahnen müssen gegebenenfalls mit einem Teppichmesser, einem Cutter oder einem Bohrer unterbrochen werden. ▸ Die durch das Streifenraster im Prinzip vorgegebene Ausrichtung der Komponenten verbraucht einigen Platz.

Tabelle 3.1 Vor- und Nachteile von Lochraster- und Streifenrasterplatinen

[»]

Verbindungen prüfen

Prüfen Sie, bevor Sie an die aufgebaute Schaltung erstmalig Strom anlegen, mit dem Multimeter, ob alle Anschlüsse wunschgemäß vorhanden sind, und zwar in zweierlei Hinsicht:

- Sind alle Bauteile, die miteinander elektrisch verbunden sein sollen, auch tatsächlich verbunden (keine sogenannten *kalten Lötstellen*)?
- Haben sich durch die Lötarbeiten ungewollte elektrische Verbindungen (*Kurzschlüsse*) ergeben?

Das kostet zwar etwas Zeit, die aber richtig gut investiert ist, denn nichts ist aufreibender und frustrierender als eine Fehlersuche in falsch gesteckten und – noch gravierender – in falsch verlöteten Baugruppen. Hinzu kommt die Gefahr, Defekte an Bauteilen zu verursachen.

Sehr engagierte Maker können sich die eigene Platine aber auch aus einer vollkaschierten Kupferplatine selbst herstellen. Ob das den Aufwand rechtfertigt, muss natürlich jeder für sich entscheiden.

Bauteile austauschen

Nicht immer ist es vorteilhaft, wenn Module fest verlötet sind. Buchsenleisten erleichtern in solchen Fällen einen problemlosen Bauteilwechsel. Dies ist allerdings mit dem Nachteil verbunden, dass zusätzliche Fehler bei den elektrischen Kontakten auftreten können.

3.2 Hilfreiche Werkzeuge

Nach den allerersten Schaltungsaufbauten auf dem Steckbrett werden Sie recht bald den Wunsch haben, größere Projekte umzusetzen. Weiteres Werkzeug sorgt dann für komfortables Basteln und die reibungslose Umsetzung von Ideen.

Dabei ist es wie so häufig bei Anschaffungen: Es gibt sehr billige, aber auch äußerst teure Geräte. So finden Sie Lötstationen aus fernöstlicher Herkunft bereits ab ca. 15 €, für eine Profistation müssen Sie ca. 600 € einplanen. Sicher ist es so, dass für erste Arbeiten nicht gleich das teuerste Modell angeschafft werden muss. Auf lange Sicht lohnt es sich aber doch, nicht Geräte aus dem untersten Preissegment auszuwählen.

- **Multimeter**

  Ein Multimeter (siehe Abbildung 3.4) ist nahezu unverzichtbar. Dies gilt insbesondere, wenn Sie Schaltungen auf Platinen aufbauen wollen. Widerstands- und Spannungsmessung sind dann Ihre ständigen Begleiter.

Abbildung 3.4 Multimeter

- **Seitenschneider**

  Ein Seitenschneider wie in Abbildung 3.5 ist ebenfalls kaum wegzudenken, um Drahtstücke von einer Drahtrolle abzuschneiden oder die Beinchen von Bauelementen zu kürzen.

Abbildung 3.5 Seitenschneider

- **Pinzetten**

  Pinzetten sind die kleinen Schwestern von Zangen und gerade bei filigranen Arbeiten an Breadboard und Platine sehr nützlich. Abbildung 3.6 zeigt ein Modell von zwei Seiten.

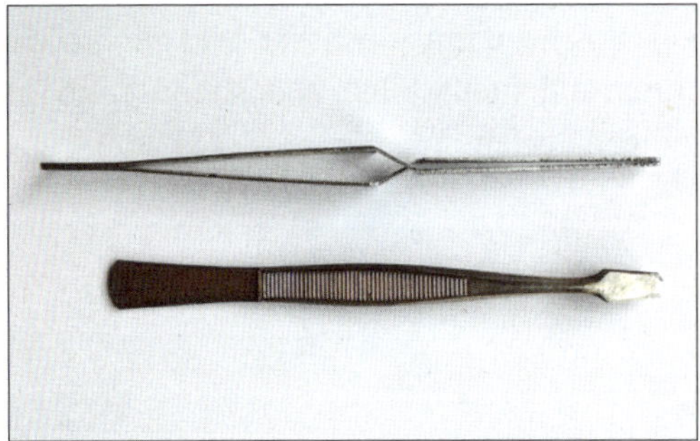

Abbildung 3.6 Pinzetten

- **Lötstation**

  Für Lötarbeiten ist ein *Lötkolben* (siehe Abbildung 3.7) mit einstellbarer Temperatur das Mittel der Wahl, da je nach Größe und Beschaffenheit der Lötstelle unterschiedliche Temperaturen nötig sind. Die Lötspitze sollte austauschbar sein, sodass in Abhängigkeit von den anstehenden Lötarbeiten (z. B. sehr schmale Formen für das SMD-Löten) unterschiedlich ausgeformte Lötspitzen eingesetzt werden können.

  Eine *Entlötpumpe* (*Vakuumpumpe*) entfernt flüssiges Lötzinn von der Lötstelle. Dies erleichtert den Ausbau von Bauteilen. Alternativ bietet sich Entlötlitze an.

Lötzinn gibt es in unterschiedlichen Drahtstärken sowie mit und ohne Flussmittelseele. Je kleiner die Lötstelle ist, desto dünner sollte der verwendete Draht sein. Bei Drähten ohne Flussmittel empfiehlt es sich, vor dem Löten ein Flussmittel auf die Lötstelle aufzutragen (z. B. Lötwasser).

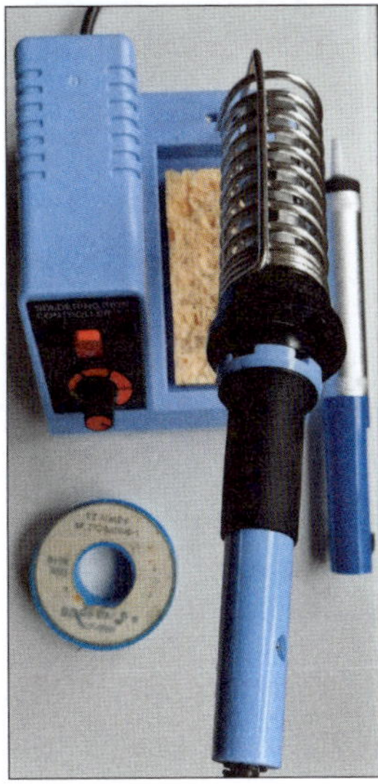

Abbildung 3.7 Lötstation

- **Die dritte Hand**

  Gerade bei Lötarbeiten, wenn beide Hände durch Lötkolben und Lötdraht gebunden sind, erweist sich eine sogenannte *Dritte Hand* (siehe Abbildung 3.8) als angenehme Unterstützung. In ihre Klemmen können Sie das Werkstück rutschfest einspannen und durch Drehen optimal für die Arbeit ausrichten. Ein Schrumpfschlauch, den Sie über die jeweiligen Backen der Klemmen ziehen, hilft dabei, Kratzer oder andere Beschädigungen des Bauteils zu vermeiden. Eine Lupe verbessert bei kleinen und kniffligen Tätigkeiten zudem die Sicht auf das Geschehen.

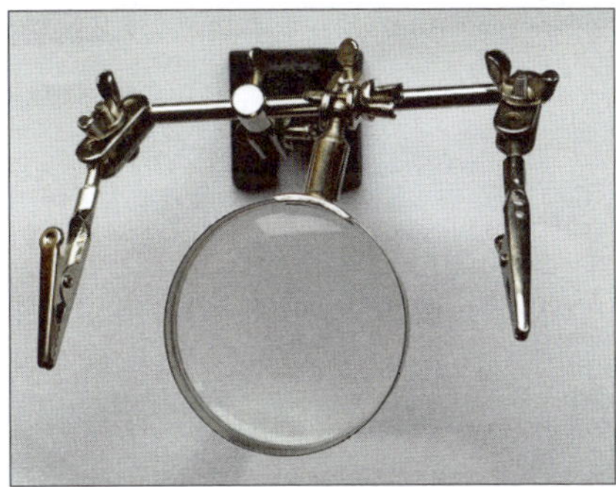

Abbildung 3.8 Dritte Hand

3.3 Fritzing

Schaltpläne dienen dazu, die in einem elektrotechnischen Projekt verwendeten Bauteile, deren Verbindungen untereinander und ihre Anordnung auf einer Platine bzw. einem Entwicklungsboard zu visualisieren. Bei kleinen, spätestens aber bei mittleren Vorhaben sind sie ein unverzichtbares Hilfsmittel für die Programmentwicklung. Mit *Fritzing* stelle ich Ihnen in dem folgenden Abschnitt ein mächtiges Tool vor.

3.3.1 Was ist Fritzing?

Fritzing ist eine Software, die es ermöglicht, elektrotechnische Schaltungen auf einem PC zu entwerfen. Sie wurde von Angehörigen der Fachhochschule Potsdam zunächst mit der Zielrichtung Arduino entwickelt. Zwischenzeitlich hat sich Fritzing zu einem viel genutzten Tool im semiprofessionellen Bereich entwickelt. Lange war es etwas still um Fritzing. Seit Dezember 2019 ist jedoch das Release 0.9.4 verfügbar. Es enthält im Wesentlichen Bugfixes und einige wenige Neuerungen. Leider ist der Download von Fritzing inzwischen kostenpflichtig (mindestens 8 €).

Die Installation von Fritzing ist denkbar einfach. Laden Sie das Paket als *.zip*-Datei von der Fritzing-Download-Seite (*https://fritzing.org/download/*) herunter. Es stehen Versionen für Windows (32 Bit und 64 Bit), macOS und Linux (32 Bit und 64 Bit) zur Verfügung. Entpacken Sie die heruntergeladene *.zip*-Datei. Kopieren Sie nun den Ordner mit allen notwendigen Dateien (z. B. *fritzing.0.9.3b.64.pc*) an einen Ort Ihrer Wahl. Er enthält alle für den Betrieb von Fritzing notwendigen Dateien. Erleichtern Sie sich die spätere Arbeit, indem Sie eine Desktopverknüpfung zur Datei *fritzing.exe* einrichten.

Linux

Bei einigen Linux-Distributionen lässt sich Fritzing auch mit dem Paketverwalter installieren. Unter Ubuntu funktioniert das beispielsweise so:

```
sudo apt install fritzing fritzing-parts
```

Wenn Sie eine andere Distribution nutzen, prüfen Sie, ob es auch dort vorbereitete Pakete in den Repositorys gibt.

3.3.2 Fritzing starten

Nach dem Aufruf von Fritzing erscheint der Willkommensbildschirm (siehe Abbildung 3.9).

Mit einem Klick auf die anderen rechts daneben stehenden Schaltflächen wechseln Sie in vier weitere Ansichten (STECKPLATINE, LEITERPLATTE usw.). Die Bauteilliste und der Inspektor werden in allen diesen Ansichten eingeblendet.

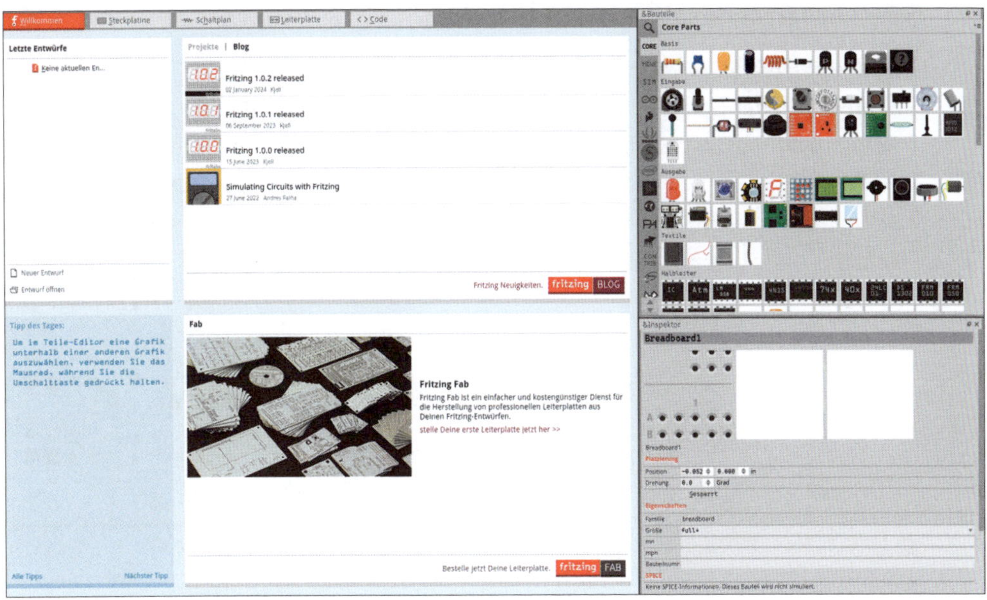

Abbildung 3.9 Fritzing-Willkommensbildschirm

Später werden Sie mit einem Klick auf eines der Elemente in der Liste LETZTE ENTWÜRFE unmittelbar ein Projekt zur Bearbeitung öffnen. Überprüfen Sie beim erstmaligen Start jedoch einige Einstellungen, und passen Sie sie gegebenenfalls an (BEARBEITEN • EINSTELLUNGEN):

- ALLGEMEIN: Passen Sie hier bei Bedarf Spracheinstellungen und das Verhalten des Mausrads an.
- STECKPLATINE: Fritzing führt Leitungsverbindungen standardmäßig als gerade Linien aus. Aktivieren oder deaktivieren Sie das Kontrollkästchen GEBOGENE DRÄHTE UND BEINCHEN, wenn Sie gebogene Verbindungen bevorzugen.
- SCHALTPLAN: Aktivieren oder deaktivieren Sie das Kontrollkästchen GEBOGENE DRÄHTE UND BEINCHEN. Dies bezieht sich auf die Ausführung von Verbindungen in der Schaltplanansicht (siehe Abschnitt 3.3.4).
- LEITERPLATTE: Aktivieren oder deaktivieren Sie das Kontrollkästchen GEBOGENE DRÄHTE UND BEINCHEN. Dies bezieht sich auf die Ausführung von Verbindungen in der Leiterplattenansicht (siehe Abschnitt 3.3.5).
- CODE: Hier kann die Plattformunterstützung für den Editor (z. B. Arduino) eingebunden werden. Sie müssen den gesamten Pfad zur auszuführenden Datei angeben, also z. B. *C:/Users/<User>/Documents/arduino-1.8.10/arduino.exe*. Bedauerlicherweise funktioniert diese Toolchain nur mit Bausteinen der Arduino- oder Picaxe-Serie, nicht jedoch mit Boards der Firma Espressif.

3.3.3 In der Steckplatinenansicht arbeiten

Das Bauteil Steckplatine

Bei einem neuen Projekt befindet sich in dieser Ansicht lediglich ein Breadboard (siehe Abbildung 3.10). Es nimmt unterschiedlichste Elektronikbauteile auf und verdrahtet sie.

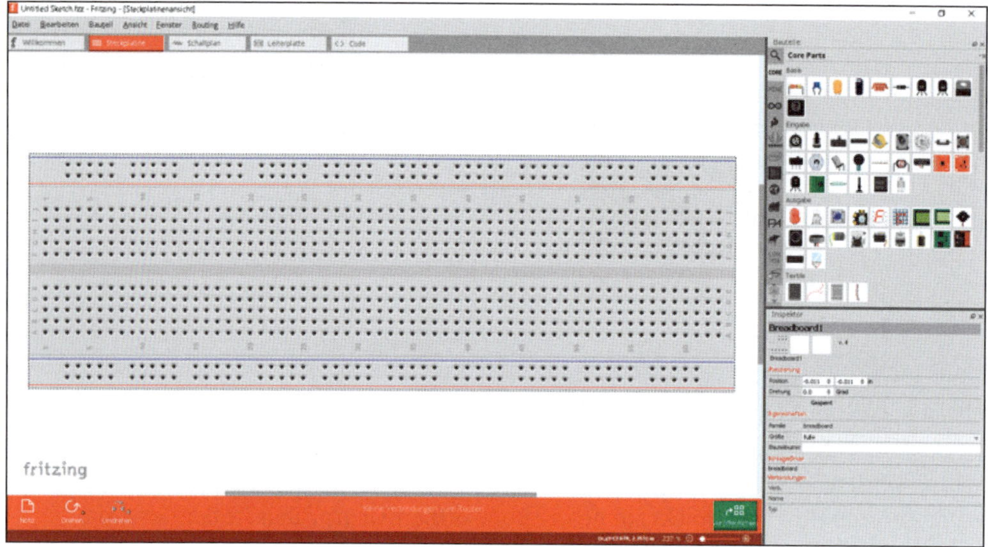

Abbildung 3.10 Steckplatinenansicht in Fritzing

Durch Drehen am Mausrad vergrößern oder verkleinern Sie die Steckplatinenansicht. Ziehen Sie mit Drag-and-drop nun Bauteile aus dem Bauteilfenster auf das Steckbrett. Erkennt das Programm eine Möglichkeit, das Bauteil zu platzieren, leuchten Bauteil und korrespondierende Löcher blau auf; bei zielgerechtem Loslassen der Maustaste rastet das Bauteil endgültig ein (siehe Abbildung 3.11).

Drehen Sie bei Bedarf das Bauteil, indem Sie auf beispielsweise Bauteil • Drehen • Um 90° drehen klicken. Bei mehreren Bauteilen kann es sein, dass Überlappungen entstehen. Wenn nötig, ändern Sie die Reihenfolge der Darstellung durch Klicken auf Bauteil • Reihenfolge • Nach vorne bringen. Löschen Sie Parts ganz einfach mit [Entf].

Zu Demonstrationszwecken verwirklichen wir an dieser Stelle eine kleine Schaltung. Sie soll aus einer Batterie und einem Taster bestehen, der eine LED ein- und ausschaltet; die LED benötigt einen 470-Ω-Widerstand.

Die verfügbaren Bauteile (in der Fritzing-Terminologie heißen sie *Parts*) finden Sie in der Gruppe Bauteile. Diese Gruppe ist wiederum untergliedert in verschiedene Untergruppen (z. B. Core für die am häufigsten genutzten Parts, Mine für eigene Parts usw.). Viele dieser Gruppen sind weiter thematisch gegliedert (siehe Abbildung 3.12).

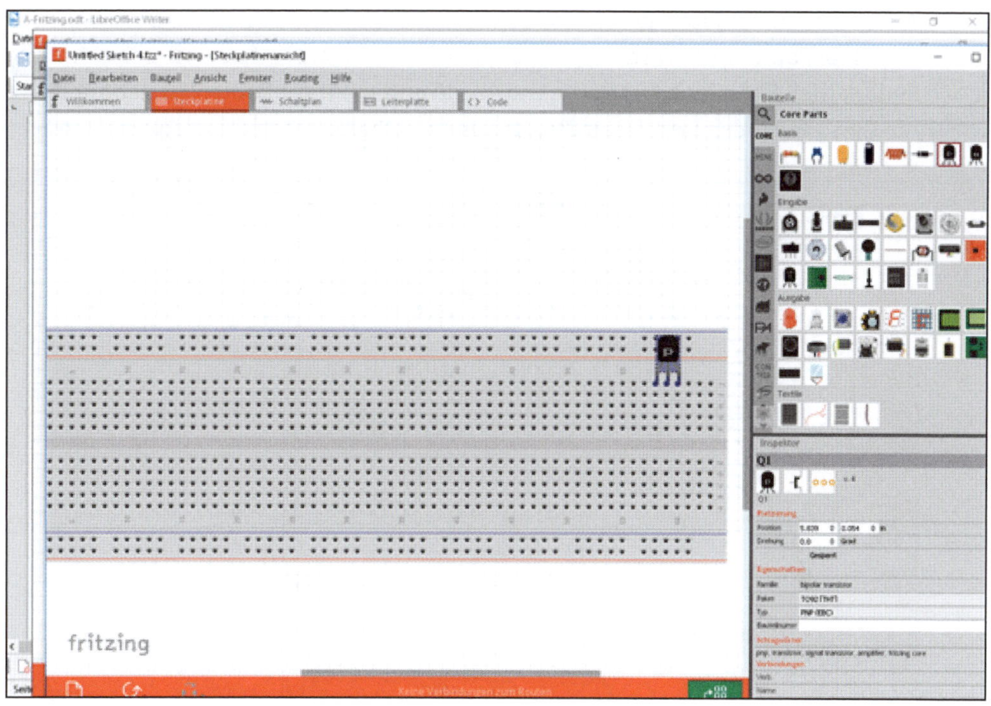

Abbildung 3.11 Steckplatinenansicht in Fritzing mit Bauteil

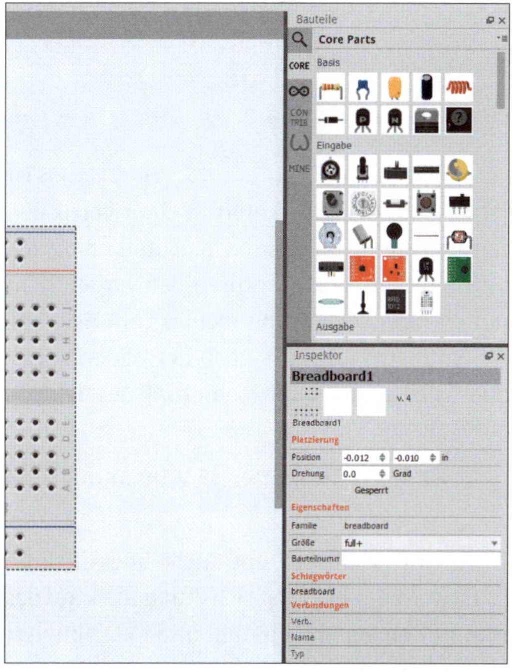

Abbildung 3.12 Bauteilliste in der Steckplatinenansicht

Als Erstes wandert aus der Gruppe CORE • AUSGABE eine LED auf das Steckbrett. Im Inspektor können Sie nun die Eigenschaften dieses Bauteils z. B. auf »Green (560nm)« ändern (siehe Abbildung 3.13). Die erste Zeile unterhalb der Bauteilbezeichnung gibt die Darstellung des Bauteils in Steckplatinen-, Schaltplan- und Leiterplattenansicht wieder.

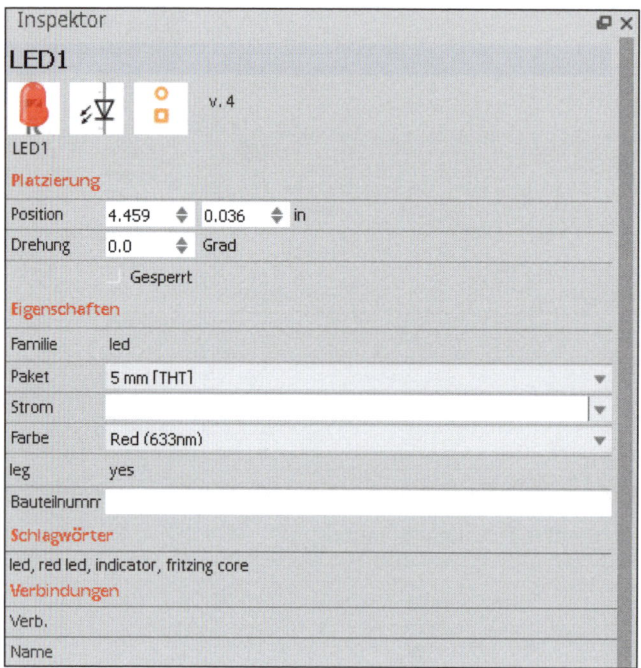

Abbildung 3.13 Bauteilinspektor in Fritzing

Dann folgt ein Widerstand aus der Gruppe CORE • BASIS. Ein Ende des Widerstands ist mit dem nicht gebogenen Beinchen der LED auf dem Steckbrett in einer vertikalen Reihe. Die Punkte des Steckbretts, die leitungsmäßig belegt sind, leuchten nun grün. Ein Klick auf ein Bauelementende bzw. grün hinterlegtes Steckbrettloch verdeutlicht die Verbindungen; alle mit diesem Bauteil bzw. Loch verbundenen Leitungswege leuchten gelb auf (siehe Abbildung 3.14). Im Inspektor muss noch der Widerstandswert angepasst werden. In der Folge ändert sich auch die Ringcodierung des Bauteils auf dem Board.

Es fehlen noch die Stromversorgung aus CORE • ENERGIE (Battery, 5 V Spannung) und ein Schaltknopf.

Sollten Sie ein Part nicht auf Anhieb finden, hilft vielleicht eine Suche über die integrierte Suchfunktion (siehe Abbildung 3.15) weiter. Diese lässt sich durch Klick auf das Lupensymbol aufrufen. Das Textfeld nimmt den Suchbegriff auf, und [↵] aktiviert die Suche.

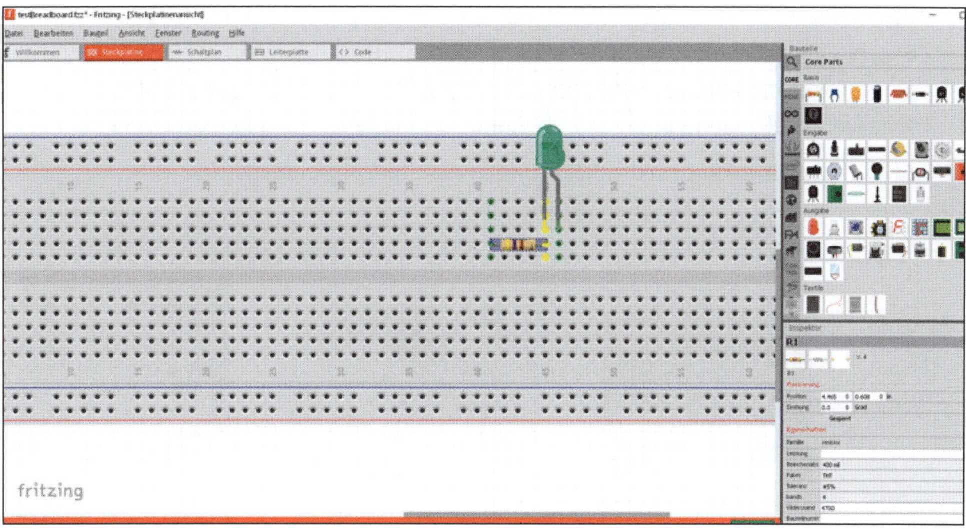

Abbildung 3.14 Bauteile auf der Steckplatte anordnen

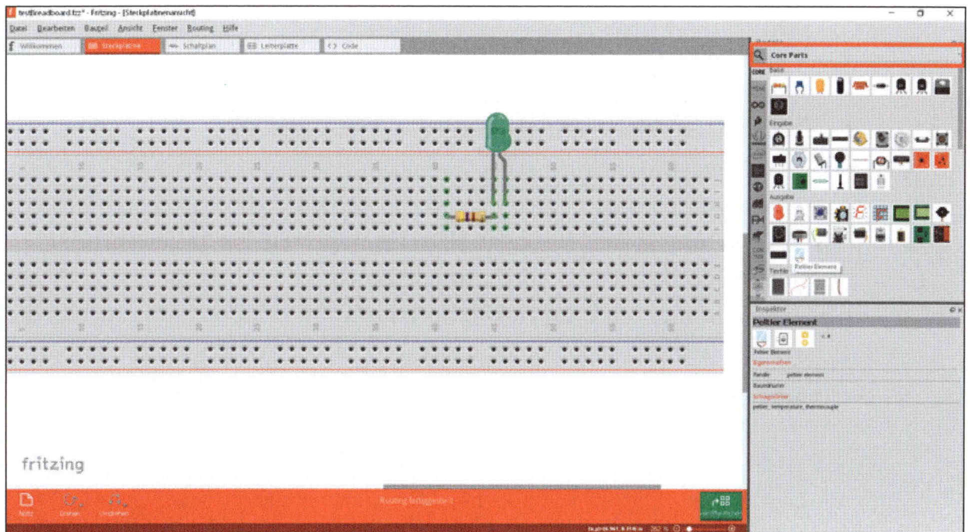

Abbildung 3.15 Bauteile suchen

Die Anschlüsse der beiden letzten Bauteile sind aber aufgrund des starren Rasters der Steckplatine noch nicht ordnungsgemäß verbunden. An dieser Stelle sind dann Drahtbrücken unumgänglich. Sie entstehen, indem Sie einen Bauteilanschluss mit dem Mauszeiger anfassen und die Leitung bei gedrückter Maustaste zur gewünschten Position führen. Ein Rechtsklick auf die Leiterbahn öffnet eine Dropdown-Liste für eine andere Drahtfarbe. Berücksichtigen Sie hier die allgemeinen Konventionen und wählen Sie für Minusleitungen Schwarz sowie für Plusleitungen Rot.

Biegepunkte eröffnen die Möglichkeit, Leiterbahnverläufe präsentabel anzuordnen. Sie erstellen sie, indem Sie auf den Punkt der Leitung klicken, an dem ein Biegepunkt gesetzt werden soll, und anschließend bei gedrückter linker Maustaste an die gewünschte Stelle ziehen.

Abbildung 3.16 zeigt nun die Schaltung in der Steckplatinenansicht.

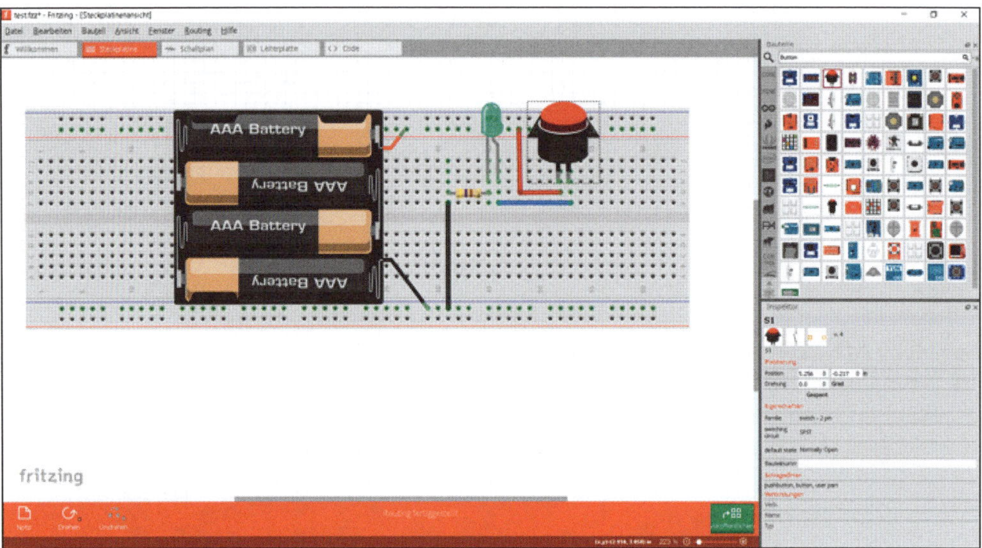

Abbildung 3.16 Komplette Schaltung in der Steckplatinenansicht

Damit ist die Schaltung auf der Steckplatine fertig aufgebaut. Für Testzwecke genügt das wahrscheinlich zunächst einmal; Komponenten lassen sich einfach hinzufügen, ändern oder anders anordnen. Zur Dokumentation können Sie den Plan auch in die Formate *.png*, *.jpg*, *.svg* und *.pdf* exportieren (DATEI • EXPORTIEREN • ALS BILD).

Raster anzeigen

Mit einem Häkchen unter ANSICHT • RASTER ANZEIGEN blenden Sie Hilfslinien ein bzw. aus. Die Bauteile selbst lassen sich über den Menüeintrag ANSICHT • AM RASTER AUSRICHTEN strukturierter platzieren. Dies ist allerdings mit dem unschönen Nachteil verbunden, dass die Leiterbahnen unter Umständen schräg und nicht gerade bzw. rechtwinklig verlaufen.

Das Bauteil Leiterplatte

Anstelle der Steckplatine können Sie auch eine Leiterplatte als zentrales Bauteil für den Aufbau der Schaltung nehmen. Dies ist insbesondere dann interessant, wenn das

Projekt das Experimentierstadium verlassen hat und die Echtschaltung auf einer Leiterplatte aufgebaut werden soll. Auf diese Art ist es nicht nur möglich, diesen Aufbau hinsichtlich der Anordnung der Bauteile optimal zu gestalten und organisiert umzusetzen. Vielmehr können Sie sich so auch eine Dokumentation für späteres Nachschlagen schaffen.

Als Bauteile (BAUTEILE • CORE • STECKPLATINENANSICHT) stehen zwei Arten von Leiterplatten zur Auswahl: eine *Punkt-Lochrasterplatte* und eine *Streifen-Lochrasterplatte*. Ziehen Sie die gewünschte Ausführung in die Arbeitsfläche, und passen Sie dann im Inspektor die Anzahl der Spalten und die Anzahl der Zeilen an Ihre Erfordernisse an. Das Platzieren der erforderlichen Bauteile auf der Leiterplatte erfolgt wie bei der Arbeit mit der Steckplatine. Dabei können Sie die Beinchen eines jeden Bauteils mit gedrückter rechter Maustaste einem Loch auf der Leiterplatte zuordnen. Ein Klick auf ein Loch zeigt alle damit verbundenen Wege und Bauteile als gelbe Punktlinie an. Verbindungsdrähte verbinden nötigenfalls Leiterbahnen. Ein Klick auf die Stelle zwischen zwei Löchern trennt bei Streifen-Lochrasterplatten Leiterbahnen. Im Ergebnis könnte das Beispiel so aussehen wie in Abbildung 3.17.

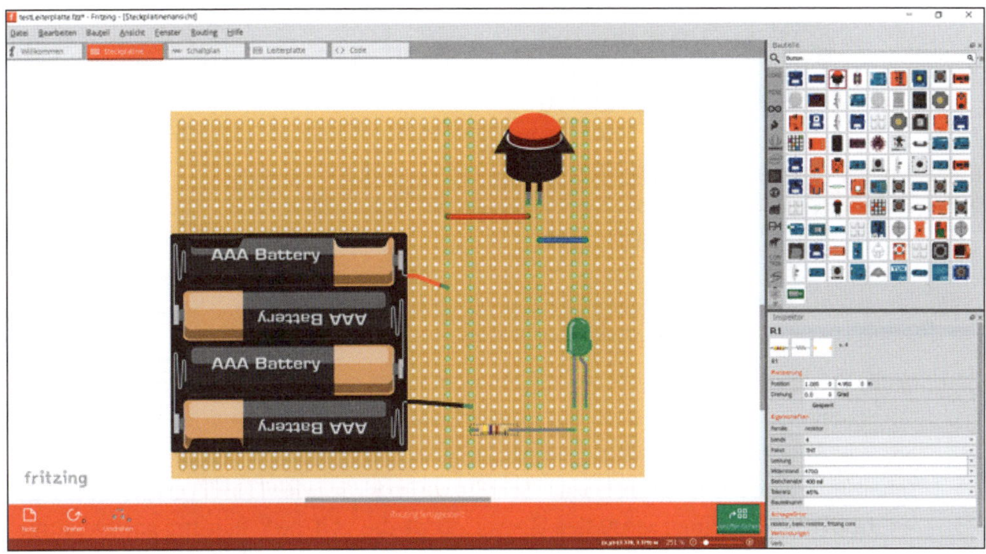

Abbildung 3.17 Schaltung mit Leiterbahnen in der Steckplatinenansicht

[+]

Buchsenleiste für das ESP32-Development-Kit

Verwenden Sie bei ICs, insbesondere aber auch beim ESP32-Development-Kit, Buchsenleisten. Der Vorteil eines einfachen Austauschs wiegt den Nachteil möglicher Fehlerquellen in der Kontaktierung auf.

Kein zentrales Bauteil

Selbstverständlich ist eine Steckplatine oder eine Leiterplatte als zentrales verbindendes Bauteil nicht zwingend notwendig (siehe Abbildung 3.18). Verbindungen zwischen den einzelnen Parts sind auch auf direktem Wege möglich. Sie erhalten sie durch Ziehen mit gedrückter `Alt`-Taste, und zwar immer ausgehend von dem Bauteil, dessen Verbindung hergestellt werden soll (Sie arbeiten also von »noch nicht verbunden« zu »bereits verbunden«).

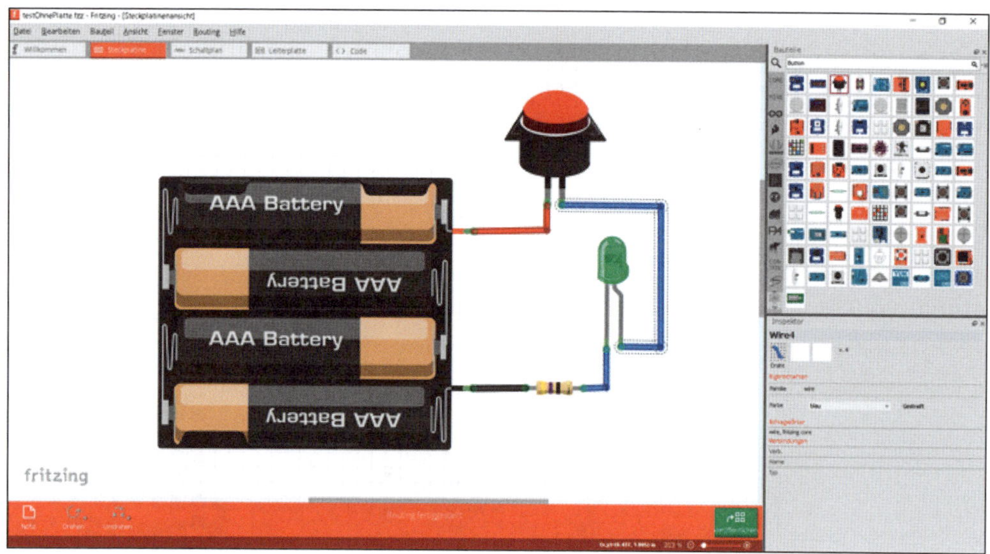

Abbildung 3.18 Freier Schaltungsaufbau in der Steckplatinenansicht

3.3.4 In der Schaltplanansicht arbeiten

Vielfach kommt es in der Elektronik aber nicht auf die reale Gestalt und Anordnung der Bauelemente an, sondern auf eine abstrahierte Darstellung der Funktionen in Form definierter Symbole für die einzelnen Bauelemente und deren elektrische Verschaltung. Diese Darstellung wird *Schaltplan* bzw. *Schaltbild* oder *Schaltskizze* genannt. Sie erlaubt einen schnellen Überblick darüber, ob die Schaltung korrekt aufgebaut ist, oder hilft, die Funktionsweise der Schaltung zu verdeutlichen.

Im Ausgangszustand präsentiert sich der Plan der in Abbildung 3.18 gezeigten Schaltung aber recht unübersichtlich (siehe Abbildung 3.19).

Zwei Arbeitsschritte sind nötig; die Reihenfolge spielt keine Rolle:

- Ausrichten der Symbole
- Bestätigen der Verbindungen

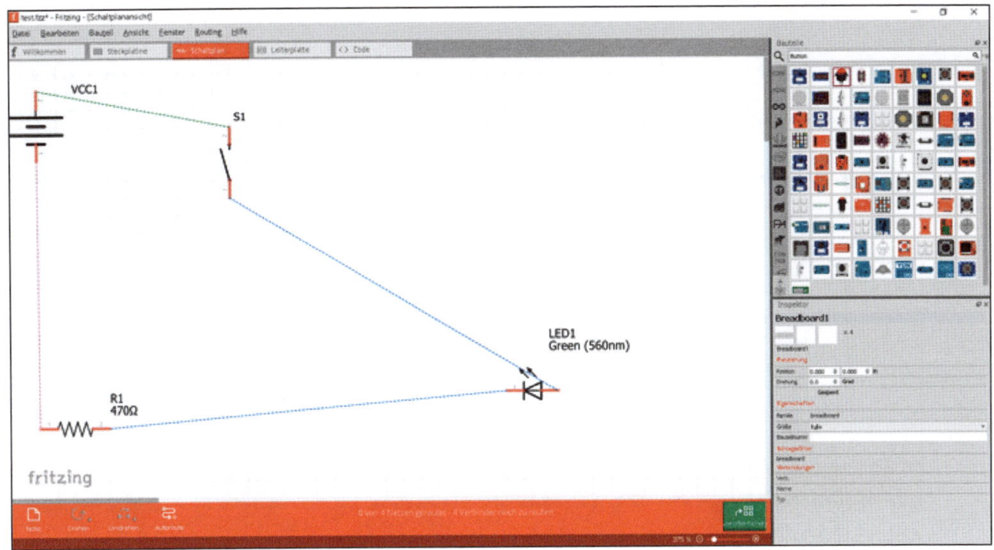

Abbildung 3.19 Schaltplanansicht

Ausrichten der Symbole

Bringen Sie die einzelnen Symbole mit Drag-and-drop an die gewünschte Position. Über den Menüeintrag BAUTEIL lassen sich die Symbole auch vertikal bzw. horizontal spiegeln oder um 45°, 90° bzw. 180° drehen. Auch hier können Sie die bereits erwähnten Rastereinstellungen vornehmen.

Die Bauteilbeschriftungen lassen sich gesondert vom Bauteil an eine gewünschte Position ziehen, aber leider lassen sie sich nicht drehen. Möglich ist es jedoch, die Beschriftung auszublenden, und zwar mit der Option BAUTEIL • BAUTEILBESCHRIFTUNG AUSBLENDEN.

Bestätigen der Verbindungen

Die einzelnen Symbole der Bauteile sind zunächst mit gepunkteten Linien verbunden. Diese Verbindungen spiegeln den Zustand wider, den Fritzing aus der Steckplatinenansicht ableitet. Ein Doppelklick auf die Linien bestätigt die Verbindungen. Nun werden die Bauteile aber auf dem kürzesten Weg durch schräg verlaufende Striche verknüpft. Eine professionellere Darstellung lässt sich durch das Einfügen von Biegepunkten erreichen. Das Resultat könnte vielleicht so aussehen wie das in Abbildung 3.20.

Auch hier können Sie das Ergebnis in unterschiedliche Dateiformate exportieren.

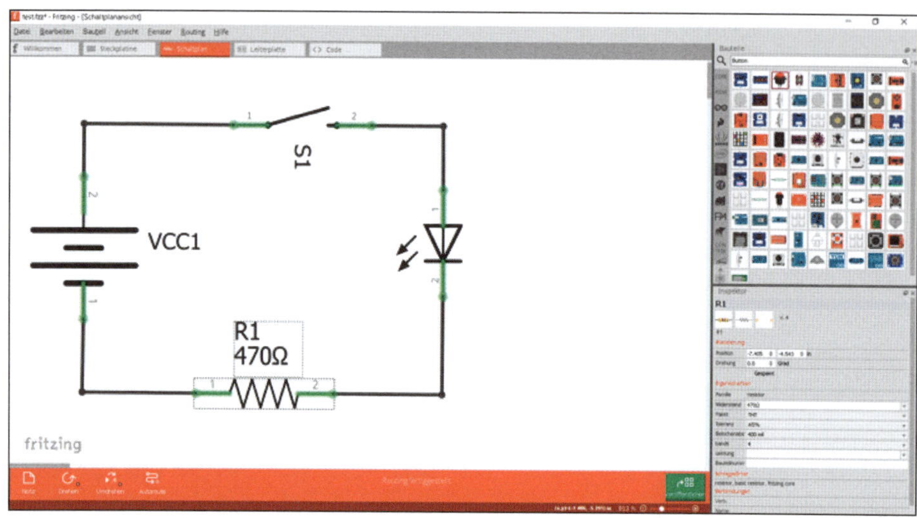

Abbildung 3.20 Überarbeitete Schaltplanansicht

3.3.5 In der Leiterplattenansicht arbeiten

In der Leiterplattenansicht lässt sich schließlich das Layout einer Leiterplatte entwerfen. Dabei unterstützt Fritzing doppelseitig kaschierte Leiterplatten. Mit zwei Schaltflächen am unteren Bildschirmrand wechseln Sie zwischen den beiden Seiten (ANSICHT VON OBEN, ANSICHT VON UNTEN) und den Seitenansichten (UNTERE SEITE, OBERE SEITE, BEIDE SEITEN). Zu Beginn sind die Bauteile ähnlich unsortiert wie in der Schaltplanansicht (siehe Abbildung 3.21).

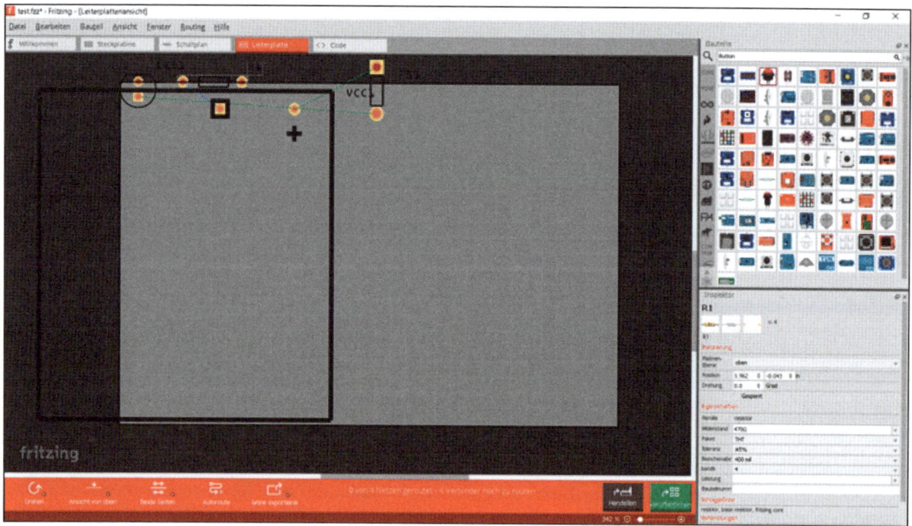

Abbildung 3.21 Leiterplattenansicht in Fritzing

Sollte die Leiterplatte nicht den gewünschten Ausmaßen entsprechen, können Sie sie durch Markieren und Ziehen der Eckpunkte anders dimensionieren. Anschließend platzieren Sie die Bauteile per Drag-and-drop an ihren endgültigen (vorteilhafteren) Positionen.

Letztlich fehlt noch das Anlegen bzw. Bestätigen der Verbindungen. Sie erreichen dies bei einfachen Schaltungen über einen Klick auf die Schaltfläche AUTOROUTE oder per Einzelklick und eine nachfolgende Ausrichtung. Das Ergebnis kann etwa so aussehen wie das in Abbildung 3.22.

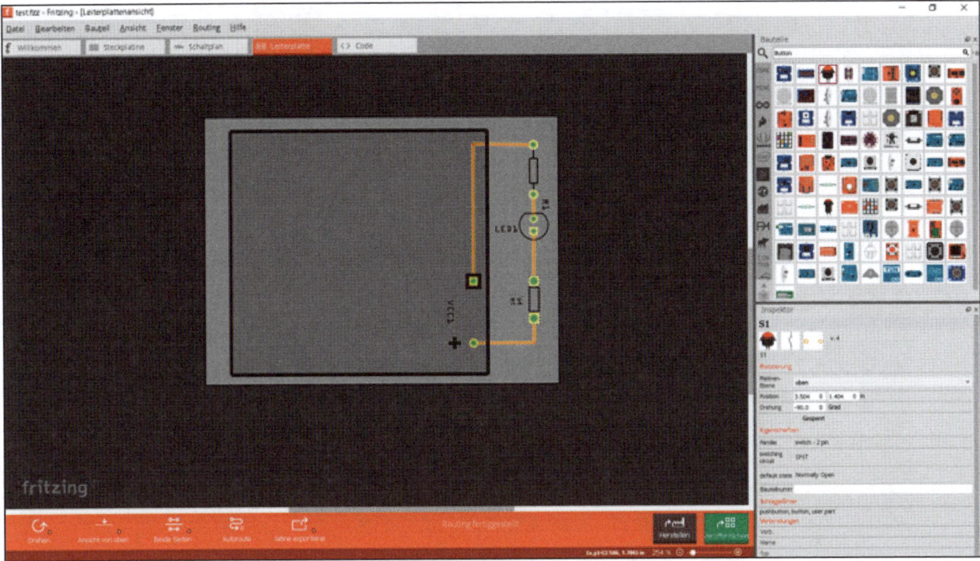

Abbildung 3.22 Überarbeitete Leiterplattenansicht

Ein Klick auf PLATINE EXPORTIEREN erzeugt eine ganze Reihe von *.pdf*-Dateien mit Leiterbahnen, Lötpunkten und Bestückungsaufdrucken, die Ihnen dann in weiteren Bearbeitungsschritten (z. B. beim Ätzen, Bedrucken und sonstigen Herstellungsschritten der Platine) zur Verfügung stehen.

Baugruppen

Fassen Sie bei komplizierten Schaltungen Bauteile zu einer Bauteilgruppe zusammen und platzieren Sie diese dann als Gruppe auf der Platine.

3.3.6 Bauteile importieren

Leider ist es so, dass die mitgelieferte Auswahl von Fritzing trotz ihres beträchtlichen Umfangs nicht alle Bauteile anbietet. Bedauerlicherweise trifft dies auch auf ESP32-Bausteine zu. Vielfach ist das gewünschte Objekt aber anderweitig verfügbar. Voraussetzung ist eine *.fzpz*-Datei, die alle notwendigen Bauteilinformationen beinhaltet. In diesem Fall kann das Bauteil mithilfe der Importfunktion des Bauteilmanagers eingepflegt werden. Den Bauteilmanager sehen Sie in Abbildung 3.23.

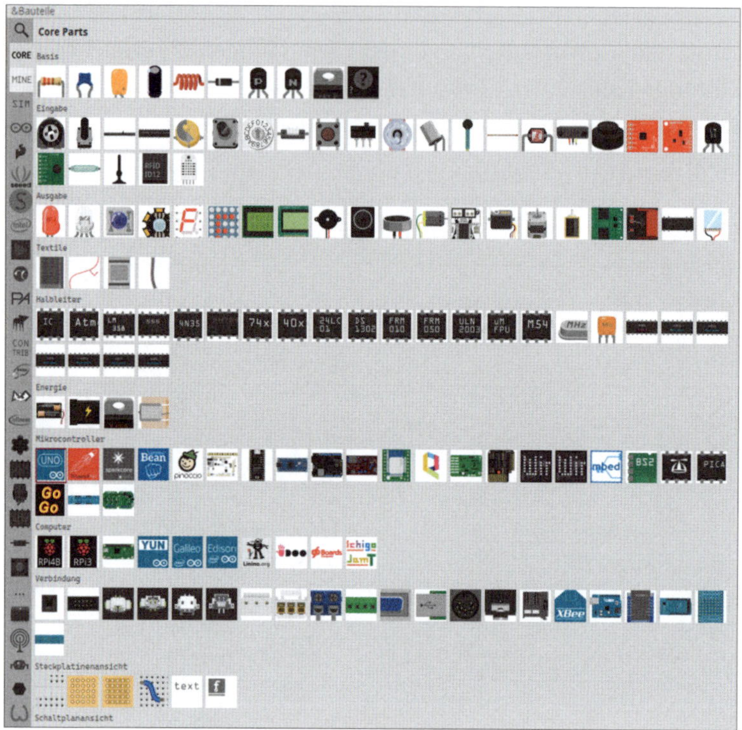

Abbildung 3.23 Der Bauteilmanager in Fritzing

Eine zumindest dem allgemeinen Layout des ESP32-Dev-KitC V4 nahekommende Darstellung bietet die Datei *ESP-WROOM-32 [ESP-32S] Module.fzpz*, die Sie unter der folgenden URL finden:

https://github.com/troelssiggaard/ESP32-fritzing-module/blob/master/ESP-WROOM-32%20%5BESP-32S%5D%20Module.fzpz

Außerdem bietet auch das Fritzing-Forum eine entsprechende Vorlage:

https://forum.fritzing.org/t/esp32s-hiletgo-dev-boad-with-pinout-template/5357?u=steelgoose

Laden Sie die Datei auf Ihren PC herunter. Als Nächstes rufen Sie den Bauteilmanager auf (das kleine Listensymbol rechts unter dem Close-Symbol, siehe Abbildung 3.23).

Klicken Sie auf IMPORTIEREN, navigieren Sie zum Speicherort der Datei und öffnen Sie sie. Das Modul wird nun importiert und steht für die laufende Fritzing-Session zur Verfügung. Klicken Sie auf SORTIMENT SPEICHERN, damit Ihnen das Bauteil dauerhaft zur Verfügung steht. Es befindet sich dann in der Bauteilgruppe MINE.

3.3.7 Bauteile ändern und selbst erstellen

Nicht immer liegt ein Bauteil generell oder in der gewünschten Art und Weise in Form einer *.fzpz*-Datei vor. Dann führt kein Weg daran vorbei, ein vorhandenes Part zu ändern oder ein Part gänzlich neu zu erstellen. Zumindest die letztere Variante ist überaus umständlich, fehleranfällig und zeitaufwendig. Unter *https://www.heise.de/make/artikel/Neue-Bauteile-fuer-Fritzing-erstellen-so-geht-s-4072734.html* gibt es aber eine gute und ausführliche Anleitung.

Die meisten der in diesem Buch verwendeten Parts sind bereits im Auslieferungszustand von Fritzing enthalten. Weitere Teile finden Sie bei den Materialien zum Buch und in Abschnitt A.2.

3.4 Löttechnik

Löten ist ein thermisches Verfahren, um Werkstoffe zusammenzufügen. Die Verbindung wird durch Schmelzen eines Lots hergestellt. Löten ist eine sehr alte Technik, deren Ursprünge bereit mehr als 5.000 Jahren zurückliegen. Der Unterschied zum Schweißen besteht unter anderem darin, dass beim Schweißen wesentlich höhere Temperaturen (zum Teil über 3.000 °C) nötig sind und die Nahtstellen der zu verbindenden Materialien verflüssigt werden. Schweißverbindungen sind dadurch wesentlich stabiler und belastbarer.

Beim Löten wird wiederum zwischen *Hart-* und *Weichlöten* unterschieden. Hartlöten erfolgt mit Temperaturen oberhalb von 450 °C. Zum Einsatz kommen Lötbrenner. Die Temperatureinwirkung ist großflächig, sodass das Lot gut verlaufen kann. Ein verbreitetes Einsatzgebiet ist die Verbindung von Rohren für die Wasser- und Gasinstallation.

Das Weichlöten wird auch industriell in erster Linie in der Elektrotechnik angewendet, um Bauteile elektrisch leitend zu verbinden. Die Löttemperatur bewegt sich zum Schutz vor thermischer Überlastung der Bauteile in der Regel zwischen 180 und 250 °C. Auch erfolgt die Temperatureinwirkung nur punktuell. Maßnahmen des Gesundheits- oder Arbeitsschutzes sind nur hinsichtlich der entstehenden Dämpfe durch schmelzendes Lot oder verdampfendes Flussmittel erforderlich. Achten Sie auch im privaten Bereich darauf!

3.4.1 Bauteile auf Platinen löten

Der häufigste Anwendungsfall des Lötens ist vermutlich die Bestückung von Platinen. Dabei wird vorzugsweise Elektroniklot mit einer Flussmittelseele verwendet. Die Lötstelle selbst muss sauber und frei von Oxidschichten oder Flussmittelresten sein.

Erhitzen Sie zum Löten die Lötstelle zunächst mit der Lötspitze. Führen Sie das Lötzinn zu, wenn eine genügend hohe Temperatur erreicht ist. Stimmen die Bedingungen, verflüssigt sich das Lötzinn und umfließt Lötstelle und Bauteil. Beenden Sie die Wärmezufuhr, sodass die Lötstelle erkalten kann. Der Lötvorgang sollte zum Schutz vor einer thermischen Überlastung der Bauteile nicht mehr als fünf Sekunden in Anspruch nehmen. Im Ergebnis sollte das Lot das Anschlussbeinchen des Bauteils kegelförmig umschließen und mit der Platine verbinden (siehe Abbildung 3.24).

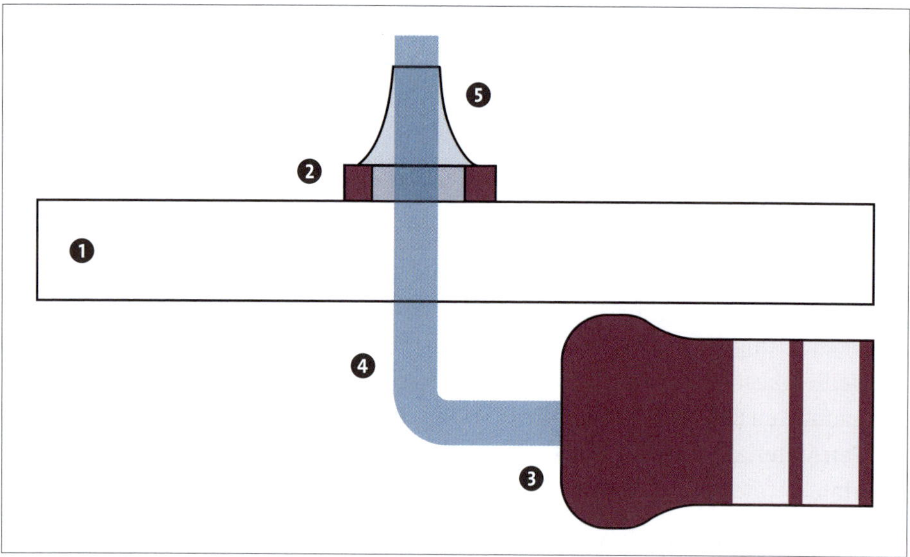

Abbildung 3.24 Optimale Lötstelle: Platine ❶, Leiterbahn ❷, Bauteil ❸, Beinchen ❹, Lötstelle ❺

Auch Kabel können miteinander verlötet werden. Isolieren Sie hierzu die Kabelenden ab und verzinnen Sie sie mit etwas Lötzinn. Anschließend verdrillen Sie die Enden leicht und verlöten sie. Zum Schutz gegen Kurzschlüsse und als mechanische Stütze ziehen Sie am besten noch einen Schrumpfschlauch über die blanke Lötstelle.

Allerdings können selbst bei scheinbar simplen Arbeiten offensichtliche und weniger offensichtliche Fehler unterlaufen:

- **Das Lot fließt nicht**: Der Grund dafür kann eine zu geringe Löttemperatur sein: Wählen Sie dann eine höhere Temperatur. Auch kann die Lötspitze korrodiert oder nicht sauber sein. Tauschen Sie die Lötspitze in diesem Fall aus oder säubern Sie sie.
- **Die Anschlussbeinchen des Bauteils sind nicht kegelförmig umschlossen**: Solche fehlerhaften Lötstellenausprägungen entstehen, wenn das Lot nicht richtig zum Fließen kommt, weil die Löttemperatur des Lötkolbens zu gering ist oder die

Lötstelle nicht lang genug erwärmt wurde (kraterförmige Lötstelle). Oder aber das Lötzinn war lediglich auf der Lötspitze und ist nur teilweise auf die Lötstelle aufgebracht worden (ringförmige Lötstelle, Lötzinnperlen). In beiden Fällen ist keine oder nur eine unzureichende Verbindung zwischen Bauteil und Platine zustande gekommen. Dies wird als *kalte Lötstelle* bezeichnet. Wiederholen Sie den Lötvorgang.

- **Das Bauteil wurde in der Abkühlphase bewegt**: Auch hier besteht die Gefahr, dass eine kalte Lötstelle entstanden ist.
- **Das Bauteil oder die Platine wurde überhitzt**: Dass das Bauteil oder die Platine beim Löten überhitzt wurde, lässt sich manchmal an Leiterbahnen erkennen, die sich vom Trägermaterial abgelöst haben. Wesentlich schwieriger ist es, die Auswirkungen bei den verlöteten Bauteilen zu verorten. Gerade Halbleiter wie Dioden, Transistoren und insbesondere ICs reagieren sehr empfindlich auf Überhitzung und quittieren dauerhaft und endgültig ihren Dienst. Hier hilft nur ein Austausch der Komponenten.

[!]

Header- oder GPIO-Pins nicht löten!

Löten Sie nie auf Header- oder GPIO-Pins. Nach dem Trennen einer Lötverbindung bleiben immer Reste von Lötzinn am Bauteil. Sie erschweren es oder machen es sogar unmöglich, den Pin wieder mit einer üblichen Steckverbindung zu nutzen.

Löten ist Handwerk. Das allermeiste Handwerk lässt sich zumindest in seinen Grundfunktionen erlernen. Nach den ersten Versuchen mit vielleicht wenig überzeugenden Resultaten werden Sie durch Üben und Wiederholen schrittweise bessere Ergebnisse erzielen. Auch hier gilt: Lassen Sie sich nicht durch Misserfolge entmutigen, sondern bleiben Sie weiter am Ball.

3.4.2 Bauteile entlöten

Hin und wieder müssen Bauteile wieder von der Platine genommen oder fehlerhafte Lötverbindungen, die einen Kurzschluss bewirken, gelöst werden. Dafür gibt es zwei Hilfsmittel:

- *Entlötlitze* besteht aus feiner, mit Flussmittel getränkter Kupferlitze. Die Litze wird auf die zu entlötende Stelle aufgelegt und mit dem Lötkolben erhitzt. Durch die Kapillarwirkung zieht sich das Lötzinn in die Litze. Bevorzugtes Anwendungsgebiet sind kleine Lötstellen (ICs, SMDs). Allerdings ist etwas Vorsicht hinsichtlich der Überhitzungsgefahr geboten.
- Die *Entlötpumpe* arbeitet nach dem Vakuumprinzip. Sie wird durch eine Feder vorgespannt, die durch Knopfdruck ausgelöst wird und somit kurzzeitig einen Unter-

druck erzeugt. Der Unterdruck entfernt das verflüssigte Lötzinn. Auch hier besteht die Gefahr der thermischen Überlastung. Den Vorgang können Sie unterstützen, indem Sie auf die Lötstelle etwas Flussmittel (Lötfett, Lötwasser, Lötöl) aufbringen.

3.4.3 SMD löten

In der industriellen Fertigung werden viele Bauteile als *SMD* (*Surface Mounted Device*; dt. »oberflächenmontiertes Bauteil«) eingesetzt. SMD-Bauteile haben keine Anschlussdrähte und werden deshalb direkt auf die Platine aufgesetzt und verlötet. Diese Bauform erlaubt im automatisierten Bestückungsprozess einer Platine eine schnelle und auch platzsparende Fertigung. Für die heimische Realisierung von Schaltungen stellen sie jedoch eine Herausforderung dar, sodass selbst geübte Maker nur höchst ungern diese Bauteile verwenden.

Irgendwann wird aber der Punkt erreicht sein, an dem eine Komponente nur als SMD verfügbar ist. Dann führt kein Weg am ungeliebten Handlöten vorbei. Es ist zugegebenermaßen schwierig, doch nicht unmöglich. Und es erfordert Zeit, Geduld und Sorgfalt.

Spätestens jetzt benötigen Sie einen Lötkolben mit einstellbarer Temperatur. Der Lötkolben sollte leicht sein, denn je schwerer das Gerät ist, desto leichter zittert die Hand. Die Lötspitze muss bei dieser Arbeit kleiner als üblich sein. Sie sollte nur so dick sein, wie es für die anstehenden Lötarbeiten gerade noch vertretbar ist. Es besteht also ein Dilemma, denn je kleiner die Lötspitze ist, desto schlechter ist aufgrund der geringeren Fläche auch die Wärmeübertragung. Maker kommen an dieser Stelle häufig mit einer meißelförmigen Lötspitze besser zurecht als mit einer punktförmigen (siehe Abbildung 3.25).

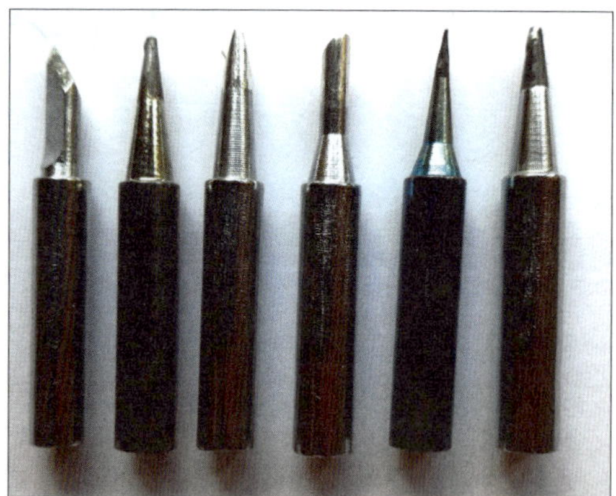

Abbildung 3.25 Verschiedene Lötspitzen

Der Lötdraht sollte nicht stärker als 0,5 mm sein und idealerweise eine Flussmittelseele haben.

Ab jetzt zahlt sich der Erwerb von hochwertigerem Werkzeug aus, denn eine gute Pinzette und eine gute Lupe (unter Umständen mit zusätzlicher Beleuchtung und Dritter Hand) sind nahezu unverzichtbar. Fehlstellen oder Leitungsbrücken lassen sich vorzugsweise mit schmaler Entlötlitze mit einer Breite von ca. 1,5 mm beheben.

3.4.4 Ein ESP32-Modul löten

Damit steht das theoretische Gerüst, um auch den ESP32 in der SMD-Variante auf eine entwickelte oder erworbene Platine zu löten. Das unmittelbare Löten auf eine Lochstreifen- oder Lochrasterplatine scheidet aus, da hier der Rasterabstand nicht dem ESP32-WROOM-Modul entspricht.

Die Grundlage der folgenden Beschreibung ist eine ESP32-WROOM-Adapterkarte, wie sie auf den einschlägigen Plattformen angeboten wird. Im Lieferumfang sind meist zwei Microschalter und entsprechende Header-Pin-Leisten enthalten (siehe Abbildung 3.26 und Abbildung 3.27).

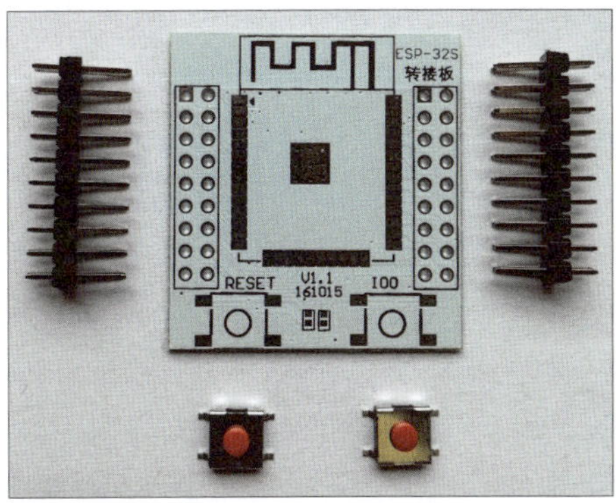

Abbildung 3.26 ESP32-WROOM-Adapterkarte – Vorderseite, Headerleiste, Taster

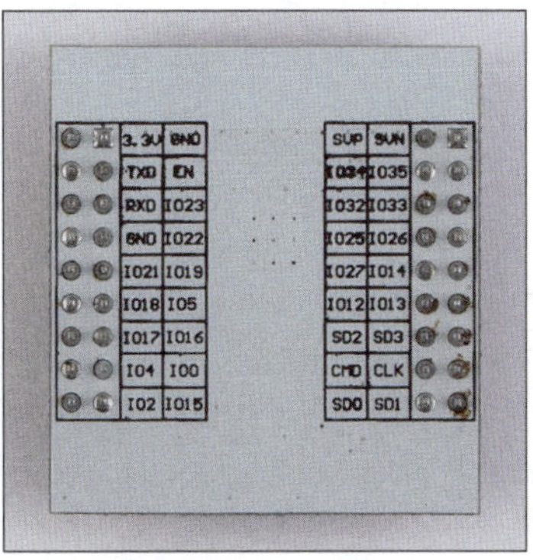

Abbildung 3.27 ESP32-WROOM-Adapterkarte – Rückseite

Pull-up-Widerstand

Im Handel sind verschiedene Adapter-Breakout-Boards für den ESP-WROOM-32 erhältlich. Bei den allermeisten Adapterboards (wie auch bei dem in diesem Abschnitt verwendeten) müssen Sie den EN-Pin und den 3V3-Pin mit einem 4,7-kΩ- bis 20-kΩ-Pull-up-Widerstand verbinden. Empfohlen wird ein Wert von 12 kΩ.

Das ESP32-WROOM-Modul auf der Adapterkarte platzieren und fixieren

Legen Sie das Modul auf die Vorderseite der Adapterplatte und schieben Sie es so lange, bis die Kontakte des Moduls passgenau mit den Kontakten der Platte übereinstimmen. Das ist absolute Feinarbeit und dauert dementsprechend. Eine Pinzette hilft dabei, kleinste Korrekturen vorzunehmen.

Als Nächstes fixieren Sie das Modul mit einem Klebestreifen auf der Adapterplatte an einer oberen Ecke. Kleben Sie den Klebestreifen zuvor auf das Modul und drücken Sie ihn dann mit der Pinzette und nicht mit dem Finger fest. Häufig verschiebt sich das Modul dabei aber geringfügig; justieren Sie mit einer Pinzette etwas nach. Bringen Sie jetzt einen zweiten Klebestreifen auf, prüfen Sie erneut die richtige Platzierung und justieren Sie gegebenenfalls nach. Als Letztes bereiten Sie das Modul mit einem dritten Klebestreifen endgültig für das Löten vor. Überprüfen Sie zum Schluss sicherheitshalber nochmals die korrekte Lage des Moduls, vielleicht sogar unter Zuhilfenahme einer Lupe (siehe Abbildung 3.28).

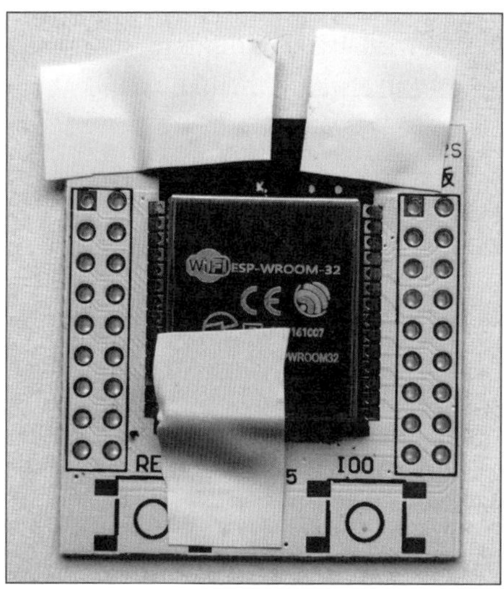

Abbildung 3.28 ESP32-WROOM, platziert auf der Adapterkarte

Dieser Schritt gehört fast zu den zeitaufwendigsten im gesamten Prozess, denn er ist Schlüssel und Grundlage für ein gutes Ergebnis.

Das ESP32-WROOM-Modul auf der Adapterkarte mit einem Kontakt fixieren

Nun beginnt der Lötprozess. Bringen Sie hierzu an einer Ecke, falls erforderlich, etwas Lötwasser auf und verlöten Sie einen Kontakt des Moduls fest mit der Adapterplatte. Es ist nicht schlimm, sollte die Lötstelle nicht 100%ig ausgebildet sein. Es kommt eher darauf an, dass eine erste feste Verbindung mit der Adapterplatte hergestellt wird (siehe Abbildung 3.29, Kontakt links unten).

Überprüfen Sie wie bereits zuvor die korrekte Ausrichtung nochmals genau, da jetzt noch Korrekturen möglich sind.

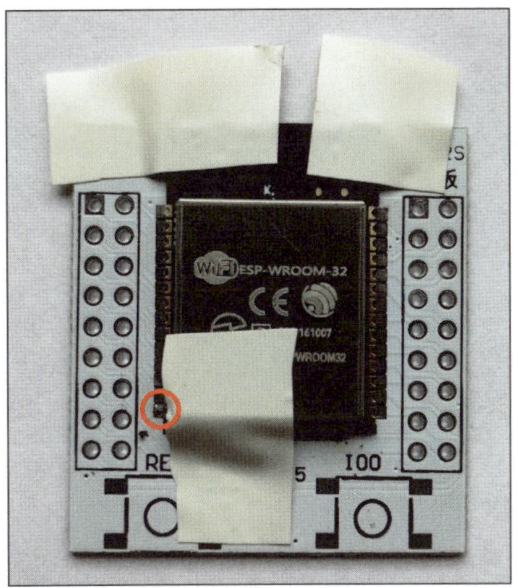

Abbildung 3.29 ESP32-WROOM, fest verlötet mit einem Kontakt

Das ESP32-WROOM-Modul auf der Adapterkarte mit einem zweiten Kontakt fixieren

Als Nächstes löten Sie das Modul an der gegenüberliegenden Ecke mit einem weiteren Kontakt auf. Dies ist dann so ziemlich der letzte Moment für Nachjustierungen (siehe Abbildung 3.30, Kontakt rechts oben).

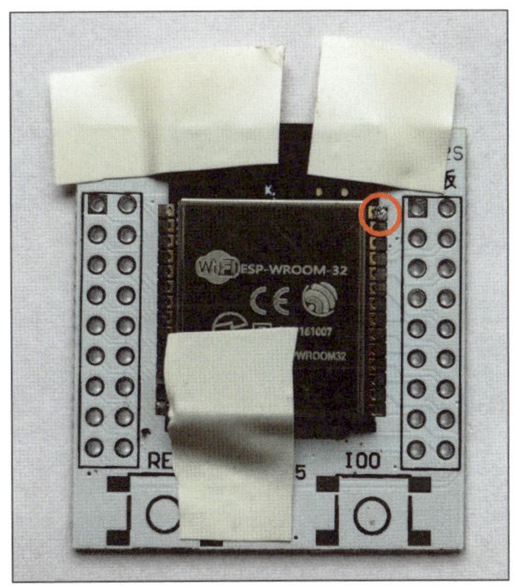

Abbildung 3.30 ESP32-WROOM, fest verlötet mit zwei Kontakten

Das ESP32-WROOM-Modul endgültig verlöten

Entfernen Sie nun die Klebestreifen, verlöten Sie alle Kontakte Reihe für Reihe fest und bessern Sie unzureichende Fixierungspunkte nach. Setzen Sie je nach Erfordernis Lötwasser ein. Oft werden die Augen durch das angestrengte Blicken auf kleinste Punkte sehr beansprucht. Legen Sie nach jeder Reihe eine Pause ein oder führen Sie die Lötarbeiten generell unter einer Lupe (z. B. der Dritten Hand) durch. Essenziell ist unabhängig davon eine sehr gute Ausleuchtung des punktuellen Arbeitsgebiets. Ein mögliches Verrutschen der kleinen Adapterplatte während des Lötens verhindern Klebestreifen, die die Platte auf der Arbeitsfläche fixieren. Flussmittelreste sollten mit Alkohol oder besser Isopropanol entfernt werden.

Lötverbindungen auf dem ESP32-WROOM-Modul überprüfen

Sind alle Kontakte verlötet, geht es an die Überprüfung der Lötverbindungen. Mit einem Multimeter erfolgt der Prüfvorgang in zweierlei Richtung:

- Haben sich unerwünschte Kontaktbrücken ergeben?
- Ist eine elektrische Verbindung zustande gekommen?

Die Taster verlöten

Benetzen Sie für das Verlöten der Taster zunächst eine Kontaktfläche auf der Adapterkarte mit Lot. Bringen Sie dann den Taster auf und richten Sie ihn aus. Stimmt die Position, verlöten Sie die restlichen drei Kontakte.

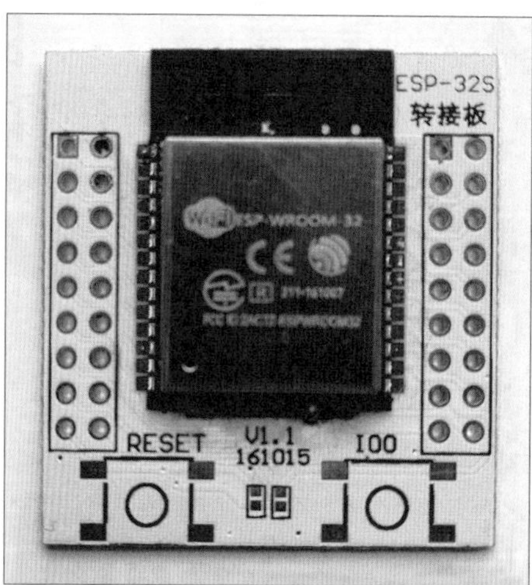

Abbildung 3.31 ESP32-WROOM – alle Kontakte sind fest verlötet.

Die Header-Pin-Leisten verlöten

Als Letztes fehlen noch die Header-Pin-Leisten. Sind sie montiert, kann die Adapterkarte ohne zusätzliche Koppelelemente (Jumperkabel) nicht mehr auf eine Steckplatte gebracht werden (siehe Abbildung 3.32).

Abbildung 3.32 Die ESP32-WROOM-Adapterkarte ist nun fertig verlötet.

Das Pinout der Adapterplatte hat dann die Belegung von Abbildung 3.33.

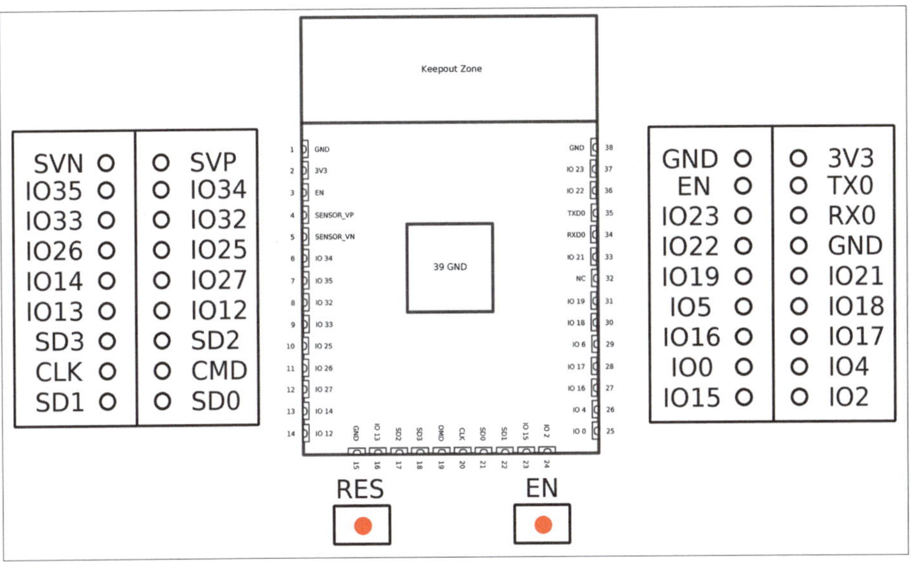

Abbildung 3.33 Pinout der ESP32-WROOM-Adapterplatte

Kapitel 4
Entwicklungsumgebungen

Damit ein Mikrocontroller seine Arbeit verrichten kann, benötigt er entsprechend aufbereiteten Code. Dieser wird gewissermaßen »außen« entwickelt und von dort zugeführt. Dieses Kapitel stellt hierzu einige Möglichkeiten vor.

Das Wort *Entwicklungsumgebung* ist in wortwörtlichem Sinne ein treffend zusammengesetztes Substantiv. »Entwicklung« weist darauf hin, dass etwas geschaffen, angefertigt, eben entwickelt werden muss. Darüber hinaus beinhaltet es auch einen prozessualen Ansatz, d. h., es ist nicht mit einem Schlag vorhanden, sondern benötigt Zeit, bis es fertig ist. Und »Umgebung« deutet darauf hin, dass dieser Entwicklungsprozess nicht überall vonstattengehen kann, sondern ein bestimmtes Umfeld benötigt.

In den folgenden Abschnitten lernen Sie die Vor- und Nachteile verschiedener Entwicklungsumgebungen kennen, sodass Sie losgelöst von einer Empfehlung in Abschnitt 4.6, »Fazit«, die Variante wählen können, die für Sie am besten geeignet ist.

Mit welcher Entwicklungsumgebung Sie langfristig arbeiten wollen, hängt natürlich von Ihren persönlichen Vorlieben ab. Grundsätzlich lässt sich Code mit sehr unterschiedlichen Werkzeugen schreiben und verwalten. Wenn Sie sich länger mit Softwareentwicklung befassen, werden Sie bestimmte Features besonders zu schätzen wissen, auf die Sie nicht mehr verzichten wollen.

4.1 Der Weg von lesbaren Anweisungen zum Maschinencode

Der Weg hin zu einem Mikrocontroller, der seine Arbeit verrichtet, führt über lesbare Programmzeilen in einem Editor auf dem PC. Auch das Ziel ist in allen Fällen identisch, nämlich eine Anwendung (engl. *Application*) in Form ausführbaren Codes, des *Maschinencodes*, auf dem ESP32 (siehe Abbildung 4.1).

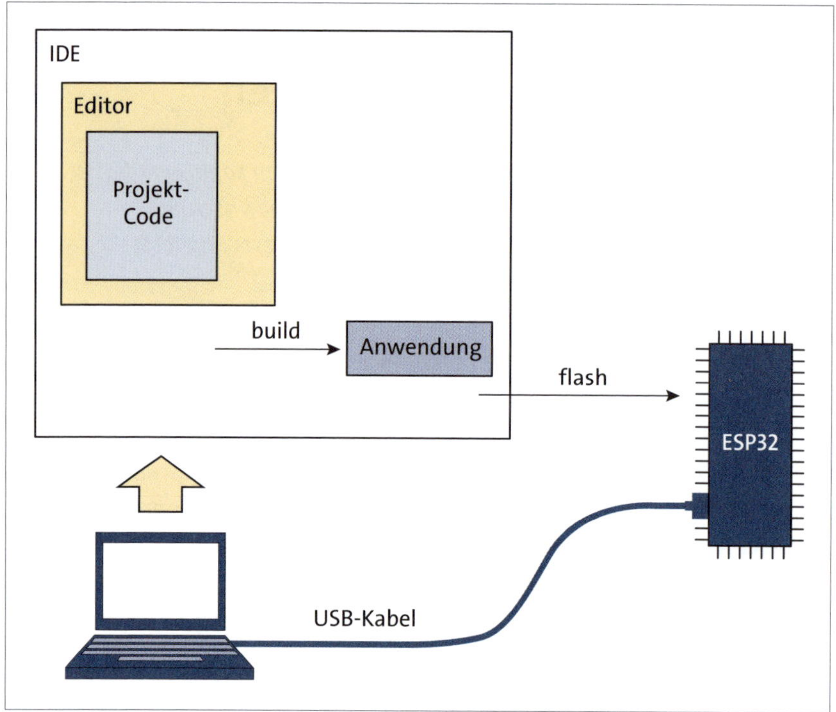

Abbildung 4.1 Der Weg des lesbaren Codes auf den ESP32

Editor

In einem *Editor* werden die *Codezeilen* eines Programms erfasst. Hierzu kann im Grunde genommen jedes Texterfassungssystem dienen. In der simpelsten Form ist dies ein reiner Texteditor wie der Windows Editor, der früher noch Notepad hieß. Leider sind diese Editoren nicht sonderlich komfortabel. So fehlen ihnen smarte Funktionalitäten, z. B. eine Zeilennummerierung, das automatische Einrücken von Text oder die Hervorhebung oder Farbzuweisung zu bestimmten Codeelementen wie z. B. Schlüsselwörtern, das sogenannte *Syntaxhighlighting*. Besser geeignet sind Editoren, die ein derartiges Leistungsspektrum aufweisen (siehe Abbildung 4.2). Zu ihnen zählt z. B. Notepad++ (*https://notepad-plus-plus.org*).

Nach der Entwicklungsarbeit liegt das Projekt in einer oder mehreren Programmdateien vor. Im nächsten Schritt wird ein lauffähiges Programm erstellt. Für diesen Vorgang ist der Begriff *kompilieren* gebräuchlich. Das ist aber bedauerlicherweise eine umgangssprachliche Verkürzung und kann zu Verwirrung führen. Kompilieren ist nämlich nicht ganz das Gleiche wie das Erstellen einer ausführbaren Datei! Vielmehr ist das Erstellen einer ausführbaren Datei (der *Anwendung*) ein mehrstufiger Prozess, der üblicherweise als *Build* bezeichnet wird und aus zwei Komponenten besteht: aus dem *Kompilieren* und dem *Verknüpfen* (*Linking*).

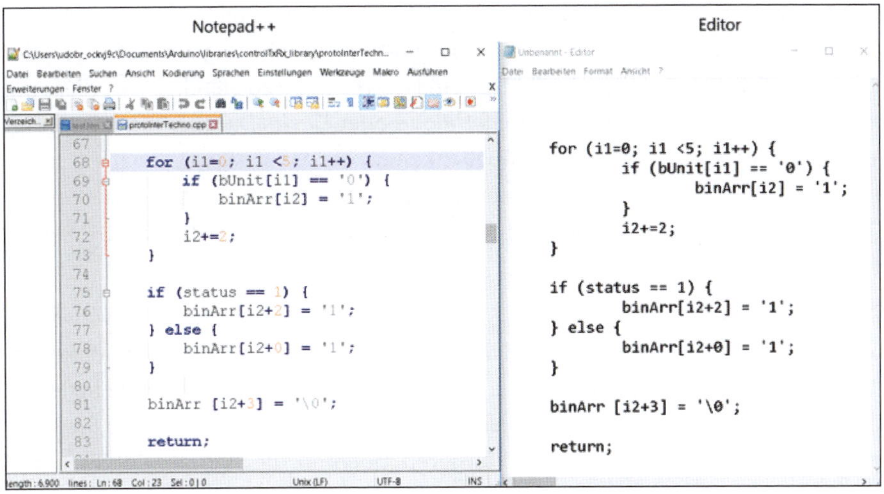

Abbildung 4.2 Notepad++ im Vergleich mit dem Windows Editor

Kompilieren

Mit *Kompilierung* meint man also die Verarbeitung von Quellcodedateien (meist *.c*-Dateien oder *.cpp*-Dateien) und die Erstellung einer Objektdatei. Dieser Schritt erstellt nichts, was Sie als Benutzer tatsächlich ausführen können. Stattdessen erzeugt der Compiler für jede kompilierte Datei lediglich eine Datei mit Maschinensprachenanweisungen; sie entspricht der kompilierten Quellcodedatei. Wenn Sie beispielsweise drei separate Dateien kompilieren (aber nicht verknüpfen), werden drei Objektdateien mit dem Namen *<Dateiname>.o* oder *<Dateiname>.obj* als Ausgabe erstellt (die Erweiterung hängt von Ihrem Compiler ab). Jede dieser Dateien enthält eine Übersetzung Ihrer Quellcodedatei in eine Maschinensprachendatei. Sie können sie jedoch noch nicht ausführen! Deshalb ist ein fehlerfreies Kompilieren auch noch keine Garantie für eine lauffähige Anwendung. Sie müssen also die Objektdateien in ausführbare Dateien verwandeln, die Ihr Betriebssystem verwenden kann.

Verknüpfen (Linking)

Die Aufgabe des Linkers bezieht sich auf die Erstellung einer einzelnen ausführbaren Datei aus mehreren Objektdateien. Der Linker versucht, Referenzen und Abhängigkeiten zwischen den einzelnen Objektdateien, aber auch zu Systemdateien, aufzulösen und sie zu verbinden. Gelingt dies nicht, beendet der Linker seine Arbeit mit Fehlermeldungen, ohne aber eine ausführbare Datei zu erstellen.

Integrierte Entwicklungsumgebung

Eine integrierte Entwicklungsumgebung oder kurz *IDE* (engl. *Integrated Development Environment*) fasst unter einer Oberfläche alle für das Erstellen eines lauffähigen Programms erforderlichen Komponenten zusammen. Idealerweise verfügt sie über einen mächtigen Editor und bildet auf »Knopfdruck« im Hintergrund alle Prozeduren ab, um aus den Codezeilen des Editors eine Anwendung zu erstellen und diese auf den Mikrocontroller hochzuladen (engl. *Upload* oder *Flash*). Darüber hinaus verfügt eine gute IDE auch über *Debugging*-Möglichkeiten, die bei der Suche nach logischen Programmfehlern zum Einsatz kommen. Die IDE ist damit ein Werkzeugkasten, der die einzelnen Werkzeuge in einer Reihe nacheinander gewissermaßen als *Werkzeugkette* (engl. *Toolchain*) einsetzt.

- Das ESP-IDF (siehe Abschnitt 4.4.1) arbeitet an dieser Stelle beispielsweise mit *CMake* (*Cross Platform Make*). CMake ist ein plattformunabhängiges Programmierwerkzeug für die Entwicklung und Erstellung von Software. Für Sie bedeutet dies, dass Sie auch etwas tiefer in diese Dinge einsteigen müssen, sobald Sie komplexere Vorhaben in dem ESP-IDF realisieren möchten, die über das Kopieren und Anpassen vorhandener Beispiele hinausgehen.
- Dagegen stellt die Arduino-Plattform für diese Arbeiten eine recht komfortable und vordefinierte Lösung bereit, sodass Sie sich nicht mit Compiler-Einzelheiten auseinandersetzen müssen (siehe Abschnitt 4.4.2).

4.2 Das Betriebssystem der Entwicklungsumgebung

Jedes Betriebssystem, ob Windows, Linux oder macOS, hat seine Anhänger, und es werden erbitterte Diskussionen darüber geführt, welches nun das bessere ist. Welches dieser Betriebssysteme das beste ist, um eine Entwicklungsumgebung für den ESP32 aufzusetzen, kann nicht pauschal und allgemeingültig gesagt werden. Für alle diese Varianten stehen nahezu alle erforderlichen Komponenten zur Verfügung. Insofern werden eher Ihre Präferenzen den Ausschlag für eine bestimmte Plattform geben.

Nun ist es aber so, dass Betriebssysteme ihre eigenen Stärken und Schwächen haben. Windows tut sich tatsächlich immer etwas schwer mit C-/C++-Compilern. Linux auf der anderen Seite hat auch seine Eigenheiten, die zu unerwartetem Verhalten und einer aufwendigen Fehlersuche führen können.

Aus allen Welten das Beste nutzen zu können, wäre wünschenswert. Sie könnten das mit etwas Aufwand realisieren, indem Sie ein weiteres Betriebssystem in einer gesonderten Partition des PCs installieren oder eine virtuelle Maschine (*https://www.virtualbox.org*) einrichten. Damit Sie sich nicht »verzetteln«, sollten Sie sich allerdings für eine Plattform entscheiden und nur dann eine weitere Installation ins Auge fassen, wenn sich ein Vorhaben mit Ihrer hauptsächlich genutzten Umgebung nicht oder nur schwer realisieren lässt.

4.3 esptool.py

esptool.py (oder auch nur *esptool*) ist ein in Python geschriebenes Flash-Werkzeug von Espressif, das mit dem ROM-Bootloader des ESP32 kommuniziert. Dieses Tool wird dazu eingesetzt, die Firmware (das kompilierte Programm bzw. den kompilierten Sketch) auf den ESP32 zu flashen. Deshalb ist es bereits in den meisten Entwicklungsumgebungen enthalten (so auch in der Arduino IDE). Neben der Möglichkeit des Firmware-Flash hat *esptool.py* aber noch einige weitere Funktionalitäten, die in manchen Situationen sehr nützlich sind, aber über die IDE selbst nicht zur Verfügung stehen:

- Auslesen der Kenndaten des Chips,
- Firmware-Flash mit einer fertigen Binärdatei,
- Auslesen des geflashten Programms sowie
- weitere Sonderfunktionen.

esptool.py wird für die Plattformen Windows, Linux und macOS bereitgestellt. Da es selbst auf Python basiert, ist auf dem PC eine vorhandene Python-Installation in den Versionen 2.7, 3.4 oder neuer Voraussetzung.

Python 2 und Python 3

Die beiden Python-Versionen 2 und 3 weisen zahlreiche Inkompatibilitäten zueinander auf und können nicht gemischt werden. Sie müssen also darauf achten, für welchen Zweig Bibliotheken und Werkzeuge vorliegen.

Python 2 wird seit Ende 2019 nicht mehr weiterentwickelt. Sie sollten Ihre Projekte daher grundsätzlich mit der aktuellen Python-Version 3 starten.

[«]

Windows mit ESP32-Arduino IDE

esptool ist in der ausführbaren Variante bereits vorhanden, wenn in der Arduino IDE die Boardinformationen für den ESP32 hinterlegt wurden (siehe Abschnitt 4.4.2). Die Datei *esptool.exe* befindet sich dann in dem Ordner, in dem die globalen Anwendungsdaten von Arduino abgespeichert werden, z. B. *c:\Users\<User>\Appdata\Local\Arduino15\packages\esp32\tools\esptool_py\<version>\esptool.exe*.

4.3.1 Installation unter Windows

Die Installation unter Windows möchte ich etwas ausführlicher beschreiben. Sie beginnt damit, dass Sie die nötigen Voraussetzungen wie etwa Python installieren müssen.

Den Python-Installer downloaden

Der erste Schritt besteht darin, den Python-Installer von *https://www.python.org/downloads/* herunterzuladen (siehe Abbildung 4.3).

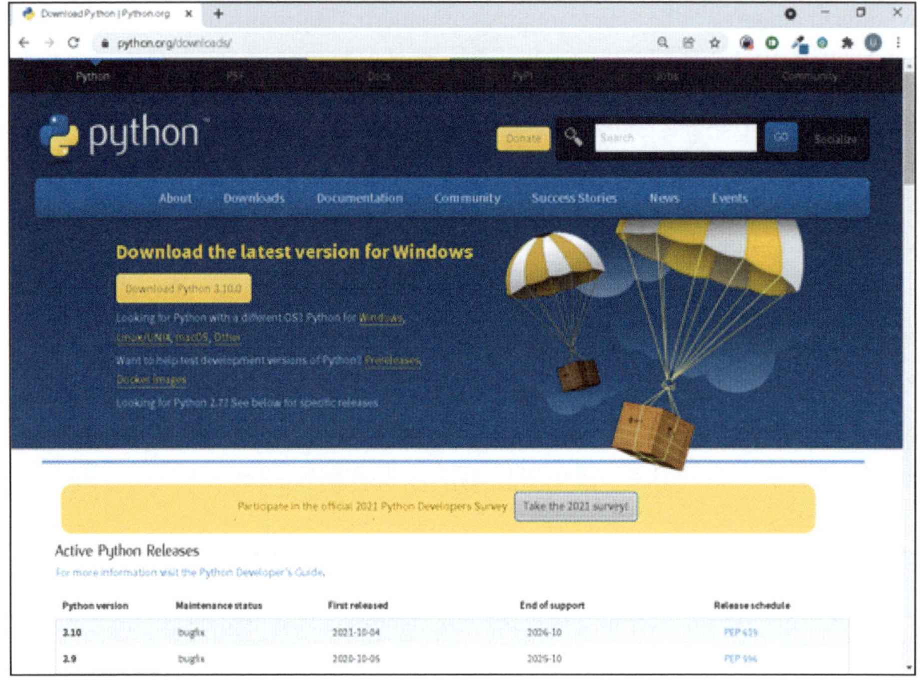

Abbildung 4.3 Der Python-Download unter Windows

Durch Klick auf die Schaltfläche DOWNLOAD PYTHON wird der Installer für Windows heruntergeladen. Erfreulicherweise erkennt die Website die für den PC passende Version eigenständig. Ältere bzw. andere Versionen sind in dem Text unterhalb der Schaltfläche verlinkt bzw. in einer Release-Liste im unteren Teil des Browserfensters aufgelistet.

Python-Installer ausführen

Nach einem Doppelklick auf den Installer erscheint der Startbildschirm für den Installationsvorgang (siehe Abbildung 4.4).

[!]

Windows-PATH oder anderer Installationsort

Das Kontrollkästchen ADD PYTHON TO PATH sollte aktiviert sein. Dadurch wird der Pfad zu Python den Windows-Umgebungsvariablen hinzugefügt, sodass Python von überall in vereinfachter Weise gestartet werden kann.

Nachträglich können Sie den Pfad aber auch manuell setzen: Drücken Sie [Win]+[R] und rufen Sie anschließend das Programm *sysdm.cpl* auf. Klicken Sie auf das Register Erweitert und dann auf die Schaltfläche Umgebungsvariablen. Ändern Sie im Bereich der Systemvariablen die Path-Variable entsprechend Ihren Gegebenheiten.

Einen anderen Installationsort können Sie über Custom Installation festlegen. Der Installer läuft jedoch in einen Fehler, wenn Sie keine Schreibberechtigung für den Ordner haben. Starten Sie den Installer in dem Fall mit einem Rechtsklick und dann mit Als Administrator ausführen.

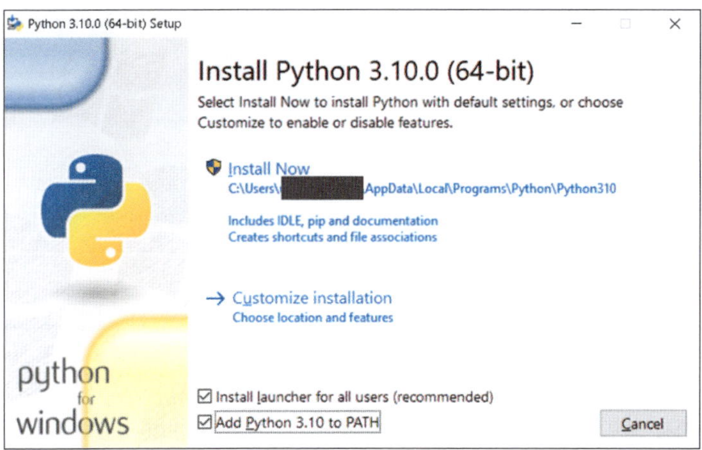

Abbildung 4.4 Den Python-Installer ausführen

Wenn Sie auf Install Now klicken, wird der Installationsprozess gestartet und im Erfolgsfall nach kurzer Zeit mit einer Meldung wie in Abbildung 4.5 quittiert.

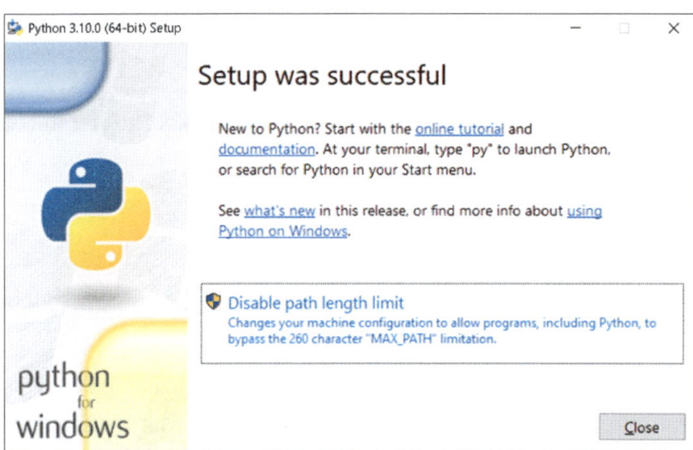

Abbildung 4.5 Erfolgsmeldung des Python-Installers

Der Python-Installer bietet Ihnen unter Windows direkt an, die Beschränkung der PATH-Länge aufzuheben. Das macht die Arbeit mit langen Pfaden komfortabler und vermeidet umständliche Abkürzungen. Anschließend können Sie mit CLOSE den Installer verlassen.

Die Python-Installation testen

In einem Terminalfenster (der *Windows-Eingabeaufforderung*) sollte Ihnen nun nach Eingabe von `python -v` die aktuelle Python-Version angezeigt werden (siehe Abbildung 4.6).

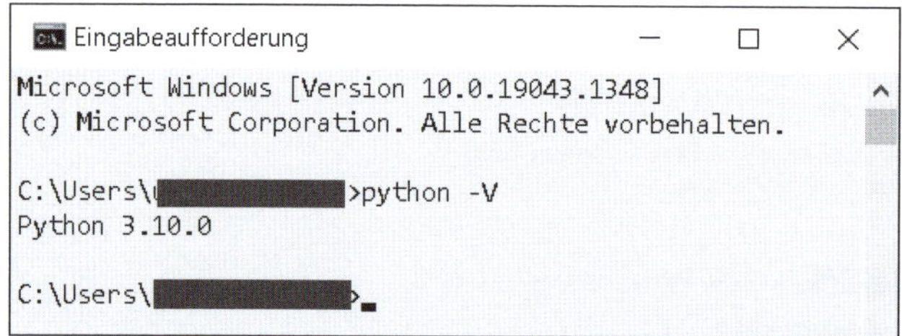

Abbildung 4.6 Eingabeaufforderung mit Python-Version

> **Windows-Eingabeaufforderung mit Administratorrechten**
>
> Die Windows-Eingabeaufforderung wird auch CMD genannt und kann über diesen Namen im AUSFÜHREN-Dialog gestartet werden. Ein bisschen umständlicher ist es, sie gleich mit Administratorrechten zu starten, denn einen direkten Weg aus der Konsole gibt es leider nicht – Linux-Nutzer werden in diesem Moment ihr `sudo` vermissen.
>
> Wenn Sie Administratorrechte in der Konsole benötigen, drücken Sie die Tastenkombination [Win]+[R], um den AUSFÜHREN-Dialog zu öffnen. Tippen Sie dann `cmd` ein, bestätigen Sie den Befehl aber nicht mit [↵], sondern mit [⇧]+[Strg]+[↵].
>
> Alternativ können Sie auch eine Desktopverknüpfung anlegen und im Kontextmenü ALS ADMINISTRATOR AUSFÜHREN auswählen.
>
> In beiden Fällen erhalten Sie dann einen Warnhinweis, der besagt, dass Sie jetzt mit Administratorrechten arbeiten.

pip installieren

pip ist der Paket-Manager für Python. In der Regel installiert der Python-Installer auch pip gleich mit, andernfalls müssen Sie dies nachholen.

Die Installation erfolgt mit dem Python-Skript *get-pip.py*. Holen Sie sich das Skript von der Seite *https://bootstrap.pypa.io/get-pip.py*, indem Sie diese Seite aufrufen, den gesamten angezeigten Code kopieren und in einer Textdatei mit dem Namen *get-pip.py* abspeichern.

Rufen Sie nun die Eingabeaufforderung auf und gehen Sie in den Ordner, in dem die Datei *get-pip.py* abgelegt ist. Dann führen Sie das Kommando `python get-pip.py` aus. Im Terminal können Sie den Installationsverlauf beobachten, der abhängig von Ihrem System unterschiedliche Meldungen liefern wird. Wesentlich ist die Erfolgsmeldung am Ende (siehe Abbildung 4.7).

```
Eingabeaufforderung
  Downloading https://files.pythonhosted.org/packages/00/b6/9cfa56b4081ad13874b0c6f96af8ce16cfbc1cb06bedf8e9164ce5551ec1
/pip-19.3.1-py2.py3-none-any.whl (1.4MB)
     |████████████████████████████████| 1.4MB 939kB/s
Installing collected packages: pip
Successfully installed pip-19.3.1

C:\Users\      ockvj9c\Documents>
```

Abbildung 4.7 pip installieren

Sie können den Erfolg der Installation oder die Version einer vorhandenen pip-Installation mit dem Kommando `pip -V` überprüfen:

```
Eingabeaufforderung

C:\Users\      ockvj9c\Documents>pip -V
pip 19.3.1 from c:\users\      ockvj9c\appdata\local\programs\python\python37-32\lib\site-packages\pip (python 3.7)

C:\Users\      ockvj9c\Documents>
```

Abbildung 4.8 Die pip-Installation überprüfen

esptool installieren

Installieren Sie nun in einem Terminalfenster die letzte aktuelle und stabile Version von esptool mit pip: `pip install esptool`.

Auch hier gibt das Terminal Informationen zum Installationsverlauf und schließlich eine Erfolgsmeldung aus (siehe Abbildung 4.9).

```
Eingabeaufforderung
C:\Users\      ckvj9c\Documents>pip install esptool
Collecting esptool
  Downloading https://files.pythonhosted.org/packages/68/91/08c182f66fa3f12a96e754ae8ec7762abb2d778429834638f5746f81977a
/esptool-2.8.tar.gz (84kB)
     |████████████████████████████████| 92kB 845kB/s
Requirement already satisfied: pyserial>=3.0 in c:\users\udobr_ockvj9c\appdata\local\programs\python\python37-32\lib\sit
e-packages (from esptool) (3.4)
Requirement already satisfied: pyaes in c:\users\      ckvj9c\appdata\local\programs\python\python37-32\lib\site-packag
es (from esptool) (1.6.1)
Requirement already satisfied: ecdsa in c:\users\      ckvj9c\appdata\local\programs\python\python37-32\lib\site-packag
es (from esptool) (0.13.2)
Building wheels for collected packages: esptool
  Building wheel for esptool (setup.py) ... done
  Created wheel for esptool: filename=esptool-2.8-cp37-none-any.whl size=75634 sha256=b2622f0d97a9b8eca11cb65096e8239f01
6f346884f202accab90c4917f9423d
  Stored in directory: C:\Users\      ckvj9c\AppData\Local\pip\Cache\wheels\56\9e\fd\06e784bf9c77e9278297536f3df36a4694
1c885eb23593bb16
Successfully built esptool
Installing collected packages: esptool
Successfully installed esptool-2.8

C:\Users\      ckvj9c\Documents>
```

Abbildung 4.9 esptool installieren

esptool.exe befindet sich dann in einem Unterordner des Verzeichnisbaums zu Python, also z. B. in *C:\...\Python\Python32-37\Scripts*.

4.3.2 Installation unter Linux

Jede Linux-Distribution hat ihr eigenes Paketverwaltungssystem. Danach richtet sich auch die Art und Weise der Installation von Python. Die Nutzer von Ubuntu und vielen anderen Distributionen haben es leicht, da Python bereits installiert ist. Alle anderen Linux-User wissen sich bestimmt zu helfen.

Die Installation von pip ist abhängig von der vorhandenen Python-Version. Bei Python 2 (in der Version 2.7.9 oder höher) bzw. Python 3 (in der Version 3.4 oder höher) ist pip bereits vorhanden.

Mit `pip install esptool` können Sie dann esptool einrichten.

esptool für Ubuntu

esptool liegt ebenfalls als fertiges Paket vor. Sie können es mit

```
sudo apt update
sudo apt install esptool
```

installieren.

4.3.3 Ausführbare Versionen von esptool

Es gibt auch direkt ausführbare Versionen von esptool. Sie können von *https://github.com/igrr/esptool-ck/releases* in gepackter Form heruntergeladen werden. Sie benötigen sie aber nur, wenn Sie unter Windows weder Python noch das ESP-IDF oder die Arduino IDE einrichten, dennoch aber den ESP32 flashen möchten.

4.3.4 esptool einsetzen

`esptool.py` bzw. `esptool.exe` werden in einem Terminalfenster ausgeführt.

Die meisten Kommandos verlangen als Parameter den Port, an den das Board angeschlossen ist (Parameter `--port`). Einige Kommandos benötigen auch eine Angabe der Baudrate (`--baud 115200`).

Alle verfügbaren Kommandos auflisten

Das Kommando `esptool.py -h` listet alle verfügbaren Kommandos auf.

Chipkenndaten auslesen

Die Chipkenndaten lesen Sie mit dem Kommando `flash_id` aus. Die komplette Anweisung lautet daher:

```
esptool.py --port COM4 flash_id
```

`COM4` muss durch den Port ersetzt werden, an dem Ihr ESP32 hängt. Sie finden diese Information im Geräte-Manager.

Wenn Sie das Kommando abgeschickt haben und die Meldung `Connecting ...` erscheint, sollten Sie den ESP32 in den Boot-Modus versetzen, indem Sie die Boot-Taste drücken.

In diesem und in den folgenden Beispielen kommt anstelle von `esptool.py` die kompilierte Variante `esptool.exe` zum Einsatz. Daraus ergeben sich aber keine inhaltlichen Unterschiede. Die Terminalausgabe sehen Sie in Abbildung 4.10.

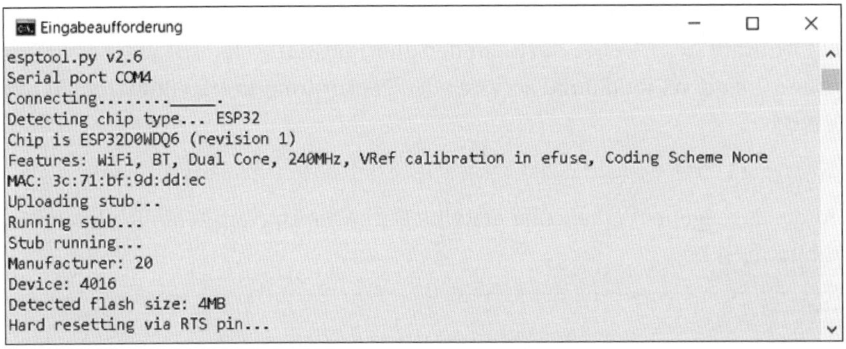

```
Eingabeaufforderung
esptool.py v2.6
Serial port COM4
Connecting........_____.
Detecting chip type... ESP32
Chip is ESP32D0WDQ6 (revision 1)
Features: WiFi, BT, Dual Core, 240MHz, VRef calibration in efuse, Coding Scheme None
MAC: 3c:71:bf:9d:dd:ec
Uploading stub...
Running stub...
Stub running...
Manufacturer: 20
Device: 4016
Detected flash size: 4MB
Hard resetting via RTS pin...
```

Abbildung 4.10 esptool – flash_id

Gut zu erkennen sind das verbaute Modul (`ESP32D0WDQ6 (revision1)`), die Größe des Flash-Speichers (`4MB`) und die MAC-Adresse (`3c:71:bf:9d:e0:d8`). Die *MAC-Adresse* (*Media Access Control*) ist die Hardwareadresse jedes einzelnen Netzwerkadapters. Sie ist ein eindeutiger Identifikator des Geräts in einem Rechnernetz – kann aber unter Umständen geändert werden.

Flash auslesen

`read_flash` liest den Flash in eine Datei aus, beispielsweise um ein Backup zu generieren. Die Argumente sind eine Adresse, eine Größe und ein Dateiname. Beispiel:

```
esptool.py --port COM4 --baud 115200 read_flash 0x000000 0x400000 backup.bin
```

Hier wird der Speicherinhalt ab der Adresse 0 in einer Größe von 4 MB in die Datei *backup.bin* geschrieben (siehe Abbildung 4.11).

```
Eingabeaufforderung
esptool.py v2.6
Serial port COM4
Connecting........_____....._
Detecting chip type... ESP32
Chip is ESP32D0WDQ6 (revision 1)
Features: WiFi, BT, Dual Core, 240MHz, VRef calibration in efuse, Coding Scheme None
MAC: 3c:71:bf:9d:dd:ec
Uploading stub...
Running stub...
Stub running...
4194304 (100 %)
4194304 (100 %)
Read 4194304 bytes at 0x0 in 379.8 seconds (88.3 kbit/s)...
Hard resetting via RTS pin...
```

Abbildung 4.11 esptool – read_flash

Flash beschreiben

Mit dem Kommando `write_flash` laden Sie eine fertige Binärdatei hoch. Die Argumente sind der Offset und ein Dateiname. Der Offset ist bei aus eigenem Quellcode erstellter Firmware 0x1000. Dies dürfte in den allermeisten Fällen so sein. Nur wenn die Firmware über den Cloud Build Service oder Docker-Images erstellt wurde, ist der Offset 0x00000.

```
esptool.py --port COM4 --baud 115200 write_flash 0x1000 blink.ino.esp32.bin
```

Hier wird die aus eigenem Quellcode erstellte Datei *blink.ino.esp32.bin* hochgeladen (siehe Abbildung 4.12).

```
Eingabeaufforderung
esptool.py v2.6
Serial port COM4
Connecting........_
Detecting chip type... ESP32
Chip is ESP32D0WDQ6 (revision 1)
Features: WiFi, BT, Dual Core, 240MHz, VRef calibration in efuse, Coding Scheme None
MAC: 3c:71:bf:9d:dd:ec
Uploading stub...
Running stub...
Stub running...
Configuring flash size...
Auto-detected Flash size: 4MB
Compressed 207840 bytes to 105391...
Wrote 207840 bytes (105391 compressed) at 0x00001000 in 9.5 seconds (effective 175.9 kbit/s)...
Hash of data verified.

Leaving...
Hard resetting via RTS pin...
```

Abbildung 4.12 esptool – write_flash

Flash löschen

Mit dem Kommando `erase_flash` löschen Sie den Flash-Speicher komplett:

```
esptool.py --port COM4 erase_flash
```

Der gesamte Bereich wird mit 0xFF-Bytes überschrieben.

Weitere Kommandos

- `verify_flash`: überprüft, ob Flash-Inhalt mit einer Datei übereinstimmt.
- `dump_mem`: Dump eines definierten Speicherbereichs in eine Datei
- `load_ram`: direktes Laden eines Binär-Image in den RAM-Bereich
- `read_mem`: liest einzelne 4-Byte-Wörter aus dem RAM.
- `write_mem`: schreibt einzelne 4-Byte-Wörter in das RAM.
- `read_flash_status`: wird für Debug-Zwecke verwendet.
- `write_flash_status`: wird für Debug-Zwecke verwendet.
- `chip_id`: Auslesen der MAC-Adresse; Alternative zu `read_mac`
- `make_image`: manuelles Assemblieren eines Firmware-Image
- `run`: führt den Bootloader aus.

Darüber hinaus sind in `esptool.py` noch weitere Funktionalitäten implementiert, die Sie gesondert über einzelne Dateien aufrufen:

- `espefuse.py`: Lesen und Schreiben im ESP32-efuse-Bereich
- `espsecure.py`: ESP32-Sicherheitsfeatures

Die Dokumentation hierzu ist über die Seite *https://github.com/espressif/esptool* verlinkt.

4.4 Entwicklungsumgebungen in der Übersicht

Sie können aus einer Reihe von Entwicklungsumgebungen auswählen, mit denen Sie Programme für den ESP32 erstellen können. Die folgende Übersicht enthält die geläufigsten Umgebungen in alphabetischer Reihenfolge, erhebt aber nicht den Anspruch auf Vollständigkeit.

- Die *Arduino IDE* ist der Softwareteil des sehr beliebten und erfolgreichen Arduino-Projekts. Sie ist für alle wichtigen Betriebssysteme verfügbar und bindet *gcc* als Kompilierer ein. Dank zahlreicher Bibliotheken lässt sie sich nicht nur für die Boards des Arduino-Projekts nutzen, sondern auch für den ESP32 und viele andere Mikrocontroller. Als Befehlssatz wird ein leicht abgespeckter C- und C++-Umfang genutzt, der gerade Einsteigern die Programmierung ein wenig erleichtert.

  Die Arduino-Umgebung wird in den meisten Projekten und Beispielen dieses Buchs genutzt. Sie ist eine ausgezeichnete Wahl für den Einstieg, mit ihr lassen sich aber auch umfangreiche Projekte umsetzen. Ich stelle sie Ihnen in Abschnitt 4.4.2 vor. Eine Vielzahl von Ressourcen finden Sie auf der offiziellen Projektseite:

  https://www.arduino.cc/

- *Eclipse* ist eine sehr mächtige IDE, die eng mit der Sprache Java verbunden ist. Für viele Anwendungsentwickler wird sie ein zweites Zuhause sein, und auch für den ESP32 gibt es Plug-ins. Ideal geeignet ist sie aber für die Mikrocontroller-Programmierung nicht (siehe Abschnitt 4.4.4).
- *ESP Easy* ist eine webbasierte Firmware, die die Verwendung eines ESP-Moduls als einfaches Multifunktionssensorgerät für Home-Automation-Lösungen wie *Domoticz* unterstützen soll.
- *Espressif IDF* ist ein flexibles Framework, das Kenntnisse in C/C++ und zu den Interna eines Mikrocontrollers (Interrupts, FreeRTOS) erfordert.

  In Abschnitt 4.4.1 geht es um das Espressif IDF. Wenn Sie weitere Informationen suchen, schauen Sie in den offiziellen sehr ausführlichen *ESP-IDF Programming Guide*: *https://docs.espressif.com/projects/esp-idf/en/latest/esp32*.
- Wenn Sie JavaScript nutzen wollen, steht Ihnen mit *low.js* eine Node.js- Implementierung zur Verfügung, die mit deutlich geringeren Systemanforderungen zurechtkommt und eigens für die Ausführung auf Mikrocontrollern entwickelt wurde. Allerdings benötigt *low.js* selbst in dieser schlanken Form so viel Arbeitsspeicher, dass Sie mindestens das ESP32-WROVER-Modul einsetzen müssen, das über mehr RAM verfügt. Weitere Informationen finden Sie unter *https://github.com/neonious/lowjs*.
- *Lua* ist eine Sprache, die auf die NodeMCU-Firmware aufsetzt. Es handelt sich bei ihr um eine imperative und erweiterbare Skriptsprache zum Einbinden in Programme mit dem Ziel, diese leichter weiterentwickeln und warten zu können. Eine kurze Einführung finden Sie in Abschnitt 4.4.6, weitere Informationen gibt es z. B. unter *http://www.lua.org/manual/5.1/de/manual.html*.
- So wie *low.js* ein vereinfachtes JavaScript ist, ist *MicroPython* ein vereinfachtes Python 3 für Mikrocontroller. Es beinhaltet eine kleine Teilmenge der Python-Standardbibliothek und ist für die Ausführung auf Mikrocontrollern und in eingeschränkten Umgebungen optimiert. Dementsprechend läuft es auch auf ESP32-WROOM-Modulen. Besuchen Sie die Seite *https://micropython.org* für einen tieferen Einstieg; einen kurzen Überblick liefert bereits Abschnitt 4.4.5.

In den folgenden Abschnitten stelle ich Ihnen einige dieser Entwicklungstools vor. Die Beschreibungen schließen mit einer durchaus subjektiven Wertung.

4.4.1 Das Espressif IDF (ESP-IDF)

Espressif stellt Ihnen nicht nur einen guten Mikrocontroller bereit, sondern liefert Ihnen auch eine vernünftige Entwicklungsumgebung mit, mit der Sie direkt einsteigen können.

Die originäre Softwareentwicklungsplattform ist daher das *ESP-IDF* (*Espressif IoT Development Framework*). Ein *Framework* (dt. »Rahmenstruktur«) bezeichnet in der Softwareentwicklung ein Programmiergerüst, anhand dessen Entwickler und Entwicklerinnen ihre Programme erstellen. Innerhalb dieser Anwendungsstruktur befinden sich dann Bibliotheken, Werkzeuge und Dokumentationen, die für die Programmierung benötigt werden. Aus diesem IDF wurde später in einem gesonderten Projekt die Software entwickelt, die die Programmierung des ESP32 über die Arduino IDE ermöglicht.

Das ESP-IDF ist ein mächtiges Entwicklungswerkzeug, mit dem sich alle Funktionalitäten des ESP32 ausreizen lassen. Hinsichtlich der Bedienung bietet es allerdings nur einen gewissen Basiskomfort. Insbesondere einige Funktionalitäten, wie sie in integrierten Entwicklungsumgebungen Standard sind (z. B. das Code-Highlighting bei Syntaxfehlern), werden Sie bei intensiverem Arbeiten aber schmerzlich vermissen. Deshalb empfiehlt Espressif, *Visual Studio Code* oder *Eclipse* als Entwicklungsumgebung zu nutzen. In diese Entwicklungsumgebungen integriert – gewissermaßen als darunter liegende Schicht – sind dann wiederum auch die Tools und Bibliotheken des ESP-IDF. Übrigens verhält es sich bei der Arduino IDE nicht anders: Auch unter ihrer Oberfläche ist das ESP-IDF verankert.

Dennoch bietet das Entwickeln über das native ESP-IDF Vorteile. Zum einen gibt es Ihnen einen unverstellten Einblick in die Dateistrukturen und Prozesse, die der Programmierung eines ESP32 zugrunde liegen. Wesentlicher jedoch ist, dass jedweder Überbau die Fehleranfälligkeit erhöht, sei es dass Bibliotheken fehlen oder die Prozesse wegen mangelnder Zugriffsberechtigungen oder Links zu Dateien nicht ordnungsgemäß ablaufen.

Prüfen Sie daher Alternativen zur Programmentwicklung und wägen Sie Vor- und Nachteile ab. Es kann auch vorkommen, dass sich bestimmte Werkzeuge für manche Projekte besser eignen als für andere.

Installation unter Windows

Der bequemste Installationsweg unter Windows ist der ESP-IDF-Tools-Installer. Er installiert alle benötigten Komponenten wie den *Cross-Compiler*, *OpenOCD*, *cmake* und das *Ninja-Build-Tool* sowie ein Konfigurationstool namens *mconf-idf*. Des Weiteren bringt er *Python* und *Git for Windows* als eingebettete Systeme mit. Allerdings wird nur Windows in der 64-Bit-Version unterstützt.

Informationen zum Standard-Setup der Toolchain für Windows stehen unter dieser URL zur Verfügung:

https://docs.espressif.com/projects/esp-idf/en/latest/get-started/windows-setup.html

Dort finden Sie unter der Überschrift ESP-IDF TOOLS INSTALLER einen Link, der zum Download des ESP-IDF-Installers führt. Seit der Installer-Version 2.12 haben Sie die Wahl zwischen einem Online- und einem Offline-Installer.

Grundsätzlich läuft die Installation sehr unkompliziert ab und ist hinsichtlich des Ablaufs identisch. Laden Sie also den Installer Ihrer Wahl herunter, starten Sie ihn und führen Sie die einzelnen Schritte aus:

Sprachauswahl und Lizenzvereinbarung

Als Erstes öffnet sich ein Fenster, in dem Sie eine Sprachauswahl für den Setup-Prozess treffen können. Da Deutsch leider nicht im Angebot ist, belassen Sie es bei English und klicken auf OK.

Dann folgt ein Fenster, das Sie um Annahme der Lizenzvereinbarung bittet. Aktivieren Sie das Kontrollkästchen I ACCEPT THE AGREEMENT und gehen Sie mit OK weiter. Der Installer führt anschließend einen Systemcheck durch. Bei positivem Ergebnis geht es mit NEXT weiter.

Die ESP-IDF-Quelle auswählen

Das nächste Fenster befasst sich mit der Auswahl der einzusetzenden ESP-IDF-Quelle (siehe Abbildung 4.13).

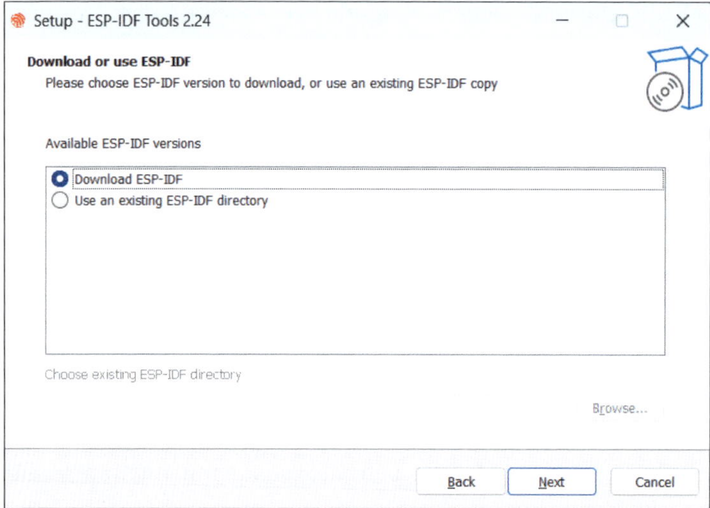

Abbildung 4.13 Die Quelle für die Installation festlegen

Belassen Sie es bei der markierten Option und klicken Sie auf NEXT.

ESP-IDF-Version auswählen

In der folgenden Abfrage haben Sie die Wahl zwischen verschiedenen ESP-IDF-Versionen (siehe Abbildung 4.14).

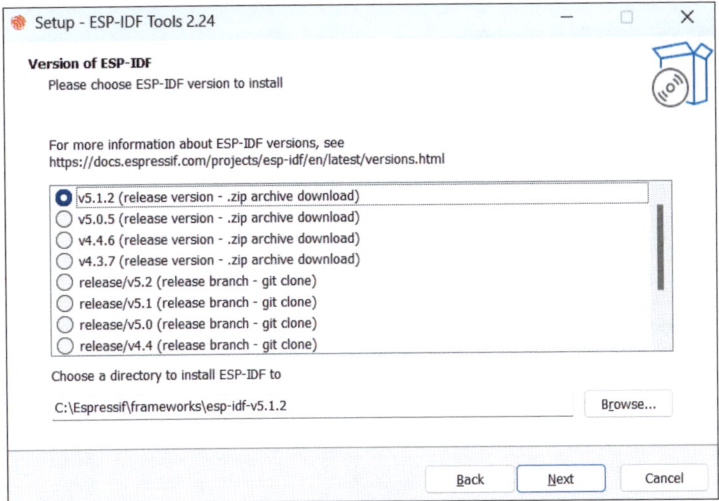

Abbildung 4.14 Die gewünschte Version der ESP-IDF

Wählen Sie die Version des ESP-IDF, die Sie installieren möchten. In der Regel sollten Sie das stabile Release mit der höchsten Versionsnummer nutzen, es sei denn, Sie wissen schon sehr genau, dass Sie eine ganz bestimmte Version brauchen. Sie können etwa ältere Versionen oder Entwicklerversionen nutzen, die schon neue Features bieten, allerdings noch instabil sind.

> **Die aktuelle Version der Entwicklungsumgebung**
>
> Die aktuell installierte Version von Espressif IDF ermitteln Sie mit dem Kommando `git describe`, das auf der Installationsebene von ESP-IDF abgesetzt wird.

Belassen Sie es möglichst auch bei dem vorgegebenen Installationsverzeichnis. Zwar können Sie mit einem Klick auf die Schaltfläche Browse das Installationsverzeichnis anpassen. Beabsichtigen Sie jedoch später einmal, mit einem anderen Modul als dem ESP32 (z. B. dem ESP32-C3) zu arbeiten, kann es zu Schwierigkeiten kommen, weil die vorgegebene ESP-IDF-Toolchain zum Kompilieren und Flashen Dateiverweise nicht auflösen kann.

Den Speicherort für ESP-IDF-Tools bestimmen

Der Installer speichert die von der ESP-IDF benötigten Tools wie *cmake* (s. o.) an einem gesonderten Ort. Abbildung 4.15 zeigt das Fenster, in dem die Festlegung des Speicherorts erfolgt.

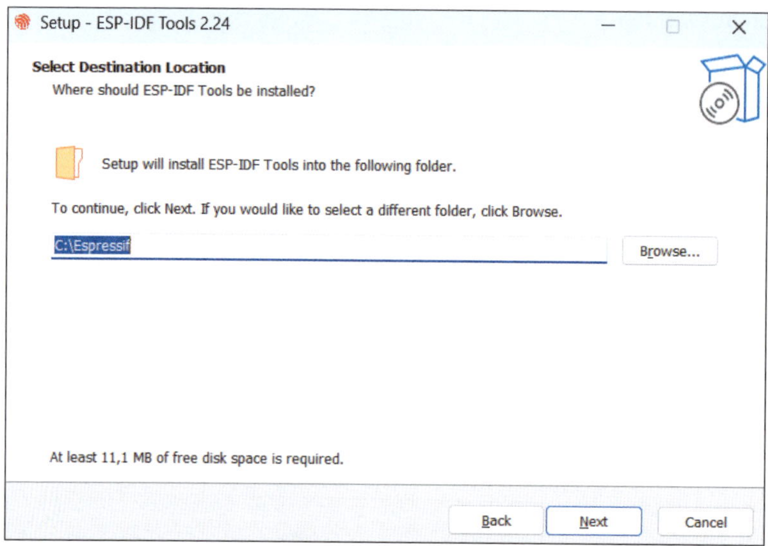

Abbildung 4.15 Der Dateipfad für das Speichern der ESP-IDF-Tools

Belassen Sie es aus dem im vorherigen Schritt genannten Grund bei der Vorgabe. Die Arduino IDE (siehe Abschnitt 4.4.2) und PlatformIO (siehe Abschnitt 4.4.8) richten derartige Systemordner direkt im Home-Verzeichnis des Benutzers ein. Gehen Sie mit NEXT weiter.

ESP-IDF-Komponenten auswählen

Das nächste Fenster ermöglicht Ihnen die Auswahl verschiedener ESP-IDF-Komponenten. (Abbildung 4.16 zeigt nur einen Ausschnitt.)

Scrollen Sie für einen Überblick durch die angegebenen Optionen und schenken Sie den Unterpunkten DRIVERS sowie CHIP-TARGETS etwas Aufmerksamkeit. Bei DRIVERS finden Sie unter Umständen benötigte USB-Treiber, CHIP TARGETS fügt Komponenten für weitere Chips wie den ESP32-C3 oder den ESP32-S3 hinzu. Auch wenn diese in diesem Buch nicht im Vordergrund stehen, finden Sie hier den Ansatz, Ihre Entwicklungsumgebung darauf auszurichten. Dies ist insbesondere dann von Vorteil, wenn Sie z. B. den ESP32-H2 einsetzen möchten, für den es noch keinen Arduino-Support gibt.

Hinsichtlich der Windows-Einstellungen empfiehlt es sich, zumindest einen Desktop-Shortcut für die PowerShell oder den Command-Prompt anlegen zu lassen. Hinter Letzterem verbergen sich der Aufruf des Command-Prompts (*cmd.exe*) sowie das Ausführen eines Skripts (*export.bat*), das die Umgebungsvariablen setzt und in den ESP-IDF-Ordner wechselt. Klicken Sie auf NEXT, um den Installationsprozess fortzusetzen.

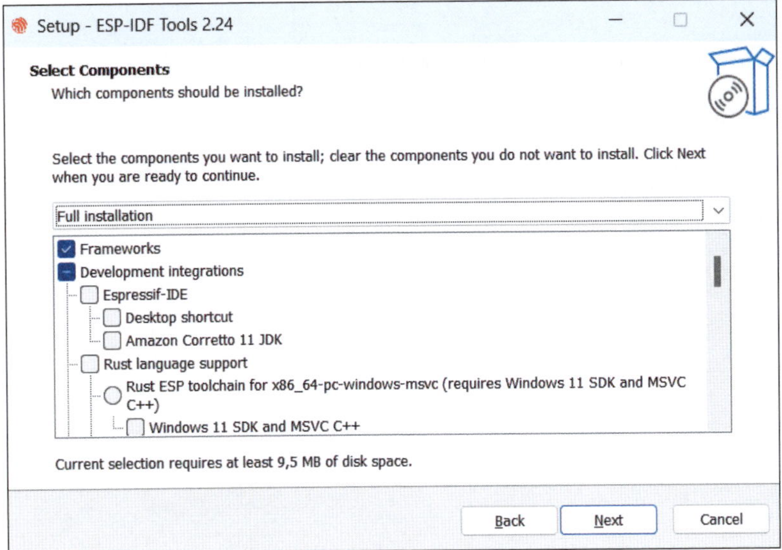

Abbildung 4.16 Auswahl der ESP-IDF-Komponenten

Die Eigenschaften der ESP-IDF-Installation bestätigen und die Installation starten

Der Installer listet Ihnen in einem Fenster noch einmal die Details zur anstehenden Installation zur Ansicht auf (siehe Abbildung 4.17).

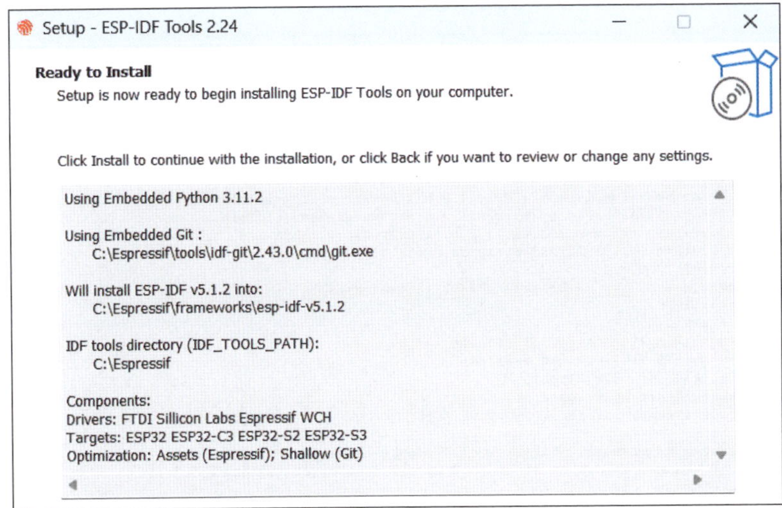

Abbildung 4.17 Installationsdetails

Prüfen Sie die Einstellungen und starten Sie mit einem Klick auf NEXT den eigentlichen Installationsvorgang. Dieser nimmt eine gewisse Zeit in Anspruch und schließt bei positivem Verlauf mit einer Erfolgsmeldung ab (siehe Abbildung 4.18).

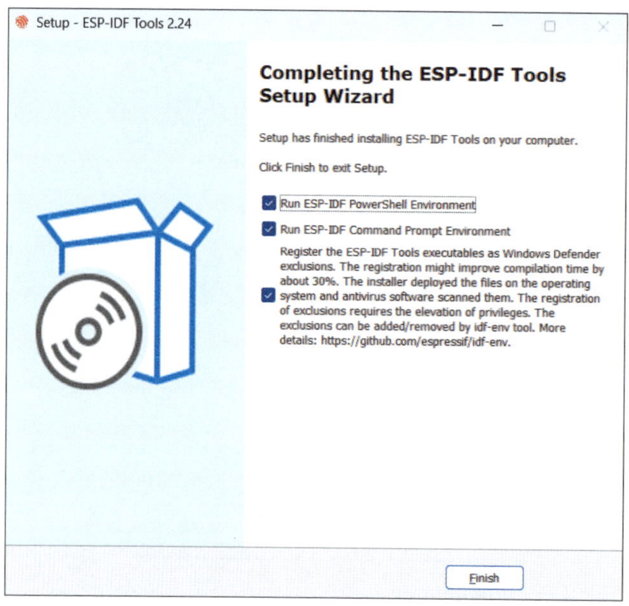

Abbildung 4.18 Abschlussmeldung des ESP-IDF-Setups

Damit ist der Installer beendet. Bei aktivierten Kontrollkästchen Run ESP-IDF PowerShell Environment bzw. Run ESP-IDF-Command Prompt öffnet der Installer nach einem Klick auf Finish entsprechende Fenster (siehe Abbildung 4.19).

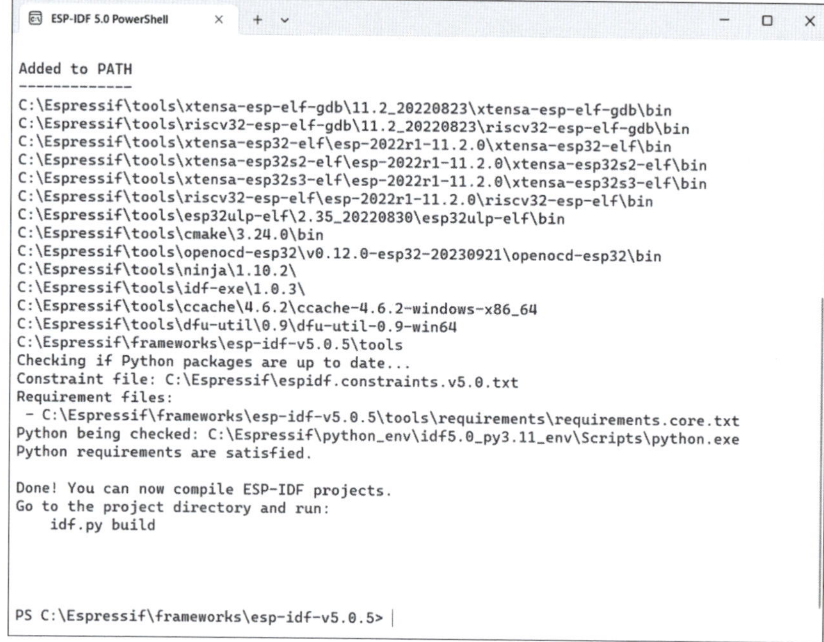

Abbildung 4.19 Das ESP-IDF-PowerShell-Environment

Im Hintergrund haben die jeweiligen Skripte notwendige Pfad-Variablen ergänzt und sie dann im ESP-IDF-Verzeichnis abgesetzt.

Darüber hinaus wurde an das Startmenü ein Shortcut angeheftet, mit dem Sie den ESP-IDF-Command-Prompt direkt aufrufen können (siehe Abbildung 4.20).

Abbildung 4.20 ESP-IDF im Windows-Startmenü

ESP-IDF aktuell halten

Hin und wieder lohnt es sich, das ESP-IDF auf eine aktuellere Version zu bringen, um neue Features oder von der Behebung von Bugs zu profitieren. Espressif rät dazu, den *esp-idf*-Ordner zu löschen und ihn insgesamt wieder neu zu installieren.

Installation unter Linux

Die Installation unter Linux mutet etwas weniger gut strukturiert an als unter Windows. Dies ist darauf zurückzuführen, dass sich hinter Linux eine Vielzahl von Distributionen mit zum Teil sehr unterschiedlichen Ansätzen verbergen. Selbst innerhalb einer Distribution kann es schon zu Abweichungen kommen, die sich auf die einzelnen Schritte der Installation auswirken. Das nachstehende Setup wurde unter Ubuntu 22.04 LTS vorgenommen.

Notwendige Pakete installieren

Um mit dem ESP-IDF zu arbeiten, sind einige Pakete notwendig, die Sie gegebenenfalls noch installieren müssen. Dies erfolgt über entsprechende Befehle in der Konsole. Als Erstes sollten Sie mit `sudo apt update` das System auf den neuesten Stand bringen. Die eigentliche Installation wird angestoßen mit:

```
sudo apt install git wget flex bison gperf python3 python3-pip python3-venv cmake
  ninja-build ccache libffi-dev libssl-dev dfu-util libusb-1.0-0
```

Selbstverständlich muss dieser Befehl nicht in einer zusammenhängenden Folge eingegeben werden. Er kann auch schrittweise für einzelne oder mehrere Pakete erfolgen (z. B. `sudo apt install git wget`).

Nach der Installation ist das Fundament gelegt, um die Entwicklungsumgebung herunterzuladen.

Download der ESP-IDF

Anstelle des Installers wird unter Linux zunächst das gesamte Programmpaket von Git auf den PC gezogen.

Git

Git wurde vom Linux-Erfinder Linus Torvalds entwickelt, um die Arbeit am Linux-Kernel besser zu organisieren. In den letzten Jahren hat sich die Software zum unverzichtbaren Werkzeug für alle IT-Profis entwickelt.

Auf der Seite *www.github.com*, die 2019 von Microsoft gekauft wurde, finden Sie den Quellcode und Projektdateien von einer schier unüberschaubaren Anzahl an Software, die Sie mit Git leicht auf Ihren Rechner kopieren können – In der Softwareentwicklung spricht man vom *Klonen* von Software.

Legen Sie dazu innerhalb Ihres Home-Verzeichnisses einen eigenen Ordner (z. B. *esp*) an, in den die Dateien gespeichert werden, und wechseln Sie in den Ordner:

```
mkdir ~/esp
```

```
cd ~/esp
```

Das Kommando `git clone --recursive https://github.com/espressif/esp-idf.git` klont das ESP-IDF-Verzeichnis in den Ordner *~/esp/esp-idf*.

Der Download-Vorgang kann gut im Terminal verfolgt werden und nimmt eine kleine Weile in Anspruch (siehe Abbildung 4.21).

```
PC-LINUX: ~/esp
Datei Bearbeiten Ansicht Suchen Terminal Hilfe
remote: Counting objects: 100% (40/40), done.
remote: Compressing objects: 100% (24/24), done.
remote: Total 272 (delta 23), reused 29 (delta 16), pack-reused 232
Empfange Objekte: 100% (272/272), 96.80 KiB | 216.00 KiB/s, Fertig.
Löse Unterschiede auf: 100% (162/162), Fertig.
Submodul-Pfad: 'components/nghttp/nghttp2/third-party/mruby': '22464fe5a0a10f2b077eaba109c
e1e912e4a77de' ausgecheckt
Submodul-Pfad: 'components/nghttp/nghttp2/third-party/neverbleed': 'da5c2ab419a3bb8a4cc6c3
7a6c7f3e4bd4b41134' ausgecheckt
Submodul-Pfad: 'components/protobuf-c/protobuf-c': 'dac1a65feac4ad72f612aab99f487056fbcf5c
1a' ausgecheckt
Submodul-Pfad: 'components/spiffs/spiffs': 'f5e26c4e933189593a71c6b82cda381a7b21e41c' ausg
echeckt
Submodul-Pfad: 'components/tinyusb/tinyusb': '28f89e13473d40637574bcbfe4142633b39899fd' au
sgecheckt
Submodul-Pfad: 'components/unity/unity': '7d2bf62b7e6afaf38153041a9d53c21aeeca9a25' ausgec
heckt
Submodul-Pfad: 'examples/build_system/cmake/import_lib/main/lib/tinyxml2': '7e8e249990ec49
1ec15990cf95b6d871a66cf64a' ausgecheckt
-LINUX:~/esp$
```

Abbildung 4.21 Das Klonen von ESP-IDF unter Linux

ESP-IDF installieren

Der eigentliche Installationsvorgang erfolgt über ein Install-Skript. Dieses befindet sich im Ordner *esp-idf* (`cd esp-idf`). Führen Sie es mit `sudo ./install.sh` aus.

Auch hier werden noch Downloads vorgenommen und installiert. Bei Erfolg meldet das Skript `All done!` (siehe Abbildung 4.22).

```
PC-LINUX: ~/esp/esp-idf
Datei Bearbeiten Ansicht Suchen Terminal Hilfe
  Downloading enum34-1.1.10-py2-none-any.whl (11 kB)
Collecting pycparser
  Downloading pycparser-2.20-py2.py3-none-any.whl (112 kB)
     |████████████████████████████████| 112 kB 4.2 MB/s
Building wheels for collected packages: future
  Building wheel for future (setup.py) ... done
  Created wheel for future: filename=future-0.18.2-py2-none-any.whl size=502566 sha256=1059118b98e0e5e13a0bbea
ae5ec1073815d58b256417309b93ac20418212b75
  Stored in directory: /tmp/pip-ephem-wheel-cache-YLvVbu/wheels/5f/11/0c/aad680baf5ef4fbcbab992c9f03e1130357e0
c173a4fdabfff
Successfully built future
Installing collected packages: click, pyserial, future, ipaddress, six, pycparser, cffi, enum34, cryptography,
 pyparsing, pyelftools
Successfully installed cffi-1.14.0 click-7.1.1 cryptography-2.9 enum34-1.1.10 future-0.18.2 ipaddress-1.0.23 p
ycparser-2.20 pyelftools-0.26 pyparsing-2.3.1 pyserial-3.4 six-1.14.0
All done! You can now run:

  . ./export.sh

PC-LINUX:~/esp/esp-idf$
```

Abbildung 4.22 Das Install-Skript ausführen

Umgebungsvariablen setzen

Abschließend müssen noch die Umgebungsvariablen gesetzt werden. Dies erfolgt ebenfalls mit einem Skript namens *export.sh*. Das Kommando lautet:

`. ./export.sh` (siehe Abbildung 4.23) bzw.

`. $HOME/esp/esp-idf/export.sh`

```
Datei Bearbeiten Ansicht Suchen Terminal Hilfe

PC-LINUX:~/esp/esp-idf$ . ./export.sh
Adding ESP-IDF tools to PATH...
Checking if Python packages are up to date...
Python requirements from /home/brandes/esp/esp-idf/requirements.txt are satisfied.
Added the following directories to PATH:
  /home/      /esp/esp-idf/components/esptool_py/esptool
  /home/      /esp/esp-idf/components/espcoredump
  /home/      /esp/esp-idf/components/partition_table/
  /home/      /.espressif/tools/xtensa-esp32-elf/esp32-2019r1-8.2.0/xtensa-esp32-elf/bin
  /home/      /.espressif/tools/esp32ulp-elf/2.28.51.20170517/esp32ulp-elf-binutils/bin
  /home/      /.espressif/tools/openocd-esp32/v0.10.0-esp32-20190708/openocd-esp32/bin
  /home/      /.espressif/python_env/idf4.1_py2.7_env/bin
  /home/      /esp/esp-idf/tools
Done! You can now compile ESP-IDF projects.
Go to the project directory and run:

  idf.py build

-PC-LINUX:~/esp/esp-idf$
```

Abbildung 4.23 Umgebungsvariablen setzen

[!]

Leerzeichen und Punkt nicht vergessen

Das Leerzeichen zwischen den beiden Punkten des Kommandos und der Punkt am Anfang sind keine Druckfehler, sondern zwingend notwendig!

Die Installation ist damit abgeschlossen. Aber beachten Sie, dass es bei den einzelnen Linux-Distributionen einige Besonderheiten geben kann. Espressif gibt dazu einige Hinweise unter *https://docs.espressif.com/projects/esp-idf/en/latest/get-started/linux-setup.html.*

ESP-IDF konfigurieren

Die Konfiguration des ESP-IDF erfolgt projektbezogen. Das heißt, dass für jedes Projekt eine eigene Konfiguration vorgehalten werden muss. Die Projekte werden in einem Ordner z. B. unterhalb eines ESP-IDF-Projekt-Ordners angelegt (etwa *C:\users\ ...\Documents\esp-idf\blink* [Windows] oder *~/esp/esp-idf/blink* [Linux]).

Am einfachsten ist es, Sie nehmen die Konfiguration mit dem ESP-IDF-eigenen Konfigurationsprogramm vor. Damit die Pfadvariablen korrekt gesetzt sind, öffnen Sie über die Shortcuts ein Terminal (Windows z. B. PowerShell-Umgebung oder Command Prompt). Wechseln Sie dann mit `cd` in das Projektverzeichnis.

Starten Sie nun das Programm mit dem Befehl `idf.py menuconfig`, um in das Konfigurationshauptmenü des Tools zu gelangen (siehe Abbildung 4.24).

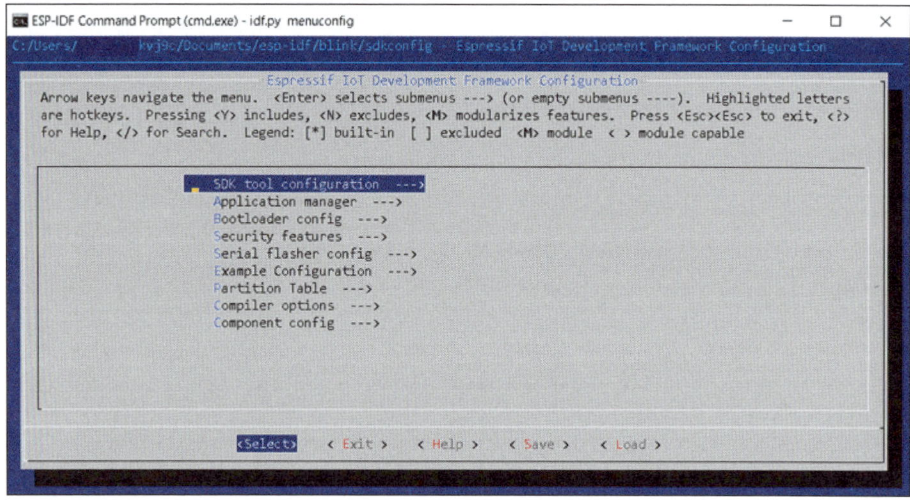

Abbildung 4.24 Das ESP-IDF-Konfigurationsprogramm

Leider ist es nicht möglich, das Programm mit der Maus zu bedienen. Die Tastatur verwenden Sie folgendermaßen: Mit [↓] gelangen Sie zum nächsten Menüpunkt, mit [↑] zum vorherigen Menüpunkt. Mit [↵] wählen Sie einen Menüeintrag aus, mit [Esc] verlassen Sie ihn wieder. Nutzen Sie [→] bzw. [←] und anschließend [↵], um die Einstellungen zu speichern (SAVE) bzw. um das Programm zu verlassen (EXIT).

In der Regel können Sie die Einträge so übernehmen, wie Sie sie vorgegeben finden. Falls für die Beispiele in diesem Buch Anpassungen erforderlich sind, weise ich an entsprechender Stelle darauf hin (siehe Abbildung 4.25).

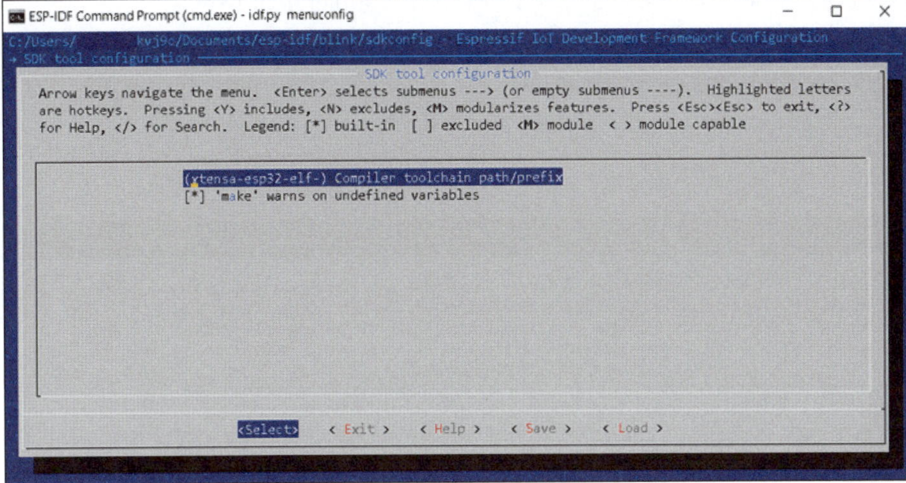

Abbildung 4.25 ESP-IDF-Konfiguration mit dem SDK-Tool

Mit EXIT verlassen Sie das Konfigurationsmenü. Das Tool richtet nun die Entwicklungsumgebung für das Projekt ein. Der Erfolg der Einrichtung wird mit einer Meldung quittiert (siehe Abbildung 4.26).

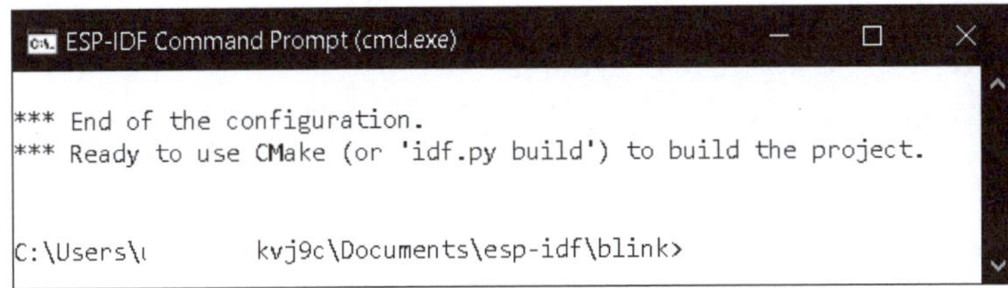

Abbildung 4.26 Abgeschlossene ESP-IDF-Konfiguration

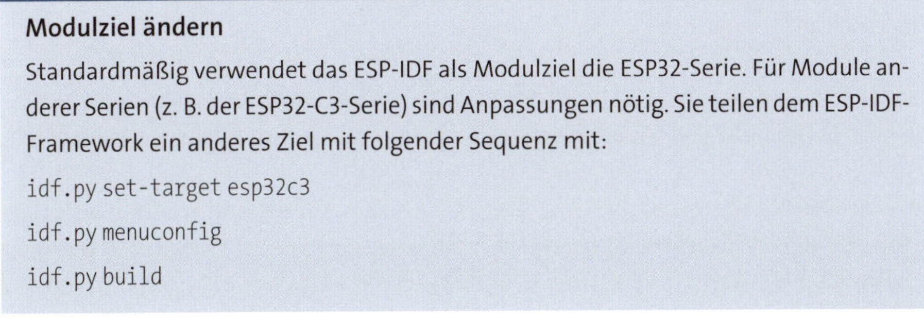

Modulziel ändern

Standardmäßig verwendet das ESP-IDF als Modulziel die ESP32-Serie. Für Module anderer Serien (z. B. der ESP32-C3-Serie) sind Anpassungen nötig. Sie teilen dem ESP-IDF-Framework ein anderes Ziel mit folgender Sequenz mit:

```
idf.py set-target esp32c3
idf.py menuconfig
idf.py build
```

Ein LED-Blink-Programm

Testweise bringen wir nun ein LED-Blink-Programm (LED über einen 470-Ω-Widerstand an GPIO2) auf den ESP32. Erfreulicherweise liefert das ESP-IDF hierzu bereits ein Beispiel, das Sie nur in den ESP-IDF-Tools-Ordner kopieren müssen.

Wechseln Sie dazu in den ESP-IDF-Ordner und setzen Sie den Befehl zum Kopieren ab (siehe Abbildung 4.27):

```
cd %userprofile%\Documents\esp-idf
xcopy /e /i %IDF_PATH%\examples\get-started\blink blink
```

```
ESP-IDF Command Prompt (cmd.exe)

C:\Users\        kvj9c\Documents\esp-idf>xcopy /e /i %IDF_PATH%\examples\get-started\blink blink
C:\Users\        kvj9c\Documents\esp-idf\examples\get-started\blink\CMakeLists.txt
C:\Users\        kvj9c\Documents\esp-idf\examples\get-started\blink\example_test.py
C:\Users\        kvj9c\Documents\esp-idf\examples\get-started\blink\Makefile
C:\Users\        kvj9c\Documents\esp-idf\examples\get-started\blink\README.md
C:\Users\        kvj9c\Documents\esp-idf\examples\get-started\blink\sdkconfig.defaults
C:\Users\        kvj9c\Documents\esp-idf\examples\get-started\blink\main\blink.c
C:\Users\        kvj9c\Documents\esp-idf\examples\get-started\blink\main\CMakeLists.txt
C:\Users\        kvj9c\Documents\esp-idf\examples\get-started\blink\main\component.mk
C:\Users\        kvj9c\Documents\esp-idf\examples\get-started\blink\main\Kconfig.projbuild
9 Datei(en) kopiert

C:\Users\        kvj9c\Documents\esp-idf>
```

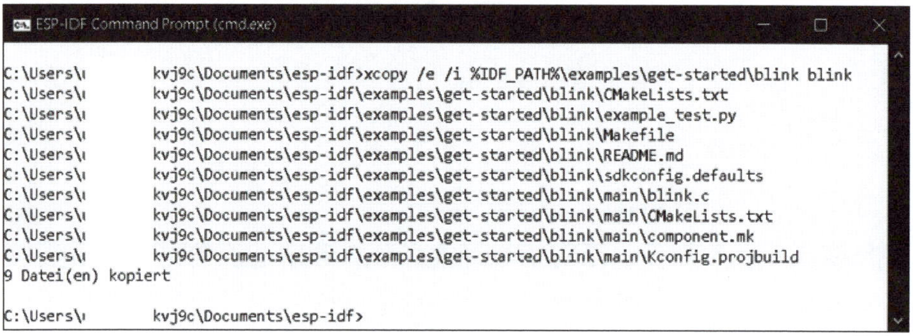

Abbildung 4.27 Das Blink-Programm kopieren

Unter Linux lauten die Kommandos so:

```
cd ~esp/esp-idf
cp -r $IDF_PATH/examples/get-started/hello_world .
```

Achten Sie dabei wieder auf den einzelnen Punkt am Ende des Befehls. Er sorgt dafür, dass die Dateien in den Ordner kopiert werden, in dem Sie sich gerade befinden.

Das Blink-Programm selbst besteht aus folgenden wesentlichen Zeilen:

```
#include <stdio.h>
#include "freertos/FreeRTOS.h"
#include "freertos/task.h"
#include "driver/gpio.h"
#include "sdkconfig.h"

#define BLINK_GPIO CONFIG_BLINK_GPIO

void app_main() {
  esp_rom_gpio_pad_select_gpio (BLINK_GPIO);
  gpio_set_direction(BLINK_GPIO, GPIO_MODE_OUTPUT);
  while(1) {
    printf("Turning off the LED\n");
```

```
        gpio_set_level(BLINK_GPIO, 0);
        vTaskDelay(1000 / portTICK_PERIOD_MS);
        printf("Turning on the LED\n");
        gpio_set_level(BLINK_GPIO, 1);
        vTaskDelay(1000 / portTICK_PERIOD_MS);
    }
}
```

Listing 4.1 Das Blink-Programm im ESP-IDF

Nun können Sie mit `cd \blink` in den *blink*-Projektordner wechseln und das Konfigurationsprogramm `idf.py menuconfig` starten. Über den Menüeintrag EXAMPLE CONFIGURATION setzen Sie bei Bedarf noch den GPIO-Pin, an den die LED angeschlossen ist. Mit SAVE speichern Sie die Einstellungen und verlassen das Menü dann mit EXIT, sodass die ESP-IDF-Konfigurationsroutinen ablaufen können (siehe Abbildung 4.28).

Abbildung 4.28 Konfiguration des Blink-Programms

Mit dem Kommando `idf.py build` wird das Beispielprojekt erstellt. Damit kompilieren Sie die Anwendung und alle ESP-IDF-Komponenten, außerdem werden der Bootloader, die Partitionstabelle und die Anwendungsbinärdateien generiert. Der Prozess dauert beim ersten Mal eine Weile, weil verschiedene Dateien und Routinen erstellt werden. Bei jedem Folgeaufruf läuft der Build-Prozess schneller ab (siehe Abbildung 4.29).

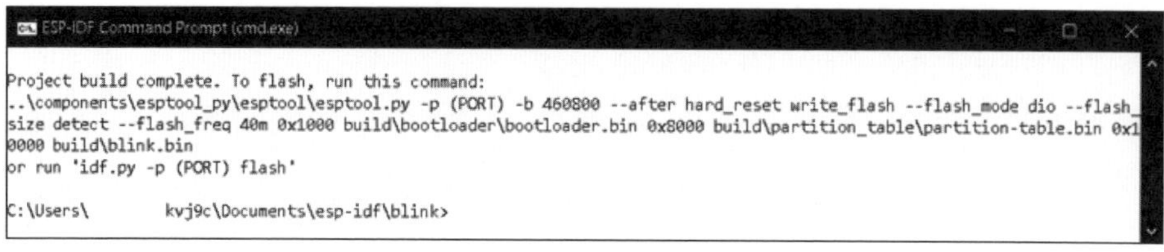

Abbildung 4.29 Das Blink-Programm kompilieren

Abschließend flashen Sie den ESP32 mit diesem Kommando:

`idf.py -p PORT [-b BAUD] flash`

`PORT` müssen Sie durch die zutreffende Portbezeichnung ersetzen, z. B. `COM4`. Wenn nötig, können Sie die Baudrate des Flashers auch ändern, indem Sie `BAUD` durch die von Ihnen benötigte Baudrate ersetzen. Die Standardbaudrate ist `460800` und muss normalerweise nicht geändert werden.

Häufig beginnt der Flash-Vorgang selbsttätig (siehe Abbildung 4.30); wenn nicht, drücken Sie den Enable-Knopf (EN) auf dem ESP32-Board.

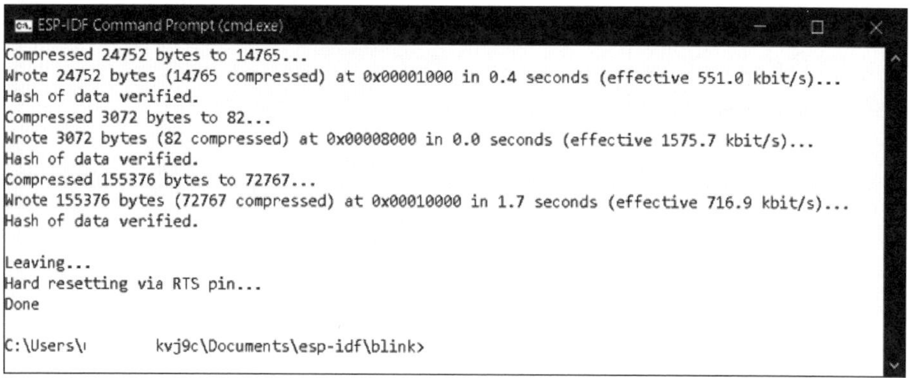

Abbildung 4.30 Das Blink-Programm flashen

Unmittelbar danach sollte die LED blinken.

Das Blink-Programm gibt Ihnen zudem aber auch Meldungen auf dem Monitor aus. Hierzu nutzen Sie in der Konsole den Befehl `idf.py -p PORT monitor`. Auch hier müssen Sie `PORT` wieder durch die zutreffende Portbezeichnung für Ihr Setup ersetzen (siehe Abbildung 4.31).

Die Monitorausgabe beenden Sie mit [Strg]+[+].

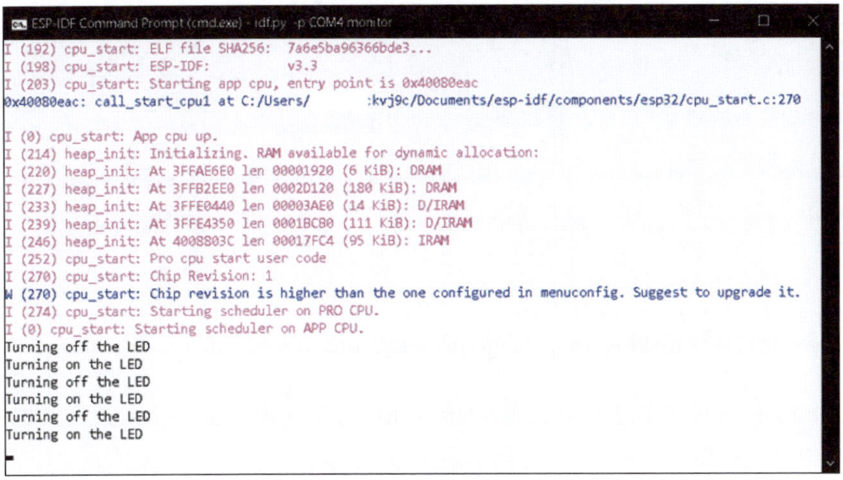

```
ESP-IDF Command Prompt (cmd.exe) - idf.py -p COM4 monitor
I (192) cpu_start: ELF file SHA256:  7a6e5ba96366bde3...
I (198) cpu_start: ESP-IDF:          v3.3
I (203) cpu_start: Starting app cpu, entry point is 0x40080eac
0x40080eac: call_start_cpu1 at C:/Users/       :kvj9c/Documents/esp-idf/components/esp32/cpu_start.c:270

I (0) cpu_start: App cpu up.
I (214) heap_init: Initializing. RAM available for dynamic allocation:
I (220) heap_init: At 3FFAE6E0 len 00001920 (6 KiB): DRAM
I (227) heap_init: At 3FFB2EE0 len 0002D120 (180 KiB): DRAM
I (233) heap_init: At 3FFE0440 len 00003AE0 (14 KiB): D/IRAM
I (239) heap_init: At 3FFE4350 len 0001BCB0 (111 KiB): D/IRAM
I (246) heap_init: At 4008803C len 00017FC4 (95 KiB): IRAM
I (252) cpu_start: Pro cpu start user code
I (270) cpu_start: Chip Revision: 1
W (270) cpu_start: Chip revision is higher than the one configured in menuconfig. Suggest to upgrade it.
I (274) cpu_start: Starting scheduler on PRO CPU.
I (0) cpu_start: Starting scheduler on APP CPU.
Turning off the LED
Turning on the LED
Turning off the LED
Turning on the LED
Turning off the LED
Turning on the LED
```

Abbildung 4.31 Monitorausgabe des Blink-Programms

Umgebung für eigene Projekte erstellen

Auf einfache Weise lässt sich auch eine Umgebung für ein neues Projekt einrichten. Hierzu kopieren Sie ein Beispiel in Ihren ESP-IDF-Ordner (z. B. *blink*, siehe weiter oben in diesem Abschnitt). Dann benennen Sie den Projektordner um (z. B. in *meinProjekt*) und wechseln in den Ordner. Dort befindet sich eine Datei namens *CMakeList.txt*.

Öffnen Sie diese Datei mit einem Editor, ändern Sie die Zeile `project(blink)` in `project(meinProjekt)` und speichern Sie die Datei. Anschließend wechseln Sie in den Ordner *main* und benennen das Programm *blink.c* in *meinProjekt.c* um. Dort finden Sie ebenfalls eine Datei *CMakeList.txt*. Öffnen Sie diese Datei mit einem Editor, ändern Sie die Zeile `set(COMPONENT_SRCS "blink.c")` in `set(COMPONENT_SRCS "meinProjekt.c")` und speichern Sie die Datei ab.

Jetzt können Sie auf Projektordnerebene `idf.py menuconfig` aufrufen, sodass die Projektumgebung endgültig aufgebaut wird.

Das Programm aufteilen

Programmierer mögen meistens keine umfangreichen Programme, denn der Code wird so sehr unübersichtlich und schwer verständlich (Näheres hierzu lesen Sie im folgenden Kapitel). An dieser Stelle beschränke ich daher die Beschreibung auf die notwendigen Anpassungen des ESP-IDF. Als Beispiel dient das Blink-Programm, aus dem die `vTaskDlay()`-Funktion ausgelagert werden soll. Es gibt anschließend also drei Dateien: das Hauptprogramm *blink.c*, die Datei *pause.c* mit der ausgelagerten Funktion und eine Datei *pause.h* als *Headerdatei* (siehe Abbildung 4.32).

```
#include <stdio.h>
#include "freertos/FreeRTOS.h"
#include "freertos/task.h"
#include "driver/gpio.h"
#include "sdkconfig.h"

#define BLINK_GPIO CONFIG_BLINK_GPIO

void app_main() {
  gpio_pad_select_gpio(BLINK_GPIO);
  gpio_set_direction(BLINK_GPIO, GPIO_MODE_OUTPUT)
  while(1) {
    printf("Turning off the LED\n");
    gpio_set_level(BLINK_GPIO, 0);
    vTaskDelay(1000 / portTICK_PERIOD_MS);
    printf("Turning on the LED\n");
    gpio_set_level(BLINK_GPIO, 1);
    vTaskDelay(1000 / portTICK_PERIOD_MS);
  }
}
```

```
#include <stdio.h>
#include "freertos/FreeRTOS.h"
#include "freertos/task.h"
#include "sdkconfig.h"
#include "pause.h"

void pausieren () {
  vTaskDelay(1000 /  portTICK_PERIOD_MS);
  return;
}
```

```
void pausieren();
```

Abbildung 4.32 Das Blink-Programm, aufgeteilt auf .c- und .h-Dateien

Darüber hinaus ist noch die Datei *CmakeList.txt* im Ordner *main* anzupassen. Sie enthält danach folgende Einträge:

```
set(COMPONENT_SRCS "blink.c"
                   "pause.c")
set(COMPONENT_ADD_INCLUDEDIRS ".")
register_component()
```

Damit steht dem Build- und Flash-Prozess nichts mehr im Wege.

Die Dateien, die dem Flashen zugrunde liegen, finden Sie im Unterordner *Build* Ihres Projektordners (hier: im Projektordner *blink*). Die Binärdatei des Programms trägt in diesem Fall den Namen *blink.bin*. Bedenken Sie aber den Aufbau der Partitionstabelle (siehe Abschnitt 4.5), wenn Sie diese Datei mit esptool gesondert auf den ESP32 flashen möchten.

4.4.2 Die Arduino IDE auf dem PC

Die Arduino IDE ist eine Entwicklungsplattform, die aus Software und Hardwarekomponenten besteht. Sie ist in Java geschrieben, die Komponenten sind quelloffen (*Open Source*).

Unter der Schirmherrschaft des Arduino-Projekts ist eine ganze Reihe von Modellen erschienen, die für ganz unterschiedliche Aufgaben genutzt werden. Seitdem das erste Board 2005 entwickelt wurde, haben sich viele Bastler diese Plattform zunutze gemacht, um eigene Designs zu entwickeln. Sehr verbreitet sind Arduino-Boards, die auf einem *Atmel-AVR-Mikrocontroller* aus der *megaAVR*-Serie basieren, wie dem *ATmega328*. Da jeder Mikrocontroller gewisse Eigenheiten aufweist, sind spezifische Erweiterungen der Arduino IDE nötig, damit sie für die Programmierung genutzt werden kann. Auch für den ESP32 ist eine solche Erweiterung verfügbar.

Informationen zu Arduino

Weitere Informationen zu Arduino finden Sie unter *www.arduino.cc* sowie im Nachschlagewerk *Arduino. Das umfassende Handbuch* von Claus Kühnel, das ebenfalls im Rheinwerk Verlag erschienen ist.

Die Softwarekomponente ist eine C- bzw. C++-ähnliche Programmiersprache. Technische Details wie Headerdateien oder Skripte für die Kompilation bleiben den Anwendern verborgen, sind aber im Hintergrund verfügbar. Umfangreiche Bibliotheken, eigene Sprachelemente und Beispiele erleichtern die Programmierung.

Die Software steht für alle gängigen Plattformen – Windows, Linux und macOS – zur Verfügung. Auf einem Rechner lassen sich mehrere Arduino IDEs installieren. Das ist hilfreich, um IDEs für bestimmte Boards zu separieren, die für Ihre Projekte auf unterschiedliche Programmbibliotheken zurückgreifen. Außerdem können Sie auf diese Weise unterschiedliche Versionen nutzen, was sinnvoll sein kann, wenn es Inkompatibilitäten zwischen den Bibliotheken gibt.

Die Arduino IDE präsentiert sich als relativ mächtiges, leicht zu bedienendes und universelles Entwicklungswerkzeug. Eine Vielzahl von Bibliotheken macht es Ihnen leicht, auch komplexere Projekte zu realisieren. Arduino-eigene Sprachelemente tragen ebenfalls dazu bei. Davon profitieren nicht nur Einsteiger, sondern auch fortgeschrittene Maker.

In den letzten Jahren hat sich die Arduino IDE zu einem sehr stabilen System entwickelt, das zuletzt in Version 1.8 vorlag. Zu dieser Version finden Sie eine Vielzahl an Erweiterungen und Zusatzbibliotheken, die sich schon in vielen Projekten bewährt haben. Auch die meisten Beispiele in diesem Buch habe ich mit Version 1.8 der Arduino IDE entwickelt.

Die »alte« IDE ist aber etwas in die Jahre gekommen. Daher arbeitete die Arduino-Foundation schon seit einigen Jahren an einem Nachfolger, der sich über lange Zeit im Beta-Stadium befand. Im Herbst 2022 war es dann so weit und eine vollständig neue Version 2.0 der IDE erschien. Sie hat einige Neuerungen an Bord:

- Sie bringt ein schickes neues *Dark Theme* für das Arduino-Fenster mit, die Benutzeroberfläche sieht also nun etwas anders aus.
- Code wird bereits während der Eingabe automatisch vervollständigt. Diese *Autocomplete*-Funktion ist besonders dann hilfreich, wenn Sie die Namen Funktionen oder von Variablen nicht immer vollständig präsent haben.
- Auch wird bereits beim Programmieren die Definition von Funktionen angezeigt. Man findet sich so wesentlich einfacher in umfangreichen Projekten zurecht.

Dies sind alles Dinge, die Maker an alternativen IDEs wie *PlatformIO* geschätzt haben. Die neue Entwicklungsumgebung ist nun fast so komfortabel wie professionelle Tools wie Visual Studio oder IntelliJ. Bedauerlicherweise ist aber im Leben nichts umsonst, auch hier nicht: Der neue Bedienkomfort wird auch auf leistungsfähigen Rechnern durch recht langsame Hintergrundprozesse erkauft, die das Arbeiten auf kleinen oder älteren Computern recht träge machen. Deshalb scheuen noch viele Maker den Umstieg und bleiben bei der alten IDE, die noch immer in der Legacy-Version Arduino 1.8.19 zum Download angeboten wird. Auch kommt es leider immer noch zu Problemen mit alten Softwarebibliotheken, die nicht mehr gewartet werden. Wenn Sie auf solche Abhängigkeiten angewiesen sind, bleibt Ihnen nichts anderes übrig, als der alten Version noch ein wenig die Treue zu halten.

Die Unterschiede im Handling sind allerdings nicht allzu groß; alle Arbeitsschritte lassen sich problemlos von der einen auf die andere Version übertragen. Ich persönlich setze beide Versionen ein, wobei ich tatsächlich Arduino 1.8.19 am häufigsten nutze.

Installation unter Windows

Für die Installation unter Windows gibt es zwei Möglichkeiten:

- Windows-Installer
- manuelle Installation

Installation mit dem Installer

Den Installer laden Sie direkt von der Arduino-Download-Seite (*https://www.arduino.cc/en/software*) herunter (siehe Abbildung 4.33).

Wenn Sie auf WINDOWS INSTALLER klicken, werden Sie zunächst gefragt, ob Sie bereit sind, einen finanziellen Beitrag zur Arduino-Software zu leisten. Mit einem Klick auf JUST DOWNLOAD laden Sie den Installer herunter.

Der Installer verlangt Administratorrechte. Das heißt, er muss entweder in einem Benutzerkonto mit entsprechenden Rechten ausgeführt werden oder das Kennwort eines Administratorkontos muss bekannt sein. Obligatorisch ist im ersten Schritt Ihr Einverständnis zur Lizenzvereinbarung.

Nach einem Klick auf I AGREE können Sie noch bestimmen, ob die Installation für alle Benutzer des Rechners oder nur für den aktuellen Benutzer erfolgen soll und welches Zielverzeichnis (Standard: *C:\Program Files\Arduino IDE*) maßgebend sein soll.

Mit INSTALLIEREN starten Sie die Installation, und mit FERTIGSTELLEN schließen Sie sie ab.

Beim erstmaligen Start lädt die Arduino IDE noch Bibliotheken nach. Ändern Sie gegebenenfalls noch die Sprache in Deutsch (FILE • PREFERENCES • LANGUAGE).

Abbildung 4.33 Download-Seite für die Arduino IDE

Windows Defender & Co.

Beim ersten Start kann es sein, dass Antivirenprogramme und Firewalls wie der Windows Defender um Zugriffserlaubnis bitten. Gewähren Sie also eine Ausnahme für die Arduino IDE.

Manuelle Installation

Die manuelle Installation geschieht über eine *.zip*-Datei, die auf der Arduino-Download-Seite verfügbar ist (WINDOWS ZIP). Ihr Vorteil besteht darin, dass Sie für diese Variante keine Admin-Rechte benötigen. Das ist hilfreich, wenn Sie die Installation auf fremden Rechnern vornehmen; zudem eignet sich diese Art der Installation sehr gut, wenn Sie sich eine portable Entwicklungsumgebung auf einem USB-Stick erstellen möchten.

Wenn Sie sich für diese Art der Installation entscheiden, entpacken Sie die *.zip*-Datei (z. B. *arduino-1.8.10-windows.zip*; *1.8.10* ist die Versionsnummer. Wenn Sie die neue IDE 2 nutzen wollen, lautet der Name wahrscheinlich *arduino-ide_2.3.2_Windows_64bit.zip*). Der daraufhin erstellte Ordner (z. B. *arduino-1-8-10*) enthält die gesamte Arduino IDE. Sie können diesen Ordner entweder an der Stelle belassen oder ihn an einen Ort Ihrer Wahl kopieren, z. B. in das eigene Home-Verzeichnis.

Direkt in dem vorgenannten Ordner (z. B. *arduino-1-8-10*) befindet sich die Datei *arduino.exe* für den Start der Entwicklungsumgebung.

Installation unter Linux

Auch bei der Installation unter Linux haben Sie zwei Möglichkeiten:

- das AppImage
- die manuelle Installation

Installation als AppImage

Die Arduino Foundation empfiehlt die Installation eines sogenannten AppImages. Laden Sie dazu das LINUX APPIMAGE 64 BITS herunter. Machen Sie die heruntergeladene Datei ausführbar, indem Sie mit der rechten Maustaste auf die Datei klicken und unter EIGENSCHAFTEN • ZUGRIFFSRECHTE die Option DATEI ALS PROGRAMM AUSFÜHREN aktivieren. Nun können Sie die IDE einfach mit einem Doppelklick ausführen. Es folgt eine Abfrage zum Einverständnis der Nutzervereinbarung. Bestätigen Sie die Abfrage, sodass die Installation erfolgen kann.

FUSE

Die Installation der Arduino IDE kann mit einem Hinweis zu FUSE (*error loading libfuse.so.2* oder *AppImages require FUSE to run*) fehlschlagen bzw. ohne ersichtlichen Grund erst gar nicht starten. Das hängt damit zusammen, dass das AppImage ein besonderes Dateisystem einrichten muss. Die nötigen Abhängigkeiten sollten eigentlich bei den meisten Linux-Installationen vorliegen. Ist das bei Ihrer Distribution nicht der Fall, öffnen Sie ein Terminal und installieren Sie *libfuse2*:

```
sudo apt install -y libfuse2
```

Manuelle Installation

Die Installation unter Linux erfolgt in ähnlicher Weise wie die manuelle Installation unter Windows. Den Download-Link finden Sie unter der Option LINUX 64 BIT. Die Variante LINUX 64 BIT ARM gibt es nur in der Legacy-Version. Nutzen Sie sie, wenn Sie die Arduino IDE auf einem Kleinstrechner wie dem Raspberry Pi installieren möchten, der auf der ARM-Architektur läuft.

Das Archiv trägt einen Namen in der Form *arduino-ide_2.3.2_Linux_64bit.tar.xz*, wobei der Bestandteil 2.3.2 die Versionsnummer anzeigt. Diese Datei extrahieren Sie an ein Ziel Ihrer Wahl (hier ist sie im Download-Ordner belassen worden, siehe Abbildung 4.34).

Klicken Sie für den Start der Anwendung auf die Datei *arduino-ide*.

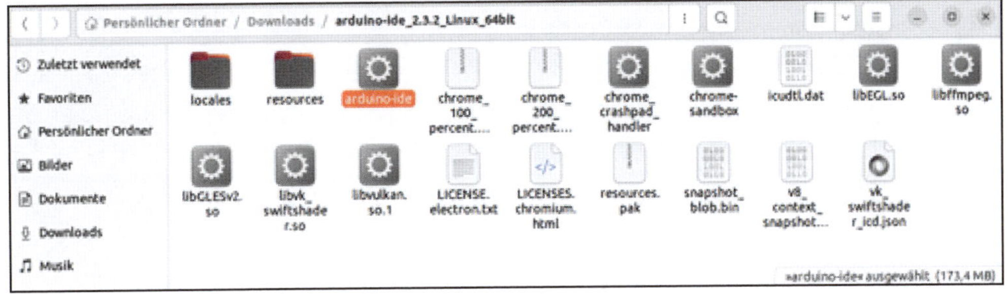

Abbildung 4.34 Entpackte Dateien der Arduino IDE unter Linux

Arduino IDE für den ESP32 einrichten

Von Haus aus kann die Arduino IDE nur Arduino-Boards bedienen. Sie müssen daher die nötigen Boardinformationen bzw. -bibliotheken für den ESP32 nachladen. Dies erfolgt in zwei Schritten.

Quell-URL festlegen

Zunächst legen Sie in der Arduino IDE die Webseite fest, auf der die benötigten Boardinformationen für den ESP32 zu finden sind. Die entsprechenden Informationen hinterlegen Sie im Bereich Einstellungen (Datei • Einstellungen). Unten in der Eingabemaske befindet sich ein Feld Zusätzliche Boardverwalter-URLs. Die benötigten Boardverwalter finden Sie unter *https://espressif.github.io/arduino-esp32/package_esp32_index.json* (siehe Abbildung 4.35).

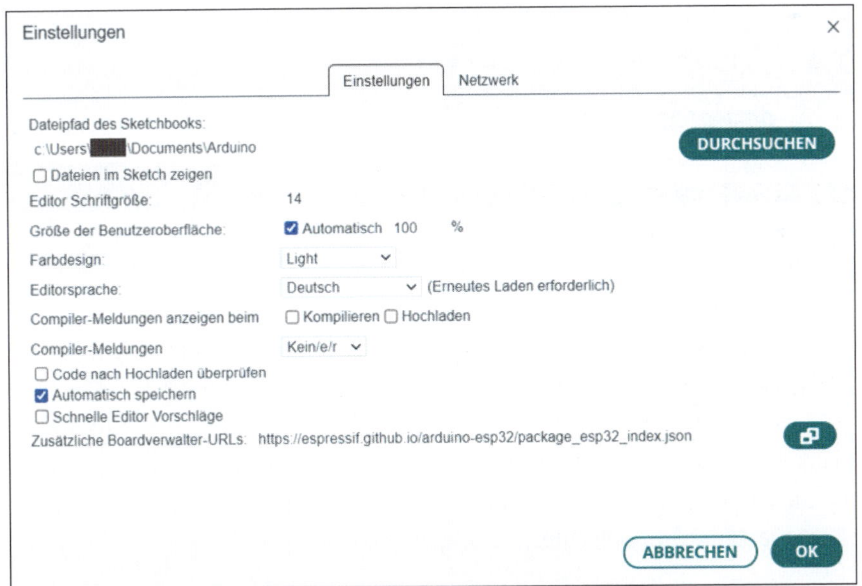

Abbildung 4.35 Die Arduino IDE für den ESP32 einrichten

> **Installation mehrerer Boardverwalter**
>
> Falls bereits Boardverwalter vorhanden sind und Sie noch weitere hinzufügen wollen, müssen Sie die Boardverwalter-URLs durch Kommata trennen. Eine benutzerfreundliche Eingabe ermöglicht ein Editor, der sich mit einem Klick auf das Fenstersymbol rechts in der Zeile öffnen lässt.

Laden der Boardinformationen

Wenn damit der Speicherort bekannt ist, kann die Arduino IDE die Boardinformationen nachladen. Das erfolgt über WERKZEUGE • BOARD • BOARDVERWALTER, Strg + ⇧ oder über das entsprechende Icon in der linken Seitenleiste. Es erscheint eine recht lange Liste mit möglichen Boardverwaltern (siehe Abbildung 4.36).

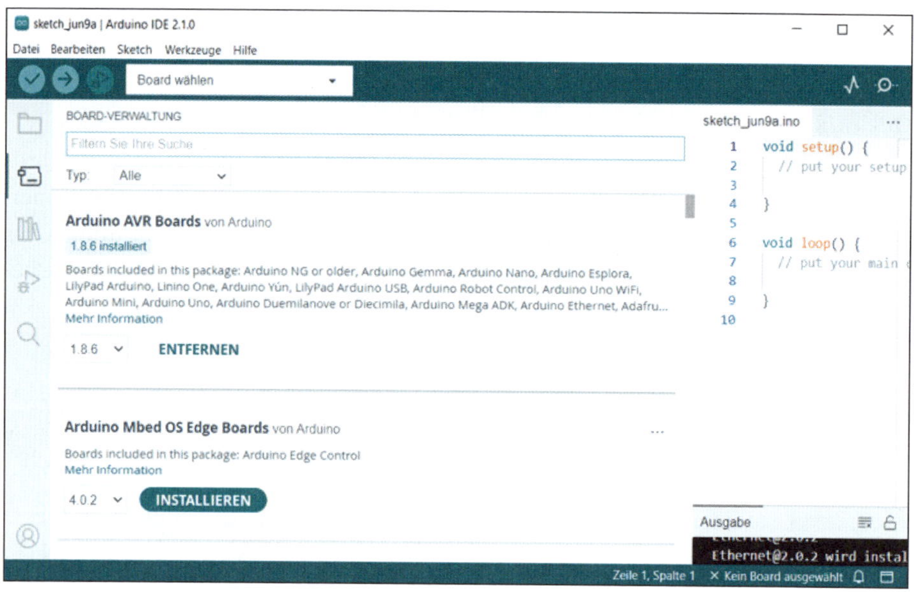

Abbildung 4.36 Liste der Boardverwalter

Installierte Boardverwalter sind entsprechend mit der Versionsangabe unter der Boardbezeichnung kenntlich gemacht. Eine Dropdown-Auswahl erlaubt eine zielgenaue Festlegung der Boardverwalterversion. Mit ENTFERNEN lassen sich die Boardverwalter-Pakete entfernen. Geben Sie in das Suchfeld *ESP32* ein (siehe Abbildung 4.37).

INSTALLIEREN Sie die Pakete. Dies kann etwas Zeit in Anspruch nehmen, da im Hintergrund die gesamte ESP-IDF-Toolchain eingerichtet wird. Sie können den Vorgang in der *Ausgabe* des Arduino-Fensters verfolgen.

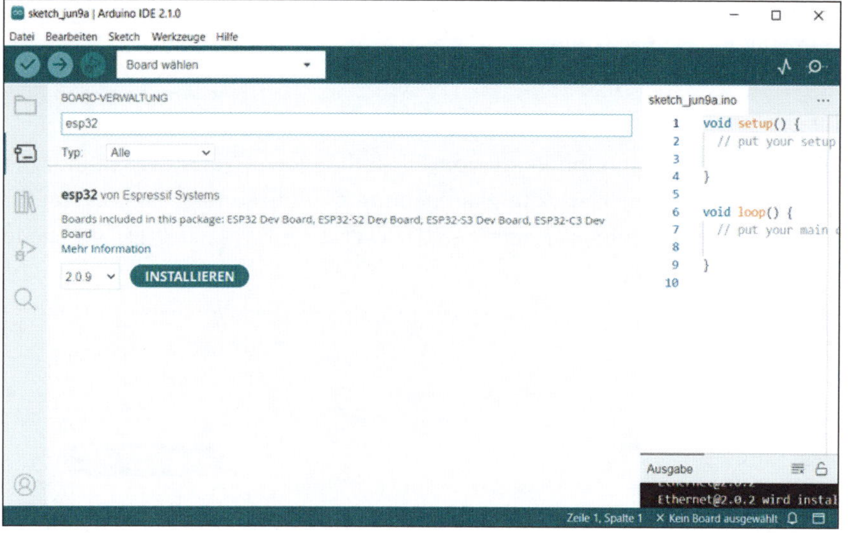

Abbildung 4.37 Den Boardverwalter »ESP32« suchen

Ältere Versionen in der Arduino IDE nutzen

Zuweilen ist es hilfreich oder sogar notwendig, auf ältere Versionen auszuweichen. Hierzu wählen Sie die gewünschte Version vor dem Installationsvorgang im Drop-down-Menü mit einem Klick auf MEHR INFORMATIONEN aus.

Eine kurze Überprüfung bestätigt, dass nun eine Reihe neuer Boards zur Auswahl zur Verfügung stehen (siehe Abbildung 4.38).

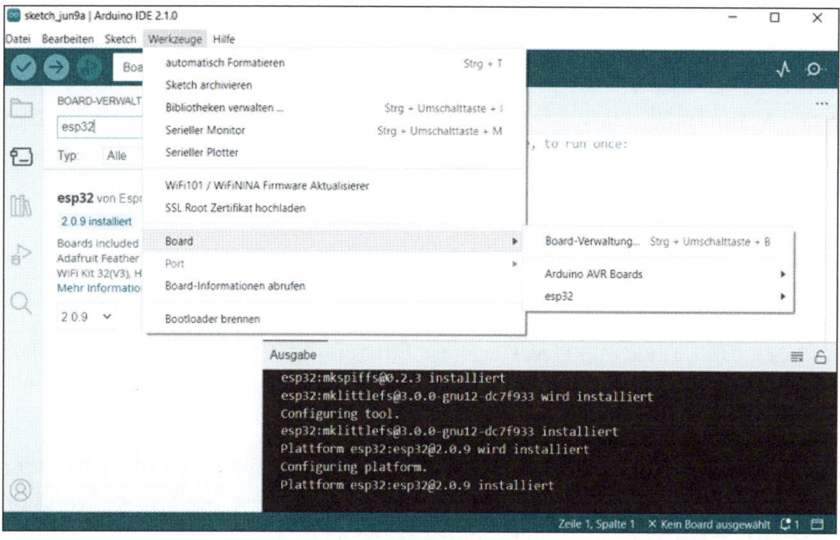

Abbildung 4.38 ESP32-Boards in der Arduino IDE

Damit ist die Arduino IDE grundsätzlich einsatzfähig. Sie sollten sich aber noch einige Voreinstellungen anschauen.

Einstellungen

Es besteht die Möglichkeit, eine Reihe von Einstellungen zu verändern, damit Sie leichter und besser mit der Entwicklungsumgebung arbeiten können. Das Fenster für die Änderung der Einstellungen rufen Sie über Datei • Einstellungen auf (siehe Abbildung 4.39).

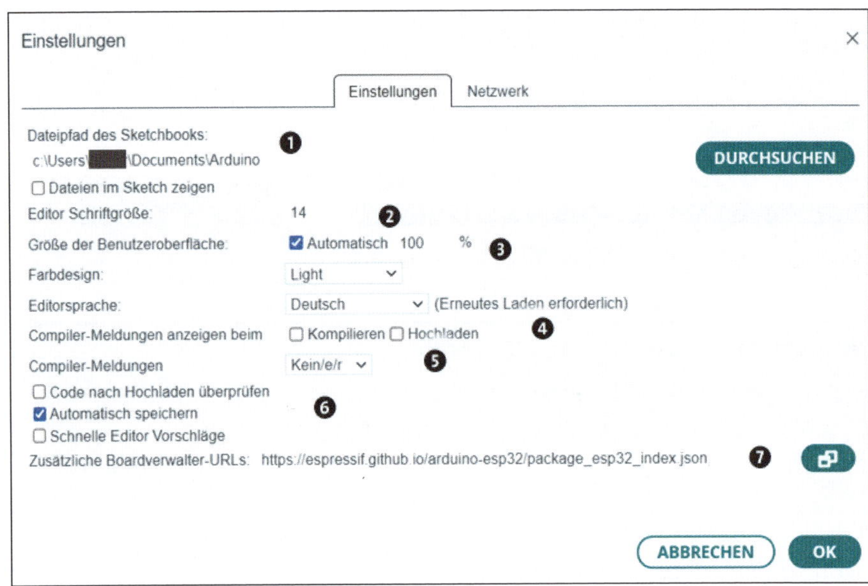

Abbildung 4.39 Einstellungen der Arduino IDE

❶ Dateipfad des Sketchbooks: Das *Sketchbook* ist gewissermaßen der Arbeitsbereich der Arduino IDE. Dieser enthält die eigenen Sketche, die im Sketchbook in einem eigenen Ordner abgespeichert sind (z. B. *<Pfad-zum-Sketchbook>/blink/blink.ino*). Darüber hinaus befinden sich im Sketchbook auch die Bibliotheken, die unter Umständen im Projektverlauf nachgeladen werden.

❷ Editor-Schriftgrösse: Ändern Sie hier bei Bedarf die Größe der Darstellung der Zeichen im Arbeitsbereich des Editors.

❸ Grösse der Benutzeroberfläche: Diese Einstellung betrifft die Größe der Darstellung des gesamten Arduino-Fensters. Die Einstellung ist wichtig, wenn Sie einen sehr großen Monitor mit hoher Auflösung nutzen.

❹ Compiler-Meldungen anzeigen beim: Ausgaben beim Kompilieren oder beim Hochladen beschränkt die Arduino IDE üblicherweise auf notwendige Informationen. Für die Fehlersuche sind aber zusätzliche Angaben häufig durchaus hilfreich. Wenn Sie die entsprechenden Kontrollkästchen aktivieren, erhalten Sie diese ausführlichen Informationen.

❺ COMPILER-MELDUNGEN: Das Gleiche gilt für Compilerwarnungen.

❻ Hier können Sie drei Kontrollkästchen aktivieren:

- CODE NACH HOCHLADEN ÜBERPRÜFEN: Zu dieser Option ist keine praktische Bedeutung ersichtlich.
- AUTOMATISCH SPEICHERN: Speichert Ihre Änderungen unmittelbar. Ob Sie das automatisierte Speichern des Sketchs nutzen, hängt in erster Linie von Ihrer persönlichen Arbeitsweise ab. Es hilft jedenfalls, definierte gespeicherte Zustände vorzuhalten.
- SCHNELLE EDITOR VORSCHLÄGE : Zeigt Ihnen bei der Erfassung des Codes Vorschläge an. Ob Sie die Annehmlichkeiten dieses Features nutzen, hängt auch hier von Ihrer Arbeitsweise ab.

❼ ZUSÄTZLICHE BOARDVERWALTER-URLS: Siehe hierzu den vorherigen Abschnitt.

Erweiterte Einstellungen

Die Arduino IDE verfügt noch über ein Bündel weiterer Einstellungen. Hier finden Sie auch die aus Version 1.x bekannte Möglichkeit, die manchmal nervige und zeitraubende Benachrichtigung über verfügbare Updates auszuschalten:

1. Öffnen Sie dazu die *Command Palette* mit [Strg]+[⇧]+[P].
2. Wählen Sie aus dem Menü das Kommando PREFERENCES: OPEN SETTINGS (UI). Sie können über das Suchfeld (teilqualifizierte Suche) das Kommando auch gezielt suchen.
3. Sie haben nun einen neuen Reiter EINSTELLUNGEN. Geben Sie in das Suchfeld *arduino.checkForUpdates* ein.
4. Deaktivieren Sie das entsprechende Kontrollkästchen (siehe Abbildung 4.40) und schließen Sie den Reiter.

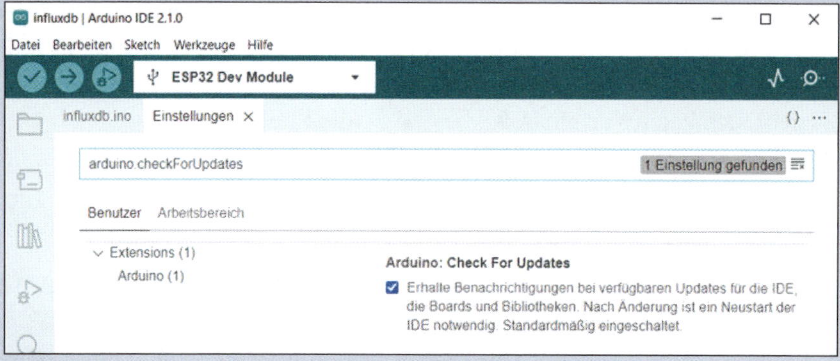

Abbildung 4.40 Erweiterte Einstellungen der Arduino IDE

Die Oberfläche der Arduino IDE

Die Oberfläche der Arduino IDE weist einige verschiedene Bereiche auf (siehe Abbildung 4.41).

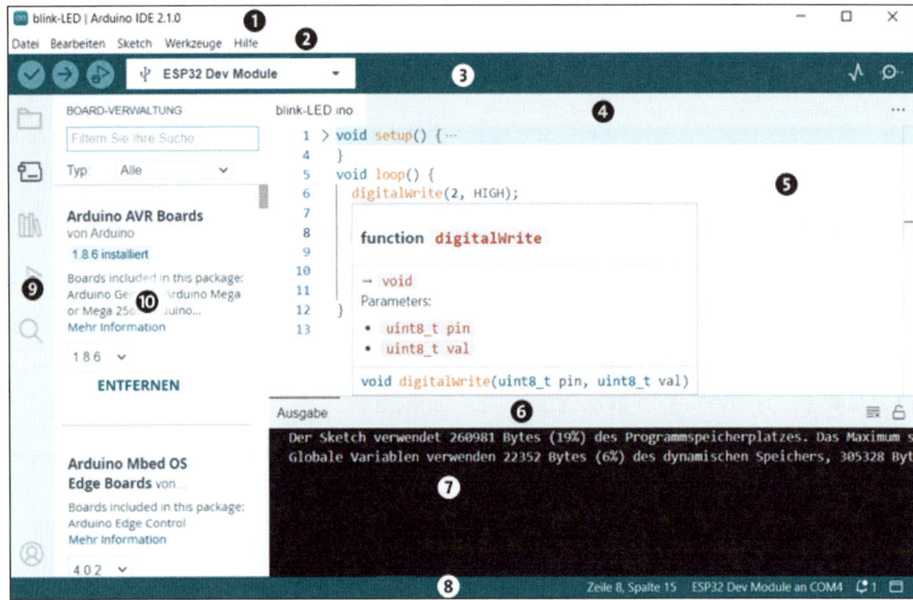

Abbildung 4.41 Oberfläche der Arduino IDE

❶ **Titelleiste**: Die Titelleiste zeigt den aktuell geladenen Sketch und die Version der Arduino IDE an.

❷ **Menüleiste**: Über die Menüleiste haben Sie Zugang zu allen IDE-Funktionen:

- Im Menü DATEI finden sich Operationen, um Sketche anzulegen, zu öffnen oder zu speichern. Über BEISPIELE können Sie eine Vielzahl von Beispielsketches laden. Dort finden Sie auch den Pfad zur Maske für die Voreinstellungen.
- Das BEARBEITEN-Menü beherbergt alle notwendigen Befehle für die Editierung des Sourcecodes. Die Befehle selbst lassen sich aber einfacher mit Tastaturkürzeln (Shortcuts) aufrufen; ihre Belegung orientiert sich weitgehend an den gebräuchlichen Kürzeln (z. B. Strg+C fürs Kopieren).
- Das Menü SKETCH fasst alle Sketch-bezogenen Verarbeitungsvorgänge zusammen. Bedeutend sind hier zudem die Befehle KOMPILIERTE BINÄRDATEI EXPORTIEREN und BIBLIOTHEK EINBINDEN.
- Das WERKZEUGE-Menü enthält einige nützliche und sogar notwendige Optionen (siehe Abbildung 4.42).
- Im HILFE-Menü finden Sie einige Links zu Internetseiten, die Hilfestellung bei Problemen bieten können.

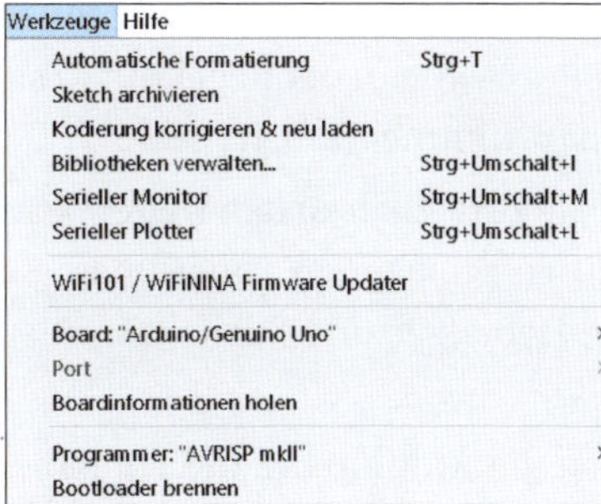

Abbildung 4.42 Werkzeuge-Menü in der Arduino IDE

❸ **Bearbeitungs-Icons**: Die hier platzierten Icons unterstützen den komfortablen Gebrauch der IDE. Von links nach rechts haben sie folgende Funktionen: Sketch überprüfen, Sketch hochladen, neuen Sketch anlegen, Sketch öffnen, Sketch speichern und seriellen Monitor öffnen.

In der Leiste finden Sie auch ein Icon, das zu einem Debugger führt. In Abschnitt 5.18 zeige ich Ihnen, wie Sie den Programmablauf mit einem Debugger unter PlatformIO verfolgen. Außerdem finden Sie nun eine Information über den angeschlossenen Port. Die Arduino IDE sollte ihn nun automatisch erkennen.

Am rechten Rand der Zeile befinden sich zwei Icons. Sie führen zum *seriellen Monitor* (Ausgabe der vom Mikrocontroller über die USB-Schnittstelle gesendeten Meldungen; Eingabe von Daten über die serielle Schnittstelle) und dem *seriellen Plotter* (Darstellung von Graphen).

❹ **Dateileiste**: Die Dateileiste führt alle *.ino-*, *.c-*, *.cpp-* und *.h*-Dateien, die zu dem Projekt gehören, in alphabetischer Reihenfolge auf. Ein Klick auf das Menü-Icon am rechten Leistenrand ermöglicht es, die Projektdateien zu verwalten.

❺ **Programmierbereich**: Im Programmierbereich entwickeln Sie die Sketche. Am linken Rand befinden sich die Zeilennummern und Schaltflächen für die Code-Faltung. Sind mehrere Sketche in Bearbeitung, wird für jeden Sketch ein Register angelegt.

Sie erhalten weitere Informationen zu einem Code-Element, wenn es mit dem Mauszeiger den Fokus erhält.

❻ **Meldungen der Konsole verwalten**: Hier verwalten Sie die Konsolmeldungen über die beiden Icons (Ausgabe löschen, automatisches Scrollen deaktivieren). Drei weitere Icons tauchen am rechten Zeilenende auf, wenn der serielle Monitor aktiviert ist (siehe unten).

❼ **Konsole**: Ausgaben von Kompilations- und Hochladevorgängen erfolgen in der Konsole. Diese beinhalten auch wertvolle Hinweise zur Programmgröße und zum belegten Speicher. Daneben finden Sie hier im Fehlerfall weiterführende Meldungen (z. B. bei einem Übersetzungsfehler oder einem Fehler beim Flashen).

❽ **Fußzeile**: Hier sehen Sie das gewählte Board und die Angabe, über welchen Port es angeschlossen ist. Bei Windows beginnt der Portname in der Regel mit *COM* (z. B. COM4), bei Linux mit *ttyUSB*, gefolgt von einer Nummer (z. B. ttyUSB0).

❾ **Linke Sidebar**: Über die linke Sidebar haben Sie zusätzlich zu den weiter bestehenden Wegen einen unmittelbaren Zugang zu verschiedenen Funktionen. Sketchbook, Boardverwalter, Bibliotheksverwalter, Debugger und Suche lassen sich so direkt aufrufen.

❿ **Die Ergebnisse der Sidebar**: Hier zeigt Ihnen die Arduino IDE die Ergebnisse an, die die Auswahl eines Punktes aus der linken Sidebar ergibt (hier: der Boardverwalter).

Anmerkung: Arduino-Screenshots

Sie finden im Folgenden einige Screenshots der Arduino IDE. Häufig sind sie mit der Arduino IDE 1.8.6 erstellt worden. Inhaltlich haben sich in diesen Fällen im Vergleich zur Arduino IDE 2.1.0 keine Änderungen ergeben. Nur dort, wo das Erscheinungsbild oder der Inhalt wesentlich abweichen, ist die aktuelle Arduino-Version Basis des Screenshots.

Der LED-Blink-Sketch

Sie wollen bestimmt gleich mit einem praktischen Beispiel einsteigen. Für ein erstes Kennenlernen eignet sich ein LED-Blink-Programm. Die LED wird dabei über einen 470-Ω-Widerstand an GPIO2 angeschlossen. Der Code aus Listing 4.2 sorgt für den Rest:

```
void setup() {
  Serial.begin (115200);
  pinMode(2, OUTPUT);
}
void loop() {
  digitalWrite(2, HIGH);
  Serial.println ("LED an");
  delay(500);
  digitalWrite(2, LOW);
  Serial.println ("LED aus");
  delay(500);
}
```

Listing 4.2 Blink-Programm in der Arduino IDE

Spätestens jetzt ist es an der Zeit, im Register WERKZEUGE die Boardinformationen anzugeben, und zwar insbesondere die Boardvariante und den seriellen Port, an den das Board angeschlossen ist (siehe Abbildung 4.43).

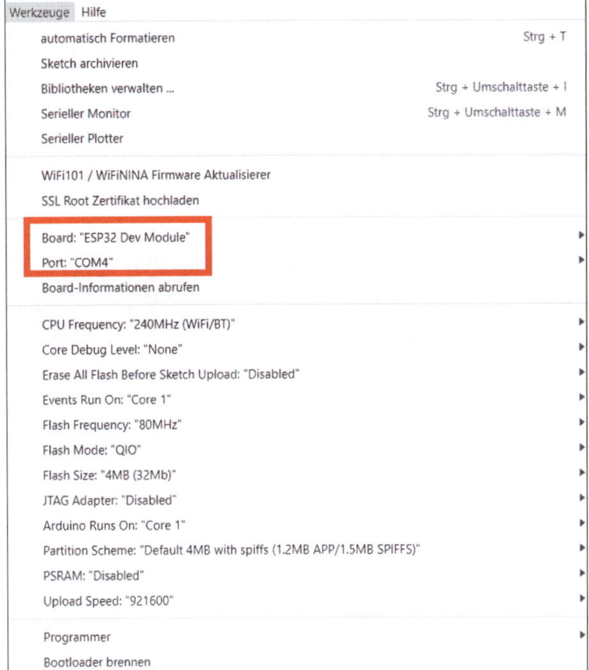

Abbildung 4.43 Boardkenndaten im Werkzeuge-Menü der Arduino IDE

Wenn Sie auf das Upload-Icon klicken bzw. `Strg`+`U` drücken, beginnt das Kompilieren. Dabei wird das entsprechende Icon gelb hinterlegt. Beim ersten Mal oder bei einem Boardwechsel dauert der Vorgang etwas länger, da die Arduino IDE erst die für dieses Projekt notwendige Entwicklungsumgebung schaffen muss, indem sie z. B. notwendige Bibliotheken lädt.

Seit Version 2.1 bietet die Arduino IDE noch ein Bündel weiterer Einstellungsmöglichkeiten. So können Sie z. B. den gesamten Flash-Bereich vor dem Upload des Sketchs löschen.

In der Terminalausgabe sollten bei fehlerfreier Übersetzung Informationen zur Speicherplatzbelegung angezeigt werden. Diese Hinweise sind bei größeren Projekten im Hinblick auf notwendige Optimierungen sehr wichtig (siehe Abbildung 4.44).

Das Projekt ist nun für das Flashen über die COM-Schnittstelle bereit. Hierzu versucht die IDE, eine Verbindung aufzubauen. Manchmal erfolgt dies automatisch, normalerweise müssen Sie aber noch zusätzlich die Enable-Taste (EN) auf dem ESP32-Board drücken.

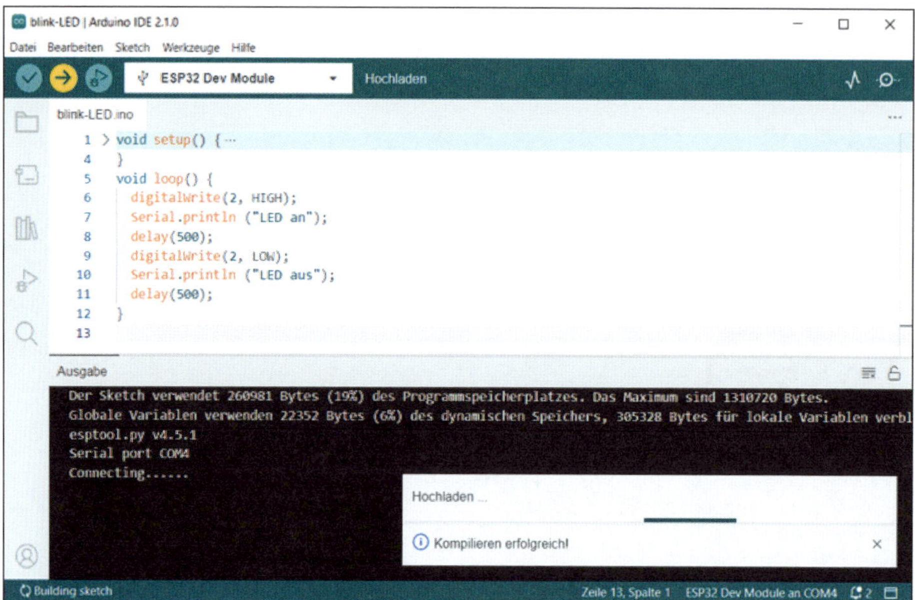

Abbildung 4.44 Einen Sketch kompilieren

Ist der Flash-Vorgang erfolgreich verlaufen, erscheint die Meldung HOCHLADEN ABGESCHLOSSEN, und die Arduino IDE initiiert einen Reset des ESP32 (siehe Abbildung 4.45). Der Mikrocontroller führt dann die `setup`-Anweisungen aus und wechselt anschließend in die `loop`-Funktion. Unmittelbar danach sollte die LED blinken.

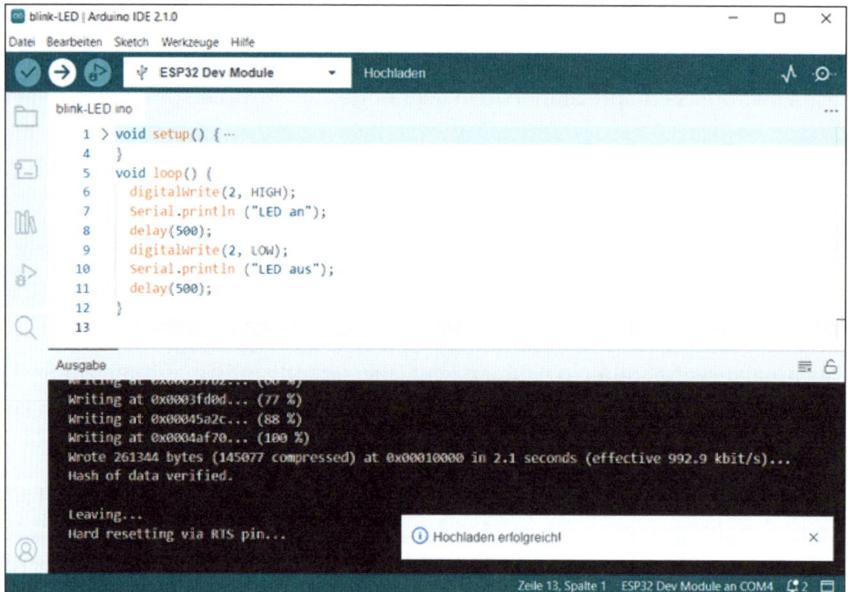

Abbildung 4.45 Einen Sketch hochladen

Mit einem Klick auf das Icon Serieller Monitor bzw. mit der Tastenkombination Strg+⇧+M rufen Sie den seriellen Monitor auf. Er zeigt mit entsprechenden Ausgaben den Programmablauf (siehe Abbildung 4.46). Anders als der serielle Plotter ist er in die Arduino-Oberfläche integriert.

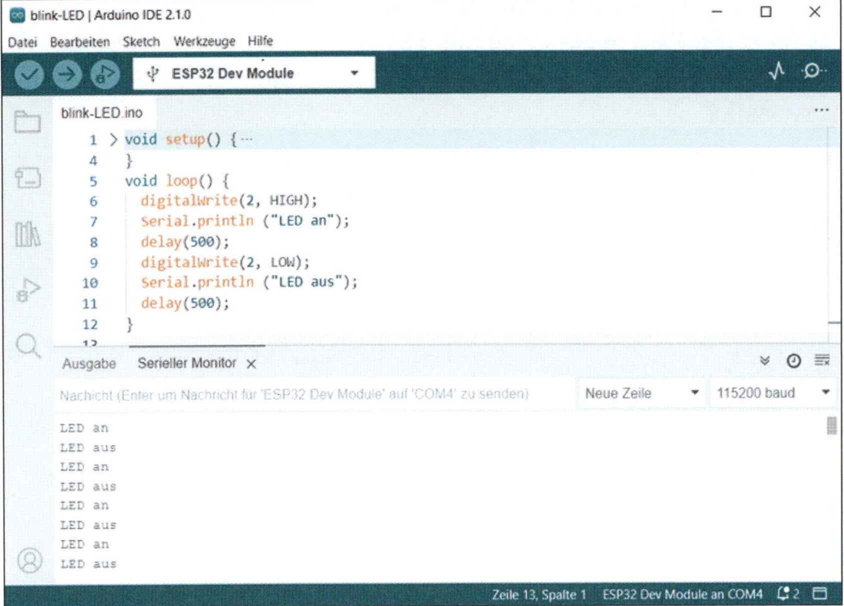

Abbildung 4.46 Blink-Sketch-Ausgabe im seriellen Monitor

Die drei Icons auf der rechten Seite der Konsolenkopfzeile haben folgende Funktionen:

- das automatische Scrollen ein- bzw. ausschalten
- einen Zeitstempel für die Meldungen ausgeben lassen
- die Ausgabe löschen

Das erste Feld in der nächsten Zeile nimmt Nachrichten auf, die über die serielle Schnittstelle an den Mikrocontroller gehen sollen.

> **Baudrate**
> Werden im seriellen Monitor nur eigenartige Zeichen angezeigt oder wird gar nichts ausgegeben, stimmen häufig die Baudrate des Sketchs und die Baudrate des seriellen Monitors nicht überein.

Der Bibliotheksverwalter

Bibliotheken sind gewissermaßen das »Salz in der Suppe« der Programmierung, da heutige Programme so umfangreich sind, dass es nahezu unmöglich ist, alle Bestandteile immer wieder neu zu codieren. Viel smarter ist es, auf vorhandene Bausteine zurückzugreifen. Diese Bausteine werden in sogenannten Bibliotheken (*Librarys*) zusammengefasst.

Auch die Arduino IDE bedient sich dieser Möglichkeit und stellt mit der Installation einige Bibliotheken mit themenbezogenen Programmbausteinen zur Verfügung. Dies zeigt ein kurzer Blick in das Menü unter Sketch • Bibliothek einbinden. In Abbildung 4.47 sehen Sie dort beispielsweise die Listeneinträge ESP32, EEPROM und BluetoothSerial.

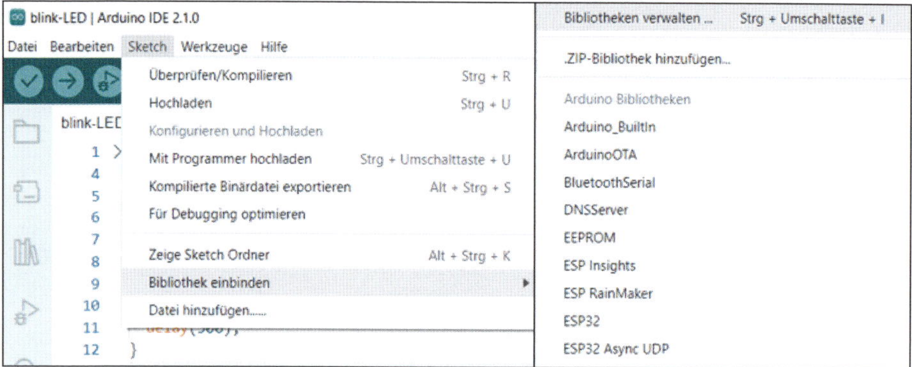

Abbildung 4.47 Bibliotheken verwalten

Die mit der Installation mitgelieferten Bibliotheken decken aber nur das Notwendigste für die Entwicklung mit Arduino-Boards ab. Programme für speziellere Anwendungen oder die Hardwarearchitektur von Mikrocontrollern anderer Hersteller benötigen zumeist andere Bibliotheken, die auf diese Erfordernisse zugeschnitten sind. In solchen Fällen müssen Sie die Bibliotheken nachträglich in die Arduino IDE einpflegen.

Hierzu stehen Ihnen drei Möglichkeiten zur Auswahl:

- Einbinden mit dem Bibliotheksverwalter
- Einbinden als *.zip*-Datei
- Übertragen mit dem Datei-Manager

Einbinden mit dem Bibliotheksverwalter

Der komfortabelste Weg ist das Einbinden mit dem integrierten Bibliotheksverwalter. Sie rufen ihn über Sketch • Bibliothek einbinden • Bibliotheken verwalten bzw. Strg+⇧+I auf. In der recht umfangreichen Liste befinden sich sowohl installierte Bibliotheken als auch solche, die Sie über den Verwalter installieren können. Sie können die Liste filtern, indem Sie in den Dropdown-Listen Typ (aktualisierbar, installiert usw.) oder Thema (Kommunikation, Datenverarbeitung usw.) eine

Auswahl treffen. Eine weitere Selektionsmöglichkeit bietet das Suchfeld. Suchen Sie beispielsweise einmal nach der Bibliothek *PubSubClient* (siehe Abbildung 4.48).

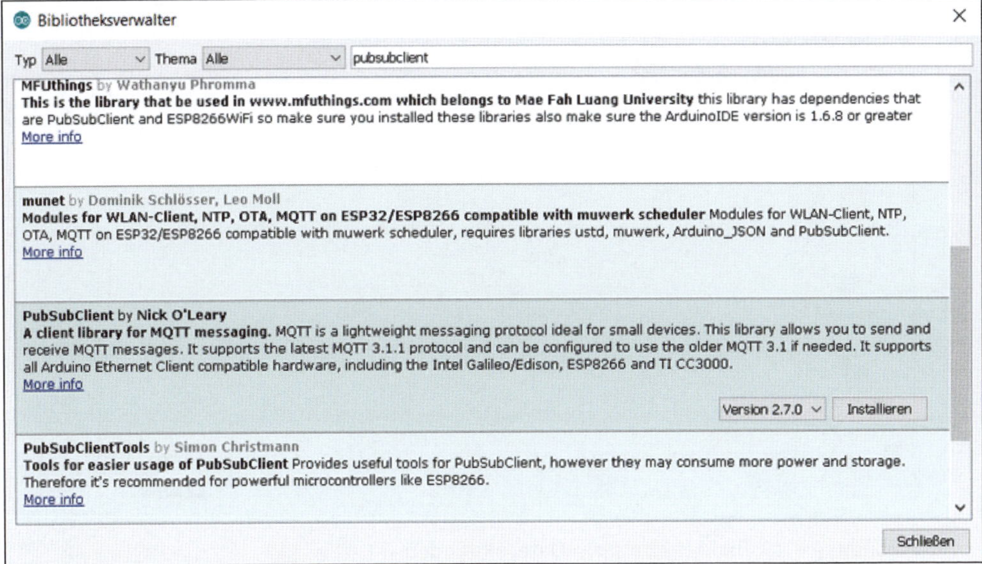

Abbildung 4.48 Bibliothek suchen

Die Trefferliste kann unter Umständen recht umfangreich sein, sodass Sie die gesuchte Bibliothek vielleicht erst am Ende finden. Wenn Sie die Maus darüberbewegen, wird der Hintergrund des jeweiligen Eintrags grau hinterlegt. Gleichzeitig werden eine Auswahlbox für die zu installierende Version und eine Schaltfläche INSTALLIEREN angezeigt.

Mit einem Klick auf diese Schaltfläche installieren Sie die Bibliothek. Das Installationsziel ist der Unterordner *libraries* des Sketchbooks (siehe Voreinstellungen). Installierte Bibliotheken sind mit INSTALLED gekennzeichnet.

Einbinden als .zip-Datei

Ähnlich komfortabel ist das Einbinden von Bibliotheken, wenn sie als *.zip*-Datei vorliegen. Dies erfolgt dann über SKETCH • BIBLIOTHEK EINBINDEN • ZIP-BIBLIOTHEK HINZUFÜGEN. Daraufhin wird ein Datei-Explorer aufgerufen (siehe Abbildung 4.49).

Durch einen Klick auf die ÖFFNEN-Schaltfläche übertragen Sie die Bibliothek in den Unterordner *libraries*. Sie ist dann direkt einsatzfähig.

Die Schaltfläche MORE INFO führt Sie zu weiteren Informationen wie etwa zur Homepage mit den Quelldateien. Nicht mehr benötigte Bibliotheken löschen Sie direkt im *libraries*-Unterordner des Sketchbooks.

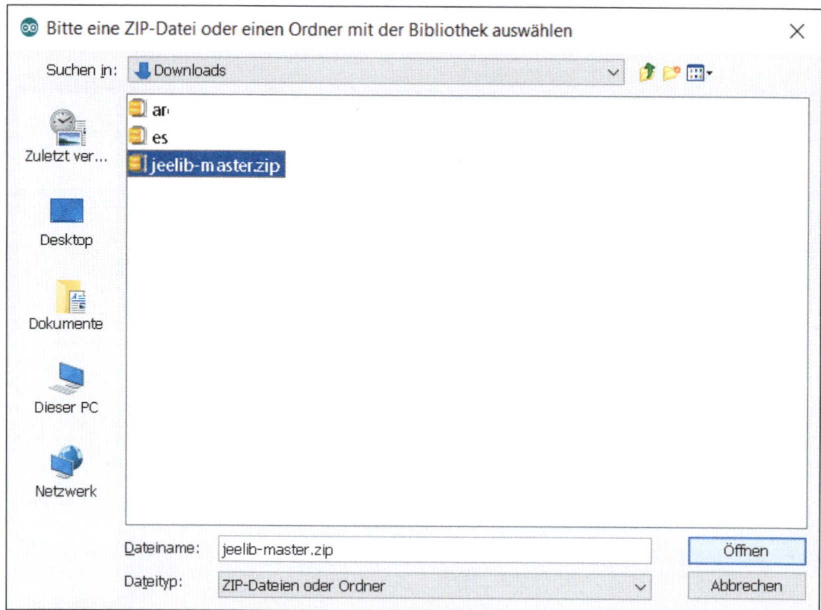

Abbildung 4.49 Bibliothek als .zip-Datei einbinden

Übertragen mit dem Datei-Manager

Zu guter Letzt können Sie Bibliotheken auch mit dem Datei-Manager einfügen:

1. Laden Sie die Bibliothek herunter. Die Bibliothek enthält einen Hauptordner, in dem zumindest eine *.cpp*-Datei, eine *.h*-Datei und oftmals eine *.txt*-Datei enthalten sind.
2. Schließen Sie die Arduino IDE.
3. Öffnen Sie im Sketchbook den Ordner *libraries*.
4. Kopieren Sie den kompletten Hauptordner der entpackten Bibliothek in den Ordner *libraries*.

   Es ist wichtig, den gesamten Ordner als neuen Unterordner einzufügen und nicht die Dateien (*.cpp*, *.h*) einzeln im Ordner *libraries* abzulegen.

Nun können Sie in der Arduino IDE mit SKETCH • BIBLIOTHEK überprüfen, ob die hinzugefügte Bibliothek dort aufgelistet ist (Auswahlfeld TYP • INSTALLIERT).

Bibliotheksversionen

Es gibt immer wieder neue Bibliotheksversionen. Bedauerlicherweise sind neue Versionen nicht immer abwärtskompatibel. So ist es möglich, dass in diesem Buch verwendete Bibliotheken überholt sind und die Beispielsketche entweder bereits beim Kompilieren oder aber in der Ausführung Probleme bereiten.

Bei größeren Projekten kann es daher notwendig oder zumindest hilfreich sein, den aktuellen Stand der Bibliotheken »einzufrieren«, indem Sie die Bibliotheksordner sichern. Dann erhalten Sie zwar keine neuen Versionen mit neuen Features und Bugfixes mehr, dafür haben Sie aber eine stabile Grundlage, auf der Sie Ihr Projekt errichten können.

Sketche aufteilen

Sketche auf mehrere Dateien aufzuteilen, ist eine gern angewendete Methode, um das Projekt übersichtlicher zu gestalten und Codeteile unter Umständen für andere Projekte wiederverwendbar zu machen. Hierfür bieten sich zwei Methoden an. Als Beispiel soll wiederum das Blink-Projekt dienen, in dem die `delay()`-Funktion ausgelagert werden soll.

Mehrere .ino-Dateien

Mit einem Klick auf das Icon mit dem nach unten zeigenden Pfeil bzw. mit Strg + ⇧ + M legen Sie eine Registerkarte bzw. eine neue Datei in dem Projektordner des Sketchs an (siehe Abbildung 4.50). Hier ist das die Datei *pause.ino*. In diese Datei wird eine Funktion `pausieren()` aufgenommen, die den `delay()`-Befehl enthält. Der Hauptsketch ruft die `pausieren()`-Funktion auf.

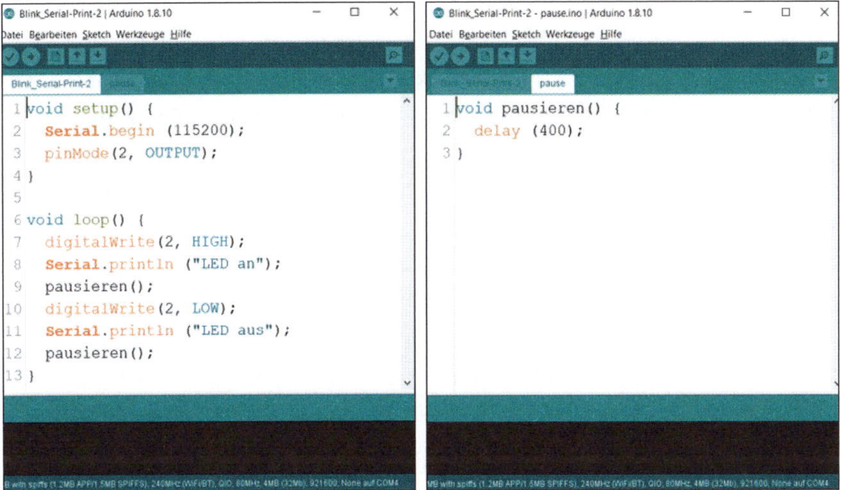

Abbildung 4.50 Blink-Sketch mit mehreren .ino-Dateien

Bei dieser Methode gibt es allerdings einen kleinen Fallstrick. Der Arduino-Compiler fügt vor dem eigentlichen Kompilieren alle *.ino*-Dateien zu einer Datei zusammen, und zwar in alphabetischer Reihenfolge. Das führt zu Fehlern, wenn Funktionen referenziert werden, die noch nicht deklariert worden sind.

.c- bzw. .cpp- und .h-Dateien

Das gleiche Beispiel gestaltet sich mit *.cpp*- und *.h*-Dateien etwa so, wie Sie es in Abbildung 4.51 sehen.

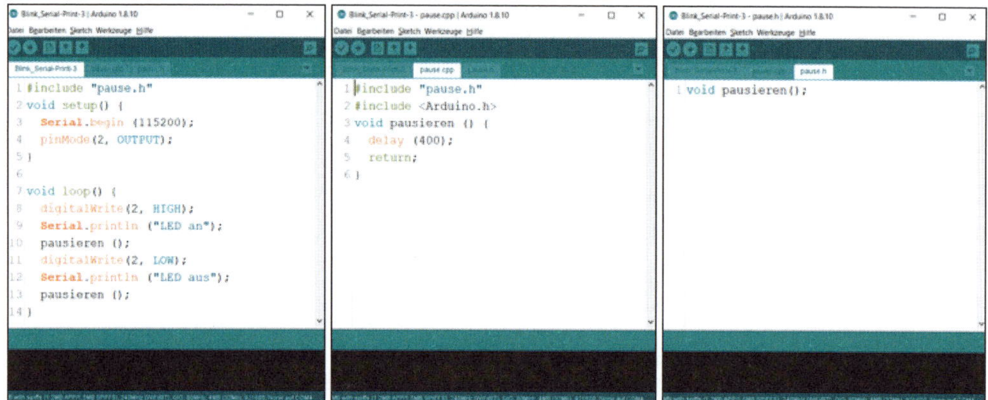

Abbildung 4.51 Blink-Sketch mit .cpp- und .h-Dateien

Die *.cpp*-Datei benötigt für die Funktion `delay()` noch die Bibliothek `Arduino.h`.

Binärdateien exportieren

Zum Flashen vorbereitete Programme sind als Binärdateien abgelegt. Sie tragen auch hier die Dateiendung *.bin* (siehe Abschnitt 4.4.1). Mit SKETCH • KOMPILIERTE BINÄRDATEI EXPORTIEREN oder `Strg`+`Alt`+`S` können Sie die Binärdatei exportieren. Sie befindet sich dann im Sketch-Ordner. Nun ist sie mit anderen Werkzeugen (z. B. esptool) auf andere Module flashbar, wobei Sie wieder die Partitionstabelle (siehe Abschnitt 4.5) beachten müssen. Anders als *.exe*-Dateien unter Windows lassen sich diese Dateien nicht direkt ausführen.

Binärdateigröße bei der Arduino IDE bzw. bei ESP-IDF

Beim Export der Binärdateien offenbart sich ein kleiner Nachteil der Arduino IDE. Während die Binärdatei hier 203 KB groß ist, ist das mit dem ESP-IDF erzeugte Binary nur 152 KB groß. Für kleinere Projekte ist das unerheblich, bei umfangreicheren Vorhaben ist es vielleicht aber unumgänglich, auf das ressourcenschonendere ESP-IDF auszuweichen.

4.4.3 Der Arduino-Web-Editor

Den Arduino-Web-Editor finden Sie unter *create.arduino.cc*. Mit ihm können Sie direkt im Browser die meisten Funktionen der Arduino IDE nutzen. Da der Editor aktuell keine Boards mit dem ESP32 unterstützt und die Bedienung vergleichbar mit der Arduino IDE ist, gehe ich hier nicht weiter auf ihn ein.

Schauen Sie sich diese komfortablere Lösung allerdings einmal an, denn sie vereinfacht den Austausch von Sketchen über mehrere Plattformen und sorgt auch für eine Sicherung der Projekte in der *Cloud*. Was auf der einen Seite ein Segen ist, ist aber auf der anderen Seite ein Fluch, denn alles, was in der Cloud gespeichert wird, ist auch öffentlich zugänglich, da es keine Möglichkeit gibt, Projekte als *privat* zu markieren. Für kleinere Beispiele ist das noch akzeptabel, aber sobald in Sketchen Zugangsdaten und Passwörter z. B. für das *WLAN* oder den *MQTT-Server* genutzt werden, sollten Sie einen solchen Dienst nicht mehr verwenden.

4.4.4 Eclipse

Eclipse ist eine Open-Source-IDE, die ursprünglich für die Entwicklung von Java-Programmen konzipiert worden war. Das Portfolio ist aber schnell um weitere Plattformen ergänzt worden. Dies hatte zur Folge, dass Struktur und Parametrisierung komplexer wurden. Seit Version 2.12 des ESP-IDF-Installers besteht die Möglichkeit, Eclipse während der Installation einzurichten. Das erleichtert so einiges und macht das Setup komfortabler.

Wenn Sie bereits Erfahrung mit Eclipse und der Java-Entwicklung haben, werden Sie sich dort direkt zu Hause fühlen. Steigen Sie hingegen erst in die Programmierung ein, wird Eclipse nicht das richtige Werkzeug für Sie sein, denn es ist ein sehr mächtiges Tool, das versucht, möglichst vielen Ansprüchen der professionellen Softwareentwicklung gerecht zu werden. Die Vorzüge entfalten sich daher erst in größeren Projekten, wodurch der Einstieg verglichen mit anderen Programmierplattformen recht steinig ist.

4.4.5 MicroPython

Python gilt als leicht zu erlernende und weitverbreitete Programmiersprache. Auch stehen viele Bibliotheken zur Verfügung, die das Programmieren mit Python erleichtern, wobei die Arduino IDE eine noch weitere Unterstützung bietet. Zu Python finden Sie allerdings deutlich mehr Foren und Tutorials, die Ihnen beim Einstieg helfen und bei allgemeinen Problemen Unterstützung bieten. Hilfreich bei der Programmentwicklung ist eine IDE, wie sie uPyCraft anbietet.

Nachteilig ist sicherlich, dass es sich um einen Interpreter handelt, der bei zeitkritischen bzw. sehr großen Projekten an seine Grenzen stößt. Darüber hinaus werden sich einige Funktionalitäten besser über die maschinennahen Sprachen C/C++ realisieren lassen, zumal Espressif für sie entsprechende Templates und Beispiele zur Verfügung stellt. Ein wenig Abhilfe schafft hier MicroPython, allerdings werden hardwarenahe Sprachen wie C auf absehbare Zeit die bessere Wahl für anspruchsvolle Projekte bleiben.

MicroPython wurde 2013 von dem australischen Programmierer und Physiker Damien George entwickelt. Es ist eine Neuimplementierung von Python 3 für Mikrocontroller und eingebettete Systeme. MicroPython ist mit regulärem *Python* sehr nah verwandt. Mit wenigen Ausnahmen sind die Sprachfunktionen von Python auch in MicroPython verfügbar. Der größte Unterschied zwischen Python und MicroPython besteht darin, dass MicroPython für den Einsatz unter eingeschränkten Bedingungen konzipiert wurde.

Deshalb ist MicroPython auch nicht mit der vollständigen Standardbibliothek ausgestattet: Es enthält nur einen kleinen Teil der Python-Standardbibliothek. Dafür sind jedoch Module für den Zugriff auf Low-Level-Hardware verfügbar. So gibt es z. B. Bibliotheken, mit denen Sie einfach auf die GPIOs zugreifen können, um mit ihnen zu interagieren.

Wenn Sie bereits über Programmierkenntnisse in Python verfügen, wird es Ihnen daher leichtfallen, Anwendungen in MicroPython zu programmieren.

MicroPython installieren

Voraussetzung für die Installation ist, dass *esptool.py* auf dem PC vorhanden ist.

- **Download der Firmware**: Auf *https://micropython.org/download* stehen verschiedene Firmware-Versionen zum Download bereit. Das Angebot umfasst zwei Versionen für Boards bzw. Module mit bzw. ohne externes *SPI RAM*. Erstere funktioniert auf jedem Board, wohingegen SPI-RAM-fähige Firmware nur auf Boards mit 4 MB externem SPI RAM läuft.
- **ESP32 zurücksetzen**: Löschen Sie den Flash-Speicher komplett:

  ```
  esptool.py -port COM4 erase_flash
  ```

  Die Portangabe hängt von den lokalen Gegebenheiten ab; passen Sie den Port gegebenenfalls an.
- **Firmware aufspielen**: Spielen Sie mit `write_flash` nun die heruntergeladene Firmware auf. Ergänzen Sie das Kommandobeispiel aus Abschnitt 4.3.4 mit Ihren jeweiligen Angaben. Damit ist der ESP32 programmiert und bereit, Python auszuführen.
- Auf den ESP32 zugreifen

Um Python-Skripte auf dem ESP32 auszuführen, brauchen Sie Zugriff auf das Board bzw. auf den *MicroPython Interactive Interpreter Mode* (REPL, *Read-Eval-Print Loop*). Dabei handelt es sich um ein interaktives Fenster mit einer *Lesen-Auswerten-Ausgeben-Schleife*, das Ihre Eingaben von beliebigem Python-Code aufnimmt und Ihnen sofort die Ergebnisse anzeigt.

Dafür können Sie ein normales Terminalprogramm wie etwa *PuTTY* oder *minicom* verwenden. Wesentlich komfortabler ist es aber, eine mächtigere Entwicklungsumgebung wie *uPyCraft* einzusetzen. uPyCraft präsentiert sich als umfangreiche IDE und ist für Windows und Linux verfügbar.

uPyCraft herunterladen und öffnen

Sie können uPyCraft unter folgenden URLs herunterladen:

- für Windows unter:
  https://raw.githubusercontent.com/DFRobot/uPyCraft/master/uPyCraft.exe
- für Linux unter:
  https://github.com/DFRobot/uPyCraft/blob/master/uPyCraft_linux_V1.0

Beim Start von uPyCraft öffnet sich ein kleines Fenster, in dem die Installation der Schriftart *SourceCodePro* angemahnt wird. Sie können die Meldung ignorieren und mit einem Klick auf OK die Ausführung von uPyCraft fortsetzen (siehe Abbildung 4.52).

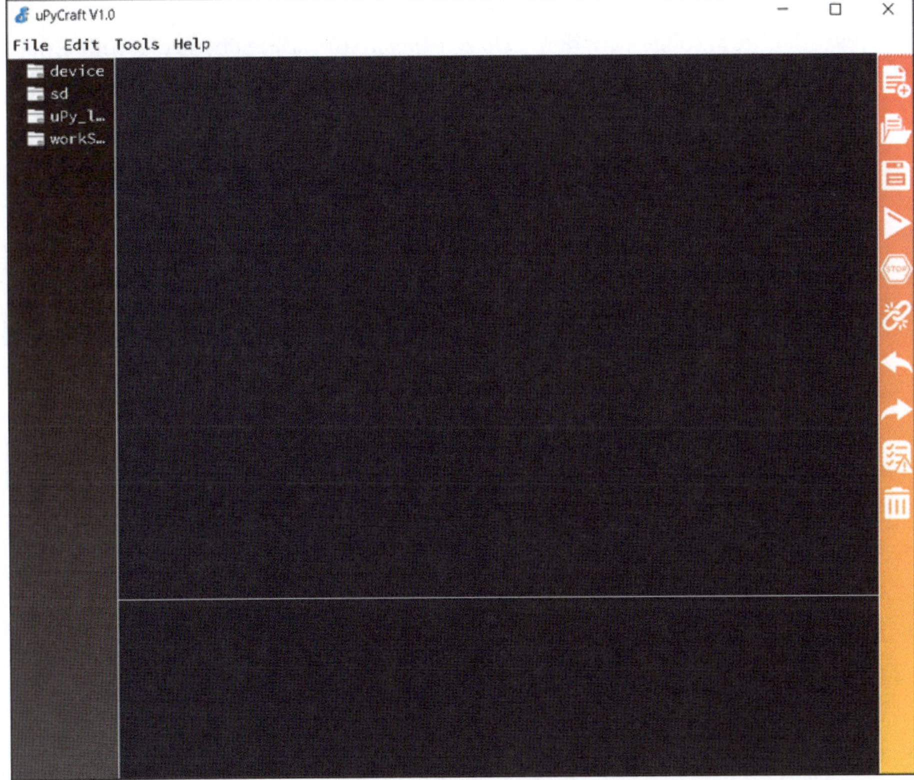

Abbildung 4.52 Startbildschirm der uPyCraft-IDE

[»]

Der Zeichensatz SourceCodePro

Bei *SourceCodePro* handelt es sich um einen Zeichensatz, der von Adobe für die bessere Darstellung von Sourcecode entwickelt wurde. Er ist kostenlos und kann z. B. unter *https://www.1001freefonts.com/source-code-pro.font* als *.zip*-Datei heruntergeladen werden. Nach dem Entpacken finden Sie einige *.ttf*-Dateien mit Namen wie *SourceCodePro-Black.ttf*. Eine Installation erfolgt durch Rechtsklick auf die Datei und einen Klick auf INSTALLIEREN.

Die IDE gliedert sich unterhalb der Menüleiste in mehrere Bereiche:

❶ in den Bereich ORDNER UND DATEIEN (linke Spalte),

❷ in den Editor (mittlere Spalte oben),

❸ in das MicroPython-Terminal (mittlere Spalte unten) sowie

❹ in die Werkzeugleiste (rechte Spalte).

- **Ordner und Dateien**

  Dieser Bereich umfasst verschiedene Ordner und Dateien. Wichtig ist der Ordner *device*, der die aktuellen auf dem ESP32 gespeicherten Dateien anzeigt (mit einem Linksklick klappen Sie die Detailliste auf). Nach dem Flashen der Firmware sollte dort standardmäßig nur eine *boot.py*-Datei zu sehen sein.

  - *boot.py*: wird ausgeführt, wenn das Board gestartet wird und mehrere Konfigurationsoptionen eingerichtet werden.
  - *main.py*: ist das Hauptskript, das den Code enthält. Es folgt *boot.py* unmittelbar.

  Der Ordner *workSpace* enthält die selbst erstellten Skripte. Er definiert einen Speicherplatz auf dem PC. Legen Sie beim ersten Start (und bei verbundenem Board) diesen Ordner nach einem Klick auf den Eintrag fest. Navigieren Sie in dem sich öffnenden Fenster zu dem gewünschten Dateipfad und wählen Sie diesen aus.

  Mit einem Klick auf FILE • REFLUSH DIRECTORY übernehmen Sie den Eintrag. Das Kommando hilft in manchen Situationen auch, einen Neuaufbau des Verzeichnisbaums zu erzwingen. Mit TOOLS • INITCONFIG ändern Sie später den Eintrag.

- **Editor**

  Dieser Bereich ermöglicht das Erfassen und Ändern der *.py*-Skripte.

- **MicroPython-Terminal**

  Das MicroPython-Terminal (die MicroPython-Shell) dient zur Kommunikation mit der Firmware auf dem Board.

- **Werkzeugleiste**

  Die hier aufgeführten Werkzeuge erlauben einen Schnellzugriff auf häufig genutzte Funktionalitäten, die Sie in Abbildung 4.52 sehen:

  - Neue Datei erstellen
  - Datei öffnen
  - Datei sichern
  - Download und ausführen
  - Stop
  - Verbinden/Verbindung trennen
  - Rückgängig machen
  - Wiederherstellen
  - Syntaxcheck
  - Meldungen im Terminal löschen
- Verbindungsaufbau mit der uPyCraft-IDE

Klicken Sie auf die CONNECT-Schaltfläche in der Werkzeugleiste, um eine Verbindung zum ESP32 aufzubauen. Sie müssen allerdings zuvor die Einstellungen für den seriellen Anschluss (TOOLS • SERIAL) und das Board (TOOLS • BOARD • ESP32) vornehmen.

Der Eingabeprompt >>> sollte nun zu sehen sein (siehe Abbildung 4.53).

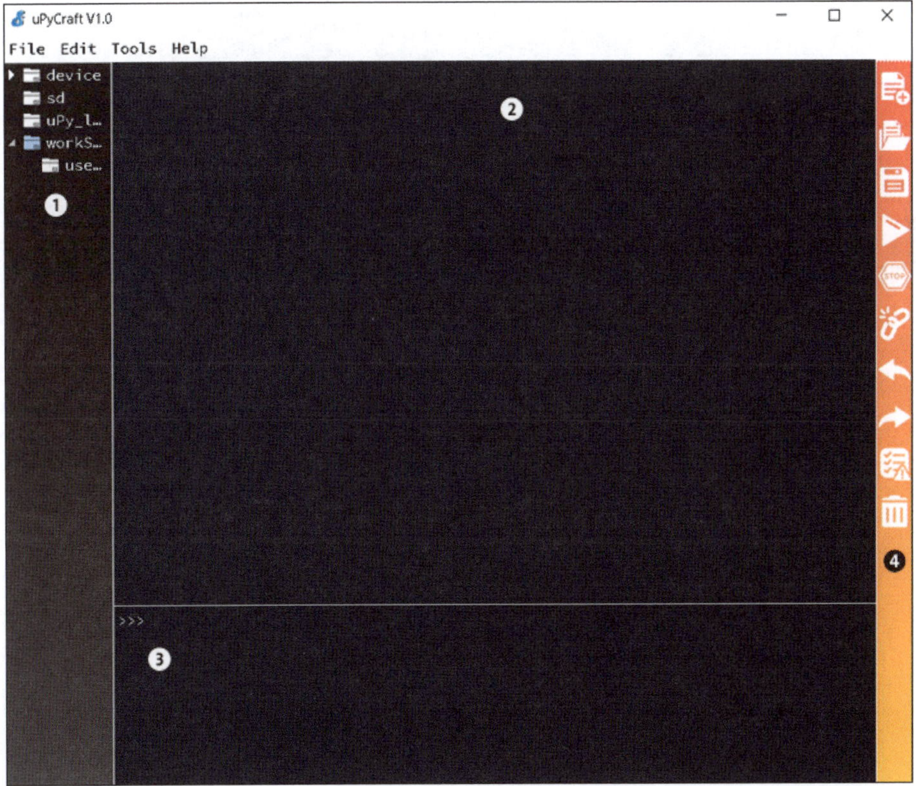

Abbildung 4.53 Der Eingabeprompt der uPyCraft-IDE

Die Eingabe von `print ('Hallo Welt')` ruft eine entsprechende Meldung hervor (siehe Abbildung 4.54). Diese Verarbeitung findet nun nicht lokal auf Ihrem Rechner statt, sondern auf dem ESP32.

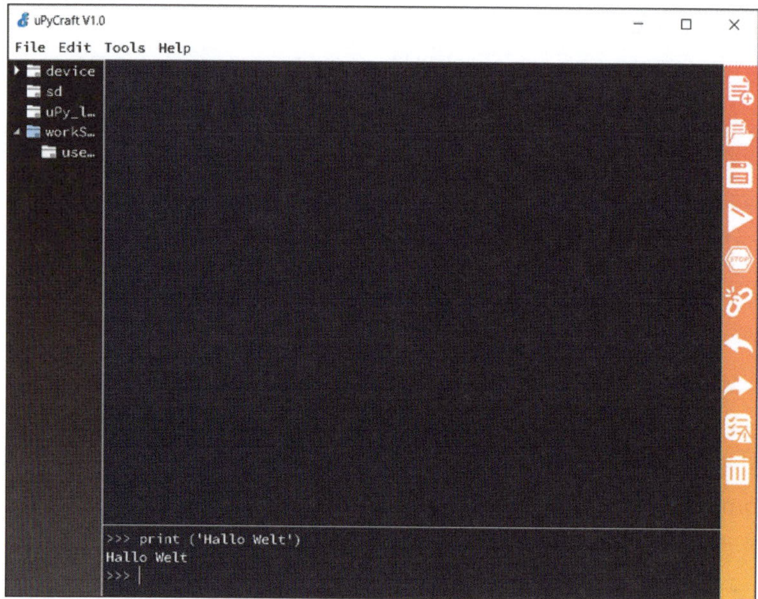

Abbildung 4.54 Die Antwort auf Ihre Eingabe

Verbindung und Firmware sind also in Ordnung, und Sie können im nächsten Schritt mit einem ersten kleinen Skript starten.

LED-Blink-Skript

Ein LED-Blink-Skript (LED über einen 470-Ω-Widerstand an GPIO2) verdeutlicht wieder die Funktionsweise der IDE. Die Datei *main.py* soll das entsprechende Skript aufnehmen.

1. Legen Sie mit der Schaltfläche NEW eine neue Datei an.
2. Ein Klick auf SAVE öffnet einen Dialog für die Eingabe des Dateinamens (hier *main.py*).
3. Ein Klick auf OK sichert die Datei (siehe Abbildung 4.55).

   Die Datei ist nun im Arbeitsbereich angelegt (siehe Abbildung 4.56)

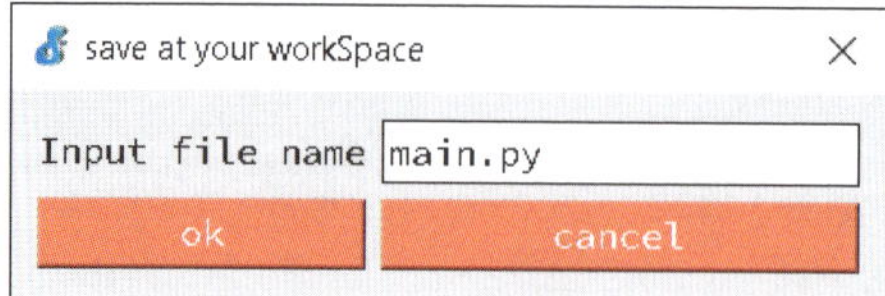

Abbildung 4.55 Sichern einer Datei

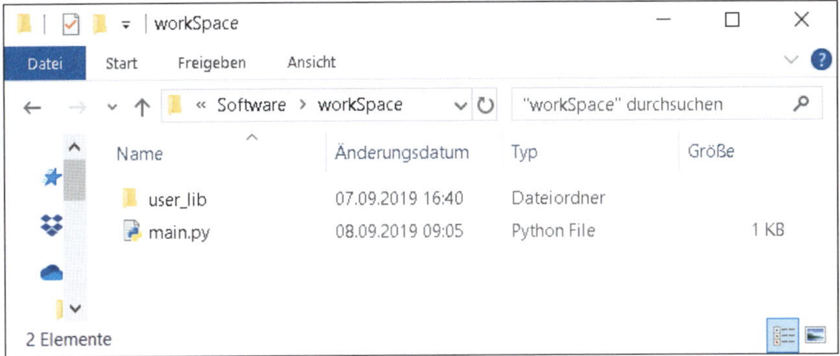

Abbildung 4.56 Dateien im Workspace

4. Wenn Sie auf DOWNLOAD AND RUN klicken, erfolgt der Upload auf den ESP32 (siehe Abbildung 4.57).

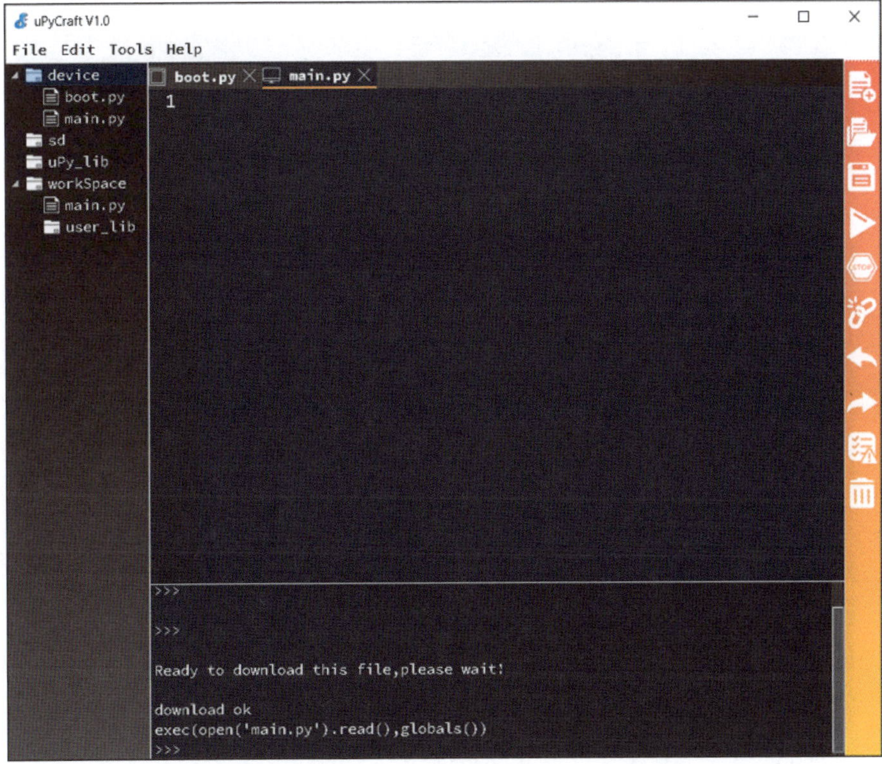

Abbildung 4.57 Programm ausführen

Sowohl im Ordner *device* als auch im Ordner *workSpace* befindet sich nun eine Datei *main.py*. Der erfolgreiche Upload wird in der Konsole mit `download ok` quittiert.

5. Sie können nun das Blink-Skript im Editor erfassen:

```
from machine import Pin
from time import sleep
led = Pin(2, Pin.OUT)
while True:
  led.value(not led.value())
  sleep(0.5)
```

Listing 4.3 Das Blink-Programm in der uPyCraft-IDE

6. Mit der Schaltfläche Stop halten Sie die Ausführung jeglichen Codes auf dem Board an.
7. Klicken Sie nochmals auf Download and Run, um das Skript auf den ESP32 zu laden. Die Datei wird auch im Ordner *workSpace* gesichert (siehe Abbildung 4.58).

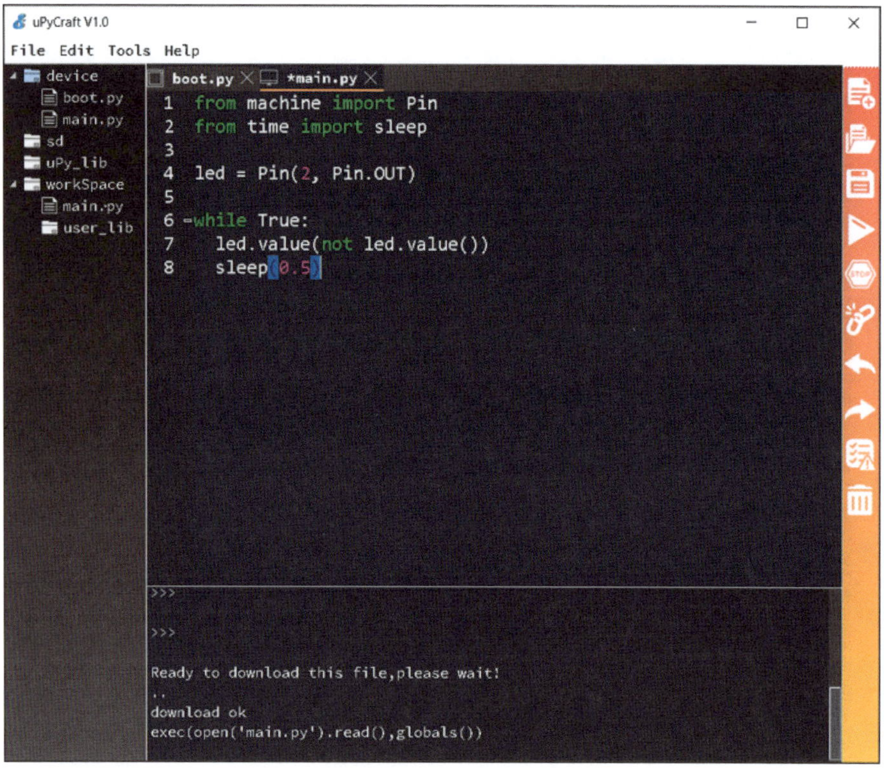

Abbildung 4.58 Das Blink-Programm in der uPyCraft-IDE

Im Normalfall sollte die LED an GPIO2 nun blinken. Ein Klick auf Stop beendet die Ausführung, die nach einem Reset des Boards automatisch wieder anläuft.

4.4.6 Lua

Der Name *Lua* geht auf das portugiesische Wort für Mond zurück. Dahinter verbirgt sich eine Skriptsprache zum Einbinden in Programme. Lua-Programme sind plattformunabhängig und werden mit einem *Interpreter* erst kurz vor der Ausführung in die jeweilige Maschinensprache übersetzt.

Lua setzt auf *NodeMCU* auf, das als freies Betriebssystem von Espressif zunächst für den Vorgänger des ESP32, den ESP8266, entwickelt wurde. Zwar läuft die Firmware inzwischen auch auf dem ESP32, wichtige Features wie die Bluetooth-Funktionalitäten stehen jedoch noch aus.

Lua gilt als relativ einfach zu erlernende Skriptsprache. Auch gibt es eine Reihe fertiger Codeschnipsel, die den Einstieg erleichtern. Daher haben Lua bzw. NodeMCU durchaus ihre Anhänger.

Die Schattenseite ist, dass der Lua-Interpreter ebenfalls auf den Mikrocontroller geflasht werden muss und somit kostbaren Programmplatz verbraucht.

Für Umsteiger vom ESP8266 ist Lua dennoch eine Alternative. Allerdings beeinträchtigen fehlende Funktionalitäten (Bluetooth-Unterstützung) oder der Zwischenschritt über den Interpreter den Einsatz so, dass Lua und NodeMCU im Vergleich zur Arduino IDE eher zurückfallen. Hinzu kommt, dass die Community, die Lua und NodeMCU unterstützt, im Vergleich zur Arduino-Community kleiner ist.

Die Lua-Web-IDE

Wenn Sie bereits mit Lua und NodeMCU auf dem ESP8266 Erfahrungen gesammelt haben, sind Sie sicherlich in der Lage, Ihre Entwicklungsumgebung mit entsprechenden Modifikationen auf den ESP32 umzustellen. Für diejenigen, die die Skriptsprache einmal ausprobieren möchten, bietet es sich eher an, die Lua-Web-IDE zu nutzen. Die folgenden Absätze zeigen beispielhaft das Erstellen eines LED-Blink-Programms (LED über einen 470-Ω-Widerstand an GPIO2) mittels der Web-IDE sowie das Flashen auf den ESP32.

Aufruf der Website

Die Web-IDE befindet sich auf der Website von *ChiliPeppr Hardware Fiddle*:

http://chilipeppr.com/esp32

Die Betreiber der Website bieten verschiedene Arbeitsszenarien an (sie bezeichnen sie als *Workspaces*), um mit bestimmter Hardware herumzuspielen (engl. *to fiddle about*). Der hier benötigte Arbeitsbereich ist der WORKSPACE - ESP32 FOR LUA (NODEMCU) (siehe Abbildung 4.59).

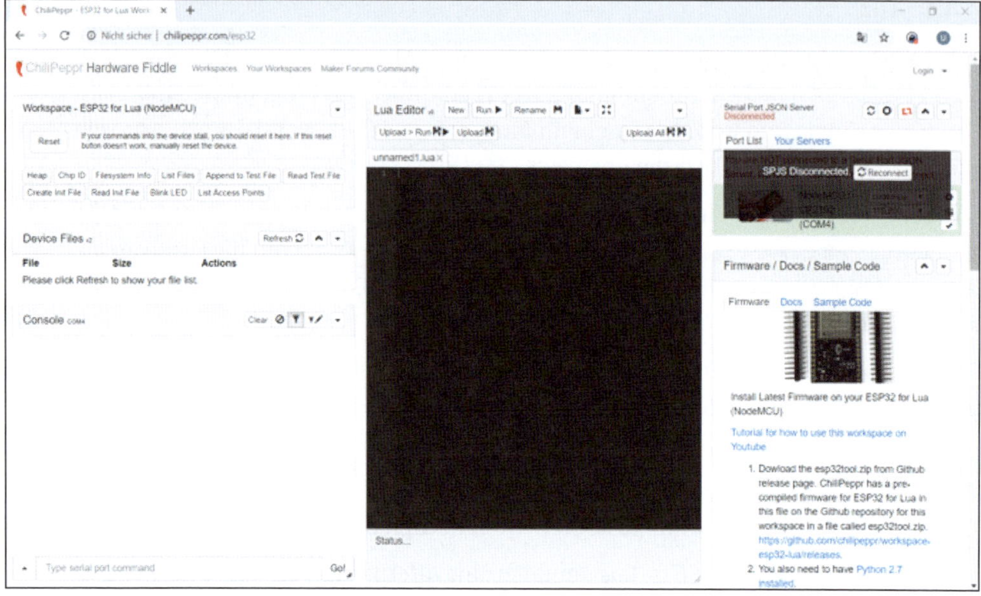

Abbildung 4.59 Die Lua-Web-IDE

Die Website ist recht übersichtlich aufgebaut und gliedert sich in drei Spalten:

- **Arbeitsbereich**: Neben Schaltflächen für einige Grundfunktionen befindet sich hier auch die Konsole, in der Meldungen des Systems ausgegeben werden.
- **Lua-Editorbereich**: Er enthält einige Schaltflächen, die die Ausführung der Skripte betreffen, und einen Editorbereich für das Entwickeln der Skripte.
- **Informationsbereich**: Dieser enthält verschiedene Informationen bezüglich der Verbindung zum Board oder der Einrichtung der Web-IDE. So wird beim Aufruf der Website beispielsweise mitgeteilt, dass der Serial-Port-JSON-Server nicht verbunden ist.
- Den Serial-Port-JSON-Server installieren und starten

Der *Serial-Port-JSON-Server* ist für die Verbindung von Website und ESP32 verantwortlich. Die jeweils aktuelle Version laden Sie unter der URL *https://github.com/chilipeppr/serial-port-json-server/releases* herunter. Es gibt Versionen für diverse Betriebssysteme.

Der entpackte Ordner enthält eine ausführbare Datei (bei Windows z. B. *serial-port-json-server.exe*). Spätestens jetzt sollte der ESP über eine serielle Schnittstelle mit dem PC verbunden sein. Danach kann die Datei ausgeführt werden. Bei Windows-Nutzern erfolgt noch eine Sicherheitsabfrage. Wenn Sie den Zugriff erlauben, öffnet sich ein Terminal (siehe Abbildung 4.60).

```
C:\Users\udobr_ockvj9c\Documents\book-esp-handbuch\2-lua\Software\win_386\serial-port-json-server.exe
2019/09/04 14:40:58 main.go:112: Version:1.96
2019/09/04 14:40:58 main.go:119: Hostname: LAPTOP-M559PT0A
2019/09/04 14:40:58 main.go:125: Garbage collection is on using Standard mode, meaning we just let Golang determine when
 to garbage collect.
2019/09/04 14:40:58 main.go:152: You can enter verbose mode to see all logging by starting with the -v command line swit
ch.
2019/09/04 14:40:59 seriallist_windows.go:198: DeviceId elements:[USB\VID_10C4 PID_EA60\0001]
2019/09/04 14:40:59 seriallist_windows.go:231: index:0, name:COM4, friendly:Silicon Labs CP210x USB to UART Bridge (COM4
)
2019/09/04 14:40:59 seriallist_windows.go:232: pid:EA60, vid:10C4
2019/09/04 14:40:59 main.go:200: Attempting to load Cayenn TCP/UDP server on port 8988...
2019/09/04 14:40:59 main.go:219: The Serial Port JSON Server is now running.
2019/09/04 14:40:59 main.go:220: If you are using ChiliPeppr, you may go back to it and connect to this server.
2019/09/04 14:40:59 main.go:235: Starting http server and websocket on 192.168.2.110:8989
2019/09/04 14:40:59 main.go:255: Missing tls cert and/or key. Will not start HTTPS server.
2019/09/04 14:40:59 serial.go:123: Inside run of serialhub
2019/09/04 14:40:59 cayenn.go:408: Cayenn TCP server running on port 8988 to listen for incoming guaranteed device messa
ges.
2019/09/04 14:40:59 cayenn.go:64: Cayenn UDP server running on port 8988 to listen for incoming device announcements and
 unguaranteed data.
2019/09/04 14:41:00 main.go:169: Your serial ports:
2019/09/04 14:41:00 main.go:176:        {COM4 Silicon Labs CP210x USB to UART Bridge (COM4) [] USB\VID_10C4&PID_EA60\000
1  Silicon Labs  EA60 10C4}
```

Abbildung 4.60 Serial-Port-JSON-Server – das Terminal

Es werden Ihnen nun mehrere Status-Updates ausgegeben. Besonders wichtig sind dabei die Meldungen am Listenende. Sie zeigen an, wie die seriellen Schnittstellen am PC belegt sind. Hier sollte dann der verbundene ESP32 über den Controller *CP210x* auftauchen.

ESP32 mit dem Server verbinden

Als Nächstes gilt es zu prüfen, ob eine Verbindung zwischen dem ESP32 und dem Serial-Port-JSON-Server aufgebaut werden kann. Wenn Sie auf die Schaltfläche YOUR SERVERS im Informationsbereich klicken und etwas scrollen, finden Sie den Eintrag CONNECT TO LOCALHOST. Ein Klick auf diesen Eintrag stellt eine Verbindung her (siehe Abbildung 4.61).

Auf der Registerkarte YOUR SERVERS ist im Anschluss daran ein grünes Kästchen mit Verbindungsangaben zu sehen. Wichtig ist, dass das Auswahlfeld NODEMCU den Eintrag NODEMCU aufweist. Durch Aktivieren des Kontrollkästchens startet die auf dem ESP32 gespeicherte Firmware und gibt entsprechende Meldungen in der Konsole aus.

Das Kontrollkästchen wird abschließend nun wieder deaktiviert, da dieser Zustand sonst das Flashen der NodeMCU-Firmware verhindern würde.

Abbildung 4.61 Verbindungsaufbau

ESP32tool herunterladen

ESP32tool enthält die NodeMCU-Firmware für den ESP32. Sie ist unter *https://github.com/chilipeppr/workspace-esp32-lua/releases* als *.zip*-Datei erhältlich. Nach dem Entpacken stehen drei *.bin*-Dateien, die Firmware enthalten, eine Python-Skriptdatei und eine *.bat*-Datei (beide enthalten Beispielanweisungen zum Flashen der Firmware) zur Verfügung.

Das Flash-Skript anpassen

Das Flash-Tool ist auch hier *esptool* (siehe Abschnitt 4.3), sodass es spätestens jetzt installiert sein muss.

Je nachdem, welche esptool-Installation Sie nutzen, müssen Sie eine der beiden Beispieldateien für das Flashen der Firmware anpassen. Betroffen sind der Dateipfad zur ausführbaren esptool-Anwendung und der Port, an den der ESP32 angeschlossen ist. Das Write-Kommando bleibt unverändert.

Bearbeiten Sie dazu entweder die *.bat*-Datei oder das Python-Skript, um die entsprechenden Änderungen durchzuführen.

Die Firmware flashen

Die Datei mit den angepassten Anweisungen steht nun zur Ausführung bereit. Der Start verlangt je nach ESP32-Board, dass der Boot-Knopf gedrückt ist (siehe Abbildung 4.62).

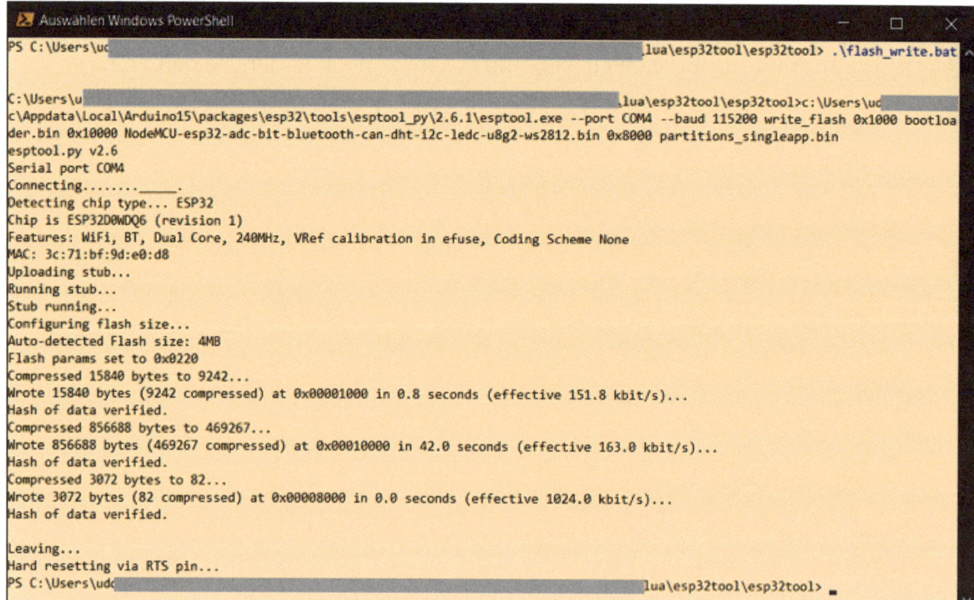

Abbildung 4.62 Lua-Firmware flashen

Die Verbindung aktivieren

Das Aktivieren des Kontrollkästchens stellt nun die Verbindung des Browsers mit dem ESP32 wieder her (siehe Abbildung 4.63).

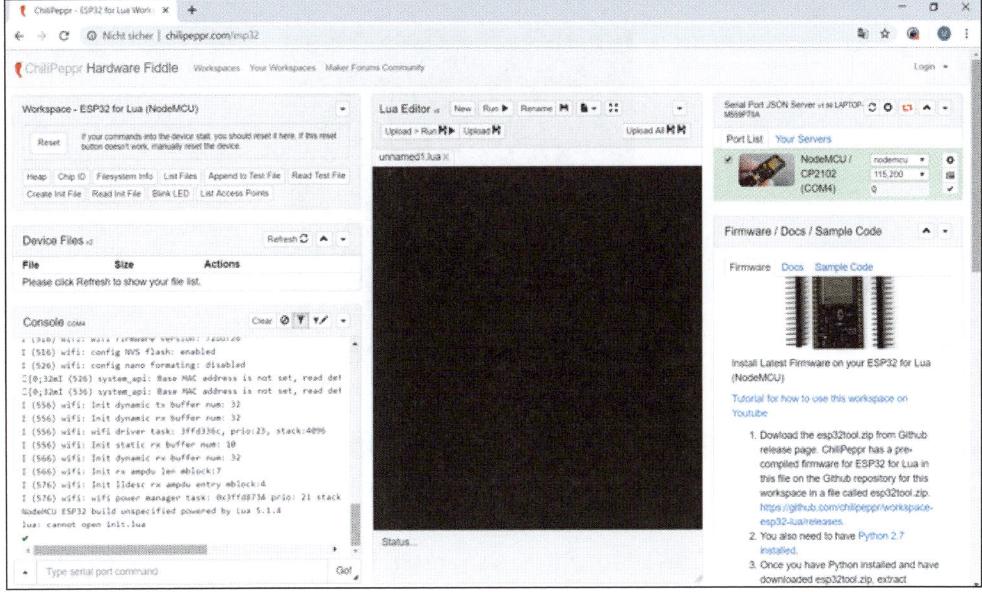

Abbildung 4.63 Die Lua-Web-IDE wurde mit ESP32-NodeMCU verbunden.

Die Konsole gibt im Erfolgsfall eine Reihe von Meldungen aus; die Firmware funktioniert also.

Das Blink-LED-Skript laden

Im Arbeitsbereich befindet sich eine Schaltfläche BLINK-LED. Ein Klick auf diese Schaltfläche gibt das Lua-Skript in der Konsole aus. Über die Schaltfläche SAMPLE-CODE im Informationsbereich finden Sie eine Liste mit Skriptbeispielen. Ein Klick auf die Schaltfläche EDITOR lädt das Blink-LED-Beispielskript in das Editorfenster (siehe Abbildung 4.64).

Ein Klick auf UPLOAD • RUN lädt das Skript hoch und führt es direkt aus. Sollte dies nicht der Fall sein, nutzen Sie die RESET-Schaltfläche im Arbeitsbereich und laden das Skript erneut hoch. Spätestens jetzt sollte alles wunschgemäß funktionieren; die Konsole gibt Initialisierungsmeldungen aus, die LED blinkt.

Die Sache hat allerdings noch einen kleinen Schönheitsfehler: Nach einem Reset nimmt das Skript nicht automatisch wieder seine Arbeit auf. Das liegt an einer fehlenden `init`-Routine, die aber mit wenig Aufwand einzurichten ist.

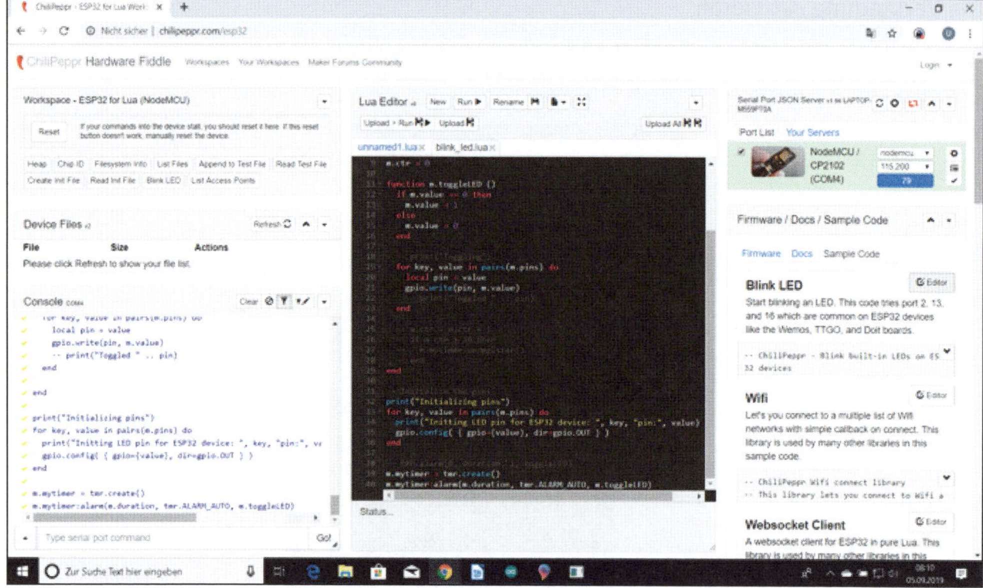

Abbildung 4.64 Das Blink-Programm im Lua-Web-Editor

Dazu öffnen Sie im Lua-Editor ein leeres Fenster. Sie brauchen dort nur eine einzige Codezeile, nämlich:

```
dofile ('blink_led.lc')
```

Benennen Sie über die Schaltfläche RENAME das Skript in *ini.lua* um und laden Sie es mit UPLOAD • RUN hoch.

Mit einem Klick auf das Diskettensymbol im Lua-Editorbereich können Sie Skripte sichern. Wenn Sie auf die danebenstehende Datei-Schaltfläche klicken, werden sie Ihnen in einer Dropdown-Liste angezeigt und können wieder in den Editor geladen werden.

4.4.7 Rust

Rust ist eine Systemprogrammiersprache, die das Ziel verfolgt, sicher, nebenläufig und praxisnah zu sein. Mit Rust sollen typische Programmfehler, die zu Speicherzugriffsfehlern oder Pufferüberläufen und damit unter Umständen auch zu Sicherheitslücken führen, unmöglich werden. Die Sprache weist damit entscheidende Vorteile gegenüber C/C++ auf, sodass sie bei der Entwicklung von Anwendungen von eingebetteten Systemen oft dort den Vorzug erhält, wo die Robustheit des Programms eine Rolle spielt. Rust startete als Projekt in 2009; Mitte 2015 war eine erste stabile Version von Compiler und Standardbibliothek verfügbar.

Da der ESP32 gerne bei eingebetteten Systemen eingesetzt wird, liegt der Wunsch nahe, auf Rust als Programmiersprache zurückgreifen zu können. Momentan gibt es dazu vielversprechende Ansätze, die auf der ESP-IDF aufsetzen. Das Aufsetzen der Toolchain, die das Kompilieren eines Rust-Programms erlaubt, ist jedoch sehr komplex. Hier muss der Rust-Compiler, der auf *LLVM* (*Low Level Virtual Machine*, eine modulare Compiler-Architektur) basiert, in einer Version für Xtensa (der ESP32-CPU) entsprechend konfiguriert werden – das ist für den Einstieg eine große Hürde und benötigt viel Erfahrung in der systemnahen Programmierung. Eine gute Einführung finden Sie unter *https://dentrassi.de/2019/06/16/rust-on-the-esp-and-how-to-get-started*.

4.4.8 Visual Studio Code mit der Erweiterung PlatformIO

Visual Studio Code (*VSC*) ist ein leichtgewichtiger, aber leistungsstarker Quellcode-Editor aus dem Hause Microsoft. VSC bietet integrierte Unterstützung für JavaScript, TypeScript und Node.js und verfügt über ein umfangreiches Ökosystem an Erweiterungen (*Extentions*) für andere Sprachen und Laufzeiten (wie C++, C#, Java, Python, PHP, Go, .NET). VSC richtet sich an Entwickler aller Programmiersprachen auf allen Betriebssystemen und erfreut sich vor allem wegen der offenen Architektur seit einigen Jahren immer größerer Beliebtheit. Verwechseln Sie VSC daher nicht mit Microsoft Visual Studio; dies ist eine proprietäre Software für die Entwicklung von Windows-Software.

Eine beliebte Erweiterung ist *PlatformIO* (*https://platformio.org*).

In den folgenden Abschnitten beschreibe ich die Installation unter Windows bzw. Linux und stelle Ihnen kurz die Benutzeroberfläche vor. Außerdem sehen Sie ein erstes Programm und erfahren, wie Sie Bibliotheken einbinden.

Installation unter Windows

Sie benötigen drei Komponenten:

- VSC
- Python
- PlatformIO

Gehen Sie schrittweise vor.

Den VSC-Installer herunterladen

Laden Sie sich den VSC-Installer von der Seite *https://code.visualstudio.com/download* herunter.

Den VSC-Installer ausführen

Führen Sie den VSC-Installer aus, akzeptieren Sie die Lizenzvereinbarung und gehen Sie auf WEITER. Wählen Sie dann den gewünschten Zielordner aus und klicken Sie wieder auf WEITER.

Wählen Sie den gewünschten Startmenüordner aus und dann erneut WEITER. Das Setup erlaubt Ihnen nun, zusätzliche Aufgaben auszuwählen (siehe Abbildung 4.65).

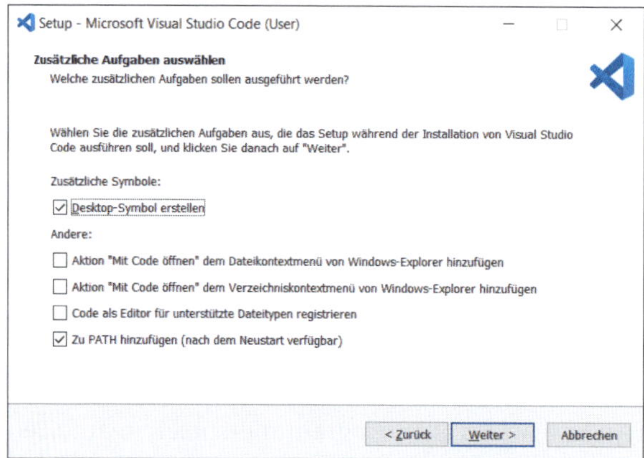

Abbildung 4.65 Bei der VSC-Installation unter Windows werden zusätzliche Aufgaben erledigt.

Markieren Sie die Kontrollkästchen für zusätzliche Aufgaben entsprechend Ihren Wünschen und gehen Sie auf WEITER. Es folgen noch ein paar Bildschirme, die Sie mit INSTALLIEREN und FERTIGSTELLEN quittieren. Beim automatischen Start gelangen Sie zum Startbildschirm von Visual Studio Code (siehe Abbildung 4.66).

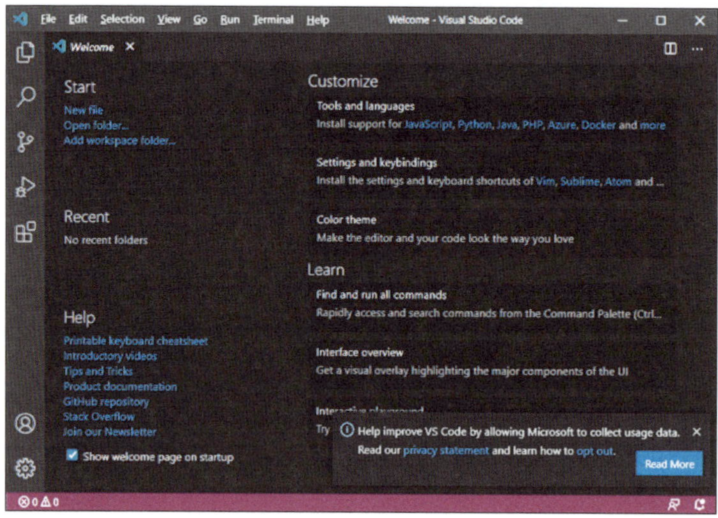

Abbildung 4.66 VSC-Startbildschirm

Python installieren

Auch PlatformIO benötigt für Flash- und Ausleseprozesse vom ESP32 Python-Skripte. Installieren Sie Python gemäß Abschnitt 4.3.1.

Die Erweiterung PlatformIO hinzufügen

Nun geht es darum, die Erweiterung *PlatformIO* zu VSC hinzuzufügen. Klicken Sie auf das Puzzlesymbol in der linken Seitenleiste, mit dem Sie die Plug-in-Verwaltung öffnen (siehe Abbildung 4.67).

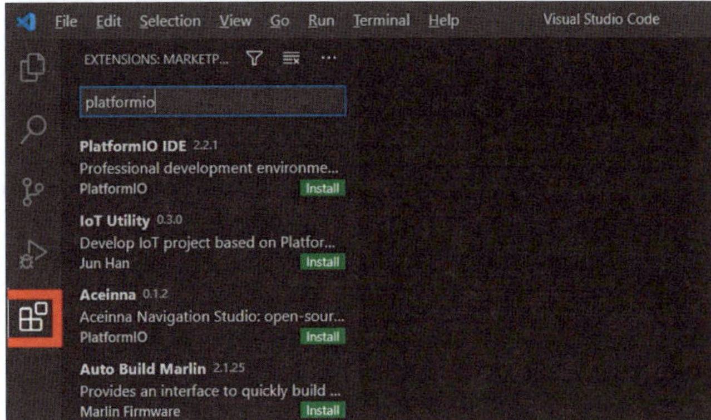

Abbildung 4.67 PlatformIO unter VSC hinzufügen

Tragen Sie in das Suchfeld »PlatformIO« ein, damit die Erweiterung in der angebotenen Liste erscheint. Klicken Sie dort auf INSTALL. Der Prozess dauert eine Weile und verlangt nach dem Abschluss einen Neustart von VSC. Die Erweiterungen sind nun aufgeführt (siehe Abbildung 4.68).

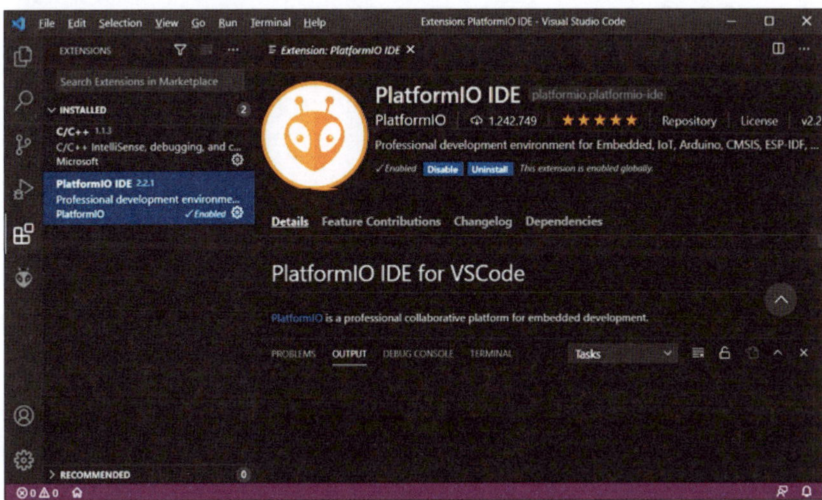

Abbildung 4.68 Die PlatformIO-Erweiterung

Achten Sie darauf, dass PlatformIO auf ENABLED steht. In der linken Bildlaufleiste finden Sie nun unter dem Puzzlesymbol auch das Symbol für PlatformIO.

Installation unter Linux

Die Installation unter Linux verläuft prinzipiell ähnlich wie unter Windows. Das Einrichten von Python ist entbehrlich, da Linux diese Pakete üblicherweise bereits mitbringt.

Pakete herunterladen

Laden Sie die Pakete von *https://code.visualstudio.com/download* entsprechend Ihrer Linux-Distribution herunter.

Pakete installieren

Wechseln Sie in das Download-Verzeichnis. Dort befindet sich z. B. für Ubuntu eine *.deb*-Datei (z. B. *code-1.53.2-1613044664_amd64.deb*). Installieren Sie die Pakete mit:

```
sudo apt install ./code-1.53.2-1613044664_amd64.deb
```

Abbildung 4.69 zeigt den Installationsverlauf.

```
ub@UB: ~/Downloads
Datei Bearbeiten Ansicht Suchen Terminal Hilfe
ub@UB:~/Downloads$ sudo apt install ./code_1.53.2-1613044664_amd64.deb
Paketlisten werden gelesen... Fertig
Abhängigkeitsbaum wird aufgebaut.
Statusinformationen werden eingelesen.... Fertig
Hinweis: »code« wird an Stelle von »./code_1.53.2-1613044664_amd64.deb« gewählt.
Die folgenden NEUEN Pakete werden installiert:
  code
0 aktualisiert, 1 neu installiert, 0 zu entfernen und 286 nicht aktualisiert.
Es müssen noch 0 B von 69,1 MB an Archiven heruntergeladen werden.
Nach dieser Operation werden 273 MB Plattenplatz zusätzlich benutzt.
Holen:1 /home/ub/Downloads/code_1.53.2-1613044664_amd64.deb code amd64 1.53.2-1613044664 [69,1 MB]
Vormals nicht ausgewähltes Paket code wird gewählt.
(Lese Datenbank ... 211806 Dateien und Verzeichnisse sind derzeit installiert.)
Vorbereitung zum Entpacken von .../code_1.53.2-1613044664_amd64.deb ...
Entpacken von code (1.53.2-1613044664) ...
code (1.53.2-1613044664) wird eingerichtet ...
gpg: WARNUNG: Unsicheres Besitzverhältnis des Home-Verzeichnis `/home/ub/.gnupg'
Trigger für gnome-menus (3.13.3-11ubuntu1.1) werden verarbeitet ...
Trigger für mime-support (3.60ubuntu1) werden verarbeitet ...
Trigger für desktop-file-utils (0.23-1ubuntu3.18.04.2) werden verarbeitet ...
Trigger für shared-mime-info (1.9-2) werden verarbeitet ...
ub@UB:~/Downloads$
```

Abbildung 4.69 VSC installieren, Linux

In der Übersicht der Aktivitäten von Ubuntu finden Sie ein Icon, mit dem Sie Visual Studio Code starten und ins Startfenster gelangen.

Die Erweiterung PlatformIO hinzufügen

Fügen Sie die Erweiterung PlatformIO hinzu. Das funktioniert genau so, wie für Windows beschrieben.

Der VSC-Bildschirm mit der PlatformIO-Erweiterung

Das VSC-Fenster mit der PlatformIO-Erweiterung mutet anfänglich recht komplex an und ist mit vielen Funktionen versehen (siehe Abbildung 4.70).

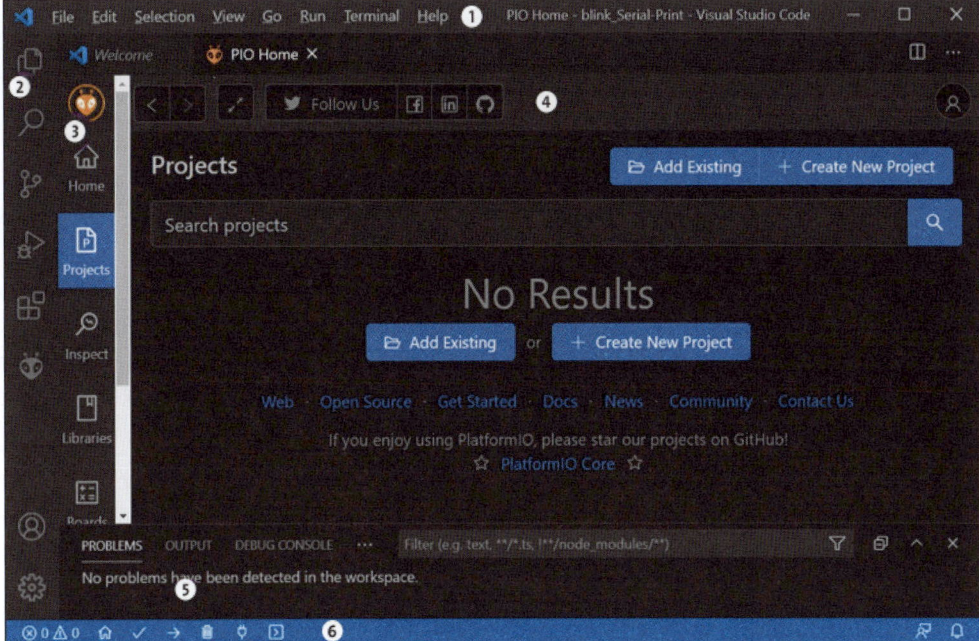

Abbildung 4.70 Das VSC-Fenster mit der PlatformIO-Erweiterung

Der auf den ersten Blick verwirrende Eindruck relativiert sich jedoch mit zunehmender Praxis. Verschaffen Sie sich also einen Überblick:

❶ **Menüleiste**

Die Menüleiste enthält verschiedene Register, die wiederum den Zugang zu weiteren Kommandos zusammenfassen. Sie gibt auch Auskunft über die zuletzt bearbeitete Datei.

❷ **Seitenleiste**

Die Seitenleiste bietet Zugang zu verschiedenen Verwaltungstools:

- Datei-Explorer
- Suche
- Zugang zu Git-Repositorys
- Debugging von Programmen
- Verwaltung von Extensions
- Account-Pflege (sofern angelegt)
- Zugang zu diversen Einstellungen

❸ PlatformIO-Seitenleiste

Die PlatformIO-Seitenleiste beinhaltet Icons für die Verwaltung und Nutzung von PlatformIO.

❹ Editorbereich

Im Editorbereich wird ein Programm erstellt. Er enthält aber auch, abhängig von verschiedenen Bearbeitungsszenarien, differenzierte Inhalte.

❺ Testpanel

Das Testpanel enthält verschiedene Register für z. B. die Ausgabe von Fehlern oder Debug-Informationen. Register lassen sich über VIEW und die entsprechende Auswahl hinzufügen (z. B. mit VIEW • TERMINAL oder [Strg]).

❻ Fußzeile

Die Fußzeile ist gewissermaßen zweigeteilt. Links befinden sich Icons mit zugehörigen Zählern, die über diverse Probleme informieren. Rechts schließen sich Icons an, die bei einem Klick auf sie eine Übersetzung, ein Build oder ein Upload des Programms einleiten.

Drücken Sie [⇧] oder gehen Sie zu VIEW • COMMAND PALETTE und geben Sie den Suchbegriff ein, wenn Ihnen ein Kommando entfallen ist oder Sie einen bestimmten Befehl suchen.

Deutsches Sprachpaket

Stellen Sie bei Bedarf die Standardsprache der Benutzeroberfläche auf Deutsch. Drücken Sie dazu [Strg]+[⇧]+[P], um die Befehlspalette aufzurufen, und beginnen Sie mit der Eingabe von »display«, um den Befehl »configure display language« zu filtern und anzuzeigen. Wählen Sie dann ein anderes Gebietsschema aus.

Mit PlatformIO ein Programm erstellen

Zum Einstieg erhält der LED-Blink-Sketch, den Sie schon aus Listing 4.2 kennen, eine weitere Gelegenheit, sich zu beweisen.

Ein neues Projekt erstellen

Gehen Sie auf das PlatformIO-Home-Fenster. Erstellen Sie mit einem Klick auf + CREATE NEW PROJECT ein neues Projekt. Daraufhin erscheint der PlatformIO-Project-Wizard (siehe Abbildung 4.71).

Geben Sie Ihrem Projekt einen Namen (z. B. *blink_Serial-Print*) und wählen Sie ein Board (z. B. *Espressif ESP32 Dev Module*) sowie ein Framework (*Arduino*) aus. Lassen Sie das Häkchen bei USE DEFAULT LOCATION stehen. Das ist üblicherweise */Documents/PlatformIO/Projects*. Klicken Sie auf FINISH.

Die erste Initialisierung erfordert eine Internetverbindung und kann eine Weile dauern, da Toolchains, Frameworks und SDKs installiert werden müssen. Bitte haben Sie etwas Geduld und lassen Sie die Initialisierung abschließen.

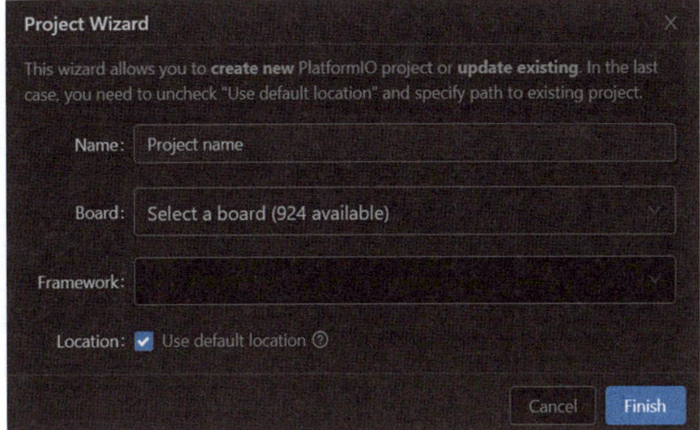

Abbildung 4.71 Der Project Wizard

Bei Erfolg taucht im Explorer das neue Projekt auf (siehe Abbildung 4.72).

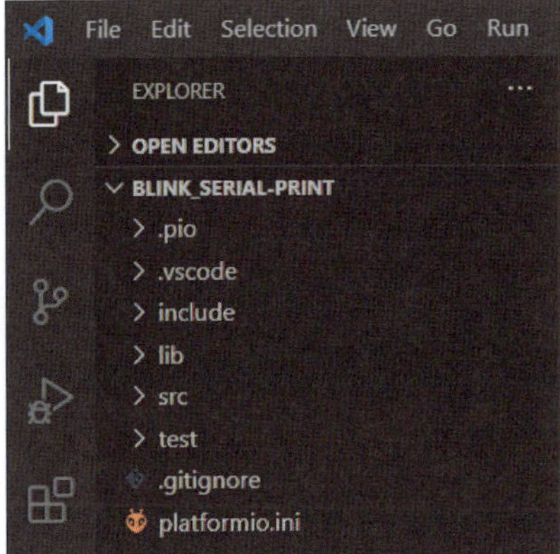

Abbildung 4.72 Das neue Project im VSC-Explorer

Die plattformio.ini-Datei überprüfen

Die Datei *platformio.ini* ist die PlatformIO-Konfigurationsdatei für Ihr Projekt. Sie verweist auf die Plattform, das Board und das Framework. Sie können auch andere Konfigurationen hinzufügen, z. B. einzuschließende Bibliotheken, Upload-Optionen, die Baudrate des seriellen Monitors und Weiteres.

Ergänzen Sie `monitor_speed = 115200`, damit Sie Zugriff auf den seriellen Monitor erhalten.

Den Sketch erstellen

Der *src*-Ordner ist Ihr Arbeitsordner. In diesem Ordner befindet sich eine Datei namens *main.cpp*. Hier schreiben Sie Ihren Code. Klicken Sie auf diese Datei. Die Struktur eines Arduino-Sketchs mit den Funktionen `setup()` und `loop()` sollte nun auf eine weitere Bearbeitung warten.

Übertragen Sie beispielsweise den LED-Blink-Sketch aus Listing 4.2 (siehe Abbildung 4.73).

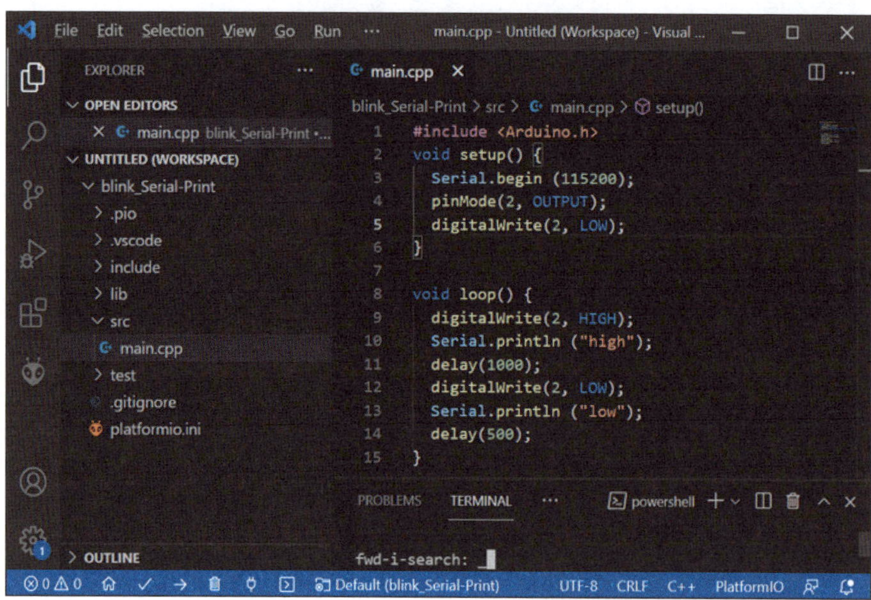

Abbildung 4.73 Das Project im Editorbereich

Sichern Sie den Sketch mit [Strg]+[S] bzw. FILE • SAVE.

Flashen des Mikrocontrollers

Klicken Sie auf UPLOAD, um den Sketch zu kompilieren und hochzuladen. Verfolgen Sie im Terminal die einzelnen Compile- und Upload-Schritte. Die LED sollte nun blinken.

Klicken Sie jetzt auf das Icon des seriellen Monitors in der Leiste mit den PlatformIO-Kommandos, um auch die Ausgaben von `Serial.Print` zu sehen. PlatformIO erkennt üblicherweise selbstständig den Port, an den das Board angeschlossen ist. Sie können dies mit PIO-HOME • DEVICES überprüfen.

Bibliotheken einbinden

Bei der Arduino IDE sind einmal installierte Bibliotheken für alle Projekte verfügbar. Hier verfolgt PlatformIO einen anderen Ansatz: Es ist vorgesehen, dass jedem Projekt die benötigten Bibliotheken eigens zugewiesen werden müssen. Unser Beispiel soll an dieser Stelle die Adafruit-BME280-Bibliothek sein. Verfahren Sie wie folgt:

Die Bibliothek suchen

Gehen Sie zu PlatformIO-Home. (Klicken Sie dazu auf das Home-Icon in der Fußzeile.) Klicken Sie dann auf das Librarys-Icon in der PlatformIO-Seitenleiste. Geben Sie im Suchfeld den Bibliotheksnamen an (z. B. »BMP280«), sodass Sie eine Liste thematisch passender Bibliotheken erhalten (siehe Abbildung 4.74).

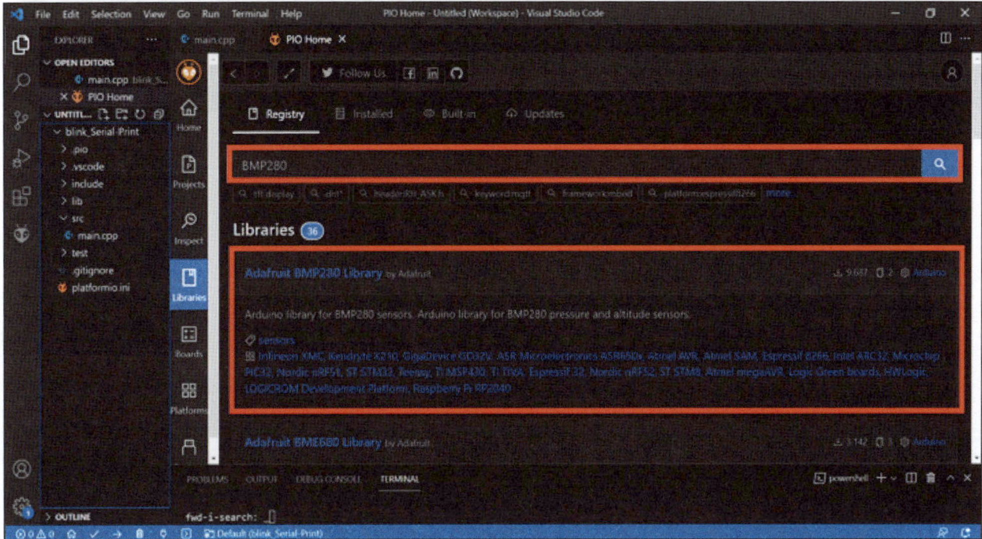

Abbildung 4.74 Bibliothek suchen

Die Bibliothek auswählen

Wählen Sie die gewünschte Bibliothek per Klick aus. Sie erhalten in einem Folgefenster einige weitere Informationen (siehe Abbildung 4.75).

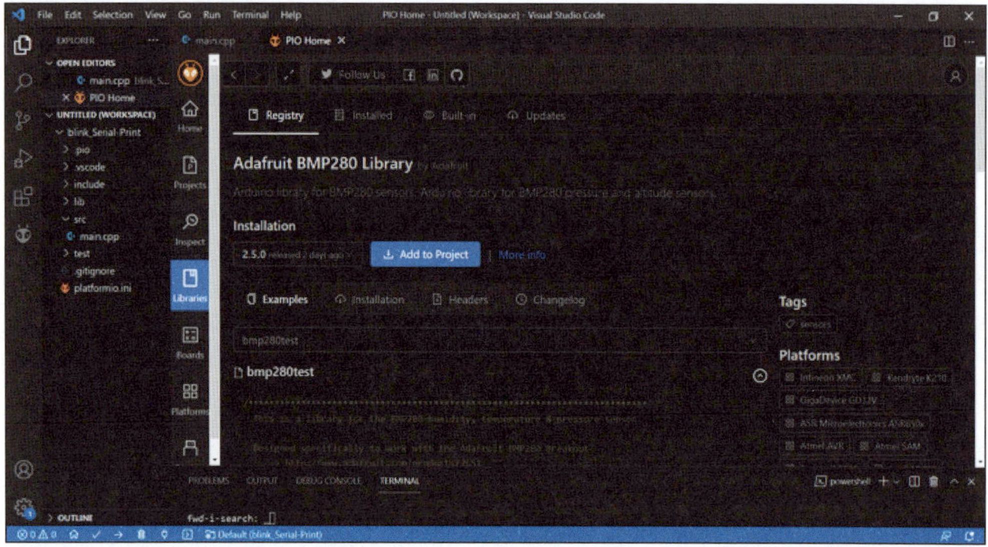

Abbildung 4.75 Wählen Sie die passende Bibliothek aus.

Die Bibliothek zuordnen

Klicken Sie auf ADD TO PROJECT.

Die Projektauswahl treffen Sie im Folgebildschirm anhand einer Projektliste. Diese beinhaltet alle Projekte, die Sie in Ihrem Projektordner angelegt haben. Beispielhaft wird hier der Blink-Sketch gewählt (siehe Abbildung 4.76).

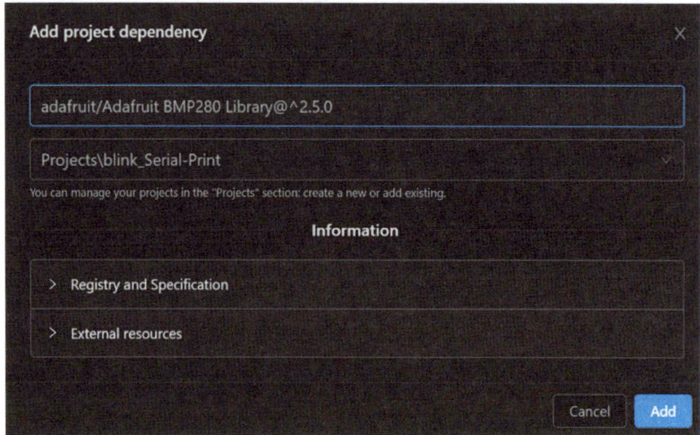

Abbildung 4.76 Ordnen Sie die Bibliothek dem Projekt zu.

Klicken Sie nun auf ADD. Dadurch wird der Library-Identifier mithilfe der `lib_deps`-Directive der *platformio.ini*-Datei hinzugefügt. Sie können dies bei Bedarf überprüfen (siehe Abbildung 4.77).

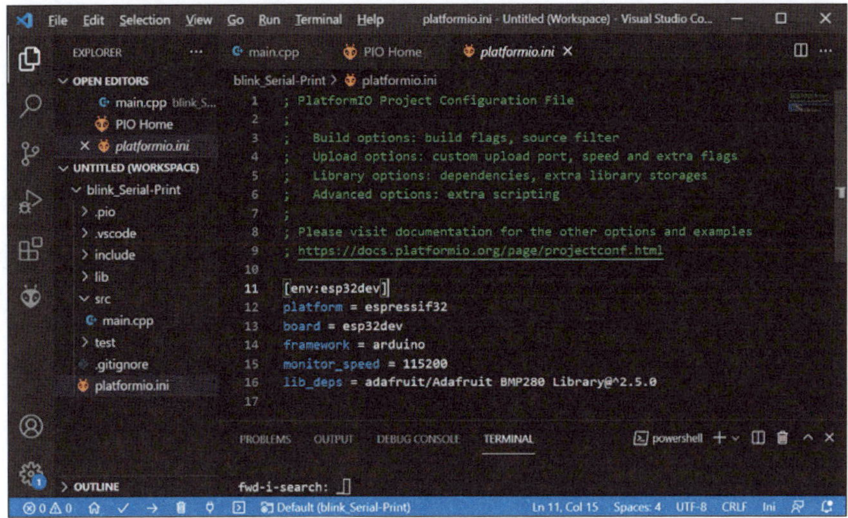

Abbildung 4.77 Die Bibliothek in die .ini-Datei einpflegen

Alternativ können Sie die Bibliothek auch manuell in die *platformio.ini*-Datei einpflegen. Wählen Sie anstelle von ADD TO PROJECT (s. o.) INSTALLATION (siehe Abbildung 4.78).

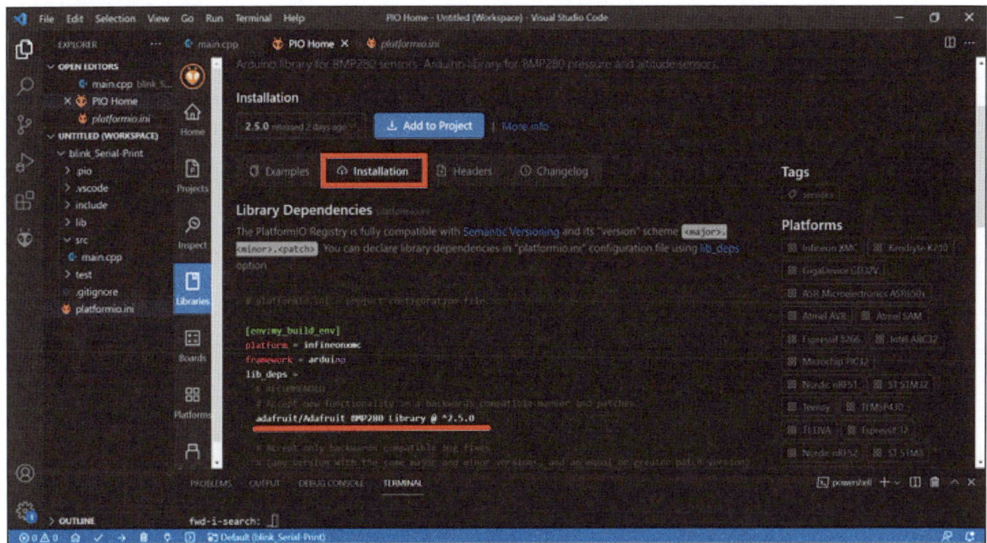

Abbildung 4.78 Die Bibliothek manuell einpflegen

Kopieren Sie den Library-Identifier (rot unterstrichen) und fügen Sie eine Zeile mit folgendem Inhalt in die *platformio.ini*-Datei Ihres Projekts ein:

```
lib_deps = adafruit/Adafruit BMP280 Library@^2.5.0
```

Mehrere Dateien trennen Sie durch Kommata oder indem Sie sie in eine neue Zeile schreiben:

```
lib_deps =
  arduino-libraries/Servo@^1.1.7
  adafruit/Adafruit BMP280 Library@^2.5.0
  adafruit/Adafruit Unified Sensor @ ^1.1.4
```

Hier zeigt sich der projektbezogene Ansatz von PlatformIO besonders deutlich, da der mächtige Library-Manager von PlatformIO einen maßgeschneiderten Zuschnitt der Projektabhängigkeiten in der projektbezogenen Konfigurationsdatei *platform io.ini* erlaubt. PlatformIO bindet auf diese Wiese automatisch die benötigten Bibliotheken mit ihren Abhängigkeiten ein, sobald Sie die Konfiguration sichern oder Ihr Projekt kompilieren. Dessen ungeachtet, weist PlatformIO ähnlich wie Arduino auf neue Bibliotheksversionen hin.

[»]

Beispielsketche

Die allermeisten Bibliotheken verfügen über Beispielsketche. Während diese bei der Arduino IDE vergleichsweise leicht zugänglich sind (DATEI • BEISPIELE • <BIBLIOTHEKSNAME>), gestaltet sich der Zugriff unter PlatformIO etwas umständlicher. Die Beispiele sind jedoch auch hier verfügbar und befinden sich in dem Bibliotheksordner. Da Sie Bibliotheken projektbezogen zuordnen, ist der Pfad dann *<pfadZumPlatform ioProArbeitsordner>/Projects/<projektName>/.pio/libdeps/esp32dev/*<BIBLIOTHEKSNAME>*/examples*.

4.4.9 Visual Studio Code mit der Erweiterung ESP-IDF

VSC verfügt auch über eine eigenständige ESP-IDF-Erweiterung. Die Installation der Erweiterungen kennen Sie bereits von der Platform IO-Installation aus Abschnitt 4.4.8.

Die ESP-IDF-Erweiterung installieren

Fügen Sie anschließend die ESP-IDF-Erweiterung hinzu. Klicken Sie auf das Puzzlesymbol in der linken Seitenleiste, mit dem Sie die Plug-in-Verwaltung öffnen (siehe Abbildung 4.79).

Tragen Sie in das Suchfeld »ESP-IDF« ein, damit die Erweiterung in der angebotenen Liste erscheint. Klicken Sie auf INSTALL. Die Installation ist recht schnell erledigt (siehe Abbildung 4.80).

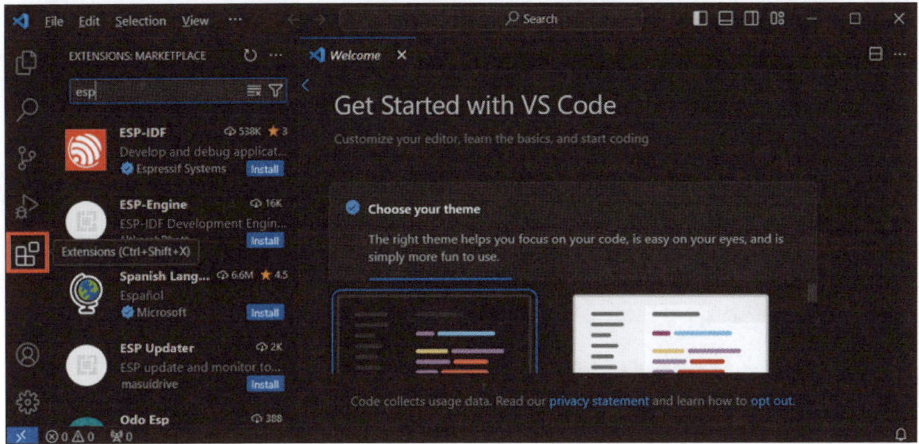

Abbildung 4.79 ESP-IDF in VS Code hinzufügen

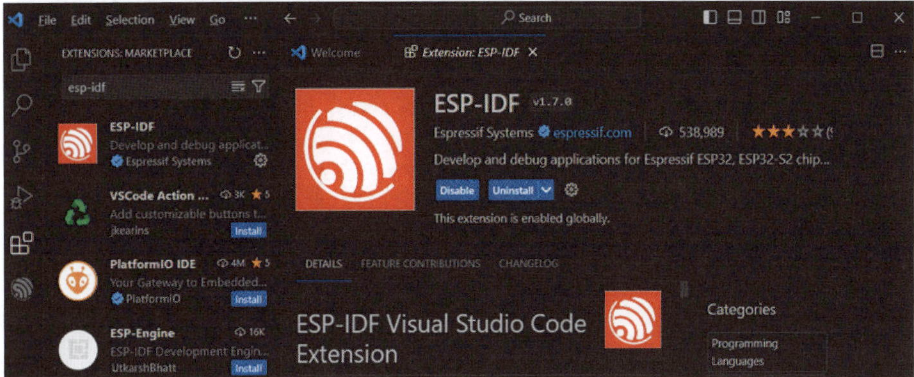

Abbildung 4.80 ESP-IDF installiert

Die eigentliche Arbeit startet aber erst jetzt, denn Sie müssen die Erweiterung noch konfigurieren. Öffnen Sie die Kommandopalette mit VIEW • COMMAND PALETTE oder [Ctrl]+[⇧] und suchen Sie nach CONFIGURE ESP-IDF EXTENSION (siehe Abbildung 4.81).

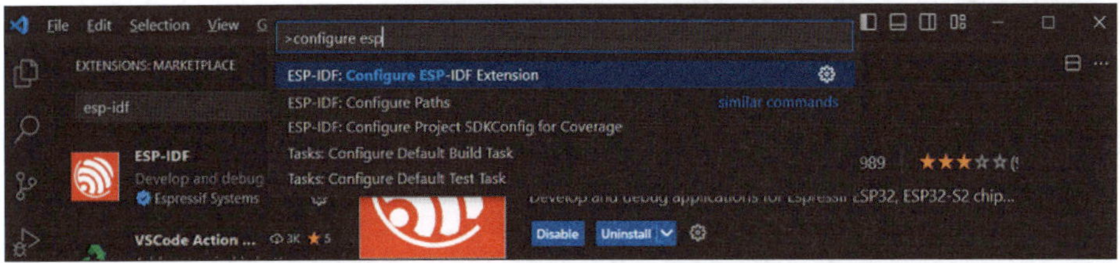

Abbildung 4.81 Die VSC-Erweiterung ESP-IDF konfigurieren

Für das Setup stehen dann mehrere Optionen bereit. Wählen Sie bevorzugt EXPRESS. Sie können Ihre Konfiguration dann ähnlich wie bei der direkten ESP-IDF-Installation (siehe Abschnitt 4.4.1) noch weiter spezifizieren (siehe Abbildung 4.82).

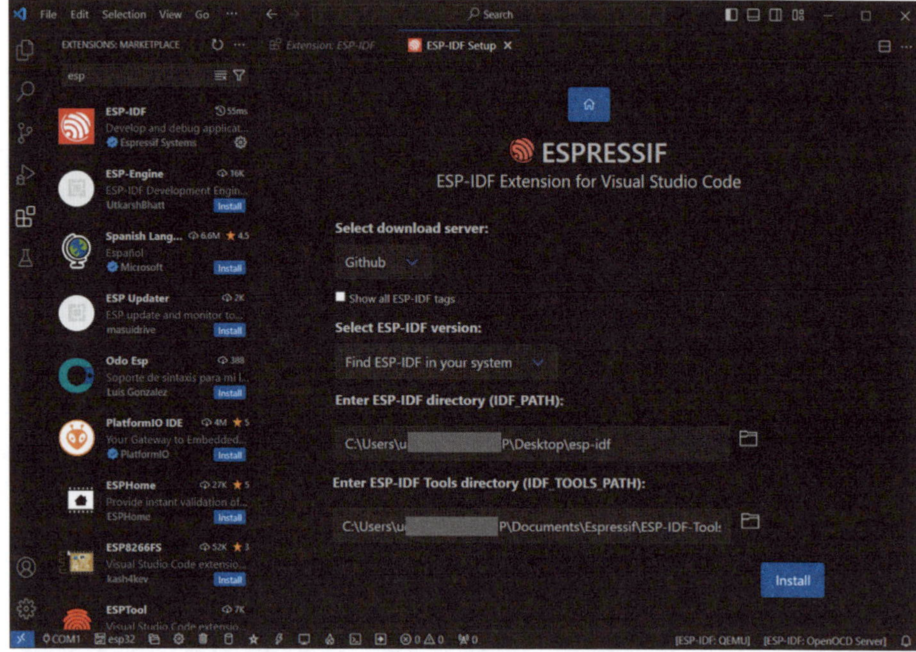

Abbildung 4.82 Das ESP-IDF-Setup in VSCode

Beachten Sie, dass bei einer Änderung die angegebenen Pfade durch den Benutzer zugänglich sind.

INSTALL startet die Installation. Der Installer informiert Sie recht gut über die im Hintergrund ablaufenden Prozesse. Dies dauert trotz *Express* gut 10 Minuten oder mehr. Am Ende sollte eine Erfolgsmeldung gemäß Abbildung 4.83 stehen.

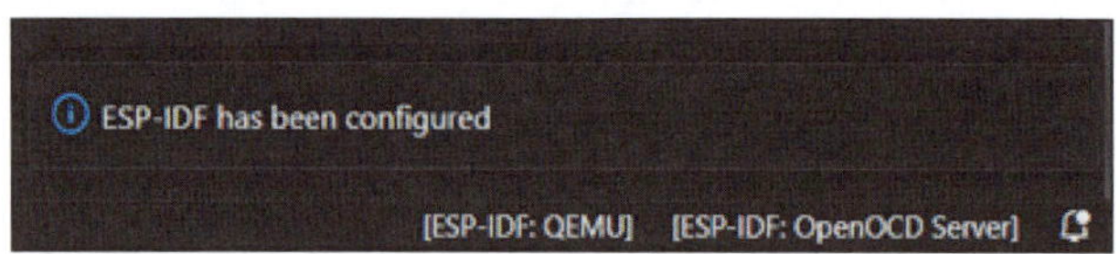

Abbildung 4.83 Erfolgsmeldung

Das LED-Blink-Programm

Für erste Schritte eignet sich wieder ein LED-Blink-Programm. Öffnen Sie die Command Palette und suchen Sie nach ESP-IDF: SHOW EXAMPLES PROJECTS (siehe Abbildung 4.84).

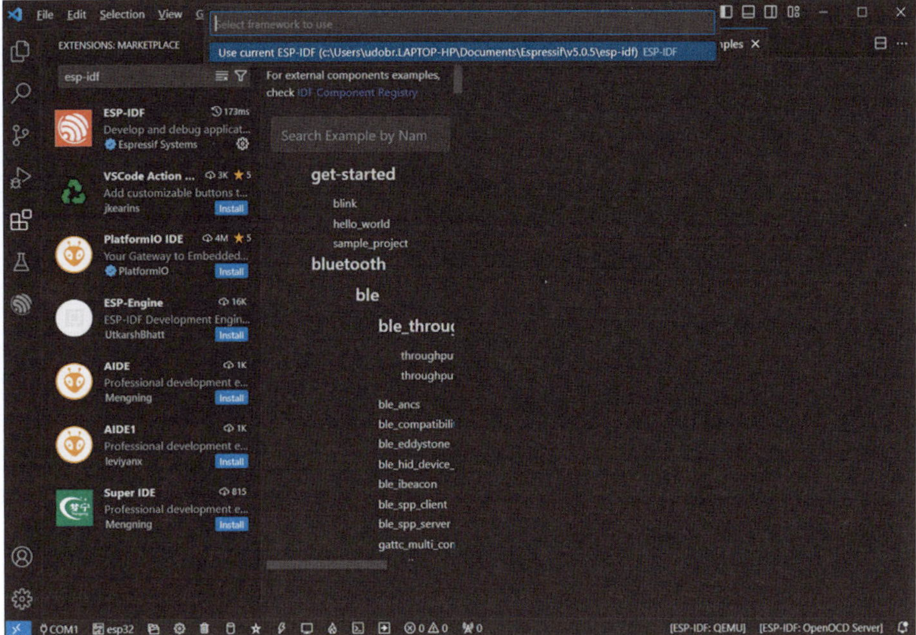

Abbildung 4.84 ESP-IDF-Beispielprogramme

Markieren Sie BLINK. Im Folgefenster erhalten Sie wertvolle Informationen zum Beispielprojekt (siehe Abbildung 4.85).

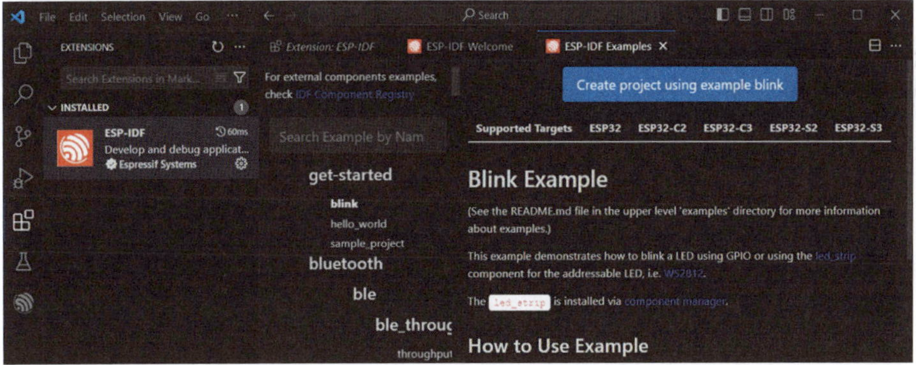

Abbildung 4.85 ESP-IDF-Projekt mit einem Beispielprogramm erstellen

CREATE PROJECT USING EXAMPLE BLINK richtet das Projekt ein. Den Zielordner bestimmen Sie über einen Datei-Explorer. In einem neuen Tab öffnet Ihnen VSC das Projekt zur weiteren Bearbeitung (siehe Abbildung 4.86).

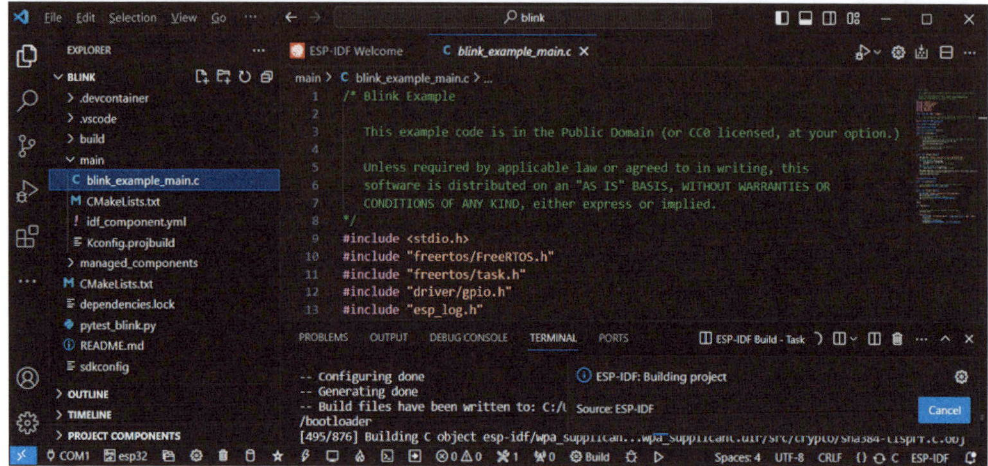

Abbildung 4.86 Das Programmierfenster

Zielmodul ändern

Per Voreinstellung ist der ESP32 das Zielmodul. Mithilfe der Command Palette und ESP:IDF: SET ESPRESSIF DEVICE TARGET können sie dies ändern, indem Sie z. B. *esp32c3* wählen).

In der Fußzeile finden Sie ähnlich wie in PlatformIO wieder alle für die Programmierung relevanten Icons.

4.4.10 Online-Konfiguratoren

Online-Konfiguratoren ist ein recht sperriger Begriff. Dahinter verbirgt sich die Möglichkeit, direkt im Browser und ohne eigenen Programmieraufwand fertige funktionale Bausteine auf den ESP zu flashen.

In diese Kategorie lassen sich

- *ESPHome* (*https://esphome.io/index.html*) und
- Espressif *ZeroCode* (*https://zerocode.espressif.com/*)

einsortieren.

ESPHome eignet sich besonders, aber nicht nur für das Zusammenspiel mit Home Assistant. Es ist aber auch ein hervorragender Ausgangspunkt für einen Einstieg in die Welt der Mikrocontrollerprogrammierung.

Espressif ZeroCode wendet sich eher an gewerbliche Produktentwickler. In Kapitel 10, »Projektideen«, gebe ich aber ein Beispiel, wie sich das Tool auch für Ihre Projekte einsetzen lässt.

ESP RainMaker

ESP RainMaker (*https://rainmaker.espressif.com/*) geht in eine vergleichbare Richtung und versteht sich als eine vollständige und dennoch leichtgewichtige IoT-Lösung, die Cloud-Dienste für ein Unternehmen auf einfache, kostengünstige und effiziente Weise ermöglicht. Die Entwicklung erfolgt hier allerdings über das ESP IDF. Für das RainMaker-Interface stehen Ihnen Apps für Android und IOS zur Verfügung.

4.4.11 Programme mit KI erstellen

Künstliche Intelligenz (KI, auch *artifizielle Intelligenz*, AI) ist momentan der wohl spannendste Zweig der Informatik. Dabei geht es darum, die Problemlösungs- und Entscheidungsfähigkeiten des menschlichen Verstandes mit Modellen nachzuahmen, die auf Rechnern ausgeführt werden. Dies umfasst unter anderem die Fähigkeit, Sinneseindrücke wahrzunehmen und auf sie zu reagieren; Informationen aufzunehmen, zu verarbeiten und als Wissen zu speichern, Sprache zu verstehen und zu erzeugen sowie im weitesten Sinne Probleme zu lösen. Dieses Nachahmen oder Simulieren von menschlicher Intelligenz wird als *schwache KI* bezeichnet. Eine »echte« oder *starke KI*, die wirklich wie ein Mensch denkt, ist noch nicht in Sicht, jedoch liefert schwache KI inzwischen so beeindruckende Ergebnisse, dass sie sich in bestimmten Anwendungsbereichen kaum noch von echter Intelligenz unterscheiden lässt.

Ein derzeit populäres KI-Werkzeug, ist *ChatGPT* von *OpenAI* (*https://openai.com/*). Neben Sprachausgaben vermag ChatGPT auch komplette Programme zu erstellen. So ergibt der Auftrag: »Schreibe ein Blink-Programm für den ESP32 auf der Arduino IDE« ein funktionierendes Ergebnis (siehe Abbildung 4.87).

```
cpp                                                    Copy code

// Pin für die LED auf dem ESP32-Entwicklungsboard
const int ledPin = 2;

void setup() {
  // Initialisiere den Pin als Ausgang
  pinMode(ledPin, OUTPUT);
}

void loop() {
  // Schalte die LED ein
  digitalWrite(ledPin, HIGH);

  // Warte für eine Sekunde
  delay(1000);

  // Schalte die LED aus
  digitalWrite(ledPin, LOW);

  // Warte für eine Sekunde
  delay(1000);
}
```

Abbildung 4.87 ChatGPT erstellt ein Blink-Programm ...

Sehr hilfreich sind das Syntax-Highlighting und die Inline-Kommentierung, die das Programm direkt erklärt. Erläuterungen sind ebenfalls Bestandteil der Antwort (siehe Abbildung 4.88).

Verblüffend ist, dass auch eine Programmanfrage auf Basis der ESP-IDF keine Schwierigkeit darstellt und die begleitenden Informationen wertvoll und zielführend sind.

> Dieses Programm verwendet den digitalen Pin 2 als Ausgang für die LED. Der Code im `` `setup()` ``-Teil wird einmalig beim Start des Mikrocontrollers ausgeführt und initialisiert den Pin. Der Code im `` `loop()` ``-Teil wird dann kontinuierlich wiederholt. In diesem Beispiel wird die LED für eine Sekunde eingeschaltet und dann für eine Sekunde ausgeschaltet.
>
> Stelle sicher, dass du die richtige Pin-Nummer für deine spezifische ESP32-Platine verwendest. Du kannst den Pin anpassen, indem du `` `const int ledPin = ...` `` entsprechend änderst, abhängig von der Pin-Nummer, an die du die LED angeschlossen hast.

Abbildung 4.88 ... und erläutert es auch direkt.

Die »Programmierkompetenz« von ChatGPT geht ohnehin über das Blink-Beispiel hinaus. Auch der Auftrag für einen DHT22-Webserver liefert ein respektables und funktionierendes Programm. Allerdings beginnen sich hier schon Schwächen abzuzeichnen. So sind die begleitenden Erläuterungen etwas knapp und helfen kaum weiter, wenn man eigene Änderungen und Anpassungen durchführen will. Dies setzt sich dann bei zunehmender Schwierigkeit des Projekts fort. Die Anforderung, ein OpenWeatherMap-Programm zu schreiben, hinsichtlich des Codes nicht zu beanstanden. Die Erläuterungen sind aber so knapp, dass allein mit ChatGPT das Projekt nur schwer umzusetzen ist.

Haarig wird es, wenn es darum geht, sehr individuelle Anforderungen umzusetzen, bei denen die KI nicht auf ausreichendes Trainingsmaterial zurückgreifen kann: »Schreibe ein Programm für den ESP32 auf der Arduino IDE, das eine mp3-Datei aus dem SPIFFS-Dateisystem an einen analogen I2S-Ausgang ausgibt.«

Die angebotene Lösung war in meinem Fall unzureichend, weil ChatGPT eine Bibliothek verwenden wollte, die die geforderte Leistung nicht beinhaltet – eine typische *Halluzination* der KI. ChatGPT versagte schließlich, als ich die zutreffende Bibliothek in die Anfrage einband; die KI wusste nun schlicht und einfach nicht mehr, worum es ging, und produzierte Chaos.

Wenn Sie diesen Ansatz weiterverfolgen, wird der Workaround aufwendiger sein, als das Programm selbst von Grund auf zu entwickeln. Vertiefte Systemkenntnisse brauchen Sie so oder so, auch wenn die KI-Helfer Ihnen viel Schreibarbeit abnehmen können. Die KI-Helfer eignen sich meiner Erfahrung nach sehr gut als geduldige Partner im Pair-Programming, mit denen man Ideen und Lösungsansätze durchspielen kann.

4.5 Die Partitionstabelle festlegen

Bei der Projektplanung sollten Sie sich nicht nur über die Auswahl der Entwicklungsumgebung Gedanken machen, sondern Sie müssen auch die Partitionstabelle des ESP32 festlegen. Die Partitionstabelle regelt die *Speicherstruktur* des ESP32.

Ein einzelner ESP32-Flash kann mehrere Programme und viele verschiedene Arten von Daten enthalten (Kalibrierungsdaten, Dateisysteme, Parameterspeicher usw.). Aus diesem Grund strukturiert eine Partitionstabelle den Flash-Speicher. Sie befindet sich beim Standardoffset (0x8000 bzw. 0x9000) und hat eine Länge von 0xC00 Byte (maximal 95 Partitionstabelleneinträge).

Jeder Eintrag in der Partitionstabelle hat einen Namen (*Label*), einen Typ (z. B. *App*, *Data*), einen Subtyp und den Offset im Flash, in den die Partition geladen wird (siehe Abbildung 4.89).

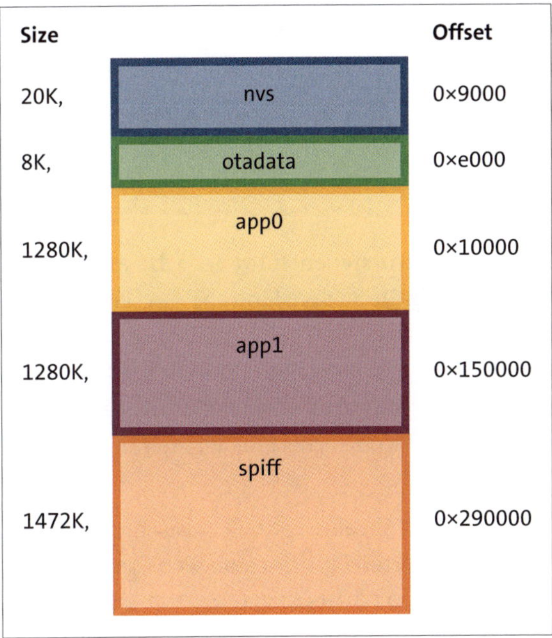

Abbildung 4.89 Beispiel für die Struktur einer Partitionstabelle

Sie erhalten die auf dem ESP32 gespeicherte Partitionstabelle, indem Sie sie zunächst in eine Datei auslesen:

```
esptool.py --port COM4 --baud 115200 read_flash 0x8000 0xc00 partitionTable.txt
```

Bringen Sie diese Datei anschließend in eine lesbare Form:

```
components\partition_table\gen_esp32part.py partitionTable.txt
```

Das Ergebnis zu dem vorgenannten Beispiel sehen Sie in Abbildung 4.90.

```
artitionTable.txt
Parsing binary partition input...
Verifying table...
# Espressif ESP32 Partition Table
# Name, Type, SubType, Offset, Size, Flags
nvs,data,nvs,0x9000,20K,
otadata,data,ota,0xe000,8K,
app0,app,ota_0,0x10000,1280K,
app1,app,ota_1,0x150000,1280K,
spiffs,data,spiffs,0x290000,1472K,
```

Abbildung 4.90 Beispiel für den Ausdruck einer Partitionstabelle

Der *Subtyp* spezifiziert den Partitionstyp. Detaillierte Informationen hierzu finden Sie unter *https://docs.espressif.com/projects/esp-idf/en/latest/api-guides/partition-tables.html.*

Üblicherweise brauchen Sie sich um den Aufbau einer Partitionstabelle nicht näher zu kümmern. Eine Ausnahme besteht z. B. dann, wenn bei großen Programmen die interne Speicherverwaltung optimiert werden soll. Die Möglichkeiten, um eine Partitionstabelle den eigenen Erfordernissen entsprechend einzurichten, unterscheiden sich je nach verwendeter IDE.

Mit Espressif IDF (ESP-IDF)

Der einfachste Weg, um die Partitionstabelle zu erstellen, führt über das Projektkonfigurationsmenü (`idf.py menuconfig`). Wechseln Sie zu dem Eintrag PARTITION TABLE. Hier sehen Sie, an welcher Stelle (*Offset*) die Partitionstabelle angelegt wird (Eintrag OFFSET OF PARTITION TABLE). Gehen Sie weiter zu PARTITION TABLE (SINGLE ...) und wählen Sie einfach eine der beiden vordefinierten Partitionstabellen aus. Sichern Sie die Einstellungen mit SAVE. Das Konfigurationstool sichert die Einstellungen in der Datei *sdconfig*.

Wählen Sie in den Anwendungsfällen, in denen Sie eine speziell zugeschnittene Partitionstabelle benötigen, anstelle der vordefinierten Partitionstabellen CUSTOM PARTITION TABLE CSV aus. Gehen Sie dann auf (PARTITIONS.CSV) CUSTOM .... Sie werden zur Eingabe eines Dateinamens aufgefordert. Voreingestellt ist *partitions.csv*. Legen Sie den Dateinamen fest und sichern Sie die Einstellungen mit SAVE. Legen Sie nun in dem Projektverzeichnis eine Datei mit dem festgelegten Namen an und füllen Sie sie mit den Daten für die Partitionstabelle.

GUI für die Erstellung der Partitionstabelle

Unter *https://github.com/francis94c/esp-partition-gui* steht ein kleines GUI-Tool für die Erstellung der Partitionstabelle bereit.

Arduino IDE

Die Arduino IDE bietet ebenfalls einige voreingestellte Partitionstabellen, die Sie unter Werkzeuge • Partition Scheme finden. Diese Tabellen dürften die meisten Anwendungsfälle abdecken. Bei ihnen handelt sich ebenfalls um *.csv*-Dateien. Sie finden sie bei einer Arduino-Installation über den Windows-Installer unter *C:\Users\<User>\AppData\Local\Arduino15\packages\esp32\hardware\esp32\1.0.4\tools\partitions*.

Das Erstellen eigener Partitionstabellen ist etwas aufwendiger, da die neue *.csv*-Datei auch in der *boards.txt*-Datei hinterlegt werden muss, damit die Arduino IDE sie anzeigt. Eine ausführliche Anleitung finden Sie unter *https://robotzero.one/arduino-ide-partitions/*.

4.6 Fazit

Für die Programmierung des ESP32 sind einige Entwicklungsplattformen verfügbar. Jede von ihnen hat selbstverständlich ihre Vor- und Nachteile. Auch sind die Dinge nicht statisch, sondern im Fluss, sodass sich in Zukunft vielleicht bahnbrechende Neuerungen ergeben, die ein völlig anderes Bild zeichnen.

Für den Augenblick scheinen die Arduino IDE sowie das ESP-IDF für die meisten Vorhaben am ehesten geeignet zu sein. Der Grund hierfür ist die Chipnähe (ESP-IDF) bzw. die einfache Handhabung für Maker. Außerdem sind Sie grundsätzlich auf der sicheren Seite, wenn Sie sich auf die Entwicklung mit C bzw. C++ konzentrieren, auch wenn es interessante Entwicklungen im Rust-, Python- und Lua-Bereich gibt. Zum Ausprobieren eignen sich diese Umgebungen bereits gut, in der Praxis ist es aber empfehlenswert, auf C und C++ zu setzen, die seit Jahrzehnten erprobt und bewährt sind. Sie werden also für die meisten Projekte entweder bei der Arduino IDE oder dem ESP-IDF landen.

Zwischen diesen beiden Plattformen schlägt das Pendel wahrscheinlich eher in Richtung Arduino IDE aus. Beide verfügen zwar über eine hinreichend weite Palette an Spezialbibliotheken, allerdings ist das Programmieren mit der Arduino IDE wesentlich leichter, wie schon die einfachen Blink-Programme zeigen. Auch läuft der Flash-Prozess deutlich komfortabler ab. Und nicht zuletzt ist der serielle Monitor besser eingebunden. Deshalb wird das ESP-IDF in der Regel nur dann zum Einsatz kommen, wenn die Arduino IDE keine Lösung bereithält oder das Programm die Flash-Kapazität des ESP32 übersteigt, während mit dem ESP-IDF die Grenzen eingehalten werden können.

Natürlich ist die Wahl der Entwicklungsplattform auch abhängig von individuellen Vorlieben, Kenntnissen und Bedürfnissen. Für dieses Buch wird im Wesentlichen die Arduino IDE verwendet.

Kapitel 5
Programmierung mit C und C++

Dieses Kapitel befasst sich mit den Dingen, die die tote Materie Mikrocontroller erst zum Leben erwecken. Dazu zählt auch die Medizin, mit der Sie Softwarefehler behandeln.

Es gibt verschiedene Sprachen, die bei der Programmierung von Mikrocontrollern zum Einsatz kommen (siehe auch Kapitel 4, »Entwicklungsumgebungen«). Die meistgenutzte Sprache ist C bzw. C++, da diese Programmiersprachen gegenüber anderen einige wesentliche Vorteile aufweisen. Nicht ohne Grund baut deshalb auch die Arduino IDE auf C++ auf.

Wesentliche Elemente dieser Programmiersprachen möchte ich Ihnen in den nachstehenden Abschnitten vorstellen. Ich gehe dabei sowohl auf C und C++ ein – für diejenigen, die im ESP-IDF jetzt oder vielleicht später einmal direkt programmieren möchten – als auch auf Erleichterungen, die die Arduino IDE darüber hinaus bietet. Es lässt sich daher leider nicht vermeiden, zwischen diesen Welten zu springen, wodurch die Vorgehensweise nicht immer konsistent sein wird.

Unabhängig von der Programmiersprache sind die Formate für den Datenaustausch, wie das sehr weit verbreitete *JSON-Format* (*JavaScript Object Notation*, siehe Abschnitt 5.19), das ich am Ende dieses Kapitels vorstelle.

5.1 Programmdesign für den Mikrocontroller

Generell ist ein *Programm* ein Ablauf von Befehlsfolgen, um ein bestimmtes Ziel zu erreichen. Das gilt gleichermaßen für Menschen, die bestimmte Handlungen ausführen, um zu einem Ergebnis zu kommen, wie auch für Computer, die eine spezielle Aufgabe erledigen. Dabei ist ein Computerprogramm in der Regel wesentlich detaillierter und beschreibt die einzelnen abzuarbeitenden Schritte (Programmbefehle) sehr viel kleinteiliger und akribischer.

Die Gesamtheit der abzuarbeitenden Schritte ist der *Programmablauf*. Im einfachsten Fall ist er eine Sequenz von Anweisungen, nach deren Abarbeitung das Programm terminiert, also beendet ist. In der Regel müssen jedoch mehrere gleich gelagerte Fälle behandelt werden, sodass das Programm immer wieder eine Schleife durchlaufen muss, bis auch der letzte Fall erledigt ist und es sich terminieren kann.

Dieses Ablaufschema gilt für Mikrocontroller jedoch nicht, weil sie in einer permanenten Schleife immer wieder dieselben Befehle durchlaufen müssen. Für sie gibt es grundsätzlich kein (programmgesteuertes) Ende, es sei denn, man schaltet sie ab oder es tritt ein Fehler auf. Das Programm wird so lange ausgeführt, wie der Mikrocontroller läuft.

Die unterschiedlichen Erfordernisse hinsichtlich des Programmablaufs spiegeln sich dann auch im elementaren Programmaufbau wider und haben ebenfalls Auswirkungen auf die IDEs, die speziell für die Mikrocontroller-Programmierung entwickelt wurden. Beispielsweise gibt Ihnen die Arduino IDE bereits einen festen Rahmen für den Programmablauf vor, da sie die Funktionen `setup()` und `loop()` fest integriert (siehe Abschnitt 4.4.2). Beim ESP-IDF müssen Sie selbst für den Rahmen sorgen, wie in Abschnitt 4.4.1 erläutert wurde. Nutzen Sie dazu die Funktion `app_main()` einer darauf folgenden `while`-Schleife.

Abbildung 5.1 zeigt Ihnen die unterschiedlichen Prinzipien. Ein Programm, wie Sie es von Ihrem Rechner kennen, wird irgendwann wieder beendet, nachdem es seine Arbeit getan hat. Bei einem Arduino-Sketch oder einem C-Programm des ESP-IDF gibt es keinen dezidierten Start- oder Endpunkt. Nachdem grundsätzliche Konfigurationsaufgaben erledigt wurden, wird der Programmcode in einer Endlosschleife ausgeführt.

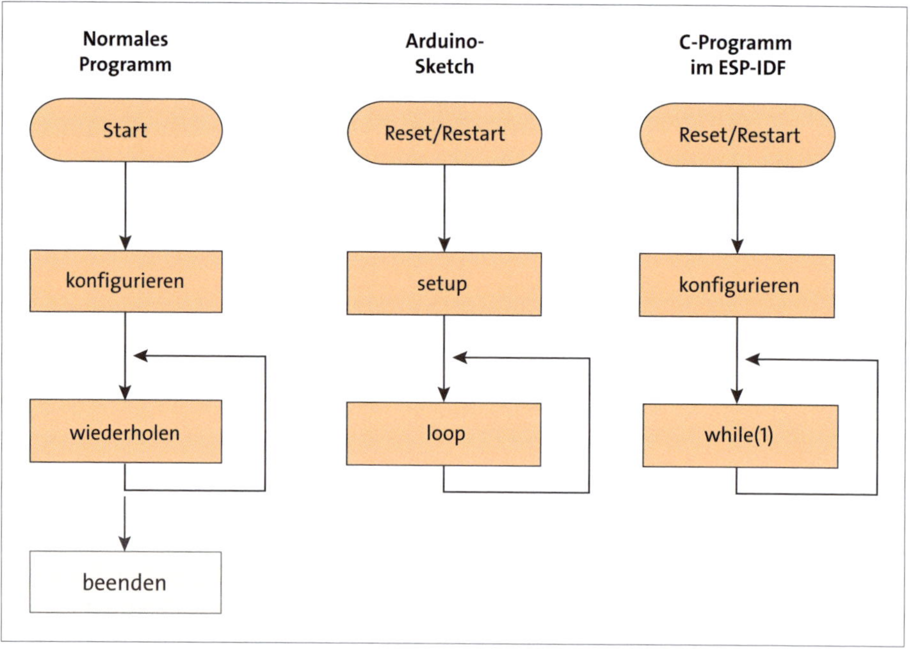

Abbildung 5.1 Programmaufbau/Programmablauf

5.1.1 »Normale« C-/C++-Programme

Jedes ausführbare C-/C++-Programm besitzt eine Hauptfunktion; sie wird `main()` genannt:

```
int main (void) {
  // hier stehen die Anweisungen, die ausgeführt werden sollen
  return 0;
}
```

Listing 5.1 Struktur eines C-/C++-Programms

`main()` ist eine Funktion. Das Wesen und die Eigenschaften einer Funktion werden in einem eigenen Abschnitt beschrieben (siehe Abschnitt 5.10). Im Prinzip liegt hier aber schon ein komplettes Programm vor, das die in den geschweiften Klammern befindlichen Anweisungen abarbeitet und sich dann beendet.

So einfach gestaltet sich die Situation in den allermeisten Fällen aber nicht. Sobald Programme gleichartige Aufgaben nicht einmalig, sondern wiederholt erledigen sollen, führt der Weg an der Programmierung von Schleifen nicht vorbei. Vor Schleifenbeginn sind nahezu immer vorbereitende Maßnahmen zur Programmkonfiguration erforderlich; das Gleiche gilt für abschließende Maßnahmen, z. B. für die Freigabe aller belegten Ressourcen:

```
int main (void) {
  // zuerst kommen die vorbereitenden Anweisungen, die nur einmal
  // ausgeführt werden sollen
  while (Schleifenkriterium) {
    // hier stehen die Anweisungen, die so lange ausgeführt
    // werden sollen, bis das Schleifenkriterium erfüllt ist
  }
  // zuletzt kommen die Anweisungen, die nur einmal
  // bei Programmende ausgeführt werden sollen
}
```

Listing 5.2 Struktur eines C-/C++-Programms mit Schleife

Da für die Programmierung von Mikrocontrollern der letzte Schritt (als kontrollierte Maßnahme) entfällt, ist die Grundstruktur etwas reduzierter:

```
int main (void) {
  // zuerst kommen die vorbereitenden Anweisungen, die nur einmal
  // ausgeführt werden sollen
  while (1) {
    // hier stehen die Anweisungen, die immer wieder ausgeführt
```

```
    // werden - kein Endekriterium!
  }
}
```

Listing 5.3 Struktur eines C-/C++-Mikrocontroller-Programms

C- bzw. C++-Programme weisen die Dateiendungen *.c* bzw. *.cpp* auf.

5.1.2 Sketche

Ein mit der Arduino IDE entwickeltes Programm wird *Sketch* genannt und bietet eine für die Programmierung von Mikrocontrollern komfortable Lösung, indem es die spezielle Struktur von Beginn an entsprechend vorgibt:

```
setup() {
    // hier stehen die Anweisungen, die nur einmal ausgeführt werden sollen
}
loop() {
    // hier stehen die Anweisungen, die immer wieder ausgeführt
    // werden sollen
}
```

Listing 5.4 Programmstruktur eines Sketchs

Die Programmdateien haben die Endung *.ino*.

[»]

Dateien mit der Endung .pde

Programme, die mit der Arduino IDE in einer Version kleiner 1.0 entwickelt wurden, besitzen die Endung *.pde*. Sie können diese Dateien ohne Weiteres als *.ino*-Dateien abspeichern und auch unter aktuelleren Arduino-Versionen nutzen.

5.1.3 Erweiterte Programmstruktur

Mit der gerade beschriebenen Grundstruktur eines Programms lassen sich im Prinzip alle Aufgabenstellungen als Code abbilden. Schon bald stößt ein derart einfaches Programmdesign jedoch an seine Grenzen: Es wird unübersichtlich (sogenannter *Spaghetticode* entsteht) und ähnelt dann einem Buch, das keine Kapitel oder Absätze enthält. Damit geht einher, dass Code für gleiche Aufgaben doppelt erfasst wird, die Fehleranfälligkeit steigt usw. Deshalb bietet es sich an, ein Programm weiter aufzuteilen. Ansatzpunkte sind:

- **Funktionen**: Sie lernen Funktionen in Abschnitt 5.10 kennen.
- **Unterprogramme**: Ein Unterprogramm stellt spezielle Funktionalitäten zur Verfügung. Es ist Teil des Hauptprogramms und wird von dort aufgerufen, um eine

Teilaufgabe abzuarbeiten. Üblicherweise wird ein Unterprogramm in eine eigene Datei ausgelagert. Unterprogramme haben neben der gewonnenen Übersichtlichkeit mehrere Vorteile. So können z. B. mehrere Entwickler parallel an der Lösung von Teilaufgaben arbeiten. Viel entscheidender ist aber, dass bei sorgfältiger Ausgestaltung der Teilaufgaben die hierfür entwickelten (Unter-)Programme universell und in anderen Zusammenhängen bzw. Programmen einsetzbar sind. Vielfach werden derartige Unterprogramme sachlich in *Bibliotheken* (*Librarys*) zusammengefasst, die dann auch sogenannte Schnittstellen (*APIs, Application Programming Interfaces*) beinhalten.

5.2 Syntax und Semantik in der Programmiersprache

Kommen wir noch einmal auf die Gemeinsamkeiten von menschlicher Sprache und Programmiersprachen zurück. In der Sprachwissenschaft steht der Begriff *Syntax* für die Lehre vom Satzbau – also von der in einer Sprache üblichen Verbindung von Wörtern zu Wortgruppen und Sätzen. Die *Semantik* befasst sich mit der Bedeutung von Zeichen. Zeichen können hierbei beliebige Symbole sein.

Diese Begriffe finden in Programmiersprachen und damit auch bei C und C++ Anwendung. Programmiersprachen unterliegen ebenfalls einer bestimmten Syntax. Hier ist sie ein Regelsystem für das Bilden von Ausdrücken, Formeln usw. und beinhaltet auch Datenstrukturen und Algorithmen, die sich als Rechenvorschriften auf einem Computer ausführen lassen:

```
int summe = 2 + x;
while (1);
if (i < 9) {x = 0};
```

Die Zeichen besitzen zudem eine bestimmte Bedeutung (hierzu komme ich im Detail in Abschnitt 5.3).

C entstand bereits Anfang der 1970er-Jahre und ist eine *imperative und prozedurale Programmiersprache*. Das heißt, dass das Programm aus Anweisungen besteht, wie es seine Berechnungen durchzuführen hat (z. B. Additionen, Schleifen, `if`-Abfragen). C steht auf nahezu allen Computersystemen zur Verfügung und ist auch heute, vor allem im Mikroprozessorbereich, noch sehr verbreitet. Die Gründe hierfür sind seine vergleichsweise einfache Struktur, der geringe Programmumfang, eine Vielzahl an Funktionen in C-Bibliotheken und die hohe Geschwindigkeit.

C++ ist eine Erweiterung von C und beschreitet den Weg in die *objektorientierte Programmierung*. In *Objekten* werden Daten (Eigenschaften) und Befehle (Funktionen, Methoden) zusammengefasst. Das ist ein wesentlicher Ansatz, um die Komplexität von Programmen zu verringern. Weitere nützliche Eigenschaften sind:

- **Polymorphismus**: die Fähigkeit eines Bezeichners, abhängig von seiner Verwendung unterschiedliche Datentypen anzunehmen
- **Datenkapselung**: das Verbergen von Implementierungsdetails in Funktionen/Objekten

Ein C- bzw. C++-Programm wird gewöhnlich mithilfe eines Compilers aus einer oder mehreren einfachen Textdateien (über die Compilerdirektive `#include`) in eine *Objektcodedatei* übersetzt. Mehrere Objektcodedateien wiederum bindet anschließend ein sogenannter *Linker* (auch *Binder* genannt) zu einer ausführbaren Datei (siehe Abschnitt 4.1).

Die Arduino IDE setzt auf C++ auf (siehe Kapitel 4). Sie bringt ein paar Erleichterungen und Ergänzungen mit, sodass ich sie im Folgenden als eigenständige Programmiersprache aufführe.

5.3 Zeichen, Kommentare und Begriffe

Alle Sprachen, so auch Programmiersprachen, basieren auf Zeichen, die für sich allein oder in einem Kontext ihre Bedeutung entfalten. Darüber hinaus gibt es übergreifende Begriffe, die bestimmte Dinge eindeutig kennzeichnen.

5.3.1 Zeichen und ihre Bedeutung

Programmiersprachen sind Schriftsprachen und benötigen daher Buchstaben (Zeichen) zur Kommunikation. Standardmäßig wird zwischen drei Zeichensätzen unterschieden:

- Ihnen stehen zunächst alle Zeichen des *Basiszeichensatzes* zur Verfügung. Dies sind:
  - die zehn Dezimalziffern: `0 1 2 3 4 5 6 7 8 9`
  - die Buchstaben des englischen Alphabets:

    `a b c d e f g h i j k l m n o p q r s t u v w x y z`

    `A B C D E F G H I J K L M N O P Q R S T U V W X Y Z`
  - die folgenden Sonderzeichen: `! " % & / \ ( ) [ ] { } = ? ' # * + - _ ; , : . ~ | < > ^`
  - die Whitespace-Zeichen: Leerzeichen, neue Zeile, neue Seite, Tabulator
  - Das $-Zeichen gehört nicht zum Standardzeichensatz, kann aber dennoch manchmal verwendet werden.
- Der *Ausführungszeichensatz* ist der Zeichensatz, der beim Ausführen des Programms interpretiert wird. Er enthält neben den Zeichen des Basiszeichensatzes noch weitere Zeichen, die sogenannten *Steuerzeichen* (siehe Tabelle 5.1).

Steuerzeichen	Bedeutung
\a	BEL (Bell) – akustisches Warnsignal.
\b	BS (Backspace) – der Cursor bewegt sich um eine Position nach links.
\f	FF (Formfeed) – initiiert einen Seitenvorschub (Verwendung in Druckroutinen).
\n	NL (Newline) – der Cursor wird zum Anfang der nächsten Zeile bewegt.
\r	CR (Carriage Return) – der Cursor geht zum Anfang der aktuellen Zeile.
\t	HT (Horizontal Tab) – der Cursor geht zur nächsten horizontalen Tabulatorposition (in der Regel plus acht Leerzeichen).
\v	VT (Vertical Tab) – der Cursor geht zur nächsten vertikalen Tabulatorposition.
\0	Das ist die Endmarkierung eines Strings (letztes Zeichen).
\"	" wird ausgegeben (Displayausgabe, einfügen in String o. Ä.).
\´	´ wird ausgegeben.
\?	? wird ausgegeben.
\\	\ wird ausgegeben.
\xhh	Einen Hexadezimalwert ausgeben (hh ist der Hexawert).
\nnn	Einen Oktalwert ausgeben (nnn ist der Oktalwert).

Tabelle 5.1 Steuerzeichen und ihre Bedeutung

- Jedes Zeichen besitzt ein bestimmtes Bitmuster. Dieses Bitmuster ist standardisiert und trägt die Bezeichnung *ASCII* (*American Standard Code for Information Interchange*). So hat z. B. das Schriftzeichen »A« das Bitmuster 01000001. Dies entspricht dem Dezimalwert 65 und dem Hexadezimalwert 41.

  Eine übersichtliche Tabelle, die die Buchstaben und die wichtigsten Symbole aufschlüsselt, finden Sie in der Wikipedia unter *https://de.wikipedia.org/wiki/American_Standard_Code_for_Information_Interchange#ASCII-Tabelle*.

5.3.2 Kommentare

Kommentare sind ein wichtiges Programmierelement. Deshalb ist ihnen auch ein eigener Abschnitt gewidmet. Kommentarzeilen und -abschnitte sind Elemente der Inline-Dokumentation und als solche unverzichtbar. Sie erleichtern das Verständnis einzelner Programmschritte oder ganzer Programmbereiche. Dies gilt nicht nur im Rahmen der Erstellung eines Programms, sondern vor allem auch bei möglichen Änderungen oder wenn Dritte sich dieser Programmteile bedienen möchten. Aus diesem Grund geizen Sie nicht mit Kommentarzeilen: Schreiben Sie lieber einige mehr als zu wenige.

Innerhalb einer Programmzeile lässt sich an jeder Stelle mit // ein Kommentar einleiten. Beispiel:

```
// dies ist eine ganze Kommentarzeile
int i = 0;        // ab hier beginnt der Kommentar
```

Kommentarbereiche beginnen mit /* und enden mit */, sie umfassen mehrere Zeilen. Die Zeilen zwischen Kommentaranfang und -ende starten mit einem *:

```
/* dies ist die erste Zeile eines Kommentarbereichs
 * dies ist eine weitere Zeile eines Kommentarbereichs
 * in der folgenden Zeile endet der Kommentarbereich
 */
```

Manche Editoren erlauben auch ein /** bzw. **/ und unterscheiden die Kommentierung farblich; das ist beim Editor der Arduino IDE aber nicht der Fall.

Außer für die Programmdokumentation sind Kommentare auch für die Programmentwicklung wichtig. Mit ihrer Hilfe lassen sich testweise Befehle ausschalten oder gesamte Befehlsfolgen überspringen.

5.3.3 Weitere wichtige Begriffe

In diesem Abschnitt mache ich Sie mit einigen weiteren Begriffen vertraut, die bei der Entwicklung von Programmen wichtig sind.

Bezeichner

Bezeichner sind Namen für Objekte in Programmen (z. B. Variablen, Funktionen). Sie bestehen aus Buchstaben, Zahlen und dem Unterstrichzeichen _. Allerdings darf das erste Zeichen keine Ziffer sein, und von C/C++ reservierte Schlüsselwörter sind ebenfalls nicht erlaubt.

Darüber hinaus haben sich folgende Gepflogenheiten durchgesetzt:

- Bezeichner dürfen nicht mit einem Unterstrich beginnen. (Unterstriche sind gewöhnlich für das System reserviert.)
- Aus mehreren Wörtern »zusammengesetzte« Bezeichner beginnen mit einem Kleinbuchstaben, und dann beginnt jedes weitere Wort mit einem Großbuchstaben (z. B. `fuellenTabelle`).
- *Präprozessordirektiven* (z. B. `#defines`, siehe Abschnitt 5.16) werden in Großbuchstaben angegeben (`#define LEDPIN`).

Schlüsselwörter

Schlüsselwörter sind reservierte Wörter mit einer vorgegebenen Bedeutung in der jeweiligen Programmiersprache (z. B. `while`, `if`). Werden sie als Bezeichner verwendet, wirft der Compiler eine Fehlermeldung.

Begrenzer

Begrenzer sind Symbole, die Programmstrukturen und -anweisungen abgrenzen. Die wichtigsten sind:

- das Semikolon `;` – es schließt eine Anweisung ab.
- das Komma `,` – es trennt Argumente einer Parameterliste.
- runde Klammern `()` – sie begrenzen Ausdrücke in Kontrollstrukturen.
- geschweifte Klammern `{}` – sie umschließen Funktionsblöcke. Eine andere Bezeichnung ist *Anweisungsblock*.
- eckige Klammern `[]` – sie finden bei Tabellenelementen Anwendung.
- das Gleichheitszeichen `=` – es weist einer Variablen einen Wert zu. Achtung: Bei einem Vergleich muss das Gleichheitszeichen doppelt gesetzt werden, z. B. `if (i == 9)`. Das ist übrigens einer der am häufigsten vorkommenden Fehler beim Programmieren und hat schon vielen Menschen graue Haare bei der Fehlersuche beschert.

5.4 Daten und Datentypen

Üblicherweise wird eine Sprache, ob gesprochen oder in maschineller Form, dazu verwendet, Informationen zu übermitteln und weiterzuverarbeiten. Damit ist im Grunde genommen jede Sprache datenorientiert. Bei der gesprochenen Sprache sind die Informationen irgendwo im Sprachzentrum des Gehirns abgelegt. Ein Programm nutzt hierfür eigenen Speicherplatz, indem es die Informationen typisiert und in sogenannten Variablen bzw. Konstanten ablegt. Während natürliche Sprachen prinzipiell mit zwei Typen (Ziffer und Buchstabe) auskommen, um alleine oder in Kombination (Zahl, Text) Informationen zu verarbeiten, muss eine Programmiersprache weiter differenzieren.

Die wesentlichen Datentypen finden Sie in Tabelle 5.2.

Datentyp	Beschreibung	C	C++	Arduino
int	Standarddatentyp für ganze Zahlen	X	X	X
unsigned int	für ganze Zahlen ohne Vorzeichen	X	X	X
long	für große Zahlen	X	X	X
unsigned long	für große Zahlen ohne Vorzeichen	X	X	X
long long	für ganz große Zahlen	X	X	
short	für kleine Zahlen	X	X	X
float	für Fließkommazahlen	X	X	X
double	für große Fließkommazahlen	X	X	X
bool	für boolesche Wahrheitswerte		X	X
char	für einzelne Zeichen	X	X	X
unsigned char	für einzelne hexadezimale Werte	X	X	X
byte	für einzelne hexadezimale Werte			X
word	für zwei Werte			X
char[]	für Zeichenketten	X	X	X
void	kein Rückgabe-/Parameterwert bei Funktionen	X	X	X
int []/char []	für Tabellen	X	X	X
uint8_t uint16_t uint64_t	für Binär-/Hexwerte	X	X	X
String()	Bildet ein Objekt der Klasse String.		X	X

Tabelle 5.2 Die wesentlichen Datentypen

[«]

Kein Datentyp »Bit«

Die meisten Programmiersprachen kennen keinen Datentyp »Bit«, auch wenn es einen Datentyp für wahr/falsch gibt (`bool`). Er wird aber mindestens in einem Byte gespeichert. Auch haben viele Mikroprozessoren keine Befehle, um einzelne Bits zu manipulieren – nutzen Sie dazu Masken (siehe Abschnitt 5.6.5). Lediglich bei Speicherbausteinen gibt es eine bitorientierte Organisation.

Nachstehend finden Sie kurze Beschreibungen und Beispiele für die Datentypen. Bei einigen Datentypen ist die Speicherbelegung abhängig von der Systemarchitektur des Moduls. Während der ESP32 über ein 32-Bit-System verfügt, ist dies bei einem Arduino Uno nur ein 16-Bit-System. Mit einem 32-Bit-System lassen sich größere Zahlenräume bewältigen, sodass für das Abspeichern auch mehr Speicherplatz nötig ist.

- `int`
  - steht für Integer.
  - benötigt 4 Byte bei 32-Bit-Systemen (ESP32) bzw. 2 Byte Speicher bei 16-Bit-Systemen (Arduino auf Basis von ATmega327P).
  - speichert einen numerischen Wert von –2.147.483.648 bis +2.147.483.647 (–32.768 bis 32.767, weil bei 16-Bit-Systemen nur 16 Bit, d. h. 2^{16} Bit, und nicht 32 Bit für die »Codierung« einer Zahl in einer dualen Form zur Verfügung stehen).
  - Beispiel: `int i = -9892;`
- `unsigned int`
  - steht für vorzeichenloses Integer.
  - benötigt 4 Byte bei 32-Bit-Systemen (2 Byte Speicher bei 16-Bit-Systemen).
  - speichert einen numerischen Wert von 0 bis 4.294.967.295 (0 bis 65.535).
  - Beispiel: `unsigned int ui = 36535;`
- `long`
  - steht für Long Integer.
  - benötigt 4 Byte Speicher bei allen Systemen.
  - speichert einen numerischen Wert von –2.147.483.648 bis +2.147.483.647.
  - Beispiel: `long l = 98237498;`
- `unsigned long`
  - steht für vorzeichenloses Long Integer.
  - benötigt 4 Byte Speicher bei allen Systemen.
  - speichert einen numerischen Wert von 0 bis 4.294.967.295.
  - Beispiel: `unsigned long ul = 3398237498;`

- `long long`
  - steht für sehr lange Integer.
  - benötigt 8 Byte Speicher bei allen Systemen.
  - speichert einen numerischen Wert von –9.223.372.036.854.755.808 bis +9.223.372.036.854.755.807.
  - Beispiel: `long long ll = 33982374981234567;`
- `short`
  - steht für Short Integer.
  - benötigt 2 Byte Speicher bei allen Systemen (Speicherplatzoptimierung).
  - speichert einen numerischen Wert von –32.768 bis 32.767.
  - Beispiel: `short sh = 888;`
- `float`
  - steht für Floating Point (Fließkommazahl) mit n-stelliger Auflösung; bei der Arduino IDE 2, bei ESP-IDF: 6 signifikante Nachkommastellen.
  - Speichergröße und Wertebereich sind implementierungsabhängig.
  - Beispiel: `float f = 7.89;`
- `double`
  - bei der Arduino IDE ist `double` äquivalent zu `float`, aber die Größe der Daten beträgt bei `float` 4 Byte, bei `double` 8 Byte.
- `bool` (`boolean`)
  - benötigt 1 Byte Speicher.
  - speichert die booleschen Wahrheitswerte (Logikwerte) `true` und `false`.
  - Beispiel: `boolean b = true;`
- `char`
  - benötigt 1 Byte Speicher.
  - speichert üblicherweise einzelne Zeichen (A, x), Wertebereich zwischen 0 und 255.
  - Beispiel: `char c = "A";`
- `byte`
  - benötigt 1 Byte Speicher.
  - speichert einen numerischen Wert von 0 bis 255.
  - Beispiel: `byte bt = 122;`
- `word`
  - benötigt 2 Byte Speicher.
  - speichert einen numerischen Wert von 0 bis 65.535.
  - Beispiel: `word w = 1000;`

- `unsigned char`
  - entspricht `byte`.
- `char [ ]`
  - benötigt n Byte Speicher (Anzahl der Zeichen + Endezeichen `\0`).
  - speichert Zeichenketten.
  - Beispiel: `char str [ ]= "Arduino";` (Länge: 8)
- `void`
  - benötigt 1 Byte Speicher.
  - Der Typ `void` ist kein echter Datentyp; er wird verwendet, wenn kein Wert benötigt wird oder vorhanden ist.
- `int [ ] / char [ ] (array)`
  - benötigt n Byte Speicher (Anzahl der Elemente × Elementgröße).
  - speichert Tabellen.
  - Beispiel: `int iArray1 [3];` (Länge: 6 Byte Arduino)
    `int iArray2 [ ] = {1, 3, 5};` (Länge: 6 Byte Arduino)
    `int iArray3 [4] = {1, 3, 5};` (Länge: 8 Byte Arduino)
- `uint8_t, uint16_t, uint64_t`
  - benötigt 1, 2 bzw. 8 Byte Speicher.
  - speichert Binär- oder Hexadezimalwerte.
  - Beispiel: `uint8_t ui8 = 120;`
- `String()`
  - benötigt n Byte Speicher.
  - speichert Zeichenketten.
  - Beispiel: `String str = "Dies ist ein String-Objekt";` (Länge: 27)

  Bei `String()` handelt es sich um eine Klasse mit mächtigen Funktionen. Ausführliche Beispiele finden Sie in Abschnitt 5.13.

5.5 Variablen

Zunächst einmal ist eine *Variable* eine Adresse im Hauptspeicher, die einen Wert eines Datentyps enthält und auf die im Programmablauf namentlich zugegriffen wird. Jetzt gilt es aber, mehrere Begriffe zu unterscheiden:

- Deklaration
- Definition
- Initialisierung
- Wertzuweisung

5.5.1 Deklaration und Definition

Deklaration und *Definition* sind Begriffe, die im Zusammenhang mit Funktionen (siehe Abschnitt 5.10) und Klassen (siehe Abschnitt 5.12) noch einmal wichtig werden. Durch eine Deklaration wird dem Compiler der Name eines Programmwerts bekannt gemacht und mit einem Datentyp verknüpft. Ganz allgemein gilt die Syntax:

```
typ name;
typ name1, name2, name3;
```

Damit ist eigentlich zunächst weder eine Zeile Maschinencode noch das Reservieren von Speicherplatz verbunden. Deshalb ist es auch möglich, eine Variable mehrfach zu deklarieren, ohne dass es zu Fehlermeldungen des Compilers kommt:

```
int i;
int i, i, i;
```

Erst durch die Definition wird ein Speicherort im Programm bzw. im ausführbaren Code festgelegt. In C/C++ bzw. Arduino erfolgen die Definition und Deklaration einer Variablen gleichzeitig:

```
int i;
```

Leider führt das zu Verwirrung, da es zunächst keinen Unterschied zwischen Deklaration und Definition gibt. Das heißt also, dass jede Definition auch eine Deklaration ist.

Anders verhält es sich, wenn die Variable mit dem Schlüsselwort `extern` deklariert wird:

```
extern int i;
```

Hier ist es tatsächlich so, dass die Variable lediglich dem Compiler bekannt gemacht wird; die Reservierung von Speicher erfolgt dann in einem anderen Programmmodul. Die Verknüpfung der Module übernimmt bei der Erstellung des ausführbaren Maschinencodes der Linker.

Weil der Datentyp von Variablen und anderen Programmbausteinen schon während der Kompilierung festgelegt wird, spricht man von einer statischen Typisierung. Im Gegensatz hierzu finden bei der dynamischen Typisierung Typprüfungen vorrangig zur Laufzeit eines Programms statt (Python, JavaScript usw.).

5.5.2 Initialisierung und Wertzuweisung

Die *Initialisierung* weist einer Variablen einen Anfangswert zu. Nachdem eine Variable definiert wurde, hat sie keinen bestimmten Wert (Ausnahme: globale Variablen und Variablen mit der Speicherklasse static), sondern besitzt lediglich den Inhalt, der sich zufällig an der Speicheradresse befunden hat. Einen Wert, den *Anfangswert*, erhält sie erst, wenn er ihr zugewiesen wird. Der Anfangswert kann sich während des Programmlaufs ändern (muss es aber nicht) – dann handelt es sich um eine *Wertzuweisung*.

```
int i;                    // keine Initialisierung
int j {};                 // Initialisierung mit 0
int k {9}:                // Initialisierung mit 9
int l = 5;                // Initialisierung mit 5; Variante mit Operator =
m = 2;                    // Wertzuweisung bei existierender Variable m
```

5.5.3 Gültigkeitsbereiche von Variablen

Globale Variablen

Globale Variablen gelten für alle Funktionen des Programms. Sie stehen vor der ersten Funktion:

```
#include <stdio.h>
int global = 9;
int main(void) {
    global = 99;
}
```

Finden sich in einem Anweisungsblock neu deklarierte Variablen gleichen Namens, werden die lokalen Variablen verwendet.

Lokale Variablen

Lokale Variablen sind Variablen, die in einem Anweisungsblock definiert sind. Sie gelten für den gesamten Anweisungsblock. Bei verschachtelten Anweisungsblöcken tritt eine in einem übergeordneten Anweisungsblock deklarierte Variable gleichen Namens zurück; die gewissermaßen »lokalere« Variable hat den Vorrang.

```
#include <stdio.h>
int i = 9;
int main(void) {
  int i = 99;
  i++;                         // i = 100
}
```

Variablen sollten immer im kleinstmöglichen Bereich definiert werden; dies beugt Programmierfehlern vor.

Statische Variablen

Variablen verlieren nach Abarbeitung ihres Funktionsrahmens, z. B. einer Funktion, ihre Gültigkeit. Bei erneutem Aufruf des Funktionsrahmens wird die Variable neu initialisiert. Manchmal ist es jedoch erwünscht, dass eine Variable ihren Wert behält. Dies geschieht durch das zusätzliche Schlüsselwort `static` bei der Deklaration:

```
#include <stdio.h>
void addiere() {
  static int i = 1;
  i++;
  int j = i + 1;
  return;
}
int main(void) {
  addiere();
  addiere();
}
```

Ohne das zusätzliche Schlüsselwort `static` würde `j` nach dem Ende der Funktion immer den Wert 2 haben.

5.5.4 Typqualifizierer

Es gibt einige *Typqualifizierer*, die den Speichertyp einer Variablen weiter definieren.

const

Mit dem Typqualifizierer `const` wird eine Konstante definiert. Die Initialisierung muss bei der Deklaration erfolgen; der Wert kann im Laufe des Programms nicht mehr geändert werden.

```
const int ledPin = 10;
```

Dies hat den Vorteil, dass einem bestimmten festen Wert an prominenter Stelle (z. B. am Programmanfang) ein symbolischer Name zugeordnet wird, der dann an jeder Stelle des Programms verwendet, aber nicht mehr geändert werden kann.

volatile

Mit `volatile` gekennzeichnete Variablen werden vor jedem Zugriff aus dem Hauptspeicher eingelesen.

```
volatile int interrupts;
```

Sie werden häufig eingesetzt, um Ergebnisse eines ISR-Handlers an die Hauptroutine zu übermitteln, da der Compiler die Variable ohne die Qualifizierung als `volatile` bei der Optimierung des Übersetzungsergebnisses wegoptimieren würde. (Der Compiler kann nämlich keine Verbindung zwischen dem übrigen Programm und der ISR-Routine sehen.)

restrict

Der Typqualifizierer `restrict` ist bei Zeigern wichtig. Er besagt, dass das Speicherobjekt für die Lebensdauer des Zeigers auf dieses Speicherobjekt nicht verändert werden kann und der Zugriff nur über diesen `restrict`-Zeiger erfolgen kann.

5.5.5 Der Variablenmodifikator PROGMEM

`PROGMEM` ist ein *Variablenmodifikator*. Im Prinzip haben Sie Variablenmodifikatoren schon in Abschnitt 5.4 kennengelernt: Zu ihnen zählen z. B. `short`, `long`, `signed` und `unsigned`. In diesen Fällen legen sie fest, wie viel Speicherplatz für eine Variable zur Verfügung steht.

Der Variablenmodifikator `PROGMEM` hingegen legt fest, dass die Variable im Flash-Programmspeicher statt im SRAM-Speicher abgelegt wird. Dies kann bei bestimmten Anwendungen erforderlich sein (z. B. für 433-MHz-Funksignale, siehe die Arduino-Bibliothek *rcswitch*). Die Syntax lautet:

```
const dataType variableName[] PROGMEM = {};      // bzw.
const PROGMEM dataType variableName[] = {};
```

Schauen Sie sich dazu ein Beispiel an:

```
static const PROGMEM int zahlen[] = {2, 4, 6, 8};
int x;
memcpy (&x, &zahlen[1], 1);      // x = 4
```

5.6 Ausdrücke und Operatoren

Ein *Ausdruck* ist eine Verknüpfung aus *Operanden* (z. B. Variablen, Konstanten, Rückgabewerten von Funktionen) und *Operatoren*. Die einem Ausdruck zugrunde liegende Berechnung ergibt einen neuen Wert:

```
x = y + z;
```

Ausdrücke können durch Verwendung der Klammerzeichen ( ) geschachtelt sein:

```
x = (y + z) * (a - b);
```

Hier gelten die *Präzedenzregeln*:

- Es gilt die arithmetische Punkt-vor-Strich-Regel.
- Im Übrigen werden die Ausdrücke von links nach rechts abgearbeitet.

5.6.1 Arithmetische Operatoren

Die einfachsten arithmetischen Operatoren sind + (addieren), - (subtrahieren), * (multiplizieren) und / (dividieren):

```
int i = i1 + i2;
int j = 12 * j2;
```

Bei der Division zweier Ganzzahlen kann sich ein Rest ergeben, der einer Variablen zugewiesen werden soll (*Modulo*):

```
int x = 9, y = 5;
int m = x % y;                    // m enthält den Rest 4
```

5.6.2 Zuweisungsoperatoren

Einfaches Zuweisen mit dem Operator =

Üblicherweise werden Variablen mithilfe von = Werte zugewiesen (nicht zu verwechseln mit == als Operator bei einem Vergleich!):

```
float f = 1.99;
char c1 = "A";
char c2 {"X"};                    // nur C++/Arduino
```

Für das Zuweisen von Zeichenketten kann der =-Operator jedoch nur eingeschränkt eingesetzt werden. Beispiele:

```
char hallo1[] = "Hallo";          // zulässig
char hallo2[] = hallo1;           // unzulässig
```

Hierfür gibt es aber entsprechende Funktionen (siehe Abschnitt 5.13).

Kombiniertes Zuweisen

Arithmetische Operatoren können auch zusammengefasst (und damit verkürzt) geschrieben werden (+=, -=, *=, /= und %=). Folgende Codierweisen führen zum gleichen Ergebnis:

```
int i = i + j;                    // ist gleichbedeutend mit
int i += j;
```

```
int k = k * lj;              // ist gleichbedeutend mit
int k *= lj;
```


Inkrement und Dekrement

Mit ++ (*Inkrement*) und -- (*Dekrement*) lässt sich die Schreibweise von Befehlen verkürzen und damit prägnanter gestalten:

`i++;` anstelle von `i = i + 1;`

`k--;` anstelle von `k = k - 1;`

Dabei gibt es noch eine Besonderheit, je nachdem, ob das Inkrement bzw. Dekrement vor oder nach der Variablen steht:

`int i, j = 0;`

`i = j++;`

Hier erfolgt erst die Zuweisung des Werts an `i` (`i` ist danach 0) und dann erst das Inkrement von `j` (`j` ist danach 1).

Anders ist es, wenn das Inkrement vor der Variablen steht:

`int i, j = 0;`

`i = ++j;`

Hier erfolgt erst das Inkrement von `j` (`j` ist danach 1) und dann erst die Zuweisung des Werts an `i` (`i` ist danach ebenfalls 1).

5.6.3 Bedingte Operatoren (Vergleiche)

Bedingte Operatoren vergleichen Werte. Wenn der Vergleich zutrifft, ist das Ergebnis 1, andernfalls 0. Die Rückgabewerte sind Integer-Werte, die auch als boolescher Wert `true` für einen Wert ungleich 0 und `false` für 0 dargestellt werden.

Gleichheit und Ungleichheit: == und !=

Diese Operatoren prüfen die Operanden auf Gleichheit bzw. Ungleichheit.

```
int i = (4 == 3);            // i = 0 (ungleich)
int j = (3 == 3);            // j = 1 (gleich)
```

[!]

Doppelte Gleichheitszeichen setzen

Häufig wird bei einem Gleichheitsvergleich der Fehler gemacht, nur ein Gleichheitszeichen zu setzen (z. B. `a = 22`). Dies führt dazu, dass der Variablen `a` der Wert `22` zugewiesen und der Anweisungsblock ausgeführt wird.

[»]

Gleichheitsvergleiche in der Arduino IDE

Die Arduino IDE bietet bei Gleichheitsvergleichen von Zeichen einige Funktionen an, die Ihnen die Arbeit erleichtern, und zwar folgende:

Arduino-IDE-Funktionen	Bedeutung
`isAlpha(x):`	Gibt `true` zurück, wenn x ein Buchstabe ist.
`isAlphaNumeric(x):`	Gibt `true` zurück, wenn x ein Buchstabe oder eine Ziffer ist.
`isAscii(x):`	Gibt `true` zurück, wenn x ein ASCII-Zeichen ist.
`isControl(x):`	Gibt `true` zurück, wenn x ein Steuerzeichen ist.
`isDigit(x):`	Gibt `true` zurück, wenn x eine Ziffer ist.
`isGraph(x):`	Gibt `true` zurück, wenn x druckbar ist.
`isHexadecimalDigit (x):`	Gibt `true` zurück, wenn x ein hexadezimales Zeichen ist.
`isLowerCase(x):`	Gibt `true` zurück, wenn x ein Kleinbuchstabe ist.
`isPrintable(x):`	Gibt `true` zurück, wenn x druckbar ist. (Hier werden auch Leerzeichen erfasst.)
`isPunct(x):`	Gibt `true` zurück, wenn x ein Interpunktionzeichen (z. B. Komma, Punkt) ist.
`isSpace(x):`	Gibt `true` zurück, wenn x ein Leerzeichen oder ein Formatierungszeichen ist.
`isUpperCase(x):`	Gibt `true` zurück, wenn x ein Großbuchstabe ist.
`isWhitespace(x):`	Gibt `true` zurück, wenn x ein Leerzeichen oder ein Tabulatorzeichen ist.

Größer und kleiner: > und <

Die Operatoren > und < prüfen, ob der linke Operand größer bzw. kleiner ist als der rechte. Beispiel:

```
int i = (4 < 3);                // i = 0 (4 größer als 3)
int j = (4 > 3);                // j = 1
```

Größer-gleich und kleiner-gleich: >= und <=

Die Operatoren >= und <= prüfen, ob der linke Operand größer oder gleich bzw. kleiner oder gleich dem rechten ist.

5.6.4 Aussagenlogik

Logisches Nicht: !

Das logische Nicht invertiert das Ergebnis des Ausdrucks.

```
int a = 4, b = 3;
int i = !(a < b);            // i = 1 (4 größer als 3, negiert)
int j = !(a > b);            // j = 0
```

Logisches UND: &&

Das Ergebnis des Ausdrucks ist 1, wenn das Ergebnis aller Teilausdrücke ungleich 0 ist, andernfalls ist es 0:

```
int i = (4 < 5) && (2 < 3);     // i = 1
int j = (4 < 3) && (2 < 3);     // j = 0
```

[!]

Fallstrick

Hier lauert ein kleiner Fallstrick: Gedanklich und umgangssprachlich wird häufig ein logisches UND gesetzt (Anweisungen ausführen, wenn x > 10 ist und wenn y > 10 ist), obwohl korrekterweise ein logisches ODER anzuwenden wäre.

```
if ( (x > 10) && (y > 10) ) {
  // ausführen, nur wenn beide Variablen x
  // und y den Wert 10 übersteigen
}
if ( (x > 10) || (y > 10) ) {
  // ausführen, wenn eine der beiden Variablen x oder y
  // oder beide Variablen den Wert 10 übersteigen
}
```

Logisches ODER: ||

Das Ergebnis des Ausdrucks ist 1, wenn das Ergebnis eines Teilausdrucks ungleich 0 ist, andernfalls ist es 0:

```
int i = (4 < 5) || (2 < 3);     // i = 1
int j = (4 < 3) || (2 < 3);     // j = 1
```

Bedingung: ?

Der ?-Operator repräsentiert eine `if-else`-Anweisung in verkürzter Schreibweise. Sie hat folgende Syntax:

```
<Bedingung> ? <Anweisung1> : <Anweisung2>
```

Zuerst wird die Bedingung ausgewertet. Trifft diese zu, wird der erste Ausdruck abgearbeitet, andernfalls der zweite:

```
int i = 4;
int x = (i == 9) ? 1 : 0;        // x = 0
```

Formuliert man das Beispiel aus, wird es deutlicher:

```
int i = 4;
int x;
if (i == 9) {
  x = 1;                         // x = 1 (true)
} else {
  x = 0; ;                       // x = 0 (false)
}
```

Diese Schreibweise eignet sich jedoch nur für Anweisungsblöcke mit einem Statement. Sie sollten aus Gründen der Übersichtlichkeit auf Verschachtelungen verzichten, auch wenn sie prinzipiell möglich sind.

5.6.5 Bitoperatoren

Bitoperationen erfolgen nicht mit den Zahlen an sich, sondern mit den Binärwerten, als die die Zahlen im Speicher abgebildet sind. Dabei werden die Vergleichswerte bitweise verglichen bzw. manipuliert.

AND-Verknüpfung: &

Bei der *AND-Verknüpfung* (UND-Verknüpfung) hat das Ergebnis an den Stellen eine 1, an denen die korrespondierenden Bits beider Vergleichswerte eine 1 besitzen:

```
int x = 10, y = 7, e;
e = x & y;
```

Das Bitmuster von x ist 1010.

Das Bitmuster von y ist 0111.

Die AND-Verknüpfung ist 0010, dementsprechend ist e also 2.

Die AND-Verknüpfung wird hauptsächlich dafür verwendet, einzelne Bits gezielt zu löschen; in dem Beispiel oben wird so das erste Bit gelöscht.

OR-Verknüpfung: |

Bei der *OR-Verknüpfung* (ODER-Verknüpfung) hat das Ergebnis an den Stellen eine 1, an denen ein korrespondierendes Bit der beiden Vergleichswerte eine 1 enthält:


```
int x = 10, y = 6, e;
e = x | y;
```

Das Bitmuster von x ist 1010.

Das Bitmuster von y ist 0110.

Die OR-Verknüpfung ist 1110, dementsprechend ist e also 14.

Die OR-Verknüpfung wird hauptsächlich dafür verwendet, einzelne Bits gezielt zu setzen.

XOR-Verknüpfung: ^

Bei der *XOR-Verknüpfung* (Exklusiv-ODER-Verknüpfung) hat das Ergebnis an den Stellen eine 1, an denen beide entsprechenden Bits der Vergleichswerte ungleich sind:

```
int x = 10, y = 6, e;
e = x ^ y;
```

Das Bitmuster von x ist 1010.

Das Bitmuster von y ist 0110.

Die XOR-Verknüpfung ist 1100, dementsprechend ist e also 12.

Die XOR-Verknüpfung wird hauptsächlich dafür verwendet, einzelne Bits umzuschalten, d. h., um gesetzte Bits zu löschen und nicht gesetzte Bits zu setzen.

Negation: ~

Mit der *Negation* wird jedes Bit umgekehrt:

```
int x = 10;
x = ~x;
```

Das Bitmuster von x ist 00...1010.

Die Negation ist dann 11...0101, dementsprechend ist x also –11.

Dies entspricht daher bei vorzeichenbehafteten Datentypen einer Negation mit anschließender Subtraktion von 1.

Linksverschiebung und Rechtsverschiebung: << und >>

Bei der *Linksverschiebung* werden alle Bits eines Werts um *n* Stellen nach links gerückt. Die Bits am linken Rand fallen heraus; die rechts entstehenden Leerstellen werden mit 0 aufgefüllt. Bei der *Rechtsverschiebung* ist es genau umgekehrt.

```
int x = 10, y;
y = x << 1; // um 1 Stelle
```

Das Bitmuster von x ist 01010.

Nach einem Shift nach links ist y 10100, dementsprechend ist y also 20.

```
int x = 20, y;
y = x >> 2; // um 2 Stellen
```

Das Bitmuster von x ist 10100.

Nach einem Shift nach rechts ist y 00101, dementsprechend ist y also 5.

[!]

Achtung beim Datentyp signed

Ist der Datentyp signed (also mit Vorzeichen), ändert sich das Vorzeichen, wenn eine 1 in die Bitstelle des Vorzeichens gerückt wird bzw. aus der Bitstelle des Vorzeichens entfernt wird.

Bitverschiebungen werden gerne genutzt, um Multiplikationen (*Linksverschiebung*) mit 2 oder Divisionen (*Rechtsverschiebung*) durch 2 vorzunehmen, da sie bedeutend schneller ablaufen als die entsprechende arithmetische Operation mit * oder /. Weitere Beispiele sind:

```
x &= ~(1<<0);              // löscht Bit 0
x &= ~((1<<0) | (1<<2));   // löscht Bit 0 und Bit 2
x |= (1<<2);               // setzt Bit 2
x ^= (1<<2);               // invertiert Bit 2
```

[»]

Arbeiten auf Bitebene in der Arduino IDE

Die Arduino IDE hat für die Programmierung auf Bitebene eigene Funktionen an Bord:

Arduino-IDE-Funktion	Bedeutung
bit(b)	Selektiert den Wert des angegebenen Bits b.
bitClear(v, b)	löscht das Bit b in der Variablen v (Bit b = 0)
bitRead(v, b)	Liest den Wert von Bit b in der Variablen v.
bitSet(v, b)	Setzt das Bit b in der Variablen v (Bit b = 1).

Arduino-IDE-Funktion	Bedeutung
`bitWrite(v, p, w)`	Setzt das Bit an der Position `p` (0 ist das »am weitesten rechts stehende« signifikante Bit) in der Variablen `v` auf den Wert `w` (0 oder 1).
`highByte(x)`	Liest das »am weitesten links stehende« Bit in der Variablen `x`, die den Datentyp `byte` aufweisen muss.
`lowByte(x)`	Liest das »am weitesten rechts stehende« Bit in der Variablen `x`, die den Datentyp `byte` aufweisen muss.

Schauen Sie sich dazu ein Beispiel an:

```
int a = 5;
if (a & bit(2))   Serial.println ("Bit 2 gesetzt");
```

5.6.6 Typumwandlung

Zur Erinnerung: Der Typ einer Variablen wird bei C/C++ bei ihrer Deklaration ein für alle Mal festgelegt. Manchmal ergibt sich jedoch die Notwendigkeit, einen Wert in einen anderen Datentyp zu konvertieren, beispielsweise um mit einer Zahl einer höheren Genauigkeit weiterrechnen zu können. (Und hier liegt aufgrund der Fehleranfälligkeit die Betonung auf *Notwendigkeit*. Versuchen Sie, das Umwandeln von Typen möglichst zu vermeiden.)

Es gibt zwei unterschiedliche Arten der Typumwandlung: die implizite und die explizite Umwandlung.

Implizite Typumwandlung

Die *implizite Typumwandlung* wird auch als *automatische Typumwandlung* bezeichnet, weil der Compiler sie selbstständig vornimmt. Sie kommt zum Zuge, wenn in Ausdrücken Variablen unterschiedlicher Datentypen über Operanden miteinander verknüpft werden. Dies kann bei Wertzuweisungen bereits bei der Initialisierung der Fall sein:

```
int i = 'X';                // gleichbedeutend mit int i = 88;
char c = 65;                // gleichbedeutend mit char c = 'A';
```

Selbstverständlich kann die implizite Typumwandlung auch bei Ausdrücken erfolgen:

```
char c1 = 60, c2 = 5, c3;
c3 = c1 + c2;                      // c3 = 'A'
```

Problematisch ist die implizite Typumwandlung, wenn die Zielvariable einen geringeren Wertebereich umfasst bzw. eine niedrigere Rangfolge hat als der zu übertragende Datentyp. In diesem Fall wird das Ergebnis an den Zieldatentyp angepasst, sodass Informationen verloren gehen können:

```
float f = 2.45;
int i = f;                        // i = 2
```

Die Rangfolge ist bei ganzzahligen Standarddatentypen wie folgt:

char < short < int < long < long long

bzw. bei Gleitpunkttypen:

float < double < long double

Beispiel:

```
long long ll = 3398237498
long l = ll;                     // l = -896729798
```

Explizite Typumwandlung

Die implizite Typumwandlung ist fehleranfällig und führt häufig zu unerwarteten bzw. unerwünschten Ergebnissen. Um dem entgegenzuwirken, gibt es die *explizite Typumwandlung*. Der Variablentyp wird hier mit dem *Cast-Operator* erzwungen. Die Cast-Konstruktion hat folgende Syntax:

```
(neuer Datentyp) Ausdruck         // C-Stil
neuer Datentyp (Ausdruck)         // nur C++ und Arduino
```

Der Ausdruck kann natürlich auch eine Variable sein:

```
int i = 3;
float f;
f = 1 / i;                        // f = 0.0000
f = (float) 1 / i;                // f = 0.3333
```

Wird eine Variable bzw. Konstante als zu castender Ausdruck verwendet, bleibt deren Datentyp im weiteren Programmlauf selbstverständlich unverändert.

5.6.7 Der Operator sizeof

Der Operator `sizeof()` ist eigentlich eine Funktion und gibt Auskunft über die Größe eines Datentyps in Byte (nicht zu verwechseln mit der Funktion `strlen()`, die Auskunft über die Größe einer Zeichenkette gibt). Der `sizeof`-Operator wird in der Regel zur dynamischen Speicherreservierung verwendet.

```
int x, y;
x = sizeof (x);                // x ist 4 (32-Bit-Systeme)
```

5.6.8 Fehlerquellen

Bei der Verwendung von Operatoren gibt es einige Stolperfallen, die manchmal recht schwierig zu erkennen sind:

- **Verwendung des Gleichheitszeichens**

  In diese Falle werden schon alle einmal getappt sein, die mit C oder C++ gearbeitet haben. Merken Sie sich:

  - einfaches Gleichheitszeichen: Zuweisung
  - doppeltes Gleichheitszeichen: Vergleich

- **Typumwandlung**

  Eine implizite Typumwandlung führt zum Verlust von Informationen bei vorzeichenbehafteten Datentypen.

5.7 Zeiger (Pointer)

Variablen, Konstanten, Funktionen usw. werden im Programm mit einem Namen angesprochen. Intern im Rechner erfolgt der Zugriff aber über eine Adresse, die *Speicheradresse*. Auch in C/C++ können diese Programmbausteine über ihre Adresse referenziert werden. *Zeiger* verweisen auf diese Adresse. Anwendungsfälle sind:

- die direkte Übergabe von Datenobjekten (*Call by Reference*, siehe Abschnitt 5.10.4) an Funktionen,
- die Übergabe von Funktionen als Argumente an andere Funktionen,
- die dynamische Verwaltung von Speicherbereichen (reservieren, löschen) sowie
- das Erstellen von rekursiven Datenstrukturen (wie etwa Listen oder Bäumen, siehe Abschnitt 5.10.3).

Da es sich bei Zeigern gewissermaßen um Variablen handelt, werden sie auch in vergleichbarer Art und Weise behandelt.

Deklaration und Definition

Ganz allgemein gilt die Syntax:

```
typ *variablenname;
```

Der Zeigertyp muss dabei immer dem Datentyp der Variablen entsprechen, auf die er verweist. Zeiger werden immer mit einem Stern (*) zwischen dem Datentyp und dem Namen gekennzeichnet. Dabei ist es unerheblich, wo der Stern steht:

```
int *iZeiger;
int* iZeiger;
int * iZeiger;
```

Gängige Praxis und deshalb anzuraten ist die erstgenannte Schreibweise. Dies beugt Fehlern vor:

```
int* iZeiger, jZeiger;          // nur iZeiger ist ein Pointer
```

Initialisierung

Die Initialisierung eines Zeigers mit einer Speicheradresse erfolgt über das &-Zeichen:

```
int i = 5;
int *iZeiger = &i;
```

Zulässig ist auch die Schreibweise `int *iZeiger =& i;`. Ein Zeiger repräsentiert somit eine Adresse und nicht wie eine Variable einen Wert.

Schauen Sie sich dazu ein Beispiel an. Der Einfachheit halber erfolgt die Ausgabe zunächst mit `printf()`:

```
int *iZ, i = 5;
iZ = &i;
printf("Inhalt der Variablen i:                 %i\n", i);
printf("Adresse der Variablen i:                %p\n", &i);
printf("Inhalt des Pointers iZ:                 %p \n", iZ);
printf("Adresse des Pointers iZ:                %p\n", &iZ);
printf("Speicherinhalt. Adr., auf die iZ zeigt: %i\n", *iZ);
```

Die Programmsequenz zeigt folgende Ergebnisse:

```
Inhalt der Variablen i:                 5
Adresse der Variablen i:                0x7ea39500
Inhalt des Pointers iZ:                 0x7ea39500
Adresse des Pointers iZ:                0x7ea39504
Speicherinhalt. Adr., auf die iZ zeigt: 5
```

Bei der Programmierung mit Zeigern ist besondere Sorgfalt geboten. So führt die Verwendung von Zeigern, die nicht mit einer gültigen Speicheradresse initialisiert wurden, zu unvorhersehbaren Programmergebnissen. Beispielsweise nimmt der Speicherinhalt folgende Entwicklung:

1. `int *iZ, i = 5;`

Variable	Adresse	Wert
iZ	0x7ea39504	0x7bb33555
i	0x7ea39500	0x00000005

   Der Pointer `iZ` ist noch nicht initialisiert; er enthält einen willkürlichen Wert. Wird jetzt auf den Speicherinhalt der Adresse zugegriffen, die in dem Pointer `iZ` hinterlegt ist, kommt es zu unabsehbaren Ergebnissen oder sogar zu Programmabbrüchen.

2. `iZ = &i;`

Variable	Adresse	Wert
iZ	0x7ea39504	0x7ea39500
i	0x7ea39500	0x00000005

   Erst jetzt enthält der Pointer `iZ` eine zutreffende Speicheradresse.

   Unvorhersehbare Programmergebnisse werden vermieden, indem Sie einen (zunächst) nicht verwendeten Zeiger mit `NULL` initialisieren und vor der Verwendung des Zeigers eine Überprüfung auf `NULL` durchführen:

```
int *iZ = NULL, i = 5;
if (iZ == NULL)
  Serial.println ("Zeiger noch nicht initialisiert");
iZ = &i;
if (iZeiger != NULL)
  Serial.println ("Zeiger ist initialisiert");
```

Beispiel mit initialisiertem Zeiger:

- `int *iZ = NULL, i = 5;`

Variable	Adresse	Wert
iZ	0x7ea39504	0x00000000
i	0x7ea39500	0x00000005

  Der Pointer `iZ` wird mit NULL initialisiert.

Hier sehen Sie das Beispiel für die Arduino IDE mit sprintf():

```
char text[60];
int *iZ, i = 5;
iZ = &i;
Serial.println("Beginn");
sprintf(text, "Inhalt der Variablen i:              %x\n", i);
Serial.print(text);
sprintf(text, "Adresse der Variablen i:             %x\n", &i);
Serial.print(text);
sprintf(text, "Inhalt des Pointers iZ:                %x\n", iZ);
Serial.print(text);
sprintf(text, "Adresse des Pointers iZ:               %x\n", &iZ);
Serial.print(text);
sprintf(text, "Speicher in. d. Adr., auf die iZ zeigt: %x\n", *iZ);
Serial.print(text);
```

Mit Zeigern arbeiten

Mit Zeigern arbeiten heißt zunächst, den Zeigern Werte zuzuweisen:

```
int *iZ, i = 5;
int e;
iZ = &i;
e = i;
e = *iZ;
```

In beiden Fällen hat e das Ergebnis 5.

Zeiger können Operanden bei Rechenoperationen sein:

```
int *iZ, i = 5;
int *jZ, j = 10;
int e;
iZ = &i;
jZ = &j;
e = i + j;
e = *iZ + *jZ;
```

In beiden Fällen hat e das Ergebnis 15.

Zeigerarithmetik

Es ist möglich, Zeiger zu erhöhen (oder zu vermindern) und damit einen anderen Speicherbereich anzusprechen. Dies ist etwas völlig anderes, als mit Zeigern zu arbeiten bzw. zu rechnen. Erlaubt ist es, um Ganzzahlwerte zu erhöhen bzw. zu verringern sowie zu inkrementieren bzw. zu dekrementieren. Dabei wird der Zeiger um die Größe verändert, die der hinterlegte Datentyp hat. Schauen Sie sich wieder ein einfaches Beispiel mit `printf()` an:

```
int i [3] = {2, 8, 16};
int *iZ = &i[0];
printf("i[0], i[1], i[2],:  %i, %i, %i\n", i[0], i[1], i[2] );
printf "i[0], i[1], i[2] :  %i, %i, %i\n", *iZ, *(iZ+1), *(iZ+2));
```


In beiden Fällen lautet die Ausgabe 2, 8, 16.

void-Zeiger

Zeiger auf `void` sind besonders vielseitig einsetzbar. Sie sind typenlos und daher mit jedem beliebigen Datentyp kompatibel. Sie werden angewendet, wenn der Datentyp noch nicht feststeht. Dies ist hauptsächlich in C im Rahmen der dynamischen Speichererweiterung der Fall. In C++ gibt es andere Möglichkeiten. Darüber hinaus verlangt C++ anders als C ein Casten des Zielzeigertyps.

```
int i = 1;
int *iZ = &i;                  // zeigt auf die Variable i
void *voidZ;
voidZ = iZ;                    // voidZ zeigt wie der Zeiger iZ auf i
```

5.8 Arrays und Strukturen

Arrays und Strukturen werden genutzt, um Daten zu speichern und strukturiert weiterzuverarbeiten.

5.8.1 Arrays (Tabellen)

Ein *Array* ist eine Kombination mehrerer Variablen gleichen Typs. Die Elemente des Arrays werden über ihre Positionsnummer angesprochen.

Deklaration

Ganz allgemein gilt die Syntax:

```
typ ArrayName[AnzahlDerElemente];
```

`AnzahlDerElemente` gibt die Anzahl der Elemente an, die ein Array speichern kann (Indexwert). Der Indexwert ist eine Ganzzahl und beginnt bei 0, d. h., das erste Array-Element hat den Wert 0.

Arrays können ein- oder mehrdimensional sein.

Initialisierung

Die Initialisierung von Arrays ähnelt der Initialisierung von Variablen:

```
int array[3];              // Array mit 3 Elementen deklarieren
array [0] = 10;            // 1. Element initialisieren
array [1] = 20;            // 2. Element initialisieren
array [2] = 30;            // 3. Element initialisieren
```

Zulässig ist auch, die Reihe der Werte in geschweifte Klammern zu setzen:

```
int array[3] = {10, 20, 30};
```

Dabei ist es wichtig, zumindest ein Element zu initialisieren. Unterbleibt dies, haben alle Elemente einen undefinierten Zustand!

Mit Arrays arbeiten

Der Zugriff auf ein Element eines Arrays erfolgt einfach über den Index des Elements in eckigen Klammern:

```
int i =  array [0]
if ( array [0] > array [1]) ....
```

Mehrdimensionale Arrays

Bei der Initialisierung eines Arrays wird für jede Dimension ein Indexwert deklariert:

```
int arrayZweiDimensional [3] [2];
```

Dementsprechend ist die Initialisierung:

```
int array[3][2] = { {10, 20, 30}, {111, 222, 333} };
```

Die Größe eines Arrays ermitteln

Manchmal ist es notwendig, die Größe eines Arrays zu ermitteln. Dies ist mit `size_t` möglich:

```
int array[3] = {10, 20, 30};     // Array mit 3 Elementen
size_t l = sizeof(array);        // l = 12, gesamtes Array
size_t lE = sizeof(array[0]);    // lE = 4, ein Element
```

Aus den Angaben lässt sich dann wieder die Anzahl der Elemente errechnen.

Fehlerquellen

Die Arbeit mit Arrays kann sehr tückisch sein. Dies ist darauf zurückzuführen, dass über den Indexwert entweder lesend oder sogar schreibend auf Speicherinhalte zugegriffen wird und dass der Compiler bei der Übersetzung nicht prüft, ob dieser Zugriff innerhalb des gültigen Tabellenrahmens erfolgt. Verletzungen des Gültigkeitsbereichs können zu unerwünschten Ergebnissen oder sogar zu Programmabstürzen führen.

```
int array[3];
int i = array[300];           // Datenquelle außerhalb des Rahmens
array[300] = 7;               // Datenziel außerhalb des Rahmens
```


Sie sind selbst verantwortlich für das Einhalten der Grenzen, was bei der Programmierung große Sorgfalt erfordert.

5.8.2 struct (Strukturen)

Strukturen sind logische Gruppierungen von meist unterschiedlichen Datentypen. Da solche Strukturen prinzipiell wie übliche Variablen behandelt werden können, spielen sie bei einem effizienten Programmaufbau eine nicht zu unterschätzende Rolle.

Deklaration

Ganz allgemein ist die Syntax von Strukturen:

```
struct structurName {
  Datentyp1;
  Datentyp2;
  ........
  Datentyp_n;
  } structurBezeichner;
```

Das Schlüsselwort `struct` zeigt an, dass es sich um eine Datenstruktur handelt. Sie besteht aus `n` unterschiedlichen Datentypen (Variablen), die innerhalb von geschweiften Klammern stehen. `StructurBezeichner` deklariert eine Strukturvariable.

```
struct koordinate {
  char name [20];
  int x;
  int y;
  } nord, sued, west, ost;
  struct koordinate mitte;
```

Sowohl der Strukturname als auch der Strukturbezeichner können entfallen, wenn sie nicht benötigt werden. Weil Strukturen Variablen ähneln, können die enthaltenen Datentypen auch Strukturen sein.

Initialisierung

Die Initialisierung ähnelt der Initialisierung von Variablen:

```
struct koordinate {
  char name [20];
  int x;
  int y;
  } nord = {"Nord", 3, 1}, sued, west, ost;
struct koordinate mitte = {"Mitte", 3, 3};
struct koordinate rechts = {.name = "Rechts", .x = 3};
sued.x = 3;
```

Mit Strukturen arbeiten

Der Zugriff erfolgt über den Strukturnamen, gefolgt vom Punktoperator und dann dem Strukturelementnamen:

```
int positionX = sued.x;
```

Zeiger auf Strukturen

Selbstverständlich kann auch mit Zeigern auf Strukturen zugegriffen werden. Dies geschieht dann mit dem Pfeiloperator `->`:

```
static struct koordinate *links;
links = malloc(sizeof(struct koordinate));
links->x = 1;
```

5.8.3 union

Im Prinzip gelten für Daten vom Typ `struct` und Daten vom Typ `union` die gleichen Grundsätze, allerdings mit einem gravierenden Unterschied. Dieser liegt in der Größe des verwendeten Speichers. Bei einem `struct` wird für jedes Datenelement Speicher reserviert. Der verbrauchte Speicherplatz ist also die Summe des benötigten Speichers für jedes einzelne Element. Bei einem `union` orientiert sich der reservierte Speicher an der Größe des größten Datenelements; ein `union` ist also aus Speichersicht deutlich kleiner. Dies hat aber einen entscheidenden Nachteil: Von den angelegten Datenelementen kann immer nur eines genutzt werden. Der Inhalt der restlichen Datentypen ist undefiniert.

```
union werte {
  long x;
  int y;
  } a;
a.x = 3;
```

```
a.y = 9;
Serial.println (a.x);          // ergibt 9
Serial.println (a.y);          // ergibt 9
```

5.8.4 enum

`enum` ist ein Aufzählungstyp ähnlich einem Array. Er wird als Aufzählung von Konstanten verwendet, die beim Programmstart festgelegt werden. Die Aufzählung beginnt ohne Wertzuweisung bei null und wird mit jedem Element um eins nach oben gezählt. Über den Gleichheitsoperator können auch gezielt Werte zugewiesen werden. Sofern keine weiteren Zuweisungen erfolgen, wird von da ab wieder weitergezählt.

```
enum {null, ein, vier = 4, fuenf};
    Serial.println (fuenf);      // gibt 5 aus
```

5.8.5 typedef

`typedef` kennzeichnet einen neuen Bezeichner für einen Datentyp. Die Syntax ist:

```
typedef Typendefinition Bezeichner
```

`typedef` wird häufig im Zusammenhang mit Strukturen eingesetzt, da es die Lesbarkeit von Programmen verbessert. Es ist nicht mehr notwendig, bei der Verwendung der Struktur das Schlüsselwort `struct` anzugeben.

```
typedef struct {
  char name [20];
  int x;
  int y;
  } koordinateTypedef;
koordinateTypedef nord, sued;
koordinateTypedef mitte = {"Mitte", 3, 3};
koordinateTypedef rechts = {.name = "Rechts", .x = 3};
sued.x = 3;
```

5.9 Kontrollstrukturen

Kontrollstrukturen steuern den Programmfluss, also in welcher Reihenfolge der Prozessor die Befehlsfolge abarbeitet. Häufig lassen sich Kontrollstrukturen in der verwendeten Programmiersprache durch andere Sprachelemente ersetzen – wie so oft führen viele Wege nach Rom. Welche der prinzipiell möglichen Kontrollstrukturen Sie wählen, entscheiden Sie nach verschiedenen Gesichtspunkten:

- **Schnelligkeit**: Wie schnell kann der Prozessor die Anweisungen ausführen?
- **Lesbarkeit**: Wie gut und eingängig lässt sich die abzuarbeitende Aufgabe beschreiben und gegebenenfalls später ändern?
- **Debugging**: Welche Möglichkeiten der Fehlerverfolgung (Debugging) gibt es?

Oftmals gilt leider der Grundsatz, dass Strukturen, die schnell abgearbeitet werden können, nicht sehr lesbar sind. Was hingegen für Menschen vergleichsweise einfach zu verstehen ist, ist für den Rechner eher mühsam.

5.9.1 Die if-Bedingung

Die *if-Kontrollstruktur* wird am häufigsten gebraucht und ist auch die einfachste Kontrollstruktur. Sie folgt der allgemeinsprachlichen Bedeutung von »wenn (engl. *if*) – dann«. In der Programmierung heißt das: Wenn eine bestimmte Bedingung erfüllt ist, dann wird der folgende Anweisungsblock ausgeführt.

Die `if`-Bedingung hat folgende Syntax:

```
if (Bedingung) {
  //  Anweisungsblock
}
```

`Bedingung` ist ein Ausdruck (siehe Abschnitt 5.6), der bei der `if`-Anweisung nur zwei Werte annehmen kann, nämlich wahr oder falsch. Im Rahmen von Programmiersprachen spricht man dann von *booleschen Ausdrücken*. Nur wenn der boolesche Ausdruck wahr ist, wird in die folgenden Anweisungen verzweigt:

```
int z = 9;
if (z == 9) {
  // diese Anweisungen werden ausgeführt,
  // da die Variable z den Wert 9 hat
}
```

Bei der Programmierung steht 1 für wahr und 0 für falsch. In C++ und Arduino gibt es hierfür die Schlüsselwörter `true` und `false`:

```
int z = 9;
int i = (z == 9);              // i = 1 (gleich)
if (i == true) {               // entspricht if (i == 1)
}
```

Programmierern wird ein Hang zum Minimalismus nachgesagt; deswegen findet sich in Programmen häufig das verkürzte Äquivalent `if (i)` oder bei Negation `if (!i)`.

[«]

Prüfen eines fehlerfreien Funktionsaufrufs

Sehr verbreitet ist diese Notation auch bei der Abfrage eines fehlerfreien Funktionsaufrufs mithilfe des Rückgabewerts einer Funktion (siehe Abschnitt 5.10.6). Dieser Wert ist 0 (Schlüsselwort bei C++/Arduino `EXIT_SUCCESS`) oder andernfalls bei einem Fehler 1 (`EXIT_FAILURE`). Die Abfrage ist dann z. B. `if (!funktion)` für einen erfolgreichen Funktionsaufruf.

Die geschweiften Klammern für den Anweisungsblock können entfallen, wenn nur eine Anweisung abzuarbeiten ist. Vorteile sind damit nicht verbunden (das Programm wird dadurch nicht kleiner oder schneller), vielmehr entstehen einige Risiken: Zum einen leidet die Lesbarkeit des Programmtexts, da das Ende der Kontrollstruktur nicht mehr klar erkennbar ist. Darüber hinaus besteht die Gefahr, dass bei späteren Ergänzungen das Setzen der dann unabdingbaren Klammern in Vergessenheit gerät. Dies hat zur Folge, dass das Programm fehlerhaft läuft. Gänzlich problematisch sind geschachtelte `if`-Strukturen, weil ohne helfende Klammerstruktur kaum mehr nachvollziehbar ist, welcher Anweisungsblock zu welchem `if` gehört.

Prüfung auf NaN-Werte (keine Nummer)

Die *NaN-Werte* (*Not a Number*) werden verwendet, um undefinierte oder nicht darstellbare Werte für Gleitkommaelemente zu identifizieren, z. B. die Quadratwurzel negativer Zahlen oder das Ergebnis der Division durch 0. Die entsprechende Funktion ist `isnan()`, der zwei Gleitkommawerte als Argumente übergeben werden. Für C ist die Funktion Bestandteil der Bibliothek `math.h`; bei der Arduino IDE ist die Funktion ohne weitere `#include` zugänglich.

```
int i = isnan(0.0);           // liefert 0
int i = isnan(0.0/0.0);       // liefert 1
```

Datentypkonvertierung

In den meisten Fällen weisen die zu vergleichenden Werte dieselben Datentypen auf. Dennoch lassen sich selbstverständlich beliebige Ausdrücke für die `if`-Bedingung nutzen. Allerdings gelten dann die bereits in vorherigen Abschnitten beschriebenen Konvertierungsregeln (siehe Abschnitt 5.6.6). Dies gilt auch für die Vergleiche in den anderen nachfolgenden Kontrollstrukturen sowie für Wertzuweisungen an Variablen, die von den Kontrollstrukturen verwendet werden.

5.9.2 if-else

Häufig ist es erforderlich, dass nicht nur ein Anweisungsblock abgearbeitet wird, wenn eine Bedingung zutrifft, sondern dass auch dann Anweisungen durchzuführen sind, wenn die Bedingung nicht erfüllt ist. Dies lässt sich mit einer Ergänzung der if-Kontrollstruktur um ein else-Statement (dt. »sonst«) einfach realisieren. Die *if-else-Kontrollstruktur* ist somit eine Erweiterung der if-Kontrollstruktur. Sie erlaubt es, bei nicht erfüllter Bedingung die Alternative zu beschreiben, ohne gleich eine zusätzliche if-Struktur anlegen zu müssen.

```
if (z == 9) {
  // diese Anweisungen werden nur ausgeführt,
  // wenn die Variable z den Wert 9 hat
} else {
  // diese Anweisungen werden in allen anderen Fällen ausgeführt
}
```

Wenn der boolesche Ausdruck wahr ist, wird der erste Block ausgeführt, der sogenannte if-Zweig. Ist die Bedingung nicht erfüllt, wird der erste Block übersprungen und der zweite Block ausgeführt, der nach dem else definiert wird, der sogenannte else-Zweig.

Die if-else-Kontrollstruktur erlaubt auch die Aneinanderreihung von mehreren if-Kontrollstrukturen in einem ganzen Block, indem mehrere Bedingungen verbunden werden. Der Programmablauf wertet die verschiedenen Bedingungen der Reihe nach aus, bis eine den Wert wahr zurückgibt. In dem Fall wird der dazugehörige Anweisungsblock ausgeführt, und schließlich wird das Programm nach dem Ende der if-else-Kontrollstruktur fortgesetzt. Trifft keine der Bedingungen zu, durchläuft das Programm den else-Teil der Kontrollstruktur (falls einer vorhanden ist).

```
if (betrag >= 1000) {
  // Anweisungsblock grosser Betrag
} else if (betrag >= 100) {
  // Anweisungsblock mittlerer Betrag
} else if (betrag >= 10) {
  // Anweisungsblock kleiner Betrag
} else {
  // Anweisungsblock sehr kleiner Betrag
}
```

Die Reihenfolge der Bedingungen kann unter Umständen von Bedeutung sein. Dies gilt insbesondere hinsichtlich Größer-kleiner-Vergleichen. Würde im Beispiel als Erstes die Bedingung `if (betrag >= 10)` stehen, dann erfüllen auch alle großen und mittleren Beträge dieses Kriterium und durchlaufen den folgenden Anweisungsblock – die für genau diese Fälle vorgesehenen Befehle würden nicht aufgerufen. Insofern lauert hier ein häufig übersehener Fallstrick, durch den sich die Fehlersuche in der Programmausführung recht schwierig gestaltet.

Selbstverständlich kann ein Anweisungsblock selbst auch wieder if-else-Kontrollstrukturen enthalten. Wesentlich für die Lesbarkeit ist es dann umso mehr, den Programmtext mit Einrückungen sinnvoll zu strukturieren. Auch bietet es sich an, Programmteile eines Anweisungsblocks in eine eigene Funktion auszulagern.

5.9.3 switch ... case

Die *switch-case-Kontrollstruktur* (*switch*, dt. »Schalter«; *case*, dt. »Fall«) erlaubt es, viele aneinandergereihte if-else-Abfragen in einem Statement übersichtlich zusammenzufassen. Sie kommt immer dann zum Einsatz, wenn ein Ausdruck mit verschiedenen Werten verglichen werden soll. Trifft keiner der Werte zu, verzweigt der Programmablauf, soweit vorhanden, in den default-Programmblock (dt. »Standard«).

Die switch-case-Kontrollstruktur hat folgende Syntax:

```
if (Ausdruck) {
  Ausdruck_1:    Anweisungsblock_1
  Ausdruck_2:    Anweisungsblock_2
  Ausdruck_3:    Anweisungsblock_3
  default:       Anweisungsblock_d
}
```

Schauen Sie sich dazu ein Beispiel an:

```
int status = 2;
switch (status) {
  case 0:   Serial.println ("Der Status ist 0");
            break;
  case 1:   Serial.println ("Der Status ist 1");
            break;
  case 2:   Serial.println ("Der Status ist 2");
            break;
  default:  Serial.println ("Kein gültiger Status");
}
```

Hier wird der Wert der Variablen status geprüft. Der Anweisungsblock befindet sich innerhalb der geschweiften Klammern. Die Prüfung erfolgt sequenziell von oben nach unten, beginnt also bei case 0. Bei case 2 würde das Gleichheitskriterium erfüllt und die entsprechende Meldung ausgegeben.

Die break-Anweisung bewirkt, dass das Programm die Kontrollstruktur verlässt und mit dem nachfolgenden Befehl fortfährt. Ohne das break würden noch alle folgenden Fälle überprüft. Hinsichtlich des default-Falls, der ebenfalls als zutreffend gewertet würde, wäre das Ergebnis allerspätestens jetzt fehlerhaft.

Es kann jedoch sein, dass das Weglassen des `break` gewollt ist, um beispielsweise auf verschiedene Szenarien zu reagieren.

```
int status = 1;
switch (status) {
  case 0:    Serial.println ("Der Status ist 0");
             break;
  case 1:    Serial.println ("Der Status ist 1 ...");
  case 2:    Serial.println ("... oder 2");
             break;
  default:   Serial.println ("Kein gültiger Status");
}
```

Vielfach ist es sinnvoll, einen `default`-Fall vorzusehen und ihn nötigenfalls mit einer erklärenden Fehlermeldung zu versehen. Dies erleichtert ungemein die Fehlersuche bei nicht definierten bzw. unerwarteten Werten.

Bedauerlicherweise können mit der `switch-case`-Kontrollstruktur keine Zeichenketten verglichen werden, da der `==`-Vergleichsoperator genutzt wird und dieser nicht für Zeichenketten (Strings) anwendbar ist.

5.9.4 Die while-Schleife

Auch die *while-Kontrollstruktur* lässt einen Anweisungsblock in einer Schleife durchlaufen. Sie zählt zu den *kopfgesteuerten Schleifen*. Im Gegensatz zur `for`-Schleife (siehe Abschnitt 5.9.6) müssen die Initialisierung und die Reinitialisierung anderweitig realisiert werden. Es gilt folgende Syntax:

```
while (Bedingung) {
  Anweisungsblock
}
```

Der erste Schritt ist die Initialisierung der Schleifenvariablen. Dies erfolgt außerhalb der Kontrollstruktur. Der nächste Schritt ist die Prüfung der Schleifenbedingung. Nur wenn sie wahr ist, tritt das Programm überhaupt in die Schleife ein. In der Regel ist dann das Reinitialisieren der Schleifenvariablen die letzte Anweisung innerhalb des Anweisungsblocks. Die Schleife wird ebenfalls so lange durchlaufen, bis die Prüfung der Schleifenbedingung »falsch« ergibt.

```
int i = 0;                        // Schleifenzähler
while (i < 10) {
  Serial.print ("Die Variable i ist");
```

```
  Serial.println (i);
  i++;
}
```

Der Schleifenzähler i wird hier wieder mit 0 initialisiert. Danach wird geprüft, ob die Schleifenbedingung erfüllt ist. Nun werden die Anweisungen im Anweisungsblock ausgeführt. Anschließend wird der Schleifenzähler mit einer gesonderten Anweisung um 1 erhöht. Erreicht der Schleifenzähler 10, also nach 10 Schleifendurchläufen, meldet die Schleifenbedingung »falsch«, und die Schleife wird beendet. Verkürzt ist auch das möglich:

```
int i = 0;                      // Schleifenzähler
while (i++ < 10) {
  Serial.print ("Die Variable i ist");
  Serial.println (i);
}
```

Die Erhöhung von i erfolgt nach Prüfung der Schleifenbedingung, d. h., die Ausgabe ist dann 1,2,3 ... und nicht 0,1,2 ... bei gleicher Anzahl der Schleifendurchläufe.

Vielfach werden while-Kontrollstrukturen auch genutzt, um bewusst Endlosschleifen zu programmieren. Ein Beispiel dazu kennen Sie bereits:

```
while (1) {
}
```

Die Schleifenbedingung ist immer wahr, da 1 ja nur eine andere Schreibweise von »wahr« ist.

Mit der break-Anweisung kann die while-Schleife vorzeitig verlassen werden. Mit der continue-Anweisung wird an das Ende des Anweisungsblocks gesprungen, die Schleife wird jedoch fortgesetzt:

```
int i = 0;                      // Schleifenzähler
while (i++ < 10) {
  if (i == 6) continue;
  if (i == 9) break;
  Serial.print ("Die Variable i ist");
  Serial.println (i);
}
```

Hat i den Wert 6, erfolgt keine Ausgabe; bei einem Wert von 9 wird die Schleife vor dem Eintreten der Ende-Bedingung verlassen.

5.9.5 Die do-while-Schleife

Die *do-while-Kontrollstruktur* entspricht im Wesentlichen der while-Kontrollstruktur. Da sie aber eine *fußgesteuerte Schleife* ist, wird hier die Schleifenbedingung erst nach dem Anweisungsblock überprüft. Somit gibt es also zumindest einen Schleifendurchlauf. Die Syntax ist:

```
do {
  Anweisungsblock
} while (Bedingung)
```

Das vorherige Beispiel sieht als do-while-Schleife wie folgt aus:

```
int i = 0;                    // Schleifenzähler
do {
  Serial.print ("Die Variable i ist");
  Serial.println (i);
  i++;
} while (i < 10);
```

5.9.6 Die for-Schleife

Eine der Möglichkeiten, einen Anweisungsblock in einer Schleife durchlaufen zu lassen, ist die *for-Kontrollstruktur*. Sie kommt insbesondere dann zum Einsatz, wenn eine Schleife in einer bestimmten Häufigkeit wiederholt werden soll. Es handelt sich hierbei um eine kopfgesteuerte Schleife, da die Prüfung, ob ein Schleifendurchlauf stattfinden soll, zu Beginn der Schleife erfolgt – also als Erstes, bevor überhaupt in die Schleife eingetreten wird.

Syntax der for-Schleife

Die for-Kontrollstruktur hat folgende Syntax:

```
for (Initialisierung; Bedingung; Reinitialisierung) {
  Anweisungsblock
}
```

Ebenso wie bei der while-Kontrollstruktur steht die Initialisierung zu Beginn der for-Schleife. In der Regel handelt es sich dabei um eine Anweisung, mit der eine Schleifenvariable initialisiert wird. Dies ist ein einmaliger Vorgang, unabhängig davon, wie oft die Schleife selbst durchlaufen wird.

Anschließend wird die Bedingung überprüft. Ergibt dies »wahr«, wird der Anweisungsblock ausgeführt. Sobald er abgearbeitet ist, wird die Schleifenvariable reinitialisiert, d. h., mit einem neuen Wert versehen. Es folgen eine erneute Überprüfung der Bedingung und ein erneuter Schleifendurchlauf, und zwar so lange, bis die Bedingung falsch ist. Danach fährt das Programm mit den Anweisungen fort, die auf die for-Kontrollstruktur folgen.

```
int i;                          // Schleifenzähler
for (i=0; i < 10; i++) {
  Serial.print ("Die Variable i ist");
  Serial.println (i);
}
```

Der Schleifenzähler i erhält hier den Anfangswert 0. Danach wird geprüft, ob die Schleifenbedingung erfüllt ist. In diesem Beispiel ist die Bedingung wahr; würde die Prüfung aber den Wert »falsch« ergeben, würde die Schleife erst gar nicht ausgeführt (z. B. bei for (i=0; i < 0; i++)). Die Anweisungen im Anweisungsblock werden nun ausgeführt. Anschließend wird der Schleifenzähler um 1 erhöht. Erreicht der Schleifenzähler 10, also nach 10 Schleifendurchläufen, meldet die Schleifenbedingung »falsch«, und die Schleife wird beendet.

Bei der Definition des Schleifenzählers gibt es zwischen C und C++ bzw. Arduino einen Unterschied: Bei C muss die Definition außerhalb der for-Kontrollstruktur erfolgen. Bei C++ und demzufolge auch bei Arduino ist dies auch innerhalb möglich.

C	C++/Arduino
int i; for (i=0; i < 10; i++) {}	for (int i=0; i < 10; i++) {}

for-Schleifen können auch geschachtelt werden. Dies ist eine Programmiertechnik, die insbesondere zur Bearbeitung mehrdimensionaler Tabellen zum Einsatz kommt.

Selbstverständlich stehen auch hier die break- und die continue-Anweisung zur Verfügung, um die for-Schleife entsprechend zu steuern.

Anwendungsbeispiele

Die for-Kontrollstruktur ist sehr variabel einsetzbar; es ist nur wichtig, dass die Semikola gesetzt werden. Anwendungsmöglichkeiten sind:

- Manchmal kann eine **Endlosschleife** erwünscht sein, die immer wieder die Befehle des Anweisungsblocks ausführt:

  ```
  for (; ;) {}
  ```

- **Initialisierung, Schleifenbedingung und Reinitialisierung** können auch mit aufwendigeren Berechnungen festgelegt werden:

  ```
  for (i = j + (2 * k); i < 10; i++) {}
  ```

Der Wert zur Initialisierung der Schleifenvariablen i ist der Wert der Variablen j, addiert zum 2-fachen Wert der Variablen k.

Der gleiche Ausdruck könnte auch als Schleifenbedingung oder Reinitialisierung stehen. Hier sehen Sie ein Beispiel für die Berechnung des Vergleichswerts der Schleifenbedingung:

```
for (i = 0; j + (2 * k) < 10; i++) {}
```

Und hier ein Beispiel für die Berechnung des Reinitialisierungswerts:

```
for (i = 0; i < 10; i = j + (2 * k)) {}
```

- **Alternative Initialisierungen**: Die Initialisierung von Schleifenvariablen kann ebenfalls sowohl innerhalb als auch außerhalb der for-Kontrollstruktur geschehen:

  ```
  int i = 5, j;
  for (i; j = 100; i < 10; i++) {}
  ```

  Hier erfolgt die Initialisierung von i außerhalb und die von j innerhalb der for-Kontrollstruktur.

  Die Initialisierung der Schleifenvariablen kann auch im Anweisungsblock liegen:

  ```
  for ( printf("Bitte eine Zahl eingeben!");  i < 10;) {
    scanf("%d", &i);
  }
  ```

  Zunächst wird der Anwender zur Eingabe einer Zahl aufgefordert. Das Schleifenende ist erreicht, wenn die Zahl größer als 10 ist.

- **Mehrfache Initialisierung**: Es ist erlaubt, auch mehrere Variablen gleichzeitig zu initialisieren.

  ```
  for (i = 0, j = 100; i < 10; i++) {}
  ```

Fehlerquellen

Bei der Verwendung von for-Kontrollstrukturen lauern ein paar Fallstricke:

- **Semikolon an falscher Stelle der Kontrollstruktur**

  ```
  for (i=0; i < 10; i++);
  ```

  Hier fehlen die geschweiften Klammern, die den Anweisungsblock umschließen.

- **Zu viele Schleifendurchläufe (falsche Schleifenbedingung)**

  ```
  for (i=0; i <= 10; i++)
  ```

  Die Schleife wird 11-mal durchlaufen und nicht, wie vielleicht erwartet, 10-mal.

- **Endlosschleife (falsche Schleifenbedingung)**

  ```
  for (i=0; i != 7; i+=2)
  ```

  Die Schleifenbedingung wird nie falsch, da die Variable immer gerade Werte annimmt und daher immer ungleich 7 ist.

- **Fehlerhafter Speicherzugriff (falsche Schleifenbedingung)**

  ```
  int tabelle [5];
  for (i=0; i < 10; i++) {
    tabelle [i] = 0;
  }
  ```

  Da die Tabelle nur 5 Elemente umfasst, wird der Wert 0 an einen nicht dafür reservierten Speicherplatz geschrieben, sobald der Schleifenzähler den Wert 4 überschreitet. Dies kann zu unerwünschten Ergebnissen bis hin zu Programmabbrüchen führen.

5.10 Funktionen

Funktionen sind Programmierelemente, die in nahezu allen Programmiersprachen zu finden sind. Manchmal werden sie auch als *Unterprogramm*, *Subroutine* oder *Subfunktion* bezeichnet. Ihr wesentliches Merkmal ist, dass Funktionen *Teilaufgaben* des gesamten Programms ausführen. Das Hauptprogramm oder die Hauptroutine übergibt die Kontrolle des Ablaufs an einen anderen Programmteil. Dieser führt die dort gebündelten Befehle aus, springt dann an die Stelle des Funktionsaufrufs zurück und gibt damit die Programmablaufkontrolle wieder ab.

Dabei kann – muss aber nicht – ein *Rückgabewert* zurückgegeben werden, der im einfachsten Fall über den korrekten Ablauf der Routine Auskunft gibt (`return 0` / `EXIT_SUCCESS` bzw. `return 1` / `EXIT_FAILURE`).

Funktionen werden insbesondere aus folgenden Gründen eingesetzt:

- **Wiederholt benötigte Programmschritte müssen nur einmal codiert werden.**

  Soll beispielsweise an mehreren Programmstellen geprüft werden, ob ein bestimmtes Datum gültig ist, bietet es sich an, diese Prüfung in eine gesonderte Routine zu packen. Die Routine prüft den übergebenen Wert und meldet das Prüfergebnis zurück.

  Das hat den Vorteil, dass das Programm kleiner ist und dass bei Änderungen nur an einer Stelle Anpassungen vorgenommen werden müssen. Sie verringern so Redundanzen und sorgen dafür, dass gleiche Aufgaben nicht an unterschiedlichen Stellen bearbeitet werden, was erfahrungsgemäß fast immer für Probleme sorgt.

Diese Technik bietet sich bereits dann an, wenn eine bestimmte Routine zweimal benötigt wird. In der Softwareentwicklung spricht man hier von *refaktorieren*, d. h. von der Verbesserung der Softwarestruktur unter Beibehaltung des Programmverhaltens.

- **Die Lesbarkeit des Programms wird erhöht.**

  Funktionen sind wie Absätze, die einen längeren Text gliedern. Vielfach bietet es sich an, einen Programmcode allerspätestens dann in eine Funktion auszugliedern, wenn der Abschnitt eine Bildschirmseite übersteigt. Auch das zählt zum Refaktorieren.

- **Es soll eine Funktionsbibliothek erstellt werden.**

  Der Codeblock kann später einfach Bestandteil einer Bibliothek sein. Damit kann die Funktion auf einfache Weise mit anderen Anwendern ausgetauscht und in anderen Projekten verwendet werden.

- **Das Programm ist besser wartbar.**

  Thematisch definierte und übersichtliche Abschnitte erleichtern die Fehlersuche und vereinfachen das Einpflegen von Änderungen.

5.10.1 Die Syntax einer Funktion

Es gilt folgende allgemeine Syntax:

```
[Spezifizierer] Rückgabetyp Funktionsname (Parameter) {
  Anweisungsblock
}
```

- **Spezifizierer**: Es ist möglich, Funktionen, analog zu Variablen, mit Speicherklassen zu belegen. Weil Funktionen aber nur global definiert werden können, schränken sich die benutzbaren Speicherklassen ein:
  - `extern`: Dies ist die Voreinstellung, und somit entfällt eine Angabe bei der Deklaration. Sie besagt, dass sich die Funktion auch in einer anderen Quelldatei befinden kann. In diesem Sinne dient die Spezifikation nur der besseren Lesbarkeit von Programmen und Sketchen.
  - `static`: Dies ist das Gegenteil von `extern` und besagt, dass die Funktion nur in der Datei verwendet werden kann, in der sie auch definiert wurde.
  - `volatile`: Entsprechend der Bedeutung bei Variablen wird hiermit verhindert, dass der Compiler den Quellcode optimiert.
- **Rückgabetyp**: Durch den Rückgabetyp wird der Datentyp des Rückgabewerts festgelegt. Hat eine Funktion keinen Rückgabewert, wird an dieser Stelle `void` angegeben. Wird der Eintrag weggelassen, ist der Rückgabetyp vom Datentyp `int`.

- **Funktionsname**: Dies ist der eindeutige Name, mit dem die Funktion aus dem Programm aufgerufen wird. Hinsichtlich der Namenskonventionen gilt das Gleiche wie bei den Variablen. Außerdem sollte kein Name aus anderen eingesetzten Bibliotheken verwendet werden.
- **Parameter**: Die Angabe von Parametern ist optional. Vielfach ist das Schlüsselwort `void` zu finden. Dies bedeutet, dass keine Parameter von der Funktion erwartet werden. Die Übergabe von Parametern bedingt, dass Datentyp und Namen spezifiziert werden. Kommata trennen mehrere Parameter.
- Der **Anweisungsblock** wird häufig auch als *Funktionsrumpf* bezeichnet.

Auch bei der Programmierung von Funktionen ist es wichtig, der Inline-Dokumentation eine gewisse Aufmerksamkeit zu widmen. Hilfreich ist eine kurze Beschreibung dessen, was die Funktion leistet, sowie der Parameter und des Rückgabewerts.

5.10.2 Funktionsdeklaration und Funktionsdefinition

Wie bei den Variablen wird auch bei den Funktionen zwischen Deklaration und Definition unterschieden. In den meisten praktischen Anwendungsfällen ist es nicht erforderlich, hier besonders zu differenzieren. Dennoch finden Sie dazu im Hinblick auf fortgeschrittenere Programmiertechniken in den folgenden Abschnitten ein paar Details.

Funktionsdeklaration

Funktionen müssen dem Compiler bekannt gemacht werden – sie müssen *deklariert* werden. Es wird gewissermaßen ein *Funktionsprototyp* erstellt. Hierfür genügt es, gegebenenfalls den Spezifizierer, den Rückgabetyp, den Funktionsnamen und die Parameter festzulegen. Der Anweisungsblock bleibt zunächst »unbearbeitet« außen vor. So ist es auch möglich, eine Funktion mehrfach zu deklarieren:

```
int summeBerechnen();
int summeBerechnen (int, int);
int summeBerechnen (int a, int b);
```

Alle Teile des Beispielcodes deklarieren eine Funktion `summeBerechnen()` mit einem Rückgabewert vom Typ `int`. Es ist nicht unbedingt erforderlich, aber guter Programmierstil, die Parameter bereits an dieser Stelle in ihrer Anzahl und mit ihrem Typ anzugeben (Zeile 2). Genauso ist es nicht zwingend, die Parameter mit einem Namen zu versehen (Zeile 3). Alle drei Zeilen können so in einem Programm stehen, ohne dass es zu einem Kompilierfehler kommt.

Funktionsdefinition

Die Funktionsdefinition liefert den eigentlichen Körper (Anweisungsblock) der Funktion. In der Regel erfolgen Funktionsdeklaration und Funktionsdefinition in einem Schritt.

```
int summeBerechnen (int a, int b) {
  return a + b;
}
int main() {
  int ergebnis = summeBerechnen (4,5);
  return 0;
}
```

Hier wird die Funktion `summeBerechnen()` deklariert und definiert. Die Hauptverarbeitungsroutine, die `main()`-Funktion, ruft diese Funktion dann auf.

Solche einfachen Beispiele sind sehr verbreitet; bei komplexeren Programmen lauern jedoch einige Stolpersteine. Und hier ist der C- bzw. C++-Compiler etwas empfindlich. Konkret bedeutet dies, dass die aufzurufende Funktion vor dem eigentlichen Funktionsaufruf deklariert sein muss.

Es hätte einen Übersetzungsfehler zur Folge, wenn die Funktion `summeBerechnen()` erst hinter der Funktion `main()` deklariert (und definiert) würde, in der sie aufgerufen wird. Eine sogenannte *Vorwärtsdeklaration* verhindert das:

```
int summeBerechnen (int, int);
int main() {
  int ergebnis = summeBerechnen (4,5);
  return 0;
}
int summeBerechnen (int a, int b) {
  return a + b;
}
```

Die Arduino IDE dagegen ist hinsichtlich der Stelle der Funktionsdeklaration etwas robuster. Für sie spielt es keine Rolle, ob eine Funktion vor dem `setup()` oder dem `loop()` oder erst danach eingerichtet wird:

```
void setup() {
}
...
void loop() {
    int ergebnis = summeBerechnen (4,5);
}
```

```
...
int summeBerechnen (int a, int b) {
  return a + b;
}
```

Diese Freiheit sollte Sie aber nicht dazu verleiten, Funktionen nach Gusto zu deklarieren. Auch hier sollten Sie Funktionen im Sinne der Lesbarkeit von Sketchen sachlich bündeln.

5.10.3 Der Funktionsaufruf

Das Aufrufen einer Funktion ist ein Ausdruck (und keine Anweisung), d. h., er hat einen Wert, der in weiteren Ausdrücken eingesetzt werden kann. Es gilt folgende Syntax:

```
Funktionsname (Argumente)
```

Die Argumente sind wie die Parameter eine Folge von Werten, die an die Funktion übergeben wird. Auch hier trennen Kommata mehrere Argumente. Argumentanzahl und -typ müssen grundsätzlich exakt mit der Festlegung bei der Deklaration der Funktion übereinstimmen. Eine Ausnahme bilden bestimmte Funktionen, die auch eine variable Anzahl von Argumenten bearbeiten können (in C z. B. die Funktionen `printf()` oder `scanf()` sowie eigene Funktionen mit der Headerdatei *stdarg.h*), sowie »überladene« Funktionen.

Bei der Übergabe und der Rückgabe gelten die allgemeinen Datentypkonvertierungsregeln.

Hier sehen Sie ein Beispiel für einen Funktionsaufruf ohne Argumente und ohne Rückgabewert:

```
// Ausgabe "Hallo"
void displayHallo (void) {
  Serial.println ("Hallo");
}
...
displayHallo();
...
```

Die Anweisung `displayHallo()` ruft die entsprechende Funktion auf. Es werden keine Argumente übergeben, und es wird auch kein Rückgabewert erwartet; ausgegeben wird lediglich die Zeichenkette `Hallo`.

Rekursiver Funktionsaufruf

Ein rekursiver Funktionsaufruf bezeichnet den Aufruf der gleichen Funktion innerhalb ihres eigenen Anweisungsblocks (sie ruft quasi sich selbst auf). Diese Technik ist manchmal nützlich, um Code kompakt zu halten, aber sie ist nicht unproblematisch. Zum einen müssen Sie bei der Wahl der Rücksprungbedingung besonders sorgfältig sein, zum anderen verbrauchen derartige Programmstrukturen einiges an Speicherplatz, da der Compiler für jeden Funktionsaufruf im Stack Speicher reserviert, z. B. für die lokalen Variablen (siehe *http://openbook.rheinwerk-verlag.de/c_von_a_bis_z/009_c_funktionen_020.htm#mjcb7f9a6438ebcc034d59c16904fdea4f*).

So lassen sich z. B. Fibonacci-Zahlen (1, 2, 3, 5, 8, 13, 21 ..., also 1 + 2 = 3, 2 + 3 = 5, 3 + 5 = 8, 5 + 8 = 13) mit rekursiven Funktionsaufrufen berechnen:

```
#include <stdio.h>
#include <stdlib.h>

long fibo(long n) {
  return (n <= 2) ? n : fibo(n-2) + fibo(n-1);
}

int main(void) {
  long f;
  long i=0;
  printf("Wie viele Fibonacci-Zahlen wollen Sie ausgeben?");
  scanf("%ld",&f);
  while(i++ < f)
    printf("F(%ld) = %ld\n", i, fibo(i));
    return EXIT_SUCCESS;
  }
}
```

Funktionsaufruf mit Zeigern

Funktionen sind nichts anderes als Code im Speicher. Deshalb können sie auch über Zeiger aufgerufen werden:

```
int zeigerFunktion() {
  Serial.println("zeigerFunktion ausgeführt!\n");
return 0;
}
...
int (*fZ)();
fZ = &zeigerFunktion;
```

```
Serial.println("pointer fZ auf zeigerFunktion, aufrufen:\n");
fZ();
...
```

Die Schreibweise der Definition eines Zeigers auf eine Funktion (`int (*fZ)();`) ist erklärungsbedürftig: Im Grunde genommen gibt es keinen Unterschied zwischen einer normalen Funktionsdefinition und der Zeigerschreibweise mit der Ausnahme, dass anstelle des Namens der Funktion der Zeiger gesetzt wird. Also:

- **normaler Funktionsaufruf**: `Rückgabetyp Funktionsname (Parameter)`
- **Zeiger-Funktionsaufruf**: `Rückgabetyp (*Zeiger) (Parameter)`

Der Zeiger wird hier in runde Klammern gesetzt. Diese sind unabdingbar, da der Klammeroperator `()` eine höhere Priorität hat als der Dereferenzierungsoperator `*`. Nun muss dem Zeiger nur noch die Adresse der Funktion zugewiesen werden:

- `Zeiger = &Funktionsname` bzw.
- `Zeiger = Funktionsname` (weniger guter Programmierstil)

Der Funktionsaufruf ist dann `Zeiger (Parameter)` bzw. `(*Zeiger) (Parameter)`.

5.10.4 Übergabe von Parametern

Bei Funktionsaufrufen mit Parameterübergabe gibt es zunächst zwei unterschiedliche Ansätze (*Call by Value* und *Call by Reference*). Überdies bieten Tabellen und Strukturen als Argumente sowie die Vorbelegung von Parametern und das sogenannte Überladen weitere Möglichkeiten.

Call by Value

Call by Value bedeutet, dass eine Kopie der Parameterdaten erstellt und über den Namen des Parameters gespeichert wird. Änderungen der Parameterwerte wirken sich nicht auf die Daten in der aufrufenden Funktion aus. Die Rückgabe eventuell erzielter Ergebnisse geschieht über den Rückgabewert bei `return`. Nachstehend finden Sie ein Beispiel für einen Call-by-Value-Funktionsaufruf mit Argumenten und Rückgabewert:

```
// Berechnung einer Summe
int summeBerechnen (int a, int b) {
  a += 10;
  b += 10;
  int summe = a + b;
  return = summe;
}
```

```
...
  int ergebnis = summeBerechnen (4,5);
....
```

Die Anweisung summeBerechnen (4,5) ruft die entsprechende Funktion auf. Die übergebenen Argumente sind 4 und 5; die Variable ergebnis soll den Rückgabewert enthalten. Die Funktion summeBerechnen() selbst addiert zu den übergebenen Parametern 10, berechnet die Summe und speichert sie in einer Variablen summe. Der Inhalt dieser Variablen geht mit return an die aufrufende Funktion. Statt des Zwischenschritts (das Ergebnis der Addition in einer Variablen abzuspeichern) ist es auch zulässig, das Ergebnis in der return-Anweisung zu berechnen (return a + b;).

Call by Reference

Bei einem *Call by Reference* verweist ein Referenzparameter auf die Originaldaten in der aufrufenden Funktion. Das bedeutet, dass Änderungen am Parameter *auch* unmittelbar Änderungen an der Originalvariablen zur Folge haben. Hier sehen Sie ein Beispiel eines Call-by-Reference-Funktionsaufrufs mit Argumenten und Rückgabewert:

```
// addiere 10 zu zwei Zahlen
int addiereZahlen (int *a, int *b) {
  *a += 10;
  *b += 10;
  return 0;
}
...
int a = 2;
int b = 7;
int returnCode = addiereZahlen (&a, &b);
...
```

Beim Funktionsaufruf erfolgt die Übergabe der Parameter als Adressen. Entsprechend wird der Parameter in der Funktion mit gleichem Typ nun allerdings als Zeiger deklariert. Im Anweisungsblock der Funktion addiereZahlen() wird dann der Wert der Variablen geändert, auf die der Zeiger weist, sodass deren Werte nach Funktionsende 12 bzw. 17 sind. Ein Rückgabewert kann dann den ordnungsgemäßen Funktionsverlauf anzeigen (hier ist er immer 0).

Tabellen und Zeichenketten als Argumente

Bei der Bearbeitung von Tabellen (Zeichenketten sind prinzipiell nichts anderes als Tabellen mit Buchstaben mit einem Endezeichen als letztem Tabellenelement) in Funktionen gibt es verschiedene Möglichkeiten:

```
int addiereZahlCallByValue (int zahl) {
  return zahl += 10;
}
......
int i;
int tabelle [5] = {0, 1, 2, 3, 4};
for (i = 0; i < 5; i++) {
  printf ("element: %i\n", addiereZahlCallByValue(tabelle[i]) );
}
```

Listing 5.5 Eindimensionale Tabelle mit Call by Value

```
void addiereZahlCallByReference (int *zahl) {
  *zahl += 10;
  return;
}
...
int i;
int tabelle [5] = {0, 1, 2, 3, 4};
for (i = 0; i < 5; i++) {
  addiereZahlCallByReference (&tabelle[i] );
  printf ("element: %i    \n", tabelle[i]);
 }
...
```

Listing 5.6 Eindimensionale Tabelle mit Call by Reference

In beiden Fällen wird jedes Tabellenelement um 10 erhöht. In der Funktion `addiereZahlCallByValue()` erfolgt dies mit der Methode Call by Value, sie ändert nicht den Tabellenwert! Das bedeutet dann auch, dass diese Änderung in der aufrufenden Funktion nachgetragen werden muss, sofern die Addition den Tabelleninhalt dauerhaft verändern soll. Dagegen ändert die Addition in der Funktion `addiereZahlCallByReference()` direkt das jeweilige Tabellenelement.

Es besteht auch die Möglichkeit, die gesamte Tabelle als Parameter an die Funktion zu übergeben:

```
void addiereZahlen (int tab[], int anzElemente1) {
  int i;
  for (i = 0; i < anzElemente1; i++) {
    tab[i] += 10;
  }
  return;
}
...
```

```
int tabelle [5] = {0, 1, 2, 3, 4};
addiereZahlen (tabelle,  5);
...
```

Für die Übermittlung der Anzahl der Tabellenelemente gibt es verschiedene Optionen:

- **als zusätzlichen Parameter** (wie im Beispiel): Diese Methode kommt vorzugsweise zum Einsatz, wenn die Anzahl der Tabellenelemente variiert.
- **fest im Code verankert**: Die Definition der Funktion würde dann die Anzahl der Elemente beinhalten; der zusätzliche Parameter hierfür kann entfallen:

  ```
  void addiereZahlen (int tab[5])
  ```

Bei Zeichenketten besteht durch das Endezeichen `\0` ein definiertes Endkriterium, das als Schleifenbedingung abgefragt werden kann.

Durch die Funktion wird der Wert der einzelnen Tabellenelemente verändert (auch wenn es den Anschein hat, als handele es sich bei der Übergabe der Tabelle um einen Funktionsaufruf Call by Value). Der nachstehende Code führt zum gleichen Ergebnis:

```
void addiereZahlen (int *tab, int anzElemente) {
  int i;
  for (i = 0; i < anzElemente; i++) {
    tab[i] += 10;
    tab++;
    return;
  }
...
int tabelle [5] = {0, 1, 2, 3, 4};
addiereZahlen (tabelle,  5);
...
```

Die Übergabe mehrdimensionaler Tabellen geschieht nach folgendem Muster:

```
void addiereZahlen (int tab[2][5]) {
  int i, j;
  for (i = 0; i < 2; ++i) {
    for (j = 0; j < 5; ++j) {
      tab[i][j] += 10;
    }
  }
  return;
}
...
int i, j;
```

```
int tabelle [2][5] = {{1, 2, 3, 4, 5}, {11, 22, 33, 44, 55}};
addiereZahlen (tabelle);
...
```

Eine Parameterübergabe von Tabellenelementen mit variabler Länge geschieht über Pointer. Dies ist allerdings sehr aufwendig und fehleranfällig. Da Sie diese Übergabe grundsätzlich vermeiden sollten, werde ich sie an dieser Stelle nicht thematisieren.

Strukturen als Argumente

Bei Strukturen als Argumenten kommt wieder die Technik mit Zeigern zum Einsatz. Der Zeiger hat hier die Adresse der Struktur:

```
struct koordinate {
  char name [20];
  int x;
  int y;
} nord = {"Nord", 3, 1};

void modifizieren (struct koordinate *koordZeiger) {
  (*koordZeiger).x += 1;
}

modifizieren(&nord);          // x hat nun den Wert 4
```

Parameter vorbelegen

In C++ und Arduino besteht die Möglichkeit, Parameter beim Funktionsaufruf vorab zu belegen:

```
void displayZahlen (int a, int b, int c = 9) {
  Serial.println (String (a) + " " + String (b) + " " + String (c));
}
displayZahlen (1, 2, 3);       // zeigt 1 2 3
displayZahlen (7, 8);          // zeigt 7 8 9
```

Überladen

Ebenfalls nur in C++ und in der Arduino IDE besteht die Option des Überladens von Funktionen. Dies bedeutet, dass verschiedene Funktionen unter dem gleichen Namen angesprochen werden können. Das hat nicht primär den Sinn, Schreibarbeit zu sparen. Vielmehr ist es ein Ansatz, um Funktionen sachlich zu gliedern oder aber als in *.cpp*- oder *.h*-Dateien ausgelagerte Blöcke kompatibel mit alten Programmen zu gestalten, ohne die alten Programme ändern zu müssen. Damit der Compiler die Funktionen richtig zuordnen kann, müssen sich die Funktionssignaturen (der Funktionsname und die Parameter, nicht jedoch der Typ des Rückgabewerts) unterscheiden.

```
void dispZahl (int i) {
  Serial.println ("Funktion mit int:      " + String (i));
}
void dispZahl (double d) {      // anderer Parametertyp
  Serial.println ("Funktion mit double:  " + String (d));
}
void dispZahl (int i, double d) {      // andere Parameterzahl
  Serial.println ("Funktion mit int&double: " + String(i) + " " + String(d));
}
...
dispZahl (9);
dispZahl (3.33);
dispZahl (9, 3.33);
}
```

Der C++-Compiler gleicht Funktionsaufruf und Funktionsdeklaration ab und zieht die passenden Elemente zur Übersetzung heran.

5.10.5 Rücksprung

Üblicherweise und ohne spezielles Eingreifen wird der gesamte Funktionsblock bis zur schließenden geschweiften Klammer durchlaufen, die das Ende des Blocks kennzeichnet. Vielfach steht als letztes Statement eine `return`-Anweisung. Sollen keine Ergebnisse zurückgegeben werden, ist diese Anweisung nicht unbedingt notwendig; sie unterstützt aber als Merkmal sauberer Programmierung die Lesbarkeit des Codes.

Ein `return` kann aber auch an jeder beliebigen Stelle der Funktion stehen. Wird diese Stelle erreicht, wird die Funktion unmittelbar verlassen:

```
...
void addieren (int zahl) {
  if (zahl > 1000) {
    return;
  }
  ...
  return;
}
.....
```

Der Rücksprung aus der Funktion ist in dem Beispiel erreicht, sobald der Wert des Parameters `zahl` größer als 1000 ist.

5.10.6 Rückgabe von Ergebnissen

Das Ende einer Funktion löscht alle in der Funktion angelegten lokalen Variablen und Argumente, sodass sie für die folgenden Programmschritte nicht mehr zur Verfügung stehen. So ist es also zunächst einmal nicht möglich, einen lokalen Wert als Speicherplatz zu verwenden, der von Funktionsaufruf zu Funktionsaufruf bestehen bleibt. Ein fehlerhaftes Beispiel sieht so aus:

```
void addieren() {
  int zahl = 0;
  zahl++;
  return;
}
...
addieren();
```

Nach jedem Funktionsdurchlauf hat die Variable `zahl` den Wert `1`; auch ist der Zugriff von anderen Programmteilen ausgeschlossen.

Sie haben mehrere Möglichkeiten, diesem Fehler entgegenzuwirken.

Rückgabewert in einer globalen Variablen

Die erste Möglichkeit besteht darin, Ergebnisse in globalen Variablen zu speichern. Dies hat allerdings den Nachteil, dass unter Umständen unnötig viel Speicherplatz reserviert wird. Darüber hinaus führt es zu Einschränkungen hinsichtlich der Wiederverwertbarkeit einer Funktion.

```
int zahl = 0;
...
void addieren() {
  zahl++;
  return;
}
...
addieren();
```

Rückgabe als Wert von return

Eine elegantere Verfahrensweise ist es, mit Rückgabewerten zu arbeiten:

```
int addieren (int zahl) {
  zahl++;
  return zahl;
}
...
int ergebnis = addieren (10);
```

In dem Beispiel wird also eine Funktion addieren mit einem Parameter vom Typ Integer (zahl) und einem Rückgabewert vom Typ Integer definiert. Durch den Funktionsaufruf addieren (10) wird in die Variable ergebnis, die selbstverständlich ebenfalls vom Typ Integer sein muss, das Additionsergebnis 11 eingetragen.

Grundsätzlich ist es möglich, jeden Datentyp – also auch selbst definierte – als Rückgabewert vorzusehen.

[i]

Rückgabewert beim Programmende

Rückgabewerte beim Programmende spielen in der Programmierung von Mikrocontrollern an sich keine Rolle, da hier die Programme permanent in einer Endlosschleife laufen und daher die Analyse der korrekten Abarbeitung eines Programms durch folgende Programme oder Prozeduren nicht erforderlich ist.

In anderen Anwendungsumgebungen kann es allerdings durchaus von Bedeutung sein, zu wissen, ob das Programm fehlerfrei abgelaufen ist. Allerdings gibt es hierzu keine allgemeingültige Regelung. Unter Linux gilt beispielsweise ein Rückgabewert 0 als fehlerfreie Programmbeendigung. In C bzw. C++ stehen in der Bibliothek stdlib.h die Makros EXIT_SUCCESS und EXIT_FAILURE zur Verfügung (return EXIT_FAILURE).

Rückgabe über einen Zeiger

In diesem Fall befindet sich der Rückgabewert in der Adresse einer Variablen, die als Parameter übergeben wurde:

```
#include <stdlib.h>

void addiere(int *summand1, int *summand2, int *summe) {
  *summe = *summand1 + *summand2;
}
int main(void) {
int zahl1 = 2;
int zahl2 = 5;
int summe;
addiere(&zahl1, &zahl2, &summe);        // summe ist 7

return 0;
}
```

5.11 Funktionen nutzen: Ihr Werkzeugkasten

In diesem Abschnitt geht es um »vorgefertigte« Funktionen für übliche, häufig auftretende Anwendungsfälle. Sie sind entweder »im Grundpaket« enthalten oder können über `#include` aus Bibliotheken hinzugeladen werden.

5.11.1 Zeitfunktionen

Zeitfunktionen müssen das Messen einer Zeitspanne und das Warten oder Pausieren über eine gewisse Zeit abdecken. Für jede dieser beiden Kategorien bietet die Arduino IDE zwei Versionen:

- eine für Millisekunden (1 Sekunde sind 1.000 Millisekunden) und
- eine für Mikrosekunden (1 Millisekunde sind 1.000 Mikrosekunden).

Die Auflösung der gemessenen Zeitwerte hängt vom Prozessortakt ab. Der ESP32-Prozessor läuft mit 160 MHz, d. h., er kann bis zu 160 Millionen Instruktionen pro Sekunde ausführen. Das setzt auch die unterste Grenze für die Auflösung gemessener Zeitwerte fest: Jeder Zyklus ist genau 0,00625 Mikrosekunden lang. Dies ist allerdings insofern ein theoretischer Wert, als durch den Aufruf von Zeitfunktionen oder andere Nebenwirkungen (wie z. B. periodische Interrupts) Verzögerungen auftreten können.

Arduino IDE

Die Arduino IDE bietet vier Zeitfunktionen an, die Tabelle 5.3 zeigt.

Funktion	Auswirkung
`delay(ms)`	Unterbricht das Programm für die als Parameter `ms` angegebene Zeit in Millisekunden.
`delayMicroseconds(us)`	Unterbricht das Programm für die als Parameter `us` angegebene Zeit in Mikrosekunden. Obwohl der Wert beim ESP32 über 32.000 liegen kann, sollte bei Werten über 1.000 die `delay()`-Funktion verwendet werden.

Tabelle 5.3 Zeitfunktionen in der Arduino IDE

Funktion	Auswirkung
`millis()`	Gibt die Anzahl der Millisekunden zurück, seit der ESP32 das aktuelle Programm gestartet hat (Neuladen, Reset, Programmabbruch). Die Rückgabe erfolgt mit dem Datentyp `unsigned long`. Bei einem Zeitüberlauf, der nach ca. 50 Tagen erreicht ist, beginnt der Wert wieder bei 0 (Nullstellen).
`micros()`	Gibt die Anzahl der Mikrosekunden seit dem Programmstart zurück. Die Rückgabe erfolgt ebenfalls mit dem Datentyp `unsigned long`. Bei einem Zeitüberlauf (nach ca. 70 Minuten) beginnt der Wert wieder bei 0.

Tabelle 5.3 Zeitfunktionen in der Arduino IDE (Forts.)

ESP-IDF

Das ESP-IDF ist in Bezug auf Zeitfunktionen weit weniger komfortabel. Verzögerungen sind über das Kommando `vTaskDelay()` möglich:

```
vTaskDelay(1000 / portTICK_PERIOD_MS);  // 1 Sekunde
vTaskDelay(500);                        // 500 Millisekunden
```

Da es sich um FreeRTOS-Befehle handelt und FreeRTOS mit 1 kHz arbeitet, ist eine Auflösung kleiner als Millisekunden nicht möglich. Sollte dies dennoch einmal notwendig sein, führt der Weg an einer dezidierten ESP32-Timerprogrammierung nicht vorbei (siehe *https://docs.espressif.com/projects/esp-idf/en/latest/api-reference/system/esp_timer.html*).

Das Einlesen der Rechnerzeit hingegen ist auf Mikrosekundenbasis möglich:

```
unsigned long microSekunden = esp_timer_get_time();
```

5.11.2 Mathematische und trigonometrische Funktionen

Sowohl die Arduino IDE (die Arduino-Referenz listet nicht alle verfügbaren Funktionen auf) als auch das ESP-IDF bieten den Zugriff auf eine Vielzahl *mathematischer* und *trigonometrischer Funktionen*. Während bei der Arduino IDE die Funktionen ohne weiteres Zutun zur Verfügung stehen, müssen Sie bei einem mit dem ESP-IDF entwickelten Programm unabhängig davon, ob es sich um ein C- oder ein C++-Programm handelt, die Bibliothek `math.h` mit `#include` einbinden.

Leider sind die Funktionen hinsichtlich ihrer Bezeichnungen nicht durchgängig identisch bzw. stehen nicht gleichermaßen zur Verfügung. Der Zugriff auf die Funktionen wiederum ist weitestgehend einheitlich. Dies betrifft insbesondere die Parameter (Datentyp double) und den Rückgabetyp (Datentyp double).

```
#include "math.h"          // nur bei ESP-IDF nötig
double sx = 45;            // identischer Funktionsaufruf bei allen IDEs
double sinA = sin (sx);
double sinB = sin (44);
```


Die wichtigsten Funktionen sind finden Sie in Tabelle 5.4.

Funktion	Arduino	math.h	Beschreibung	Beispiel
cos()	x	x	Berechnet den Kosinus eines Winkels.	cos(40) = -0,67
sin()	x	x	Berechnet den Sinus eines Winkels.	sin(40) = 0,75
tan()	x	x	Berechnet den Tangens eines Winkels.	tan(40) = -1,12
abs()	x	x	Berechnet den absoluten Wert einer Zahl.	abs(4.7) = 4 abs(-12.37) = 12
max()	x	–	Berechnet das Maximum zweier Zahlen.	max(3, 9) = 9
min()	x	–	Berechnet das Minimum zweier Zahlen.	min(3, 9) = 3
pow()	x	x	Berechnet den Wert einer Zahl, die auf eine Potenz erhöht wird.	pow(2, 4) = 16
sq()	x	–	Berechnet das Quadrat einer Zahl.	sq(5) = 25
sqrt()	x	x	Berechnet die Quadratwurzel einer Zahl.	sqrt(16) = 4
ceil()	x	x	Liefert den kleinsten ganzzahligen Wert, ausgehend vom Parameter.	ceil(3.4) = 3

Tabelle 5.4 Die wichtigsten mathematischen und trigonometrischen Funktionen

Funktion	Arduino	math.h	Beschreibung	Beispiel
`floor()`	x	x	Liefert den größten ganzzahligen Wert ausgehend vom Parameter.	`floor(3.4) = 4`
`fabs()`	x	x	Liefert den Absolutwert einer Zahl.	`fabs(-3.4) = 3.4`
`isnan()`	x	x	Prüft auf nicht numerische Werte (siehe Abschnitt 5.9.1).	

Tabelle 5.4 Die wichtigsten mathematischen und trigonometrischen Funktionen (Forts.)

Darüber hinaus wartet die Arduino IDE mit zwei weiteren interessanten Funktionen auf: `constrain()` und `map()`.

constrain()

Die Funktion `constrain()` beschränkt eine Zahl auf einen Bereich. Die Syntax ist:

```
constrain(x, a, b)
```

Dabei sind die Parameter (der Datentyp ist beliebig):

- `x`: die zu beschränkende Zahl
- `a`: das untere Ende des Bereichs
- `b`: das obere Ende des Bereichs

Der Rückgabewert ist:

- `x`: wenn `x` zwischen `a` und `b` liegt
- `a`: wenn `x` kleiner als `a` ist
- `b`: wenn `x` größer als `b` ist

```
int i = constrain (4, 2, 27);      // i = 4 (x zwischen a und b)
int i = constrain (2, 8, 27);      // i = 8 (x kleiner als a)
int i = constrain (44, 12, 7);     // i = 7 (x größer als b)
```

map()

Die Funktion `map()` bildet eine Zahl von einem Bereich in einen anderen ab. Die Syntax lautet:

```
map (zahl, fromLow, fromHigh, toLow, toHigh)
```

Gültige Parameter sind:

- value: die Nummer, die zugeordnet werden soll
- fromLow: die untere Grenze des aktuellen Wertebereichs
- fromHigh: die obere Grenze des aktuellen Wertebereichs
- toLow: die untere Grenze des Zielbereichs des Werts
- toHigh: die obere Grenze des Zielbereichs des Werts

Auch dies wird durch einige Beispiele deutlicher:

```
int i = map(2, 1, 10, 10, 100);   // i = 20
int i = map(1, 1, 10, 50, 100);   // i = 50
int i = map(3, 1, 10, 50, 100);   // i = 61
int i = map(9, 1, 10, 50, 100);   // i = 94
int i = map(10, 1, 10, 50, 100);  // i = 100
```

Der Hauptanwendungsfall von map() ist das Umwandeln von analogen Messergebnissen sowie das Umkehren von Tabellen (y = map(x, 1, 50, 50, 1)).

5.11.3 Zufallszahlen

Zufallszahlen – das hört sich zunächst unproblematisch an, ist es aber nicht. Denn anders als bei einem Würfel beruhen Zufallszahlen bei einem PC bzw. Mikrocontroller zunächst einmal auf einer Berechnung. Dieser liegt ein Algorithmus zugrunde, und da dieser Algorithmus statisch ist, ist auch das Rechenergebnis immer das gleiche: Generiert wird intern eine immer gleiche Zahlenreihe. Sie beginnt bei 0 und endet bezüglich des ESP32 bei 2.147.483.647. Das Zustandekommen dieser Zahlenreihe ist, egal ob Sie nun die Arduino IDE oder das ESP-IDF nutzen, prinzipiell identisch. Die Methode, um Zufallszahlen zu erhalten, unterscheidet sich jedoch.

Arduino IDE

Die Arduino IDE kennt zunächst die Funktion random(). Die Syntax ist:

```
random (max)
random (max, min)
```

Der Rückgabewert der Funktion ist vom Datentyp long. Fehlt der Parameter min, wird 0 als Minimalwert angenommen.

```
long l;
l = random (10);          // l hat einen Wert zwischen 0 und 10
l = random (5, 10);       // l hat einen Wert zwischen 5 und 10
```

Die Arduino-Funktion random() scheint auf den ersten Blick das Problem der immer gleichen Zahlensequenz nicht zu kennen; die (Pseudo-)Zufallszahlen wirken zufällig. Ein Beispiel sieht so aus:

```
for (int j = 0; j < 5; j++){
  for (int k = 0; k < 10; k++){
    Serial.print (" " + String(random(10) ) );
  }
  Serial.println();
}
```

Die Ausgabe ist dann beispielsweise:

```
8 2 8 9 5 2 3 9 2 9
7 3 8 5 6 7 3 9 1 2
6 5 1 7 3 4 0 6 3 6
4 3 8 3 1 3 4 6 9 4
1 5 4 8 3 2 6 7 4 7
```

Diese Zahlensequenz ist jedoch bei jedem Programmstart immer wieder dieselbe; mithin handelt es sich nicht um »echte« Zufallszahlen, sondern um Pseudozufallszahlen, und auch das nur in bescheidenen Grenzen.

Dem versucht die Funktion randomSeed() (*seed*, dt. »Samen«) zu begegnen. Sie initialisiert den Pseudozufallszahlengenerator, wodurch er an einem beliebigen Punkt in seiner Zufallsfolge startet. Die Syntax ist:

```
randomSeed (seed)
```

Der Parameter seed gibt den Startpunkt in der Reihe der Pseudozufallszahlen an. Damit jedoch der Startpunkt nicht nach jedem Programmstart identisch ist, sollte sich der Parameterwert von einer tatsächlich sich verändernden Zahl ableiten, z. B. von der Zeit. Sie muss vor der erstmaligen Anwendung der Funktion random() stehen:

```
randomSeed (irgendeineZeitVariable);
...
random (10);
```

ESP-IDF

Das ESP-IDF kämpft mit demselben Problem. Die Funktion heißt dort rand() und ist auch in der Bibliothek stdlib.h enthalten. Der Rückgabewert der parameterlosen Funktion ist vom Datentyp long. Er bewegt sich zwischen 0 und dem Maximalwert RAND_MAX.

```
long l = rand(10);
```

Das bereits bekannte Beispiel einer Programmsequenz sieht in diesem Fall so aus:

```
#include <stdlib.h>
...
for (int j = 0; j < 5; j++){
  for (int k = 0; k < 10; k++){
    printf("%dl ", rand());
 }
  printf("\n");
}
```

Die Ausgabe ist dann beispielsweise:

```
16816927771 17146369151 19577477931 4242383351 7198853861 ...
7833686901 11025200591 20448977631 19675139261 13651805401 ...
2947025671 17269564291 3364657821 8610215301 2787228621 ...
13156340221 6357230581 13691330691 11258981671 10599613931 ...
```

Auch hier ist die Zahlensequenz bei jedem Programmstart immer wieder gleich. Die Funktion `srand()` sorgt für Abhilfe; sie arbeitet genauso wie die Funktion `randomSeed()`. Die Syntax ist:

```
srand (seed)
```

Das Problem von unteren und oberen Grenzwerten lässt sich mit der Modulo-Anweisung umschiffen:

```
int mn = 4, mx = 9;         // mn = Minimalwert, mx = Maximalwert
long r = (rand() % (mx - mn + 1) ) + mn;
```

5.12 Klassen und objektorientierte Programmierung

In den Anfängen rechnergestützter Informationsverarbeitung lag der Schwerpunkt der Programmierung darauf, einzelne Schritte zur Lösung einer Aufgabe als Anweisungen an den Rechner zu codieren. Erst später hat sich ein anderer Ansatz herausgebildet, der besser für komplexe Anforderungen geeignet ist. Diese Betrachtungsweise versucht, Objekte aus der realen Welt auf dem Rechner abzubilden und ihnen eine Identität und Verhaltensweisen zuzuordnen. So ist ein Auto beispielsweise durch seine Farbe, seinen Hersteller, seine PS-Zahl usw. gekennzeichnet; es kann geradeaus fahren, hupen oder blinken.

Die Beschreibung oder das Abbild eines Objekts (Auto) wird in der Welt der Informationsverarbeitung als *Klasse* bezeichnet. Diese Benennung unterscheidet sich damit nicht allzu sehr von der realen Welt, in der dieser Begriff durchaus auch verwendet wird (Mittelklasseauto, Luxusklasse). Die Luxusklasse unterscheidet sich hier vielleicht von der Mittelklasse eines Autos durch das Vorhandensein von Fahrassistenzsystemen oder durch einen besonderen Pannenservice des Herstellers.

Es gibt also eine Unterscheidung zwischen der Beschreibung eines Objekts (Auto der oberen Mittelklasse) und dem konkreten Objekt selbst (BMW 750i). Die Beschreibung besteht aus Attributen (*Eigenschaften*) und Operationen (*Methoden*). Für das Beispiel `Luxusklasseauto` könnte das so aussehen:

- Attribut:
  - Hersteller
  - Farbe
  - Fahrassistenzsystem
  - ...
- Operation:
  - fahren in Richtung
  - blinken
  - hupen
  - ...

Daher ist eine Klasse (Beschreibung) eine Blaupause für verschiedene konkrete Objekte (BMW 750i, Mercedes 500 SL).

Wird dieser Ansatz auf die Softwareentwicklung angewendet, führt er zu einem neuen Datentyp, nämlich einem abstrakten Datentyp. Eine Klasse beschreibt eine Datenstruktur, nach deren Muster die konkreten Objekte erzeugt werden. Der Compiler erhält damit eine Beschreibung von Objekten, die später definiert werden. Insofern findet sich auch hier das bekannte Muster von Deklaration und Definition, das Sie bereits vom Umgang mit Variablen kennen. Das heißt, dass die Beschreibung bzw. das Anlegen einer Klasse noch nicht dazu führt, dass Speicherplatz belegt wird. Erst durch die Definition eines Objekts wird Speicherplatz reserviert und mit einem Bitmuster beschrieben.

Die Syntax einer Klasse ist:

```
class Klassenname {
  public:
    attribut;
    funktion();
  private:
    attribut;
}
```

Selbstverständlich ist es möglich, jeweils mehrere Attribute und Funktionen zu deklarieren.

Da die objektorientierte Programmierung sehr wichtig ist, möchte ich sie Ihnen anhand eines Beispiels erläutern. Dabei soll ein Kreis beschrieben werden, der unterschiedliche Eigenschaften hat:

- Umrandung (vorhanden oder nicht)
- Farbe der Kreisfläche als numerisches Kennzeichen
- Radius

Eine Funktion übernimmt abschließend die Berechnung des Kreisumfangs.

5.12.1 Deklarieren einer Beispielklasse klasseKreis

Für den Beginn – auf das Allernötigste reduziert – reicht Folgendes:

```
class klasseKreis {          // eine Klasse
  public:
    bool umrandung;          // ein Attribut
    int farbKz;
  private:
};
```

Mit dem Schlüsselwort `class` wird eine Klasse des Namens `klasseKreis` deklariert. In einem Bereich `public` befinden sich die Variablen `umrandung` und `farbKz`.

Diese Klasse muss im Programm (z. B. bei der Definition globaler Variablen) einem konkreten Objekt zugeordnet werden:

```
klasseKreis objektKreis1();
```

Das Objekt ist nun definiert, sodass der Zugriff auf die Attribute möglich ist.

```
objektKreis1.umrandung = true;   // Setzen des Attributs umrandung
Serial.print   ("Umrandung: ");
Serial.println (objektKreis1.umrandung);
```

Im seriellen Monitor wird nun »Umrandung: 1« ausgegeben.

5.12.2 Funktionen für eine Klasse einrichten

Hierfür gibt es zwei Möglichkeiten:

- innerhalb der Klasse
- außerhalb der Klasse

Die erweiterte Beispielklasse hat dann folgenden Aufbau:

```
class klasseKreis {          // eine Klasse
  public:
    bool umrandung;          // ein Attribut
    int farbKz;
    void methodeAussen();  // Funktionsdeklaration außerhalb der Klasse
    void methodeInnen() {  // Funktionsdeklaration innerhalb der Klasse
       Serial.println ("Methode / Funktion innerhalb der Klasse definiert");
    };
  private:
};
// Methode/Funktion außerhalb der Klasse definiert
void klasseKreis::methodeAussen() {
  Serial.println ("Methode / Funktion ausserhalb der Klasse definiert");
}
```

Der Aufruf im Programm ist in beiden Fällen identisch. Wer die Klasse aufruft, sieht ja in der Regel nicht die interne Implementierung der Klasse `Kreis`.

```
objektKreis1.methodeAussen();
objektKreis1.methodeInnen();
```

Die Ausgaben im seriellen Monitor sind entsprechend.

5.12.3 Mit Konstruktoren arbeiten

Ein *Konstruktor* ist in C++ eine spezielle Methode, die automatisch bei der Definition einer Klasse abläuft. In gewisser Hinsicht ist dies das Setup der Klasse. Die Deklaration eines Konstruktors erfolgt im `public`-Bereich einer Klasse; sein Name entspricht dem Klassennamen. Die Syntax eines Konstruktors kommt der einer Funktion gleich:

```
class klasseKreis {          // eine Klasse
  public:
    bool umrandung;          // ein Attribut
    int farbKz;
    klasseKreis (int f) {  // Konstruktor
      Serial.println ("Konstruktor");
      farbKz = f;
    }
    ...
```

Die Definition eines Objekts erhält nun einen Parameter:

```
klasseKreis objektKreis1(1);
```

Das Erstellen des Objekts objektKreis1 führt nun zu einer Ausgabe »Konstruktor« im seriellen Monitor, das Attribut farbKz erhält den Wert 1.

5.12.4 Die Zugriffsspezifizierer einsetzen

Die Schlüsselwörter public und private sind *Zugriffsspezifizierer*. Sie kennzeichnen, ob Attribute oder Methoden einer Klasse außerhalb der Klasse »sichtbar« sind und von dort angesprochen werden können. Bei allen Elementen, die dem Bereich public zugeordnet sind, ist dies möglich, bei Elementen mit dem Schlüsselwort private nicht.

So soll der Bereich private eine Variable radius erhalten:

```
class klasseKreis {         // eine Klasse
  public:
    bool umrandung;         // ein Attribut
    int farbKz;
    klasseKreis (int f) {  // Konstruktur
      Serial.println ("Konstruktor");
      farbKz = f;
    }
    void methodeAussen();  // Funktionsdeklaration außerhalb der Klasse
    void methodeInnen() {  // Funktionsdeklaration innerhalb der Klasse
       Serial.println ("Methode/Funktion innerhalb der Klasse definiert");
    };
  private:
    int radius;
};
// Methode/Funktion außerhalb der Klasse definiert
void klasseKreis::methodeAussen() {
  Serial.println ("Methode/Funktion außerhalb der Klasse definiert");
}
```

Ein Versuch, mit z. B.

```
int radiusNeu = objektKreis1.radius;
```

auf den Radius des Objekts objektKreis1 zuzugreifen, würde zu einem Compilerfehler führen. Ein Zugriff ist nur über eine Funktion möglich, die innerhalb des Zugriffsspezifizierers public deklariert ist:

```
class klasseKreis {
  public:
    ...
    void setRadius (int r) {
```

```
    radius = r;
  }
  ...
```

Der Aufruf im Programm erfolgt dann mit:

```
objektKreis1.setRadius(11);
```

Das Gegenstück zu einer set-Funktion, die den Wert einer Variablen setzt, ist die get-Funktion, die eine private-Variable ausliest. Oftmals spricht man auch von *Setter* und *Getter*.

Voreinstellung des Zugriffsspezifizierers beachten

Ist kein Zugriffsspezifizierer genannt, sind alle Variablen und Funktionen der Klasse bei C++ per Voreinstellung private.

Listing 5.7 zeigt das komplette Beispiel auf einen Blick, ergänzt um eine Funktion zur Berechnung des Volumens:

```
class klasseKreis {         // eine Klasse
  public:                   // von außen ansprechbar
    bool umrandung;         // ein Attribut
    int farbKz;
    klasseKreis (int f) {   // Konstruktor
      Serial.println ("Konstruktor");
      farbKz = f;
    }
    void methodeAussen();   // Funktionsdeklaration außerhalb der Klasse
    void methodeInnen() {   // Funktionsdeklaration innerhalb der Klasse
       Serial.println ("Methode/Funktion innerhalb der Klasse definiert");
    };
    void setRadius (int r) {
      radius = r;
    }
    int getRadius() {
      return radius;
    }
    int umfang (void) {
      return 2 * 3.14 * radius;
    }
  private:                // nicht von außen ansprechbar
    int radius;
};
```

```
// Methode/Funktion außerhalb der Klasse definiert
void klasseKreis::methodeAussen() {
  Serial.println ("Methode/Funktion außerhalb der Klasse definiert");
}

void setup() {
  Serial.begin (115200);
  delay (2);
  // erstellt ein Objekt/eine Instanz der Klasse klasseKreis
  klasseKreis objektKreis1 (1);
  Serial.print   ("Farbkennzeichen: ");
  Serial.println (objektKreis1.farbKz);
  objektKreis1.umrandung = true;   // Setzen des Attributs umrandung
  Serial.print   ("Umrandung: ");
  Serial.println (objektKreis1.umrandung);
  objektKreis1.methodeAussen();    // Methode aufrufen
  objektKreis1.methodeInnen();     // Methode aufrufen
  objektKreis1.setRadius(9);       // Methode aufrufen
  Serial.print   ("Radius: ");
  Serial.println (objektKreis1.getRadius());
  Serial.print   ("Umfang: ");
  Serial.println (objektKreis1.umfang());
}

void loop() {
  ...
}
```

Listing 5.7 Beispiel einer Klasse in C++

Die Ausgabe im seriellen Monitor sehen Sie in Abbildung 5.2.

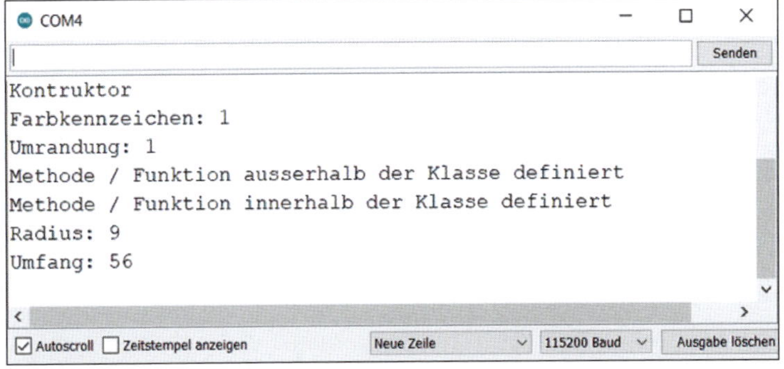

Abbildung 5.2 Klasse in einem Sketch: Beispielsketch

5.12.5 Klassen in der Arduino IDE

In der Arduino IDE bzw. bei der Programmierung kommen Klassen bevorzugt zum Einsatz, sobald Sie sich für benötigte Funktionen aus Librarys bedienen. Sie kennen in der Regel nur den Namen der Bibliothek, den Namen der Klasse sowie die Attribute und Methoden, die den Objekten dieser Klasse zugeordnet sind. Die eigentlichen Codezeilen bleiben Ihnen jedoch verborgen. Sie begegnen diesem Schema in den folgenden Kapiteln nahezu durchgängig. Dies ist grundlegend, deshalb soll ein kleines Beispiel die Zusammenhänge erläutern.

Dabei geht es um eine Klasse `kugel` mit einem Attribut `radius`. Das Attribut erhält bei der Definition des Objekts standardmäßig den Wert 1; alternativ soll aber die Möglichkeit bestehen, andere Werte zu übergeben. Die einzige Methode dieser Klasse `kugel` ist, den Umfang auszugeben.

Der Code verteilt sich auf drei Dateien:

- *kugel.h* (siehe Listing 5.8)
- *kugel.cpp* (siehe Listing 5.9)
- den kugel-Sketch (siehe Listing 5.10)

```
class kugel {                // eine Klasse namens kugel wird definiert
  public:                    // von außen ansprechbar
    kugel();                 // Konstruktor
    kugel(int r);            // Konstruktor mit Variable
    float volumen();
  private:                   // nicht von außen ansprechbar
    int radius;
};
```

Listing 5.8 Die Klasse »kugel.h«

```
#include "kugel.h"
kugel::kugel() {
  kugel::radius = 1;
}
kugel::kugel(int r) {
  kugel::radius = r;
}
float kugel::volumen() {
  float v = 4 / 3 * 3.14 * kugel::radius * kugel::radius * kugel::radius;
  return v;
}
```

Listing 5.9 Die Klasse »kugel.cpp«

```
#include "kugel.h"
void setup() {
  Serial.begin (115200);
  delay (2);
  kugel kugel1;
  Serial.println();
  Serial.print   ("Volumen: ");
  Serial.println (kugel1.volumen());
  kugel kugel2(20);
  Serial.print   ("Volumen: ");
  Serial.println (kugel2.volumen());
}
void loop() {
  ...
}
```

Listing 5.10 Die Klasse im »kugel«-Sketch

Bemerkenswert sind die beiden verschiedenen Konstruktoren, die einmal parameterlos (`kugel kugel1`) und einmal mit einem Wert (`kugel kugel2 (20)`) versehen sind. Die Konstruktoren verhalten sich also wie übliche C++-Funktionen, bei denen auch die Möglichkeit besteht, Funktionen gleichen Namens, aber unterschiedlicher Parametrisierung zu codieren.

Bei Ausführung des Sketchs zeigt der serielle Monitor die Ausgabe in Abbildung 5.3.

Abbildung 5.3 Klasse in der Arduino IDE – Beispielsketch »kugel«

5.13 Die String()-Klasse

Strings sind Ketten einzelner `char`-Zeichen, die mit dem Endezeichen `\0` (Null-Zeichen) abschließen. Das Endezeichen müssen Sie immer in die Länge der Zeichenkette einbeziehen!

In C++ bzw. Arduino kommen üblicherweise zwei String-Typen zum Einsatz:

- C-Strings, also Strings nach C-Syntax (siehe das Beispiel `char[]` aus Abschnitt 5.4)
- Strings, die Objekte der String-Klasse sind

Die Klasse `String()` (Header `<string>`) kann in den meisten Fällen C-Strings ersetzen. Sie ist nicht nur verständlicher, sondern auch einfacher anzuwenden. Insbesondere die Arduino IDE bietet hier komfortable Möglichkeiten. Die meisten Beispiele in diesem Buch machen von ihr Gebrauch, und Sie sollten sie auch für Ihre eigenen Projekte nutzen.

String()

`String()` erstellt ein Objekt der Klasse `String()`.

```
String str;                   // Standardkonstruktor, leerer String
str="Konstante ";             // Wertzuweisung konstanter String
str=String('a');              // Konvertieren eines konstanten char
str=String("Test");           // Konvertieren eines konstanten String
str=String(stringT + "?"); // zwei Strings zusammensetzen
str=String(13);               // konstanter int; stringT = 13
str=String(23, DEC);          // Konstante mit einer DEC-Basis; stringT = 23
str=String(millis(), DEC);
str=String(45, HEX);          // Konstante mit einer HEX-Basis; stringT = 2d
str=String(5.698, 3);         // Konst. float mit Dezimalstellen; stringT =
                              // 5.689
```

reserve()

`reserve()` weist einen Puffer für die Bearbeitung von Strings zu. Die Methode kommt zum Einsatz, wenn die ungefähre Größe eines Strings (der z. B. durch Verkettung von Teilstrings entsteht) von Anfang an in einem Speicherblock in ausreichendem Umfang reserviert werden soll. Die Syntax ist:

```
<stringVariable>.reserve()
```

Und auch hier hilft wieder ein Beispiel:

```
String stringRes;
stringRes.reserve(26);
stringRes = "... und Inhalt ";
stringRes += "einfügen !";     // stringRes = "...und Inhalt einfügen !"
```

length()

`length()` liefert als Rückgabewert die Länge der Zeichenfolge in Zeichen *ohne* nachfolgendes Null-Zeichen zurück. Die Syntax ist:

```
<stringVariable>.length()
```

In der Anwendung sieht dies so aus:

```
str = "Dies ist nie ein Test-String ";
int i = str.length();     // i = 29
```


Der String `str` ist Grundlage für die folgenden Beispiele.

charAt()

`charAt()` liefert als Rückgabewert ein bestimmtes Zeichen eines Strings. Die Nummerierung (`n`) beginnt bei 0. Die Syntax ist:

```
<stringVariable>.charAt(n)
```

Ein Beispiel für die Arduino IDE sieht so aus:

```
char c = str.charAt(3);  // c = s
```

Selbstverständlich ist auch die C-Syntax möglich:

```
char c = str [3];        // c = s
```

substring()

`substring()` extrahiert einen Teilstring eines Strings ab einer bestimmten Position (Startindex) bis zu einer weiteren Position (Endindex). Der Startindex ist inklusive (das entsprechende Zeichen ist also in der Teilzeichenfolge enthalten). Der optionale Endindex ist jedoch exklusive (das entsprechende Zeichen ist demnach nicht in der Teilzeichenfolge enthalten). Ohne Endindex erstreckt sich der Teilstring bis zum Ende des Strings. Die Syntax ist:

```
<stringVariable>.substring (von)
<stringVariable>.substring (von, bis)
```

Ein Beispiel sieht so aus:

```
String substr = str.substring(17, 21);    // substr = Test
```

indexOf()

`indexOf()` sucht entweder von Beginn oder aber ab einer bestimmten Position ein Zeichen bzw. eine Zeichenfolge in einem String. Die Syntax ist:

```
<stringVariable>.indexOf(suchString, index)
<stringVariable>.indexOf(suchString)
```

Der Rückgabewert ist der Index (beginnend bei 0) des Suchwerts innerhalb der zu untersuchenden String-Variablen oder –1, falls nichts gefunden wurde.

```
i = stringT.indexOf("ist", 2);          // i = 5
```

lastIndexOf()

`lastIndexOf()` sucht entweder vom Ende oder aber ab einer bestimmten Position ein Zeichen bzw. eine Zeichenfolge in einem String. Die Syntax ist:

```
<stringVariable>.lastIndexOf(suchString, index)
<stringVariable>.lastIndexOf(suchString)
```

Der Rückgabewert ist der Index (beginnend bei 0) des Suchwerts innerhalb der zu untersuchenden String-Variablen oder –1, falls nichts gefunden wurde.

```
i = stringT.indexOf("ie", 1);           // i = 1
i = stringT.lastIndexOf("ie");          // i = 10
```

concat()

`concat()` fügt den Parameter an einen String an und liefert als Rückgabewert `true`, wenn das Anfügen erfolgreich war, andernfalls `false`. Die Syntax ist:

```
<stringVariable>.concat(parameter)
```

Als Parameter erlaubte Datentypen sind: `string`, `char`, `byte`, `int`, `unsigned int`, `long`, `unsigned long`, `float` und `double`.

```
i = str.concat(" !");     // str = ".. Test-String!"
str += str("!");          // str = ".. Test-String!!"
```

remove()

`remove()` löscht Zeichen ab einer angegebenen Position aus einem String. Das Löschen erfolgt bis zum String-Ende, wenn keine Anzahl zu löschender Zeichen angegeben ist. Die Syntax lautet:

```
<stringVariable>.remove(position)
<stringVariable>.remove(position, anzahl)
```

Beispiel:

```
str.remove(9, 4);         // löscht die Zeichen "nie"
```

replace()

`replace()` ersetzt bestimmte Zeichen oder Zeichenketten durch ein anderes Zeichen oder eine andere Zeichenkette. Die Syntax ist:

```
<stringVariable>.replace(suchString, ersatzString)
```

Ein Beispiel sieht so aus:

```
str.replace("ist", "war");
```


setCharAt()

`setCharAt()` ändert ein Zeichen an einer bestimmten Position eines Strings. Die Syntax ist:

```
<stringVariable>.setCharAT (position, zeichen)
```

Auch dazu ein Beispiel:

```
str.setCharAt(17, '_');  // ergibt ".. Test_String .. "
```

trim()

Die Methode `trim()` ändert die Variable, indem sie führende und nachgestellte Leerzeichen löscht. Die Syntax lautet:

```
<stringVariable>.trim()
```

Und auch hierzu folgt ein Beispiel:

```
String strTrim = "  Test        ";
strTrim.trim();           // ergibt "Test"
```

startsWith()

`startsWith()` prüft, ob ein String mit den Zeichen eines anderen Strings beginnt. Die Syntax ist:

```
<stringVariable>.startsWith (string)
```

Der Rückgabewert ist `true`, wenn der zu überprüfende String mit den Zeichen des Parameters `string` beginnt, andernfalls `false`. Ein Beispiel:

```
i = stringT.startsWith("Di");      // i = true
i = stringT.startsWith("XYZ");     // i = false
```

endsWith()

`endsWith()` prüft, ob ein String mit den Zeichen eines anderen Strings endet. Die Syntax ist:

```
<stringVariable>.endsWith (string)
```

Der Rückgabewert ist true, wenn der zu überprüfende String mit den Zeichen des Parameters string beginnt, andernfalls false:

```
i = stringT.endsWith("!!");          // i = true
i = stringT.endsWith("XYZ");         // i = false
```

equals()

equals() prüft zwei Zeichenfolgen auf Gleichheit. Die Funktion ist *case-sensitive*, d. h., es wird zwischen Groß- und Kleinschreibung unterschieden. Die Syntax ist:

```
<stringVariable>.equals (string)
```

Der Rückgabewert ist bei Übereinstimmung true, andernfalls false.

```
String str2 = "ok";
i = str2.equals ("ok");              // i ist true
i = str2.equals ("OK");              // i ist false
```

equalsIgnoreCase()

equalsIgnoreCase() prüft zwei Zeichenfolgen auf Gleichheit. Die Funktion ist *nicht case sensitive*. Die Syntax ist:

```
<stringVariable>.equalsIgnoreCase (string)
```

Der Rückgabewert ist bei Übereinstimmung true, andernfalls false.

```
String str2 = "ok";
i = str2. equalsIgnoreCase ("OK");  // i ist true
i = str2. equalsIgnoreCase ("xy");  // i ist false
```

compareTo()

compareTo() vergleicht zwei Strings daraufhin, ob sie gleich sind oder ob einer vor oder nach dem anderen kommt. Die Zeichenfolgen werden zeichenweise auf Basis der ASCII-Werte verglichen (a liegt vor b, aber nach A; Zahlen stehen vor Buchstaben). Damit Gleichheit gegeben ist, müssen die Strings in Länge und Inhalt identisch sein. Die Syntax ist:

```
<stringVariable>.char(<vergleichsString>)
```

Der Rückgabewert ist

- eine negative Zahl, wenn stringVariable vor vergleichsString steht,
- 0, wenn stringVariable gleich stringVariable ist, oder
- eine positive Zahl, wenn stringVariable nach vergleichsString steht.

Auch hier hilft wieder ein Beispiel:

```
Int i;
i = str.compareTo (str);          // i = 0
i = str.compareTo ("Aa");         // i  ist positiv
i = str.compareTo ("Zz");         // i ist negativ
```

c_str()

c_str() überträgt den Inhalt eines Strings als nullterminierte Zeichenfolge im C-Stil. Dies eröffnet den direkten Zugriff auf den internen String-Puffer und erfordert deshalb besondere Sorgfalt. Die Syntax ist:

```
<stringVariable>.c_str()
```

Der Rückgabewert ist ein Zeiger auf die C-Style-Version des aufrufenden Strings.

```
char *cstr = stringT.c_str();     // der Zeiger ist in der Variablen cstr
```

getBytes()

getBytes() überträgt eine Zeichenfolge einer bestimmten Länge von einem String in einen Puffer vom Datentyp byte. Die Syntax ist:

```
<stringVariable>.getBytes(puffer, laenge)
```

Beispiel:

```
byte bufByte[30];
str.getBytes(bufByte, 9);        // bufByte enthält "Dies war"
```

toCharArray()

toCharArray() überträgt eine Zeichenfolge einer bestimmten Länge von einem String in einen Puffer vom Datentyp char. Die Syntax ist:

```
<stringVariable>.toCharArray(puffer, laenge)
```

Beispiel:

```
byte bufChar[30];
str.toCharArray(bufChar, 9);     // bufChar enthält "Dies war"
```

toLowerCase()

toLowerCase() wandelt einen String in Kleinbuchstaben um. Die Syntax ist:

```
<stringVariable>.toLowerCase()
```

Beispiel:

```
str.toLowerCase();              // str ist "dies war ... "
```

toUpperCase()

`toUpperCase()` wandelt einen String in Großbuchstaben um. Die Syntax ist:

```
<stringVariable>.toUpperCase()
```

Beispiel:

```
str.toUpperCase();              // str ist "DIES WAR ... "
```

toInt()

`toInt()` wandelt einen gültigen String in eine Ganzzahl um, sofern der String mit einer Ziffer beginnt. Die Syntax ist:

```
<stringVariable>.toInt()
```

Der Rückgabewert ist bei ungültiger Konvertierung 0.

```
str = "1234.956 xyz";
long l = str.toInt();            // l = 1234
```

toFloat()

`toFloat()` wandelt einen gültigen String in eine Variable vom Datentyp `float` um, sofern der String mit einer Ziffer beginnt. Die Dezimalstellen werden gerundet. Die Syntax ist:

```
<stringVariable>.toFloat()
```

Der Rückgabewert ist bei ungültiger Konvertierung 0.

```
str = "1234.956 xyz";
float f = str.toFloat();         // l = 1234.96!!
```

toDouble()

`toDouble()` wandelt einen gültigen String in eine Variable vom Datentyp `double` um, sofern der String mit einer Ziffer beginnt. Die Dezimalstellen werden gerundet. Die Syntax ist:

```
<stringVariable>.toDouble()
```

Der Rückgabewert ist bei ungültiger Konvertierung 0.

```
str = "1234.956 xyz";
double d = str.toDouble();        // l = 1234.96!!
```

Tabelle 5.5 soll – ansatzweise und mit Vorbehalt – einen Überblick über vergleichbare String-Funktionen in C, C++ und Arduino geben. Auch ist bei vielen Details Vorsicht geboten: Obwohl in manchen Fällen Namensgleichheit besteht, ist der Funktionsaufruf unterschiedlich parametrisiert.

Funktionalität	C	C++	Arduino
Variable erstellen	char[]	string()	String()
Platz reservieren		reserve()	reserve()
Länge	strlen()	length()	length()
Bestimmtes Zeichen extrahieren		at()	charAt()
Bestimmten String extrahieren		substr()	substr()
String suchen, vorwärts		find()	indexOf()
String suchen, rückwärts		rfind()	lastIndexOf()
String ergänzen	strcat()	append()	concat()
Zeichen löschen		erase()	remove()
Mehrere Zeichen ersetzen		replace()	replace()
Ein Zeichen ersetzen			setCharAT()
Leerzeichen löschen			trim()
Vergleich der ersten Zeichen			startsWith()
Vergleich der letzten Zeichen			endsWith()
String vergleichen (case-sensitive)			equals()
String vergleichen (nicht case-sensitive)			equalsIgnoreCase()
String vergleichen >, <, =	strcmp()	compare()	compareTo()
String in C-Style wandeln		c_str()	c_str()

Tabelle 5.5 String-Funktionen im Überblick

Funktionalität	C	C++	Arduino
String in Puffer übertragen	strncpy()	copy()	getBytes()
String in Puffer übertragen	strncpy()	copy()	toCharArray()
in Kleinbuchstaben			toLowerCase()
in Integer-Wert	atoi()	stoi()	toInt()
in Float-Wert	atof()	stof()	toFloat()
in Double-Wert		stod()	toDouble()

Tabelle 5.5 String-Funktionen im Überblick (Forts.)

C++/C-Funktionalitäten für Strings

C++ bietet eine Fülle weiterer Funktionen bezüglich der Behandlung von Strings. Einen guten Überblick gibt Ihnen *http://www.cplusplus.com/reference/string/*.

C ist in diesem Bereich deutlich schwächer aufgestellt: In C müssen Sie entsprechende Funktionalitäten selbst implementieren.

5.14 Serielle Aus- und Eingabe

Eine Möglichkeit der Kommunikation zwischen Mikrocontroller und anderen Geräten (z. B. mit dem PC) ist der Weg über die *serielle Schnittstelle* (auch als *UART* oder *USART* bezeichnet). Über sie wird der Mikrocontroller geflasht, und sie ist auch erste Wahl bei der Programmentwicklung, wenn der Programmablauf verfolgt werden soll.

Nutzen Sie möglichst die Methoden der Klasse `Serial`, die von der Arduino IDE zur Verfügung gestellt wird.

begin()

`begin()` öffnet eine serielle Verbindung und spezifiziert die Datenübertragungsrate. Optional ist es möglich, über einen Parameter Daten-, Paritäts- und Stoppbits zu konfigurieren. Die Syntax ist:

```
Serial.begin(baudrate)
Serial.begin(baudrate, bitConfig)
```

Beispiel:

```
Serial.begin(115200);     // Baudrate 115200, Standardwerte für bitConfig
```

end()

`end()` beendet eine serielle Verbindung (unter Umständen, um die Pins für andere Funktionen zu nutzen). Es ist dann ein erneuter Verbindungsaufbau mit `Serial.begin()` erforderlich. Die Syntax dazu:

```
Serial.end()
Serial.begin(baudrate, bitConfig)
```

print()

`print()` gibt ein oder mehrere Zeichen an die serielle Verbindung aus. Die Syntax ist:

```
Serial.print(zeichen)
Serial.begin(zeichen, parameter)
```

Beispiele:

```
Serial.print(37);         // gibt 37 aus
Serial.print(3.9128);     // gibt 3.91 aus!
Serial.print('Z');        // gibt "Z" aus
int i = 0;
Serial.println("Konstante und Inhalt Variable i " +  String(i) + " !" );
Serial.print(30, BIN);    // gibt 11110 aus
Serial.print(30, DEC);    // gibt 30 aus
Serial.print(30, HEX);    // gibt 1E aus
Serial.print(30, OCT);    // gibt 36 aus
Serial.print(3.9128, 0); // gibt 4 aus! Rundung!!
Serial.print(3.9128, 2); // gibt 3.91 aus
```

println()

`println()` ist identisch mit `print()` mit dem Unterschied, dass zusätzlich ein Zeilenvorschub bei der Ausgabe erfolgt.

write()

`write()` gibt binäre Daten als ein Byte oder als eine Reihe von Bytes an die serielle Verbindung aus. Für Ziffern und Zahlen ist `print()` zu verwenden. Der optionale Rückgabewert ist die Anzahl der geschriebenen Zeichen. Die Syntax ist:

```
Serial.write(variable)
Serial.write(string)
Serial.write(puffer, laenge)
```

Beispiele:

```
Serial.write("Test Serial.write :");
c = 'X';
Serial.write(c);
char buf [] = "Character Buffer";
int i = Serial.write(buf, 5);    // i = 5
```

availableForWrite()

`availableForWrite()` gibt die Anzahl der zum Senden anstehenden Bytes (Zeichen) im seriellen Puffer zurück, ohne den Schreibvorgang zu blockieren. Diese Funktion hilft, Pufferüberläufe zu vermeiden. Die Syntax ist:

```
Serial.availableForWrite()
```

Beispiel:

```
int i = Serial.availableForWrite();
```

flush()

`flush()` wartet, bis das Senden der ausgehenden Daten abgeschlossen ist. Die Syntax ist:

```
Serial.flush()
```

available()

`available()` gibt die Anzahl der für ein weiteres Verarbeiten verfügbaren Bytes (Zeichen) der seriellen Schnittstelle zurück. Diese Daten sind bereits empfangen und im seriellen Empfangspuffer gespeichert. Die Syntax lautet:

```
Serial.available()
```

Beispiel:

```
int anz = Serial.available();
```

read()

`read()` liest eingegangene serielle Daten byteweise aus. Die Rückgabe ist das erste verfügbare serielle Datenbyte bzw. –1, wenn keine Daten verfügbar sind. Die Syntax ist:

```
Serial.read()
```

Beispiel:

```
while (Serial.available() ) {
  char byteIn = Serial.read();
  Serial.print(byteIn);          // Ausgabe des Zeichens
}
```

readString()

readString() liest serielle Daten in einen String. Bei Überschreiten des Zeitlimits wird die Funktion abgebrochen. Die Syntax ist:

```
Serial.readString()
```

Beispiel:

```
while (Serial.available() ) {
    String str = Serial.readString();
}
```

readStringUntil()

readStringUntil() liest serielle Daten bis zu einem angegebenen Zeichen in einen String. Bei einem Überschreiten des Zeitlimits wird die Funktion abgebrochen. Die Funktion wird beendet, wenn dieses Zeichen gelesen (das Zeichen selbst wird nicht mit ausgegeben) oder das Zeitlimit überschritten wurde. Die Syntax lautet:

```
Serial.readStringUntil(endezeichen)
```

Beispiel:

```
while (Serial.available() ) {
  String str = Serial.readStringUntil('x');
}
```

Bei Eingabe von abx1 ist anz = 2, und str enthält *ab*. Achtung: Das Zeichen 1 steht noch im Puffer, sodass die Schleife noch nicht beendet wird!

readBytes()

readBytes() liest eingegangene serielle Daten in einer angegebenen Länge in einen Puffer. Die Funktion wird beendet, wenn die ermittelte Länge gelesen oder das Zeitlimit überschritten wurde. Der Rückgabewert ist die Anzahl der gelesenen Bytes. Die Syntax ist:

```
Serial.readBytes(puffer, laenge)
```

Beispiel:

```
while (Serial.available() ) {
  char buf [10];
  size_t anz = Serial.readBytes(buf, 5);
}
```

Bei Eingabe von 12 Zeichen wird die Schleife dreimal durchlaufen. Beim letzten Durchlauf ist anz = 2, und buf enthält ab Position 3 die Zeichen des vorherigen Lesevorgangs!

readBytesUntil()

readBytesUntil() liest eingegangene serielle Daten bis zu einem angegebenen Zeichen in einen Puffer. Die Funktion wird beendet, wenn dieses Zeichen gelesen wurde (das Zeichen selbst wird nicht mit ausgegeben) oder das Zeitlimit überschritten wurde. Der Rückgabewert ist die Anzahl der gelesenen Bytes. Die Syntax lautet:

```
Serial.readBytesUntil(endezeichen, puffer, laenge)
```

Beispiel:

```
while (Serial.available() ) {
  char buf [10];
  size_t anz = Serial.readBytesUntil("x", buf, 5);
}
```

Bei Eingabe von abx1 ist anz = 2, und buf enthält *ab*.

find()

find() liest Daten aus dem seriellen Puffer, bis das Suchkriterium gefunden wurde. Die Funktion gibt true zurück, wenn ein Suchkriterium gefunden wurde, und false, wenn die Suche erfolglos war bzw. das Zeitlimit überschritten wird. Die Syntax ist:

```
Serial.find(suchzeichen)
```

Beispiel:

```
while (Serial.available() ) {
  if (Serial.find('xy')) {
    ...
  }
}
```

findUntil()

findUntil() liest eingegangene serielle Daten, bis ein Suchkriterium oder eine Endekriterium gefunden wird. Der Rückgabewert ist true, wenn die Zielzeichenfolge gefunden wird, und false, wenn das Zeitlimit überschritten wird. Die Syntax ist:

```
Serial.findUntil(suchkriterium, endezeichen)
```

Beispiel:

```
while (Serial.available() ) {
  if (Serial.findUntil("xy", "Z")) {
    ...
  }
}
```

peek()

peek() liest ein Byte eingegangene serielle Daten aus, ohne es aus dem Puffer zu löschen. Der Rückgabewert ist das verfügbare serielle Datenbyte bzw. –1, wenn keine Daten verfügbar sind. Die Syntax ist:

```
Serial.peek()
```

Beispiel:

```
while (Serial.available() ) {
  char chr = Serial.peek();       // dies ist so eine Endlosschleife!!
}
```

parseInt()

parseInt() sucht nach der nächsten gültigen Ganzzahl in der eingehenden Seriennummer. Bei Zeitüberschreitung bricht die Funktion ab. Der Rückgabewert ist eine Zahl vom Datentyp long.

Die Syntax lautet:

```
Serial.parseInt()
Serial.parseInt(lookAhead)
Serial.parseInt(lookAhead, ignore)
```

Der Parameter lookAhead bestimmt den Suchmodus. Möglich sind:

- SKIP_ALL (Default): Alle Zeichen außer Ziffern oder einem Minuszeichen werden beim Scannen des Streams nach einer Ganzzahl ignoriert.
- SKIP_NONE: Nichts wird übersprungen, und es erfolgt nur dann eine Auswertung, wenn das erste anstehende Zeichen gültig ist.

- SKIP_WHITESPACE: Es werden nur Leerzeichen, Zeilenvorschubzeichen usw. übersprungen.

Mit dem Parameter ignore lässt sich ein Zeichen festlegen, das bei der Auswertung übersprungen wird.

```
if (Serial.available() ) {
  // long l= Serial.parseInt();                // ab123.4 = 123
  long l= Serial.parseInt(SKIP_ALL, '.');      // ab123.4 = 1234
}
```

parseFloat()

parseFloat() ist in Syntax und Anwendung wie parseInt() mit dem Unterschied, dass der Rückgabewert vom Datentyp float ist.

setTimeout()

setTimeout() legt die maximale Wartezeit auf serielle Daten in Millisekunden fest (Defaultwert: 1.000 Millisekunden). Die Syntax ist:

```
Serial.setTimeout(milliSekunden)
```

Serielle Ein-/Ausgabe von ESP-IDF-Programmen

Wenn Sie mit dem ESP-IDF entwickeln möchten und die Ausgabe an einem seriellen Monitor bzw. einer seriellen Konsole tätigen, können Sie auf die gängigen C- bzw. C++-Kommandos (z. B. printf()) zurückgreifen. Dies ist insoweit relativ unproblematisch. Unangenehmer ist es, Eingaben von der Konsole zu realisieren. Hierzu finden Sie in einem Unterordner des ESP-IDF ein schönes Beispiel, an dem Sie sich orientieren können: *<PfadZumESP-IDF>/examples/system/console*.

5.15 Vorgriff: Tasks und Threads

Die Begriffe *Task* (dt. »Auftrag«) und *Thread* (dt. »Faden«) sind Ihnen sicherlich schon begegnet, vorzugsweise vielleicht sogar in ihren »Steigerungsformen« *Multitasking* oder *Multithreading*.

In der Informatik steht der Ausdruck *Task* für ein Computerprogramm zur Laufzeit. Dies umfasst den Binärcode sowie weitere Ressourcenzuteilungen und Informationen, um den Task abarbeiten zu können. Dieser gesamte Vorgang ist der *Prozess*, der das Ausführen des Programms beinhaltet. Der Prozess ist damit eine Verwaltungseinheit in dem jeweiligen Betriebssystem.

Ein solcher Prozess kann in mehrere Ausführungsstränge, *Threads* (auch *Leichtgewichtsprozesse* genannt), aufgeteilt werden. Dies hat den Sinn, durch Parallelverarbeitung die Ressourcen eines Rechners besser auszulasten (z. B. um rechenintensiven Vorgängen mehr Prozessorkapazität zuzuweisen). Die Technologie wurde bereits entwickelt, als die Rechner nur über einen Prozessorkern verfügten, und ist heute allgemein gängige Programmierpraxis.

Prozesse laufen im Rechner im Prinzip parallel ab. Bei Rechnern mit nur einem Rechnerkern ist die Bearbeitung allerdings lediglich quasi parallel (aber auch bei Mehrkernrechnern müssen sich unter Umständen mehrere Tasks die zur Verfügung stehenden Kerne teilen). Entscheidend für die Rechnerleistung ist jedoch nicht die Anzahl der Kerne, sondern die Taktrate, mit der die Befehle abgearbeitet werden.

Das ESP32-Modul des ESP32-Dev-KitC V4 verfügt über zwei Kerne. Üblicherweise übernimmt das Betriebssystem die Aufteilung der Prozesse auf die CPUs. Eine gezielte Tasksteuerung ist jedoch mittels einiger von FreeRTOS angebotenen Funktionen möglich, die bezeichnenderweise alle `Task` als Namensbestandteil haben.

Darüber hinaus lassen sich sowohl in der Arduino IDE als auch im ESP-IDF Threads programmieren. Der Laufzeitaufwand für die Verwaltung von Threads ist geringer als der für Prozesse. Threads sind Bestandteile des Hauptprozesses (der für sich auch schon ein Thread ist), der sie erzeugt. Damit ist verbunden, dass sie denselben Adressraum verwenden und somit den statischen Speicher mit den globalen Variablen miteinander teilen. Endet der Hauptprozess, enden auch alle Threads.

Programmbeispiele zu Tasks und Threads finden Sie in Kapitel 6, »ESP32-Programming inside«.

5.16 Präprozessordirektiven

Bislang haben Sie das Kompilieren quasi als monolithischen Block kennengelernt. Tatsächlich ist aber ein wichtiger Arbeitsschritt vorgeschaltet, bevor der Compiler den eigentlichen Übersetzungsvorgang durchführt. Verantwortlich hierfür ist der Präprozessor. Er verändert den Quelltext nach bestimmten Eintragungen, die im Quelltext vorhanden sind. Diese Eintragungen tragen die Bezeichnung *Präprozessordirektiven*. Im Grunde verhält sich der Präprozessor wie ein Texteditor, der durch Bedingungen gesteuert werden kann. Präprozessordirektiven beginnen mit einem `#`.

5.16.1 Die Direktive #define

Die `#define`-Direktive ist Ihnen bereits im vorherigen Kapitel begegnet. Abbildung 5.4 zeigt, wie der Präprozessor als Texteditor arbeitet, indem er im weiteren Quelltext alle Vorkommen einer Variablen (hier: BLINK_GPIO) durch den nachfolgenden Text (hier: 2) ersetzt.

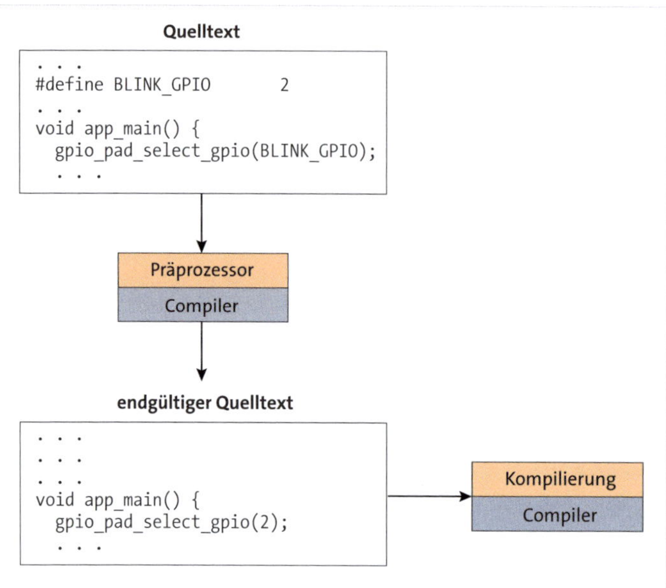

Abbildung 5.4 Funktionsweise des Präprozessors

Diese Eigenschaft können Sie sich zunutze machen, um kleine Helferlein (sogenannte *Makros*) zu schreiben bzw. den Code insgesamt besser zu strukturieren.

```
#define addiere (a+b)
int a = 3, b = 4;
...
int c = addiere;
```

Hier ersetzt der Präprozessor an allen Stellen des Quelltexts addiere durch a + b. Ein weiteres Beispiel ist:

```
#define addiere(x, y) ((x + y))
int a = 3, b = 4;
...
int c = addiere(a,b);
```

Der Compile-Vorgang und Compilerflags

Überdies besteht die Möglichkeit, durch sogenannte *Compilerflags* mithilfe des Präprozessors und der #define-Direktive Einfluss auf den Quellcode zu nehmen. Schauen Sie sich dazu noch einmal das Blink-Beispiel des ESP-IDF aus Kapitel 4 an, in dem der GPIO (CONFIG_BLINK_GPIO) durch die Übersetzungsprozedur bestimmt wird.

5.16.2 Die Direktive #include

Auch die #include-Anweisung ist Ihnen im Buch schon mehrfach begegnet. Und sie wird Sie in nahezu jedem Projekt weiterhin begleiten.

Sie bewirkt, dass der Inhalt der hinter der Anweisung aufgeführten Datei an die Stelle kopiert wird, an der sich die #include-Direktive befindet. Üblicherweise verwenden Entwickler diese Direktive, um Headerdateien (*.h*-Dateien) einzufügen. Möglich ist aber auch, ganze Quellcodedateien (*.c*-/*.cpp*-Dateien) einzuflechten.

Dabei gibt es zwei Formen:

- `#include <dateiA.h>`
- `#include "dateiB.h"`

Der Unterschied zwischen beiden Formen besteht im Suchpfad, den der Präprozessor benutzt, um die Datei zu finden. Die erste Anweisung sucht die Datei im Standard-Include-Verzeichnis des Compilers, die zweite Anweisung sucht die Datei zuerst in dem Verzeichnis, in dem sich die aktuelle Quelldatei befindet. Sollte dort keine Datei mit diesem Namen vorhanden sein, sucht sie ebenfalls im Standard-Include-Verzeichnis. Da es sich um einen Dateinamen handelt, gilt hier die für das jeweilige Betriebssystem anzuwendende Notation. Beispiele sind:

```
#include <stdio.h>          // Include-Verzeichnis
#include "projekt.h"        // aktuelles Verzeichnis
#include "upro/upro.h"      // Unterverzeichnis des aktuellen Verzeichnisses
```

5.16.3 Die #ifdef- und die #endif-Direktive

Die #ifdef-Direktive prüft, ob ein Symbol durch eine #define-Direktive definiert wurde. Ist die Prüfung positiv, wird der Code nach der Direktive an den Compiler weitergegeben, andernfalls wird er ignoriert. Eine #ifdef-Direktive muss durch eine #endif-Direktive abgeschlossen werden. Ein möglicher Anwendungsfall ist, ein Programm zu *debuggen* (also Fehler nachzuverfolgen):

```
#define DEBUG
...
#ifdef DEBUG
  Serial.println ("Hier steht Debug-Code");
#endif
...
```

Ist die Debug-Ausgabe nicht mehr erwünscht, reicht es, die #define-Direktive auszukommentieren. Auch ist es möglich, Debug-Level zu definieren:

```
#define DEBUG 1
...
#ifdef DEBUG = 0
  Serial.println ("Debug-Level 0");
#endif
#ifdef DEBUG = 1
  Serial.println ("Debug-Level 1");
#endif

...
```

[»]

Compilerflags und die #ifdef-Direktive

Viele Bibliotheken gehen auf unterschiedliche Rechnerplattformen ein, und das trotz möglicher plattformspezifischer Besonderheiten. Ein Ansatz ist die `#ifdef`-Direktive, die ein Compilerflag auswertet:

```
#ifdef ESP32
  Serial.println ("Code für ESP32");
#endif
```

Die Arduino IDE setzt derartige Flags.

5.17 Prinzipien des Softwareentwurfs

Über die Prinzipien des Softwareentwurfs wurden bereits umfangreiche Bücher geschrieben. Sie behandeln die fachtheoretischen Aspekte des Softwaredesigns, wie sie für industrielle Anwendungen unabdingbar sind. Stichworte sind Abstraktion, Datenkapselung, Modularität und Hierarchie.

Wenn Sie komplexe Programme entwickeln wollen, ist es unbedingt notwendig, dass Sie sich mit den Grundlagen des Softwaredesigns auseinandersetzen. Das kann Ihnen diese kurze Einführung in die C-Programmierung leider nicht abnehmen.

Es gibt aber drei erprobte Leitsätze, die Ihnen eine grobe Richtung vorgeben:

- »Keep it simple, stupid« (KISS)
- »You aren't gonna need it« (YAGNI)
- »Don't Repeat Yourself« (DRY)

Konkret bedeutet das:

- Halten Sie die Dinge einfach, denn das erleichtert spätere Änderungen.
- Vermeiden Sie Spaghetticode und lagern Sie Segmente in Funktionen aus.

- Gestalten Sie Funktionen wiederverwendbar.
- Verwenden Sie sprechende Namen für Variablen und Funktionen. Sie sorgen damit dafür, dass Ihr Code lesbar bleibt.
- Rücken Sie Anweisungsblöcke ein und gestalten Sie den Code lesbar. Das erleichtert es, Zusammenhänge zu erkennen.

5.18 Fehlermanagement

Irren ist menschlich. Und so passieren auch in Projekten mit dem ESP32 Fehler. Dies ist unschön, manchmal sogar über die Maßen ärgerlich, aber kaum zu vermeiden. Bedauerlicherweise gestalten sich die Suche und das Beheben von Fehlern bei Schaltungen und Programmen mit Mikrocontrollern etwas aufwendiger. Der folgende Abschnitt gibt Ihnen Hilfen zu einem strukturierten Vorgehen an die Hand.

5.18.1 Einfache Methoden

Eine fehlerhafte Funktion des Geräts kann sowohl in der Schaltung als auch im Programm begründet sein. Insofern bietet es sich an, dem Übel systematisch auf den Grund zu gehen, wenn etwas nicht oder nicht ordnungsgemäß funktioniert.

- **Abstand gewinnen**

  Häufig ist es so, dass man durch intensives Arbeiten so tief in das Projekt verstrickt ist, dass selbst einfachste Fehler nicht zu finden sind: Vor lauter Bäumen sehen Sie den Wald nicht mehr. In diesem Fall ist es Zeit, Abstand zu gewinnen und das Projekt für eine Tasse Kaffee, eine Nacht oder ein Wochenende ruhen zu lassen.
- **Das Design der Schaltung**

  Als Nächstes stellt sich gerade bei selbst entwickelten Schaltungen die Frage, ob die Schaltung richtig ausgelegt ist und die Bauteile zutreffend dimensioniert sind. So banal es klingen mag: Ist zum Beispiel der Vorwiderstand einer LED zu groß bemessen, kann die LED nicht wie gewünscht leuchten. Hilfreich kann ein Blick auf den Schaltplan sein, der z. B. mit Fritzing erstellt wurde.
- **Korrekte Verdrahtung**

  Unter dieser Überschrift verstecken sich gleich zwei mögliche Fehlerursachen. Die eine betrifft die Frage, ob die Bauteile mit ihren Anschlüssen korrekt verbunden wurden. Sind die Anschlüsse von LEDs, Transistoren oder Elektrolytkondensatoren vertauscht worden, hat das unmittelbare Auswirkungen auf die Funktionsfähigkeit der Schaltung.

  Die zweite betrifft die Ausführung der elektrischen Verbindungen. Bei Steck-, aber auch bei Lötverbindungen kann es schnell passieren, dass keine leitende Verbindung besteht (kalte Lötstellen, Wackelkontakte). Bei der Überprüfung leistet ein Multimeter mit der Widerstandsmessung wertvolle Dienste.

- **Stabile Stromversorgung**

  In manchen Fällen reagieren Mikrocontroller mit Fehlverhalten auf eine instabile, unzureichende oder anderweitig gestörte Betriebsspannung. Hier hilft unter Umständen eine Stromversorgung über einen PC mit einem sehr kurzen USB-Kabel.

- **Verwendete Bibliotheken**

  Sind die verwendeten Bibliotheken die richtigen? Stimmt die Bibliotheksversion mit der Beispielanwendung überein? Gerade beim ESP32 unterliegen die Bibliotheken einem raschen Wandel, und die Ersteller der Bibliotheken achten nicht immer darauf, dass die Bibliothek auch abwärtskompatibel ist.

  Prüfen Sie auch, ob die Bibliotheken mit der neuen Version 2.0 der Arduino IDE zusammenspielen, falls Sie diese verwenden. Wenn die Bibliothek seit Jahren nicht aktualisiert wurde, kann es sinnvoll sein, die alte Version 1.8 der IDE zu probieren.

- **Richtiges Programmdesign**

  Ist das Programmdesign richtig? Sind alle Funktionen implementiert? Werden sie in der richtigen Reihenfolge abgearbeitet? Hier hilft es, sich den Programmablauf auf einem Blatt Papier als sogenannten Programmablaufplan aufzuzeichnen. Entsprechende Symbole für Verzweigungen und Schleifen unterstützen hierbei die Übersichtlichkeit. Bei größeren Projekten können Sie auch unterstützende Software (z. B. PapDesigner) einsetzen.

  Bei kleineren Projekten ist es aber häufig ausreichend, das Programm im Listing Schritt für Schritt zu durchwandern (*Walkthrough*): »Zunächst wird diese Variable initialisiert, wenn diese Bedingung erfüllt wird, dann passiert jenes so lange, bis ...«.

- **Operatoren und Anweisungsblöcke**

  In einem Walkthrough können Sie auch Codefehler bei Operatoren aufspüren, z. B. statt `==` (Vergleich) nur ein `=` (Wertzuweisung). Ein besonderes Augenmerk sollten Sie dabei darauf richten, ob sich alle zusammengehörigen Anweisungen auch in einem Anweisungsblock befinden, der mit den geschweiften Klammern umschlossen wird.

- **Einhalten von Speichergrenzen und Verträglichkeit von Datentypen**

  Bei der Arbeit mit Tabellen und Strings kann es leicht passieren, dass in unzulässige Speicherbereiche geschrieben oder von unzulässigen Speicherbereichen gelesen wird. Genauso schwierig sind Fehler zu erkennen, die sich aus einer unzutreffenden Umwandlung von numerischen Datentypen ergeben können.

- **Der Gültigkeitsbereich von Variablen**

  Wurde der Gültigkeitsbereich von Variablen beachtet? Hier kann es zu Konflikten kommen, wenn Variablen mit gleichem Namen in über- oder nachgeordneten Anweisungsblöcken verwendet wurden und diese Variablen dann gedanklich anders zugeordnet werden.

- **Schleifenzähler und Endkriterium**

  Schauen Sie sich die Schleifen Ihres Codes gut an. Hier geht es um Fehler beim Inkrement und Dekrement von Schleifenzählern und bei der richtigen Auswertung des Endkriteriums.

- **Selbstverwaltungsprozesse des ESP32**

  Zuweilen benötigt der ESP32 Zeit für interne Selbstverwaltungsprozesse, die sich anders als beim Warten auf das Ergebnis von Anfragen, z. B. bei einer WLAN-Verbindung, nicht von selbst erschließen. Hier kann ein kurzes `delay()` Abhilfe schaffen.

5.18.2 Aufwendigere Methoden

Die »aufwendigeren« Methoden der Fehlersuche greifen in der Regel in den Programmablauf ein. Deshalb ist erhöhte Sorgfalt bei der Implementierung geboten. Noch sorgfältiger sollten Sie aber arbeiten, wenn Sie all das Hinzugesetzte oder Auskommentierte wieder entfernen.

Programmlauf tracen

Die sicherlich einfachste Möglichkeit der Suche nach logischen Fehlern ist, den Programmablauf durch Bildschirmausgaben zu verfolgen (*tracen*). An jeder fragwürdigen Stelle wird über ein `printf()` oder `Serial.Print()` angezeigt, dass eben dieser Programmabschnitt durchlaufen wurde. Ergänzende Informationen können Sie gewinnen, indem Sie den Inhalt von Variablen mit ausgeben lassen.

Programmblöcke abschalten

Manchmal hilft es, ganze Programmblöcke auszukommentieren und damit gewissermaßen abzuschalten. Dies gelingt besonders gut, wenn der Code modular aufgebaut ist und Sie keinen Spaghetticode produziert haben.

Die Präprozessordirektive #define verwenden

Sie können `#define` für das Debugging nutzen. Die Technik ist in Abschnitt 5.16.1 geschrieben.

Arduino-Trace und -Dump

Für den Arduino gibt es mit *ArduinoTrace* eine Bibliothek, mit der sich einfache Trace- und Dump-Vorgänge realisieren lassen. Sie kann mit dem Bibliotheksmanager eingebunden werden (siehe Abbildung 5.5).

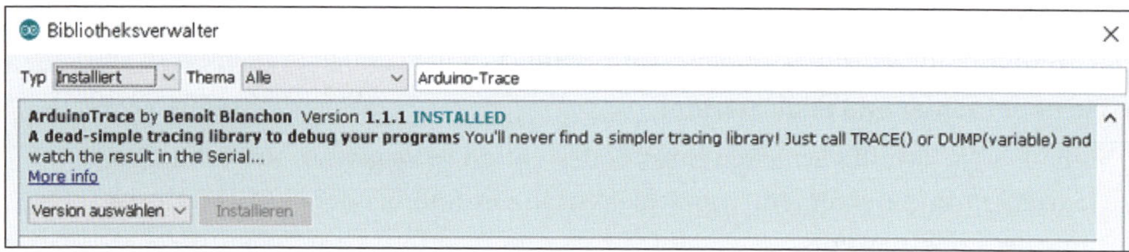

Abbildung 5.5 Die Trace-und-Dump-Bibliothek in Arduino

Die Bibliothek bietet zwei Funktionen an:

- `TRACE()`

  Die Funktion `TRACE()` gibt bei jedem Aufruf den Programmnamen, die Zeilennummer, den Funktionsnamen und die Parameter der Funktion im seriellen Monitor aus.

- `DUMP(variablenName)`

  Die Funktion `DUMP(variablenName)` gibt bei jedem Aufruf den Programmnamen, die Zeilennummer, den Variablennamen und den Variablenwert im seriellen Monitor aus.

Der folgende weitgehend sinnfreie Beispielsketch soll die Arbeitsweise verdeutlichen. Mithilfe der `TRACE`- und der `DUMP`-Funktion soll die Richtigkeit einer `if`-Abfrage bei einer Modulo-Berechnung (Division mit Rest, 17 : 10 = 1 Rest 7) überprüft werden. (Für das Beispiel ist es notwendig, die Zeilennummern zu sehen; deswegen sehen Sie das Listing hier als Screenshot in Abbildung 5.6.)

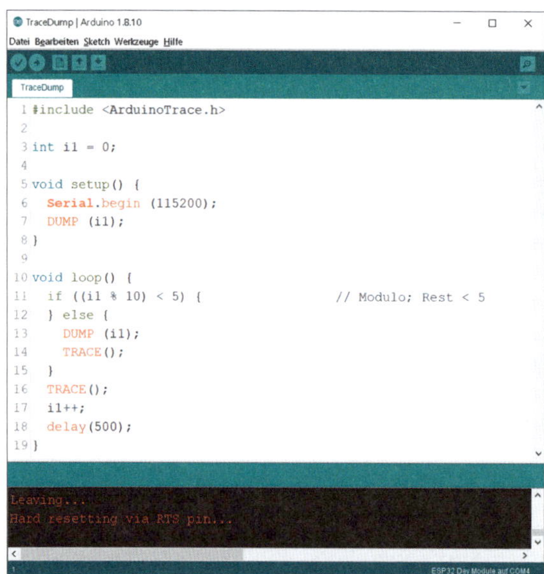

Abbildung 5.6 Arduino – TRACE() und DUMP()

Der serielle Monitor zeigt nun Folgendes (siehe Abbildung 5.7):

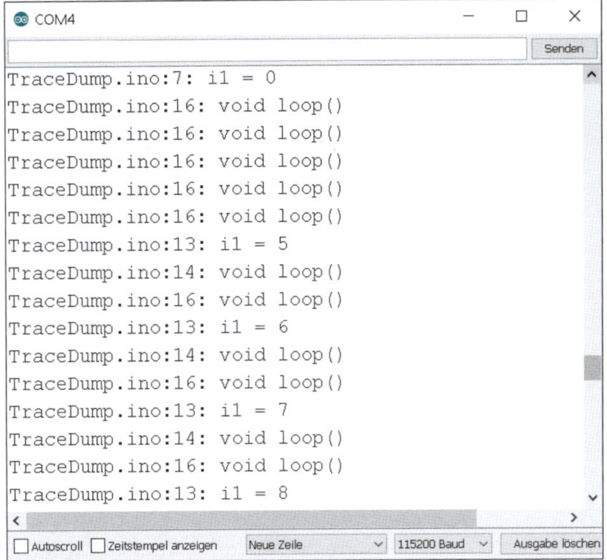

Abbildung 5.7 Arduino-Trace und -Dump im seriellen Monitor

Schön zu erkennen ist der Dump der Variablen `i1` während des `setup` in Zeile 7. Dies gilt auch für die Ausgabe des Trace in Zeile 16, der bei jedem Schleifendurchlauf passiert wird. Darüber hinaus arbeitet die `if`-Abfrage auch ordnungsgemäß, denn bei allen Divisionsresten, die nicht kleiner als 5 sind, werden die Werte der Variablen `i1` aus der `DUMP`-Anweisung in Zeile 13 und die nachfolgende `TRACE`-Anweisung in Zeile 14 mit den entsprechenden Meldungen protokolliert.

Die `TRACE`- und `DUMP`-Funktionen benötigen Rechnerzeit. Deshalb sind sie nur für eine Fehlersuche sinnvoll und sollten im Echteinsatz entfernt oder auskommentiert werden.

ESP-IDF-Dump

Auch das ESP-IDF ermöglicht eine detailliertere Fehlersuche. Diese beruht darauf, dass das System bei einem Programmabbruch in einen sogenannten *Panic State* wechselt. Dabei erfolgt der Ausdruck einiger Informationen und je nach Konfiguration ein Anhalten oder Neustart des Systems. An dieser Stelle ist es möglich, einen Core Dump zu generieren, um später den Grund für den Crash auf dem PC zu analysieren. Der Core Dump enthält Snapshots aller Tasks im System zum Zeitpunkt des Ausfalls. Zu den Snapshots gehören *Task Control Blocks* (TCB) und *Stacks*. Damit ist es möglich, genau zu lokalisieren, welcher Task in welcher Anweisung (Codezeile) und mit welchem Stack zu dem Abbruch geführt hat.

Als Beispiel soll ein Programm *dump.c* dienen, das in einem entsprechenden Projektordner abgelegt ist. Für das Beispiel ist es wieder notwendig, die Zeilennummern zu sehen; deswegen sehen Sie das Listing als Screenshot in Abbildung 5.8.

```
1  /* Dump Example
2  */
3  #include <stdio.h>
4  #include "freertos/FreeRTOS.h"
5  #include "freertos/task.h"
6  #include "sdkconfig.h"
7  void dividieren () {
8      for (int i = 10; i > -1; i--) {
9          int erg = 10 / i;
10         printf("Ergebnis von 10 / %i = %i\n", i, erg);
11         vTaskDelay(500 / portTICK_PERIOD_MS);
12     }
13     return;
14 }
15 void app_main() {
16     vTaskDelay(10000 / portTICK_PERIOD_MS);
17     dividieren();
18 }
19
```

Abbildung 5.8 Beispiel für einen Core Dump in ESP-IDF

Das Programm provoziert einen Programmabbruch, wenn der Schleifenzähler `i` gleich 0 ist (die Division durch 0 ist nicht erlaubt). Im Monitor lässt sich der Ablauf gut verfolgen (siehe Abbildung 5.9).

```
Ergebnis von 10 / 3 = 3
Ergebnis von 10 / 2 = 5
Ergebnis von 10 / 1 = 10
Guru Meditation Error: Core  0 panic'ed (IntegerDivideByZero). Exception was unhandled.
Core 0 register dump:
PC      : 0x400d1e13  PS      : 0x00060730  A0      : 0x800d1e38  A1      : 0x3ffb4d20
0x400d1e13: dividieren at C:\Users\        \Documents\esp-idf\a-book-dump\build/../main/dump.c:1
0 (discriminator 3)

A2      : 0x00000000  A3      : 0x3ffb0c9c  A4      : 0x40082ae0  A5      : 0x00000000
0x40082ae0: _calloc_r at C:/Users/          /Documents/esp-idf/components/newlib/syscalls.c:51

A6      : 0x3ffaffd8  A7      : 0x00060023  A8      : 0x800d1e24  A9      : 0x3ffb4d00
A10     : 0x000005dc  A11     : 0x3ffb0c9c  A12     : 0x0000000a  A13     : 0x0000000c
A14     : 0x00060c20  A15     : 0x00000000  SAR     : 0x00000004  EXCCAUSE: 0x00000006
EXCVADDR: 0x00000000  LBEG    : 0x400014fd  LEND    : 0x4000150d  LCOUNT  : 0xffffffff

ELF file SHA256: 562cc9aa9a9d7fa3e0016dd1af84b15d9e2f339b013f1311da23307df32588c0

Backtrace: 0x400d1e13:0x3ffb4d20 0x400d1e35:0x3ffb4d40 0x400d09e2:0x3ffb4d60 0x40084bd1:0x3ffb4d80
0x400d1e13: dividieren at C:\Users\         \Documents\esp-idf\a-book-dump\build/../main/dump.c:1
0 (discriminator 3)

0x400d1e35: app_main at C:\Users\          \Documents\esp-idf\a-book-dump\build/../main/dump.c:17

0x400d09e2: main_task at C:/Users/          /Documents/esp-idf/components/esp32/cpu_start.c:542

0x40084bd1: vPortTaskWrapper at C:/Users/          /Documents/esp-idf/components/freertos/port.c:4
03


Rebooting...
ets Jun  8 2016 00:22:57

rst:0xc (SW_CPU_RESET),boot:0x13 (SPI_FAST_FLASH_BOOT)
```

Abbildung 5.9 Programmabbruch in ESP-IDF

Einige Informationen zum Programmabbruch gibt das ESP-IDF bereits. Der Fehler ist in Core 0 des ESP32-Moduls aufgetreten, und zwar durch eine Division durch 0 (bei dem kleinen Beispielprogramm ist natürlich die fehlerhafte Codezeile klar, bei größeren Programmen hilft diese Angabe aber nur bedingt weiter). Der Hexwert bei `PC` (*Program Counter*) gibt den Stand des Befehlszählers wieder.

Der ESP32 nimmt nach dem Programmabbruch eigenständig einen Reboot vor; dies nutzt jedoch wenig, wenn kurze Zeit später die Fehlersituation erneut auftritt.

Für die Fehleranalyse gehen Sie deshalb jetzt schrittweise vor:

1. **Die Konfiguration des Projekts ändern**

   Über `idf.py menuconfig` ändern Sie an zwei Stellen die Konfiguration des Projekts.

   Die erste Änderung betrifft die Dump-Einstellungen. Sie rufen sie über Component config • Core dump • Data destination auf. Grundeinstellung ist None, d. h., es wird kein Core Dump geschrieben. Diese Einstellung ändern Sie auf UART. (Navigieren Sie mit den Pfeiltasten zum Eintrag und betätigen Sie dann die Leertaste, siehe Abbildung 5.10.)

   Die zweite Änderung betrifft das Verhalten des Panic Handlers. Sie rufen die Einstellung mit Component config • ESP32 specific • Panic handler behaviour auf. Der Panic Handler tritt bei unvorhergesehenen Programmereignissen in Erscheinung. In der Grundeinstellung gibt er die Registerinhalte aus und führt einen Reboot durch (siehe Abbildung 5.9). Für eine Dump-Analyse müssen jedoch die ausgegebenen Daten gesichert werden. Dafür darf der ESP32 allerdings nicht wieder rebooten. Der zutreffende Eintrag ist daher Print registers and halt (siehe Abbildung 5.11). Sichern Sie noch die geänderten Einstellungen, bevor Sie die Konfiguration verlassen.

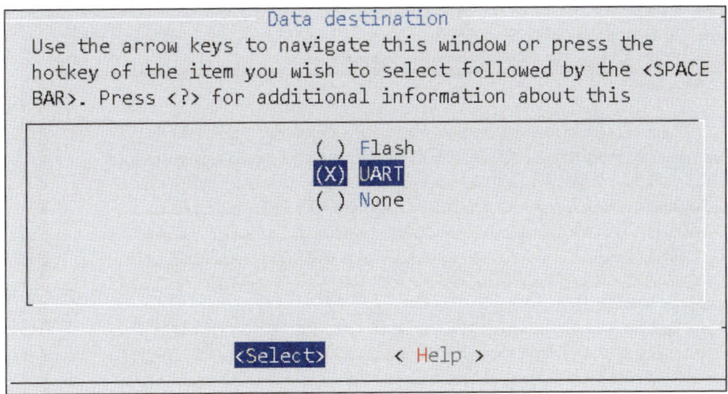

Abbildung 5.10 Core Dump Data Destination

```
Panic handler behaviour
Use the arrow keys to navigate this window or press the
hotkey of the item you wish to select followed by the <SPACE
BAR>. Press <?> for additional information about this

        (X) Print registers and halt
        ( ) Print registers and reboot
        ( ) Silent reboot
        ( ) Invoke GDBStub

        <Select>      < Help >
```

Abbildung 5.11 Das Core-Dump-Verhalten des Panic Handlers

2. **Das Projekt neu linken und flashen**

   Mit `idf.py build` linken Sie das Projekt neu und flashen es auf den ESP32.

3. **Core-Dump-Daten sichern**

   Nun rufen Sie den Monitor auf (`idf.py monitor`). Das Programm nimmt seine Arbeit auf und bricht wie erwartet ab. Zusätzlich zu den bekannten Meldungen (siehe Abbildung 5.9) gibt es nun jedoch weitere Informationen.

   Wichtig ist der ausgegebene Speicherinhalt. Dies ist die Ansammlung von Zeichen zwischen den Zeilen

   `======= CORE DUMP START =======`

   und

   `======= CORE DUMP END =======` (siehe Abbildung 5.12).

```
I (15354) esp_core_dump_uart: Press Enter to print core dump to UART...
I (15361) esp_core_dump_uart: Print core dump to uart...
I (15367) esp_core_dump_common: Found tasks: (7)!
================ CORE DUMP START ================
```

```
qBUAAAEAAAAHAAAAZAEAAA==
1FL7PyBR+z/MUvs/
AFH7P2BS+z/cBQAAQC77P0Au+z/UUvs/OC77PxgAAADWaoZsKa5qQ9RS+z8AAAAA
AQAAANBC+z9tYWluAHy6P1FOhxDSFCYAAAAAAMxS+z8AAAAAIQAGAAEAAAAAAAAAA
AAAAAAAAAAAAAAAAsOj6Pxjp+j+A6fo/AAAAAAAAAAABAAAAAAAAAJwtQD8AAAAA
SB0AQAAAAAAAAAAAAAAAAAAAAAAAAAAAAAAAAAAAAAAAAAAAAAAAAAAAAAAAAAAA
AAAAAAAAAAAAAAAAAAAAAAAAAAAAAAAAAAAAAAAAAAAAAAAAAAAAAAAAAAAAAAAA
AAAAAAAAAAAAAAAAAAAAAAAAAAAAAAAAAAAAAAAAAAAAAAAAAAAAAAAAAAAAAAAA
AAAAAAAAAAAAAAAAAAAAAAAAAAAAAAAAAAAAAAAAAAAAAAAAAAAAAAAAAAAAAAAA
AAAAAAAAAAAAAAAAAAAAAABtmhI=
DAAAABseDUAwBwYAQB4NgOBR+z8AAAAAnAz7P6wrCEAAAAAA2P/6PyMABgAsHg2A
wFH7P9wFAACcDPs/CgAAAAwAAAAgDAYAAAAAAAAQAAAAGAAAAAAAAAP0UAEANFQBA
/////woAAAAMAAAA9yQIQJzS+j8AAAAAAAAAAAAAAAAD//z+zAAAAAAAAAAAAAAAA
AAAAAAAAAAAAAAAAAAAAAAAAoAAAAMAAAAIAwGAAAAAAADtCQ2AAFL7PwEAAAABAAAA
rCsIQAAAAADY//o/IwAGAKBMCIAgUvs/AAAAAAAAAAABAAAAAQAAACEABgAAAAAA
AAAAAEBS+z+ICQ1AAAAAACMABqDUUvs/AAAAAAEAAAAAAAAAAYFL7PwAAAAAAAAAA
```


Abbildung 5.12 Core-Dump-Speicherinhalt

Kopieren Sie diese Daten in die Zwischenablage, öffnen Sie einen Editor, fügen Sie die Daten dort ein und speichern Sie sie in einer Datei ab (z. B. als *coreDump.txt*), und zwar vorzugsweise im Projektordner.

4. **Dump-Daten auswerten**

   Dankenswerterweise stellt Espressif mit *espcoredump.py* ein Tool zur Verfügung, das diese kryptischen Daten lesbar aufbereitet. Das Tool befindet sich im Ordner *IDF_PATH\components\espcoredump*. Wechseln Sie nun in diesen Ordner. Der Aufruf lautet:

   ```
   espcoredump.py info_corefile -t b64 -c </path/to/saved/base64/text> </path/to/
   program/elf/file>
   ```

   Der Parameter `-c /path/to/saved/base64/text>` weist auf die Datei mit dem gespeicherten Core Dump (hier: *$IDF_PATH\dump\coreDump.txt*).

   Der Parameter `-c /path/to/program/elf/file>` weist auf die *.elf*-Datei (*Executable and Linkable Format*). Konkret ist das in diesem Beispiel *$IDF_PATH\dump\build\dump.elf*.

   Der Aufruf des Kommandos zeigt wieder einige Informationen im Terminal. Interessant ist der Abschnitt CURRENT THREAD STACK (siehe Abbildung 5.13).

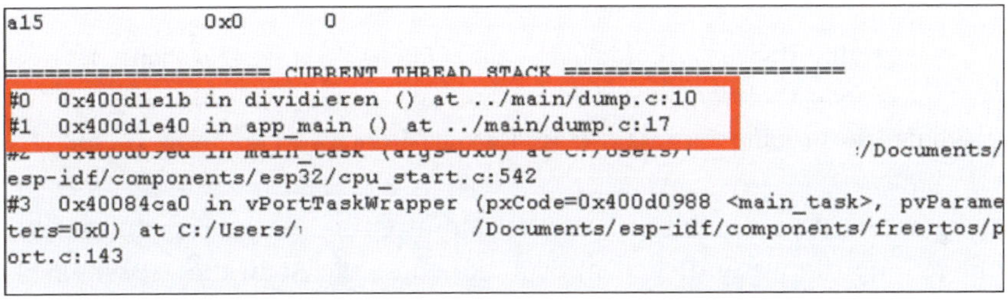

```
a15            0x0        0

==================== CURRENT THREAD STACK =====================
#0  0x400d1e1b in dividieren () at ../main/dump.c:10
#1  0x400d1e40 in app_main () at ../main/dump.c:17
#2  0x400d09ed in main_task (args=0x0) at C:/Users/          :/Documents/
esp-idf/components/esp32/cpu_start.c:542
#3  0x40084ca0 in vPortTaskWrapper (pxCode=0x400d0988 <main_task>, pvParame
ters=0x0) at C:/Users/          /Documents/esp-idf/components/freertos/p
ort.c:143
```

Abbildung 5.13 Der Core-Dump-Speicherinhalt wurde ausgewertet.

Darin finden Sie den Hinweis auf die Funktion, in der das Programm gecrasht ist (hier: `dividieren()`), und auf eine Zeilennummer (hier: `c:10`). Üblicherweise sollte dies genau die Zeilennummer mit dem fehlerhaften Befehl sein. Da das Tool offensichtlich nicht ganz genau arbeitet, lohnt an dieser Stelle ein Blick auf die vorherige Zeile.

Arduino-Exception-Trace-Decoder

Der *Arduino-Exception-Trace-Decoder* bietet eine vergleichbare Hilfestellung auf der Arduino-Ebene. Die ausgegebenen Informationen sind etwas weniger umfangreich, konzentrieren sich aber auf das Wesentliche, und zwar auf die Zeilennummer, in der der Programmabbruch stattgefunden hat. Wenn Sie den Arduino-Exception-Trace-Decoder nutzen möchten, gehen Sie wie folgt vor:

1. Laden Sie das Tool als *.zip*-Datei von *https://github.com/me-no-dev/EspExceptionDecoder/releases/tag/1.1.0* herunter.
2. Erstellen Sie in Ihrem Arduino-Sketchbook einen Unterordner *tools*, sofern ein solcher noch nicht vorhanden ist.
3. Entpacken Sie die *.zip*-Datei in diesen Unterordner *tools*. Darin sollte sich nun ein weiterer Unterordner *EspExceptionDecoder* befinden.
4. Kompilieren Sie den fehlerhaften Sketch und laden Sie ihn hoch. Als Beispiel soll hier wiederum das Dump-Programm des vorherigen Abschnitts dienen (siehe Abbildung 5.14).

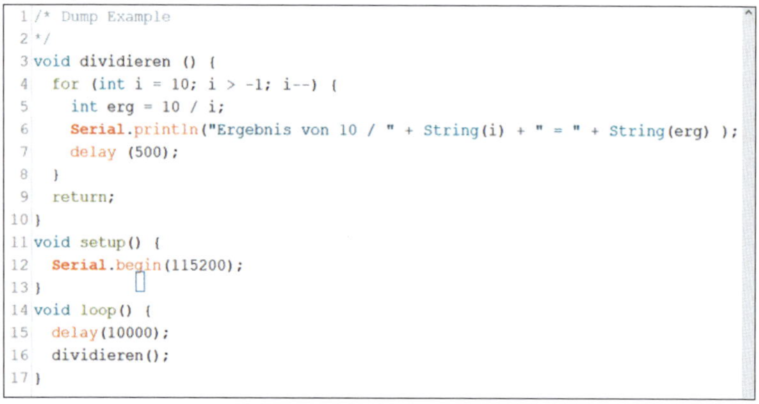

```
/* Dump Example
*/
void dividieren () {
  for (int i = 10; i > -1; i--) {
    int erg = 10 / i;
    Serial.println("Ergebnis von 10 / " + String(i) + " = " + String(erg) );
    delay (500);
  }
  return;
}
void setup() {
  Serial.begin(115200);
}
void loop() {
  delay(10000);
  dividieren();
}
```

Abbildung 5.14 Arduino-Exception-Trace-Decoder-Sketch

5. Verfolgen Sie die Ausgabe im seriellen Monitor. Bei einem Programmabbruch kopieren Sie die wesentlichen Informationen zunächst in die Zwischenablage. Unter Umständen müssen Sie hierfür noch das Kontrollkästchen AUTOSCROLL deaktivieren (siehe Abbildung 5.15).

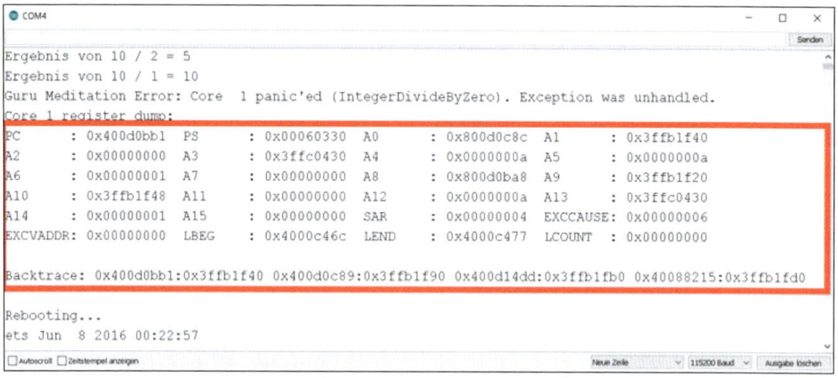

```
COM4
Senden
Ergebnis von 10 / 2 = 5
Ergebnis von 10 / 1 = 10
Guru Meditation Error: Core  1 panic'ed (IntegerDivideByZero). Exception was unhandled.
Core 1 register dump:
PC      : 0x400d0bb1  PS      : 0x00060330  A0      : 0x800d0c8c  A1      : 0x3ffb1f40
A2      : 0x00000000  A3      : 0x3ffc0430  A4      : 0x0000000a  A5      : 0x0000000a
A6      : 0x00000001  A7      : 0x00000000  A8      : 0x800d0ba8  A9      : 0x3ffb1f20
A10     : 0x3ffb1f48  A11     : 0x00000000  A12     : 0x0000000a  A13     : 0x3ffc0430
A14     : 0x00000001  A15     : 0x00000000  SAR     : 0x00000004  EXCCAUSE: 0x00000006
EXCVADDR: 0x00000000  LBEG    : 0x4000c46c  LEND    : 0x4000c477  LCOUNT  : 0x00000000

Backtrace: 0x400d0bb1:0x3ffb1f40 0x400d0c89:0x3ffb1f90 0x400d14dd:0x3ffb1fb0 0x40088215:0x3ffb1fd0

Rebooting...
ets Jun  8 2016 00:22:57
Autoscroll  Zeitstempel anzeigen          Neue Zeile  115200 Baud  Ausgabe löschen
```

Abbildung 5.15 Ausgabe des Arduino-Exception-Trace-Decoders im seriellen Monitor

6. Öffnen Sie den Arduino-Exception-Trace-Decoder über WERKZEUGE • EXCEPTION-TRACE-DECODER. Den Inhalt der Zwischenablage fügen Sie nun in das Fenster ein, das sich jetzt öffnet.
7. Das Tool zeigt jetzt die Zeile an, die für den Programmabbruch ursächlich ist (siehe Abbildung 5.16).

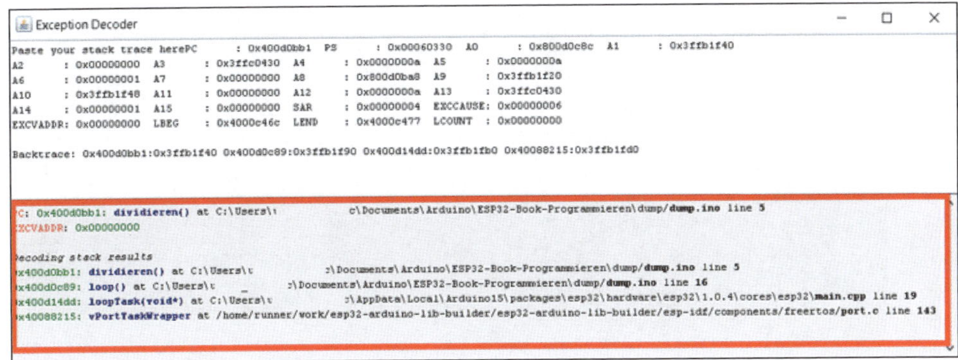

Abbildung 5.16 Ausgabe des Tools Arduino-Exception-Trace-Decoder

5.18.3 Professionelle Methoden

Professionellere Methoden nutzen das sogenannte *JTAG*-Debugging (*Joint Test Action Group*). Das JTAG-Protokoll ermöglicht das Programmieren, Debuggen und Testen von ICs, Prozessoren und FPGAs direkt in der Schaltung. Das Schema sehen Sie in Abbildung 5.17.

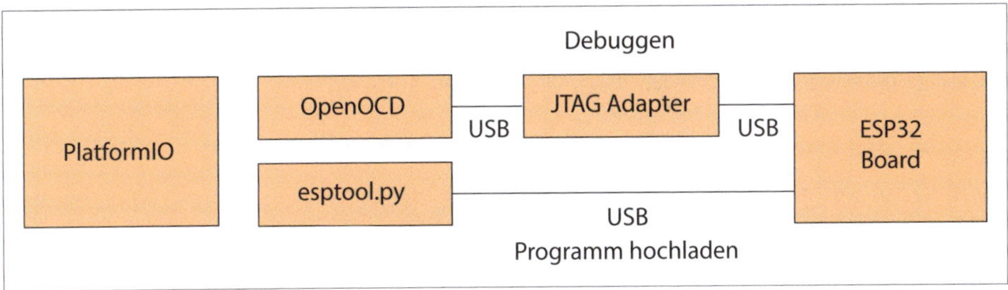

Abbildung 5.17 Schema des JTAG-Debuggings

Allerdings ist hierfür spezielle Hardware (ein *JTAG-Adapter*) und Software (z. B. *GDB*) notwendig. Die Software ist Bestandteil der IDE. So unterstützen PlatformIO und auch Eclipse die Debug-Möglichkeit über die JTAG-Schnittstelle des ESP32. Die Arduino IDE hat dieses Feature nicht.

Als JTAG-Adapter kommen verschiedene Geräte infrage:

- ein ESP-Prog-Downloader
- ein Jlink-Debugger

- ein Olimex-Debugger
- ein Raspberry Pi (*https://blog.wokwi.com/gdb-debugging-esp32-using-raspberry-pi*)

Der ESP-Prog-Downloader (siehe Abbildung 5.18) ist mit ca. 25 € recht erschwinglich. Er dient als Basis für das Beispiel in diesem Abschnitt.

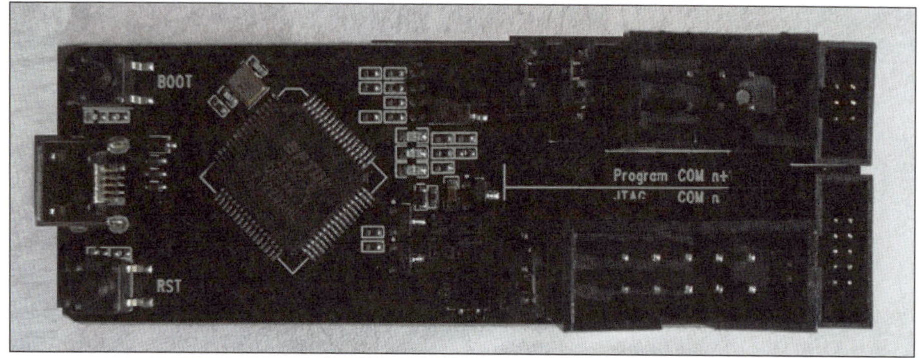

Abbildung 5.18 ESP-Prog-Downloader

Sie können den ESP-Prog nicht nur als JTAG-Adapter nutzen, er bringt auch diese Features mit:

- RX/TX-Pins für eine serielle Verbindung (Einsatz z. B. anstelle eines FT2232HL)
- eine geregelte Spannung von 3,3 V

Voraussetzungen für das JTAG-Debugging schaffen

Gehen Sie bei der Einrichtung des JTAG-Debuggings schrittweise vor. Nachstehend ist exemplarisch die Vorgehensweise unter Windows beschrieben.

Schritt 1: Den Treiber für den JTAG-Debugger einrichten

Richten Sie als Erstes den richtigen Treiber für Ihren JTAG-Debugger ein. Schließen Sie Ihren Debugger (hier den ESP-Prog-Downloader) an einen USB-Port an. Öffnen Sie in Windows den Geräte-Manager über Systemsteuerung • Hardware und Sound • Geräte und Drucker • Geräte-Manager (siehe Abbildung 5.19).

Sie finden zwei neue USB-Geräte. Sie benötigen jedoch andere Treiber, die sich am einfachsten mit einem Installationstool installieren lassen. Laden Sie dazu das *Zadig*-USB-Treiber-Installationstool von der Seite *https://zadig.akeo.ie* herunter und führen Sie es aus (hier: *zadig.2.5.exe*, siehe Abbildung 5.20).

Aktivieren Sie die Option List All Devices im Register Options, um eine Übersicht über alle Geräte zu erhalten (siehe Abbildung 5.21).

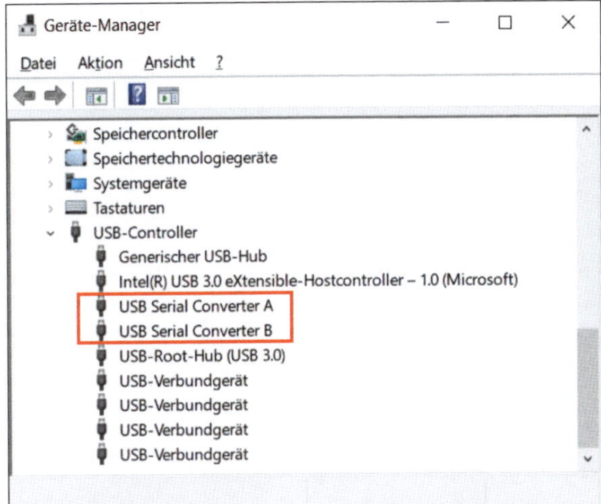

Abbildung 5.19 USB-Controller im Geräte-Manager

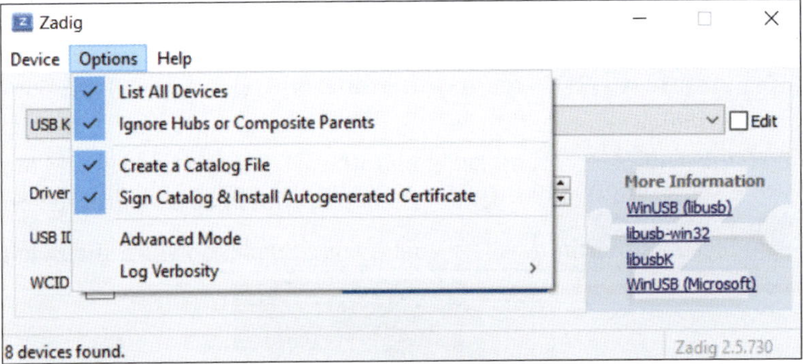

Abbildung 5.20 Das Installationstool des Zadig-USB-Treibers

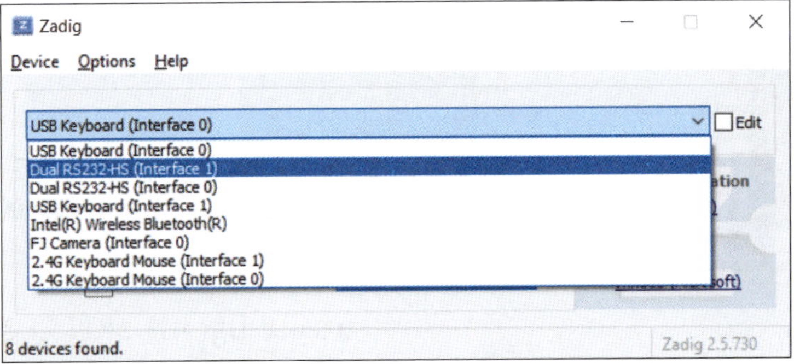

Abbildung 5.21 Die Auswahl der Geräte in Zadig

Wählen Sie aus der Geräteliste DUALRS232-HS (INTERFACE 1) aus. Sie sehen nun den zu diesem Gerät installierten Treiber (siehe Abbildung 5.22).

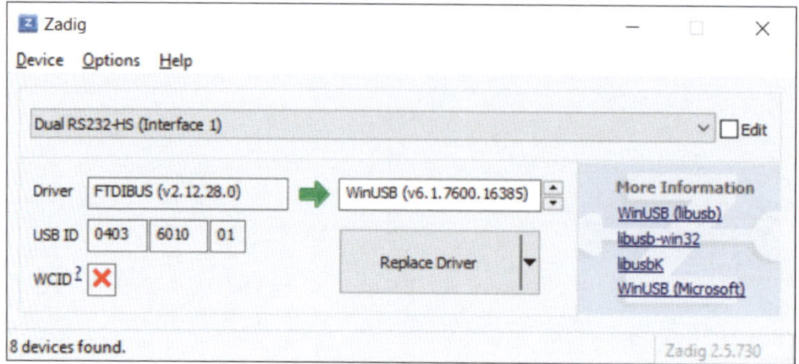

Abbildung 5.22 Zadig-Treiberauswahl für ein Gerät

Stellen Sie anstelle des Treibers *FTDIBUS* den Treiber *WinUSB* ein und klicken Sie auf REPLACE DRIVER. Die Installation kann eine Weile dauern und muss bei Fehlern gegebenenfalls wiederholt werden.

Am besten ändern Sie den Treiber für beide Ports.

Schritt 2: Komponenten verdrahten

Nun geht es darum, die Komponenten miteinander zu verbinden. Abbildung 5.23 zeigt die Schaltung.

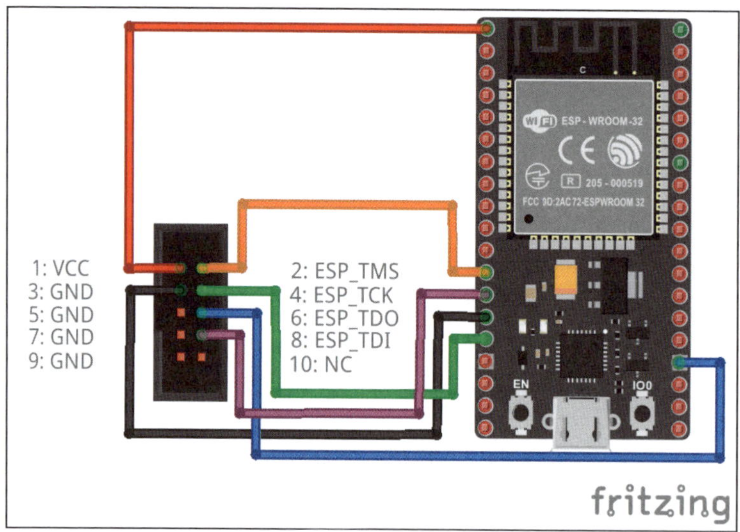

Abbildung 5.23 Verdrahtung der JTAG-Adapter mit dem ESP32-Board

Tabelle 5.6 verdeutlicht das Schema.

		ESP-Prog	ESP32
GND		3	GND
ESP_TMS	Test Data Mode Select	2	GPIO14
ESP_TCK	Test Data Clock	4	GPIO13
ESP_TDO	Test Data Out	6	GPIO15
ESP_TDI	Test Data In	8	GPIO12

Tabelle 5.6 JTAG-Verdrahtung

Die Verbindung von VCC ist lediglich der Vollständigkeit halber eingezeichnet. Verzichten Sie unbedingt auf die Verbindung, wenn Sie beide Komponenten getrennt jeweils über USB an Ihren PC anschließen; andernfalls führt dies unvermeidlich zur Zerstörung der Komponenten!

[!]

Sorgfalt ist gefordert

Bei der Programmierung ist erhöhte Sorgfalt angebracht. Denken Sie bereits jetzt daran, dass die GPIOs GPIO12 bis GPIO15 nicht für Programmzwecke zur Verfügung stehen.

Schritt 3: Ein Testprogramm erstellen

Erstellen Sie ein Testprogramm. Dieses geht von einer angeschlossenen LED an GPIO2 aus. Als Beispiel können Sie sich an Listing 5.11 orientieren:

```
#include <Arduino.h>
int ledPin = 2;
int delayPeriod = 1000;
bool ledStatus = false;
int globalLoopCounter = 0;

void toggleLED (int pin, int delPe) {
  int functionCounter = 0;
  if (ledSta)  digitalWrite(pin, HIGH);
  else         digitalWrite(pin, LOW);
  delay(delPe);
  functionCounter++;
  Serial.print   ("functionCounter:   ");
  Serial.println (functionCounter);
}
```

```
void setup() {
  Serial.begin (115200);
  pinMode(ledPin, OUTPUT);
  digitalWrite(ledPin, LOW);
  Serial.println ("Start");
}

void loop() {
  int localLoopCounter = 0;
  toggleLED (ledPin, delayPeriod);
  ledStatus =! ledStatus;
  localLoopCounter++;
  globalLoopCounter++;
  Serial.print   ("localLoopCounter:  ");
  Serial.println (localLoopCounter);
  Serial.print   ("globalLoopCounter: ");
  Serial.println (globalLoopCounter);
}
void setup() {
  Serial.begin (115200);
  pinMode(2, OUTPUT);
  digitalWrite(2, LOW);
  Serial.println ("Start");
}
void setup() {
  Serial.begin (115200);
  pinMode(2, OUTPUT);
  digitalWrite(2, LOW);
  Serial.println ("Start");
}

void loop() {
  digitalWrite(2, HIGH);
  Serial.println ("high");
  delay(500);
  digitalWrite(2, LOW);
  Serial.println ("low");
  delay(500);
}
```

Listing 5.11 Der Blink-Sketch im JTAG-Debugging

Schritt 4: IDE vorbereiten

In der Regel sind für JTAG auch Einstellungen in der IDE erforderlich. In diesem Beispiel nutze ich PlatformIO. Ergänzen Sie die Projektdatei *platformio.ini* um zwei Einträge:

```
Debug-tool = esp-prog
debug_init_break = tbreak setup
```

Der erste Eintrag bestimmt den eingesetzten JTAG-Debugger (alternativ könnte es auch `olimex-arm-usb-ocd` sein, falls Sie diesen Debugger nutzen). Der zweite Eintrag bewirkt, dass der Debugger beim Start am Beginn der Funktion `setup()` anhält.

Schritt 5: Projekt übersetzen

Übersetzen Sie das Projekt, um vorab Syntaxfehler auszuschließen. Laden Sie es gegebenenfalls wie gewohnt hoch, um den Ablauf zu prüfen. Die LED sollte blinken, und die Ausgaben sollten im seriellen Monitor erscheinen.

Schritt 6: Den Debugger starten

Starten Sie den Debugger entweder über RUN • START DEBUGGING, PLATFORMIO • QUICK ACCESS • DEBUG • START DEBUGGING oder mit F5 (siehe Abbildung 5.24).

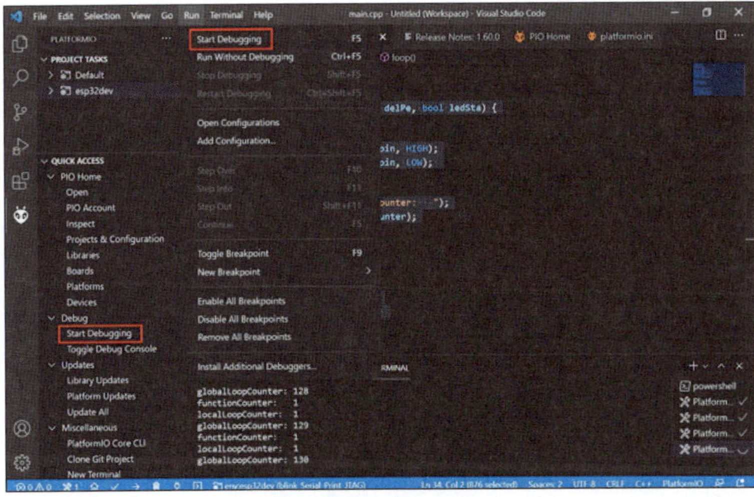

Abbildung 5.24 Das Debugging in PlatformIO

Der Sketch wird neu übersetzt, und die Komponenten für das Debugging werden hinzugefügt. Anschließend wird der Sketch hochgeladen und das Debugging gestartet. Es dauert eine Weile, bis sich das Fenster in der Debug-Ansicht präsentiert. Der erste Debug-Stopp erfolgt direkt zu Beginn des Sketchs bei der `setup`-Funktion (siehe Abbildung 5.25).

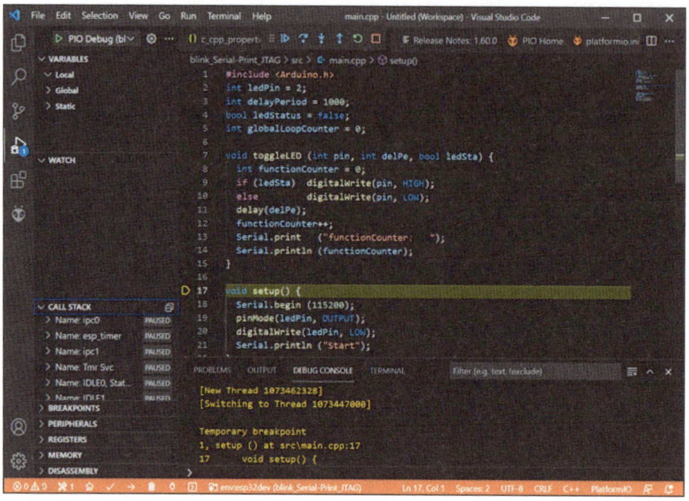

Abbildung 5.25 Der erste Halt

Den Debugger einsetzen

Jetzt können Sie den Code befehlsweise erkunden, indem Sie Haltepunkte setzen, Steuerungssymbole verwenden oder Variablen ansehen und verändern.

Haltepunkte setzen

Ein *Haltepunkt* (*Breakpoint*) ist ein Punkt in Ihrem Code, an dem der Debugger anhalten soll. Um einen Breakpoint zu erstellen, klicken Sie links neben die Zeilennummer. Ein erneuter Klick entfernt den Breakpoint. Abbildung 5.26 zeigt Breakpoints an den Zeilen 9, 27 und 28.

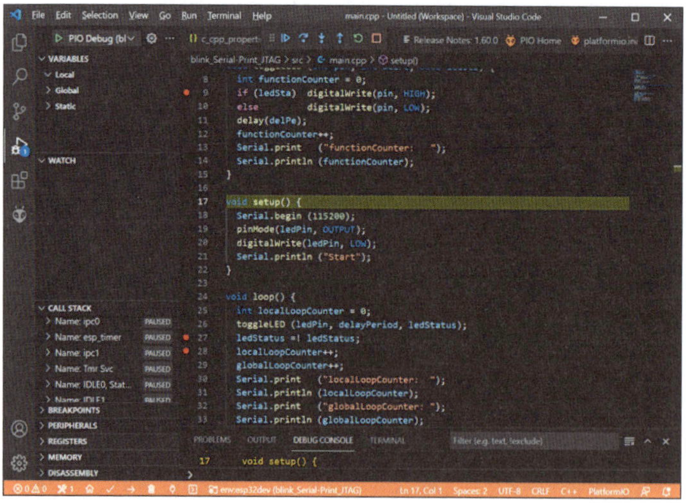

Abbildung 5.26 Breakpoints setzen

Sie finden die Breakpoints auch im Bereich BREAKPOINTS der Debugging-Leiste auf der linken Seite des Fensters.

Die Steuerungssymbole

Unterhalb der Menüleiste finden Sie verschiedene Icons zur Steuerung des Debuggings (siehe Abbildung 5.27).

Abbildung 5.27 Debug-Steuerung

Die Bedeutungen sind:

- CONTINUE ([F5]): Setzt den Programmlauf fort.

  Beispiel: Das Programm ist geladen und hat bei der `setup`-Funktion angehalten. [F5] führt zum nächsten Halt beim Breakpoint in Zeile 9 (siehe Abbildung 5.28).

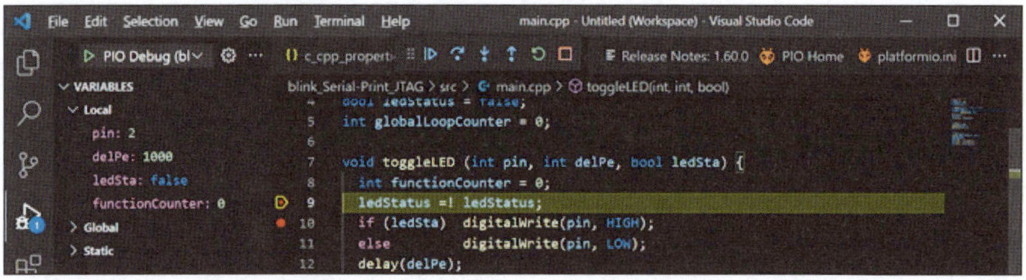

  Abbildung 5.28 Stopp bei einem Breakpoint

- STEP OVER ([F10]): Führt die aktuelle Anweisung und alle von ihr aufgerufenen Funktionen aus und stoppt dann vor der nächsten Anweisung (oder am ersten Haltepunkt unterwegs, falls vorhanden).
- STEP INTO ([F11]): Stoppt bei der ersten Anweisung der ersten Funktion, die aus der aktuellen Zeile aufgerufen wird. Dies ist vor allem für einen Blick auf die im Hintergrund hinzugefügten ESP-IDF-Funktionen interessant.

  Beispiel: Das Programm ist geladen und hat bei der `delay`-Funktion in Zeile 1 angehalten. [F11] zeigt dann den ESP-IDF-Code (siehe Abbildung 5.29).

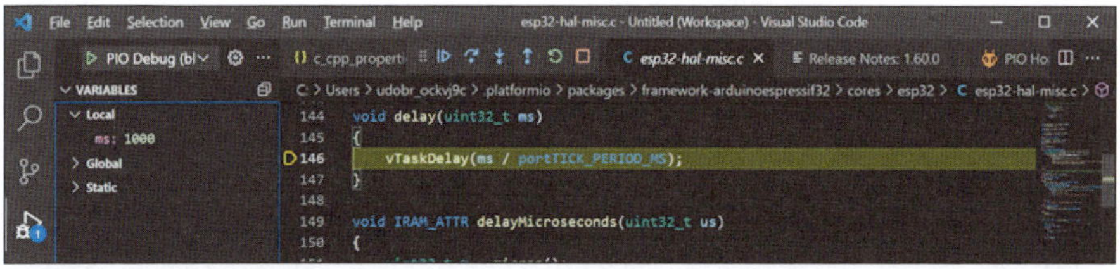

  Abbildung 5.29 ESP-IDF-Code

- STEP OUT ([⇧] [+ F11]): Führt die aktuelle Funktion bis zum Ende aus und stoppt bei der Anweisung, die dem Funktionsaufruf im Kontext des Aufrufers folgt (oder am ersten Breakpoint unterwegs, falls einer vorhanden ist).
- RESTART ([⇧]): Bewirkt ein erneutes Starten des Sketchs.
- STOP ([⇧]): Beendet den Sketch.

Variablen ansehen und verändern

Die Variablen finden Sie im Bereich VARIABLES der Debugging-Leiste auf der linken Seite des Fensters. Der Bereich ist unterteilt in Sektionen für lokale, globale und statische Variablen. Abbildung 5.30 zeigt den Halt bei dem Breakpoint in Zeile 28.

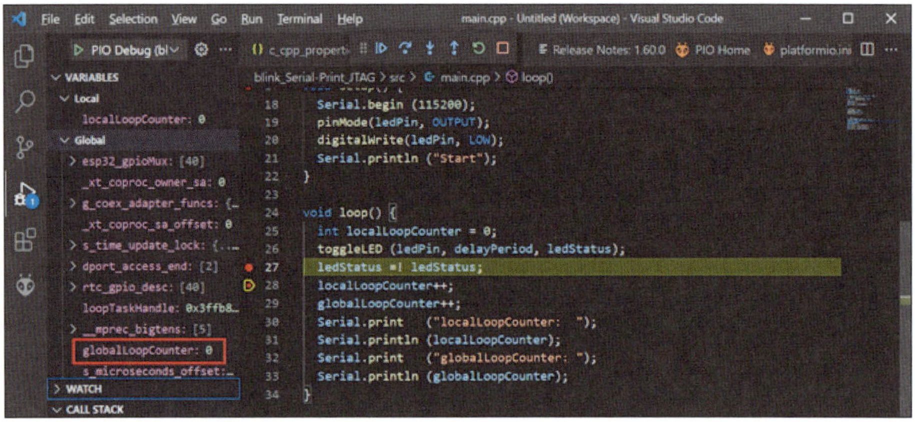

Abbildung 5.30 Variablen im PlatformIO-Debugging

Klicken Sie beispielsweise auf die Variable `globalLoopCounter`, um den Wert vor der Addition durch das Programm zu ändern. Manipulieren Sie in ähnlicher Weise gegebenenfalls die Variable `ledStatus`.

Weitere Informationen finden Sie auf *https://docs.espressif.com/projects/esp-idf/en/latest/api-guides/jtag-debugging/*.

5.18.4 Datenblätter

Ein weiteres Hilfsmittel bei der Fehlersuche ist ein Blick in die Datenblätter, die online für den ESP32-Chip, das Modul und das ESP32-Dev-KitC V4 zur Verfügung stehen. Diese gibt es zwar nur auf Englisch, im Allgemeinen lassen sie sich dennoch recht gut lesen und verstehen.

Sie finden die Dokumentation unter:

- *https://www.espressif.com/sites/default/files/documentation/esp32_datasheet_en.pdf*

- *https://www.espressif.com/sites/default/files/documentation/esp32-wroom-32_datasheet_en.pdf*
- *https://docs.espressif.com/projects/esp-idf/en/latest/esp32/hw-reference/esp32/get-started-devkitc.html*

5.19 JSON – das Datenformat für den Datenaustausch

JSON steht für *JavaScript Object Notation*. Es handelt sich um ein Format für den Datenaustausch zwischen einem oder mehreren Systemen, das den modernen Anforderungen objektorientierter Programmierung hinsichtlich des Datentransfers in idealer Weise Rechnung trägt. Obwohl JSON ursprünglich als Untermenge von JavaScript entwickelt wurde, ist es komplett unabhängig von jeder Programmiersprache. Aktuell gibt es zwar zwei konkurrierende Standards; für die Anwendungen in diesem Buch spielt das jedoch keine Rolle.

Das JSON-Format speichert Daten strukturiert und textbasiert. Es greift den Ansatz der objektorientierten Programmierung (siehe Abschnitt 5.12) auf, indem es die Eigenschaften eines Datenobjekts in einem JSON-Objekt abbildet. JSON-Objekte kommen ohne umfangreiche Deklarationen oder Beschreibungen aus, da sie immer die gleiche Grundstruktur besitzen. Das minimiert den Overhead für den Austausch der abgebildeten Daten und sorgt dafür, dass sie sowohl maschinenbasiert verarbeitet als auch von menschlichen Betrachtern einfach gelesen werden können. Das Anwendungsgebiet beschränkt sich aber nicht auf den Datenaustausch zwischen Anwendungen (z. B. Client-Server-Strukturen, Desktop- und Webanwendungen), sondern umfasst vielfach auch Parametereinstellungen in Konfigurationsdateien (hier ist dann die Dateiendung *.json* üblich).

JSON baut auf zwei Strukturen auf:

- **auf Name-Wert-Paaren**: So kann aus `char farbe[] = "blau"` (Programmsicht) `"farbe": "blau"` (JSON) werden.
- **auf einer geordneten Liste von Werten**: So kann aus `char farben [][] = {"blau", "rot", "gelb"}` (Programmsicht) `"farben": ["blau", "rot", "gelb"]` (JSON) werden.

JSON kennt folgende Datentypen:

- Ein *boolescher Wert* (Boolean) hat die Schlüsselwörter `true` und `false`. Als Schlüsselwörter werden sie nicht in Anführungszeichen gesetzt.

  Beispiel: `"anwesend":true`
- Ein *Nullwert* hat das Schlüsselwort `null`.

  Beispiel: `"zweiteAdresse":null`

- Eine *Zahl* kann jede Ziffer sein. Zulässig sind auch ein einleitendes negatives Vorzeichen und ein Dezimalpunkt. Darüber hinaus kann die Zahl durch die Angabe eines Exponenten `e` oder `E` mit einem folgenden Vorzeichen + oder – und einer Folge der Ziffern 0 bis 9 ergänzt werden. Führende Nullen sind nicht erlaubt, einem Dezimalpunkt muss mindestens eine Ziffer folgen:

  `"Temperatur":27.6`

- *Zeichenketten* werden mit einem doppelten hochgestellten Anführungszeichen eingeleitet und beendet:

  `"Gruss":"Hallo"`

- *Tabellen* beginnen mit [und enden mit]. Sie enthalten eine durch Kommata getrennte Liste von Werten gleichen oder verschiedenen Typs. Leere Tabellen sind zulässig. Führende Kommata sind jedoch nicht erlaubt:

  `"farben": ["blau", "rot", "gelb"]`

- *Objekte* beginnen mit { und enden mit }. Sie enthalten eine durch Kommata getrennte Liste von Eigenschaften. Eigenschaften wiederum sind Name-Wert-Paare. Leere Objekte sind zulässig. Führende Kommata sind jedoch nicht erlaubt:

  `{"Vorname":"Michael", "Nachname":"Mustermann"}`

Einschränkungen ergeben sich daraus, dass das Datenformat Ganz- und Gleitkommazahlen nicht unterscheidet und dass die Interpretation der Werte der Exponentialdarstellung implementationsabhängig ist. Auch unterstützt JSON nicht alle von JavaScript unterstützten Datentypen.

Als in sich abgeschlossenes Beispiel soll an dieser Stelle ein Auszug aus der Beschreibung der Eigenschaften eines Mikrocontrollers in JSON-Notation dienen (in Abbildung 5.31 ist das gesamte JSON-Objekt dargestellt).

Die Beschreibung ist aus JSON-Sicht ein Objekt; die Elemente der Beschreibung sind von einer öffnenden geschweiften Klammer { und einer schließenden geschweiften Klammer } umschlossen.

Das erste Element innerhalb dieser Klammerstruktur beinhaltet den Namen des Mikrocontrollers in Form eines Name-Wert-Paars mit einem Zeichenstring als Datentyp (z. B. `"Name" : "ESP32-WROOM"`). Ein Komma trennt es vom zweiten Element. Dieses beherbergt die Taktzahl ebenfalls in Form eines Name-Wert-Paars mit einer Zahl als Datentyp (z. B. `"Takt" : 160`).

Das nächste durch Komma getrennte Name-Wert-Paar enthält die maximale Versorgungsspannung als Datentyp »Zahl mit einem Dezimalpunkt« (z. B. `"VCC" : 3.3`).

Das folgende Element hält Informationen hinsichtlich der Größe verschiedener Speicher bereit. Der Elementname ist z. B. `"Speicher"`. Der Wert ist ein Objekt, das wiederum eine Liste von drei Name-Wert-Paaren enthält, z. B.:

```
"Speicher" : {"ROM" : 448, "SRAM-Data" : 520, "RTC" : 16 }
```

Es schließt sich ein Element an, das Informationen zu den GPIOs aufnimmt. Auch hier ist der Wert wieder ein Objekt mit einer Liste von Name-Wert-Paaren (ein Eintrag für jeden GPIO), wobei die Werte hier als Tabelle hinterlegt und deshalb in eckige Klammern eingeschlossen sind, wie etwa `"GPIO" : {"PIN41" : ["GPIO01", "CLK3", "U0_TXD"], "PIN13" : ["GPIO33", "Touch9","RTC8","ADC1_5","XTAL32"] }`.

Ein letztes Name-Wert-Paar soll Auskunft über das Vorhandensein einer Kamera geben, z. B. `"Kamera" : false`.

Die einzelnen Bestandteile des JSON-Strings sind damit festgelegt und bedürfen nur noch einer etwas übersichtlicheren Darstellung. Dafür ist ein JSON-Formatter bestens geeignet (z. B. *https://jsonformatter.org*). Er erlaubt darüber hinaus, selbst erstellte JSON-Strings auf Gültigkeit hin zu überprüfen, sie in andere Formate (z. B. XML, CSV) zu konvertieren und auf den eigenen PC herunterzuladen (siehe Abbildung 5.31).

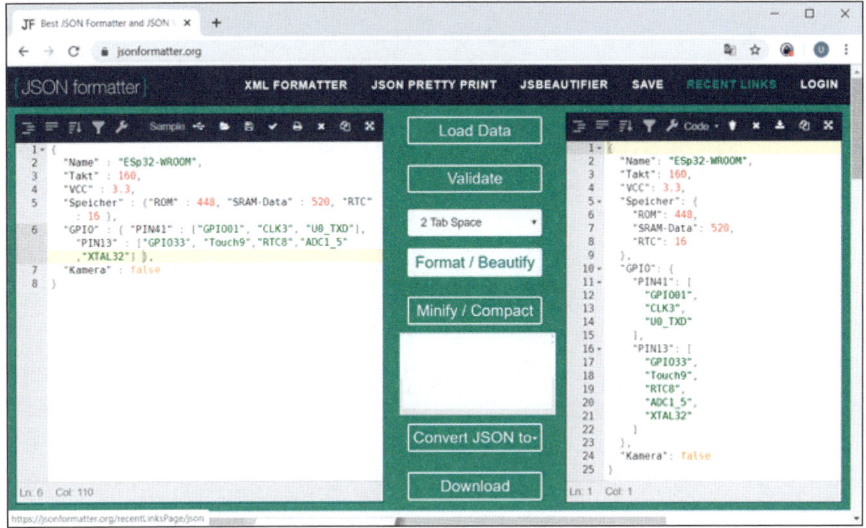

Abbildung 5.31 JSON-Formatter

Der Editor auf der linken Seite des Bildschirms nimmt die zu erstellende JSON-Struktur auf. Während des Erfassens läuft im Hintergrund bereits eine Syntaxprüfung, die Fehler mit einem roten Feld im Bereich der Zeilennummern markiert. Durch Klick auf FORMAT / BEAUTIFY erscheint die Struktur in der rechten Bildschirmhälfte in einer übersichtlichen und für das menschliche Auge sehr lesefreundlichen Darstellung.

Damit schließt das Kapitel mit dem Schnelleinstieg in die Methoden und Grundlagen der Softwareentwicklung. Sie sind nun bestens gerüstet, um auf dieser Basis die nun folgenden praktischen Beispiele nachzuvollziehen und um sie an Ihre eigenen Zwecke und Bedürfnisse anzupassen und zu erweitern.

Kapitel 6
ESP32-Programming inside

Suchen Sie einen Zugang zu den Tiefen der ESP32-Programmierung? Vielleicht werden Sie hier fündig.

Dieses Kapitel hebt die Besonderheiten der Programmierung des ESP32 hervor. Dabei geht es besonders um den ULP-Coprozessor sowie um den Einsatz von FreeRTOS, auf das mittelbar auch die Arduino IDE zurückgreift. Verstehen Sie den Inhalt als Ansatz einer Hilfestellung, um vielschichtige Programme zu entwickeln. Wenn Sie direkt mit den Beispielen loslegen wollen, können Sie diese etwas theorielastigeren und anspruchsvolleren Teile auch überspringen.

6.1 ULP-Programmierung

Der ESP32-SoC verfügt über eine interessante Komponente: den ULP-Coprozessor. (ULP steht für *Ultra Low Power*.) Er ist ein einfacher *FSM* (*Finite State Machine*; dt. »Zustandsautomat«), der unabhängig von den Hauptprozessoren arbeitet. So kann er Messungen mit dem ADC, dem Temperatursensor und externen I^2C-Sensoren durchführen, während sich die Hauptprozessoren im Tiefschlafmodus befinden. Dabei kann der ULP-Coprozessor:

- GPIO-Pins lesen und setzen,
- analoge Werte mithilfe von ADC lesen,
- I^2C-Sensoren lesen sowie
- die Hauptprozessoren aus dem Deep-Sleep-Modus wecken.

Der ULP-Coprozessor ist Teil von *RTC* (*Real Time Clock*), einem Bereich, der noch läuft, während im Deep-Sleep-Modus ansonsten fast alle anderen Einheiten des Mikrocontrollers abgeschaltet sind. Halten Sie sich noch einmal das Blockschaltbild aus Abbildung 6.1 vor Augen.

Die Programmierung des ULP-Coprozessors erfolgt in *Assembler*. Verwendet werden 32-Bit-Befehle mit fester Breite, eine 32-Bit-Speicheradressierung sowie vier 16-Bit-Allzweckregister.

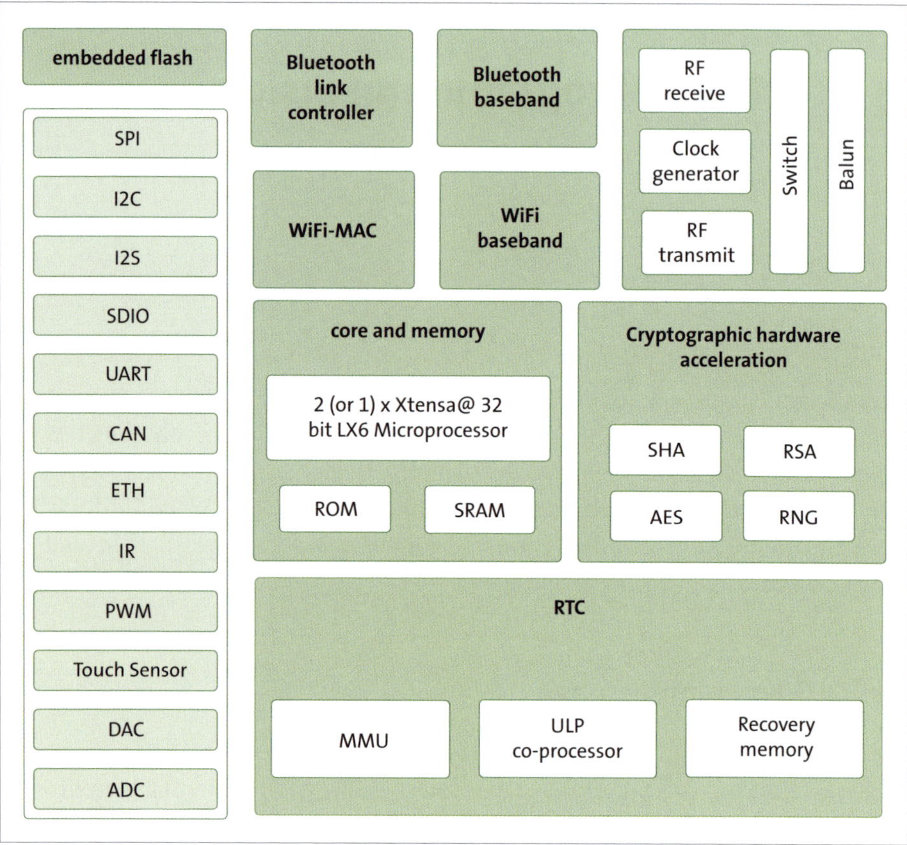

Abbildung 6.1 Blockschaltbild des ESP32 mit dem ULP-Coprozessor

Vier Beispiele sollen Ihnen einen Einstieg in die ULP-Programmierung ermöglichen. Zum Einsatz kommt das Espressif IDF (ESP-IDF). Wenn Sie dieses mit dem Installationsassistenten eingerichtet haben, ist auch die Toolchain für das Kompilieren von ULP-Programmen vorhanden.

Programmierung mit Arduino und PlatformIO

Für die ULP-Programmierung mit dem Arduino-Framework finden Sie unter *https://github.com/duff2013/ulptool* einen Ansatz, den Andreas Spiess in einem Video aufgreift (*https://www.youtube.com/watch?v=-QIcUTBB7Ww*).

Unter *https://www.arduino.cc/reference/en/libraries/esp32-ulp-debugger/* gibt es zudem eine vielversprechende Bibliothek für das Debugging.

Für PlatformIO gibt es einen Einstieg unter *https://community.platformio.org/t/ulp-undefined-reference-to/31343/4*.

Das traditionelle Blink-Programm

Den Einstieg übernimmt wie so häufig ein Blink-Programm. Es soll zwei LEDs zum Blinken bringen. Dabei sind für das Ansteuern der einen LED die Hauptprozessoren verantwortlich, für die zweite LED aber der ULP-Coprozessor. Abbildung 6.2 zeigt die Schaltung.

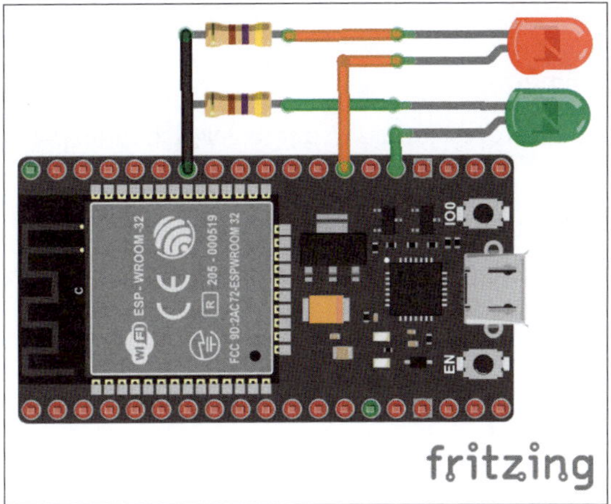

Abbildung 6.2 Blink-Schaltung des ULP-Coprozessors

Setzen Sie das Projekt schrittweise auf:

Projektumgebung einrichten

Legen Sie unterhalb des *esp-idf*-Ordners einen Projektordner an (etwa *C:\Users\...\Documents\...\esp-idf\ulp-blink*) und bauen Sie die erforderliche Struktur auf (Ordner, CMake-Dateien). Am einfachsten geht das, indem Sie ein vorhandenes Projekt duplizieren oder aus dem Ordner *C:\Users\...\Documents\...\esp-idf\examples* kopieren, neu einfügen und umbenennen.

Navigieren Sie in den Projektunterordner *main* (etwa *...\esp-idf\ulp-blink\main*). Richten Sie dort einen neuen Ordner ein, z. B. *ulp* (*...\esp-idf\ulp-blink\main\ulp*).

Ändern Sie gegebenenfalls den Namen des Hauptprogramms (z. B. in *main-ulp-blink.c*).

Die Datei CMakeLists.txt ändern

Öffnen Sie die Datei *CMakeLists.txt* in dem *main*-Ordner des Projekts und fügen Sie die Anweisungen für das Kompilieren des ULP-Codes hinzu (siehe Listing 6.1):

```
set(COMPONENT_SRCS "main-ulp-blink.c")
set(COMPONENT_ADD_INCLUDEDIRS ".")

register_component()
```

```
# die folgenden Zeilen bewirken das Kompilieren des ULP-Codes
set(ULP_APP_NAME ulp_${COMPONENT_NAME})
set(ULP_S_SOURCES ulp/ulp-blink.S)
set(ULP_EXP_DEP_SRCS "main-ulp-blink.c")
include(${IDF_PATH}/components/ulp/component_ulp_common.cmake)
```

Listing 6.1 Die Datei »CMakeLists.txt«

Die Anweisungen haben folgende Bedeutungen:

- `ulp_app_name`: interner Name im Build-Prozess; muss in der Regel nicht angepasst werden.
- `ulp_s_sources`: Pfade und Namen aller einzubindenden Assembler-Dateien
- `ulp_exp_dep_srcs`: Pfade und Namen aller C-Soure-Files, die in Beziehung zum ULP-Programm stehen

  Diese Angabe verdient Ihr Augenmerk, da CMake fehlende Einträge nicht erkennt. Der Grund ist, dass zum Datenaustausch zwischen Haupt- und Unterprogramm im Build-Prozess automatisch Headerdateien zu jeder Assembler-Datei erstellt werden, die Referenzen auf die global definierten Variablen enthalten. Da der Build-Prozess mehrere PC-Rechnerkerne verwenden kann, ist nicht vorherzusehen, ob zuerst eine Headerdatei neu erstellt oder die abhängige C-Datei bearbeitet wird. Dadurch kann es passieren, dass nach Änderungen in einer Assembler-Datei der nächste Build Referenzen auf die Vorgängerversion der Assembler-Datei nutzt.
- `include`: beinhaltet allgemeine Angaben zu den ULP-Build-Schritten.

Denken Sie daran, gegebenenfalls auch den Namen der Hauptkomponente anzupassen!

Das Hauptprogramm main-ulp-blink.c erstellen

Öffnen Sie die Datei mit dem Hauptprogramm (z. B. *main-ulp-blink.c* in Ihrem *main*-Ordner) und fügen Sie den Code aus Listing 6.2 ein:

```
#include <stdio.h>
#include "freertos/FreeRTOS.h"
#include "freertos/task.h"
#include "esp_system.h"
#include "esp_spi_flash.h"
#include "driver/gpio.h"
#include "esp32/ulp.h"
#include "ulp_main.h"
#include "driver/rtc_io.h"
extern const uint8_t bin_start[] asm("_binary_ulp_main_bin_start");
extern const uint8_t bin_end[]   asm("_binary_ulp_main_bin_end");
```

```
void app_main() {
  /* Init GPIO 4 (rot), Steuerung durch die Hauptprozessoren  */
  gpio_config_t io_conf;
  io_conf.intr_type = GPIO_PIN_INTR_DISABLE;
  io_conf.mode = GPIO_MODE_OUTPUT;
  io_conf.pin_bit_mask = GPIO_SEL_4;
  io_conf.pull_down_en = 0;
  io_conf.pull_up_en = 0;
  gpio_config(&io_conf);

  /* Init GPIO2 (RTC_GPIO 12, gruen) Steuerung durch ULP */
  rtc_gpio_init(2);
  rtc_gpio_set_direction(2, RTC_GPIO_MODE_OUTPUT_ONLY);
  rtc_gpio_set_level(2,0);

  vTaskDelay(1000/portTICK_PERIOD_MS);

  /* Start ULP program */
  ESP_ERROR_CHECK( ulp_load_binary(0, bin_start, (bin_end - bin_start) / ⤸
     sizeof(uint32_t)));
  ESP_ERROR_CHECK( ulp_run(&ulp_entry - RTC_SLOW_MEM) );

  bool s = false;
  for (;;) {
    s = !s;
    gpio_set_level(4, (s ? 1 : 0));
    vTaskDelay(1000/portTICK_PERIOD_MS);
  }
}
```

Listing 6.2 Das Programm »main-ulp-blink.c«

Jedes ULP-Programm ist als binäres *Blob (Binary Large Object)* in die ESP-IDF-Anwendung eingebettet. Die Anwendung kann auf dieses Blob verweisen. Die Konstanten `bin_start[]` und `bin_end[]` kennzeichnen Anfang und Ende des ULP-Binärprogramms. Im Rahmen des ESP-IDF trägt das ULP-Programm den Namen *ulp_app_name*, sodass die Konstante `_binary_ulp_app_name_bin_start` bzw. `_binary_ulp_app_name_bin_end` lautet. Die Funktion `ulp_load_binary()` lädt das ULP-Programm in den RTC-Speicher.

Nach dem Laden des ULP-Programms startet die Funktion `ulp-run(entryPoint)` das Programm an dem Einstiegspunkt `entryPoint`.

In dem kleinen Beispiel ermöglichen weitere Anweisungen das Ansteuern der beiden LEDs. Hier gibt es eine Besonderheit: Die GPIO-Bezeichnungen für die Hauptprozessoren und den ULP-Coprozessor unterscheiden sich. Sie finden eine Aufstellung der korrespondierenden Pin-Bezeichnungen in Abschnitt A.4, »RTC-MUX-Pin-Liste«.

Das ULP-Programm ulp-blink.s erstellen

Wechseln Sie nun in das Unterverzeichnis *ulp*. Die Dateien mit dem ULP-Code haben die Dateinamenserweiterung *.s*. Erstellen Sie also eine solche Datei (z. B. *ulp-blink.s*) mit dem Code aus Listing 6.3:

```
#include "soc/rtc_cntl_reg.h"
#include "soc/soc_ulp.h"
#include "soc/rtc_io_reg.h"

    /* globale Variablen */
    .bss

    /* sonstige (lokale) Variablen */
    .data

    /* .text section / Programmteil */
    .text
    .global entry

entry:
    .global loop1

loop1:
    WRITE_RTC_REG(RTC_GPIO_OUT_REG,RTC_GPIO_OUT_DATA_S+12,1,1)
    WAIT 65535
    WAIT 65535
    WAIT 65535
    WAIT 65535
    WAIT 65535
    WAIT 65535
    WAIT 65535
    WAIT 65535
    WAIT 65535
    WAIT 65535
    WAIT 65535
    WAIT 65535
    WAIT 65535
    WAIT 65535
```

```
    WAIT 65535
    WAIT 65535
    WAIT 65535
    WAIT 65535

    WRITE_RTC_REG(RTC_GPIO_OUT_REG,RTC_GPIO_OUT_DATA_S+12,1,0)

    STAGE_RST                   // set stage_cnt to 0
label:
    STAGE_INC  1                // stage_cnt++
    WAIT 65535                  // warten
    JUMPS      label, 18, LT    // jump to label if stage_cnt < 18

    JUMP loop1
```

Listing 6.3 Das Programm »ulp-blink.s«

Listing 6.3 zeigt Ihnen reinen Assembler-Code. Anders als in vielen anderen Programmiersprachen spielt es keine Rolle, ob die Instruktionen groß- oder kleingeschrieben sind, der Code ist also nicht case-sensitive. Darüber hinaus fehlen Begrenzer (z. B. { ,]). Zudem versteht der ULP-Coprozessor nur eine geringe Anzahl von Befehlen. Hinweise hierzu finden Sie unter »ESP32 ULP coprocessor instruction set« auf *https://docs.espressif.com/projects/esp-idf/en/latest/esp32/api-guides/ulp_instruction_set.html*.

Der Aufbau einer Assembler-Datei ist recht übersichtlich:

- `.bbs`: enthält alle global und lokal zu definierenden Variablen. Das Initialisieren der Werte erfolgt automatisch mit 0. Die Variablen sind durch das Programm veränderbar. Auf global definierte Variablen besteht auch Zugriff durch das Hauptprogramm.
- `.data`: enthält alle Konstanten. Array-Werte sind durch Kommata zu trennen. Zeilenumbrüche innerhalb eines Arrays sind nur erlaubt, wenn sie durch einen Backslash maskiert werden.
- `.text`: Dieses Segment enthält den Programmcode. Zwingend ist die Definition einer globalen Marke für den Programmeintritt; dieser Punkt trägt im Allgemeinen die Bezeichnung `entry`.

In diesem Beispiel ist der Code so simpel, dass er ohne einen Variableneintrag in `BSS` auskommt. Ebenso fehlen Angaben im `data`-Bereich.

Als Nächstes kommt das `text`-Segment, das den Code enthält. Dieser Code schreibt eine 1 auf GPIO2/RTC_GPIO12 und wartet 18-mal 65.535 Zyklen. Dann folgt das Schreiben einer 0 auf diesen GPIO und ein erneutes Warten.

Die mnemonische `WAIT`-Anweisung akzeptiert als Operanden einen 16-Bit-Wert (`0..65535`). Dies ist die Anzahl der Zyklen (bei 8 MHZ), die Sie bis zum nächsten Befehl warten möchten. Wenn Sie einen größeren Wert angeben, verwirft ihn der Assembler und verwendet nur die 16 niedrigeren Bits; er wartet damit weniger als erwartet. Das Warten ist einmal mit mehreren `WAIT`-Anweisungen und einmal mit einer Schleife realisiert.

Die Schleife ist natürlich der elegantere Weg. Sie benutzt das Scheifenregister des ULP-Coprozessors zur Steuerung. `STAGE_RST` setzt den Zähler auf `0`, `STAGE_INC 1` erhöht den Zähler um `1`. `JUMPS` ist ein bedingter Sprung, der das Schleifenregister auswertet und hier wieder zu `label` zurückspringt, solange der Schleifenzähler < 18 ist.

Das ULP-Programm ausführen

Starten Sie nun das Konfigurationsskript für das Projekt:

```
idf.py menuconfig
```

Überprüfen Sie, ob der ULP-Coprozessor aktiviert ist (COMPONENT CONFIG • ESP32-SPECIFIC, zu sehen in Abbildung 6.3).

Übersetzen Sie als Nächstes das Projekt:

```
idf.py build
```

Flashen Sie schließlich den ESP32:

```
idf.py -p PORT flash
```

`PORT` ist der Port, an den der ESP32 angeschlossen ist (z. B. COM4 bei Windows).

Die beiden LEDs sollten nun mit unterschiedlicher Frequenz blinken.

```
                              ESP32-specific
Arrow keys navigate the menu.  <Enter> selects submenus ---> (or empty submenus ----).  Highlighted letters
are hotkeys.  Pressing <Y> includes, <N> excludes, <M> modularizes features.  Press <Esc><Esc> to exit, <?>
for Help, </> for Search.  Legend: [*] built-in  [ ] excluded  <M> module  < > module capable

                    Minimum Supported ESP32 Revision (Rev 0)  --->
                    CPU frequency (80 MHz)  --->
                [ ] Support for external, SPI-connected RAM
                [ ] Use TRAX tracing feature
                    Number of universally administered (by IEEE) MAC address (Four)  --->
                [*] Enable Ultra Low Power (ULP) Coprocessor
                (512) RTC slow memory reserved for coprocessor
                    Panic handler behaviour (Print registers and reboot)  --->
                [*] Make exception and panic handlers JTAG/OCD aware
                [*] OpenOCD debug stubs
                [*] Hardware brownout detect & reset
                      Brownout voltage level (2.43V +/- 0.05)  --->
                [*] Reduce PHY TX power when brownout reset
                    Timers used for gettimeofday function (RTC and high-resolution timer)  --->
                    RTC clock source (Internal 150kHz RC oscillator)  --->
                (1024) Number of cycles for RTC_SLOW_CLK calibration
                ↓(+)

                 <Select>    < Exit >    < Help >    < Save >    < Load >
```

Abbildung 6.3 Den ULP-Coprozessor aktivieren

Datenaustausch zwischen Haupt- und ULP-Programm

In der nächsten Etappe etablieren Sie den Austausch von Daten zwischen Haupt- und ULP-Programm. Ihr Ausgangspunkt ist das Blink-Programm. Hinzu kommt, dass das Hauptprogramm einen Schleifenzähler erhält. Das ULP-Programm erhöht den Wert dieser Schleife und gibt ihn als Ergebnis zurück. Die Variable wird sowohl durch das Haupt- als auch durch das ULP-Programm geändert. Zusätzlich erhält das ULP-Programm einen Schleifenzähler, dessen aktueller Stand ebenfalls dem Hauptprogramm zur Verfügung stehen soll.

Setzen Sie entweder ein neues Projekt auf oder ergänzen Sie das Blink-Projekt. Die nächsten Schritte gehen von einem neuen Projekt aus, wobei ich auf das Einrichten der Projektumgebung und das Ändern der *CmakeLists.txt* nicht eingehe.

Das Hauptprogramm main-ulp-daten-aust.c erstellen

Öffnen Sie die Datei mit dem Hauptprogramm (z. B. *main-ulp-daten-aust.c* in Ihrem *main*-Ordner) und fügen Sie den Code aus Listing 6.4 ein:

```
#include <stdio.h>
#include "freertos/FreeRTOS.h"
#include "freertos/task.h"
#include "esp_system.h"
#include "esp_spi_flash.h"
#include "driver/gpio.h"
#include "esp32/ulp.h"
#include "ulp_main.h"
#include "driver/rtc_io.h"

extern const uint8_t bin_start[] asm("_binary_ulp_main_bin_start");
extern const uint8_t bin_end[]   asm("_binary_ulp_main_bin_end");

void app_main() {
  /* Init GPIO 4 (rot), Steuerung durch die Hauptprozessoren  */
  gpio_config_t io_conf;
  io_conf.intr_type = GPIO_PIN_INTR_DISABLE;
  io_conf.mode = GPIO_MODE_OUTPUT;
  io_conf.pin_bit_mask = GPIO_SEL_4;
  io_conf.pull_down_en = 0;
  io_conf.pull_up_en = 0;
  gpio_config(&io_conf);

  /* Init GPIO2 (RTC_GPIO 12, gruen) Steuerung durch den ULP */
  rtc_gpio_init(2);
```

```
  rtc_gpio_set_direction(2, RTC_GPIO_MODE_OUTPUT_ONLY);
  rtc_gpio_set_level(2,0);

  ulp_main_loop_counter = 0;
  ulp_ulp_result = 200;
  ulp_ulp_loop_counter = 10;
  printf("Start 1 : main_loop_counter: %d, ulp_result: %d, ulp_loop_counter: ➲
          %d  \n",
    ulp_main_loop_counter,
    ulp_ulp_result & UINT16_MAX,
    ulp_ulp_loop_counter & UINT16_MAX );

  vTaskDelay(1000/portTICK_PERIOD_MS);

  /* Start ULP program */
  ESP_ERROR_CHECK( ulp_load_binary(0, bin_start, (bin_end - bin_start) / ➲
                                               sizeof(uint32_t)));
  ESP_ERROR_CHECK( ulp_run(&ulp_entry - RTC_SLOW_MEM) );

  ulp_main_loop_counter = 0;
  printf("Start 2 : main_loop_counter: %d, ulp_result: %d, ulp_loop_counter: ➲
          %d  \n",
    ulp_main_loop_counter,
    ulp_ulp_result & UINT16_MAX,
    ulp_ulp_loop_counter & UINT16_MAX );

  bool s = false;
  for (;;) {
    s = !s;
    gpio_set_level(4, (s ? 1 : 0));
    vTaskDelay(2000/portTICK_PERIOD_MS);
    ulp_main_loop_counter++;
    printf("Mainloop: main_loop_counter: %d, ulp_result: %d, ➲
            ulp_loop_counter: %d  \n",
      ulp_main_loop_counter,
      ulp_ulp_result & UINT16_MAX,
      ulp_ulp_loop_counter & UINT16_MAX );
  }
}
```

Listing 6.4 Das Programm »main-ulp-daten-aust.c«

Das ULP-Programm ulp-daten-aust.s erstellen

Wechseln Sie in das Unterverzeichnis *ulp*. Erstellen Sie eine *.s*-Datei (z. B. *ulp-daten-aust.s*) mit dem Code aus Listing 6.5:

```
#include "soc/rtc_cntl_reg.h"
#include "soc/soc_ulp.h"
#include "soc/rtc_io_reg.h"

    /* globale Variablen */
    .bss

    /* Übergabe Zähler-Hauptschleife */
    .global main_loop_counter
main_loop_counter:
    .long 0

    /* Rückgabe  */
    .global ulp_result
ulp_result:
    .long 0

    /* Zähler Durchläufe ULP */
    .global ulp_loop_counter
ulp_loop_counter:
    .long 0

    /* sonstige (lokale) Variablen */
    .data
    /* .text section / Programmteil */
    .text
    .global entry
entry:
    .global loop1

loop1:

    /* ulp_result aus Zähler-Hauptschleife berechnen */
    MOVE R3, main_loop_counter      // Register R3 =
                                    // Adresse von main_loop_counter
    LD        R2, R3, 0             // lädt R2 mit Wert in R3
                                    // mit einem Offset 0
    ADD       R2, R2, 100           // addiert R2 + 100 und
                                    // speichert es in R2
```

```
    MOVE        R3, ulp_result        // Register R3 = Adresse ulp_result
    ST          R2, R3, 0             // speichert R2 an Adresse R3 mit dem
                                      // Offset 0

    /* Erhöhen ulp_loop_counter */
    MOVE        R3, ulp_loop_counter
    LD          R2, R3, 0
    ADD         R2, R2, 1
    ST          R2, R3, 0

    WRITE_RTC_REG(RTC_GPIO_OUT_REG,RTC_GPIO_OUT_DATA_S+12,1,1)
    STAGE_RST                         // set stage_cnt to 0
label1:
    STAGE_INC   1                     // stage_cnt++
    WAIT 65535                        // warten
    JUMPS       label1, 18, LT        // geh nach label1, wenn stage_cnt < 18

    WRITE_RTC_REG(RTC_GPIO_OUT_REG,RTC_GPIO_OUT_DATA_S+12,1,0)
    STAGE_RST                         // set stage_cnt to 0
label2:
    STAGE_INC   1                     // stage_cnt++
    WAIT 65535                        // warten
    JUMPS       label2, 18, LT        // geh nach label2, wenn stage_cnt < 18
    JUMP loop1
```

Listing 6.5 Das Programm »main-ulp-daten-aust.s«

Das ULP-Programm ausführen

Nach dem Build und dem Flash mit

`idf.py -p PORT flash monitor`

zeigt Ihnen der Monitor die Ausgaben aus Abbildung 6.4 an.

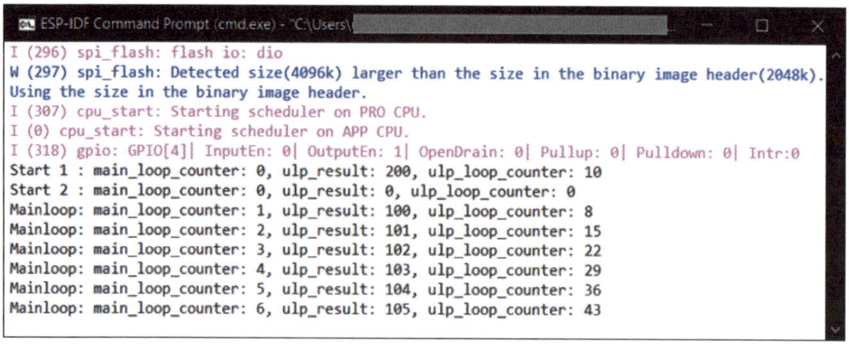

```
ESP-IDF Command Prompt (cmd.exe) - "C:\Users\
I (296) spi_flash: flash io: dio
W (297) spi_flash: Detected size(4096k) larger than the size in the binary image header(2048k).
Using the size in the binary image header.
I (307) cpu_start: Starting scheduler on PRO CPU.
I (0) cpu_start: Starting scheduler on APP CPU.
I (318) gpio: GPIO[4]| InputEn: 0| OutputEn: 1| OpenDrain: 0| Pullup: 0| Pulldown: 0| Intr:0
Start 1 : main_loop_counter: 0, ulp_result: 200, ulp_loop_counter: 10
Start 2 : main_loop_counter: 0, ulp_result: 0, ulp_loop_counter: 0
Mainloop: main_loop_counter: 1, ulp_result: 100, ulp_loop_counter: 8
Mainloop: main_loop_counter: 2, ulp_result: 101, ulp_loop_counter: 15
Mainloop: main_loop_counter: 3, ulp_result: 102, ulp_loop_counter: 22
Mainloop: main_loop_counter: 4, ulp_result: 103, ulp_loop_counter: 29
Mainloop: main_loop_counter: 5, ulp_result: 104, ulp_loop_counter: 36
Mainloop: main_loop_counter: 6, ulp_result: 105, ulp_loop_counter: 43
```

Abbildung 6.4 Datenaustausch im seriellen Monitor

An dieser Stelle ist es notwendig, etwas tiefer einzusteigen und einen Blick auf den Build-Prozess sowie die Verzahnung von Haupt- und ULP-Programm zu werfen.

Der Build-Prozess erzeugt auch den Binärcode des ULP-Programms und speichert ihn im Datenbereich des Hauptprogramms. In dem Ordner *build* befindet sich nun eine Datei mit dem Maschinencode in Hexadezimalform. Sie enthält die globalen Namen, die im Hauptprogramm zu verwenden sind, und trägt bei den hier benutzten Konventionen die Bezeichnung *ulp-main-bin.s*. Abbildung 6.5 zeigt Ihnen den Inhalt.

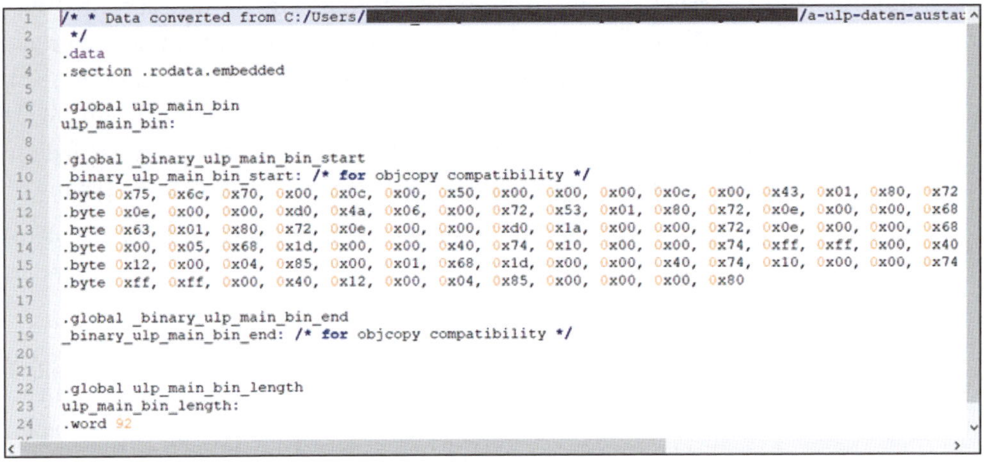

```
/* * Data converted from C:/Users/ /a-ulp-daten-austau
 */
.data
.section .rodata.embedded

.global ulp_main_bin
ulp_main_bin:

.global _binary_ulp_main_bin_start
_binary_ulp_main_bin_start: /* for objcopy compatibility */
.byte 0x75, 0x6c, 0x70, 0x00, 0x0c, 0x00, 0x50, 0x00, 0x00, 0x00, 0x0c, 0x00, 0x43, 0x01, 0x80, 0x72
.byte 0x0e, 0x00, 0x00, 0xd0, 0x4a, 0x06, 0x00, 0x72, 0x53, 0x01, 0x80, 0x72, 0x0e, 0x00, 0x00, 0x68
.byte 0x63, 0x01, 0x80, 0x72, 0x0e, 0x00, 0x00, 0xd0, 0x1a, 0x00, 0x00, 0x72, 0x0e, 0x00, 0x00, 0x68
.byte 0x00, 0x05, 0x68, 0x1d, 0x00, 0x00, 0x40, 0x74, 0x10, 0x00, 0x00, 0x74, 0xff, 0xff, 0x00, 0x40
.byte 0x12, 0x00, 0x04, 0x85, 0x00, 0x01, 0x68, 0x1d, 0x00, 0x00, 0x40, 0x74, 0x10, 0x00, 0x00, 0x74
.byte 0xff, 0xff, 0x00, 0x40, 0x12, 0x00, 0x04, 0x85, 0x00, 0x00, 0x00, 0x80

.global _binary_ulp_main_bin_end
_binary_ulp_main_bin_end: /* for objcopy compatibility */


.global ulp_main_bin_length
ulp_main_bin_length:
.word 92
```

Abbildung 6.5 Maschinencode des ULP-Assembler-Programms

Die Deklarationen und anderen Bestandteile des Quelltexts enthält auch hier eine Headerdatei. Sie liegt in einem tiefer gelegenen Unterordner des *build*-Verzeichnisses; Sie finden sie bei den gegebenen Konventionen unter *build/esp-idf/main/ulp_main/ulp_main.h*. Listing 6.6 zeigt den Inhalt:

```
// Variable definitions for ESP32ULP
// This file is generated automatically by esp32ulp_mapgen.py utility

#pragma once

extern uint32_t ulp_entry;
extern uint32_t ulp_loop1;
extern uint32_t ulp_main_loop_counter;
extern uint32_t ulp_ulp_loop_counter;
extern uint32_t ulp_ulp_result;
```

Listing 6.6 Das Programm »ulp_main.h«

Beachten Sie, dass den Variablennamen aus der *.s*-Datei dabei jeweils das Präfix `ulp_` vorangestellt ist. Über diese Namen hat das Hauptprogramm Zugriff auf die Variablen im RTC-Memory, und ein Datenaustausch mit dem Coprogramm ist möglich. Binden Sie deshalb diese Datei mit `#include ulp_main.h` in Ihr Hauptprogramm ein.

Auch der Programmablauf weist ein paar nennenswerte Besonderheiten auf. So initialisiert das ULP-Programm die Variablen mit 0. Dabei spielt es keine Rolle, ob die Variablen durch das Hauptprogramm vor dem Start des ULP-Programms mit einem anderen Wert vorbelegt wurden (siehe die `Start`- und `Mainloop`-Ausgaben in Abbildung 6.4). Die Variablen sind vom Typ `.long`. Das ist darauf zurückzuführen, dass alle Befehle und Daten des ULP-Programms im 32-Bit-Raster ausgerichtet sind. Das heißt, dass der Compiler jeden Assembler-Befehl inklusive Parameter in ein 32-Bit-Wort übersetzt. Auf Variablen kann der ULP-Coprozessor daher nur zugreifen, wenn diese an 32-Bit-Grenzen ausgerichtet sind; sinnvollerweise sind das dann `.long`-Typen.

Für Registeroperationen (wie in dem Beispiel zur Erhöhung von Schleifenzählern) stehen vier 16-Bit-Register zur Verfügung (R0, R1, R2, R3). Dabei hat R0 eine Sonderfunktion bei bestimmten Befehlen (z. B. `JUMPR`).

Der Umstand der Datenbreite von 16 Bit führt bei Registeroperationen mit einer Variablen vom Typ `.long` (32 Bit) dazu, dass nur die Hälfte des reservierten Speicherplatzes bei Lese- und Schreibvorgängen genutzt wird. Hier lauert eine gemeine Stolperfalle, weil das Hauptprogramm davon ausgeht, dass es sich um vollständig gültige `unit32_t`-Werte handelt (siehe die *.h*-Datei, Listing 6.6). Tatsächlich jedoch sind nur die unteren 16 Bit gültig, die oberen 16 Bit werden mit einem Wert geschrieben, der von der Adresse des `STORE`-Befehls abhängt. Für das Lesen einer Variablen im Hauptprogramm ist daher eine Maskierung des Werts mit `& 0xFFFF` nötig. Vergleichen Sie hierzu beispielsweise den `print`-Befehl im Programm *main-ulp-daten-aust.c*:

```
printf("...ulp_ulp_result & UINT16_MAX ...);
```

Mit dem ULP-Coprozessor den ADC auslesen

Der nächste Block befasst sich damit, mithilfe des ULP-Coprozessors ADC-Messungen an einem GPIO durchzuführen, die das Hauptprogramm ausgibt. Die Messwerte können unterhalb eines Low-Schwellenwerts, oberhalb eines High-Schwellenwerts oder dazwischen liegen:

- **unterhalb eines Low-Schwellenwerts**: normaler Betrieb
- **oberhalb eines High-Schwellenwerts**: Eine LED (HP) leuchtet.
- **dazwischen**: Eine LED (ULP) leuchtet.

Für Testzwecke übernimmt ein Potenziometer die Aufgabe, unterschiedliche Eingangsspannungen zu simulieren. Abbildung 6.6 zeigt die Schaltung.

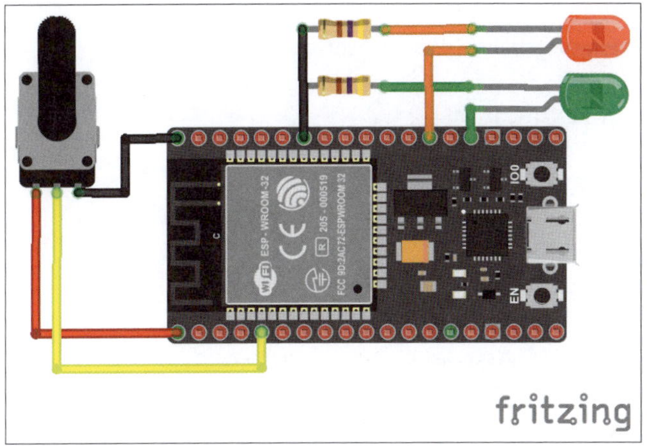

Abbildung 6.6 Schaltung, um mit dem ULP-Coprozessor ADC-Werte zu messen

Das Hauptprogramm main-ulp-blink.c erstellen

Öffnen Sie die Datei mit dem Hauptprogramm (z. B. *main-ulp-adc.c* in Ihrem *main*-Ordner) und fügen Sie den Code aus Listing 6.7 ein:

```
#include <stdio.h>
#include <string.h>
#include "freertos/FreeRTOS.h"
#include "freertos/task.h"
#include "esp_system.h"
#include "nvs.h"
#include "nvs_flash.h"
#include "soc/rtc_cntl_reg.h"
#include "soc/sens_reg.h"
#include "driver/gpio.h"
#include "driver/rtc_io.h"
#include "driver/adc.h"
#include "driver/dac.h"
#include "esp32/ulp.h"
#include "ulp_main.h"

extern const uint8_t bin_start[] asm("_binary_ulp_main_bin_start");
extern const uint8_t bin_end[]   asm("_binary_ulp_main_bin_end");

// Prototyp Funktion ULP initialisieren
static void init_ulp_program();

// Prototyp Funktion ULP starten
static void start_ulp_program();
```

```
void app_main() {
  /* Init GPIO 4 (rot), Steuerung durch die Hauptprozessoren  */
  gpio_config_t io_conf;
  io_conf.intr_type = GPIO_PIN_INTR_DISABLE;
  io_conf.mode = GPIO_MODE_OUTPUT;
  io_conf.pin_bit_mask = GPIO_SEL_4;
  io_conf.pull_down_en = 0;
  io_conf.pull_up_en = 0;
  gpio_config(&io_conf);

  /* Init GPIO2 (RTC_GPIO 12, gruen) Steuerung durch ULP */
  rtc_gpio_init(2);
  rtc_gpio_set_direction(2, RTC_GPIO_MODE_OUTPUT_ONLY);
  rtc_gpio_set_level(2,0);

  vTaskDelay(1000/portTICK_PERIOD_MS);

  // init ULP program
  init_ulp_program();
  // Start ULP program
  start_ulp_program();

  for (;;) {
    if ((ulp_ulp_result & UINT16_MAX) > 3500) {
      gpio_set_level(4, 1);
    } else {
      gpio_set_level(4, 0);
    }

    printf("Mainloop: Anzahl Messungen f. Mittelwert: %d, ⮐
            Messwert(gemittelt): %d, ulp_loop_counter: %d  \n",
            ulp_ADC_loop_counter & UINT16_MAX,
            ulp_ulp_result & UINT16_MAX,
            ulp_ulp_loop_counter & UINT16_MAX);

    vTaskDelay(2000/portTICK_PERIOD_MS);
    }
}

/* ULP initialisieren:
*     Aufruf:  einmal nach jedem Power-on reset
*     Aufgabe: Laden des ULP program in den RTC-Speicher ADC konfigurieren
*/
```

```
static void init_ulp_program() {
  ESP_ERROR_CHECK( ulp_load_binary(0, bin_start, (bin_end - bin_start) / ⮐
                  sizeof(uint32_t)));

  // Konfigurieren des ADC-Kanals
  // Achtung: Bei Änderung des Kanals ist auch dir.s-Datei anzupassen
  adc1_config_channel_atten(ADC1_CHANNEL_6, ADC_ATTEN_DB_11);
  adc1_config_width(ADC_WIDTH_BIT_12);
  adc1_ulp_enable();

  /* unterer / oberer Schwellenwert;     n * (3.3V / 4.095) = x V */
  ulp_low_threshold  = 1500;
  ulp_high_threshold = 3000;
}


/* ULP starten:
*      Aufruf:  jedes Mal, wenn das HP in den Deep-Sleep-Modus geht
*      Aufgabe: Start des ULP-Programms
*               Zurücksetzen von Zählern
*/
static void start_ulp_program() {
 // ULP-Programm starten
  ESP_ERROR_CHECK( ulp_run(&ulp_entry - RTC_SLOW_MEM) );
}
```

Listing 6.7 Das Programm »main-ulp-adc.c«

Gegenüber dem vorherigen Programm hat sich so viel nicht geändert. Das Initialisieren und Starten des ULP-Coprozessors sind nun eigenständige Funktionen. Die Funktion `init_ulp_program()` übernimmt auch die Aufgabe, den ADC-Kanal zu konfigurieren sowie den unteren und oberen Schwellenwert für das ULP-Programm bereitzustellen.

Das ULP-Programm ulp-adc.s erstellen

Erstellen Sie also eine solche Datei (z. B. *ulp-adc.s*) mit dem Code aus Listing 6.8:

```
#include "soc/rtc_cntl_reg.h"
#include "soc/soc_ulp.h"
#include "soc/rtc_io_reg.h"
```

```
    /* ADC1 channel 6, GPIO34 */
    .set adc_channel, 6

    /* Konfigurieren Sie die Anzahl der ADC-Proben, die bei jeder Messung
       gemittelt werden sollen. Machen Sie es der Einfachheit halber
       mit einer Potenz von 2.
    */
    .set adc_oversampling_factor_log, 2       // 2 = 4 Messungen,
                                              // 3 = 8, 4 = 16
    .set adc_oversampling_factor, (1 << adc_oversampling_factor_log)

    /* globale Variablen fuer den Datenaustausch mit dem HP;
       initialisiert mit 0 */
    .bss

    /* low threshold (unterer Schwellenwert); Wert aus HP */
    .global low_threshold
low_threshold:
    .long 0

    /* high threshold (oberer Schwellenwert); Wert aus HP */
    .global high_threshold
high_threshold:
    .long 0

    /* Rückgabe gemittelter ADC-Messwert*/
    .global ulp_result
ulp_result:
    .long 0

    /* Zähler für Schleife, gemittelte ADC-Messwert berechnen */
    .global ADC_loop_counter
ADC_loop_counter:
    .long 0

    /* Zähler für Durchläufe ULP */
    .global ulp_loop_counter
ulp_loop_counter:
    .long 0

    /* sonstige Variablen */
    .data
```

```
    /* kumulierte Zwischenwerte */
a_x:
    .long 0

    /* Programm */
    .text
    .global entry
entry:
    .global loop1

loop1:

    /* erhöhen ulp_loop_counter */
    vMOVE       R3, ulp_loop_counter
    LD          R2, R3, 0
    ADD         R2, R2, 1
    ST          R2, R3, 0

    /* löschen ADC_loop_counter */
    MOVE R3, ADC_loop_counter
    LD          R2, R3, 0
    SUB         R2, R2, R2
    ST          R2, R3, 0

    /* löschen ulp_result */
    MOVE        R3, ulp_result
    LD          R2, R3, 0
    SUB         R2, R2, R2
    ST          R2, R3, 0

    STAGE_RST                        // Schleifenzähler stage_cnt = 0

    /* messen und Zwischensumme bilden */
messen:
    ADC         R1, 0, adc_channel + 1  // Messung mit ADC durchführen;
                                        // Ergebnis in R1
    MOVE        R3, a_x                 // Register R3 = Adresse a_x
    ST          R1, R3, 0               // speichert R1 an Adresse R3 mit
                                        // dem Offset 0

    /* addieren und speichern Zwischensumme in ulp_result */
    MOVE R3, ulp_result
    LD          R2, R3, 0
```

```
    ADD         R2, R1, R2
    ST          R2, R3, 0

    /* erhöhen ADC_loop_counter */
    MOVE        R3, ADC_loop_counter
    LD          R2, R3, 0
    ADD         R2, R2, 1
    ST          R2, R3, 0

    STAGE_INC  1                    // stage_cnt++
    JUMPS       messen, adc_oversampling_factor, LT

    /* Dividieren der Zwischensumme in ulp_result durch den
       adc_oversampling_factor
       Weil dieser eine 2er-Potenz ist, geht das mit einem Rechts-Shift. */

    MOVE        R3, ulp_result
    LD          R2, R3, 0
    RSH         R2, R2, adc_oversampling_factor_log
    ST          R2, R3, 0            // Messwert-Durchschnitt speichern

    STAGE_RST                        // set stage_cnt to 0

label1:
    STAGE_INC  1                    // stage_cnt++
    WAIT 65535                      // warten
    JUMPS       label1, 18, LT       // geh nach label1, wenn stage_cnt < 18

    /* Vergleich mit low_thr; LED an, wenn Wert > low_threshold */
    MOVE        R3, low_threshold    // Register R3 =
                                     // Adresse von low_threshold
    LD          R3, R3, 0            // lädt R3 mit Wert in R3 mit
                                     // einem Offset 0
    sub         R3, R2, R3           // R3 = R2 - R3; R2 mit MW-Durchschnitt
    jump LED_aus, ov
    WRITE_RTC_REG(RTC_GPIO_OUT_REG,RTC_GPIO_OUT_DATA_S+12,1,1)     // LED an
    JUMP       loop1

LED_aus:
    WRITE_RTC_REG(RTC_GPIO_OUT_REG,RTC_GPIO_OUT_DATA_S+12,1,0      // LED aus
    JUMP       loop1
```

Listing 6.8 Das Programm »main-ulp-adc.s«

Das ULP-Programm führt die ADC-Messungen durch. Weil das Ergebnis der Messwertumwandlung schwankt, empfiehlt es sich, mehrere Messungen durchzuführen und erst auf der Basis des Durchschnitts Entscheidungen zu treffen. Der Einfachheit halber ist die Anzahl der Einzelmessungen eine Potenz von 2; der Durchschnitt lässt sich dann elegant durch einen Rechts-Shift der Zwischensumme berechnen.

Hier begegnen Sie auch erstmals dem Zero-Flag `EQ` und dem Overflow-Flag `OV`. Beide Flags werden durch *ALU-Operationen* (*Arithmetic and Logic Unit*) gesetzt und können im `JUMP`-Befehl als Bedingung ausgewertet werden. Die Logik beim Setzen der Flags ist etwas ungewöhnlich. Bei `ADD` und `SUB` werden die Flags wie erwartet gesetzt. Ein `LSH` beeinflusst das `OV`-Flag nicht, selbst wenn eine 1 nach links hinausgeschoben wird. Im Gegensatz dazu hat ein `MOVE`-Kommando Auswirkungen auf das `EQ`-Flag.

Das ULP-Programm ausführen

Nach dem Build und dem Flash mit

```
idf.py -p PORT flash monitor
```

zeigt Ihnen der Monitor die Ausgaben, die Sie in Abbildung 6.7 sehen.

```
ESP-IDF Command Prompt (cmd.exe) - "C:\Users
entry 0x40080688
W (105) spi_flash: Detected size(4096k) larger than the size in the binary image header(2048k).
Using the size in the binary image header.
Mainloop: Anzahl Messungen f. Mittelwert: 0, Messwert(gemittelt): 0, ulp_loop_counter: 1
Mainloop: Anzahl Messungen f. Mittelwert: 4, Messwert(gemittelt): 3634, ulp_loop_counter: 15
Mainloop: Anzahl Messungen f. Mittelwert: 4, Messwert(gemittelt): 3650, ulp_loop_counter: 29
Mainloop: Anzahl Messungen f. Mittelwert: 4, Messwert(gemittelt): 3648, ulp_loop_counter: 43
Mainloop: Anzahl Messungen f. Mittelwert: 4, Messwert(gemittelt): 3647, ulp_loop_counter: 57
Mainloop: Anzahl Messungen f. Mittelwert: 4, Messwert(gemittelt): 3649, ulp_loop_counter: 71
Mainloop: Anzahl Messungen f. Mittelwert: 4, Messwert(gemittelt): 3648, ulp_loop_counter: 85
```

Abbildung 6.7 ADC-Messungen mit dem ULP-Coprozessor

Die beiden LEDs sollten in dieser Konstellation leuchten. Ändern Sie die Einstellungen am Potenziometer, um auch andere Fälle zu simulieren.

Der ULP-Coprozessor und Deep Sleep

In diesem Beispiel geht der ESP32 in den Deep-Sleep-Modus. Lediglich der ULP-Coprozessor ist in periodischen Abständen aktiv. Während der aktiven Zeit wertet er den ADC-Kanal 6 (GPIO34) aus und weckt die Hauptprozessoren, wenn der Messwert außerhalb eines Bereichs von Schwellenwerten liegt. Die Schaltung aus Abbildung 6.6 bleibt unverändert.

Das Hauptprogramm main-ulp-adc-deep-sleep.c erstellen

Öffnen Sie die Datei mit dem Hauptprogramm (z. B. *main-ulp-adc-deep-sleep.c* in Ihrem *main*-Ordner) und fügen Sie den Code aus Listing 6.9 ein:

```
#include <stdio.h>
#include <string.h>
#include "esp_sleep.h"
#include "nvs.h"
#include "nvs_flash.h"
#include "soc/rtc_cntl_reg.h"
#include "soc/sens_reg.h"
#include "driver/gpio.h"
#include "driver/rtc_io.h"
#include "driver/adc.h"
#include "driver/dac.h"
#include "esp32/ulp.h"
#include "ulp_main.h"
#include "freertos/FreeRTOS.h"
#include "freertos/task.h"

extern const uint8_t bin_start[] asm("_binary_ulp_main_bin_start");
extern const uint8_t bin_end[]   asm("_binary_ulp_main_bin_end");

// Prototyp Funktion ULP initialisieren
static void init_ulp_program();

// Prototyp Funktion ULP starten
static void start_ulp_program();

void app_main() {
  /* Init GPIO04 (RTC_GPIO_10, TOUCH0, rot) Steuerung durch ULP */
  rtc_gpio_init(4);                                  // init GPIO04 als RTC-GPIO
  rtc_gpio_set_direction(4, RTC_GPIO_MODE_OUTPUT_ONLY);    // GPIO04 als
                                                            // OUTPUT öffnen
  rtc_gpio_set_level(4,0);      // GPIO04 auf Output-Level 0 (LOW) setzen

  /* Init GPIO02 (RTC_GPIO_12, TOUCH2, gruen) Steuerung durch ULP */
  rtc_gpio_init(2);                          // init GPIO02 als RTC-GPIO
  rtc_gpio_set_direction(2, RTC_GPIO_MODE_OUTPUT_ONLY);   // GPIO02 als
                                                          // OUTPUT öffnen
  rtc_gpio_set_level(2,0);      // GPIO02 auf Output-Level 0 (LOW) setzen
  esp_sleep_wakeup_cause_t cause = esp_sleep_get_wakeup_cause();
  if (cause != ESP_SLEEP_WAKEUP_ULP) {
    printf("Kein ULP Wakeup\n");
    init_ulp_program();
  } else {
    printf("Deep-Sleep Wakeup durch ULP\n");
```

```
    ulp_last_result &= UINT16_MAX;
    printf("Anzahl Messungen f. Mittelwert: %d, Messwert(gemittelt): %d, ⮐
            Anzahl ULP-Messwert-Ermittlungen seit letztem Reset: %d  \n",
        ulp_ADC_loop_counter & UINT16_MAX,
        ulp_last_result,
        ulp_ulp_loop_counter & UINT16_MAX);

    printf("Der Messwert %d war %s eines Schwellenwerts (%d (unten) bzw. ⮐
            %d (oben)) - a_z: %d, b_z: %d\n",
        ulp_last_result,
        ulp_last_result < ulp_low_threshold ? "unterhalb" : "oberhalb",
        ulp_low_threshold, ulp_high_threshold,
        ulp_a_z & UINT16_MAX,
        ulp_b_z & UINT16_MAX);
  }

  vTaskDelay(5000/portTICK_PERIOD_MS);        // für Lesen der Ausgabe (Test)

  printf("Programm geht in den Deep-Sleep\n\n");
  vTaskDelay(100/portTICK_PERIOD_MS);         // mind. 100 ms für die Ausgabe
                                              // der Meldung erforderlich
  start_ulp_program();
  ESP_ERROR_CHECK( esp_sleep_enable_ulp_wakeup() );
  esp_deep_sleep_start();
}

/* ULP initialisieren:
*      Aufruf:  einmal nach jedem power-on reset
*      Aufgabe: Laden des ULP program in den RTC-Speicher
*               ADC konfigurieren
*/
static void init_ulp_program() {
  ESP_ERROR_CHECK( ulp_load_binary(0, bin_start, (bin_end - bin_start) / ⮐
      sizeof(uint32_t)));

  // Konfigurieren des ADC-Kanals
  // Achtung: Bei Änderung des Kanals ist auch die dir.s-Datei anzupassen
  adc1_config_channel_atten(ADC1_CHANNEL_6, ADC_ATTEN_DB_11);
  adc1_config_width(ADC_WIDTH_BIT_12);
  adc1_ulp_enable();

  /* unterer / oberer Schwellenwert;     n * (3.3V / 4.095) = x V */
  ulp_low_threshold  = 1500;
```

```
  ulp_high_threshold = 3000;

  /* Setzen der ULP-Schlafzeit / Dauer des Deep-Sleep ULP*/
  //ulp_set_wakeup_period(0, 20000);  // 20 * 1000
  ulp_set_wakeup_period(0, 5 * 1000 * 1000);      // Test 5 Sekunden

  /* Disconnect GPIO12 und GPIO15, um Durchlassströme zu entfernen
   * pullup/pulldown resistors.
   * GPIO12 sollte für die Wahl der Flash-Spannung nach HIGH gezogen werden
   */
  rtc_gpio_isolate(GPIO_NUM_12);
  rtc_gpio_isolate(GPIO_NUM_15);
  esp_deep_sleep_disable_rom_logging(); // Boot-Nachrichten unterdrücken
}

/* ULP starten:
*     Aufruf:  jedes Mal, wenn das HP in den Deep-Sleep-Modus geht
*     Aufgabe: Start des ULP-Programms
*              Zurücksetzen von Zählern
*/
static void start_ulp_program() {
  // Zähler zurücksetzen
    ulp_ulp_loop_counter = 0;

    /* Start ULP-Programm */
    esp_err_t err = ulp_run(&ulp_entry - RTC_SLOW_MEM);
    ESP_ERROR_CHECK(err);
}
```

Listing 6.9 Das Programm »main-ulp-adc-deep-sleep.c«

Im Prinzip setzt das Programm weitgehend auf Bekanntem auf; wesentliche Änderungen betreffen lediglich den Deep Sleep, und zwar folgende:

- die Festlegung der ULP-Wakeup-Periode in der Funktion `init_ulp_program()`: Das ist die Periode, in der der ULP-Coprozessor aufwacht und seinen Code abspult.
- das Ermöglichen eines Wakeup der Hauptprozessoren durch den ULP-Coprozessor mit der Funktion `esp_sleep_enable_ulp_wakeup()`
- der Start des Deep Sleep mit `esp_deep_sleep_start()`

Das Programm enthält einige Einstellungen, die helfen, den Test und den Programmablauf zu verdeutlichen. Hierzu zählen großzügig gesteckte Verzögerungen und eine sehr lange ULP-Wakeup-Periode. In einer realen Anwendung ist dies sicherlich anzupassen.

Das ULP-Programm ulp-adc-deep-sleep.s erstellen

Im Code aus Listing 6.10 finden Sie die notwendigen Anpassungen für die Datei *ulp-adc-deep-sleep.s*:

```
#include "soc/rtc_cntl_reg.h"
#include "soc/soc_ulp.h"
#include "soc/rtc_io_reg.h"

    /* ADC1 channel 6, GPIO34 */
    .set adc_channel, 6

    /* Konfigurieren Sie die Anzahl der ADC-Proben, die bei jeder Messung
       gemittelt werden sollen. Machen Sie es der Einfachheit halber
       mit einer Potenz von 2.
    */
    .set adc_oversampling_factor_log, 2     // 2 = 4 Messungen, 3 = 8, 4 = 16
    .set adc_oversampling_factor, (1 << adc_oversampling_factor_log)

    /* Variablen fuer den Datenaustausch mit dem HP; initialisiert mit 0 */
    .bss

    /* low threshold (unterer Schwellenwert); Wert aus HP */
    .global low_threshold
low_threshold:
    .long 0

    /* high threshold (oberer Schwellenwert); Wert aus HP */
    .global high_threshold
high_threshold:
    .long 0

    /* Rückgabe gemittelter ADC-Messwert*/
    .global last_result
last_result:
    .long 0

    /* Zähler-Schleife gemittelter ADC-Messwert berechnen */
    .global ADC_loop_counter
ADC_loop_counter:
    .long 0

    /* Zähler Durchläufe ULP */
    .global ulp_loop_counter
```

```
ulp_loop_counter:
    .long 0

    .global a_z
a_z:
    .long 0

    .global b_z
b_z:
    .long 0


    .data


    /* .text section / Programmteil */
    .text
    .global entry
entry:

    /* erhöhen ulp_loop_counter */
    MOVE R3, ulp_loop_counter
    LD          R2, R3, 0
    ADD         R2, R2, 1
    ST          R2, R3, 0

    /* löschen ADC_loop_counter    */
    MOVE R3, ADC_loop_counter
    LD          R2, R3, 0
    SUB         R2, R2, R2
    ST          R2, R3, 0

    MOVE        R0, 0                   // R0 = 0; R0 speichert Zwischensumme
    STAGE_RST                           // Schleifenzähler stage_cnt = 0

    /* messen und Zwischensumme bilden */
messen:
    ADC         R1, 0, adc_channel +      // Messung mit ADC durchführen;
                                          // Ergebnis in R1
    ADD         R0, R0, R1                // Messungen kumulieren, R0 = R0 + R1
```

```
    /* erhöhen ADC_loop_counter */
    MOVE        R3, ADC_loop_counter
    LD          R2, R3, 0
    ADD         R2, R2, 1
    ST          R2, R3, 0

    STAGE_INC  1                    // stage_cnt++
    JUMPS messen, adc_oversampling_factor, LT

    /* Dividieren der Zwischensumme in R0 durch den adc_oversampling_factor.
       Weil dieser eine 2er-Potenz ist, geht das mit einem Rechts-Shift. */

    RSH         R0, R0, adc_oversampling_factor_log
    MOVE        R3, last_result      // Register R3 = Adresse von last_result
    ST          R0, R3, 0            // Messwert-Durchschnitt speichern

    /* Steuerung LED an GPIO02; an, wenn Wert (in R0) <
       low_threshold      (Test) */
    MOVE        R3, low_threshold    // Register R3 = Adresse von
                                     //  high_threshold
    LD          R3, R3, 0            // lädt R3 mit Wert in R3 mit einem
                                     // Offset 0
    sub         R3, R0, R3           // R3 = R0 - R3; R0 mit MW-Durchschnitt
    JUMP        LED_aus, ov
    /*    wenn Wert (in R0) >  high_threshold      (Test) */
    MOVE        R3, high_threshold   // Register R3 = Adresse von
                                     // high_threshold
    LD          R3, R3, 0            // lädt R3 mit Wert in R3 mit einem
                                     // Offset 0
    sub         R3, R3, R0           // R3 = R0 - R3; R0 mit MW-Durchschnitt
    JUMP        LED_aus, ov

LED_an:
    /* GPIO02 (RTC_GPIO_12, TOUCH2, gruen) */
    /* Disable hold von GPIO02-Output */
    WRITE_RTC_REG(RTC_IO_TOUCH_PAD2_REG, RTC_IO_TOUCH_PAD2_HOLD_S, 1, 0)
    /* GPIO02-Output auf HIGH setzen */
    WRITE_RTC_REG(RTC_GPIO_OUT_REG,RTC_GPIO_OUT_DATA_S + 12,1,1)   // LED an
    /* Enable hold von GPIO02-Output */
    WRITE_RTC_REG(RTC_IO_TOUCH_PAD2_REG, RTC_IO_TOUCH_PAD2_HOLD_S, 1, 1)
    JUMP weiter
```

```
LED_aus:
    /* Disable hold von GPIO02-Output */
    WRITE_RTC_REG(RTC_IO_TOUCH_PAD2_REG, RTC_IO_TOUCH_PAD2_HOLD_S, 1, 0)
    /* GPIO02-Output auf LOW setzen */
    WRITE_RTC_REG(RTC_GPIO_OUT_REG,RTC_GPIO_OUT_DATA_S + 12,1,0)   // LED aus
    /* Enable hold von GPIO02-Output */
    WRITE_RTC_REG(RTC_IO_TOUCH_PAD2_REG, RTC_IO_TOUCH_PAD2_HOLD_S, 1, 1)
    JUMP weiter

weiter:
    /* Vergleich Wert (in R0) mit low_threshold; Wakeup HP,
       wenn Wert < low_threshold */
    MOVE        R3, low_threshold
    LD          R3, R3, 0
    SUB         R3, R0, R3
    JUMP        wake_up, ov

    /* Vergleich Wert (in R0) mit high_threshold; Wakeup HP,
       wenn Wert > high_threshold */
    move        R3, high_threshold
    LD          R3, R3, 0
    SUB         R3, R3, R0
    JUMP        wake_up, ov

    /* Wert innerhalb des Wertebereichs:
       - ULP-Programm beenden und in den Deep Sleep gehen
       - ULP-Wakeup nach Periode lt. ulp_set_wakeup_period in HP */
    .global exit
exit:

    /* Test: LED leuchtet bei jedem ULP-Durchlauf kurz auf (Schleife) */
    /* GPIO04 (RTC_GPIO_10, TOUCH0, rot) */
    /* Disable hold von GPIO04-Output */
    WRITE_RTC_REG(RTC_IO_TOUCH_PAD0_REG, RTC_IO_TOUCH_PAD0_HOLD_S, 1, 0)
    /* GPIO04-Output auf HIGH setzen */
    WRITE_RTC_REG(RTC_GPIO_OUT_REG,RTC_GPIO_OUT_DATA_S + 10,1,1)   // LED an
    /* Enable hold von GPIO04-Output */
    //WRITE_RTC_REG(RTC_IO_TOUCH_PAD0_REG, RTC_IO_TOUCH_PAD0_HOLD_S, 1, 1)
loop1:
    STAGE_INC  1                     // stage_cnt++
    WAIT 65535                       // warten
    JUMPS      loop1, 50, LT         // geh nach loop1, wenn stage_cnt < 50
```

```
    /* Disable hold von GPIO04-Output */
    //WRITE_RTC_REG(RTC_IO_TOUCH_PAD0_REG, RTC_IO_TOUCH_PAD0_HOLD_S, 1, 0)
    /* GPIO04-Output auf LOW setzen */
    WRITE_RTC_REG(RTC_GPIO_OUT_REG,RTC_GPIO_OUT_DATA_S + 10,1,0)   // LED aus
    /* Enable hold von GPIO04-Output */
    WRITE_RTC_REG(RTC_IO_TOUCH_PAD0_REG, RTC_IO_TOUCH_PAD0_HOLD_S, 1, 1)

    HALT                             // Halt Coprozessor,
                                     // Restart des ULP durch Wakeup-Timer

    /* nach Vergleich Wert: Wert liegt unter- bzw. oberhalb der
       Schwellenwerte */
    .global wake_up
wake_up:
    /* setzen a_z  */
    MOVE        R3, a_z              // Register R3 = Adresse von a_z
    LD          R2, R3, 0            // lädt R2 mit Wert von Adresse R3
                                     // mit einem Offset 0
    ADD         R2, R2, 1            // R2 = R2 + 1
    ST          R2, R3, 0            // speichert R2 an Adresse R3
                                     // mit dem Offset 0

    /* prüfen, ob das System aufgeweckt werden kann,
       Read RTC_CNTL_RDY_FOR_WAKEUP bit nach R0 */
    READ_RTC_FIELD(RTC_CNTL_LOW_POWER_ST_REG, RTC_CNTL_RDY_FOR_WAKEUP)
    AND         R0, R0, 1
    JUMP        exit, EQ             // erneuter Versuch, bis Bit gesetzt ist

    /* setzen b_z  */
    MOVE        R3, b_z              // Register R3 = Adresse von b_z
    LD          R2, R3, 0            // lädt R2 mit Wert von Adresse R3
                                     // mit einem Offset 0
    ADD         R2, R2, 1            // R2 = R2 + 1
    ST          R2, R3, 0            // speichert R2 an Adresse R3
                                     // mit dem Offset 0
    /* Aufwecken des Hauptprozessors, ULP-Pogramm beenden */
    WAKE
    WRITE_RTC_FIELD(RTC_CNTL_STATE0_REG, RTC_CNTL_ULP_CP_SLP_TIMER_EN, 0)
    // Stop ULP-Timer
    HALT                             // Halt Coprozessor
```

Listing 6.10 Das Programm »ulp-adc-deep-sleep.s«

Das ULP-Programm verfügt nun über die Ergänzungen für den Deep Sleep. Wesentlich sind die Befehle ab dem Punkt `wake_up`. Die Ansteuerung der LEDs dient nur zu Testzwecken und sollte im realen Einsatz in Hinblick auf den Energieverbrauch entfallen.

Das ULP-Programm ausführen

Nach dem Build und dem Flash mit

```
idf.py -p PORT flash monitor
```

zeigt Ihnen der Monitor die Ausgaben, die Sie in Abbildung 6.8 sehen.

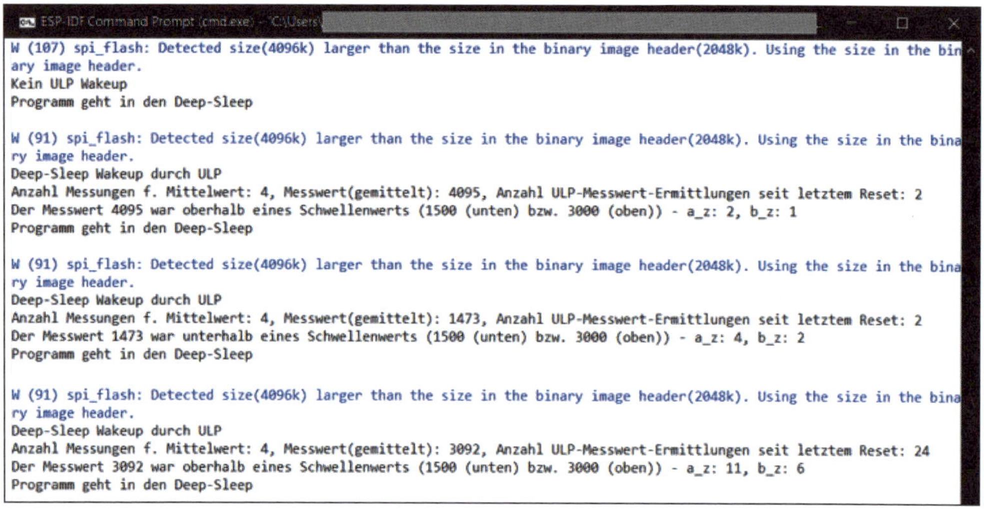

```
ESP-IDF Command Prompt (cmd.exe) - C:\Users\
W (107) spi_flash: Detected size(4096k) larger than the size in the binary image header(2048k). Using the size in the bin
ary image header.
Kein ULP Wakeup
Programm geht in den Deep-Sleep

W (91) spi_flash: Detected size(4096k) larger than the size in the binary image header(2048k). Using the size in the bina
ry image header.
Deep-Sleep Wakeup durch ULP
Anzahl Messungen f. Mittelwert: 4, Messwert(gemittelt): 4095, Anzahl ULP-Messwert-Ermittlungen seit letztem Reset: 2
Der Messwert 4095 war oberhalb eines Schwellenwerts (1500 (unten) bzw. 3000 (oben)) - a_z: 2, b_z: 1
Programm geht in den Deep-Sleep

W (91) spi_flash: Detected size(4096k) larger than the size in the binary image header(2048k). Using the size in the bina
ry image header.
Deep-Sleep Wakeup durch ULP
Anzahl Messungen f. Mittelwert: 4, Messwert(gemittelt): 1473, Anzahl ULP-Messwert-Ermittlungen seit letztem Reset: 2
Der Messwert 1473 war unterhalb eines Schwellenwerts (1500 (unten) bzw. 3000 (oben)) - a_z: 4, b_z: 2
Programm geht in den Deep-Sleep

W (91) spi_flash: Detected size(4096k) larger than the size in the binary image header(2048k). Using the size in the bina
ry image header.
Deep-Sleep Wakeup durch ULP
Anzahl Messungen f. Mittelwert: 4, Messwert(gemittelt): 3092, Anzahl ULP-Messwert-Ermittlungen seit letztem Reset: 24
Der Messwert 3092 war oberhalb eines Schwellenwerts (1500 (unten) bzw. 3000 (oben)) - a_z: 11, b_z: 6
Programm geht in den Deep-Sleep
```

Abbildung 6.8 ADC-Deep-Sleep-Wakeup mit ULP-Coprozessor im seriellen Monitor

Ändern Sie die Einstellungen am Potenziometer, um sich anhand der Monitorausgaben und der LEDs den Programmablauf vor Augen zu führen.

Für weitere Informationen konsultieren Sie die Dokumentation unter *https://www.espressif.com/sites/default/files/documentation/esp32_technical_reference_manual_en.pdf*.

6.2 FreeRTOS-Tasks verwalten

FreeRTOS-Task-Funktionen habe ich bereits in Abschnitt 5.11 kurz angesprochen. Dieser Abschnitt soll das Thema anhand von Programmierbeispielen etwas vertiefen. Die Mustersketche habe ich (mit einer Ausnahme) mit der Arduino IDE aufgesetzt. Selbstverständlich können Sie diese auch im ESP-IDF programmieren, die Anpassung der Programmstruktur ist nur marginal.

Laufende Tasks ermitteln

Als ersten Schritt geht es darum, die Anzahl auf dem Mikrocontroller laufender Tasks zu ermitteln und den Kern festzustellen, der mit der Ausführung des laufenden Programms beauftragt ist. Listing 6.11 zeigt den Minimalsketch:

```
void setup() {
  Serial.begin(115200);
  Serial.print  ("Anzahl ausgeführter Tasks:    ");
  Serial.println(uxTaskGetNumberOfTasks());
  Serial.print  ("setup() ausgefuehrt in Kern:  ");
  Serial.println(xPortGetCoreID());
}

void loop() {
  Serial.print  ("loop() ausgefuehrt in Kern:   ");
  Serial.println(xPortGetCoreID());
  delay (20000);
}
```

Listing 6.11 Die Taskanzahl und den beauftragten Kern ausgeben

Der Sketch verwendet zwei Funktionen mit sprechenden Namen: `uxTaskGetNumberOfTasks()` und `xPortGetCoreID()`. Nach dem Hochladen gibt der serielle Monitor die gewünschten Informationen aus (siehe Abbildung 6.9).

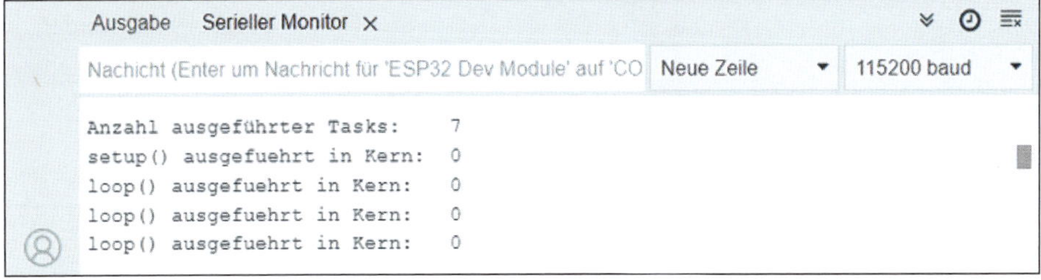

Abbildung 6.9 Taskanzahl und der beauftragte Kern im seriellen Monitor

Die Ausführung des Sketches erfolgt in Kern 0; nun ja – gut zu wissen. Aber die Anzahl der Tasks erstaunt. Warum sind sieben Tasks aktiv, obwohl mit dem Sketch nur ein Task hochgeladen wurde?

Der Grund dafür ist, dass der Bootvorgang automatisch verschiedene Tasks erzeugt. Tabelle 6.1 gibt Ihnen eine Übersicht zum ESP32-WROOM-32. Sechs dieser Tasks (kein FreeRTOS-Timer-Task) zuzüglich dem Sketch-Task ergeben die Anzahl aktiver Tasks: hier sieben.

Task-Name	Kern	Priorität	Beschreibung
Main Task (`main`)	CPU0	1	Task, der lediglich `app_main` aufruft. Er löscht sich selbst, wenn `app_main` auf `return` läuft.
Idle Tasks (`IDLEx`)	CPU0 und CPU1	0	Idle-Tasks, die für jeden Kern erstellt und ihnen auch zugeordnet werden. Dies sind Leerlaufprozesse bzw. »Pseudo-Prozesse«, die als Zwischenablage für »freie« oder ungenutzte Prozessorzeit zu sehen sind.
IPC Tasks (`ipcx`)	CPU0 und CPU1	24	IPC-Tasks (*Inter-Processor Call Tasks*), werden für jeden Kern erstellt und den Kernen auch zugeordnet.
FreeRTOS Timer Task (`Tmr Svc`)	CPU0	gemäß Konfiguration	FreeRTOS erstellt den Timer-Dienst/Daemon-Task, wenn FreeRTOS-Timer-APIs von der Anwendung aufgerufen werden.
ESP Timer Task (`esp_timer`)	CPU0	22	ESP-IDF erstellt den ESP-Timer-Task, der zur Verarbeitung von ESP-Timer- Callbacks verwendet wird.

Tabelle 6.1 Beim Booten erzeugte Tasks

[»]

Task-Status und -Priorität

Ein Task kann sich in einem der folgenden Zustände befinden:

- **Running**
  Ein Task in »tatsächlicher« Ausführung befindet sich im Status *Running*. Er verwendet derzeit den Prozessor. Bei Prozessoren mit nur einem einzelnen Kern kann sich unter FreeRTOS zu einem bestimmten Zeitpunkt nur ein Task im Status *Running* befinden.
- **Ready**
  Tasks mit dem Status *Ready* sind diejenigen, die ausgeführt werden können (sie befinden sich nicht im Status *Blocked* oder *Suspended*), aber derzeit nicht ausgeführt werden, weil sich bereits ein anderer Task mit gleicher oder höherer Priorität im Status *Running* befindet.

- **Blocked**

  Ein Task befindet sich im Zustand *Blocked*, wenn er derzeit entweder auf ein zeitliches oder ein externes Ereignis wartet. Ein Task wird z. B. bei einem `vTaskDelay()` (Arduino: `delay()`) blockiert und verbleibt in dem Blocked-Zustand, bis die Verzögerungsperiode abgelaufen ist (ein temporäres Ereignis). Tasks können auch blockieren, um auf eine Warteschlange, ein Semaphor, eine Ereignisgruppe, eine Benachrichtigung oder ein Semaphor-Ereignis zu warten. Tasks im Blocked-Zustand haben normalerweise eine Zeitüberschreitung. Nach Ablauf dieser Frist hebt das Betriebssystem den Blocked-Zustand auf, selbst wenn das Ereignis, auf das die Aufgabe gewartet hat, nicht eingetreten ist.

  Tasks im Status *Blocked* verbrauchen keine Prozessorzeit; sie können auch nicht ausgewählt werden, um in den Status *Running* zu wechseln.

- **Suspended**

  Tasks im Status *Suspended* (dt. »unterbrochen«) befinden sich ebenfalls in einem Wartezustand, aus dem sie auch nicht durch Auswahl in den Status *Running* wechseln können. Im Gegensatz zu *Blocked*-Tasks fehlt aber das Moment der Zeitüberschreitung. Stattdessen treten Tasks nur über eine Aufforderung mit `vTaskSuspend()` bzw. `xTaskResume()` in den *Suspended*-Zustand ein oder verlassen ihn.

Aufgabe des Prozess-*Schedulers* (dt. »Zeitplaners«) ist, es die zeitliche Ausführung der Prozesse im Betriebssystem zu koordinieren. Der Scheduler überprüft die Betriebszustände der Tasks und führt Tasks mit dem Status *Ready* aus. Dabei bedient sich der Scheduler unterschiedlicher Strategien.

Ein Ansatz ist das Prioritätsscheduling, dem jeder Prozess eine Priorität erhält. Die Abarbeitung erfolgt dann unter Berücksichtigung der Prioritäten der jeweiligen Tasks. Dabei kennzeichnen niedrige Zahlen Tasks mit niedriger Priorität. So haben z. B. die Idle-Tasks die Priorität null (`tskIDLE_PRIORITY`).

Insgesamt stellt der FreeRTOS-Scheduler sicher, dass Tasks im Status *Ready* oder *Running* immer bevorzugt Prozessorzeit (CPU) erhalten gegenüber Tasks mit niedrigerer Priorität, die sich ebenfalls im Status *Ready* befinden. Oder anders ausgedrückt: Der Task, der in den Zustand *Running* versetzt wird, ist immer der Task mit der höchsten Priorität, der ausgeführt werden kann.

Grundsätzlich kann eine beliebige Anzahl von Tasks dieselbe Priorität haben. In diesem Fall teilen sich die Tasks die verfügbare Prozessorzeit unter Verwendung eines zeitgeteilten sogenannten Round-Robin-Scheduling-Schemas. Das Arduino-Framework beschränkt die Priorität auf den Wert 24.

Fügen Sie im `setup()` aus Listing 6.11 nachstehenden Codeschnipsel ein, um die Task-Priorität anzuzeigen und zu ändern:

```
Serial.print  ("                  Priorität alt ");
Serial.println(uxTaskPriorityGet(NULL));
vTaskPrioritySet(NULL, 10);
Serial.print  ("                  Priorität neu ");
Serial.println(uxTaskPriorityGet(NULL);
```

Tasks erstellen

Im vorigen Abschnitt haben wir festgestellt, dass das »Hauptprogramm« (der Sketch) ein eigener Task ist. Ab Arduino IDE 2.1 können Sie bestimmen, in welchem Kern der Sketch zur Ausführung kommt, indem Sie einfach das Menü nutzen: Werkzeuge • Arduino Runs On • Core 0 bzw. Core 1. Eine weitere Option (Events Run On) ermöglicht Ihnen auch, die Abarbeitung von Ereignissen einem bestimmten Kern zu übertragen.

Sie können dies jedoch auch anderweitig bestimmen; so z. B. wenn es aus programmtechnischer Sicht sinnvoll ist, Abläufe in selbstständige Tasks auszugliedern. Die Gründe können darin liegen, Aufgabenstellungen zu strukturieren und zu parallelisieren. Echte Parallelverarbeitung verlangt jedoch mindestens zwei Kerne. In diesem Abschnitt zeige ich Ihnen, wie und mit welchen Parametern Sie Tasks erstellen können. Unsere Basis ist der Code aus Listing 6.11. Eine LED an GPIO02 hilft, den Ablauf zu visualisieren.

```
#define LED_PIN    2
TaskHandle_t task_handle_1 = NULL;
// der auszuführende Task-Code
void task_code_1(void *pvParameter) {
  int anz = (int) pvParameter;
  Serial.print  ("Task Task_1      läuft in Kern ");
  Serial.println(xPortGetCoreID());
  Serial.print  ("                 Parameter     ");
  Serial.println(anz);
  delay(50);
  for (int i = 0; i < anz; i++){
    digitalWrite(LED_PIN, HIGH);
    delay(1000);
    digitalWrite(LED_PIN, LOW);
    delay(1000);
  }
  vTaskDelete(NULL);
}
```

```
void setup() {
  static int task_1_param = 5;  // Parameter für Task
  Serial.begin(115200);
  pinMode(LED_PIN, OUTPUT);
  xTaskCreate(
       &task_code_1,            // Task-Funktion
       "Task_1",                // Task-Name
       2048,                    // Stack-Größe
       (void *) task_1_param,   // Task-Parameter
       2,                       // Task-Priorität
       &task_handle_1);         // Task-Handler
  Serial.println("Task Task_1     gestartet");
  delay(2000);
}
void loop() {
  Serial.print  ("                Priorität     ");
  Serial.println(uxTaskPriorityGet(task_handle_1));
  delay(20000);
}
```

Listing 6.12 Tasks erstellen

Als globale Variable taucht ein neuer Variablentyp TaskHandle_t auf. Hierbei handelt es sich um einen Datenblock, über den Sie einen zugehörigen Task adressieren können. Sie finden ein Beispiel mit der Ausgabe der Task-Priorität des generierten Tasks in der loop().

Die Funktion task_code_1() beinhaltet den Code des erstellten Tasks. In der Hauptsache bewirkt er, eine LED an GPIO02 gemäß Parameter-Vorgabe blinken zu lassen. Die Übergabe des Parameters selbst erfolgt mithilfe eines Pointers. Eine Feinheit ist der Aufruf der Funktion vTaskDelete(). Er stellt sicher, dass der Task auch ordnungsgemäß terminiert; ohne diese Anweisung läuft der Mikrocontroller auf Fehler und bootet neu. Das Argument NULL bedeutet, dass sich die Anweisung auf den aktuellen Task beziehen soll.

Dreh- und Angelpunkt ist aber die Funktion xTaskCreate() mit ihren Argumenten:

- **Task-Funktion**

  Das Argument verweist (&) auf die auszuführende Funktion – hier task_code_1.

- **Task-Name**

  Tasks können einen Namen tragen – hier Task_1. NULL lässt den Task unbenannt.

- **Stack-Größe**

  Der für die Ausführung des Tasks vorgesehene Speicherplatz – hier 2048.

- **Task-Parameter**

  Pointer zu dem Task-Parameter – hier `task_1_param`. Die Angabe von `NULL` zeigt, dass der Task keine Parameter hat.

- **Task-Handler**

  Der Task-Handler stellt die Verbindung zum erstellten Task her. Die Angabe verweist auf die Variable, in der diese Informationen abzulegen sind – in diesem Beispiel `task_handle_1`. Die Angabe `NULL` ist bei einem Verzicht auf diese Referenz zulässig.

Abbildung 6.10 zeigt den Ablauf im seriellen Monitor.

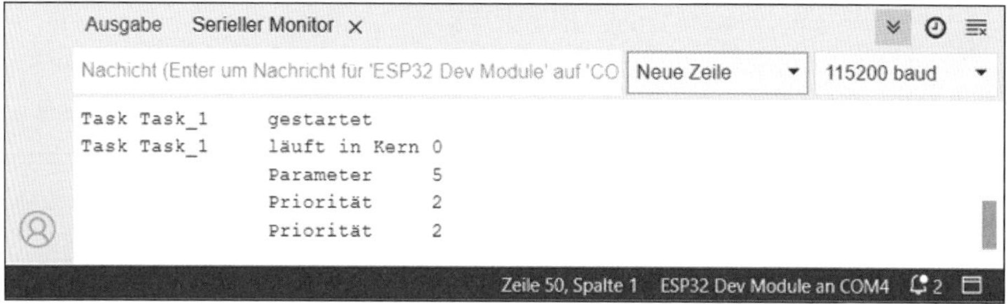

Abbildung 6.10 Einen Task erstellen im seriellen Monitor

Mehrere Tasks gezielt den Kernen zuweisen

Eine weitere Funktion ermöglicht es sogar, Tasks einem bestimmten Kern zuzuordnen. Der Name dieser Funktion ist `xTaskCreatePinnedToCore()`. Die Parameter sind identisch mit denen von `xTaskCreate()`. Ein zusätzlicher (letzter) Parameter bestimmt den Kern (0 ist der erste). Das kann beispielhaft so aussehen:

```
xTaskCreatePinnedToCore(
    &task_code_1,       // Task-Funktion
    NULL,               // Task-Name
    2048,               // Stack-Größe des Tasks
    NULL,               // Task-Parameter
    2,                  // Task-Priorität
    NULL,               // Task-Handler
    0);                 // pin task an Kern 0
```

In diesem kleinen Programmbeispiel sollen zwei Tasks je eine LED steuern. Der erste Task soll nach fünf Sekunden wieder gelöscht werden. Der Code ist exemplarisch als ESP-IDF-Programm ausgelegt, kann aber auch einfach in die Arduino IDE transferiert werden.

Die Schaltung sehen Sie in Abbildung 6.11, das C-Programm zeigt Ihnen Listing 6.13.

Abbildung 6.11 Taskschaltung

```
#include <stdio.h>
#include "freertos/FreeRTOS.h"
#include "freertos/task.h"
#include "driver/gpio.h"
#include "sdkconfig.h"

#define BLINK_LED1    2
#define BLINK_LED2    4

TaskHandle_t task1;
TaskHandle_t task2;

// task1Code: LED blinkt alle 1,5 Sekunden
void task1Code( void * pvParameters ){
  printf ("Task 1 wird ausgeführt in Kern %d\n", xPortGetCoreID());
  for(;;){
    gpio_set_level(BLINK_LED1, 0);
    vTaskDelay(1000 / portTICK_PERIOD_MS);
    gpio_set_level(BLINK_LED1, 1);
    vTaskDelay(1000 / portTICK_PERIOD_MS);
  }

}

//task2Code: LED blinkt alle 0,7 Sekunden
void task2Code( void * pvParameters ){
```

```
  printf ("Task 2 wird ausgeführt in Kern %d\n", xPortGetCoreID());
  for(;;){
    gpio_set_level(BLINK_LED2, 0);
    vTaskDelay(500 / portTICK_PERIOD_MS);
    gpio_set_level(BLINK_LED2, 1);
    vTaskDelay(500 / portTICK_PERIOD_MS);
  }
}

void app_main() {
  gpio_pad_select_gpio(BLINK_LED1);
  gpio_pad_select_gpio(BLINK_LED2);
  gpio_set_direction(BLINK_LED1, GPIO_MODE_OUTPUT);
  gpio_set_direction(BLINK_LED2, GPIO_MODE_OUTPUT);
  int core = xPortGetCoreID();
  printf ("main() wird ausgeführt in Kern %d\n", core);

  // erstellt einen Task, der in der Funktion task1Code()
  // mit Priorität 1 und auf Kern 0 ausgeführt wird
  xTaskCreatePinnedToCore(
        task1Code,     // Task-Funktion
        "Task1",       // Task-Name
        10000,         // Stackgröße des Tasks
        NULL,          // Task-Parameter
        1,             // Task-Priorität
        &task1,        // Task-Handler für den eingerichteten Task
        0);            // Task geht an Core 0
  vTaskDelay(500 / portTICK_PERIOD_MS);

  // erstellt einen Task, der in der Funktion task2Code()
  // mit Priorität 1 und auf Kern 2 ausgeführt wird
  xTaskCreatePinnedToCore(
        task2Code,     // Task-Funktion
        "Task2",       // Task-Name
        10000,         // Stackgröße des Tasks
        NULL,          // Task-Parameter
        1,             // Task-Priorität
        &task2,        // Task-Handler für den eingerichteten Task
        1);            // Task geht an Core 1

  vTaskDelay(5000 / portTICK_PERIOD_MS);
  printf ("Anzahl Tasks     %d\n", uxTaskGetNumberOfTasks());
  vTaskDelete (task1);
```

```
  vTaskDelay(1000 / portTICK_PERIOD_MS);
  printf ("Anzahl Tasks neu %d\n", uxTaskGetNumberOfTasks());

  while(1) {
    // vermeidet Fehlermeldungen im Monitor
    vTaskDelay(1000 / portTICK_PERIOD_MS);
  }
}
```


Listing 6.13 Beispiel für mehrere Tasks

`TaskHandle_t task1` bildet eine Instanz (hier für den ersten Task) für die Verwendung im späteren Programmlauf. Die Funktion `xTaskCreatePinnedToCore()` legt den Task an. Wesentlich sind die Parameter `task1Code` bzw. `&task1`, die auf den auszuführenden Code bzw. die Instanz des Task-Handlers verweisen. Das `vTaskDelay()` ist nötig, um dem Prozessor Zeit zu geben, den Task bzw. den Thread anzulegen.

Ist der zweite Task angelegt, gibt das Programm die Anzahl laufender Tasks aus, löscht den ersten angelegten Task und gibt wieder die Task-Anzahl aus.

Die `while`-Schleife enthält nur eine Anweisung, da die Blink-Funktionen ja in eigene Tasks verlagert wurden.

Der serielle Monitor gibt nach dem Upload nur die Meldungen aus Abbildung 6.12 aus.

```
uconfig. Suggest to upgrade it.
I (273) cpu_start: Starting scheduler on PRO CPU.
I (0) cpu_start: Starting scheduler on APP CPU.
main() wird ausgeführt in Kern 0
Task 1 wird ausgeführt in Kern 0
Task 2 wird ausgeführt in Kern 1
Anzahl Tasks     9
Anzahl Tasks neu 8
```

Abbildung 6.12 Zwei Tasks – Ausgabe im Monitor

Beide LEDs sollten in unterschiedlicher Frequenz blinken, bevor LED1 nach fünf Sekunden erlischt. Die Anzahl der Tasks zeigt an, dass ein Task entfernt wurde. Dass die Gesamtzahl mehr als 1 beträgt, liegt an im Hintergrund laufenden Selbstverwaltungsprozessen.

Tasks anhalten und fortsetzen

Selbstverständlich ist es auch möglich, Tasks anzuhalten und wieder fortzusetzen. Nutzen Sie dazu die beiden Funktionen `vTaskSuspend()` und `vTaskResume()`. Nach einem `vTaskSuspend()` versetzt der Scheduler den Task in einen Wartezustand, den erst ein vTaskResume() löst (siehe oben). Ergänzen Sie den Code aus Listing 6.12 in der loop()-Funktion um nachstehenden Codeschnipsel:

```
Serial.print  ("              suspend       ");
Serial.println(uxTaskPriorityGet(task_handle_1));
vTaskSuspend(task_handle_1);
delay(5000);
Serial.print  ("              resume        ");
Serial.println(uxTaskPriorityGet(task_handle_1));
vTaskResume(task_handle_1);
delay(5000);
```

Ändern Sie die for-Schleife des Tasks noch in eine Endlosschleife oder erhöhen Sie den Parameterwert für die Anzahl der Schleifendurchläufe auf z. B. 1.000, damit ein Aussetzen der Task-Ausführung auch tatsächlich innerhalb der gewählten Zeiten stattfinden kann.

Nach dem Hochladen fängt die LED an zu blinken. Dies pausiert nach einer kurzen Zeit und setzt sich nach ebenfalls einer kurzen Zeit wieder fort. Die Dauer der Pause und die aktive Zeit lassen sich im seriellen Monitor verfolgen (siehe Abbildung 6.13).

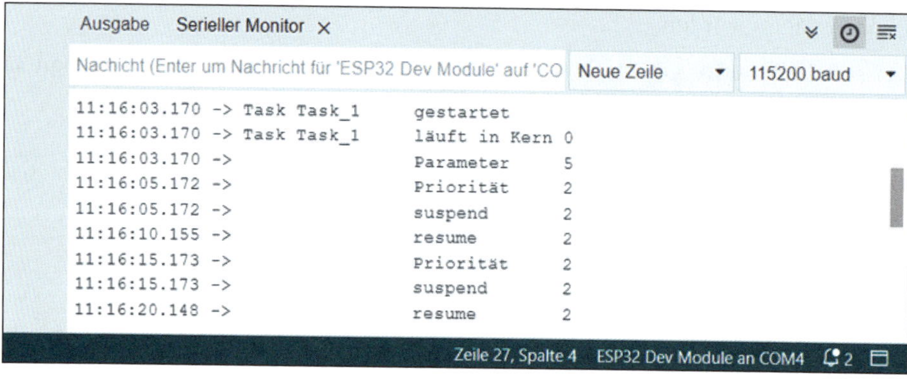

Abbildung 6.13 Ein Task mit »suspend« bzw. »resume« im seriellen Monitor

Mehrfachausprägungen von Funktionen und Timern

Viele der beschriebenen Funktionen haben mehrere Ausprägungen. Diese resultieren daraus, dass bestimmte Anwendungsbereiche trotz in etwa gleicher Grundfunktionalität unterschiedlich anzusprechen sind:

- **»normaler« Funktionsname**

  Die Speicherreservierung erfolgt dynamisch.

- **Der Funktionsname endet mit** static.

  Die Speicherreservierung erfolgt statisch zur Kompilierzeit.

- **Der Funktionsname endet mit** `FromISR`**.**
  Diese Funktionen können aus einem Interrupt aufgerufen werden.

Timer starten Tasks einmalig oder periodisch. An dieser Stelle soll jedoch nur ein Hinweis auf diese Features stehen. Möchten Sie tiefer einsteigen, hilft Ihnen vielleicht folgende Seite weiter:

https://docs.espressif.com/projects/esp-idf/en/latest/esp32/api-reference/system/esp_timer.html

Wenn Sie darüber hinaus an dem Thema interessiert sind, lohnt sich ein Besuch der Seite *https://docs.espressif.com/projects/esp-idf/en/latest/api-reference/system/freertos.html* bzw. ein Blick in die Datei *task.h*. (Diese Datei befindet sich in einem Unterordner *components/freertos/include/freertos* der Installation des ESP-IDF.)

6.3 FreeRTOS-Task-Synchronisation

Vermutlich sind Situationen, in denen ein generierter Task vor sich hin werkelt, eher selten. Häufiger verlangt wahrscheinlich die Aufgabenstellung, dass Tasks Daten austauschen oder anderweitig miteinander kommunizieren. Und damit beginnen die Probleme.

Problembeschreibung

Task-Synchronisation bezieht sich auf Fragestellung, wie man dafür sorgt, dass mehrere Tasks gleichzeitig auf die gleiche Ressource zugreifen können. Ein unkoordiniertes Vorgehen hat wie im echten Leben Chaos und nicht vorhersehbare Ergebnisse zur Folge. Nehmen Sie als simples Beispiel den Code aus Listing 6.14, in dem zwei Tasks eine LED an GPIO02 ansteuern:

```
#include "freertos/FreeRTOS.h"
#include "freertos/task.h"
#define  LED  2

// LedOffTask
void LedOff_task_code (void *parameters) {
  while (1) {
    Serial.println("LedOffTask");
    digitalWrite(LED,LOW);
    delay(2000);
  }
  vTaskDelete(NULL);
}
```

```
// LedOnTask
void LedOn_task_code (void *parameters) {
  while (1) {
    Serial.println("                    LedOnTask");
    digitalWrite(LED,HIGH);
    delay(2000);
  }
  vTaskDelete(NULL);
}

void setup() {
  Serial.begin(115200);
  delay (100);
  pinMode(LED ,OUTPUT);

  // Start LedOff task
  xTaskCreatePinnedToCore (
       LedOff_task_code,
       "LedOffTask",
       1024,
       NULL,
       1,
       NULL,
       0);
  delay (100);

  // Start LedOn task
  xTaskCreatePinnedToCore (
       LedOn_task_code,
       "LedOnTask",
       1024,
       NULL,
       1,
       NULL,
       1);
  delay (100);
}

void loop() {
  delay(20000);
}
```

Listing 6.14 Ein Negativbeispiel für die Task-Synchronisation

Den Code kennen Sie weitgehend aus den Beispielen des vorherigen Abschnitts. Nach dem Hochladen zeigt die Ausgabe im seriellen Monitor die wechselseitigen Aktivitäten der Tasks (siehe Abbildung 6.14).

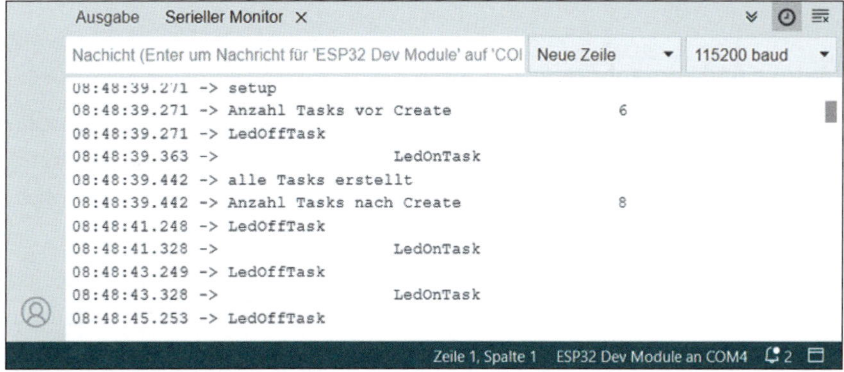

Abbildung 6.14 Task-Synchronisation: Negativbeispiel im seriellen Monitor

Dennoch stimmt etwas nicht! Die LED blinkt nicht mit einer gleichen Periode für die An- bzw. Auszeiten; die An-Periode ist viel zu lang. Der Grund für dieses Verhalten ist der unabgestimmte Zugriff auf die Ressource LED.

Überblick über die Task-Synchronisation

FreeRTOS bietet einige Optionen für die Synchronisation und die Übergabe von Daten bei Tasks. Die optimale Wahl hängt vom konkreten Einzelfall ab:

- **Mutexe** – schützen gemeinsam genutzte Ressourcen vor Datenfehlern.
- **Semaphore** – sorgen für die Synchronisation des Ablaufs mehrerer Tasks untereinander bzw. für den Schutz gemeinsam genutzter Ressourcen vor Datenfehlern.
- **Event-Groups** – dienen zur Synchronisation von Tasks durch das Warten auf das Setzen definierter Bits.
- **Task-Notifications** – Ein Task sendet eine Nachricht an einen weiteren Task.
- **Queues** – Übergabe von Daten über eine Art Liste
- **Message-Buffer** – Ein Task legt eine Nachrichten in den Buffer, auf den ein anderer wartender Task zugreift.
- **Stream-Buffer** – sorgt für die Datenübertragung über einen gepufferten »Datenstrom«.
- **Ring-Buffer** – Ein Ring-Buffer ist eine Datenstruktur mit einem fixen Speicher. Wird das Ende des Speichers erreicht, versucht das Betriebssystem, im vorderen Bereich wieder freie Kapazitäten zu finden.
- **Hooks** – sorgen für die Ausführung von Tasks, wenn der Prozessor gerade nichts zu tun hat. Hierbei handelt es sich um Sonderfälle, die allenfalls in industriellen

Anwendungen eine Rolle spielen. Einen Einstieg finden Sie unter *https://docs.espressif.com/projects/esp-idf/en/release-v3.0/api-reference/system/hooks.html.*

Wir sehen uns diese Optionen in den folgenden Abschnitten genauer an.

6.3.1 Mutexe und Semaphore

Mutexe (von engl. *mutual exclusion*) und Semaphore (vom altgriechischen Wort für »Signalgeber«) erfüllen recht ähnlich Funktionen. Vielleicht ist das auch der Grund, warum eine Differenzierung bei der FreeRTOS-Implementierung gedanklich etwas schwierig ist.

Der *Mutex* ist im Unterschied zum Semaphor ein Sperrmechanismus. Die Idee ist, dass er in einer »kritischen Phase« den Zugriff auf eine Ressource sperrt und sie anschließend wieder frei gibt.

Semaphore sind aber Signalmechanismen. Der fundamentale Unterschied besteht darin, dass Prozesse Warte- und Signaloperationen ausführen. Sie zeigen damit an, ob sie die Ressource belegen oder freigeben. Tabelle 6.2 gibt eine Übersicht über die Unterschiede.

	Semaphor	**Mutex**
Wesen	Signalisierungsmechanismus	Sperrmechanismus
Implementierung	Ganzzahlvariable	Objekt
Funktion	Ermöglichen mehreren Tasks den Zugriff auf eine begrenzte Instanz von Ressourcen.	Ermöglichen mehreren Tasks den Zugriff auf eine einzelne Ressource, jedoch nicht gleichzeitig.
Ressourcen belegt?	Sind alle Ressourcen belegt, führt der anfordernde Prozess eine Warte-Operation aus (Selbstblockade), bis die Anzahl der Semaphore größer als 1 wird.	Ist ein Mutex-Objekt bereits gesperrt, wartet der anfordernde Prozess in der Warteschlange auf ein Aufheben der Sperre.

Tabelle 6.2 Mutex versus Semaphor

Die Informatik unterscheidet *Binary-* (binäre) und *Counting-* (zählende) Semaphore. Binary-Semaphore weisen einen Wert von 0 und 1 auf und wirken ähnlich wie ein Mutex-Lock. Bei Counting-Semaphoren beinhaltet der Semaphor die Anzahl der im System vorhandenen Ressourcen. Abbildung 6.15 veranschaulicht die Unterschiede.

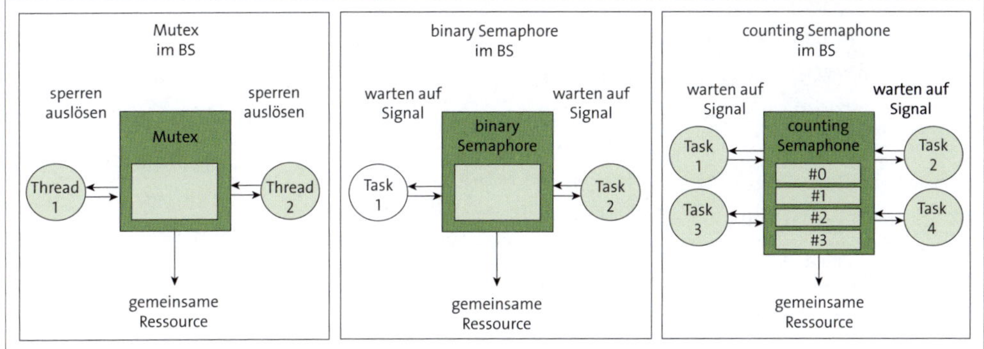

Abbildung 6.15 Gegenüberstellung von Mutexen und Semaphoren

Mutex

Ein klassisches Anwendungsbeispiel für einen Mutex ist der Debounce-Filter in einer ISR-Routine (*Interrupt Service Routine*). Den Code sehen Sie in Listing 6.15:

```
#define INTERR_PIN    4       // ext. Interrupt an GPIO4
#define debounceZeit  100     // in Millisekunden

volatile int interruptStatus, alteZeit = 0;
volatile int interruptZaehlerGesamt,
             interruptZaehlerFilter;
portMUX_TYPE timerMux = portMUX_INITIALIZER_UNLOCKED;

// ISR-Routine
void IRAM_ATTR isrHandler() {
  interruptZaehlerGesamt++;
  // Filter
  if  ( (millis() - alteZeit) > debounceZeit) {
    interruptZaehlerFilter++;
    portENTER_CRITICAL_ISR(&timerMux);
    interruptStatus++;
    portEXIT_CRITICAL_ISR(&timerMux);
    alteZeit = millis();
  }
}

void setup() {
  Serial.begin(115200);
  pinMode(INTERR_PIN, INPUT_PULLUP);
  attachInterrupt(digitalPinToInterrupt(INTERR_PIN), isrHandler, FALLING);
}
```

```
void loop() {
  if (interruptStatus > 0) {
    portENTER_CRITICAL(&timerMux);
    interruptStatus--;
    portEXIT_CRITICAL(&timerMux);
    Serial.println("Impuls-Zähler-Interrupt: ");
    Serial.print  ("  Gesamtzahl Interrupts: ");
    Serial.println(interruptZaehlerGesamt);
    Serial.print  ("  gefilterte Anzahl     : ");
    Serial.println(interruptZaehlerFilter);
    Serial.println();
  }
}
```

Listing 6.15 Task-Synchronisation über einen Mutex

Die zu schützende Ressource ist die Variable `interruptStatus`. Konkurrierende Zugriffe sind möglich, da der ESP32 über zwei Kerne verfügt und der ISR-Task in einem anderen Kern als das Hauptprogramm laufen kann. Die Funktion `isrHandler()` sperrt bei einem festgestellten Debounce die Variable für ungewollte Schreibvorgänge durch die `loop()`. In der `loop()` ist der Zugriffsschutz logischerweise ebenfalls notwendig.

Abbildung 6.16 zeigt der Vollständigkeit halber den Ablauf im seriellen Monitor.

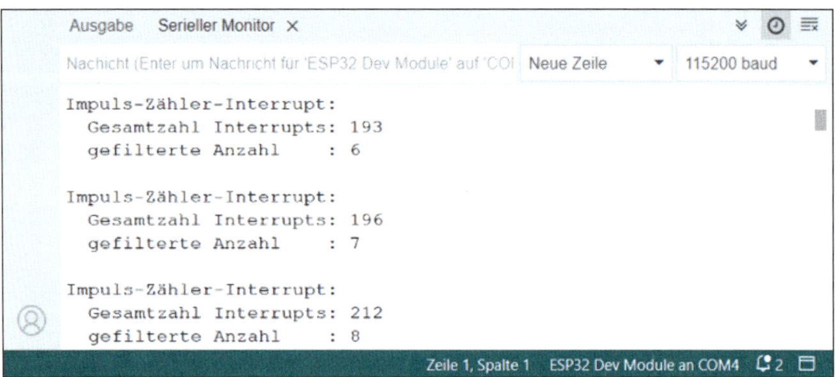

Abbildung 6.16 Mutex bei einem ISR-Handler

Binary-Semaphore

Dieses Beispiel greift das Szenario aus der Problembeschreibung zu Beginn von Abschnitt 6.3 auf und zeigt, wie eine Lösung des Problems aussehen könnte. Listing 6.16 zeigt den erweiterten Code:

```
#include "freertos/FreeRTOS.h"
#include "freertos/task.h"
#define  LED  2

static SemaphoreHandle_t binSemaphore;

// LedOffTask
void LedOff_task_code (void *parameters) {
  while (1) {
    Serial.println("LedOffTask  Wait");
    xSemaphoreTake(binSemaphore,portMAX_DELAY);
    Serial.println("LedOffTask  Take");
    digitalWrite(LED,LOW);
    delay(2000);
    xSemaphoreGive(binSemaphore);
    Serial.println("LedOffTask  Give");
    delay(200);
  }
}

// LedOnTask
void LedOn_task_code (void *parameters) {
  while (1) {
    Serial.println("                LedOnTask   Wait");
    xSemaphoreTake(binSemaphore,portMAX_DELAY);
    Serial.println("                LedOnTask   Take");
    digitalWrite(LED,HIGH);
    delay(2000);
    xSemaphoreGive(binSemaphore);
    Serial.println("                LedOnTask   Give");
    delay(200);
  }
}

void setup() {
  Serial.begin(115200);
  delay (100);
  Serial.println("setup");
  pinMode(LED ,OUTPUT);

  // Semaphor erstellen vor dem Erstellen der Tasks
  binSemaphore = xSemaphoreCreateBinary();
  if (binSemaphore != NULL) {
    Serial.println("xSemaphoreCreateBinary() erfolgreich");
```

```
  } else {
    while(1);
  }

  // den erstellte Semaphor auslösen
  if (xSemaphoreGive(binSemaphore) == pdTRUE ){
    Serial.println("xSemaphoreGive() erfolgreich");
  } else {
    while(1);
  }

  // Start LedOff task
  xTaskCreatePinnedToCore (
        LedOff_task_code,
        "LedOffTask",
        1024,
        NULL,
        1,
        NULL,
        0);
  delay (100);

  // Start LedOn task
  xTaskCreatePinnedToCore (
        LedOn_task_code,
        "LedOnTask",
        1024,
        NULL,
        1,
        NULL,
        1);
  delay (100);
}

void loop() {
  delay(10000);
}
```

Listing 6.16 Task-Synchronisation mit einem binären Semaphor

Als globale Variable taucht ein neuer Variablentyp namens `SemaphoreHandle_t` auf. Hierbei handelt es sich um einen Datenblock, über den Sie einen Semaphor adressieren können. Sie kennen das Prinzip bereits aus Abschnitt 6.2.

In den Tasks `LedOff_task_code()` bzw. `LedOn_task_code()` finden Sie die beiden Funktionen `xSemaphoreGive()` und `xSemaphoreTake()`. Sie sorgen für das Senden des Signals bzw. das Warten auf ein gesendetes Signal. Die Wartezeit ist eine Zeitangabe in Prozessorticks (`portMAX_DELAY` hat einen Wert von `4294967295`). Nach einem Timeout setzt die Ausführung des Tasks mit dem nächsten Befehl fort.

Das Erstellen des Semaphors erfolgt im `setup()` mit der Funktion `xSemaphoreCreateBinary()`; ein erstes `xSemaphoreGive()` löst den Signalmechanismus aus.

Nach dem Hochladen sollte die LED blinken und der serielle Monitor das Wechselspiel der Meldungen ausgeben (siehe Abbildung 6.17).

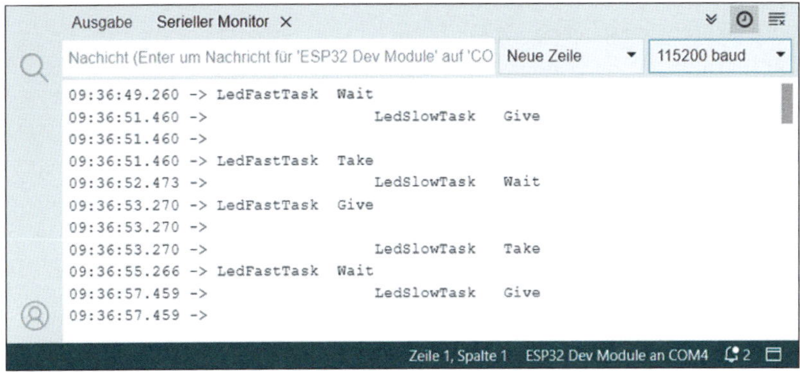

Abbildung 6.17 Tasksynchronisation mit einem binären Semaphor im seriellen Monitor

Experimentieren Sie mit verschiedenen Einstellungen (z. B. mit unterschiedlicher Task-Priorität, unterschiedlichen Timeoutzeiten) und untersuchen Sie die Auswirkungen.

xSemaphoreCreateMutex()

Die API kennt auch die Funktion `xSemaphoreCreateMutex()`. Allerdings ist in der Anwendung kein Unterschied zu `xSemaphoreCreateBinary()` ersichtlich.

Counting-Semaphore

Bleiben Sie im Wesentlichen beim Code aus Listing 6.16, aber ändern Sie ihn so, wie Listing 6.17 zeigt. Die Idee ist, dass ein Blink-Task eine LED in Abhängigkeit von Signalen in einem Counting-Semaphor an- bzw. ausschaltet. Entsprechende `Gives` in der `loop()` erhöhen den Zählerstand des Semaphors.

```
#include "freertos/FreeRTOS.h"
#include "freertos/task.h"
#define  LED  2
```

```
static SemaphoreHandle_t cntSemaphore;

// LedBlinkTask
void LedBlink_task_code (void *parameters) {
  while (1) {
    Serial.println("              LedBlinkTask  Wait");
    xSemaphoreTake(cntSemaphore,portMAX_DELAY);
    Serial.println("               LedBlinkTask  Take");
    digitalWrite(LED,LOW);
    delay(500);
    Serial.println("               LedBlinkTask  Wait");
    xSemaphoreTake(cntSemaphore,portMAX_DELAY);
    Serial.println("               LedBlinkTask  Take");
    digitalWrite(LED,HIGH);
    delay(500);
  }
}

void setup() {
  Serial.begin(115200);
  delay (100);
  Serial.println("setup");
  pinMode(LED ,OUTPUT);

  // Semaphore erstellen vor Erstellen der Tasks
  cntSemaphore = xSemaphoreCreateCounting(10, 0);
  if (cntSemaphore != NULL) {
    Serial.println("xSemaphoreCreateCounting() erfolgreich");
  } else {
    while(1);
  }

  // den erstellte Semaphor auslösen
  if (xSemaphoreGive(cntSemaphore) == pdTRUE ){
    Serial.println("xSemaphoreGive() erfolgreich");
  } else {
    while(1);
  }

  // Start LedOff task
  xTaskCreatePinnedToCore (
       LedBlink_task_code,
       "LedBlinkTask",
```

```
        1024,
        NULL,
        1,
        NULL,
        0);
  delay (100);
}

void loop() {
  Serial.println("loop  Give");
  for (int i = 0; i < 6; i++) {
    xSemaphoreGive(cntSemaphore);
  }
  delay(10000);
}
```

Listing 6.17 Task-Synchronisation mit einem Counting-Semaphor

Der Code weist mit einer Ausnahme keine Besonderheiten auf; die Funktion `xSemaphoreCreateCounting()` zum Erstellen des Semaphors hat zwei Parameter, mit denen Sie den Maximalwert und den Startwert des Zählers festlegen können (hier 10 bzw. 0).

Nach dem Hochladen sollte die LED dreimal blinken, bevor sie eine kurze Pause einlegt. Verfolgen Sie das Wechselspiel im seriellen Monitor (siehe Abbildung 6.18).

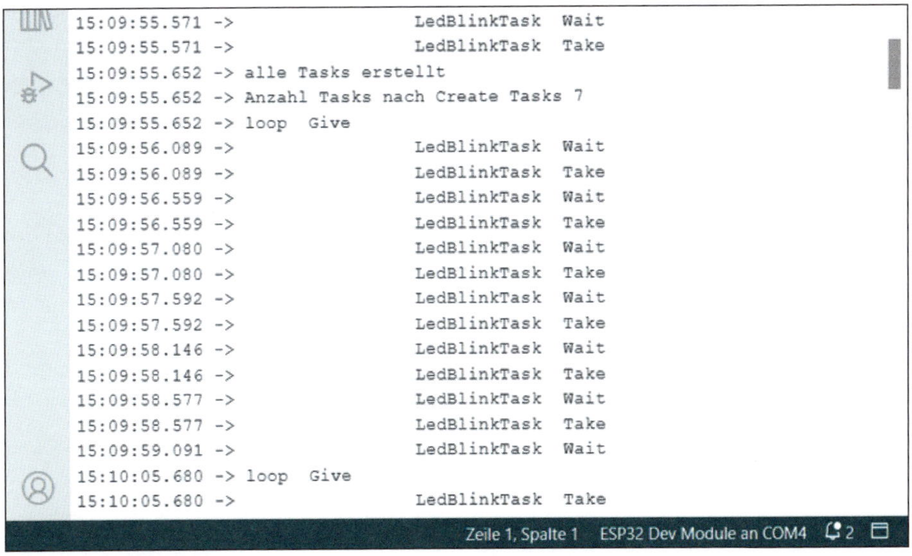

```
15:09:55.571 ->                 LedBlinkTask  Wait
15:09:55.571 ->                 LedBlinkTask  Take
15:09:55.652 -> alle Tasks erstellt
15:09:55.652 -> Anzahl Tasks nach Create Tasks 7
15:09:55.652 -> loop  Give
15:09:56.089 ->                 LedBlinkTask  Wait
15:09:56.089 ->                 LedBlinkTask  Take
15:09:56.559 ->                 LedBlinkTask  Wait
15:09:56.559 ->                 LedBlinkTask  Take
15:09:57.080 ->                 LedBlinkTask  Wait
15:09:57.080 ->                 LedBlinkTask  Take
15:09:57.592 ->                 LedBlinkTask  Wait
15:09:57.592 ->                 LedBlinkTask  Take
15:09:58.146 ->                 LedBlinkTask  Wait
15:09:58.146 ->                 LedBlinkTask  Take
15:09:58.577 ->                 LedBlinkTask  Wait
15:09:58.577 ->                 LedBlinkTask  Take
15:09:59.091 ->                 LedBlinkTask  Wait
15:10:05.680 -> loop  Give
15:10:05.680 ->                 LedBlinkTask  Take
```
Zeile 1, Spalte 1   ESP32 Dev Module an COM4   2

Abbildung 6.18 Tasksynchronisation mit Counting-Semaphor im seriellen Monitor

6.3.2 Event-Groups

Event-Groups helfen, mehrere Tasks zu synchronisieren. Die Synchronisation erfolgt über Bits, die beim Eintreten eines Events gesetzt oder auch gelöscht werden. Die Auswertung der Bit-Signale einer Event-Group erlaubt dann die Steuerung der Tasks. Eine Event-Group des ESP-IDF für den ESP32 kann 24 Bit umfassen. Abbildung 6.19 zeigt das Schema.

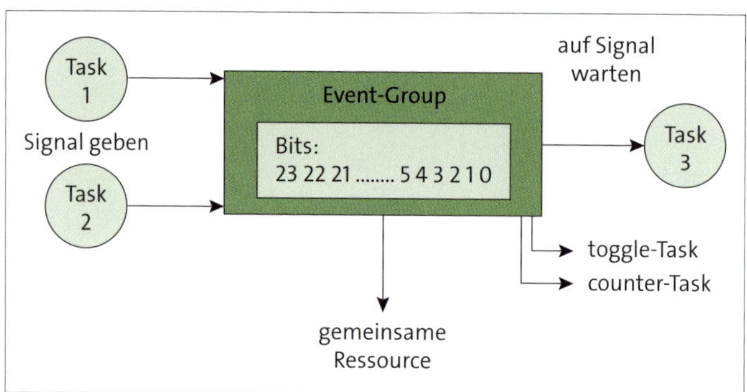

Abbildung 6.19 Task-Synchronisation mit Event-Groups

Ein mögliches Szenario ist, dass sich ein Gerät periodisch an- bzw. ausschaltet. Ist es in Betrieb, darf ein Messwert eine bestimmte Schwelle nicht überschreiten. Im folgenden Beispiel simulieren dies ein *Toggle-Task* (Simulation eines An/Aus) und ein *Count-Task* (Simulation einer Messwertüberschreitung); die `loop()` reagiert auf die Signale (siehe Listing 6.18):

```
#include "freertos/FreeRTOS.h"
#include "freertos/task.h"
#define  LED  2

static EventGroupHandle_t eventGroup;
const int toggleBit = BIT0;          // toggleTask
const int countBit  = BIT1;          // countTask

// toggleTask
void toggle_task_code (void *parameters) {
  int tggl = 0;
  while (1) {
    tggl =! tggl;
    Serial.print  ("    toggleTask ");
    if (tggl == 0) {
      Serial.println(tggl);
      xEventGroupClearBits(eventGroup, toggleBit);
```

```
    } else {
      Serial.println(tggl);
      xEventGroupSetBits(eventGroup, toggleBit);
    }
    delay(1000);
  }
  vTaskDelete(NULL);
}

// countTask
void count_task_code (void *parameters) {
  int cnt = 0;
  while (1) {
    cnt++;
    Serial.print  ("          countTask ");
    Serial.println(cnt);
    if (cnt > 8) {
      xEventGroupSetBits(eventGroup, countBit);
      cnt = 0;
    }
    delay(500);
  }
  vTaskDelete(NULL);
}

void setup() {
  Serial.begin(115200);
  delay (100);            // warten auf Bereitschaft Serial Port
  Serial.println("setup");
  pinMode(LED ,OUTPUT);

  // Eventgroup erstellen vor Erstellen der Tasks
  eventGroup = xEventGroupCreate();
  if (eventGroup != NULL) {
    Serial.println("xEventGroupCreate() erfolgreich");
  } else {
    while(1);
  }

  // Ausgabe Anzahl Tasks
  Serial.print  ("Anzahl Tasks vor Create Producer Tasks  ");
  Serial.println(uxTaskGetNumberOfTasks());
```

```
  // Ausgabe Optionen ticks to wait
  Serial.print  ("Optionen ticks to wait: portMAX_DELAY:  ");
  Serial.println(portMAX_DELAY);
  Serial.print  ("Optionen ticks to wait: (TickType_t)0:  ");
  Serial.println((TickType_t )0);

  // Start toggleTask
  xTaskCreatePinnedToCore (
       toggle_task_code,        // Task-Funktion
       NULL,                    // Task-Name  //  NULL
       2048,                    // Stack-Größe des Tasks
       NULL,                    // Task-Parameter  /  NULL
       1,                       // Task-Priorität
       NULL,                    // Task-Handler;
       0);                      // pin task an Kern 0
  delay (100);

  // Start countTask
  xTaskCreatePinnedToCore (
       count_task_code,         // Task-Funktion
       NULL,                    // Task-Name  //  NULL
       2048,                    // Stack-Größe des Tasks
       NULL,                    // Task-Parameter  /  NULL
       1,                       // Task-Priorität
       NULL,                    // Task-Handler;
       1);                      // pin task an Kern 1
  delay (100);

  // Nachricht über alle erstellten Tasks
  Serial.println("alle Tasks erstellt");
  Serial.print  ("Anzahl Tasks nach Create Tasks ");
  Serial.println(uxTaskGetNumberOfTasks());
}

void loop() {
  Serial.println("EventGroup wait");
  EventBits_t xbit;
  xbit = xEventGroupWaitBits(
              eventGroup,              // Event-Group-Handler
              toggleBit | countBit,    // Warte-Bits der Event-Group
              pdTRUE,                  // Bits vor dem Rücksprung löschen
              pdFALSE,                 // warten auf ein Bit
              portMAX_DELAY);          // Wartezeit
```

```
  if( ( xbit & (BIT0 | BIT1) ) == (BIT0 | BIT1) ) {
    Serial.println("EventGroup ausgelöst durch beide Bits \n");
  } else if( (xbit & BIT0) != 0 ) {
    Serial.println("EventGroup ausgelöst durch BIT0 (toggleBit) \n");
  } else if( (xbit & BIT1) != 0 ) {
    Serial.println("EventGroup ausgelöst durch BIT1 (countBit) \n");
  } else {
    Serial.println("EventGroup Timeout \n");
  }

  delay(10);
}
```

Listing 6.18 Digital-Input-Taster mit externem Interrupt

Der Code folgt weitestgehend bekannten Mustern. Die Aufgabe des *Toggle-Tasks* ist es, das periodisches An- bzw. Ausschalten durch das Setzen des entsprechenden Bits (`toggleBit`) zu simulieren. Verantwortlich hierfür sind die Funktionen `xEventGroupClearBits()` bzw. `xEventGroupSetBits()`. Das Argument ist jeweils die Event-Group und das entsprechende Bit. Der *Count-Task* setzt sein Bit bei Überschreiten des Schwellenwertes `8`.

Die Auswertung der Event-Group erfolgt in der `loop()`. Maßgeblich ist hier die Funktion `xEventGroupWaitBits()`, die bei einem auslösenden Ereignis die Bits der Event-Group in die Variable `xbit` überträgt. Verschiedene Argumente steuern das Verhalten der Funktion:

- **Event-Group:**
  Dies ist der Event-Group-Handler (hier: `eventGroup`).
- **maßgebliche Bits als Hexawert**
  `toggleBit | countBit` entspricht `0x03`.
- **Bit-Löschanweisung**
  Bei `pdTRUE` werden die betroffenen Bits vor dem Rücksprung gelöscht, bei `pdFALSE` nicht.
- **Warteanweisung**
  `pdTRUE` bedeutet ein Warten auf alle Bits; `pdFALSE`: ein Bit genügt.
- **Wartezeit**

Abbildung 6.20 zeigt den gewünschten Verlauf im seriellen Monitor.

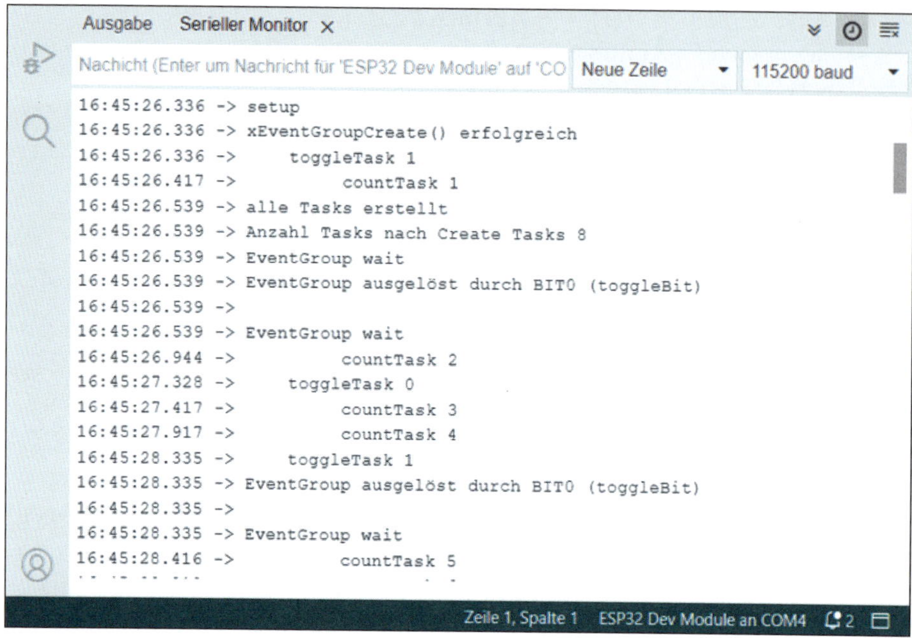

Abbildung 6.20 Task-Synchronisation mit einer Event-Group im seriellen Monitor

Ändern Sie die Warteanweisung auf `pdTRUE`. Nun löst die Event-Group aus, sobald alle Bits gesetzt sind.

6.3.3 Task-Notifications

Task-Notifications (dt. »Task-Nachrichten«) sind Einzelmitteilungen eines Tasks an einen anderen. Ihr Einsatzgebiet ist vorwiegend die Mitteilung einer ISR (*Interrupt Service Routine*) über das Eintreten eines Ereignisses. Der Code-Schnipsel aus Listing 6.19 zeigt als Beispiel einen *Debounce-Filter* (zum Entprellen eines Kontakts):

```
#include <Arduino.h>
#define BUTTON_PIN 32

TaskHandle_t task_handle_1 = NULL;

void task_code_1(void * pvParameters) {
  while (1) {
    if (ulTaskNotifyTake(pdTRUE, portMAX_DELAY) != 0) {
      Serial.println("Button gedrückt");
```

```
    }
  }
}

void IRAM_ATTR isrHandler() {
  static unsigned long last_interrupt_time = 0;
  unsigned long interrupt_time = millis();
  if (interrupt_time - last_interrupt_time > 200) {
    vTaskNotifyGiveFromISR(task_handle_1, NULL);
  }
  last_interrupt_time = interrupt_time;
}

void setup() {
  Serial.begin(115200);
  Serial.println("start - mit Betätigen des Buttons ISR auslösen ");
  pinMode(BUTTON_PIN, INPUT_PULLUP);
  attachInterrupt(digitalPinToInterrupt(BUTTON_PIN), isrHandler, RISING);
  xTaskCreate(task_code_1, "Task 1", 2048, NULL, 1, &task_handle_1);
}

void loop() {
  delay (1000);
}
```

Listing 6.19 Task-Synchronisation mit einer Task-Notification

Der ISR-Handler registriert die Levelwechsel (Interrupts) an GPIO32. Er sendet jedoch nicht bei jedem Interrupt eine Nachricht, sondern nur, wenn zwischen den einzelnen Interrupts mindestens 200 Millisekunden liegen. Die Funktion `ulTaskNotifyTake()` (lt. `task_code_1`) reagiert auf diese Mitteilung und gibt eine entsprechende Nachricht aus.

6.3.4 Queues

Eine *Queue* (dt. »Warteschlange«) ist eine Datenstruktur, die in einem Puffer Daten vor ihrer Weiterverarbeitung zwischenspeichert. Die Freigabe der Daten erfolgt nach dem FIFO-Prinzip. (*First In – First Out*; d. h., das älteste Objekt steht als nächstes zur Verarbeitung an. Das Gegenteil davon ist LIFO: *Last In – First Out*.) Abbildung 6.21 veranschaulicht das Schema.

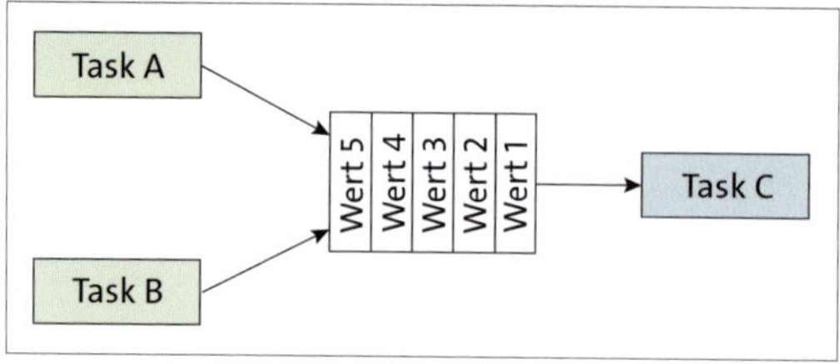

Abbildung 6.21 Ablauf von Queues

Das Beispiel in Listing 6.20 ist auf das Wesentliche reduziert und zeigt nur den Einsatz einer Queue innerhalb eines Tasks:

```
#include <Arduino.h>
#include "freertos/FreeRTOS.h"
#include "freertos/task.h"
#include "freertos/queue.h"
QueueHandle_t queue;

void setup() {
  Serial.begin(115200);
  queue = xQueueCreate( 10, sizeof( int ) );
  if(queue == NULL){
    Serial.println("Fehler Einrichten der Queue");
    while(1);
  }
}

void loop() {
  if(queue == NULL) return;

  for (int i = 0; i<10; i++){
    xQueueSend(queue, &i, portMAX_DELAY);
  }

  int element;

  for (int i = 0; i<10; i++){
    xQueueReceive(queue, &element, portMAX_DELAY);
    Serial.print  (element);
    Serial.print  ("|");
  }
```

```
  Serial.println();
  delay(1000);
}
```

Listing 6.20 Task-Synchronisation mit einer Task-Queue

Als einzige globale Variable finden Sie einen Queue-Handler `queue`. Die Funktion `xQueueCreate()` initialisiert im `setup()` die Queue. Parameter sind die maximale Anzahl von Elementen (hier: `10`) und die Größe eines Elements (hier: die Größe eines Integers).

In der `loop()` füllt eine `for`-Schleife die Queue mit Werten. Die entsprechende Funktion ist `xQueueSend()`. Parameter sind der Name der Queue, der Wert und eine Zeitangabe. Dies ist die maximale Wartezeit auf die Bereitschaft der Queue, den einzustellenden Wert auch aufzunehmen.

Eine weitere `for`-Schleife liest mit der Funktion `xQueueReceive()` die Werte aus. Der empfangene Wert landet in der Variablen laut zweitem Argument der Funktion (hier: `element`).

Die Ausgaben im seriellen Monitor veranschaulichen den Ablauf des Queues (siehe Abbildung 6.22).

Abbildung 6.22 Queue im seriellen Monitor

In der Praxis erfolgen das Füllen und das Lesen einer Queue üblicherweise in zwei getrennten Tasks. Diese Tasks tragen häufig die Bezeichnung *Producer-Task* bzw. *Consumer-Task*.

6.3.5 Message-Buffer und Stream-Buffer

Message-Buffer und Stream-Buffer sind sich recht ähnlich. Gemeinsam ist ihnen, dass ein Task Daten in einen Buffer schreibt und ein anderer diese Daten liest. Der Unterschied ergibt sich aus dem Lesevorgang: Bei einem *Message-Buffer* erfolgt das Lesen nachrichtenweise. Das heißt, für jede geschriebene Nachricht ist ein Lesevorgang nötig. Im Gegensatz hierzu erfasst der Lesevorgang bei einem *Stream-Buffer* alle im Buffer enthaltenen Nachrichten auf einen Schlag. Abbildung 6.23 veranschaulicht das System.

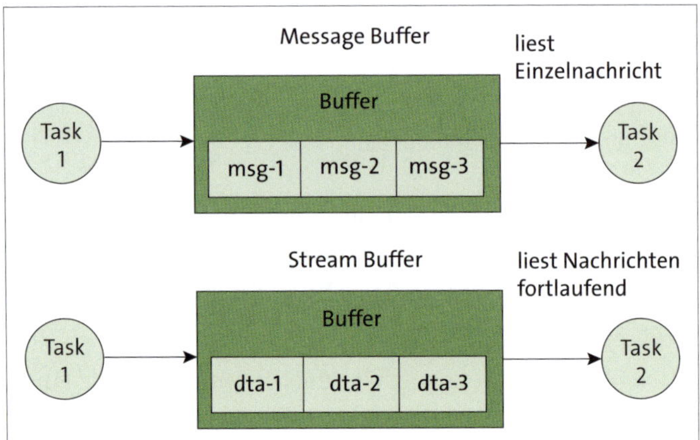

Abbildung 6.23 Message-Buffer und Stream-Buffer

Im Folgenden sehen wir uns die beiden Buffer-Typen genauer an.

Message-Buffer

Das folgende Beispiel bedient sich wieder der Producer- bzw. Consumer-Task-Systematik. Ein *Producer-Task* sendet zwei Nachrichten (ein Array und einen String), die ein *Consumer-Task* übernimmt (siehe Listing 6.21):

```
#include "freertos/task.h"
#include "freertos/message_buffer.h"
#include "freertos/stream_buffer.h"

MessageBufferHandle_t messageBuffer;
const size_t messageBufferSizeBytes = 100;

TaskHandle_t producer_task_handle = NULL;
TaskHandle_t consumer_task_handle = NULL;

void producer_task_code(void *pvParameter){
  size_t xBytesSent;
  uint8_t ucArrayToSend[] = { 'H', 'e', 'l', 'l', 'o'};
  char *pcStringToSend = " world!";
  const TickType_t x100ms = pdMS_TO_TICKS(100);
  if (messageBuffer == NULL){
    Serial.println("Producer_task: MessageBuffer steht nicht bereit");
    return;
  }
  delay(50);
  Serial.print  ("start producer_task-Task in Kern ");
```

```
  Serial.println(xPortGetCoreID());
  delay(50);
  Serial.print  ("TickType_t-Task in  ");
  Serial.println(x100ms);

  xBytesSent = xMessageBufferSend (
                   messageBuffer,
                   (void *) ucArrayToSend,
                   sizeof (ucArrayToSend),
                   x100ms);

  if( xBytesSent != sizeof (ucArrayToSend) )  {
    Serial.println("call to xMessageBufferSend() times out ");
  } else {
    Serial.print  ("Producer_task: Bytes gesendet      ");
    Serial.println(xBytesSent);
  }

  xBytesSent = xMessageBufferSend (
                   messageBuffer,
                   (void *) pcStringToSend,
                   strlen (pcStringToSend),
                   0);

  if( xBytesSent != strlen (pcStringToSend) ) {
    Serial.println("call to xMessageBufferSend() time out ");
  } else {
    Serial.print  ("Producer_task: Bytes gesendet      ");
    Serial.println(xBytesSent);
  }

  vTaskDelete (producer_task_handle);
}

void consumer_task_code(void *pvParameter) {
  uint8_t ucRxData[20];
  size_t xReceivedBytes;
  const TickType_t xBlockTime = pdMS_TO_TICKS(20);

  if (messageBuffer == NULL){
    Serial.println("Consumer_task: MessageBuffer steht nicht bereit");
    return;
  }
```

```
  delay(50);
  Serial.print  ("start consumer_task-Task in Kern ");
  Serial.println(xPortGetCoreID());
  delay(1000);

  while(1){
    xReceivedBytes = xMessageBufferReceive (
                               messageBuffer,
                               (void *) ucRxData,
                               sizeof (ucRxData),
                               xBlockTime);

    if (xReceivedBytes > 0) {
      Serial.print  ("Consumer_task: Bytes empfangen     ");
      Serial.print  (xReceivedBytes);
      Serial.print  (" -  Data: ");
      for(int i = 0; i < xReceivedBytes; i++) {
        Serial.print  ((char)ucRxData[i]);
      }
      Serial.println();
    } else {
      Serial.println("Consumer_task: kein Nachrichtenempfang in ⮐
                       xReceivedBytes");
    }
    delay(500);
  }

  vTaskDelete (consumer_task_handle);
}


void setup() {
  Serial.begin(115200);
  Serial.println("setup");

  messageBuffer = xMessageBufferCreate (messageBufferSizeBytes);
  if (messageBuffer != NULL ) {
    Serial.println("MessageBuffer erstellt");
    xTaskCreate(&producer_task_code,"producer_task",2048,NULL,5, ⮐
      &producer_task_handle);
```

```
    Serial.println("producer task  gestartet");
    delay(10);
    xTaskCreate(&consumer_task_code,"consumer_task",2048,NULL,5, ➲
      &consumer_task_handle);
    Serial.println("consumer task  gestartet");
  } else {
    Serial.println("MessageBuffer erstellen fehlgeschlagen - zu wenig ➲
                    Speicher");
  }
  Serial.println();
}

void loop() {
  delay(10000);
}
```

Listing 6.21 Task-Synchronisation mit einem Message-Buffer

Der Code setzt sich aus weitgehend besprochenen Codeschnipseln zusammen, sodass ich nur auf die Neuerungen und Besonderheiten eingehe. Neu ist ein Makro `pdMS_TO_TICKS()`, das einen Wert in Millisekunden in Prozessorticks konvertiert.

Die Funktion `xMessageBufferSend()` sendet die Nachricht. Sie hat vier Argumente:

- den Message-Buffer (hier: `messageBuffer`)
- die Nachricht
- die Nachrichtenlänge
- die Wartezeit auf hinreichenden Speicherplatz für die Nachricht

Sie folgt also weitestgehend bekannten Mustern.

Ihr Pendant ist `xMessageBufferReceive()`. Die Wartezeit ist hier die Zeit, die der Prozess auf eine neue Nachricht wartet.

Der Code des Consumer-Tasks weist eine kleine Besonderheit in Form der Anweisung `delay(1000)` auf. Sie soll bewirken, dass der Producer-Task alle Nachrichten absetzt, bevor der Consumer-Task sich an das Lesen des Buffers begibt.

Der serielle Monitor zeigt nach dem Hochladen die zu erwartenden Ergebnisse (siehe Abbildung 6.24). Deutlich sind das zweimalige Senden von Daten und deren getrennter Empfang zu sehen.

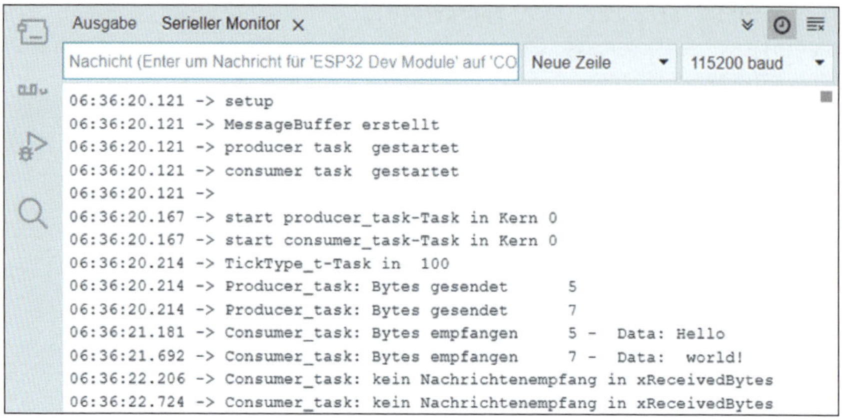

```
Ausgabe   Serieller Monitor ×
Nachicht (Enter um Nachricht für 'ESP32 Dev Module' auf 'CO   Neue Zeile   115200 baud
06:36:20.121 -> setup
06:36:20.121 -> MessageBuffer erstellt
06:36:20.121 -> producer task  gestartet
06:36:20.121 -> consumer task  gestartet
06:36:20.121 ->
06:36:20.167 -> start producer_task-Task in Kern 0
06:36:20.167 -> start consumer_task-Task in Kern 0
06:36:20.214 -> TickType_t-Task in  100
06:36:20.214 -> Producer_task: Bytes gesendet     5
06:36:20.214 -> Producer_task: Bytes gesendet     7
06:36:21.181 -> Consumer_task: Bytes empfangen    5 -  Data: Hello
06:36:21.692 -> Consumer_task: Bytes empfangen    7 -  Data:  world!
06:36:22.206 -> Consumer_task: kein Nachrichtenempfang in xReceivedBytes
06:36:22.724 -> Consumer_task: kein Nachrichtenempfang in xReceivedBytes
```

Abbildung 6.24 Task-Synchronisation mit Message-Buffer im seriellen Monitor

Stream-Buffer

Das Anwendungsgebiet von Stream-Buffern ist das gleichmäßige Empfangen von Datenströmen, wie sie z. B. beim Empfang von Radiodaten oder von Videobildern (ESP32-Kamera) auftreten. Prinzipiell ist das Stream-Buffer-Beispiel in Listing 6.22 mit dem Beispiel aus Listing 6.21 identisch. Unterschiede ergeben sich nur hinsichtlich der Variablentypen und Funktionen, die Sie für einen Message Buffer bzw. für einen Stream Buffer verwenden.

```
#include "freertos/FreeRTOS.h"
#include "freertos/task.h"
#include "freertos/message_buffer.h"
#include "freertos/stream_buffer.h"

StreamBufferHandle_t streamBuffer;
const size_t streamBufferSizeBytes = 100;
const size_t triggerLevel = 3;

TaskHandle_t producer_task_handle = NULL;
TaskHandle_t consumer_task_handle = NULL;

void producer_task_code(void *pvParameter){
  size_t xBytesSent;
  uint8_t ucArrayToSend[] = { 'H', 'e', 'l', 'l', 'o'};
  char *pcStringToSend = " world!";

  const TickType_t x100ms = pdMS_TO_TICKS(100);
  if (streamBuffer == NULL){
    Serial.println("Producer_task: streamBuffer steht nicht bereit");
```

```
    return;
  }
  delay(50);
  Serial.print  ("start producer_task-Task in Kern ");
  Serial.println(xPortGetCoreID());
  delay(50);
  Serial.print  ("TickType_t-Task in  ");
  Serial.println(x100ms);

  xBytesSent = xStreamBufferSend (
                    streamBuffer,
                    (void *) ucArrayToSend,
                    sizeof (ucArrayToSend),
                    x100ms);

  if( xBytesSent != sizeof (ucArrayToSend) )  {
    Serial.println  ("call to xStreamBufferSend() times out ");
  } else {
    Serial.print  ("Producer_task: Bytes gesendet      ");
    Serial.println(xBytesSent);
  }

  xBytesSent = xStreamBufferSend (
                    streamBuffer,
                    (void *) pcStringToSend,
                    strlen (pcStringToSend),
                    0);

  if( xBytesSent != strlen (pcStringToSend) ) {
    Serial.println  ("call to xStreamBufferSend() times out ");
  } else {
    Serial.print  ("Producer_task: Bytes gesendet      ");
    Serial.println(xBytesSent);
  }

  vTaskDelete (producer_task_handle);
}

void consumer_task_code(void *pvParameter) {
  uint8_t ucRxData[20];
  size_t xReceivedBytes;
  const TickType_t xBlockTime = pdMS_TO_TICKS(20);
```

```
  if (streamBuffer == NULL){
    Serial.println("Consumer_task: streamBuffer steht nicht bereit");
    return;
  }
  delay(50);
  Serial.print  ("start consumer_task-Task in Kern ");
  Serial.println(xPortGetCoreID());
  delay(1000);

  while(1){
    xReceivedBytes = xStreamBufferReceive (
                        streamBuffer,
                        (void *) ucRxData,
                        sizeof (ucRxData),
                        xBlockTime);

    if (xReceivedBytes > 0) {
      Serial.print  ("Consumer_task: Bytes empfangen     ");
      Serial.print  (xReceivedBytes);
      Serial.print  (" -  Data: ");
      for(int i = 0; i < xReceivedBytes; i++) {
        Serial.print  ((char)ucRxData[i]);
      }
      Serial.println();
    } else {
      Serial.println("Consumer_task: kein Nachrichtenempfang ⮐
                      in xReceivedBytes");
    }
    delay(500);
  }

  vTaskDelete (consumer_task_handle);
}


void setup() {
  Serial.begin(115200);
  Serial.println("setup");

  streamBuffer = xStreamBufferCreate (streamBufferSizeBytes, triggerLevel);
  if (streamBuffer != NULL ) {
    Serial.println("StreamBuffer erstellt");
```

```
    xTaskCreate(&producer_task_code,"producer_task",2048,NULL,5, ⮐
      &producer_task_handle);
    Serial.println("producer task  gestartet");
    delay(10);
    xTaskCreate(&consumer_task_code,"consumer_task",2048,NULL,5, ⮐
     &consumer_task_handle);
    Serial.println("consumer task  gestartet");
  } else {
    Serial.println(" StreamBuffer erstellen fehlgeschlagen - ⮐
                     zu wenig Speicher");
  }
  Serial.println();
}

void loop() {
  delay(10000);
}
```

Listing 6.22 Task-Synchronisation mit einem Stream-Buffer

Werfen Sie nun einen Blick auf die Ergebnisse im seriellen Monitor (wie in Abbildung 6.25). Deutlich ist wieder das zweimalige Senden von Daten. Hier jedoch zieht der Task den gesamten Nachrichtenstrom in einem Vorgang aus dem Buffer!

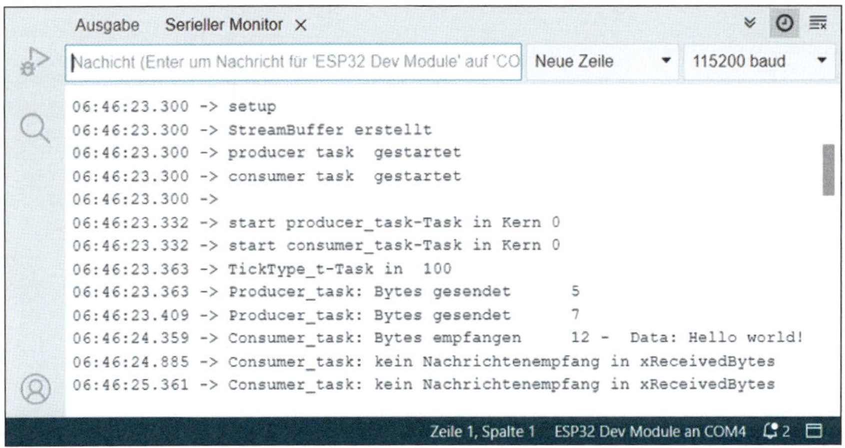

Abbildung 6.25 Task-Synchronisation mit einem Stream-Buffer im seriellen Monitor

6.3.6 Ring-Buffer

Ein *Ring-Buffer* ist eine Datenstruktur mit einem fixen Speicher. Grundsätzlich kommen neue Daten ans Ende (*Tail*), und die älteren Daten stehen am Anfang (*Head*).

Wird das Ende des Speichers erreicht, versucht das Betriebssystem, im vorderen Bereich wieder freie Kapazitäten zu finden (siehe Abbildung 6.26).

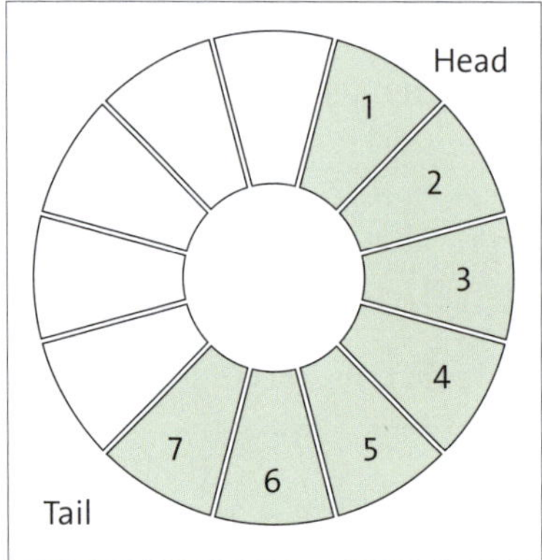

Abbildung 6.26 Ring-Buffer

Ring-Buffer sind im ESP-IDF eine FreeRTOS-Ergänzung (*https://docs.espressif.com/projects/esp-idf/en/latest/esp32/api-reference/system/freertos_additions.html#*) und vereinigen Merkmale einer Queue mit denen von Buffern. Die Ausgestaltungsmöglichkeiten können die Arbeit mit ihnen durchaus kompliziert machen. Deshalb dient das Beispiel an dieser Stelle einem vereinfachten Einstieg (siehe Listing 6.23). Weitere Informationen finden Sie unter *https://docs.espressif.com/projects/esp-idf/en/latest/esp32/api-reference/system/freertos_additions.html#ring-buffers*.

```
#include "freertos/FreeRTOS.h"
#include "freertos/task.h"
#include "freertos/ringbuf.h"

RingbufHandle_t ringBuffer;
const size_t ringBufferSizeBytes = 1028;

TaskHandle_t producer_task_handle = NULL;
TaskHandle_t consumer_task_handle = NULL;

void producer_task_code(void *pvParameter){
  bool ret;
  uint8_t ucArrayToSend[] = { 'H', 'e', 'l', 'l', 'o'};
  char *pcStringToSend = " world!";

  const TickType_t x100ms = pdMS_TO_TICKS(100);
  if (ringBuffer == NULL){
    Serial.println("Producer_task: ringBuffer steht nicht bereit");
    return;
```

```
  }
  delay(50);
  Serial.print  ("start producer_task-Task in Kern ");
  Serial.println(xPortGetCoreID());
  delay(50);
  Serial.print  ("TickType_t-Task in  ");
  Serial.println(x100ms);

  while(1) {
    ret = xRingbufferSend (
                ringBuffer,
                (void *) ucArrayToSend,
                sizeof (ucArrayToSend),
                x100ms);

    if( ret != pdTRUE) {
      Serial.println  ("call to xRingbufferSend() times out ");
    }

    ret = xRingbufferSend (
                ringBuffer,
                (void *) pcStringToSend,
                strlen (pcStringToSend),
                0);

    if( ret != pdTRUE) {
      Serial.println  ("call to xRingbufferSend() times out ");
    }
    delay (2000);
  }
  vTaskDelete (producer_task_handle);
}

void consumer_task_code(void *pvParameter) {
  uint8_t ucRxData[20];
  size_t xReceivedBytes;
  const TickType_t xBlockTime = pdMS_TO_TICKS(800);

  if (ringBuffer == NULL){
    Serial.println("Consumer_task: ringBuffer steht nicht bereit");
    return;
  }
  delay(50);
```

```
  Serial.print  ("start consumer_task-Task in Kern ");
  Serial.println(xPortGetCoreID());
  delay(1000);

  while(1){
    char *rxData = (char *)xRingbufferReceive(ringBuffer, ➲
                                &xReceivedBytes, xBlockTime);

    if (rxData != NULL) {
      for(int i = 0; i < xReceivedBytes; i++) {
        Serial.print  ((char)rxData[i]);
      }
      Serial.println();
      vRingbufferReturnItem(ringBuffer, (void *)rxData);
    } else {
      Serial.println("Consumer_task: kein Nachrichtenempfang ➲
                        in xRingbufferReceive");
    }
    delay(50);
  }

  vTaskDelete (consumer_task_handle);
}


void setup() {
  Serial.begin(115200);
  Serial.println("setup");

  ringBuffer = xRingbufferCreate (ringBufferSizeBytes, RINGBUF_TYPE_NOSPLIT);
  if (ringBuffer != NULL ) {
    Serial.println("RingBuffer erstellt");
    xTaskCreate(&producer_task_code,"producer_task",2048,NULL,5, ➲
                &producer_task_handle);
    Serial.println("producer task  gestartet");
    delay(10);
    xTaskCreate(&consumer_task_code,"consumer_task",2048,NULL,5, ➲
                &consumer_task_handle);
    Serial.println("consumer task  gestartet");
  } else {
    Serial.println("RingBuffer erstellen fehlgeschlagen - zu wenig ➲
                    Speicher");
  }
```

```
  Serial.println();
}

void loop() {
  delay(10000);
}
```

Listing 6.23 Task-Synchronisation mit einem Ring-Buffer

Abweichungen von den bereits behandelten Codeschnipseln ergeben sich zunächst im Producer-Task insofern, als nun das Senden von zweierlei Daten in einer Schleife erfolgt. Anders als bei den Funktionen für Message- und Stream-Buffer gibt die Sendefunktion aber nicht die Anzahl der gesendeten Bytes zurück, sondern lediglich eine Mitteilung über den Erfolg oder Misserfolg der Operation.

Der Consumer-Task hat neben der Funktion für das Lesen des Ring-Buffers die zusätzliche Funktion `vRingbufferReturnItem()`. Sie bewirkt, dass die gelesenen Daten aus dem Buffer gelöscht werden.

Der serielle Monitor zeigt nach dem Hochladen den Verlauf (siehe Abbildung 6.27).

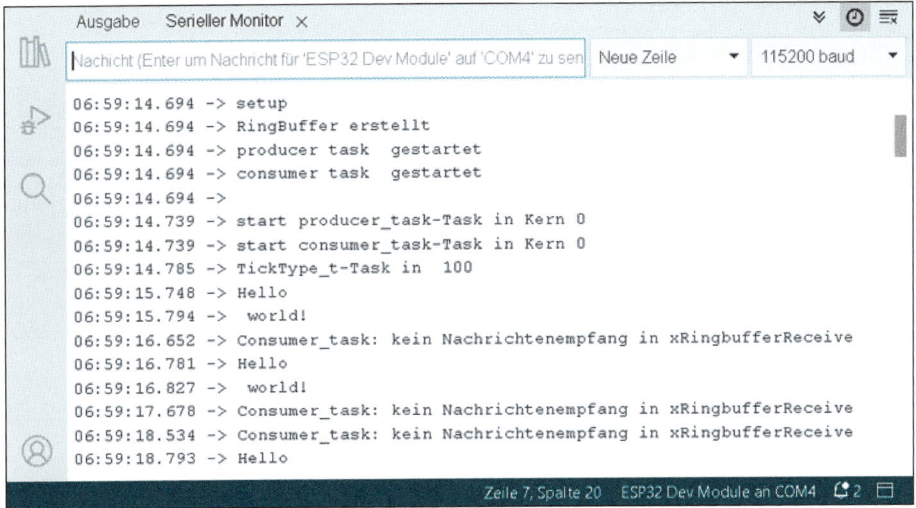

Abbildung 6.27 Task-Synchronisation mit Ring-Buffer im seriellen Monitor

Die Fehlermeldung des Consumer-Tasks ist darauf zurückzuführen, dass die Kombination von `delays()` und Timeouts einen leeren Ring-Buffer verursacht.

Neben *No-Split-Buffers* kennt das ESP-IDF auch *Allow-Split-Buffers* und *Byte-Buffers*. Erläuterungen dazu finden Sie in der offiziellen Dokumentation.

6.4 Threads nutzen

Die Thread-Funktionen lassen sich über die Bibliothek pthread.h einbinden. Das kleine Programmbeispiel aus Listing 6.24 soll die Anwendung von *Threads* verdeutlichen: In der Hauptschleife wird ein Thread gebildet, der parallel eine Berechnung durchführt und das Ergebnis anschließend in den Hauptprozess einspeist.

```
#include <pthread.h>

struct daten {
  int wert;
  char meld [60];
};

int ergMult (int in) {
  return in * 1111;
}

pthread_t pthr;                // Thread-Identifier
struct daten *f = NULL;
int i = 0;
int *ptr;                      // Pointer-Deklaration

void *threadFunc1 (void *arg) {
  struct daten *f = (struct daten *) arg;
  int i = 1;
  static int retour;           // statische oder globale Variable!!
  Serial.println("start threadFunc1 mit dem Parameter: " + String(f->meld));
  Serial.println("threadFunc1 hat die ID             : " + ➲
      String(pthread_self()) );
  while (i < 8) {
    delay(1000);
    Serial.println(String(i) + ". Durchlauf threadFunc1");
    i++;
  }
  retour = ergMult(i);
  f->wert = i;
  Serial.println("Thread meldet: Ende threadFunc1 mit der Rückgabe:   " + ➲
      String (retour));
  pthread_exit (&retour);      // gibt Adresse von retour zurück
}
```

```
void setup () {
  Serial.begin (115200);
  // Speicher für Daten anfordern
  f = (struct daten*) malloc (sizeof (struct daten));

  if (f == NULL) {
    Serial.println ("Konnte keinen Speicher reservieren ...!");
    delay (5000);
  }

  Serial.println ("Speicher reserviert!");
  strcpy (f->meld , "Hallo Thread 1");
}

void loop() {
  if (pthread_create (&pthr, NULL, threadFunc1, f) != 0) {
    Serial.println ("Thread konnte nicht erstellt werden!!");
  }

  i = 1;
  while (i < 3) {
    delay(1500);
    Serial.println ("while in loop läuft " + String (i) + ". mal");
    i++;
  }
  Serial.println("loop wartet auf das Ende des Threads ... " );
  // weil ein Pointer zurückgegeben wird, muss mit einem doppelten
  // Pointer gearbeitet werden
  pthread_join (pthr, (void**) &ptr);    // &ptr = Adresse von ptr
  Serial.print  ("loop meldet: Thread beendet Wert :" + String(f->wert) );
  Serial.println(" erhaltener Rückgabewert " + String(*ptr) );
  Serial.println();
  Serial.println();
  delay (5000);
}
```

Listing 6.24 Beispiel für einen Thread

`struct daten` deklariert zunächst lediglich eine Struktur, die später über den Pointer `*f` von Thread und Hauptschleife gemeinsam benutzt wird. Dies ist in diesem Beispiel insoweit unproblematisch, als niemals beide Threads auf einen Bestandteil gleichzeitig verändernd zugreifen.

Die Funktion threadFunc1 ist der von der Hauptschleife abgespaltene Strang. Sie zeigt einen übergebenen Parameter und die Thread-ID an, ehe sie in eine Schleife eintritt. Das hier implementierte delay() soll nur dafür sorgen, dass der Thread einige Zeit für seine Arbeit benötigt. Die Funktion ergMult() errechnet noch einen Rückgabewert; eine weitere Werterückgabe erfolgt über die Struktur daten.

Im setup() wird Speicher für die Struktur daten reserviert.

In der loop()-Funktion findet das Erstellen des Threads statt. Die folgende while-Schleife soll nur demonstrieren, dass auch die Hauptfunktion weiterarbeitet. Sie ist aber so konstruiert, dass die zurückzumeldenden Werte des gebildeten Threads noch nicht bereitstehen, wenn sie zur Weiterverarbeitung nötig sind. Die Funktion pthread_join() gewährleistet in diesem Moment einen ordnungsgemäßen Programmablauf, indem sie die loop()-Schleife anhält.

Im seriellen Monitor können Sie den Sketch-Ablauf verfolgen (siehe Abbildung 6.28).

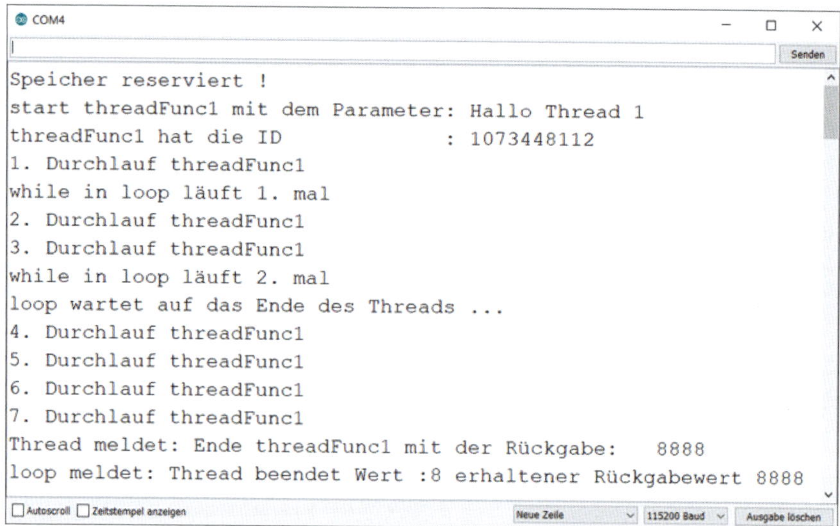

Abbildung 6.28 Thread-Beispiel – Ausgabe im seriellen Monitor

Weitere gute Beispielprogramme für die Thread-Programmierung mit C finden Sie beispielsweise unter *http://openbook.rheinwerk-verlag.de/linux_unix_programmierung/Kap10-004.htm.*

In Listing 6.24 finden Sie folgende Funktionen:

- pthread_create() erstellt einen Thread. Die Syntax lautet:

```
int pthread_create(pthread_t *thread,
                   const pthread_attr_t *attribute,
                   void *(*funktion)(void *),
                   void *argumente );
```

Die Parameter sind:

- thread: Pointer zu einem pthread_t-Objekt
- attribute: Pointer zu einer pthread_attr_t-Struktur, die die Attribute beinhaltet
- funktion: Funktion, mit der der Thread startet
- argumente: Argumente für die Startfunktion

- pthread_exit()

  Ein Thread wird mit pthread_exit beendet. Die Funktion steht im ESP-IDF nicht zur Verfügung. Stattdessen verwenden Sie dort return.

- pthread_self() gibt die Thread-ID aus.
- pthread_join() lässt einen Thread auf das Ende eines anderen Threads warten. Die Syntax lautet:

  ```
  int pthread_join (pthread_t thread, void **thread_return);
  ```

  Die Parameter sind:

  - thread: die ID des Threads, auf den gewartet werden soll
  - thread_return: der Rückgabewert des entsprechenden Threads
  - pthread_join() kommt immer dann zum Einsatz, wenn der Haupt-Thread Ergebnisse von einem erzeugten Thread erwartet oder sicher sein will, dass die übertragenen Aufgaben kontrolliert abgeschlossen wurden.

Weitergehende Informationen zum Begriff *Thread* in der Informatik finden Sie unter *https://de.wikipedia.org/wiki/Thread_(Informatik)*.

Kapitel 7
Peripherie und Funktionen des ESP32

Mit diesem Kapitel beginnt der Anwendungsteil des Buches. Wir befassen uns zunächst mit internen und externen Sensoren. Darüber hinaus stelle ich Ihnen eingebaute Funktionen zur Steuerung des ESP32 vor.

Mit dem ESP32 können Sie noch deutlich spannendere Dinge machen, als LEDs leuchten zu lassen. Dafür benötigen Sie allerdings zusätzliche Hardware, die ich Ihnen im Folgenden vorstellen möchte.

7.1 Der interne Hall-Sensor

Das ESP32-Dev-KitC V4 bietet mit dem *internen Hall-Sensor* eine einfache Möglichkeit, um zunächst ohne den Ballast zusätzlicher Hardware einen Demonstrationssketch zu erstellen.

Ein Hall-Sensor greift das Auftreten einer Spannung in einem stromdurchflossenen Leiter auf, wenn dieser sich in einem Magnetfeld befindet (*Hall-Effekt*, nach dem Physiker Edwin Hall). Elektrisch fällt dabei die Spannung senkrecht sowohl zur Stromfluss- als auch zur Magnetfeldrichtung am Leiter ab. Dieser Spannungsabfall kann gemessen und zu Steuerungszwecken genutzt werden. Zum Einsatz kommen derartige Sensoren in der Fertigungstechnik, bei Zugangskontrollen oder in der Regelungstechnik. Der ESP32 verfügt ebenfalls über einen internen Hall-Sensor. Der Beispielsketch aus Listing 7.1 demonstriert das Auslesen von Werten des internen Hall-Sensors:

```
void setup() {
  Serial.begin(115200);
}
void loop() {
  int messWert = hallRead();
  Serial.print("Hall-Sensor-Messung: ");
  Serial.println(messWert);
  delay(3000);
}
```

Listing 7.1 Hall-Sensor

Gelangt ein Magnetfeld in den Bereich des Hall-Sensors, ändern sich die Messwerte und werden im seriellen Monitor dargestellt (siehe Abbildung 7.1).

```
COM4
Hall sensor Messung: 0
Hall sensor Messung: -6
Hall sensor Messung: -8
Hall sensor Messung: -4
Hall sensor Messung: 0
Hall sensor Messung: 2
Hall sensor Messung: 3
Hall sensor Messung: 8
Hall sensor Messung: -7
```

Abbildung 7.1 Messwerte des Hall-Sensors im seriellen Monitor

Bedauerlicherweise braucht der interne Hall-Sensor einiges an magnetischer Kraft, um Veränderungswerte anzuzeigen (Messwerte hier: freilaufend –4 bis –8; bei einem einfachen Magneten unmittelbar auf der Moduloberfläche 2 bis 8). Geeignete Magnete sind Neodym-Magnete, und auch diese müssen schon recht nahe an die Moduloberfläche gebracht werden.

Sollte in Ihrem Projekt ein Hall-Sensor zum Einsatz kommen, ist es sicherlich eine Überlegung wert, auf externe Sensormodule zurückzugreifen. Es gibt sie als fertiges Modul (z. B. den digitalen Hall-Sensor *Iduino SE054*) oder auch als einzelnes Bauteil.

Der alte Temperatursensor

Im Netz sind noch Hinweise und Programmierbeispiele zu einem weiteren internen Sensor, nämlich einem Temperatursensor, zu finden. In aktuellen Modulen bzw. Boards ist er allerdings nicht mehr verbaut. Da er ohnehin aufgrund der Nähe zu einem sich im Betrieb erwärmenden Modul nur bedingt aussagefähige Messwerte geliefert hat, wiegt der Verlust nicht besonders schwer.

7.2 Digitale Aus-/Eingänge

»Digital«, das klingt zunächst einfach. Ist es auch, aber es gibt ein paar Fallstricke.

Der programmtechnische Einstieg in die digitale Aus- und Eingabe besteht darin, den vorgesehenen Pin entsprechend zu konfigurieren. Die Syntax ist:

```
pinMode(pin, mode);
```

`pin` kennzeichnet den Pin nach dem Pinout (siehe Abschnitt 1.5.1). `mode` kennzeichnet den »Betriebsmodus« und ist entweder `OUTPUT` für die digitale Ausgabe oder `INPUT` bzw. `INPUT_PULLUP` für die digitale Eingabe.

7.2.1 Digitale Ausgänge

Die meisten – aber nicht alle! – GPIO-Pins können als digitale Ausgänge dienen (siehe Abschnitt 1.5). Die Funktion `digitalWrite(pin, value)` bestimmt den Ausgabepegel des Pins `pin`. Er entspricht der Modulspannung (3,3 V beim ESP32), wenn der Parameter `value` gleich `HIGH` ist. Ist der Parameter `LOW`, ist dies 0 V bzw. Ground.

7

Ein Sketch, der digitale Ausgänge verwendet, beinhaltet immer die nachstehenden Codesegmente:

```
...
setup {
pinMode(5, OUTPUT);          // GPIO5 als OUTPUT schalten
...
}
loop {
...
digitalWrite(5, HIGH)
...
digitalWrite(5, LOW)
...
}
```

Listing 7.2 Grundbeispiel für Digital Output

Sehen wir uns im Folgenden einige Nutzungsbeispiele an.

LED

Eine LED an einem GPIO-Pin ist der Klassiker einer digitalen Ausgabe. Sie wird gerne für die Anzeige von Betriebszuständen oder noch viel lieber zu Testzwecken eingesetzt. Allerdings ist die Ausgangsspannung bei `HIGH` größer als die maximal zulässige Betriebsspannung der LED. Deshalb muss die LED durch einen Vorwiderstand geschützt werden. Hierfür reicht normalerweise ein 470-Ω-Widerstand. (Die exakte Berechnung erfolgt nach dem *ohmschen Gesetz*, auf das ich in Abschnitt 7.3.2 noch zurückkomme.)

Ein erstes Programm, das eine LED an einem GPIO an- und wieder ausschaltet, haben Sie bereits in Abschnitt 4.4 in Form eines einfachen Blink-Programms kennengelernt.

Relaismodule

Ein *Relaismodul* (z. B. das *KY-01*, siehe Abbildung 7.2) bietet eine komfortable Möglichkeit, höhere Lasten zu schalten. Das Modul kann direkt an den ESP32 angeschlossen werden. Obwohl als Betriebs- und Schaltspannung 5 V angegeben ist, funktioniert das Modul auch mit der niedrigeren Spannung der ESP32-GPIO erfahrungsgemäß einwandfrei. Die Ausgänge des Relaismoduls schalten entweder in den *Ruhezustand* (Anschluss NC, *normally connected*) oder in den *Arbeitszustand* (Anschluss NO, *normally open*).

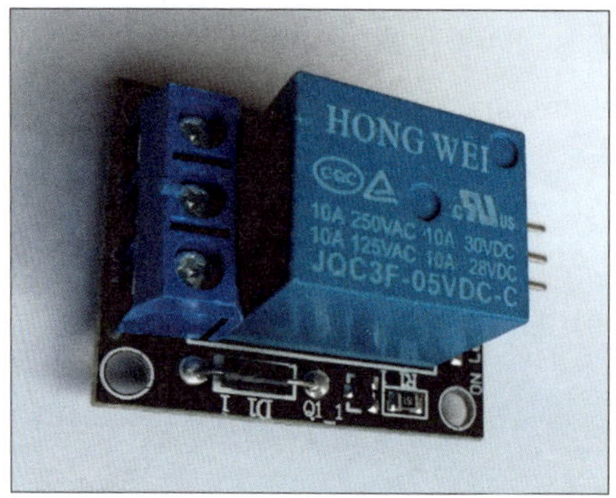

Abbildung 7.2 Relaismodul

> **Lebensgefahr**
>
> Bei Arbeiten mit 230 V an den Ausgängen des Relaismoduls besteht Lebensgefahr! Sie bleiben Personen mit entsprechenden Kenntnissen und Fähigkeiten vorbehalten.

Sonstige digitale Ausgänge

Unter »sonstige digitale Ausgänge« fallen alle anderen Komponenten, die entweder ein- oder ausgeschaltet sein können. Probleme entstehen jedoch, wenn diese Geräte für ihre Schaltvorgänge mehr Strom ziehen, als ein GPIO liefern kann (z. B. LED-Stripes). Eine Überlastung des GPIO wäre die Folge – mit der Konsequenz, dass das gesamte Modul zerstört würde. Abhilfe schafft ein in *Emitterschaltung* betriebener Transistor, z. B. ein *BC547B* (siehe Abbildung 7.3).

> **Der Wert des Basiswiderstands**
>
> Der *Basiswiderstand* ist abhängig von den Kenndaten des Transistors. Der BC547B hat eine Stromverstärkung von mindestens 200. Beim Ausnutzen des maximalen Kollektorstroms von 100 mA wäre der Basisstrom maximal 0,5 mA. Damit errechnet sich ein Wert von:
>
> $R1 = (3{,}3\ \text{V} - 0{,}6\ \text{V}) / 0{,}5\ \text{mA} = 5{,}4\ \text{k}\Omega$

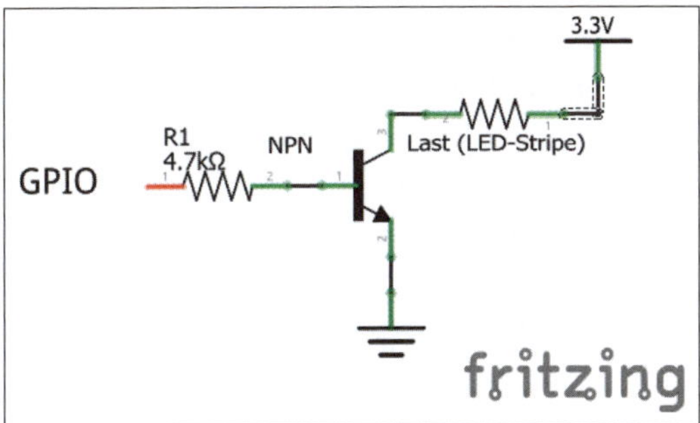

Abbildung 7.3 Digital Output mit Emitterschaltung

Eine weitere Besonderheit betrifft Komponenten mit einer Spule (z. B. Relais oder Motoren). Beim Ausschalten von induktiven Lasten sinkt der Strom nicht abrupt auf null. Vielmehr befindet sich in dem durch die Induktivität aufgebauten Magnetfeld noch Energie, die sich langsam abbaut. Das führt zu *Überspannungen*. Es gibt mehrere Möglichkeiten, derartige *Induktionsspitzen* zu begrenzen. Eine ist die Verwendung einer Schutzdiode (siehe Abbildung 7.4).

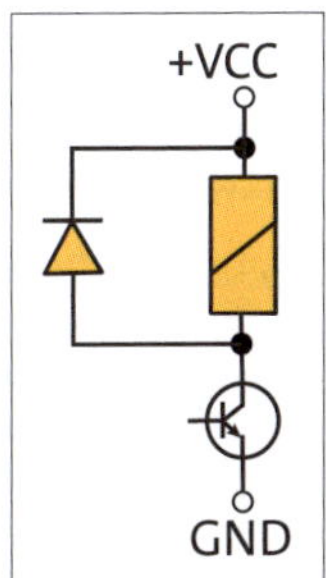

Abbildung 7.4 Digital Output mit Schutzdiode

7.2.2 Digitale Eingänge

Die als digitale Eingänge schaltbaren GPIO-Pins sind ebenfalls in Kapitel 1 aufgelistet. Die Funktion `digitalRead(pin, value)` liest den Eingangspegel des Pins `pin` und liefert `1` (`HIGH`), wenn Spannung anliegt, und `0` (`LOW`), wenn an dem Pin 0 V anliegt.

Pin nicht »offen« beschalten

Wenn ein Pin »offen«, d. h. nicht beschaltet ist, befindet sich der Eingang im Zustand »schwebend/hochohmig«. Dies ist irgendwo zwischen `HIGH` und `LOW`. Bedauerlicherweise sind Schaltungen Umgebungseinflüssen ausgesetzt. Dazu zählen auch elektrische Felder, die eine Schaltung als Wechsel zwischen `HIGH` und `LOW` interpretiert. In der Folge führen solche Störsignale ohne weitere Vorsichtsmaßnahmen zu unerklärlichen und unregelmäßig auftretenden Fehlern im Programmablauf.

An dieser Stelle heißt das Zauberwort *Pull-up-Widerstand* bzw. *Pull-down-Widerstand*. Beide Schaltungsausführungen ziehen die Spannung auf ein definiertes Niveau. Während Pull-down-Widerstände die Spannung auf GND ziehen (engl. *pull down*), erfolgt das Hinaufziehen der Spannung meistens auf Betriebsspannung bzw. auf die maximale Eingangsspannung an den GPIOs.

Das Ziehen auf ein definiertes Spannungsniveau ist zum einen über externe Hardware möglich. Dabei wird ein Widerstand (10 kΩ) gegen GND (Pull-down) oder VCC (Pull-up) geschaltet. Zum anderen bieten die meisten Mikrocontroller die Möglichkeit, interne Pull-up-Widerstände oder Pull-down-Widerstände programmgesteuert zu aktivieren. Der ESP32 verfügt über beide Wege.

Allerdings kann mit der Arduino IDE nur der Pull-up-Widerstand angesprochen werden: `pinMode(pin, INPUT_PULLUP)`. In der Regel ist dies bei entsprechendem Programmdesign für die meisten Anwendungsfälle ausreichend. Das ESP-IDF geht da weiter und beinhaltet auch eine Funktion, die den Pull-down-Widerstand aktiviert:

`esp_err_tgpio_set_pull_mode(gpio_num_t gpio_num, gpio_pull_mode_tpull)`

Taster und Schalter

Taster bzw. Schalter sind im Prinzip nicht mehr *state of the art*, seitdem es Touch-Sensoren gibt, und finden eher nur noch in Ausnahmefällen Anwendung. Der Grund ist das *Prellen*. Dabei handelt es sich um Störeffekte, die beim Betätigen von elektromechanischen Tastern und Schaltern dadurch entstehen, dass der Kontakt z. B. beim Schließen erst hin- und herfedert. Aus elektronischer Sicht finden damit mehrere Öffnen- und Schließvorgänge statt, obwohl aus Sicht desjenigen, der die Taste betätigt, nur ein Schaltvorgang vorliegt. Programme registrieren dies dann aus Anwendersicht fälschlich als mehrere Schließvorgänge.

Das verdeutlicht das Beispiel aus Listing 7.3, in dem GPIO19 über einen Taster an VCC angeschlossen ist. Die Codezeilen, die für einen *Debounce*-Filter notwendig sind, habe ich fett dargestellt. Sie können also das Beispiel

- ohne Debounce-Filter laufen lassen, indem Sie diese fett dargestellten Zeilen weglassen und die auskommentierte `if`-Abfrage am Schleifenbeginn (`if (statusIn == LOW) z++;`) aktivieren, oder es
- mit Debounce-Filter nutzen, indem Sie den Code in der dargestellten Form verwenden.

```
#define INPUT_PIN   19                  // GPIO19 für digitalRead
int i = 0, statusIn = LOW, z = 0;
int statusSchalter = LOW;               // für Debounce
int statusSchalterAlt = LOW;
unsigned long letzteDebounceZeit = 0, debounceDelay = 60;
```

```
void setup() {
  Serial.begin (115200);
  delay (2);
  pinMode(INPUT_PIN, INPUT_PULLUP);
}
void loop() {
  statusIn = digitalRead (INPUT_PIN);
  //if (statusIn == LOW)    z++;         // ohne Debounce-Filter
  if (statusIn != statusSchalterAlt) {  // Beginn Debounce-Filter
    letzteDebounceZeit = millis();
  }

  if ((millis() - letzteDebounceZeit) > debounceDelay) {
    if (statusIn != statusSchalter) {
      statusSchalter = statusIn;
      z++;
    }
  }                                      // Ende Debounce-Filter
  i++;
  if (i > 1000) {
    i = 0;
    Serial.println ("Zähler: " + String(z));
  }
  statusSchalterAlt = statusIn;
  delay (1);
}
```

Listing 7.3 Digital Input eines Tasters

Der serielle Monitor zeigt nun die Werte der Variablen z an, die beim Betätigen des Tasters nicht um 1, sondern um ein Vielfaches von 1 erhöht wird (siehe Abbildung 7.5).

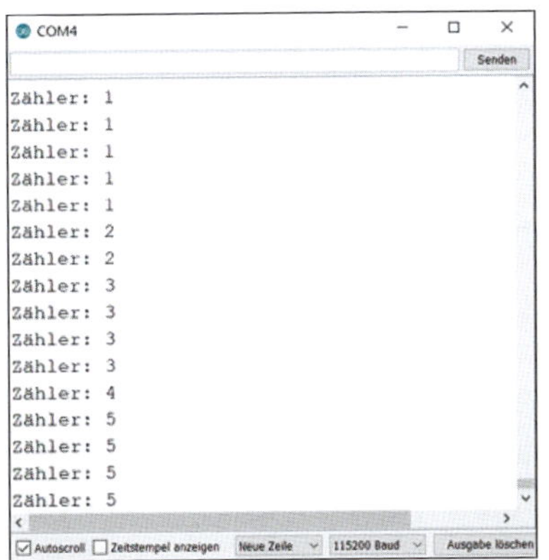

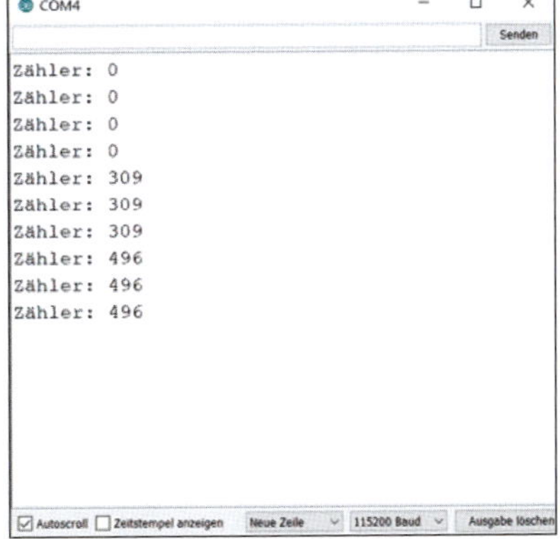

Abbildung 7.5 Taster mit und ohne Debounce-Filter

Der PIR-Bewegungsmelder HC-SR501

Bewegungsmelder erkennen Bewegungen in der Umgebung. Sie sind entweder als aktive Melder auf der Basis von elektromagnetischen Wellen (z. B. Mikrowellen, Doppelradar, Ultraschall) konzipiert oder als passive, die auf Basis von Infrarotstrahlung arbeiten (*PIR*-Bewegungsmelder; PIR = *Passiv-Infrarot*). Passive PIR-Bewegungsmelder beinhalten temperaturabhängige Pyrosensoren, die auf Infrarotlicht einer bestimmten Wellenlänge von wärmestrahlenden Objekten reagieren (z. B. auf die menschliche Körpertemperatur). Ein Vertreter dieser Kategorie ist der PIR-Bewegungsmelder *HC-SR501*, der hier bereits in einem fertigen Modul verbaut ist (siehe Abbildung 7.6). Der eigentliche Sensor ist unter der *Fresnel-Linse* eingebaut. Diese sorgt dafür, dass statische Wärmequellen wie Heizungen oder Lampen nicht zum Auslösen des Sensors führen.

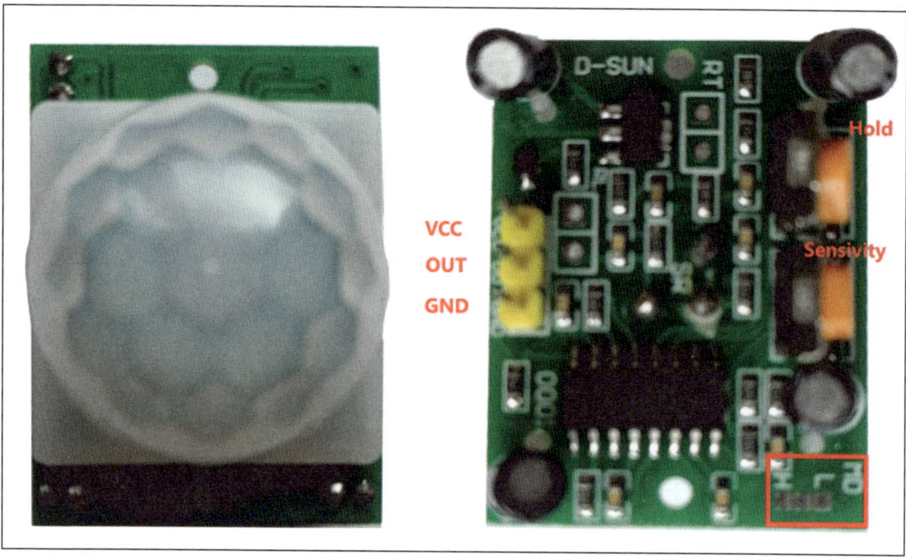

Abbildung 7.6 Der PIR-Bewegungsmelder HC-SR501

Das Modul verfügt über einen Betriebsspannungsbereich von 4,5 bis 20 V Gleichspannung bei einem Ruhestrom kleiner 60 µA. Einstellbar sind der Erkennungsabstand (3 bis 7 m) und die Verzögerungszeit (5 bis 200 Sekunden; Standard: 5 Sekunden +/–3 %). Über Lötbrücken, bei manchen Modulen auch über Jumper, kann das Auslöseverhalten (Trigger) angepasst werden:

- **L:** Nicht wiederholbarer Trigger, d. h., das Modul hält den Ausgang für die eingestellte Haltezeit auf `HIGH` und lässt ihn im Anschluss wieder auf `LOW` fallen. Währenddessen kann keine weitere Bewegung erkannt werden! Nach dem Ende der `HIGH`-Phase ist der Sensor für ca. drei Sekunden »blind«, und erst dann können wieder neue Bewegungen erkannt werden.

- **H:** Repeat-Trigger (Standard), d. h., neue Bewegungen, die während einer bereits erkannten Bewegung auftreten, führen dazu, dass sich der Impuls am Ausgang um die eingestellte Haltezeit verlängert.

Der Ausgang liefert ein 3,3-V-High/Low-Signal.

Die Schaltung

Die Schaltung (siehe Abbildung 7.7) ist mit nur zwei Bauteilen recht übersichtlich. Der Ausgang des PIR-Bewegungsmelders ist mit GPIO13 verbunden. Die Stromversorgung geht über den 5-V-Anschluss des ESP32-Dev-KitC V4.

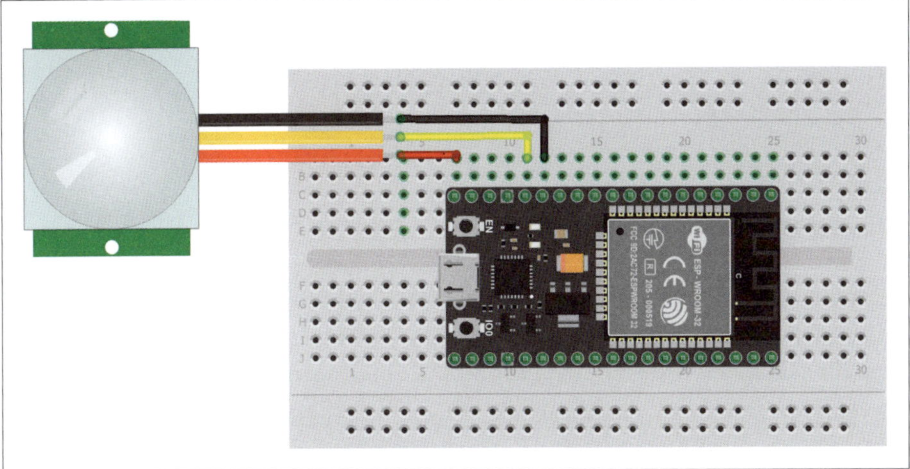

Abbildung 7.7 PIR-Bewegungsmelder

Der Sketch

Der Sketch beschränkt sich auf wenige Zeilen:

```
#define PIR_SENSOR_PIN     13          // Pin für den PIR-Sensor
int pirStatusAlt = LOW;                // PIR-Status sichern

// PIR-Ausgang lesen, auswerten und Aktion durchführen
void lesenPIR(){
  if (digitalRead(PIR_SENSOR_PIN)) {  // PIR lesen und Status prüfen
    if (pirStatusAlt == LOW) {
      Serial.println("Bewegung erkannt!");
      pirStatusAlt = HIGH;             // Status sichern
      delay (100);
    }
  } else {
    if (pirStatusAlt == HIGH){
```

```
        Serial.println("Bewegung vorbei!");
        pirStatusAlt = LOW;
        delay (100);
      }
    }
}

void setup() {
  pinMode(PIR_SENSOR_PIN, INPUT);      // öffnet Pin für den Sensor als Input
  Serial.begin(115200);
}

void loop(){
  lesenPIR();
  delay (10);
}
```

Listing 7.4 PIR-Bewegungsmelder

Der Sketch beinhaltet keine Besonderheiten. Die Funktion für das Lesen des PIR-Sensors und die Auswertung des Status ist in eine eigene Funktion ausgelagert, damit diese für spätere Projekte als »fertiges« Modul übertragen werden kann.

Die Hauptschleife ruft in diesem kleinen Sketch die Funktion `lesenPIR()` auf; dort findet das Lesen und Prüfen des PIR-Sensors statt. Als einzige Aktion ist hier eine Ausgabe am seriellen Monitor vorgesehen (siehe Abbildung 7.8); in einem anderen Zusammenhang könnten Sie für das Senden von E-Mail-Benachrichtigungen, das Schalten von Alarmsirenen oder Ähnliches sorgen.

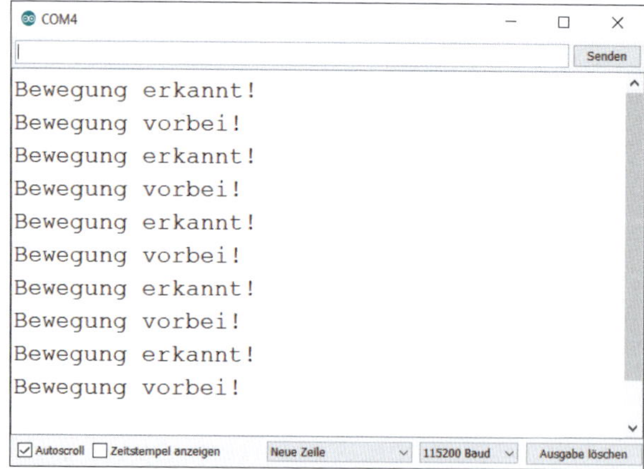

Abbildung 7.8 PIR-Sensor im seriellen Monitor

7.3 Analoge Aus-/Eingänge

Das System zur analogen IO des ESP32 präsentiert sich als mächtiges und vielfältig einsetzbares Werkzeug zur Steuerung externer Komponenten und zur Verarbeitung von Sensordaten. Da jedoch ein Mikrocontroller letztlich nur digital arbeitet, hat jedwede analoge Verarbeitung von Daten letztlich doch einen digitalen Hintergrund. Das Bindeglied oder besser die »Übersetzer« zwischen den beiden Welten sind entsprechende Konverter. Dabei handelt es sich um *Digital to Analog Converter* (DAC) und *Analog to Digital Converter* (ADC) (siehe Abschnitt).

Anders aber als bei der direkten Beschaltung von Pins als digitale Aus-/Eingänge ist eine explizite Festlegung des `pinMode` nicht erforderlich.

7.3.1 Analoge Ausgänge

Die beiden 8-Bit-DC ermöglichen es, die Ausgänge in Stufen von 0 bis 255 auf vorgegebene Spannungswerte zu setzen. Jede Stufe entspricht etwa 13 mV (also 3,3 V bei Stufe 255).

In der Arduino IDE steht Ihnen hierfür bezüglich des ESP32 die Funktion `dacWrite (pin, wert)` zur Verfügung. `pin` ist einer der DAC-Pins GPIO25 oder GPIO26. `wert` ist die Angabe der Spannungsstufe zwischen 0 und 255.

Damit lässt sich der DAC zur Steuerung von LED, Motoren oder zur Erzeugung von Schwingungskurven einsetzen.

Anwendungsbeispiel

Ein simples Beispiel soll die Ausgabe rudimentärer Töne mittels DAC zeigen (Wir nutzen den internen DAC über DAC-Kanal 1, also GPIO25.). Da die Leistungsabgabe des ESP32 für einen Lautsprecher nicht ausreicht, kommt ein Buzzer (siehe Abbildung 7.9) zum Einsatz. Für eine größere Leistungsabgabe benötigen Sie einen Verstärker (z. B. das Stereo-Verstärkermodul *GF1002*).

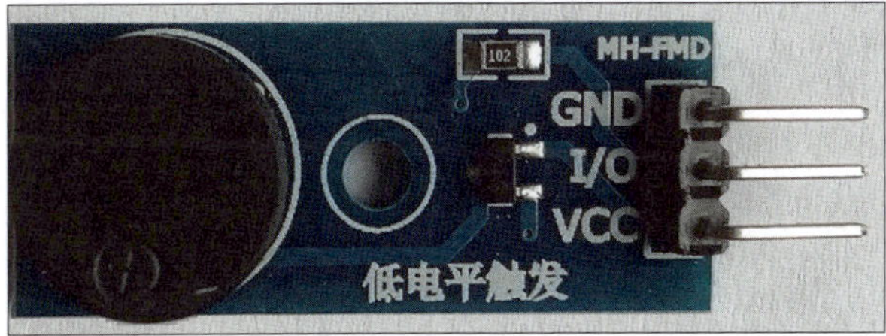

Abbildung 7.9 Buzzer

Der Sketch aus Listing 7.5 erzeugt Sinuskurven mit einer Frequenz von 1,25 kHz:

```
void setup() {
}
void loop() {
  for (int grad = 0; grad < 360; grad = grad + 8) {
    dacWrite (25, int (128 + 64 * sin (grad * PI / 180 )));
  }
}
```

Listing 7.5 Beispiel einer Sinuskurve mit DAC

Die Schrittweite bestimmt die Frequenz. Je Schritt erhöht sich die Frequenz dabei um 160 Hz (`grad + 8` = 160 Hz × 8 ~ 1,25 kHz).

Für eine Sägezahnkurve mit steil abfallender Flanke sorgt Listing 7.6:

```
for(int i=0;i<256;i++) {
  dacWrite(25,i);
}
```

Listing 7.6 Codeausschnitt für eine Sägezahnkurve mit steiler Flanke

Eine Sägezahnkurve mit gleichen Flanken wird durch Listing 7.7 erzeugt:

```
for(int i=0;i<256;i++) {
  dacWrite(25,i);
}
for(int i=254;i>0;i--) {
  dacWrite(25,i);
}
```

Listing 7.7 Codeausschnitt für eine Sägezahnkurve mit gleichen Flanken

7.3.2 Analoge Eingänge

Analoge Eingangssignale wandelt der ADC in digitale Werte um. Die Auflösung der 18 Kanäle beträgt 12 Bit. Das bedeutet, dass die Eingangsspannung in dem Bereich zwischen 0 V und 3,3 V in 4.096 Einzelstufen (2^{12}) übertragen wird. Der niedrigste Wert ist 0, der höchste also 4.095.

Die entsprechende Arduino-Funktion heißt `analogRead(pin)`. Sie liest den Wert an dem analogen Pin `pin` ein, wandelt ihn um und gibt ihn aus. `analogReadResolution (resolution)` ermöglicht es, die Auflösung zwischen 9 Bit (0 bis 511) und 12 Bit (0 bis 4.095) einzustellen. Voreinstellung ist die 12-Bit-Auflösung. Darüber hinaus gibt es noch weitere Möglichkeiten der Parametrisierung (siehe *https://github.com/espressif/arduino-esp32/blob/master/cores/esp32/esp32-hal-adc.h*).

Eigentlich erwarten Sie an dieser Stelle einen linearen Verlauf von angelegter Spannung und ermitteltem Digitalwert. Dies ist allerdings trotz des recht guten DAC-ADC-Systems des ESP32 nicht der Fall. Sie können dies nachprüfen, indem Sie in einer Schleife die Ausgabe an einem DAC-Kanal stufenweise erhöhen und den ausgegebenen Wert an einem ADC-Eingang einlesen. In ein Diagramm übertragen, weicht die ADC-Kurve deutlich von der eigentlich zu erwartenden linearen Linie ab (siehe *https://ckblog2016.net/2018/03/03/esp32-adc-dac*). Insofern eignet sich der ESP32 nicht für exakte Labormessungen; für die folgenden Beispiele ist dies aber zu vernachlässigen.

Poti

Ein *Poti* (Kurzform für *Potenziometer*) ist das ideale Bauteil, um die ADC-Funktionalität zu erproben und darüber hinaus einen Blick auf die Wirkungsweise eines Spannungsteilers zu werfen.

Der Begriff »Potenziometer« ist eine Kombination aus den Wörtern »Potenzialdifferenz« und »Metering«. Sie stammt aus den Anfängen der Elektronikentwicklung und beruht auf der Annahme, dass die jeweilige Einstellung bei den damaligen großen, drahtgewickelten Widerstandsspulen eine bestimmte Menge an *Potenzialdifferenz* auslöst, deren Messung das Bauteil gewissermaßen zu einer Art Spannungsmessgerät macht. Heute sind Potis kleiner, das Wirkungsprinzip ist aber geblieben: Ein Kontakt (Schleifer) fährt über einen Widerstandskörper. Damit hat das Potenziometer drei Anschlüsse (je einen für die Endpunkte des Widerstandskörpers und einen für den Schleifkontakt). Der Gesamtwiderstand des Widerstandskörpers wird durch die Position des Kontakts geteilt. Liegt an diesen Endpunkten eine Spannung an, wirkt das Poti als *Spannungsteiler* (siehe Abbildung 7.10).

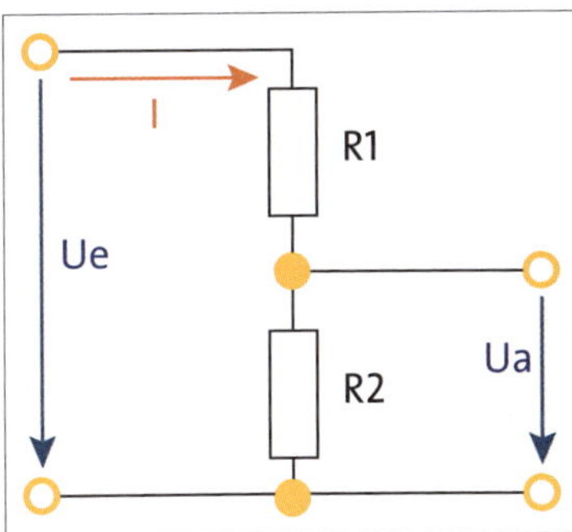

Abbildung 7.10 Spannungsteiler

Für Spannungsteiler wiederum gilt das *ohmsche Gesetz*. Danach ist der elektrische Widerstand (*R*) eines Werkstoffs der Quotient aus elektrischer Spannung (*U*) und elektrischem Strom (*I*), also $R = U / I$.

Sind Spannung und Widerstand bekannt, ergibt sich der elektrische Strom nach $I = U / R$, bei einem Spannungsteiler also: $I = Ue / (R1 + R2)$.

Nach den Regeln für Reihenschaltungen ist der Strom durch alle Bauteile identisch. Somit ergibt sich für Ua: $I = Ua / R2$.

Damit ist

$$\frac{Ua}{R2} = \frac{Ue}{(R1 + R2)}$$

oder:

$$Ua = \frac{Ue}{(R1 + R2)} \times R2$$

Wenn wir also annehmen, dass die Eingangsspannung 3,3 V beträgt, das Poti einen Gesamtwiderstand von 10 kΩ hat und der Schleifer (bei einem linearen Poti) in der Mitte steht, ergibt sich bezüglich der Ausgangsspannung:

$$Ua = \frac{3{,}3}{10000} \times 5000 = 1{,}65$$

Dies gilt allerdings nur für unbelastete Spannungsteiler. Da der Stromverbrauch durch einen an den Schleifer angeschlossenen Pin des ESP32 äußerst gering ist, kann dieser Effekt vernachlässigt werden.

Die Schaltung

Den Testaufbau zeigt die Schaltung in Abbildung 7.11.

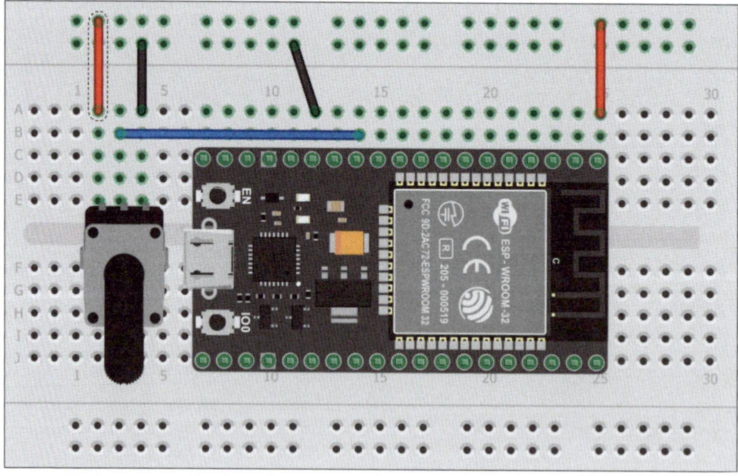

Abbildung 7.11 ADC-Umwandlung mit einem Poti

Der Sketch

Der Sketch aus Listing 7.8 ist so aufgebaut, dass Sie ihn als Vorlage für weitere analogRead()-Auswertungen nutzen können. Deshalb sind das Lesen des Sensors, die Auswertung des Ergebnisses (z. B. das Übersteigen eines Schwellenwerts) und sich daraus ergebende Aktionen in eine eigene Funktion ausgelagert.

```
#define ADC_PIN    14              // ADC2-6 an GPIO14
int schwellenWert = 3273;          // Schwellenwert 80 % von 4095
void lesenADC () {
  int anlgRead = analogRead(ADC_PIN);
  Serial.println("gelesener ADC-Wert: " + String (anlgRead) );
  if (anlgRead > schwellenWert) {
    Serial.println("Schwellenwert überschritten !");
  }
}
void setup() {
  Serial.begin(115200);
}
void loop() {
  lesenADC();
  delay(1000);
}
```

Listing 7.8 ADC mit Poti

Stellvorgänge des Potis beeinflussen die Eingangsspannung an Pin 14. Die Funktion analogRead() liest sie ein und gibt das digitale Äquivalent in die Variable anlgRead aus. Anschließend erfolgt eine Überprüfung des Schwellenwerts mit einer Hinweismeldung, wenn er überschritten wird (siehe Abbildung 7.12).

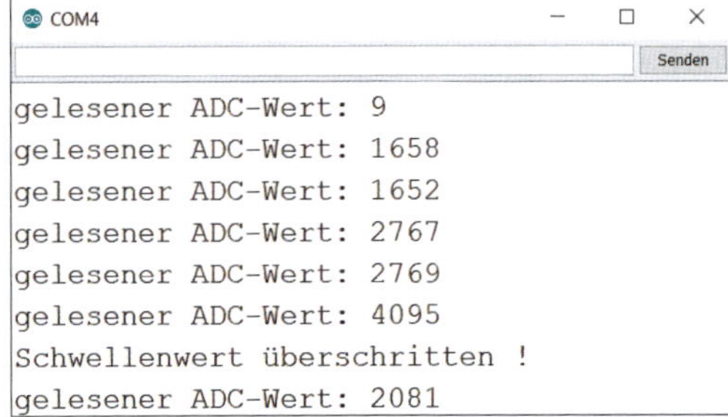

Abbildung 7.12 ADC – Poti-Ausgabe im seriellen Monitor

[+]

ADC-Einlesen mit ESP-IDF

Anstelle von Arduino analogRead() können Sie auch die entsprechende Funktion des ESP-IDF nutzen. Für ADC2 wäre dies z. B.:

```
int anlgReadADC2;
adc2_get_raw(ADC2_CHANNEL_6,ADC_WIDTH_BIT_9, &anlgReadADC2);
```

Wenn Sie tiefer einsteigen möchten, finden Sie im Video *https://www.youtube.com/watch?v=pPh3_ciEmzs* gut aufbereitete Hintergrundinformationen, die auch den Zusammenhang mit I^2S (siehe Abschnitt 8.3) abdecken.

Fotowiderstand

Ein *Fotowiderstand* (LDR, *Light Dependent Resistor*) ist ein lichtempfindliches passives Bauelement (siehe Abbildung 7.13). Er ändert seinen Widerstand auf Basis des einfallenden Lichts. Bei Dunkelheit (*Dunkelwiderstand*) liegt der Widerstand über 1 MΩ, den *Hellwiderstand* von 100 Ω bis 2 kΩ erreicht der LDR bei einer Beleuchtungsstärke von ca. 1.000 Lux.

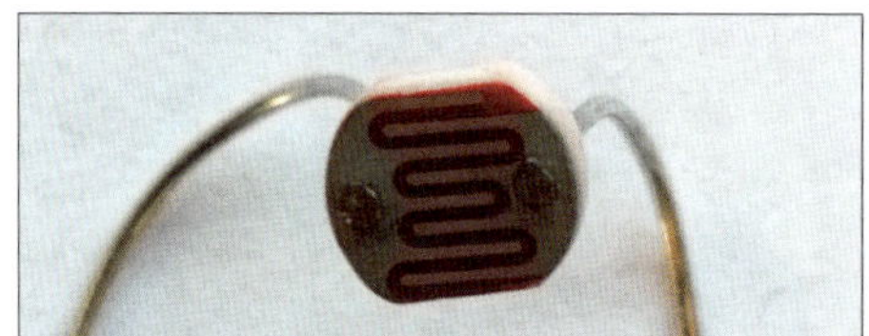

Abbildung 7.13 LDR (Fotowiderstand)

Damit eignet sich der LDR hervorragend als Sensor, um lichtgesteuerte Schaltvorgänge (z. B. als Dämmerungsschalter) auszulösen. Das Wirkprinzip ist das eines Spannungsteilers. Der LDR wird mit einem Widerstand (z. B. 10 kΩ) in Reihe geschaltet. Die Bauteilgruppe entspricht dann quasi einem Poti; der Schleifer ist dabei die Verbindung von LDR und Widerstand (siehe Abbildung 7.14).

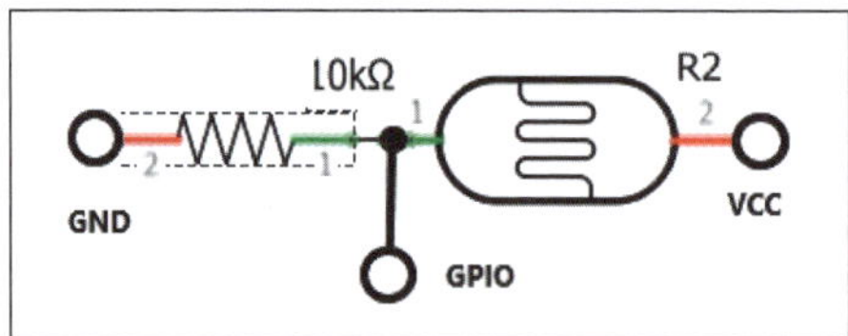

Abbildung 7.14 LDR als Spannungsteiler

Damit kann der Sketch aus dem vorherigen Beispiel übernommen werden. Je mehr Licht auf den LDR fällt, desto höher ist der Wert von analogRead(), und je dunkler es ist, desto geringer fällt der ermittelte ADC-Wert aus.

Heißleiter und Kaltleiter

Heißleiter (NTC, *Negative Temperature Coefficient Thermistor*) verändern mit der Umgebungstemperatur ihren elektrischen Widerstand. Sie weisen einen negativen Temperaturkoeffizienten auf. Das heißt, je höher die Temperatur ist, desto geringer ist der Widerstand. Bei 25 °C hat der NTC seinen Grundwiderstand, in diesem Fall 1 kΩ (siehe Abbildung 7.15).

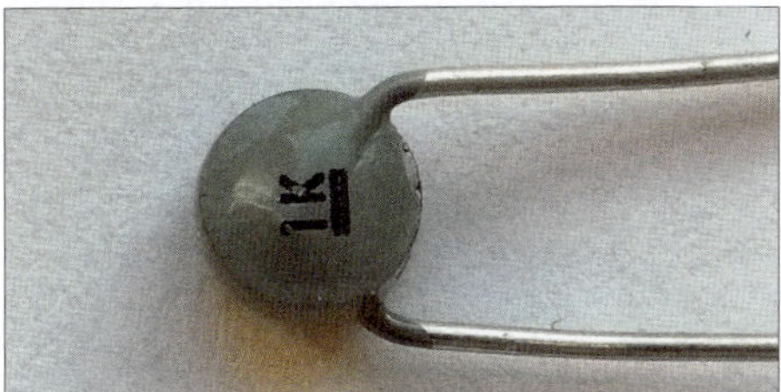

Abbildung 7.15 Heißleiter

Kaltleiter (PTC, *Positive Temperature Coefficient Thermistor*) weisen ein genau gegensätzliches Verhalten auf: Sie leiten bei niedrigen Temperaturen den Strom besser.

Heißleiter und Kaltleiter eignen sich daher für temperaturbezogene Steuerungsvorgänge. Zur Anwendung kommt auch hier das Wirkprinzip eines Spannungsteilers, sodass Schaltungsaufbau und Sketch aus dem vorherigen Beispiel in ihrer Grundstruktur übernommen werden können. Anpassungen ergeben sich bezüglich des Widerstands (1 kΩ anstelle von 10 kΩ führt bei einem Grundwiderstand des NTC von 1 kΩ und bei 25 °C zu einer Eingangsspannung von 1,65 V) und unter Umständen bezüglich des Schwellenwerts.

Komfortabler und genauer in der Temperaturmessung sind jedoch komplette Module wie der *DHT22* (siehe Abschnitt 7.5).

Ultraschallsensor

Ultraschall sind akustische oder mechanische Schwingungen oberhalb von 20 kHz. Die Funktionsweise eines Ultraschallsensors beruht darauf, dass ein Ultraschalllautsprecher Schallimpulse ausgibt. Treffen diese Impulse auf ein Objekt, sendet das Objekt ein Echo zurück, das von einem Mikrofon erfasst wird. Die gemessene Zeitspanne zwischen dem Senden des Signals und dem Empfang des Echos geht dann als ein Faktor in die Berechnung der Distanz ein.

Der andere Faktor ist die Schallgeschwindigkeit. Sie beträgt in der Luft 343,2 m/s bei 20 °C. Da die Temperatur die Ausbreitung des Schalls wesentlich beeinflusst, ist dies nur ein näherungsweiser Rechenwert; die exakte Formel lautet: $c \approx 331{,}5 + (0{,}6\ \vartheta)$ in m/s. (ϑ ist die Temperatur in Grad Celsius.)

Das Einsatzfeld eines Ultraschallsensors ist vornehmlich die Messung von Entfernungen – z. B. als Füllstandswächter, zur Schließkontrolle von Türen und Fenstern, als Alarmgeber oder in der Robotik, wo es darum geht, Abstände eines Fahrzeugs zu einem Hindernis zu messen.

Das Modul *HC-SR04* beinhaltet einen kompletten Ultraschallsensor (siehe Abbildung 7.16). Er erfasst bei einer Ruhestromaufnahme < 2 mA Distanzen von 2 cm bis 400 cm (Erfassungswinkel: ca. 45° im Nahbereich und < 15° bei maximaler Distanz). Neben den Anschlüssen für die Stromversorgung gibt es zwei weitere: je einen für das Senden (Trigger) und für das Empfangen (Echo) des Ultraschallsignals.

Abbildung 7.16 Der Ultraschallsensor HC-SR04

Die Schaltung

Die Schaltung besteht idealerweise aus zwei Bauteilen (siehe Abbildung 7.17).

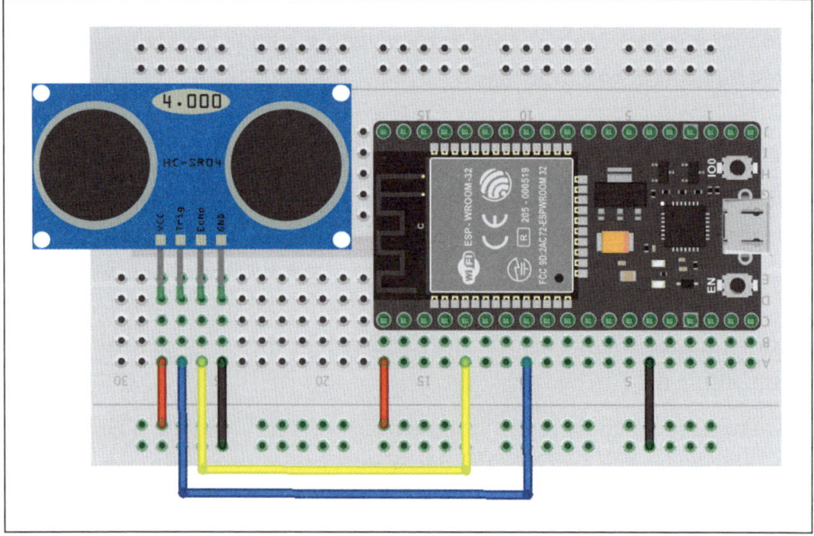

Abbildung 7.17 Schaltung des Ultraschallsensors

[!]

Versorgungsspannung HC-SR04

Sehr verbreitet sind HC-SR04-Module, die eine Versorgungsspannung von 5 V benötigen. Dadurch hat auch das Ausgangssignal *Echo* einen Pegel von 5 V. Wenn Sie ein solches Modul einsetzen, ist zwingend ein Spannungsteiler (470 Ω / 1 kΩ) oder Level-Shifter vorzusehen. Das Modul kommt mit einem Trigger-Pegel von 3,3 V aus, sodass an dieser Stelle keine weiteren Maßnahmen notwendig sind.

Der Sketch

Der Sketch aus Listing 7.9 umfasst nur wenige Zeilen:

```
#define US_SENSOR_TRIG_PIN   33            // Trigger-Pin für den
                                           // Ultraschallsensor
#define US_SENSOR_ECHO_PIN   34            // Echo-Pin für den
                                           // Ultraschallsensor
float entfernung;                          // berechnete Entfernung
float dauer;                               // Zeitspanne des Echos

void lesenHCSR04() {
  digitalWrite(US_SENSOR_TRIG_PIN, LOW);   // definierten Zustand schaffen
  delayMicroseconds(5);                    // warten auf def. Pin-Zustand
  digitalWrite(US_SENSOR_TRIG_PIN, HIGH);  // Trigger 10 Mikrosekunden ein
  delayMicroseconds(10);
  digitalWrite(US_SENSOR_TRIG_PIN, LOW);
  dauer = pulseIn(US_SENSOR_ECHO_PIN, HIGH);    // Pulslänge messen,
                                                // Mikrosek.
  entfernung = dauer * 0.034 / 2;               // Entfernung berechnen
  Serial.println("Entfernung (cm): " + String (entfernung));
}

void setup() {
  pinMode(US_SENSOR_TRIG_PIN, OUTPUT);
  pinMode(US_SENSOR_ECHO_PIN, INPUT);
  Serial.begin(115200);
}

void loop() {
  lesenHCSR04();
  delay(2000);
}
```

Listing 7.9 Sketch für den Ultraschallsensor HC-SR04

Der Sketch ist ziemlich simpel und inline recht gut kommentiert.

Eine kleine Anmerkung verdient die Tatsache, dass die gemessene Dauer noch durch 2 dividiert werden muss, da ja das Signal die tatsächliche Entfernung für den Hin- und den Rückweg zweimal durchläuft. Die Ausgabe im seriellen Monitor sieht dann so wie in Abbildung 7.18 aus.

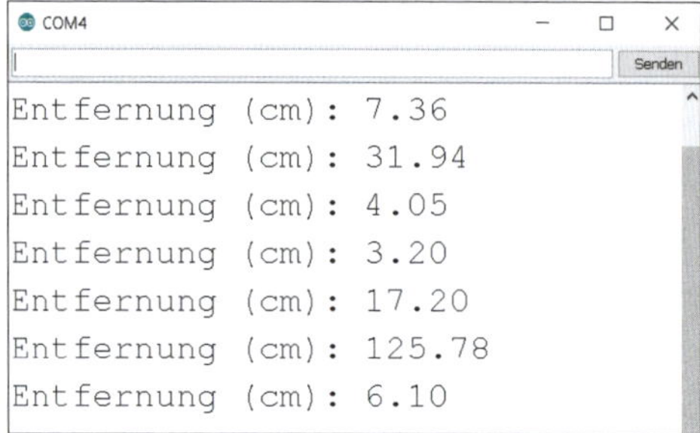

Abbildung 7.18 Der Ultraschallsensor HC-SR04 im seriellen Monitor

Das Feuchtigkeitssensormodul YL-69

Der *Bodenfeuchtesensor* oder das *Hygrometer* wird üblicherweise zur Erfassung der Bodenfeuchte verwendet. Die Funktionsweise des *YL-69* besteht darin, mittels einer Sonde den Wassergehalt des Bodens zu erkennen, indem dessen Widerstand gemessen wird. Dies hat allerdings den Nachteil, dass der Stromfluss *elektrolytische Vorgänge* auslöst und diese mehr oder minder schnell zu einem Verschleiß der Messsonden (*YL-38*) führen. Aus diesem Grund werden diese teilweise mit Goldfinish veredelt oder aber nur dann mit Strom versorgt, wenn eine Messung durchzuführen ist.

Das Feuchtigkeitssensormodul YL-69 (siehe Abbildung 7.19) besitzt einen analogen (AO) und einen digitalen Ausgang (DO). Ein Potenziometer erlaubt eine Anpassung der Empfindlichkeit des digitalen Ausgangs (DO), zwei LEDs zeigen den Logikpegel des digitalen Ausgangs bzw. den Betriebszustand an.

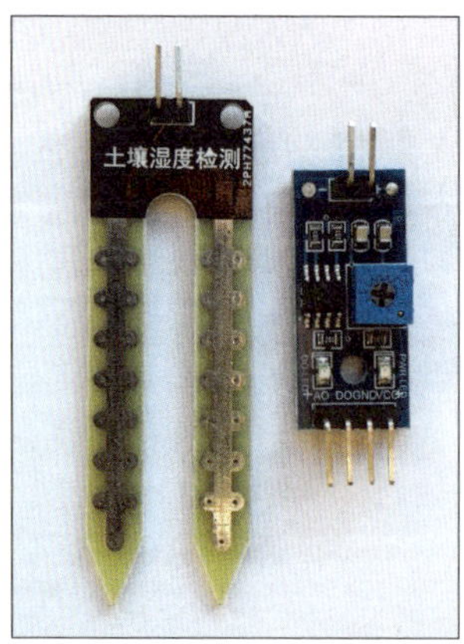

Abbildung 7.19 Das Bodenfeuchtesensormodul YL-69

Die Schaltung

In der Schaltung (siehe Abbildung 7.20) ist VCC des YL-69 mit GPIO34 verbunden, sodass eine Versorgung mit Strom softwaregesteuert auf Messvorgänge beschränkt werden kann.

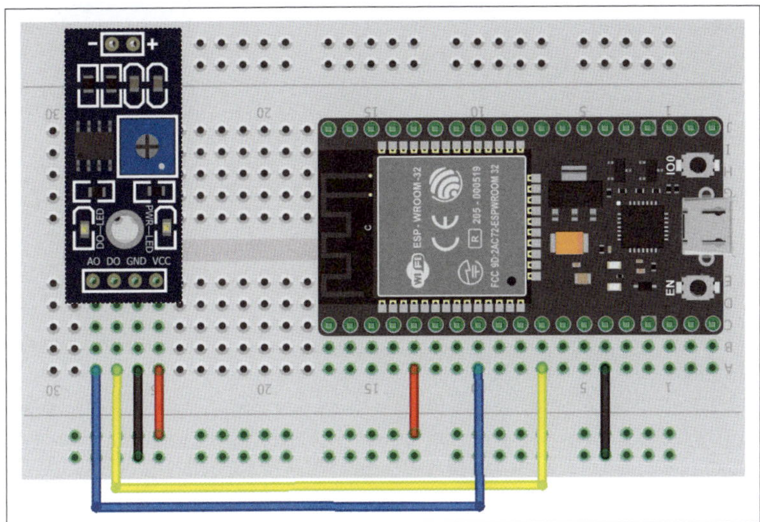

Abbildung 7.20 Schaltung des Bodenfeuchtemessers YL-69

Der Sketch

Der Sketch umfasst folgende Zeilen:

```
#define BODEN_SENSOR_A_PIN   33          // Pin für den Bodensensor analog
#define BODEN_SENSOR_D_PIN   27          // Pin für den Bodensensor digital
#define BODEN_SENSOR_VCC_PIN 34          // Pin für VCC-Bodensensor

int schwellenWert = 50;                  // anzupassender Schwellenwert

void lesenYL69() {
  digitalWrite(BODEN_SENSOR_VCC_PIN, HIGH);
  delay (1000);
  int analogValue = analogRead(BODEN_SENSOR_A_PIN);
  int digitalValue = digitalRead(BODEN_SENSOR_D_PIN);
  //map Analogwert: 100% - sehr nass / 0% - sehr trocken
  int feuchtigkeit = map(analogValue, 0, 4095, 100, 0);
  Serial.print("Sensor (digital/analog): ");
  Serial.print(String(digitalValue) + "/");
  Serial.print(analogValue);
  Serial.println("  Feuchtigkeit in Prozent; " + String(feuchtigkeit) + "%");
```

```
  if (feuchtigkeit > schwellenWert) {
    Serial.print(" -> Keine Bewässerung nötig");
  } else {
    Serial.print(" -> Die Pflanzen brauchen Wasser");
  }
  if (digitalValue == LOW) {
    Serial.println(" - alles in Ordnung ");
  } else {
    Serial.println(" - Alarm! Bewässerung dringend");
  }
  digitalWrite(BODEN_SENSOR_VCC_PIN, LOW);
}

void setup() {
  pinMode(BODEN_SENSOR_VCC_PIN, OUTPUT);
  pinMode(BODEN_SENSOR_D_PIN, INPUT);
  digitalWrite(BODEN_SENSOR_D_PIN, LOW);
  Serial.begin(115200);
}

void loop() {
  lesenYL69();
  delay(5000);
}
```

Listing 7.10 Sketch des Bodenfeuchtemessers YL-69

Die Hauptschleife ruft die Funktion `lesenYL69()` auf. Als Erstes erhält das Modul durch `digitalWrite(BODEN_SENSOR_VCC_PIN, HIGH)` Strom. Das anschließende `delay (1000)` sorgt für die nötige Zeit, einen Messvorgang durchzuführen. Die Messergebnisse gelangen durch `analogRead()` bzw. `digitalRead()` an den ESP32, wobei die `map()`-Anweisung den Analogwert (von 0 bis 4.095) in einen Prozentwert (100 % bis 0 % Feuchtigkeit) transformiert.

Nach erfolgreichem Hochladen erlauben Ausgaben im seriellen Monitor, das Geschehen zu verfolgen (siehe Abbildung 7.21).

Letztendlich bleibt noch, das System zu kalibrieren und an die Bodenverhältnisse anzupassen. Dies geht am besten mit dem zu überwachenden Boden, da verschiedene Bodenarten den Sensor beeinflussen können, sowie mit Aufzeichnungen und ein wenig mit Trial and Error. Beim Betrieb im Freien empfiehlt es sich, die Sensorplatine mit einem Gehäuse vor Feuchtigkeit und Sonneneinstrahlung zu schützen.

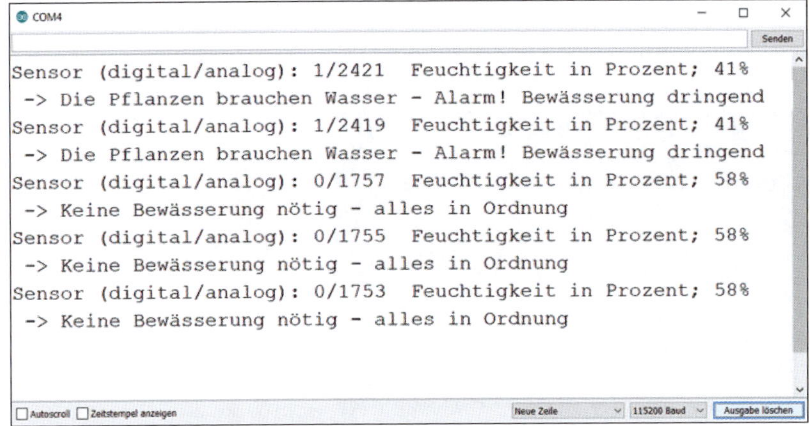

Abbildung 7.21 Der Bodenfeuchtemesser YL-69 im seriellen Monitor

7.4 Das ESP32-Touch-Sensor-System

Touch-Sensoren haben in den vergangenen Jahren aus gutem Grund mechanische Schalter weitgehend abgelöst. Touch-Sensoren sind

- mechanisch weniger störanfällig,
- dank versiegelter Oberfläche wasserdicht sowie
- flexibel in der Gestaltung und der Anordnung auf dem Gerät.

Das Funktionsprinzip beruht auf *kapazitiver Berührungserkennung*. Das heißt, dass die Kapazität zwischen einem Bedienfeld (Sensor) und der Umgebung gemessen wird. Dieser kapazitive Messwert ändert sich bei Berührung und kann dann programmgesteuert für Schaltvorgänge ausgenutzt werden.

Industriell gefertigte Touch-Sensoren bestehen aus einem Substrat, auf das Metallflächen für Sensoren aufgebracht sind. Die Sensoren sind noch mit einer Schutzschicht überzogen. Touch-Sensoren im Eigenbau können recht einfach mit einer Reißzwecke, einer Niete oder nur dem abisolierten Ende eines Kabels hergestellt werden.

Es ist möglich, die zehn Sensoren des ESP32-Touch-Sensor-Systems unabhängig voneinander in einem größeren Touch-Feld (*Touchpad*) anzuordnen und individuell anzusteuern.

Anwendungsbeispiel

Das Anwendungsbeispiel ist recht simpel: Beim Berühren eines Sensors soll eine LED angeschaltet werden; fällt die Berührung weg, erlischt sie wieder.

Die Schaltung

Die Schaltung benötigt im Prinzip nur drei externe Bauteile (siehe Abbildung 7.22).

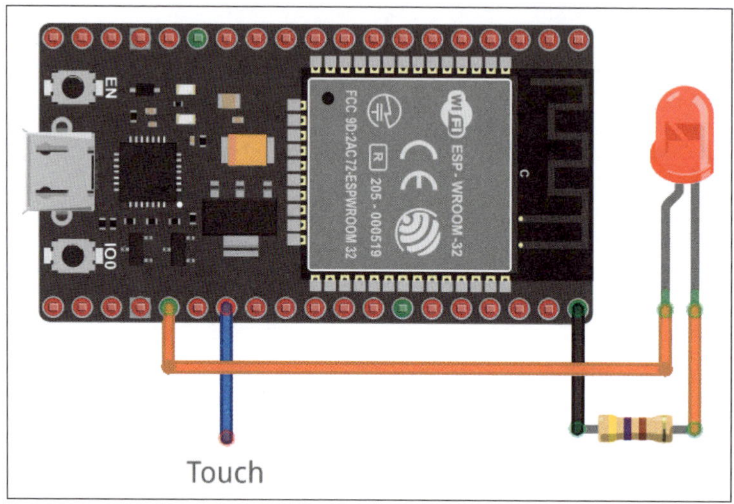

Abbildung 7.22 Schaltung für Touch-Sensoren

Der Arduino-Sketch

Als Grundlage für eigene Experimente können Sie das Beispiel aus Listing 7.11 verwenden:

```
#define PROZENT_SCHWELLENWERT  80
#define TOUCH_PIN              T0            // GPIO4
#define LED_PIN                2             // GPIO2

uint16_t erstWert;

void setupTouch(void) {
  erstWert = touchRead(TOUCH_PIN);
  Serial.print  ("testlesen Touchpin GPIO ");
  Serial.print  (TOUCH_PIN);
  Serial.print  (" freilaufend - gelesener Wert ");
  Serial.println(erstWert);
  return;
}

void lesenTouch() {
  uint16_t aktuellWert = 0;
  aktuellWert = touchRead(TOUCH_PIN);
  if (aktuellWert < erstWert * PROZENT_SCHWELLENWERT / 100) {
```

```
    Serial.print  ("Touch registriert Touchpin GPIO ");
    Serial.print  (TOUCH_PIN);
    Serial.print  (" - Wert bei init ");
    Serial.print  (erstWert);
    Serial.print  (", nun gelesen ");
    Serial.println(aktuellWert);
    digitalWrite (LED_PIN, HIGH);
    delay (1000);
  } else {
    digitalWrite (LED_PIN, LOW);
    delay (1000);
  }
}

void setup() {
  Serial.begin(115200);
  Serial.println("Start des Setups");
  setupTouch();
  pinMode(LED_PIN, OUTPUT);
  digitalWrite (LED_PIN, LOW);
  Serial.println("Ende des Setups");
}

void loop() {
  lesenTouch();
}
```

Listing 7.11 Beispiel für einen Touch-Sensor in der Arduino IDE

`PROZENT_SCHWELLENWERT` legt eine Prozentzahl fest, die auf das Messergebnis des Touch-Sensors angewendet wird. Der Messwert ist hoch, wenn keine Berührung vorliegt, und bei einem Touch niedrig. Ein *Schwellenwert* ist verantwortlich für das Erkennen eines Touch-Vorgangs. Er bemisst sich nach einem Prozentwert der üblicherweise ohne Berührung gemessenen Werte. Ein Unterschreiten dieses Schwellenwerts bedeutet, dass der Touch-Sensor berührt wird.

Die Funktion `setupTouch()` ermittelt einmalig den Messwert im berührungsfreien Betrieb und speichert ihn in der globalen Variablen `erstWert`.

Die Funktion `lesenTouch()` wird permanent durchlaufen. Sie ermittelt den aktuellen Messwert und überprüft, ob dieser unterhalb des Schwellenwerts liegt. Ist das der Fall, liegt eine Berührung vor, und die LED wird für eine Sekunde eingeschaltet.

Der serielle Monitor sollte die Informationen aus Abbildung 7.23 zeigen.

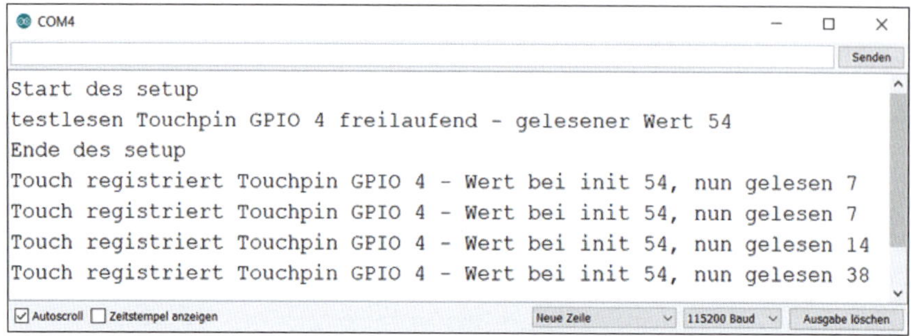

Abbildung 7.23 Touch-Sensoren im seriellen Monitor

Jedes Mal, wenn ein Touch registriert wurde, sollte auch die LED leuchten.

Bei längerem Betrieb stellt sich aber als kleines Manko heraus, dass es zu fälschlichen Berührungsmeldungen kommen kann. Das liegt daran, dass die Arduino-Funktionen *Raw-Werte* messen. Dabei bleiben Umgebungseinflüsse unberücksichtigt, und manchmal provozieren gerade sie ein vermeintliches Touch-Ereignis. Dem lässt sich mit selbst codierten Zeitintervallen hinsichtlich einer Anpassung der Touch-Dauer, durch Touch-Interrupts (siehe Abschnitt 7.10 zum Thema »ESP32 Deep Sleep«) oder – umfassender – mit Funktionen des ESP-IDF entgegenwirken.

Das C-Programm

Das C-Programm aus Listing 7.12 ist nahezu identisch mit dem Arduino-Sketch aufgebaut:

```
#include <stdio.h>
#include "freertos/FreeRTOS.h"
#include "freertos/task.h"
#include "driver/touch_pad.h"
#define PROZENT_SCHWELLENWERT           (80)
#define TOUCHPAD_FILTER_TOUCH_PERIOD    (10)
#define TOUCH_PIN                       0     // touch 0 = GPIO4
#define LED_PIN                         2     // GPIO 2

static uint16_t erstWert;

static void setupTouch(void) {
  touch_pad_init();
  touch_pad_set_voltage(TOUCH_HVOLT_2V7, TOUCH_LVOLT_0V5, ➲
     TOUCH_HVOLT_ATTEN_1V);
  touch_pad_config(TOUCH_PIN, 0);
  touch_pad_filter_start(TOUCHPAD_FILTER_TOUCH_PERIOD);
```

```
  touch_pad_read_filtered(TOUCH_PIN, &erstWert);
  printf("testlesen Touchpin %d freilaufend - ", TOUCH_PIN);
  printf("gelesener Wert %d \n", erstWert);
  return;
}

static void lesenTouch() {
  uint16_t aktuellWert = 0;
  touch_pad_read_filtered(TOUCH_PIN, &aktuellWert);
  if (aktuellWert < erstWert * PROZENT_SCHWELLENWERT / 100) {
    printf("Touch registriert Touchpin %d - ", TOUCH_PIN);
    printf("Wert bei init %d, nun gelesen %d \n", erstWert, aktuellWert);
    gpio_set_level(LED_PIN, 1);
    vTaskDelay(1000 / portTICK_PERIOD_MS);
  } else {
    gpio_set_level(LED_PIN, 0);
    vTaskDelay(1000 / portTICK_PERIOD_MS);
  }
}

void app_main() {
  printf("Start des Setups\n");
  setupTouch();
  gpio_pad_select_gpio(LED_PIN);
  gpio_set_direction(LED_PIN, GPIO_MODE_OUTPUT);
  gpio_set_level(LED_PIN, 0);
  printf("Ende des Setups\n");
  while(1) {
    lesenTouch();
  }
}
```

Listing 7.12 Beispiel für einen Touch-Sensor – C-Programm im ESP-IDF

Die wesentlichen Abweichungen ergeben sich im Setup der Touch-Funktionalität. `touch_pad_init()` initialisiert den Touchpad-Treiber.

`touch_pad_set_voltage()` ist einer von mehreren konfigurierbaren Parametern, die auf die Eigenschaften eines bestimmten Touchpad-Designs eingehen. In diesem Fall werden kleinere Kapazitätsänderungen erfasst, sodass der Referenzspannungsbereich eingegrenzt wird, in dem die Touchpads geladen bzw. entladen werden.

`touch_pad_config(TOUCH_PIN, 0)` initialisiert `TOUCH0` (also GPIO4) als Eingang für den Sensor.

`touch_pad_filter_start(TOUCHPAD_FILTER_TOUCH_PERIOD)` aktiviert das Filtern der Touch-Messwerte. Der Parameter gibt die Filterzeit in Millisekunden an.

`touch_pad_read_filtered(TOUCH_PIN, &erstWert)` besagt, dass der an GPIO4 gelesene Wert gefiltert in die Variable `erstWert` ausgelesen werden soll.

Der Monitor des ESP-IDF zeigt nun entsprechende Ausgaben (siehe Abbildung 7.24).

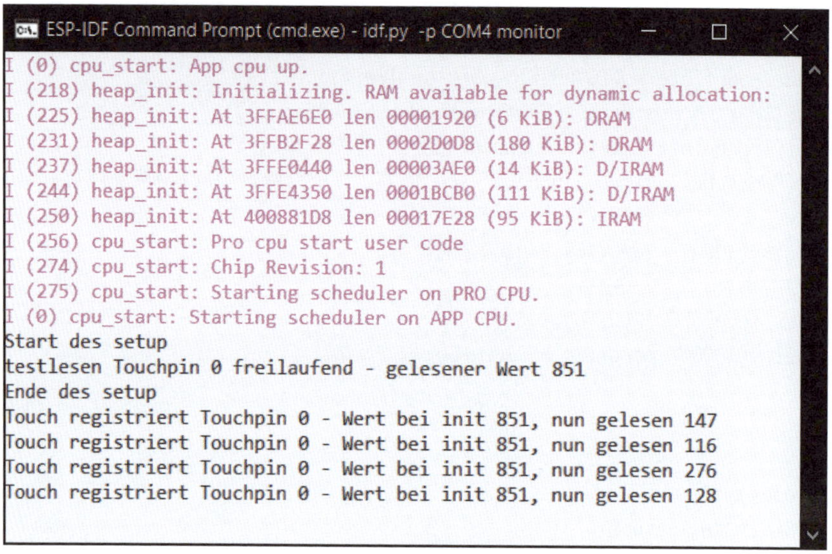

```
ESP-IDF Command Prompt (cmd.exe) - idf.py -p COM4 monitor
I (0) cpu_start: App cpu up.
I (218) heap_init: Initializing. RAM available for dynamic allocation:
I (225) heap_init: At 3FFAE6E0 len 00001920 (6 KiB): DRAM
I (231) heap_init: At 3FFB2F28 len 0002D0D8 (180 KiB): DRAM
I (237) heap_init: At 3FFE0440 len 00003AE0 (14 KiB): D/IRAM
I (244) heap_init: At 3FFE4350 len 0001BCB0 (111 KiB): D/IRAM
I (250) heap_init: At 400881D8 len 00017E28 (95 KiB): IRAM
I (256) cpu_start: Pro cpu start user code
I (274) cpu_start: Chip Revision: 1
I (275) cpu_start: Starting scheduler on PRO CPU.
I (0) cpu_start: Starting scheduler on APP CPU.
Start des setup
testlesen Touchpin 0 freilaufend - gelesener Wert 851
Ende des setup
Touch registriert Touchpin 0 - Wert bei init 851, nun gelesen 147
Touch registriert Touchpin 0 - Wert bei init 851, nun gelesen 116
Touch registriert Touchpin 0 - Wert bei init 851, nun gelesen 276
Touch registriert Touchpin 0 - Wert bei init 851, nun gelesen 128
```

Abbildung 7.24 Touch-Sensoren im ESP-IDF-Monitor

Weitere Einstellungsmöglichkeiten gibt es hinsichtlich der Kontur der Aktivierung (`speed` / `slope`: `touch_pad_set_cnt_mode()`) und des Messintervalls (*Measurement Time*, wird über die Funktion `touch_pad_set_meas_time()` gesteuert).

Vertiefende Informationen bieten:

- *https://docs.espressif.com/projects/esp-idf/en/latest/api-reference/peripherals/touch_pad.html#_CPPv422touch_pad_filter_start8uint32_t*
- *https://github.com/ESP32DE/esp-iot-solution-1/blob/master/documents/touch_pad_solution/touch_sensor_design_en.md*

7.5 DHT11 und DHT22

Sensoren für die Temperatur und die Luftfeuchtigkeit gehören zum festen Repertoire vieler IoT-Projekte. Hinsichtlich der Kalibrierung und Schaltungsentwicklung sind Lösungen auf der Basis von Einzelbauteilen wie Heiß- oder Kaltleitern mit Aufwand verbunden. Wesentlich komfortabler ist es, auf fertige Module zurückzugreifen.

Vergleichsweise günstige Module sind der *DHT11* und der *DHT22*. Sie vereinen die notwendigen Messfühler für Temperatur und Luftfeuchtigkeit in einem Modul. Gegenüber einem *LM35*-Modul haben sie noch den Vorteil eines digitalen Datenausgangs (Single-Bus – Digitalsignalausgang, bidirektionale serielle Daten). In Tabelle 7.1 finden Sie die für uns relevanten Werte.

Eigenschaften	DHT11	DHT22
VCC	**3 bis 5 V**	**3 bis 6 V**
Stromverbrauch	max. 2,5 mA	max. 2,5 mA
Luftfeuchtigkeitsmessbereich	20 % bis 80 %	0 % bis 100 %
Feuchtemessgenauigkeit	± 5 % RH	± 2 % RH
Temperaturbereich	0 °C bis 50 °C	–40 °C bis 80 °C
Temperaturmessgenauigkeit	± 2 °C	± 0,5 °C
Preis	ca. 2 €	ca. 4 €

Tabelle 7.1 Technische Daten des DHT11 und DHT22

Der DHT22 ist damit für einen geringen Aufpreis wesentlich leistungsfähiger und kann mit seinem großen Temperaturbereich auch als Frostwächter zum Einsatz kommen (siehe Abbildung 7.25).

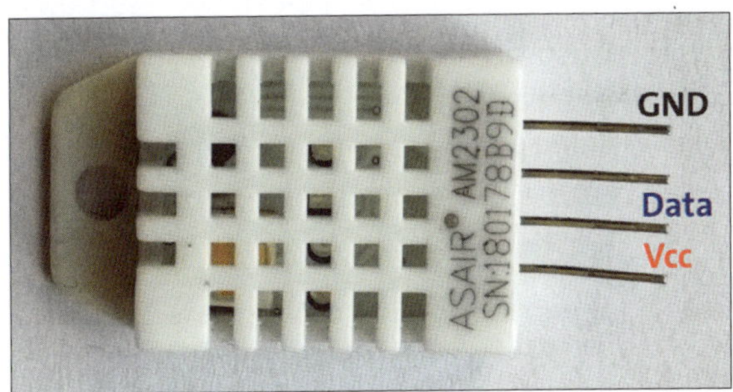

Abbildung 7.25 Der Temperatur- und Luftfeuchtigkeitssensor DHT22

Die Schaltung

Die Schaltung ist recht kompakt. Sie nutzt einen DHT22. Einige der Sensoren haben im Hinblick auf ein ordnungsgemäßes Funktionieren bereits einen eingebauten Pull-up-Widerstand für die Datenleitung. Sollte die Schaltung ohne einen externen Widerstand nicht funktionieren, fügen Sie zwischen VCC und Datenausgang DHT22 einen 1-kΩ-Pull-up-Widerstand ein (siehe Abbildung 7.26).

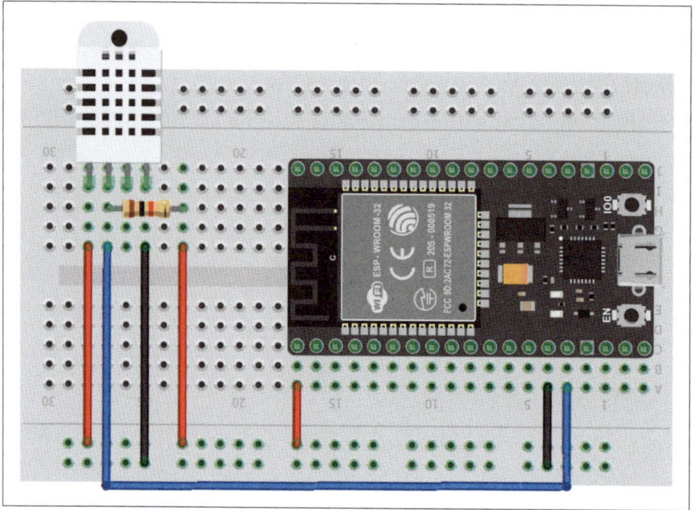

Abbildung 7.26 DHT22-Schaltung

Der Sketch

Für die Auswertung der Sensordaten existieren bereits Funktionen, die in der Bibliothek *DHT sensor library for ESPx* speziell für den ESP32 enthalten sind (siehe Abbildung 7.27). Als Zugabe stellt die Bibliothek Folgendes zur Verfügung:

- eine Funktion zur Berechnung des *Hitzeindex*: Das ist die gefühlte Temperatur auf Basis von Lufttemperatur und Luftfeuchtigkeit.
- eine Funktion zur Berechnung des *Taupunkts*: Das ist die Temperatur, die bei Luft mit einer bestimmten Luftfeuchtigkeit unterschritten werden muss, damit sich Wasserdampf als Tau oder Nebel abscheiden kann.
- einen Index für die *Klassifizierung des Raumklimas*

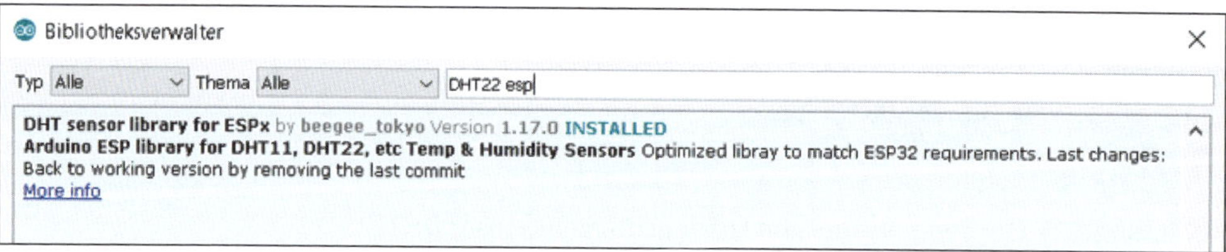

Abbildung 7.27 Die DHT22-Bibliothek

Installieren Sie diese Bibliothek, bevor Sie den Sketch aus Listing 7.13 übersetzen:

```
#include "DHTesp.h"                // DHT22-Bibliothek für ESP32
#define DHT22_PIN 13               // Pin für den DHT22-Sensor
DHTesp dht;                        // Objekt anlegen
```

```
// DHT22-Messwerte lesen und Aktion ausführen (hier Serial Monitor)
bool lesenDHT22() {
  ComfortState kS;                        // Stufe Raumklima
  float temperatur = dht.getTemperature();
  float luftFeuchte = dht.getHumidity();
  //TempAndHumidity dhtData = dht.getTempAndHumidity();
  if (dht.getStatus() != 0) {
    Serial.println("Fehler beim Lesen des DHT-Sensors!");
    return false;
  }

  float hIndex = dht.computeHeatIndex(temperatur, luftFeuchte);
  float tPunkt = dht.computeDewPoint(temperatur, luftFeuchte);
  float cr = dht.getComfortRatio(kS, temperatur, luftFeuchte);

  String raumKlima;
  switch(kS) {
    case Comfort_OK:            raumKlima = "perfekt";
                                break;
    case Comfort_TooHot:        raumKlima = "zu warm";
                                break;
    case Comfort_TooCold:       raumKlima = "zu kalt";
                                break;
    case Comfort_TooDry:        raumKlima = "zu trocken";
                                break;
    case Comfort_TooHumid:      raumKlima = "zu feucht";
                                break;
    case Comfort_HotAndHumid:   raumKlima = "warm und feucht";
                                break;
    case Comfort_HotAndDry:     raumKlima = "warm und trocken";
                                break;
    case Comfort_ColdAndHumid:  raumKlima = "kalt und feucht";
                                break;
    case Comfort_ColdAndDry:    raumKlima = "kalt und trocken";
                                break;
    default:                    raumKlima = "unbekannt:";
                                break;
  };

  Serial.println("Temperatur:       " + String (temperatur) + " °C" );
  Serial.println("  gefühlt:        " + String (hIndex) + " °C" );
  Serial.println("Luftfeuchtigkeit: " + String (luftFeuchte)  + " %");
```

```
  Serial.println("Taupunkt:          " + String (tPunkt)  + " °C");
  Serial.println("Raumklima:         " + raumKlima + "\n");
  return true;
}

void setup() {
  Serial.begin(115200);
  Serial.println("Start DHT22 sensor!");
  dht.setup(DHT22_PIN, DHTesp::AUTO_DETECT);    // DHTesp::DHT22
}

void loop() {
  bool ret= lesenDHT22();
  delay(2000);
}
```

Listing 7.13 Sketch für das DHT22-Sensormodul

`DHTesp dht` legt ein Objekt `dht` an, das zunächst leer ist bzw. dessen Objekteigenschaften ohne Werte sind. Eigenschaften und Funktionen dieses Objekts stellt die Bibliothek *DHTesp* bereit. Die Werte selbst werden erst im Programmlauf gesetzt.

`dht.setup(DHT22_PIN , DHTesp::AUTO_DETECT)` initialisiert den Sensor und verwendet hierfür das Objekt `dht`. Der Parameter `DHT22_PIN` teilt den GPIO-Pin mit, an den der DHT22 angeschlossen ist. Mit `AUTO_DETECT` erkennt die Funktion das Sensormodell eigenständig; die Angabe von z. B. `DHT22` teilt den Sensortyp explizit mit.

Das Auslesen des Sensors erfolgt in der Funktion `lesenDHT22()`. Die Variable `kS` ist vom Datentyp `ComfortState`, der in der Datei *DHTesp.h* als Aufzählungsdatentyp definiert ist.

Der Sketch arbeitet nach dem Upload eigenständig und gibt die Messdaten dann im seriellen Monitor aus (siehe Abbildung 7.28).

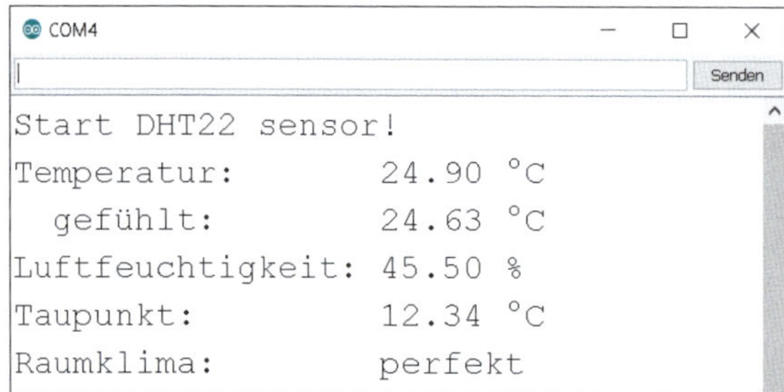

Abbildung 7.28 DHT22-Sensormodul im seriellen Monitor

7.6 433-MHz-Steuerung

Häufig bildeten Geräte, die auf Basis der *433-MHz-Funktechnik* (engl. *Radio Control*, RC) arbeiten, der Einstieg in die Welt der Haussteuerung und des Smart Home. Auf dem Markt sind bzw. waren Funksteckdosen, Bewegungsmelder, Wetterstationen, Fenstersensoren und dergleichen in großer Vielfalt erhältlich. Sie gelten als robust und vergleichsweise preiswert. Dennoch tritt die Technik zunehmend in den Hintergrund.

Nachteilig ist unter anderem, dass es kein einheitliches Protokoll für den Datentransfer gibt und dass die Kommunikation normalerweise nicht bidirektional abläuft, d. h., der Empfänger (z. B. eine Funksteckdose) quittiert nicht den Empfang der Daten mit einer Zustandsmeldung. Hinzu kommt, dass für den Basteleinsatz übliche preiswerte Sender und Empfänger nur eine geringe Reichweite aufweisen (siehe Abbildung 7.29). Leistungsfähigere Transceiver sind entweder schwierig zu konfigurieren (z. B. Transceiver auf Basis von Arduino bzw. *CC1101*) oder zumindest für einen Betrieb an einem ESP32 zu teuer (z. B. der *Busware 433MHz CUL Stick*).

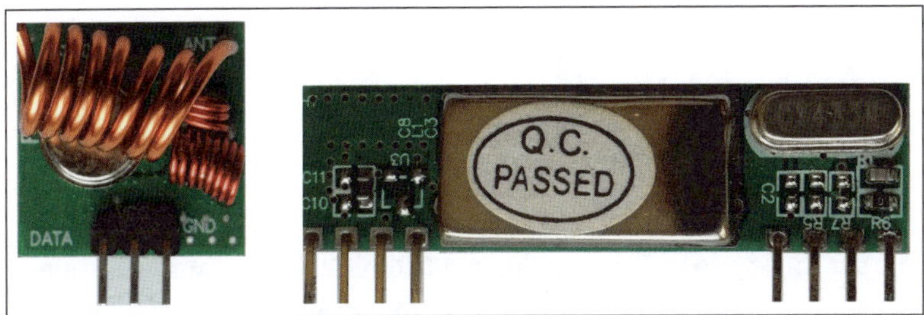

Abbildung 7.29 Transmitter FS 100A, Receiver RXB6

Insofern beschränkt sich der Anwendungsbereich der 433-MHz-Technik vermutlich überwiegend auf Situationen, in denen der 433-MHz-Sensor oder -Aktor in der Nähe des ESP32 ist und durch den Mikrocontroller eine Verbindung ins heimische WLAN-Netz unterhalten werden soll. Und vielleicht befindet sich ein solches Gerät noch in Ihrer Bastelkiste.

Die Arbeitsweise der 433-MHz-Technik beruht auf einer Folge von HIGH- und LOW-Pulsen (*OOK, On-Off-Keying*). Dies ist nicht als reine Binärfolge zu verstehen, sondern als eine Reihe von Zuständen (`HIGH` bzw. `LOW`), deren Dauer unterschiedlich lang sein kann. Eine logische 1 oder 0 ist ein in der Pulsdauer definiertes HIGH-LOW-Paar (oder mehrere). Die Folge von logischer 1 und 0 ergibt einen Binärwert, der ein konkretes Gerät und dessen Schaltzustand repräsentiert. Diese Pulsfolge für den Binärwert eines Schaltvorgangs zuzüglich einer Pulsfolge für die Synchronisation zu Beginn und/oder zum Abschluss bildet ein 433-MHz-Protokoll (siehe Abbildung 7.30, Ausschnitt aus dem Intertechno-Protokoll, Pulsweite 300 Mikrosekunden).

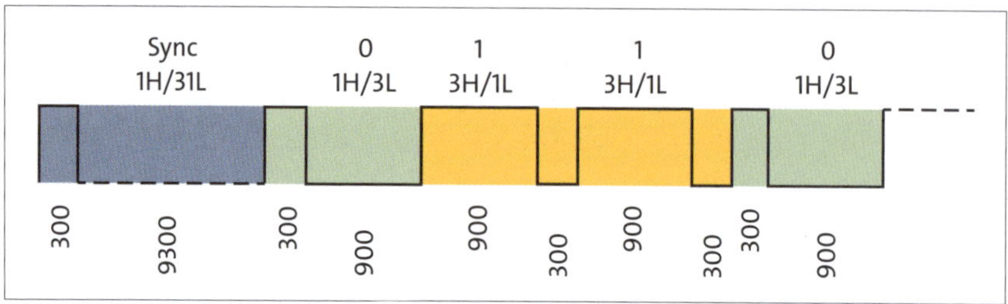

Abbildung 7.30 433-MHz-Intertechno-Protokoll (Ausschnitt)

Anwendungsbeispiel

Das Anwendungsbeispiel beruht auf einer 433-MHz-Funksteckdose, die über das Intertechno-Protokoll geschaltet wird (siehe Abbildung 7.31).

Abbildung 7.31 433-MHz-Funksteckdose

DIP-Schalter auf der Rückseite stellen den Funkcode ein. Er besteht aus zwei Teilen: aus dem Hauscode und aus dem Gerätecode (siehe Abbildung 7.32).

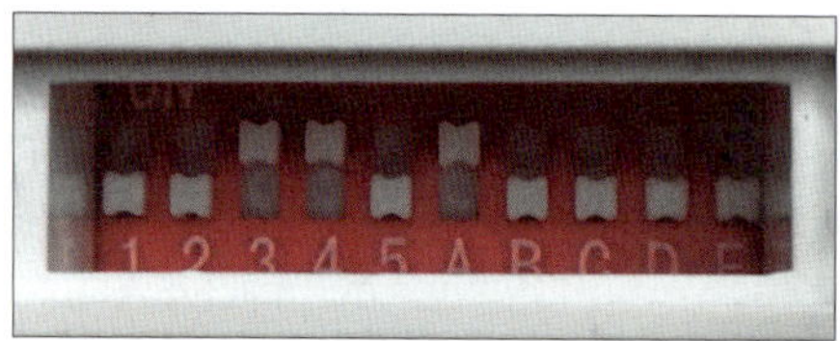

Abbildung 7.32 Eine 433-MHz-Funksteckdose codieren

Hier ist der für eine Reihe von Geräten gemeinsam geltende Hauscode 00110. Die Einstellung erfolgt über die fünf links außen liegenden Schalter; dabei ist für eine 1 der Schalter in der ON-Position. Der Gerätecode der jeweiligen Funksteckdose wird mit einem der fünf rechts liegenden Schalter eingestellt. Hier ist der erste Schalter auf der ON-Position, d. h., es ist die Gerätekennung A.

In dem Anwendungsbeispiel soll der ESP32 433-MHz-Signale empfangen (z. B. von einer Fernbedienung) und 433-MHz-Signale senden.

Die rc-switch-Bibliothek

Die Verarbeitung von 433-MHz-Signalen unterstützt die *rc-switch*-Bibliothek (siehe Abbildung 7.33), und zwar in dieser Version sechs verschiedene Protokolle.

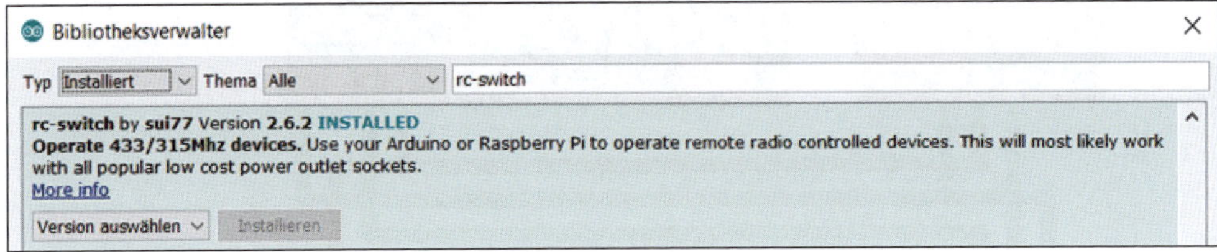

Abbildung 7.33 Die rc-switch-Bibliothek für die 433-MHz-Steuerung

Die Bibliothek erlaubt die Verwendung verschiedener Formate der Parameterübergabe (jeweils ON/OFF am Beispiel der Einstellungen aus Abbildung 7.32):

DIP-Schalter	`mySwitch.switchOn("00110", "10000")` `mySwitch.switchOff("11111", "00010")`
Decimal Code Beim Decimal Code bezieht sich die 24 auf die Länge des zu übertragenden Binärwerts.	`mySwitch.send(5260625, 24)` `mySwitch.send(5260628, 24)`
Binärcode	`mySwitch.send("010100000100010101010001")` `mySwitch.send("010100000100010101010100")`
Tri-State-Code Der Tri-State-Code bestimmt sich wie folgt: `DIP-Schalter` = 0, `Tri-State` = F, `DIP-Schalter` = 1, `Tri-State` = 0; `0F` für `on` `F0` für `off`.	`mySwitch.sendTriState("FF00F0FFFF0F")` `mySwitch.sendTriState("FF00F0FFFFF0")`

Die Schaltung

Die Schaltung besteht nur aus drei Bauteilen (siehe Abbildung 7.34).

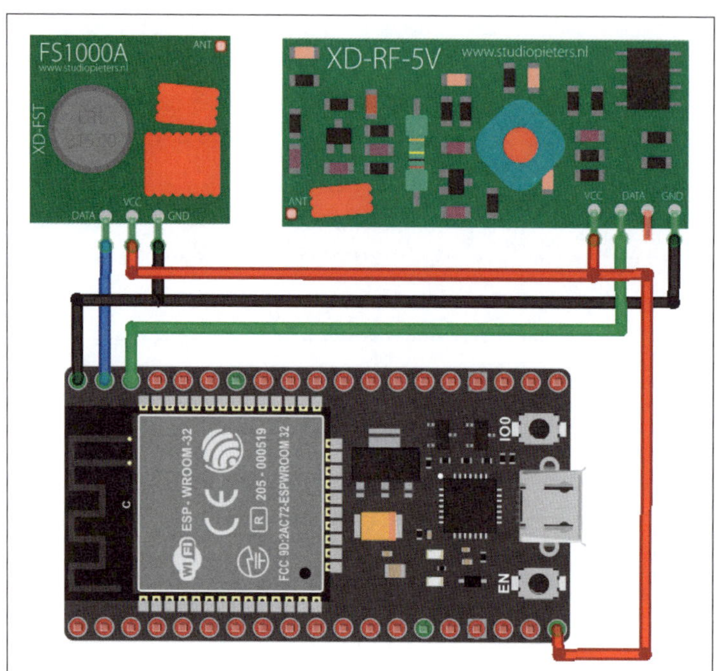

Abbildung 7.34 433-MHz-Schaltung mit Sender und Empfänger

Der Sketch

Das Beispiel aus Listing 7.14 umfasst nur die für das Senden und Empfangen nötigen Statements:

```
#include "RCSwitch.h"                    // Einbinden von rc-switch
#define TX_PIN    23                     // Sender-Pin   (GPIO23 - Pin D23)
#define RX_PIN    22                     // Empfänger-Pin (GPIO22 - Pin D22)
RCSwitch mySwitch = RCSwitch();

void setup() {
  Serial.begin(115200);
  mySwitch.enableTransmit(TX_PIN);       // Senden ermöglichen
  mySwitch.enableReceive(RX_PIN);        // Empfangen ermöglichen
}

void loop() {
  if (Serial.available() > 0) {
    float codeSwitch = Serial.parseFloat();
    mySwitch.send(codeSwitch, 24);
    //mySwitch.send(5260625, 24);
    //mySwitch.send("010100000100010101010001");
```

```
    //mySwitch.switchOn("00110", "10000");
    //mySwitch.sendTriState("FF00F0FFFF0F");
  }
  if (mySwitch.available()) {
    int value = mySwitch.getReceivedValue();
    if (value == 0) {
      Serial.print("unbekanntes Protokoll");
    } else {
      Serial.print  ("Protocol: ");
      Serial.print  ( mySwitch.getReceivedProtocol() );
      Serial.print  ("   empfangener Code: ");
      Serial.println( mySwitch.getReceivedValue() );
      Serial.print  ("   Bitlänge: ");
      Serial.print  ( mySwitch.getReceivedBitlength() );
      Serial.print  ("   Pulsweite: ");
      Serial.println( mySwitch.getReceivedDelay() );
      Serial.println();
    }
    mySwitch.resetAvailable();
  }
}
```

Listing 7.14 433-MHz-Daten senden und empfangen

RCSwitch mySwitch legt ein Objekt mySwitch an, das alle benötigten Funktionen zugänglich macht. Im setup() erfolgt die Zuordnung der Pins zu dem Sender- bzw. Transmittermodul.

loop() enthält zwei Funktionalitäten. Die eine ist die Möglichkeit, Schaltvorgänge über die Eingabe des passenden Dezimalcodes im seriellen Monitor auszulösen (z. B. Eingabe von 5260625 und anschließend auf SENDEN klicken). Als Kommentar sind alternative Ansteuerungsmöglichkeiten für den Schaltvorgang »Funksteckdose aus Abbildung 7.32 einschalten« dargestellt.

Die zweite Funktionalität ist der Empfang von 433-MHz-Daten (z. B. von einer Fernbedienung).

Der Sketch steht nach dem Upload für den Empfang von Funksignalen bereit. Dies ist dann auch eine einfache Möglichkeit, über die Fernbedienung zu dem für eine bestimmte Funksteckdose passenden Dezimalcode zu gelangen (z. B. ein Off-Signal für die Beispiel-Funksteckdose, siehe Abbildung 7.35).

Die Pulsweite ist die Dauer eines Pulses in Mikrosekunden.

Schaltanweisungen sind über die Befehlszeile des seriellen Monitors möglich (z. B. 5260628 und SENDEN).

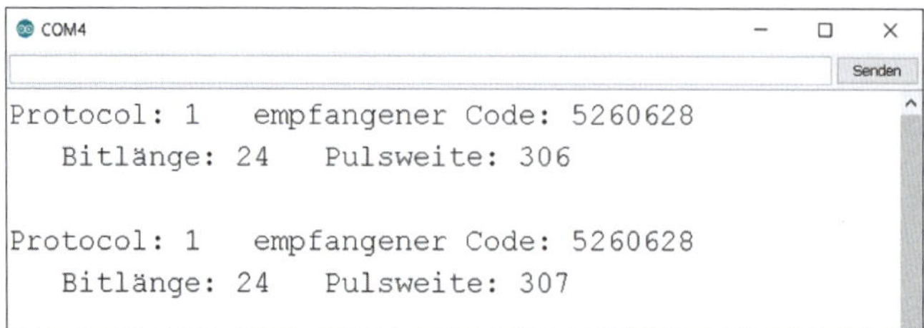
COM4

Senden

```
Protocol: 1   empfangener Code: 5260628
   Bitlänge: 24   Pulsweite: 306

Protocol: 1   empfangener Code: 5260628
   Bitlänge: 24   Pulsweite: 307
```

Abbildung 7.35 433-MHz-Datenempfang – Ausgabe im seriellen Monitor

7.7 LED-Control und Pulsweitenmodulation

Dieser Abschnitt befasst sich mit der LEDC-Funktionalität (LED-Control) des ESP32 und einer speziellen technischen Modulationsart, der *Pulsweitenmodulation* (PWM).

7.7.1 Pulsweitenmodulation

Die Pulsweitenmodulation (engl. *Pulse Width Modulation*) ist eine digitale Modulationsart, bei der die elektrische Spannung zwischen zwei Werten (z. B. HIGH/VCC = Puls [engl. *Duty*] und LOW/GND = Pause) wechselt, wie Abbildung 7.36 zeigt. Das Prinzip haben Sie bereits im Rahmen des Blink-Sketchs kennengelernt. Die Dauer eines Ein-Aus-Zyklus trägt die Bezeichnung *Periode* (engl. *Cycle*). Die Anzahl der Perioden in einer Sekunde ist dann die *Frequenz* (z. B. ist die Frequenz bei 500 Perioden in der Sekunde 500 Hz).

Das Verhältnis von Pulsdauer zu Periodendauer trägt die Bezeichnung *Tastgrad* und wird in Prozent angegeben; z. B. als:

Puls 2 (mSek) / Periode (8 mSek) = 25 % Tastgrad

Obwohl das Signal der Pulsweitenmodulation im Prinzip eine Wechselspannung bzw. eher Mischspannung ist, eignet es sich hervorragend, um die Leistung von Gleichstromverbrauchern wie Leuchtdioden, Motoren oder dergleichen zu regulieren.

So ließen sich LEDs grundsätzlich wie normale Glühlampen über Änderungen von Strom oder Spannung dimmen. Analoges Dimmen ist daher möglich. Damit geht allerdings der Nachteil einher, dass sich die Eigenschaften des abgestrahlten Lichts (die Lichtfarbe bzw. die Farbsättigung und »Temperatur«) signifikant ändern können, weil LEDs normalerweise eine Stromversorgung mit konstantem Strom und konstanter Spannung benötigen.

Anstatt die abzugebende Energiemenge über die Höhe der Betriebsspannung zu steuern, setzt die Pulsweitenmodulation bei der Dauer der Stromversorgung an. Bei genügend hoher Frequenz verschmilzt das Flimmern durch die Trägheit des menschlichen Auges und wird je nach Tastgrad als heller oder dunkler wahrgenommen.

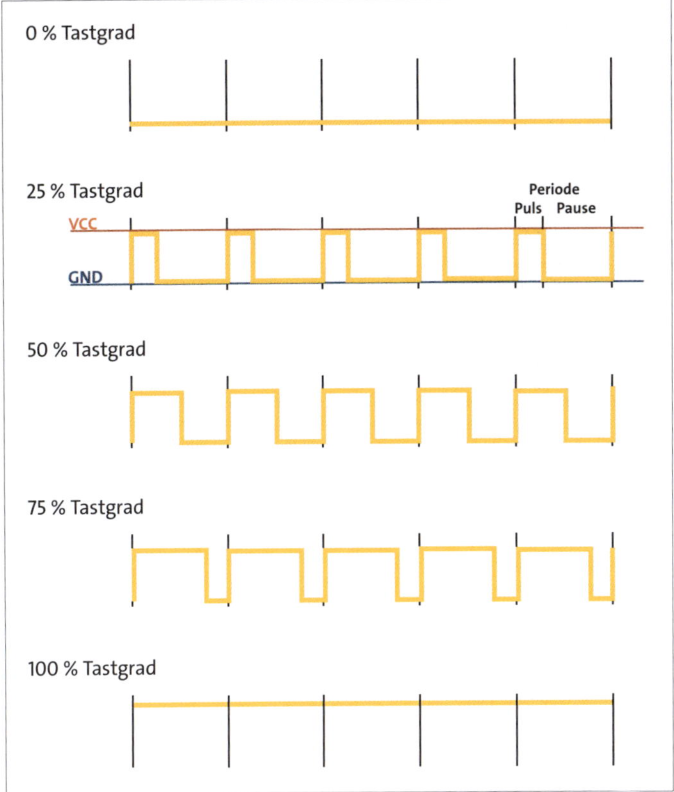

Abbildung 7.36 Pulsweitenmodulation – Pulsbreiten

7.7.2 Die ESP32-LED-Steuereinheit

Das ESP32-Modul verfügt über eine spezielle Einheit zur Ansteuerung der Intensität von LEDs (LED-Control, *LEDC*). Der Einsatzbereich der erzeugten PWM-Signale umfasst auch weitere Gebiete, z. B. RGB-LEDs, Motorsteuerung und dergleichen. Die LEDC-Einheit verfügt über 16 unabhängige Kanäle. Tastgrad und Periodenlänge (Frequenz) sind konfigurierbar.

Darüber hinaus kann das Tastverhältnis mit einer 16-Bit-Auflösung (Resolution) eingestellt werden. Bei einer PWM-Frequenz von 5 kHz und einer maximalen Tastverhältnisauflösung von 13 Bit bedeutet dies, dass sich die Einschaltdauer mit einer Auflösung (Abstufung) von ~ 0,012 % zwischen 0 und 100 % einrichten lässt (2^{13} = 8.192 Stufen).

Abhängigkeit von Frequenz und Tastverhältnisauflösung

Die Einstellungen von Frequenz und Tastverhältnisauflösung bewegen sich laut Espressif zwischen Minimal- und Maximalwerten, hängen aber voneinander ab und können nicht beliebig gesetzt werden. Leider bleibt hierzu die Dokumentation detaillierte Angaben schuldig.

Wenn Sie die LED-PWM des ESP-IDF nutzen, erhalten Sie entsprechende Meldungen einmalig beim Programmstart im Monitor. Die Arduino IDE bietet dies leider nicht.

Einfache LED-PWM

Ein erstes Anwendungsbeispiel soll die Grundprinzipien veranschaulichen und eine LED nach den Tastgraden gemäß Abbildung 7.36 ansteuern. Die LED ist dabei wie bei den Blink-Beispielen über einen Widerstand an GPIO2 angeschlossen.

Um ein PWM-Signal zu konfigurieren, sind folgende Festlegungen erforderlich:

- **PWM-Kanal**: Kanal 0 bis 15 (hier: Kanal 0)
- **Signalfrequenz**: 5.000 Hz (Dies ist normalerweise ausreichend, um Flimmern zu vermeiden.)
- **Auflösung** (*Resolution*): 1 bis 16 (hier: 8)
- **Pulslänge** (*Duty*)

Der Arduino-Sketch

Listing 7.15 zeigt Ihnen, wie Sie die LED zum Leuchten bringen.

```
#define LEDC_KANAL_0        0       // Kanal 0; einer der 16-LEDC-Kanäle
#define LEDC_AUFLOESUNG     8       // 8-Bit-Tastverhältnisauflöung (0-255)
#define LEDC_FREQ           5000    // 5.000-Hz-Frequenz
#define LED_PIN             2       // GPIO2
int maxTV = pow(2,LEDC_AUFLOESUNG)-1;  // maximale Anzahl "Teilschritte"
                                       // Tastverhältnis

void setup() {
  // Timer-Setup und Zuordnen des Timers zu einem GPIO-Pin
  ledcSetup(LEDC_KANAL_0, LEDC_FREQ, LEDC_AUFLOESUNG);
  ledcAttachPin(LED_PIN, LEDC_KANAL_0);
}

void loop() {
  ledcWrite(LEDC_KANAL_0, 0);            // Tastverhältnis 0 %
  delay (1000);
  ledcWrite(LEDC_KANAL_0, (maxTV/4));    // Tastverhältnis 25 %
  delay (1000);
  ledcWrite(LEDC_KANAL_0, (maxTV/2));    // Tastverhältnis 50 %
  delay (1000);
```

```
  ledcWrite(LEDC_KANAL_0, (maxTV/4*3)); // Tastverhältnis 75 %
  delay (1000);
  ledcWrite(LEDC_KANAL_0, maxTV);       // Tastverhältnis 100 %
  delay (1000);
}
```

Listing 7.15 Einfache LED-PWM

Die Variable maxTV enthält die maximale Anzahl von Teilschritten einer Signalperiode. Da die Auflösung 8 Bit beträgt, ist die maximale Anzahl $2^8 - 1$, also 255.

Im setup übernimmt die Funktion ledcSetup die Festlegung des PWM-Kanals, der Frequenz in Hertz und der Auflösung in Bit.

Die Funktion ledcWrite teilt dem LED-Controller mit, welcher Kanal mit welcher Pulslänge betrieben werden soll. Die Pulslänge bemisst sich dabei auf der Basis der maximalen Anzahl von Teilschritten. Ist die Pulslänge 0 Teilschritte, beträgt das Tastverhältnis 0 %, und die LED ist aus. Ist die Pulslänge 63 Teilschritte (255 / 4), beträgt das Tastverhältnis 25 %, und die LED leuchtet schwach. Die loop-Funktion setzt demnach alle Tastverhältnisse in 25%-Schritten.

Fading-LED mit PWM

Mit dem vorstehend entwickelten Grundgerüst lässt sich innerhalb des Auflösungsbereichs jede beliebige Helligkeitsstufe in Teilschritten einstellen, sodass sich eine LED auf einfache Weise dimmen lässt (engl. *fade*, verblassen). Notwendig ist lediglich eine Änderung der loop-Funktion, sodass sie eine Schleife enthält, die schrittweise die Pulslänge erhöht, und eine zweite Schleife, die die Pulslänge wieder verringert.

```
void loop() {
  for (int i = 0; i <= maxTV; i++) {
    ledcWrite(LEDC_KANAL_0, i);
    delay (30);
  }
  delay (1000);
  for (int i = maxTV; i > -1; i--) {
    ledcWrite(LEDC_KANAL_0, i);
    delay (30);
  }
  delay (1000);
}
```

Listing 7.16 Fading-LED mit PWM

RGB-LED mit PWM

LEDs können prinzipiell nur einfarbiges sichtbares Licht (monochromatisches Licht) anzeigen. Weißes Licht entsteht durch einen Trick, nämlich durch die additive Farbmischung. Hierbei entsteht der Farbeindruck durch das Zusammenmischen von Licht unterschiedlicher Farben. Die drei Grundfarben (Primärfarben) der additiven Farbmischung sind in der Regel Rot, Grün und Blau (RGB). Alle drei Grundfarben in passender Intensität zusammengemischt, ergeben den Farbton Weiß.

RGB-LEDs nutzen diesen Effekt, indem in einem LED-Gehäuse drei LEDs in den Farben Rot, Grün und Blau miteinander kombiniert werden. Dementsprechend besitzen RGB-LEDs vier Anschlüsse: je einen für die drei Farben sowie einen vierten Anschluss, der je nach Bauart die gemeinsame Kathode oder die gemeinsame Anode ist und der längste herausgeführte Leiter ist (siehe Abbildung 7.37).

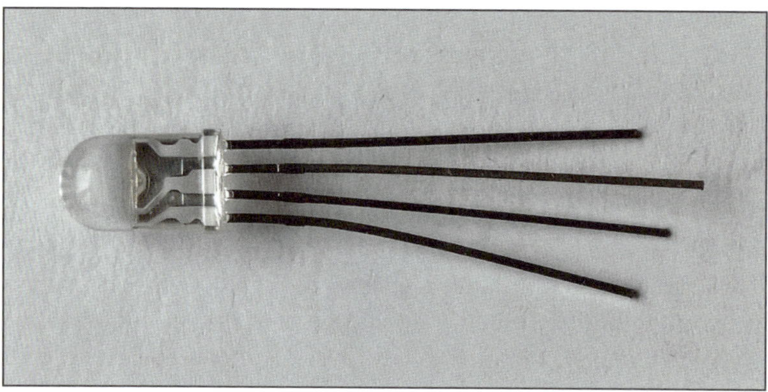

Abbildung 7.37 RGB-LED

Die drei internen LEDs sind so angeordnet, dass sich ihr Licht gut mischt und damit bei entsprechender Ansteuerung von außen weiß leuchtet. Andere Farben des Farbspektrums lassen sich durch unterschiedliche Tastgrade darstellen. Auch fließende Farbübergänge sind selbstverständlich möglich.

Basis für die Ansteuerung ist der Sketch zur einfachen LED-PWM (siehe Listing 7.15). Er ist ausgelegt für eine RGB-LED mit gemeinsamer Kathode. Für jede der drei RGB-Farben ist nun ein `ledcAttachPin` im `setup` und ein `ledcWrite` in der `loop` erforderlich. Die Pulszeiten ergeben sich aus einer Tabelle, deren einzelne Elemente die RGB-Farbwerte haben.

```
#define LEDC_PWM_KANAL_R    0        // Kanal 0 für Rot
#define LEDC_PWM_KANAL_G    1        // Kanal 1 für Grün
#define LEDC_PWM_KANAL_B    2        // Kanal 2 für Blau
#define LEDC_AUFLOESUNG     8        // 8-Bit-Auflösung
#define LEDC_FREQ           5000     // 5.000 Hz als LEDC-Basis-Frequenz
```

```
#define LED_PIN_R        0
#define LED_PIN_G        4
#define LED_PIN_B        5

uint32_t rgbWerte[7][3] = {
    {255,   0,   0},                  // Rot
    {  0, 255,   0},                  // Grün
    {  0,   0, 255},                  // Blau
    {255, 255, 255},                  // Weiß
    {170,   0, 130},                  // Violett
    {170, 150,   0},                  // Senfgelb
    {  0, 170, 170}                   // Türkis
};

void setup() {
  // Setup der PWM-Timer und Anbinden der Timer an einen LED-Pin
  ledcSetup(LEDC_PWM_KANAL_R, LEDC_FREQ, LEDC_AUFLOESUNG);
  ledcAttachPin(LED_PIN_R, LEDC_PWM_KANAL_R);
  ledcSetup(LEDC_PWM_KANAL_G, LEDC_FREQ, LEDC_AUFLOESUNG);
  ledcAttachPin(LED_PIN_G, LEDC_PWM_KANAL_G);
  ledcSetup(LEDC_PWM_KANAL_B, LEDC_FREQ, LEDC_AUFLOESUNG);
  ledcAttachPin(LED_PIN_B, LEDC_PWM_KANAL_B);
}

void loop() {
  for (int i = 0; i < 7; i++) {
    ledcWrite(LEDC_PWM_KANAL_R, rgbWerte[i][0]);
    ledcWrite(LEDC_PWM_KANAL_G, rgbWerte[i][1]);
    ledcWrite(LEDC_PWM_KANAL_B, rgbWerte[i][2]);
    delay(2000);
  }
}
```

Listing 7.17 RGB-LED mit PWM

Töne mit PWM erzeugen

Selbstverständlich lassen sich mittels PWM auch Töne erzeugen. Der folgende Sketch lässt einen Buzzer (siehe Abbildung 7.9) den Beginn eines sehr bekannten Liedes spielen. Der I/O-Eingang des Buzzers geht an einen PWM-Pin des ESP32 (hier GPIO4).

Der Arduino-Sketch

Der Code aus Listing 7.18 sorgt für ein wenig Musik.

```
#define LEDC_KANAL_0        0          // Kanal 0; einer der 16-LEDC-Kanäle
#define LEDC_AUFLOESUNG     8          // 8-Bit-Tastverhältnisauflösung (0-255)
#define LEDC_FREQ           5000       // 5.000-Hz-Frequenz
#define BUZZER_PIN          4          // GPIO4

// 13 Noten, bestehend aus Ton, Oktave, Dauer
typedef struct {note_t ton; uint8_t oktave; int laenge;} note;
note melodie [13] = {
  {NOTE_F, 3, 500}, {NOTE_D, 3, 500}, {NOTE_D, 3, 1000},
  {NOTE_E, 3, 500}, {NOTE_C, 3, 500}, {NOTE_C, 3, 1000},
  {NOTE_B, 2, 500}, {NOTE_C, 3, 500}, {NOTE_D, 3, 500}, {NOTE_E, 3, 500},
  {NOTE_F, 3, 500}, {NOTE_F, 3, 500}, {NOTE_F, 3, 1000} };

void buzzer() {
  for (int i = 0; i < 13; i++) {
    ledcWriteNote(LEDC_KANAL_0, melodie[i].ton, melodie[i].oktave);
    delay (melodie[i].laenge);
    ledcWrite(LEDC_KANAL_0, 0);
    delay (30);
  }
  ledcWrite(LEDC_KANAL_0, 0);             // Tastverhältnis 0 %
  delay (1000);                           // Pause zwischen zwei Noten
}

void setup() {
  Serial.begin(115200);
  ledcSetup(LEDC_KANAL_0, LEDC_FREQ, LEDC_AUFLOESUNG);
  ledcAttachPin(BUZZER_PIN, LEDC_KANAL_0);
}

void loop() {
  buzzer();
}
```

Listing 7.18 Buzzer-PWM

typedef definiert eine Struktur note, die mit Ton, Oktave und Dauer eine zu spielende Note charakterisiert. Die Tabelle melodie enthält die Sequenz aller Noten, die dann durch eine Schleife in der Funktion buzzer() erzeugt werden. Der Aufruf von ledcWrite() innerhalb der Funktion verhindert einen pausenlosen Übergang zwischen den einzelnen Tönen.

7.8 Impulszähler

Das Auswerten und Zählen von Impulsen ist beim Einsatz von Mikrocontrollern allgegenwärtig. Dabei bezieht sich »auswerten« zuallererst auf die Eigenschaften des Impulses. Konkret heißt dies:

- Wie groß ist die Pulslänge?
- Welches Pulsprofil soll maßgeblich sein: die steigende Flanke (engl. *Rising Edge*), die fallende Flanke (*Falling Edge*) oder beide Flanken (*Both/Changing*)?
- Welche Filter sind nötig, um ein brauchbares Signal zu extrahieren?

Sie sind der Auswertung von Impulsen in den vorherigen Abschnitten dieses Kapitels bereits mehrfach begegnet. Im einfachsten Fall ist das der Pegelwechsel bei einem PIR-Sensor bzw. der Einsatz eines Tasters mit dem Herausfiltern von Prellimpulsen (siehe Abschnitt 7.2.2). Aber auch der Empfang von 433-MHz-Signalen beruht auf dem Ausnutzen der Informationen einer Impulsfolge.

Häufig deutet das Auftreten eines Impulses oder einer Impulsfolge auf ein wichtiges Ereignis hin (z. B. einen PIR-Alarm). Aus Sicht der Programmablaufsteuerung ist es dann sinnvoll, sofort den aktuellen Ablauf auszusetzen und die für dieses Ereignis vorgesehenen Befehle aufzurufen. *Interrupts* (dt. »Unterbrechungen«) setzen dies programmtechnisch um.

Interrupts

Interrupts kennzeichnen in der Programmierung eine vorübergehende Unterbrechung einer laufenden Befehlsfolge, um einen anderen zeitlich kritischen Vorgang zu durchlaufen. Gerade weil es sich oft um zeitkritische Vorgänge handelt und damit die Hauptroutine nicht zu lange pausiert, sollte die Unterbrechung möglichst kurz sein.

Anders als bei der ständigen Abfrage von Statusvariablen in der Hauptbearbeitungsschleife (*Polling*) erhält der Prozessor die Information über den Ereigniseintritt unmittelbar. Erkennt der Prozessor (und nicht das Programm), dass eine Unterbrechung angefordert wird, setzt er die Ausführung der Hauptroutine aus und führt stattdessen die Befehle in einer Unterbrechungsroutine aus (*ISR, Interrupt Service Routine*).

Im Hinblick auf eine möglichst kurze »Störung des Programmablaufs« gilt es, zeitintensive Befehle wie serielle Ein- und Ausgaben in der ISR oder `delays()` zu vermeiden und im Hauptprogramm auszuführen. Programmtechnische Mittel hierzu sind Steuerparameter und Variablen mit einer bestimmten Art und Weise der Übergabe an das Hauptprogramm.

Nach dem Abarbeiten der ISR wird die Hauptroutine an der unterbrochenen Stelle fortgeführt.

Weitere Einsatzgebiete von Interrupts sind beispielsweise Timer-Funktionen (siehe Abschnitt 7.9) und Aufweckfunktionen der Sleep-Modi (siehe Abschnitt 7.10).

Die Impulse für einen Impulszähler gelangen über einen GPIO zum ESP32 (externer Interrupt). Die entsprechende Funktion ist:

```
attachInterrupt(digitalPinToInterrupt(pin), ISR, mode)
```

Dabei ist pin der GPIO-Pin, der den externen Interrupt auslöst, und ISR der Name der ISR-Funktion. mode betrifft das auslösende Ereignis und kann Folgendes sein:

- CHANGE: auslösen, wenn der Pin seinen Wert ändert.
- RISING: auslösen, wenn der Pin von LOW nach HIGH wechselt.
- FALLING: auslösen, wenn der Pin von HIGH nach LOW wechselt.

detachInterrupt(digitalPinToInterrupt(pin)) nabelt den GPIO-Pin pin wieder von der ISR ab.

Bei der Programmierung von ISR-Routinen gibt es über das Gebot der Kürze hinaus noch Weiteres zu beachten. Der Datenaustausch zwischen ISR- und Hauptroutine erfolgt üblicherweise mittels globaler Variablen. Diese Variablen müssen als volatile deklariert sein, damit der Compiler sie korrekt assoziiert. Sollen sowohl ISR-Routinen als auch die Hauptroutine ändernd auf eine Variable zugreifen können, müssen Vorkehrungen getroffen werden, damit es nicht zu Überschneidungen kommt.

Dies übernehmen die Funktionen portENTER_CRITICAL() und portEXIT_CRITICAL(), mit denen die Variable vor einer Änderung durch den Zugriff anderer Programmteile geschützt wird.

Letztlich sollte die Funktion das Attribut IRAM_ATTR erhalten. IRAM_ATTR legt den Code im internen (nicht ausgelagerten physischen) IRAM ab und steigert somit die Ausführungsgeschwindigkeit.

Der Sketch

Das Anwendungsbeispiel aus Listing 7.19 greift den Taster-Sketch aus Abschnitt 7.2.2 wieder auf (siehe Listing 7.3) und ergänzt ihn um einen externen Interrupt. Allerdings sind nun Impulszähler und -filter in eine ISR-Routine ausgelagert.

```
#define INTERR_PIN     4                 // externer Interrupt an GPIO4
#define debounceZeit   100               // in Millisekunden

volatile int interruptStatus, alteZeit = 0;
volatile int interruptZaehlerGesamt, interruptZaehlerFilter;
portMUX_TYPE timerMux = portMUX_INITIALIZER_UNLOCKED;

// ISR-Routine
void IRAM_ATTR isrHandler() {
  interruptZaehlerGesamt++;
```

```
  if  ( (millis() - alteZeit) > debounceZeit) {   // Filter
    interruptZaehlerFilter++;
    portENTER_CRITICAL_ISR(&timerMux);
    interruptStatus++;
    portEXIT_CRITICAL_ISR(&timerMux);
    alteZeit = millis();                 // letzte Zeit merken
  }
}

void setup() {
  Serial.begin(115200);
  pinMode(INTERR_PIN, INPUT_PULLUP);
  attachInterrupt(digitalPinToInterrupt(INTERR_PIN), isrHandler, FALLING);
}

void loop() {
  if (interruptStatus > 0) {
    portENTER_CRITICAL(&timerMux);
    interruptStatus--;
    portEXIT_CRITICAL(&timerMux);
    Serial.println("Impuls-Zähler-Interrupt: ");
    Serial.print  ("  Gesamtzahl Interrupts: ");
    Serial.println(interruptZaehlerGesamt);
    Serial.print  ("  gefilterte Anzahl     : ");
    Serial.println(interruptZaehlerFilter);
    Serial.println();
  }
}
```

Listing 7.19 Digital-Input-Taster mit externem Interrupt

Die globalen Integer-Variablen besitzen das Attribut volatile, da sie sowohl in der ISR-Routine als auch in der loop()-Schleife angesprochen werden.

Die Funktion isrHandler() ist die Interrupt-Routine und gelangt durch IRAM_ATTR im RAM-Speicher des ESP32 zur Ausführung. Sie zählt die Interrupts und filtert sie. Die Variable interruptStatus fungiert als Signalgeber, dass ein gefilterter Impuls vorgelegen hat. Die Funktionen portENTER_CRITICAL() und portEXIT_CRITICAL() schützen diese Variable vor konkurrierendem Zugriff in ISR-Routine und Hauptschleife.

Die Anweisung attachInterrupt() aktiviert für Pin 4 die ISR-Routine isrHandler(), die dann bei fallenden Pegelwechseln in Aktion tritt. Der Zusatz PULLUP setzt für den Pin den Pegelzustand vorab auf HIGH.

Die Hauptschleife gibt lediglich beim Vorhandensein eines neuen gültigen Impulses die Zählerstände für gefilterte wie ungefilterte Impulse aus.

Wenn Sie nach dem Hochladen nun mit einem Jumperkabel eine Verbindung zwischen Pin 4 und GND schaffen, zeigt der serielle Monitor die Nachrichten in Abbildung 7.38 an.

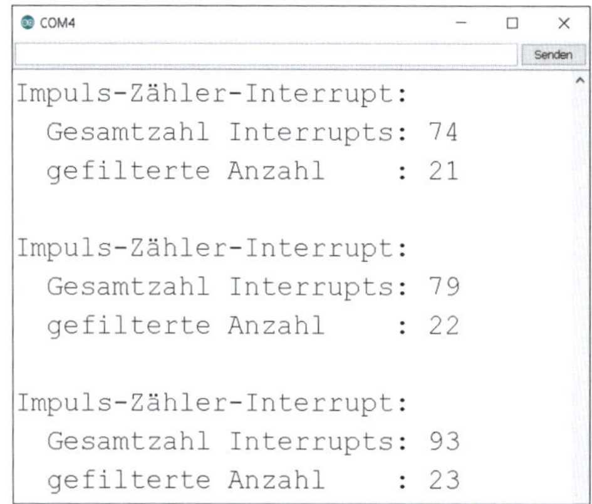

Abbildung 7.38 Impulszähler im seriellen Monitor

7.9 Universal-Timer, Watchdog-Timer

Der ESP32 verfügt über zwei Hardware-Timer-Gruppen mit jeweils zwei Universal-Timern (Arduino IDE: Nummer 0 bis 3). Alle Timer basieren auf sogenannten 16-Bit-*Vorteilern* (engl. *Prescaler*) und 64-Bit-Zählern. Der Vorteiler regelt die Frequenz des Basissignals (üblicherweise 80 MHz) herunter, um dann hiermit einen Zeitzähler zu inkrementieren oder zu dekrementieren. Der Wert des Vorteilers, also der Divisor für das Dividieren der Taktfrequenz, kann aufgrund der Größe des Vorteilers von 16 Bit einen Wert von 2 bis 65.536 annehmen.

Vier Schritte sind für die Konfiguration eines Timers (Arduino IDE) notwendig:

1. **Timer initialisieren**: Das Initialisieren eines Timers erfolgt mit der Funktion `timerBegin()`. Sie hat die Syntax `timerBegin(timerNr, divisor, countUp)`. `timerNr` ist die Nummer des Timers von 0 bis 3, `divisor` die Frequenz des Basissignals. `countUp` gibt an, ob der Timer inkrementieren (`true`) oder dekrementieren (`false`) soll.
2. **Interrupt konfigurieren**: Timer-Ereignisse lösen Interrupts aus. Die Funktion `timerAttachInterrupt(timerNr, ISR, irTyp)` gibt dem System Interrupt-Ereignisse des Timers `timerNr` bekannt. Die entsprechende ISR-Routine ist `ISR`. `irTyp` kennzeichnet den Interrupt-Typ (Edge: `true`, Level: `false`).

   Die Funktion `timerDetachInterrupt()` entfernt den Interrupt wieder.

3. **Timer-Verlauf festlegen**: Das Verhalten des Timers bestimmt die Funktion `timerAlarmWrite(timerNr, delay, repeat)`. `timerNr` bezieht sich wieder auf die Timer-Nummer. `delay` gibt die Anzahl der Mikrosekunden für die Laufzeit des Timers an, wenn bei der Initialisierung des Timers für einen 80-MHz-getakteten ESP32 der `divisor` 80 ist. `repeat` legt fest, ob der Timer nur einmal läuft (`false`) oder immer wieder nachgeladen wird (`true`).
4. **Timer-Verlauf steuern**: Die Funktion `timerAlarmEnable(timerNr)` startet den Timer. `timerStop(timerNr)` und `timerStart(timerNr)` lassen den Timer pausieren bzw. setzen ihn wieder in Gang. `timerAlarmDisable(timerNr)` entfernt den Timer.

Letztendlich geben `double timerReadSeconds(timerNr)` und `uint64_t timerReadMicros()` die abgelaufene Timer-Zeit aus.

7.9.1 Universal-Timer

Das kleine Beispiel aus Listing 7.20 zeigt Ihnen den Einsatz als Universal-Timer mit einmaliger Ausführung sowie mit der Option des Nachladens.

Der Sketch

```
#define LED_PIN     2                           // LED an GPIO2

volatile int ledStatus = 0;
int interruptZaehlerGesamt;

hw_timer_t *timer = NULL;
volatile SemaphoreHandle_t timerSemaphore;

void IRAM_ATTR onTimerEinmal() {
  digitalWrite(LED_PIN, LOW);
}

void IRAM_ATTR onTimerMehrfach() {
  ledStatus = !ledStatus;
  digitalWrite(LED_PIN, ledStatus);
  xSemaphoreGiveFromISR(timerSemaphore, NULL);
}

void setup() {
  Serial.begin(115200);
  pinMode(LED_PIN, OUTPUT);
  digitalWrite(LED_PIN, HIGH);
  timer = timerBegin(0, 80, true);
```

```
  timerAttachInterrupt(timer, &onTimerEinmal, true);
  timerAlarmWrite(timer, 2000000, false);  // für 2 Sekunden
  timerAlarmEnable(timer);
  delay (4000);

  timerSemaphore = xSemaphoreCreateBinary();
  timer = timerBegin(0, 80, true);
  timerAttachInterrupt(timer, &onTimerMehrfach, true);
  timerAlarmWrite(timer, 5000000, true);  // alle 5 Sekunden
  timerAlarmEnable(timer);
}

void loop() {
  double timerSekunden = timerReadSeconds(timer);
  Serial.print  ("Timer-läuft seit ");
  Serial.println(String (timerSekunden) + " Sekunden");
  if (xSemaphoreTake(timerSemaphore, 0) == pdTRUE){
    interruptZaehlerGesamt++;
    Serial.print("Timer-Interrupt: Gesamtzahl Interrupts: ");
    Serial.println(interruptZaehlerGesamt);
  }
  delay(1000);
}
```

Listing 7.20 Beispiel für einen Universal-Timer

Beide Timer werden im `setup()` eingerichtet. Der erste läuft ähnlich einer Schaltung für eine Treppenhausbeleuchtung nur einmal ab und schaltet die LED an GPIO2 nach Ablauf der vorgegebenen Zeit wieder aus.

Der zweite Timer-Block ist als sich selbst automatisch nachladender Timer aufgesetzt und lässt die LED an GPIO2 im 5-Sekunden-Takt blinken.

Anders als in Abschnitt 7.8 erfolgt die Information über einen Aufruf der ISR-Routine nicht über eine Variable, sondern über einen anderen Signalgeber, einen *Semaphor*. Das Vorgehen ist dann aber wieder vergleichbar: die Variable als `volatile` deklarieren, im `setup()` initialisieren, ihr in der ISR-Routine einen Wert zuweisen und sie in der `loop()`auswerten.

Nach dem Hochladen beginnt die LED nach einer kurzen einmaligen Einschaltzeit zu blinken, und der serielle Monitor informiert über die Anzahl der Blink-Zyklen (siehe Abbildung 7.39).

```
Timer-läuft seit 1.00 Sekunden
Timer-läuft seit 2.00 Sekunden
Timer-läuft seit 3.00 Sekunden
Timer-läuft seit 4.00 Sekunden
Timer-Interrupt: Gesamtzahl Interrupts: 251
Timer-läuft seit 5.00 Sekunden
Timer-läuft seit 1.00 Sekunden
Timer-läuft seit 2.00 Sekunden
```

Abbildung 7.39 Universal-Timer im seriellen Monitor

7.9.2 Watchdog-Timer

Watchdogs sind in der Programmierung ein Instrument der Programmablaufkontrolle. Sie fangen überdurchschnittlich lange Laufzeiten (z. B. durch nicht gewollte Endlosschleifen) ab und agieren, indem sie eine Fehlerroutine anspringen und beispielsweise das System zurücksetzen. Die Basis für einen Watchdog ist ein Timer, der periodisch bei fehlerfreiem Lauf zurückgesetzt wird.

Der Sketch

Listing 7.21 zeigt Ihnen ein Beispiel für einen Watchdog-Timer:

```
#define WD_PIN        4
hw_timer_t *timer = NULL;

void IRAM_ATTR restartESP32() {
  ESP.restart();
}

void setup() {
  Serial.begin(115200);
  pinMode(WD_PIN, INPUT_PULLUP);
  timer = timerBegin(0, 80, true);
  timerAttachInterrupt(timer, &restartESP32, true);
  timerAlarmWrite(timer, 3000000, false);
  timerAlarmEnable(timer);
}

void loop() {
  timerWrite(timer, 0);
  long millisLoop = millis();
  while (!digitalRead(WD_PIN)) {
```

```
    long millisWhile = millis() - millisLoop;
    Serial.println("Aufenthalt " + String (millisWhile) + " mSek");
    delay(300);
  }
  delay(1000);                    // weitere Programmausführung simulieren
  millisLoop = millis() - millisLoop;
  Serial.print  ("Zeit seit Reset Watchdog = ");
  Serial.println(String(millisLoop) + " mSek");   // sollte unter 3000 sein
}
```

Listing 7.21 Beispiel für einen Watchdog-Timer

Das `setup()` richtet einen Timer ein, der drei Sekunden läuft und sich nicht automatisch nachlädt. Kommt es zu einem Timeout, ruft der Interrupt die ISR-Routine auf. Dort erfolgt der Restart des Systems.

Die erste Zeile der `loop()` ist das Zurücksetzen des Timers. Wird diese Zeile nicht rechtzeitig wieder erreicht, z. B. weil GPIO4 zu lange mit GND verbunden ist (Simulation eines unerwartet zeitintensiven Vorgangs), schlägt der Timer Alarm, und der ESP32 geht in den Restart (siehe Abbildung 7.40).

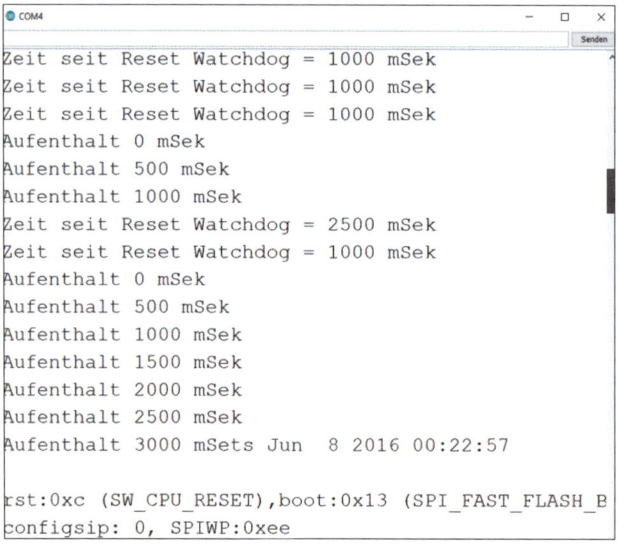

```
COM4
Zeit seit Reset Watchdog = 1000 mSek
Zeit seit Reset Watchdog = 1000 mSek
Zeit seit Reset Watchdog = 1000 mSek
Aufenthalt 0 mSek
Aufenthalt 500 mSek
Aufenthalt 1000 mSek
Zeit seit Reset Watchdog = 2500 mSek
Zeit seit Reset Watchdog = 1000 mSek
Aufenthalt 0 mSek
Aufenthalt 500 mSek
Aufenthalt 1000 mSek
Aufenthalt 1500 mSek
Aufenthalt 2000 mSek
Aufenthalt 2500 mSek
Aufenthalt 3000 mSets Jun  8 2016 00:22:57

rst:0xc (SW_CPU_RESET),boot:0x13 (SPI_FAST_FLASH_B
configsip: 0, SPIWP:0xee
```

Abbildung 7.40 Watchdog-Timer im seriellen Monitor

[»]

ESP.restart() versus ESP.reset()

`ESP.reset()` ist ein Hard-Reset und kann einige der Register im alten Zustand belassen. Dies kann in der Folge zu Problemen führen. `ESP.restart()` ist die bessere Lösung, weil es einen völligen Neustart initiiert.

Mit einer Abwandlung ist der Watchdog-Sketch auch als Toter-Mann-Schaltung einzusetzen. Hierzu wandert das Zurücksetzen des Timers in die nachfolgende `while`-Schleife, was bedeutet, dass GPIO4 spätestens nach drei Sekunden wieder mit GND verbunden sein muss, damit der Alarm nicht zuschlägt.

7.10 Energie-(Spar-)Modi

Der einfachste Weg, Energie zu sparen, führt über das Abschalten einzelner Funktionsblöcke des ESP32 (siehe Kapitel 2, »Die Stromversorgung«; vereinfachtes Blockschaltbild siehe Abbildung 7.41). Es lassen sich aber nicht alle Blöcke abschalten (die nicht abschaltbaren Blöcke erscheinen in der Abbildung in fetter Schrift).

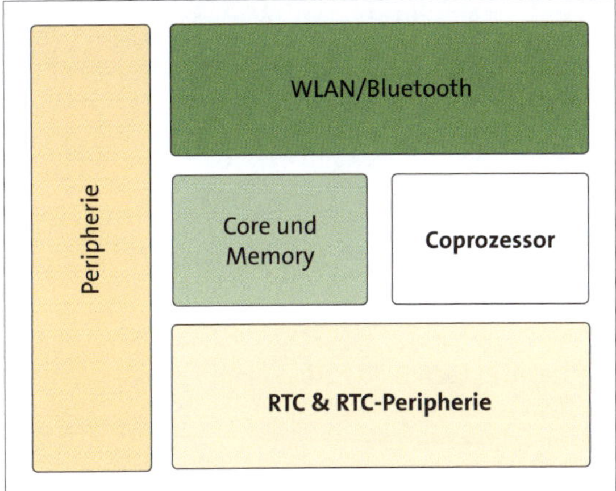

Abbildung 7.41 Vereinfachtes Blockschaltbild des ESP32

WLAN und Bluetooth

WLAN und Bluetooth sind vergleichsweise energiehungrig. Energie sparen lässt sich durch gezieltes Aktivieren (z. B. kurz vor einem geplanten Datenaustausch) und Deaktivieren (nach Abschluss der Datenübertragung). Manchmal besteht die Option, den WLAN-Betrieb im Zusammenspiel mit den Router-Betriebsformen (DTIM-Beacon-Mechanismus) einzurichten, die ein Aufrechterhalten der Verbindung ermöglichen. Ein Beispiel finden Sie unter *https://github.com/espressif/esp-idf/tree/master/examples/wifi/power_save*.

Die Arduino-Bibliothek `WiFi.h` unterstützt das gezielte Ein- und Ausschalten der Komponenten wie folgt:

- **Bluetooth**: `btStart()` bzw. `btStop()`
- **WLAN**: `WiFi.begin()` bzw. `WiFi.mode(WIFI_OFF)`

ESP32 Light Sleep

Der *Light Sleep* geht über den Modus *Sleep* hinaus und reduziert durch zusätzliche Maßnahmen wie das Anhalten der CPU weiter den Energieverbrauch. Weckquelle für den Light-Sleep-Modus können ein Timer, externe Ereignisse (zwei Möglichkeiten: `ext0` oder `ext1`) oder der ULP-Coprozessor sein. Der Einsatz der Weckquellen ist kombinierbar.

Der Sketch

Der Beispielsketch aus Listing 7.22 zeigt ein Grundgerüst für einen Light Sleep mit Timer- bzw. externer Weckquelle. In der Schaltung sind jeweils GPIO33 sowie GPIO15 mit einem 10-kΩ-Widerstand mit VCC verbunden.

```
#define BUTTON_PIN_BITMASK 0x8000         // 1 00000 00000 00000 = 2^15 in hex
#define TIME_TO_SLEEP      5*1000000      // "Schlafzeit" in Mikrosek. = 5 Sek

RTC_DATA_ATTR int bootCount = 0;          // Zähler in den RTC-Speicher legen
int loopCount = 0;                        // Schleifenzähler

void printWeckQuelle(){
  esp_sleep_wakeup_cause_t weckQuelle = esp_sleep_get_wakeup_cause();
  switch(weckQuelle)   {
    case ESP_SLEEP_WAKEUP_EXT0 :
      Serial.println("Weckquelle ist ein externes RTC_IO-Signal");
      break;
    case ESP_SLEEP_WAKEUP_EXT1 :
      Serial.println("Weckquelle ist ein externes RTC_CNTL-Signal");
      break;
    case ESP_SLEEP_WAKEUP_TIMER :
      Serial.println("Weckquelle ist ein Timer");
      break;
    case ESP_SLEEP_WAKEUP_TOUCHPAD :
      Serial.println("Weckquelle ist ein Touch-Sensor");
      break;
    case ESP_SLEEP_WAKEUP_ULP :
      Serial.println("Weckquelle ist ein ULP-Programm");
      break;
    default :
      Serial.printf("Weckquelle undefiniert: %d\n", weckQuelle);
      break;
  }
}
```

```
void setup(){
  Serial.begin(115200);
  delay(1000);                            // etwas Zeit
  ++bootCount;                            // bei jedem Boot + 1
  esp_sleep_enable_ext0_wakeup(GPIO_NUM_33,0); //1 = High, 0 = Low
  esp_sleep_enable_ext1_wakeup(BUTTON_PIN_BITMASK, ESP_EXT1_WAKEUP_ALL_LOW);
  esp_sleep_enable_timer_wakeup(TIME_TO_SLEEP);
}

void loop(){
  ++loopCount;
  Serial.print  ("bootCount " + String(bootCount) );
  Serial.println(" / loopCount " + String(loopCount) );
  printWeckQuelle();                       // Weckquelle ausgeben
  Serial.println("Start Light-Sleep-Modus");
  delay (500);                             // Zeit, Ausgabe zu komplettieren
  esp_light_sleep_start();                 // in den Light-Sleep-Modus
  Serial.println("loop Ende");
}
```

Listing 7.22 Light-Sleep-Modus

Die globale Variable `bootCount` erhält das zusätzliche Attribut `RTC_DATA_ATTR`. Damit erfolgt das Abspeichern im RTC-Speicher, der auch im Deep-Sleep-Modus betrieben wird und somit erhalten bleibt.

Die Funktion `printWeckQuelle()` gibt die Weckquelle aus. In Ihren Projekten können Sie also differenziert auf das Weckereignis bezogen agieren. Das Anbinden der Weckquellen selbst geschieht im `setup()`.

`esp_sleep_enable_ext0_wakeup(GPIO_NUM_33, 0)` definiert die eine RTC_IO-Quelle als Wakeup. Der erste Parameter ist vom Typ `gpio_num` (`enum gpio_num_t` mit den Werten `GPIO_NUM_0`, `GPIO_NUM_1` usw.). `GPIO_NUM_33` ist GPIO33. Möglich sind nur GPIOs mit RTC-Funktionalität; dies sind: 0, 2, 4, 12–15, 25–27 und 32–39. Der zweite Parameter bestimmt den auslösenden Pegelwechsel. 0 bedeutet Pegelwechsel auf `LOW`, 1 Pegelwechsel auf `HIGH`. Da der Vorwiderstand den Pegel auf VCC zieht, ist das Trigger-Ereignis hier ein Pegelwechsel nach 0.

Interne Pull-up- und Pull-down-Widerstände

Da das RTC_IO-Modul in diesem Modus aktiviert ist, besteht im ESP-IDF auch die Möglichkeit, interne Pull-up- oder Pull-down-Widerstände zu verwenden. Diese müssen mit den Funktionen `rtc_gpio_pullup_en()` und `rtc_gpio_pulldown_en()` konfiguriert werden, bevor `esp_sleep_start()` aufgerufen wird.

`esp_sleep_enable_ext1_wakeup(BUTTON_PIN_BITMASK, ESP_EXT1_WAKEUP_ALL_LOW)` nutzt die zweite externe Weckmöglichkeit des RTC-Controllers, die auch dann noch aktiv ist, wenn RTC-Peripheriegeräte während des Ruhezustands heruntergefahren sind. Sie ermöglicht das Wakeup über mehrere GPIOs. Zulässig sind wieder die GPIOs 0, 2, 4, 12–15, 25–27 und 32–39. Die Anzahl ist beliebig. Sie wird über eine GPIO-Bitmaske als Parameter übergeben, in der alle GPIO-Bits in absteigender Wertigkeit enthalten sind (siehe Abbildung 7.42).

Der zweite Parameter bestimmt wiederum das Trigger-Ereignis. Dabei bedeutet `ESP_EXT1_WAKEUP_ALL_LOW`, dass alle GPIOs der Bitmaske `LOW` sein müssen, und `ESP_EXT1_WAKEUP_ANY_HIGH`, dass irgendein GPIO der Bitmaske auf `HIGH` wechseln muss.

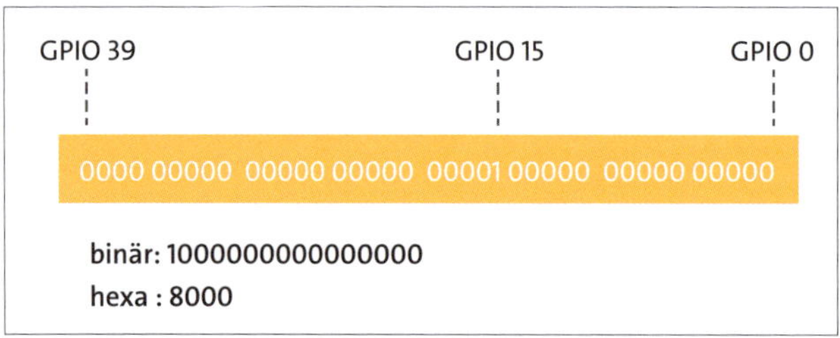

Abbildung 7.42 GPIO-Bitmaske

`esp_sleep_enable_timer_wakeup(TIME_TO_SLEEP)` aktiviert das Timer-Wakeup. Der Parameter ist die Schlafzeit in Mikrosekunden.

Die Ausgaben des seriellen Monitors helfen wieder, den Sketch zu überwachen (siehe Abbildung 7.43).

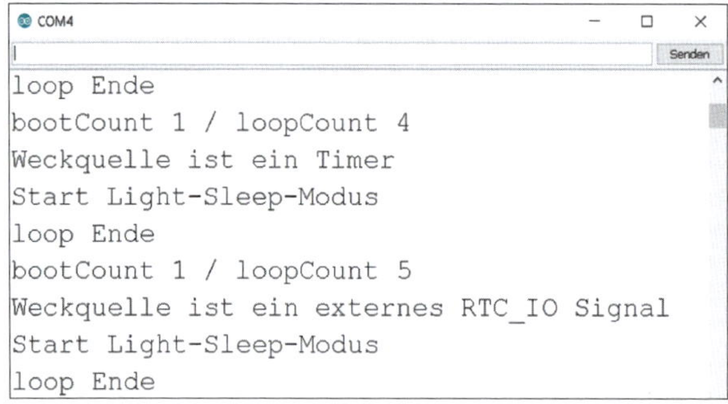

Abbildung 7.43 Light-Sleep-Ausgabe im seriellen Monitor

Das Wakeup durch den Timer erfolgt periodisch. Ein `ext0`- bzw. `ext1`-Wakeup erzeugen Sie, indem Sie testweise den entsprechenden GPIO-Pin mittels eines Jumperkabels mit GND verbinden. Bei jedem Wakeup zählt der Loop-Zähler erwartungsgemäß um 1 hoch, der Boot-Zähler bleibt aber konstant.

ESP32 Deep Sleep

Der *Deep Sleep* ist vermutlich der am häufigsten genutzte Sleep-Modus, da er den geringsten Energieverbrauch gewährleistet. Weckquelle für den Deep-Sleep-Modus können ein Timer, externe Ereignisse (zwei Möglichkeiten: ext0 oder ext1) oder der ULP-Coprozessor sowie zusätzlich ein oder mehrere GPIOs des Touchpads (Touch-Wakeup) sein. Der Einsatz der Weckquellen ist kombinierbar mit der Einschränkung, dass sich ext0/ext1-Wakeup und Touch-Wakeup gegenseitig ausschließen.

Der Sketch

Der Beispielsketch aus Listing 7.23 zeigt ein Grundgerüst für einen Deep Sleep mit Timer- bzw. Touch-Weckquelle:

```
#define BUTTON_PIN_BITMASK 0x8000
#define TOUCH_PIN0      T0                    // Touch 0 an GPIO4
#define TOUCH_PIN6      T6                    // Touch 6 an GPIO14
#define TIME_TO_SLEEP   5 * 1000000

RTC_DATA_ATTR int bootCount = 0;
int loopCount = 0;
int schwellenWert = 40;

void printWeckQuelle(){
  esp_sleep_wakeup_cause_t weckQuelle = esp_sleep_get_wakeup_cause();
  switch(weckQuelle)   {
    case ESP_SLEEP_WAKEUP_EXT0 :
      Serial.println("Weckquelle ist ein externes RTC_IO-Signal");
      break;
    case ESP_SLEEP_WAKEUP_EXT1 :
      Serial.println("Weckquelle ist ein externes RTC_CNTL-Signal");
      break;
    case ESP_SLEEP_WAKEUP_TIMER :
      Serial.println("Weckquelle ist ein Timer");
      break;
    case ESP_SLEEP_WAKEUP_TOUCHPAD :
    case ESP_SLEEP_WAKEUP_TOUCHPAD :
      Serial.println("Weckquelle ist ein Touch-Sensor");
      printWeckQuelleTouchSensor();
      break;
    case ESP_SLEEP_WAKEUP_ULP :
      Serial.println("Weckquelle ist ein ULP-Programm");
      break;
```

```
    default :
      Serial.printf("Weckquelle undefiniert: %d\n", weckQuelle);
      break;
  }
}

// Ausgeben des Touch-Sensors
void printWeckQuelleTouchSensor(){
  touch_pad_t touchPinWakeUp = esp_sleep_get_touchpad_wakeup_status();
  switch(touchPinWakeUp) {
    case 0  : Serial.println("Auslöser Touch-Sensor 0 an GPIO 4"); break;
    case 6  : Serial.println("Auslöser Touch-Sensor 6 an GPIO 14"); break;
    default : Serial.println("auslösender Touch-Sensor unbekannt"); break;
  }
}

void callback(){                                // Platzhalter für weitere
                                                // Befehle
}

void setup(){
  Serial.begin(115200);
  delay(1000);
  ++bootCount;
  printWeckQuelle();                            // Weckquelle ausgeben
  esp_sleep_enable_timer_wakeup(TIME_TO_SLEEP);
  touchAttachInterrupt(T0, callback, schwellenWert);  // T0 als Sensor
  touchAttachInterrupt(T6, callback, schwellenWert);  // T3 als Sensor
  esp_sleep_enable_touchpad_wakeup();           // Touch-Sensoren als Weckquelle
}

void loop(){
  ++loopCount;
  Serial.print  ("bootCount " + String(bootCount) );
  Serial.println(" / loopCount " + String(loopCount) );
  Serial.println("Start Deep-Sleep-Modus");
  delay (500);
  esp_deep_sleep_start();
  Serial.println("loop Ende");
}
```

Listing 7.23 Deep-Sleep-Modus

Der Code aus Listing 7.23 entspricht in vielen Bereichen dem vorherigen Beispiel. Um jedoch den Überblick zu gewährleisten, habe ich ihn erneut in seiner Gesamtheit dargestellt.

Hinzugekommen sind die Befehle, die für ein Touch-Wakeup nötig sind. Dies betrifft die Funktion `touchAttachInterrupt(T0, callback, schwellenWert)`, die T0, also GPIO4, als Interrupt-Quelle dem System bekannt macht. Anders als bei der Funktion `touchRead()` (siehe Abschnitt 7.4) löst das Berühren einen Interrupt aus, und die Funktion `callback` wird ausgeführt. In diesem Beispiel bleibt die Funktion leer. Da aber `touchAttachInterrupt()` nicht an ein Deep-Sleep-Wakeup gebunden ist, bestehen insofern weitergehende Möglichkeiten, auf ein Touch-Ereignis einzugehen.

`esp_sleep_enable_touchpad_wakeup()` aktiviert abschließend das Touch-Wakeup.

Geht der ESP32 ohne eine Weckquelle in den Deep-Sleep-Modus, ist dies unwiderruflich, und nur durch einen externen Reset können Sie ihn erneut in Betrieb nehmen.

Die Ausgaben im seriellen Monitor unterscheiden sich im Vergleich zum Wakeup aus dem Light-Sleep-Modus dann aber signifikant (siehe Abbildung 7.44).

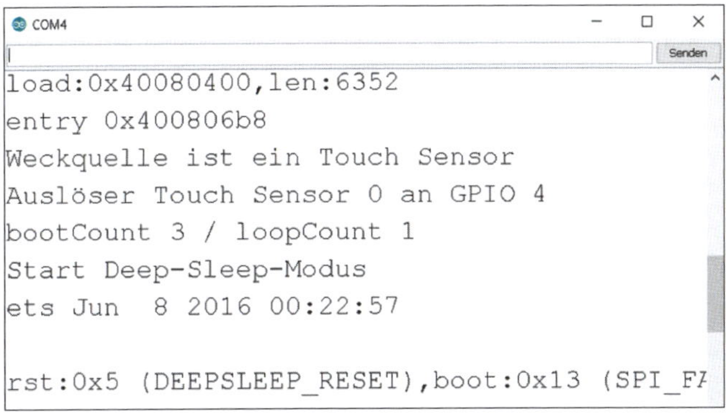

```
COM4                                    Senden
load:0x40080400,len:6352
entry 0x400806b8
Weckquelle ist ein Touch Sensor
Auslöser Touch Sensor 0 an GPIO 4
bootCount 3 / loopCount 1
Start Deep-Sleep-Modus
ets Jun  8 2016 00:22:57

rst:0x5 (DEEPSLEEP_RESET),boot:0x13 (SPI_FA
```

Abbildung 7.44 Deep-Sleep-Ausgabe im seriellen Monitor

Nach dem Aufwachen aus dem Deep Sleep führt der ESP nun einen kompletten Reboot durch, der Boot-Zähler erhöht sich, und der Loop-Zähler hat in der Folge nach jedem Boot wieder den Wert 1. Durch den Start des Deep Sleep gelangt das Programm logischerweise auch nicht mehr an das Schleifenende.

Den ULP-Coprozessor als Weckquelle nutzen

Es ist etwas trickreich, den ULP-Coprozessor als Weckquelle einzusetzen. Für die Arduino IDE finden Sie unter *https://github.com/duff2013/ulptool* ein Beispiel, das zumindest für Arduino-ESP32 in der Version 1.0.0 funktioniert. Näheres zur ULP-Programmierung finden Sie in Abschnitt 6.1.

Energiesparmöglichkeiten über das ESP-IDF

Die Konfiguration des Energiesparmodus in der Arduino IDE ist sehr viel komfortabler. Daher steht sie hier im Fokus. Die Möglichkeiten, die das ESP-IDF bietet, sind jedoch vielfältiger und bedeutend projektbezogener zu justieren, sodass mit Listing 7.24 ein kleines Beispiel Ihre Neugier wecken soll. Der Kern ist dabei, die Weckoption über einen GPIO aus dem Light-Sleep-Modus darzustellen, die in der Arduino IDE so nicht vorgesehen ist.

```
#include <stdio.h>
#include <string.h>
#include <stdlib.h>
#include <time.h>
#include <sys/time.h>
#include "freertos/FreeRTOS.h"
#include "freertos/task.h"
#include "esp_sleep.h"
#include "rom/uart.h"
#include "driver/rtc_io.h"

void app_main() {
    gpio_config_t config = {
            .pin_bit_mask = BIT64(0),
            .mode = GPIO_MODE_INPUT
    };
    gpio_config(&config);
    gpio_wakeup_enable(0, GPIO_INTR_LOW_LEVEL);
    while (true) {
        esp_sleep_enable_gpio_wakeup();
        printf("Taster loslassen für erneuten Schlafmodus...\n");
        do {
            vTaskDelay(pdMS_TO_TICKS(10));
        } while (rtc_gpio_get_level(0) == 0);
        printf("Beginn Light Sleep\n");
        uart_tx_wait_idle(CONFIG_CONSOLE_UART_NUM);
        int64_t t_before_us = esp_timer_get_time();
        esp_light_sleep_start();
        int64_t t_after_us = esp_timer_get_time();
        const char* wakeup_reason;
        switch (esp_sleep_get_wakeup_cause()) {
            case ESP_SLEEP_WAKEUP_GPIO:
                wakeup_reason = "pin";
                break;
```

```
            default:
                wakeup_reason = "andere";
                break;
        }
        printf("Wakeup Light Sleep, Weckgrund: %s, t=%lld ms,➲
                slept for %lld ms\n",
                wakeup_reason, t_after_us / 1000, (t_after_us - ➲
                    t_before_us) / 1000);
    }
}
```


Listing 7.24 GPIO-Pin-Wakeup aus dem Light-Sleep-Modus

7.11 Daten auf dem ESP32 speichern

In manchen Anwendungsfällen ist das dauerhafte Speichern von Daten über einen stromlosen Zustand hinaus erwünscht oder sogar notwendig. Dies ist insbesondere der Fall, wenn z. B.

- auf den letzten Zustand einer Variablen zurückgegriffen werden soll,
- Einstellungen erhalten und gespeichert bleiben sollen oder
- die Häufigkeit eines Boot-Vorgangs oder der Start einer Anwendung eine Rolle spielt.

Das Speichern derartiger Daten erfolgt im Flash-Memory. Es gibt allerdings eine Einschränkung in der Häufigkeit, mit der Programme den Flash mit Daten beschreiben können. Während das Auslesen der Daten keinen Restriktionen unterliegt, sind die meisten Bausteine jedoch nur für etwa 10.000 bis 1.000.000 Schreibvorgänge ausgelegt. Diese Grenze sollte beim Programmdesign unbedingt berücksichtigt werden, und nicht jeder Durchlauf der Hauptschleife sollte ein Schreiben auf den Speicher vornehmen.

Der ESP32 bietet unterschiedliche Klassen von dauerhaftem Speicher an:

- **SPIFFS-Dateisystem**: SPIFFS ist ein Dateisystem für SPI-NOR-Flash-Geräte auf eingebetteten Systemen. Es unterstützt keine Ordnerstrukturen, Schreibvorgänge können unterschiedlich lange dauern, und fehlerhafte Speicherblöcke werden nicht erkannt.
- **FAT-Dateisystem**: ESP-IDF und damit auch die Arduino IDE verwenden die *FatFs*-Bibliothek, um mit FAT-Dateisystemen zu arbeiten. Viele ihrer Funktionen lassen sich auch mithilfe der C-Standardbibliothek aufrufen.

  Eine ausführliche Beschreibung der Befehle finden Sie unter:

  http://elm-chan.org/fsw/ff/00index_e.html

- **NVS** (*Non Volatile Storage*): NVS ist funktional das Äquivalent zu *EEPROM-Memory* (*Electrically Erasable Programmable Read-only Memory*), das auf Chips anderer Mikrocontroller oder Rechner das dauerhafte Speichern von Daten übernimmt.

Die Speicherstruktur und das verwendete Dateisystem legen Sie über die Partitionstabelle fest (siehe Abschnitt 4.5). Sowohl für das SPIFFS als auch für FAT finden Sie unter DATEI • BEISPIELE • SPIFFS bzw. FAT Anwendungsbeispiele, die Ihnen den Weg für eigene Anwendungen ebnen. Sie sind sehr gut dokumentiert und laden zum einfachen Experimentieren ein, sodass ausführliche Erläuterungen an dieser Stelle überflüssig sind.

Um NVS über die Arduino IDE anzusprechen, benötigen Sie eine spezielle Bibliothek.

Die Arduino-EEPROM-Bibliothek

Die Arduino IDE verfügt über eine EEPROM-Bibliothek, die auch für die Arbeit mit dem ESP32 herangezogen werden kann. Sie ermöglicht es, 512 Byte im EEPROM-Memory zu adressieren. Dabei kann das Byte an jeder Adresse einen Wert von 0 bis 255 annehmen.

Die Bibliothek bietet drei Funktionen an:

- **EEPROM-Memory lesen**: Die Funktion `EEPROM.read(adresse)` liest den Wert aus, der an der mit dem Parameter `adresse` angegebenen Adresse abgespeichert ist.
- **EEPROM-Memory beschreiben**: Die Funktion `EEPROM.write(adresse, wert)` speichert den mit dem Parameter `wert` übergebenen Inhalt an der Adresse, die mit dem Parameter `adresse` angegeben wurde.
- **Änderungen bestätigen**: Die Funktion `EEPROM.commit()` bestätigt die mit der Funktion `EEPROM.write()` durchgeführten Änderungen. Sie veranlasst nur dann einen realen Schreibvorgang, wenn der zu speichernde Wert von dem gespeicherten Wert abweicht, und stellt damit einen schonenden Umgang mit der Ressource »Häufigkeit der Schreibvorgänge« sicher.

Anwendungsbeispiel

Ein kleines Beispiel soll den Einsatz des NVS-Memory demonstrieren. Wir nehmen an, dass eine ESP-Anwendung über verschiedene Betriebsmodi verfügt, die über die Ziffern 1 (normal), 2 (gesteigert) usw. bis 7 (Volllast) auswählbar sind. Der jeweils aktuelle Modus soll über die serielle Schnittstelle vorgegeben werden können und bei einem Reset erhalten bleiben.

Der Sketch

Das Beispiel aus Listing 7.25 verzichtet auf Plausibilitätsprüfungen des Inputs, um den Code möglichst einfach und verständlich zu halten. In der Praxis sollten Sie aber entsprechende Checks vorsehen.

```
#include <EEPROM.h>
#define EEPROM_SIZE 1
int i = 0;
int iAlt = 0;

void setup() {
  Serial.begin(115200);
  // EEPROM mit festgelegter Größe initialisieren
  EEPROM.begin(EEPROM_SIZE);
  // gesicherten Status aus dem Flash-Memory auslesen
  iAlt = EEPROM.read(0);
  Serial.print ("Wert bei setup: ");
  Serial.println (iAlt);
  Serial.println ();
}

void loop() {
  if (Serial.available() > 0) {
    i = Serial.parseInt();
    if ((i != iAlt) && (i != 0)){
      Serial.print ("neuer Wert: ");
      Serial.print (i);
      Serial.println("  -> speichern !");
      Serial.println ();
      iAlt = i;
      EEPROM.write(0, iAlt);
      EEPROM.commit();
    }
  }
}
```

Listing 7.25 Beispiel-Sketch für ein EEPROM

`#include <EEPROM.h>` bindet die entsprechende Bibliothek ein.

Das anschließende `#define EEPROM_SIZE 1` legt die Speichergröße fest. Da der zu speichernde Wert vom Datentyp Integer und damit 1 Byte groß ist, ist `EEPROM_SIZE 1`.

Im `setup` initialisiert `EEPROM.begin(EEPROM_SIZE)` die Kommunikation mit EEPROM mit der vordefinierten Größe.

Die Anweisung `iAlt = EEPROM.read(0)` liest den im EEPROM-Memory an der Adresse 0 gespeicherten Wert in die Variable `iAlt` aus. Beim erstmaligen Lesen ist der Wert 255.

Die Abfrage `if ((i != iAlt) && (i != 0))` fängt ansatzweise die Gültigkeit der Eingabe ab (Prüfung nur auf 0) und führt (redundant) einen Check auf einen geänderten Wert durch.

Der neue Wert, der sich nun in der Variablen `iAlt` befindet, wird durch das Kommando `EEPROM.write(0, iAlt)` an die EEPROM-Memory-Adresse 0 geschrieben, und der Schreibvorgang wird durch `EEPROM.commit()` abgeschlossen.

Über den seriellen Monitor können Sie den Sketch nun ausprobieren (siehe Abbildung 7.45).

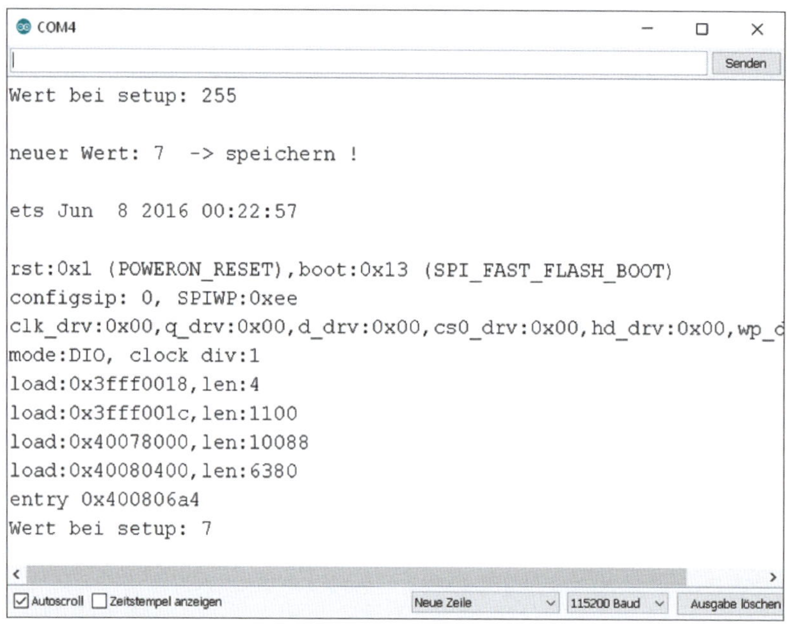

Abbildung 7.45 EEPROM-Flash im seriellen Monitor

Die erste Ausgabe ist `Wert bei setup: 255`, was dem Urzustand des EEPROM-Memory an der Speicheradresse 0 entspricht. Über die serielle Eingabe wird nun der Wert 7 eingegeben. Der Sketch bestätigt in der folgenden Zeile die Eingabe und mittelbar auch den Speichervorgang.

Nach einem Reset liest `setup()` nun diesen gespeicherten Wert!

Kapitel 8
Externe Schnittstellen

In diesem Kapitel werden die externen Schnittstellen des ESP32 erläutert. Dabei geht es neben den Bussystemen UART, I^2C und SPI auch um den Einsatz der verfügbaren kabellosen Verbindungen.

Ein Mikrocontroller, der nur über einfachste Sensoren vor sich hin werkelt, reicht für viele Anwendungsfälle nicht mehr aus. Gewonnene Informationen (z. B. gemessene Temperaturen) sollen von anderen Komponenten weiterzuverarbeiten sein (z. B. zur Anzeige in einem Display); externe Steuermechanismen sollen das Verhalten des Geräts beeinflussen können. Diese Anforderungen werden durch leistungsstarke Bussysteme erfüllt, die eine Maschine-zu-Maschine-Kommunikation ermöglichen, oder durch Zugriffsmöglichkeiten über WLAN oder Bluetooth. (Die Bezeichnung »Maschine« gilt hier auch für leistungsfähige Sensoren, die als fertiges Modul verbaut sind.)

8.1 SPI

SPI (*Serial Peripheral Interface*) ist ein *Bussystem*. Ein Bussystem wiederum kennzeichnet eine oder mehrere Leitungen zum Austausch von Steuersignalen und Daten. Die Entwicklung von SPI geht auf das Jahr 1987 zurück. Grundlage ist ein *Master-Slave-Konzept* (siehe Abbildung 8.1).

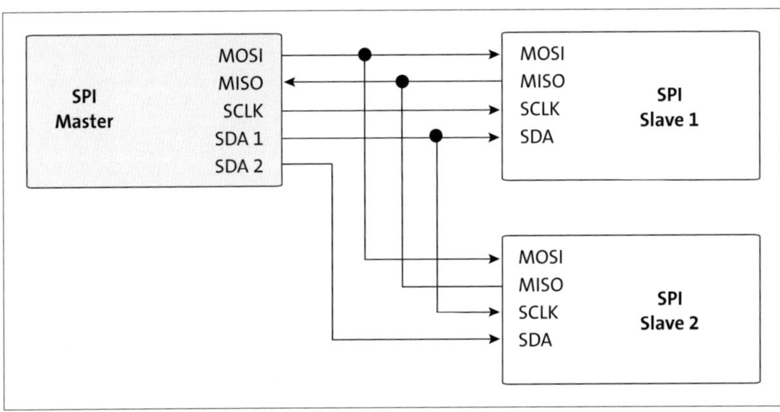

Abbildung 8.1 SPI-Bussystem

Der SPI-Bus benutzt drei gemeinsame Leitungen, an die jeder Teilnehmer angeschlossen ist:

- **SCLK** (*Serial Clock*, auch *SCK*): sendet das Synchronisationssignal des Masters.
- **MOSI** (*Master Output, Slave Input*): sendet vom Master zum Slave.
- **MISO** (*Master Input, Slave Output*): sendet vom Slave zum Master.

Darüber hinaus gibt es eine oder mehrere mit logisch-0 aktive Chip-Select-Leitungen (Slave Select [*SS*] oder *SDA*, die serielle Datenleitung). Für jeden Slave ist eine solche Leitung vorgesehen. Der SPI-Bus ermöglicht somit so viele Teilnehmer, wie vorhanden sind. Gesteuert wird das durch den Master.

Die Datenübertragung beginnt, indem der Master die Slave-Select-Leitung des gewünschten Slaves auf 0 setzt. Danach setzt der Master seine Datenleitung (MOSI) auf den Pegel des nächsten Bits und sendet über die SCLK-Leitung ein Taktsignal. Gleichzeitig erwartet er normalerweise über die MISO-Leitung ein Bit vom Slave. Ein allgemeingültiges Protokoll hinsichtlich des Datentransfers ist nicht definiert.

Der ESP32 verfügt über zwei nutzbare SPI-Schnittstellen (VSPI und HSPI, siehe Kapitel 1).

	HSPI	VSPI	GPIO
MOSI	GPIO13	MOSI	GPIO23
MISO	GPIO12	MISO	GPIO19
CLK	GPIO14	CLK/SCK	GPIO18
CD	GPIO15	CS/SS	GPIO5

Tabelle 8.1 Standard-Pinout für HSPI/VSPI

Die Bibliothek `SPI.h` bietet entsprechende Klassen bzw. Methoden. Sie ist standardmäßig implementiert.

8.1.1 RFID mit RFID-RC522

RFID (*Radio Frequency Identification*) ist eine Technologie zur berührungsfreien und sichtkontaktfreien Datenübertragung. Ein RFID-System besteht aus einem *Transponder* (*RFID-Tag*) und einem Reader. Zentrales Element ist der Transponder, der aus einem Computerchip und einer Antenne besteht. Gebräuchlich sind Transponder in Scheckkarten (z. B. zur Zugangs- und Zugriffskontrolle), *Tokens* in Schlüsselanhängern, als kleines Implantat zur Identifizierung von Tieren oder im Warenmanagement (z. B. als Diebstahlsicherung, Bestandserfassung).

In diesem Abschnitt kommt das Modul RFID-RC522 zum Einsatz. Die einschlägigen Plattformen bieten es als Komplettset an, das aus einem Empfänger, einem Schlüsselanhänger- und einem Kartentransponder besteht (siehe Abbildung 8.2).

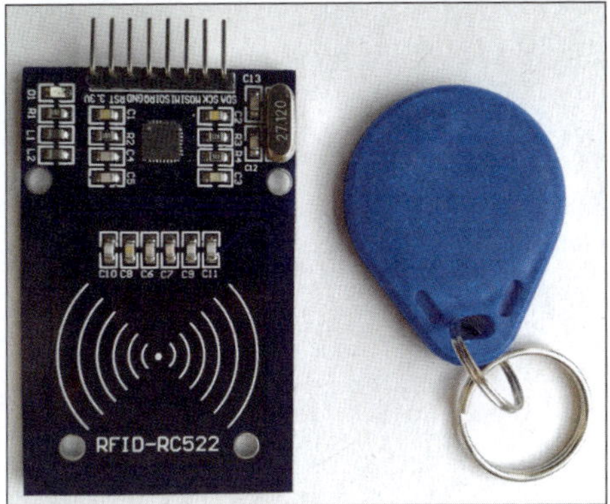

Abbildung 8.2 Das RFID-Modul »RFID-RC522«

Das Modul kann RFID-Karten im *mifare1-Verfahren* lesen und beschreiben. Die Stromaufnahme beträgt ca. 30 mA (im Schlafmodus 80 µA). Die Übertragungsfrequenz ist 13,56 MHz. Unterstützt werden bestimmte Kartentypen (z. B. mifare1 S50, mifare1 S70).

Installieren Sie die Bibliothek *MFRC522* (*Arduino RFID Library for MFRC522* [SPI]), damit Sie in den folgenden Beispielsketchen die benötigten Methoden zur Verfügung haben.

Die Schaltung

Das Modul arbeitet mit 3,3 V. Die Schaltung aus Abbildung 8.3 zeigt die beiden Bauteile.

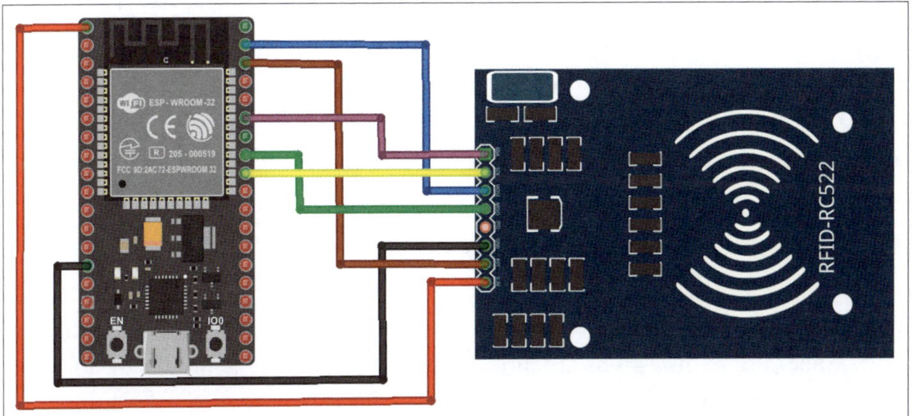

Abbildung 8.3 Die Schaltung des RFID-RC522

Die Verdrahtung ist etwas unübersichtlich; deshalb ist sie als Übersicht ergänzend in Tabelle 8.2 dargestellt.

	ESP32	RFID-RC522	Drahtfarbe
SS/SDA	**GPIO21**	**SDA**	**Violett**
SCK	GPIO18	SCK	Gelb
MOSI	GPIO23	MOSI	Blau
MISO	GPIO19	MISO	Grün
RST	GPIO22	RST	Braun

Tabelle 8.2 Anschluss von RFID-RC522 an ESP32-GPIO-SPI

Der Analyse-Sketch

Die Bibliothek *MFRC522* enthält einige Beispielsketche. Um die Funktionsfähigkeit von Transponder und Empfänger zu überprüfen, öffnen Sie den Beispielsketch DATEI • BEISPIELE • MFRC522 • DUMPINFO.

Im Prinzip ist der Sketch inline gut dokumentiert. Zwei Änderungen sind dennoch nötig. Sie betreffen die Angaben zum RST- und SS- bzw. SDA-Pin sowie die Baudrate des seriellen Monitors:

```
#define RST_PIN         22      // RST-Pin
#define SS_PIN          21      // SS- bzw. SDA-Pin
Serial.begin(115200);
```

Halten Sie nach dem Hochladen ein RFID-Tag (den Token oder die Karte) vor den Empfänger, den Kartenleser. Da die Ausgabe über den seriellen Monitor etwas träge ist, muss der Funkkontakt für das Auslesen aller Daten etwas länger sein. Der serielle Monitor gibt dann einen Wust von Informationen aus (siehe Abbildung 8.4).

Die Anzeige der Firmware-Version des RFID-RC522 (❶) bestätigt, dass wir das Modul richtig angeschlossen haben und dass es prinzipiell arbeitet. Die Angaben ab der dritten Zeile besagen, dass auch die Antenne unbeschädigt und bereit für den Empfang von Daten ist.

Jedes RFID-Tag hat eine eigene *UID* (*Unique Identifier*) (❷).

Der Kartentyp (❸) ist *MIFARE* mit einem Speichervolumen von 1 KB. Die Struktur des Speichers (❹) hat 16 Sektoren (Sektor 0–15) mit je 4 Blöcken (Block 0–3, in der Ausgabe sind sie allerdings von 0 bis 63 durchnummeriert). Jeder Block kann 16 Byte an Daten aufnehmen (Byte 0–15).

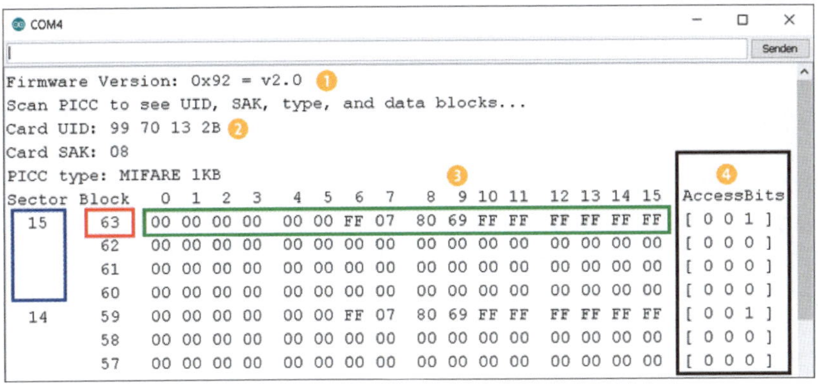

```
COM4
Senden
Firmware Version: 0x92 = v2.0 1
Scan PICC to see UID, SAK, type, and data blocks...
Card UID: 99 70 13 2B 2
Card SAK: 08
PICC type: MIFARE 1KB                                 3                  4
Sector Block   0  1  2  3   4  5  6  7   8  9 10 11  12 13 14 15  AccessBits
  15     63   00 00 00 00  00 00 FF 07  80 69 FF FF  FF FF FF FF  [ 0 0 1 ]
         62   00 00 00 00  00 00 00 00  00 00 00 00  00 00 00 00  [ 0 0 0 ]
         61   00 00 00 00  00 00 00 00  00 00 00 00  00 00 00 00  [ 0 0 0 ]
         60   00 00 00 00  00 00 00 00  00 00 00 00  00 00 00 00  [ 0 0 0 ]
  14     59   00 00 00 00  00 00 FF 07  80 69 FF FF  FF FF FF FF  [ 0 0 1 ]
         58   00 00 00 00  00 00 00 00  00 00 00 00  00 00 00 00  [ 0 0 0 ]
         57   00 00 00 00  00 00 00 00  00 00 00 00  00 00 00 00  [ 0 0 0 ]
```

Abbildung 8.4 RFID-Tag – Dump

Block 3 jedes Sektors wird als Sektor-Trailer bezeichnet und enthält Informationen (*Zugriffsbits*), um die Lese- und Schreibzugriffe auf die verbleibenden Blöcke in dem Sektor zu organisieren. Das heißt, nur die unteren drei Blöcke (Block 0, 1 und 2) jedes Sektors stehen tatsächlich für die Datenspeicherung zur Verfügung. Die Speicherkapazität beträgt somit lediglich 48 Byte netto.

Der Block 0 des Sektors 0 (am Ende des Dumps) ist der *Herstellerblock* mit IC-Herstellerdaten und UID.

Der Sketch »Zugangskontrolle«

Der Sketch aus Listing 8.1 liest lediglich die UID eines RFID-Tags und überprüft sie auf Übereinstimmung. Eine LED dokumentiert das Ergebnis: Sie leuchtet beim autorisierten Zugang, andernfalls ist sie aus.

```
#include <SPI.h>
#include <MFRC522.h>                // für RFID-RC522

#define LED_PIN         2           // LED-Pin
#define RST_PIN         22          // RST-Pin
#define SDA_PIN         21          // SS- bzw. SDA-Pin

MFRC522 mfrc522(SDA_PIN, RST_PIN);  // MFRC522-Instanz erstellen

void setup() {
  Serial.begin(115200);
  SPI.begin();                      // SPI-Bus initialisieren
  mfrc522.PCD_Init();               // RFID-RC522 initialisieren
  Serial.println("Ein RFID-Tag an den Leser halten ...");
  Serial.println();
  pinMode(LED_PIN, OUTPUT);
```

```
  digitalWrite(LED_PIN, LOW);
}
void loop() {
  String rfidTag= "";
  if (mfrc522.PICC_IsNewCardPresent() &&        // liegt ein neues Tag vor
    mfrc522.PICC_ReadCardSerial() ) {            // richtige Tag-Art
    Serial.print("RFID-Tag/Karten-ID:");
    for (byte i = 0; i < mfrc522.uid.size; i++)  {   // Karten-ID
                                                     // extrahieren
      Serial.print(mfrc522.uid.uidByte[i] < 0x10 ? " 0" : " ");
      Serial.print(mfrc522.uid.uidByte[i], HEX);
      rfidTag.concat(String(mfrc522.uid.uidByte[i] < 0x10 ? " 0" : " "));
      rfidTag.concat(String(mfrc522.uid.uidByte[i], HEX));
    }
    Serial.println();
    Serial.print("Aktion: ");
    rfidTag.toUpperCase();
    if (rfidTag.substring(1) == "99 70 13 2B") {     // zuzulassendes RFID-Tag
      Serial.println("Zugang genehmigt \n");
      digitalWrite(LED_PIN, HIGH);
      delay(3000);
    } else {
      Serial.println("Zugang verweigert!\n");
      digitalWrite(LED_PIN, LOW);
      delay(3000);
    }
  }
}
```

Listing 8.1 RFID-Zugangskontrolle

Ändern Sie vor dem Kompilieren noch die UID des zuzulassenden RFID-Tags auf den Wert, den Sie in der Dump-Ausgabe im vorherigen Sketch erhalten haben. Beobachten Sie nun die Ausgabe im seriellen Monitor (siehe Abbildung 8.5).

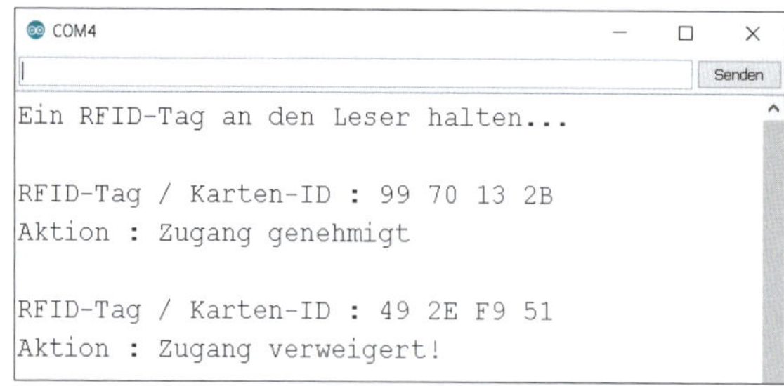

Abbildung 8.5 RFID-Zugangskontrolle im seriellen Monitor

Der Sketch »RFID-Tag-Daten lesen/beschreiben«

Weil ein RFID-Tag auch frei programmierbare Nutzerdaten aufnehmen kann, geht der Einsatz weit über das Erkennen einer UID und damit einer simplen Schlüsselfunktion hinaus. Als Beispiel schreibt der Sketch aus Listing 8.2 `Mustermann` in einen Block eines RFIG-Tags und gibt den Inhalt dieses Blocks vor und nach dem Schreiben aus.

```
#include <SPI.h>
#include <MFRC522.h>
#define RST_PIN         22          // RST-Pin
#define SDA_PIN         21          // SS- bzw. SDA-Pin

MFRC522 mfrc522(SDA_PIN, RST_PIN);  // Objekt bilden
MFRC522::StatusCode status;
MFRC522::MIFARE_Key key;
byte block = 5;                     // zu bearbeitender Block

void rfidLesen( ) {
  Serial.print("rfidLesen ");
  Serial.print("Inhalt Block 5: ");
  byte bufferRd[18];                // muss mind. 2 Byte größer
                                    // als Block sein
  byte len = 18;

  status = mfrc522.MIFARE_Read(block, bufferRd, &len);
  if (status != MFRC522::STATUS_OK) {
    Serial.print("Lesen fehlgeschlagen: ");
    Serial.println(mfrc522.GetStatusCodeName(status));
    return;
  }

  for (uint8_t i = 0; i < 16; i++) {
      Serial.write(bufferRd[i]);
  }
  Serial.println();
  Serial.println("RFID-Lesen Ende");
  return;
}

void rfidSchreiben() {
  byte buffer[16] ={'M', 'u', 's', 't', 'e', 'r', 'm', 'a', 'n', 'n'};
  status = mfrc522.MIFARE_Write(block, buffer, 16);
  if (status != MFRC522::STATUS_OK) {
    Serial.print("Schreiben fehlgeschlagen ");
```

```
    Serial.println(mfrc522.GetStatusCodeName(status));
    return;
  }
  else Serial.println("RFID Schreiben erfolgreich");

}

void setup() {
  Serial.begin(115200);
  SPI.begin();
  mfrc522.PCD_Init();
  Serial.println("Ein RFID-Tag an den Leser halten ...");
  Serial.println();
}

void loop() {
  for (byte i = 0; i < 6; i++) {           // alten Key löschen
    key.keyByte[i] = 0xFF;
  }

  if (mfrc522.PICC_IsNewCardPresent() &&
      mfrc522.PICC_ReadCardSerial()){
      Serial.println("Karte erkannt:");

      status = mfrc522.PCD_Authenticate(MFRC522::PICC_CMD_MF_AUTH_KEY_A, ⮐
          4, &key, &(mfrc522.uid));
      if (status != MFRC522::STATUS_OK) {
        Serial.print("Authentifikation fehlgeschlagen: ");
        Serial.println(mfrc522.GetStatusCodeName(status));
      } else {
        rfidLesen();
        rfidSchreiben();
        rfidLesen();
      }
      Serial.println();  }

  delay(1000);
  mfrc522.PICC_HaltA();
  mfrc522.PCD_StopCrypto1();
}
```

Listing 8.2 RFID-Tag-Daten lesen/beschreiben

Lesen und Schreiben erfolgen in gesonderten Funktionen. Dabei muss der Puffer für die zu lesenden Daten 2 Byte größer als der zu lesende Bereich sein. Besonders wird Ihnen vielleicht die Anweisung `mfrc522.PCD_StopCrypto1()` auffallen. Sie bezieht sich auf die *MIFARE*-Verschlüsselung und nicht auf eine ESP32-eigene Verschlüsselungsmöglichkeit.

Laden Sie den Sketch hoch und beobachten Sie die Ausgaben im seriellen Monitor (siehe Abbildung 8.6).

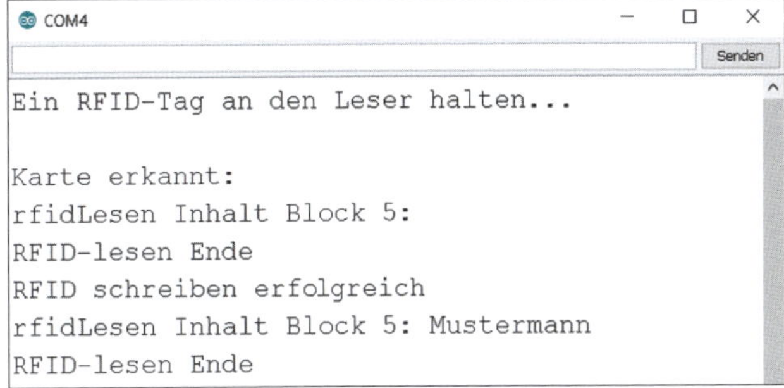

Abbildung 8.6 Lesen/Schreiben von RFID-Tag-Daten im seriellen Monitor

8.1.2 SD-Karte

Oftmals ist eine permanente Speicherung von Daten notwendig. Dies betrifft Anwendungsbereiche, in denen der ESP32 Daten (z. B. Messdaten) gesammelt hat oder auf Daten zugreifen muss. Besteht keine externe Kommunikationsmöglichkeit über WLAN oder Bluetooth und sind die Datenmengen zu groß, um sie im EEPROM anzulegen, bietet sich ein Ausweg über das Medium *SD-Karte* als Datenspeicher an. Dieser Speicher ist mit Kosten von ca. 10 € für SD-Kartenadapter (siehe Abbildung 8.7) und Karte recht preisgünstig zu realisieren. Der Datenaustausch erfolgt über den SPI-Bus.

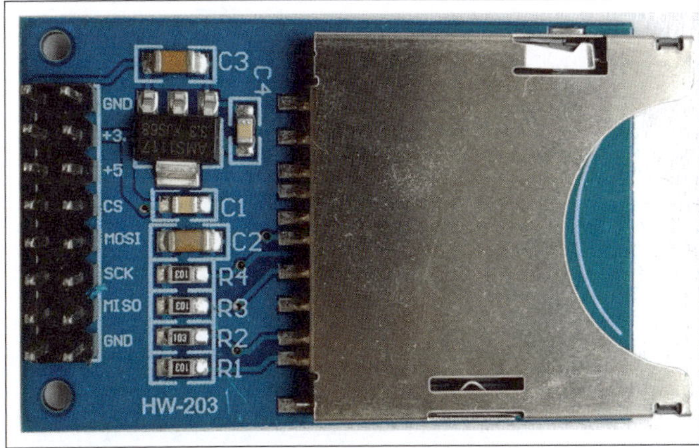

Abbildung 8.7 SD-Kartenadapter

Der SD-Kartenadapter benötigt noch eine SD-Karte. Die Bauform spielt nur insofern eine Rolle, als die Karte in das SD-Kartenmodul passen muss; für microSD-Karten sind entsprechende Adapter erhältlich.

Formatieren Sie die SD-Karte vor ihrem ersten Einsatz. Legen Sie hierzu die SD-Karte in einen Kartenleser an Ihrem PC ein. Unter Windows öffnen Sie dann den Datei-Manager und suchen im Verzeichnisbaum DIESER PC das Laufwerk, das die SD-Karte enthält. Durch einen Rechtsklick öffnet sich eine Dropdown-Liste. Klicken Sie auf den Eintrag FORMATIEREN. Stellen Sie sicher, dass der Eintrag im Feld DATEISYSTEM *FAT32* ist (siehe Abbildung 8.8). Die VOLUMEBEZEICHNUNG ist frei wählbar. Klicken Sie auf STARTEN, um die SD-Karte zu formatieren.

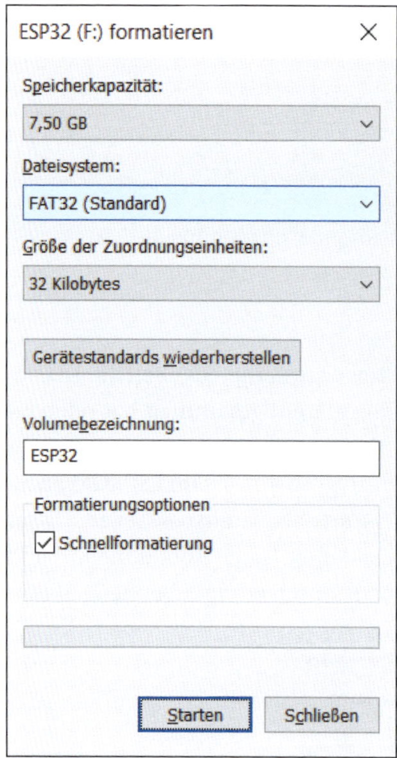

Abbildung 8.8 SD-Karte formatieren

Die Bibliothek SD.h

Die Bibliothek `SD.h` enthält ein Bündel von Methoden für den Datenaustausch mit einer SD-Karte. Sie bietet eine Klasse `SD` für Datenträgeroperationen und eine Klasse `File` für Dateioperationen. Tabelle 8.3 bietet eine Übersicht.

Methode	Bedeutung	Rückgabe
Datenträgeroperationen		
`begin()`	Eine Verbindung zur SD-Karte herstellen	`true/false`
`end()`	Verbindung lösen	
`open(name, modus)`	Datei/Dateipfad öffnen	Filesystem-Objekt
`exists(pfad)`	Existenz eines Dateipfads prüfen	`true/false`
`mkdir(pfad)`	Dateipfad erstellen	`true/false`
`remove(name)`	Datei löschen	`true/false`
`remdir(pfad)`	Dateipfad löschen	`true/false`
`cardType()`	Kartentyp ausgeben	Nummer einer Liste von SD-Kartentypen
`cardSize()`	Kartengröße ausgeben	Kartengröße
Dateioperationen		
`write(text)`	In eine Datei schreiben	`true/false`
`print(text)`	In eine Datei schreiben	`true/false`
`read()`	Aus einer Datei lesen	Gelesenes Zeichen
`available()`	Erreichen des Dateiendes prüfen	`true/false`
`openNextFile()`	Nächste Datei öffnen	File-Objekt
`rewindDirectory()`	Auf Verzeichnisanfang zurücksetzen	
`close()`	Datei schließen	

Tabelle 8.3 Wichtige Methoden der Bibliothek »SD.h«

Die Schaltung

Die meisten SD-Kartenadapter vertragen sowohl eine Stromversorgung mit 5 V wie auch mit 3,3 V. Die Schaltung in Abbildung 8.9 zeigt die beiden Bauteile.

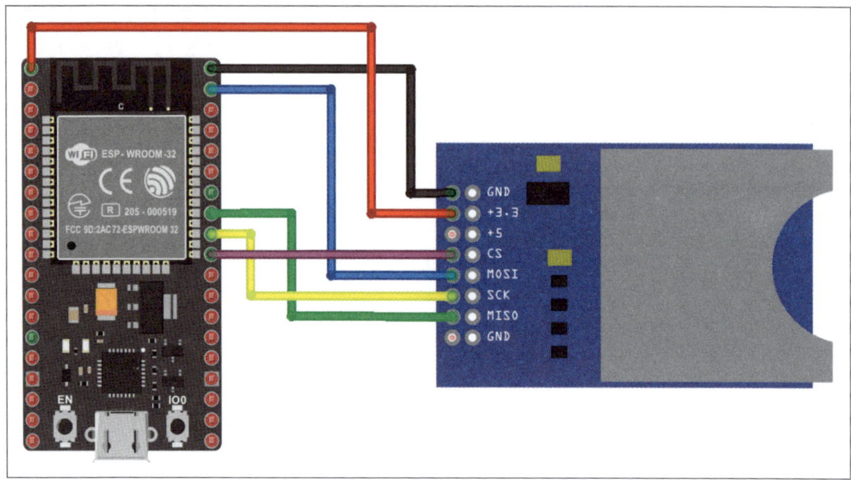

Abbildung 8.9 Schaltung von ESP32 und SD-Karte

Bei der Verdrahtung ist besondere Sorgfalt geboten. Auch ist die Anschlussbelegung der SD-Kartenadapter verschiedener Hersteller nicht einheitlich. Deshalb sind die Verbindungen noch einmal in Tabelle 8.4 dargestellt.

	ESP32	SD-Kartenadapter	Drahtfarbe
CS/SS/SDA	**GPIO5**	**CS**	**Violett**
SCK	GPIO18	SCK	Gelb
MOSI	GPIO23	MOSI	Blau
MISO	GPIO19	MISO	Grün

Tabelle 8.4 Verdrahtung eines SD-Kartenadapters

Der Sketch

Der Sketch aus Listing 8.3 soll lediglich das Lesen und Beschreiben einer SD-Karte demonstrieren. Er beruht im Wesentlichen auf dem ESP32-Beispielsketch, den Sie über das Menü aufrufen können: DATEI • BEISPIELE • SD(ESP32) • SD_TEST. Für den Einstieg verzichte ich allerdings auf einige Funktionen.

```
#include "SD.h"                   // Methoden der SD-Karte
#include "SPI.h"                  // für SPI

void readFile(fs::FS &fs, const char * path){
  Serial.printf("lesen Quelldatei         : %s\n", path);
  File file = fs.open(path);
```

```
  if(!file){
    Serial.println("lesendes Öffnen der Datei gescheitert");
    return;
  }

  Serial.print("gelesener Inhalt        : ");
  while(file.available()){
    Serial.write(file.read());
  }
  file.close();
}

void writeFile(fs::FS &fs, const char * path, const char * message){
  Serial.printf("in Zieldatei schreiben  : %s\n", path);
  File file = fs.open(path, FILE_WRITE);
  if(!file){
    Serial.println("schreibendes Öffnen der Datei gescheitert");
    return;
  }
  if(file.print(message)){
    Serial.println("\"" +String (message) + "\" in Zieldatei geschrieben");
  } else {
    Serial.println("Schreibzugriff gescheitert");
  }
  file.close();
}

void appendFile(fs::FS &fs, const char * path, const char * message){
  Serial.printf("an Zieldatei anfügen    : %s\n", path);
  File file = fs.open(path, FILE_APPEND);
  if(!file){
    Serial.println("Anfügendes Öffnen der Datei gescheitert");
    return;
  }
  if(file.print(message)){
    Serial.println("Text an Dateiinhalt angefügt");
  } else {
    Serial.println("Anfügen gescheitert");
  }
  file.close();
}
```

```
void setup(){
  Serial.begin(115200);
  delay (50);                // auf seriellen Monitor warten
  if (!SD.begin()){
    Serial.println("Mount der SD-Karte gescheitert");
    return;
  }
  uint8_t cardType = SD.cardType();
  if (cardType == CARD_NONE){
    Serial.println("Kartentyp nicht erkannt");
    return;
  }

  writeFile(SD, "/test.txt", "Hallo ");
  appendFile(SD, "/test.txt", "ESP332 SD-Karte!\n");
  readFile(SD, "/test.txt");
}

void loop(){
}
```

Listing 8.3 SD-Karte schreiben und lesen

`SD.begin()` stellt eine Verbindung zur SD-Karte her und erstellt ein Filesystem-Objekt `SD`; danach schließt sich eine Überprüfung auf einen gültigen Kartentyp an. Das Filesystem-Objekt ist nun Bestandteil für das lesende und schreibende Öffnen der Datei */test.txt*. Default ist das lesende Öffnen.

Das schreibende Öffnen mit dem Parameter `FILE_WRITE` öffnet eine leere Datei (selbst wenn eine Datei dieses Namens bereits existiert) und legt sie, sofern erforderlich, im Dateisystem neu an. Mit dem Parameter `FILE_APPEND` ist ebenfalls das Öffnen einer Datei verbunden; sie muss jedoch bereits vorhanden sein, und die neuen Informationen werden an die bestehenden angehängt.

Ein Blick auf die Ausgaben des seriellen Monitors zeigt die durchgeführten Dateioperationen (siehe Abbildung 8.10).

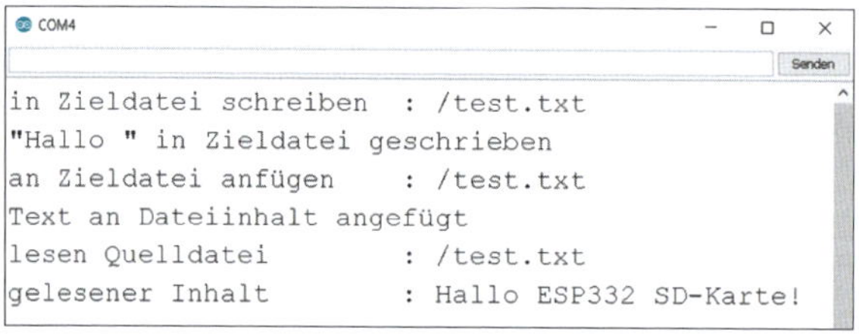

```
COM4                                         Senden
in Zieldatei schreiben   : /test.txt
"Hallo " in Zieldatei geschrieben
an Zieldatei anfügen     : /test.txt
Text an Dateiinhalt angefügt
lesen Quelldatei         : /test.txt
gelesener Inhalt         : Hallo ESP332 SD-Karte!
```

Abbildung 8.10 Schreiben/Lesen der SD-Karte im seriellen Monitor

[+]

Programm-Update via SD-Karte

In wenigen Situationen ist es vielleicht notwendig, ein Programm-Update über eine SD-Karte vorzunehmen. Dies kann dann der Fall sein, wenn weder ein Update über WLAN (siehe Abschnitt 8.7) noch ein Update über die USB-Schnittstelle möglich ist. Eine Option ist dann, Aktualisierungen über eine SD-Karte einzuspielen.

Unter DATEI • BEISPIELE • UPDATE • SD_UPDATE befindet sich ein Beispielsketch. Mit wenigen Anpassungen lässt er sich für eine SPI-SD-Karte einsetzen. Diese Modifizierungen betreffen die Bibliotheken (`#include "SD.h"` und `#include "SPI.h"`) sowie das SD-Kartenobjekt (`SD` statt `SD_MMC`). Im Übrigen enthält der Sketch zu Beginn Hinweise für seine Nutzung.

In der Beispielfassung hat der Sketch allerdings den Nachteil, dass die Datei mit dem aktualisierten Code am Ende des Update-Prozesses gelöscht wird. Weitere Updates sind mit dem Beispielsketch, so wie er ist, dann nicht mehr möglich. Sie kommen also nicht umhin, den Ablauf des gegebenen Programmgerüsts grundlegend an Ihre Bedürfnisse anzupassen.

8.1.3 TFT-Display

TFT-Displays (*Thin Film Transistor*) bieten sich an, wenn Sie »Farbe auf den Bildschirm« bringen möchten. An dieser Stelle soll ein 1,8-Zoll-Display mit 160 × 128 Pixeln und dem Chip *ST7735* zum Einsatz kommen (siehe Abbildung 8.11).

Abbildung 8.11 TFT-Display

Die Bibliotheken Adafruit_GFX.h und Adafruit_ST7735.h

Für das Ansteuern des TFT-Displays sind im Netz mehrere Bibliotheken verfügbar. Sehr gute Ergebnisse lassen sich mit den Bibliotheken *Adafruit_GFX.h* (Methoden für das Zeichnen) und *Adafruit_ST7735.h* (ST7735-Treiber) erzielen. Installieren Sie diese mit dem Bibliotheksverwalter.

In Tabelle 8.5 finden Sie eine Liste der wichtigsten Methoden (x und y stehen für die Koordinaten innerhalb des Displays):

Methode	Rückgabe
`fillScreen(farbe)`	Füllt das Display mit einer Hintergrundfarbe. Die Farbe ist z. B. `ST77XX_RED` für Rot.
`setTextColor(farbe)`	Setzt die Farbe für Textzeichen.
`setTextSize(groesse)`	Setzt die Textgröße (z. B. `3` für 3-fach).
`println()`	Gibt Text an das Display aus.
`setCursor(x, y)`	Setzt den Cursor auf Position `x/y`.
`setFont(adresse)`	Setzt die Adresse für einen alternativen Zeichensatz (Font).
`drawPixel(x, y, farbe)`	Zeichnet ein Pixel mit der Farbe `farbe` an die Position `x/y`.
`drawLine (xa, ya, xe, ye, farbe))`	Zeichnet eine Linie von Position `xa/ya` nach `xe/ye` mit der Farbe `farbe`.
`drawRect (x, y, h, b, farbe)`	Zeichnet ein Rechteck von Position `x/y` mit einer Höhe `h` und einer Breite `b` mit der Farbe `farbe`.
`drawCircle (x, y, d, farbe)`	Zeichnet einen Kreis an der Position `x/y` mit einem Radius in der Farbe `farbe`.
`drawTriangle (xa, ya, xb, yb, xc, yc, farbe)`	Zeichnet ein Dreieck mit den Endpunkten `xa/ya`, `xb/yb` und `xc/yc` mit der Farbe `farbe`.
`invertDisplay(bool)`	Invertiert die Displayfarben; `bool = true/false`.

Tabelle 8.5 Wichtige Methoden der Bibliothek »Adafruit_GFX«

Die Schaltung

Das Modul arbeitet mit 3,3 V. Die Schaltung aus Abbildung 8.12 zeigt die beiden Bauteile.

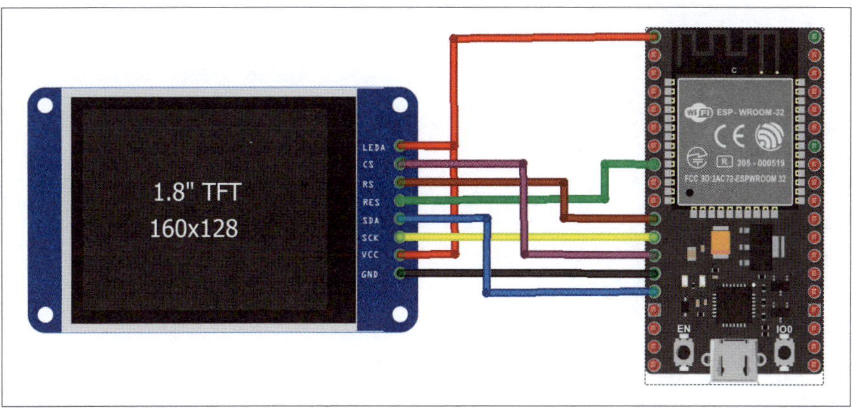

Abbildung 8.12 Schaltung des TFT-Displays

Ergänzend finden Sie auch hier die Verdrahtung in Tabelle 8.6:

	ST7735 im Sketch	ESP32	TFT		Drahtfarbe
Bez.	**Pin**				
SCK	TFT_SCLK	GPIO14	SCK	3	Gelb
SS/SDA	TFT_MOSI	GPIO13	SDA	4	Blau
RS	TFT_RST	GPIO33	RES	5	Grün
DC	TFT_CD	GPIO27	RS	6	Braun
CS	TFT_CS	GPIO12	CS	7	Violett
			LEDA	8	Rot

Tabelle 8.6 Verdrahtung des TFT-Displays

Der Demosketch

Der Sketch aus Listing 8.4 zeichnet einige Grundfiguren auf dem Display:

```
#include <SPI.h>
#include <Adafruit_GFX.h>          // für Zeichnen-Methoden
#include <Adafruit_ST7735.h>       // ST7735-Treiber

#define TFT_CS          12         //  Chip Select
#define TFT_RST         33         //  Display Reset
#define TFT_DC          27         //  Display Data/Command Select
```

```
#define TFT_SCLK      14          //  Clock Gelb
#define TFT_MOSI      13          //  MOSI Blau

Adafruit_ST7735 tft = Adafruit_ST7735(TFT_CS, TFT_DC, TFT_MOSI, ⮐
      TFT_SCLK, TFT_RST);

void zeichneTFT() {
  tft.fillScreen(ST77XX_BLACK);     // TFT-Inhalt löschen
  //tft.setTextWrap(false);
  tft.setCursor(0, 30);             // Cursor positionieren
  tft.setTextColor(ST77XX_WHITE);   // Textfarbe Weiß
  tft.setTextSize(1);
  tft.println("Hallo ESP32");
  tft.setTextColor(ST77XX_GREEN);   // Textfarbe Grün
  tft.setTextSize(3);               // 3-fache Textgröße
  tft.println("Hallo");
  delay(3000);

  tft.fillScreen(ST77XX_BLACK);
  tft.drawRect(10, 10, 30, 60, ST77XX_BLUE);
  delay(3000);

  tft.fillScreen(ST77XX_BLACK);
  for (int16_t x=tft.width()-1; x > 6; x-=12) {
    tft.fillRect(tft.width()/2 -x/2, tft.height()/2 -x/2 , x, x, ⮐
        ST77XX_BLUE);
    delay(20);
    tft.drawRect(tft.width()/2 -x/2, tft.height()/2 -x/2 , x, x, ⮐
        ST77XX_WHITE);
    delay(20);
  }
  delay(3000);

  tft.fillScreen(ST77XX_BLACK);
  tft.fillCircle(40, 40, 30, ST77XX_CYAN);
  delay (3000);
  tft.invertDisplay(true);
  delay(1500);
  tft.invertDisplay(false);
  delay(1500);
}
```

```
void setup(void) {
  tft.initR(INITR_BLACKTAB);
  delay(500);
}

void loop() {
  zeichneTFT();
}
```

Listing 8.4 Demo des TFT-Displays

Der Sketch ist weitgehend selbsterklärend. Das Display zeigt nun verschiedene Formen an (siehe Abbildung 8.13).

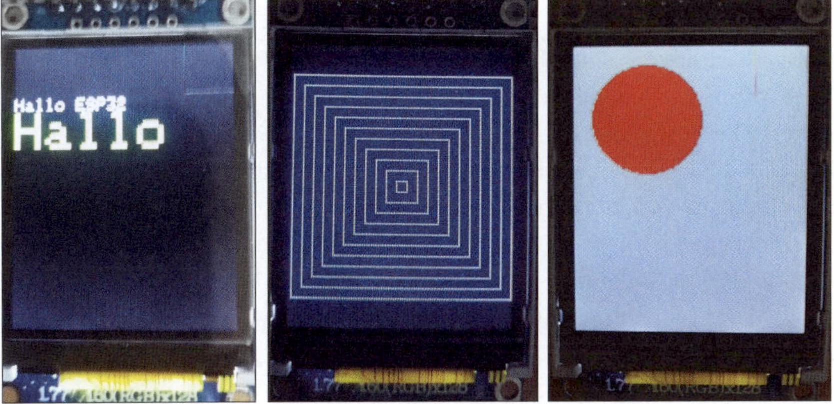

Abbildung 8.13 Ausgabe verschiedener Formen auf dem TFT-Display

8.2 I²C

I²C (*Inter-Integrated Circuit*, ausgesprochen »I-Squared-C«; dt. »I-Quadrat-C«) oder *TWI* (*Two-Wire-Interface*) ist ein kleines Bussystem. Seine Anfänge liegen in den 1980er-Jahren, als die Entwickler der Firma Philips vor dem Problem standen, die geräteinterne Kommunikation so zu verbessern, dass in Hinblick auf eine geringe Platinenfläche und kleine IC-Abmessungen wenige Leiterbahnen die Kommunikation einer Vielzahl interner Komponenten sicherstellen sollten.

Als Lösung entstand ein echter bidirektionaler *Zweidrahtbus* in Master-Slave-Architektur mit integriertem Übertragungsprotokoll und Softwareadressierung, der aber vom Grundsatz her nicht für die schnelle Übertragung großer Datenmengen über weite Strecken gedacht ist (siehe Abbildung 8.14).

Der Bus benötigt nur zwei Verbindungen zwischen den ICs/Boards: die Taktleitung *SCL* (*Serial Clock Line*) und die Datenleitung *SDA* (*Serial Data Line*). Die Standards sehen einen Pull-up-Widerstand für jede Datenleitung vor, der bei VCC 5 V und 4,7 kΩ sowie bei VCC 3,3 V und 2,2 kΩ betragen sollte. Einige Controller haben jedoch bereits interne Pull-ups, sodass eine externe Beschaltung entfallen kann.

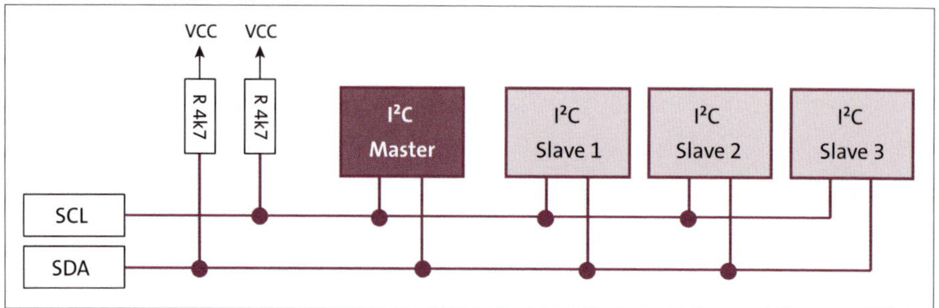

Abbildung 8.14 I^2C-Bussystem

Der Master gibt immer den *Bustakt* vor. Er beginnt auch den Datentransfer und adressiert eine Anfrage an einen Slave. Die Adresse eines Slaves ist in der Regel bereits vom Chiphersteller festgelegt. Als Erstes sendet der Master also ein Byte; die ersten sieben Bits sind die eigentliche Adresse des Slaves, während das achte Bit (R/W-Bit) dem Slave mitteilt, ob er Daten vom Master empfangen soll (LOW) oder Daten an den Master zu übertragen hat (HIGH). Damit steht bei I^2C-Systemen ein Adressbereich von 7 Bit zur Verfügung. Allerdings sind 16 Adressen für Sonderzwecke reserviert, sodass die Anzahl der Teilnehmer auf 112 beschränkt ist.

Nach der Anfrage durch den Master bestätigt der Slave die Bereitschaft zur Kommunikation, der Datenaustausch kann dann beginnen. Dabei muss für ein gültiges Bit SCL HIGH sein, und SDA darf sich währenddessen nicht ändern. Für eine logische 1 müssen daher SDA und SCL HIGH sein, für eine 0 SDA LOW, SCL jedoch HIGH (siehe Abbildung 8.15).

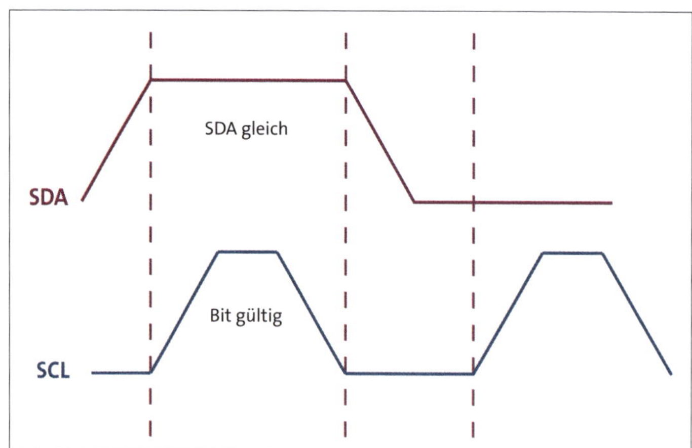

Abbildung 8.15 Schema des I^2C-Datenaustauschs

Darüber hinaus gibt es noch bestimmte Start- oder Stoppbedingungen (SCL ist HIGH, SDA wechselt von HIGH auf LOW, bzw. SDA wechselt von LOW nach HIGH).

Der ESP32 verfügt über zwei I²C-Kanäle. Die standardmäßig implementierte Arduino-Bibliothek `Wire.h` bietet entsprechende Klassen bzw. Methoden. Die Voreinstellung ist:

- **Kanal 1**: SDA = GPIO21, SCL = GPIO22
- **Kanal 2**: SDA = GPIO17, SCL = GPIO16

Eine Änderung ist über entsprechend gesetzte Parameter möglich.

ESP32 als Slave

Die Arduino-`Wire.h`-Bibliothek des ESP32-Boardverwalters unterstützt, zumindest bis Version 1.0.4, nicht den Slave-Modus für den ESP32. Das ESP-IDF hingegen bietet eine Lösung.

Der Scan-Sketch

Häufig ist die I²C-Adresse eines Moduls nicht bekannt. Der Scan-Sketch aus Listing 8.5 überprüft dann alle Adressen eines Kanals und gibt die I²C-Adressen erkannter Geräte aus:

```
#include <Wire.h>

#define SDA2 17
#define SCL2 16

TwoWire i2cScan2 = TwoWire(1);

void scan(int kanal){
  int nDevices = 0;
  byte error;
  for (int i=0; i < 128; i++){
    if (kanal == 1) {
      Wire.beginTransmission(i);
      error = Wire.endTransmission(true);
    } else {
      i2cScan2.beginTransmission(i);
      error = i2cScan2.endTransmission(true);
    }
    if (error == 0) {
      Serial.print("I2C-Gerät an Adresse 0x");
      if (i < 16)    Serial.print("0");
```

```
      Serial.println(i, HEX);
      nDevices++;
    }
  }                           //end for

  if (nDevices == 0) {
    Serial.println("Kein I2C-Gerät gefunden\n");
  } else {
    Serial.println("Ende \n");
  }
  return;
}

void setup(){
  Serial.begin(115200);
  Wire.begin();                      // SDA  Pin 21, SCL  Pin 22
  i2cScan2.begin(SDA2,SCL2,400000); // SDA2 Pin 17, SCL2 Pin 16
}

void loop(){
  Serial.println("Start I2C-Scan Kanal 1");
  scan (1);
  delay(100);
  Serial.println("Start I2C-Scan Kanal 2");
  scan (2);
  Serial.println();
  delay(5000);
}
```

Listing 8.5 Sketch für den I^2C-Scanner

Die Funktion `scan()` überprüft den per Parameter übergebenen Kanal auf angeschlossene Geräte. Dabei versucht die Methode `beginTransmission()`, für jede mögliche Adresse eine Verbindung aufzubauen. Der Rückgabewert der Methode `endTransmission()` zeigt dann, ob ein Gerät antwortet, und ist damit ein Indikator für ein angeschlossenes Modul.

Im `setup()` initialisiert die Methode `begin()` einen I^2C-Kanal. Standardmäßig stellt die Arduino-Bibliothek das Objekt `Wire` bereit. Explizit lässt sich eine Instanz mit `TwoWire i2cScan2 = TwoWire (1)` erstellen. Die Zahl 1 in der Klammer weist auf I^2C-Kanal 2; Kanal 1 ist 0. Die Voreinstellungen für die I^2C-Pins wiederum lassen sich durch entsprechende Parameter der Methode `begin()` ändern (z. B. `i2cScan2.begin (SDA2_PIN,SCL2_PIN,400000)`).

Nach dem Hochladen des Sketchs zeigt der serielle Monitor die Scan-Ergebnisse (siehe Abbildung 8.16).

In diesem Fall ist es das I²C-OLED-Display *SSD1306*, das ich Ihnen in Kapitel 10, »Projektideen«, noch genauer vorstellen werde.

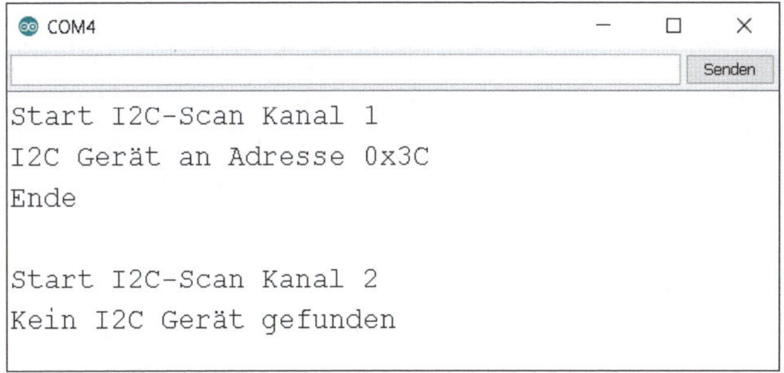

Abbildung 8.16 I²C-Scan-Ergebnis im seriellen Monitor

8.3 I²S

Mit *I²S* (Inter-IC-Sound) möchte ich Ihnen ein weiteres Bussystem vorstellen. Es beruht auf einer Entwicklung von Philips zur Kommunikation für serielle digitale Audiodaten zwischen ICs. Der Datenverkehr ist unidirektional. Die Schnittstelle umfasst drei Signalleitungen (siehe Abbildung 8.17):

- **Takt**: SCK oder BCLK
- **Daten**: SD, SDATA, SDIN, SDOUT, DACDAT oder ADCDAT. Dabei haben *MSB* (*Most Significant Bit*) uns *LSB* (*Least Significant Bit*) etwas mit der Art und Weise zu tun,wie die Daten codiert sind.
- **Word-Select-Leitung**: WS, LRCLK oder FS (WS = 0 → Kanal 1 / linker Kanal, WS = 1 → Kanal 2 / rechter Kanal). Es sind zwei Kanäle möglich.

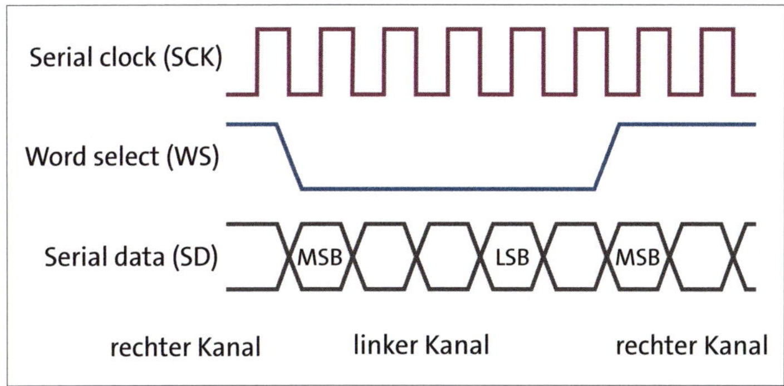

Abbildung 8.17 I²S-Bussystem

Serielle Daten werden im Zweierkomplement mit dem MSB (*Most Significant Bit*) zuerst übertragen. Das MSB wird zuerst übertragen, weil Sender und Empfänger möglicherweise unterschiedliche Wortlängen haben. Der Sender muss nicht wissen, wie viele Bits der Empfänger verarbeiten kann. Auch der Empfänger braucht die Anzahl der übertragenen Bits nicht zu kennen.

Wenn die Systemwortlänge größer als die Senderwortlänge ist, wird das Wort für die Datenübertragung abgeschnitten (niederwertige Datenbits werden auf »0« gesetzt). Erhält der Empfänger mehr Bits, als die Wortlänge beträgt, werden die Bits nach dem LSB ignoriert. Bekommt der Empfängt auf der anderen Seite weniger Bits, als die Wortlänge beträgt, werden die fehlenden Bits intern auf null gesetzt.

Daher hat das MSB eine feste Position, während die Position des LSB von der Wortlänge abhängt. Der Sender sendet immer das MSB des nächsten Wortes eine Taktperiode nach dem WS-Wechsel.

Etwas verwirrend ist auch, dass I^2S unterschiedliche Rollen für die I^2S-Geräte vorsieht (siehe Abbildung 8.18).

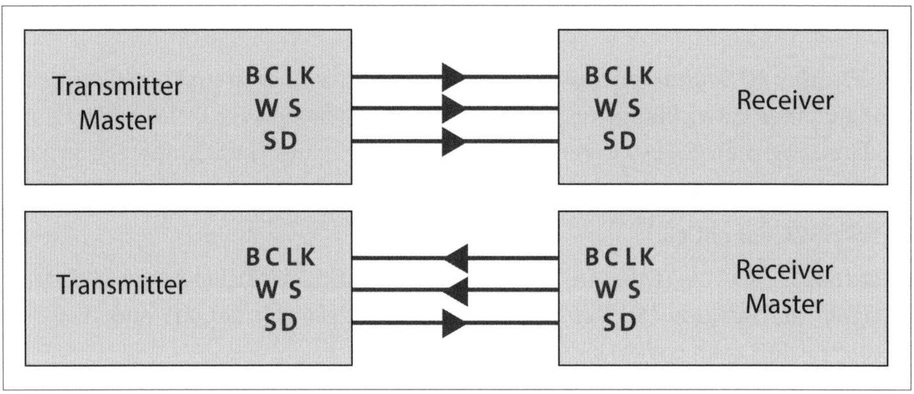

Abbildung 8.18 I^2S-Geräte-Rollen

Der ESP32 wird jedoch in der Rolle *Master* betrieben.

Die Qualität eines Audiosignals hängt von zwei Faktoren ab:

- von der *Abtastrate* (engl. *Sampling Rate*): Sie bezeichnet die Häufigkeit, mit der das analoge Tonsignal abgetastet (oder mit der Samples genommen werden, daher »Sampling«) und danach in ein digitales Signal umgewandelt wird.
- von der *Auflösung* (engl. *Resolution*) – Die Anzahl der im Sample verwendeten Bits. Mehr Bits bedeuten eine bessere Qualität.

So hat digitales Audio in CD-Qualität eine Auflösung von 16 Bit und eine Abtastrate von 44,1 kHz, während digitales Audio in Telefonqualität 8 Bit hat und mit 8 kHz abgetastet wird.

I²S mit internem DAC

Nun haben Sie bereits die Umwandlung von digitalen in analoge Daten im vorherigen Kapitel anhand eines simplen Buzzer-Beispiels kennengelernt. Der Sketch in Listing 8.6 gibt ebenfalls eine Sinuskurve aus, diesmal jedoch über die I²S-Schnittstelle. Die Datenquelle ist der *DMA-Puffer* (DMA: *Direct Memory Access*):

```
#include <stdio.h>
#include "freertos/FreeRTOS.h"
#include "freertos/task.h"
#include "driver/i2s.h"
#include "driver/gpio.h"
#include "esp_system.h"
#include "esp_log.h"
#include <math.h>

#define SAMPLE_RATE      (44100)
#define DMA_BUF_LEN      (32)
#define DMA_NUM_BUF      (2)
#define I2S_NUM          (0)
#define WAVE_FREQ_HZ     (440.0f)
#define PHASE_INC        (2*PI * WAVE_FREQ_HZ / SAMPLE_RATE)

static float p = 0.0f;
static uint16_t out_buf[DMA_BUF_LEN * 2];

static void writeBuffer() {
  float samp = 0.0f;
  size_t bytesWritten;
  for (int i=0; i < DMA_BUF_LEN; i++) {
    samp = (sinf(p) + 1.0f) * 0.5f;

    p += PHASE_INC;
    if (p >= 2*PI)
      p -= 2*PI;

    samp *= 255.0f;
    out_buf[i*2] = out_buf[i*21+] = (uint16_t)samp << 8;
  }

  i2s_write((i2s_port_t)I2S_NUM, out_buf, sizeof(out_buf), &bytesWritten, ⤶
    portMAX_DELAY);
}
```

```
void setup() {
  Serial.begin(115200);
  esp_err_t err;
  i2s_config_t i2s_config = {
      .mode = (i2s_mode_t) (I2S_MODE_MASTER | I2S_MODE_TX | ➲
        I2S_MODE_DAC_BUILT_IN),
      .sample_rate = SAMPLE_RATE,
      .bits_per_sample = I2S_BITS_PER_SAMPLE_16BIT,
      .channel_format = I2S_CHANNEL_FMT_RIGHT_LEFT,
      .communication_format = (i2s_comm_format_t) I2S_COMM_FORMAT_STAND_MSB,
      .intr_alloc_flags = ESP_INTR_FLAG_LEVEL2,
      .dma_buf_count = DMA_NUM_BUF,
      .dma_buf_len = DMA_BUF_LEN,
      .use_apll = false
  };
  i2s_driver_install((i2s_port_t)I2S_NUM, &i2s_config, 0, NULL);
  i2s_set_pin((i2s_port_t)I2S_NUM, NULL); // Internal DAC
  Serial.println("I2S driver installiert");
}

void loop() {
  writeBuffer();
}
```

Listing 8.6 I²S-Sinuskurve an internen DAC

Im setup() enthält die Struktur i2s_config die Parameter für die Konfiguration der der I²S-Schnittstelle. Wesentlich sind die Angaben I2S_MODE_DAC_BUILT_IN (Nutzung der internen DAC-Wandler) und DMA_BUF_LEN (Größe des DMA-Puffers). Die Funktion i2s_driver_install() aktiviert den I²S-Treiber mit der vorgegebenen Konfiguration.

Die Aufgabe der Funktion writeBuffer() ist das Füllen des DMA-Buffers und mit i2s_write() die Übergabe des gefüllten Buffers an den I²S-Driver.

I²S mit externem DAC

Mit einem externen DAC überwinden Sie die Restriktionen des internen DAC. Zum Einsatz kommt ein I²S-Audio-Breakout-Board *MAX98357A*. Es wandelt die digitalen I²S-Audiosignale in ein analoges Signal um und verstärkt das Signal mit einem Klasse-D-Verstärker, der bis zu 3,2 W Leistung an eine 4-Ω-Last abgeben kann. Standardmäßig liefert der Verstärker 9 dB Verstärkung (engl. *Gain*). Durch Anschließen eines Pull-up- oder Pull-down-Widerstands oder durch direkte Verdrahtung kann der Gain-Pin so eingestellt werden, dass er 3 dB, 6 dB, 9 dB, 12 dB oder 15 dB liefert (Gain an GND: Verstärkung 12 dB).

Das Board kann auch so konfiguriert werden, dass nur der linke Kanal, der rechte Kanal oder beide ausgegeben werden. Standard ist die Ausgabe von *(L+R)/2 Stereo-Mix* in Mono. Sie können dies ändern, indem Sie `SD_MODE` direkt (linker Kanal) mit `VCC` verbinden oder zwischen `DD_MODE` und `VCC` einen 470-kΩ-Widerstand vorsehen (rechter Kanal). Abbildung 8.19 zeigt den Schaltplan für eine Mono-Ausgabe.

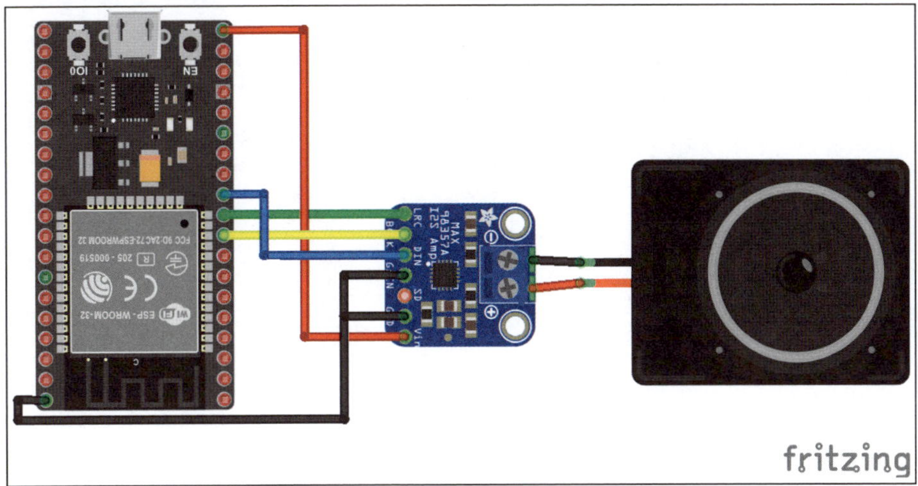

Abbildung 8.19 I²S mit externem DAC (MAX98357A)

Der Sketch in Listing 8.7 baut auf dem vorherigen auf, wobei die I²S-Ausgabe an einen externen DAC erfolgt:

```
#include <stdio.h>
#include "freertos/FreeRTOS.h"
#include "freertos/task.h"
#include "driver/i2s.h"
#include "driver/gpio.h"
#include "esp_system.h"
#include "esp_log.h"
#include <math.h>

#define I2S_WS 26
#define I2S_SCK 25
#define I2S_SD 27
#define I2S_PORT I2S_NUM_0                    // I2S-Processor 0

#define SAMPLE_RATE      (44100)
#define DMA_BUF_LEN      (32)
#define DMA_NUM_BUF      (2)
```

```
#define I2S_NUM          (0)
#define WAVE_FREQ_HZ     (440.0f)
#define PHASE_INC        (2*PI * WAVE_FREQ_HZ / SAMPLE_RATE)

// akkumulierte Phase
static float p = 0.0f;

// Output-Buffer (2 Kanäle interleaved)
static uint16_t out_buf[DMA_BUF_LEN * 2];

// Füllen des Output-Buffers und Schreiben des Inhalts in I2S DMA
static void writeBuffer() {
  float samp = 0.0f;
  size_t bytesWritten;
  for (int i=0; i < DMA_BUF_LEN; i++) {
    samp = (sinf(p) + 1.0f) * 0.5f;
    p += PHASE_INC;
    if (p >= 2*PI)
      p -= 2*PI;
    samp *= 255.0f;
    out_buf[i*2] = out_buf[i*21+] = (uint16_t)samp << 8;
  }

  i2s_write((i2s_port_t)I2S_NUM, out_buf, sizeof(out_buf), &
bytesWritten, portMAX_DELAY);
}

void setup() {
  Serial.begin(115200);
  esp_err_t err;
  i2s_config_t i2s_config = {
      .mode = (i2s_mode_t) (I2S_MODE_MASTER | I2S_MODE_TX),
      .sample_rate = SAMPLE_RATE,
      .bits_per_sample = I2S_BITS_PER_SAMPLE_16BIT,
      .channel_format = I2S_CHANNEL_FMT_RIGHT_LEFT,
      .communication_format = (i2s_comm_format_t) I2S_COMM_FORMAT_STAND_MSB,
      .intr_alloc_flags = ESP_INTR_FLAG_LEVEL2,
      .dma_buf_count = DMA_NUM_BUF,
      .dma_buf_len = DMA_BUF_LEN,
      .use_apll = false
  };
```

```
  err = i2s_driver_install(I2S_PORT, &i2s_config, 0, NULL);
  if (err != ESP_OK) {
    Serial.printf("I2S-Driver Install fehlgeschlagen: %d\n", err);
    while (true);
  }

  // Setup I2S-Pin-Konfiguration
    const i2s_pin_config_t pin_config = {
    .bck_io_num = I2S_SCK,
    .ws_io_num = I2S_WS,
    .data_out_num = I2S_SD,
    .data_in_num = -1
  };
  err = i2s_set_pin(I2S_PORT, &pin_config);
  if (err != ESP_OK) {
    Serial.printf("In Setup fehlgeschlagen: %d\n", err);
    while (true);
  }

  i2s_start(I2S_PORT);
  Serial.println("I2S driver installiert");
}

void loop() {
  writeBuffer();
}
```

Listing 8.7 I^2S-Sinuskurve an externem DAC

Im Prinzip ist der Sketch weitgehend mit dem vorherigen identisch. Änderungen ergeben sich nur hinsichtlich der Festlegungen für den externen DAC. Betroffen sind die I^2S-Konfiguration in `i2s_config_t i2s_config` sowie das PIN-Setup in `i2s_pin_config_t pin_config`.

I^2S-Mikrofon-Eingabe

Ein Beispiel zum Aufzeichnen von Audio-Daten über ein Mikrofon soll den Abschnitt zu I^2S abrunden. Es soll jedoch nur das Prinzip darstellen und beschränkt sich daher der Einfachheit halber auf die Ausgabe der digitalen Daten an die serielle Schnittstelle.

Als Mikrofon dient ein *INMP441*. Es ist vergleichsweise preiswert. Das ist aber mit gewissen Einbußen hinsichtlich der Aufnahmequalität verbunden. Sie können jedoch auch jedes andere I^{2}S-Mikrofon einsetzen. Abbildung 8.20 zeigt die Schaltung.

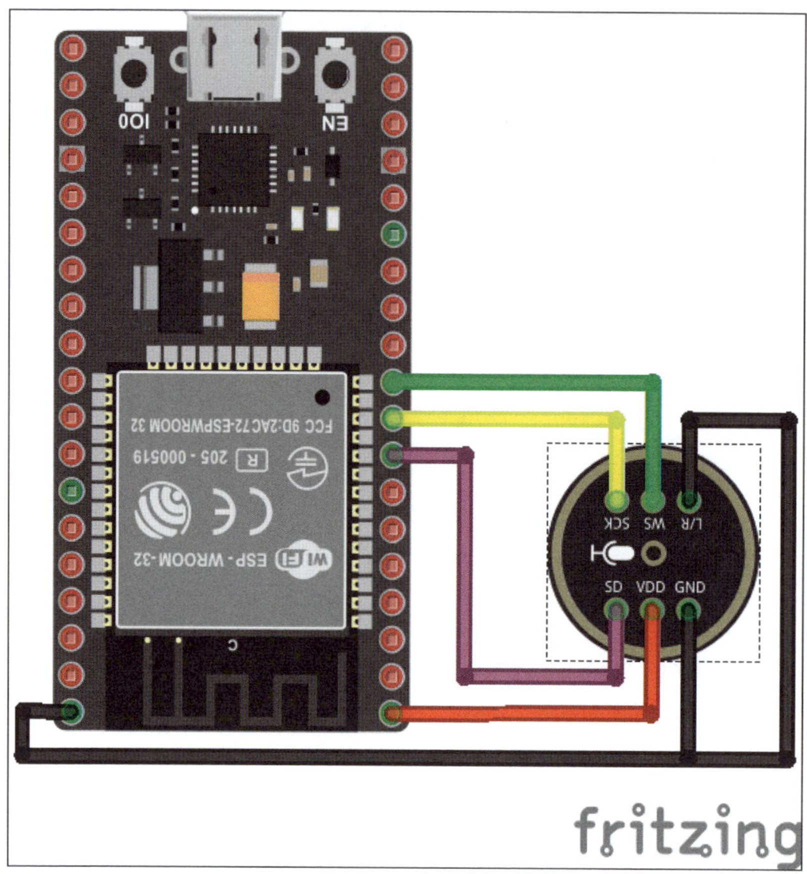

Abbildung 8.20 I^{2}S-Schaltung für eine Mikrofon-Audioaufzeichnung

Der Sketch für das Grundbeispiel in Listing 8.8 gestaltet sich recht übersichtlich:

```
#include <driver/i2s.h>                    // I2S Treiber einbinden

#define I2S_WS 26
#define I2S_SCK 25
#define I2S_SD 33
#define I2S_PORT I2S_NUM_0                 // I2S-Processor 0
#define bufferLen 64                       // Länge Input-Buffer

int16_t sBuffer[bufferLen];
```

```
void setup() {
  Serial.begin(115200);
  delay(100);
  esp_err_t err;

  // Setup I2S
  // Setup I2S-Prozessorkonfiguration
  const i2s_config_t i2s_config = {
    .mode = i2s_mode_t(I2S_MODE_MASTER | I2S_MODE_RX),
    .sample_rate = 44100,
    .bits_per_sample = i2s_bits_per_sample_t(16),
    .channel_format = I2S_CHANNEL_FMT_ONLY_LEFT,
    .communication_format = i2s_comm_format_t(I2S_COMM_FORMAT_STAND_I2S),
    .intr_alloc_flags = 0,
    .dma_buf_count = 8,
    .dma_buf_len = bufferLen,
    .use_apll = false
  };

  err = i2s_driver_install(I2S_PORT, &i2s_config, 0, NULL);
  if (err != ESP_OK) {
    Serial.printf("I2S-Driver Install fehlgeschlagen: %d\n", err);
    while (true);
  }

  // Setup I2S-Pin-Konfiguration
    const i2s_pin_config_t pin_config = {
    .bck_io_num = I2S_SCK,
    .ws_io_num = I2S_WS,
    .data_out_num = -1,
    .data_in_num = I2S_SD
  };

  err = i2s_set_pin(I2S_PORT, &pin_config);
  if (err != ESP_OK) {
    Serial.printf("In Setup fehlgeschlagen: %d\n", err);
    while (true);
  }

  i2s_start(I2S_PORT);

  Serial.println("I2S-Driver installiert.");
```

8

```
  delay (2000);
}

void loop() {
  int rangeLimit = 3000;
  Serial.print(rangeLimit * -1);
  Serial.print(" ");
  Serial.print(rangeLimit);
  Serial.print(" ");

  // Lesen der I2S-Daten in den Buffer
  size_t bytesIn = 0;
  esp_err_t result = i2s_read(I2S_PORT, &sBuffer, bufferLen, &bytesIn, ⮒
     portMAX_DELAY);

  if (result == ESP_OK) {
    // Read I2S data buffer
    int16_t samplesRead = bytesIn / 8;
    if (samplesRead > 0) {
      float mean = 0;
      for (int16_t i = 0; i < samplesRead; ++i) {
        mean += (sBuffer[i]);
      }

      // Durchschnitt gelesener Daten
      mean /= samplesRead;
      Serial.println(mean);
    }
  }
}
```

Listing 8.8 Sketch für eine I²S-Mikrofon-Audioaufzeichnung

Wesentliche Elemente sind die unmittelbar aus ESP-IDF entlehnten Funktionen `i2s_driver_install()` und `i2s_set_pin()` mit den entsprechenden Variablen (Strukturen) `i2s_config` und `pin_config`.

Vergleichen Sie interessehalber die Angaben in `i2s_config` mit denen aus dem Abschnitt »I²S mit internem DAC«. Der Modus ist anstelle von `I2S_MODE_TX` nunmehr `I2S_MODE_RX`. (Aus Sicht des ESP32 ist das Datenempfang.) Etwas sauberer arbeitet der Code auch bei der Ausführung der Funktionen, da er hier den Rückgabewert `result` verlangt und auf Fehlerhaftigkeit abfragt. `Serial.print()` gibt den Wert an die serielle Schnittstelle aus (hier an den seriellen Plotter, siehe Abbildung 8.21).

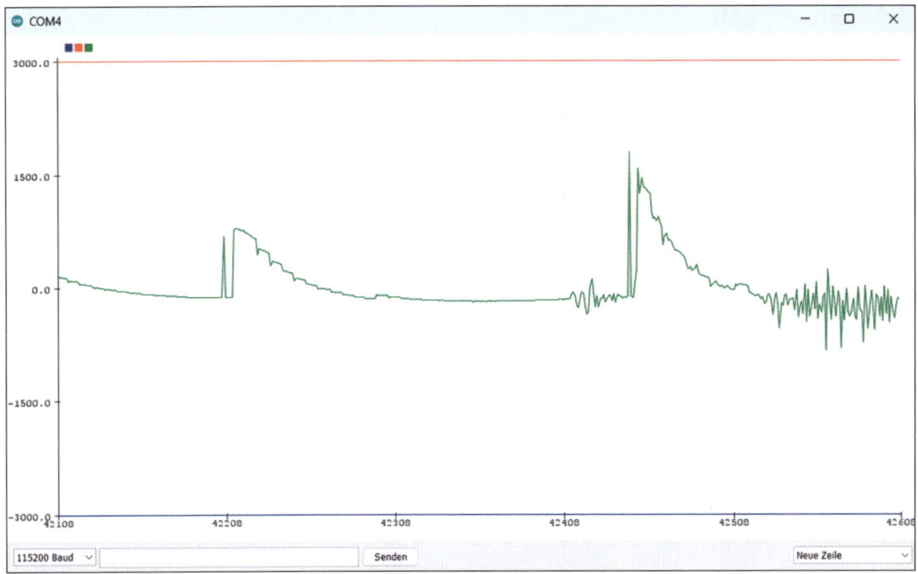

Abbildung 8.21 I²S-Mikrofon-Audioaufzeichnung im seriellen Plotter

8

die Bibliothek arduino-audio-tools

Die Bibliothek *arduino-audio-tools* ist ein echtes Highlight (*https://github.com/pschatzmann/arduino-audio-tools*). Der Entwickler Phil Schatzmann stellt mit ihr einen ganzen Werkzeugkasten für den Audio-Bereich bereit. Er umfasst:

- verschiedene Audioquellen (z. B. digitale/analoge Mikrofone, Soundgeneratoren, Dateien, URLs und anderes)
- verschiedene »Endgerätetechnologien« (z. B. I²S-Stream, Analog-AudioStream, PWM-Ausgabe und mehr)
- Unterstützung für verschiedene Encoder und Decoder für MP3, AAC, WAV, FLAC usw. für EncodedAudioStream
- verschiedene Klanggeneratoren (z. B. zur Erzeugung eines Sinustons)
- Unterstützung für Soundeffekte mit verschiedenen Effektimplementierungen (z. B. Boost, Distortion, Echo)
- verschiedene Pufferimplementierungen für QueueStream
- verschiedene Konverter für ConverterStream
- verschiedene Filter für FilteredStream

Die Bibliothek enthält viele Beispiele, die den Einstieg erleichtern. Laden Sie Sie die Bibliothek von GitHub als *.zip*-Datei herunter und implementieren Sie sie in die Arduino IDE. Manche dieser Beispiele benötigen noch die Bibliothek *arduino-libhelix*, die Sie unter *https://github.com/pschatzmann/arduino-libhelix* finden.

8.4 Bluetooth

Der Ursprung von *Bluetooth* als Industriestandard zur Datenübermittlung zwischen Geräten über eine kurze Distanz mittels Funk liegt in den 1990er-Jahren. Der Name »Bluetooth« geht auf den dänischen König Harald Blauzahn zurück, der verfeindete Teile Norwegens und Dänemarks vereinte. Das Logo zeigt daher ein Monogramm in Form zweier altnordischer Runen.

Bluetooth-fähige Geräte haben zwischenzeitlich auch den privaten Sektor erobert. Prominente Anwendungen sind die Freisprechfunktion im Auto, Fitnessgeräte und Geräte der Hausautomation. Fernseher, PC oder Drucker ohne Bluetooth sind kaum mehr denkbar. Neben Dateien können heute auch Video- und Sprachnachrichten ausgetauscht werden.

Bluetooth kommt immer dann zum Einsatz, wenn relativ nah beieinanderliegende Geräte kabellos miteinander verbunden werden sollen. Je nach Bluetooth-Klasse beläuft sich die Reichweite auf 1 m bis maximal 100 m. Das sind theoretische Werte, weil es, wie bei allen Funkverbindungen, eine Vielzahl von Einflüssen gibt, die sich auf die Reichweite auswirken können (z. B. Hindernisse als solche, das Material der Hindernisse sowie die Empfindlichkeit von Sendern und Empfängern).

Bluetooth lässt sich in zwei Kategorien aufsplitten: in *Bluetooth Classic* und in *Bluetooth Low Energy* (BLE). Im Gegensatz zu Bluetooth Classic, das immer aktiviert ist, bleibt BLE abgesehen von einem Verbindungsaufbau ständig im Ruhezustand. Dies reduziert den Stromverbrauch in Abhängigkeit vom Anwendungsfall um bis zu 99 %.

Unabhängig von der auf dem Gerät installierten Bluetooth-Version (BLE eingeschlossen) erfolgt der Verbindungsaufbau immer nach dem Standard V2.1, indem sich die einzelnen Bluetooth-Controller innerhalb kurzer Zeit über eine individuelle und unverwechselbare sogenannte *MAC-Adresse* verbinden. Die Bluetooth-MAC-Adresse eines Smartphones erhalten Sie gewöhnlich in den Geräteinformationen, die Sie über die Einstellungen erreichen können. In Android 13 auf einem Google Pixel Smartphone erreicht man die Info auf dem kürzeren Weg über EINSTELLUNGEN • ÜBER DAS TELEFON.

Während über die Arduino IDE nur Bibliotheken für Bluetooth Classic und BLE verfügbar sind, bietet das ESP-IDF auch Zugänge zu Apache *NimBLE* und *ESP-BLE-MESH*. Die speziellen Bibliotheken der Arduino IDE für Bluetooth Classic bzw. BLE sind *BluetoothSerial* bzw. *BLE*. Sie sollten aber mit der Installation der ESP32-Pakete für die Arduino IDE bereits installiert sein.

8.4.1 Bluetooth Classic

Mit *Bluetooth Classic* greifen Sie über serielle Funktionen auf die Geräte zu. Der Beispielsketch aus Listing 8.9 sorgt wieder für das Ein- bzw. Ausschalten einer LED an

GPIO2 inklusive entsprechender Meldungen. Die Steuerung übernimmt eine Smartphone-App.

```
#include "BluetoothSerial.h"                // Serial Bluetooth
#define LED_PIN     2                        // GPIO2, Pin G2
BluetoothSerial ESP_BT;                      // Bluetooth-Instanz

void setup() {
  Serial.begin(115200);
  pinMode(LED_PIN, OUTPUT);
  ESP_BT.begin("ESP32");                     // Name des Bluetooth-Geräts
  Serial.println("Bluetooth-Gerät bereit für das Pairing");
}

void loop() {
  String zeile = "";                         // für die eingegangenen Zeichen

  if (ESP_BT.available()) {                  // Gibt es neue BT-Nachrichten?
    while (ESP_BT.available()) {
      char c  = ESP_BT.read();               // Lesen der anstehenden Daten
      zeile += c;
    }
    Serial.println("empfangene Bluetooth-Classic-Daten: ");
    Serial.println(zeile);
    if (zeile.startsWith("ein") ) {
      digitalWrite(LED_PIN, HIGH);
      ESP_BT.println("LED eingeschaltet");
    }
    if (zeile.startsWith("aus") ) {
      digitalWrite(LED_PIN, LOW);
      ESP_BT.println("LED ausgeschaltet");
    }
  }
  delay(20);
}
```

Listing 8.9 Sketch für Bluetooth Classic

Die Ausgabe im seriellen Monitor zeigt nach erfolgreichem Start die Bereitschaft des ESP32 für das Pairing an.

Suchen Sie nun auf Ihrem Mobiltelefon oder Ihrem PC über EINSTELLUNGEN • GERÄTEVERBINDUNG • BLUETOOTH • VERFÜGBARE GERÄTE das Gerät ESP32 und koppeln Sie es.

Jetzt benötigen Sie noch eine App. Im Prinzip sind alle Apps geeignet, die *Bluetooth Serial* unterstützen (z. B. *Bluetooth Terminal, Serial Bluetooth Terminal*). Sie unterscheiden sich ein wenig, etwa in der Länge der gesendeten Daten, in der Art und Weise des Koppelns oder des Verbindungsaufbaus usw.). Die folgenden Screenshots zeigen die Schritte mit der App *Serial Bluetooth Terminal*.

Tippen Sie das Menü-Icon in der obersten Leiste und dann den Eintrag DEVICES an. Im Register BLUETOOTH CLASSIC sollte der Eintrag ESP32 zu sehen sein. Ist das nicht der Fall, ist auch hier noch ein Scan verfügbarer Geräte möglich, indem Sie das Einstellungssymbol rechts oben in der Menüleiste antippen. Sind die Geräte gekoppelt, tippen Sie auf den Eintrag ESP32, um eine Verbindung herzustellen. Für das Einschalten der LED geben Sie nun in die Kommandozeile `ein` ein (siehe Abbildung 8.22).

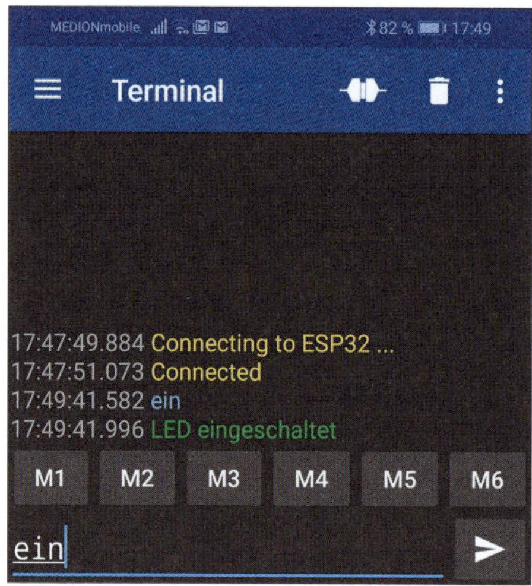

Abbildung 8.22 Die LED wird über eine App auf dem Smartphone geschaltet.

Parallel erfolgt die Ausgabe im seriellen Monitor (siehe Abbildung 8.23).

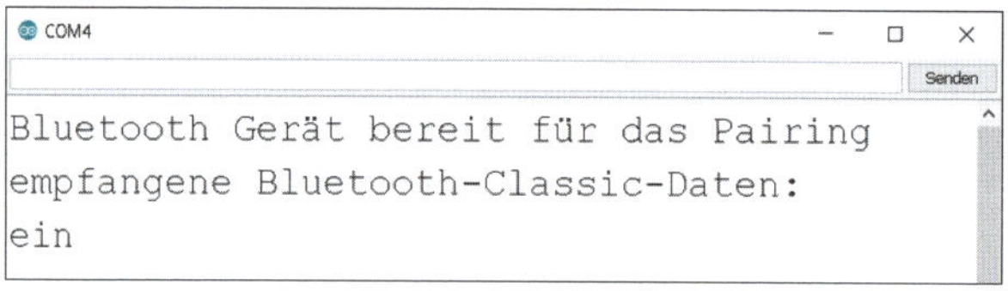

COM4 — Senden

```
Bluetooth Gerät bereit für das Pairing
empfangene Bluetooth-Classic-Daten:
ein
```

Abbildung 8.23 Bluetooth Classic im seriellen Monitor

8.4.2 Bluetooth Low Energy (BLE)

BLE unterscheidet sich deutlich von Bluetooth Classic. Der Energieverbrauch ist äußerst gering (bis unter 1 % im Vergleich zu Bluetooth Classic). BLE ist aber nicht unbedingt für die Übertragung von Dateien (Musik, Video oder Ähnlichem) bestimmt und ist hinsichtlich Funkübertragung sowie Verbindungsaufbau mit den restlichen Teilen von Bluetooth inkompatibel.

Der Verbindungsaufbau erfolgt so, dass ein Gerät periodisch Datenpakete sendet und um eine Verbindung wirbt (engl. *Advertising*). Findet das Werben Gehör, verbinden sich die Geräte. Die der Dateiübertragung zugrunde liegenden Protokolle (*Generic Attribute Profile Services, GATT*) nutzen Bluetooth Classic und BLE allerdings gemeinsam. Das GATT-Profil ist hierarchisch aufgebaut, wie Abbildung 8.24 verdeutlicht.

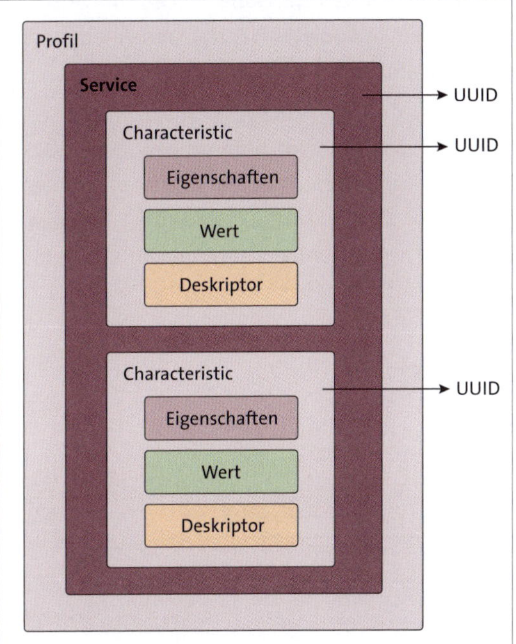

Abbildung 8.24 GATT-Profil von Bluetooth Low Energy

Jedes Bluetooth-Low-Energy-Gerät kann einen oder mehrere Services in seinem Profil haben. Die *SIG* (*Bluetooth Special Interest Group*) hat für verschiedene Arten von Daten (Gewicht, aktuelle Zeit, Alarmmeldung usw.) *Services* vordefiniert (siehe *https://www.bluetooth.com/specifications/gatt/services/*).

Jeder Service wiederum kann ein oder mehrere *Characteristics* aufweisen. Jedes Characteristic verfügt über ein Eigenschaften-Wert-Paar, ähnlich wie Sie es von einem JSON-String bereits kennen. Optional sind Deskriptoren, die die Eigenschaften weiter beschreiben. Die Eigenschaften legen die Art des Datenaustauschs über das Characteristic fest (z. B. Read, Write, Notify). Es sind mehrere Eigenschaften möglich. Die Werte sind Byte-Arrays.

Service und Characteristic verfügen über eine *UUID* (*Universally Unique Identifier*). Dabei handelt es sich um eine eindeutige 128-Bit-Nummer (16 Byte, z. B. `4fafc201-`

`1fb5-459e-8fcc-c5c9c331914b`). Sie können weitere über die in dem Beispielsketch hinausgehende UUIDs mit einem Onlinegenerator bilden (*https://www.uuidgenerator.net*).

BLE-Geräte arbeiten auf Basis des Client-Server-Modells.

[i]

Client-Server-Modell

Das *Client-Server-Modell* beschreibt ein bestimmtes Prinzip der Kommunikation oder Interaktion zwischen zwei Teilnehmern in einem Netzwerk. Dabei gibt es eine Aufgabentrennung zwischen einem Partner, der Dienste anbietet (*Server*), und einem oder mehreren Kunden (*Clients*), die diese Dienste abrufen.

Die Initiative geht dabei immer vom Client aus, der eine Anfrage (*Request*) an den Server stellt. Der Server bearbeitet die Anfrage und sendet eine Antwort bzw. Daten (*Response/Reply*) zurück. Während Server durchgängig laufen und auf Anfragen horchen (engl. *listen*), können Clients abgeschaltet sein. Den Zugriff auf Serverdienste regeln sogenannte *Protokolle*, die für eine verbindliche Abfolge der Kommunikation sorgen.

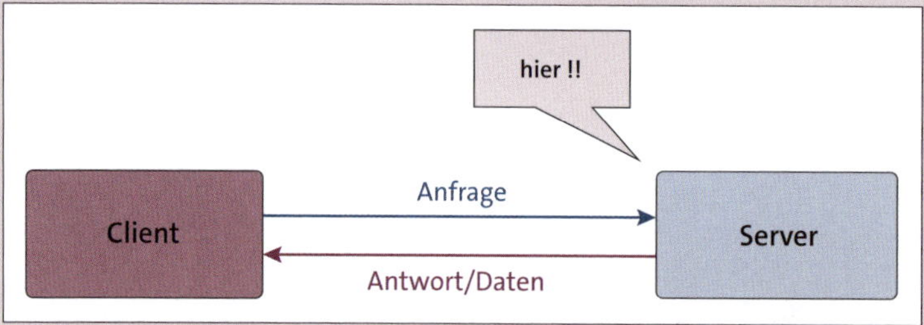

Abbildung 8.25 Client-Server-Architektur

Server sind insbesondere im Einsatz als:

- Dateiserver
- Webserver
- Mailserver
- Datenbankserver

Ein anderes Netzwerkmodell ist das Peer-to-Peer-Modell (dt. »gleich zu gleich«), in dem alle Beteiligten gleichzeitig Dienste in Anspruch nehmen und zur Verfügung stellen.

Der BLE-Server-Sketch

Der Beispielsketch in Listing 8.10 erweitert die Funktionalität des Bluetooth-Classic-Beispiels aus Abschnitt 8.4.1 um eine periodische Meldung der abgelaufenen Rechnerzeit:

```
#include <BLEDevice.h>
#include <BLEServer.h>
#include <BLEUtils.h>
#include <BLE2902.h>

#define SERVICE_UUID           "6E400001-B5A3-F393-E0A9-E50E24DCCA9E"
#define CHARACTERISTIC_UUID_RX "6E400002-B5A3-F393-E0A9-E50E24DCCA9E"
#define CHARACTERISTIC_UUID_TX "6E400003-B5A3-F393-E0A9-E50E24DCCA9E"
#define LED_PIN      2                // GPIO2, Pin G2

BLECharacteristic *pCharacteristicTX;  // Characteristic an Client senden
bool deviceConnected = false;          // Kontrolle Pairing
int ledStatusAlt = 0;

// Server-Callback
class MyServerCallbacks: public BLEServerCallbacks {
  void onConnect(BLEServer* pServer) {
    deviceConnected = true;
  };
  void onDisconnect(BLEServer* pServer) {
    deviceConnected = false;
  }
};

// Callbacks für den Datenempfang
class MyCallbacks: public BLECharacteristicCallbacks {
  void onWrite(BLECharacteristic *pCharacteristic) {
    std::string rxValue = pCharacteristic->getValue();
    if (rxValue.length() > 0) {
      Serial.print("empfangene BLE-Daten: ");
      for (int i = 0; i < rxValue.length(); i++) {
        Serial.print(rxValue[i]);
      }
      Serial.println();
      if (rxValue.find("ein") != -1) {
        digitalWrite(LED_PIN, HIGH);
      }
      else if (rxValue.find("aus") != -1) {
        digitalWrite(LED_PIN, LOW);
      }
    }                         // end if rxValue.length() > 0
  }                           // end function
};                            // end class
```

```
void setup() {
  Serial.begin(115200);
  pinMode(LED_PIN, OUTPUT);
  digitalWrite(LED_PIN, LOW);

  // BLE-Device erstellen
  BLEDevice::init("ESP32BLE");

  // BLE-Server erstellen
  BLEServer *pServer = BLEDevice::createServer();
  pServer->setCallbacks(new MyServerCallbacks());

  // BLE-Service erstellen
  BLEService *pService = pServer->createService(SERVICE_UUID);

  // BLE Characteristic Senden erstellen
  pCharacteristicTX = pService->createCharacteristic(
                      CHARACTERISTIC_UUID_TX,
                      BLECharacteristic::PROPERTY_NOTIFY
                      );
  pCharacteristicTX->addDescriptor(new BLE2902());

  // BLE Characteristic Empfangen erstellen
  BLECharacteristic *pCharacteristic = pService->createCharacteristic(
                                       CHARACTERISTIC_UUID_RX,
                                       BLECharacteristic::PROPERTY_WRITE
                                       );
  pCharacteristic->setCallbacks(new MyCallbacks());

  // BLE-Server starten
  pService->start();

  // Anfragen nach Verbindungsaufbau starten
  BLEAdvertising *pAdvertising = BLEDevice::getAdvertising();
  pAdvertising->addServiceUUID(SERVICE_UUID);
  pAdvertising->setScanResponse(true);
  pAdvertising->setMinPreferred(0x06);
  pAdvertising->setMinPreferred(0x12);
  pServer->getAdvertising()->start();

  Serial.println("Warten auf Verbindungsnachricht durch einen BLE-Client!");
}
```

```
void loop() {
  long messWert;
  if (deviceConnected) {
    char txString[20];
    if (ledStatusAlt != digitalRead (LED_PIN)  ) {
      if (digitalRead (LED_PIN)) {
        sprintf(txString, "LED eingeschaltet");
      } else {
        sprintf(txString, "LED ausgeschaltet");
      }
      ledStatusAlt = digitalRead (LED_PIN);
    } else {
      messWert = millis() / 1000;
      sprintf(txString, "Zeitstempel %d", messWert);     // Wert konvertieren
    }

    pCharacteristicTX->setValue(txString);
    pCharacteristicTX->notify();          // senden

  }
  delay(2000);
}
```

Listing 8.10 Sketch für einen BLE-Server

Für den Datenaustausch mit den Clients bietet der Server ein Characteristic für die zu sendenden Daten und eines für die zu empfangenden Daten an, sodass insgesamt drei UUIDs erforderlich sind. `BLECharacteristic *pCharacteristicTX` deklariert einen Zeiger auf die Instanz des Sende-Characteristics als globale Variable.

Der Sketch arbeitet mit Callbacks. Der Server-Callback ist eine eigene Klasse mit zwei Methoden, die in Abhängigkeit vom Bestehen einer Clientverbindung den Merker `deviceConnected` auf `true` oder `false` setzen.

Der zweite Callback, der in der Klasse `MyCallbacks` liegt, kümmert sich um die Behandlung eingehender Daten. Sobald dieses Ereignis eintritt, wandern mit `pCharacteristic->getValue()` die Daten in die Variable `rxValue`. Es schließen sich der Ausdruck und die Auswertung des Inhalts der Variablen an.

Im `setup()` ist einiges zu tun: Hier werden das BLE-Device, der BLE-Server, der BLE-Service und die beiden BLE-Characteristics erstellt, und der BLE-Server wird gestartet. In diesem Zusammenhang erfolgt auch die Anbindung der Callbacks. Die letzte Aktion ist das Anbieten eines Verbindungsaufbaus. Die beiden Funktionen `addServiceUUID(SERVICE_UUID)` und `setScanResponse(true)` sorgen dort dafür, dass der ESP32-

Scan-Sketch und der ESP32-Client-Sketch den Server finden bzw. korrekt zuordnen können.

Die `loop()` beinhaltet bei Bestehen einer Verbindung lediglich das periodische Senden von Zustandsinformationen. Dies ist üblicherweise die abgelaufene Rechnerzeit in Sekunden; wechselt der LED-Status, ist dies dann eine Meldung über den aktuellen Zustand.

Beim Start des Sketchs zeigt der serielle Monitor, dass der ESP32-BLE-Server läuft und auf den Verbindungsaufbau mit einem Client wartet (siehe Abbildung 8.26).

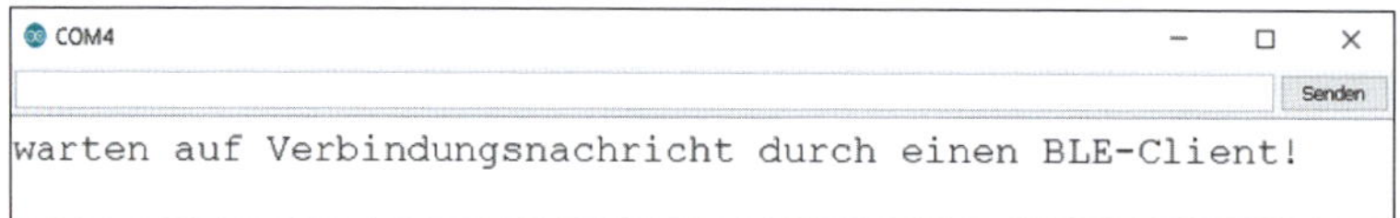

Abbildung 8.26 Der BLE-Server wartet auf eine Clientverbindung.

Der BLE-Scan-Sketch

Der Scan-Sketch überprüft, ob der Server erreichbar ist und die gewünschten Kontaktinformationen bereithält. Öffnen Sie mit DATEI • BEISPIELE • ESP32 BLE ARDUINO • BLE_SCAN den Beispielsketch und laden Sie ihn auf ein zweites ESP32-Board hoch. Die Ausgabe im seriellen Monitor zeigt dann die gefundenen BLE-Geräte (siehe Abbildung 8.27).

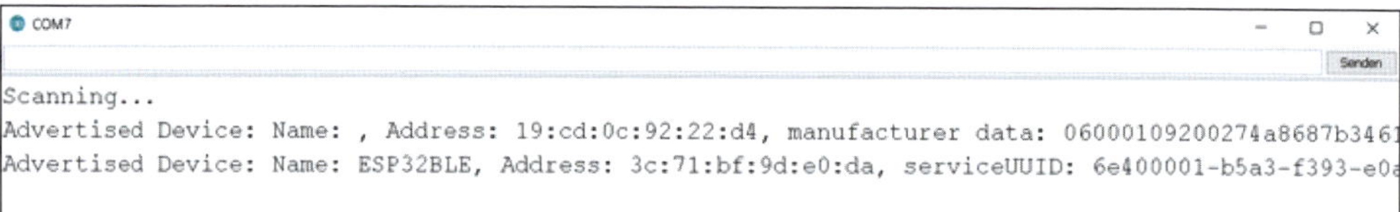

Abbildung 8.27 BLE-Scan im seriellen Monitor

Der Scan zeigt zwei gefundene Geräte, darunter auch das Gerät mit dem Namen *ESP32BLE* und zutreffender Service-UUID. Die Adresse ist die Bluetooth-MAC-Adresse des BLE-Servers.

Mehrere Arduino IDEs starten

ESP32-BLE-Server und ESP32-BLE-Scan bzw. ESP32-BLE-Client laufen logischerweise auf zwei unterschiedlichen Boards. Damit Sie beide Boards zur gleichen Zeit bearbeiten können, starten Sie an Ihrem PC die Arduino IDE mehrfach in zwei verschiedenen Fenstern. Stellen Sie in den Fenstern Board-Typ und Portnummer getrennt ein. Hierdurch haben Sie auch zwei serielle Monitore für die Ablaufkontrolle zur Verfügung.

Die BLE-Client-App »nRF Connect for Mobile«

Jetzt benötigen Sie noch einen BLE-Client. Für den Einstieg eignet sich die App *nRF Connect for Mobile*. Installieren und starten Sie sie (siehe Abbildung 8.28).

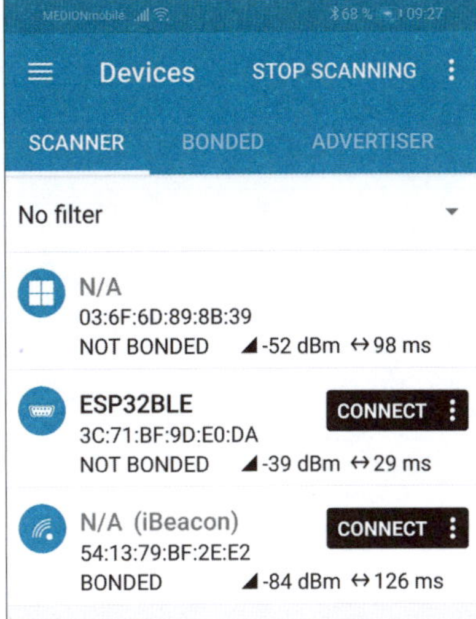

Abbildung 8.28 Die App »nRF Connect for Mobile«

Die Liste im Register SCANNER sollte einen Eintrag ESP32BLE aufweisen. Tippen Sie auf CONNECT, um zu Ihrem Gerät zu gelangen (siehe Abbildung 8.29).

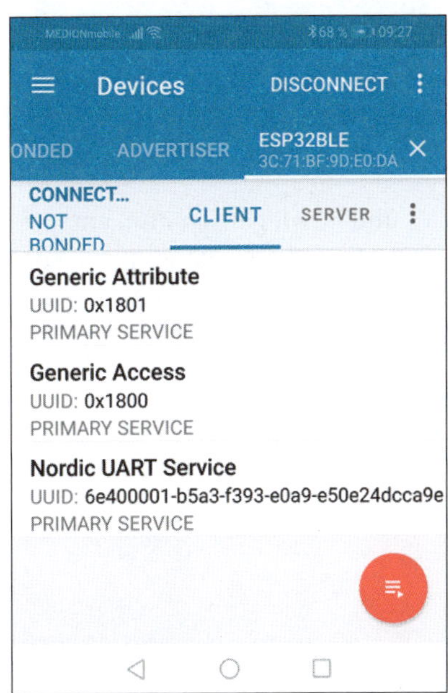

Abbildung 8.29 »nRF Connect for Mobile« – Das Device ESP32BLE wurde gefunden.

Das Display gibt als Servicebezeichnung *Nordic UART Service* aus. Dies ist der Name, der der genutzten UUID zugeordnet ist. Bei selbst generierten UUIDs wäre die Ausgabe *Unknown Service*. Ein Vergleich mit dem Code des Sende-Sketchs zeigt, dass die UUIDs übereinstimmen. Durch Tippen auf den Eintrag öffnet sich die Liste der Characteristics, die zu diesem Service gehören (siehe Abbildung 8.30).

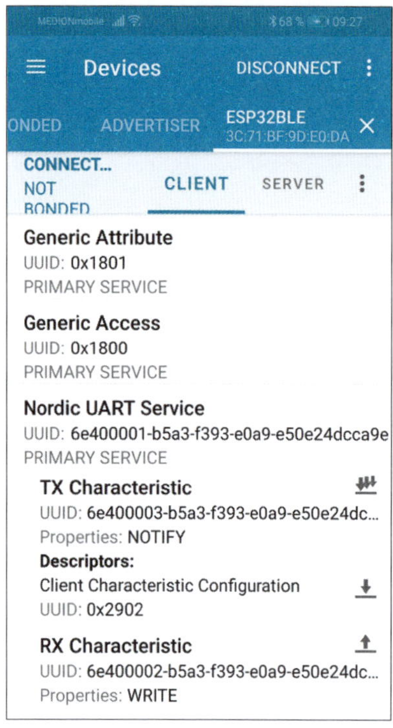

Abbildung 8.30 Der ESP32BLE-Service

Gut zu erkennen sind die UUIDs der Characteristics und ihre Eigenschaften entsprechend den Festlegungen im Sendesketch (siehe Abbildung 8.30). Wenn Sie auf das Empfangssymbol tippen, sehen Sie die letzte Eingangsnachricht dieses Characteristics (siehe Abbildung 8.31).

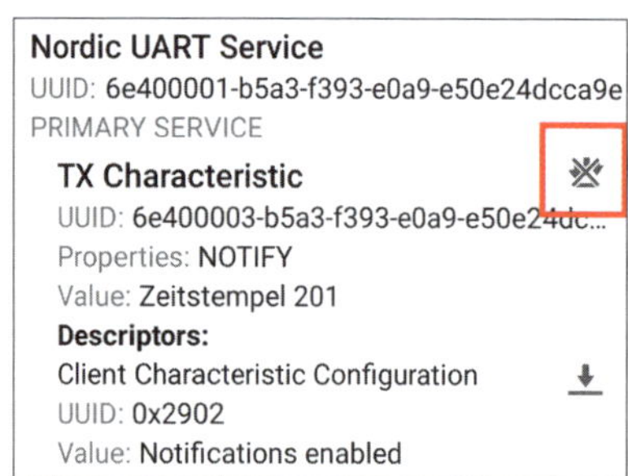

Abbildung 8.31 Die Eingangsnachricht

Mit einem Wisch nach rechts gelangen Sie zur Historie der empfangenen Daten (siehe Abbildung 8.32).

Abbildung 8.32 Das ESP32BLE-Empfangsjournal

Sie senden Daten, indem Sie auf das Upload-Icon tippen (siehe Abbildung 8.33).

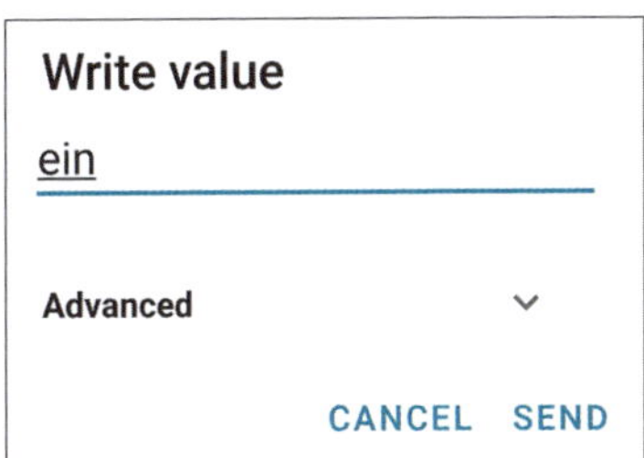

Abbildung 8.33 Eine ESP32BLE-Nachricht senden

Geben Sie den Wert »ein« ein und tippen Sie auf SEND. Nun sollte die LED leuchten. Das Display der App vermerkt zu dem *RX Characteristic* den letzten gesendeten Wert (siehe Abbildung 8.34).

Abbildung 8.34 Die ESP32BLE-Nachricht wurde gesendet.

Der serielle Monitor bestätigt den Empfang der Daten (siehe Abbildung 8.35).

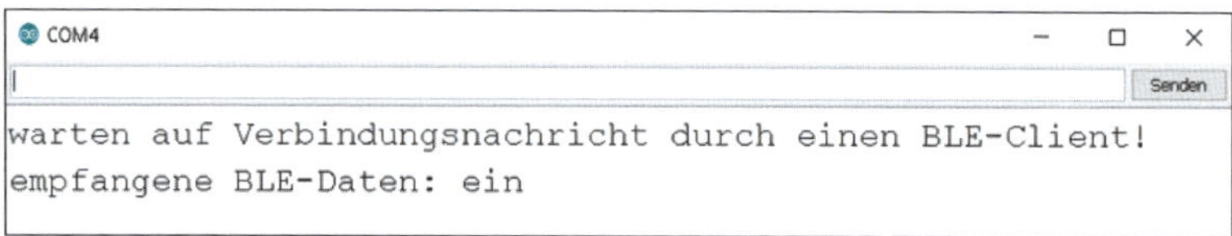

Abbildung 8.35 Der Nachrichtenempfang im seriellen Monitor

Der Client-Sketch

In Listing 8.11 finden Sie den passenden Client zum Server-Sketch aus Listing 8.10:

```
#include "BLEDevice.h"

#define SERVICEUUID             "6E400001-B5A3-F393-E0A9-E50E24DCCA9E"
#define CHARACTERISTIC_UUID_RX "6E400003-B5A3-F393-E0A9-E50E24DCCA9E"
#define CHARACTERISTIC_UUID_TX "6E400002-B5A3-F393-E0A9-E50E24DCCA9E"

static boolean doConnect = false;
static boolean connected = false;
static boolean doScan = false;
static boolean ledStatus = false;
static BLERemoteCharacteristic* pRemoteCharacteristicRX;
static BLERemoteCharacteristic* pRemoteCharacteristicTX;
static BLEAdvertisedDevice* myDevice;

static void rxCallback(
  BLERemoteCharacteristic* pBLERemoteCharacteristic,
  uint8_t* pData,
  size_t length,
  bool isNotify) {
    Serial.print("empfangene BLE-Daten: ");
    for (int i = 0; i < length; i++) {
      Serial.print((char)pData[i]);
```

```
    }
    Serial.println();
}

class MyClientCallback : public BLEClientCallbacks {
  void onConnect(BLEClient* pclient) {
  }

  void onDisconnect(BLEClient* pclient) {
    connected = false;
    Serial.println("Verbindung getrennt");
  }
};

bool connectToServer() {
  Serial.print("- Beginn Verbindungsaufbau zu ");
  Serial.println(myDevice->getAddress().toString().c_str());

  // Client einrichten
  BLEClient*  pClient  = BLEDevice::createClient();
  Serial.println("  = Client eingerichtet");
  pClient->setClientCallbacks(new MyClientCallback());

  // Verbindung zum BLE-Server herstellen
  pClient->connect(myDevice);
  Serial.println("  = BLE-Server-Verbindung hergestellt");

  // Übereinstimmen der Service-UUIDs überprüfen
  BLERemoteService* pRemoteService = pClient->getService(SERVICEUUID);
  if (pRemoteService == nullptr) {
    Serial.print("Service-UUIDs stimmen nicht überein: ");
    Serial.println(SERVICEUUID);
    pClient->disconnect();
    return false;
  }
  Serial.println("  = Service gefunden");

  // Übereinstimmen der UUID für den Datenempfang überprüfen
  pRemoteCharacteristicRX =
     pRemoteService->getCharacteristic((BLEUUID) CHARACTERISTIC_UUID_RX);
```

```
  if (pRemoteCharacteristicRX == nullptr) {
    Serial.print("RX characteristic UUID nicht gefunden: ");
    Serial.println(CHARACTERISTIC_UUID_RX);
    pClient->disconnect();
    return false;
  }

  // Übereinstimmen der UUID für das Senden von Daten überprüfen
  pRemoteCharacteristicTX =
     pRemoteService->getCharacteristic((BLEUUID) CHARACTERISTIC_UUID_TX);
  if (pRemoteCharacteristicTX == nullptr) {
    Serial.print("TX Characteristic UUID nicht gefunden: ");
    Serial.println(CHARACTERISTIC_UUID_TX);
    pClient->disconnect();
    return false;
  }

  Serial.println("  = alle Characteristics gefunden");
  if(pRemoteCharacteristicRX->canNotify())
    pRemoteCharacteristicRX->registerForNotify(rxCallback);

  connected = true;          // Merker setzen
  return true;
}

// passenden Server aus allen "anbietenden" Servern suchen
class MyAdvertisedDeviceCallbacks: public BLEAdvertisedDeviceCallbacks {
  // wird für jeden gefundenen Server aufgerufen
  void onResult(BLEAdvertisedDevice advertisedDevice) {
    Serial.print("BLE \"anbietender\" Server gefunden: ");
    Serial.println(advertisedDevice.toString().c_str());

    if (advertisedDevice.haveServiceUUID()) {
      Serial.println("- Server sendet eine UUID ");
      if (advertisedDevice.isAdvertisingService((BLEUUID) SERVICEUUID) ) {
        Serial.println("- Service-UUID entspricht gesuchter UUID" ) ;
        BLEDevice::getScan()->stop();
        myDevice = new BLEAdvertisedDevice(advertisedDevice);
        // Merker für Verbindungsaufbau durchführen, (->loop) setzen
        doConnect = true;
        doScan = true;
      }
```

```
    } else {
     Serial.println("BLE-Server hat keine Service-UUID ");
    }

  }             // onResult
};              // MyAdvertisedDeviceCallbacks

void setup() {
  Serial.begin(115200);
  Serial.println("Scan nach BLE-Servern vorbereiten und starten");

  // BLE-Scanner
  BLEDevice::init("");
  BLEScan* pBLEScan = BLEDevice::getScan();
  // Callback für gefundene BLE-Server registrieren
  pBLEScan->setAdvertisedDeviceCallbacks(new MyAdvertisedDeviceCallbacks());
  pBLEScan->setInterval(1349);
  pBLEScan->setWindow(449);
  pBLEScan->setActiveScan(true);        // Active Scanning setzen
  pBLEScan->start(5, false);            // Scan läuft 5 Sekunden
}

void loop() {
  // passender Server ist durch Scan gefunden
  // es folgt der Verbindungsaufbau
  if (doConnect == true) {
    if (connectToServer()) {
      Serial.println("==> Verbindung zum BLE-Server steht!");
      Serial.println();
    } else {
      Serial.println("Verbindungsaufbau zum BLE-Server misslungen");
    }
    doConnect = false;
  }

  // bei bestehender Verbindung Update des Sende-Characteristics
  if (connected) {
    if (ledStatus) {
      pRemoteCharacteristicTX->writeValue("ein", 4);
    } else {
      pRemoteCharacteristicTX->writeValue("aus", 4);
    }
    ledStatus = !ledStatus;
```

```
  } else if(doScan){
    BLEDevice::getScan()->start(0);
  }

  delay(10000);
}
```

Listing 8.11 Sketch für einen BLE-Client

Die ersten Zeilen des Sketchs sind wieder `defines` und globalen Variablen vorbehalten, wie Sie sie inhaltlich im Prinzip auch schon aus dem Server-Sketch kennen.

Ebenso finden sich einige Callbacks, die Ereignisse abarbeiten. Die Methode `rxCallback` tritt in Aktion, wenn neue Daten empfangen werden, und gibt diese im seriellen Monitor aus. Der Server-Callback ist wiederum eine eigene Klasse mit zwei Methoden; beim Verlust einer Serververbindung setzt die Funktion `onDisconnect` den Merker `connected` auf `false`.

Die Funktion `connectToServer()` baut die Verbindung zum BLE-Server auf. Der Aufruf erfolgt in der `loop()` und setzt ein positives Server-Scan-Ergebnis voraus. Der Verbindungsaufbau läuft in mehreren Schritten ab. Am Anfang stehen die Einrichtung eines Clients und das Registrieren der Callback-Funktion, die die Serververbindung überwacht. Daran schließt sich der eigentliche Verbindungsvorgang an. In den folgenden Schritten wird anhand der UUIDs für Service und Characteristics überprüft, ob der gefundene BLE-Server auch der gewünschte Server ist. Der Merker `connected` ist bei positivem Ergebnis `true` und bestimmt dann in der `loop()` den Programmablauf.

Der Callback `BLEAdvertisedDeviceCallbacks` reagiert auf die Ergebnisse des Scans nach BLE-Servern. Der Scan wird beendet, sobald ein mutmaßlich passender BLE-Server erscheint. Ein Merker `doConnect` informiert die Hauptverarbeitungsroutine über das Ergebnis, sodass dort der konkrete Verbindungsaufbau initiiert werden kann.

Das `setup()` bereitet lediglich den Scan nach einem BLE-Server vor und startet ihn.

Die `loop()` veranlasst bei positivem Scan-Ergebnis einen Verbindungsaufbau. Bei bestehender Verbindung zu einem BLE-Server erfolgt für jedes Suchergebnis bereits an dieser Stelle eine Prüfung und ein Update des Werts des Sende-Characteristics. Anhand des neuen Werts kann dann der BLE-Server die angeschlossene LED schalten.

Nun können Sie den Datenaustausch zwischen BLE-Server und BLE-Client verfolgen. Ideal ist es, wenn diese an unterschiedliche COM-Ports angeschlossen sind. Der BLE-Server gibt im seriellen Monitor die gleichen Meldungen wie bei der Kommunikation mittels der App *nRF Connect* aus (siehe Abbildung 8.35). Der BLE-Client meldet den Empfang (siehe Abbildung 8.36).

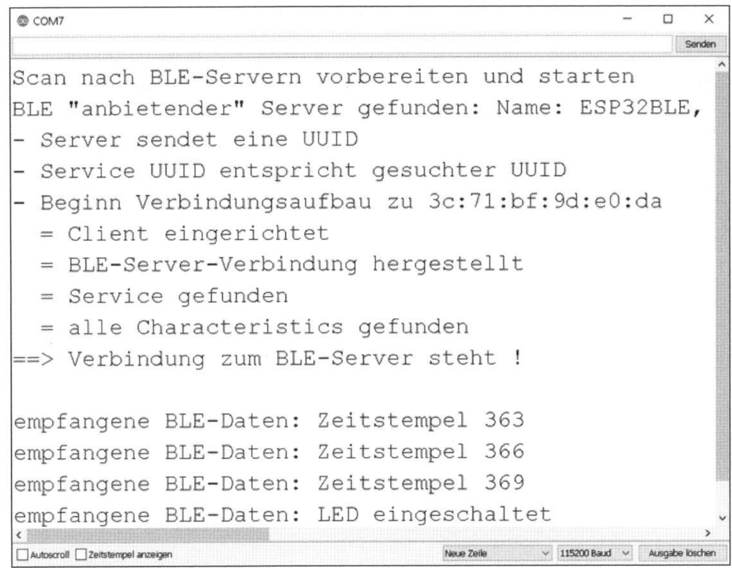

Abbildung 8.36 BLE-Client im seriellen Monitor – Verbindung zum Server

8.5 WLAN/Wi-Fi

Wi-Fi ist ein aus der Analogie zu Hi-Fi abgeleiteter Kunstbegriff. Er dient sowohl als Kennzeichnung für ein Firmenkonsortium, das Produkte verschiedener Hersteller auf der Basis des IEEE-802.11-Standards für Funknetzwerke zertifiziert, als auch als dazugehöriger Markenbegriff. Im allgemeinen Sprachgebrauch wird Wi-Fi häufig als Synonym für *WLAN* (*Wireless Local Area Network*, dt. »kabelloses lokales Netzwerk«) benutzt, obwohl es sich bei Letzterem um einen Begriff aus der Netzwerktopologie handelt. Für Geräte ist die Wi-Fi-/WLAN-Funktionalität gewissermaßen das Fenster zur Welt, denn sie bietet gegenüber Bluetooth deutlich mehr Möglichkeiten des Informationsaustauschs.

Der ESP32 verfügt über verschiedene Möglichkeiten der WLAN-Anbindung:

- »Traditionelles« WLAN steht an dieser Stelle für die bislang wohl noch am häufigsten anzutreffende Netzwerkkonfiguration und hat folgende Modi:
  - *Access-Point-Modus* (AP): Andere Stationen (Geräte) verbinden sich mit dem ESP32.
  - *Station-Modus* (STA, Wi-Fi-Client-Modus): Der ESP32 verbindet sich mit einem AP.
  - AP und STA werden kombiniert.
- *ESP-Now* ist eine Art verbindungsloses WLAN-Kommunikationsprotokoll, das von Espressif definiert wurde.

- Unter *Mesh* (dt. »ineinandergreifen«) verbergen sich aktuell Ansätze zur Verbesserung eines WLAN-Netzes. Hierbei handelt es sich um ein WLAN-Netzwerk, das aus untereinander »vermeshten« Komponenten wie *Repeater, Access-Point* und *Router* besteht. Es erreicht eine gute Flächendeckung und sorgt für gleich große Übertragungsraten im kompletten WLAN-Bereich. Aufgrund des Ineinandergreifens der Komponenten ist ein Mesh-Netz wesentlich zuverlässiger und leistungsfähiger als konventionelle Lösungen. Für den ESP32 stellt das ESP-IDF entsprechende Bibliotheken bereit.

8.5.1 ESP32 als AP

Bei einem Betrieb als reiner Access-Point (AP-Modus) arbeitet der ESP32 als ein Gerät, das Signale anderer Geräte empfängt, ohne sie an einen Router weiterzuleiten (siehe Abbildung 8.37). Er wird häufig als Webserver aufgesetzt, der den Datenaustausch mit WLAN-Clients regelt. Die Anzahl angeschlossener Clients ist auf fünf begrenzt.

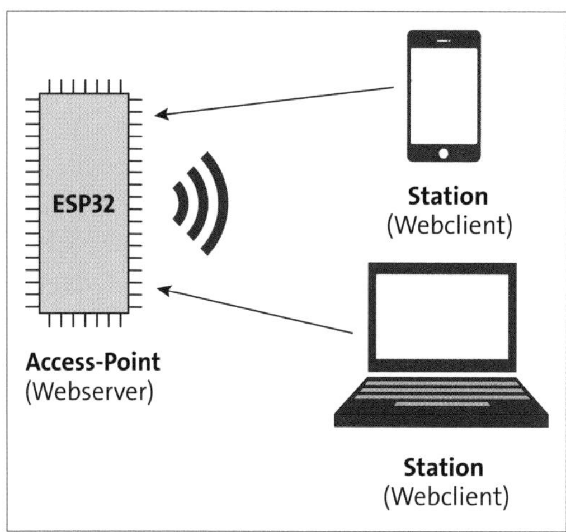

Abbildung 8.37 ESP32 als Access-Point

Anwendungsgebiete sind vielfach Situationen, in denen die Einbindung in ein übergreifendes WLAN nicht möglich ist, dennoch aber die Notwendigkeit besteht, dass andere Geräte für Steuerungszwecke oder das Auslesen von Messwerten auf den Mikrocontroller zugreifen können.

[i]

Adressaufbau und Übertragungsprotokoll

Für die Erreichbarkeit eines Geräts in einem Netzwerk sorgt eine eindeutige Adresse, die *URL* (*Uniform Resource Locator*, dt. »einheitlicher Ressourcenzeiger«). Wesentlicher Bestandteil ist die auf dem Internetprotokoll basierende *IP-Adresse* (z. B. 192.168.4.2).

Darüber hinaus sind *Ports* Bestandteil einer Netzwerkadresse. Sie dienen vornehmlich als Unterscheidungsmerkmal von Verbindungen zwischen mehreren Endpunkten bzw. zwischen Server und Client. Port 80 ist der Standardport bei Webservern und wird deshalb normalerweise bei der Adressierung einer Clientanfrage nicht mit aufgeführt (vollständig lautete die Adresse z. B. 192.168.4.2:80).

Das Standardprotokoll für die Kommunikation zwischen Server und Client ist HTTP/1.1 (*Hypertext Transfer Protocol*; der neueste Standard ist HTTP/3 aus dem Jahr 2018). Dabei stellt `GET` die gebräuchlichste Anfragemethode dar, mit der ein Client eine Serveranfrage startet. Dahinter folgen, durch ein Leerzeichen getrennt, die URL, gegebenenfalls ein Schrägstrich und zu übergebende Parameter sowie die verwendete HTTP-Version. Die Eingabe einer Anfrage in der Befehlszeile eines Browsers beschränkt sich allerdings in der Regel auf URL und Parameter (z. B. `192.168.4.2:80/Param HTTP/1.1`).

Das HTTP-Protokoll schreibt vor, dass sowohl Clientanfragen als auch Serverantworten aus einem Kopfteil für *Metainformationen* und einem Bereich für die Nutzdaten bestehen. (Metadaten sind strukturierte Daten, die Informationen über Merkmale anderer Daten enthalten.)

Die HTTP-Anfrage (*Request*) besitzt folgende Elemente:

- **Request-Zeile**: Sie beinhaltet die anzuwendende Methode, den angefragten Dokumenttyp und die eingesetzte Protokollversion.
- **Nachrichtenkopf** (*Header*): Der Kopf besteht aus mehreren Zeilen mit zusätzlichen Informationen über die Anfrage und den Client (Navigator, Betriebssystem usw.).
- **Nachrichtenkörper** (*Body*): Der Körper besteht aus mehreren optionalen Zeilen, die vom vorherigen Zeilenblock durch eine Leerzeile getrennt sind.

Die HTTP-Antwort (*Response*) hat folgenden Aufbau:

- **Statuszeile**: Sie enthält die Version des angewendeten Protokolls sowie Statuscode und Codeerläuterung.
- **Nachrichtenkopf**: Der Kopf besteht wiederum aus mehreren Zeilen mit zusätzlichen Informationen über die Antwort und/oder den Server.
- **Antwortkörper**: Der Körper enthält die angeforderten Daten.

Ein erstes Anwendungsbeispiel soll ein WLAN-Netz aufspannen, das den Zugriff auf einen Webserver gewährleistet. Clients haben dann die Möglichkeit, eine an GPIO2 angeschlossene LED ein- und auszuschalten.

Vorbereitungen

Überprüfen Sie bitte mit dem Bibliotheksverwalter, ob die Bibliotheken `WiFi.h`, `WiFiClient.h` und `WiFiAP.h` installiert sind. Installieren Sie sie gegebenenfalls nach.

Der Sketch

Der Sketch aus Listing 8.12 soll lediglich die bereits genannten Aufgaben erledigen und damit ein minimales Grundgerüst für Erweiterungen sein, die in den nächsten Abschnitten folgen.

```
#include <WiFi.h>                   // für Wi-Fi
#include <WiFiClient.h>
#include <WiFiAP.h>

#define LED_PIN           2         // GPIO2

// Definition der AP-Zugangsdaten (Credentials)
const char *ssid     = "ESP32_AP";
const char *password = "1234abcd";
// Objekt für Webserver mit Standardport 80
WiFiServer serverWiFi (80);

// sendet eine Antwort an den Wi-Fi-Client
void wifiSend (WiFiClient client) {
  // HTTP-Header
  client.println("HTTP/1.1 200 OK");
  client.println("Content-type:text/html");
  client.println();
  // die HTTP-Antwort endet mit einer weiteren Leerzeile
  client.println();
}

// bearbeitet eine Anfrage von dem Wi-Fi-Client
void wifiReceive (WiFiClient client) {
  Serial.println("Neue Anfrage.");          // Meldung im seriellen Monitor
  String currentLine = "";                  // Variable f. eingehende Daten
  while (client.connected()) {              // Loop, solange Client verbunden
    if (client.available()) {               // Gibt es Bytes zu lesen?
      char c = client.read();               // 1 Byte in Variable c lesen
      Serial.print(c);                      // Ausgabe des Bytes
      if (c == '\n') {                      // Ist Zeichen newline-Zeichen?
        // das Ende der HTTP-Anfrage ist eine Leerzeile
        // und zwei newline-Zeichen hintereinander
        if (currentLine.length() == 0) {    // Ende HTTP-Anforderung Client
          wifiSend(client);
          break;                            // while beenden client.connected
        } else {                            // liegt ein newline vor
```

```
          currentLine = "";                  // Variable currentLine löschen
        }
      } else if (c != '\r') {                // alles, nur kein Wagenrücklauf
        currentLine += c;                    // Zeichen currentLine hinzufügen
      }
      // Auswertung der Clientanfrage
      // war die Clientanfrage "GET /H" oder "GET /L":
      if (currentLine.endsWith("GET /H")) {
        digitalWrite(LED_PIN, HIGH);         // GET /H schaltet die LED an
      }
      if (currentLine.endsWith("GET /L")) {
        digitalWrite(LED_PIN, LOW);          // GET /L schaltet die LED aus
      }
    }                                        // end if client.available
  }                                          // end while client.available

  client.stop();                             // Verbindung schließen
  Serial.println("Client Disconnected.");
  Serial.println();
}

void setup() {
  Serial.begin(115200);
  Serial.println();
  pinMode(LED_PIN, OUTPUT);
  WiFi.softAP(ssid, password);
  IPAddress apIP = WiFi.softAPIP();
  Serial.print("AP IP-Adresse: ");
  Serial.println(apIP);
  serverWiFi.begin();
  Serial.println("Server started");
}

void loop() {
  WiFiClient client = serverWiFi.available();  // horcht auf Clientanfragen
  if (client) {                                // Fragt ein Client an?
    wifiReceive (client);                      // Anfrage aufbereiten
  }
  delay(1);
}
```

Listing 8.12 Grundsketch für einen ESP32 als Access-Point

Auch das WLAN-Sketch-Grundgerüst ist bereits recht umfangreich und vor allem Neuland, sodass ich es Ihnen, trotz der Inline-Kommentierung, noch abschnittsweise in der Reihenfolge des Codes vorstellen möchte.

Der erste Abschnitt beinhaltet wie gewohnt die `includes` der notwendigen Bibliotheken, `defines` und globale Variablen. Die Variablen `ssid` und `password` enthalten die Daten für den Access-Point-Verbindungsaufbau. `WiFiServer serverWiFi (80)` erstellt ein Objekt für den Webserver mit dem Standardport 80.

Im Sinne eines modularen Aufbaus übernimmt die Funktion `wifiSend` die Beantwortung einer Clientanfrage. Parameter ist das `WiFiClient`-Objekt `client`. Mit `println()` stellt es eine ähnliche Methode wie beim seriellen Monitor für Ausgaben bereit. Die Antwort besteht hier nur aus dem Response-Header und einer abschließenden Leerzeile. Der Header wiederum umfasst den Response-Code (`HTTP/1.1 200 OK`), die Information über den Typ des Nachrichteninhalts (`Content-type:text/html`) sowie eine Leerzeile.

Die Funktion `wifiReceive()`, ebenfalls mit dem Parameter des `WiFiClient`-Objekts `client`, tritt bei einer Clientanfrage in Aktion. Die einzelnen Ausführungsschritte können Sie vielleicht am besten im Detail nachvollziehen, wenn Sie die im seriellen Monitor protokollierten Daten einer Clientanfrage (siehe Abbildung 8.39) neben den Code legen und diesen Schritt für Schritt mit Blick auf die Inline-Dokumentation durchgehen.

Wesentlich ist die Request-Zeile. Sie ist die erste Zeile der HTTP-Anfrage und enthält nach der Methode `GET`, durch einen Schrägstrich getrennt, den Parameter, dessen Wert bestimmt, ob die LED ein- oder ausgeschaltet werden soll. Die entsprechende `if`-Abfrage wartet dabei nicht, bis die Zeile vollständig eingelesen ist, sondern hebt bereits auf das Vorhandensein einer übereinstimmenden Zeichensequenz ab.

Im `setup()` erfolgt die Festlegung der Zugangsdaten. Dabei ist die Angabe eines Passworts optional; wenn es fehlt, fungiert der AP als offenes Netz. Die Ausgabe der IP-Adresse des AP ist wichtig, da sie für die Clientanfrage benötigt wird.

Die `loop()` horcht nur auf Clientanfragen und ruft beim Vorliegen eines Requests die Verarbeitungsroutine `wifiReceive()` auf.

Für einen Test rufen Sie nach dem Hochladen des Sketchs einen Browser auf. Wenn Sie dort in die Befehlszeile `192.168.4.1/H` (siehe Abbildung 8.38) eingeben, sollte die angeschlossene LED aufleuchten. Die IP-Adresse entnehmen Sie bitte der Ausgabe im seriellen Monitor; sie wird bei Ihrem System abweichen.

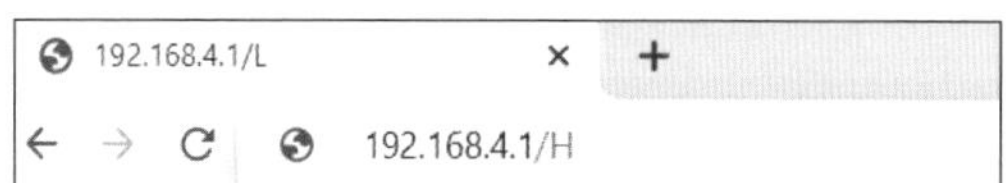

Abbildung 8.38 Client-Request am Browser

Das Geschehen können Sie im seriellen Monitor verfolgen (siehe Abbildung 8.39).

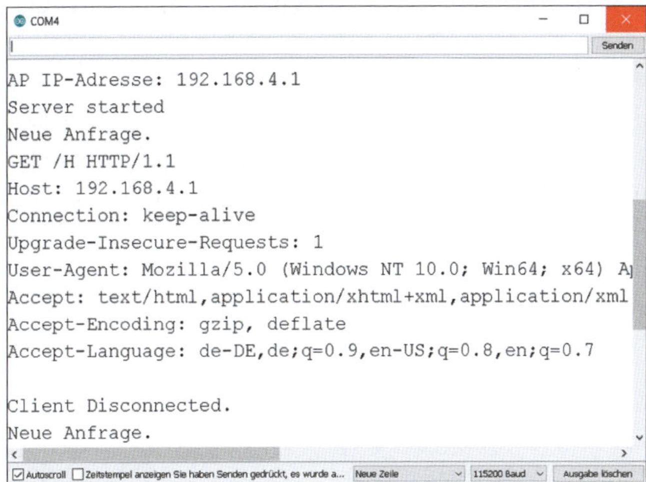

Abbildung 8.39 Clientanfrage im seriellen Monitor

8.5.2 ESP32 als »Station«

In dieser Konfiguration (STA-Modus) klinkt sich der ESP32 in ein bestehendes Netzwerk ein. Er verhält sich damit wie ein Smartphone, das sich mit einem Access-Point (z. B. einem Router) verbindet (siehe Abbildung 8.40).

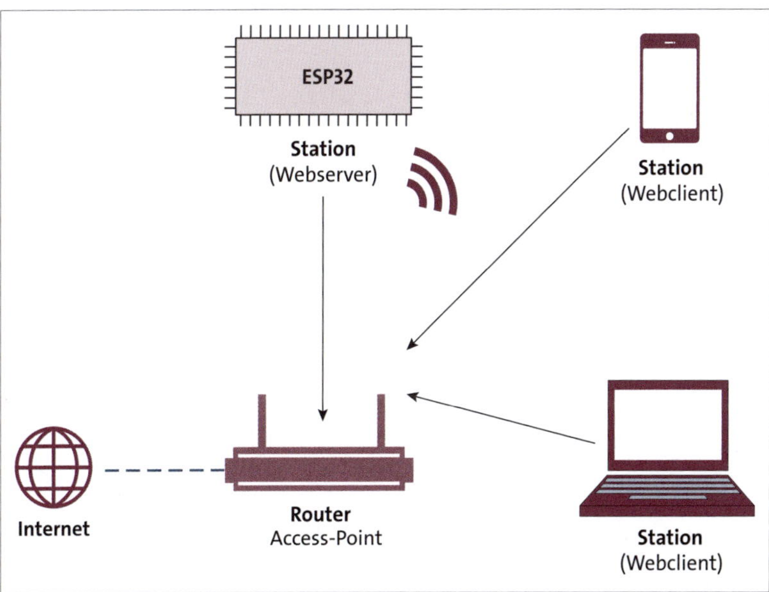

Abbildung 8.40 ESP32 als »Station«, mit einem Access-Point verbunden

Der STA-Modus dürfte der gebräuchlichste Modus sein, da der Einsatz flexibler zu gestalten ist und vor allem, sofern es der AP zulässt, eine Verbindung mit dem Internet erlaubt.

Das Anwendungsbeispiel in der Grundform

Der ESP32 soll in diesem Anwendungsbeispiel im STA-Modus arbeiten. Darüber hinaus soll das Schalten der LED mit einem Mausklick möglich sein und eine Ausgabe der bis zu einem Klick abgelaufenen Betriebszeit erfolgen. An der Stelle der Betriebszeit kann natürlich bei Ihren Projekten jedwede andere Ausgabe stehen, z. B. eine Ausgabe von Sensordaten.

Der Sketch

Der Sketch aus Listing 8.13 basiert auf dem Sketch-Grundgerüst des vorherigen Abschnitts. Aus diesem Grund zeigt das Listing nur die geänderten Bereiche:

```
#include <WiFi.h>                             // für Wi-Fi

#define LED_PIN    2                          // GPIO2, Pin G2
// Definition der Zugangsdaten für den Router/Access-Point
const char* ssid     = "ssidRouter";
const char* password = "passwortRouter";
WiFiServer serverWiFi (80);                   // Port für Webserver

// sendet eine Antwort an den Wi-Fi-Client
void wifiSend (WiFiClient client) {
  // Betriebszeit aufbereiten
  int sekunden = (millis()/1000) % 60;
  int minuten = (millis()/(1000*60)) % 60;
  int stunden = (millis()/(1000*60*60)) % 24;
  client.println("HTTP/1.1 200 OK");
  client.println("Content-type:text/html");
  client.println();
  // der Inhalt der HTTP-Antwort folgt auf den HTTP-Header
  client.print ("<!DOCTYPE HTML>");
  client.print("Betriebszeit: " + String(stunden) + ":" + String(minuten) +
                               ":" + String(sekunden) + "<br>");
  client.print("Klick <a href=\"/H\">an</a> oder <a href=\"/L\">aus</a> !");
  client.print("</html>");
  // die HTTP-Antwort endet mit einer weiteren Leerzeile
  client.println();
}
...
...
```

```
void setup() {
  Serial.begin(115200);
  pinMode(LED_PIN, OUTPUT);
  Serial.print("Verbindungsaufbau zu ");     // Verbindung zum Wi-Fi-Netzwerk
  Serial.println(ssid);
  WiFi.begin(ssid, password);
  while (WiFi.status() != WL_CONNECTED) {
    delay(500);
    Serial.print(".");
    }
  Serial.println("");                        // Verbindung aufgebaut
  Serial.println("WiFi connected.");
  Serial.println("IP address: ");
  Serial.println(WiFi.localIP());
  Serial.println();
  Serial.println("Start WiFi Server!");
  serverWiFi.begin();

}
...
...
```

Listing 8.13 ESP32 im STA-Modus

Die globalen Variablen `ssid` und `password` beinhalten nunmehr die Zugangsdaten zu Ihrem Router oder Access-Point!

In der Funktion `wifiSend()` erfolgt als Erstes das Ermitteln und Aufbereiten der auszugebenden Daten. In diesem Beispiel ist es die Betriebszeit auf Basis der Zeit in Millisekunden, die seit dem Start des ESP32 verflossen ist. Diese Zeitangabe wird von der Funktion `millis()` zur Verfügung gestellt. In anders gelagerten Projekten wäre hier beispielsweise das Auslesen von Sensordaten zu codieren.

Der HTTP-Request enthält nun eine Antwort, die über die reine Empfangsbestätigung hinausgeht. Mit `client.print ("<!DOCTYPE HTML>")` erhält der Empfänger die Information, dass das Folgende als HTML-Ausgabe zu interpretieren ist. (Näheres dazu finden Sie in der folgenden Beispielerweiterung.) Die nachstehenden beiden `client.print()`-Anweisungen sorgen dann für die Übermittlung der anzuzeigenden Daten nebst Steuerinformationen.

Das `setup()` arbeitet nun etwas anders, da hier der Verbindungsaufbau zu Router oder AP erfolgen muss. Eine Schleife sorgt dafür, dass der Sketch erst dann fortgesetzt wird, wenn eine Verbindung besteht. Der serielle Monitor gibt bei erfolgreichem Verbindungsaufbau die IP-Adresse aus, mit der der ESP32 erreicht werden kann.

Die Funktionen `wifiReceive()` und `loop()` sind gegenüber dem »Grundgerüst« unverändert.

Laden Sie nun den Sketch hoch, entnehmen Sie dem seriellen Monitor die IP-Adresse des ESP32 und geben Sie diese in die Befehlszeile Ihres Browsers ein. Jetzt können Sie die gesendeten Informationen ablesen und den ESP32 einfach per Klick steuern (siehe Abbildung 8.41).

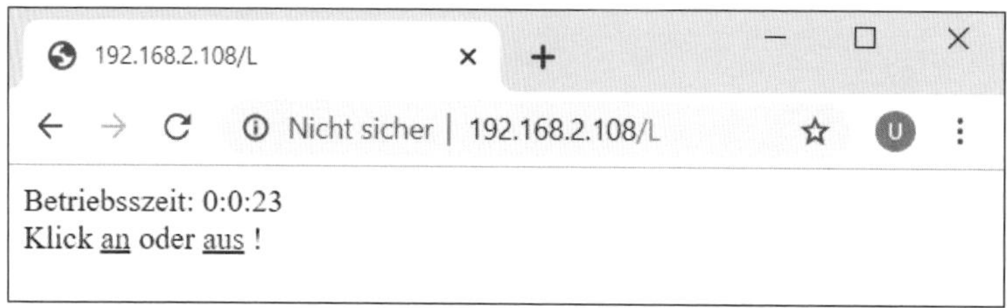

Abbildung 8.41 ESP32-Station – ein Client-Request im Browser

Ein erweitertes Anwendungsbeispiel

Die Darstellung der Daten im Browser ist etwas hölzern. Eine Erweiterung soll die Präsentation etwas gefälliger gestalten und für ein periodisches Update der Betriebslaufzeit sorgen. Dafür werden Sie etwas tiefer in HTML einsteigen.

[i]

Hypertext Markup Language (HTML)

HTML ist der Standard zur Formatierung von Webseiten. Es ist eine textbasierte Auszeichnungssprache (engl. *Hypertext Markup Language*) und bestimmt den strukturellen Aufbau einer Internetseite. *Markup* (dt. »Textauszeichnung«) versieht die eigentlichen Informationen mit Zusatzinformationen, durch die die Darstellung, Struktur und Formatierungen geregelt oder Anweisungen zur Weiterverarbeitung an den darstellenden Rechner gegeben werden können. Auszeichnungs- bzw. Markup-Elemente heißen *Tags*.

Tags treten normalerweise mit einem Start-Tag und einem Ende-Tag paarweise auf und umschließen den zu formatierenden Inhalt (z. B. `<p>Inhalt</p>`). Das Ende-Tag entspricht dabei dem Start-Tag, aber ihm wird ein / vorangestellt.

Ein HTML-Dokument hat eine feste Struktur:

- **Dokumenttyp-Deklaration**: Darin wird angegeben, was für ein Dokument folgt (z. B. `<!DOCTYPE html>`).
- `head` **(Kopfdaten)**: Kopfdaten enthalten hauptsächlich technische Informationen oder Metadaten, die nicht im Anzeigebereich des Browsers dargestellt werden. Dies sind im Wesentlichen:
  - `meta`: enthält strukturierte Daten mit zusätzlichen Angaben (z. B. zur Verwaltung des Dateiinhalts: `<meta http-equiv="refresh" content="10">` – alle 10 Sekunden automatisiert neuer Seitenaufbau).

– title: bezeichnet den Titel der Seite und erscheint als Bezeichnung der Browser-Registerkarte (z. B. <title> ESP32-Webseite</title>).

- body **(Körper)**: Der Körper ist der Inhalt, der angezeigt werden soll (beispielsweise <h1>Überschrift</h1>).

Darüber hinaus gibt es noch Elemente, die sowohl im Kopfbereich als auch (mehrfach) im Dokumentkörper platziert sein können:

- style: Das style-Tag übermittelt Stilinformationen, hauptsächlich CSS-Deklarationen. Dies erleichtert es, einheitliche Darstellungen für Bereiche festzulegen, die mit entsprechenden Namen versehen sind. (Zum Beispiel werden mit <style> h1 { color:red } </style> alle h1-Tags rot dargestellt.)
- script: Das script-Element definiert einen oder mehrere sogenannte script-Bereiche, die dann Anweisungen der verwendeten Skriptsprache (z. B. JavaScript) enthalten.

Der Gestaltung von Webseiten mit HTML sind kaum Grenzen gesetzt. Dennoch ist es etwas mühsam, einen Mikrocontroller für ausgefuchste Darstellungen zu präparieren, denn dies ist nicht sein eigentlicher Leistungsschwerpunkt.

Weiterführende Informationen und einen guten Einstieg in die Anwendung von HTML finden Sie auf *https://wiki.selfhtml.org/*.

8

Der Sketch

Auch hier zeigt Listing 8.14 nur die geänderten Bereiche:

```
...
WiFiServer serverWiFi (80);                // Port für Webserver
String ledStatus = "aus";

// sendet eine Antwort an den Wi-Fi-Client
void wifiSend (WiFiClient client) {
  // Betriebszeit aufbereiten
  int sekunden = (millis()/1000) % 60;
  int minuten = (millis()/(1000*60)) % 60;
  int stunden = (millis()/(1000*60*60)) % 24;

  client.println("HTTP/1.1 200 OK");
  client.println("Content-type:text/html");
  client.println();

  // der Inhalt der HTTP-Antwort folgt auf den HTTP-Header
  client.print ("<!DOCTYPE HTML><html><head>");
```

```
// Kopf
// verhindert, dass Mobilgeräte die Webseite in kleiner Ansicht darstellen
client.print ("<meta name=\"viewport\" content=\"width=device-width,
  initial-scale=1\">");
// sorgt für eine Aktualisierung alle 10 Sekunden
client.print("<meta http-equiv=\"refresh\" content=\"10\">");
// link-Elemente legen die Beziehung des Dokuments zu anderen fest
client.println("<link rel=\"icon\" href=\"data:,\">");
client.print ("<title> ESP32-Webserver</title>");

// CSS-Code
// Gestalten der Ein/Aus-Schaltfläche
client.println("<style>html { font-family: Helvetica; display: ⤼
    inline-block;
    margin: 0px auto; text-align: center;}");
client.println(".button {border: none; color: white; padding: 16px 40px;");
client.println("text-decoration: none; font-size: 30px; margin: 2px; ⤼
    cursor: pointer;}");
client.println(".buttonEin {background-color: #333344;}");
client.println(".buttonAus {background-color: #888899;}");
client.println("</style>");
client.println("</head>");

// Rumpf
// Überschrift
client.print ("<body>");
client.print ("<div style=\"font-size: 3.0rem;\">");
client.print ("<h1>ESP32</h1> <hr>");        // hr = horizontale Linie
client.print ("</div>");

client.print ("<div style=\"font-size: 2.0rem;\">");
// Paragraph Betriebszeit
client.print  ("<p>Betriebszeit: " + String(stunden) + ":" +
  String(minuten) + ":" + String(sekunden) + "<br></p>");
// Paragraph LED-Status
// zeige den aktuellen Status und AN/AUS-Buttons für GPIO2
client.println("<p>LED-Status an GPIO2: " + ledStatus + "</p>");

if (ledStatus=="aus") {
  client.println
   ("<p> <button onclick=\"location.href='/H'\" type=\"button\" ⤼
    class=\"button buttonEin\">EIN</button> <p>");
} else {
```

```
    client.println
     ("<p> <button onclick=\"location.href='/L'\" type=\"button\" ➲
       class=\"button buttonAus\">AUS</button> <p>");
  }

  client.println("</div></body></html>");    // schließende Tags
  // die HTTP-Antwort endet mit einer weiteren Leerzeile
  client.println();
}
...
...
    // war die Clientanfrage "GET /H" oder "GET /L":
    if (currentLine.endsWith("GET /H")) {
      digitalWrite(LED_PIN, HIGH);          // GET /H schaltet die LED an
      ledStatus = "ein";
    }
    if (currentLine.endsWith("GET /L")) {
      digitalWrite(LED_PIN, LOW);           // GET /L schaltet die LED aus
      ledStatus = "aus";
    }
...
```

Listing 8.14 ESP32-STA-Modus – erweiterte HTML-Ausgabe

Die globalen Variablen `ssid` und `password` beinhalten nun die Zugangsdaten.

In Listing 8.14 tritt die HTML-Struktur mit Dokumenttyp-Deklaration, Kopf- und Rumpfdaten deutlich zutage. Neu ist eine globale Variable `ledStatus`, die zur Steuerung der Darstellung der EIN/AUS-Schaltfläche dient. Zwar kann ich leider aufgrund der Schwerpunktsetzung des Buchs an dieser Stelle nicht die einzelnen Tags beschreiben; die Webseite selbst hat nun aber deutlich mehr Pepp (siehe Abbildung 8.42).

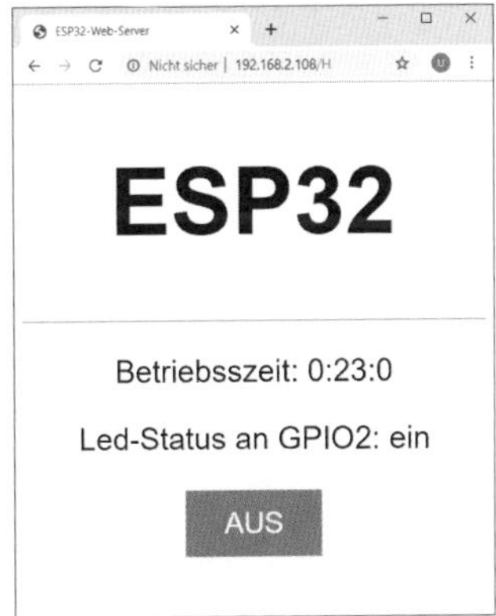

Abbildung 8.42 ESP32-Station – erweiterter Client-Request am Browser

[»]

IP-Adresse vorgeben

In der vorliegenden Form bezieht der ESP32 die IP-Adresse vom Router. Mit wenigen Statements können Sie auch die IP-Adresse vorgeben:

```
...
const char* ssid     = "ssidRouter";
const char* password = "passwortRouter";
IPAddress lclIP (192,168,2,204);          // vorgegebene IP-Adresse
IPAddress gateway (192,168,2,1);          // IP-Adresse des Routers
IPAddress subnet (255,255,255,0);
IPAddress primaryDNS (8, 8, 8, 8);        //optional
IPAddress secondaryDNS (8, 8, 4, 4);      //optional
...
void setup() {
  if (!WiFi.config(lclIP, gateway, subnet, primaryDNS, secondaryDNS)) {
    Serial.println("STA konnte nicht konfiguriert werden!");
  }
...
```

Die von Ihnen vorgegebene IP-Adresse sollte selbstverständlich nicht mit bereits anderweitig besetzten IP-Adressen kollidieren!

8.5.3 ESP32 mit ESP-Now

ESP-Now ist ein von Espressif entwickeltes Protokoll, das das interne WLAN-Modul nutzt. Es ist ein vereinfachtes Protokoll, das den Verbindungsaufbau schneller gestaltet und auch den Stromverbrauch des Controllers reduziert. Allerdings ist die Datenmenge pro Paket auf 250 Byte begrenzt, und das Internet ist nur über ein Gateway erreichbar.

ESP-Now liegt eine Master-Slave-Topologie zugrunde, die vor einer Kommunikation durch Pairing verbunden sein muss (siehe Abbildung 8.43).

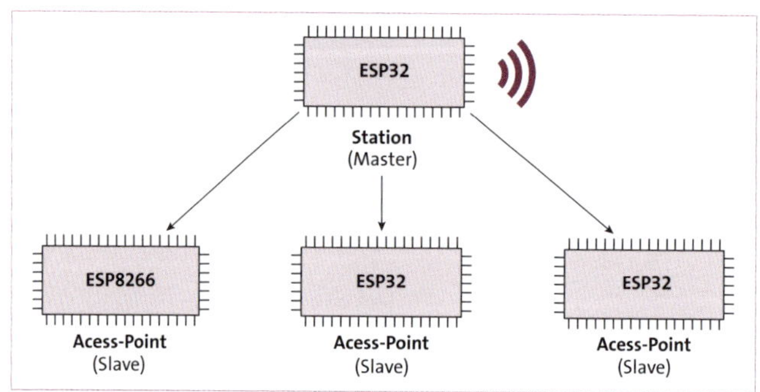

Abbildung 8.43 ESP32 im ESP-Now-Netzwerk

Ein Master kann bis zu 20 Slaves bedienen; bei einem verschlüsselten ESP-Now-Netzwerk reduziert sich die Anzahl der möglichen Slaves auf 10. Netzwerkteilnehmer können neben den ESP32-Modulen auch ESP8266-Module sein.

Die Sketche

Die für den Arduino eingerichtete ESP32-Entwicklungsumgebung beinhaltet auch einige Beispiele für ein ESP-Now-Netzwerk. An dieser Stelle soll die Einrichtung eines Basisnetzwerks mit einem Master und einem Slave genügen. Zwischen den beteiligten Geräten sollen dann Betriebsdaten (ein Zähler und die abgelaufene Rechnerzeit) ausgetauscht werden: Das heißt, der Slave empfängt die Betriebsdaten des Masters und sendet seine Informationen umgehend zurück.

Sketch auf dem Master

Kopieren Sie über DATEI • BEISPIEL • ESP32 • ESP32NOW • BASIC • MASTER den Beispielsketch in Ihren Arbeitsbereich und speichern Sie ihn ab. Der Sketch sendet in dieser Fassung nur einen Zählerstand an einen Slave. Belassen Sie es dabei, wenn Sie ESP-Now nur kurz ausprobieren möchten. Für den erweiterten Beispielsketch sind im Code ein paar Ergänzungen erforderlich. Listing 8.15 zeigt daher nur die ergänzten Bereiche.

```
...
#define DELETEBEFOREPAIR 0
//Datenstruktur für den Datenaustausch
struct betriebsDaten {
    uint32_t cnt = 0;
    uint8_t  sekunden = 0;
    uint8_t  minuten = 0;
    uint8_t  stunden = 0;
};
uint32_t cnt = 0;
// Init ESP Now with fallback...
...
...
    Serial.println("Not sure what happened");
  }
}

//uint8_t data = 0;
// send data
void sendData() {
//  data++;
//  const uint8_t *peer_addr = slave.peer_addr;
```

```
//  Serial.print("Sending: "); Serial.println(data);
//  esp_err_t result = esp_now_send(peer_addr, &data, sizeof(data));
  const uint8_t *peer_addr = slave.peer_addr;
  betriebsDaten bd;
  bd.cnt = cnt;
  bd.sekunden = (millis()/1000) % 60;
  bd.minuten  = (millis()/(1000*60)) % 60;
  bd.stunden  = (millis()/(1000*60*60)) % 24;
  uint8_t s_data[sizeof(bd)];
  memcpy(s_data, &bd, sizeof(bd));
  Serial.print  ("send to slave:           " + String (bd.cnt) );
  Serial.print  (" " + String (bd.stunden) );
  Serial.print  ("." + String (bd.minuten) );
  Serial.println("." + String (bd.sekunden) );
  // Daten in einen Speicherblock kopieren und zurücksenden
  esp_err_t result = esp_now_send(peer_addr, s_data, sizeof(s_data));
  Serial.print("Send Status:              ");
  if (result == ESP_OK) {
...
...
  Serial.print("Last Packet Send Status: "); Serial.println(status == ⮐
       ESP_NOW_SEND_SUCCESS ? "Delivery Success" : "Delivery Fail");
}

// Callback, wenn Daten vom Slave am Master empfangen werden
void onDataRecv(const uint8_t *mac_addr, const uint8_t *r_data, int data_len)
{
  char macStr[18];
  betriebsDaten bd;
  //MAC-Adresse des Slaves zur Info
  snprintf(macStr, sizeof(macStr), "%02x:%02x:%02x:%02x:%02x:%02x", ⮐
           mac_addr[0], mac_addr[1], mac_addr[2], mac_addr[3], ⮐
           mac_addr[4], mac_addr[5]);
  Serial.print("Last Packet Recv from:    ");
  Serial.println(macStr);
  memcpy(&bd, r_data, sizeof(bd));
  Serial.print  ("received from slave:     " + String (bd.cnt) );
  Serial.print  (" " + String (bd.stunden) );
  Serial.print  ("." + String (bd.minuten) );
  Serial.println("." + String (bd.sekunden) );
}
```

```
void setup() {
...
...
  // Status des übermittelten Pakets ermitteln
  esp_now_register_send_cb(OnDataSent);
  // Callback-Funktion für den Empfang registrieren
  esp_now_register_recv_cb(onDataRecv);
}

void loop() {
  cnt++;
  // In der Schleife wird nach Clients gesucht
  ScanForSlave();
...
```

Listing 8.15 ESP32 als Master in einem ESP-Now-Basisnetzwerk

Das setup() konfiguriert ein WLAN-Netz im Station-Modus und initialisiert ESP-Now. Darüber hinaus erfolgt die Registrierung von zwei Callback-Funktionen, die später über den Status des Sendevorgangs (esp_now_register_send_cb(OnDataSent)) bzw. den Eingang neuer Nachrichten informieren (esp_now_register_recv_cb(onDataRecv)).

Die loop() sucht nach einem ESP-Now-Slave. Bei einem Treffer erfolgt in der Funktion manageSlave() ein Pairing mit dem gefundenen Slave, sofern dieser nicht bereits gepairt ist. Liegt ein Pairing vor, steht dem Senden der Master-Betriebsdaten mit sendData() nichts mehr entgegen.

Die Funktion sendData() sendet die Betriebsinformationen des Masters an den Slave und verwendet als Zieladresse die beim Scan-Vorgang gefundene MAC-Adresse.

Die Funktion OnDataSent() meldet sich mit einer Statusmeldung, die über Erfolg oder Misserfolg des Sendevorgangs informiert.

Die Funktion onDataRecv() läuft ab, sobald eine Nachricht vom Slave eingeht, und gibt diese aus.

Sketch auf dem Slave

Wenn Sie ESP-Now nur kurz ausprobieren möchten, kopieren Sie über Datei • Beispiel • ESP32 • ESP32Now • Basic • Slave den Beispielsketch in Ihren Arbeitsbereich und speichern ihn ab. Der Sketch aus Listing 8.15 bildet den erweiterten Beispielsketch ab. Kommentare und Ausgaben im seriellen Monitor erfolgen hier aus Gründen der Einheitlichkeit mit dem Sketch-Master in Englisch.

```
#include <esp_now.h>
#include <WiFi.h>
#define CHANNEL 1
```

```
uint8_t masterMac [6];
esp_now_peer_info_t master;
const esp_now_peer_info_t *masterNode = &master;

struct betriebsDaten {
    uint32_t cnt = 0;
    uint8_t  sekunden = 0;
    uint8_t  minuten = 0;
    uint8_t  stunden = 0;
};
uint32_t cnt = 0;
uint8_t data = 0;

// Init ESP Now with fallback
void InitESPNow() {
//  WiFi.disconnect();
  if (esp_now_init() == ESP_OK) {
    Serial.println("ESPNow Init Success");
  }
  else {
    Serial.println("ESPNow Init Failed");
    // Retry InitESPNow, add a count and then restart?
    // InitESPNow();
    // or simply restart
    ESP.restart();
  }
}

// Check if the slave is already paired with the master.
// If not, pair the slave with master
bool manageMaster() {
  if (master.channel == CHANNEL) {
    Serial.print("Master status:            ");
    // check if the peer exists
    bool exists = esp_now_is_peer_exist(master.peer_addr);
    if ( exists) {
      // Master already paired.
      Serial.println("Already Paired");
      return true;
    } else {
      // Master not paired, attempt pair
      esp_err_t addStatus = esp_now_add_peer(&master);
      if (addStatus == ESP_OK) {
```

```
        // Pair success
        Serial.println("Pair success");
        return true;
      } else if (addStatus == ESP_ERR_ESPNOW_NOT_INIT) {
        // How did we get so far!!
        Serial.println("ESPNOW Not Init");
        return false;
      } else if (addStatus == ESP_ERR_ESPNOW_ARG) {
        Serial.println("Invalid Argument");
        return false;
      } else if (addStatus == ESP_ERR_ESPNOW_FULL) {
        Serial.println("Peer list full");
        return false;
      } else if (addStatus == ESP_ERR_ESPNOW_NO_MEM) {
        Serial.println("Out of memory");
        return false;
      } else if (addStatus == ESP_ERR_ESPNOW_EXIST) {
        Serial.println("Peer Exists");
        return true;
      } else {
        Serial.println("Not sure what happened");
        return false;
      }
    }
  } else {
    // No master found to process
    Serial.println("No master found to process");
    return false;
  }
}

// send data
void sendData() {
  betriebsDaten bd;
  bd.cnt = cnt;
  bd.sekunden = (millis()/1000) % 60;
  bd.minuten  = (millis()/(1000*60)) % 60;
  bd.stunden  = (millis()/(1000*60*60)) % 24;
  uint8_t s_data[sizeof(bd)];
  memcpy(s_data, &bd, sizeof(bd));
  esp_err_t ret = esp_now_send(master.peer_addr, s_data, sizeof(s_data));

  if (ret != ESP_OK ){
```

```
    Serial.print ("Error sending message!! ");
    if (ret == ESP_ERR_ESPNOW_NOT_INIT) Serial.println("ESPNOW is ➲
                                                    not initialized");
    if (ret == ESP_ERR_ESPNOW_ARG) Serial.println("invalid argument");
    if (ret == ESP_ERR_ESPNOW_INTERNAL) Serial.println("internal error");
    if (ret == ESP_ERR_ESPNOW_NO_MEM) Serial.println("out of memory");
    if (ret == ESP_ERR_ESPNOW_NOT_FOUND) Serial.println("peer is not found");
    if (ret == ESP_ERR_ESPNOW_IF) Serial.println("current WiFi interface ➲
                                           doesn't match that of peer");
  } else {
    Serial.print  ("send back to master:     " + String (bd.cnt) );
    Serial.print  (" " + String (bd.stunden) );
    Serial.print  ("." + String (bd.minuten) );
    Serial.println("." + String (bd.sekunden) );
  }
}

// callback when data is sent from Master to Slave
void OnDataSent(const uint8_t *mac_addr, esp_now_send_status_t status) {
  char macStr[18];
  snprintf(macStr, sizeof(macStr), "%02x:%02x:%02x:%02x:%02x:%02x", ➲
           mac_addr[0], mac_addr[1], mac_addr[2], mac_addr[3], ➲
           mac_addr[4], mac_addr[5]);
  Serial.print("Last Packet Sent to:     ");
  Serial.println(macStr);
  Serial.print("Last Packet Send Status: ");
  Serial.println(status == ESP_NOW_SEND_SUCCESS ? "Delivery Success" : ➲
    "Delivery Fail");
  Serial.println();
}

// callback when data is recv from Master
void OnDataRecv(const uint8_t *mac_addr, const uint8_t *r_data, int data_len)
{
  char macStr[18];
  uint8_t inData;
  betriebsDaten bd;
  snprintf(macStr, sizeof(macStr), "%02x:%02x:%02x:%02x:%02x:%02x",
           mac_addr[0], mac_addr[1], mac_addr[2],
           mac_addr[3], mac_addr[4], mac_addr[5]);
  Serial.print("Last Packet Recv from:   ");
  Serial.println(macStr);
  memcpy(&bd, r_data, sizeof(bd));
```

```
  Serial.print  ("received from master:    " + String (bd.cnt) );
  Serial.print  (" " + String (bd.stunden) );
  Serial.print  ("." + String (bd.minuten) );
  Serial.println("." + String (bd.sekunden) );

  // add master as peer if it has not been added already
  memcpy (&master.peer_addr, mac_addr, 6);
  bool isPaired = manageMaster();
  if (isPaired) {
    // pair success or already paired, send data back to master
    sendData();
  } else {
    // slave pair failed
    Serial.println("Master pair failed!");
  }
}

void setup() {
  Serial.begin(115200);
  Serial.println("ESPNow/Basic/Slave Example");
  //Set device in AP mode to begin with
  WiFi.mode(WIFI_AP);
  // configure device AP mode
  const char *SSID = "Slave_1";
  bool result = WiFi.softAP(SSID, "Slave_1_Password", CHANNEL, 0);
  if (!result) {
    Serial.println("AP Config failed.");
  } else {
    Serial.println("AP Config Success, AP: " + String(SSID));
  }

  // This is the mac address of the Slave in AP Mode
  Serial.print("AP MAC : ");
  Serial.println(WiFi.softAPmacAddress());
  Serial.print("STA MAC: ");
  Serial.println(WiFi.macAddress());
   // Init ESPNow with a fallback logic
  InitESPNow();

  master.channel = CHANNEL;
  master.ifidx = WIFI_IF_AP;
```

```
  // register callback send and receive
  esp_now_register_send_cb(OnDataSent);
  esp_now_register_recv_cb(OnDataRecv);
  Serial.println();
}

void loop() {
  cnt++;
  delay(1500);
}
  ScanForSlave();
...
```

Listing 8.16 ESP32 als Slave in einem ESP-Now-Basisnetzwerk

Aufbau und eingerichtete Funktionen des erweiterten Slave-Sketchs entsprechen weitestgehend dem Sketch-Master. Ein Unterschied ergibt sich insofern, als der ESP-Now-Slave als Access-Point arbeitet. Wichtig ist aber, dass der Slave ebenfalls ein Pairing mit dem Master vornimmt. (Wenn Sie einen ESP8266 mit ESP-Now als Slave betreiben, ist dies nicht nötig.)

Das Zusammenspiel der beiden Sketche

Ausgangspunkt der Kommunikation ist der Master. Er sucht nach einem Slave, überprüft das Pairing und sendet seine Daten. Der Slave empfängt die Daten, überprüft ebenfalls das Pairing und sendet seine Daten zurück. Der Status der Datenübertragung wird bei Master und Slave ausgegeben. Sollte der Slave nicht mehr erreichbar sein, versucht der Master trotzdem weiter, den Slave zu erreichen. Sobald der Slave erneut erreichbar ist, erfolgt auch wieder der wechselseitige Datenaustausch (siehe Abbildung 8.44).

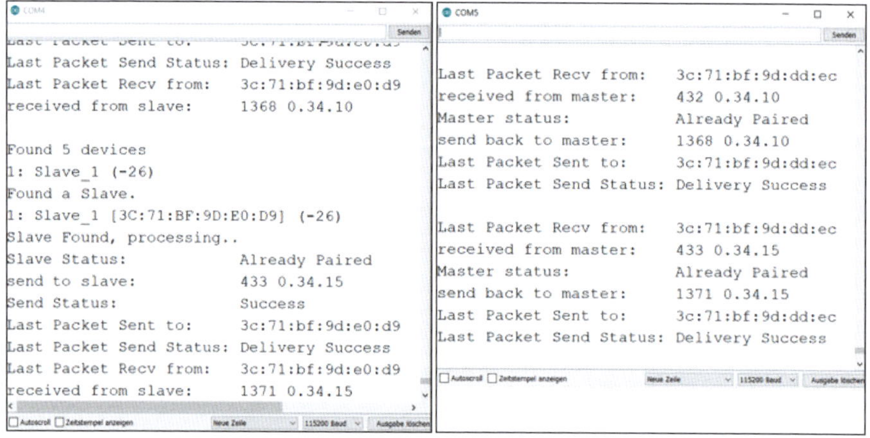

Abbildung 8.44 ESP32 im ESP-Now-Netzwerk im seriellen Monitor

8.5.4 ESP32-Mesh

Bei einem gewöhnlichen WLAN-Netzwerk verteilt ein einzelnes Gerät die Daten: der Router. Dies führt manchmal zu Problemen hinsichtlich der Reichweite und des Datendurchsatzes. Ein Mesh-Netzwerk (engl. *to mesh*, dt. »ineinandergreifen«) überträgt die Steuerung der Datenverteilung auf mehrere Geräte (Basis und Satelliten). Diese Technik zieht jedoch einen hohen Verwaltungs- und Kontrollaufwand nach sich.

Espressif hat für seine Mikrocontroller (ESP32 und ESP8266) ein eigenes vereinfachtes Mesh-Protokoll erstellt (vgl. Abbildung 8.45). Es ist ideal für alle Fälle, in denen ESP-Mikrocontroller in einem Netzwerk untereinander Daten austauschen sollen.

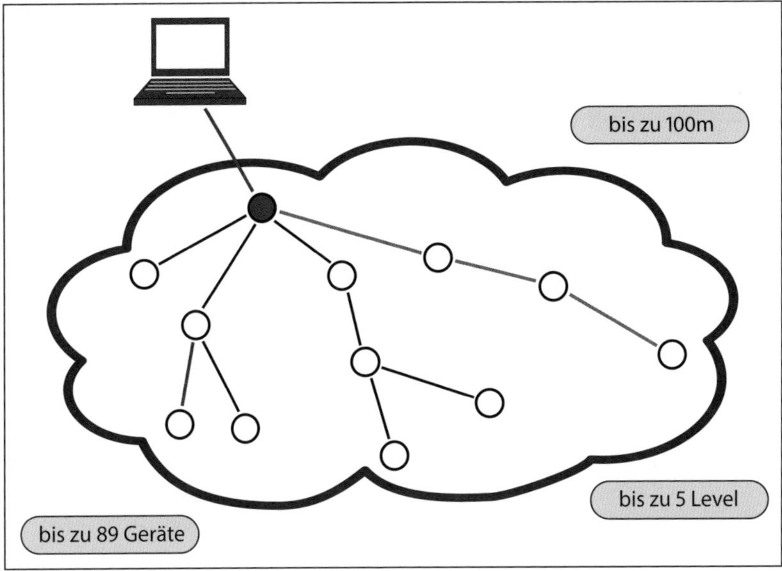

Abbildung 8.45 Espressif-Mesh-Netzwerk

Einen guten Einstieg bietet Ihnen der *ESP-Mesh Programming Guide* unter *https://docs.espressif.com/projects/esp-idf/en/latest/esp32/api-guides/esp-wifi-mesh.html.*

Für das Arduino-Framework finden Sie einen einfachen Zugang über das Projekt *painlessMesh* (*https://gitlab.com/painlessMesh/painlessMesh/-/wikis/home*) – eine sehr gute und einfache Lösung. Fügen Sie die Bibliothek *Painless Mesh* von Scotty Coopdis mit dem Arduino-Bibliotheksverwalter hinzu. Es bestehen ein paar Abhängigkeiten zu anderen Bibliotheken, die der Bibliotheksverwalter erkennt. ALLE INSTALLIEREN schafft die benötigte Arbeitsumgebung. Diese beinhaltet dann auch einige Beispiel-Sketche, die den Einstieg erleichtern.

painlessMesh unterliegt jedoch ein paar Einschränkungen:

- Setzen Sie in Ihrem Code nicht auf die Funktion `delay()`, da sie die Ausführung von Hintergrundaufgaben zur Netzwerkerhaltung unterbricht. Dies kann die Netzwerkstabilität gefährden oder zu einem Ausfall führen. Die Entwickler raten stattdessen zum Einsatz eines *TaskScheduler*, der bereits in painlessMesh integriert ist.
- painlessMesh registriert sich für WiFi-Ereignisse, was bedeutet, dass es zu Kompatibilitätsproblemen mit Benutzerprogrammen oder anderen Bibliotheken kommen kann, die ebenfalls versuchen, dieselben Ereignisse zu abonnieren.
- Halten Sie die Frequenz Ihrer Nachrichtenübertragung, besonders bei Broadcast-Nachrichten, möglichst niedrig, um eine Überlastung der Hardware zu vermeiden. Der ESP32 und besonders der ESP8266 sind schlicht nicht leistungsfähig genug, um großes Datenaufkommen in einem solchen Mesh zu verwalten.

  Daher haben die Entwickler die maximale Anzahl der Netzwerkknoten durch den verfügbaren Heap-Speicher des Moduls limitiert. Ab 16 Knoten kann es zu signifikanten Stabilitätsproblemen kommen.
- Nachrichten können verloren gehen oder verworfen werden, Sie können sich daher nicht darauf verlassen, dass jede Nachricht zugestellt wird. Eine pragmatische Lösung kann sein, den Nachrichtenversand periodisch zu wiederholen. Wenn der Versand wirklich sichergestellt sein muss, müssen Sie Bestätigungsantworten durch die Empfangsknoten implementieren. Wenn ein sendender Knoten innerhalb eines festgelegten Zeitraums dann keine Bestätigung erhält, muss er die Nachricht erneut senden.

8.6 UART

UART steht für *Universal Asynchronous Receiver Transmitter*. Dahinter verbirgt sich eine elektronische Schaltung, die eine digitale serielle Schnittstelle umsetzt. Als Hardware ist sie entweder in einem eigenen Baustein oder aber zusammen mit anderen Funktionen in einem stärker integrierten Modul (beispielsweise einem Mikrocontroller) enthalten.

Die UART-Schnittstelle dient dazu, Daten zu senden und zu empfangen, und ist der Standard in seriellen Schnittstellen an PCs und Mikrocontrollern. Die Datenübertragung erfolgt in einem seriellen digitalen Datenfluss mit einem fixen Rahmen, der aus einem Startbit, fünf bis maximal neun Datenbits, einem optionalen Parity-Bit und einem Stoppbit besteht. Das optionale Parity-Bit erfüllt dabei die Aufgabe, Übertragungsfehler zu erkennen.

Die Übertragung der Daten bei UART erfolgt asynchron. Das bedeutet, dass die Übertragung mit dem Startbit zu jeder beliebigen Zeit beginnen kann. Im Gegensatz zu anderen Kommunikationsschnittstellen benötigt UART kein eigenes Taktsignal auf einer separaten Steuerleitung. Stattdessen synchronisiert sich die Schnittstelle mithilfe der Start- und Stoppbits. Ansatzpunkt ist das Stoppbit, das die 1,5- oder 2-fache Länge der normalen Übertragungszeit hat (Sender und Empfänger müssen hier die gleiche Einstellung haben). Dies hat den Vorteil, dass kurze Taktschwankungen ausgeglichen werden können.

Die Verbindung zweier Geräte zeigt Abbildung 8.46. Gut zu erkennen ist, dass die Sendeleitung (TX) und die Empfangsleitung (RX) über Kreuz geführt werden.

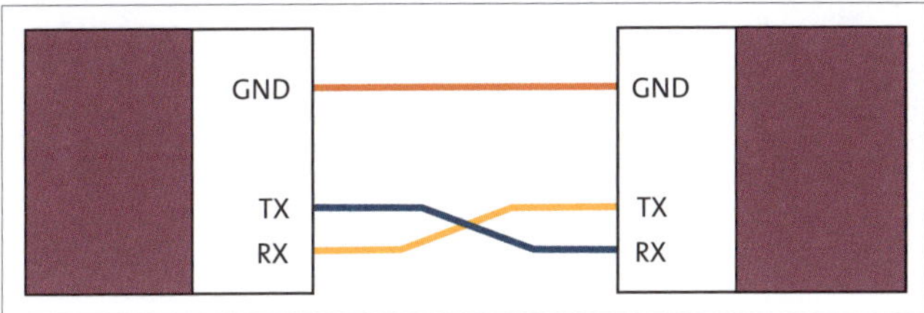

Abbildung 8.46 UART-Verbindung

FTDI-Adapter

FTDI-Adapter wurden zuerst von der Firma *Future Technology Devices International* hergestellt – daher die Abkürzung in ihrem Namen. *FTDI*-Adapter sind Verbindungsbausteine, die eine serielle Schnittstelle über USB verfügbar machen (USB-to-UART-Bridge). Sie kommen zum Einsatz, wenn ein Gerät nicht über eine USB-Schnittstelle verfügt oder nicht über UART-Ports bedient werden soll, die über USB-Anschlüsse herausgeführt werden. In der Regel haben diese Adapter eine Headerleiste mit sechs Pins. Für die Schaltungen in den folgenden Abschnitten werden nur die Pins GND, TX und RX benötigt (siehe Abbildung 8.47).

Abbildung 8.47 Der FTDI-Adapter »FTDI232«

8.6.1 Die UART-Schnittstellen des ESP32

Der ESP32 verfügt über drei UART-Schnittstellen. Sie werden als UART0, UART1 und UART2 bezeichnet. Typischerweise gliedert sich die Programmierung einer UART-Verbindung in vier zwingend notwendige Abschnitte:

- **Einstellen der Kommunikationsparameter**: Baudrate, Datenbits, Stoppbits usw.
- **Festlegen der Kommunikationspins**: Das sind die Pins, an die der andere UART angeschlossen ist.

  Zwar sind den UART-Controllern standardmäßig bestimmte Pins zugewiesen, da die Controller jedoch über die interne GPIO-Matrix kommunizieren, kann softwareseitig davon abgewichen werden.
- **Treiberinstallation**: Zuweisen von Ressourcen für den UART-Treiber (Größe des Sendepuffers und Empfangspuffers usw.)
- **Ausführen der UART-Kommunikation**: Senden/Empfangen der Daten

Die Arduino IDE

Die Arduino IDE packt die ersten drei Punkte in eine einfach zu handhabende Funktion. Diese hat die Syntax:

```
Serial.begin(baud-rate, protocol, RX pin, TX pin);
```

`Serial` ist das Port-Objekt, und `baud-rate` ist die Baudrate, die bei Sender und Empfänger identisch sein muss. `protocol` definiert die Art und Weise der Start-, Parity- und Stoppbits sowie den RX- und den TX-Pin für die Sende- und Empfangs-GPIOs.

Der verkürzte Funktionsaufruf (`Serial.begin(115200);`) kann nur zum Tragen kommen, wenn eine Verbindung zum Standard-UART-Port (UART0) mit dem hierfür hinterlegten Protokoll und festgelegten RX- sowie TX-Pins eingerichtet werden soll. Notwendig ist dann lediglich das Festlegen der Baudrate. Die Kommunikation wird über `Serial.read()` und `Serial.print()` ausgeführt.

Die Funktion `Serial.available()` gibt die Anzahl der Bytes aus, die über die serielle Schnittstelle zum Abruf anstehen.

Das ESP-IDF

Das ESP-IDF bietet einige weiterführende und tiefergehende Funktionen an. Sie ermöglichen es z. B., einen installierten Treiber wieder zu löschen, um damit Ressourcen freizugeben, oder die UART-Schnittstelle für Interrupts zu nutzen. Diese Möglichkeiten sind in der Espressif-Dokumentation gut beschrieben (siehe *https://docs.espressif.com/projects/esp-idf/en/latest/api-reference/peripherals/uart.html*).

USB bei ESP32-C3, ESP32-S2, ESP32-S3

Gegenüber dem (alten) ESP32 weisen die (neuen) Module ESP32-C3, ESP32-S2 und ESP32-S3 einige Neuerungen hinsichtlich der USB-Schnittstelle auf. Diese fallen bei den Boardeinstellungen der Arduino IDE direkt ins Auge (siehe Abbildung 8.48).

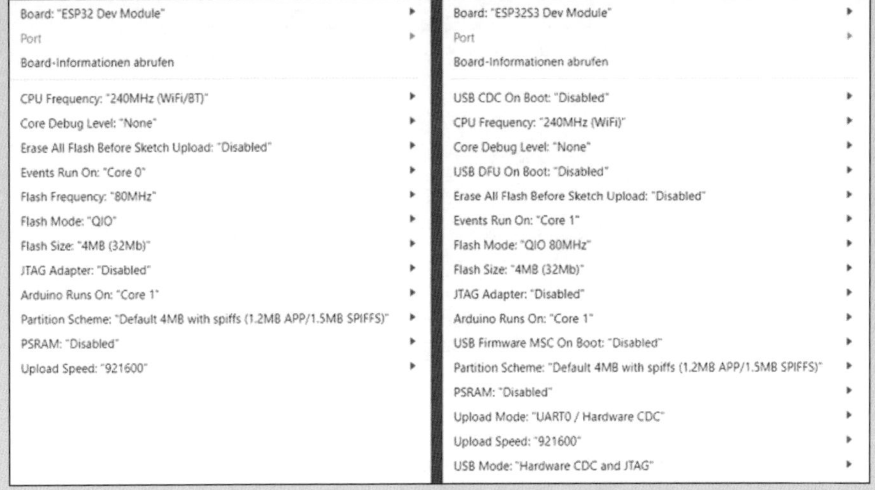

Abbildung 8.48 Die USB-Einstellungen beim alten ESP32 (links) im Vergleich zu denen für ESP32-C3, ESP32-S2 und ESP32-S3 (rechts)

Die Arbeit mit der neuen USB-Schnittstelle hält ein paar Fallstricke bereit. Wenn Sie die neuen Module mit der USB-Funktionalität für Ihre Projekte einsetzen, ist ein vorheriger Blick in das Blockdiagramm und die Dokumentation hilfreich. Eine bestens ausgearbeitete Arbeitsleitlinie finden Sie unter *https://www.youtube.com/watch?v=hJSBTFsOnoA*.

8.6.2 Ein UART-Echo

Die Notwendigkeit, einen anderen als den Standard-UART-Port zu nutzen, ergibt sich beispielsweise, wenn ein GSM-Modul angeschlossen werden soll. An dieser Stelle möchte ich Ihnen allerdings nur das Prinzip vorstellen. Dazu wird über eine serielle Schnittstelle (in diesem Beispiel ist das der serielle Monitor an `UART0`) eine Nachricht an den ESP32 gesendet.

Diese Nachricht geht als Echo an den seriellen Port UART2, der über einen FTDI-Adapter mit dem PC verbunden ist. Die empfangenen Daten erscheinen dann im Monitor des ESP-IDF oder in einem anderen Terminalemulator (z. B. PuTTY, Minicom).

Die Schaltung

Bei der Schaltung (siehe Abbildung 8.49) ist es nur wichtig, dass Sie die RX- und TX-Anschlüsse über Kreuz verbinden (also den RX-Adapter an TX-ESP32 und den TX-Adapter an RX-ESP32)!

Abbildung 8.49 ESP32 mit FTDI-Adapter

Der Sketch

Der Sketch aus Listing 8.17 beschränkt sich auf wenige Zeilen:

```
#define RXD2 16
#define TXD2 17

void setup() {
  Serial.begin(115200);
  Serial2.begin(115200, SERIAL_8N1, RXD2, TXD2);
  Serial.println("Serial  Txd ist an Pin: "+String(TX));
  Serial.println("Serial  Rxd ist an Pin: "+String(RX));
  Serial.println("Serial2 Txd ist an Pin: "+String(RXD2));
  Serial.println("Serial2 Rxd ist an Pin: "+String(TXD2));
}

void loop() {
  while (Serial.available()) {
```

```
    Serial2.print(char(Serial.read()));
  }
}
```

Listing 8.17 UART-Echo

Mit `Serial.beginn()` werden zwei UART-Schnittstellen-Objekte gebildet. Da die zweite UART-Schnittstelle nicht die Standardschnittstelle ist, sind weitere Parameter erforderlich.

`Serial.available()` prüft, ob Bytes an der Standardschnittstelle vorliegen. Sie werden mit `Serial2.print(char(Serial.read())` gelesen und an dem zweiten UART-Port ausgegeben.

Der serielle Monitor gibt nach dem Upload nur vier kurze Meldungen aus (siehe Abbildung 8.50).

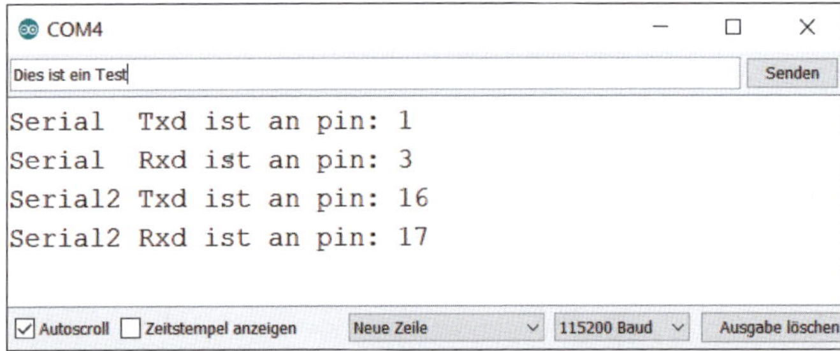

Abbildung 8.50 UART-Echo – Eingabe im seriellen Monitor

Die Eingabe von Daten (hier: `Dies ist ein Test`) führt unmittelbar zu einem Echo am zweiten UART-Port (siehe Abbildung 8.51).

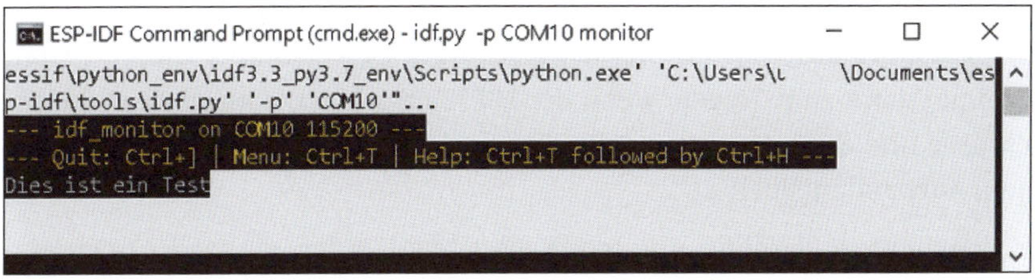

```
ESP-IDF Command Prompt (cmd.exe) - idf.py -p COM10 monitor
essif\python_env\idf3.3_py3.7_env\Scripts\python.exe' 'C:\Users\      \Documents\es
p-idf\tools\idf.py' '-p' 'COM10'"...
--- idf_monitor on COM10 115200 ---
--- Quit: Ctrl+] | Menu: Ctrl+T | Help: Ctrl+T followed by Ctrl+H ---
Dies ist ein Test
```

Abbildung 8.51 UART-Echo – Ausgabe über die zweite UART-Schnittstelle

8.6.3 ESP32-Modul flashen

Mithilfe des FTDI-Adapters lässt sich auch ein ESP32-Modul direkt flashen. Hierfür müssen neben dem Masseanschluss (GND) die RX-TX-Ausgänge des Adapters über Kreuz mit RX0 und TX0 des Moduls verbunden werden (siehe Abbildung 8.52). Die

Stromversorgung des Moduls muss allerdings anderweitig erfolgen, da der Spannungsregler des FTDI-Adapters nicht die erforderliche Leistung bereitstellt!

Abbildung 8.52 ESP32-Modul auf Adapter flashen

Board trotz defektem USB-Chip flashen

Auf diese Weise lässt sich auch das ESP32-Dev-KitC V4 flashen, sollte der boardeigene USB-Chip defekt sein (FTDI-Adapter an UART0 – und los geht's).

8.7 OTA

OTA steht für *Over-the-Air*-Programmierung. Dahinter verbirgt sich die Funktionalität, den ESP32 über das Web mit aktueller Software zu versorgen. Dieser Vorteil kommt immer dann zum Tragen, wenn der ESP32 an schwer zugänglichen Stellen verbaut wurde und ein Software-Update über die USB-Schnittstelle kaum oder nur mit hohem Aufwand möglich ist.

Die Funktionalität ist allerdings mit dem Nachteil verbunden, dass jeder hochgeladene Sketch Code für den *Web Updater* enthalten muss, damit die Funktion auch künftig zur Verfügung steht. Dies geht dann zulasten der sonstigen freien verfügbaren Programmkapazität.

Sie müssen also zuerst einmal einen initialen Sketch über die USB-Schnittstelle hochladen – anders geht es nicht. Dieser initiale Sketch enthält den Code für den *OTA Web Updater*, den Sie für künftige Programmaktualisierungen über einen Browser brauchen. Gehen Sie also schrittweise vor.

Den Arduino OTA Web Updater initial hochladen

Die Arduino IDE enthält bereits einen Beispielsketch, der als initialer Sketch und als Grundlage für die Funktion generell dienen kann. Laden Sie das Beispiel in den Editor, und zwar mit DATEI • BEISPIELE • ARDUINOOTA • OTAWEBUPDATER.

Weite Bereiche des Codes enthalten HTML-Anweisungen, die die Darstellung des Login- bzw. Update-Bildschirms im Browser betreffen. Interessant ist, dass von *mDNS* (*Multicast Domain Name System*) Gebrauch gemacht wird. Dahinter verbirgt sich die Möglichkeit, Abfragen in ein lokales Netzwerk zu senden, um andere Ressourcen anhand des Namens zu finden. Der Code kann so belassen werden; passen Sie lediglich die Zeilen

```
const char* ssid = "ssid";
const char* password = "password";
```

mit SSID und Passwort an Ihr lokales Netz an.

Der OTA Web Updater setzt nach dem Hochladen einen Webserver auf, über den dann die Aktualisierungen eingepflegt werden können. Der serielle Monitor zeigt die IP-Adresse, über die der ESP32 erreichbar ist (siehe Abbildung 8.53).

Abbildung 8.53 Initialer Sketch für den »OTA Web Updater« im seriellen Monitor

Damit ist der ESP32 grundsätzlich für ein Software-Update über das Netz eingerichtet. Betrieb und Programmierung sind nun unabhängig von der USB-Schnittstelle und über eine externe Stromversorgung möglich.

Sie erreichen den ESP32 jetzt durch Eingabe der IP-Adresse, die Ihnen der serielle Monitor ausgegeben hat (siehe Abbildung 8.54).

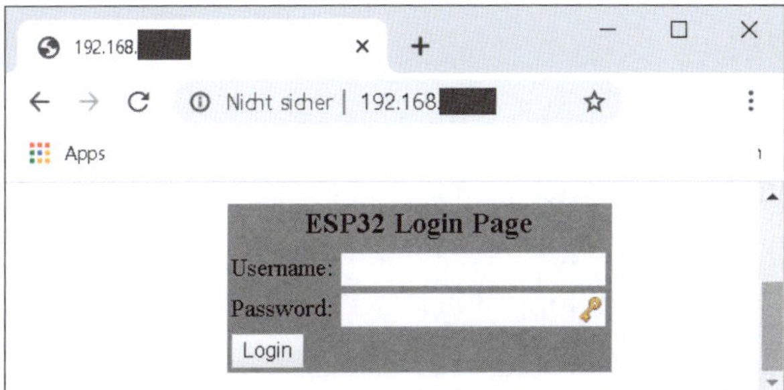

Abbildung 8.54 OTA Web Updater – Login

Ein Software-Update vorbereiten

Der OTA Web Updater überspielt eine fertige Binärdatei, die den Code für den Web Updater und den eigentlichen Programmcode enthalten muss. Der neue Sketch soll an dieser Stelle testweise die LED an Pin 2 zum Blinken bringen.

Entwickeln Sie den initialen OTA Web Updater weiter, indem Sie die nötigen Programmteile aus Listing 8.18 für das Blinken einer LED (siehe Abschnitt 4.4.2) einfügen:

```
...
...
void setup(void) {
  pinMode(2, OUTPUT);
  Serial.begin(115200);
...
...
void loop(void) {
  server.handleClient();
  delay(1);

  digitalWrite(2, HIGH);          // schaltet die LED ein
  delay(600);                     // etwas warten
  digitalWrite(2, LOW);           // schaltet die LED aus
  delay(600);
}
```

Listing 8.18 OTA – ergänzender Code

Speichern Sie das Programm beispielsweise unter dem Namen *OTA-Update-BlinkLED* ab. Erstellen Sie die für das OTA Web Update nötige Binärdatei mit SKETCH • KOMPILIERTE BINÄRDATEI EXPORTIEREN.

Im Sketch-Ordner *OTA-Update-BlinkLED* befindet sich nun neben der *.ino*-Datei für den Sketch auch eine *.bin*-Datei. Diese Datei müssen Sie mit dem OTA Web Updater überspielen.

Ein Software-Update durchführen

Öffnen Sie wieder die Login-Maske im Browser. Mit der Eingabe von »admin« sowohl bei USERNAME als auch bei PASSWORD und einem Klick auf die LOGIN-Schaltfläche gelangen Sie zum Bildschirm für das Update (siehe Abbildung 8.55).

Navigieren Sie über die Schaltfläche DATEI AUSWÄHLEN mit dem Datei-Explorer zu dem Ordner mit der Binärdatei (siehe Abbildung 8.56).

Wählen Sie mit einem Doppelklick die *.bin*-Datei aus. Danach klicken Sie auf die Schaltfläche UPDATE des Update-Bildschirms. Der Bildschirm zeigt Ihnen den Fortschritt des Updates im Feld PROGRESS an. Wenn alles funktioniert hat, sollte die LED nun blinken.

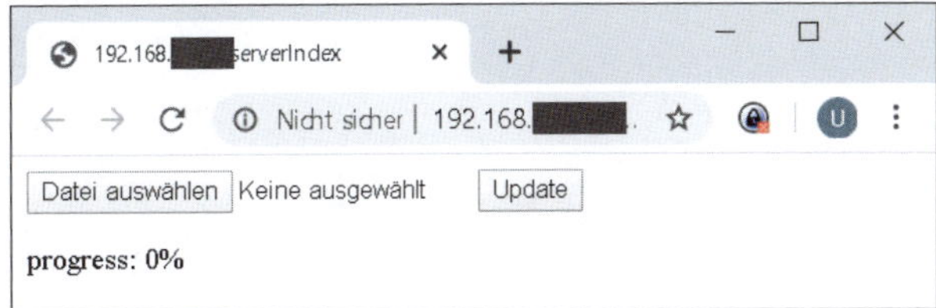

Abbildung 8.55 Update-Bildschirm

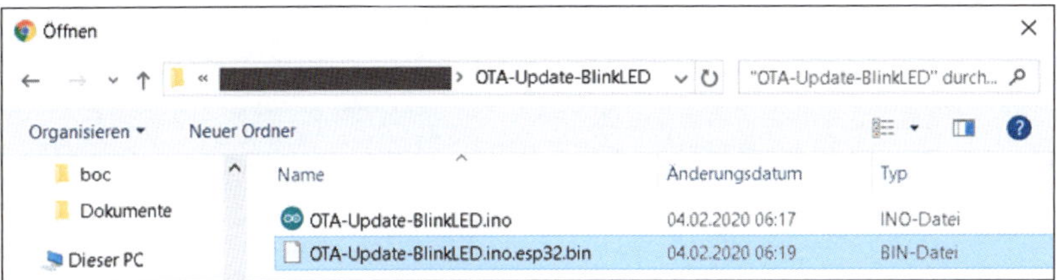

Abbildung 8.56 Binärdatei im Datei-Explorer

Wenn der serielle Monitor noch aktiv ist, kann der Update-Prozess auch dort verfolgt werden (siehe Abbildung 8.57).

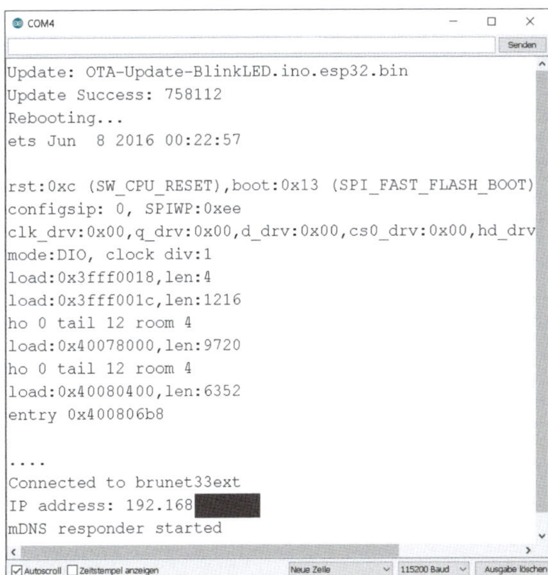

Abbildung 8.57 Der »OTA Web Updater« im seriellen Monitor

Damit steht einem Betrieb des ESP32 abseits von PC- und USB-Schnittstellen nichts mehr im Wege.

Kapitel 9

Externe Kommunikations- und Steuerungsmöglichkeiten

Externe Kommunikations- und Steuerungsmöglichkeiten verschaffen dem ESP32 eine ungeahnte Bandbreite an Einsatzgebieten. Das Wo und Wie sind Gegenstand dieses Kapitels.

Im vorherigen Kapitel haben Sie mit Bluetooth und WLAN zwei Wege kennengelernt, um mit dem ESP32 eine Basis für externe Kommunikation und Steuerung aufzubauen. Gewissermaßen handelt es sich dabei um Rohdiamanten, die noch einen guten Schliff brauchen, damit sie in alle Richtungen funkeln können. Der Schliff ist die Anbindung an externe Kommunikations- und Steuerungsmöglichkeiten (siehe Abbildung 9.1).

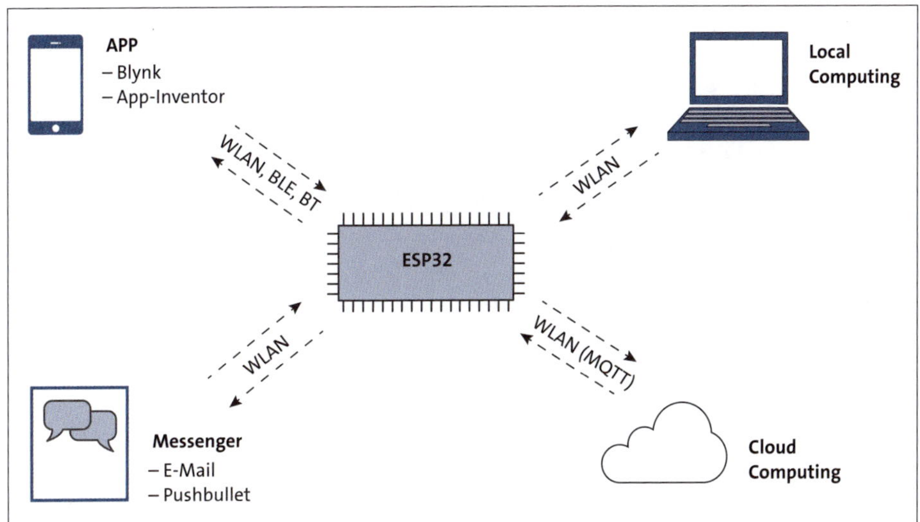

Abbildung 9.1 Anbindung an externe Kommunikationsstränge

Externe Kommunikationsstränge bilden gewissermaßen die oberste Funktionsebene. Vervollständigen Sie also das Leistungsvermögen Ihres ESP32 mit Funktionalitäten wie E-Mail-Versand, Steuerung über Social Media und auf Ihre Bedürfnisse zugeschnittenen Apps. Runden Sie die Ihnen zur Verfügung stehenden Möglichkeiten ab, indem Sie das MQTT-Protokoll nutzen und IoT-Plattformen auf anderen Geräten anbinden.

Das alles bietet viele Vorteile. Allerdings gibt es auch einige Nachteile – zum Teil schwerwiegende. Diese beginnen mit der Notwendigkeit des Zugriffsschutzes und führen über eventuell erforderliche Verschlüsselungstechnologien bis zu der Abwägung, ob aus Gründen des Persönlichkeitsschutzes Konten bei externen Providern angelegt oder Daten auf externen Servern gespeichert werden sollen.

9.1 Das JSON-Datenaustauschformat in der Praxis

Sie haben den formalen Ansatz von JSON bereits kennengelernt (siehe Abschnitt 5.19). Er ist grundlegend für den externen Datenaustausch, der neben einem strukturierten Empfang von Daten zur Steuerung von Abläufen auch das Senden von Daten beispielsweise zur Speicherung auf externen Geräten umfasst. Konkrete Anwendungsfälle sind exemplarisch der Bezug von Wetterdaten (*OpenWeatherMap*, siehe Abschnitt 10.7) sowie *Philips-Hue*-Geräte oder *Pushbullet* (siehe Abschnitt 9.3.2).

Datenaustausch hat in diesem Zusammenhang zur Folge, dass Daten in einen JSON-String übertragen (*serialisiert*) oder aus einem JSON-String wieder isoliert (*deserialisiert*) werden müssen. Funktionen für diese anspruchsvolle Aufgabe befinden sich in der Bibliothek *ArduinoJson*. Wenn Sie die Arduino IDE verwenden, installieren Sie ArduinoJson bevorzugt über den Bibliotheksverwalter (siehe Abbildung 9.2). Nutzen Sie alternativ einen GitHub-Klon (*https://github.com/bblanchon/ArduinoJson*), insbesondere für den Einsatz unter dem ESP-IDF.

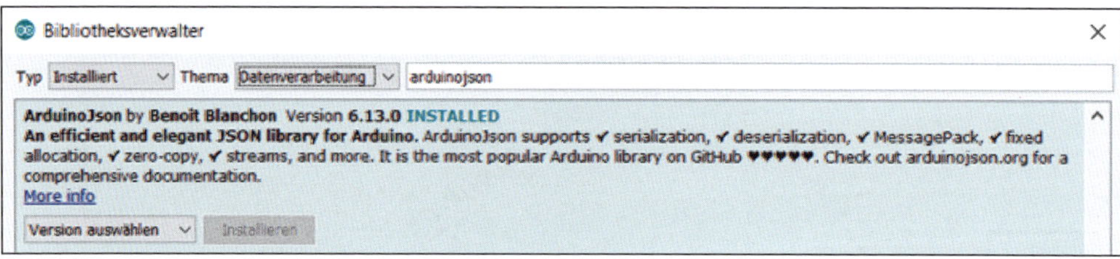

Abbildung 9.2 ArduinoJson im Bibliotheksverwalter

Version der Bibliothek ArduinoJson

Die Unterstützer der Bibliothek haben das Konzept bei dem Versionswechsel von 5 zur aktuellen Version 6 grundlegend geändert. Die folgenden Erläuterungen beziehen sich auf die aktuelle Version. Da sie anfangs zumindest noch etwas fehleranfällig war, ist es in problembehafteten Situationen durchaus sinnvoll, auf die Vorgängerversion zu setzen.

Der Ausgangspunkt für ArduinoJson ist etwas, das das Entwicklerteam als *JsonDocument* bezeichnet. Es legt ein JSON-Dokument im Speicher ab und enthält im Hintergrund einen Speicherpool mit fester Größe, der bei der Erstellung des Dokuments festgelegt wird. Aus bibliotheksinternen programmtechnischen Gründen lautet die Empfehlung der Entwickler, kein globales JsonDocument zu verwenden, sondern auf die Serialisierungsfunktionen bezogene »kurzlebige« JsonDocuments zu deklarieren.

JsonDocuments gibt es in zwei Ausprägungen:

- **StaticJsonDocument**

  Das Speichern eines StaticJsonDocument erfolgt im *Heap* (dt. »Haufen«; das ist dynamischer Speicher, der von Funktionsaufrufen zugewiesen wird, sowie statisch zugewiesener Speicher, der zur Kompilierungszeit zugewiesen wird). Die Entwickler empfehlen StaticJsonDocuments nur mit einer Größe von weniger als 1 KB. Die Syntax lautet:

  ```
  StaticJsonDocument <groesse> doc;
  ```

  `groesse` bezeichnet die Größe des anzulegenden StaticJsonDocument in Bytes.

- **DynamicJsonDocument**

  Der Speicherort eines DynamicJsonDocument ist im *Stack* (dt. »Stapel«; das ist dynamischer Speicher, der durch Programmaufrufe kontrolliert wird). Nutzen Sie diese Ausprägung für größere Dokumente. Die Syntax ist vergleichbar, achten Sie jedoch auf die unterschiedlichen Klammern:

  ```
  DynamicJsonDocument (groesse) doc;
  ```

`groesse` kennzeichnet in beiden Ausprägungen die Kapazität des zu reservierenden Speichers. Sie hängt von der Art und Anzahl der Bestandteile des JSON-Strings ab und erhöht sich um einen ebenfalls variablen Zuschlag für die String-Bearbeitung. Konkret benötigt ein einzelnes JSON-Objekt (z. B. `"VCC" : 3.3`) für den Bearbeitungsschritt »deserialisieren« 16 Byte plus 17 Byte, also insgesamt 33 Byte auf einem ESP32. Weitere Hinweise finden Sie unter *https://arduinojson.org/*.

Der unten stehende Beispielsketch soll nun den JSON-String aus Kapitel 5 serialisieren und deserialisieren.

Der Sketch

Der Sketch aus Listing 9.1 zeigt sowohl `StaticJsonDocument` (aktiviert) als auch `DynamicJsonDocument` (auskommentiert).

```
#include <ArduinoJson.h>                    // JSON aufbereiten
String jsonString;

// Serialisieren eines JSON-Strings
void serialisieren() {
```

```
  Serial.println("serialisieren");
  // DynamicJsonDocument
  //  const size_t capacity = JSON_OBJECT_SIZE(6) + JSON_ARRAY_SIZE(3) + \
  //  JSON_OBJECT_SIZE(2) + JSON_OBJECT_SIZE(3) + JSON_ARRAY_SIZE(5);
  //  DynamicJsonDocument doc(capacity);
  // StaticJsonDocument                  304 (String)
  StaticJsonDocument<304> doc;
  doc["Name"] = "ESP32-WROOM";           // obj + 1
  doc["Takt"] = 160;                     // obj + 1
  doc["VCC"].set(3.3);                   // obj + 1

  JsonObject Speicher = doc.createNestedObject("Speicher"); // obj + 1
  Speicher["ROM"] = 448;                 // obj + 1
  Speicher["SRAM-Data"] = 520;           // obj + 1
  Speicher["RTC"] = 16;                  // obj + 1

  JsonObject GPIO = doc.createNestedObject("GPIO");    // obj + 1
  JsonArray GPIO_PIN41 = GPIO.createNestedArray("PIN41"); // obj + 1
  GPIO_PIN41.add("GPIO01");              // arr + 1
  GPIO_PIN41.add("CLK3");                // arr + 1
  GPIO_PIN41.add("U0_TXD");              // arr + 1

  JsonArray GPIO_PIN13 = GPIO.createNestedArray("PIN13");  // obj + 1
  GPIO_PIN13.add("GPIO33");              // arr + 1
  GPIO_PIN13.add("Touch9");              // arr + 1
  GPIO_PIN13.add("RTC8");                // arr + 1
  GPIO_PIN13.add("ADC1_5");              // arr + 1
  GPIO_PIN13.add("XTAL32");              // arr + 1

  doc["Kamera"] = false;                 // arr + 0

  serializeJson(doc, Serial);           // gibt JSON-Dokument aus
  Serial.println ();
  serializeJson(doc, jsonString);
  Serial.println ();
  return;
}

// Deserialisieren eines JSON-Strings
void deserialisieren() {
  Serial.println("deserialisieren");
```

```
  // DynamicJsonDocument
  //const size_t capacity = JSON_OBJECT_SIZE(6) + JSON_ARRAY_SIZE(3) + \
  //  JSON_OBJECT_SIZE(2) + JSON_OBJECT_SIZE(3) + JSON_ARRAY_SIZE(5);
  //DynamicJsonDocument doc(capacity);
  // StaticJsonDocument
  StaticJsonDocument<433> doc;  // 304 (String) + 129 (Duplizieren)

  deserializeJson(doc, jsonString);
  auto err = deserializeJson(doc, jsonString);
  if (err) {
    Serial.print  ("Fehler JSON-deserialize  ");
    Serial.println(err.c_str());
  } else {
    const char* name = doc["Name"];
    int takt = doc["Takt"];
    float vcc = doc["VCC"];
    int rom = doc["Speicher"]["ROM"];
    const char* gpio41TX = doc["GPIO"]["PIN41"][2];
    bool kamera = doc["Kamera"];
    Serial.println("Name:              " + String (name) );
    Serial.println("Takt:              " + String (takt) );
    Serial.println("VCC:               " + String (vcc) );
    Serial.println("Speicher / ROM:    " + String (rom) );
    Serial.println("GPIO / PIN41 / 2:  " + String (gpio41TX) );
    Serial.println("Kamera:            " + String (kamera) );
  }
  Serial.println();
}

void setup() {
  Serial.begin(115200);
  serialisieren();
  deserialisieren();
}

void loop() {
  delay(1000);
}
```

Listing 9.1 Serialisieren und Deserialisieren mit ArduinoJson

Die globale Variable `jsonString` nimmt den serialisierten JSON-String auf und ist die Eingabe für das Deserialisieren.

Die Funktion `serialisieren()` beginnt mit der (auskommentierten) Kalkulation der Größe des Pufferbereichs. ArduinoJson unterscheidet zwischen JSON-Objekten und JSON-Arrays. Beide benötigen jedoch pro Vorkommen 16 Byte Puffer. Der erste Eintrag `JSON_OBJECT_SIZE(6)` reserviert Platz für die sechs Objekte im ersten Rang (Name, Takt, ..., Kamera). Der zweite Eintrag `JSON_ARRAY_SIZE(3)` bezieht sich auf die Tabelle des Objekts `Speicher`. Die folgenden Einträge decken die beiden nachrangigen Objekte zum Objekt `GPIO` (`PIN41` und `PIN13`) sowie die diesen untergeordneten Tabellenelemente (3 bzw. 5) ab. In der Summe sind dies 19 Elemente. Multipliziert mit 16 (Anzahl Bytes je Element), ergibt dies 304 und entspricht der Angabe `groesse` von `StaticJsonDocument<304> doc`.

Das Hinzufügen von JSON-Einträgen erfolgt mit dem Subscript-Operator (eckige Klammern, `[]`); die Anweisung `doc["Takt"] = 160` sorgt also für einen Eintrag mit dem Namen »Takt« und ordnet den Wert 160 zu. Auch die Anweisung `doc["VCC"].set(3.3)` erzeugt ein Name-Wert-Paar. Zusätzlich liefert sie einen Rückgabewert `true` oder `false` in Abhängigkeit vom Erfolg des Einfügens.

Das Anlegen der verschachtelten Strukturen geschieht dann mit den entsprechenden Funktionen `createNestedObject()` für verschachtelte JSON-Objekte und `createNestedArray()` für verschachtelte JSON-Arrays. Abschließend gibt die Funktion `serializeJson()` das JsonDocument `doc` an den seriellen Monitor bzw. in die Variable `jsonString` aus.

Die Funktion `deserialisieren()` übernimmt das Deserialisieren des zuvor gebildeten JSON-Strings. Dieser Vorgang benötigt mehr Pufferplatz als das Serialisieren. Als grobe Faustregel gilt das 1,5-Fache. Nach erfolgreichem Aufruf der Funktion `deserializeJson(doc, jsonString)` stehen in dem JsonDocument `doc` die Name-Wert-Paare zum Abruf bereit. Der in dem Subscript-Operator eingeschlossene Name ist die Referenz, mit deren Hilfe der Wert dann einer Variablen zugewiesen wird (`float vcc = doc ["VCC"]`).

Eine Ausgabe im seriellen Monitor protokolliert das Serialisieren und Deserialisieren (siehe Abbildung 9.3).

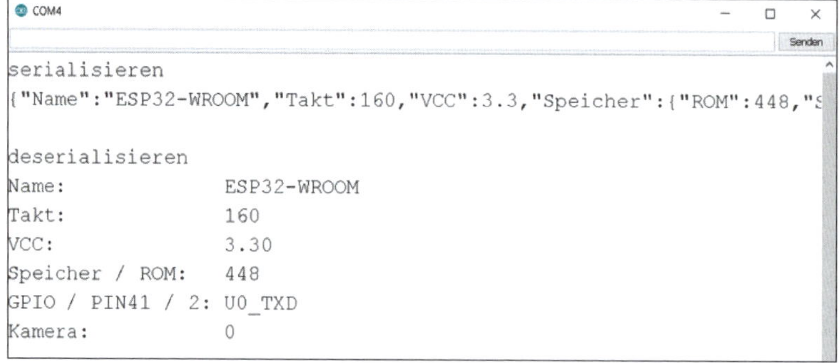

Abbildung 9.3 ArduinoJson serialisieren bzw. deserialisieren

Berechnen der Puffergröße

Für das Berechnen der Puffergröße steht auf *https://arduinojson.org/v6/assistant/* ein kleines Tool bereit. Dieses Tool führt eine Syntaxprüfung des JSON-Strings durch und gibt sogar Programmierhinweise.

9.2 Apps

Apps bestimmen inzwischen nahezu alle Dinge des Alltags. Angefangen bei simplen Wetter- und Nachrichten-Apps, reicht das Spektrum über Karten-Apps bis hin zu Banking-Apps. Apps, die die Steuerung von Systemen (Licht, Heizung usw.) übernehmen, sind nicht die Ausnahme, sondern eher die Regel.

Deshalb liegt es nur zu nahe, auch für den Datenaustausch mit dem ESP32 Apps einzusetzen. Zwei solcher Apps haben Sie bereits in Kapitel 8 im Zusammenhang mit Bluetooth kennengelernt. Sie erfüllen zwar ihren Zweck, sind jedoch nicht sonderlich komfortabel.

In den folgenden Abschnitten geht es um zwei Alternativen, die es Ihnen ermöglichen, ein individuelles und an Ihre Bedürfnisse angepasstes lauffähiges Mobile-User-Interface zu kreieren.

9.2.1 Blynk (2.0)

Blynk (Näheres unter *https://blynk.io/*) ist eine Plattform, die es erlaubt, iOS- und Android-Apps zur Steuerung von Raspberry Pi, Arduino (mit entsprechenden Schnittstellen) und Mikrocontrollern der ESP-Familie zu erstellen. Die Verbindung erfolgt wahlweise über WLAN oder Bluetooth.

Blynk versteht sich als digitales Dashboard, in dem der Nutzer eine grafische Oberfläche für sein Projekt erstellen kann, und zwar über das einfache Drag-and-drop von Widgets. Die folgenden Schritte führen von der Installation von Blynk bis hin zu verschiedenen Anwendungsmöglichkeiten.

Mit Blynk auf den ESP32 zugreifen

Dieser Teilbereich widmet sich zunächst dem Grundaufbau ohne App-Anbindung. So lassen sich Fehlerquellen ausschließen und die Verbindung testen.

Blynk-Benutzerkonto anlegen

Gehen Sie auf *https://blynk.cloud/* und legen Sie mit CREATE NEW ACCOUNT ein neues Benutzerkonto an. Im folgenden Fenster geben Sie Ihre E-Mail-Adresse an und stimmen den Nutzerbedingungen zu, um fortzufahren (siehe Abbildung 9.4).

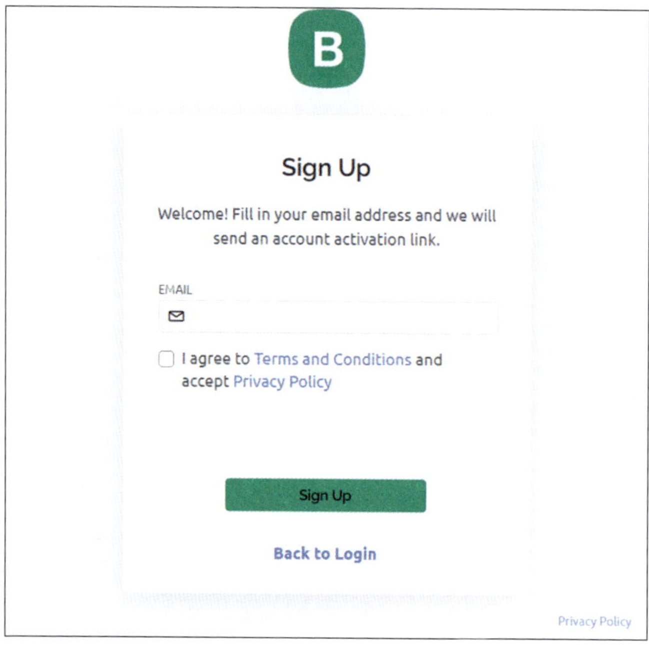

Abbildung 9.4 Die Anmeldung bei Blynk

Nachdem Sie auf SIGN UP geklickt haben, erhalten Sie eine E-Mail, mit der Sie den Einrichtungsprozess fortsetzen. Dieser beginnt mit der Vergabe eines Passworts, setzt sich mit der Festlegung eines Profilnamens fort und endet mit der Einladung zu einer Kennenlern-Tour.

LET'S GO führt Sie zu den einzelnen Stationen, an deren Ende mit einem QUICKSTART die Option zur schnellen und einfachen Geräte-Einrichtung besteht (auch später haben Sie über das drittletzte Icon der linkem Menüleiste Zugang zum Auswahlpunkt QUICKSTART).

Abbildung 9.5 zeigt einen erfolgreich durchlaufenen Quickstart-Prozess.

Zuerst erfragt der Assistent Daten zur verwendeten Hardware (Hardware: ESP32; Connectivity Type: WIFI). Es folgt die Auswahl der IDE (ARDUINO).

Dann folgt die Installation der Blynk-Arduino-Library (SKETCH • BIBLIOTHEKEN VERWALTEN • BIBLIOTHEKEN EINBINDEN; Bibliothek: *Blynk* by Volodymyr Shymanskyy).

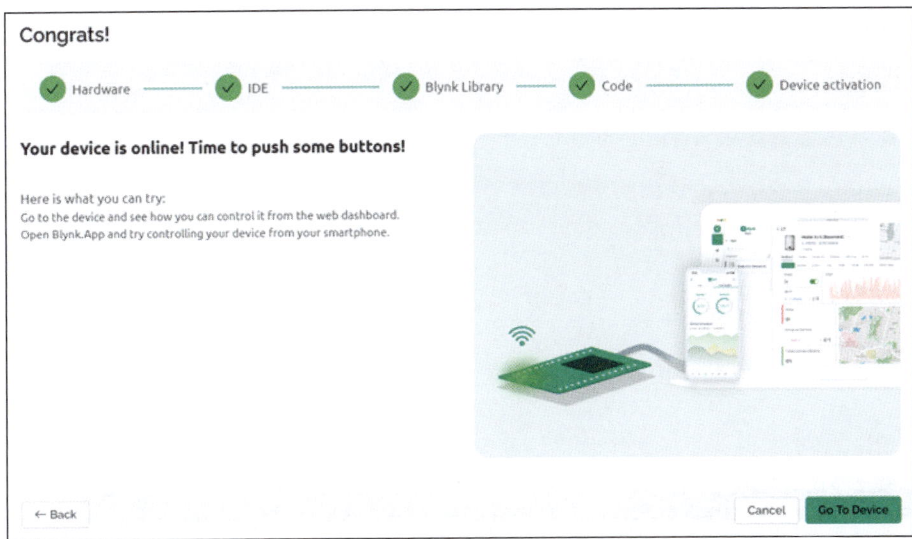

Abbildung 9.5 Der Quickstart von Blynk

Geben Sie als Nächstes Ihre WiFi-Zugangsdaten ein, also SSID und Passwort. Der Assistent generiert aus den Informationen einen fertigen Beispielsketch (siehe Abbildung 9.6).

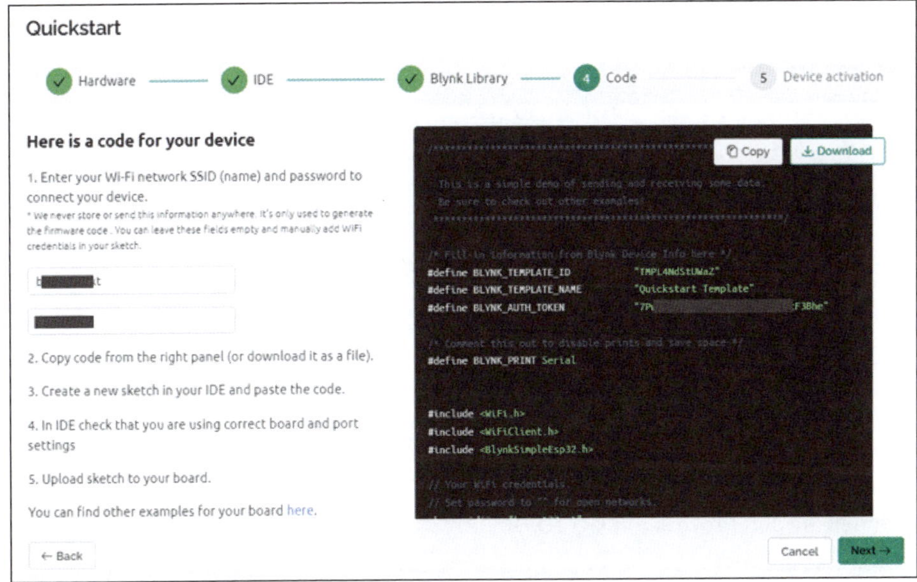

Abbildung 9.6 Der Quickstart erstellt einen Beispielsketch.

Kopieren Sie den Sketch in die Arduino IDE und laden Sie ihn hoch. Der serielle Monitor sollte die Meldungen aus Abbildung 9.7 anzeigen.

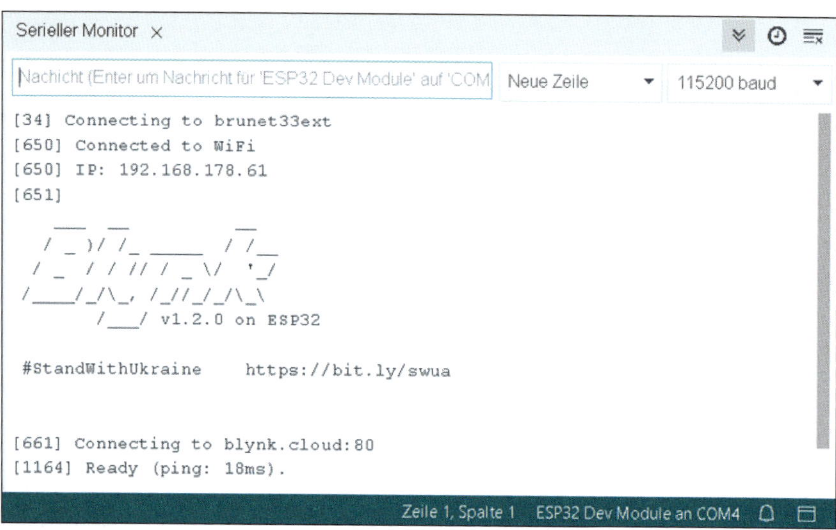

Abbildung 9.7 Die Ausgabe des seriellen Monitors nach dem Quickstart von Blynk

Gehen Sie im Browser mit NEXT zum letzten Schritt des Quickstarts. Dort erhalten Sie eine Erfolgsmeldung (siehe Abbildung 9.8).

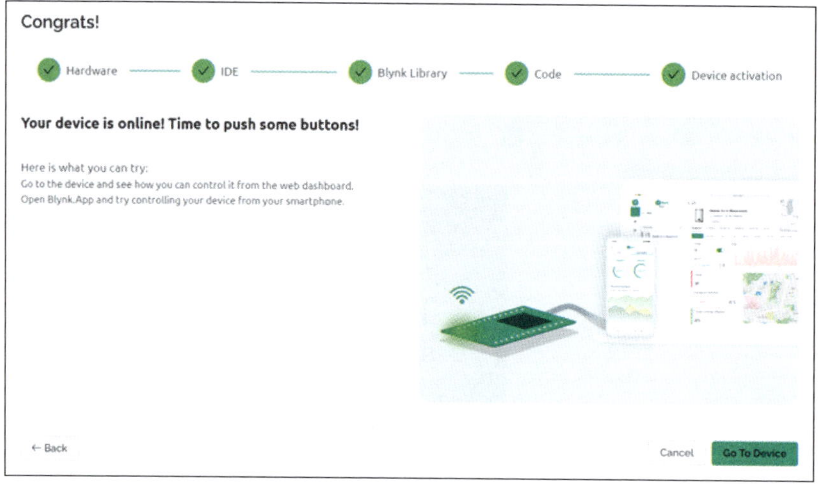

Abbildung 9.8 Die Erfolgsmeldung des Quickstarts in Blynk

Beenden Sie den Prozess mit GO TO DEVICE.

Die Fehlermeldung »Packet too big: 20527«

`Blynk.begin()` kann die Fehlermeldung »Packet too big: 20527« ausgeben. Es ist kaum zu ermitteln, welche Interna dafür verantwortlich sind. Abhilfe kann nur ein anderes ESP32-Modul schaffen.

Schritt 2: Einstieg in die Blynk-Konsole: Mit Devices arbeiten

Das Konsolenfenster DEVICE enthält mehrere Reiter. Üblicherweise landen Sie im Reiter DASHBOARD (siehe Abbildung 9.9). Die Geräteliste erreichen Sie generell mit dem Lupen-Icon.

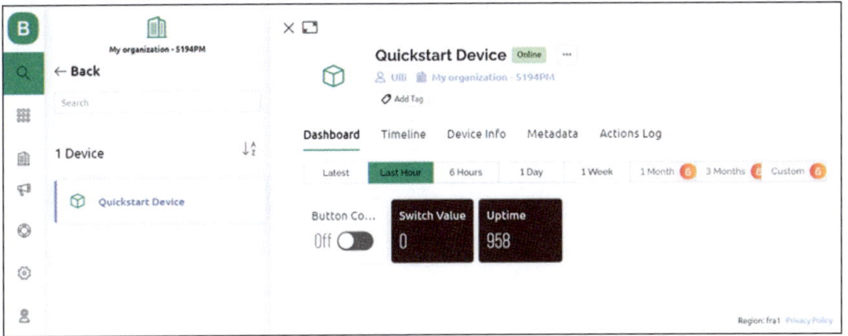

Abbildung 9.9 Der Reiter »Dashboard« für Devices

Das Fenster zeigt Ihnen an, ob Ihr Gerät off- oder online ist. Der Quickstart-Prozess richtet im Dashboard drei Widgets ein. Ein Klick auf den Schiebeschalter zeigt den aktuellen Zustand in SWITCH VALUE in der Form 0 / 1 an; UPTIME zeigt die Zeit seit dem Etablieren der Geräteverbindung mit der Cloud an.

Über DEVICE INFO erhalten Sie auch im Nachhinein noch einmal die Blynk-Credentials für das Gerät.

Die App und wie alles zusammenhängt

Einrichtungen wie der Quickstart sind eine feine Sache, denn sie führen schnell zu einem Ergebnis. Ein Nachteil besteht jedoch darin, dass sie ein Kennenlernen der Zusammenhänge erschweren. Blynk ist da keine Ausnahme, denn Sie bewegen sich auf vier Ebenen, um ein Projekt individuell zu gestalten.

Die Firmware-Ebene des ESP32

Der Quickstart-Prozess stattet die Firmware-Ebene Ihres ESP32 mit einer ausbaufähigen Vorlage aus, die zunächst drei Widgets bedient (*Button*, *Switch Value* und *Uptime*).

Betrachten Sie den erstellten Sketch ausschnittsweise in den wesentlichen Elementen.

- **Button**

  Als Ergebnis des Quickstarts zeigt in der Blynk-Konsole SWITCH VALUE zwar den aktuellen Zustand an; konkrete Vorgänge aufseiten des ESP32 gibt es jedoch nicht. Ändern Sie dies zu Testzwecken, indem Sie die Board-LED aktivieren:

`#define LED_PIN 2` und

`pinMode(LED_PIN, OUTPUT);` im `setup()`.

Im Sketch kümmert sich die Funktion `BLYNK_WRITE ()` um eingehende Nachrichten aus der Cloud. Der Parameter `V0` besagt, dass Änderungen des virtuellen Pins `V0` – hierzu später mehr – auszuwerten sind.

```
BLYNK_WRITE(V0) {
  // Set incoming value from pin V0 to a variable
  int value = param.asInt();
  // turn on / off LED
  digitalWrite(LED_PIN, value);
  // Update state
  Blynk.virtualWrite(V1, value);
}
```

Fügen Sie einen `digitalWrite()` auf die LED ein und laden Sie den Sketch hoch. Nun können Sie über das Dashboard der Blynk-Konsole die OnBoard-LED des ESP32 an GPIO02 steuern.

- **Switch Value**

  Der Codeschnipsel zeigt auch die Ausgabe von Daten mithilfe der Funktion `Blynk.virtualWrite()`. Hier geht der Wert (`value`; `0` bzw. `1`) an den virtuellen Pin `V1`.

- **Uptime**

  Die aktuelle Verbindungszeit geht auch hier über einen `Blynk.virtualWrite()` an die Cloud. Der Schreibvorgang erfolgt Timer-gesteuert im Sekundentakt. Verwenden Sie für »Verzögerungen« nicht `delay()`, da dies Auswirkungen auf die im Hintergrund ablaufenden Kommunikationsprozesse mit der Cloud haben kann.

  Anstelle der Verbindungszeit lässt sich jeder beliebige Wert übertragen, z. B. von einem Sensor.

Ein kleiner Hack soll in der App im Rahmen des Quickstarts eine pfiffige Erfolgsmeldung generieren. Verantwortlich ist die Funktion `BLYNK_CONNECTED()`, die die Eigenschaften des virtuellen Pin V3 bedient.

[!]

Sparsame Callback-Aufrufe sind erwünscht

Blynk bittet darum, nicht mehr als zehn Abfragen in der Sekunde zu senden!

Templates in der Blynk-Konsole

Dieses Element hat der Quickstart-Prozess im Hintergrund bedient; dennoch ist es für ein Funktionieren essenziell. Blynk verwendet *Templates* (Vorlagen), die in der Folge konkreten Geräten zugeordnet werden. Üblicherweise beginnt also das Aufsetzen eines Blynk-Projektes mit der Erstellung eines Templates (TEMPLATES • +NEW TEMPLATE). Bei der Auswahl des durch den Quickstart generierten Templates öffnet sich ein Fenster mit sieben Reitern (siehe Abbildung 9.10).

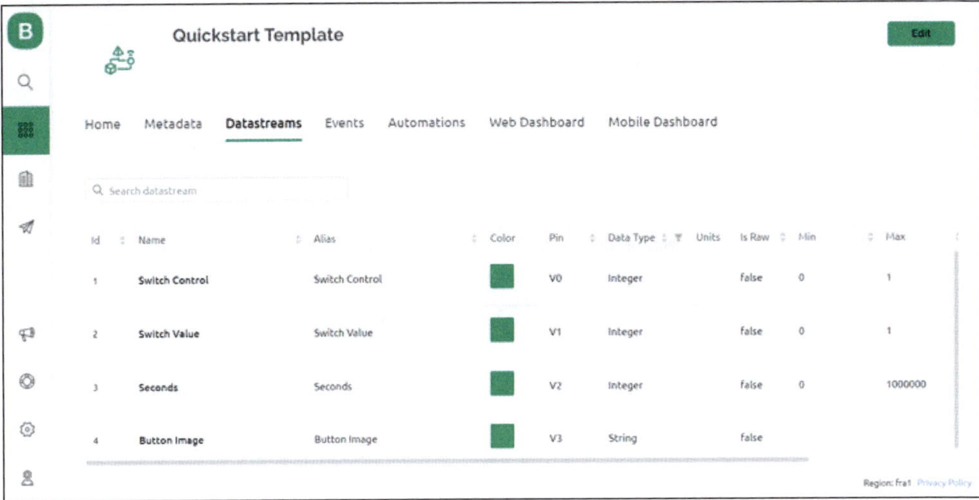

Abbildung 9.10 Das »Quickstart Template« in der Blynk-Konsole

Während HOME Übersichtsinformationen bereithält, geht es in DATASTREAMS um die Einrichtung der Kommunikationskanäle zwischen Cloud und Gerät in Form einer Vorlage. Mit EDIT lassen sich Positionen ändern und neu hinzufügen (+ NEW DATASTREAM).

Datastreams fließen über sogenannte *Virtual Pins*. Pin und Datentyp sind Kerneigenschaften, für die Sie Werte festlegen müssen (siehe Abbildung 9.11).

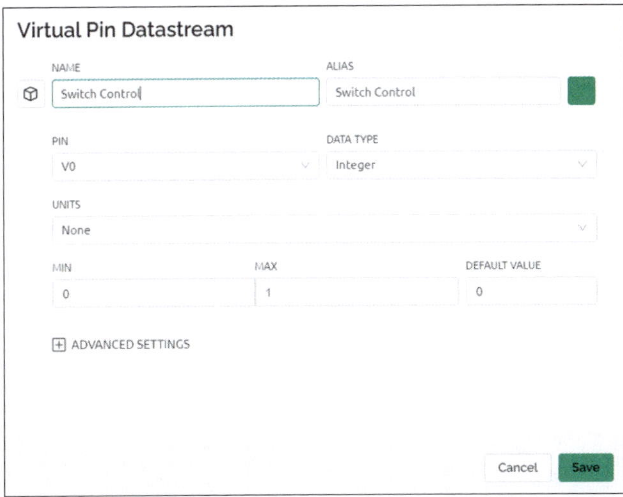

Abbildung 9.11 Die Eigenschaften des Templates »Datastream«

Das Template verwaltet auch das Web-Dashboard (Reiter WEB DASHBOARD, siehe Abbildung 9.12).

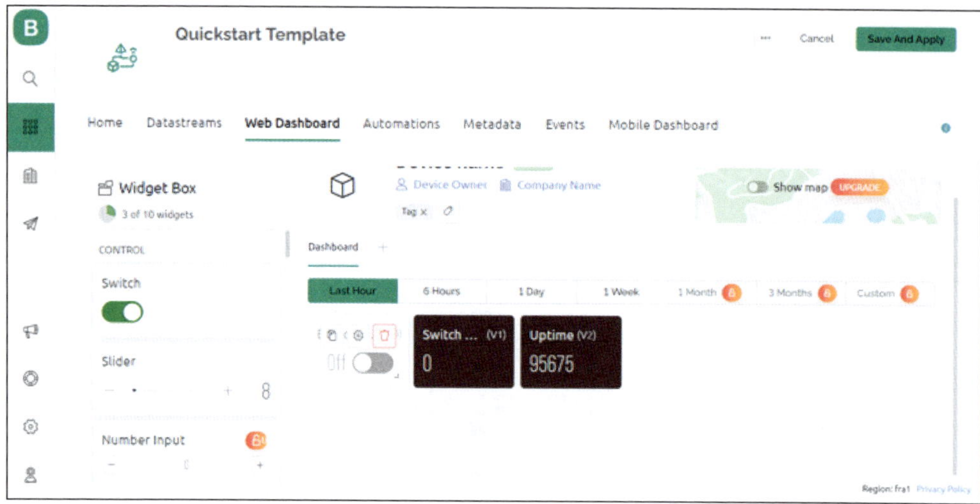

Abbildung 9.12 Der Reiter »Web Dashboard«

Ziehen Sie im Editor (EDIT) die gewünschten Elemente aus der WIDGET BOX in den Design-Bereich. Mit Drag-and-drop können Sie Widgets Ihren Vorstellungen gemäß anordnen.

Sie gelangen zu den Widget-Eigenschaften (siehe Abbildung 9.13), indem Sie mit dem Mauszeiger über dem Element hovern.

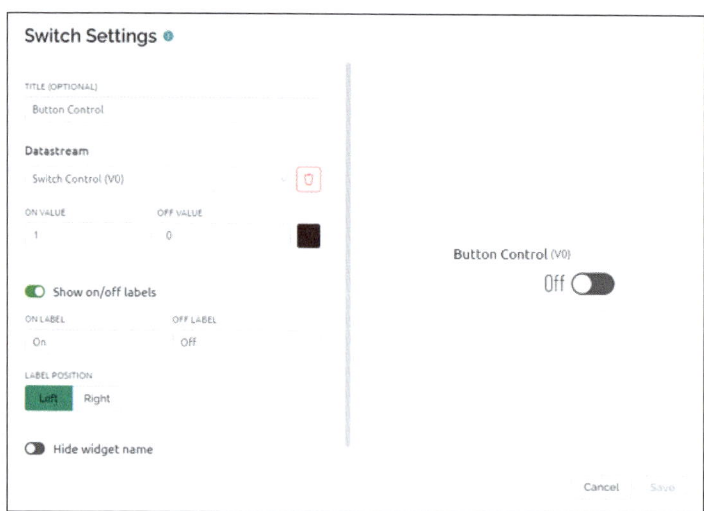

Abbildung 9.13 Die Widget-Eigenschaften

Wesentlich ist die Zuordnung eines Datastreams über eine Dropdown-Auswahl. Außerdem können Sie in den Optionen den Namen und die farbliche Darstellung anpassen.

SAVE und dann SAVE AND APPLY speichern das neue bzw. geänderte Template.

Blynk-Konsole – Device

Das DEVICE-Fenster der Blynk-Konsole haben Sie bereits kennengelernt (siehe Abbildung 9.9). Über das Menü-Icon in der ersten Zeile lassen sich Geräte umbenennen oder löschen, wenn das Account-Limit erreicht ist.

Die Blynk-App

Erst die Blynk-App macht den Dienst zu einem wertvollen Hilfsmittel, um ESP32-Geräte auch außerhalb des heimischen WiFi-Netzes zu steuern. Installieren Sie als Erstes die App für Ihr Betriebssystem (Android/iOS) aus dem jeweiligen App-Store und folgen Sie der Login-Sequenz (siehe Abbildung 9.14).

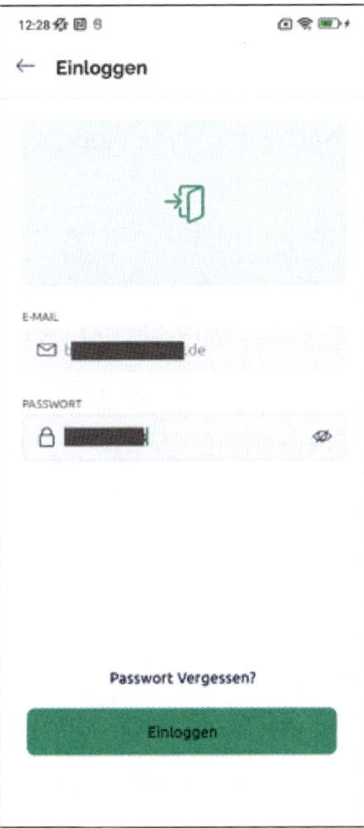

Abbildung 9.14 Die Anmeldung in der Blynk-App

Die App zeigt das Gerät mit dem Status *Offline* an. Mit einem Tap auf die Gerätekachel öffnen Sie die App, und über das Werkzeug-Icon gelangen Sie in den Entwicklermodus für die Geräte (siehe Abbildung 9.15).

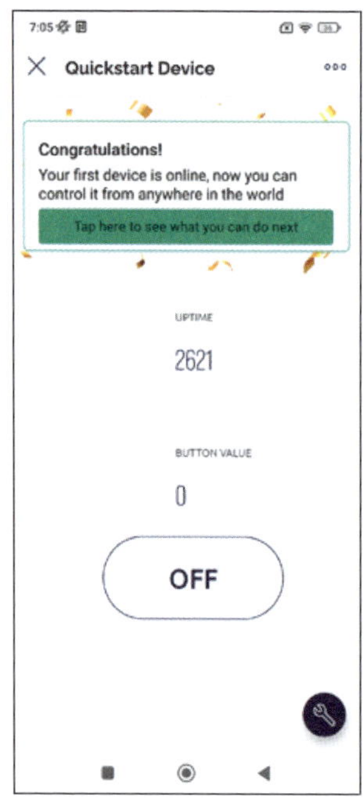

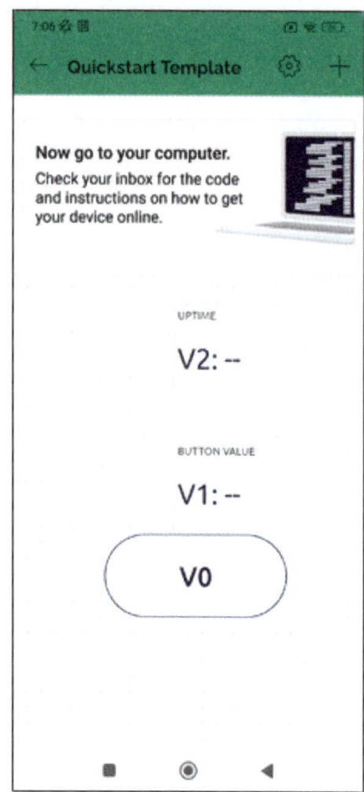

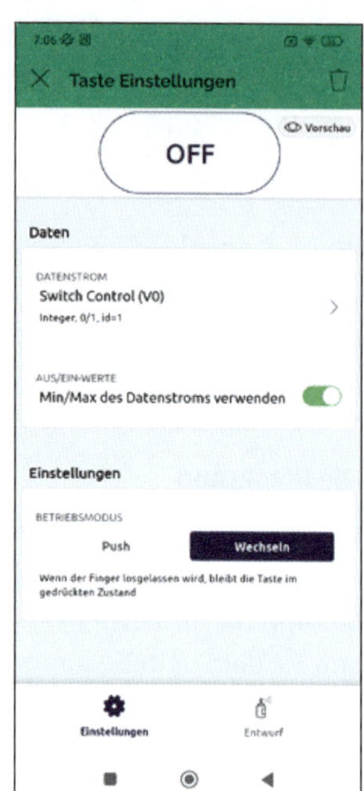

Abbildung 9.15 Die Benutzeroberfläche der Blynk-App

Alles Weitere ist nun im wahrsten Sinne des Wortes eine Fingerübung.

Verschieben Sie die Widgets im Design-Bereich an die Position Ihrer Wahl oder ändern Sie deren Größe, indem Sie den Widget-Rahmen verändern. Er zeigt sich bei einem längerem Tap auf das Widget.

Auch das App-Widget lässt sich in einem gewissen Rahmen inhaltlich ändern. Ein kurzer Tap auf das Widget zeigt den Settings-Bereich.

Alles Weitere bleibt (eingeschränktem) Experimentieren überlassen.

9.2.2 MIT App Inventor

Der *MIT App Inventor* ist eine onlinebasierte integrierte Entwicklungsumgebung, mit der sich Apps per Drag-and-drop für Android-Systeme entwickeln lassen. Er besitzt einen Design-Editor, mit dem sich das Layout der App gestalten lässt, und einen Block-Editor für die Programmierung. Der MIT App Inventor ermöglicht es ebenfalls, Bluetooth-Verbindungen zu erstellen.

Anders als bei Blynk bestehen in Hinblick auf Widgets und dergleichen keine Restriktionen. Allerdings ist der MIT App Inventor auf Android-Geräte beschränkt. Die folgenden Schritte zeigen den Weg zu Ihrer individuellen App.

Account erstellen

Rufen Sie die Website von MIT App Inventor (*http://appinventor.mit.edu/*) auf (siehe Abbildung 9.16).

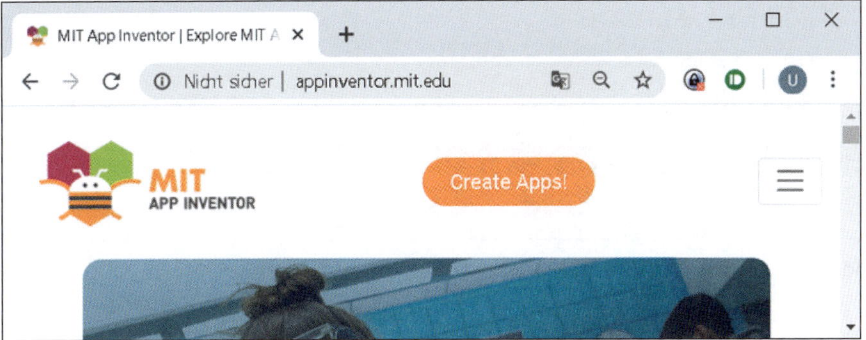

Abbildung 9.16 Website des »MIT App Inventor«

Klicken Sie auf CREATE APPS!, um zum Anmeldebildschirm zu gelangen (siehe Abbildung 9.17).

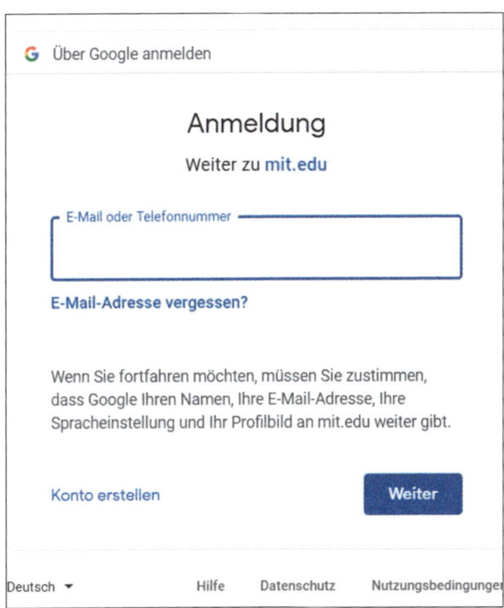

Abbildung 9.17 Anmeldung beim »MIT App Inventor«

Für die Erstanmeldung benötigen Sie einen Google-Account, der aber für Android-Anwender im Prinzip ohnehin unerlässlich ist. Erstellen Sie über KONTO ERSTELLEN ein neues Konto oder tragen Sie ein bestehendes Konto ein und klicken Sie auf WEITER, um zum Willkommensbildschirm zu gelangen.

Durch Aktivieren des Kontrollkästchens DO NOT SHOW AGAIN lässt sich der Bildschirm bei künftigen Anmeldungen überspringen. Wenn Sie auf CONTINUE klicken, erreichen Sie den Hauptbearbeitungsbereich (siehe Abbildung 9.18).

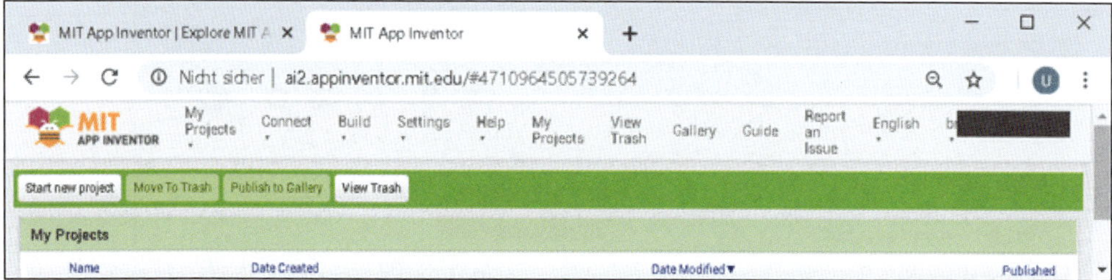

Abbildung 9.18 »MIT App Inventor« – Hauptbearbeitungsbereich

Ändern Sie in der Menüleiste die Spracheinstellungen auf DEUTSCH.

Das Beispielprojekt soll über Bluetooth die LED an GPIO2 steuern und vom ESP32 generierte Daten anzeigen (Grundlage hierfür ist der BLE-Server-Sketch aus Abschnitt 8.4.2, »Bluetooth Low Energy (BLE)«).

Das Projekt erstellen

Klicken Sie auf NEUES PROJEKT STARTEN, geben Sie dem Projekt in der folgenden Eingabeaufforderung einen Namen (z. B. ESP32BT) und bestätigen Sie mit OK. Sie gelangen zur Designeransicht, in der Sie Ihre App gestalten können (siehe Abbildung 9.19).

Die Designeransicht des *MIT App Inventor* weist verschiedene Bereiche auf:

❶ MENÜLEISTE

❷ PROJEKTLEISTE

❸ PALETTE – Sie enthält die Komponenten, aus denen sich eine App zusammensetzt. Zur besseren Lesbarkeit sind sie in Gruppen unterteilt.

❹ BETRACHTER – Dieser zeigt die App in der Entwurfsansicht. Für jedes Projekt sind mehrere Bildschirme möglich, die Sie über BILDSCHIRM HINZUFÜGEN erstellen können. Die Auswahl des zu bearbeitenden Bildschirms erfolgt über die Dropdown-Liste in der Projektleiste. Einzelne Komponenten ziehen Sie mit Drag-and-drop aus der Palette in das Display. Aktivieren Sie das Kontrollkästchen ZEIGE VERSTECKTE KOMPONENTEN IM VIEWER und ändern Sie gegebenenfalls die Größe des Displays.

❺ KOMPONENTEN – Dies ist der Manager für die Komponenten in der Entwurfsansicht.

❻ EIGENSCHAFTEN – In diesem Bereich verändern Sie die Eigenschaften von Komponenten der App.

❼ MEDIEN – Der MIT App Inventor kann auch Medien wie Bild- oder Tondateien behandeln. Sie werden in diesem Bereich angezeigt und verwaltet.

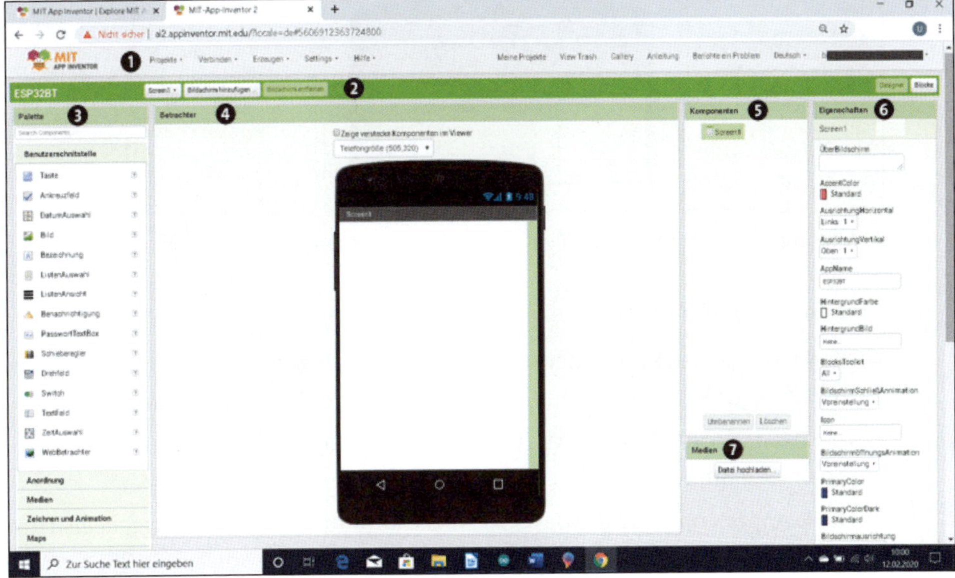

Abbildung 9.19 Designeransicht

Komponenten übertragen und Eigenschaften ändern

Übertragen Sie mit Drag-and-drop zuerst die Komponenten in das Display. Dies sind in der Reihenfolge:

1. HORIZONTALE AUSRICHTUNG (Gruppe ANORDNUNG)
2. eine LISTENAUSWAHL (Gruppe BENUTZERSCHNITTSTELLE) in die bestehende HORIZONTALE AUSRICHTUNG. Sobald die neue Komponente das Telefondisplay erreicht, erscheint eine blaue Linie. Legen Sie die Komponente an dem gewünschten Platz ab.
3. eine TASTE in die bestehende HORIZONTALE AUSRICHTUNG
4. zwei weitere HORIZONTALE AUSRICHTUNGEN in die bestehende HORIZONTALE AUSRICHTUNG, jeweils vor die Komponente TASTE

Damit steht die erste Zeile (siehe Abbildung 9.20); der Komponentenmanager zeigt die ausgewählten Komponenten an.

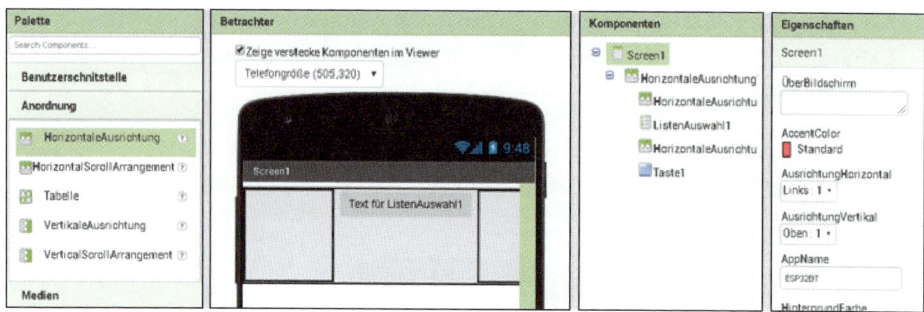

Abbildung 9.20 Erste Displayzeile im »MIT App Inventor«

Ändern Sie nun für die erste Zeile die Eigenschaften:

1. Markieren Sie die Komponente HorizontaleAusrichtung1 im Komponentenmanager. Ändern Sie bei den Eigenschaften die Höhe auf 50 Pixel.
2. Die zweite Horizontale Ausrichtung (die oberste in der gebildeten Gruppe) erhält eine Breite von 10 %.
3. Die Komponente ListenAuswahl1 bekommt den Namen *verbinden*, als Hintergrundfarbe Hellgrau, ein Häkchen bei Fettschrift, die Fontgröße 20, eine Breite von 30 % und als Text *verbinden*.
4. HorizontaleAusrichtung1 erhält eine Breite von 10 %.
5. Die Komponente Taste1 bekommt den Namen *trennen*, als Hintergrundfarbe Hellgrau, ein Häkchen bei Fettschrift, die Fontgröße 20, eine Breite von 30 % und als Text *trennen*.

Damit ist der Entwurf der ersten Zeile fertig (siehe Abbildung 9.21).

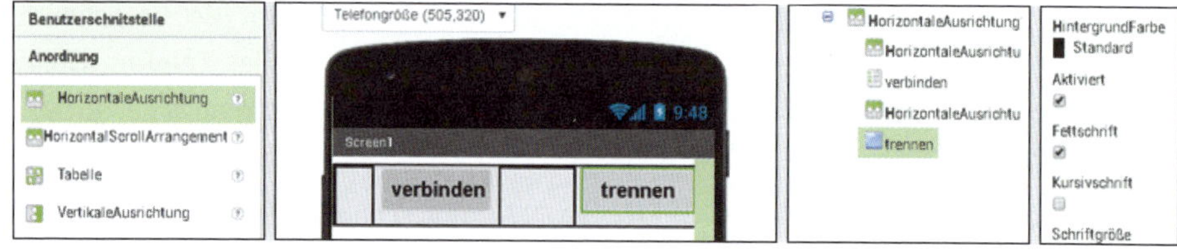

Abbildung 9.21 Erste Displayzeile

Bauen Sie nun den Rest des Displays auf:

1. HorizontaleAusrichtung4; Eigenschaft: Höhe 20 Pixel
2. Taste; Eigenschaften: Name *LED*, Hintergrundfarbe Hellgrau, Form abgerundet, Text *LED*
3. HorizontaleAusrichtung5; Eigenschaft: Höhe 20 Pixel
4. HorizontaleAusrichtung6; Eigenschaft: Breite 100 %

5. Darunter eine Komponente BEZEICHNUNG; Eigenschaft: Text *Nachricht*
6. Eine weitere Komponente BEZEICHNUNG; Eigenschaft: Name *Wert*

Die App in der Designeransicht sieht dann beispielsweise so wie in Abbildung 9.22 aus. Für die Optik sind die Eigenschaften der SCREEN-Komponente verantwortlich.

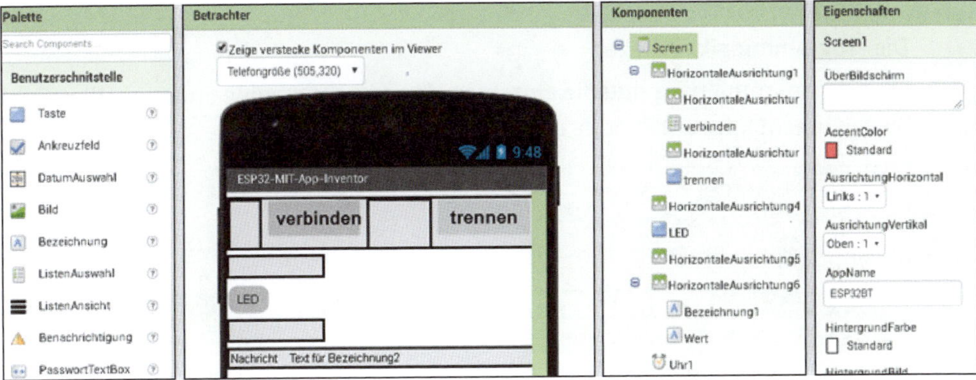

Abbildung 9.22 Fertiges Display

Nun fehlen noch zwei Komponenten. Dies ist einmal die Komponente UHR (Gruppe SENSOREN): Sie ist eine nicht sichtbare Komponente und bestimmt die periodische Abfrage der Messwerte. Setzen Sie in den EIGENSCHAFTEN das Zeitintervall auf 500.

Die Bluetooth-Verbindung übernimmt die Komponente BLUETOOTHLE. Hierbei handelt es sich um eine Extension (Erweiterung), die Sie erst noch zusätzlich in ein Projekt einfügen müssen. Die offiziellen *Extensions* für den MIT App Inventor befinden sich auf der Seite *https://mit-cml.github.io/extensions/* (siehe Abbildung 9.23).

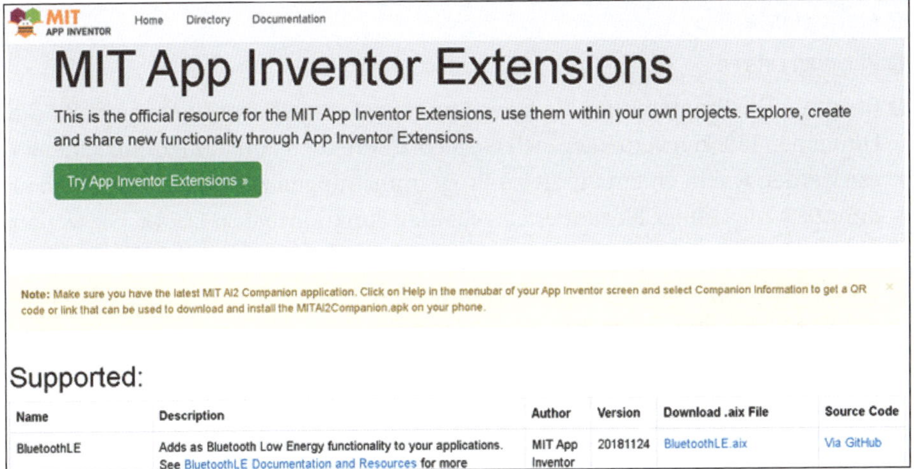

Abbildung 9.23 Extensions für den »MIT App Inventor«

Laden Sie die Datei *BluetoothLE.aix* herunter. Gehen Sie dann auf PALETTE • EXTENSION • IMPORT EXTENSION. In der folgenden Maske wählen Sie über DATEI AUSWÄHLEN die heruntergeladene *.aix*-Datei aus und schließen mit IMPORT den Installationsvorgang ab. Der Import benötigt ein paar Sekunden. Ziehen Sie zum Abschluss auch noch diese Komponente in den Displaybereich.

Die Programmlogik festlegen

Ohne Programmierung sind die einzelnen Komponenten ohne Funktion. Wechseln Sie mit einem Klick auf BLÖCKE in die Programmieransicht (siehe Abbildung 9.24).

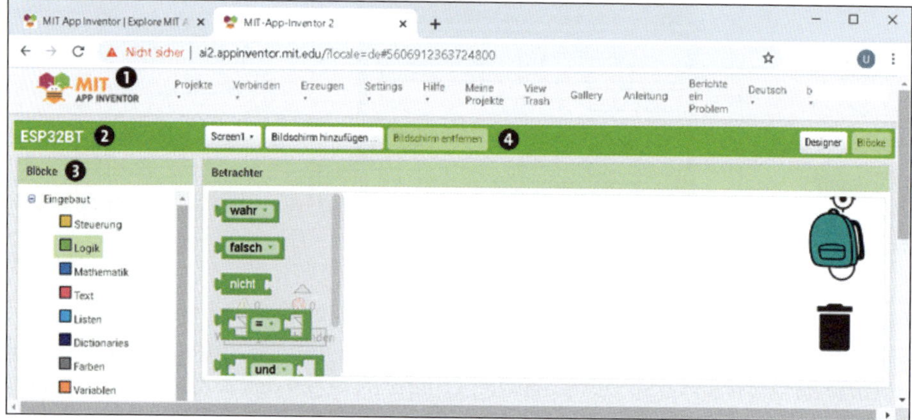

Abbildung 9.24 Die Programmieransicht des »MIT App Inventor«

Auch die Programmieransicht des MIT App Inventor weist verschiedene Bereiche auf:

❶ MENÜLEISTE

❷ PROJEKTLEISTE

❸ BLÖCKE – Die Programmierung einer App erfolgt visuell über sogenannte Blöcke. Hinter den Blöcken verbergen sich die auszuführenden Funktionen. Einzelne Blöcke werden wie in einem Puzzle zu Programmsträngen zusammengefügt. Abbildung 9.24 zeigt einige Blöcke des eingebauten Funktionsblocks LOGIK. (Sie werden diesem Prinzip in Abschnitt 9.6.2 erneut begegnen.) Nach den eingebauten Funktionsblöcken sind die im Designer benutzten Komponenten aufgelistet. Ein Klick auf eine Komponente zeigt die möglichen Blöcke.

❹ BETRACHTER – Dieser zeigt die App in der Programmieransicht. Einzelne Blöcke ziehen Sie mit Drag-and-drop aus der Palette in das Display. Für die Bearbeitung sind die gebräuchlichen Tastenkombinationen zulässig, z. B. `Strg` + `C` (kopieren), `Strg` + `V` (einfügen) und `Entf`.

Hinsichtlich der Programmierung ist einiges zu tun:

- **Globale Variablen**: Die App benötigt die Bluetooth-UUIDs. Sie werden in globalen Variablen hinterlegt. Ziehen Sie aus der Gruppe VARIABLEN den Block GLOBAL INITIALISIEREN in den Betrachter. Klicken auf die Schaltfläche NAME und ändern Sie die Namen in `service_UUID`.

  Fügen Sie aus der Gruppe TEXT ein Textfeld ein. Mit einem Klick rastet dieses Textfeld ein. Es erhält den Wert der `service_UUID` (`6E400001-B5A3-F393-E0A9-E50E24DCCA9E`).

  Wiederholen Sie die Schritte für zwei weitere Variablen (siehe Abbildung 9.25):

  – `RX_char_UUID - 6E400003-B5A3-F393-E0A9-E50E24DCCA9E`

  – `RX_char_UUID - 6E400002-B5A3-F393-E0A9-E50E24DCCA9E`)

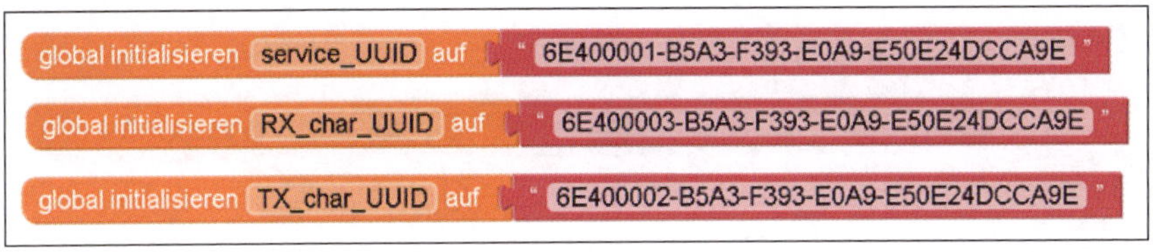

Abbildung 9.25 Globale Variablen programmieren

- **Den Bildschirm initialisieren**: Die App soll bei erstmaligem Aufruf nach Bluetooth-Verbindungen suchen. Betroffen sind also die Komponenten SCREEN und BLUETOOTHLE. Dort finden Sie auch die benötigten Blöcke. Ziehen Sie sie in den Betrachter (siehe Abbildung 9.26).

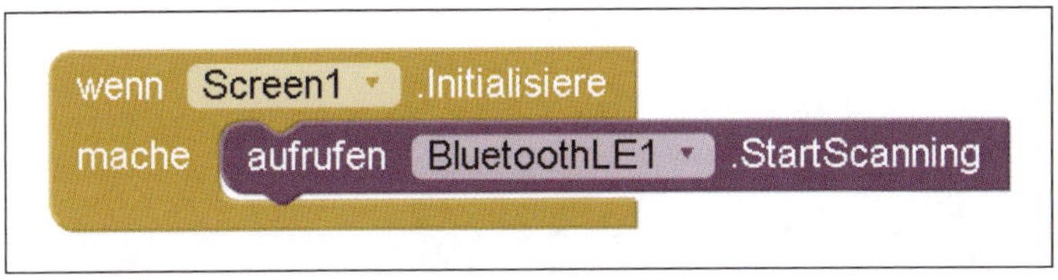

Abbildung 9.26 Screen initialisieren

- **Das Scan-Ergebnis hinterlegen**: Die Komponente VERBINDEN erhält Zugriff auf die Liste der gefundenen Geräte (siehe Abbildung 9.27).

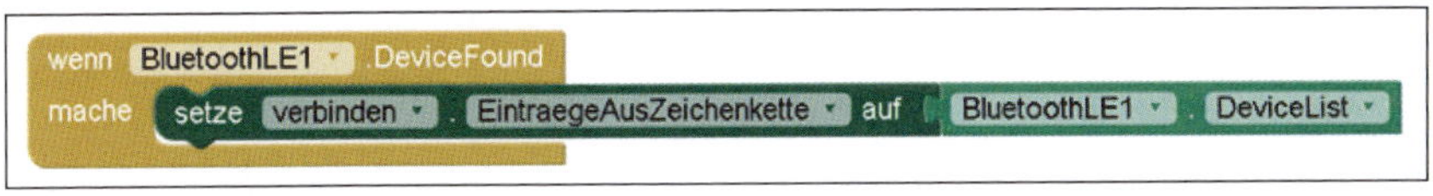

Abbildung 9.27 Scan-Ergebnis

- **Den Taster bzw. die Komponente programmieren**: Das Drücken der Taste VERBINDEN baut eine Verbindung mit einem Gerät aus der Liste auf (siehe Abbildung 9.28).

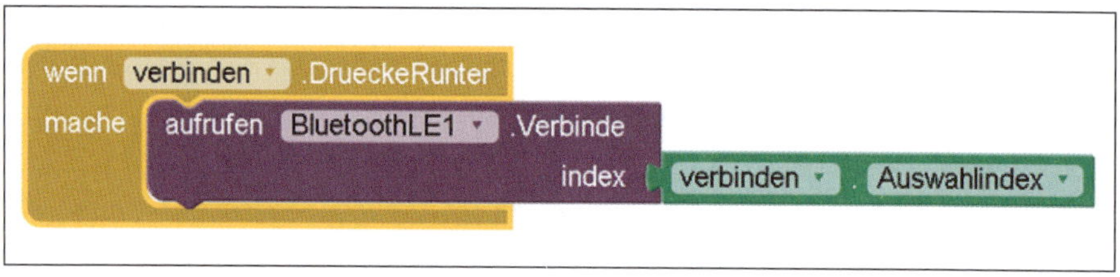

Abbildung 9.28 Die Verbinden-Taste

- **Den Status »verbunden« programmieren**: Eine eröffnete Verbindung ändert den Text der Taste VERBINDEN und beendet den Scan-Vorgang (siehe Abbildung 9.29).

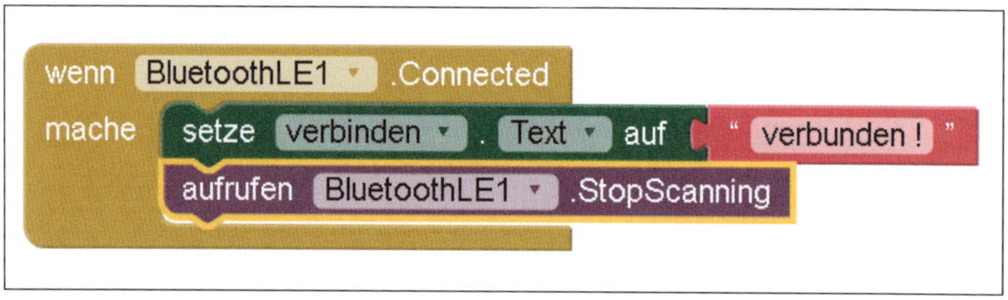

Abbildung 9.29 Status »verbunden«

- **Die Taste »trennen« programmieren:** Das Betätigen der Taste TRENNEN trennt die BT-Verbindung, ändert die Eigenschaften der Komponenten VERBINDEN sowie LED und startet den Scan-Vorgang erneut (siehe Abbildung 9.30).

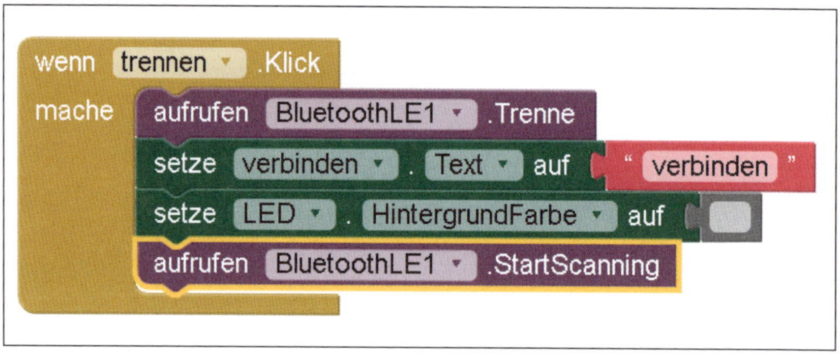

Abbildung 9.30 Trennen-Taste

- **Die Taste »LED« programmieren**: Das Betätigen der Taste LED wechselt zwischen den Zuständen *ein* und *aus*. Dieser Wechsel ändert die Hintergrundfarbe der Komponente und gibt über die BT-Verbindung eine entsprechende Meldung aus (siehe Abbildung 9.31).

wenn LED .Klick
mache
wenn BluetoothLE1 . IsDeviceConnected
dann
wenn LED . HintergrundFarbe =
dann
setze LED . HintergrundFarbe auf
aufrufen BluetoothLE1 .WriteStrings
serviceUuid
hole global service_UUID
characteristicUuid
hole global TX_char_UUID
utf16
falsch
values
" ein "
sonst wenn
LED . HintergrundFarbe =
dann
setze LED . HintergrundFarbe auf
aufrufen BluetoothLE1 .WriteStrings
serviceUuid
hole global service_UUID
characteristicUuid
hole global TX_char_UUID
utf16
falsch
values
" aus "

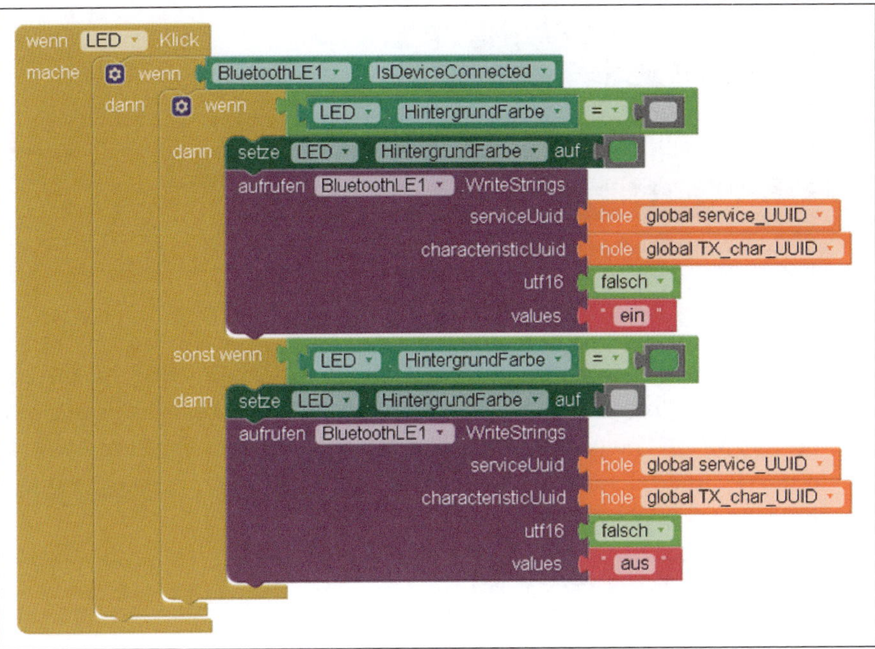

Abbildung 9.31 Die Taste »LED«

- **Die Uhr programmieren**: Die Uhr nimmt die Rolle als Zeitgeber ein, der periodisch die Verbindung überprüft und die Displayfelder dann entsprechend setzt (siehe Abbildung 9.32).

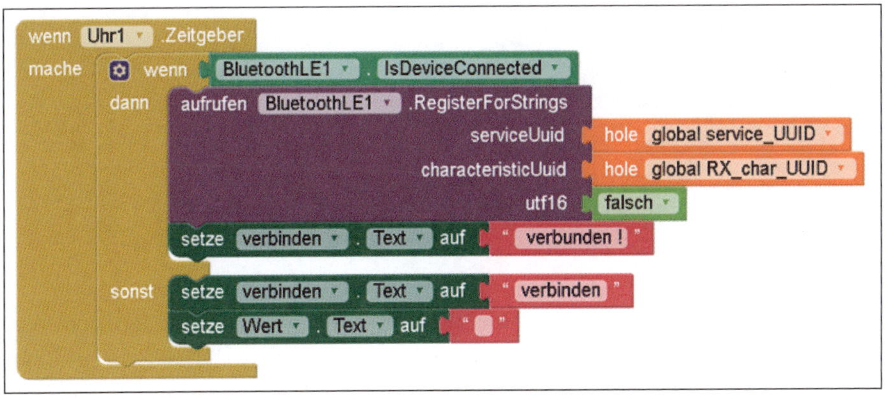

wenn Uhr1 .Zeitgeber
mache
wenn BluetoothLE1 . IsDeviceConnected
dann
aufrufen BluetoothLE1 .RegisterForStrings
serviceUuid
hole global service_UUID
characteristicUuid
hole global RX_char_UUID
utf16
falsch
setze verbinden . Text auf
" verbunden ! "
sonst
setze verbinden . Text auf
" verbinden "
setze Wert . Text auf
" "

Abbildung 9.32 Die Uhr als Zeitgeber

- **BT-Datenempfang programmieren**: Die empfangenen Daten haben die Form einer Liste; wesentlich ist der erste Eintrag (siehe Abbildung 9.33).
- **Die Smartphone-App übertragen**

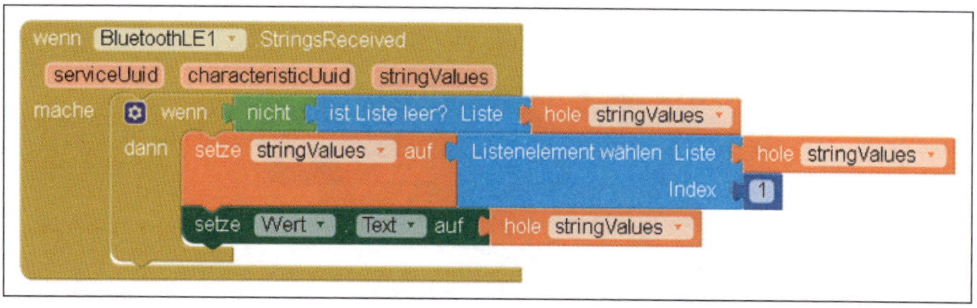

Abbildung 9.33 BT-Datenempfang

Es gibt verschiedene Möglichkeiten, die App auf das Smartphone zu übertragen (siehe VERBINDEN in der Menüleiste). Die komfortabelste Möglichkeit ist der Weg über die App *MIT AI2 Companion*. Installieren Sie sie aus dem App-Store. Achten Sie darauf, dass PC und Telefon im gleichen WLAN- bzw. LAN-Netz angemeldet sind, und öffnen Sie die App (siehe Abbildung 9.34).

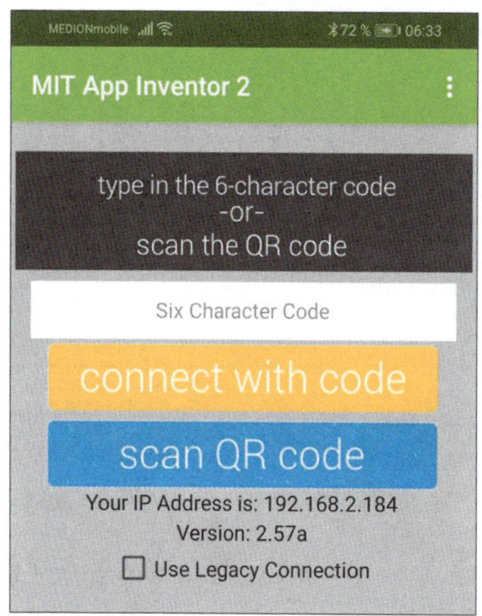

Abbildung 9.34 »MIT AI2 Companion«

Stellen Sie nun zwischen dem Browser und Ihrem Smartphone eine Verbindung her, indem Sie in dem Browserfenster, in dem Sie die App entworfen haben, auf VERBINDEN • AI COMPANION klicken. Sie erhalten einen Code, der auch als QR-Code dargestellt ist (siehe Abbildung 9.35).

Verbinden Sie Ihr Smartphone nun, indem Sie entweder in der Phone-App (siehe Abbildung 9.34) den Zugangscode eintippen oder – noch einfacher – den QR-Code einscannen. Das Startprogramm überträgt die App auf Ihr Smartphone. Jede Änderung, die Sie im Browser vornehmen, wird unmittelbar in der App auf Ihrem Smartphone nachvollzogen.

Abbildung 9.35 Verbindungsaufbau

Laden Sie den BLE-Server-Sketch aus Abschnitt 8.4.2 auf den ESP32. Als Nächstes tippen Sie auf Ihrem Smartphone auf die Schaltfläche VERBINDEN. Als Scan-Ergebnis erscheint eine Liste aller erreichbaren BLE-Geräte (siehe Abbildung 9.36).

Abbildung 9.36 Ergebnis des BLE-Scans

Tippen Sie auf den Eintrag, der Ihrem ESP32 zuzuordnen ist. Die Beschriftung der Taste VERBINDEN sollte sich in VERBUNDEN! ändern. Verfolgen Sie die empfangenen Nachrichten oder schalten Sie die LED über die Schaltfläche LED ein oder aus (siehe Abbildung 9.37). Verfolgen Sie parallel die Ausgaben des ESP32 im seriellen Monitor.

Abbildung 9.37 App auf dem Smartphone

[»]

Verschiedene Android-Versionen bzw. Geräte

Aus Gründen, die schwer nachzuvollziehen sind, verhält sich die App leider auf unterschiedlichen Geräten mit unterschiedlichen Android-Versionen nicht einheitlich. Eine Alternative ist dann der *Webviewer* (siehe das Beispielprojekt »Die Maker-Uhr« in Abschnitt 10.2).

[+]

Alternative zum MIT App Inventor

Thunkable (*https://x.thunkable.com/*) ist eine weitere Plattform, mit der Sie eigene Apps gestalten können. In der kostenlosen Version sind jedoch alle Entwicklungen öffentlich – für ernsthafte Projekte ist das denkbar ungeeignet.

9.3 Messenger

Sie wollen Messergebnisse oder andere Daten bestimmt nicht nur auf dem seriellen Monitor beobachten. Der Versand über unterschiedliche Messenger ist wesentlich komfortabler.

9.3.1 E-Mail-Versand

E-Mails zählen zu den gebräuchlichsten Wegen, um Informationen auszutauschen. Sie werden immer noch gern genutzt, obwohl es den Anschein hat, dass zwischenzeitlich *Messenger-Dienste* die Oberhand gewinnen. Allerdings gestaltet sich der E-Mail-Versand von Plattformen wie dem Raspberry Pi, Arduino oder ESP32 etwas schwierig. Dies hängt mit der Komplexität des Mailversands zusammen. Das Versenden von Nachrichten ist nämlich viel komplizierter, als es zunächst scheint.

Der Grund ist, dass bei einem Verbindungsaufbau mit dem E-Mail-Konto, das den Versand abwickelt, im Hintergrund zwischen dem E-Mail-Client und dem E-Mail-Server ein Austausch von Sicherheits- und Authentifizierungsabfragen stattfindet und die meisten Server nur Clients akzeptieren, die einen hohen Sicherheitsstandard unterstützen. Je nach Provider und möglichen Sicherheitseinstellungen weichen die Details zudem voneinander ab. Geeignete Lösungen zu entwickeln, erfordert demnach einigen Aufwand, der für die Implementierung auf Mikrocontrollern (aber auch manchen Anwendungen, z. B. Node-RED) zu hoch ist. Für eine Basisanbindung von Googles Gmail existieren aber häufig Lösungen, die das Senden von E-Mails unter Inkaufnahme geringerer Sicherheitsstandrads ermöglichen.

Die Bibliothek ESP32-Mail-Client

Die Ursprünge der Bibliothek reichen bis zu einer Implementation für den ESP8266 zurück. Inzwischen gibt es mehrere Weiterentwicklungen speziell für den ESP32. Die neueste finden Sie unter *https://github.com/mobizt/ESP-Mail-Client*. Sie unterstützt aber auch andere Geräte, z. B. den Raspberry Pi RP2040 Pico oder den Atmel SAMD21. Sie ist deshalb etwas umfangreicher; für diesen Abschnitt soll die »alte« Bibliothek genügen.

Installieren Sie also die Bibliothek *ESP32-Mail-Client* von Mobizt mit dem Arduino-Bibliotheksverwalter. Die Bibliothek hat ein paar Beispielsketche, die an dieser Stelle auch als Vorlage für die folgenden Listings dienen.

Einstellungen für das E-Mail-Konto

Weit verbreitet ist, einen Google-Account für den E-Mail-Transfer zu nutzen. Zwar hat auch Google standardmäßig hohe Sicherheitsanforderungen an die Anbindung eines E-Mail-Clients, aktuell zumindest lassen sich diese jedoch mit etwas Aufwand so einstellen, dass der Client auf Basis von *ESP32-Mail-Client* akzeptiert wird.

Zum besseren Schutz Ihres Kontos werden keine Drittanbieter-Apps oder -Geräte mehr unterstützt, bei denen Ihr Nutzername und Passwort ausreichen, um sich in Ihrem Google-Konto anzumelden. Ihr Konto benötigt nun zwingend eine 2-Faktor-Authentifizierung, die Sie über GOOGLE-KONTO VERWALTEN • SICHERHEIT dann BEI GOOGLE ANMELDEN aktivieren (siehe Abbildung 9.38).

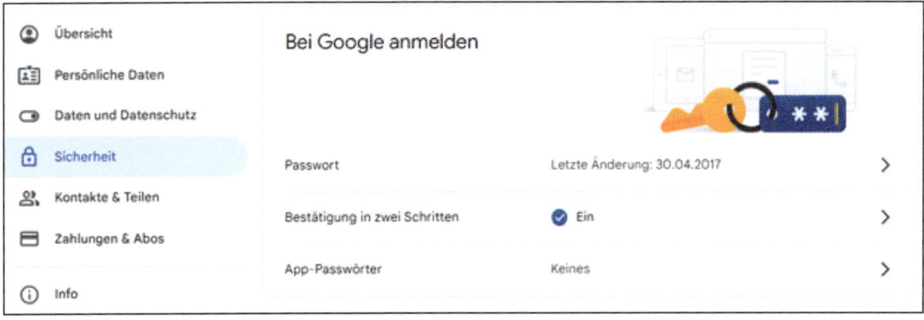

Abbildung 9.38 Google-Sicherheitseinstellungen

Mit der aktivierten 2-Faktor-Authentifizierung können Sie sich ein App-Passwort besorgen. Sie benötigen es später in den E-Mail-Integrationen.

Navigieren Sie in den letzten Abschnitt des Fensters BESTÄTIGUNG IN ZWEI SCHRITTEN (siehe Abbildung 9.39).

Wählen Sie aus der Dropdown-Liste als App E-MAIL und das passende Gerät (hier: WINDOWS-COMPUTER; siehe Abbildung 9.40).

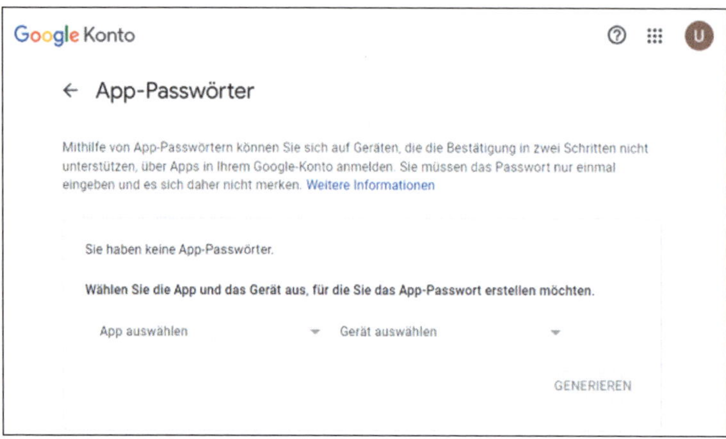

Abbildung 9.39 Google-App-Passwörter

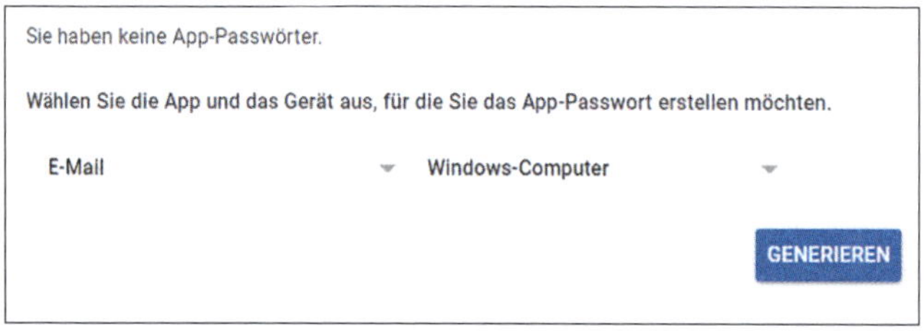

Sie haben keine App-Passwörter.

Wählen Sie die App und das Gerät aus, für die Sie das App-Passwort erstellen möchten.

E-Mail Windows-Computer

GENERIEREN

Abbildung 9.40 Google-App-Passwörter – App und Gerät ausgewählt

GENERIEREN Sie dann das Passwort (siehe Abbildung 9.41).

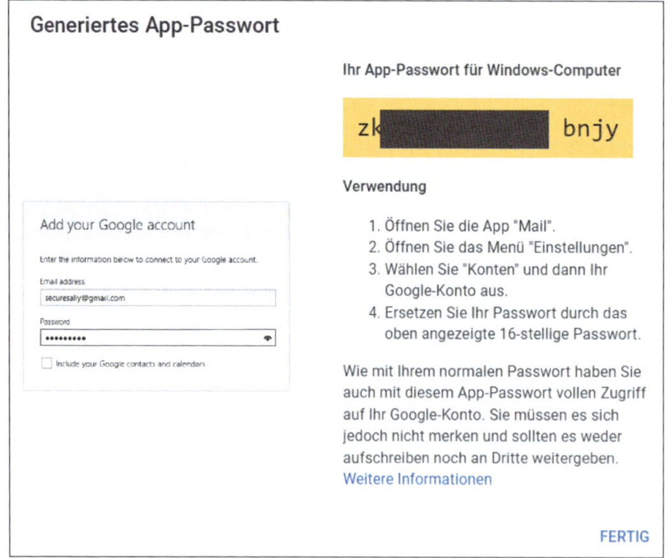

Abbildung 9.41 Generiertes App-Passwort

Notieren Sie sich das Passwort und verlassen Sie das Fenster mit FERTIG.

Outlook und andere Mail-Anbieter – Begriffe

Sie können zum Mail-Versand ebenso ein Microsoft-Konto verwenden. Hier entfällt ein gesondertes App-Passwort.

Auch bei anderen Mail-Anbietern ist es noch möglich, Mails ohne eine 2-Faktor-Authentifizierung zu verschicken. Ihre Zahl nimmt allerdings ab, weil diese Funktion oftmals für den Versand von Spam missbraucht wird. Informieren Sie sich gegebenenfalls in der Dokumentation Ihres Anbieters zum Stichwort »SMTP-Relay«.

In den Server-Adressen sehen Sie zwei Begriffe: `pop3` und `smtp`. *POP3* steht für *Post Office Protocol Version 3*. Bei diesem Protokoll werden lediglich die E-Mails aus dem Ordner des Posteingangs vom Server heruntergeladen. Für den Abruf von Nachrichten gibt es ein weiteres Protokoll: *IMAP* (*Internet Message Access Protocol*), das den kompletten Inhalt Ihres E-Mail-Kontos mit dem Mail-Client auf Ihrem Rechner synchronisiert.

SMTP (*Simple Mail Transfer Protocol*) dient vorrangig zum Einspeisen und zum Weiterleiten von E-Mails.

9

Der Sketch »E-Mails senden«

Der Sketch aus Listing 9.2 soll das Senden einer E-Mail demonstrieren. Er beruht im Wesentlichen auf dem ESP32-Beispielsketch (DATEI • BEISPIELE • ESP32 MAIL CLIENT – SEND_EMAIL), konzentriert sich aber zum Einstieg auf die wichtigsten Funktionen.

```
#include <Arduino.h>
#include "ESP32_MailClient.h"

#define WIFI_SSID          " ssidRouter"
#define WIFI_PASSWORD      " passwortRouter"

SMTPData smtpData;                     // Instanz "senden" für Gsender

// Callback Sendestatus
void sendCallback(SendStatus msg) {
  Serial.println(msg.info());          // Sendestatus ausgeben
  if (msg.success()) {                 // weitere Aktionen bei Erfolg
    Serial.println("----------------");
  }
}

void setup() {
  Serial.begin(115200);
```

```
Serial.println();
Serial.print("Connecting to AP");
WiFi.begin(WIFI_SSID, WIFI_PASSWORD);
while (WiFi.status() != WL_CONNECTED) {
  Serial.print(".");
  delay(200);
}

Serial.println();
Serial.println("WiFi connected.");
Serial.println("IP address: ");
Serial.println(WiFi.localIP());
Serial.println();

Serial.println("Email senden..");

// Setzen von E-Mail-Host, -Port, -Account und -Passwort
smtpData.setLogin("smtp.gmail.com", 587, "br@gmail.com", "passw");
smtpData.setSTARTTLS(true);

// Setzen von Sender-Name und -E-Mail-Adresse
smtpData.setSender("ESP32", "br@gmail.com");

// Setzen der E-Mail-Priorität (niedrig 1 bis hoch 5)
smtpData.setPriority("High");

// Setzen der Überschrift
smtpData.setSubject("ESP32 SMTP-Mail Test");

// Setzen des E-Mail-Inhalts
smtpData.setMessage("<div style=\"color:#ff0000;font-size:20px;\">Dies ⮐
  ist ein E-Mail-Test</div>", true);

// Setzen des Empfängers
smtpData.addRecipient("br@gmail.com");

// Callback registrieren
smtpData.setSendCallback(sendCallback);

// Senden der E-Mail
if (!MailClient.sendMail(smtpData))
  Serial.println("Fehler beim Senden, " + MailClient.smtpErrorReason());
```

```
  // E-Mail-Datenbereich löschen und Speicher freigeben
  smtpData.empty();
}

void loop() {}
```

Listing 9.2 E-Mails senden

Der Sketch ist recht übersichtlich und aufgrund der Inline-Dokumentation auch ohne nähere und sich wiederholende Erläuterungen im Prinzip verständlich. Das häufig wiederkehrende Kürzel `smtp` steht für *Simple Mail Transfer Protocol* – das Protokoll, das zum Senden und Weiterleiten von E-Mails dient.

Ändern Sie also noch die WLAN-Zugangsdaten, die Zugangsdaten für Ihr Gmail-Konto sowie die Sender- und Empfänger-E-Mail-Adresse – diese müssen nicht mit Ihrem Gmail-Konto übereinstimmen. Laden Sie den Sketch hoch und beobachten Sie den Ablauf im seriellen Monitor (siehe Abbildung 9.42).

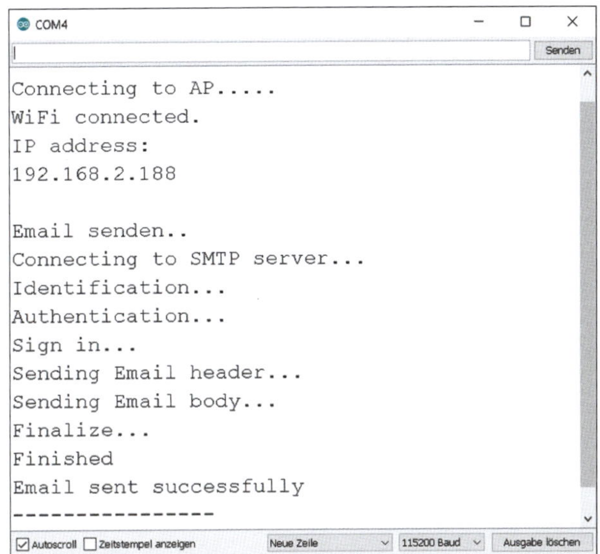

Abbildung 9.42 E-Mail-Versand – Ausgabe im seriellen Monitor

Bei erfolgreichem Versand gehen Sie in den Empfängerbriefkasten. Die Nachricht sollte dort angekommen sein (siehe Abbildung 9.43). Die Priorität erscheint fett, und der Nachrichteninhalt ist wie vorgegeben mit HTML aufbereitet.

Die Bibliothek unterstützt auch das Versenden von E-Mails mit einer Anlage. Diese befindet sich dann auf einer SD-Karte. In Abschnitt 8.1.2 haben Sie das Anbinden eines SD-Kartenadapters bereits kennengelernt. Der Beispielsketch *Send_email* zeigt Ihnen das Zusammenspiel mit den Methoden der Bibliothek.

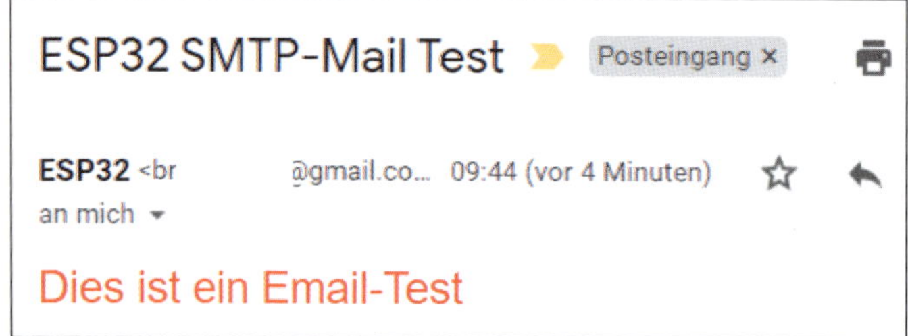

Abbildung 9.43 E-Mail im Empfängerbriefkasten

Der Sketch »E-Mails empfangen«

Der Sketch aus Listing 9.3 zeigt das Grundschema für den Download einer E-Mail. Er beruht im Wesentlichen auf dem ESP32-Beispielsketch (DATEI • BEISPIELE • ESP32 MAIL CLIENT – RECEIVE_EMAIL).

```
#include <Arduino.h>
#include "ESP32_MailClient.h"
#include "SD.h"

#define WIFI_SSID          " ssidRouter"
#define WIFI_PASSWORD      " passwortRouter"

IMAPData imapData;                             // Instanz "empfangen"
unsigned long lastTime = 0;

// Callback Download-Status
void readCallback(ReadStatus msg) {
  Serial.println("INFO: " + msg.info());       // Empfangsstatus ausgeben

  if (msg.status() != "")
    Serial.println("STATUS: " + msg.status());

  if (msg.success()) {                        // empfangene Daten ausgeben
    for (int i = 0; i < imapData.availableMessages(); i++)     {
      Serial.println("================");
      Serial.println("Email Nummer: " + imapData.getNumber(i));
      Serial.println("Email UID   : " + imapData.getUID(i));
      Serial.println("Email ID    : " + imapData.getMessageID(i));
      Serial.println("Absender    : " + imapData.getFrom(i));
      Serial.println("Empfänger   : " + imapData.getTo(i));
      Serial.println("Datum       : " + imapData.getDate(i));
      Serial.println("Betreff     : " + imapData.getSubject(i));
      Serial.println();
```

```
    }
  }
}

void readEmail() {
  Serial.println();
  Serial.println("E-Mails lesen...");

  imapData.setFetchUID("10");
  imapData.setSearchCriteria("");
  MailClient.readMail(imapData);

  imapData.setFetchUID("11");
  imapData.setSearchCriteria("");
  MailClient.readMail(imapData);

  imapData.setFetchUID("12");
  imapData.setSearchCriteria("");
  MailClient.readMail(imapData);
}

void setup() {
  Serial.begin(115200);
  Serial.print("Connecting to AP");
  WiFi.begin(WIFI_SSID, WIFI_PASSWORD);
  while (WiFi.status() != WL_CONNECTED) {
    Serial.print(".");
    delay(200);
  }

  Serial.println("");
  Serial.println("WiFi connected.");
  Serial.println("IP address: ");
  Serial.println(WiFi.localIP());
  Serial.println();

  // Setzen von E-Mail-Host, -Port, -Account und -Passwort
  smtpData.setLogin("smtp.gmail.com", 587, "br@gmail.com", "passw")

  imapData.setFolder("INBOX");
  imapData.setFetchUID("");
  imapData.setSearchCriteria("UID SEARCH ALL");
```

```
  // Download Anlagen
  imapData.setDownloadAttachment(false);

  // HTML-E-Mail einbeziehen
  imapData.setHTMLMessage(true);

  // Text-E-Mails einbeziehen
  imapData.setTextMessage(true);

  // maximale Anzahl E-Mails für den Download
  imapData.setSearchLimit(10);

  // Setzen der Text-/HTML-E-Mail-Download-Größe in Bytes
  imapData.setMessageBufferSize(200);

  // Callback registrieren
  imapData.setReadCallback(readCallback);

  MailClient.readMail(imapData);
}

void loop() {}
```

Listing 9.3 E-Mails empfangen

Der Aufbau des Sketchs folgt dem vorherigen Beispiel. Der Begriff *IMAP* steht für *Internet Message Access Protocol* und sorgt für eine Synchronisation der E-Mails zwischen E-Mail-Client und E-Mail-Server.

Ändern Sie auch hier noch die für Sie maßgeblichen Daten. Die Ausgabe im seriellen Monitor zeigt dann als Ergebnis die in dem Sendesketch versandte E-Mail (siehe Abbildung 9.44).

Wie eingangs erwähnt, ist dies nur das Grundgerüst eines E-Mail-Download-Sketchs. Die Bibliothek bietet aber einige weitere Möglichkeiten – von verschiedenen Such- und Auswahleinstellungen bis hin zu der Option, auch Anlagen herunterzuladen. Spätestens in diesem Moment ist der Anschluss einer SD-Karte unerlässlich. Haben Sie aber auch unabhängig davon ein genaues Augenmerk auf die knappe Ressource Speicher.

Der implementierte Beispielsketch *RECEIVE_EMAIL* gibt Ihnen eine Fülle von Hinweisen dazu an die Hand, wie Sie den E-Mail-Download an Ihre Bedürfnisse anpassen können und was hinsichtlich des Speichermanagements möglich und zu beachten ist. Sie sehen schon: Das Versenden von Mails ist nicht so einfach, wie man vielleicht denkt. Wenn Sie den Mailversand für größere Projekte brauchen, sollten Sie überlegen, ob der Datentransfer zu einem »echten« Rechner, der sich dann um die Mails kümmert, nicht einfacher ist. Denn auch, wenn Sie mit dem ESP32 grundsätzlich Mails verschicken können – einen echten Mailserver machen Sie aus ihm nicht.

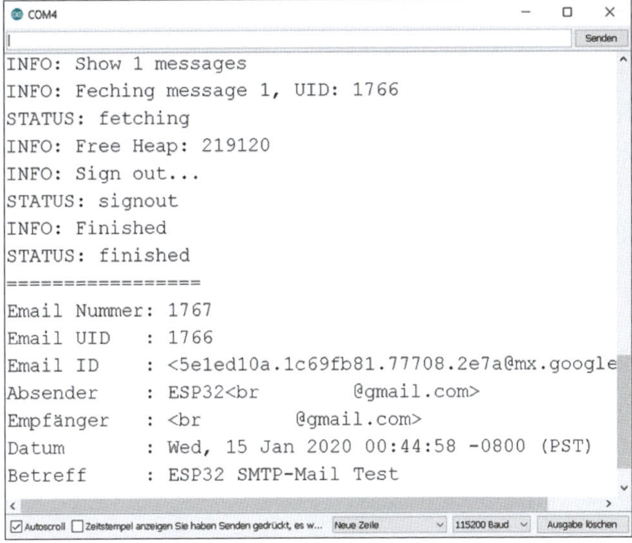

Abbildung 9.44 E-Mail-Download – Ausgabe im seriellen Monitor

E-Mail-Cloud-Service

SMTP2GO (*https://www.smtp2go.com*) bietet nach einer Registrierung einen – innerhalb gewisser Grenzen – freien E-Mail-Service. Ein ESP32-Anwendungsbeispiel finden Sie unter *https://fipsok.de/email-esp32-esp8266*.

9.3.2 Pushbullet

Pushbullet ist ein Dienst, mit dem Sie kabellos Notizen, Dateien, Adressen und Links zwischen PC, Smartphone und ähnlichen Geräten synchronisieren. Über sogenannte *Nachrichten* werden die Daten ausgetauscht. Die Software spiegelt sie auf allen in der Nachricht adressierten Plattformen wider, sodass unabhängig von dem gerade verwendeten Gerät – ob Browser, Smartphone oder Tablet – überall dieselbe Benachrichtigung erscheint. Mit den richtigen Einstellungen zeigt der Browser am PC eingehende Nachrichten selbst dann an, wenn der Browser nicht geöffnet ist.

Pushbullet ermöglicht auch das Versenden von SMS, wenn das sendende Gerät über die Funktion verfügt und es eingeschaltet ist. Darüber hinaus verfügt Pushbullet über eine integrierte Ende-zu-Ende-Verschlüsselung; Aktivierung und Deaktivierung erfolgen in den Benutzereinstellungen. Pushbullet ist in einer Basisversion kostenlos (Dateigröße maximal 25 MB, Speicherplatz maximal 2 GB, maximal 100 SMS pro Monat). Sie aktivieren es über ein Google- oder Facebook-Konto.

Für Android- und iOS-basierte Systeme lässt sich die App einfach aus den entsprechenden App-Stores herunterladen. Für Chrome, Firefox, Safari, Opera und Windows stehen Downloads bereit. Überdies bietet Pushbullet eine vollständige API an, die die Erweiterung der Funktionalitäten von Software ermöglicht und von der eine Vielzahl von Anwendungen bereits Gebrauch machen (Node-RED, FHEM und viele mehr).

Konto einrichten

Sie können Pushbullet auf dem PC oder einem mobilen Gerät nutzen.

- **Tablet und Smartphone**: Laden Sie die Pushbullet-App aus dem App-Store herunter und richten Sie sie mit der Auswahl eines Google- oder Facebook-Kontos ein.
- **PC**: Rufen Sie die Website von Pushbullet auf (*https://www.pushbullet.com*) und wählen Sie eine der beiden Möglichkeiten, Ihren Account zu erstellen (siehe Abbildung 9.45).

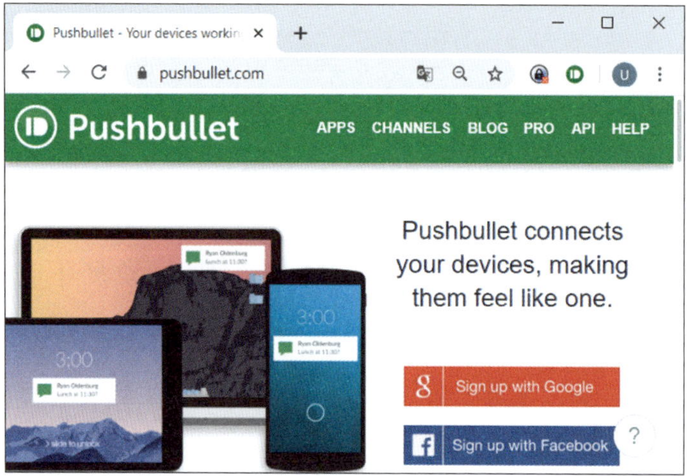

Abbildung 9.45 Pushbullet-Account einrichten

Sie gelangen nun zum Willkommensbildschirm, der Ihnen den Zugang zur Administration Ihres Accounts ermöglicht, aber auch eine geführte Tour durch die Pushbullet-Welt anbietet.

Klicken Sie auf SET UP YOUR COMPUTER und wählen Sie einen der angebotenen Browser aus (siehe Abbildung 9.46).

Bei der Auswahl von z. B. CHROME gelangen Sie zum CHROME WEB STORE (siehe Abbildung 9.47).

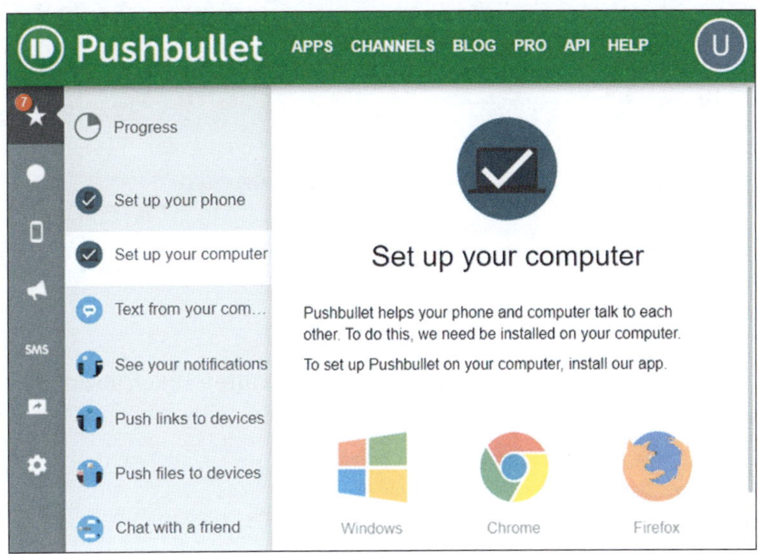

Abbildung 9.46 Einrichtung über ein Browser-Plug-in

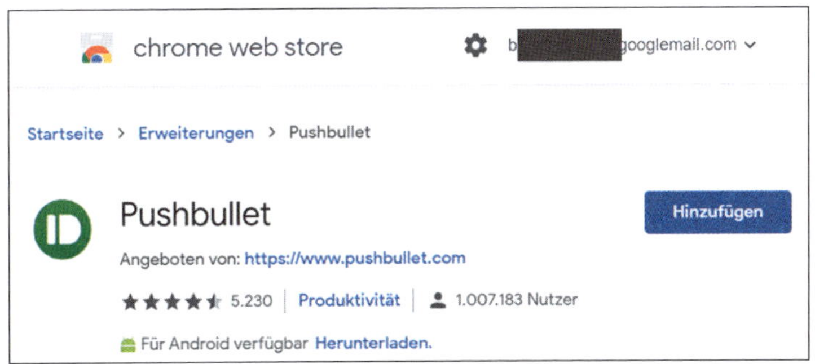

Abbildung 9.47 Pushbullet im »chrome web store«

Klicken Sie auf HINZUFÜGEN und dann noch einmal in dem Folgedialog zur Abfrage der Berechtigungen auf ERWEITERUNG HINZUFÜGEN. Chrome gibt dazu eine Bestätigungsmeldung aus. In der Browserleiste taucht nun das Pushbullet-Icon auf. Ein rotes Quadrat weist auf das Vorhandensein neuer Nachrichten hin, die Sie sich per Klick in einem Aktivitäten-Fenster ansehen können. Überprüfen Sie ergänzend im Willkommensbildschirm unter dem Eintrag DEVICES, ob alle Ihre angemeldeten Geräte enthalten sind.

Access-Token generieren

Für den API-Zugang benötigen Sie einen *Access-Token*. Klicken Sie dazu im Willkommensbildschirm auf SETTINGS (siehe Abbildung 9.48).

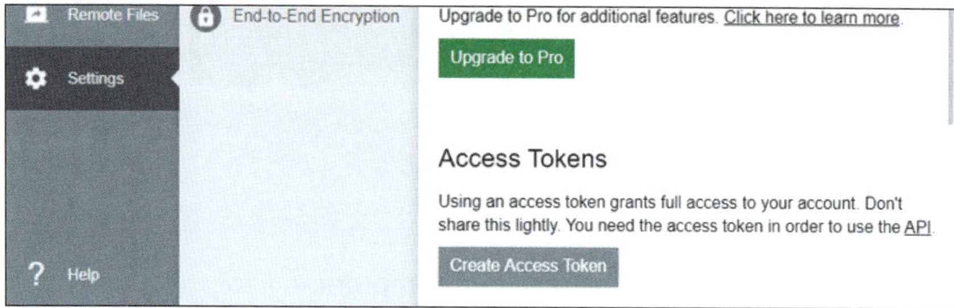

Abbildung 9.48 Access-Token generieren

Klicken Sie anschließend auf CREATE ACCESS TOKEN, um sich Ihren Token abzuholen (siehe Abbildung 9.49).

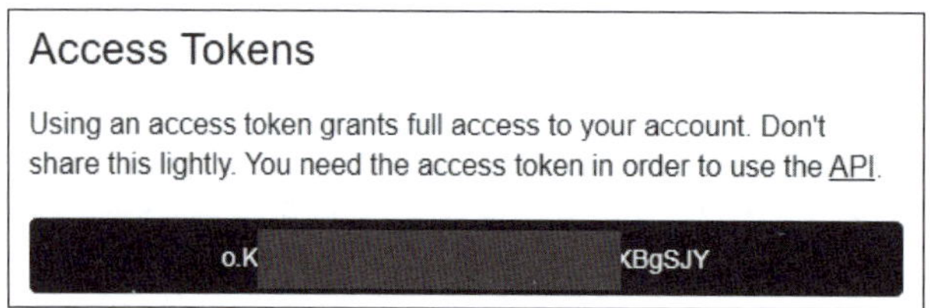

Abbildung 9.49 Erstellter Access-Token

Kopieren Sie den Token; Sie brauchen ihn später.

Der Sketch

Der Sketch aus Listing 9.4 sendet eine Pushbullet-Nachricht, wenn die vom BMP280-Modul gemessene Temperatur 22 °C übersteigt. Grundlage ist wieder die Schaltung für das BMP280-Barometer aus Abschnitt 10.6.1.

```
#include <WiFiClientSecure.h>
#include <Wire.h>
#include <Adafruit_Sensor.h>          // notwendig für exakte Druckberechnung
#include <Adafruit_BMP280.h>

WiFiClientSecure secureClient;        // Clientobjekt erstellen

const char* ssid = "ssidRouter";
const char* password = "passwortRouter";
const char* pushBulletAPIKEY = "o.....          ..Y";

const uint16_t pbTimeout = 3000;      // Wartezeit auf Antwort in Millisekunden
const char*    pbHost = "api.pushbullet.com";
```

```
Adafruit_BMP280 bmp;                    // I2C-BMP280-Objekt

// Push-Nachricht senden
bool pushbulletSendPush(const String &messageBody) {
  uint32_t sendezeit = millis();
  String message = R"({"type": "note", "title": "Alarm vom ESP32", ➲
      "body": ")" + messageBody + R"("})";

  if (!secureClient.connect(pbHost, 443)) {
    Serial.println("Pushbullet-Verbindung fehlgeschlagen!");
    return false;
  } else {
    secureClient.print ("POST /v2/pushes HTTP/1.1\r\n");
    secureClient.printf("Host: %s\r\n", pbHost);
    secureClient.printf("Authorization: Bearer %s\r\n",  pushBulletAPIKEY);
    secureClient.printf("Content-Type: application/json\r\n");
    secureClient.printf("Content-Length: %d\r\n", message.length());
    secureClient.printf("\r\n%s\r\n", message.c_str());
    Serial.println("POST gesendet, message: ");
    Serial.println(message);
  }

  while (!secureClient.available()) {
    if (millis() - sendezeit > pbTimeout) {
      Serial.println("Pushbullet Client Timeout!");
      secureClient.stop();
      return false;
    }
  }

  // zeigt die Zeit bis zur Antwort; ggf. Timeout entsprechend anpassen
  Serial.printf("Pushbullet-Antwort nach: %4ld ms\n", millis() - sendezeit);
  String str = "";                       // String für Pushbullet-Antwort

  while (secureClient.available()) {
    char c = secureClient.read();        // ein Byte lesen
    str += c;                            // das Byte an String str anfügen
  }
  Serial.println (str);
  secureClient.stop();
  return true;
}
```

```
void setup() {
  Serial.begin(115200);
  delay(100);
  Serial.print("Verbindungsaufbau zu ");
  Serial.println(ssid);

  WiFi.begin(ssid, password);
  while (WiFi.status() != WL_CONNECTED) {
      delay(500);
      Serial.print(".");
  }

  Serial.println("");
  Serial.println("WiFi connected.");
  Serial.println("IP address: ");
  Serial.println(WiFi.localIP());

  if (!bmp.begin(0x76)) {
    Serial.println("Kein BMP280-Sensor gefunden!");
    while (1);
  }
}

void loop() {
  float temperatur = bmp.readTemperature();
  Serial.println("Temperatur: " + String(temperatur) + " *C");
  if (temperatur > 22 ) {
    String message = "Die Temperatur beträgt " + String(temperatur) + " *C";
    bool ret = pushbulletSendPush (message);
    delay (4000);                           // Abkühlen abwarten
  }
  delay (1500);
}
```

Listing 9.4 Pushbullet-Nachricht vom ESP32 senden

Pushbullet arbeitet mit *Hypertext Transfer Protocol Secure*, sodass Sie die Bibliothek `WiFiClientSecure.h` einbinden müssen. Diese arbeitet jedoch mit den gleichen Methoden wie die Bibliothek `WiFiClient.h`. Die Variable `pushBulletAPIKEY` erhält den Access-Token, den Sie bereits generiert und zwischengespeichert haben.

Die Funktion `pushbulletSendPush()` sendet die Pushbullet-Nachricht. Als Parameter erhält sie den Nachrichtentext. Die Nachricht selbst besteht außer aus dem Text (Nachrichtenkörper) auch aus einer Überschrift und einem Nachrichtentyp (hier `note` für eine Nachricht), die in einem JSON-String abgebildet sind. Die erste Maßnahme in der Funktion ist, eine Verbindung mit dem Pushbullet-Host aufzubauen. Ist dies gelungen, erfolgt der Client-Request. Die Methode ist `POST`, da auf dem Server eine Datenänderung veranlasst wird.

Anschließend wartet die Funktion in einer Schleife auf eine Antwort. Abbruchkriterium ist ein Timeout, wenn keine Antwort erfolgt, oder der Erhalt einer Rücknachricht. Eine weitere Schleife überträgt die empfangenen Zeichen für die Ausgabe im seriellen Monitor. `secureClient.stop()` schließt die Verbindung.

`setup()` und `loop()` bedürfen keiner weiteren Erläuterung.

Laden Sie den Sketch hoch und haben Sie ein Auge auf den seriellen Monitor, der den Einstieg in die `loop()` durch Ausgabe der gemessenen Temperatur anzeigen sollte. Sorgen Sie nun für einen Temperaturanstieg über den Schwellenwert. Sie sollten daraufhin eine Pushbullet-Nachricht erhalten haben. Sie erkennen dies beispielsweise in Ihrem Browser an dem roten Quadrat unterhalb des Pushbullet-Icons. Klicken Sie auf das Icon, damit die Nachricht erscheint (siehe Abbildung 9.50).

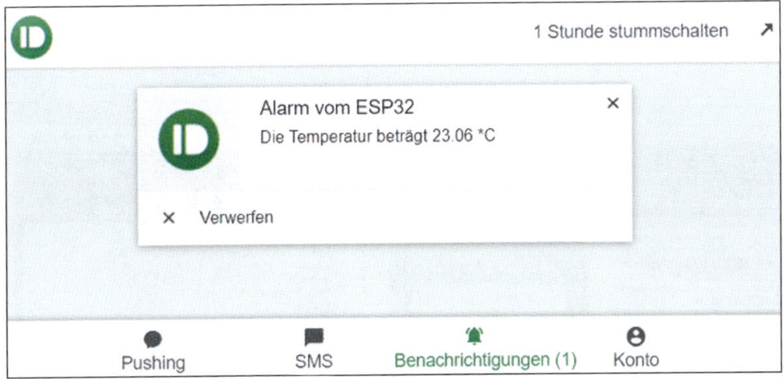

Abbildung 9.50 Pushbullet-Nachricht im Browser

Es lohnt sich aber, auch einen Blick auf die Ausgaben des seriellen Monitors zu werfen (siehe Abbildung 9.51).

Die Ausgabe zeigt zunächst, dass die Antwortzeit bei 1.363 Millisekunden liegt. Viel interessanter ist jedoch die eigentliche Antwort. Die Meldung `HTTP/1.1 200 OK` signalisiert einen erfolgreichen Datenaustausch. Des Weiteren erhält der Sender in einem JSON-String Informationen zu der angelegten Pushbullet-Nachricht. Kopieren Sie diese für eine lesbare Darstellung in einen JSON-Formatter (siehe Abbildung 9.52).

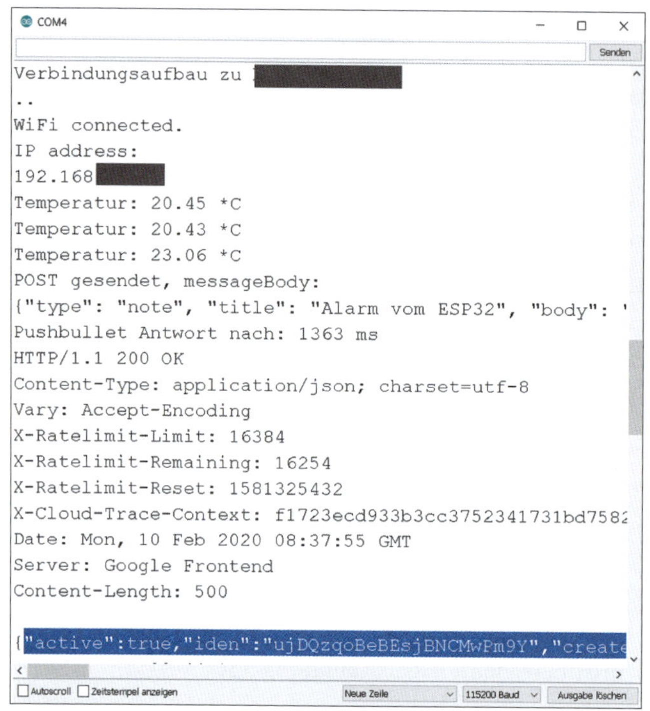

Abbildung 9.51 Pushbullet-Response im seriellen Monitor

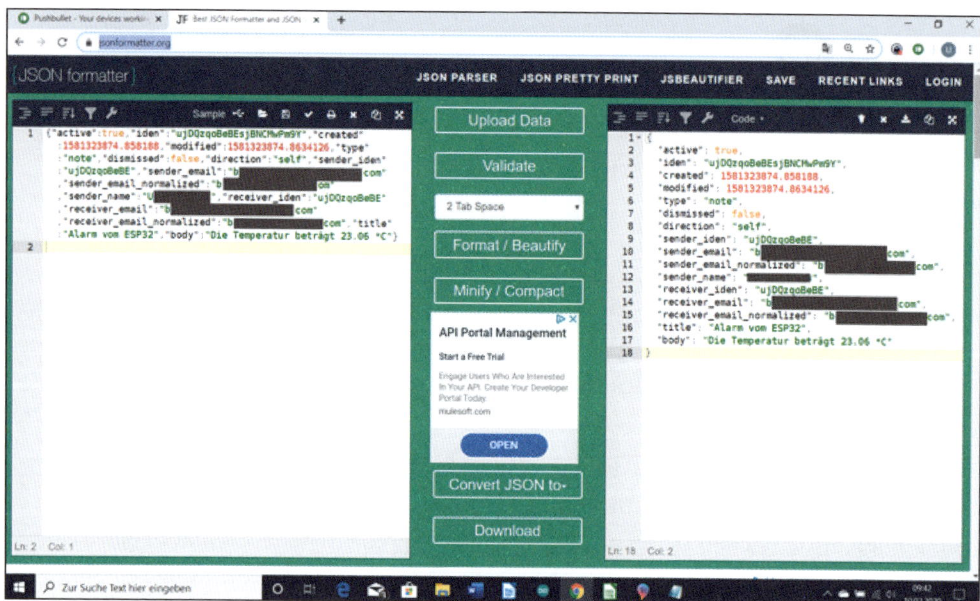

Abbildung 9.52 POST-Response im JSON-Formatter

Die Bedeutung der einzelnen Name-Wert-Paare ist in der Dokumentation der Pushbullet-API recht gut ausgeführt, sodass ich an dieser Stelle nicht näher darauf eingehe.

Begrenzung der Anzahl der Pushbullet-Nachrichten

Die Anzahl der Pushbullet-Nachrichten ist auf 500 pro Monat beschränkt. Ein Überschreiten des Limits führt zu einer Fehler-Response.

9.3.3 Alexa

Alexa ist ein cloudbasierter Sprachservice von Amazon, der als persönlicher Sprachassistent internetbasierte Aufgaben absolviert. Zentrales Element ist ein intelligenter Lautsprecher (*Amazon Echo* in diversen Produktvarianten), der als Frontend auf verschiedene herstellereigene Dienste sowie Dienste von Drittanbietern zugreift. Die Geräte sind seit Oktober 2016 in Deutschland erhältlich und haben sich seither zu einer imposanten Erfolgsgeschichte entwickelt. Ein ähnliches Konzept verfolgen Google mit *Google Home* und Apple mit dem *HomeKit*.

Alexa verfügt jedoch über eine Sammlung von Tools, APIs, Referenzlösungen und Dokumentationen, die die Entwicklung eigener Lösungen sehr erleichtern. Insofern ist es nur konsequent, wenn eine Sprachsteuerung zur Übermittlung von Befehlen an technische Geräte auch für die Steuerung von Mikrocontrollern zum Einsatz kommt.

Alexa lässt sich für das Zusammenspiel mit dem ESP32 auf mehrere Weisen nutzen:

- **Alexa SDK**: Espressif unterstützt es mit dem *Alexa SDK*, eigene Lösungen für den ESP32 zu entwickeln. Deren Einstieg finden Sie unter *https://www.espressif.com/en/news/Alexa%20on%20ESP32*.
- **Externer Dienst**: Hier ist ein anderes Programm bzw. ein anderer Dienst (z. B. *ioBroker*) zwischen Alexa und den ESP32 geschaltet. Dieser Dienst nimmt die Sprachbefehle entgegen, setzt sie für den ESP32 um und leitet sie dann weiter (z. B. über MQTT). Dies ist mit dem Nachteil verbunden, dass eine Zwischenstation nötig ist, die unter Umständen sogar über weiteren *Skills* (Alexa-Fähigkeiten) verfügen muss. Es kann aber den Vorteil haben, dass ein größerer Funktionsumfang über eine Alexa-Sprachnachricht abrufbar ist.
- **Simulation eines Geräts**: Der ESP32 simuliert hier ein von Alexa unterstütztes Gerät. Der Vorteil ist, dass keine zusätzlichen Dienste erforderlich sind und einfache Sprachbefehle zur Anwendung kommen. Der Nachteil ist ein beschränkter Sprachumfang.

Das Thema des nachstehenden Abschnitts ist die Anbindung über die Simulation eines Geräts. Sie beruht darauf, dass jedes in Echo integrierbare Gerät eine Funktionalität enthält, um sich über WLAN mit einem Gerät der Echo-Produktfamilie zu koppeln. Die Idee ist, das diesem Kopplungsprozess zugrunde liegende Protokoll nachzubauen und damit den ESP32 als koppelbares Gerät auszuweisen.

Der Kopplungsvorgang geht dabei von einer Aufforderung des Benutzers an sein Echo-System aus, neue Geräte zu finden. Dabei wird über einen *UDP-Broadcast* eine Meldung an alle Geräte im vorliegenden WLAN geschickt. Noch nicht gekoppelte Geräte antworten mit ihrer URL-Adresse. Im nächsten Schritt erfragt Echo die Servicebeschreibung des neuen Geräts. Die Antwort des Geräts ist dann eine Gerätebeschreibung in Form der Datei *setup.xml*.

Sie finden die von Echo getätigten Zuordnungen (Gerät, Name, Charakteristik ...) in einer Geräteliste. Sprachbefehle des Nutzers an ein bekanntes Gerät setzt Echo in einen TCP/Webservice-Aufruf um, der z. B. bei Schaltern eine Anweisung für eine Zustandsänderung beinhaltet.

Die *FauxmoESP*-Bibliothek emuliert eine *Belkin-Wemo*-Steckdose. Nach dem Hochladen eines entsprechenden Sketchs erkennt Echo ein neues koppelbares Gerät, das nach dem Koppelvorgang mittels Sprachbefehlen steuerbar ist. Dies sind dann allerdings nur einfache Kommandos wie »An« und »Aus«. In dem folgenden Beispiel soll Alexa die LED an GPIO2 ein- und ausschalten.

Vorbereitungen

Laden Sie die FauxmoESP-Bibliothek von *https://github.com/simap/fauxmoesp* als *.zip*-Datei herunter und fügen Sie sie mit dem Bibliotheksverwalter in Ihre Arduino IDE ein.

FauxmoESP nutzt *AsyncTCP*. Besorgen Sie sich die spezielle Version für den ESP32 von *https://github.com/me-no-dev/AsyncTCP* als *.zip*-Datei und ergänzen Sie Ihre Arduino IDE damit über den Bibliotheksverwalter.

Der Sketch

Die FauxmoESP-Bibliothek hat dankenswerterweise zwei Beispielsketche an Bord. Öffnen Sie Beispiele • Fauxmo • FauxmoESP_basic. Es sind jedoch ein paar Anpassungen nötig.

Benennen Sie zum einen die Datei *credentials.sample.h* in *credentials.h* um. Ändern Sie dort noch die Zugangsdaten für Ihr WLAN-Netz.

Die zweite Änderung betrifft die Namen, mit denen Echo das jeweilige Gerät adressiert:

```
...
#define ID_YELLOW           "yellow lamp"
#define ID_GREEN            "green lamp"
```

```
#define ID_BLUE          "blue lamp"
#define ID_PINK          "LED"          // pink lamp
#define ID_WHITE         "white lamp"
...
```

Zwar besteht eine gewisse Chance, dass Echo englischsprachige Gerätenamen erkennt. Besser sind jedoch Bezeichnungen in Deutsch. Darüber hinaus empfiehlt es sich, die Namen so kurz und prägnant wie möglich zu wählen, da mehr Komplexität auch mehr Fehleranfälligkeit nach sich zieht. Da es in dem Beispiel um das Schalten von GPIO2 geht und dieser mit `#define LED_PINK 2` zugeordnet ist, erhält das `#define ID_PINK` den Wert `LED`.

Der Sketch ist inline bestens dokumentiert, sodass weitere Erläuterungen entbehrlich sind. Laden Sie den Sketch auf Ihren ESP32, um die Geräte zu koppeln. Das können Sie mithilfe der Sprachsteuerung erledigen (siehe Abbildung 9.53).

Abbildung 9.53 Automatisches Koppeln

Alternativ führen Sie das Koppeln über die Alexa-App manuell durch: AUSWAHLMENÜ • GERÄT HINZUFÜGEN • SONSTIGES • GERÄTE SUCHEN • GERÄT WÄHLEN • LED • GERÄT EINRICHTEN • WEITER (siehe Abbildung 9.54).

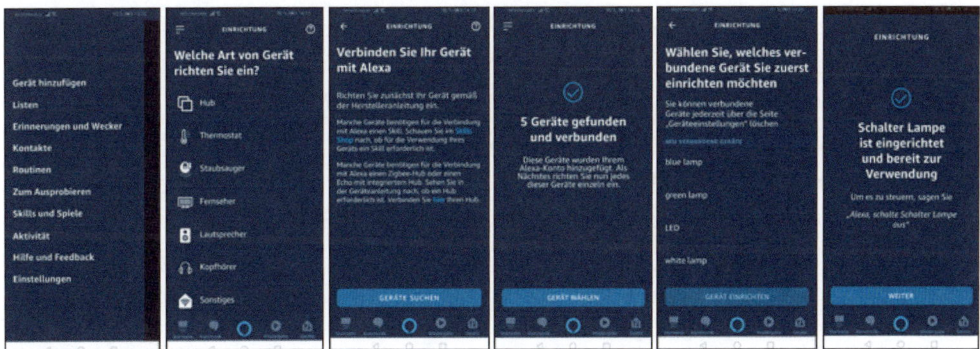

Abbildung 9.54 Manuelles Koppeln

In der Geräteliste steht das Gerät noch mit dem Vermerk *neues Gerät*. Öffnen Sie den Eintrag und bestätigen Sie die Einstellungen. Das Zusammenspiel zwischen ESP32 und Echo kann beginnen. Verfolgen Sie die Ausgaben im seriellen Monitor (siehe Abbildung 9.55).

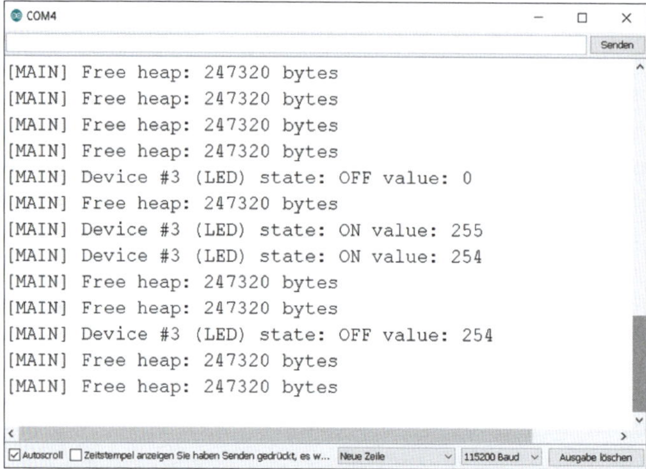

Abbildung 9.55 Alexa im seriellen Monitor

Verschiedene Echo-Geräte

Die Echo-Produktfamilie bietet verschiedene Geräte. Das Beispiel wurde mit dem Echo der zweiten Generation getestet. Wie bei so vielen Geräten kann es auch hier sein, dass sich API- und Bibliotheksversionen in Zukunft ändern und neuere Geräte nicht unterstützt werden.

9.3.4 Telegram und WhatsApp

Sicherlich besteht vielfach der Wunsch, den ESP32 unmittelbar an Telegram, X (ehemals Twitter) oder WhatsApp anzubinden. Für Telegram funktioniert das recht gut. Es gibt sogar einige Bibliotheken, z. B. *UniversalTelegramBot*.

Für X/Twitter und WhatsApp ist eine direkte Kommunikation aber zum Teil Neuland und derzeit nicht ohne Weiteres möglich. So hat WhatsApp bislang nur eine kostenpflichtige API für den Businessbereich eingerichtet, nicht jedoch für den Privatbereich.

9.4 Das MQTT-Protokoll

Der Austausch von Daten mit anderen Geräten ist ein zentrales Element des Einsatzes des ESP32. Die vorherigen Kapitel bzw. Abschnitte haben hierzu mit diversen

Client-Server-Architekturen auf Basis von Bluetooth bzw. HTTP, unter Umständen gesteuert über eine App, diverse Möglichkeiten aufgezeigt.

Das *MQTT-Protokoll* (*Message Queue Telemetry Transport*) bietet einen weiteren Ansatz, den Datenaustausch zwischen zwei oder mehreren Geräten zu gestalten. Darüber hinaus eröffnet es den Weg für das Einbinden des ESP32 in die Cloud.

MQTT ist eine Alternative für das vielfach zur Gerätekommunikation im World Wide Web genutzte Standardprotokoll HTTP. Die stark gewachsene Anzahl an zu vernetzenden »Dingen« (z. B. *Wearables*, Smart-Home-Komponenten) und die verstärkte Nutzung von mobilen Geräten stellen ein nur HTTP-basiertes Internet zunehmend infrage. Der Grund dafür ist, dass HTTP den gestiegenen Anforderungen der Kommunikation im Internet der Dinge nur bedingt gerecht werden kann. So ist die Request-Response-Architektur lediglich eingeschränkt für das gleichzeitige Übermitteln von Nachrichten an mehrere Geräte ausgelegt und kann eine fehlerfreie Übertragung nicht garantieren. Die Inhomogenität der Geräte verschiedenster Hersteller verschärft die Problematik, die sich über mehrere Ebenen erstreckt – angefangen bei den andersartigen Hardwarekomponenten und Bussystemen über die Kommunikationskanäle bis hin zur Steuerung und Weiterverarbeitung der Daten durch Softwaresysteme.

Dieser Komplexität in der »Kommunikation« versucht MQTT entgegenzuwirken. Die Entwicklung des MQTT-Protokolls begann bereits um 1999. Das Hauptziel war ein Protokoll, das aus Sicht der Bandbreite sehr effizient und darüber hinaus einfach und ressourcenschonend ist.

Während der Denkansatz von HTTP in einem Request-Response-Verfahren besteht, organisiert MQTT den Datenaustausch über ein Modell, das auf *Publish* (dt. »veröffentlichen«) und *Subscribe* (dt. »abonnieren«) basiert. Das MQTT-Protokoll entkoppelt einen Client (*Herausgeber*), der eine Nachricht veröffentlicht, von anderen Clients (*Abonnenten*), die diese erhalten. Darüber hinaus ist MQTT im Gegensatz zum HTTP-Protokoll grundsätzlich ein asynchrones Protokoll, d. h., es blockiert den Client nicht, während dieser auf die Nachricht wartet.

MQTT ist also ein nachrichtenbasiertes Protokoll, das ein Publisher-Subscriber-Muster zum Datenaustausch verwendet. Die Schlüsselkomponente in MQTT ist der *MQTT-Broker*. Die Hauptaufgabe des MQTT-Brokers besteht darin, Nachrichten von Publishern zu empfangen und sie zielgenau an die Subscriber weiterzuleiten. Er ist damit ein Vermittler oder Zwischenhändler im Datentransfer (siehe Abbildung 9.56).

Auswahlkriterien und -werkzeuge sorgen für einen geordneten Nachrichtenverkehr, sodass nicht jeder Client unnötigerweise alle verfügbaren Nachrichten erhält. Dies sind sogenannte *Topics* (dt. »Themen«). Anhand der von einem Publisher veröffentlichten Nachricht und des in ihr enthaltenen Topics entscheidet der MQTT-Broker, an welche Clients – die bestimmte Topics abonniert haben – die Nachricht weitergeleitet werden muss.

Ein Topic ist dabei eine Zeichenkette, die es durch eine bestimmte Syntax (Sprachzusammensetzung) erlaubt, verschiedene Themenbereiche zu kombinieren und ähnlich einer Ordnerstruktur hierarchisch zu gliedern. Damit können Subscriber ganz bestimmte Topics auswählen (z. B. `/Wohnzimmer/Lampen/Lampe1`), aber auch einen ganzen Themenbereich. (Zum Beispiel entspricht `/Wohnzimmer/+/+` allen Topics zu `/Wohnzimmer`. `/Wohnzimmer/Lampen/#` wählt dementsprechend alle Topics zu `/Wohnzimmer/Lampen`.)

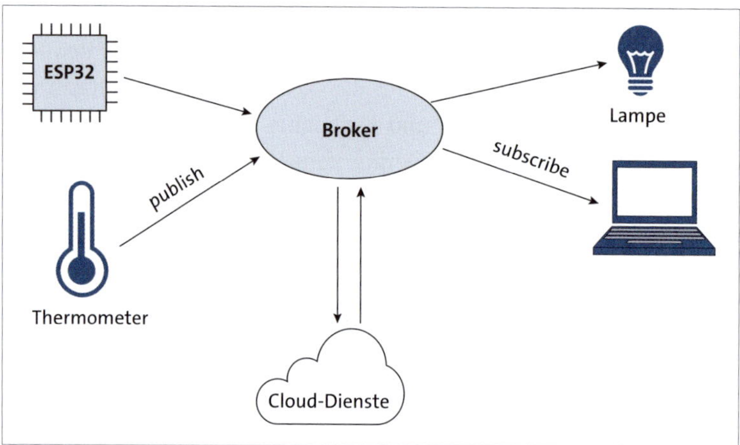

Abbildung 9.56 MQTT-Broker

Das MQTT-Protokoll verfügt über weitere Features, die hier aber nur am Rande erwähnt werden sollen:

- **Quality of Service** (QoS): MQTT erlaubt im Hinblick auf instabile Netzwerke die Verwendung dreier unterschiedlicher Servicequalitäten. Sie unterscheiden sich in der Häufigkeit einer Datenübermittlung und der Qualität der Empfangsbestätigung.
- **Last Will** bzw. **Testament**: Dies ist eine Nachricht des Brokers bei einem unsauberen Verbindungsabbruch eines Clients.
- **Passwort** und **Datenverschlüsselung**: Mechanismen wie ein passwortgeschützter Verbindungsaufbau zu einem Broker und ein verschlüsselter Datentransfer (TLS-Protokoll) ergänzen das Paket der verfügbaren Möglichkeiten.

Serverseitig angebotene Ports des MQTT-Brokers sind üblicherweise:

- 1883: MQTT, unverschlüsselt
- 8883: MQTT, verschlüsselt
- 8884: MQTT, verschlüsselt, Clientzertifikat notwendig

- 8080: MQTT über WebSockets, unverschlüsselt
- 8081: MQTT über WebSockets, verschlüsselt

Der folgende Mustersketch soll gewissermaßen als Echo periodisch eine Meldung veröffentlichen und diese auch gleichzeitig wieder empfangen. Der Broker für diesen Test ist ein frei zugänglicher Server auf *broker.mqttdashboard.com*.

Installieren Sie zuvor mithilfe des Bibliotheksverwalters die Bibliothek *PubSubClient* von Nick O'Leary (siehe Abbildung 9.57).

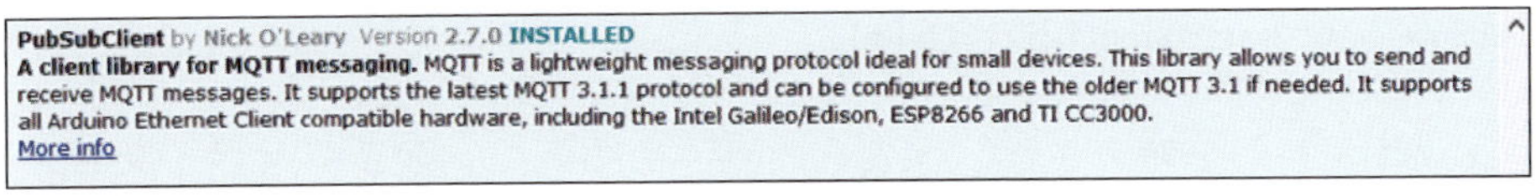

PubSubClient by Nick O'Leary Version 2.7.0 **INSTALLED**
A client library for MQTT messaging. MQTT is a lightweight messaging protocol ideal for small devices. This library allows you to send and receive MQTT messages. It supports the latest MQTT 3.1.1 protocol and can be configured to use the older MQTT 3.1 if needed. It supports all Arduino Ethernet Client compatible hardware, including the Intel Galileo/Edison, ESP8266 and TI CC3000.
More info

Abbildung 9.57 Die MQTT-Bibliothek »PubSubClient«

Der Sketch

Der Sketch aus Listing 9.5 beruht mit ein paar Anpassungen weitgehend auf dem Beispiel, das Sie unter BEISPIELE • PUBSUBCLIENT • MQTT_ESP8266 finden.

Laden Sie den Sketch hoch und verfolgen Sie die Ausgaben im seriellen Monitor (siehe Abbildung 9.58).

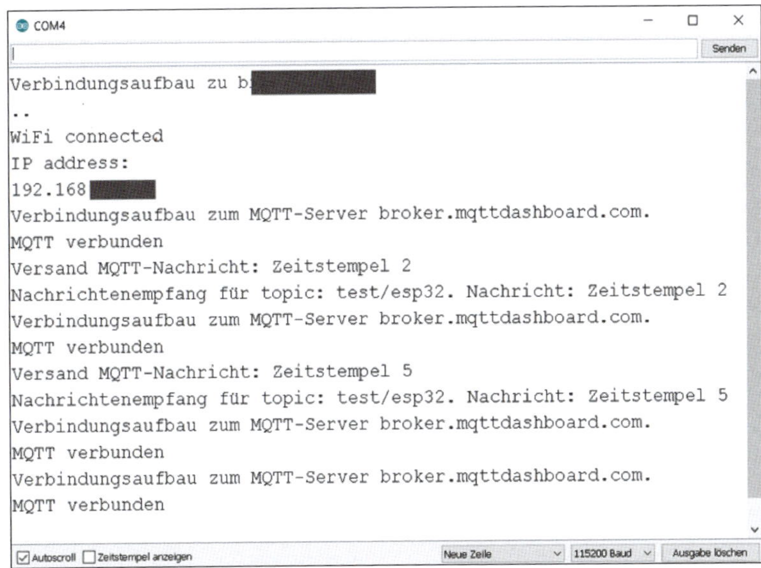

Abbildung 9.58 MQTT-Online-Broker im seriellen Monitor

Die globalen Variablen bzw. Objekte `mqttServer` bzw. `mqttClient` enthalten die Daten für den Verbindungsaufbau zum MQTT-Broker.

```
#include <WiFi.h>
#include "PubSubClient.h"

const char* ssid     = " ssidRouter ";
const char* password = " passwortRouter ";
WiFiClient wifiClient;

// MQTT-Broker-Daten
const char* mqttServer = "broker.mqttdashboard.com";
PubSubClient mqttClient(wifiClient);

long zeitAlt = -9999;

// Callback Nachrichten-Empfang (subscribe)
void callback(char* topic, byte* message, unsigned int length) {
  String str;
  for (int i = 0; i < length; i++) {
    str += (char)message[i];
  }
  Serial.print  ("Nachrichtenempfang für topic: ");
  Serial.print  (topic);
  Serial.print  (". Nachricht: ");
  Serial.println(str);
}

// Verbindung zum MQTT-Server herstellen
void mqttConnect() {
  Serial.print  ("Verbindungsaufbau zum MQTT-Server ");
  Serial.print  (mqttServer);
  while (!mqttClient.connected()) {
    Serial.print(".");
    if (mqttClient.connect("ESP32Client")) {
      Serial.println();
      Serial.println("MQTT verbunden");
    } else {
      Serial.print("fehlgeschlagen, rc=");
      Serial.print(mqttClient.state());
      Serial.println(" erneuter Versuch in 5 Sekunden");
      delay(5000);
    }
  }
  mqttClient.subscribe("test/esp32");
}
```

```
void setup() {
  Serial.begin(115200);
  Serial.println();
  Serial.print("Verbindungsaufbau zu ");
  Serial.println(ssid);
  WiFi.begin(ssid, password);
  while (WiFi.status() != WL_CONNECTED) {
      delay(500);
      Serial.print(".");
  }
  Serial.println("");
  Serial.println("WiFi connected");
  Serial.println("IP address: ");
  Serial.println(WiFi.localIP());

  // Verbindung zum MQTT-Server herstellen
  mqttClient.setServer(mqttServer, 1883);
  mqttClient.setCallback(callback);
  mqttConnect();
}

void loop() {
  if (!mqttClient.connected()) {
    mqttConnect();
  }
  mqttClient.loop();

  if (millis() - zeitAlt > 3000) {
    char txString[20];
    zeitAlt = millis();
    sprintf(txString, "Zeitstempel %d", millis() / 1000);
    Serial.println(String("Versand MQTT-Nachricht: ") + txString);
    mqttClient.publish("test/esp32", txString);
  }
  delay(200);
}
```

Listing 9.5 MQTT-Test

Der Empfang von abonnierten Nachrichten erfolgt über eine Callback-Funktion (callback()). Anstelle der Ausgabe der empfangenen Nachricht können für Schaltvorgänge hier natürlich auch Auswertungen des Nachrichteninhalts und des Themas (Topic) stehen.

Die Funktion `mqttConnect()` baut eine Verbindung zum MQTT-Broker auf.

Im `setup()` bestimmt `mqttClient.setServer(mqttServer, 1883)`, dass es sich um eine unverschlüsselte Verbindung handelt. `mqttClient.setCallback(callback)` registriert den Callback für eingehende Nachrichten.

Ein lokaler MQTT-Broker

Online-Broker oder Onlinedienste schlechthin haben ihre Vorteile, aber auch Nachteile. Alternativ lässt sich ein MQTT-Broker auf heimischen Geräten aufsetzen. Als Plattform für einen MQTT-Server bietet sich ein Raspberry Pi an, weil er im dauerhaften Betrieb vergleichsweise wenig Strom verbraucht. Unabhängig davon ließe sich ein MQTT-Broker aber natürlich auch auf einem Windows-, Linux- oder macOS-System betreiben.

Sie haben die Auswahl zwischen einer Vielzahl von MQTT-Brokern. Ich empfehle *Mosquitto* (*https://mosquitto.org*), da es sich um ein recht stabiles, ausgereiftes, recht komfortabel zu bedienendes und weitverbreitetes System handelt.

Installation

Die Installation des Mosquitto-Brokers auf dem Raspberry Pi ist sehr einfach. Öffnen Sie ein Terminal und geben Sie Folgendes ein:

```
sudo apt update
```

```
sudo apt install mosquitto
```

Mosquitto sollte von selbst starten. Sie können dies mit folgender Terminaleingabe überprüfen:

```
sudo service mosquitto status
```

Die Ausgabe müsste so aussehen wie in Abbildung 9.59.

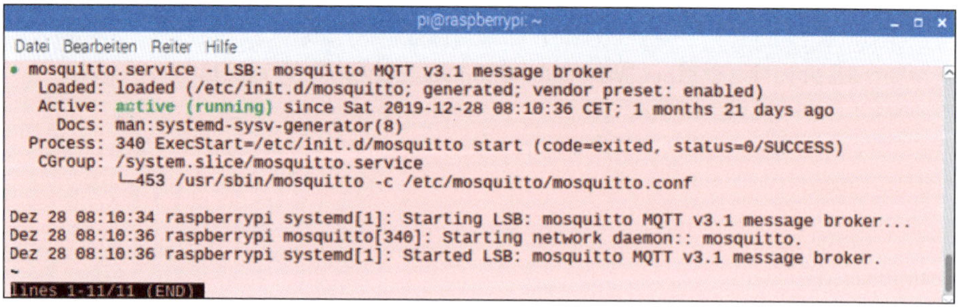

```
pi@raspberrypi: ~
Datei Bearbeiten Reiter Hilfe
● mosquitto.service - LSB: mosquitto MQTT v3.1 message broker
   Loaded: loaded (/etc/init.d/mosquitto; generated; vendor preset: enabled)
   Active: active (running) since Sat 2019-12-28 08:10:36 CET; 1 months 21 days ago
     Docs: man:systemd-sysv-generator(8)
  Process: 340 ExecStart=/etc/init.d/mosquitto start (code=exited, status=0/SUCCESS)
   CGroup: /system.slice/mosquitto.service
           └─453 /usr/sbin/mosquitto -c /etc/mosquitto/mosquitto.conf

Dez 28 08:10:34 raspberrypi systemd[1]: Starting LSB: mosquitto MQTT v3.1 message broker...
Dez 28 08:10:36 raspberrypi mosquitto[340]: Starting network daemon:: mosquitto.
Dez 28 08:10:36 raspberrypi systemd[1]: Started LSB: mosquitto MQTT v3.1 message broker.
~
lines 1-11/11 (END)
```

Abbildung 9.59 Mosquitto-Statusabfrage

Sie können den Dienst mit den folgenden Befehlen starten, beenden und neu starten:

```
sudo service mosquitto start
```

```
sudo service mosquitto stop
```

```
sudo service mosquitto restart
```

Installieren Sie auch die Module *mosquitto_sub* (um MQTT-Nachrichten zu abonnieren), *mosquitto_pub* (um MQTT-Nachrichten zu veröffentlichen) und *mosquitto_passw* (um Benutzernamen und Passwörter zu verwenden):

```
sudo apt install mosquitto-clients
```

Mosquitto mit einem Passwort absichern

9

Sichern Sie Mosquitto mit einem Passwort ab. Allerdings ist dies nur ein rudimentärer Schutz, da Benutzername und Passwort als einfacher Text unverschlüsselt übertragen werden. Weitere Informationen dazu finden Sie unter *http://www.steves-internet-guide.com/mqtt-username-password-example/*.

Erstellen Sie zunächst eine einfache Textdatei (z. B. *passwords*), die Benutzernamen und Passwort getrennt durch einen Doppelpunkt (:) aufnimmt (z. B. `esp32:raspberry`). Verschlüsseln Sie diese Textdatei mit `mosquitto_passwd -U passwords`. Das Ergebnis sehen Sie in Abbildung 9.60.

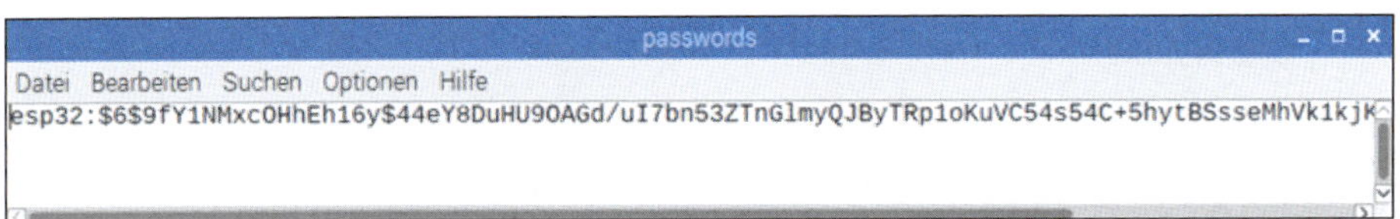

Abbildung 9.60 Verschlüsselte Mosquitto-Passwortdatei

Verschieben Sie die Datei nach */etc/mosquitto*. Konfigurieren Sie abschließend noch die Datei */etc/mosquitto/mosquitto.conf*:

```
allow_anonymous false
password_file /etc/mosquitto/passwords
```

Der Eintrag `allow_anonymous false` soll verhindern, dass sich Benutzer ohne festgelegten Benutzernamen und Passwort mit dem Broker in Verbindung setzen können. Starten Sie Mosquitto neu, damit die Einstellungen wirksam werden.

Mosquitto testen

Testen Sie gegebenenfalls Mosquitto mit den Modulen *mosquitto_sub* und *mosquitto_pub*. Für beide gibt es im Befehlsaufruf bestimmte Optionen. Die wichtigsten sind:

- `-h` bzw. `-host`: Dieser Parameter spezifiziert die IP-Adresse (z. B. 192.168.2.126) des Rechners, auf dem der Mosquitto-Broker läuft. Die Voreinstellung ist `localhost`,

d. h., *mosquitto_sub* und *mosquitto_pub* sind auf demselben Rechner wie der Mosquitto-Broker.

- `-t` bzw. `-topic`: Dieser Parameter gibt das Topic an.
- `-p` bzw. `-port`: Mit dieser Option wird der Port des Mosquitto-Servers angegeben (z. B. 1883 für den nicht mit TLS/SSL gesicherten Zugriff).
- `-u` bzw. `-user-name`: Dieser Parameter dient zur Anmeldung gegenüber dem Broker.
- `-p` bzw. `-pw`: Diese Option bestimmt das dem Benutzernamen zugeordnete Passwort, wenn der Broker passwortgeschützt ist.
- `-v` bzw. `-verbose` (nur bei *mosquitto_sub*): Bei gesetztem Parameter sind die Ausgaben im Terminal deutlich umfangreicher. Dies hilft bei der Verfolgung von Fehlern.
- `-m` (nur bei *mosquitto_pub*): Dies ist die zu übermittelnde Nachricht.

Eine Liste aller Optionen erhalten Sie über `-help`.

Öffnen Sie also ein Terminal. Starten Sie *mosquitto_sub*, das Nachrichten mit dem Topic `test` abonniert:

```
mosquitto_sub -h localhost -v -t test -u esp32 -P raspberry
```

Öffnen Sie ein weiteres Terminal und veröffentlichen Sie eine Nachricht mit dem Topic `test` und dem Inhalt `Hallo`:

```
mosquitto_pub -h localhost -t test -u esp32 -P raspberry -m 'Hallo'
```

Im ersten Terminal sollte nun die Nachricht erscheinen (siehe Abbildung 9.61).

Abbildung 9.61 Mosquitto-Test

9.5 Cloud-IoT-Plattformen

Cloudbasierte Systeme haben ihren Charme, denn sie bieten häufig sehr gute, vorkonfigurierte Lösungen und sind in der Regel praktisch überall erreichbar. Dies hat natürlich seinen Preis, da persönliche Daten mehr oder weniger außerhalb des eigenen Einflussbereichs gespeichert werden und der eigene digitale Fußabdruck mit der Art und dem Umfang der Nutzung dramatisch steigt. Im folgenden Abschnitt stelle ich Ihnen unter diesem Vorbehalt aus der riesigen Palette der Optionen in der thematisch gebotenen Kürze ein paar Möglichkeiten vor.

9.5.1 Cayenne

Cayenne ist ein Softwareangebot von *myDevices*, einem Unternehmen für Internet-of-Things-Lösungen. Es hat den Anspruch, über einfaches Drag-and-drop das Entwickeln von kompletten und sofort einsatzbereiten IoT-Lösungen mit wenig bis gar keinen Programmierkenntnissen zu ermöglichen.

So können Benutzer mit der MQTT-API problemlos Geräte in Cayenne integrieren und damit unter anderem Tools wie Datenvisualisierung und -speicherung nutzen.

Vorbereitungen

Binden Sie zur Vorbereitung die Bibliothek *CayenneMQTT* (CayenneMQTT by my-Devices) mit dem Bibliotheksverwalter ein und eröffnen Sie dann bei myDevices (*https://mydevices.com*) einen Account. (Den Link dazu findem Sie am rechten unteren Ende der Website, siehe Abbildung 9.62.)

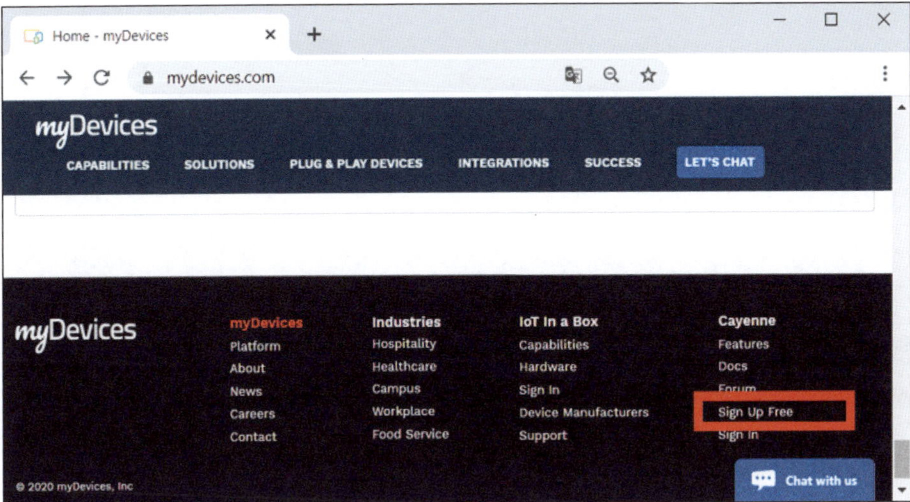

Abbildung 9.62 Cayenne-Account

Es kann sein, dass Sie nach dem Anlegen des Accounts nicht unmittelbar an den Cayenne-Home-Bildschirm weitergeleitet werden; melden Sie sich dann über SIGN IN erneut an.

Legen Sie nun ausgehend vom Cayenne-Home-Bildschirm mit ADD NEW • DEVICES & WIDGETS • MICROCONTROLLERS • GENERICESP8266 ein neues Gerät an (siehe Abbildung 9.63).

Der Folgebildschirm enthält die für eine Verbindung mit Cayenne nötigen Zugangsdaten (siehe Abbildung 9.64). Ändern Sie noch den Gerätenamen in z. B. ESP32, um späteren Missverständnissen vorzubeugen.

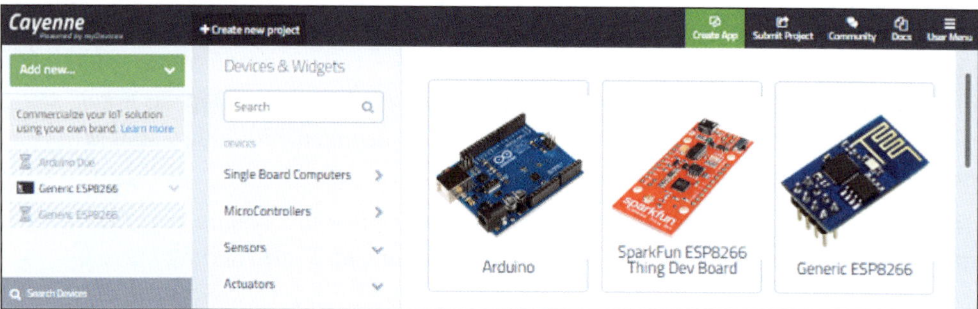

Abbildung 9.63 Device anlegen

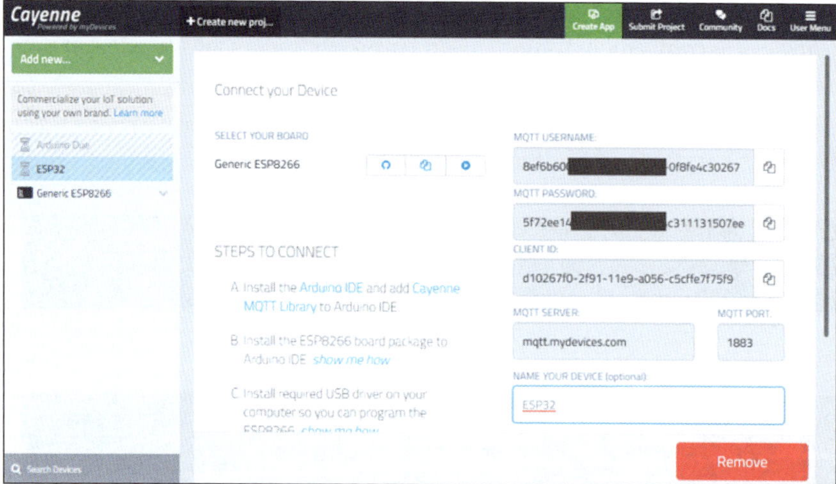

Abbildung 9.64 Zugangsdaten

Unter diesen Angaben dreht sich ein Ajax-Rad mit der Meldung *Waiting for board to connect*. Es fehlt also noch der Sketch.

Öffnen Sie den in der Bibliothek enthaltenen Beispielsketch BEISPIELE • CAYENNE-MQTT • CONNECTIONS • ESP32. Ändern Sie die Baudrate für den seriellen Monitor und ergänzen Sie die Zugangsdaten für Ihr Netz sowie für Cayenne. Nach dem Hochladen des Sketchs zeigt der serielle Monitor dann den Verbindungsaufbau (siehe Abbildung 9.65).

COM4 — Senden

```
[613] Connecting to b
[1614] Connected to WiFi
[1614] IP: 192.168.
[1614] Connecting to mqtt.mydevices.com:1883
[2207] Connected
```

Abbildung 9.65 Verbindungsaufbau im seriellen Monitor

Und die Anzeige im Browser gibt abschließend die gesendeten Daten aus (siehe Abbildung 9.66).

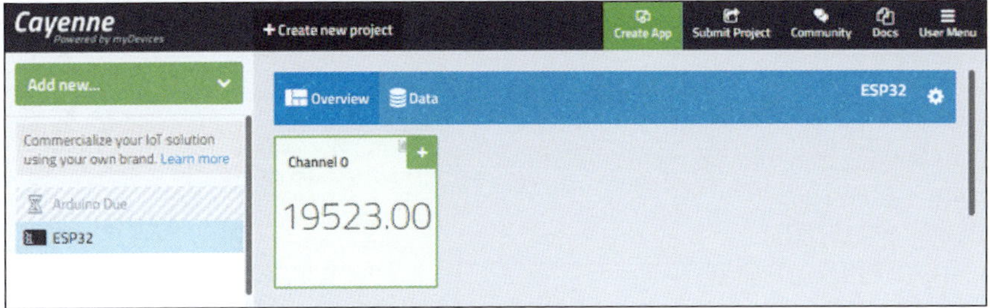

Abbildung 9.66 Gesendete Daten im Browser

Ein Projekt erstellen

Cayenne soll die Funktionalitäten »Steuerung einer LED« und »Anzeige von BMP280-Werten« (ähnlich wie Blynk) abbilden. Darüber hinaus sollen die gemessenen Sensordaten in der Cloud gespeichert werden. Die Schaltung entspricht neben der LED an GPIO2 derjenigen für das BMP280-Barometer aus Kapitel 10. Dementsprechend genügen einige wenige Erweiterungen des Beispielsketchs, die Sie in Listing 9.6 sehen.

```
#define CAYENNE_PRINT Serial
#include <CayenneMQTTESP32.h>         // Header Cayenne
#include <Wire.h>
#include <Adafruit_Sensor.h>
#include <Adafruit_BMP280.h>

#define LED_PIN    2                  // GPIO2, Pin G2

const char* ssid = "ssidRouter";
const char* password = "passwortRouter";
char username[] = "8ef6b600-2f90-11e9-809d-0f8fe4cXXXX";
char password[] = "5f72ee148533c416a3aa194c311131507eeXXXX";
char clientID[] = "03121e60-52ec-11ea-b301-fd142d6XXXX";

Adafruit_BMP280 bmp;                  // I2C-BMP280-Objekt
int ledStatus = 0;

CAYENNE_OUT_DEFAULT() {
  Cayenne.celsiusWrite(0, bmp.readTemperature());
  Cayenne.virtualWrite(1, bmp.readPressure() / 100);
  Cayenne.digitalSensorWrite(2,ledStatus);
}
```

```
CAYENNE_IN_DEFAULT() {
  if (request.channel == 3) {
    ledStatus = getValue.asInt();
    digitalWrite(LED_PIN,ledStatus);
  }
}

void setup() {
  Serial.begin(115200);
  pinMode(LED_PIN, OUTPUT);
  digitalWrite(LED_PIN, LOW);
  if (!bmp.begin(0x76)) {
    Serial.println("Kein BMP280-Sensor gefunden!");
    while (1);
  }
  Cayenne.begin(username, password, clientID, ssid, wifiPassword);
}

void loop() {
  Cayenne.loop();
}
```

Listing 9.6 Cayenne – Datenaustausch mit dem ESP32

Im Browser erscheinen nach dem Hochladen einige neue Widgets, die Sie in Abbildung 9.67 sehen.

Abbildung 9.67 Neue Widgets in Cayenne

Das ist noch nicht berauschend, und es fehlt ein Schalter für die LED.

Beginnen Sie mit der Konfiguration der bestehenden drei Widgets. Um das Widget dem Dashboard zuzuordnen, klicken Sie auf das grün unterlegte +-Zeichen rechts oben an jedem Widget. Wenn es nicht zu sehen ist, laden Sie die Seite neu. Alternativ setzen Sie das gesamte Dashboard über das Zahnradsymbol auf der linken Seite zurück. Das +-Zeichen ist nun einem Chart- und einem Einstellungen-Icon gewichen; der Weg ist damit frei für weitere Einstellungen (Größe, Aussehen, Position im Dashboard).

- **Verschieben**: Fahren Sie mit dem Mauszeiger auf die Widget-Bezeichnung (z. B. *Channel 0*). Der Mauszeiger verwandelt sich in ein Fadenkreuz. Mit gedrückter linker Maustaste lässt sich das Widget nun verschieben.
- **Größe ändern**: Fahren Sie mit dem Mauszeiger in die untere rechte Ecke des Widgets, ändert sich die Ecke in ein blaues Dreieck. Mit gedrückter linker Maustaste lässt sich die Größe des Widgets ändern.
- **Widget konfigurieren**: Am oberen rechten Rand des Widgets befindet sich ein Zahnradsymbol. Durch einen Klick auf das Symbol und einen weiteren Klick auf den SETTINGS-Eintrag in der Dropdown-Liste gelangen Sie in eine Maske für weitere Einstellungen.

Nachdem Sie das Erscheinungsbild des Dashboards Ihren Vorstellungen entsprechend modifiziert haben, fügen Sie noch ein weiteres Widget für das Schalten der LED hinzu. Erstellen Sie über ADD NEW • DEVICE WIDGET • CUSTOM WIDGET • BUTTON ein neues Widget. Klicken Sie auf DEVICE und wählen Sie den zutreffenden Gerätenamen (hier z. B. ESP32). Ändern Sie nun die angebotenen Eigenschaften (z. B. Name, Icon) und ordnen Sie dem Widget den Kanal 3 zu. Schließen Sie den Vorgang mit ADD WIDGET ab.

Das Dashboard geht sofort live und ist voll funktionsfähig; allerdings kommt es aufgrund der Zeitintervalle der MQTT-Abfragen zu geringen Verzögerungen bei den Schalt- und Anzeigevorgängen der LED (siehe Abbildung 9.68).

Abbildung 9.68 Ergänztes Dashboard

Erweiterte Möglichkeiten mit Custom Widgets

Tauschen Sie die voreingestellten Widgets nach Belieben gegen Widgets aus dem Bereich CUSTOM WIDGETS aus. So lässt sich z. B. die Messwertanzeige für den Luftdruck noch wesentlich ansprechender gestalten.

Cayenne sammelt bei bestimmten Widgets Historien- bzw. Verlaufsdaten. Öffnen Sie die Ansicht durch einen Klick auf das Diagramm-Icon DETAILS & CHARTS links neben dem Zahnradsymbol des Widgets (siehe Abbildung 9.68).

Mit einem Klick auf DOWNLOAD CHART DATA laden Sie die Daten im CSV-Format als Datei herunter. Diese enthält unter anderem einen Zeitstempel, die Maßeinheit und natürlich den Messwert, sodass Sie mit einem Tabellenkalkulationsprogramm eigene Auswertungen erstellen können (siehe Abbildung 9.69).

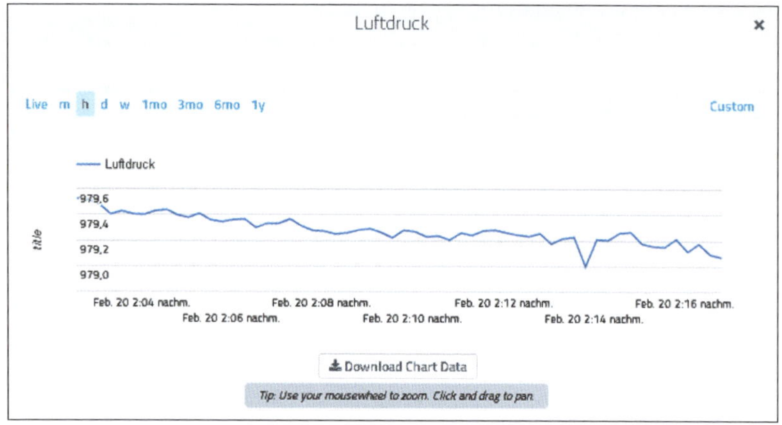

Abbildung 9.69 Diagrammdaten

Ein Log aller Geschehnisse erhalten Sie, wenn Sie auf das Register DATA klicken (siehe Abbildung 9.70).

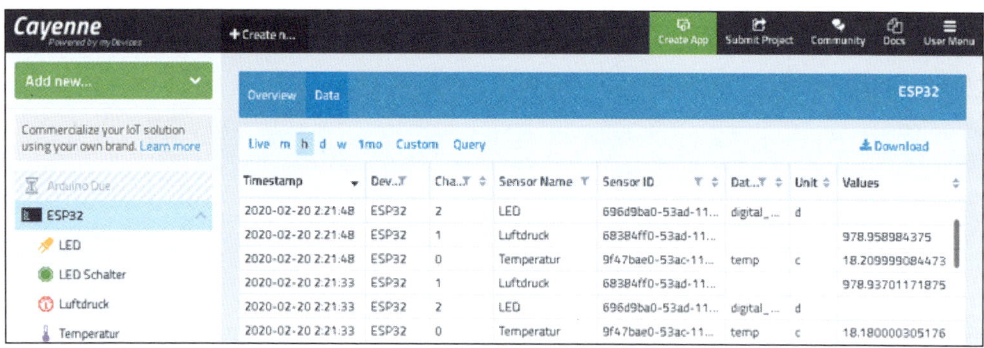

Abbildung 9.70 Log-Daten

Der Datenbestand lässt sich nach verschiedenen Kriterien zeitlich und inhaltlich selektieren. Ein Klick auf die Schaltfläche QUERY zeigt die aktuelle Suchanfrage als zu änderndes Query-Statement an. Das Suchergebnis lässt sich ebenfalls über die Funktion DOWNLOAD lokal bereitstellen.

9.5.2 Adafruit IO

Adafruit IO (*https://io.adafruit.com*) preist sich als den einfachsten Weg an, um Ihre Projekte in das Internet der Dinge zu bringen. Es verfügt über eine enge Anbindung an Arduino, Raspberry Pi, micro:bit und andere. Der Ansatz ist ähnlich dem von Cayenne. Der freie Account unterliegt allerdings Beschränkungen (10 Feeds, 5 Dashboards, 30 Tage Datenspeicherung usw.).

Vorbereitungen

Fügen Sie zur Vorbereitung mit dem Bibliotheksverwalter der Arduino IDE die Bibliotheken *Adafruit MQTT Library* und *AzureIOProtocol_MQTT* hinzu. Richten Sie dann einen Account ein (siehe Abbildung 9.71).

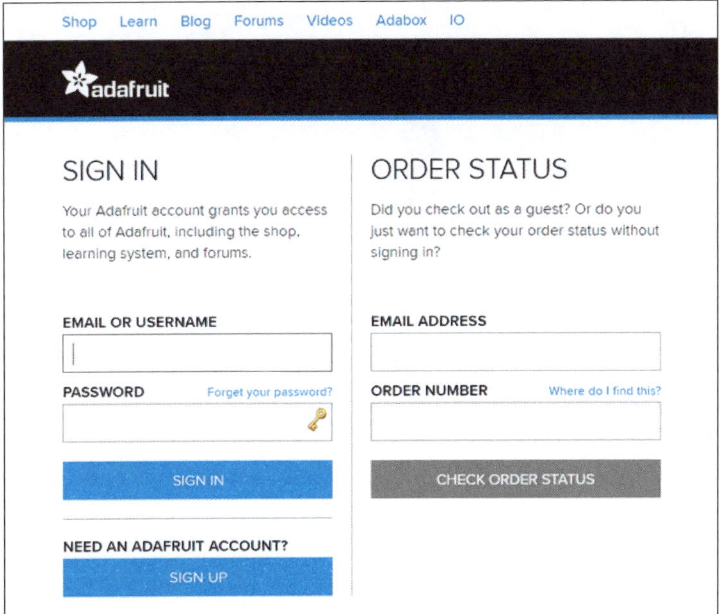

Abbildung 9.71 Adafruit-IO-Account einrichten

Mit jeder folgenden Anmeldung gelangen Sie zum Adafruit-IO-Home-Bildschirm (siehe Abbildung 9.72).

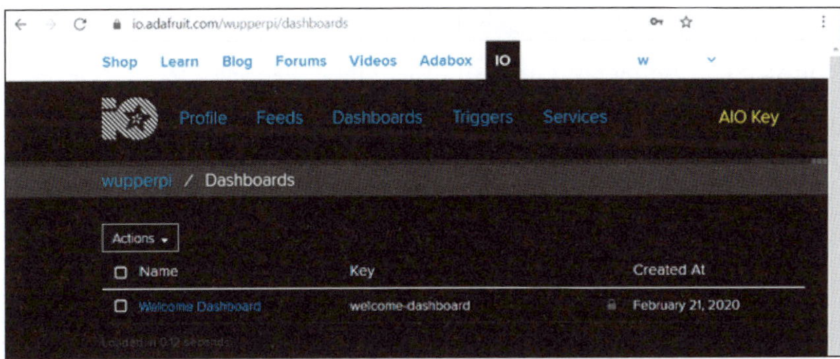

Abbildung 9.72 Home-Bildschirm

Ein Projekt erstellen

Das Projekt soll die gleichen Funktionalitäten wie das Cayenne-Projekt aus dem vorherigen Abschnitt enthalten (siehe Abschnitt 9.5.1). Die Vorgehensweise auf der Adafruit-IO-Plattform unterscheidet sich aber.

Adafruit IO beruht auf *Feeds* (wörtlich übersetzt »Futter«). Jeder Feed repräsentiert eine Dateninstanz. Das Beispielprojekt hat drei unterschiedliche Dateninstanzen: *Temperatur*, *Luftdruck* und *LED*. Legen Sie als Erstes einen Feed für die Instanz *LED* an. Klicken Sie hierzu auf FEEDS • VIEW ALL, um alle Feeds aufgelistet zu bekommen (siehe Abbildung 9.73).

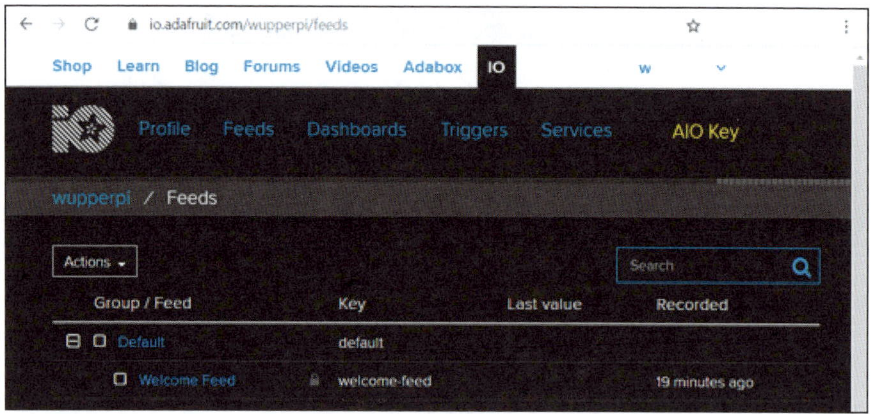

Abbildung 9.73 Feeds

Klicken Sie auf ACTION • CREATE A NEW FEED. Geben Sie in der Folgemaske dem Feed einen Namen, z. B. »ESP32-LED«, und fügen Sie eine Beschreibung hinzu. Mit einem Klick auf CREATE wird der Feed angelegt.

In diesem Eintrag finden Sie später alle eingegangenen Feed-Daten sowie eine Darstellung als Chart. Überdies können Sie hier Feed-bezogene Einstellungen vornehmen, Datenpunkte einfügen oder löschen sowie die gespeicherten Daten im JSON- bzw. CSV-Format herunterladen (siehe Abbildung 9.74).

Legen Sie nun auch für Temperatur und Luftdruck einen Feed an.

Die Anzeige der Daten eines Feeds erfolgt in einem Dashboard. Legen Sie also für das Beispielprojekt ein Dashboard an, indem Sie auf FEEDS • VIEW ALL • ACTION • CREATE A NEW DASHBOARD klicken. Geben Sie in der Folgemaske dem Feed einen Namen, z. B. »ESP32-LED«, und fügen Sie eine Beschreibung hinzu. Mit einem Klick auf CREATE wird ein leeres Dashboard angelegt (siehe Abbildung 9.75).

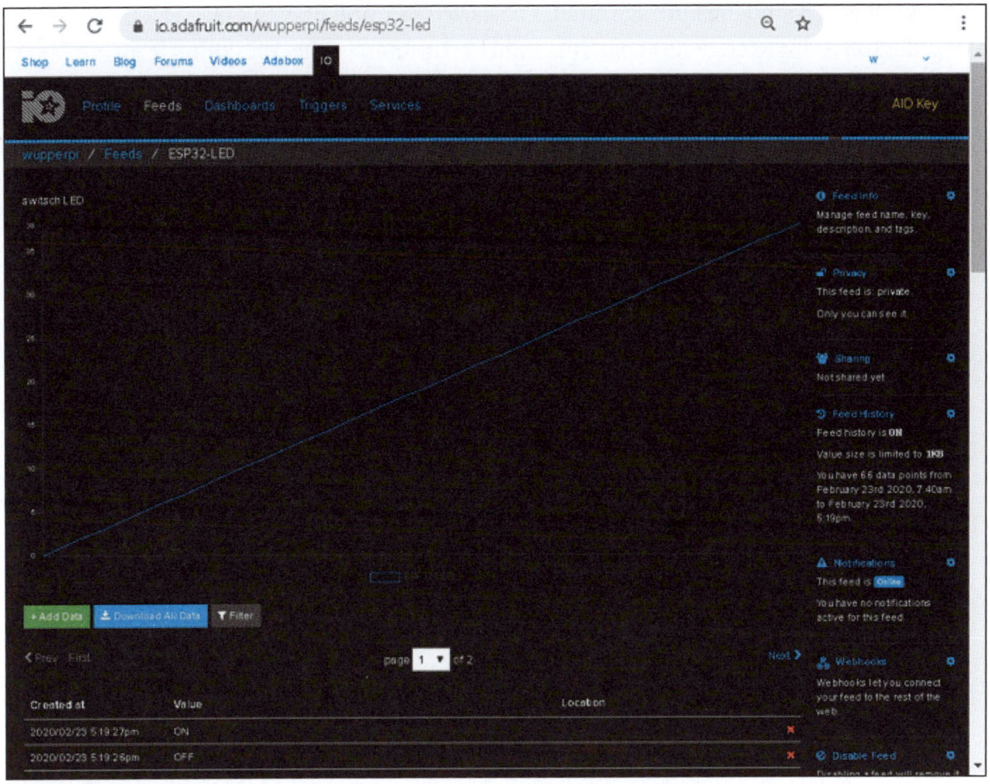

Abbildung 9.74 Feed-Daten

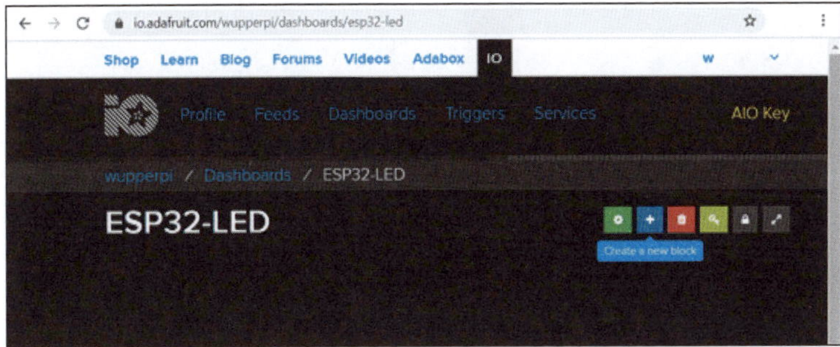

Abbildung 9.75 Dashboard-Editor

Klicken Sie auf CREATE A NEW BLOCK, um neue Blöcke (Widgets) für die Feeds hinzuzufügen. Daraufhin erscheint ein Bildschirm mit allen verfügbaren Blöcken. Wählen Sie für den Feed ESP32-LED z. B. den ON-Schalter-Block aus. Der Folgedialog fordert Sie auf, den Block einem Feed zuzuordnen. Aktivieren Sie das Kontrollkästchen ESP32-LED und klicken Sie auf NEXT STEP. Geben Sie hier die Blockeigenschaften ein.

Wesentlich sind die Einträge zu Button On Text und Button Off Text, mit denen Sie später im Sketch die Schaltzustände bestimmen (siehe Abbildung 9.76).

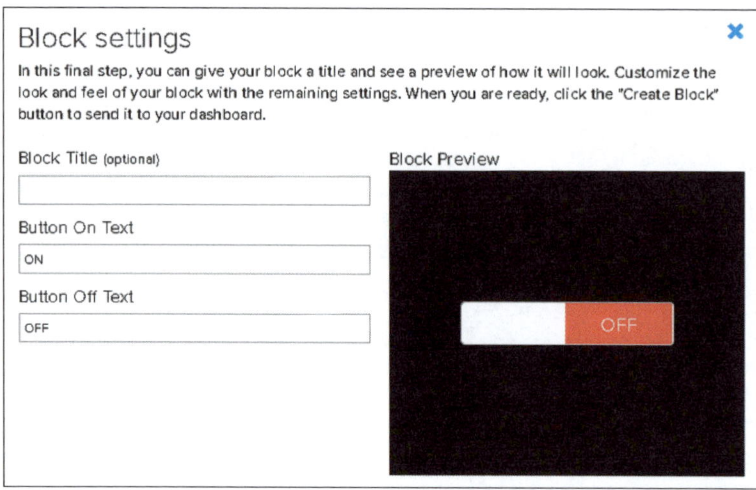

Abbildung 9.76 Blockeigenschaften für die Buttons

Fügen Sie auch für die Feeds *Temperatur* und *Luftdruck* Blöcke ein, z. B. Messanzeigen. Mit einem Klick auf das grüne Zahnrad-Icon (Edit Dashboard Layout) lässt sich die Darstellung Ihren Vorstellungen entsprechend anpassen.

Abschließend besorgen Sie sich mit einem Klick auf AIO Key Ihren Zugangsschlüssel (siehe Abbildung 9.77).

Abbildung 9.77 AIO Key

Adafruit IO ist jetzt bereit für den Datenaustausch.

Der Sketch

Der Sketch aus Listing 9.7 ist hinsichtlich des Ablaufs im Wesentlichen identisch mit dem Beispiel aus Abschnitt 9.5.1. Im Gegensatz zu Cayenne, bei dem die Methoden der Bibliothek vieles erleichtern, verlangt Adafruit MQTT etwas mehr an Programmierarbeit.

```
#include <WiFi.h>
#include "Adafruit_MQTT.h"
#include "Adafruit_MQTT_Client.h"
#include <Adafruit_Sensor.h>
#include <Adafruit_BMP280.h>

#define LED_PIN     2                // GPIO2, Pin G2
#define AIO_USERNAME    "adafruitname"
#define AIO_KEY         "aio_Ykbw43wiOPG3A6bVGHHjlp53XXXX"

WiFiClient client;                   // WiFi-Objekt
const char* ssid = "ssidRouter";
const char* password = "passwortRouter";
const char* aioServer = "io.adafruit.com";
const int  aioServerPort = 1883;

Adafruit_MQTT_Client mqtt(&client, aioServer, aioServerPort, ⤸
      AIO_USERNAME, AIO_KEY);         // Setup MQTT
Adafruit_MQTT_Subscribe subLED       = Adafruit_MQTT_Subscribe(&mqtt, ⤸
      AIO_USERNAME "/feeds/ESP32-LED");
Adafruit_MQTT_Publish pubLuftdruck  = Adafruit_MQTT_Publish(&mqtt, ⤸
      AIO_USERNAME "/feeds/ESP32-LUFTDRUCK");
Adafruit_MQTT_Publish pubTemperatur = Adafruit_MQTT_Publish(&mqtt, ⤸
      AIO_USERNAME "/feeds/ESP32-TEMPERATUR");

Adafruit_BMP280 bmp;                 // I2C-BMP280-Objekt
long millisAlt = -999999;

// MQTT-Verbindung zu io-adafruit herstellen
void MQTT_connect() {
  int8_t ret;
  if (mqtt.connected()) {            // return bei bestehender Verbindung
    return;
  }

  Serial.print("MQTT-Verbindungsaufbau... ");
  int versuche = 3;
```

```
    while ((ret = mqtt.connect()) != 0) { // connect gibt bei Erfolg 0 zurück
      Serial.println(mqtt.connectErrorString(ret));
      Serial.println("... Fehler, erneuter Versuch in 5 Sekunden...");
      mqtt.disconnect();
      delay(5000);                    // 5 Sekunden warten
      versuche--;
      if (versuche == 0) {
        while (1);
      }
    }
    Serial.println("MQTT verbunden!");
  }

  void setup() {
    Serial.begin(115200);
    pinMode(LED_PIN,OUTPUT);

    Serial.print("Verbindungsaufbau zu ");
    Serial.println(ssid);
    WiFi.begin(ssid, password);
    while (WiFi.status() != WL_CONNECTED) {
        delay(500);
        Serial.print(".");
    }

    Serial.println("");
    Serial.println("WiFi connected.");
    Serial.println("IP address: ");
    Serial.println(WiFi.localIP());

    mqtt.subscribe(&subLED);               // Feed abonnieren

    if (!bmp.begin(0x76)) {
      Serial.println("Kein BMP280-Sensor gefunden!");
      while (1);
    }

  }

  void loop() {
    MQTT_connect();                        // Verbindung sicherstellen
```

```
  Adafruit_MQTT_Subscribe *subscription;
  while ((subscription = mqtt.readSubscription(5000))) {
    if (subscription == &subLED) {
      Serial.print  ("empfangene Daten: ");
      Serial.println ((char *) subLED.lastread);
      if (!strcmp((char*) subLED.lastread, "ON")) {
        digitalWrite(LED_PIN, HIGH);
      } else {
        digitalWrite(LED_PIN, LOW);
      }
    }
  }

  if (millis() - millisAlt > 20000) {   // alle 20 Sekunden
    millisAlt = millis();
    float temperatur = bmp.readTemperature();
    float luftdruck = bmp.readPressure() / 100;
    Serial.print   ("Senden von Temperatur: " + String(temperatur) );
    Serial.println ("  und Luftdruck: " + String(luftdruck) );
    if (!pubTemperatur.publish(temperatur)) {
      Serial.println("Senden von Temperatur fehlgeschlagen");
   } else {
      Serial.println("Senden von Temperatur erfolgreich");
   }
   if (!pubLuftdruck.publish(luftdruck)) {
     Serial.println("Senden von Luftdruck fehlgeschlagen");
   } else {
     Serial.println("Senden von Luftdruck erfolgreich");
   }
  }

}
```

Listing 9.7 Adafruit IO – Datenaustausch mit dem ESP32

Fügen Sie in den Sketch Ihre Daten ein und überprüfen Sie, ob Namen und Bezeichnungen im Sketch mit denen auf Adafruit IO übereinstimmen. Im Übrigen ist der Sketch in Hinblick auf seinen Aufbau und seine Funktionalitäten vergleichbar mit dem Cayenne- bzw. MQTT-Sketch (siehe Abschnitt 9.5.1 bzw. Abschnitt 9.4).

Verfolgen Sie den Datenaustausch im seriellen Monitor (siehe Abbildung 9.78).

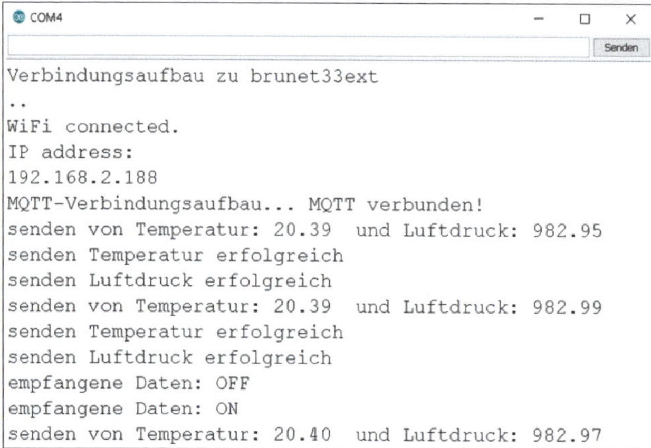

Abbildung 9.78 BMP280-Ausgabe im seriellen Monitor

Über das Dashboard können Sie Schaltvorgänge auslösen (siehe Abbildung 9.79).

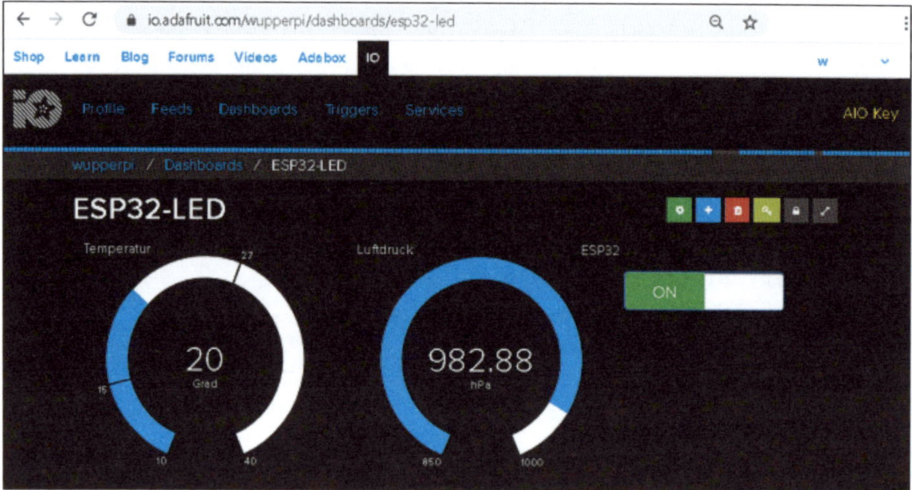

Abbildung 9.79 Dashboard in Betrieb

Damit sind die Möglichkeiten von Adafruit IO aber nur angerissen. Konsultieren Sie für einen tieferen Einstieg die Adafruit-IO-API-Dokumentation unter *https://io.adafruit.com/api/docs/#adafruit-io-http-api*. Sie gibt ausführliche Hilfestellung bei der Programmierung (curl, Arduino, Python, Ruby) und erläutert den Aufbau und Inhalt der verwendeten JSON-Strings.

9.5.3 IFTTT

IFTTT (*https://ifttt.com/*) steht für *If This Than That* (dt. »Wenn dies, dann das«). Es handelt sich hierbei um einen kostenlosen Webdienst, der wiederum Verknüpfungen zwischen Diensten schafft, die eigentlich nichts miteinander zu tun haben. Unter dem Dach von IFTTT sind inzwischen weit über 200 Dienste versammelt; die Kombinationsmöglichkeiten sind damit gigantisch. Da zu den erreichbaren Diensten neben Alexa auch Facebook, Twitter und Instagram gehören (nicht jedoch WhatsApp), eröffnen sich so Optionen zum Zusammenspiel mit Smart-Home-Geräten, die auf andere Art und Weise ausgeschlossen sind.

Der Name beschreibt im Grunde genommen schon das Grundkonzept der Anwendung: Wenn ein Webdienst ein bestimmtes Ereignis vermeldet, dann löst (triggert) dies eine Aktion bei einem anderen Webdienst aus. Dieses Zusammenspiel zwischen auslösendem Ereignis und der Aktion ist in sogenannten *Applets* hinterlegt.

Sie benötigen für IFTTT einen Account. Rufen Sie die Website auf und wählen Sie eine der drei Möglichkeiten (E-Mail, Google, Facebook), um Ihren Account zu erstellen (siehe Abbildung 9.80). IFTTT ermöglicht über eine Änderung Ihrer Einstellungen auch eine Zwei-Schritte-Authentifikation.

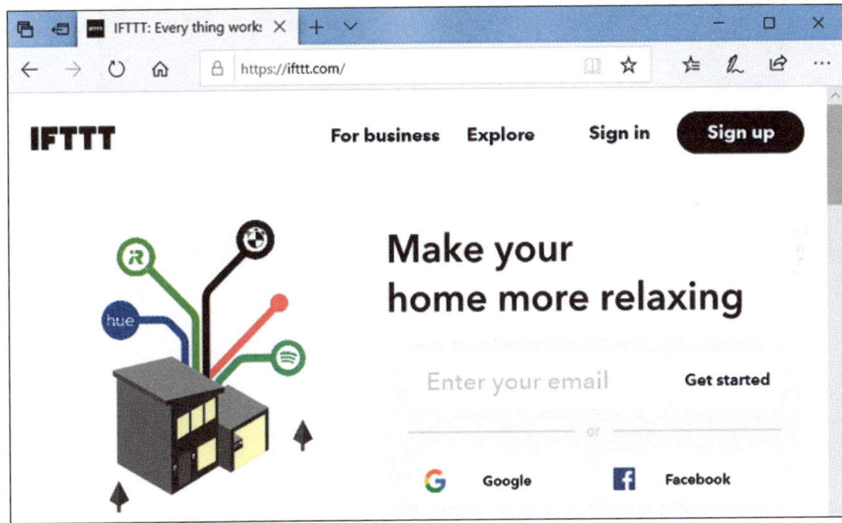

Abbildung 9.80 Einen IFTTT-Account erstellen

Klicken Sie auf das Symbol des Benutzerprofils und dann auf CREATE, um ein Applet zu erstellen (siehe Abbildung 9.81).

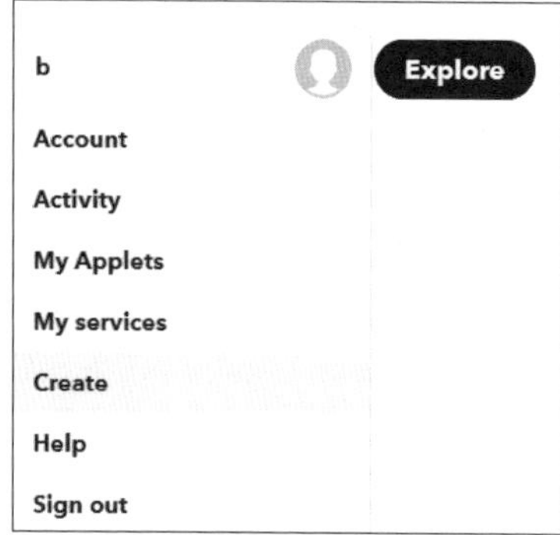

Abbildung 9.81 Ein Applet erstellen

Daraufhin öffnet sich der Einstiegsbildschirm für das Erstellen eines Applets (siehe Abbildung 9.82).

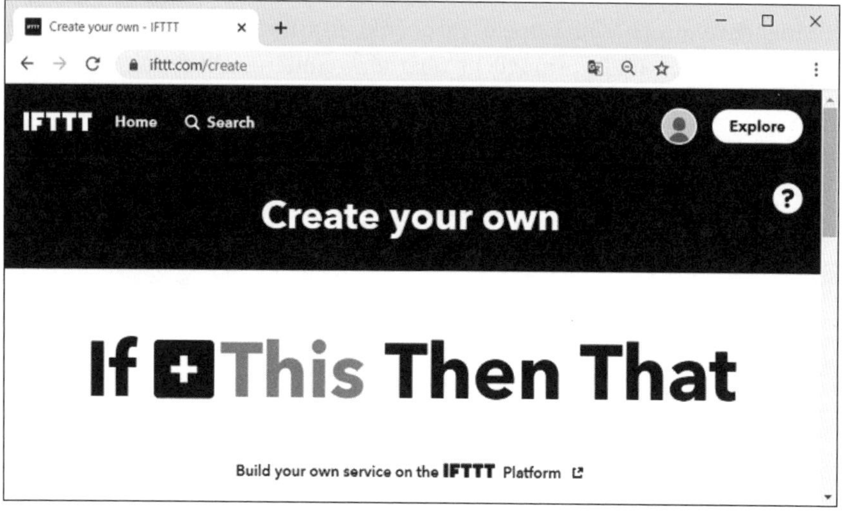

Abbildung 9.82 Die Applet-Erstellung starten

Klicken Sie auf THIS, um einen Dienst hinzuzufügen. Geben Sie in das Suchfeld »webhooks« ein. Die mit dem Suchbegriff übereinstimmenden Dienste werden angezeigt. Hier gibt es aber nur einen Treffer (siehe Abbildung 9.83).

Klicken Sie auf den Dienst. Bei der erstmaligen Verwendung eines Diensts werden Sie aufgefordert, mit dem Dienst in Verbindung zu treten. Klicken Sie hierfür auf CONNECT. Ist der Dienst bereits abonniert, geht es an die Auswahl des Triggers (siehe Abbildung 9.84).

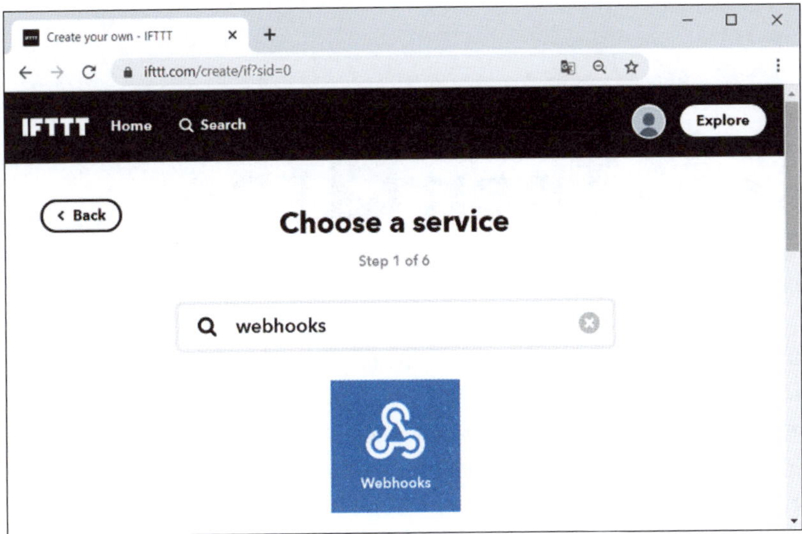

Abbildung 9.83 Dienst zum Applet hinzufügen

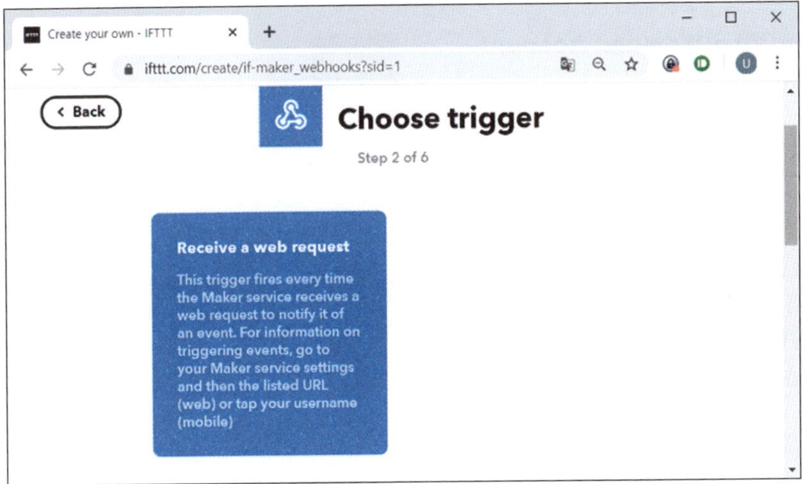

Abbildung 9.84 Trigger hinzufügen

Im Fall des Diensts *Webhooks* ist dies nur *Receive a web request*. Wählen Sie den Trigger durch Klick aus. Geben Sie dem Ereignis in dem Folgebildschirm einen Namen (z. B. ESP32) und klicken Sie auf CREATE TRIGGER. Der Trigger und der auslösende Webdienst – dargestellt durch ein entsprechendes Icon – sind nun festgelegt. Klicken Sie auf THAT, um die auszuführende Aktion zu bestimmen (siehe Abbildung 9.85).

Abbildung 9.85 Eine Aktion hinzufügen

Der Bildschirm trägt die Überschrift CHOOSE ACTION SERVICE. Suchen Sie in dem Suchfeld nach »Twitter« und wählen Sie den Dienst aus. Bei der erstmaligen Verwendung werden Sie wieder aufgefordert, mit dem Dienst in Verbindung zu treten. Klicken Sie hierfür auf CONNECT, um im nächsten Schritt den IFTTT-Zugriff auf den Twitter-Account zu autorisieren (siehe Abbildung 9.86).

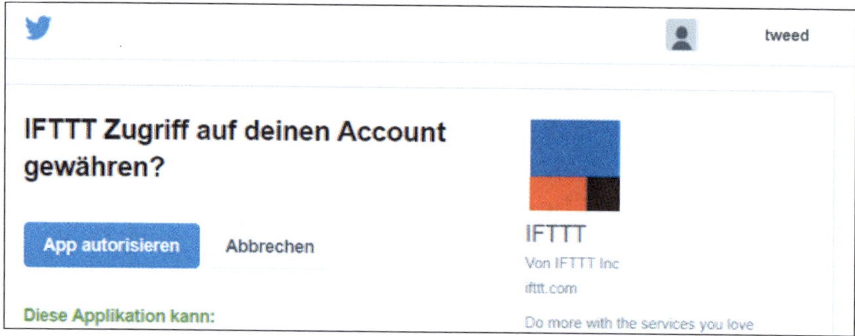

Abbildung 9.86 Den IFTTT-Zugriff auf Twitter autorisieren

Neben dem Profil-Icon befindet sich der Name, den Sie für Ihren Twitter-Account gewählt haben. Klicken Sie auf APP AUTORISIEREN. Der nächste Bildschirm bietet Ihnen nun die mit diesem Dienst möglichen Aktionen zur Auswahl an. Klicken Sie auf POST A TWEET (siehe Abbildung 9.87).

Im nächsten Schritt beenden Sie das Erstellen der Aktion. Ändern Sie gegebenenfalls den Tweet-Text in `"{{EventName}}" Temperatur überschritten` und klicken Sie auf CREATE ACTION. Sie erhalten eine Übersicht des Konstrukts (siehe Abbildung 9.88).

@... ist der Twitter-Name, hinter BY finden Sie den IFTTT-Account-Namen. Klicken Sie auf FINISH. Das Applet ist nun fertig und in Betrieb, wie Sie an der aktivierten Schaltfläche CONNECTED erkennen können.

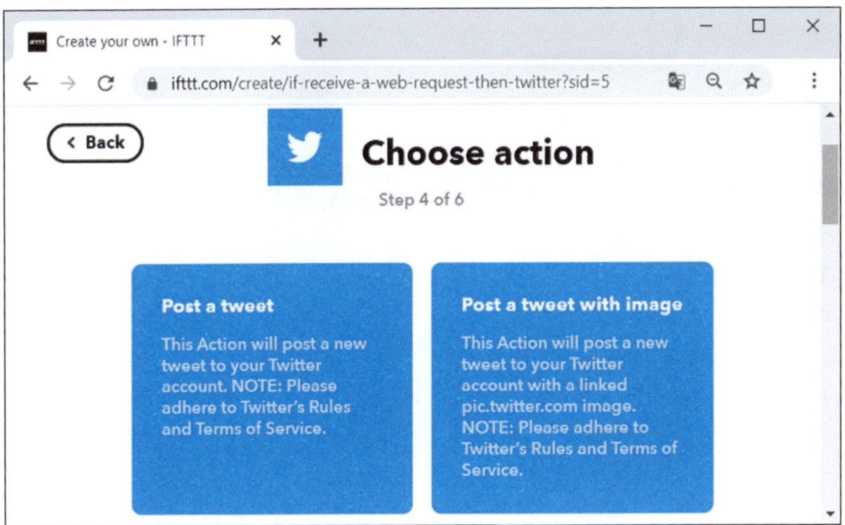

Abbildung 9.87 Aktion wählen

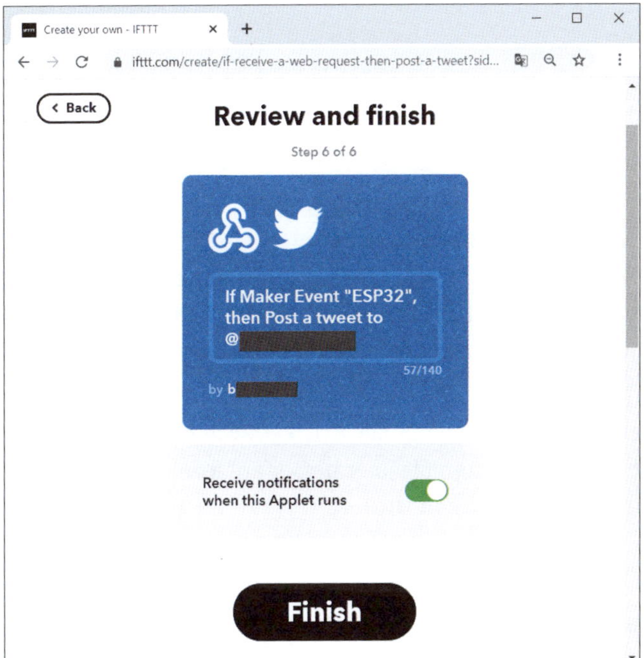

Abbildung 9.88 Gesamtübersicht der IFTTT-Applet-Aktion

Rufen Sie nun die Seite *https://ifttt.com/maker_webhooks* auf. Klicken Sie auf DOCUMENTATION, um Ihren IFTTT-API-Key zu erhalten (siehe Abbildung 9.89).

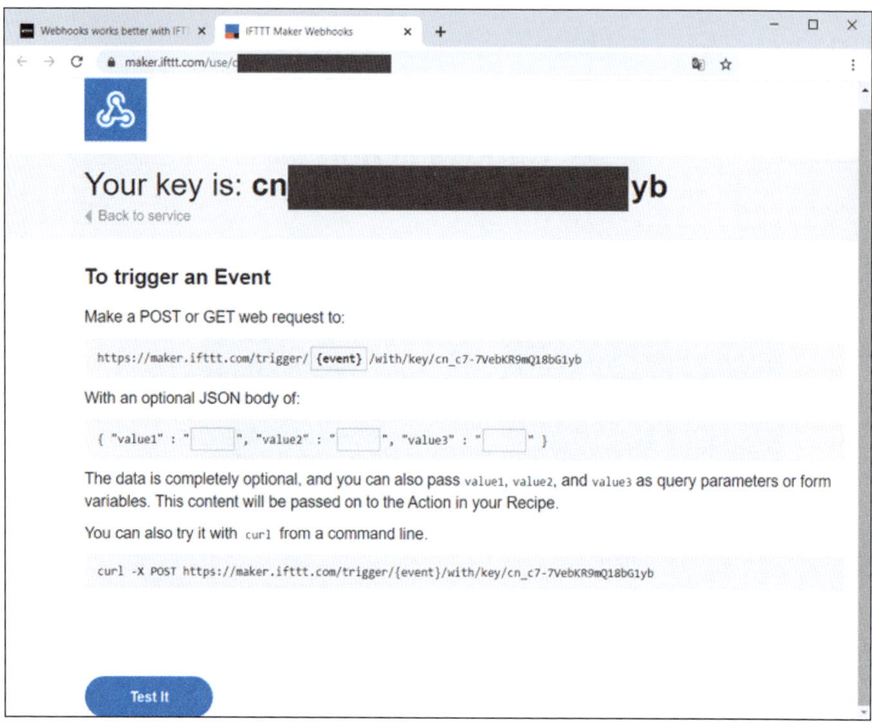

Abbildung 9.89 Webhooks-API-Key

Notieren Sie sich den Key für den Sketch. Der Bildschirm enthält darüber hinaus Hinweise zur Anbindung der Schnittstelle. Hier finden Sie auch den Vorschlag für einen optionalen JSON-String. Dieser kann drei Werte aufnehmen, die dann z. B. der Twitter-Nachricht als *Ingredient* (dt. »Zutat«) hinzugefügt werden können, und zwar festgelegt über die Schaltfläche ADD INGREDIENT in dem Bildschirm, in dem Sie die Twitter-Nachricht erstellen.

Grundlage für den Beispielsketch ist das Pushbullet-Beispiel. Zwar existiert für IFTTT eine Bibliothek (*IFTTTWebhook*), verzichten Sie aber besser auf ihre Anwendung, da sie nicht mehr gewartet und weiterentwickelt wird.

Der Sketch

Der folgende Sketch aus Listing 9.8 entspricht im Wesentlichen dem Pushbullet-Beispiel aus Abschnitt 9.3.2. Achten Sie jedoch darauf, dass Sie die Keys und weiteren Angaben von IFTTT anpassen.

```
#include <WiFi.h>
#include <Adafruit_Sensor.h>
#include <Adafruit_BMP280.h>
```

```
WiFiClient client;

const char* ssid = "ssidRouter";
const char* password = "passwortRouter";
const char* iftttKey = "IFTTT-Key";       // Key von IFTTT

const uint16_t pbTimeout = 3000;    // Wartezeit auf Antwort in Millisekunden
const char*    iftttHost = "maker.ifttt.com";

Adafruit_BMP280 bmp;                // I2C-BMP280-Objekt
WiFiServer Webserver(80);

 // IFTTT-Nachricht senden
bool iftttSend() {
  uint32_t sendezeit = millis();

  if (!client.connect(iftttHost, 80)) {
    Serial.println("IFTTT-Verbindung fehlgeschlagen!");
    return false;
  } else {
    client.print("POST /trigger/");
    client.print("ESP32");              // das definierte Trigger-Event
    client.print("/with/key/");
    client.print(iftttKey);
    client.println(" HTTP/1.1");
    client.printf("Host: %s\r\n", iftttHost);
    client.println("User-Agent: ESP32");
    client.println("Connection: close");
    client.println();
    Serial.println("POST gesendet !");
  }

  while (!client.available()) {
    if (millis() - sendezeit > 5000) {
      Serial.println("IFTTT-Client Timeout !");
      client.stop();
      return false;
    }
  }

  String str;
  while (client.available()) {
    char c = client.read();         // ein Byte lesen
```

```
    str += c;                        // das Byte an String str anfügen
  }
  Serial.println (str);
  client.stop();
  return true;
}

void setup() {
  Serial.begin(115200);
  delay(100);
  Serial.print("Verbindungsaufbau zu ");
  Serial.println(ssid);
  WiFi.begin(ssid, password);
  while (WiFi.status() != WL_CONNECTED) {
      delay(500);
      Serial.print(".");
  }

  Serial.println("");
  Serial.println("WiFi connected.");
  Serial.println("IP address: ");
  Serial.println(WiFi.localIP());

  if (!bmp.begin(0x76)) {
    Serial.println("Kein BMP280-Sensor gefunden!");
    while (1);
  }

  Webserver.begin();
}

void loop() {
  float temperatur = bmp.readTemperature();
  Serial.println("Temperatur: " + String(temperatur) + " *C");
  if (temperatur > 22 ) {
    bool ret = iftttSend ();
    delay (4000);                        // Abkühlen abwarten
  }
  delay (3000);
}
```

Listing 9.8 IFTTT-Anbindung ESP32

Der Code sollte anhand der vorhandenen Kommentare leicht zu erschließen sein. Das Zusammenspiel zwischen ESP32, IFTTT und Twitter lässt sich im seriellen Monitor verfolgen (siehe Abbildung 9.90).

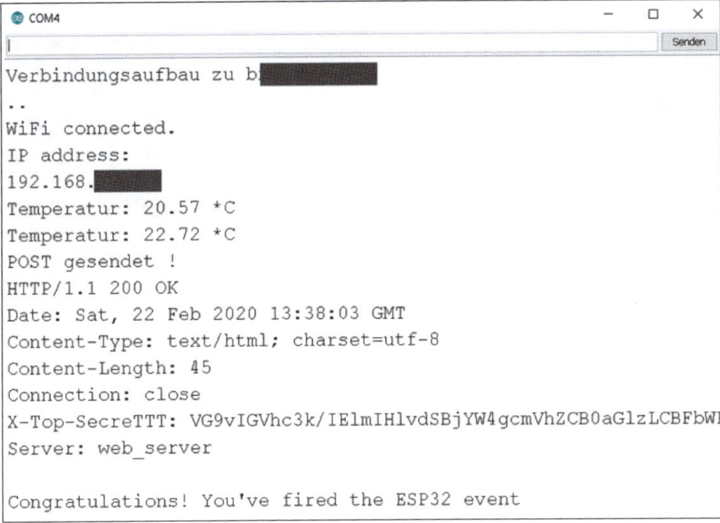

Abbildung 9.90 IFTTT-Twitter-Nachricht im seriellen Monitor

Die Botschaft selbst entnehmen Sie Ihrem Twitter-Account (siehe Abbildung 9.91).

Tweets | Tweets und Antworten | Medien | Gefällt mir

tweed @ weed · 2 Min.
"ESP32" Temperatur überschritten

Abbildung 9.91 IFTTT-Twitter-Nachricht im Twitter-Account

Selbstverständlich lässt sich IFTTT nicht nur als Vermittler zwischen mehreren Diensten nutzen, es kann auch selbst Aktionen auslösen. Ausgangspunkt ist die IFTTT-App, die es sowohl für Android- als auch für iOS-Geräte gibt. Sie verbreitert noch einmal das Portfolio der Anwendungsmöglichkeiten beträchtlich. Im Folgenden finden Sie zwei Beispiele hierzu. Installieren Sie die App für Ihr Gerät aus dem jeweiligen App-Store.

Das Button-Widget

Das Ziel dieses Beispiels ist es, auf Ihrem Smartphone ein Button-Widget zu platzieren, mit dem Sie den ESP32 steuern (hier wieder das Ein- und Ausschalten einer LED). Die Kommunikation läuft über Adafruit IO, sodass der in Abschnitt 9.5.2 angelegte Sketch verwendet werden kann.

Rufen Sie auf Ihrem Smartphone die App *IFTTT* auf und tippen Sie auf die Schaltfläche +, um ein neues Applet zu erstellen. Tippen Sie auf + (THIS) und suchen Sie nach *Button*. Legen Sie anschließend als Aktion ADAFRUIT • SEND DATA TO ADAFRUIT IO fest (siehe Abbildung 9.92).

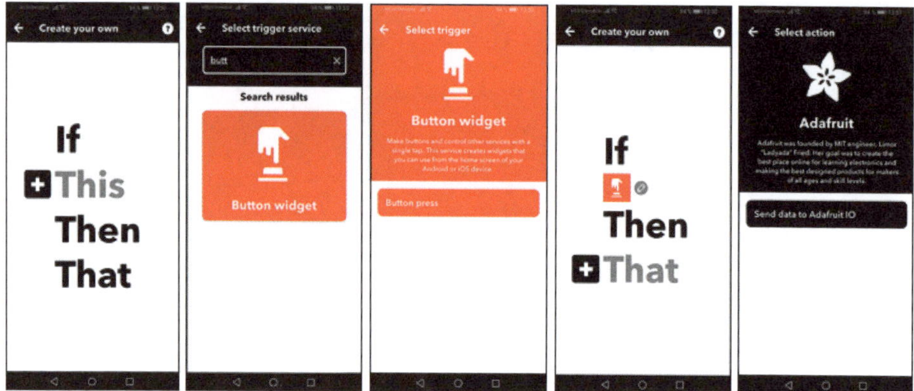

Abbildung 9.92 Button-Widget, Teil 1

Wählen Sie nun aus der Dropdown-Liste unter FEED NAME den Feed aus, der bei Adafruit IO die Steuerung der LED übernimmt. In das Feld DATE TO SAVE geben Sie den String ein, der das Einschalten der LED auslöst. Mit CONTINUE gelangen Sie zur vorletzten Maske, in der Sie den Titel des Applets noch anpassen können. Mit FINISH ist das Einrichten des Applets beendet. Tippen Sie nun auf das Zahnradsymbol in der oberen rechten Bildschirmecke, um zu den Einstellungen zu gelangen. Tippen Sie auf ADD und folgen Sie den Anweisungen, um Ihrem Startbildschirm ein Widget hinzuzufügen (siehe Abbildung 9.93).

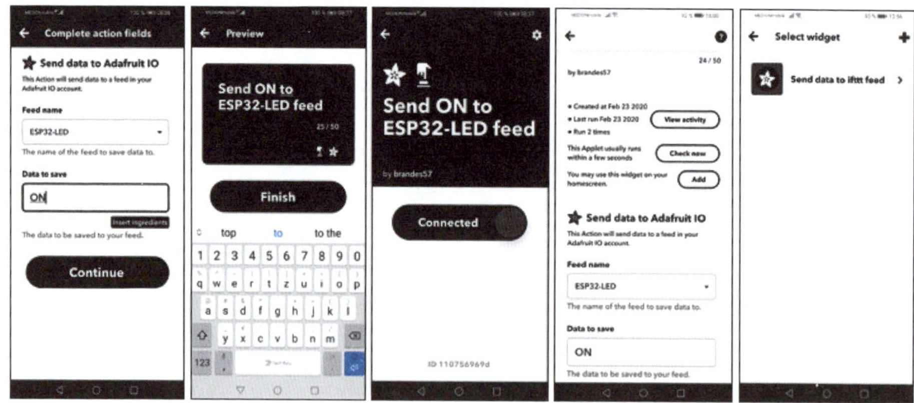

Abbildung 9.93 Button-Widget, Teil 2

Wiederholen Sie die Prozedur für ein zweites Applet zum Ausschalten der LED.

Geofencing

Geofencing (Kunstwort aus engl. *geographic*, »geografisch«, und *fence*, »Zaun«) bezeichnet das automatisierte Auslösen einer Aktion, sobald eine gedachte Begrenzung auf der Erdoberfläche oder in der Luft überschritten wird.

In den meisten Fällen definiert die Begrenzung eine geschlossene Fläche, sodass zwischen innen und außen unterschieden werden kann. Damit ist es möglich, beim Eintritt in die Fläche oder beim Verlassen der Fläche Aktionen auszulösen. Das beobachtete Objekt muss dazu in regelmäßigen Abständen seine Position senden oder die Abfrage seiner Position von außen ermöglichen.

Diese Ortsbestimmung kann über das Mobilfunksystem auf Funkzellenebene oder koordinatenbezogen über ein Navigationssatellitensystem geschehen. Die Nutzung von Geofencing ermöglicht einige smarte Anwendungen, verbreitert aber den eigenen digitalen Fußabdruck deutlich.

IFTTT ermöglicht Geofencing über das Ereignis *Location*. Der Weg ist also, ein neues Applet zu kreieren und als Trigger LOCATION auszuwählen. In der Folgemaske legen Sie dann fest, ob das Betreten eines Bereichs, das Verlassen oder beides eine Aktion auslösen soll.

Die Gebietsauswahl findet danach statt. Möglich ist die manuelle Eingabe von Straße, Hausnummer, Postleitzahl, Ort und Land im Suchfeld oder die automatisierte Festlegung durch das Tippen auf die Standortsuche (siehe Abbildung 9.94). Die weiteren Schritte sind identisch mit denen im vorherigen Beispiel.

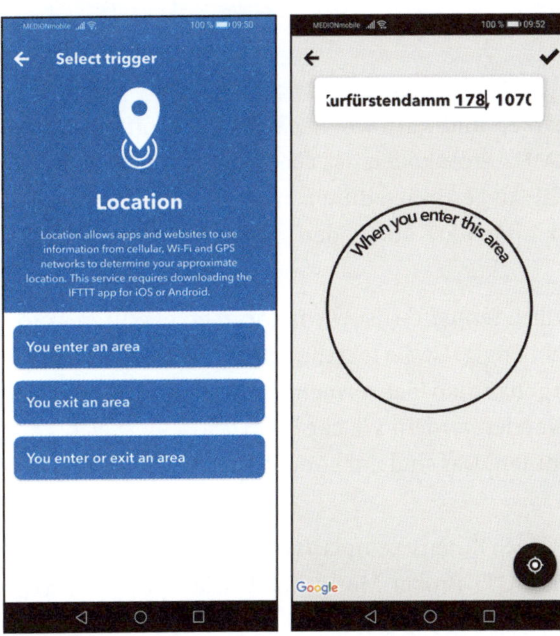

Abbildung 9.94 IFTTT-Applet mit Location

Es gibt jedoch bei aller Euphorie über die Location-Optionen einen Wermutstropfen: Die Funktionalität ist vergleichsweise langsam und eignet sich daher eher nicht, um beispielsweise Alarmanlagen ein- bzw. auszuschalten.

Das Location-Gebiet eingrenzen

Bei manchen Mobilgeräten lässt sich der Radius des *Location*-Gebiets nicht verändern. Auch ist der Suchradius manchmal nicht mit einer Karte hinterlegt. Schneiden Sie dann, wenn erforderlich, das Zielgebiet am PC zu.

9.6 Lokale Anwendungen nutzen

Lokale Anwendungen wählen Sie in der Regel dann, wenn vorkonfektionierte Cloud-Lösungen die eigenen Bedürfnisse nicht abdecken oder nicht mit Ihren eigenen Vorstellungen von Datenschutz oder Datensicherheit harmonieren. Für diesen Weg stehen einige Plattformen zur Wahl:

- Domoticz
- FHEM
- ioBroker
- Node-RED
- openHAB
- pilight
- (und einige andere mehr)

Jede dieser Lösungen hat ihre Stärken und Schwächen. *pilight* z. B. eröffnet den Zugang zu einer Vielzahl von 433-MHz-Protokollen, ist aber nur über eine REST-API zugänglich. FHEM und auch openHAB gewinnen durch ein reges deutschsprachiges Forum an Popularität, während Node-RED durch den industriellen Hintergrund besticht.

Zu welcher Plattform Sie letztendlich tendieren, ist wie fast immer von Ihren Anforderungen und Ihrer Umgebung abhängig: Ist die Installation auf einem Raspberry Pi vorgesehen (dies ist bei den oben genannten Plattformen durchgängig möglich)? Soll MQTT und/oder Bluetooth angewendet werden? Welche Form der Datenspeicherung (Datenbank) soll zum Einsatz kommen? Das sind nur einige Kriterien, die hierbei eine Rolle spielen.

In den folgenden Abschnitten stelle ich Ihnen exemplarisch zwei Plattformen vor. Installiert werden sie passend zum MQTT-Broker Mosquitto jeweils auf einem Raspberry Pi.

9.6.1 Node-RED

Node-RED ist noch relativ jung. Es wurde ursprünglich Ende 2013 von Nick O'Leary und Dave Conway-Jones, beide Wissenschaftler der IBM Engineering Technologies Group, als Open-Source-Projekt für eigene Zwecke entwickelt. Ihr Ziel war es, mit einem Prototyping-Tool auf einfache Weise eine schnelle Verbindung von Geräten mit Webdiensten und Programmierschnittstellen zu schaffen.

Die Grundidee ist, dass das Tool einen Datenverarbeitungsprozess abbildet. In der Node-RED-Terminologie heißt dieser Prozess *Flow* (dt. »fließen«). Eingaben, Ausgaben oder Zwischenschritte modulieren und verknüpfen den Datenstrom; sie bilden daher Knotenpunkte (engl. *Nodes*).

Node-RED basiert auf der Programmiersprache *node.js3*. Deshalb findet sich das Wort Node auch im Namen wieder. Der Zusatz »RED« hat wohl keine tiefere Bedeutung. Er wurde von Dave Conway-Jones vorgeschlagen, weil der Name so an »Code Red« erinnert. Darunter versteht man eine Gruppe von Computerwürmern.

Die Popularität von Node-RED ist binnen kurzer Zeit enorm angewachsen; heute ist es ein weitverbreitetes IoT-Werkzeug. Die Gründe dafür sind vermutlich die überaus einfache Handhabung (etwas abfällige Charakterisierungen sprechen von einer *Zieh-dich-glücklich*-Anwendung) und die riesige Anzahl der Möglichkeiten, andere Schnittstellen zu bedienen. Der Plattform kommt auch zugute, dass sich die ehemaligen Entwickler immer noch um ihre »Schöpfung« kümmern und so die lebhafte Benutzer- und Entwickler-Community intensiv unterstützen. Daher ist es nicht verwunderlich, dass im Netz viele Projekte vorgestellt werden und zahlreiche GitHub-Repositorys mit Lösungen zu einer Vielzahl von Anforderungen abrufbar sind.

Installation

Node-RED ist bereits in den meisten Raspberry-Pi-Standardinstallationen enthalten. Alternativ können Sie das Skript nutzen, das vom Projektteam extra für den Raspberry Pi erstellt wurde, um die aktuelle Version von Node-RED und die darüber hinaus benötigten Programme *node.js* und *npm* zu installieren. Legen Sie zunächst eine Sicherung der SD-Karte an. Aktualisieren Sie dann Ihr System mit `sudo apt update`.

Stellen Sie mit `sudo apt install build-essential` sicher, dass *npm* die zu installierenden Binärdateien erstellen kann. Rufen Sie anschließend den Installationsprozess auf:

```
bash <(curl -sL https://raw.githubusercontent.com/node-red/linux-installers/
master/deb/update-nodejs-and-nodered)
```

[!]

Sicherheitsrisiko bei der Installation

Die Installation von Software über den Aufruf `bash <curl` entspricht ungefähr dem Ausführen von *.exe*-Dateien aus dem Internet unter Windows: Es ist komfortabel, aber auch ein Sicherheitsproblem. Nutzen Sie diesen Weg nur, wenn Sie Vertrauen in die Quelle haben.

Beantworten Sie die beiden Fragen (Bestätigung der Installation und Übernahme spezieller RPi-Nodes) mit `y`. Der Installationsprozess kann durchaus 30 Minuten in Anspruch nehmen. Ausgaben im Terminal dokumentieren aber den Verlauf und informieren über die Versionsnummern der Programmpakete.

[»]

Node-RED-Updates

Mit der gleichen Prozedur spielen Sie auch Node-RED-Updates ein. Damit ist die Systempflege sehr einfach.

Sie starten Node-RED durch einen Klick auf das Node-RED-Icon in der Menüleiste oder mit MENÜ • ENTWICKLUNG • NODE-RED. Im Terminal stehen Ihnen folgende Kommandos zur Verfügung:

```
node-red-start

node-red-stop

node-red-restart

node-red-log
```

Mit `sudo systemctl enable nodered.service` konfigurieren Sie das System so, dass es beim Boot automatisch startet.

Node-RED mit Passwort absichern

Nach der Installation ist Node-RED nicht gesichert. Das heißt, jeder, der Zugang zu Ihrem Netz hat, kann auf den Node-RED-Editor und über die Einrichtung von Nodes auf den gesamten Rechner zugreifen. Eine passwortgeschützte Authentifizierung sichert den ansonsten offenen Zugang ab. Gehen Sie wie folgt vor:

1. **Ein Passwort-Hash erzeugen**: Das zu verwendende Passwort muss mit den *Admin-CLI Tools* als Hash in der Konfigurationsdatei *settings.js* abgelegt werden. Installieren Sie das Tool mit `sudo npm install -g node-red-admin`. Bei der Installation auftretende Warn- und Fehlerhinweise können Sie ignorieren.

   Rufen Sie das Tool mit `sudo node-red-admin hash-pw` auf. Es erfragt ein Passwort und gibt anschließend einen Hash-Code aus. Sichern Sie zunächst den Zeichenstring per Copy-and-paste in eine Datei.

2. **setting.js anpassen**: Meistens liegt die Konfigurationsdatei unter */home/pi/.node-red/settings.js*. Öffnen Sie diese Datei in einem Editor, suchen Sie den bereits vorgegebenen, aber auskommentierten Bereich `Security Node-Red` und ergänzen Sie ihn wie folgt:

```
adminAuth: {
    type: "credentials",
    users: [{
        username: "admin",
        password: "der-generierte-Hash",
        permissions: "*"
    }]
},
```


Der * bei `permissions` besagt, dass der Benutzer `admin` alle Berechtigungen innehat. Nach einem Neustart von Node-RED erscheint eine Login-Maske, in der sich der Benutzer für den Zugang zum Editor authentifizieren muss (siehe Abbildung 9.95).

Abbildung 9.95 Passwortgeschützter Editor-Zugriff

Auf Node-RED über den Browser zugreifen

Die Entwicklung von Abläufen in Node-RED erfolgt über den Browser. Da Node-RED den Port 1880 nutzt, gelangen Sie durch Eingabe von *http://RPi_IP_ADDRESS:1880* (z. B. 192.168.2.126:1880) zum Node-RED-Editor.

Der Node-RED-Editor

Mit dem Node-RED-Editor entwerfen Sie Prozesse (*Flows*) und konfigurieren die einzelnen Nodes. Die Browseransicht gliedert sich in unterschiedliche Bereiche (siehe Abbildung 9.96):

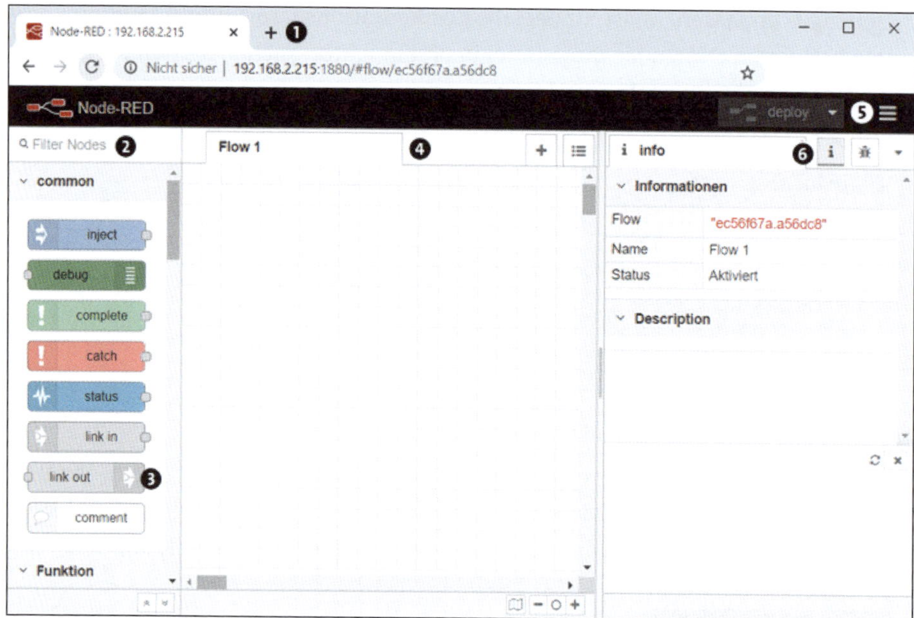

Abbildung 9.96 Der Editor von Node-RED

❶ Ausgewählte IP-Adresse und Portnummer

❷ Die Palette der einzelnen Nodes: Diese sind für eine bessere Übersicht in Gruppen angeordnet.

❸ Ein Node: An einer oder mehreren Schmalseiten des Nodes befinden sich quadratische Kästchen. Dies sind Verknüpfungspunkte (Eingänge/Ausgänge) zu anderen Nodes.

❹ Der Flow-Design-Bereich; hier werden die einzelnen Flows entwickelt:

Sie besorgen sich die benötigten Nodes, indem Sie sie von der Palette in den Designbereich ziehen. Sie verknüpfen die Nodes, wenn Sie mit gedrückter Maustaste die Verknüpfungspunkte verbinden (n:n-Beziehung). Zur Bearbeitung markierte Objekte sind orangefarben eingefärbt (Verbindungen) bzw. orangefarben umrandet (Nodes). Mit gedrückter Maustaste lassen sich mehrere Objekte durch Ziehen eines Rechtecks für Verschiebe-, Kopier- oder Löschvorgänge auswählen.

❺ Die Schaltfläche DEPLOY und ihr Dropdown-Menü.

Die Schaltfläche DEPLOY (dt. »bereitstellen«) schaltet die entwickelten Flows und deren Änderungen produktiv.

Über das Dropdown-Menü haben Sie Zugang zu weiteren Funktionen, wie z. B. Import oder Export von Flows, Benutzereinstellungen und Verwalten der Palette der Nodes.

❻ Register für weitere Informations- und Einrichtungsmöglichkeiten:

Über das kleine Dreieck am rechten Rand öffnen Sie ein Dropdown-Menü. Ein Klick auf einen der Einträge zeigt weitere Informationen zu dem gewählten Thema.

- Das Register INFO gibt Informationen zu dem aktuell markierten Node aus. Hier lohnt sich insbesondere ein Blick auf den Bereich NODE-HILFE, der neben einer Kurzbeschreibung auch Hinweise zu verarbeiteten Daten und deren Struktur enthält.
- Das Register DEBUGGING gibt neben Systemmeldungen im Zusammenspiel mit dem *debug*-Node auch wertvolle Informationen zum Inhalt der verarbeiteten Daten aus.
- Das Register KONFIGURATION erlaubt das Konfigurieren entsprechender Nodes.
- Das Register KONTEXTDATEN betrifft in Node-RED zwischengespeicherte Daten.
- Ist ein Dashboard konfiguriert, ermöglicht ein Register ELEMENTE das Anpassen und Verändern von Elementen.

Der Sketch für das Beispielprojekt

Das Beispielprojekt soll über MQTT die LED an GPIO2 steuern und vom ESP32 generierte Daten anzeigen. Grundlage hierfür sind die Sketche aus Abschnitt 9.4 (MQTT) bzw. Abschnitt 9.5.1 (BMP280) und Abschnitt 9.1 (JSON) mit ein paar Anpassungen. Diese betreffen die MQTT-Anbindung (d. h., es ist ein MQTT-Broker notwendig, siehe Abschnitt 9.4) sowie die Aufbereitung der zu übertragenden Daten im JSON-Format.

```
#include <WiFi.h>
#include <Wire.h>
#include "PubSubClient.h"                // für MQTT
#include <Adafruit_Sensor.h>
#include <Adafruit_BMP280.h>
#include <ArduinoJson.h>                 // JSON aufbereiten

#define LED_PIN    2                     // GPIO2, Pin G2

const char* ssid = "ssidRouter";
const char* password = "passwortRouter";
WiFiClient wifiClient;                   // WLAN-Objekt

const char* mqttServer = "192.168.2.215";
const char* mqttClientName = "ES32Client";
PubSubClient mqttClient(wifiClient);

Adafruit_BMP280 bmp;                     // I2C-BMP280-Objekt
long millisAlt = -999999;
```

```
// Callback für eingehende Nachrichten
void callback(char* topic, byte* message, unsigned int length) {
  String str;
  for (int i = 0; i < length; i++) {
    str += (char)message[i];
  }
  Serial.print  ("Nachrichtenempfang für topic: ");
  Serial.print  (topic);
  Serial.print  (". Nachricht: ");
  Serial.println(str);
  if(str == "on"){
    digitalWrite(LED_PIN, HIGH);
  }
  else if(str == "off"){
    digitalWrite(LED_PIN, LOW);
  }
}

// MQTT-Verbindung zu Mosquitto herstellen
void mqttConnect() {
  int8_t ret;
  if (mqttClient.connected()) {             // return bei bestehender
                                            // Verbindung
    return;
  }

  Serial.println("MQTT-Verbindungsaufbau");
  int versuche = 3;
  while (!mqttClient.connected()) {
    //if (mqttClient.connect(mqttClientName, mqttUser, mqttPassword )) {
    if (mqttClient.connect(mqttClientName)) {
      Serial.println("MQTT verbunden");
    } else {
      Serial.print  ("Fehler Verbindungsaufbau, Code: ");
      Serial.print  (mqttClient.state());
      Serial.println(" - erneuter Versuch in 5 Sekunden");
      mqttClient.disconnect();
      delay(5000);                      // 5 Sekunden warten
      versuche--;
      if (versuche == 0) {
        while (1);
      }
    }
```

```
  }
  mqttClient.subscribe("esp32/LED");
}

void setup() {
  Serial.begin(115200);
  pinMode(LED_PIN,OUTPUT);

  Serial.print("Verbindungsaufbau zu ");
  Serial.println(ssid);
  WiFi.begin(ssid, password);
  while (WiFi.status() != WL_CONNECTED) {
      delay(500);
      Serial.print(".");
  }

  Serial.println("");
  Serial.println("WiFi connected.");
  Serial.println("IP address: ");
  Serial.println(WiFi.localIP());

  // Verbindungsdaten zum MQTT-Server
  mqttClient.setServer(mqttServer, 1883);
  mqttClient.setCallback(callback);
  mqttConnect();

  if (!bmp.begin(0x76)) {
    Serial.println("Kein BMP280-Sensor gefunden!");
    while (1);
  }

}

void loop() {
  if (!mqttClient.connected()) {
    mqttConnect();
  }
  mqttClient.loop();

  if (millis() - millisAlt > 30000) {   // alle 30 Sekunden
    millisAlt = millis();
    float temperatur = bmp.readTemperature();
    float luftdruck = bmp.readPressure() / 100;
```

```
    StaticJsonDocument<44> doc;
    doc["temperatur"] = temperatur;
    doc["luftdruck"] = luftdruck;
    String jsonString;
    serializeJson(doc, jsonString);            // gibt JSON-Dokument aus
    Serial.println( jsonString);
    char str [80];
    strcpy (str, jsonString.c_str() );
    Serial.print   ("Senden von Temperatur: " + String(temperatur) );
    Serial.println ("  und Luftdruck: " + String(luftdruck) );
    const char* BMP280Topic ="esp32/bmp280";
    mqttClient.publish(BMP280Topic, str);
  }

  delay (10);
}
```

Listing 9.9 MQTT mit Node-RED

Der Basis-Node-RED-Flow

Der Basis-Flow soll zunächst lediglich das Senden und Empfangen der MQTT-Nachrichten des ESP32 abdecken. Ziehen Sie also von der Palette aus der Gruppe NETZWERK den *mqtt-in*-Node und den *mqtt-out*-Node in den Editorbereich. Fügen Sie einen *debug*-Node und zwei *inject*-Nodes hinzu (siehe Abbildung 9.97).

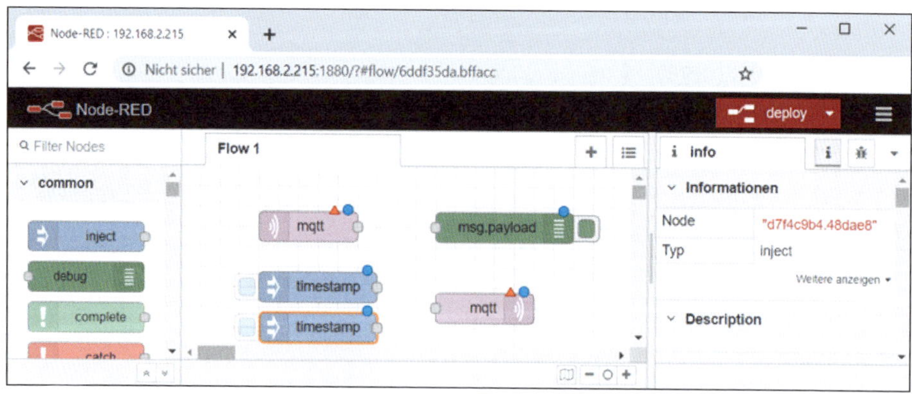

Abbildung 9.97 Basis-Flow in Node-RED

Die DEPLOY-Schaltfläche leuchtet nun rot und weist darauf hin, dass Änderungen durchgeführt, aber noch nicht gespeichert wurden. Die betroffenen Nodes sind durch einen blauen Punkt in der oberen rechten Ecke gekennzeichnet. Rote Dreiecke weisen auf offene Konfigurationen hin.

Verbinden Sie nun den *mqtt-in*-Node mit dem *debug*-Node und die *inject*-Nodes mit dem *mqtt-out*-Node. Beginnen Sie, die Nodes zu konfigurieren, indem Sie zunächst mit einem Doppelklick auf den *mqtt-in*-Node die Einstellungsmaske des Nodes öffnen (siehe Abbildung 9.98).

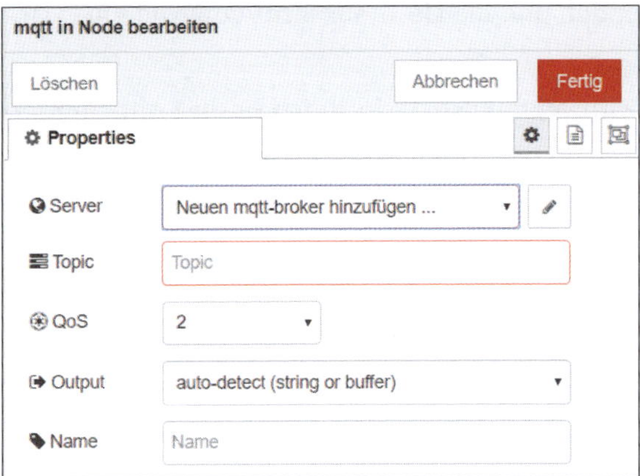

Abbildung 9.98 Eigenschaften des mqtt-in-Nodes

Klicken Sie auf das Schreibwerkzeug-Icon, um festzulegen, mit welchem MQTT-Broker sich der Node verbinden soll (siehe Abbildung 9.99).

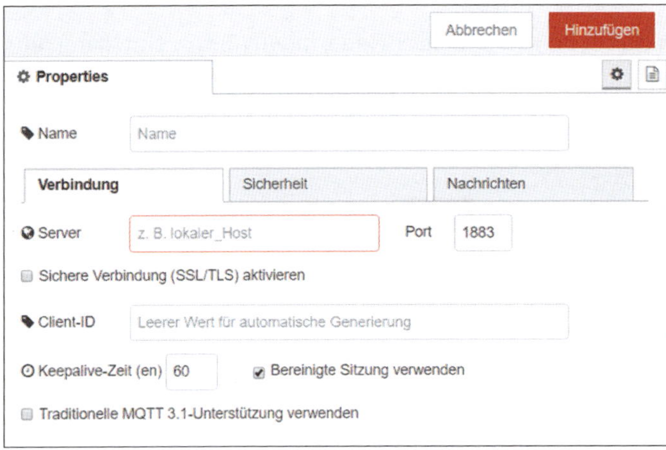

Abbildung 9.99 MQTT-Broker festlegen

Geben Sie unter SERVER »localhost« ein, wenn der MQTT-Broker auf dem gleichen Gerät läuft wie Node-RED – andernfalls die jeweilige IP-Adresse. Sofern Sie den MQTT-Broker abgesichert haben, ergänzen Sie im Register SICHERHEIT noch die Einstellungen. Mit HINZUFÜGEN kehren Sie in die vorherige Maske zurück. Ergänzen Sie dort im

Feld Topic noch den Namen des Topics, den Sie abonnieren wollen (hier *esp32/bmp280*), und schließen Sie die Konfiguration mit einem Klick auf Fertig ab.

Konfigurieren Sie in ähnlicher Weise den *mqtt-out*-Node, indem Sie als Server *localhost:1833* bestätigen und als Topic *esp32/LED* festlegen. Nach einem Klick auf Fertig sind alle roten Dreiecke verschwunden und die Flows aus Sicht von Node-RED einsatzbereit.

Dies trifft jedoch noch nicht für die Anwendungssicht zu. Rufen Sie die Konfiguration des *debug*-Nodes auf und wählen Sie in der Dropdown-Liste Ausgabe den Eintrag Volles Nachrichten-Objekt (siehe Abbildung 9.100).

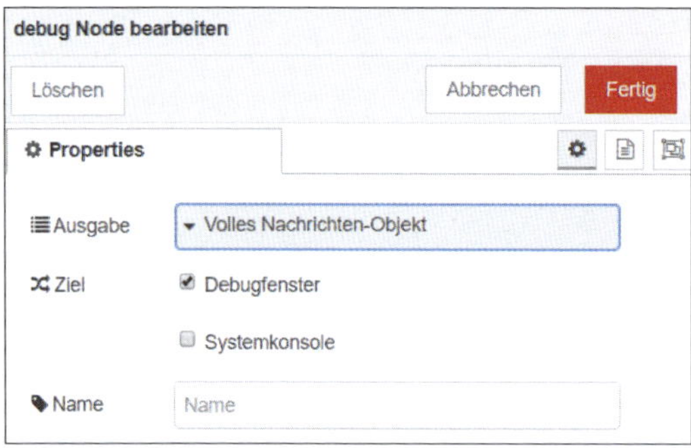

Abbildung 9.100 debug-Node konfigurieren

Konfigurieren Sie als Nächstes den ersten *inject*-Node, indem Sie als Nutzdaten aus der Dropdown-Liste die Möglichkeit $^{a}{}_{z}$ auswählen, als String *on* festlegen und als Name *LED ein* nutzen (siehe Abbildung 9.101).

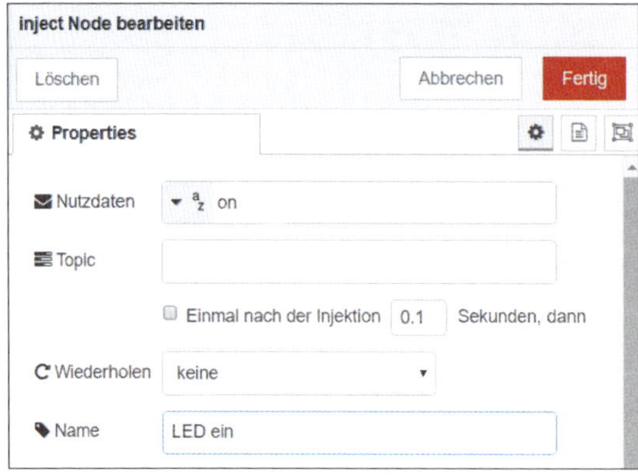

Abbildung 9.101 Den inject-Node konfigurieren

Wiederholen Sie das für den zweiten *inject*-Node mit entsprechenden Angaben für das Ausschalten der LED.

Klicken Sie anschließend auf DEPLOY, um die Flows zu aktivieren. Die *mqtt*-Nodes sollten nun als Beleg für eine funktionierende Verbindung zum MQTT-Broker in der linken unteren Ecke ein grünes Quadrat mit dem Zusatz VERBUNDEN aufweisen. Klicken Sie jetzt auf den Schaltknopf im linken Bereich des *inject*-Nodes LED EIN. Node-RED quittiert die Eingabe der Daten (siehe Abbildung 9.102).

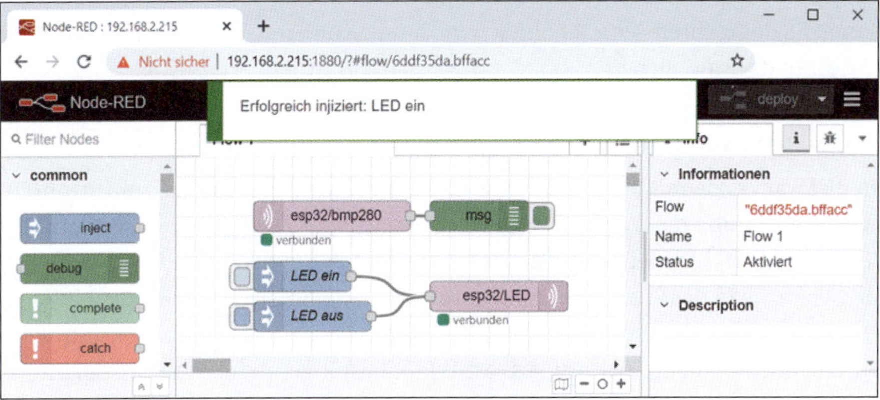

Abbildung 9.102 Im inject-Node »LED ein« betätigen

Die LED an GPIO2 sollte nun leuchten. Ein Blick auf die Ausgaben des seriellen Monitors und/oder ein entsprechendes *mosquitto_sub* auf Terminalebene des Mosquitto-Brokers ermöglichen es, parallel den Datentransfer zu verfolgen. Wenden Sie sich nun den empfangenen Daten zu, indem Sie das Register DEBUGGING aktivieren (siehe Abbildung 9.103).

Abbildung 9.103 Die debug-Node-Ausgaben

Die Ausgabe zeigt unter anderem den empfangenen Topic und als *Payload* (dt. »Nutzlast«) die erhaltenen Daten (dieses Feld enthält als Ausgang der *inject*-Nodes *on* bzw. *off*). Wesentlich aber ist, dass hier deutlich wird, dass Node-RED für den Datentransfer zwischen Nodes das JSON-Format verwendet. Etwaige Untergliederungen lassen sich durch einen Klick auf ein Dreieck neben der Objektbezeichnung aufklappen. Wenn Sie mit dem Mauszeiger auf die Objektbezeichnung (z. B. `payload`) fahren, erscheinen an der rechten Seite Schaltflächen, die ein Kopieren des Links und vor allem des Feldinhalts ermöglichen.

Der Node-RED-Flow mit einer Dashboard-Anzeige

Mein Ziel war es, Sie mit dem Basis-Flow in die Struktur von Node-RED einzuführen. Nun geht es darum, das Vorhandene um eine Dashboard-Ausgabe zu erweitern. Installieren Sie die fehlenden Nodes über Menü • Palette verwalten • Installieren nach. Geben Sie in das Suchfeld »dashboard« ein und klicken Sie auf die Schaltfläche Installieren des Eintrags *node-red-dashboard*. Nach einer weiteren Kontrollabfrage, die Sie mit einem Klick auf Installieren bestätigen, startet der Installationsprozess. Nach dessen Abschluss schließen Sie das Fenster. Sie finden nun in der Palette eine weitere Gruppe Dashboard mit einigen neuen Nodes.

Sie benötigen für das Dashboard einen *switch*-Node sowie je einen *gauge*-Node für die Anzeige von Temperatur und Luftfeuchtigkeit. Ziehen Sie neben diesen Nodes noch aus der Gruppe Parser einen *json*-Node sowie zwei *change*-Nodes in den Editorbereich; sie übernehmen den Split der MQTT-Daten (siehe Abbildung 9.104).

Der *json*-Node kann unverändert bleiben.

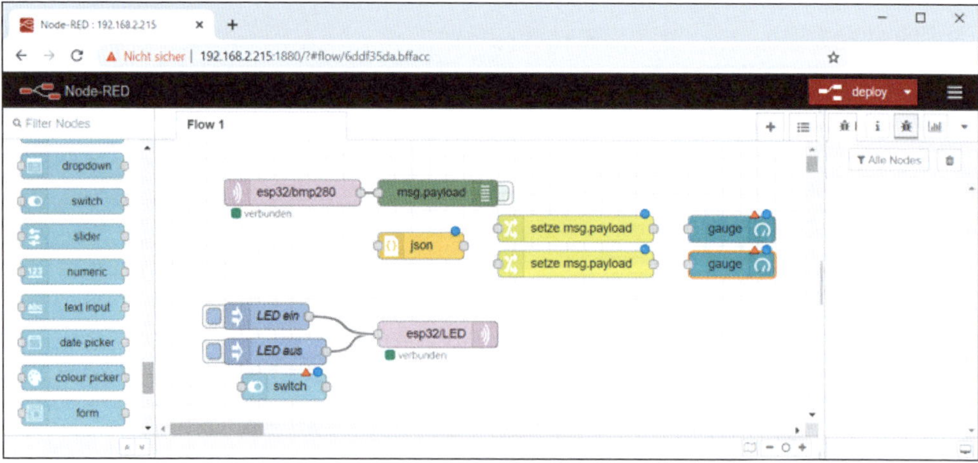

Abbildung 9.104 Dashboard-Nodes im Editor

Beginnen Sie mit der Konfiguration des *switch*-Nodes. Rufen Sie EINSTELLUNGEN • SCHREIBSCHALTFLÄCHE BEI GROUP • SCHREIBSCHALTFLÄCHE BEI TAB auf und klicken Sie dann auf HINZUFÜGEN • HINZUFÜGEN, um einen neuen Dashboard-Eintrag zu erstellen. In diesem Schnelldurchlauf erhält der Eintrag Standardnamen, die Sie während der Einrichtungsschritte oder auch später Ihren Vorstellungen entsprechend ändern können. Ändern Sie ON-PAYLOAD in *on* und OFF PAYLOAD in *off*. Schließen Sie mit FERTIG die Einrichtung ab.

Setzen Sie die Konfiguration mit dem ersten *gauge*-Node fort. Setzen Sie die Felder LABEL und NAMEN auf *Temperatur* und erweitern Sie den maximalen Anzeigebereich auf 40. Verfahren Sie für den zweiten *gauge*-Node in ähnlicher Weise.

Gehen Sie in den Eigenschaften-Editor des ersten *change*-Nodes. Geben Sie ihm den bezeichnenden Namen *Grad extrahieren* und geben Sie als Regel FESTLEGEN • MSG. PAYLOAD • MSG.PAYLOAD.TEMPERATUR vor (siehe Abbildung 9.105).

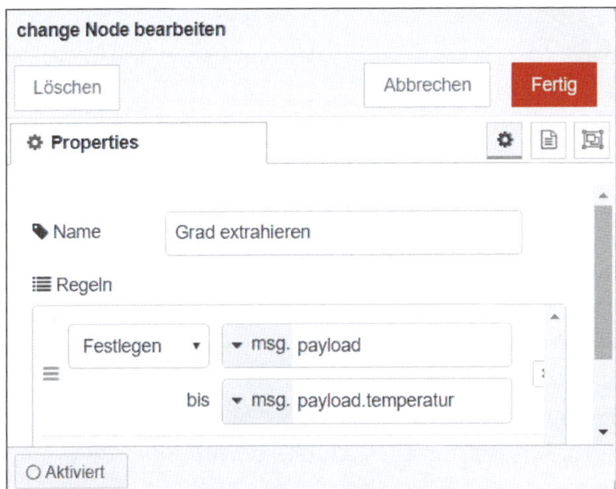

Abbildung 9.105 Einen change-Node bearbeiten

Damit lösen Sie den Wert der Temperatur aus dem JSON-Objekt und überschreiben die Payload mit einem für den *gauge*-Node verwertbaren Wert. Gehen Sie für den Luftdruck in ähnlicher Weise vor. Verbinden Sie die Nodes und klicken Sie abschließend auf DEPLOY.

Das Dashboard rufen Sie nun im Browser mit dem Adresszusatz *ui* auf (z. B. *http://192.168.2.126:1880/ui*, siehe Abbildung 9.106).

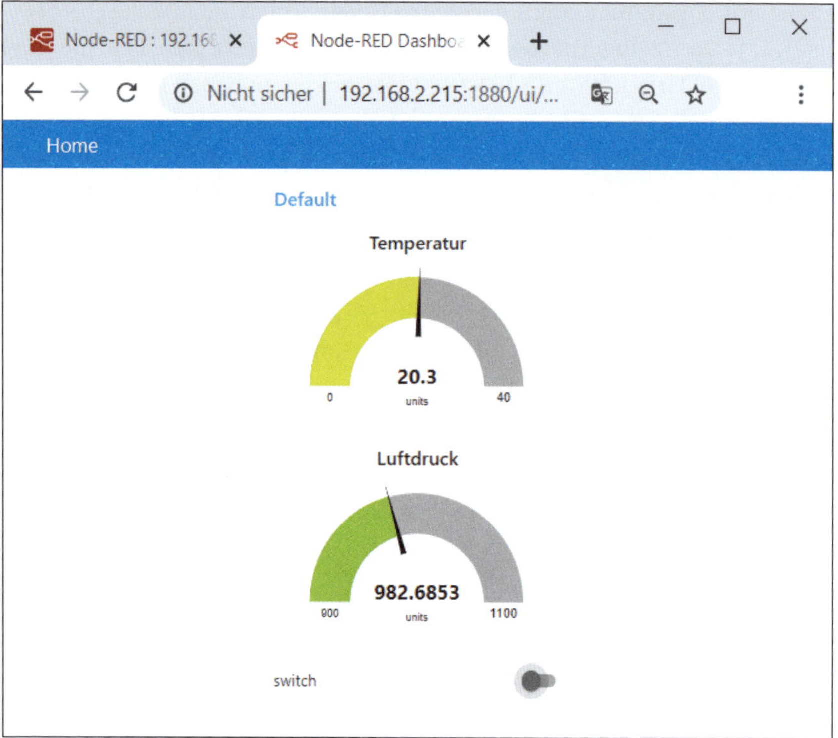

Abbildung 9.106 Node-RED-Dashboard

[»]

Weitere Parameter und weitere Nodes

Die Nodes, insbesondere die *dashboard*-Nodes, lassen sich noch mit einer Fülle weiterer Einstellungen parametrisieren. Eine vollständige Erläuterung würde den Rahmen an dieser Stelle sprengen.

Besonders möchte ich allerdings auf den *function*-Node hinweisen; er ist gewissermaßen ein Zauberstab, da Ihnen hier durch JavaScript-Code nahezu alle Möglichkeiten der Programmierung offenstehen.

Abschließend erfolgt die Datenspeicherung: Der *file*-Node ermöglicht es, Daten in eine Datei zu speichern oder Daten aus einer Datei zu lesen. Darüber hinaus kann Node-RED auch Datenbanken bedienen, z. B. SQLite, MySQL, MariaDB und Influx.

9.6.2 ioBroker

ioBroker (*https://www.iobroker.net*) versteht sich als eine umfassende IoT-Plattform zur Unterstützung von Automatisierungssystemen, insbesondere von Smart-Home-Lösungen. Auch ioBroker ist noch relativ jung; es ist 2014 aus dem Projekt CCU.IO hervorgegangen. Wie Node-RED handelt es sich um ein Open-Source-Produkt. Seine Basis ist JavaScript.

Gedanklicher Ansatz sind *Adapter*, mit denen verschiedene Hardware- und Softwarekomponenten an den Controller angebunden werden. Die Adapterentwicklung erfolgt unabhängig vom ioBroker-Kern. Damit verfolgt ioBroker eine modulare Systemarchitektur.

Aktuell stehen mit rasant steigender Tendenz über 320 Adapter zur Auswahl bereit. Da jede *Instanz* eines Adapters in einem eigenen Prozess läuft, geraten Systeme mit geringen Ressourcen aber schnell an ihre Grenzen.

Installation

Die beispielhafte Implementierung des Systems soll wieder auf einem Raspberry Pi erfolgen. Vor jeglichen Installationsmaßnahmen legen Sie zunächst eine Sicherung der SD-Karte an. Aktualisieren Sie dann Ihr System mit `sudo apt-get update`.

Für die Installation von ioBroker benötigen Sie *node.js*, weil ioBroker als *npm*-Paket bereitsteht. Überprüfen Sie mit `npm -v` bzw. `node -v`, ob *npm* bzw. *node.js* bereits installiert ist. Ist das nicht der Fall, besteht der einfachste Weg darin, *npm* den Quellen in */etc/apt/sources.list.d* hinzuzufügen. (In diesem Ordner befinden sich die Informationen darüber, von welcher Quelle die Pakete durch APT geholt werden sollen.) Geben Sie hierzu folgenden Befehl ein:

```
curl -sL https://deb.nodesource.com/setup_12.x | sudo -E bash -
```

Danach folgt für die Installation von Node.js mit:

```
sudo apt install -y nodejs
```

Installieren Sie ioBroker abschließend mit:

```
curl -sL https://iobroker.net/install.sh | bash -
```

Der Installationsprozess dauert eine Weile. Bei Erfolg startet ioBroker und ist über Port 8081 (z. B. 192.168.2.215:8081) in einem Browser erreichbar. Beim erstmaligen Besuch der Webseite erscheint ein Bildschirm mit der Aufforderung, einen Lizenzvertrag zu akzeptieren. Leider kommen Sie an dieser Stelle nicht um das Setzen eines Häkchens für die Sammlung anonymisierter Daten herum. Aktivieren Sie das Kontrollkästchen und klicken Sie auf EINVERSTANDEN. Sie befinden sich nun auf einer Seite, auf der Sie weitere Einstellungen vornehmen können (siehe Abbildung 9.107).

Überprüfen Sie die Einstellungen und ändern Sie sie gegebenenfalls (z. B. Dezimaltrennzeichen, Ortsangaben). Mit einem Klick auf das Schraubenschlüssel-Icon (System) und STATISTIK • NICHTS • SPEICHERN setzen Sie die soeben gewährte Einwilligung zur Datenübertragung wieder zurück.

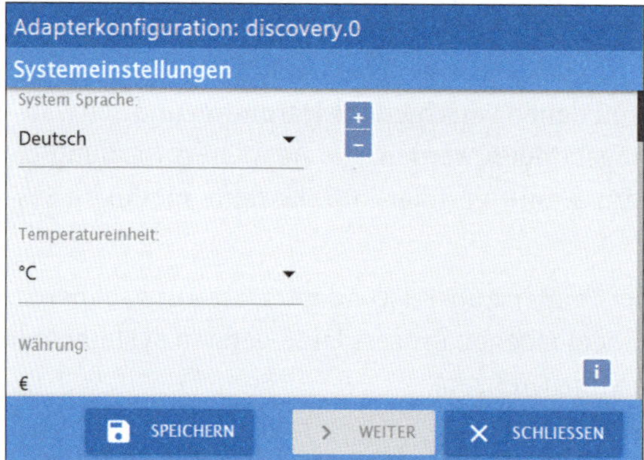

Abbildung 9.107 ioBroker-Ersteinstellungen

ioBroker im Browser

Damit ist ioBroker so weit funktionsfähig, und der Bildschirm zeigt Ihnen den Bearbeitungsbereich INSTANZEN (siehe Abbildung 9.108).

Abbildung 9.108 ioBroker im Browser

❶ **ioBroker-Systemleiste**: Die ioBroker-Systemleiste ist in allen Ansichten identisch. Ein Klick auf das Augensymbol ruft den Discovery-Adapter auf, und der Schraubenschlüssel führt zu den Systemeinstellungen.

❷ **Dynamische Symbolleiste**: Sie hat je nach der in der Dropdown-Liste ADMINISTRATOR ausgewählten Ansicht einen anderen Inhalt und ist auch nicht überall vorhanden.

❸ **Dropdown-Liste Administrator**: Mit einem Klick auf das kleine Dreieck links oben im Avatarfeld lassen sich Einträge zur Dropdown-Liste hinzufügen und aus ihr entfernen. Fügen Sie noch die Einträge LOG, EREIGNISSE sowie BENUTZER (und später SKRIPTE) hinzu.

❹ **Bearbeitungsbereich**

Automatische Gerätesuche

Mit einem Klick auf INSTANZEN • DISCOVERY.0 bzw. das Augensymbol in der Systemleiste öffnen Sie den Discovery-Adapter (siehe Abbildung 9.109). Er ermöglicht es Ihnen, nach vorhandenen Geräten zu suchen und sie nach Auswahl bereits jetzt einzubinden.

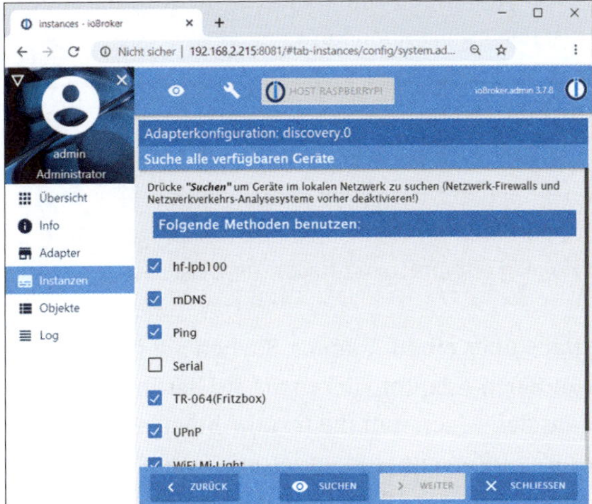

Abbildung 9.109 Discovery-Adapter

ioBroker mit Passwort absichern

Klicken Sie hierfür oben links im Avatar auf das Dreieck und wählen Sie im Dropdown-Menü den Eintrag BENUTZER aus. In der Liste befindet sich nun ein Menüpunkt BENUTZER. Durch einen Klick auf die Schaltfläche werden Ihnen alle registrierten Benutzer aufgelistet. Klicken Sie auf das Schreib-Icon und ändern Sie in der Folgemaske die Einstellungen (siehe Abbildung 9.110).

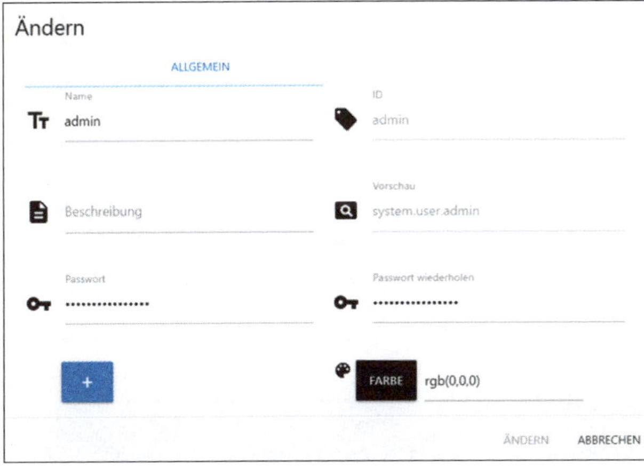

Abbildung 9.110 Passwortschutz einrichten

Weitere Adapter hinzufügen

Ein wichtiger Adapter fehlt noch: der Adapter für die Skriptausführung. Er ist nötig, um später mit *Blockly* oder in JavaScript Skripte zu erstellen. Suchen Sie über das Suchfeld in ADAPTER nach »Skriptausführung«. Klicken Sie auf das Info-Icon (das Icon mit den drei senkrechten Punkten in einem blauen Kreis) und dann auf das +-Icon, um die Instanz hinzuzufügen. Einstellungen sind zunächst nicht nötig, sodass Sie den Installationsprozess mit SCHLIESSEN beenden können.

[+]

Der Bearbeitungsbereich »Instanzen«

Der Bearbeitungsbereich INSTANZEN gibt nicht nur Auskunft über die durch die Instanz belegten Ressourcen und den Betriebsstatus (grüner Punkt), sondern erlaubt es auch, einen Adapter anzuhalten, zu parametrisieren oder zu löschen. Einige Adapter bieten ein Webinterface (z. B. Admin). Ein entsprechendes Icon zeigt dies an.

Der Zugang zu MQTT erfolgt ebenfalls über einen Adapter. Suchen Sie im Suchfeld nach »MQTT«. In der Liste der gefundenen Adapter klicken Sie auf das Info-Icon des MQTT BROKER/CLIENT und dann auf das +-Icon, um die Instanz hinzuzufügen. Der Installationsprozess dauert wiederum eine Weile und endet mit einem Bildschirm für die erforderlichen Einstellungen wie Broker-IP und Client-ID (siehe Abbildung 9.111). Wenn der MQTT-Broker auf demselben Gerät läuft (*localhost*), sind bis auf die Angaben rund um einen etwaigen Passwortschutz des MQTT-Brokers keine weiteren Einstellungen nötig.

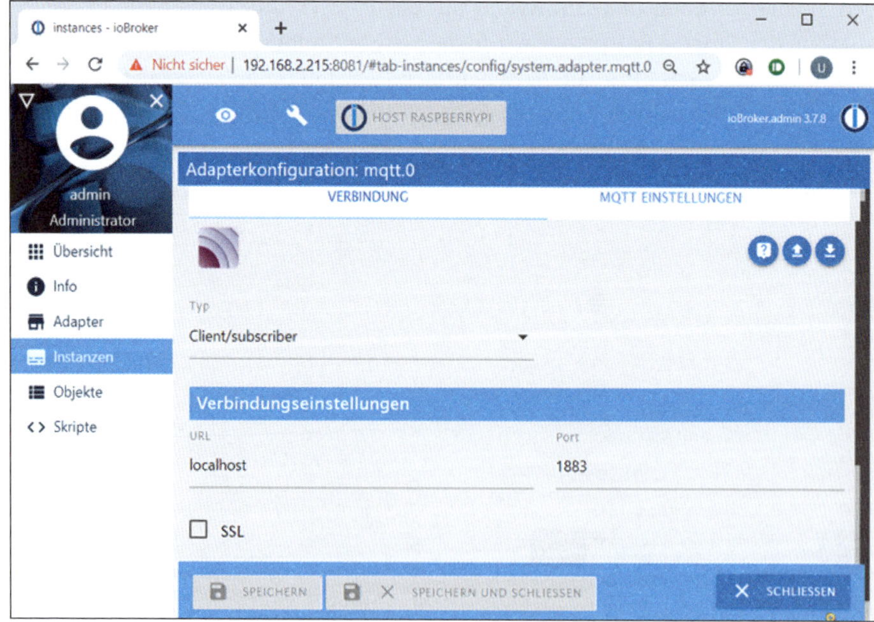

Abbildung 9.111 Einstellungen für die MQTT-Broker/Client-Instanz

Mit einem Klick auf SPEICHERN UND SCHLIESSEN taucht der Adapter in der Liste der Instanzen auf.

Das Punkt-Icon vor dem MQTT-Broker-Icon, das den Adapterstatus dokumentiert, ist noch rot. (Weitere Informationen zum Status erhalten Sie, wenn Sie mit dem Mauszeiger über das Icon fahren.) Starten Sie den Adapter und konsultieren Sie die Log-Einträge zur Fehlerverfolgung.

MQTT-Datenempfang

Starten Sie den Node-RED-Beispielsketch (siehe Abschnitt 9.6.1) und blättern Sie den Objektbildschirm auf. Hier befinden sich die Datenpunkte aller Instanzen. Durch einen Klick auf das Dreieck neben der Objektbezeichnung klappen die Einträge der nächstniedrigeren Hierarchieebene auf (siehe Abbildung 9.112). Die Objektinhalte lassen sich auslesen, weiterverarbeiten und zum Teil in Abhängigkeit vom Adapter auch steuern.

Das Objekt *esp32* bzw. das Unterobjekt *bmp280* hat ioBroker automatisch mit dem Empfang eines entsprechenden Topics angelegt. Das Feld in der Spalte RAUM zeigt den aktuellen Wert an. Den Wert ändern Sie, indem Sie mit dem Mauszeiger auf dieses Feld fahren und das Bearbeiten-Symbol anklicken. Rufen Sie EREIGNISSE auf, um den Datenempfang an anderer Stelle zu verfolgen.

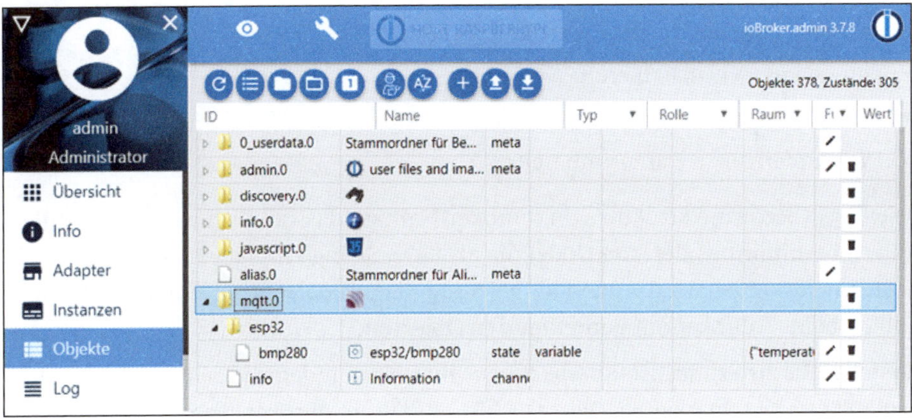

Abbildung 9.112 ioBroker-Objekte

Der MQTT-Publish erfolgt ebenfalls über ein Objekt. Markieren Sie das Objekt ESP32 und klicken Sie in der dynamischen Symbolleiste auf das +-Icon. Geben Sie in dem folgenden Bildschirm dem Objekt den Namen LED, legen Sie als Datenpunkttyp ZEICHENKETTE fest und klicken Sie auf HINZUFÜGEN. Setzen Sie im Folgebildschirm noch den Standardwert auf OFF und bestätigen Sie den Vorgang mit SPEICHERN. Fahren Sie anschließend mit dem Mauszeiger auf das Wertefeld und ändern Sie den Wert in ON (siehe Abbildung 9.113).

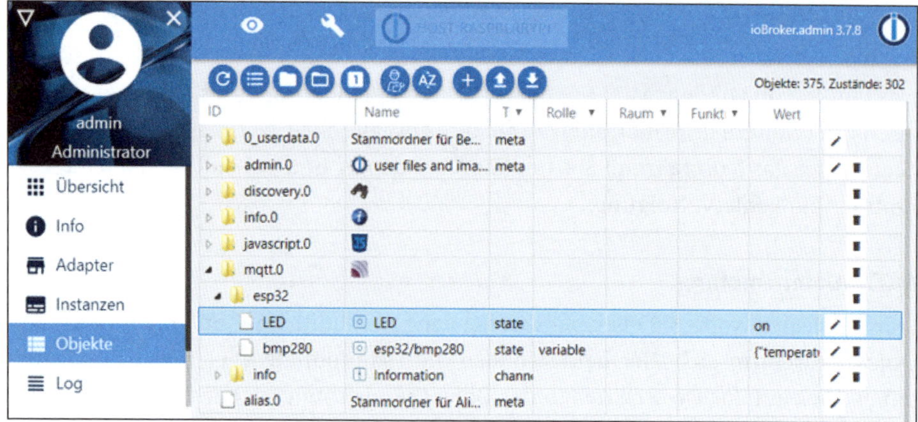

Abbildung 9.113 Objekte – Publish esp32/LED

Dies löst den Publish einer MQTT-Nachricht aus, der das Schalten der LED des ESP32 herbeiführt.

ioBroker mit einer Dashboard-Anzeige

Jetzt fehlt nur noch, ioBroker mit einer Dashboard-Ausgabe zu versehen. Hierzu sind drei Schritte erforderlich:

- die empfangenen Daten aufbereiten
- den Adapter VIS installieren
- das Dashboard einrichten
- Die empfangenen Daten aufbereiten

Die objektbezogene Struktur von ioBroker bedingt, dass ähnlich wie bei Node-RED (hier übernimmt es der *json*-Node) die als JSON-String empfangenen Daten in Objekte umzuwandeln sind. Anders als bei Node-RED, das Objekte in einem Flow weitergibt, arbeitet ioBroker mit vordefinierten Objekten.

Erstellen Sie also zunächst für *esp32Daten* ein Objekt, indem Sie den Eintrag OBJEKTE • 0_USERDATA.0 markieren. Dieses Objekt enthält in ioBroker alle vom Benutzer definierten Objekte. Klicken Sie nun auf das +-Icon in der dynamischen Symbolleiste, um den Dialogprozess für die Einrichtung eines neuen Objekts zu starten (siehe Abbildung 9.114).

Geben Sie dem Datenpunkt einen Namen, wählen Sie als Datenpunkttyp OBJEKT und klicken Sie auf HINZUFÜGEN. Ergänzen Sie im Folgebildschirm noch das Feld BESCHREIBUNG und beenden Sie die Einrichtung mit SPEICHERN. Das Objekt *0_userdata.0* verfügt nun über ein weiteres Objekt namens *esp32Daten*.

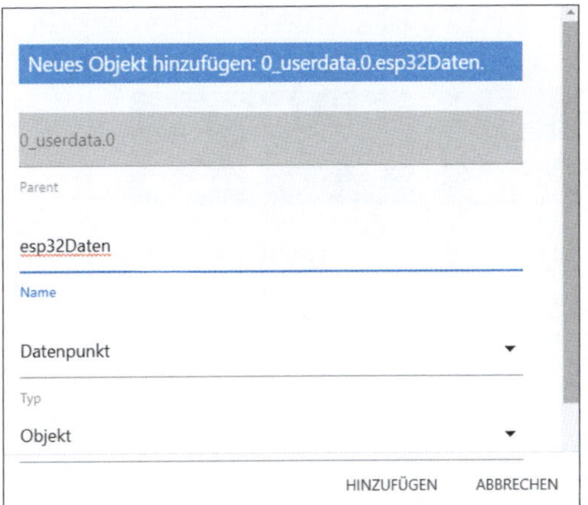

Abbildung 9.114 Objekt erstellen

Ergänzen Sie dieses Objekt um zwei weitere Objekte *temperatur* und *luftdruck*. Wählen Sie jedoch als Datentyp *Zahl*. Löschen Sie für einen ersten Test die Attribute *minimaler Wert*, *maximaler Wert*, *Standardwert* und *Maßeinheit*. Der Objektbaum sollte nun den Aufbau wie in Abbildung 9.115 haben.

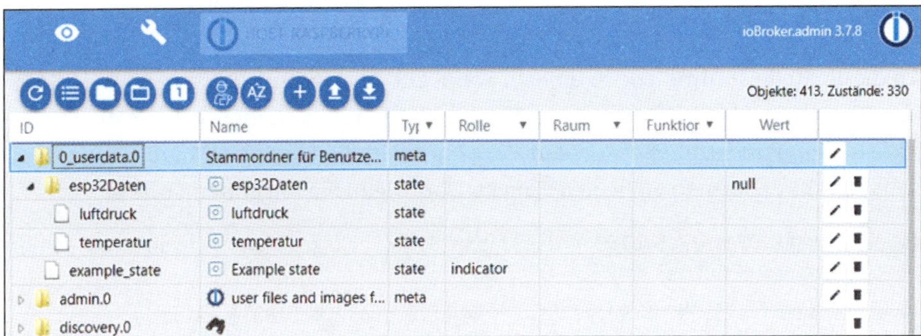

Abbildung 9.115 Neuer Objektbaum in ioBroker

Jetzt geht es darum, die in dem MQTT-Objekt als JSON-String eingehenden Daten zu splitten und die Werte in die beiden gerade definierten Objekte zu überführen. Dies übernimmt ein Skript. Wechseln Sie mit <> SKRIPTE in den Skripteditorbereich und klicken Sie auf +, um in die Auswahl für die Skriptsprache für das Skript zu gelangen (siehe Abbildung 9.116).

Die Auswahl umfasst JavaScript (mit den wohl umfassendsten Programmiermöglichkeiten), Blockly (ein vereinfachtes Programmiertool, das Sie bereits im Zusammenhang mit dem *MIT App Inventor* in Abschnitt 9.2.2 kennengelernt haben) und TypeScript (eine von Microsoft entwickelte Programmiersprache).

Abbildung 9.116 Auswahl der Skriptsprache

Blockly

Einfache Skripte für ioBroker lassen sich recht gut mit Blockly erstellen. Eine Einführung finden Sie unter:

- *https://jaxenter.de/blockly-der-visuelle-code-editor-fuers-web-und-android-42624*
- *https://www.smarthome-tricks.de/software-iobroker/blockly-einfuehrung/*

An dieser Stelle kommt jedoch ein JavaScript zur Anwendung. Klicken Sie also unter JAVASCRIPT auf HINZUFÜGEN, geben Sie dem Skript einen Namen (z. B. »BMP280-Objekte bilden«) und schließen Sie den Vorgang ab. Im Editorbereich finden Sie nun zu dem gewählten Namen ein leeres Projekt. Dort fügen Sie folgenden Code ein:

```
on({id: "mqtt.0.esp32.bmp280"/*esp32/bmp280*/, change: "any"}, function (obj)
{
  var esp32Obj = JSON.parse(getState("mqtt.0.esp32.bmp280").val);
  setState("0_userdata.0.esp32Daten.temperatur"/*temperatur*/, ⮐
     esp32Obj.temperatur, true);
  setState("0_userdata.0.esp32Daten.luftdruck"/*luftdruck*/, ⮐
     esp32Obj.luftdruck, true);
});
```

Listing 9.10 Objekte bilden

Kurz zusammengefasst, tritt der Code bei einer Änderung von `mqtt.0.esp32.bmp280` in Aktion (`on`-Anweisung). Die Variable `esp32Obj` erhält durch `JSON.parse()` den eingegangenen String in einer Objektnotation. `setState` weist dann die beiden Werte den zuvor erstellten Objekten zu. Speichern Sie das Skript ab, starten Sie es und wechseln Sie in die Objektansicht. Die Objekte *luftdruck* und *temperatur* sollten jetzt periodisch aktualisierte Werte anzeigen (siehe Abbildung 9.117).

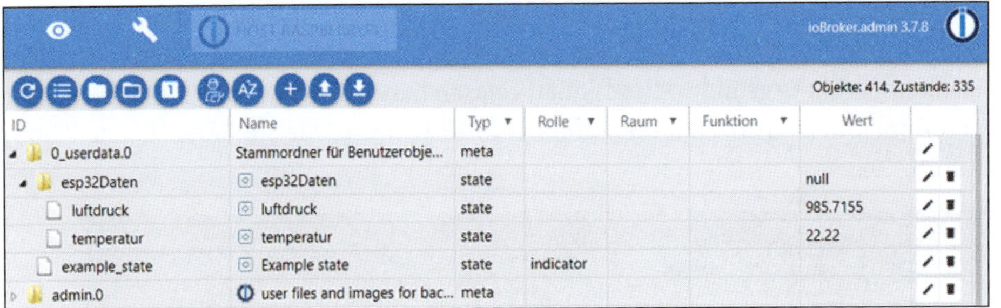

Abbildung 9.117 Objekte skriptgesteuert aktualisieren

Den Adapter VIS installieren

VIS ist die in ioBroker standardmäßig mitgelieferte Visualisierungslösung und unterliegt einer eigenen Lizenz, die für private Anwendungen aber kostenlos ist.

Installieren Sie zunächst den Adapter VIS (siehe Abbildung 9.118).

Lassen Sie die Einstellungen, insbesondere die Portnummer, unverändert. SCHLIESSEN beendet die Installation. VIS ist aber noch nicht einsatzfähig, da der Lizenzschlüssel fehlt.

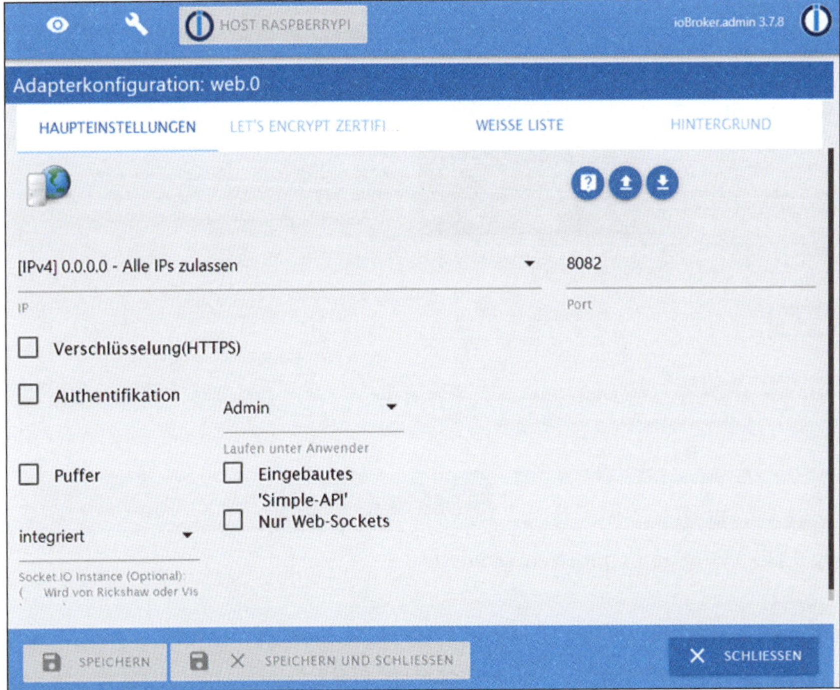

Abbildung 9.118 VIS-Adapter-Konfiguration

Eröffnen Sie hierfür einen ioBroker-Account. Gehen Sie über LIZENZSCHLÜSSEL zu dem Produkt IOBROKER.VIS, erklären Sie sich mit den AGB einverstanden (natürlich, nachdem Sie diese gründlich und genau gelesen haben) und KAUFEN Sie das Produkt. Unter der Überschrift LIZENZEN steht nun Ihre Lizenz für Sie bereit (siehe Abbildung 9.119).

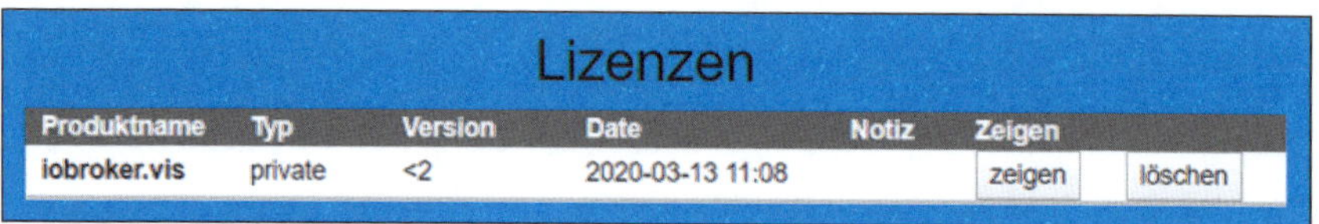

Lizenzen

Produktname	Typ	Version	Date	Notiz	Zeigen	
iobroker.vis	private	<2	2020-03-13 11:08		zeigen	löschen

Abbildung 9.119 VIS-Lizenz

Wenn Sie auf ZEIGEN klicken, öffnet sich ein Fenster mit einem unglaublich langen Lizenzschlüssel. Kopieren Sie den Schlüssel mit der gleichnamigen Schaltfläche.

Rufen Sie abschließend die VIS-Konfiguration auf und fügen Sie den Schlüssel in das entsprechende Feld ein (siehe Abbildung 9.120).

SCHLIESSEN beendet die Einrichtung; Sie können nun mit VIS arbeiten.

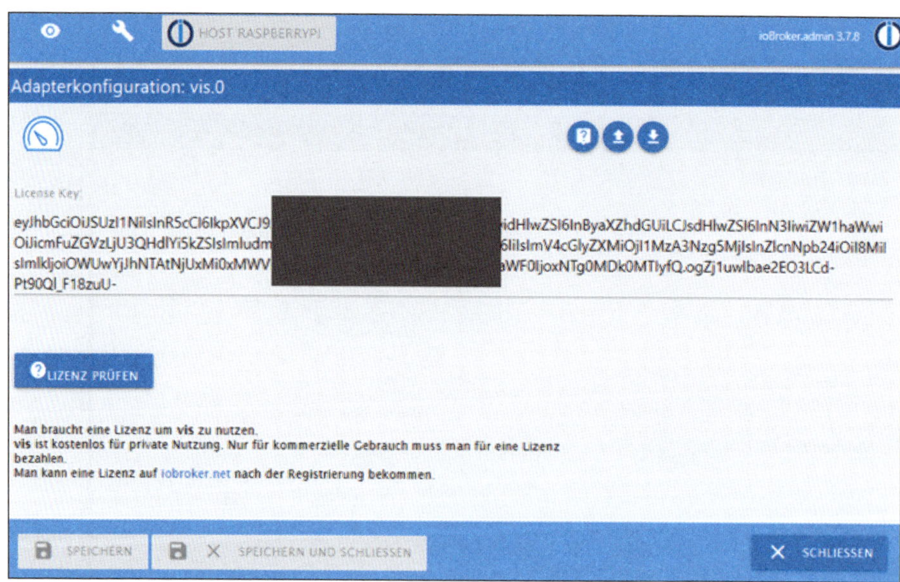

Abbildung 9.120 VIS-Adapter mit Lizenzschlüssel

Das Dashboard einrichten

Das Dashboard rufen Sie im Browser über Port 8082 (z. B. 192.168.2.215:8082) auf (siehe Abbildung 9.121).

Öffnen Sie den VIS-Editor. Der nun folgende Bildschirm demonstriert die beachtlichen Möglichkeiten von VIS (siehe Abbildung 9.122).

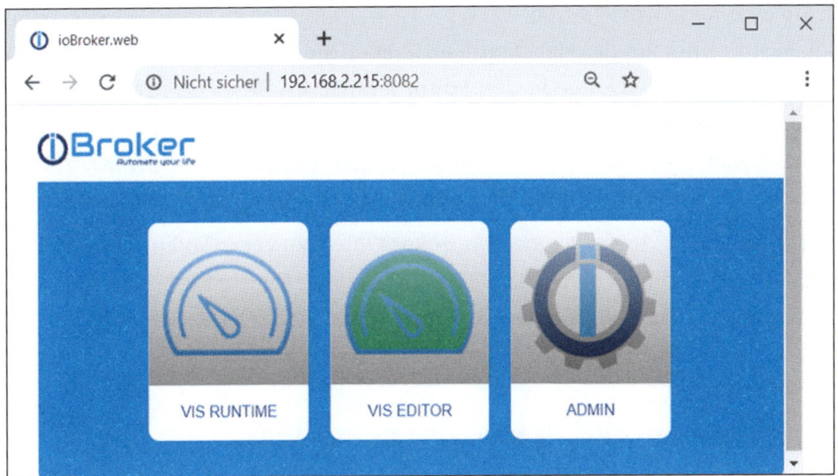

Abbildung 9.121 VIS im Browser

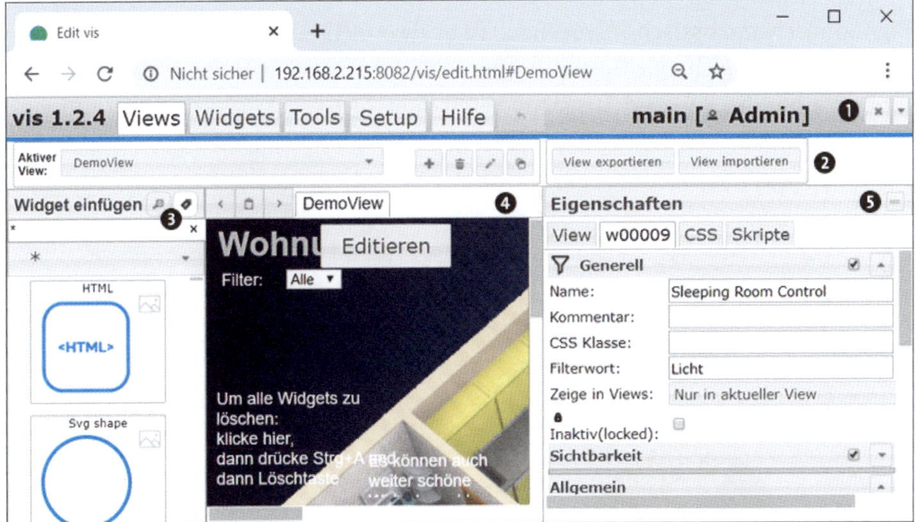

Abbildung 9.122 VIS-Editor

Der VIS-Editor gliedert sich in:

❶ ioBroker-VIS-Systemleiste

❷ Dynamische Symbolleiste: Sie hat je nach aktiviertem Register in der Systemleiste einen anderen Inhalt.

❸ Dropdown-Liste der Widgets

❹ Bearbeitungsbereich der Ansichten

❺ Eigenschaften

Erstellen Sie eine neue Ansicht über VIEWS • + • NEUER VIEWNAME (z. B. ESP32) und bestätigen Sie mit Klick auf das Häkchen-Icon. Ziehen Sie aus der Dropdown-Liste der Widgets das Widget *MeterGauge* in den Editorbereich. Im Bereich EIGENSCHAFTEN befindet sich ein neues Register, das eine Vielzahl von Einstellungen ermöglicht. Legen Sie beispielsweise den TITEL mit *BMP280-Temperatur*, MIN mit *10*, MAX mit *40*, INTERVALLE mit *21;28;40* und INTERVALLFARBEN mit *GREEN; ORANGE; RED* fest.

Wichtig ist allein, das Widget mit einem ioBroker-Objekt zu verknüpfen. Dazu klicken Sie auf das Auswahl-Icon bei dem Feld OBJECT-ID. Navigieren Sie hier zu dem Objekt, das die aufbereiteten Daten enthält (z. B. *0_userdata.0.esp32Daten.temperatur*), und wählen Sie es aus. Bereits in der Editoransicht erfolgt die Anzeige der Objektwerte, hier der Temperatur.

Verfahren Sie für die Anzeige des Luftdrucks in gleicher Weise.

Das Ein- bzw. Ausschalten der LED übernehmen zwei Widgets namens *Button-State*. Verknüpfen Sie beide mit der entsprechenden MQTT-Object-ID (z. B. *mqtt.0.esp32.LED*). Das Feld KNOPFTEXT erhält *EIN* bzw. *AUS* und das Feld WERT *on* bzw. *off*.

Ergonomisch und optisch ansprechend ist es zwar nicht, aber die rudimentäre und an dieser Stelle ausreichende Gestaltung der Bildschirmanzeige ist damit abgeschlossen und steht nun für Ein- und Ausgaben bereit (hier: *http://192.168.2.215:8082/vis/index.html#ESP32*, siehe Abbildung 9.123).

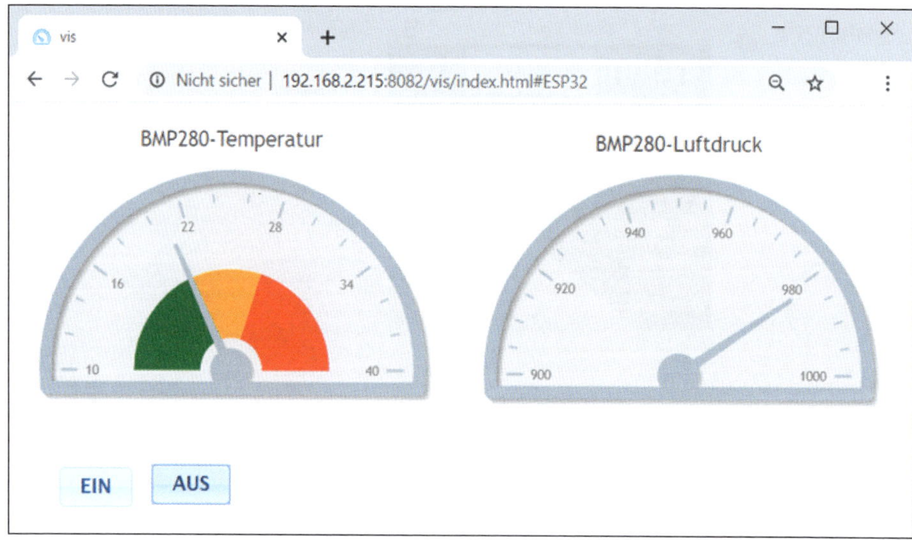

Abbildung 9.123 Anzeige des ioBrokers

Kapitel 10
Projektideen

Die bisherigen Kapitel haben das Fundament für das Arbeiten mit dem ESP32 gelegt. Dieses Kapitel baut auf dieser Basis auf, wandelt ab und ergänzt das Spektrum.

Die folgenden Abschnitte befassen sich mit ein paar Projektideen, die auch längeren Code enthalten – er kann tatsächlich ziemlich umfangreich werden und soll Ihnen als Vorlage für eigene Projekte dienen. Sie müssen aber natürlich nicht seitenweise Code abtippen! Alle Codebeispiele finden Sie unter *https://www.rheinwerk-verlag.de/5936* zum Download.

Die Ideen, die Sie in diesem Kapitel finden, bauen auf dem auf, was Sie bisher kennengelernt haben, beinhalten aber auch die eine oder andere Erweiterung bzw. Neuerung. Die Vorschläge verstehen sich als Anregung. Wandeln Sie sie ab, schneiden Sie sie auf Ihre persönlichen Erfordernisse zu, lassen Sie sich inspirieren und gehen Sie Ihren Weg.

Ich wünsche Ihnen viel Freude und Erfolg bei der Verwirklichung Ihrer Projekte!

10.1 The Evil Dice

Die kleine Sammlung von Projektideen soll mit einem Beispiel beginnen, das gut und gerne an einem verregneten Samstag umgesetzt werden kann: dem »Evil Dice«, einem smarten Würfel.

Was der smarte Würfel leisten soll

Für eine reine Würfelschaltung ist der ESP32 eigentlich überdimensioniert, denn ein rollender elektronischer Würfel lässt sich bereits mit deutlich kleineren Mikroprozessoren bauen, etwa mit dem ATTINY45.

Etwas Pfiff bekommt die Angelegenheit über verborgene Sonderfunktionen. So soll der Würfel alternativ über zwei nebeneinanderliegende Touch-Sensoren aktiviert werden können. Wird einer der beiden Sensoren berührt, ist das Würfelergebnis eine zufällige Zahl zwischen 1 und 6.

Wird aber der linke Sensor nur kurz berührt und anschließend mit einer Wischbewegung der rechte Sensor, ist das Ergebnis eine 1 bzw. mit einer Wischbewegung von rechts nach links eine 6. Eine solche Funktion kann ja bei spannenden Brettspielabenden im Familienkreis ganz nützlich sein ...

Die Schaltung

Für erste Gehversuche bietet es sich an, die Schaltung auf dem Steckbrett aufzubauen (siehe Abbildung 10.1).

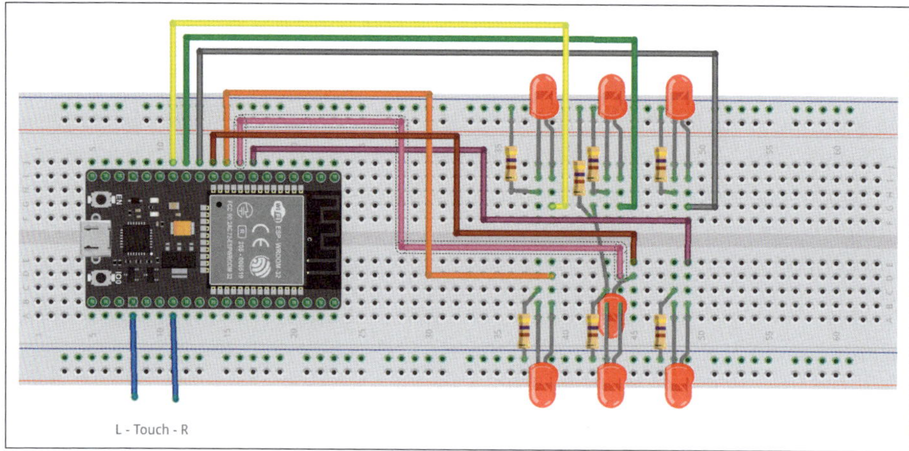

Abbildung 10.1 Schaltung für den smarten Würfel

Die Steckbrettschaltung können Sie dann in ein selbst gebasteltes Würfelgehäuse überführen.

Der Sketch

Der Sketch aus Listing 10.1 ist ziemlich umfangreich, die Komplexität ist aber noch überschaubar.

```
#define TOUTCH_PIN1 T3                    // ESP32-Pin D0
#define TOUTCH_PIN2 T0                    // ESP32-Pin D4
#define LED_PIN 2
#define LED_PIN1 12
#define LED_PIN2 14
#define LED_PIN3 27
#define LED_PIN4 25
#define LED_PIN5 33
#define LED_PIN6 32
#define LED_PIN7 26
```

```
unsigned long zeit1, zeit1Diff;          // Dauer Touch 1 berührt
unsigned long zeit2, zeit2Diff;          // Dauer Touch 2 berührt
unsigned long zeit3, zeit3Diff;          // Dauer Touch für Würfeln
int touchValue1, touchValue2;
int maxS = 30;

// LEDs ausschalten
void setLedLow() {
  digitalWrite (LED_PIN1, LOW);
  digitalWrite (LED_PIN2, LOW);
  digitalWrite (LED_PIN3, LOW);
  digitalWrite (LED_PIN4, LOW);
  digitalWrite (LED_PIN5, LOW);
  digitalWrite (LED_PIN6, LOW);
  digitalWrite (LED_PIN7, LOW);
  return;
}

// Ausgeben der gewürfelten Zahl
void displayZahl (int zahl) {
  switch (zahl) {
    case 1: digitalWrite (LED_PIN7, HIGH);
            break;
    case 2: digitalWrite (LED_PIN2, HIGH);
            digitalWrite (LED_PIN5, HIGH);
            break;
    case 3: digitalWrite (LED_PIN1, HIGH);
            digitalWrite (LED_PIN7, HIGH);
            digitalWrite (LED_PIN6, HIGH);
            break;
    case 4: digitalWrite (LED_PIN1, HIGH);
            digitalWrite (LED_PIN3, HIGH);
            digitalWrite (LED_PIN4, HIGH);
            digitalWrite (LED_PIN6, HIGH);
            break;
    case 5: digitalWrite (LED_PIN1, HIGH);
            digitalWrite (LED_PIN3, HIGH);
            digitalWrite (LED_PIN7, HIGH);
            digitalWrite (LED_PIN4, HIGH);
            digitalWrite (LED_PIN6, HIGH);
            break;
    case 6: digitalWrite (LED_PIN1, HIGH);
            digitalWrite (LED_PIN2, HIGH);
```

```
          digitalWrite (LED_PIN3, HIGH);
          digitalWrite (LED_PIN4, HIGH);
          digitalWrite (LED_PIN5, HIGH);
          digitalWrite (LED_PIN6, HIGH);
          break;
  }
  return;
}

void wuerfeln (int art) {
  int zahl;
  for (int i = 0; i < 30; i++) {        // Rollen des Würfels simulieren
    zahl = random (1, 6);
    displayZahl(zahl);
    delay(15 * i);                      // verlangsamen
    setLedLow();
  }
  if (art == 1)      zahl = 1;
  else if (art == 6) zahl = 6;
  displayZahl(zahl);
  delay (1000);
  setLedLow();
  return;
}

void setup() {
  pinMode(LED_PIN, OUTPUT);
  pinMode(LED_PIN1, OUTPUT);
  pinMode(LED_PIN2, OUTPUT);
  pinMode(LED_PIN3, OUTPUT);
  pinMode(LED_PIN4, OUTPUT);
  pinMode(LED_PIN5, OUTPUT);
  pinMode(LED_PIN6, OUTPUT);
  pinMode(LED_PIN7, OUTPUT);
  digitalWrite (LED_PIN, LOW);
  setLedLow();
  zeit1 = micros();
  zeit2 = micros();
  zeit3 = micros();
}
```

```
void loop() {
  touchValue1 = touchRead(TOUTCH_PIN1);
  touchValue2 = touchRead(TOUTCH_PIN2);

  if (touchValue1 < maxS ||
      touchValue2 < maxS) {
    if (touchValue1 > 5 && touchValue1 < maxS) {
      zeit1Diff = micros() - zeit1;
    }
    if (touchValue2 > 5 && touchValue2 < maxS) {
      zeit2Diff = micros() - zeit2;
    }

    int antT1, antT2;
    zeit3Diff = micros() - zeit3;
    if (zeit3Diff > 500000) {
      antT1 = zeit1Diff * 100 / (zeit1Diff+zeit2Diff);  // %-Anteil
      antT2 = zeit2Diff * 100 / (zeit1Diff+zeit2Diff);  // %-Anteil
      if (antT1 > 75 || antT2 > 75) {   // nur ein Touch angetippt
        wuerfeln (0);
      } else
      if (antT1 < 35) {                 // zuerst Tipp T1
        wuerfeln (1);
      } else
      if (antT2 < 35) {                 // zuerst Tipp T2
        wuerfeln (6);
      } else {                          // Tipp nicht eindeutig
        wuerfeln (0);
      }
      delay (1000);
      zeit1 = micros();
      zeit2 = micros();
      zeit3 = micros();
      zeit1Diff = 0;
      zeit2Diff = 0;
    }
    digitalWrite (LED_PIN, HIGH);
  } else {
    zeit1 = micros();
    zeit2 = micros();
    zeit3 = micros();
    zeit1Diff = 0;
    zeit2Diff = 0;
```

```
    digitalWrite (LED_PIN, LOW);
  }
  delay(10);
}
```

Listing 10.1 Sketch für »The Evil Dice«

Die meisten Programmbestandteile sind bereits in ähnlicher Form behandelt worden, sodass der Code keine dramatischen Neuerungen aufweist. Die eigentliche Schwierigkeit besteht darin, die Parameter der eigenen »Wischfertigkeit« anzupassen.

Die ersten Programmzeilen sind wie immer den notwendigen `#includes`, `#defines` und der Definition von globalen Variablen vorbehalten.

Für den Pegelwechsel aller LEDs auf `LOW` ist eine eigene Funktion `setLedLow()` vorgesehen, da dies von zwei Stellen des Programms nötig ist.

In der Funktion `displayZahl (int zahl)` werden die LEDs entsprechend dem Parameter `zahl`, der den Würfelwert enthält, über eine `switch`-Anweisung eingeschaltet.

[i]

Drei oder sieben Stränge?

Anstatt sieben Stränge für die LED-Steuerung zu verwenden, können Sie die gleiche Aufgabe auch mithilfe von nur drei Leitungen bewerkstelligen. Der Stromverbrauch kann dann aber in Abhängigkeit von den verwendeten LEDs die maximal zulässige GPIO-Belastung übersteigen, sodass in der Folge eine Transistorschaltung (siehe Abschnitt 7.2.1) nötig wäre.

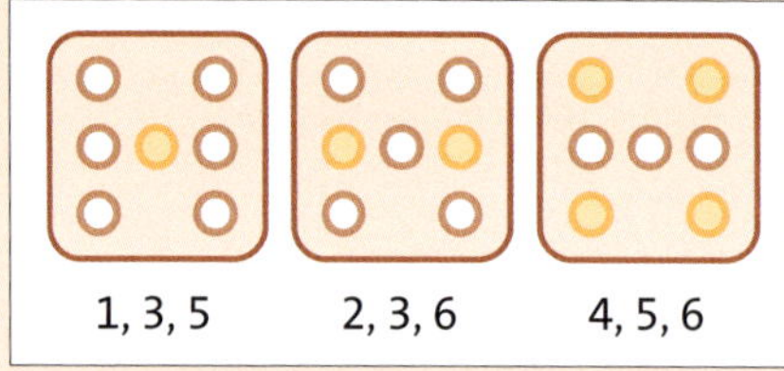

Abbildung 10.2 Smarter Würfel – Steuerung mit drei Leitungen

Die Funktion `wuerfeln (int art)` ermittelt das Ergebnis des Würfelvorgangs. Der Parameter `art` bestimmt, ob es sich um normales Würfeln oder um einen »Sondervorgang« handelt. Sie können die Anzahl der Rollvorgänge (hier 30) und die Verzögerungszeit beim Auslaufen des Würfels (hier `delay(15 * i)`) Ihren Anforderungen entsprechend ändern.

In der Hauptschleife befindet sich die eigentliche Verarbeitungslogik. Zu Beginn werden die Touch-Sensoren ausgelesen. In Abhängigkeit davon, ob der in der Variablen `maxS` festgelegte Schwellenwert für eine Berührung unterschritten ist, erfolgt dann die weitere Auswertung.

Die Abfrage `if (zeit3Diff > 500000)` überprüft, ob der Touch-Vorgang insgesamt lange genug gedauert hat, und zwar auf Basis von Mikrosekunden (1.000 Mikrosekunden = 1 Millisekunde, 1.000.000 Mikrosekunden = 1 Sekunde – hier also 0,5 Sekunden).

Bei einem positiven Ergebnis berechnet der Sketch im Anschluss den jeweiligen prozentualen Anteil der Berührung von Touch 1 und Touch 2 an der gesamten Zeit des Touch-Vorgangs. Dieser wird als Nächstes ausgewertet und die Funktion `wuerfeln()` wird entsprechend parametrisiert aufgerufen.

Der Sketch wird ausgeführt

Wie der fertige Würfel genau aussieht, hängt natürlich von Ihrem Bastelgeschick ab. Dass die LEDs leuchten, wie sie sollen, zeigt Abbildung 10.3.

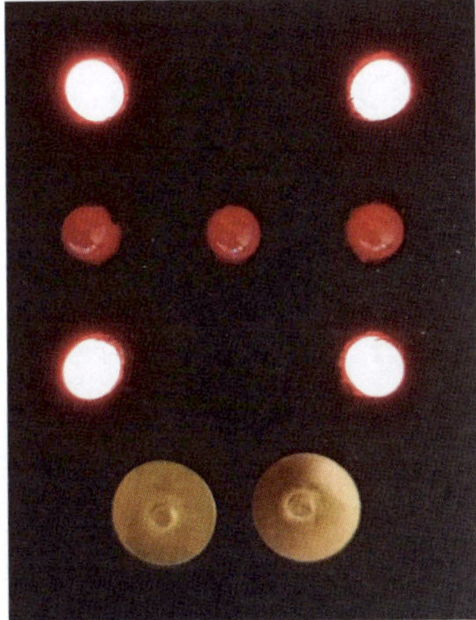

Abbildung 10.3 Ergebnis des smarten Würfels

Damit der Würfel auch seine Evil-Funktionen wunschgemäß ausführt, braucht es allerdings etwas Übung – die Funktion soll ja nicht zu einfach auszulösen sein. Passen Sie gegebenenfalls die Parameter an und probieren Sie unterschiedliche Werte aus.

10.2 Die Maker-Uhr

Maker realisieren gern eigene Lösungen – auch für gängige, alltägliche Güter. So liegt es nahe, diesen Ansatz auch auf eine individuelle Zeitanzeige, also eine unkonventionelle Digitaluhr, anzuwenden. In diesem Sinne soll der folgende Abschnitt eine Uhr präsentieren, die die Zeit in binärer Form anzeigt. Bezugsquelle für die aktuelle Zeit soll das Web sein. Außerdem sollen gewisse Anzeigeneinstellungen flexibel über eine App vorgenommen werden können.

Möglichkeiten einer Binäruhr

Bei einer Binäruhr wird die Uhrzeit mit binären Anzeigeelementen dargestellt. Dabei wird jede Dezimalziffer in das Dualsystem umgerechnet und angezeigt. Geläufig sind zwei Varianten:

- eine, in der jede Dezimalziffer (Stundenzehner, Stundeneiner usw.) in dualer Form dargestellt wird, und
- eine, in der die Darstellung ohne direkten Bezug zum Dezimalsystem als *BCD-*Codierung (*Binary Coded Decimal*) vorgenommen wird.

Ein Beispiel dazu sehen Sie links in Abbildung 10.4, die rechte Darstellung zeigt eine einfache Umwandlung ins Binärsystem (jede Stelle der Zahl hat den Wert der entsprechenden 2er-Potenz). Die der ersten Ziffer von rechts entsprechende Potenz ist $2^0 = 1$. Multiplizieren Sie jede Ziffer mit der entsprechenden Potenz und summieren Sie sie. Gehen Sie am besten von rechts nach links vor: Stundenzehner: 0001. Von rechts nach links bedeutet das $(1 \times 1) + (0 \times 2) + (0 \times 4) + (0 \times 8) = 1 + 0 + 0 + 0 = 1$.

Eine übersichtliche Darstellung der BCD-Codierung finden Sie in der Wikipedia unter *https://de.wikipedia.org/wiki/BCD-Code*.

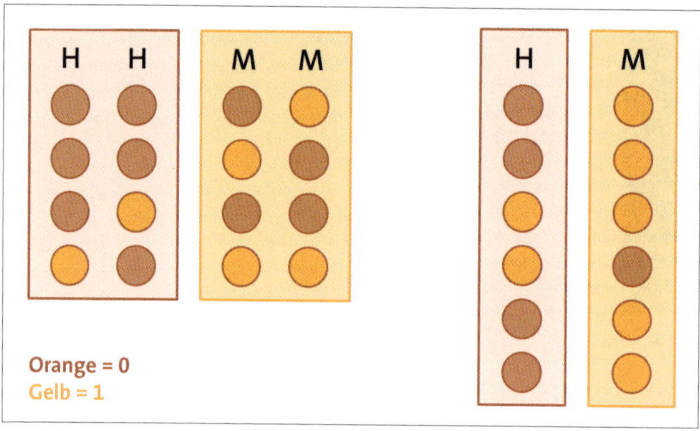

Abbildung 10.4 Prinzip einer Binäruhr

In beiden Fällen, die Sie in Abbildung 10.4 sehen, ist die Uhrzeit 12:59.

Die LED-Matrix

Für die Darstellung der einzelnen Binärwerte bietet sich eine LED-Matrix an. Diese Matrizes sind in den unterschiedlichsten Formaten erhältlich. Für dieses Beispiel kommt eine 4×5-Matrix zur Anwendung, die noch einen Bezug zum Dezimalsystem bietet. Die fünf Spalten sind für Stundenzehner, Stundeneiner, Minutenzehner, Minuteneiner und Sekunden vorgesehen. Die Sekunden sollen dabei in 15-Sekunden-Intervallen zusammengefasst werden, d. h., für die Sekundenwerte 0 bis 14 wird die unterste LED leuchten.

Die Matrix wird realisiert mithilfe von RGB-LEDs mit gemeinsamer Kathode. Dabei sind die Kathoden für Stundenzehner, Stundeneiner usw. miteinander verbunden und werden an einen GPIO-Pin des ESP32 geführt (siehe Abbildung 10.5).

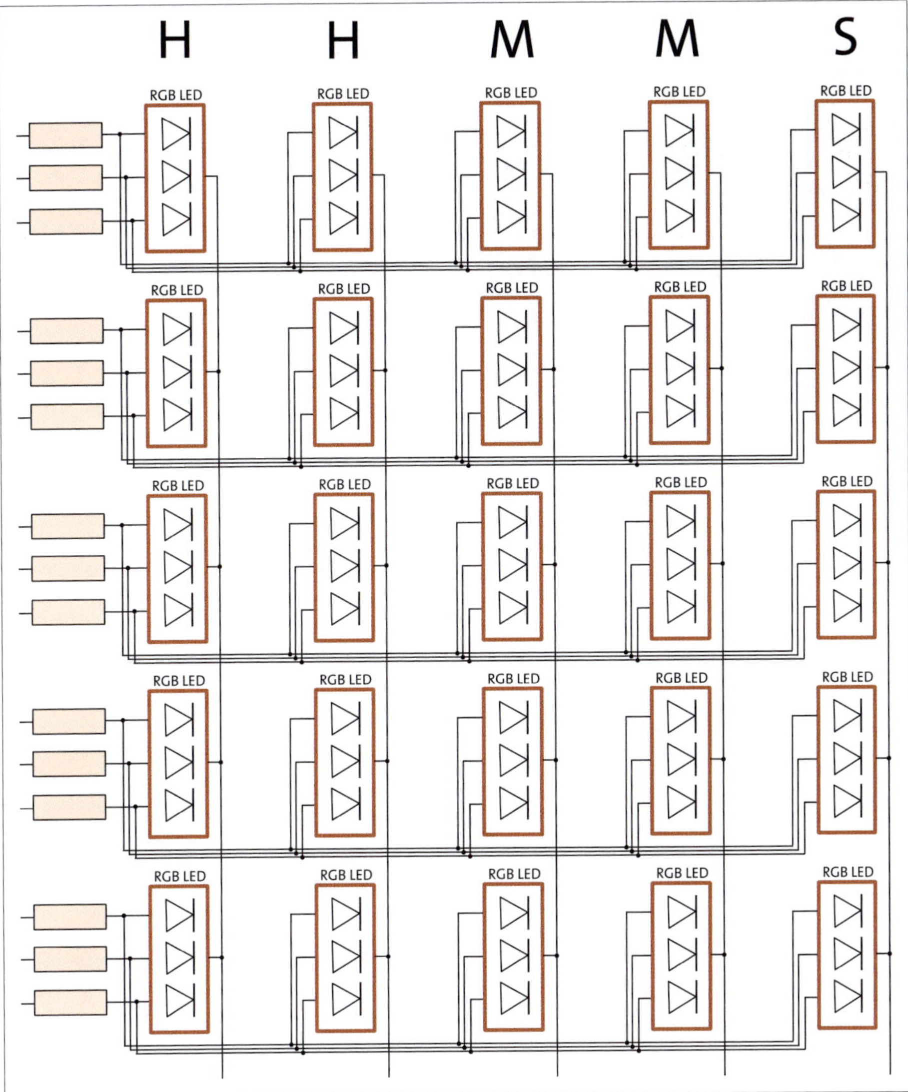

Abbildung 10.5 LED-Matrix – Schaltplan für eine Binäruhr

Miteinander verbunden sind auch die Anschlüsse für Rot, Grün und Blau der RGB-LED-Zeilen. Sie werden über einen Widerstand ebenfalls mit einem GPIO-Pin verbunden, wobei sich der Wert des Widerstands nach den Spezifikationen des Bauteils richtet. Jede Zeile repräsentiert einen Dualwert, unten beginnend mit 1, 2, 4 und 8.

Es bietet sich an, die LED-Matrix in Eigenentwicklung später als fertiges Bauteil auf einer Lochrasterplatine aufzubauen.

Auf der Oberseite der Lochrasterplatine werden die Verbindungen für die Kathoden geführt. Auf der Unterseite befinden sich die Stränge für die RGB-Anoden. Für den besseren Anschluss der Matrix an das ESP32-Dev-KitC V4 sind hinsichtlich der Verbindungen Headerstiftleisten vorgesehen (siehe Abbildung 10.6).

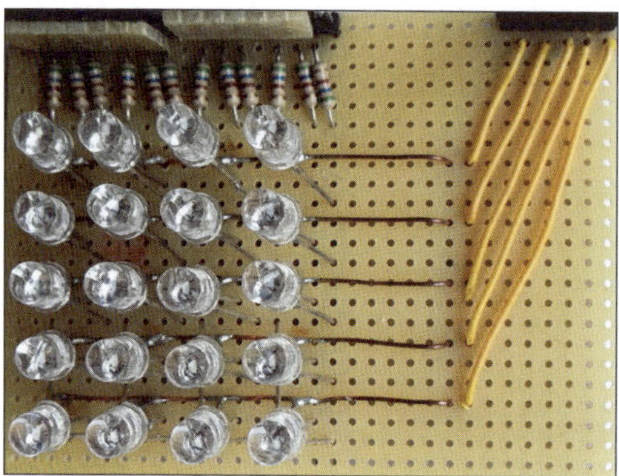

Abbildung 10.6 Bauteil für die Binäruhr

Was die Binäruhr leisten soll

Das Programm für die Binäruhr muss vor allem Folgendes leisten:

- dauerhaftes Speichern der Einstellungen, die hinsichtlich der RGB-Farbauswahl getroffen wurden
- Aufbauen einer WLAN-Verbindung
- Besorgen der aktuellen Zeitangabe
- Aufbereiten und Erzeugen der Daten für die LED-Matrix; die Ausgabe selbst erfolgt dann über PWM.

Der Code setzt sich also aus einigen Blöcken zusammen, die in ihren Grundzügen mit einer Ausnahme bereits angerissen wurden.

Neu und auf den ersten Blick etwas problematisch ist aber die aktuelle Zeitangabe. Anders als der PC oder ein Mikrocomputer verfügen Mikrocontroller von Haus aus nicht über die Möglichkeit, die aktuelle Zeit abzurufen. Da sich der ESP32 aber mit dem Internet verbinden kann, gibt es auch hierfür eine Lösung. Das Stichwort heißt *NTP* (*Network Time Protocol*).

NTP einrichten

Weltweit wird ein weitverzweigtes Netz von Rechnern betrieben, die die aktuelle Zeit auf der Basis von Atomuhren anbieten. Die Tiefe der Darstellung geht bis in den

Nanosekundenbereich, der aber eher für wissenschaftliche Zwecke von Interesse ist. Die Rechner sind in einem Pool organisiert, sodass beim Ausfall eines Zugangs auf einen anderen ausgewichen werden kann. In der Bundesrepublik sind Anbieter beispielsweise die Physikalisch-Technische Bundesanstalt in Braunschweig (drei Zeitserver: *ptbtime1.ptb.de*, *ptbtime2.ptb.de*, *ptbtime3.ptb.de*), Universitäten (z. B. Regensburg mit der URL *ntp.ur.de*) und andere.

Hilfreiche Funktionen für den Zugriff auf einen NTP-Server über den Arduino finden sich in der Bibliothek *NTPClient*, die Sie noch installieren müssen (siehe Abbildung 10.7).

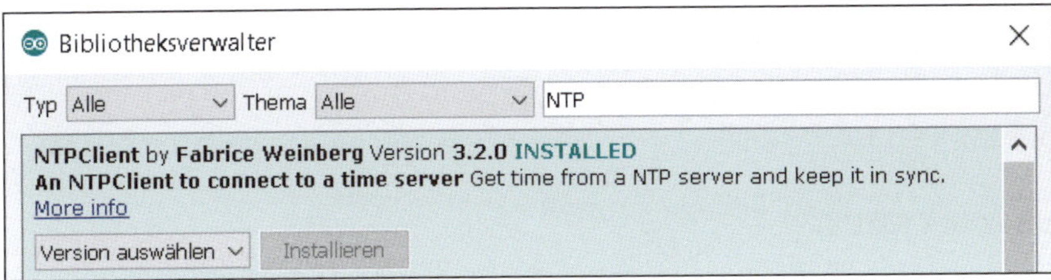

Abbildung 10.7 Die Bibliothek »NTPClient« einfügen

In der Bibliothek (Version: 3.2.0) enthaltene interessante Funktionen sind:

- `getFormattedTime()`: Gibt einen Wert vom Typ *String* zurück, der die Zeit im Format *hh:mm:ss* enthält.
- `getEpochTime()`: Gibt einen Wert vom Typ *Unsigned Long Integer* zurück, der die Zeit in Sekunden seit dem 01.01.1970 enthält.
- `getHours()/getMinutes()/getSeconds()`: Geben jeweils einen *Integer*-Wert mit der entsprechenden Zeitangabe zurück.
- Der Sketch

Der Sketch aus Listing 10.2 ist aufgrund der Vielzahl der Aufgaben etwas umfangreicher. Zahlreiche Kommentare helfen Ihnen aber beim Verständnis.

```
#include <EEPROM.h>                    // Bibliothek "Flash Memory"
#include <WiFi.h>                      // für WLAN
#include <WiFiUdp.h>
#include <NTPClient.h>                 // für NTP

#define EEPROM_SIZE 15                 // Speichergröße festlegen

#define NTP_OFFSET 2 * 60 * 60         // in Sekunden
#define NTP_INTERVAL 60 * 1000         // in Millisekunden
#define NTP_ADDRESS "3.de.pool.ntp.org"   // "ptbtime1.ptb.de"
```

```
const char* ssid     = "dieRouterSSID";
const char* password = "dasRouterPW";
IPAddress lclIP (192,168,2,207);
IPAddress gateway (192,168,2,1);              // IP-Adresse des Routers
IPAddress subnet (255,255,255,0);
IPAddress primaryDNS (8, 8, 8, 8);            // optional
IPAddress secondaryDNS (8, 8, 4, 4);          // optional

WiFiServer serverWiFi(80);                    // bietet Standardport 80
WiFiClient wifiClient;
WiFiUDP ntpUDP;
NTPClient timeClient(ntpUDP, NTP_ADDRESS, NTP_OFFSET, NTP_INTERVAL);

int eepromRGB [5][3];                         // Werte für [Zeitspalten]/[rgb]

// Pins für die Spalten
int pinGND1 = 18;                             // GPIO21, Stundenzehner
int pinGND2 = 19;                             // GPIO1, Stundeneiner
int pinGND3 = 21;                             // GPIO1, Minutenzehner
int pinGND4 = 22;                             // GPIO22, Minuteneiner
int pinGND5 = 23;                             // GPIO23, Block Sekunden
int pinGNDar [5] = {pinGND1, pinGND2, pinGND3, pinGND4, pinGND5};
// Pins für die Zeilen
// 1. Dimension = 1. (unterste) Reihe;  2. Dimension:
// GPIO-Pin rot, grün, blau
int RGBLedAr [4][3] = {{15,2,0}, {13,12,14}, {27,26,25}, {33,32,5}};

int stunden;
int minuten;
int sekunden;

// Lesen des RGB-Farbstatus
void lesenEeprom() {
  // gesicherten Status aus dem Flash-Memory auslesen
  int sp =0, rgb = 0, stat = 0;
  for (int i = 0; i < 15; i++) {
    stat = EEPROM.read(i);
    if (stat == 255) {
      eepromRGB [sp][rgb]= 1;
    } else {
      eepromRGB [sp][rgb]= 0;
    }
    rgb++;
```

```
      if (rgb > 2) {
        sp++;
        rgb = 0;
      }
    }
}

// Speichern des RGB-Farbstatus
// rx = gerade Zahl   => eeprom = 0   => aus
// rx = ungerade Zahl => eeprom = 255 => an
void speichernEeprom(int rx) {
  int i = rx / 2;
  int iRest = rx  % 2;
  if (iRest == 0) {
    EEPROM.write(i-1, 0);
  } else {
    EEPROM.write(i, 255);
  }
  EEPROM.commit();
  return;
}

// Holen der aktuellen Zeit
void holenNTP() {
  timeClient.update();                    // Aktualisieren des Zeitstempels
  stunden = timeClient.getHours();
  minuten = timeClient.getMinutes();
  sekunden = timeClient.getSeconds();
  return;
}

// Anzeige des Spaltenwerts
void displayWert(int w, int spalte){
  int r = eepromRGB [spalte][0];
  int g = eepromRGB [spalte][1];
  int b = eepromRGB [spalte][2];
  if (w & 1) {
    if (r) digitalWrite(RGBLedAr[0][0], HIGH);
    if (g) digitalWrite(RGBLedAr[0][1], HIGH);
    if (b) digitalWrite(RGBLedAr[0][2], HIGH);
    delay (2);
    digitalWrite(RGBLedAr[0][0], LOW);
    digitalWrite(RGBLedAr[0][1], LOW);
```

```
    digitalWrite(RGBLedAr[0][2], LOW);
  }
  if (w & 2) {
    if (r) digitalWrite(RGBLedAr[1][0], HIGH);
    if (g) digitalWrite(RGBLedAr[1][1], HIGH);
    if (b) digitalWrite(RGBLedAr[1][2], HIGH);
    delay (2);
    digitalWrite(RGBLedAr[1][0], LOW);
    digitalWrite(RGBLedAr[1][1], LOW);
    digitalWrite(RGBLedAr[1][2], LOW);
  }
  if (w & 4) {
    if (r) digitalWrite(RGBLedAr[2][0], HIGH);
    if (g) digitalWrite(RGBLedAr[2][1], HIGH);
    if (b) digitalWrite(RGBLedAr[2][2], HIGH);
    delay (2);
    digitalWrite(RGBLedAr[2][0], LOW);
    digitalWrite(RGBLedAr[2][1], LOW);
    digitalWrite(RGBLedAr[2][2], LOW);
  }
  if (w & 8) {
    if (r) digitalWrite(RGBLedAr[3][0], HIGH);
    if (g) digitalWrite(RGBLedAr[3][1], HIGH);
    if (b) digitalWrite(RGBLedAr[3][2], HIGH);
    delay (2);
    digitalWrite(RGBLedAr[3][0], LOW);
    digitalWrite(RGBLedAr[3][1], LOW);
    digitalWrite(RGBLedAr[3][2], LOW);
  }
  return;
}

// Ausgabe der Zeit
void displayZeit() {
  int s;
  switch (sekunden/15) {
    case 0: s = 1; break;
    case 1: s = 3; break;
    case 2: s = 7; break;
    default  : s = 15;
  }
```

```
  // Stundenzehner
  digitalWrite(pinGND1 , LOW);
  displayWert((stunden/10), 0);
  digitalWrite(pinGND1 , HIGH);
  // Stundeneiner
  digitalWrite(pinGND2 , LOW);
  displayWert((stunden%10), 1);
  digitalWrite(pinGND2 , HIGH);
  // Minutenzehner
  digitalWrite(pinGND3 , LOW);
  displayWert((minuten/10), 2);
  digitalWrite(pinGND3 , HIGH);
  // Minuteneiner
  digitalWrite(pinGND4 , LOW);
  displayWert((minuten%10), 3);
  digitalWrite(pinGND4 , HIGH);
  // Block Sekunden
  digitalWrite(pinGND5 , LOW);
  displayWert(s, 4);
  digitalWrite(pinGND5 , HIGH);
  return;
}

// sendet eine Antwort an den WLAN-Client
void wifiSend (WiFiClient client) {
  client.println("HTTP/1.1 200 OK");
  client.println("Content-type:text/html");
  client.println();
  // der Inhalt der HTTP-Antwort folgt auf den Header
  client.println();
}

// bearbeitet eine Anfrage von dem WLAN-Client
void wifiReceive (WiFiClient client) {
  //Serial.println("Neue Anfrage.");       // Ausgabe einer Meldung im
                                          // seriellen Monitor
  String currentLine = "";                // String-Variable für
                                          // eingehende Daten
  int cnt = 0;                            // Zähler while client.connected
  while (client.connected()) {            // while-Shleife, solange Client
    cnt++;                                // Schleifenzähler um 1 erhöhen
    if (client.available()) {             // hat Client Bytes?
      char c = client.read();             // Lesen 1 Byte in Variable c
```

```
      // Serial.print(c);                    // Ausgabe des Bytes im SM
      if (c == '\n') {                       // Ist Byte ein Newline-Zeichen?
        // das Ende der HTTP-Anfrage ist eine Blank-Zeile
        // und zwei Newline-Zeichen hintereinander
        if (currentLine.length() == 0) {      // Ende der HTTP-Anforderung
                                              // durch den Client
          wifiSend(client);
          break;                             // Beenden der while
                                             // client.connected-Schleife
        } else {                             // liegt ein Newline vor
          currentLine = "";                  // Variable currentLine löschen
        }
      } else if (c != '\r') {                // alles andere als ein
                                             // Wagenrücklaufzeichen
        currentLine += c;                    // Zeichen currentLine hinzufügen
      }
      // vollständiger Inhalt von currentLine z. B. GET /1 HTTP/1.1
      // war die Clientanfrage "GET /" gefolgt von einer Zahl?
      if (currentLine[0] == 'G' &&
        currentLine.length() == 7 &&
        isDigit (currentLine[5] )) {
        int n = 0;
        String s1 = "";
        if (isDigit (currentLine[6] )) {     //2-stellig?
          s1 += currentLine[5];
          s1 += currentLine[6];
        } else {
          s1 += currentLine[5];
        }
        n = s1.toInt();
        Serial.print("n = ");
        Serial.println(n);
        speichernEeprom(n);
      }
    }                                        // end if client.available

    // erzwingt disconnect bei fehlendem client.available
    if (cnt > 10000) {
      break;
    }
  }                                          // end while client.connected
  client.stop();                             // Verbindung schließen
```

```
  //Serial.println("Client Disconnected.");
  //Serial.println();
}

void setup() {
  Serial.begin(115200);
  // EEPROM mit festgelegter Größe initialisieren
  EEPROM.begin(EEPROM_SIZE);
  // gesicherten Status aus dem Flash-Memory auslesen
  lesenEeprom();

  // GPIO für die Spalten initialisieren
  for (int i = 0; i < 5; i++) {
    pinMode(pinGNDar [i], OUTPUT);
    digitalWrite(pinGNDar [i], HIGH);
  }

  // GPIO für die Zeilen initialisieren
  for (int i = 0; i < 4; i++) {
    pinMode(RGBLedAr[i][0], OUTPUT);
    digitalWrite(RGBLedAr[i][0], LOW);
    pinMode(RGBLedAr[i][1], OUTPUT);
    digitalWrite(RGBLedAr[i][1], LOW);
    pinMode(RGBLedAr[i][2], OUTPUT);
    digitalWrite(RGBLedAr[i][2], LOW);
  }

  if (!WiFi.config(lclIP, gateway, subnet, primaryDNS, secondaryDNS)) {
    Serial.println("STA failed to configure ");
  }
  Serial.print("Verbindungsaufbau zu ");      // Verbindungsaufbau
                                              // WLAN-Netzwerk
  Serial.println(ssid);
  WiFi.begin(ssid, password);
  while (WiFi.status() != WL_CONNECTED) {
    delay(500);
    Serial.print(".");
  }
  Serial.println("");
  Serial.println("WiFi verbunden");
  Serial.println("IP address: ");
  Serial.println(WiFi.localIP());
  serverWiFi.begin();
```

```
  Serial.println("Start NTP Client!");
  timeClient.begin();
  holenNTP();
  Serial.println("setup beendet");
}

void loop() {
  WiFiClient client = serverWiFi.available(); // horcht auf Clientanfragen
  if (client) {                               // Fragt ein Client an?
    wifiReceive (client);                     // Anfrage aufbereiten
  }
  for (int i = 0; i < 20; i++) {
    displayZeit();
  }
  holenNTP();
  delay(1);                     // warten
}
```

Listing 10.2 Sketch für die Maker-Uhr

Zu Beginn stehen die `#includes`, die wie gehabt die notwendigen Bibliotheken einbinden.

```
#include <EEPROM.h>                     // Bibliothek Flash-Memory
#include <WiFi.h>                       // für WLAN
#include <WiFiUdp.h>
#include <NTPClient.h>                  // für NTP
```

Die EEPROM-Speichergröße wird auf 15 festgelegt, d. h. je ein Byte für jede Spalte und dort für jede RGB-Farbe (5 × 3):

```
#define EEPROM_SIZE 15                  // Speichergröße festlegen
```

NTP verlangt noch einige Einstellungen. Basis für NTP ist die *GMT* (*Greenwich Mean Time*). Sie läuft der hiesigen Zeit (Berlin) um eine Stunde bzw. zwei Stunden hinterher, sodass die Basis um ein entsprechendes Offset zu erhöhen ist. Darüber hinaus werden ein Update-Intervall und der NTP-Time-Server festgelegt:

```
#define NTP_OFFSET 2 * 60 * 60          // in Sekunden
#define NTP_INTERVAL 60 * 1000          // in Millisesekunden
#define NTP_ADDRESS "3.de.pool.ntp.org"     // "ptbtime1.ptb.de"
```

Es folgen die Angaben für die WLAN-Verbindung. Zur Anwendung kommt an dieser Stelle eine feste IP-Adresse, damit diese in der Update-App für die Binäruhreinstellungen fest vorgegeben werden kann:

```
const char* ssid     = "dieRouterSSID";
const char* password = "dasRouterPW";
IPAddress lclIP (192,168,2,207);
IPAddress gateway (192,168,2,1);              //IP-Adresse des Routers
IPAddress subnet (255,255,255,0);
IPAddress primaryDNS (8, 8, 8, 8);            //optional
IPAddress secondaryDNS (8, 8, 4, 4);          //optional
```

Um die Funktionen der Bibliotheken nutzen zu können, sind einige Objekte nötig:

```
WiFiServer serverWiFi(80);                    // bietet Standardport 80
WiFiClient wifiClient;
WiFiUDP ntpUDP;
NTPClient timeClient(ntpUDP, NTP_ADDRESS, NTP_OFFSET, NTP_INTERVAL);
```


Danach werden einige globale Variablen initialisiert, insbesondere für die Zuordnung der GPIO-Pins zu den Anschlüssen der LED-Matrix. Passen Sie unter Umständen die GPIO-Belegung den eigenen Bedürfnissen an; dabei sollten Sie jedoch nicht aus den Augen verlieren, dass einige GPIOs nicht wahlfrei nutzbar sind!

Die Funktion `lesenEeprom()` liest die im EEPROM gespeicherten RGB-Farbwerte aus. Ist der eingelesene Wert 255, wird das korrespondierende Element der RGB-Farbtabelle auf 1 gesetzt, ansonsten auf 0. Auf Basis der Einzelwerte der RGB-Farbtabelle (1 = an, 0 = aus) entscheidet sich im weiteren Programmverlauf, ob die entsprechende Farbe der Binäruhrspalte angezeigt wird oder nicht. Programmtechnisch sind hier sicherlich auch andere Lösungen denkbar, hier soll das aber so genügen.

Die Funktion `speichernEeprom()` speichert den Status einer RGB-Farbe für eine Spalte im EEPROM. Der Status und der zugehörige Tabellenplatz (sprich RGB-Farbe/Spalte) ergeben sich aus dem übergebenen Parameter `rx`. Dieser kann einen Wert von 1 bis 30 annehmen. In der Programmlogik verbirgt sich dahinter ein Zahlenpaar: Eine ungerade Zahl bedeutet »an«, eine gerade »aus« (z. B. `1` / `2`: Dann bedeutet `1`: Farbe Rot der RGB-LEDs in Spalte 1 »an«; und `2` bedeutet: Farbe Rot der RGB-LEDs in Spalte 1 »aus«). Der Tabellenplatz der RGB-Farbtabelle und damit die Spalte der LED-Matrix wird durch eine Division durch 2 ermittelt:

```
int i = rx / 2;
```

Der Status berechnet sich mittels des Modulo-Operators. Ist der Rest der Division 0, also eine gerade Zahl, wird der Status auf 0 gesetzt, d. h. auf »aus«.

```
int iRest = rx  % 2;
if (iRest == 0) {
    EEPROM.write(i-1, 0);
```

```
} else {
  EEPROM.write(i, 255);
}
```

Die Funktion lesenEeprom() aktualisiert dann die RGB-Farbtabelle, die die Grundlage für die Darstellung der RGB-Farben der Matrix darstellt.

Die Funktion holenNTP() holt den aktuellen Zeitstempel und weist den Variablen stunden, minuten und sekunden die neuen Werte zu.

Die Funktionen displayZeit() und displayWert(int w, int spalte) sind gewissermaßen die Kernfunktionen des Sketchs. Sie sorgen dafür, dass die Zeit in binärer Form angezeigt wird, und steuern die LEDs der LED-Matrix an. Der Grundgedanke hierbei ist, die PWM-Funktionalität zu nutzen, und zwar dergestalt, dass in einem Zyklus eine jede Farbe aller RGB-LEDs für eine kurze Zeit leuchtet, sofern der in der RGB-Farbtabelle gesetzte Status eine »1«, also »an«, aufweist. Damit eine Farbe einer RGB-LED aber angeschaltet wird, muss deren Anode auf logisch HIGH und die Kathode auf logisch LOW gesetzt werden.

Die Funktion displayZeit() wertet den in den Variablen stunden, minuten und sekunden gespeicherten Zeitstempel aus. Für jede Spalte (Stundenzehner, Stundeneiner usw.) ermittelt sie den anzuzeigenden Wert und ruft die Funktion displayWert(int w, int spalte) auf. Der Parameter w enthält den Wert (z. B. 5), der Parameter spalte die Spalte. Berechnet werden die Werte durch eine einfache Division durch 10 für die Zehner und mit dem Modulo-Operator für die Einer. Vor dem Aufruf der Funktion wird die Spalte aktiviert, d. h., der GPIO, an den die Kathoden der RGB-LEDs in der Spalte angeschlossen sind, wird auf LOW gesetzt. Nach dem Aufruf wird der GPIO durch das Setzen auf HIGH wieder deaktiviert (z. B. für Stundenzehner):

```
// Stundenzehner
digitalWrite(pinGND1 , LOW);
displayWert((stunden/10), 0);
digitalWrite(pinGND1 , HIGH);
```

Die Ermittlung des Werts für die Sekunden weicht von diesem Schema aber ab. Da die Anzeige der Sekunden in 15er-Blöcken erfolgen soll (0 bis 14 stehen für die unterste LED der Sekundenspalte, 0 bis 30 für die untersten zwei LEDs der Sekundenspalte usw.), muss der Wert anderweitig ermittelt werden. Dies geschieht durch eine Division durch 15; das Ergebnis ist der Sekundenbereich, in dem die Zeitangabe liegt. Anschließend wird das Ergebnis in eine Zahl umgesetzt, die die Funktion displayWert(int w, int spalte) auswerten kann:

```
int s;
  switch (sekunden/15) {
    case 0: s = 1; break;
```

```
    case 1: s = 3; break;
    case 2: s = 7; break;
    default  : s = 15;
  }
```

Die Funktion displayWert(int w, int spalte) schaltet nun die Anoden der RGB-LEDs auf HIGH (an) bzw. LOW (aus). Welche Spalte angesteuert werden soll, ergibt sich aus dem Parameter spalte. Die RGB-Farbtabelle liefert die entsprechenden Statuswerte für die Variablen:

```
int r = eepromRGB [spalte][0];
int g = eepromRGB [spalte][1];
int b = eepromRGB [spalte][2];
```


Danach wird jede RGB-LED einer Spalte durch eine UND-Verknüpfung mit dem Parameter w daraufhin überprüft, ob sie angeschaltet werden soll. Beispiel: Ist der Wert 3 (also binär 0011), führt eine UND-Verknüpfung mit 1 und 2 zu *true*, mit 4 und 8 jedoch zu *false*.

```
if (w & 1) {
```

true hat den neuen GPIO-Status HIGH zur Folge, sofern die Angaben der RGB-Farbtabelle dies so vorsehen:

```
if (r) digitalWrite(RGBLedAr[0][0], HIGH);
if (g) digitalWrite(RGBLedAr[0][1], HIGH);
if (b) digitalWrite(RGBLedAr[0][2], HIGH);
```

Das anschließende delay(2) sorgt dafür, dass der Schaltzustand für eine kurze Zeit erhalten bleibt, ehe er in den Ausgangszustand zurückfällt.

Die Funktion wifiSend (WiFiClient client) gibt bei einer HTML-Anfrage lediglich eine leere Antwort.

Die Funktion wifiReceive (WiFiClient client) greift bei einem über das Netz angestoßenen Wechsel der RGB-Farbtabelle. Ihre wesentliche Aufgabe ist es, die maßgebliche Zeile mit dem neuen Status herauszufiltern und den Status selbst zu isolieren. Ihr Anknüpfungspunkt ist eine Zeile, deren vollständiger Inhalt z. B. GET /1 HTTP/1.1 ist. An Position 5 beginnt der verschlüsselte Wert für den Status. Er kann einstellig oder zweistellig sein. Mit der String-Object-Funktion s1.toInt() wird der Wert in eine Integer-Variable überführt und mit der Funktion speichernEeprom(n) gespeichert:

```
if (currentLine[0] == 'G' &&
    currentLine.length() == 7 &&
    isDigit (currentLine[5] )) {
  int n = 0;
```

```
  String s1 = "";
  if (isDigit (currentLine[6] )) {     //2-stellig?
    s1 += currentLine[5];
    s1 += currentLine[6];
  } else {
    s1 += currentLine[5];
  }
  n = s1.toInt();
  Serial.print("n = ");
  Serial.println(n);
  speichernEeprom(n);
}
```

Die Funktion `setup()` weist prinzipiell mit einer kleinen Ausnahme keine Besonderheiten auf: Die Kathoden-GPIOs der LED-Matrix werden auf `HIGH`, die Anoden-GPIOs auf `LOW` gesetzt. So ist gewährleistet, dass alle LEDs initial ausgeschaltet sind.

Auch die `loop()`-Funktion ist wenig spektakulär. Einstellungsmöglichkeiten ergeben sich hinsichtlich der Anzahl der Schleifendurchläufe für die Zeitausgabe (hier 20):

```
for (int i = 0; i < 20; i++) {
  displayZeit();
}
```

Das `delay(1)` am Ende erlaubt dem ESP32, Selbstverwaltungsprozesse durchzuführen. Ob dies notwendig ist, kann experimentell verifiziert werden.

Der Sketch beginnt nach dem Hochladen mit ein paar Ausgaben im seriellen Monitor.

Beim ersten Start sollten alle EEPROM-Bytes den Wert 255 haben, sodass alle eingeschalteten RGB-LEDs einer Spalte weiß erscheinen.

Danach ist die aktuelle Uhrzeit 13:42 und 45–59 Sekunden (siehe Abbildung 10.8).

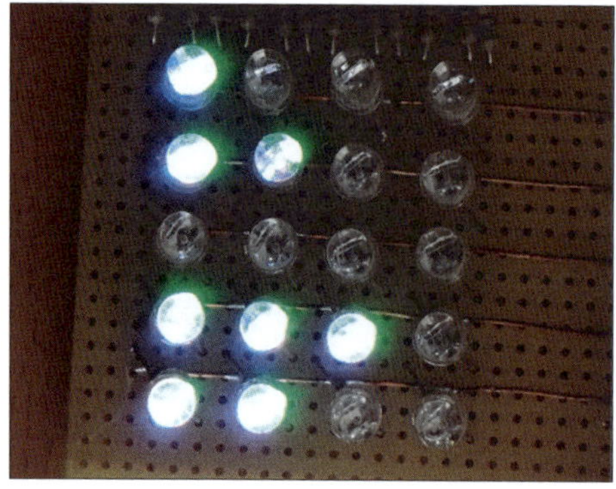

Abbildung 10.8 Binäruhranzeige

Nun können über eine Browsereingabe die RGB-Farben für die einzelnen Spalten aus- oder wieder eingeschaltet werden (siehe Abbildung 10.9 und Abbildung 10.10, z. B. *http://192.168.2.207/4* für grüne Stundenzehner aus).

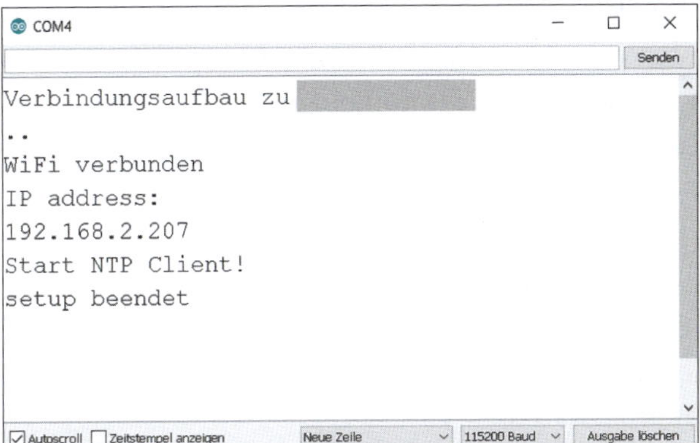

Abbildung 10.9 Startmeldungen der Binäruhr im seriellen Monitor

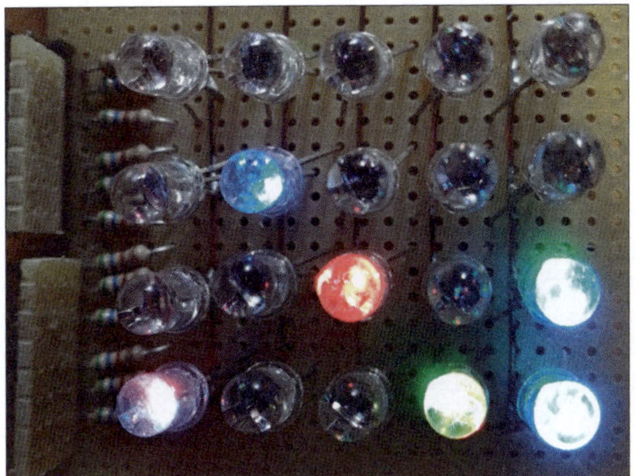

Abbildung 10.10 Binäruhranzeige mit geänderten RGB-Farben

RGB-Farben über eine App festlegen

Sie können die Farbeinstellungen auch smarter über eine App bestimmen. Da die Anzahl der kostenfreien Widgets bei *Blynk* beschränkt ist, kommt hierfür eher der *MIT App Inventor* infrage. Als Tool für den Verbindungsaufbau scheidet allerdings Bluetooth aus, da die Funktionen für den ESP32 mehr Programmspeicherplatz benötigen, als neben dem bereits existierenden Code noch zur Verfügung steht. Das stellt jedoch kein Problem dar, weil der Baukasten für die App auch über ein Tool verfügt, das eine Verbindung mittels WLAN ermöglicht.

Die App selbst zu erstellen, ist weniger schwierig als vielmehr eine zeitaufwendige Fleißarbeit. Dabei sind auch mehrere Lösungen denkbar, insbesondere ob nun das

Schalten der Farben über einen Schaltknopf oder einen Schalter realisiert wird. Sinnvollerweise werden diese in einer Tabelle mit entsprechenden Überschriften (hier für die Farben Rot, Grün und Blau) sowie Spaltenbezeichnungen (hier für die einzelnen Spalten der RGB-Matrix) angeordnet.

Aus optischen Gründen könnte das erste Element eine Komponente *Label* aus der Gruppe *User Interface* sein. Für die Tabelle wird die Komponente *TableArrangement* aus der Gruppe *Layout* benötigt. Die Eigenschaften werden mit sechs Spalten (vier Spalten mit Werten und je eine Trennspalte zwischen Rot/Grün sowie Grün/Blau) und sechs Reihen spezifiziert.

Als Nächstes gilt es, die einzelnen Tabellenfelder zu füllen. Für die Spaltenbezeichnungen sind das fünf *Label*-Komponenten, drei für die Farbbezeichnungen und zwei für die Zwischenräume zwischen den »Farbspalten«. Die Eigenschaften (siehe Abbildung 10.11) müssen aber noch angepasst werden:

- **»Farbspalten«**:
  - WIDTH = 10 percent
  - TEXT = Rot/Grün/Blau
  - TEXTALIGNMENT = center
- **Zwischenräume**:
  - WIDTH = 5 percent
  - TEXT löschen
  - TEXTALIGNMENT = center

Abbildung 10.11 »TableArrangement« für die Binäruhr im »MIT App Inventor«

Für die Reihenbezeichnungen sind ebenfalls fünf *Label*-Komponenten nötig. Die Eigenschaften sind WIDTH = *30 percent* und TEXT = Stundenzehner usw.

Die Schaltvorgänge sollen an dieser Stelle mit Schaltern erfolgen. Benötigt wird also 15-mal die Komponente *switch* aus der Gruppe *User Interface*. Es empfiehlt sich, den einzelnen Komponenten sprechende Namen zu geben (so z. B. »hzR« für den Schalter, der die Farbe Rot für die Stundenzehner bestimmt). Bei den Eigenschaften wird WIDTH auf »10 percent« gesetzt und der Inhalt des Textfelds gelöscht.

Wenn Sie mögen, können Sie noch die Eigenschaft TRACKCOLOURACTIVE in Rot, Grün oder Blau ändern, sodass der aktivierte Schalter auch farblich ansprechend dargestellt wird.

Übertragen Sie schließlich noch die Komponente *WebViewer* aus der Gruppe *User Interface* in den Viewer.

Wechseln Sie nun in die Block-Ansicht. Ziehen Sie auch hier die benötigten Blöcke aus der Blockliste in den Viewer und setzen Sie diese dort zusammen. Erstellen Sie dabei für jede *switch*-Komponente eine Schaltstruktur (siehe Abbildung 10.12 und Abbildung 10.13).

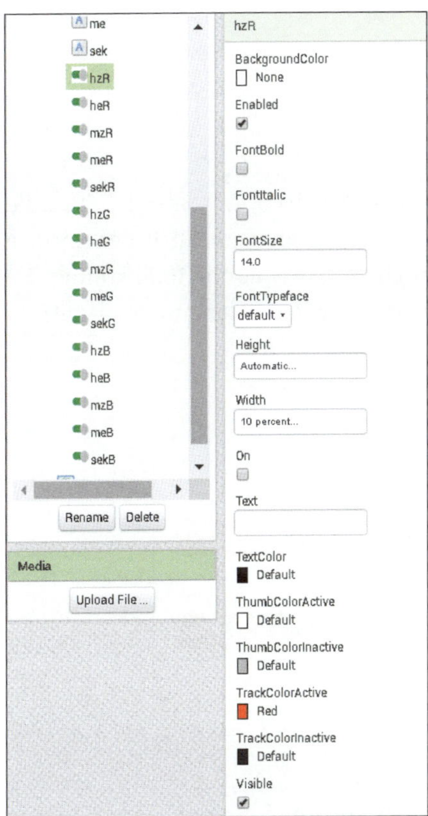

Abbildung 10.12 »switch«-Komponente im »MIT App Inventor«

Abbildung 10.13 Die App im Viewer

Bestimmendes Element ist der HTTP-Request. Er enthält die IP-Adresse des ESP32, die in dem Sketch festgelegt wurde (hier `192.168.2.207`), sowie den Inhalt der Anfrage (hier `1` für »ein« bzw. `2` für »aus«), getrennt durch ein `/`. Abbildung 10.14 können Sie als eine Art Schritt-für-Schritt-Anleitung betrachten, die Ihnen den Aufbau der Struktur verdeutlicht.

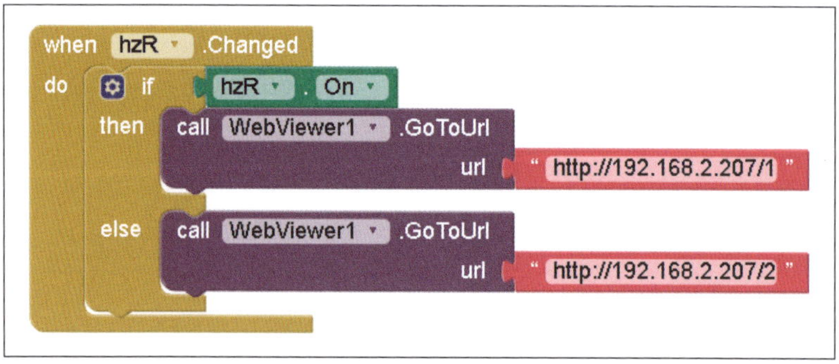

when hzR .Changed
do if hzR . On
then call WebViewer1 .GoToUrl
url " http://192.168.2.207/1 "
else call WebViewer1 .GoToUrl
url " http://192.168.2.207/2 "

Abbildung 10.14 Blöcke im »MIT App Inventor«

Laden Sie die App nun auf Ihr Smartphone hoch (siehe Abbildung 10.15) und steuern Sie auf diese Weise Ihre Uhr.

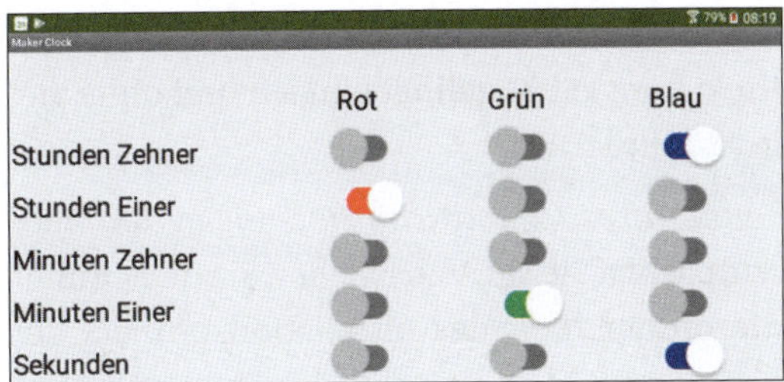

Abbildung 10.15 Die fertige App: Binäruhr auf Basis des MIT App Inventor

10.3 Das Dateisystem einmal anders

Bereits in Kapitel 4 (Partitionstabelle), Kapitel 7 (Daten auf dem ESP speichern) und Kapitel 8 (SD-Karte) haben Sie das Dateisystem des ESP32 kennengelernt. Der Ansatz war, aus dem Arduino-Code Dateien zu erstellen und Daten in Dateien zu schreiben. Das ist ausreichend, wenn es darum geht, Messwerte zu protokollieren oder anderweitig sich ändernde Daten abzuspeichern. Häufig ergibt sich aber die Situation, dass große Datenmengen (z. B. Parameter) weitgehend unverändert bleiben. Diese im Sketch als Code zu implementieren, bläht den Code auf und macht ihn unter Umständen unübersichtlich. Eleganter ist es, solche Dateien im Dateisystem zu verankern.

In diesem Abschnitt geht es darum,

- den HTML-Code des Beispiels »ESP32 als ›Station‹« aus Abschnitt 8.5.2 auszulagern,
- die Einbindung von JavaScript zu zeigen,
- Beschriftungen variabel zu gestalten und
- einen *asynchronen Webserver* aufzusetzen.

Zunächst müssen Sie einige Vorbereitungen treffen.

[i]

Asynchrone Webserver

Ältere Webanwendungen sind synchroner Natur. Der Benutzer interagiert mit der im Browser dargestellten Weboberfläche, der Browser sendet dann Anforderungen an den Server zurück, und der Server antwortet auf diese Anforderungen mit einer neuen Darstellung der Weboberfläche. Das heißt, dass der Benutzer als Darstellung nur eine Momentaufnahme eines dynamischen Systems erhält. Dieser Schnappschuss ist zwischen Benutzerinteraktionen veraltet und spiegelt nicht immer den aktuellen Status des Systems. Daran ändert auch die Verwendung von XmlHttpRequest- und Ajax-Techniken im Kern nichts.

Das asynchrone Web unterscheidet sich grundlegend, da es die spontane Übermittlung von neuen Darstellungen an den Benutzer und somit jederzeit die Lieferung eines aktuellen Informationsstands ermöglicht.

Installieren des Arduino-ESP32-Dateisystem-Uploaders

Das Hochladen von Dateien vom PC direkt zum ESP32 gelingt einfach und ohne viel Aufwand mithilfe eines Plug-ins für die Arduino IDE.

Laden Sie die Datei *ESP32FS-1.0.zip* von *https://github.com/me-no-dev/arduino-esp32fs-plugin/releases/* herunter und entpacken Sie sie. Verschieben Sie den Ordner bzw. Unterordner *ESP32FS* in den Unterordner *tools* des Installationsordners der Arduino IDE (z. B. *C:/Programme(x86)/Arduino*) – dies ist nicht der Sketch-Ordner! Die gesamte Dateistruktur hat in dem Beispiel dann den Aufbau aus Abbildung 10.16.

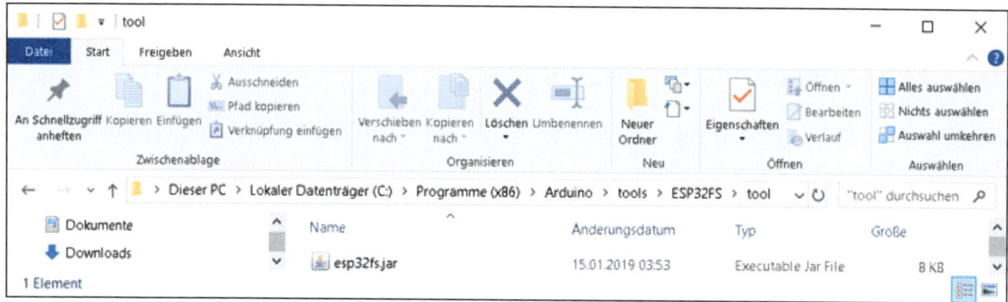

Abbildung 10.16 File-Uploader in der Arduino-Dateistruktur

Starten Sie die Arduino IDE neu. Unter Werkzeuge sollte nun ein Eintrag ESP32 Sketch Data Upload vorhanden sein.

Sketch-Ordner einrichten

Erstellen Sie einen neuen Sketch (z. B. *fileUpload*). Lassen Sie sich mit Sketch • Sketch-Ordner anzeigen bzw. Strg+K den Sketch-Ordner (hier z. B. *fileUpload*) anzeigen und legen Sie dort einen Unterordner *data* an. Dieser Unterordner nimmt die Dateien auf, die später in das ESP32-Dateisystem überführt werden.

jQuery herunterladen

jQuery ist eine freie JavaScript-Bibliothek. Sie beinhaltet die Funktionen zur *DOM*-Navigation und -Manipulation (*Document Object Model*) und erleichtert so das Entwickeln von JavaScript-Programmen.

Wechseln Sie zur Download-Seite (*https://jquery.com/download/*) und klicken Sie auf den Eintrag Download the compressed, production jQuery 3.4.1. Es öffnet sich ein Fenster (*https://code.jquery.com/jquery-3.4.1.min.js*) mit JavaScript-Code. Kopieren Sie den Fensterinhalt in eine Datei (z. B. *jquery-3.4.1.min.js*), die sich in dem angelegten Unterordner *data* befindet.

Weitere Dateien für den Unterordner data

Der Unterordner *data* beherbergt weitere Dateien. Eine Datei nimmt die variable Beschriftung auf. Der HTML-Code, der in dem Beispiel »ESP32 als ›Station‹« aus Abschnitt 8.5.2 noch innerhalb des Sketchs implementiert ist, verteilt sich nun auf zwei Dateien (eine für die HTML-Tags, eine für die CSS-Anweisungen). Hinzu kommt eine weitere Datei für den JavaScript-Code.

Legen Sie also als Erstes eine Datei *fileUpload.txt* für die Beschriftungen an:

```
ESP32
ein
aus
```

Listing 10.3 Variable Beschriftungen für den ESP32-Dateisystem-Uploader

Die nächste Datei (siehe Listing 10.4) beinhaltet die HTML-Tags (*index.html*):

```
<!DOCTYPE html>
<html>
<head>
  <title>ESP32 Web Server</title>
  <meta name="viewport" content="width=device-width, initial-scale=1">
  <link rel="icon" href="data:,">
  <link rel="stylesheet" type="text/css" href="style.css">
  <script src="jquery-3.4.1.min.js"></script>
  <script type="text/JavaScript" src="java.js" > </script>
</head>
<body>
  <h1>%MODUL%</h1> <hr>
  <p> Betriebszeit: <span id="betriebsZeit">%ZEIT%</span> <br></p>
  <p>Led-Status an GPIO2: <strong> %STATUS%</strong></p>
  <p><a href="/switch"> <button id="button" class=
"button %COLOUR%">%STATUSNEU%</button></a></p>
</body>
</html>
```

Listing 10.4 Die Datei »index.html«

Die Grundstruktur ist identisch mit derjenigen im Beispiel aus Abschnitt 8.5. Jedoch verweisen innerhalb des head-Tags nun Tags auf die ausgelagerten CSS- und JS-Anweisungen. Bei den Bezeichnern innerhalb der %-Zeichen (z. B. %MODUL%) handelt es sich um Platzhalter, die im Zusammenspiel mit dem asynchronen Webserver belegt werden.

Die Datei *style.css* (siehe Listing 10.5) enthält die Anweisungen für die Darstellung der HTML-Tags:

```
html {
  font-family: Helvetica;
  display: inline-block;
  margin: 0px auto;
  text-align: center;
}
h1{
  color: #0F3388;
  padding: 2vh;
  font-size: 4.0rem;
}
p{
  font-size: 1.5rem;
}
.button {
  display: inline-block;
  border: none;
  border-radius: 4px;
  color: white;
  padding: 16px 40px;
  text-decoration: none;
  font-size: 30px;
  margin: 2px;
  cursor: pointer;
}
.greenButton {
  background-color: #00BA30;
  background-size: 20px 40px;
  background-position: center;
  background-repeat: no-repeat;
}
.redButton {
  background-color: #F04030;
  background-size: 20px 40px;
  background-position: center;
  background-repeat: no-repeat;
}
```

```
.opac08 {
  opacity: 0.8;
}
.opac10 {
  opacity: 1.0;
}
```

Listing 10.5 Die Datei »style.css«

Abschließend nimmt die Datei *java.js* (siehe Listing 10.6) den auszuführenden JavaScript-Code auf:


```
$( document ).ready(function() {
  $('#button' ).addClass( 'opac08' );

  $( "#button" ).mouseout(function() {
    $('#button').addClass( 'opac08' ).removeClass( 'opac10' );
  });
  $( "#button" ).mouseover(function() {
     $('#button').addClass( 'opac10' ).removeClass( 'opac08' );
  });

  setInterval(function ( ) {
    var xhttp = new XMLHttpRequest();
    xhttp.onreadystatechange = function() {
      if (this.readyState == 4 && this.status == 200) {
        $('#betriebsZeit').text( this.responseText );
      }
    };
    xhttp.open("GET", "/updat", true);
    xhttp.send();
  }, 1000 ) ;

});
```

Listing 10.6 Die Datei »java.js«

Kurz zusammengefasst: Der Code setzt beim Bildschirmaufbau die Transparenz der Schaltfläche `button` auf einen verminderten Wert. Je eine Funktion erhöht oder vermindert die Transparenz, wenn der Mauszeiger über die Schaltfläche fährt oder sie wieder verlässt. Die Anweisungen in der `setInterval`-Funktion sorgen dafür, dass die Betriebszeit in Intervallen von einer Sekunde aktualisiert wird.

Bibliotheken einbinden

Laden Sie die *ESPAsyncWebServer*-Bibliothek von *https://github.com/me-no-dev/ESPAsyncWebServer* als *.zip*-Datei herunter und fügen Sie sie mit dem Bibliotheksverwalter in Ihre Arduino IDE ein.

ESPAsyncWebServer nutzt wie Alexa (siehe Abschnitt 9.3.3) *AsyncTCP*. Besorgen Sie sich die ESP32-Bibliothek von *https://github.com/me-no-dev/AsyncTCP* als *.zip*-Datei und überführen Sie sie ebenfalls mit dem Bibliotheksverwalter in Ihre Arduino IDE.

Der Sketch

Trotz der fast identischen Funktionalität unterscheidet sich der Sketch aus Listing 10.7 grundlegend von dem Beispiel aus Abschnitt 8.5.2:

```
#include <WiFi.h>                              // für WLAN
#include <AsyncTCP.h>
#include <ESPAsyncWebServer.h>
#include "SPIFFS.h"

#define LED_PIN     2                          // GPIO2, Pin G2

const char* ssid     = "ssidRouter";
const char* password = "passwortRouter";
AsyncWebServer serverWiFi(80);

String txtModul, txtEin, txtAus;

void notFound(AsyncWebServerRequest *request) {
    request->send(404, "text/plain", "Seite nicht gefunden");
}

String lesenMillis() {
  int sek = (millis()/1000) % 60;
  int min = (millis()/(1000*60)) % 60;
  int std = (millis()/(1000*60*60)) % 24;
  return String (String (std)+":"+String(min)+":"+String(sek));
}

// Lesen der Textdatei mit Beschriftungen
void lesenTextDatei() {
  String str;
  int i = 0;
```

```
  File file = SPIFFS.open("/fileUpload.txt");
  if(!file){
    Serial.println("Fehler: Text-Datei kann nicht geöffnet werden");
    return;
  }

  while(file.available()){
    str += char(file.read());
    if (str.endsWith(String('\n')) ) {
      str.remove((str.length()-1), 1);      // Zeilenvorschub löschen
      if (i == 0) {
        txtModul = str;
      } else {
        if (i == 1) {
          txtEin = str;
          txtEin.toUpperCase();
        }
      }
      i++;
      str = "";
    }
  }
  txtAus = str;
  txtAus.toUpperCase();
  str.remove((str.length()-1), 1);
  file.close();
}

// ersetzt Platzhalter Webserver
String ersetzenPlaHa(const String& var){
  if(var == "MODUL"){
    return txtModul;
  }

  if(var == "ZEIT"){
    return lesenMillis();
  }

  if(var == "STATUS"){
    String ledStatus;
    if(digitalRead(LED_PIN)){
      ledStatus = txtEin;
    } else {
```

```
      ledStatus = txtAus;
    }
    return ledStatus;
  }
  if(var == "COLOUR"){
    String str;
    if(digitalRead(LED_PIN)){
      str = "redButton";
    } else {
      str = "greenButton";
    }
    return str;
  }

  if(var == "STATUSNEU"){
    if(digitalRead(LED_PIN)){
      return txtAus;
    } else {
      return txtEin;
    }
  }
  return String();                 // Fehler => leerer String
}

void setup() {
  Serial.begin(115200);
  pinMode(LED_PIN, OUTPUT);
  Serial.print("Verbindungsaufbau zu ");
  Serial.println(ssid);
  WiFi.mode(WIFI_STA);
  WiFi.begin(ssid, password);

  while (WiFi.status() != WL_CONNECTED) {
    delay(500);
    Serial.print(".");
  }
  Serial.println("");                       // Verbindung aufgebaut
  Serial.println("WiFi connected.");
  Serial.println("IP address: ");
  Serial.println(WiFi.localIP());
  Serial.println();
```

```
Serial.println("Start WiFi Server!");
serverWiFi.begin();

if(!SPIFFS.begin(true)){
  Serial.println("Fehler: SPIFFS kann nicht gemountet werden");
  return;
}
lesenTextDatei();

serverWiFi.onNotFound(notFound);

// Methode für root/web page
serverWiFi.on("/", HTTP_GET, [](AsyncWebServerRequest *request){
  request->send(SPIFFS, "/index.html", String(), false, ersetzenPlaHa);
});

// Methode für das Laden der style.css-Datei
serverWiFi.on("/style.css", HTTP_GET, [](AsyncWebServerRequest *request){
  request->send(SPIFFS, "/style.css", "text/css");
});
// Methode für das Laden der jquery-3.4.1.min.js-Datei
serverWiFi.on("/jquery-3.4.1.min.js", HTTP_GET, ⮐
  [](AsyncWebServerRequest *request){
  request->send(SPIFFS, "/jquery-3.4.1.min.js", "text/javascript");
});
// Callback für das Laden der java.js-Datei
serverWiFi.on("/java.js", HTTP_GET, [](AsyncWebServerRequest *request){
  request->send(SPIFFS, "/java.js", "text/javascript");
});

// Methode für das Schalten
serverWiFi.on("/switch", HTTP_GET, [](AsyncWebServerRequest *request){
  if(digitalRead(LED_PIN)){
    digitalWrite(LED_PIN, LOW);
  } else {
    digitalWrite(LED_PIN, HIGH);
  }
  request->send(SPIFFS, "/index.html", String(), false, ersetzenPlaHa);
});

// Methode für Update Betriebszeit
serverWiFi.on("/updat", HTTP_GET, [](AsyncWebServerRequest *request){
```

```
      request->send_P(200, "text/plain", lesenMillis().c_str());
  });
}

void loop() {
  delay(1);
}
```

Listing 10.7 Asynchroner Webserver

Die eingangs erwähnten Unterschiede ergeben sich unter anderem aus dem Einlesen der Datei mit den variablen Beschriftungen (`lesenTextDatei()`). Diese Funktion öffnet die entsprechende Datei und liest die Werte in Variablen aus.

Der Einsatz des asynchronen Webservers bedingt zwei neue Funktionen. Die Funktion `notFound()` sendet bei einem fehlerhaften Browser-Request eine entsprechende Antwort. Die Funktion `ersetzenPlaHa()` ersetzt die in der HTML-Datei definierten Platzhalter beim Aufbau einer Seite durch Werte. Der Parameter ist die Bezeichnung des Platzhalters.

Im `setup()` gibt es eine Reihe von `serverWiFi.on`-Methoden. Sie bedienen bestimmte Browser-Requests (so z. B. für den erstmaligen Seitenaufbau mit dem Parameter /).

Laden Sie die Dateien und dann den Sketch hoch – der serielle Monitor darf dabei nicht geöffnet sein. Rufen Sie danach die Webseite auf (siehe Abbildung 10.17).

Die Betriebszeitenanzeige gibt sekündlich den aktuellen Stand an. Fahren Sie mit dem Mauszeiger über die Schaltfläche, ändert sich die Farbintensität; und ein Klick ändert den Status der LED.

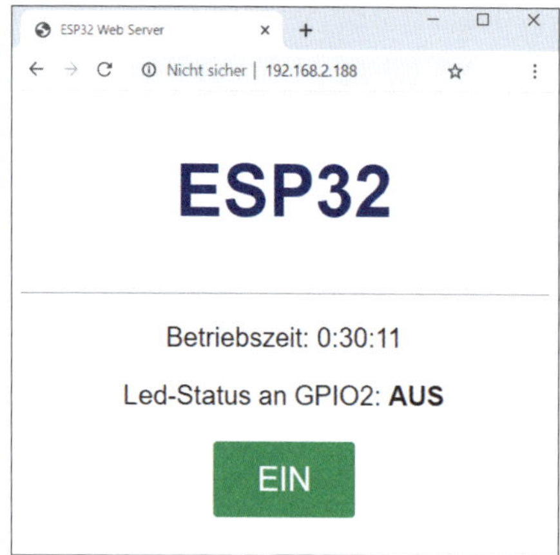

Abbildung 10.17 File-Uploader und asynchroner Webserver

10.4 Solar-Repeater

Ist es Ihnen nicht auch schon einmal passiert? Sie sind im äußersten Winkel Ihres Grundstücks, aber der zentrale Router verfügt nicht über die Reichweite, damit Sie auf das heimische Netz zugreifen können. Was liegt also näher, als den ESP32 als mit Sonnenenergie versorgten Repeater einzusetzen? Die Stromversorgung mit Solarzellen ist in Kapitel 2 beschrieben. Nun geht es nur noch darum, den Repeater aufzusetzen.

Funktionsweise eines Repeaters

Ein *Repeater* (wörtlich übersetzt »Wiederholer«) ist zunächst ein Netzwerkelement, das Netzwerksignale empfängt, sie aufbereitet und verstärkt, um sie anschließend erneut auszusenden. Er kommt dann zum Einsatz, wenn die Reichweite der Signalübertragung eines Netzes erhöht werden soll. Repeater lassen sich kabelgebunden oder drahtlos betreiben und arbeiten in der Regel bidirektional. Das heißt, sie empfangen Daten von einem Access-Point (z. B. einem Router) und leiten sie an ein Endgerät weiter. Darüber hinaus nehmen sie Daten eines Endgeräts in Empfang und senden sie an den Access-Point (siehe Abbildung 10.18).

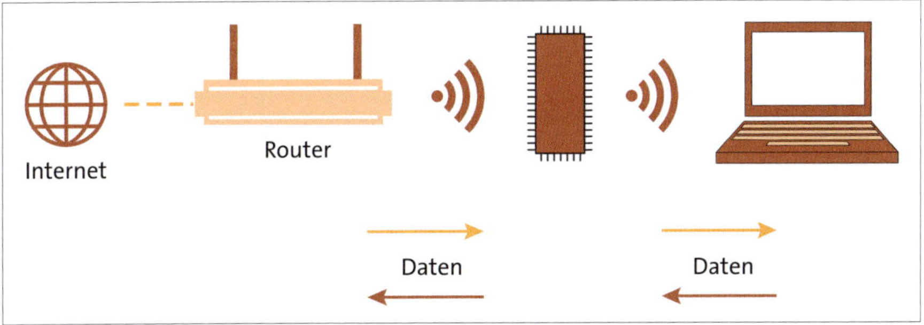

Abbildung 10.18 Repeater

WLAN-Repeater erweitern die Reichweite eines drahtlosen Funknetzes. Sobald jedoch ein WLAN-Repeater auf demselben Funkkanal (Frequenzbereich) den Access-Point und verbundene Endgeräte versorgt, halbiert sich der maximal mögliche Datendurchsatz. Dies lässt sich durch die Verwendung von unterschiedlichen Frequenzbereichen vermeiden. (Das ESP-Repeater-Beispiel muss allerdings diesen Nachteil in Kauf nehmen.)

In einem dezentralen Netzwerk sorgt *TCP/IP* (*Transmission Control Protocol/Internet Protocol*) dafür, dass Datenpakete innerhalb eines dezentralen Netzwerks beim Empfänger ankommen. Zu diesem Zweck stellt TCP/IP die folgenden zentralen Funktionen bereit:

- *Logical Addressing* (logische Adressierung, IP)
- *Routing* (Wegfindung, IP)
- *Error Control and Flow Control* (Fehlerbehandlung und Flusssteuerung, TCP)
- *Application Support* (Anwendungsunterstützung, TCP)
- *Name Resolution* (Namensauflösung, DNS)

Die Implementierung von TCP/IP beim ESP32 erfolgt über *lwIP* (*Lightweight IP*). lwIP soll den Ressourcenverbrauch reduzieren und gleichzeitig sicherstellen, dass das komplette TCP-Protokoll nutzbar ist.

Das Projekt aufsetzen

Das Projekt »Repeater« müsste eigentlich korrekterweise *WiFi NAT Router* heißen. NAT (*Network Address Translation*) ermöglicht es, die Ziel- oder Quell-IP-Adressen eines Datenpakets durch eine andere Adresse zu ersetzen. Aufgrund der Knappheit öffentlicher IP-Adressen wird NAT eingesetzt, um mit privaten IP-Adressen im Internet zu kommunizieren.

Da es weder eine fertige Arduino-Lösung noch ein dafür vorbereitetes ESP-IDF gibt, ist es im Gegensatz zu den bisherigen Vorhaben etwas aufwendiger, das Projekt aufzusetzen. Der Weg im Groben besteht darin, das ESP-IDF mit der notwendigen lwIP-Bibliothek zu versehen und dann das entsprechende Programm zu erstellen. Im Detail gehen Sie schrittweise wie folgt vor:

1. **lwIP-Bibliothek herunterladen**: Die benötigte lwIP-Bibliothek ist unter *https://github.com/jonask1337/esp-lwip* zu finden. Rufen Sie die Seite auf und laden Sie durch Klicken auf CLONE OR DOWNLOAD • DOWNLOAD ZIP alle benötigten Dateien als *.zip*-Datei in den Download-Ordner herunter.
2. **esp-lwip-2.0.3-esp.zip entpacken**: Entpacken Sie die Datei *esp-lwip-2.0.3-esp.zip*. Es gibt nun einen Ordner *esp-lwip-2.0.3-esp*.
3. **ESP-IDF – die lwIP-Bibliothek austauschen**: Gehen Sie nun während des ESP-IDF-Setups in den gewählten Installationsordner und wechseln Sie in den Unterordner *\components\lwip* (z. B. *C:\users\....\Documents\esp-idf\components\lwip*).

   In diesem Unterordner befindet sich neben anderen Ordnern (z. B. *apps, include, include_compat*) nochmals ein Ordner mit dem Namen *lwip*. Löschen Sie diesen Ordner oder benennen Sie ihn um (z. B. in *lwip-alt*).

   Anschließend erstellen Sie einen neuen Ordner *lwip*. In diesen Ordner kopieren Sie den Inhalt des Ordners *esp-lwip-2.0.3-esp*.

4. **Das Repeater-Beispielprogramm herunterladen**: Der Entwickler der lwIP-Bibliothek hat dankenswerterweise auch ein Beispielprogramm mit entsprechender Projektumgebung bereitgestellt. Es befindet sich unter *https://github.com/jonask1337/esp-idf-nat-example*. Laden Sie die Dateien herunter und entpacken Sie sie, wie unter Punkt 1 beschrieben. Es gibt nun einen Ordner *esp-idf-nat-example-master*.
5. **Das ESP-IDF-Projekt erstellen**: Erstellen Sie nun in Ihrem ESP-IDF-Ordner einen neuen Projektordner (z. B. *repeater*, *C:\users\....\Documents\esp-idf \repeater*). Kopieren Sie in diesen Ordner den Inhalt des Ordners *esp-idf-nat-example-master*.
6. **Das ESP-IDF-Projekt konfigurieren**: Rufen Sie als Nächstes den ESP-IDF-Command-Prompt auf und wechseln Sie in das Verzeichnis *repeater*. Dort starten Sie mit `idf.py menuconfig` die Konfiguration. Mit COMPONENT CONFIG • LWIP gelangen Sie zu den lwIP-Einstellungen. Navigieren Sie zu ENABLE COPY BETWEEN LAYER 2 AND LAYER 3 PACKETS und aktivieren Sie den Eintrag durch Drücken der Leertaste. Sichern Sie die Einstellungen. Die Konfiguration ist damit beendet.

10

7. **Das Programm anpassen**: Das Programm muss noch an Ihre Gegebenheiten angepasst werden. Öffnen Sie das Programm *main.c* mit einem Editor und suchen Sie den Eintrag `// WIFI CONFIGURATION`:

```
// WIFI CONFIGURATION
#define ESP_AP_SSID "ESP AP"
#define ESP_AP_PASS "test1337"
#define EXAMPLE_ESP_WIFI_SSID       "MY_WIFI_SSID"
#define EXAMPLE_ESP_WIFI_PASS       "MY_WIFI_PASS"
#define EXAMPLE_ESP_MAXIMUM_RETRY  3
```

   Die Einträge `EXAMPLE_ESP_WIFI_SSID` und `EXAMPLE_ESP_WIFI_PASS` betreffen die SSID bzw. das Passwort Ihres Routers, mit dem sich der ESP verbinden soll. Die Einträge `ESP_AP_SSID` und `ESP_AP_PASS` sind die SSID und das Passwort, die Ihr externes Gerät benötigt, um sich mit Ihrem Repeater zu verbinden.

   Der Eintrag `EXAMPLE_ESP_MAXIMUM_RETRY` bestimmt, wie oft der ESP32 versucht, sich mit dem häuslichen Access-Point zu verbinden.
8. **Das ESP-IDF-Projekt bauen und flashen**: Hierzu rufen Sie `idf.py build` und `idf.py flash` auf. (Vergessen Sie nicht, den Port anzugeben.)

Das Programm wird ausgeführt

Das Flash-Tool führt bereits einen Reset durch. Mit `idf.py monitor` (mit Portangabe) lassen sich erste Erkenntnisse zur fehlerfreien Funktion des Programms gewinnen (siehe Abbildung 10.19).

```
rom BLK0 of EFUSE
I (212) wifi: wifi firmware version: aeed694
I (212) wifi: config NVS flash: enabled
I (212) wifi: config nano formating: disabled
I (222) wifi: Init dynamic tx buffer num: 32
I (222) wifi: Init data frame dynamic rx buffer num: 32
I (222) wifi: Init management frame dynamic rx buffer num: 32
I (232) wifi: Init management short buffer num: 32
I (232) wifi: Init static rx buffer size: 1600
I (242) wifi: Init static rx buffer num: 10
I (242) wifi: Init dynamic rx buffer num: 32
I (262) wifi apsta: DNS IP:8.8.8.8
I (362) phy: phy_version: 4102, 2fa7a43, Jul 15 2019, 13:06:06, 0, 0
I (362) wifi: mode : sta (3c:71:bf:9d:dd:ec) + softAP (3c:71:bf:9d:dd:ed)
I (362) wifi: Total power save buffer number: 16
I (362) wifi: Init max length of beacon: 752/752
I (372) wifi: Init max length of beacon: 752/752
I (372) wifi apsta: wifi_init_apsta finished.
I (382) wifi apsta: connect to ap SSID: brunet33ext
I (382) wifi apsta: NAT is enabled
I (502) wifi: ap channel adjust o:1,1 n:7,2
I (502) wifi: new:<7,2>, old:<1,0>, ap:<7,2>, sta:<7,2>, prof:1
I (502) wifi: state: init -> auth (b0)
I (502) wifi: state: auth -> assoc (0)
I (532) wifi: state: assoc -> run (10)
I (542) wifi: connected with brunet33ext, channel 7, 40D, bssid = 74:da:38:19:c1
:4e
I (602) wifi: pm start, type: 1

I (1672) event: sta ip: 192.168.2.108, mask: 255.255.255.0, gw: 192.168.2.1
I (1672) wifi apsta: got ip:192.168.2.108
```

Abbildung 10.19 ESP-WLAN-Repeater – Monitorausgabe

Das neue Netzwerk sollte jetzt auch von Ihren Geräten zu finden sein (siehe Abbildung 10.20).

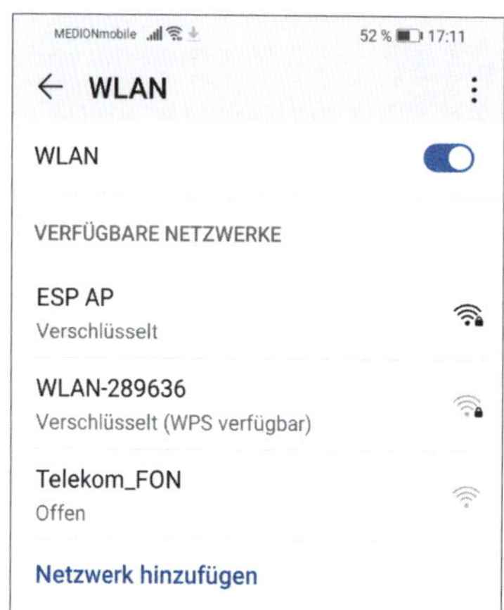

Abbildung 10.20 Der ESP-WLAN-Repeater erscheint als neues Netzwerk.

Nach der Eingabe des Passworts wird die Verbindung endgültig hergestellt (siehe Abbildung 10.21).

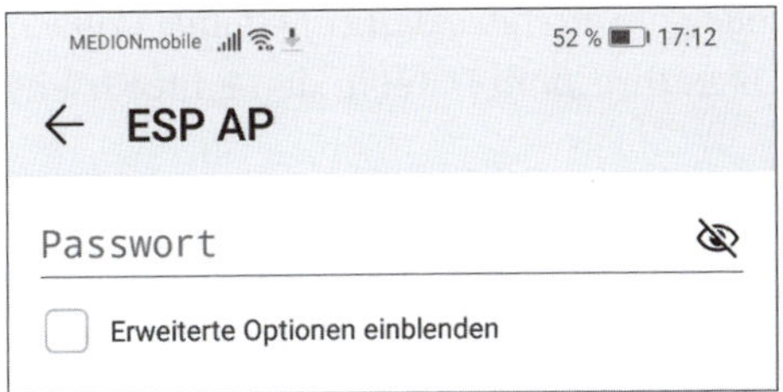

Abbildung 10.21 Passworteingabe für den ESP-WLAN-Repeater

Erwarten Sie von dem Repeater jedoch keine Wunderdinge! Der Durchsatz reicht für Google-Suchen, E-Mail-Abfragen oder Ähnliches. Der Aufruf von Seiten mit einer Vielzahl von Animationen, wie es bei Zeitungsseiten üblich ist, stellt den ESP32 schon vor kaum lösbare Herausforderungen. Und mehrere gleichzeitige Verbindungen von unterschiedlichen Clients verkraftet der kleine ESP32 ebenfalls nicht gut. Besser ist da ein ESP32-Modul mit einer Anschlussmöglichkeit für eine externe Antenne, z. B. das ESP32-WROOM-32U.

10.5 Als die Bilder laufen lernten

Zentrales Element dieses Abschnitts ist noch einmal das TFT-Display, hier jedoch mit der Möglichkeit, Bilder darzustellen. Die Schaltung entspricht der in Abschnitt 7.4, »Das ESP32-Touch-Sensor-System«.

Bilder (engl. *Images*) sind letztendlich nichts anderes als Dateien, die in Abhängigkeit vom Dateiformat die Bilddaten in verschlüsselten Hexadezimalwerten enthalten. Die *gfx*-Bibliothek arbeitet auf der Basis des *xbm-Formats*. *.xbm*-Dateien können Sie z. B. mit dem kostenlosen Programm *LCD Image Converter* aus anderen Dateiformaten konvertieren. Laden Sie es wenn erforderlich von *https://sourceforge.net/projects/lcd-image-converter/* als *.zip*-Datei herunter und entpacken Sie es.

10.5.1 Ein Schwarz-Weiß-Bild anzeigen

In diesem Beispiel speichern wir die gesamten Bildinformationen auf dem ESP32. Hierzu gehen Sie am besten schrittweise vor.

.h-Datei erstellen

Erstellen Sie als Erstes mit einem Bildbearbeitungsprogramm Ihrer Wahl (etwa Gimp oder MS-Paint) eine Bilddatei im BMP-Format, die eine Schwarz-Weiß-Grafik enthält (im Folgenden *victory.bmp*). Die Grafik darf die Größe des Displays von 128 × 160 Pixel (Breite × Höhe) nicht überschreiten.

Starten Sie nun mit einem Klick auf *lcd-image-converter.exe* den *LCD Image Converter*. Holen Sie sich durch Klicks auf FILE • OPEN Ihre *.bmp*-Datei in den Editor (siehe Abbildung 10.22).

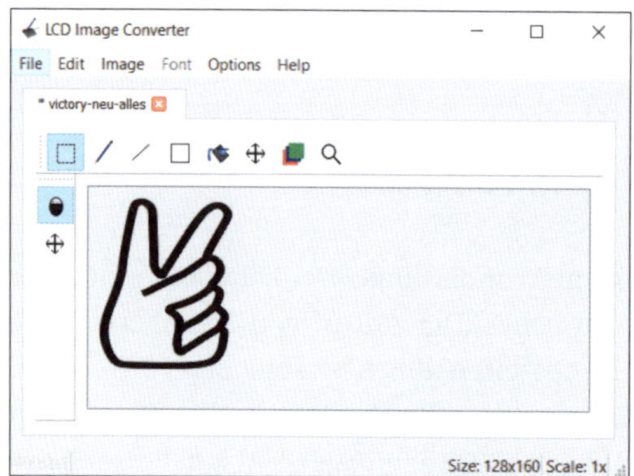

Abbildung 10.22 Das Schwarz-Weiß-Bild im »LCD Image Converter«

Überprüfen Sie noch einmal die Bildgröße rechts in der unteren Statuszeile. Öffnen Sie nun über OPTIONS • CONVERSION den Konvertierungsdialog. Nehmen Sie dann folgende Einstellungen vor: PRESET • MONOCHROME und TYPE • EDGE (siehe Abbildung 10.23).

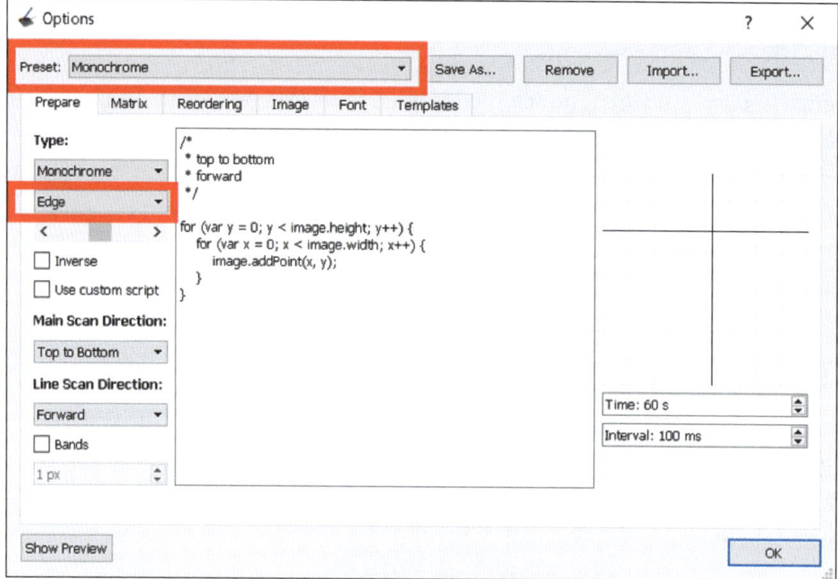

Abbildung 10.23 Einstellungen für das Schwarz-Weiß-Bild

Starten Sie mit einem Klick auf SHOW PREVIEW die Konvertierung. Es erscheint eine Fülle von Hexawerten – für jedes Pixel einer (siehe Abbildung 10.24).

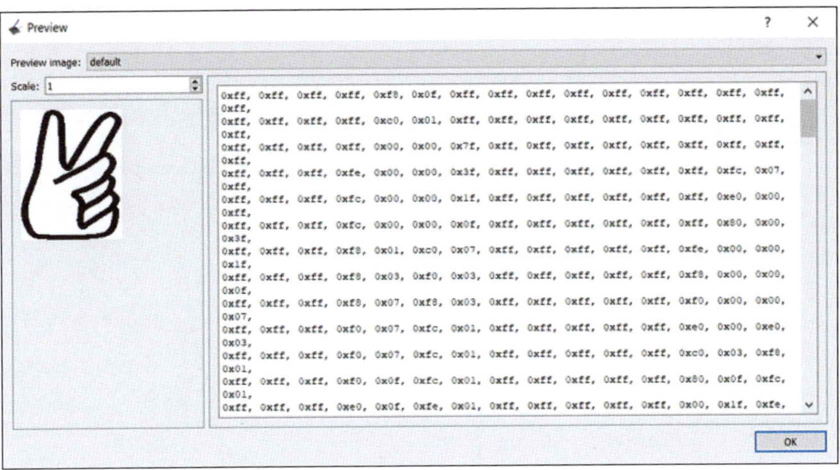

Abbildung 10.24 Hexawerte des Schwarz-Weiß-Bilds

Kopieren Sie diese Hexawerte in eine neue *.h*-Datei (z. B. *victory.h*). Platzieren Sie am Anfang folgende drei Zeilen:

```
#define victory_width 128
#define victory_height 160
const unsigned char victory[] PROGMEM = {
```

Und fügen Sie am Tabellenende noch folgende Zeile hinzu:

```
};
```

Speichern Sie nun die fertige *.h*-Datei. Nachdem Sie den Sketch erstellt haben, kopieren Sie diese Datei in den Ordner des Sketchs.

Der Sketch

Der Sketch aus Listing 10.8 demonstriert, wie Sie ein Schwarz-Weiß-Bild auf das Display bringen:

```
#include <SPI.h>
#include <Adafruit_GFX.h>         // Core Graphics Library
#include <Adafruit_ST7735.h>      // Hardware-specific Library for ST7735
#include "victory.h"              // .h-Datei im Sketch-Ordner

#define TFT_CS        12          //  Chip Select
#define TFT_RST       33          //  Display Reset
#define TFT_DC        27          //  Display Data/Command Select
```

```
#define TFT_SCLK      14           // Clock gelb
#define TFT_MOSI      13           // MOSI blau

Adafruit_ST7735 tft = Adafruit_ST7735(TFT_CS, TFT_DC, TFT_MOSI, ⤸
    TFT_SCLK, TFT_RST);

void zeichneTFT() {
  tft.fillScreen(ST77XX_BLACK);
  tft.setCursor(0, 30);
  tft.setTextColor(ST77XX_MAGENTA);
  tft.setTextSize(2);
  tft.println("Victory !!");
  delay (2000);

  tft.fillScreen(ST77XX_BLACK);
  tft.drawBitmap(0,0, victory, victory_width, victory_height, ST7735_WHITE);
  delay (3000);

  tft.invertDisplay(true);
  delay(1500);
  tft.invertDisplay(false);
  delay(1500);
}

void setup(void) {
  tft.initR(INITR_BLACKTAB);
  delay(500);
}

void loop() {
  zeichneTFT();
}
```

Listing 10.8 TFT-Display mit Schwarz-Weiß-Bild

Die Methode `drawBitmap()` zeichnet die in der Headerdatei enthaltenen Bildinformationen ab Koordinatenposition 0 / 0 in der Farbe Weiß. Der übrige Code ist bereits aus Abschnitt 7.4 bekannt. Das TFT-Display sollte nun das Bild zeigen (siehe Abbildung 10.25).

Abbildung 10.25 Schwarz-Weiß-Bild im TFT-Display

10.5.2 Ein RGB-Bild anzeigen

Im Prinzip folgt das Anzeigen von farbigen Bildern dem gleichen Schema wie bei Schwarz-Weiß-Bildern; der Unterschied besteht in der Aufbereitung der Grafikdaten.

In den meisten Fällen ist die Farbinformation in *.bmp*-Dateien mit 24 Bit hinterlegt – für jede Farbe also 8 Bit bzw. 1 Byte. Die Funktion `drawPixel()` arbeitet jedoch nur mit einer Farbtiefe von 16 Bit. Hier sind je 5 Bit für Rot und Blau sowie 6 Bit für Grün vorgesehen (*RGB-R5G6B5*, siehe Abbildung 10.26).

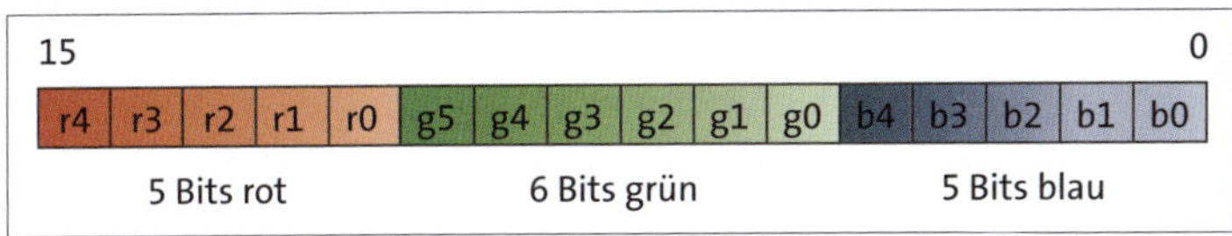

Abbildung 10.26 Das Farbschema RGB-R5G6B5

Das müssen Sie bei der Konvertierung berücksichtigen.

.h-Datei erstellen

Die Grundlage ist wiederum eine *.bmp*-Datei mit einer maximalen Größe von 128 × 160 Pixeln (Breite × Höhe). Starten Sie den Image Converter und laden Sie Ihre *.bmp*-Datei in den Editor. Öffnen Sie nun über OPTIONS • CONVERSION den Konvertierungsdialog. Wechseln Sie zum Register IMAGE. Nehmen Sie folgende Einstellungen vor (siehe Abbildung 10.27):

- Preset: Color R5G6B5
- Block size: 16 bit

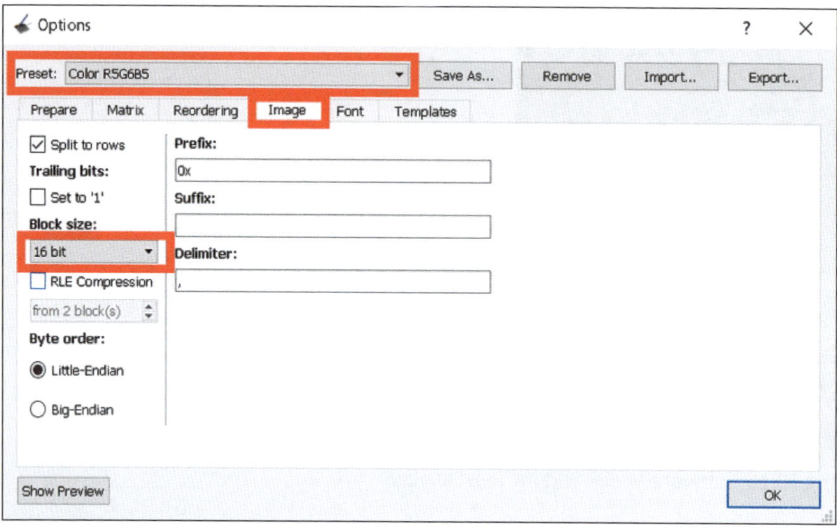

Abbildung 10.27 Einstellungen für das RGB-Bild

Die folgenden Schritte sind mit denen zur Erstellung der *.h*-Datei für Schwarz-Weiß-Bilder identisch.

Der Sketch

Sie können den Sketch für die Anzeige von Schwarz-Weiß-Grafiken mit einigen wenigen Änderungen übernehmen. Eine Änderung betrifft den Namen der einzubindenden Headerdatei für die Grafik.

Die zweite Änderung erfolgt in der Funktion `zeichneTFT()`. Damit Sie dem Code im Zusammenhang folgen können, finden Sie ihn gesammelt in Listing 10.9:

```
void zeichneTFT() {
  tft.fillScreen(ST77XX_BLACK);
  tft.setCursor(0, 30);
  tft.setTextColor(ST77XX_MAGENTA);
  tft.setTextSize(2);
  tft.println("Display ");
  tft.println("color");
  delay (2000);

  tft.fillScreen(ST77XX_BLACK);
  int row, col, buffidx=0;
```

```
  for (row=0; row < farben_height; row++) {
    for (col=0; col < farben_width; col++) {
    tft.drawPixel(col, row, pgm_read_word(farben + buffidx));
    buffidx++;
    }               // end pixel
  }
  delay (3000);

  tft.invertDisplay(true);
  delay(1500);
  tft.invertDisplay(false);
  delay(1500);
}
```

Listing 10.9 TFT-Display mit RGB-Bild

Die Methode `drawPixel()` zeichnet ein Pixel an der Koordinatenposition x/y. Die Farbinformation für jeden Punkt liegt im Speicher des ESP32 vor. Deshalb arbeiten die beiden `for`-Schleifen für jede Reihe und dann für jeden Punkt die hinterlegten Informationen ab und zeichnen sie auf das Display.

10.5.3 Eine TFT-Slide-Show

Noch einen Schritt weiter geht die TFT-Slide-Show. Sie zeigt eine Reihe von *.bmp*-Bilddateien nacheinander an. Hierbei gilt es allerdings ein paar Hürden zu überwinden.

Die eine Hürde ist, dass der RAM-Speicherplatz des ESP32 für eine Vielzahl von Bildern nicht ausgelegt ist. Eine Slide-Show benötigt also einen externen Datenträger wie z. B. eine SD-Karte, auf der die Bilddateien abgespeichert sind.

Die zweite Hürde ist das Dateiformat. Üblicherweise enthalten *.bmp*-Bilddateien die Farbcodierung in der Form R8G8B8 (siehe Abbildung 10.28).

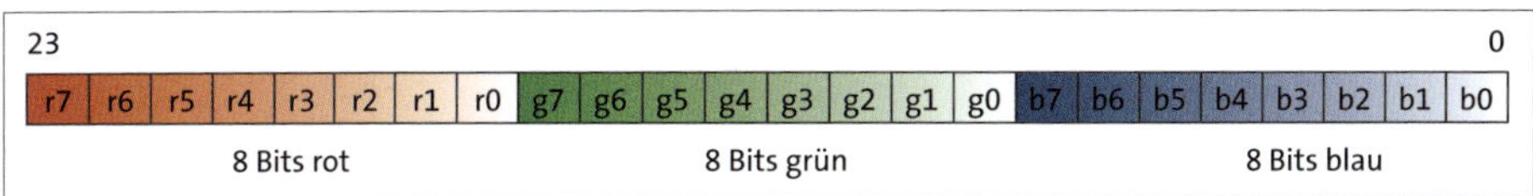

Abbildung 10.28 Das Farbschema RGB-R8G8B8

Danach ist jede Farbe mit 8 Bit (1 Byte) codiert, insgesamt also 3 Byte (24 Bit Farbtiefe). Demgegenüber erwartet das TFT-Display die Farben aber in der Form R5G6B5 (16 Bit Farbtiefe, 2 Byte, siehe Abbildung 10.26). Die reduzierte Farbtiefe wird erreicht, indem die letzten drei Farbbits bei Rot und Blau sowie die letzten beiden Farbbits bei Grün gekappt werden (siehe Abbildung 10.29).

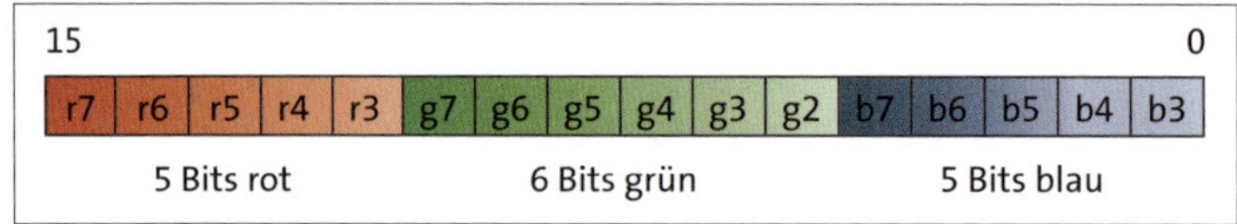

Abbildung 10.29 Das Farbschema RGB-R5G6B5, gekappt

Programmtechnisch erfolgt das Zusammensetzen der 16-Bit-Farbinformation, wie Sie sie im vorigen Abschnitt im Zusammenhang mit dem LCD Image Converter bereits erfahren haben, indem die maßgeblichen Bits eines jeden Farbbytes mit einer Bitmaske ausgewählt und mit einer Bitoperation an die gewünschte Stelle verschoben werden (siehe Abschnitt 5.6.5). Für die Farbe Rot ist die Bitmaske 11111000 und die Bitoperation eine Linksverschiebung um 8 Bit, damit das Ergebnis der Bitmaske auch im linken Halbbyte der 16-Bit-Farbinformation landet:

```
uint8_t  rot;
uint16_t Rgb565 = (rot & 0b11111000) <<8;
```

Binär 0b11111000 ist hexadezimal 0xf8.

Für die Farbe Grün bedeutet dies die Bitmaske 0b11111100 und eine Linksverschiebung um 3 Bit, für Blau die Bitmaske 0b11111000 und eine Rechtsverschiebung um 3 Bit, damit diese Bits an das Ende der 16-Bit-Farbinformation rutschen.

Die Schaltung entspricht hinsichtlich des TFT-Displays der Verdrahtung in den vorherigen beiden Abschnitten und hinsichtlich der SD-Karte der aus Abschnitt 8.1.2.

Der Sketch

```
#include "SPI.h"                  // für SPI
#include <Adafruit_GFX.h>         // Core Graphics Library
#include <Adafruit_ST7735.h>      // Hardware-specific Library for ST7735
#include "SD.h"                   // Methoden SD-Karte

#define TFT_CS        12          //  Hallowing display control pins: chip
                                  //  select
#define TFT_RST       33          //  Display reset
#define TFT_DC        27          //  Display data/command select
#define TFT_SCLK      14          //  Clock gelb
#define TFT_MOSI      13          //  MOSI blau

Adafruit_ST7735 tft = Adafruit_ST7735(TFT_CS, TFT_DC, TFT_MOSI, TFT_SCLK, ➲
TFT_RST);
```

```
void zeichneTFT(String dateiName) {

  typedef struct WinbmpDateiHeader {
    uint16_t  FileType;         // File type, always 4D42h ("BM")
    uint32_t  FileSize;         // Size of the file in bytes
    uint16_t  Reserved1;        // Always 0
    uint16_t  Reserved2;        // Always 0
    uint32_t  BitmapOffset;     // Starting position of image data in bytes
  } bmpFH;
  bmpFH bmpFH1;

  typedef struct Win4xBitmapHeader {  // Version 4  Windows 95
    uint32_t  Size;             // Size of this header in bytes
    long      Width;            // Image width in pixels
    long      Height;           // Image height in pixels
    uint16_t  Planes;           // Number of color planes
    uint16_t  BitsPerPixel;     // Number of bits per pixel
    uint32_t  Compression;      // Compression methods used
    uint32_t  SizeOfBitmap;     // Size of bitmap in bytes
    long      HorzResolution;   // Horizontal resolution in pixels per meter
    long      VertResolution;   // Vertical resolution in pixels per meter
    uint32_t  ColorsUsed;       // Number of colors in the image
    uint32_t  ColorsImportant;  // Minimum number of important colors

    uint32_t  RedMask;          // Mask identifying bits of red component
    uint32_t  GreenMask;        // Mask identifying bits of green component
    uint32_t  BlueMask;         // Mask identifying bits of blue component
    uint32_t  AlphaMask;        // Mask identifying bits of alpha component
    uint32_t  CSType;           // Color space type
    long      RedX;             // X coordinate of red endpoint
    long      RedY;             // Y coordinate of red endpoint
    long      RedZ;             // Z coordinate of red endpoint
    long      GreenX;           // X coordinate of green endpoint
    long      GreenY;           // Y coordinate of green endpoint
    long      GreenZ;           // Z coordinate of green endpoint
    long      BlueX;            // X coordinate of blue endpoint
    long      BlueY;            // Y coordinate of blue endpoint
    long      BlueZ;            // Z coordinate of blue endpoint
    uint32_t  GammaRed;         // Gamma red coordinate scale value
    uint32_t  GammaGreen;       // Gamma green coordinate scale value
    uint32_t  GammaBlue;        // Gamma blue coordinate scale value
  } bmpBH;
```

```
bmpBH bmpBH1;

uint16_t pixel;
File     bmpDatei;
boolean  flip    = true;      // Normalfall; BMP-Daten aus Datei bottom-up
int      w, h, row, col;
uint32_t pos = 0, startTime = millis();

bmpDatei = SD.open("/" + dateiName);
if (!bmpDatei){
  Serial.println("lesendes Öffnen der Datei gescheitert");
  return;
}

// File-Header auswerten
bmpFH1.FileType = lese16Bit(bmpDatei);         // Typ = 2 Byte

if (bmpFH1.FileType == 0x4D42) {               // BMP-Signatur
  bmpFH1.FileSize = lese32Bit(bmpDatei);       // Größe = 4 Byte
  lese32Bit(bmpDatei);                         // 4 reservierte Bytes
                                               // überspringen
  bmpFH1.BitmapOffset = lese32Bit(bmpDatei);   // Größe = 4 Byte

  // Bitmap-Header auslesen
  bmpBH1.Size = lese32Bit(bmpDatei);           // Größe = 4 Byte
  bmpBH1.Width = lese32Bit(bmpDatei);          // Größe = 4 Byte
  bmpBH1.Height = lese32Bit(bmpDatei);         // Größe = 4 Byte
  if ((bmpBH1.Width  > tft.width()) ||
      (bmpBH1.Height > tft.height()) ) {
    Serial.print  ("Bild-Größe größer als TFT-Display");
    return;
  }

  bmpBH1.Planes = lese16Bit(bmpDatei);         // 2 Byte

  if (bmpBH1.Planes == 1) {                    // muss 1 sein
    bmpBH1.BitsPerPixel = lese16Bit(bmpDatei);  // 2 Byte
    bmpBH1.Compression =lese32Bit(bmpDatei);   // 4 Byte

    if ((bmpBH1.BitsPerPixel == 24) && (bmpBH1.Compression == 0)) ⮐
          { // 0 = uncompresse
      uint32_t fileRowSize = (bmpBH1.Width * 3 + 3) & ~3;
```

```
        if(bmpBH1.Height < 0) {
          bmpBH1.Height = -bmpBH1.Height;
          flip      = false;
        }

        w = bmpBH1.Width;
        h = bmpBH1.Height;

        // Displayreihe von oben nach unten
        // Dateireihen von unten nach oben (Normalfall Height positiv)
        for (row=0; row<h; row++) {             // für jede Reihe
          if (flip) {                           // bmp bottom-up
            pos = bmpFH1.BitmapOffset + (bmpBH1.Height - 1 - row) * ⮐
               fileRowSize;
          } else {                              // bmp top-down
            pos = bmpFH1.BitmapOffset + row * fileRowSize;
          }
          if (bmpDatei.position() != pos) {     // erneutes Positionieren
            bmpDatei.seek(pos);
          }

          for (col=0; col<w; col++) {           // für jedes Pixel
            unsigned b = bmpDatei.read();
            unsigned g = bmpDatei.read();
            unsigned r = bmpDatei.read();
            pixel = ((r & 0xf8) << 8) + ((g & 0xfc) << 3) + (b >> 3);
            tft.drawPixel(col, row, pixel);
          }                                     // Ende Pixel
        }                                       // Ende Reihe
      } else {
        Serial.println("kein gültiges BMP-Format ");
      }                     // Ende BMP-Format (24 Pixel, Compression =  0
    }
  }

  bmpDatei.close();
  return ;
}

// Lesen und Zurückgeben von 2/4 Byte aus der SD-Kartendatei
uint16_t lese16Bit(File datei) {
  uint16_t ergebnis;
```

```
  ((uint8_t *)&ergebnis)[0] = datei.read();
  ((uint8_t *)&ergebnis)[1] = datei.read();
  return ergebnis;
}

uint32_t lese32Bit(File datei) {
  uint32_t ergebnis;
  ((uint8_t *)&ergebnis)[0] = datei.read();
  ((uint8_t *)&ergebnis)[1] = datei.read();
  ((uint8_t *)&ergebnis)[2] = datei.read();
  ((uint8_t *)&ergebnis)[3] = datei.read();
  return ergebnis;
}

void setup(){
  Serial.begin(115200);
  tft.initR(INITR_BLACKTAB);
  delay(500);

  if (!SD.begin()){
    Serial.println("Mount der SD-Karte gescheitert");
    while(1){};                    // keine weitere Bearbeitung
  }

  if (SD.cardType() == CARD_NONE){
    Serial.println("Kartentyp nicht erkannt");
    while(1){};                    // keine weitere Bearbeitung
  }
}

void loop(){
  File dir=SD.open("/");
  dir.rewindDirectory();
  while(true) {
    File datei =  dir.openNextFile();
    if (! datei) {
      Serial.println("keine weiteren Dateien mehr");
      Serial.println();
      break;
    }
    if (!datei.isDirectory()) {       // nur Dateien im Hauptverzeichnis
      Serial.print  ("Datei-name / größe: \t\t");
      Serial.print  (datei.name());
```

```
      Serial.print  (" / ");
      Serial.println(datei.size(), DEC);
      String bmpDatei =  datei.name();
      if ( bmpDatei.endsWith (".bmp") ) {
        tft.fillScreen(ST77XX_BLACK);
        zeichneTFT(bmpDatei);
        Serial.println();
        delay (3000);               // Dauer der Anzeige
      }
    }
    datei.close();
  }
  delay (1000);                     // 1 Sek. Pause, alle Bilder erneut
}
```


Listing 10.10 Sketch für die TFT-Slide-Show

Die Funktion `zeichneTFT()` ist die zentrale Funktion für die Ausgabe der als Parameter übergebenen *.bmp*-Datei. Derartige Dateien haben einen definierten Aufbau und bestehen aus einem 14 Byte großen Dateiheader (`struct WinbmpDateiHeader`) und einem zumindest 40 Byte großen Bitmap-Header (`struct Win4xBitmapHeader`). Der Sketch liest zunächst den Dateiheader ein und fährt nur dann mit der Bearbeitung fort, wenn der Dateityp eine Bitmap-Datei ist. Der Inhalt von `BitmapOffset` wird später für das Auslesen der einzelnen RGB-Werte benötigt.

Anschließend erfolgt das Einlesen des Bitmap-Headers mit entsprechenden Plausibilitätsabfragen, ehe es an den Aufbau des TFT-Bilds geht.

Zuerst wird die Anzahl an Bytes berechnet, mit der eine Bildreihe in der Datei abgespeichert ist. 24-Bit-RGB-Dateien haben am Ende jeder Reihe unter Umständen *Padding-Bytes*. Diese Bytes füllen in Abhängigkeit von der Bildbreite die Reihe auf die nächste durch 4 teilbare Zahl auf (*4-Byte Boundary*):

```
uint32_t fileRowSize = (bmpBH1.Width * 3 + 3) & ~3;
```

Üblicherweise sind die Bildinformationen in der RGB-Datei *bottom-up* abgelegt. Das heißt, die Bilddaten beginnen mit der untersten und enden mit der obersten Bildzeile. Indikator ist ein positiver Wert in `bmpBH1.Height`. Ist die Höhe negativ, so ist die Bitmap eine Top-down-Bitmap; die Bilddaten beginnen dann mit der obersten und enden mit der untersten Bildzeile.

Die nun folgende `for`-Schleife füllt Displayreihen von oben nach unten und holt sich die Dateireihen von unten nach oben (wenn, wie normalerweise, `bmpBH1.Height` positiv ist):

```
for (row=0; row<h; row++) {
```

Deshalb besteht der erste Schritt in dieser Schleife darin, innerhalb der Datei den Beginn der nächsten auszugebenden Reihe zu positionieren. Maßgeblich sind hierbei, in welcher Art die Bilddaten abgespeichert sind (bottom-up?), der Beginn der Bilddaten in der Datei (*Offset*), die Datei-Bild-Zeilenlänge (`fileRowSize`) und natürlich die aktuelle Zeilennummer (`row`).

Die nun folgende `for`-Schleife klappert die RGB-Informationen in der Datei ab. Der Befehl

```
pixel = ((r & 0xf8) << 8) + ((g & 0xfc) << 3) + (b >> 3);
```

baut aus den 3-Byte-Farbinformationen das benötigte 16-Bit-Format (2 Byte) auf. Die Methode `tft.drawPixel()` gibt sie dann an das Display aus.

Die beiden Funktionen `lese16Bit()` bzw. `lese32Bit()` setzen aus jeweils 2 bzw. 4 gelesenen Bytes der Datei den Inhalt eines Felds vom Typ `uint16_t` bzw. `uint32_t` zusammen und geben es zurück.

`setup()` öffnet lediglich die SD-Karte.

`loop()` geht dann das Hauptverzeichnis der SD-Karte durch und verzweigt in die Funktion `zeichneTFT()`, sobald eine Bilddatei erkannt wird.

Präparieren Sie eine SD-Karte mit Bilddateien Ihrer Wahl und laden Sie den Sketch hoch. Ein Blick auf die Ausgaben des seriellen Monitors ist entbehrlich, wenn die Bilder auf dem Display erwartungsgemäß erscheinen.

10.6 IoT-Barometer

Dieses kleine Beispiel realisiert ein IoT-Barometer, das Sie für sich allein, aber auch als Bestandteil einer Schaltzentrale (siehe Abschnitt 10.7) betreiben können.

Barometer bestimmen den statischen *Absolut-Luftdruck* (oder auch *atmosphärischen Druck*). Dieser beträgt auf Meereshöhe 101.325 Pascal (Pa) (= 1.013,25 hPa ≈ 1 bar). Mit zunehmender Höhe über dem Meeresspiegel (ü. M.) nimmt der Luftdruck ab. Zum Beispiel misst man auf 400 m ü. M. noch 95 % des Luftdrucks im Vergleich zu 0 m ü. M. Neben der Höhe hat auch die Wetterlage Einfluss auf den Luftdruck. Die Schwankungsbreite liegt etwa zwischen 970 hPa und 1.030 hPa.

Das Ziel des IoT-Barometer-Projekts ist es, Ihnen das Modul BMP280 detaillierter, das Modul OLED_SSD1306 neu und ihren Betrieb über einen gemeinsamen I^2C-Bus sowie über getrennte I^2C-Kanäle vorzustellen.

10.6.1 Der Sensor BMP280

Die Bezeichnung BMP280 (nicht zu verwechseln mit dem BME280) steht zunächst einmal für einen kleinen, kombinierten Luftdruck- und Temperatursensor, der im Original von der Firma Bosch stammt.

Abbildung 10.30 BMP280-Sensor

Seine Grundlage ist eine *piezoresistive Drucksensorik* mit hoher Genauigkeit, Linearität und Langzeitstabilität. In Tabelle 10.1 sehen Sie, was das Datenblatt verspricht (Auszug):

Parameter	Wert
Messbereich (Full Accuracy)	Luftdruck: 300 bis 1.100 hPa Temperatur: –40 bis 85 °C
relative Genauigkeit p = 700 bis 900 hPa (Temp. +25 ... +40 °C)	± 0,12 hPa (typisch) (entspricht ± 1 m)
durchschnittlicher Stromverbrauch (1 Hz Datenrate)	3,4 µA (typisch)
durchschnittlicher Stromverbrauch im Sleep Mode	0,1 µA
Stromversorgung VDD	1,71 bis 3,6 V
Datenauflösung	Luftdruck: 0,01 hPa (< 10 cm)
Interface	I^2C und SPI

Tabelle 10.1 BMP280P – technische Daten

Die Einsatzgebiete des BMP280 sind Wettervorhersagen, verbesserte GPS-Navigation, Höhenmessung im Innenbereich usw. Die übliche I^2C-Adresse eines BMP280 ist `0x76`.

Verschiedene BMP280-Breakout-Boards

Im Handel ist der Sensor BMP280 als fertiges Breakout-Board erhältlich. Dabei fallen die Unterschiede zum Teil erheblich aus. In manchen Fällen verfügt das Board über vier Pins (nur für die I^2C-Anbindung) anstatt über sechs Pins (I^2C, SPI). Der Aufdruck »SDI« steht für SDA und »SCK« für SCL.

Auch haben manche Boards einen integrierten Spannungsregler, der es erlaubt, das Board an 5 V zu betreiben. Darüber hinaus lässt sich bei einigen Boards die I^2C-Adresse mit der Änderung eines Lötjumpers auf `0x77` abwandeln. Es lohnt sich ohnehin, die vom Hersteller vergebene Adresse vorher mit einem I^2C-Scan zu verifizieren.

Der Temperatursensor neigt bedauerlicherweise bei einigen Exemplaren dazu, die Temperatur etwas zu hoch anzuzeigen. Und last, but not least: Insbesondere bei Produkten aus Fernost können auf dem Board durchaus zwei Modulbezeichnungen (BMP280 und auch BME280) aufgedruckt sein.

Sie benötigen für den Zugriff auf den BMP280 noch zwei Bibliotheken. Installieren Sie zuerst die nötige Modulbibliothek für den Sensor (siehe Abbildung 10.31).

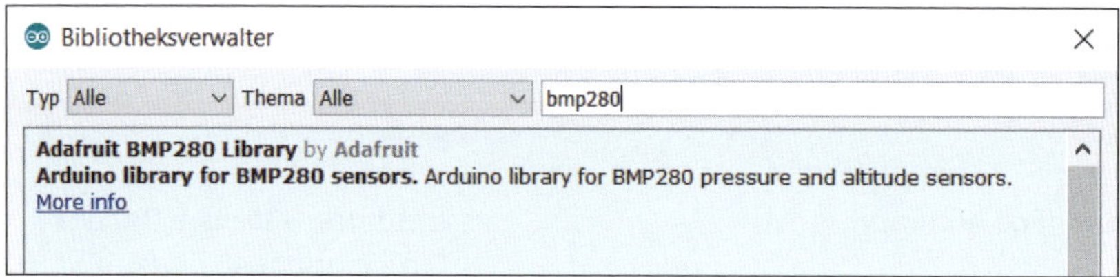

Abbildung 10.31 Arduino IDE – BMP280-Bibliothek

Tabelle 10.2 zeigt Ihnen eine Liste der wichtigsten Methoden:

Methode	Rückgabe
`begin(adresse)`	Initialisiert die I^2C-Kommunikation mit der Geräte-ID `adresse`.
`readTemperature()`	Gibt die Temperatur im Format `float` zurück.
`readPressure()`	Gibt den Luftdruck im Format `float` zurück.
`readAltitude(druck)`	Gibt die Höhe im Format `float` zurück. Der Parameter `druck` gibt den Referenzdruck für die Berechnung der Höhe an. Er ist per Default 1.013,25 hPa (= Meereshöhe).

Tabelle 10.2 Wichtige Methoden der BMP280-Bibliothek

Methode	Rückgabe
`setSampling(mode, tempSampling, pressSampling, filter, standbyDuration)`	Die Methode `setSampling` ermöglicht es, den Betriebsmodus und das Verhalten des BMP280 auf die speziellen Bedürfnisse einer Anwendung zuzuschneiden. Einzelheiten ergeben sich aus dem Datenblatt (siehe *https://www.bosch-sensortec.com/media/boschsensortec/downloads/datasheets/bst-bmp280-ds001.pdf*).

Tabelle 10.2 Wichtige Methoden der BMP280-Bibliothek (Forts.)

Darüber hinaus benötigen Sie für die Aufbereitung der Daten noch die Bibliothek *Adafruit Unified Sensor* (siehe Abbildung 10.32).

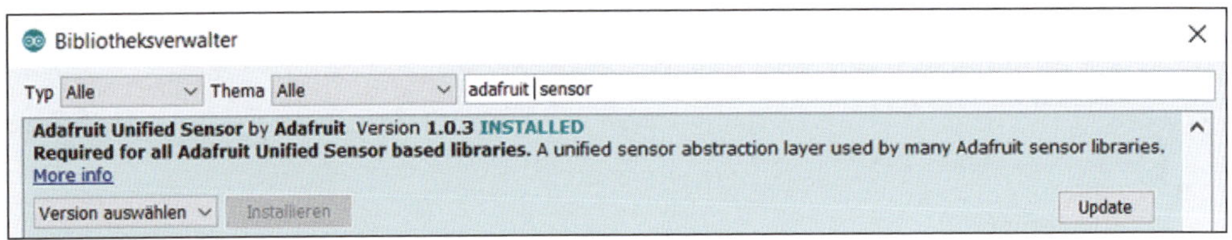

Abbildung 10.32 Die Bibliothek »Adafruit Unified Sensor«

Die Schaltung

Das Breakout-Board arbeitet mit 3,3 V. Die Schaltung zeigt die beiden Bauteile (siehe Abbildung 10.33).

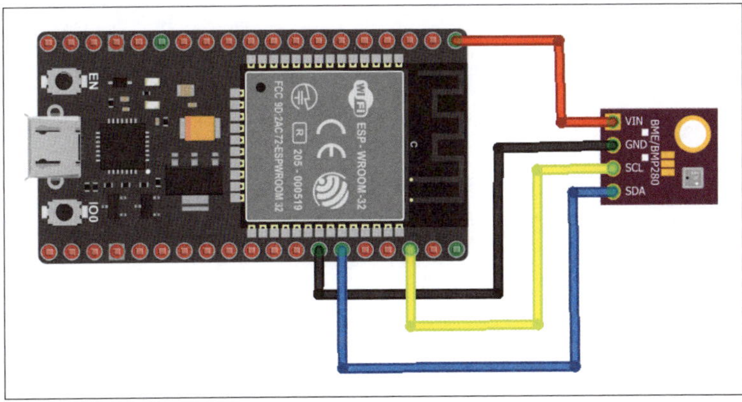

Abbildung 10.33 Schaltung des BMP280

Der Sketch

Der Sketch aus Listing 10.11 orientiert sich mit notwendigen Anpassungen an einem Beispielsketch der Bibliothek (DATEI • BEISPIELE • ADAFRUIT BMP280 LIBRARY • BMP280TEST).

```
#include <Wire.h>

#include <Adafruit_Sensor.h>          // notwendig für exakte Druckberechnung
#include <Adafruit_BMP280.h>

Adafruit_BMP280 bmp;                  // I2C-BMP280-Objekt
float temperatur, luftdruck, hoehe;

void lesenBMP280() {
  temperatur = bmp.readTemperature();
  Serial.println("Temperatur: " + String(temperatur) + " *C");
  luftdruck = bmp.readPressure();
  Serial.println("Luftdruck:  " + String(luftdruck/100) + " hPa");
  hoehe = bmp.readAltitude(1013.25);
  Serial.println("Höhe (üM):  " + String(hoehe) + " m");
  Serial.println();
}

void setup() {
  Serial.begin(115200);
  Serial.println(F("BMP280 test"));

  if (!bmp.begin(0x76)) {
    Serial.println("Kein BMP280-Sensor gefunden!");
    while (1);
  }

  // Default-Einstellungen lt. Datenblatt
  bmp.setSampling(Adafruit_BMP280::MODE_NORMAL,     // Betriebsmodus
                  Adafruit_BMP280::SAMPLING_X2,     // Temp. Oversampling
                  Adafruit_BMP280::SAMPLING_X16,    // Pressure Oversampling
                  Adafruit_BMP280::FILTER_X16,      // Filter
                  Adafruit_BMP280::STANDBY_MS_500); // Stand-by-Zeit
}

void loop() {
  lesenBMP280();
  delay(5000);
}
```

Listing 10.11 BMP280 auslesen

Der kurze Code und die Inline-Kommentierung machen eine ausführliche Erläuterung überflüssig. Achten Sie aber darauf, bei `bmp.begin(0x76)` die zutreffende Geräte-ID anzugeben. Nach dem Hochladen des Sketchs zeigt der serielle Monitor die gemessenen Werte an (siehe Abbildung 10.34).

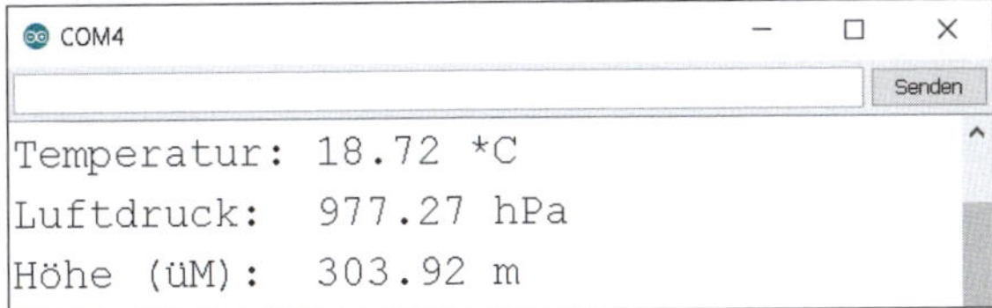

Abbildung 10.34 BMP280-Messwerte im seriellen Monitor

10.6.2 Das I²C-OLED-Display SSD1306

Das OLED-Display SSD1306 verfügt über eine I²C-Schnittstelle. Im Handel sind verschiedene Bauformen erhältlich. Die Abbildung zeigt die 0,96-Zoll-Version mit einer Displayauflösung von 128 × 64 Pixeln, die sowohl eine Versorgungsspannung von 5 V als auch von 3,3 V verträgt (siehe Abbildung 10.35).

Abbildung 10.35 Das OLED-Display SSD1306

Installieren Sie dazu die ESP32-Treiberbibliothek von Daniel Eichhorn und Fabrice Weinberg über den Bibliotheksverwalter (siehe Abbildung 10.36).

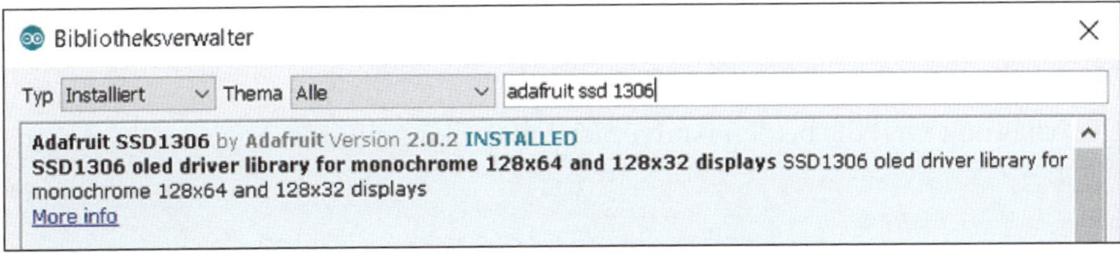

Abbildung 10.36 Die Arduino IDE-Bibliothek »Adafruit SSD1306«

In Tabelle 10.3 finden Sie eine Liste der wichtigsten Methoden:

Methode	Rückgabe
`display()`	Aktualisiert das Display.
`clearDisplay()`	Löscht den Displaypuffer.
`setPixel(x, y, farbe)`	Zeichnet einen Punkt an der Pixelkoordinate `x/y` in der Farbe `farbe` (z. B. `WHITE`).
`invertDisplay(bool)`	Tauscht die Darstellung Weiß/Schwarz gegen Schwarz/Weiß; `bool` ist `true` oder `false`.
`drawLine(x, y, l, h, farbe)`	Zeichnet eine horizontale Linie ab der Pixelkoordinate `x/y` mit der Länge `l` in der Höhe `h` und der Farbe `farbe`.
`drawRect(x, y, b, h, farbe)`	Zeichnet ein Rechteck. Der Beginn ist die Pixelkoordinate `x/y`. Die Breite ist `b`, die Höhe `h`, die Farbe `farbe`.
`fillRect(x, y, b, h, farbe)`	Wie `drawRect`, das Rechteck ist jedoch mit der Farbe `farbe` gefüllt.
`drawCircle(x, h, r, farbe)`	Zeichnet an Position `x/y` einen zentrierten Kreis mit dem Radius `r` und der Farbe `farbe`.
`fillCircle (x, p, r, farbe)`	Wie `drawCircle`, der Kreis ist jedoch mit der Farbe `farbe` gefüllt.
`drawTriangel(x1, y1, x2, y2, x3, y3 farbe)`	Zeichnet ein Dreieck mit den Eckpunktkoordinaten `x/y`.
`drawBitmapXbm(x, y, adr, b, h, n)`	Zeichnet ein Bild von Adresse `adr` an Position `x/y` mit der Breite `b` und der Höhe `h`.
`setFont(name)`	Setzt einen Zeichensatz. Der Aufruf ohne Parameter setzt den Font auf den Standardfont zurück.
`print` / `println`	Druckt einen Zeichenstring ohne/mit Zeilenvorschub.

Tabelle 10.3 Wichtige Methoden der SSD1306-OLED-Driver-Bibliothek

Die Schaltung

Die Schaltung zeigt die beiden Bauteile (siehe Abbildung 10.37).

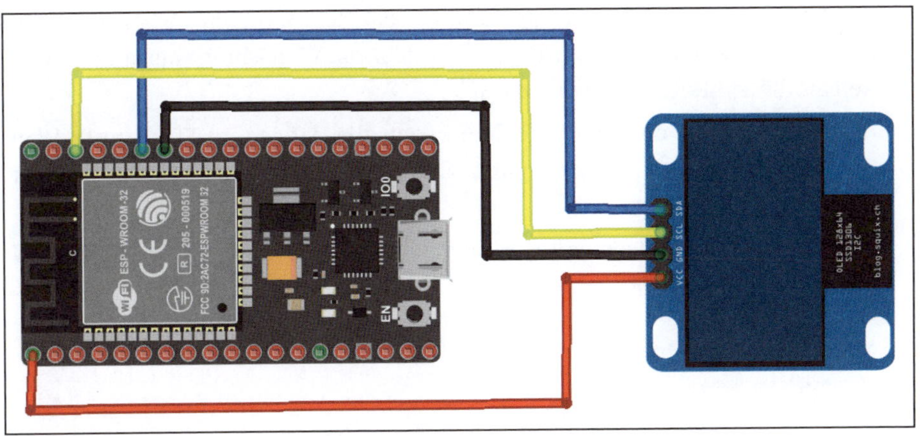

Abbildung 10.37 Das OLED-Display SSD1306

Der Demosketch

Die Installation der Treiberbibliothek liefert auch ein paar Demosketche mit. Öffnen Sie den Sketch *SSD1306SimpleDemo* mit Datei • Beispiele • Adafruit SSD1306 • SSD1306 128x64_I2C. Ändern Sie im `setup()` noch die Geräte-ID (`0x3C9`) und die Baudrate (`115200`).

Laden Sie den Sketch hoch und verfolgen Sie die verschiedenen Formen im Display (siehe Abbildung 10.38).

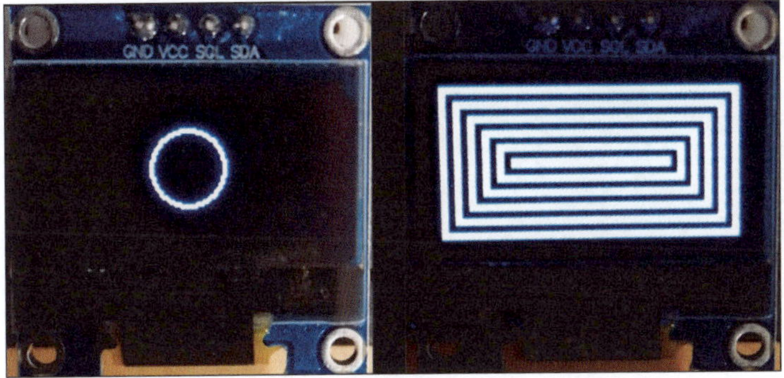

Abbildung 10.38 Das OLED-Display SSD1306 mit verschiedenen Formen

Andere Fonts erstellen und einsetzen

Die *Adafruit_GFX_Library* hat standardmäßig einige installierte Fonts im Gepäck. Sie befinden sich im Ordner *<Sketchbook>/Adafruit_GFX_Library/Fonts*.

Vielleicht treffen sie nicht Ihren Geschmack. Da Schriftarten in einem proprietären, aber offenen Format definiert sind, können Sie Ihren Wunschfont nachrüsten. Gehen Sie wie folgt vor:

1. **Font besorgen**: Eine Liste mit Open-Source-Schriftarten finden Sie beispielsweise unter *https://www.dafont.com/de/*. Laden Sie Ihren Wunschfont herunter. Entpacken Sie die *.zip*-Datei (z. B. *barokah.zip*).

   Im günstigsten Fall enthält der Ordner bereits die Dateien im TTF-Format. Wandeln Sie Dateien in anderen Formaten (z. B. *.otf*-Dateien) mit einem Font-Konverter in eine *.ttf*-Datei um.

   Das Onlinetool auf *fontconverter.org* liefert alternativ gute Ergebnisse (siehe Abbildung 10.39).

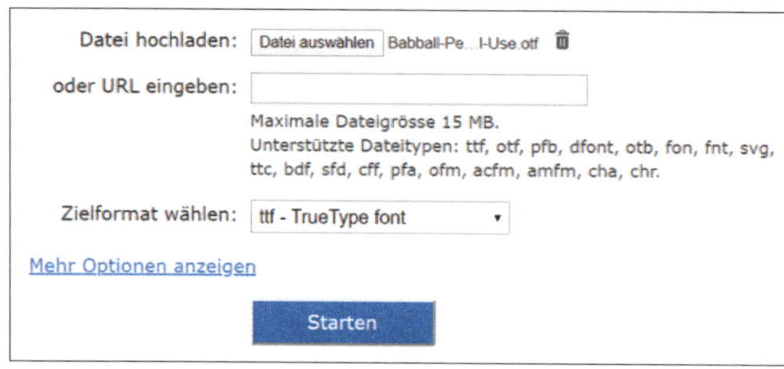

Abbildung 10.39 Eine .otf-Datei mit einem Font-Converter umwandeln

2. **.ttf-Datei in Adafruit-GFX-Format umwandeln**: Rufen Sie die Seite *https://rop.nl/truetype2gfx/* auf. Klicken Sie auf Durchsuchen und wählen Sie Ihre *.ttf*-Datei aus. Nun klicken Sie auf Upload. Legen Sie im Feld Font Size die gewünschte Größe fest. Eine Eingabe im Feld Demo text erlaubt Ihnen, die Darstellung des Fonts noch einmal zu überprüfen.

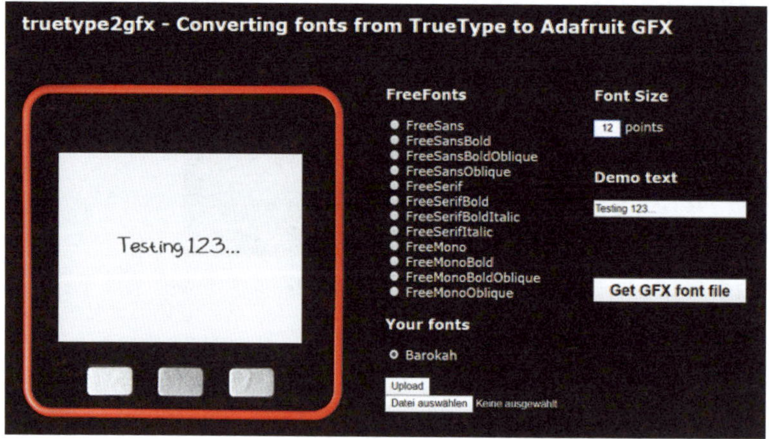

Abbildung 10.40 Der truetype2gfx-Konverter

Ein Klick auf Get GFX font file lädt die Headerdatei herunter.

3. **.h-Datei einpflegen**: Kopieren Sie nun die heruntergeladene Datei (z. B. *Barokah12pt7b.h*) in den Unterordner *Fonts* der Adafruit_GFX_Library *(<Sketchbook>/ Adafruit_GFX_Library/Fonts)*.

Der Sketch aus Listing 10.12 zeigt die Verwendung des neuen Fonts:

```
#include <Wire.h>
#include <Adafruit_GFX.h>
#include <Adafruit_SSD1306.h>
#include <Fonts/Barokah12pt7b.h>

#define SCREEN_WIDTH 128           // OLED-Display-Breite in Pixel
#define SCREEN_HEIGHT 64           // OLED-Display-Höhe in Pixel

Adafruit_SSD1306 display(SCREEN_WIDTH, SCREEN_HEIGHT, &Wire);

void zeichneOled(void) {
  display.clearDisplay();          // Puffer löschen
  display.setFont();               // Standardfont setzen

  display.setTextSize(1);          // normale Pixelgröße 1:1
  display.setTextColor(WHITE);     // weißer Text
  display.setCursor(0,0);          // Start links oben
  display.println("ESP32 !");
  display.println("");
  display.println("");

  display.setFont(&Barokah12pt7b); // neuer Font
  display.setTextSize(1);
  display.println("ESP32 !");
  display.display();
  delay(2000);
  display.clearDisplay();          // Display löschen
  display.display();
}

void setup() {
  Serial.begin(115200);
  if(!display.begin(SSD1306_SWITCHCAPVCC, 0x3C)) {
    Serial.println("SSD1306-Beginn fehlgeschlagen");
    for(;;);
  }
}
```

10

```
void loop() {
  zeichneOled();
  delay(1000);
}
```

Listing 10.12 OLED SSD1306 – Font wechseln

Nach dem Hochladen erscheint im Display die Schrift in Ihrem Wunschfont (siehe Abbildung 10.41).

Abbildung 10.41 Das OLED-Display SSD1306 mit Wunschfont

Eigene Bilder anzeigen

Natürlich kann das OLED-Display SSD1306 auch Bilder darstellen, die Sie selbst entworfen haben. Gehen Sie hierzu genauso vor, wie in Abschnitt 10.5.1 beschrieben. Nachdem Sie den Sketch erstellt haben, kopieren Sie diese Datei in den Ordner des Sketchs.

Default-Display-Hintergrund berücksichtigen

Denken Sie daran, dass der Display-Hintergrund per Default schwarz ist. Das bedeutet, dass Ihre Bitmap als weißes Rechteck erscheint, wenn sie nicht die gesamte Fläche ausfüllt. Sie können dies umgehen, indem Sie Ihre Bitmap invers zeichnen, also mit schwarzem Hintergrund und weißen Linien.

Der folgende Sketch zeichnet als Beispiel ein Thermometer auf das Display; die Werte sind in der Datei *thermometer.h* abgespeichert.

```
#include <Wire.h>
#include <Adafruit_GFX.h>
#include <Adafruit_SSD1306.h>
#include "thermometer.h"
```

```
#define SCREEN_WIDTH 128      // OLED-Display-Breite in Pixel
#define SCREEN_HEIGHT 64      // OLED-Display-Höhe in Pixel

Adafruit_SSD1306 display(SCREEN_WIDTH, SCREEN_HEIGHT, &Wire);

void zeichneOled(void) {
  display.clearDisplay();               // Puffer löschen
  display.drawBitmap(
    0, 6, thermometer_bmp, THERMOMETER_WIDTH, THERMOMETER_HEIGHT, WHITE);
  display.display();
  delay(4000);
}

void setup() {
  Serial.begin(115200);
  if(!display.begin(SSD1306_SWITCHCAPVCC, 0x3C)) {
    Serial.println("SSD1306-Beginn fehlgeschlagen");
    for(;;);
  }
}

void loop() {
  zeichneOled();
  delay(4000);
}
```

Listing 10.13 Bild auf dem OLED-Display SSD1306

Das Bitmap-Bild erscheint nach dem Hochladen des Sketchs auf dem Display (siehe Abbildung 10.42).

Abbildung 10.42 Bitmap auf dem OLED-Display SSD1306

10.6.3 Beide Module an einem gemeinsamen I^2C-Bus

Alle benötigten Teile liegen nun vor; sie müssen nur noch zusammengepackt werden.

Die Schaltung in Abbildung 10.43 vereint die Teilschaltungen des BMP280 und des OLED-Displays SSD1306.

Die SDA-Anschlüsse beider Module sind mit GPIO21 und die SCL-Anschlüsse mit GPIO22 verbunden. Dies sind die Pins, die standardmäßig für I^2C-Kanal 1 eingestellt sind.

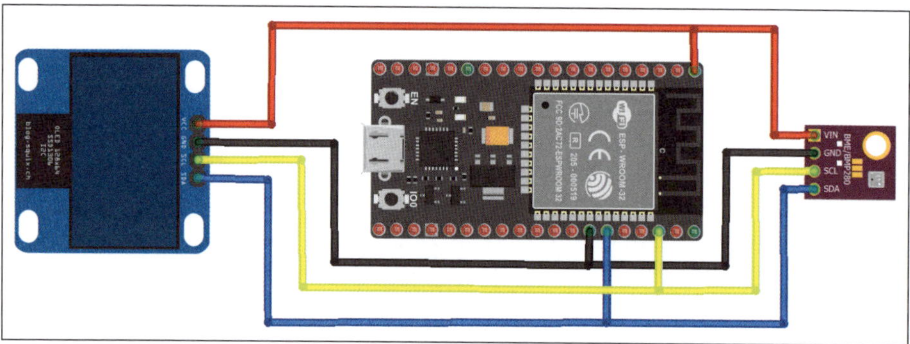

Abbildung 10.43 Schaltung von BMP280 und SSD1306 am gemeinsamen I^2C-Bus

Auch der Sketch aus Listing 10.14 ist weitestgehend ein Zusammenschluss aus den Codeschnipseln dieses Abschnitts, denen Sie zusammenhängend aber bestimmt besser folgen können:

```
#include <Wire.h>
#include <Adafruit_Sensor.h>        // notwendig für exakte Druckberechnung
#include <Adafruit_BMP280.h>
#include <Adafruit_GFX.h>
#include <Adafruit_SSD1306.h>
#include "thermometer.h"
#include "barometer.h"

#define SCREEN_WIDTH 128      // OLED-Display-Breite in Pixel
#define SCREEN_HEIGHT 64      // OLED-Display-Höhe in Pixel

Adafruit_BMP280 bmp;                // I2C-BMP280-Objekt
float temperatur, luftdruck;

Adafruit_SSD1306 display(SCREEN_WIDTH, SCREEN_HEIGHT, &Wire);

void lesenBMP280() {
  temperatur = bmp.readTemperature();
```

```
  luftdruck = bmp.readPressure();
}

void zeichneOled(void) {
  char str[15];
  float f;
  f=temperatur;
  sprintf(str, "%d,%01d", (int)f, (int)(f*10)%10);
  display.clearDisplay();                // Puffer löschen
  display.setFont();                     // Standardfont setzen
  display.drawBitmap( ⮐
    0, 6, thermometer_bmp, THERMOMETER_WIDTH, THERMOMETER_HEIGHT, WHITE);
  display.setTextSize(3);                // Pixelgröße 1:3
  display.setTextColor(WHITE);           // weißer Text
  display.setCursor(40,20);
  display.println(str);
  display.drawCircle(118, 20, 5, WHITE);
  display.display();
  delay(8000);

  f=luftdruck/100;
  if (f > 999) {
    sprintf(str, "%d.%03d,%01d",
           (int)f/1000, (int)f%1000, (int)(f*10)%10);
  } else {
    sprintf(str, "%03d,%01d", (int)f%1000, (int)(f*10)%10);
  }

  display.clearDisplay();                // Puffer löschen
  display.drawBitmap(
    0, 15, barometer_bmp, BAROMETER_WIDTH, BAROMETER_HEIGHT, 1);
  display.setTextSize(2);                // Pixelgröße 1:2
  display.setTextColor(WHITE);           // weißer Text
  display.setCursor(40,20);
  display.println(str);
  display.setCursor(85,40);
  display.println("hPa");
  display.display();
  delay(8000);
}

void setup() {
  Serial.begin(115200);
```

```
  if (!bmp.begin(0x76)) {
    Serial.println("Kein BMP280-Sensor gefunden!");
    while (1);
  }
  if(!display.begin(SSD1306_SWITCHCAPVCC, 0x3C)) {
    Serial.println("SSD1306-Beginn fehlgeschlagen");
    for(;;);
  }
}

void loop() {
  lesenBMP280();
  zeichneOled();
}
```

Listing 10.14 BMP280 und SSD1306 am gemeinsamen I²C-Bus

Der Code weist eine Erweiterung auf. Sie betrifft die Formatierung der Ausgabe. `sprintf()` reduziert die Nachkommastellen auf eine Stelle und fügt beim Luftdruck einen Tausenderpunkt ein, wenn dieser über 999 hPa liegt.

Laden Sie den Sketch hoch und verfolgen Sie die Ausgaben im Display (siehe Abbildung 10.44).

Abbildung 10.44 BMP280 und SSD1306 am gemeinsamen I²C-Bus – Displayausgabe

10.6.4 Beide Module an getrennten I²C-Kanälen

Der Betrieb der beiden (und auch weiterer) Module ist ebenfalls über getrennte Kanäle möglich. Der ESP32 verfügt über zwei I²C-Buslinien. Das SSD1306-Display verbleibt an Standardkanal 1. Das BMP280 belegt nun Kanal 2. SDA soll hier GPIO17 und SCL GPIO16 sein. Die Schaltung ändert sich daher nur bei den beiden GPIOs (siehe Abbildung 10.45).

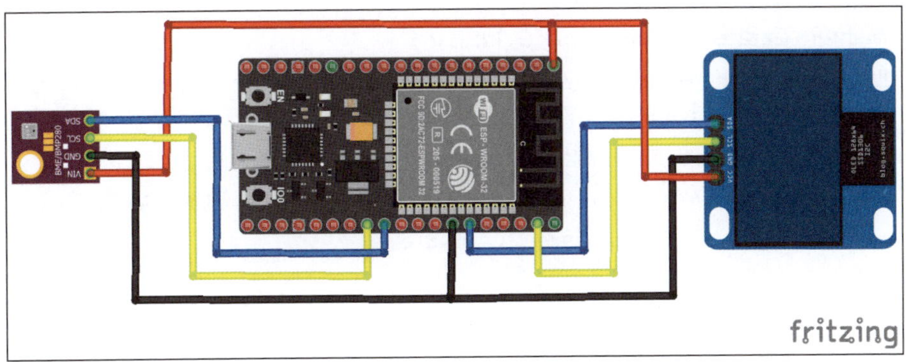

Abbildung 10.45 Schaltung von BMP280 und SSD1306 an getrennten I^{2}C-Kanälen

Jetzt sind nur noch an wenigen Stellen des Sketchs Anpassungen nötig:

```
...
#include "barometer.h"

#define SDA2_PIN      17                          // SDA-Pin I2C-Kanal 2
#define SCL2_PIN      16
#define SCREEN_WIDTH 128      // OLED-Display-Breite in Pixel
#define SCREEN_HEIGHT 64      // OLED-Display-Höhe in Pixel

TwoWire i2cBus2 = TwoWire (1);                    // Objekt Bus 2
Adafruit_BMP280 bmp (&i2cBus2);                   // I2C-BMP280-Objekt
float temperatur, luftdruck;
...
...
void setup() {
  Serial.begin(115200);
  i2cBus2.begin(SDA2_PIN,SCL2_PIN,400000);
  if (!bmp.begin(0x76)) {
...
...
```

Die Anweisung `TwoWire i2cBus2 = TwoWire (1)` bildet ein Objekt für den zweiten I^{2}C-Bus (siehe den Scan-Sketch in Abschnitt 8.2). Dieses ist dann der Parameter für das Objekt des Sensormoduls (`Adafruit_BMP280 bmp (&i2cBus2)`).

Der zweite I^{2}C-Kanal wird im `setup()` mit `i2cBus2.begin(SDA2_PIN,SCL2_PIN,400000)` aktiviert.

Damit verfügen Sie über ein Grundgerüst für Anwendungsfälle, in denen Sie zwei gleiche Module (z. B. zwei BMP280) an einem ESP32 betreiben möchten.

Mehrere Geräte mit derselben I²C-Adresse

Es gibt verschiedene Möglichkeiten, um mehrere Geräte mit derselben I²C-Adresse am ESP32 zu betreiben:

- Benutzen Sie beide Buskanäle (siehe oben).
- Ändern Sie, wenn möglich, die I²C-Adresse des Moduls (andere Lötbrücke).
- Setzen Sie einen I²C-Multiplexer (TCA9548) ein.

10.7 Eine kleine Schaltzentrale

In diesem kleinen Beispiel möchte ich Ihnen einen möglichen Ansatz zum Einsatz eines Mikrocontrollers bei der Steuerung häuslicher Schaltvorgänge präsentieren. Neben den Komponenten, die ich in diesem Buch bereits angesprochen habe, möchte ich Ihnen im Folgenden auch wieder einiges Neues vorstellen:

- die Erreichbarkeit anderer Geräte im Netz mit *Pings* erfragen
- *OpenWeatherMap* abrufen und Wetterdaten verwenden
- von überall mit *ngrok* auf die Daten zugreifen

Insgesamt ist dieser Abschnitt recht umfangreich. Deshalb soll in Abbildung 10.46 ein Blockschaltbild das Zusammenwirken der einzelnen Komponenten darstellen, ehe ich jede für sich in gewohnter Weise erläutere.

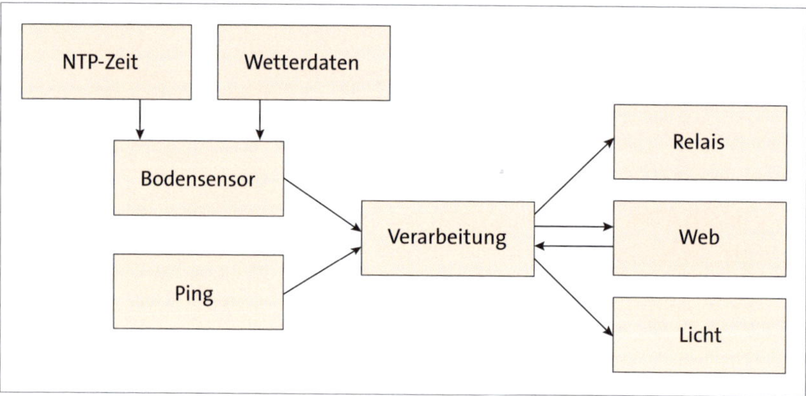

Abbildung 10.46 Steuerzentrale

Die kleine Steuerzentrale hat damit zwei Aufgaben und auch zwei Bearbeitungsstränge. Der eine Strang ist das Messen der Bodenfeuchtigkeit mit einem kapazitiven Bodenfeuchtemesser, das Prüfen, ob eine Bewässerung überhaupt möglich ist (Bewässerung nur außerhalb der Sonnenstunden), und das Einschalten eines Relais für eine Bewässerungspumpe für eine gewisse Zeit.

Der zweite Strang fragt, ob im heimischen Netz ein Mobiltelefon mit einer bestimmten IP-Adresse angemeldet ist. Ist das der Fall, wird das Licht eingeschaltet, sofern die Lichtautomatik aktiviert ist.

Ein Webserver gibt Auskunft über den Feuchtigkeitsstatus und ermöglicht die Aktivierung bzw. Deaktivierung der Lichtautomatik sowie ein manuelles An- und Ausschalten des Lichts.

Kapazitiver Bodenfeuchtesensor

In Abhängigkeit von der Feuchtigkeit von Erde ändert sich deren Widerstand. Dies wiederum führt dazu, dass sich die Eigenkapazität des Sensors ändert. Das hat den Vorteil, dass derartige Sonden nicht erhöhtem Verschleiß durch katalytische Vorgänge ausgesetzt sind. Sie können jedoch zusätzlich etwas tun, indem Sie die Schmalseiten der Messsonde durch einen Lacküberzug gegen eindringende Feuchtigkeit schützen. Der kapazitive Bodenfeuchtesensor (siehe Abbildung 10.47) hat nur einen analogen Ausgang, und VCC kann direkt an den 3V3-Pin des ESP32 angeschlossen werden.

Abbildung 10.47 Kapazitiver Bodenfeuchtesensor

OpenWeatherMap

Vielfach beruhen Steuerungsvorgänge auf aktuellen Wetterdaten, und aus den unterschiedlichsten Gründen sind nicht immer Outdoor-Sensoren installiert oder verfügbar (z. B. Bewölkungsgrad für die Solarsteuerung). Onlinedienste wie z. B. OpenWeatherMap sind in solchen Situationen eine smarte Lösung, um die benötigten Daten zu beschaffen.

OpenWeatherMap hat dabei für den privaten Anwender einige Vorzüge. Dieser Dienst bietet Wettervorhersagen anhand des Stadtnamens (ca. 200.000 Städtenamen) oder durch die Verwendung geografischer Koordinaten.

Es stehen APIs für das aktuelle Wetter, eine 5-Tage- bzw. 3-Stunden-Vorhersage und eine Wetterkarte zur Verfügung. Mit einem kostenlosen API-Key sind 1.000 Zugriffe am Tag möglich. Der freie Zugriff unterliegt aber der Einschränkung, dass einige Wetterdaten nicht inbegriffen sind (z. B. Windgeschwindigkeit) bzw. nur alle zwei Stunden aktualisiert werden.

Die Ausgabe der Wetterdaten erfolgt als JSON-String.


```
{"coord":{"lon":13.39,"lat":52.52},"weather":[{"id":802,"main":"Clouds",
"description":"scattered clouds","icon":"03d"}],"base":"stations",
"main":{"temp":7.11,"feels_like":3.83,"temp_min":6.11,"temp_max":8.33,
"pressure":1016,"humidity":87},"visibility":10000,"wind":{"speed":3.1,
"deg":120},"clouds":{"all":31},"dt":1576758845,"sys":{"type":1,"id":1275,
"country":"DE","sunrise":1576739621,"sunset":1576767180},"timezone":3600,
"id":2950159,"name":"Berlin","cod":200}
```


Das Tool *JSON-Formatter* sorgt für eine lesbare Darstellung der erhaltenen Daten (siehe Abbildung 10.48).

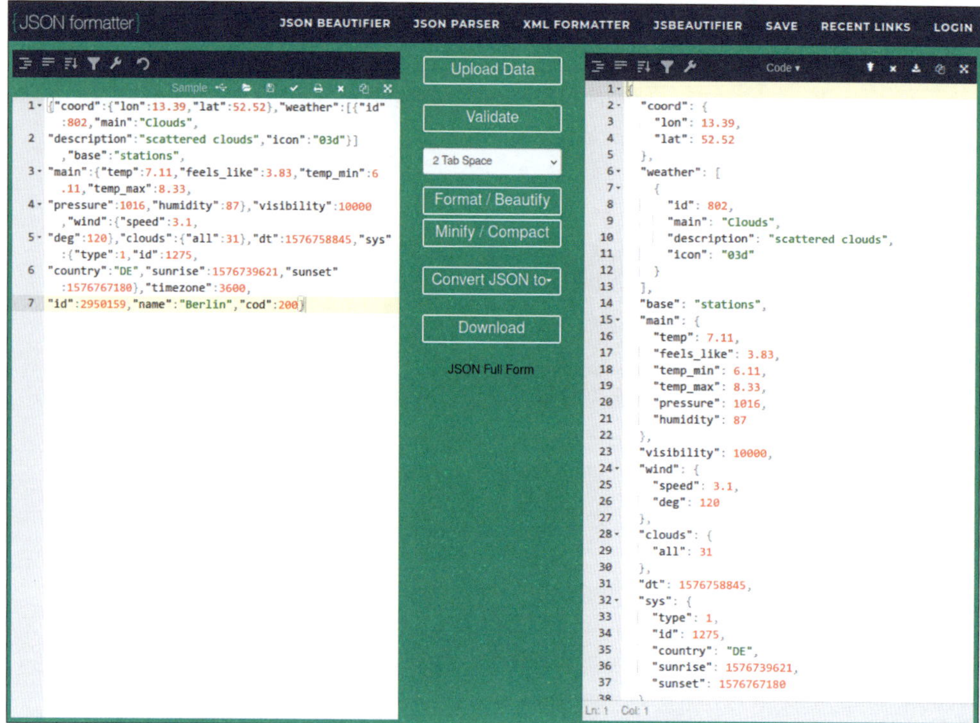

Abbildung 10.48 OpenWeatherMap-Daten im JSON-Formatter

Damit Sie Zugriff auf die OpenWeatherMap-Daten bekommen, benötigen Sie einen *API-Key*. Dazu müssen Sie sich kostenlos auf der Seite *https://openweathermap.org/appid* registrieren (*https://openweathermap.org* • API • SIGN UP, der Pfad ändert sich aber zuweilen; siehe Abbildung 10.49).

Sind alle notwendigen Felder ausgefüllt, gelangen Sie mit der Schaltfläche CREATE ACCOUNT zur OpenWeatherMap-Homepage. Im Bereich API-KEYS können Sie nun die benötigten Keys abrufen.

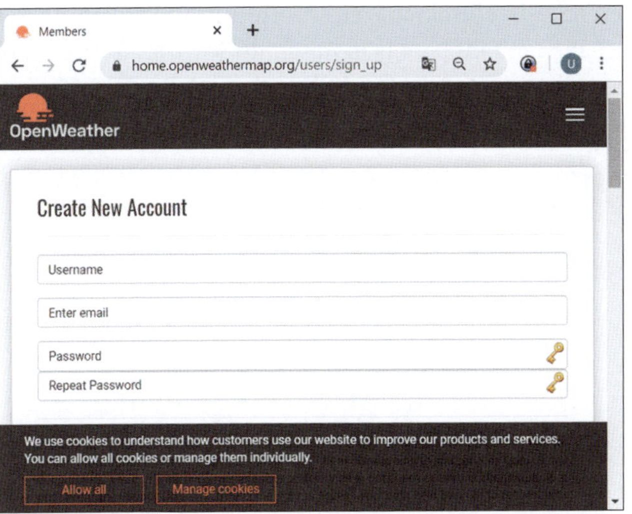

Abbildung 10.49 Einen OpenWeatherMap-Account einrichten

[!]

Ein wenig Geduld beim Warten auf den Key

Bei der Neugenerierung eines Keys kann es bis zu 60 Minuten dauern, bis Sie den Key verwenden können.

Ein Key ist bereits als Default-Key eingestellt (siehe Abbildung 10.50).

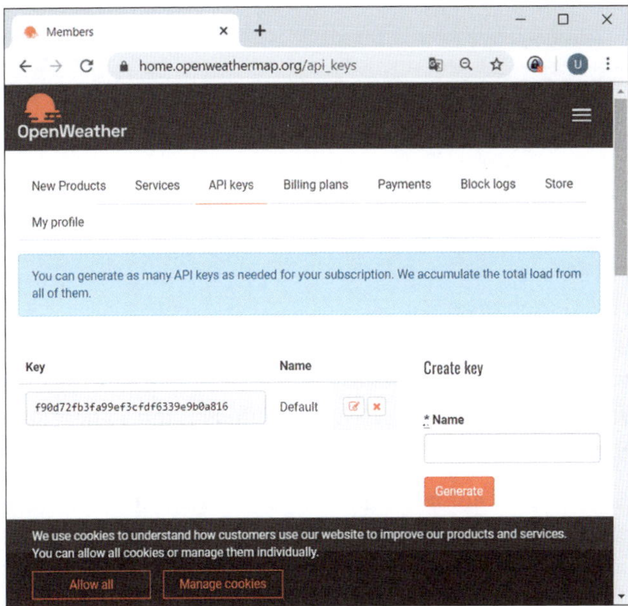

Abbildung 10.50 API-Key für OpenWeatherMap

Innerhalb des Sketchs isolieren Sie die einzelnen Wetterwerte mit Funktionen aus der Bibliothek *ArduinoJson* (Sie haben mit ihr bereits in Abschnitt 9.1, »Das JSON-Datenaustauschformat in der Praxis«, gearbeitet).

Änderungen des JSON-Strings

OpenWeatherMap erweitert zuweilen das Angebot der kostenlos bereitgestellten Daten. Dies kann zur Folge haben, dass die ArduinoJson-Funktionen in einen Fehler laufen, weil der Speicherplatz nicht ausreicht. Erhöhen Sie dann den Speicherbereich für die Konvertierung.

Ping

Eine Internetadresse kann die Form eines voll qualifizierten Domänennamens (z. B. *www.google.de*), aber auch die Form einer IP-Adresse (z. B. 192.168.2.203) haben. Das Diagnosewerkzeug *Ping* überprüft, ob eine Internetadresse erreichbar ist. Darüber hinaus misst ein Ping vielfach die Zeitspanne zwischen dem Senden des Signals an den Host und dem Empfang des zurückgesandten Antwortpakets. Kurze Ping-Zeiten sind dann ein Indiz für eine schnelle Erreichbarkeit des Hosts, an den der Ping gerichtet ist.

Sie können damit also auch auf schnelle Weise die Erreichbarkeit Ihres ESP32-Webservers testen. Öffnen Sie eine Konsole und geben Sie dort `ping 192.168.2.203` ein – dies ist die IP-Adresse Ihres ESP32-Webservers. Der ESP32 antwortet dann (siehe Abbildung 10.51).

```
Ping wird ausgeführt für 192.168.2.203 mit 32 Bytes Daten:
Antwort von 192.168.2.203: Bytes=32 Zeit=373ms TTL=255
Antwort von 192.168.2.203: Bytes=32 Zeit=271ms TTL=255
Antwort von 192.168.2.203: Bytes=32 Zeit=179ms TTL=255
Antwort von 192.168.2.203: Bytes=32 Zeit=85ms TTL=255

Ping-Statistik für 192.168.2.203:
    Pakete: Gesendet = 4, Empfangen = 4, Verloren = 0
    (0% Verlust),
Ca. Zeitangaben in Millisek.:
    Minimum = 85ms, Maximum = 373ms, Mittelwert = 227ms
```

Abbildung 10.51 Ping an den ESP32-Webserver

Aber auch andere Geräte (z. B. Ihr Handy), die an das heimische Netz angeschlossen sind, besitzen eine IP-Adresse, wenn sie mit diesem Netz verbunden sind. Es liegt also nahe, diesen Umstand für Steuerungszwecke zu nutzen.

Für den ESP32 steht auf GitHub eine Bibliothek zum Download bereit, die den Mikrocontroller in die Lage versetzt, Pings abzusetzen. Laden Sie diese Bibliothek von *https://github.com/marian-craciunescu/ESP32Ping* als *.zip*-Datei herunter, entpacken Sie sie und kopieren Sie den entpackten Ordner in den Unterordner *libraries* Ihres Sketchbooks (siehe Abschnitt 4.4.2).

Binden Sie die Bibliothek mit `#include <ESP32Ping.h>` in Ihren Sketch ein, damit Sie Zugriff auf die Funktion `Ping.ping()` und ihre Prüfmöglichkeiten erhalten:

- **IP-Adresse**: `IPAddress ip (192, 168, 2, 1); bool ret = Ping.ping(ip);`

  Die Variable `ret` ist bei erfolgreichem Ping `true`, andernfalls `false`.
- **String-IP-Adresse**: `bool ret = Ping.ping("www.google.com");`
- **Ping-Anzahl**: `IPAddress ip (192, 168, 2, 1); Ping.ping(ip, 10);`

  Der zweite Parameter legt die Anzahl der Pings fest.
- **Antwortzeit**: `int avg_time_ms = Ping.averageTime();`

  Nach einem `Ping.ping()` gibt die Funktion `Ping.averageTime()` die durchschnittliche Antwortzeit zurück.

Der Aufruf der Funktion `Ping.ping()` ist mit Verarbeitungszeiten im Sekundenbereich recht zeitintensiv, sodass der Einsatz mit Bedacht geschehen sollte.

10

Der Sketch

Da die Anzahl der Codezeilen ziemlich groß ist, möchte ich Ihnen den Sketch in Abschnitten vorstellen.

#includes, #defines und globale Variablen

```
#include <WiFi.h>                         // für WLAN
#include <HTTPClient.h>
#include <WiFiUdp.h>
#include <NTPClient.h>                    // für NTP
#include <ArduinoJson.h>                  // JSON aufbereiten
#include <ESP32Ping.h>                    // Ping

#define LED_PIN              2            // GPIO2, Pin G2
#define PUMPE_PIN            5            // GPIO5, Pin G5
#define BODEN_SENSOR_A_PIN   33           // GPIO33, Pin G33
#define NTP_OFFSET 1 * 60 * 60            // in Sekunden, 1* = Winterzeit
#define NTP_INTERVAL 60 * 1000            // in Millisekunden
#define NTP_ADDRESS "3.de.pool.ntp.org"

const char* ssid     = "ssidRouter";
const char* password = "passwortRouter";
IPAddress lclIP (192,168,2,203);
IPAddress gateway (192,168,2,1);
IPAddress subnet (255,255,255,0);
IPAddress primaryDNS (8, 8, 8, 8);        // optional
IPAddress secondaryDNS (8, 8, 4, 4);      // optional
```

```
WiFiServer serverWiFi (80);                 // Port für Webserver
WiFiClient wifiClient;
WiFiUDP ntpUDP;
NTPClient timeClient(ntpUDP, NTP_ADDRESS, NTP_OFFSET, NTP_INTERVAL);

// Variablen für Ping
IPAddress ipPing (192, 168, 2, 184);        // Handy

// Variablen für Timer Bewässerung
hw_timer_t *timer = NULL;
portMUX_TYPE timerMux = portMUX_INITIALIZER_UNLOCKED;

// Variablen für kapazitiven Bodenfeuchtemesser
int schwellenWert = 40;                     // Bodenfeuchtigkeit
                                            // Schwellenwert (anpassen)
int feuchtigkeit = 0;                       // Bodenfeuchtigkeit in %
volatile bool pumpenStatus = false;         // false = aus, true = an

// Variablen für Wetterdaten
String stadtLand = "Berlin,de";             // Ort, Stadt und Länderkennung
const String url = "http://api.openweathermap.org/data/2.5/weather?q=";
const String key = "f90d72fb3fa99ef3cfdf6339e9b0a899";
unsigned long millisAlt = 0;                // Abruf Wetterdaten begrenzen
unsigned long sunset, sunrise;
bool bewOK = false;                         // false = zeitl. keine Bewäss.

// Variablen für Beleuchtungssteuerung Anwesenheit
bool ledCtrl = false;                       // automatisch = 0, manuell = 1
volatile bool cntrlPing = false;            // 1 = Warten nächstes Intervall

// Variablen für Timer Ping
hw_timer_t *timerPing = NULL;
portMUX_TYPE timerMuxPing = portMUX_INITIALIZER_UNLOCKED;
```

Listing 10.15 Sektch für die Schaltzentrale – Teil 1

Die Bedeutung und die Verwendung der allermeisten Variablen ergeben sich aus der Inline-Kommentierung bzw. sind bereits Bestandteil vorhergehender Beispielsketche. Den Wert für die Variable ipPing – also z. B. die IP-Adresse Ihres Handys – erhalten Sie über entsprechende Menüeinträge Ihres Routers. Der Weg dahin ist von Modell zu Modell unterschiedlich.

[«]

Die Variablen für die Wetterdaten

Die Variable key enthält den API-Key Ihres Accounts bei OpenWeatherMap (siehe Abbildung 10.50).

onTimer(), lesenMesswert(), checkBewaesserung(), holenNTP()

```
// Timer Pumpe
void IRAM_ATTR onTimer() {
  portENTER_CRITICAL_ISR(&timerMux);
  pumpenStatus = false;
  portEXIT_CRITICAL_ISR(&timerMux);
  digitalWrite(PUMPE_PIN, LOW);
}

// Lesen der Messwerte
bool lesenMesswert() {
  int analogValue = analogRead(BODEN_SENSOR_A_PIN);
  feuchtigkeit = map(analogValue, 0, 4095, 100, 0);
  if (feuchtigkeit >= schwellenWert) {
    return false;
  } else {
    return true;
  }
}

// Prüfen, ob Bewässern zeitlich möglich: wenn ja, durchführen
void checkBewaesserung() {
  if (lesenMesswert()) {                    // zu trocken
    if (!pumpenStatus) {                    // Wasserpumpe = aus
      if (millis() > millisAlt + (1000*60*5 )) {   // Wetter alle 5 Minuten
        bewOK = holenWetterDaten();         // Holen der Wetterdaten
        millisAlt = millis();
      }
      if (bewOK) {
        digitalWrite(PUMPE_PIN, HIGH);
        portENTER_CRITICAL(&timerMux);
        pumpenStatus = true;
        portEXIT_CRITICAL(&timerMux);
        timer = timerBegin(1, 80, true);
        timerAttachInterrupt(timer, &onTimer, true);
        timerAlarmWrite(timer, 5000000, false);  // für 5 Sekunden
```

```
        timerAlarmEnable(timer);
      }                                       // endif bewOK
    }                                         // endif pumpenStatus
  }                                           // endif lesenMesswert
  return;
}

// Holen der aktuellen Zeit
unsigned long holenNTP() {
  timeClient.update();                       // Aktualisieren des Zeitstempels
  return timeClient.getEpochTime();
}
```

Listing 10.16 Sketch für die Schaltzentrale – Teil 2

`checkBewaesserung()` übernimmt die Steuerung der Bewässerung. Sie prüft, ob der Boden zu trocken ist (`lesenMesswert()`) oder die Pumpe bereits läuft (`!pumpenStatus`). Bei positiver Prüfung (also Boden zu trocken, Pumpe aus) erfolgt ein Update des Merkers, ob eine Bewässerung aufgrund der Tageszeit überhaupt möglich ist (`bewOK`). Ein Update kommt aber unter anderem aus Gründen des Umgangs mit den Restriktionen der kostenlosen Wetterabfragen nur alle fünf Minuten infrage.

Ist auch die aktuelle Zeit für eine Bewässerung geeignet, wird der GPIO-Pin für das Pumpenrelais auf `HIGH` gesetzt und ein Timer aktiviert, der nach 5 Sekunden für ein automatisches Abschalten der Pumpe sorgt.

Die anderen Funktionen beruhen auf Codeschnipseln, die bereits an anderer Stelle dieses Buchs in ähnlicher Form beschrieben werden (`onTimer()` und `lesenMesswert()` in Kapitel 7, `holenNTP()` in Listing 10.2).

holenWetterDaten()

```
bool holenWetterDaten() {
  bool ret = false;
  if ((WiFi.status() == WL_CONNECTED)) {      // besteht Verbindung noch?
    HTTPClient http;
    http.begin(url + stadtLand + "&units=metric&APPID=" + key);
    int httpCode = http.GET();                // Request absetzen
    if (httpCode > 0) {                       // Returning Code okay?
      String payload = http.getString();
      StaticJsonDocument<1000> jsonDocument;      // Speicher für JSON
      auto err = deserializeJson(jsonDocument, payload); // JSON aufbereiten
      if (err) {
        Serial.print  ("Fehler JSON-deserialize  ");
        Serial.println(err.c_str());
```

```
        ret = false;
      } else {
        sunrise = jsonDocument ["sys"] ["sunrise"];
        sunset = jsonDocument ["sys"] ["sunset"];
        unsigned long epochZeit = holenNTP();
        if (epochZeit < sunrise || epochZeit > sunset) {
          ret = true;
        } else {
          ret = false;
        }
      }
    } else {
      Serial.println("Fehler beim HTTP-Request");
      ret = false;
    }
    http.end();                              // Ressourcen freigeben
  }
  return ret;
}
```


Listing 10.17 Sketch für die Schaltzentrale – Teil 3

Wenn eine WLAN-Verbindung besteht, holt sich die Funktion mit einem `http.Get()` die aktuellen Wetterdaten von OpenWeatherMap. Sie gelangen als JSON-String in die String-Variable `payload`. Die Funktion `deserializeJson()` benötigt Pufferplatz für den aufzubereitenden String. Aktuell sind dies 528 Byte für den String und 232 Byte für das interne Duplizieren, sodass 1.000 Byte Puffer (`StaticJsonDocument<1000>`) ausreichen. Nach fehlerfreiem Aufbereiten des JSON-Strings erhalten die Variablen `sunset` und `sunrise` die gewonnenen Werte.

Hinzu kommt die aktuelle Zeit. Die anschließende `if`-Abfrage prüft, ob die aktuelle Zeit vor Sonnenaufgang oder nach Sonnenuntergang liegt und ob damit eine Bewässerung aus biologischen Gründen möglich ist.

onTimerPing(), checkPing()

```
// Timer Ping
void IRAM_ATTR onTimerPing() {
  portENTER_CRITICAL_ISR(&timerMuxPing);
  cntrlPing = false;
  portEXIT_CRITICAL_ISR(&timerMuxPing);
}

// Ping absetzen und auswerten
void checkPing() {
```

```
  static bool ret;
  if (!cntrlPing) {                          // kein aktueller Ping
    ret = Ping.ping(ipPing);
    portENTER_CRITICAL(&timerMuxPing);
    cntrlPing = true;
    portEXIT_CRITICAL(&timerMuxPing);
    timerPing = timerBegin(0, 80, true);
    timerAttachInterrupt(timerPing, &onTimerPing, true);
    timerAlarmWrite(timerPing, 5000000, false);  // für 5 Sekunden
    timerAlarmEnable(timerPing);  }

  if (ret) {                                 // Ping erfolgreich
    if (!ledCtrl) {                          // Automatik an?
      digitalWrite(LED_PIN, HIGH);
    }
  } else {
    if (!ledCtrl) {                          // Automatik an?
      digitalWrite(LED_PIN, LOW);
    }
  }
  return;
}
```

Listing 10.18 Sketch für die Schaltzentrale – Teil 4

Die Funktion `onTimerPing()` wirkt ähnlich wie die Funktion `onTimer()` und hilft, die Anzahl der Ping-Aufrufe zu begrenzen. Die Funktion `checkPing()` ist die bestimmende Verarbeitungsroutine des Bearbeitungsstrangs »Anwesenheit«.

Eingangs bewirkt die Deklaration der Variablen `ret` als `static`, dass ihr Wert bei erneutem Funktionsaufruf nicht wieder neu initialisiert wird, sondern erhalten bleibt. Die folgende `if`-Abfrage begrenzt die Anzahl der Ping-Aufrufe; liegen keine aktuellen Informationen vor, wird mit der Anweisung `Ping.ping(ipPing)` aktualisiert. Darüber hinaus erhält der Aktualitätsmerker `cntrlPing` den Wert `true`, und der Timer 0 für das zeitgesteuerte Zurücksetzen auf `false` wird aktiviert.

Bei erfolgreichem Ping greift dann bei aktivierter Automatik die entsprechende Lichtsteuerung.

wifiSend(), wifiReceive()

```
// sendet eine Antwort an den WLAN-Client
void wifiSend (WiFiClient client) {
  client.println("HTTP/1.1 200 OK");
  client.println("Content-type:text/html");
```

```
  client.println("Connection: close");
  client.println();

  // der Inhalt der HTTP-Antwort folgt auf den HTTP-Header
  // einfache Ausgabe:
  client.print ("<!DOCTYPE HTML>");
  client.print("Bodenfeuchtigkeit: " + String(feuchtigkeit) + " %<br>");
  client.print("LED-Control   <a href=\"/A\">automatisch</a> / ⮒
                              <a href=\"/M\">manuell</a><br>");
  client.print("-> bei manuell  <a href=\"/H\">an</a> oder ⮒
                                <a href=\"/L\">aus</a> !");
  client.println("</body>\n");
  client.println("</html>");

  // die HTTP-Antwort endet mit einer weiteren Leerzeile
  client.println();
}

// bearbeitet eine Anfrage von dem WLAN-Client
void wifiReceive (WiFiClient client) {
  String currentLine = "";                // Variable f. eingehende Daten
  while (client.connected()) {            // loop, solange Client verbunden
    if (client.available()) {             // gibt es Bytes zu lesen
      char c = client.read();             // lesen 1 Byte in Variable c
      if (c == '\n') {                    // ist Zeichen Newline-Zeichen?
        // das Ende der HTTP-Anfrage ist eine Leerzeile
        // und zwei Newline-Zeichen hintereinander
        if (currentLine.length() == 0) {  // Ende HTTP-Anforderung Client
          wifiSend(client);
          break;                          // beenden while client.connected
        } else {                          // liegt ein Newline vor
         currentLine = "";                // Variable currentLine löschen
        }
      } else if (c != '\r') {             // alles, nur kein Wagenrücklauf
        currentLine += c;                 // Zeichen currentLine hinzufügen
      }
      // Auswertung der Clientanfrage
      if (currentLine.endsWith("GET /H") &&
          ledCtrl == true) {
        digitalWrite(LED_PIN, HIGH);      // GET /H schaltet die LED an
      }
      if (currentLine.endsWith("GET /L") &&
          ledCtrl == true) {
```

```
      digitalWrite(LED_PIN, LOW);           // GET /L schaltet die LED aus
    }
    if (currentLine.endsWith("GET /A")) {
      ledCtrl = false;                      // GET /A LED-Automatik ein
    }
    if (currentLine.endsWith("GET /M")) {
      ledCtrl = true;                       // GET /M LED-Automatik aus
    }
   }                                        // end if client.available
  }                                         // end while client.available

  client.stop();
}
```

Listing 10.19 Sketch für die Schaltzentrale – Teil 5

Die Funktionen `wifiSend()` und `wifiReceive()` entsprechen dem Grundgerüst aus Abschnitt 8.5.2, »ESP32 als »Station««. Anstelle der Betriebsstunden wird die Bodenfeuchtigkeit ausgegeben, und eine weitere Zeile enthält die Möglichkeit, die Lichtsteuerung auf automatisch bzw. manuell zu setzen. Selbstverständlich können Sie den Webauftritt mit allen über HTML zur Verfügung stehenden Mitteln und Möglichkeiten noch ansprechender gestalten.

setup(), loop()

```
void setup() {
  Serial.begin(115200);
  pinMode(LED_PIN, OUTPUT);
  pinMode(PUMPE_PIN, OUTPUT);
  if (!WiFi.config(lclIP, gateway, subnet, primaryDNS, secondaryDNS)) {
    Serial.println("STA failed to configure ");
  }
  delay(10);
  Serial.print("Verbindungsaufbau zu ");       // Verbindungsaufbau
                                               // zum WLAN-Netzwerk
  Serial.println(ssid);
  WiFi.begin(ssid, password);
  while (WiFi.status() != WL_CONNECTED) {
    delay(500);
    Serial.print(".");
  }
  Serial.println("");                          // Verbindung aufgebaut
  Serial.println("WiFi connected.");
```

```
  Serial.println("IP address: ");
  Serial.print  (WiFi.localIP());
  Serial.println();
  Serial.println("Start WiFi Server!");
  serverWiFi.begin();
  bewOK = holenWetterDaten();
}

void loop() {
  checkPing();                          // Ist Teilnehmer erreichbar?
  checkBewaesserung();
  WiFiClient client = serverWiFi.available();  // horcht auf Clientanfragen
  if (client) {                         // Fragt ein Client an?
    wifiReceive (client);               // Anfrage aufbereiten
  }
  delay(1);
}
```

Listing 10.20 Sketch für die Schaltzentrale – Teil 6

`setup()` und `loop()` basieren ebenfalls auf dem Grundgerüst aus Kapitel 8 und weisen insofern keinerlei Besonderheiten auf, die ich ansprechen müsste.

Setzen Sie das Projekt nun aus den Codesegmenten zusammen, nehmen Sie die notwendigen Anpassungen an Ihre Umgebung (mit Ihren Routerangaben, einer passenden IP-Adresse für den Ping sowie Ihrem API-Key für die Wetterdaten) vor und laden Sie den Sketch hoch. Im Browser erscheint bei einem Request dann die bescheidene Antwort des Webservers (siehe Abbildung 10.52).

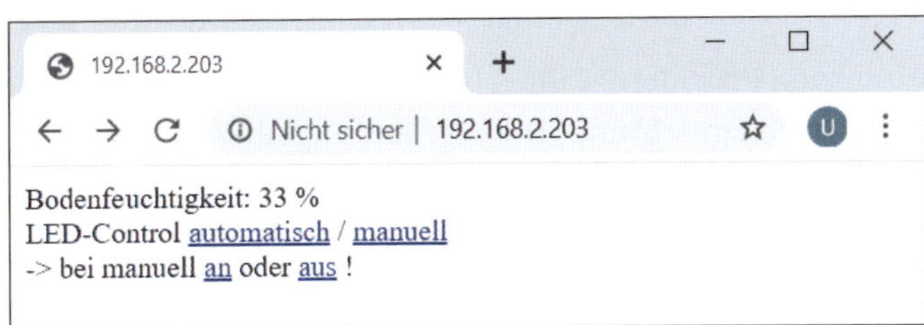

Abbildung 10.52 Die Steuerzentrale im Browser

Auch dieses Beispiel ist eigentlich ein Grundgerüst. Erweiterungen lassen sich relativ problemlos einpflegen, da jede Baugruppe einem Prinzip folgt:

- Daten sammeln (Sensoren)
- Daten auswerten und ausgeben (Aktoren, Display, Web)

Speicherplatz jedenfalls ist ausreichend vorhanden, da das Grundgerüst lediglich 66 % des Programmspeicherplatzes und 12 % des dynamischen Speichers beansprucht.

Der Überallzugriff mit ngrok

Bislang haben Sie auf Ihren ESP32 über das lokale WLAN mit einer lokalen IP-Adresse zugegriffen. Damit Sie ihn auch von außerhalb Ihres WLAN-Netzes erreichen können, benötigen Sie aber eine öffentliche IP-Adresse.

Die Einrichtung einer öffentlichen IP-Adresse erfolgt über einen öffentlichen *DNS* (*Domain Name Service*), bei dem Sie für sich eine eigene Domäne einrichten lassen können. Entsprechende Dienstleister übernehmen das für ein jährliches Entgelt. Einige Provider bieten auch zum Teil kostenlose Unterdomänennamen an. Dies ist hin und wieder mit dem Nachteil verbunden, dass die dem Nutzer zugewiesene öffentliche IP ohne Benachrichtigung wechselt, weil zu wenige IP-Adressen zur Verfügung stehen. Verfügen Sie über eine solche öffentliche IP-Adresse, müssen Sie nur noch den heimischen Router und die Firewall entsprechend konfigurieren. Haben Sie alle Schritte erfolgreich abgeschlossen, ist der Zugriff möglich, z. B. mit *http://max.mustermann.com:8888* auf den Port 8888.

Eine Alternative ist der *VPN-Tunnel*. Vom Grundgedanken her ist ein *VPN* (*Virtual Private Network*) ein privates Netzwerk. Diese Funktion bietet auch die Möglichkeit, dass VPN-Provider gegen Entgelt einen sicheren und verschlüsselten Tunnel zum heimischen Rechner anbieten können. Konkret erfolgt der Zugriff über einen VPN-Server. Dieser nimmt die Anfrage entgegen und leitet sie an den Client weiter. Der Client bearbeitet die Anfrage und schickt sie über den Server wieder zurück. Zwischen der Webseite und dem lokalen Rechner läuft der Datentransfer also für den Anfrager unsichtbar. Damit hat der VPN-Provider eine besondere Vertrauensstellung inne.

Sie können aus einer Vielzahl von Providern wählen (z. B. *NordVPN*, *Surfshark*, *PrivateVPN*). Für den Einstieg reicht die Einrichtung einer Verbindung über den Provider *ngrok* allemal. ngrok bietet eine kostenlose Basisversion an, die die allermeisten Ansprüche abdecken sollte, und liefert Ihnen Clientsoftware für Windows-, macOS-, Linux- und ARM-basierte PCs wie den Raspberry Pi.

Eine Clientsoftware für den ESP32 fehlt leider. Deshalb ist ein Umweg über einen Client nötig, für den es eben Software gibt. Die Wahl fällt auf den Raspberry Pi, da dies eine preiswerte, zuverlässige und stromsparende Lösung darstellt. Die einzelnen Schritte zur Einrichtung des Tunnels sind dann:

1. **ngrok-Account erstellen**: Hierzu rufen Sie die Website von ngrok auf (*https://ngrok.com/*). Klicken Sie auf die Schaltfläche SIGN UP FOR FREE, um zur Maske für die Einrichtung des Accounts zu gelangen (siehe Abbildung 10.53).

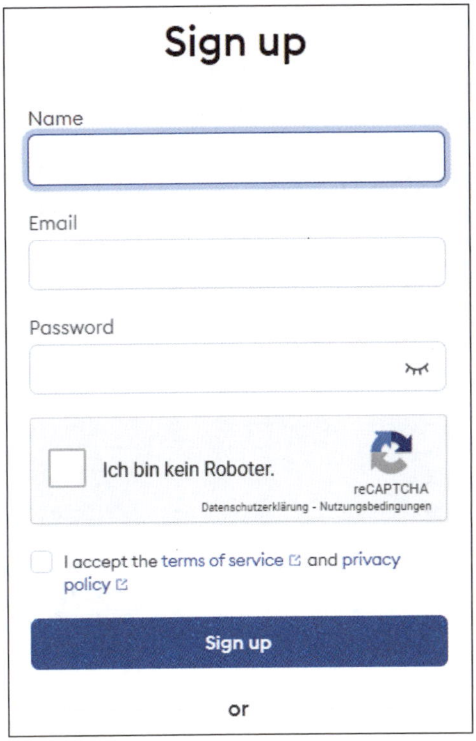

Abbildung 10.53 Den ngrok-Account erstellen

Füllen Sie die Felder aus und klicken Sie dann auf die Schaltfläche CREATE AN ACCOUNT, oder nutzen Sie den Login über GitHub oder Google.

Passwörter mit Sonderzeichen

Passwörter mit Sonderzeichen können problematisch sein. Der Grund dafür ist, dass dieses Passwort auch beim Start der ngrok-Clientsoftware verwendet wird. Dem Start wiederum liegen Skripte zugrunde, die unter Umständen bei bestimmten Sonderzeichen in Fehler laufen können. Abhilfe schafft in einem solchen Fall die Änderung des Passworts über USER SETTINGS auf der ngrok-Website. Auch wenn Sonderzeichen Passwörter sicherer machen, sollten Sie in diesem Fall besser auf Buchstaben und Zahlen zurückgreifen. Wenn das Passwort ausreichend lang ist, bleibt es sicher.

Das ngrok-Dashboard ist in zwei Bereiche geteilt. Wählen Sie aus der linken Seitenleiste SETUP & INSTALLATION (siehe Abbildung 10.54).

2. **Software downloaden**: Wählen Sie im rechten Bereich RASPBERRYPI und scrollen Sie weiter nach unten. Sie bekommen drei Installationsoptionen angeboten: SNAP, APT und DOWNLOAD (siehe Abbildung 10.55).

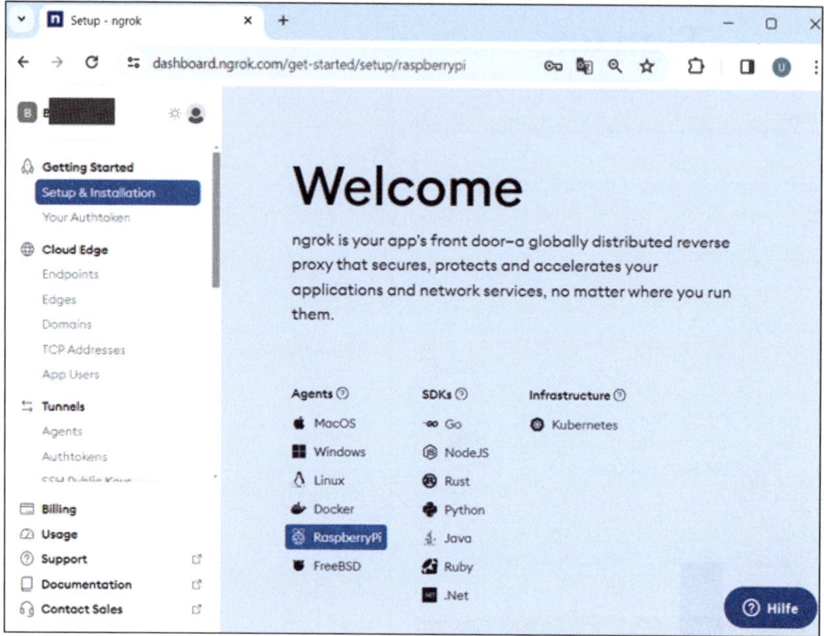

Abbildung 10.54 Das ngrok-Dashboard

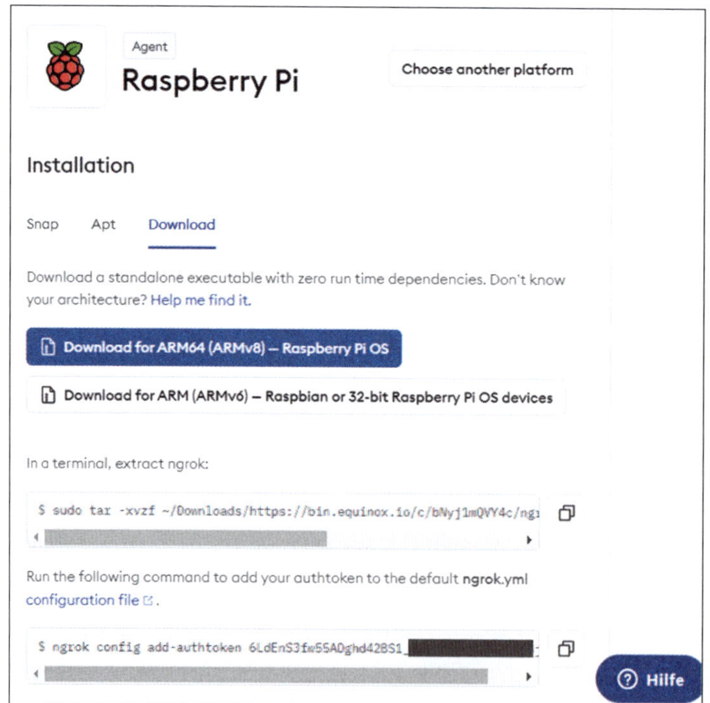

Abbildung 10.55 ngrok-Installation für den Raspberry Pi

Aktivieren Sie den Download gemäß Ihres Raspberry-Pi-Betriebssystems. Kopieren Sie einfach die beiden folgenden Befehle und führen Sie sie in einem Terminal aus. Komfortablerweise ist bei der Konfigurationsanweisung Ihr Tunnel-Authtoken bereits vorgegeben. Sie erhalten ihn auch über den Menüpunkt YOUR AUTHTOKEN in der linken Seitenleiste.

3. **Sketch ändern**: ngrok kann sich nicht mit dem Standardport 80 des Webservers verbinden. Ändern Sie den Port auf z. B. 8888 (`WiFiServer serverWiFi (8888)`) und laden Sie den Sketch hoch. Überprüfen Sie im Browser, ob der ESP32 erreichbar ist (`ESP32IpAdresse:8888`).
4. **Clientsoftware starten**: Der Tunnel ist universell einsetzbar und je nach Einsatzgebiet unterschiedlich zu starten. Für unseren Fall möchten wir eine Verbindung zu Port 8888 haben. Öffnen Sie eine Konsole und geben Sie folgenden Befehl ein:

   ```
   ./ngrok http -auth="Name:Password" ESP32IpAdresse:8888
   ```

   `Name` und `Password` erhalten die Angaben Ihres Benutzer-Accounts. Anschließend meldet sich ngrok (siehe Abbildung 10.56).

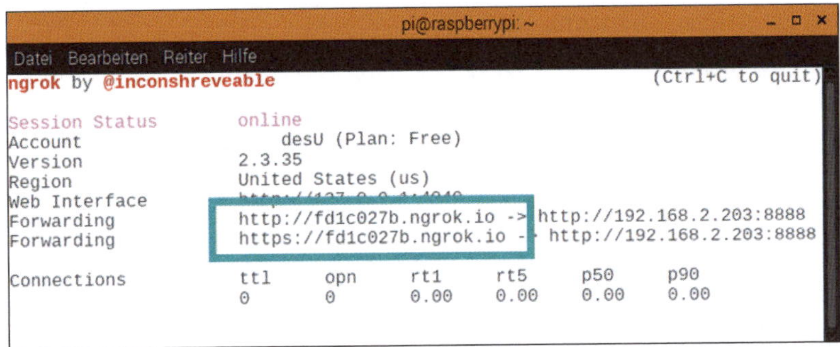

Abbildung 10.56 Den ngrok-Client ausführen

Sie bekommen nun die URLs angezeigt, mit denen Sie den ngrok-Client erreichen. Dieser führt dann ein *Forwarding* zu dem Port Ihres ESP32-Webservers aus. Zur Verfügung stehen sowohl eine verschlüsselte Verbindung (sie beginnt mit *https*) als auch eine offene Verbindung.

Der Client lässt sich mit Strg + C beenden.

5. **Die Verbindung nutzen**: Öffnen Sie einen Browser und geben Sie die Verbindungsdaten ein, die der Client vorgibt (siehe Abbildung 10.57).

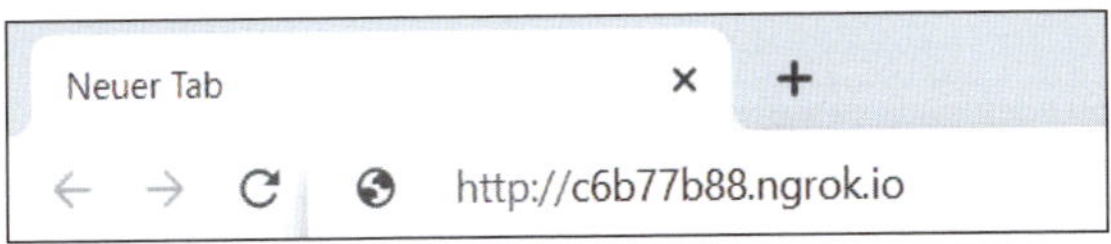

Abbildung 10.57 ngrok-Verbindung zum ESP32 aufbauen

Sie werden zur Eingabe Ihres Benutzernamens und Ihres Passworts aufgefordert (siehe Abbildung 10.58).

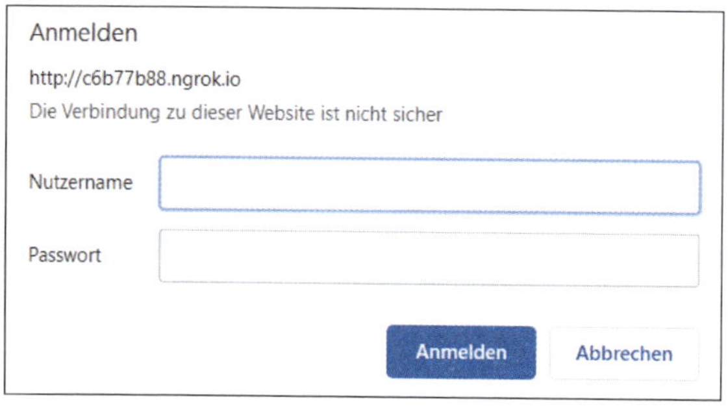

Anmelden

http://c6b77b88.ngrok.io

Die Verbindung zu dieser Website ist nicht sicher

Nutzername

Passwort

Anmelden Abbrechen

Abbildung 10.58 Anmelden für eine ngrok-Verbindung zum ESP32

Stimmt alles, tauchen im Browserfenster nun die Ausgaben Ihres ESP32-Webservers auf.

Industriell gefertigte Schaltzentrale

Die Firma *Norvi* bietet industriell gefertigte Schaltzentralen auf Basis des ESP32 an (*https://norvi.lk/industrial-esp32-norvi-iiot*). Das Angebot umfasst mehrere Modelle (mit bzw. ohne OLED-Display, Relaisausgänge). Montieren lassen sie sich auf eine Hutschiene.

10.8 Den ESP32 mit Alexa steuern

Ohne Sprachsteuerung kommt kaum noch ein System aus. Bislang gestaltete es sich jedoch schwierig, dies für den ESP32 einzurichten. Mit Espressifs *ZeroCode* und *Matter* gibt es seit kurzer Zeit aber einen eleganten Ansatz.

Matter (früher *Project Connected Home over IP*, CHIP) ist ein proprietäres, lizenzfreies und quelloffenes Kommunikationsprotokoll (nicht zu verwechseln mit einem Funkstandard) für die Hausautomatisierung. Es nimmt unter den Protokollen eine Sonderstellung ein, weil es in der obersten Schicht des Netzwerk-Protokoll-Stapels verortet ist (siehe Abbildung 10.59).

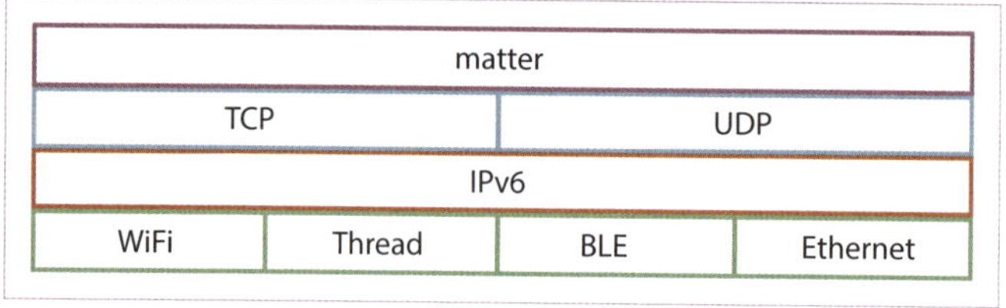

Abbildung 10.59 Schichten des Netzwerk-Protokoll-Stapels

So kann die Kommunikation über Matter mittels WiFi, Ethernet, Bluetooth LE, IEEE 802.15.4 und Thread erfolgen, wobei IPv6 mit Protokollen wie TCP und UDP genutzt wird. Matter ermöglicht auch die Verbindung zu anderen Smart-Home-Technologien wie ZigBee, Bluetooth Mesh und Z-Wave über Bridging. Matter wird als der Standard der Zukunft gehandelt, und viele Hersteller haben ihre Geräte bereits damit versehen – darunter auch Espressif und Amazon.

Eine wesentliche Vereinfachung für den Entwickler hat Espressif in diesem Zuge ebenfalls auf den Weg gebracht: *ZeroCode*. Damit ist es möglich, online ESP32-Module mit Matter-zertifizierter Software zu flashen und das neue Gerät über einen QR-Code in ein Matter-System einzubinden. Die Basis dieses kleinen Beispiels soll wieder das vielfach strapazierte Steuern einer LED sein.

Schritt 1: Account erstellen (Sign up)

Besuchen Sie die Seite *https://zerocode.espressif.com/* und klicken Sie dort auf LOGIN. Sie haben nun die Wahl zwischen SIGN IN (vorhandener Account) und SIGN UP (neuer Account). Das Sign-up verlangt bestimmte Angaben wie eine E-Mail-Adresse sowie ein Passwort und das Akzeptieren der Benutzerbedingungen.

Sie erhalten eine E-Mail mit einem Bestätigungslink, um das angegebene E-Mail-Konto zu verifizieren. Beim Klick auf den Link landen Sie nach Abfrage zusätzlicher Angaben (z. B. des Firmennamens) auf dem ESP-ZeroCode-Homescreen (siehe Abbildung 10.60).

Abbildung 10.60 Der Homescreen

Schritt 2: Ein Produkt erstellen

Espresssif hat zunächst eher gewerbliche Anwender im Auge. Das spiegelt sich unter anderem in den Begriffen wider. Erstellen Sie also mit CREATE A NEW PRODUCT ein neues Produkt – ein erstelltes Produkt finden Sie später in YOUR PRODUCTS – und legen Sie einen Produktnamen fest. Der Gesamtprozess umfasst sechs Abschnitte (siehe Abbildung 10.61).

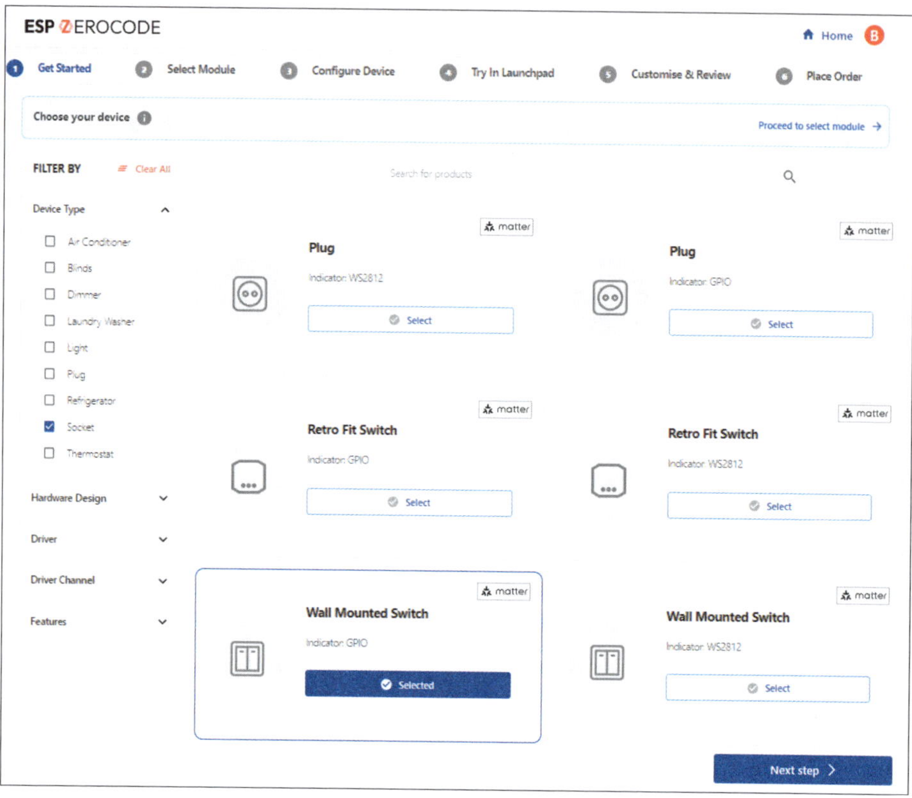

Abbildung 10.61 ZeroCode: der Abschnitt »Get Started«

Der Abschnitt GET STARTED befasst sich mit der gewünschten Produktart bzw. Geräteart. Treffen Sie aus dem Angebot eine Auswahl, die vom Grundgedanken Ihrem Projekt entspricht (z. B. Schalter, LED-Strip). Die angezeigten Möglichkeiten lassen sich über Angaben der linken Seitenleiste filtern. In diesem Beispiel soll die Firmwarevorlage für einen WALL MOUNTED SWITCH (dt. »Wandschalter«) zum Einsatz kommen.

Nach einem Klick auf SELECT wechselt die Schaltfläche Farbe und Beschriftung, sodass Sie mit NEXT STEP zur Auswahl der Module gelangen (siehe Abbildung 10.62).

Wählen Sie aus der Liste der unterstützten Serien das von Ihnen verwendete Modul aus. Ich verwende einen einfachen ESP32, also das Grundmodell. Es ist nur mit dem Wifi- und Bluetooth-Chip ausgestattet, wie auch die Symbole in der Liste anzeigen. Andere Modelle unterstützen auch andere Protokolle wie beispielsweise Zigbee. Sie müssen also das passende Modell auswählen, damit die richtige Firmware genutzt wird, die alle Funktionen Ihres Chips unterstützt.

Abbildung 10.62 Modulauswahl für das neue Produkt

Daraufhin klappt eine Liste für die nähere Modulspezifikation auf, aus der Sie das passende Modell auswählen müssen (siehe Abbildung 10.63).

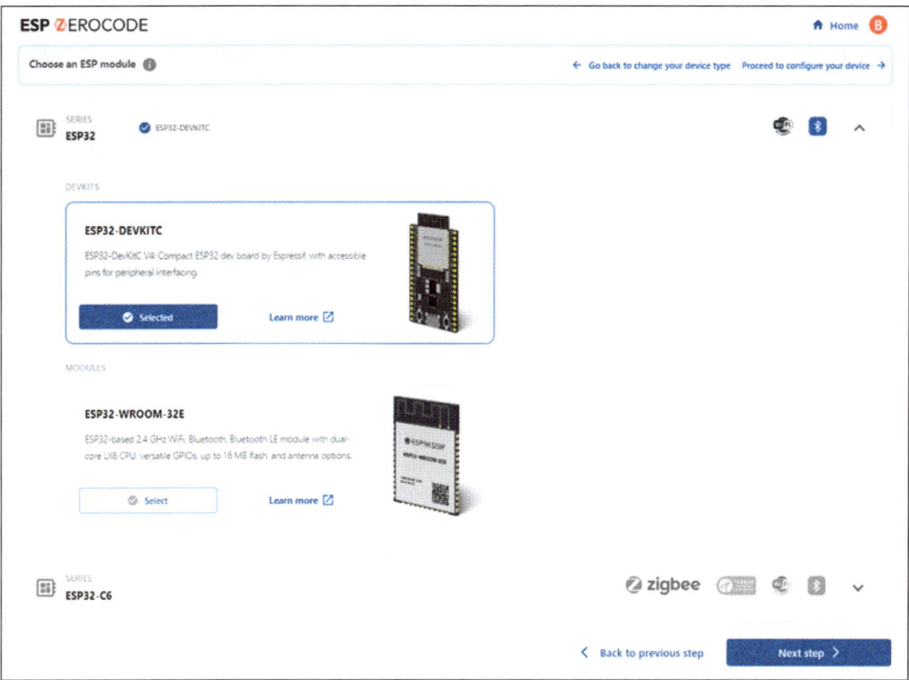

Abbildung 10.63 Spezifizierte Modulauswahl für das neue Produkt

Mit SELECT und NEXT STEP geht es zur Gerätekonfiguration (siehe Abbildung 10.64).

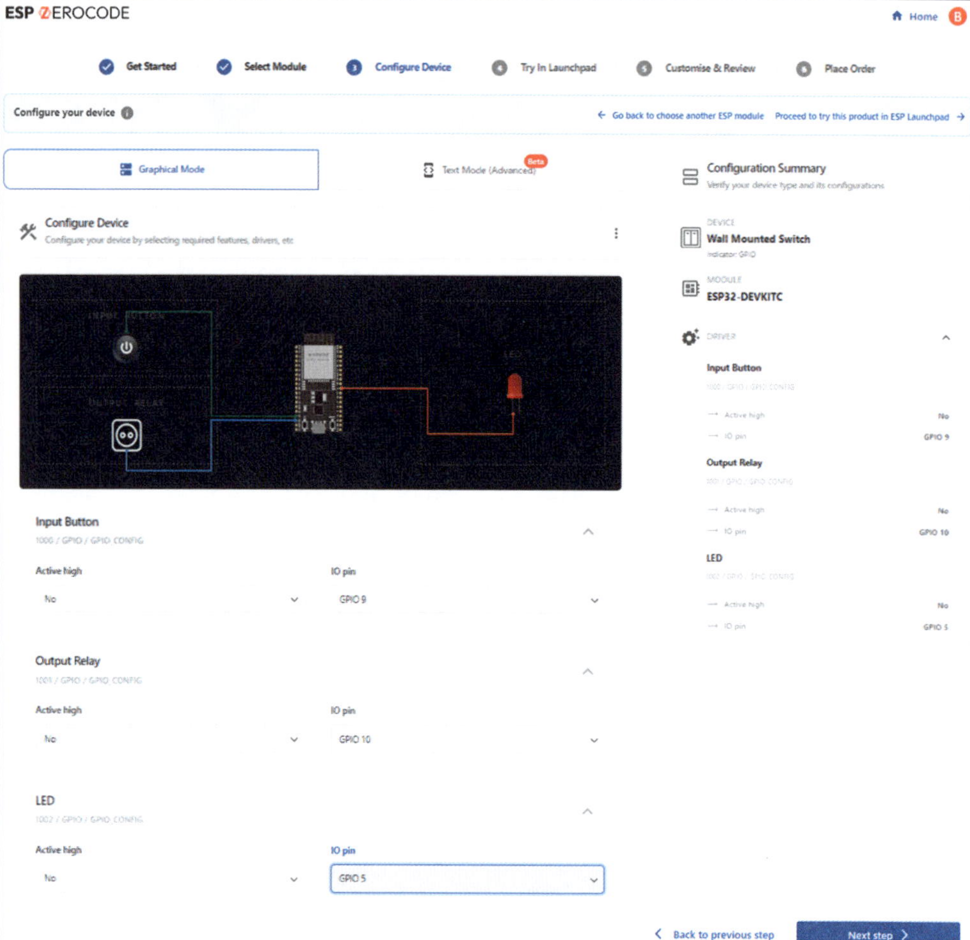

Abbildung 10.64 Gerätekonfiguration in ZeroCode

Der Inhalt dieses Fensters richtet sich nach der getroffenen Geräteauswahl. Recht gelungen ist, dass ein Schaltplan die gewählte Konfiguration visualisiert und rechts in einer Zusammenfassung übersichtlich darstellt. Änderungen an den einzelnen Komponenten (z. B. an den GPIO-Pins) lassen sich über zugehörige Dropdown-Menüs vornehmen.

Mit NEXT STEP geht es in die entscheidende Phase, in der Sie das Produkt in Betrieb nehmen (siehe Abbildung 10.65).

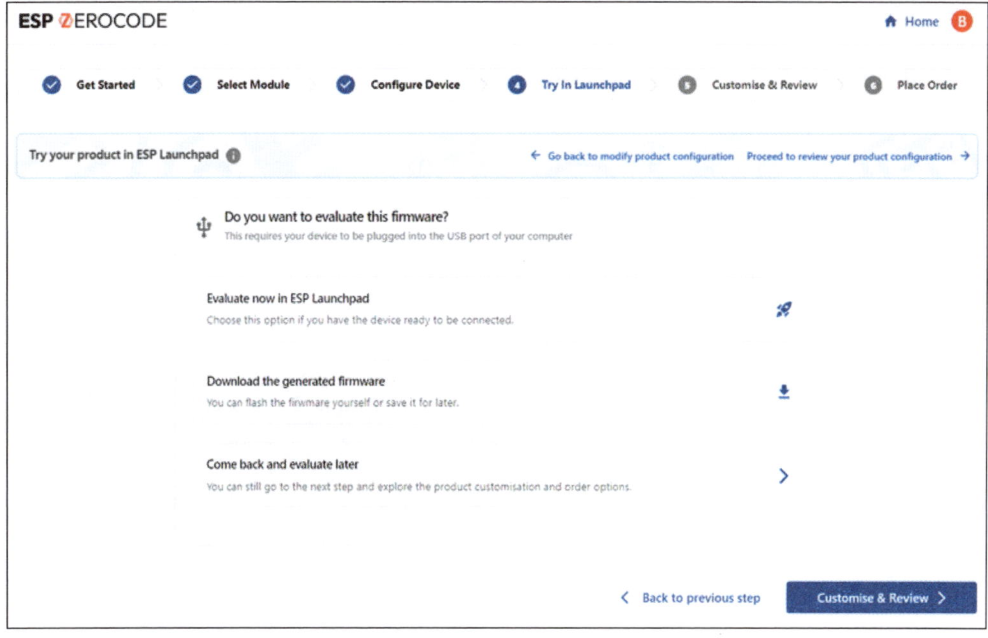

Abbildung 10.65 Die Produktevaluation

Um direkt loszulegen, wählen Sie EVALUATE NOW IN ESP LAUNCHPAD. Es folgt eine Sequenz, in der ZeroCode im Hintergrund bestimmte Vorbereitungen trifft sowie eine Aufforderung erteilt, den ESP32 mit dem PC zu verbinden und den Port auszuwählen. Anschließend können Sie in der auf dem Bildschirm angezeigten Konsole den Upload der Firmware beobachten.

Modulrevision

Matter steht nur für ESP32-Module ab Revision 3 zur Verfügung! Genügt Ihr Modul nicht den Anforderungen, erhalten Sie in der Konsole eine entsprechende Fehlermeldung.

Sie haben nun das *ESP Launchpad* vor Augen (siehe Abbildung 10.66).

Das ESP Launchpad zeigt Ihnen einen QR-Code an, mit dem Sie den ESP in Ihr Matter-Netz einfügen können. Wesentliches Element des Launchpads ist aber die Konsole. Beobachten Sie dort die Ausgaben Ihres ESP32; sie enthalten wichtige Informationen über die Abläufe im Hintergrund und sind bei der Suche nach eventuell auftretenden Fehlern eine wertvolle Hilfe.

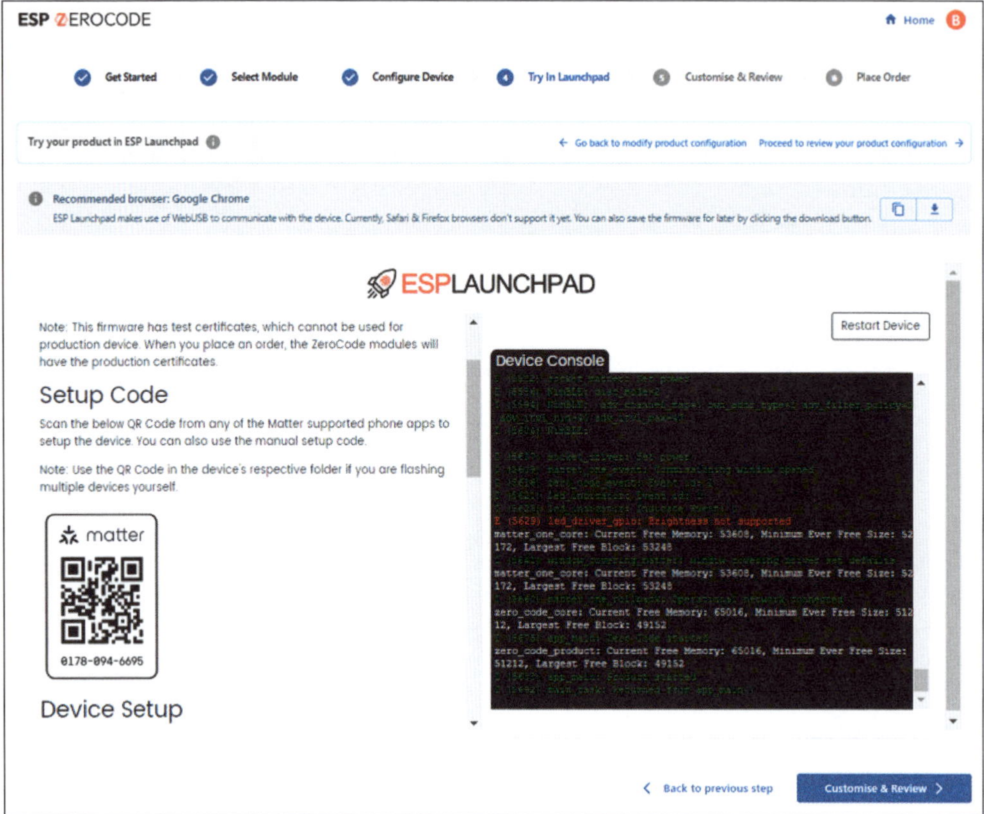

Abbildung 10.66 Der Setup-Code

Schritt 3: Das Produkt über Matter einbinden

Mithilfe des QR-Codes lässt sich der ESP32 bequem in Ihr Matter-fähiges Netzwerk einbinden. Schalten Sie Ihr Smartphone ein und aktivieren Sie Bluetooth. Ein Android-Gerät erkennt selbstständig, dass ein neues Gerät seine Dienste anbietet. QR-Code scannen startet dann den Prozess der Geräte-Einrichtung, der Ihnen jedoch zunächst Google Home anbietet.

Gehen Sie auf Andere App auswählen oder öffnen Sie direkt die Alexa-App. Navigieren Sie dort in den Bereich Geräte. Beginnen Sie mit + den Assistenten für die Geräteneueinrichtung. Sie erhalten eine Auswahl möglicher Gerätearten (siehe Abbildung 10.67).

Wählen Sie einen Gerätetyp, der Ihrem Vorhaben am nächsten kommt, oder alternativ Sonstiges. Als Nächstes erfragt der Assistent, welches Logo auf dem Gerät ist (siehe Abbildung 10.68).

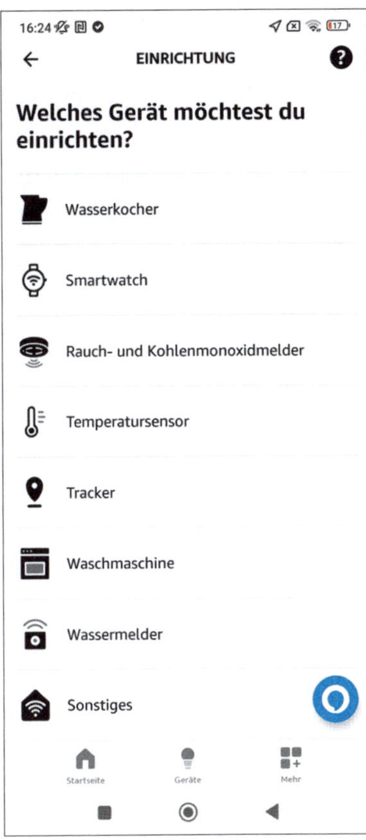

Abbildung 10.67 Auswahl der Geräteart im Alexa-Einrichtungsassistenten

Abbildung 10.68 Der Alexa-Einrichtungsassistent – Auswahl des Logos

Wählen Sie MATTER. Der Einrichtungsassistent vergewissert sich, ob ein Matter-Logo vorhanden ist und ob das Gerät eingeschaltet ist. Danach bittet er Sie, den QR-Code zu scannen. Der Einrichtungsassistent versucht dann, eine Verbindung mit dem Gerät aufzubauen.

Bei erfolgreichem Verbindungsaufbau erscheint die Aufforderung, das Gerät mit dem WLAN zu verbinden. Wählen Sie das gewünschte Netzwerk und klicken Sie auf WEITER. Geben Sie im folgenden Fenster das entsprechende WLAN-Passwort ein und verbinden Sie das Gerät mit Ihrem WiFi-Netz. Der Einrichtungsassistent sollte Ihnen mitteilen, dass das Gerät gefunden und verbunden sowie dem Alexa-Konto hinzugefügt wurde. Sie können das Gerät noch einer Gruppe hinzufügen oder diese Funktion überspringen. Der Einrichtungsassistent sollte mit einer Erfolgsmeldung schließen, die in etwa Abbildung 10.69 entspricht.

Erstes Licht ist eingerichtet und bereit zur Verwendung

Um es zu steuern, sage

„Alexa, schalte Erstes Licht aus"

Abbildung 10.69 Abschlussmeldung des Alexa-Einrichtungsassistenten

Der Inhalt der Meldung hängt von der Wahl des Gerätetyps ab. Nehmen Sie sich die Zeit und werfen Sie während des gesamten Einrichtungsprozesses immer wieder einen Blick auf die Konsole in Ihrem Browser!

Der ESP32 ist damit in Ihr Smart-Home-Netzwerk eingebunden und harrt der Anweisungen, die Sie ihm über Alexa erteilen werden. Es kann jedoch sein, dass diese Anweisungen entgegen den Erwartungen und Erfahrungen mit anderen Geräten nur zögerlich zur Ausführung kommen.

Schließen Sie zu guter Letzt noch den Vorgang in ZeroCode ab (CONTINUE & REVIES • PLACE ORDER • FINISH).

Espressifs SDK für Matter

Sie finden Espressifs SDK für Matter unter *https://github.com/espressif/esp-matter*.

Für den Arduino gibt es eine Bibliothek unter *https://github.com/datjan/esp32-arduino-matter*.

10.9 Mit Text To Speech und ChatGPT experimentieren

In diesem Abschnitt geht es weniger um eine perfekt ausgefeilte Lösung. Ich möchte Ihnen hier vielmehr weitere Bausteine und Methoden vorstellen, die an anderer Stelle Ihre Projekte beflügeln können. Dementsprechend gliedert sich die Darstellung in zwei Blöcke:

- Text To Speech
- ChatGPT

10.9.1 Text To Speech

Text To Speech (*TTS*) versucht durch Sprachsynthese Fließtext in eine akustische Sprachausgabe zu überführen. Erste tragfähige Ergebnisse, die menschliche Sprache mit Maschinen zu erzeugen, wurden bereits Mitte des 18. Jahrhunderts erzielt. In dem Maße, in dem sich die Leistungsfähigkeit der die Sprachausgabe erzeugenden Geräte steigerte, entwickelte sich auch die Qualität des akustischen Signals. Verantwortlich dafür ist vor allem eine immer ausgefeiltere Software, aber auch eine leistungsfähige Hardware bzw. spezielle Sprachsynthese-Prozessoren haben daran ihren Anteil.

TTS ist zwischenzeitlich ein unverzichtbarer Bestandteil vieler Anwendungen geworden. Dementsprechend vielfältig sind die auf dem Markt angebotenen Produkte: Teils ist ihre Nutzung nur gegen Entgelt möglich, teils sind sie aber auch kostenlos; einige sind webbasiert, andere laufen stationär.

Der *Google Übersetzer* (engl. *Google Translate*) ist ein Dienst von Google. Er übersetzt insgesamt über 130 Sprachen. Google Translate ist in einem gewissen Rahmen kostenlos und kann über einen einfachen HTTP-Request aktiviert werden.

Die Idee dieses Bausteins ist, Google Translate einen Text in eine Sprachausgabe umwandeln zu lassen, das Ergebnis auf dem ESP32 zu speichern und es anschließend wiederholt über I^2S auszugeben.

Die Schaltung

Die Schaltung ist identisch mit der Schaltung *I^2S mit externem DAC* (MAX98357A) aus Abschnitt 8.3.

Der Sketch

Für den Sketch benötigen Sie noch folgende Bibliotheken:

- *audiotools – https://github.com/pschatzmann/arduino-audio-tools?tab=readme-ov-file*
- *arduino-libhelix – https://github.com/pschatzmann/arduino-libhelix* von Phil Schatzmann.

Laden Sie sich die Bibliotheken als *.zip*-Datei herunter und pflegen Sie sie mit dem Bibliotheksverwalter der Arduino IDE ein.

Listing 10.21 zeigt den Sketch:

```
#include <Arduino.h>
#include <WiFi.h>
#include <HTTPClient.h>
#include <ArduinoJson.h>
#include "FS.h"
#include "SPIFFS.h"
#include "AudioTools.h"
#include "AudioLibs/AudioSourceSPIFFS.h"
#include "AudioCodecs/CodecMP3Helix.h"

// WiFi
const char* ssid = "ssidRouter";
const char* password = "passwortRouter";
HTTPClient https;

String audioText;

String URL;
String fileName = "/new.mp3";           // Datei zur Speicherung der google-
                                        // translate-Daten

// audio-tools
const char *startFilePath="/";
const char* ext="mp3";
AudioSourceSPIFFS source(startFilePath, ext);
I2SStream outI2S;
MP3DecoderHelix decoder;
AudioPlayer player(source, outI2S, decoder);

void googleTranslate() {
  audioText.replace(" ","+");
  audioText.replace(".","%2E");
  audioText.replace("'","%27");
  audioText.replace("ä","%C3%A4");
  audioText.replace("ü","%C3%BC");
  Serial.print  ("Inhalt audioText nach URL-Encoding: ");
  Serial.println(audioText);
  URL = "https://translate.google.com/translate_tts?ie=UTF-8&q="+audioText+ ↩
        "&tl=de&client=tw-ob&ttsspeed=1";
```

```
  if (WiFi.status() == WL_CONNECTED) {
    https.begin(URL);
    int httpCode = https.GET();
     Serial.println(httpCode);
    if (httpCode == 200) {
      if (SPIFFS.exists(fileName)) {
        SPIFFS.remove(fileName);
      }

      File f = SPIFFS.open(fileName, FILE_WRITE);
      if (!f) {
        while (1);
      } else {
        Serial.println("File was created");
      }

      String payload = https.getString();
      f.print(payload);
      f.close();
    } else {
      Serial.printf("googleTranslate GET... failed, error: %s\n",
https.errorToString(httpCode).c_str());
      Serial.println("");
      while(1);
    }
    https.end();
  }
}


void printMetaData(MetaDataType type, const char* str, int len){
  Serial.print("==> ");
  Serial.print(toStr(type));
  Serial.print(": ");
  Serial.println(str);
}


void setup(){
  Serial.begin(115200);
  while(!Serial);
  delay (100);
```

```
  if (!SPIFFS.begin(true)){
    Serial.println("SPIFFS Mount Failed");
    while(1);
  }

  Serial.print("Verbindungsaufbau zu ");
  Serial.println(ssid);
  WiFi.begin(ssid, password);
  while (WiFi.status() != WL_CONNECTED) {
    delay(500);
    Serial.print(".");
    }
  Serial.println("");
  Serial.println("WiFi connected.");
  Serial.print  ("IP address: ");
  Serial.println(WiFi.localIP());

  audioText = String("Wenn die Temperatur 1 Grad Celsius beträgt, ist es ⤸
    vergleichsweise kühl, und du solltest entsprechende Maßnahmen ⤸
    ergreifen, um dich warm zu halten und dich vor den Kältebedingungen ⤸
    zu schützen.");
  googleTranslate();

  // setup audio-tools
  // audio-tools setup logger
  //AudioLogger::instance().begin(Serial, AudioLogger::Info);
  AudioLogger::instance().begin(Serial, AudioLogger::Warning);
  // audio-tool setup output
  auto cfg = outI2S.defaultConfig(TX_MODE);
  cfg.pin_ws = 26;
  cfg.pin_bck = 25;
  cfg.pin_data = 27;
  outI2S.begin(cfg);
  // audio-tool setup player
  player.begin();
}

void loop(){
  if (player) {
    player.copy();
  } else {
    delay(2000);
```

```
    player.begin();
  }
}
```

Listing 10.21 Sketch für »google-tts nach I²S mit SPIFFS«

Den Walkthrough möchte ich funktionsbezogen durchführen. Beginnen wir mit der Speicherung des Übersetzungsergebnisses.

In Abschnitt 7.11 wurde SPIFFS als Dateisystem zur Speicherung von Daten auf dem ESP32 bereits erwähnt. Die einzubindenden Dateien *SPIFFS.h* und *FS.h* vereinfachen die Programmierung. Dabei schafft *SPIFFS.h* den Zugang zum Dateisystem, während *FS.h* alle Befehle des Datei- bzw. Datenhandlings an Bord hat (Datei öffnen, Datei schreiben etc.). Im `setup()` lädt dann `SPIFFS.begin()` das SPIFFS-Dateisystem. In der Funktion `googleTranslate()` sorgen dann ein `SPIFFS.remove()` für das Löschen etwaiger alter Daten und ein `SPIFFS.open()` für das Bereitstellen einer neuen Datei. Dabei hat `SPIFFS.open()` ein Datei-Objekt `f` angelegt, das `f.print` mit dem Ergebnis der Sprachausgabe füllt.

Diese Funktion erstellt ein HTTP-Request an Google Translate. Die Methode ist GET. Entscheidend ist jedoch der URL. Richten Sie hier Ihr Augenmerk auf den Parameter `tl` und ganz besonders auf den Parameter `q`. `tl` legt die Sprache gemäß Länderkennung fest (`de`: Deutschland).

`q` ist der zu übersetzende Text. Hier gilt jedoch die Besonderheit, dass bestimmte ASCII-Zeichen für einen URL umzucodieren sind, so z. B. das Leerzeichen in ein + oder ein Punkt in `%2E`. Verschiedene `replace()`-Funktionen bewerkstelligen dies. Bei erfolgreicher Übersetzung (also bei einem HTTP-Response-Code = 200) befindet sich das Ergebnis im MP3-Format in der Datei */new.mp3* innerhalb des SPIFFS-Dateisystems.

An dieser Stelle werden die Tools der Bibliothek *audio-tools* aktiv. Die Idee dahinter ist, verschiedene Eingabequellen über diverse Verarbeitungsmöglichkeiten an ebenso verschiedene Ausgabegeräte zu senden. Die Eingabe spezifiziert hier das Objekt `AudioSourceSPIFFS source()` als SPIFFS-Quelle. Die Verarbeitung soll mithilfe eines MP3-Decoders erfolgen (Objekt: `MP3DecoderHelix decoder`). Das Ziel ist ein externes I²S-Ausgabegerät (Objekt: `I2SStream outI2S`). Das Objekt `AudioPlayer player ()` verbindet die für den Datenfluss angelegten Objekte.

Im `setup()` erfolgen noch ein paar Konfigurationen. Dazu gehört der Umfang des Loggings sowie die Konfiguration des Tools. Für Letzteres sind abhängig vom Zielgerät Default-Konfigurationen hinterlegt (hier: `<Objekt>.defaultConfig()`). Abweichungen – wie hier hinsichtlich der I²S-Pin-Belegung – stehen dann vor dem Start des Ausgabegerätes (`<Objekt>.begin(cfg)`). Den Abschluss bildet der Start des Players (hier: `player.begin()`).

In der `loop()` spielt `player.copy()` den Dateiinhalt ab. In der Audiologger-Einstellung `Info` erhalten Sie bei Bedarf über die Vorgänge detaillierte Informationen. Nach dem Dateiende startet die Ausgabe nach einer Pause von zwei Sekunden erneut.

Eigener Blootooth-Lautsprecher

In YouTube (*https://www.youtube.com/watch?v=24pk28oqVQI*) finden Sie einen Beitrag, in dem mit *audio-tools* ein eigener Bluetooth-Lautsprecher gebaut wird.

10.9.2 ChatGPT

Dieser Abschnitt ergänzt den Ansatz ChatGPT um die Perspektive einer API-Nutzung.

OpenAI-Account und API-Key erstellen

Um die Dienste zu nutzen, müssen Sie sich selbstverständlich ein Konto erstellen. Sie erhalten 5 Dollar Startkapital, mit dem Sie innerhalb von 3 Monaten experimentieren können. OpenAI rechnet dabei mit Tokens, die Teile von Wörtern darstellen. 1.000 Tokens entsprechen etwa 750 Wörtern. Der Monatspreis liegt bei 23 US-$ für die Plus-Variante.

Besuchen Sie zum Einstieg eine Produktseite von OpenAI, etwa *https://openai.com/product/dall-e-2*.

Im SIGN-UP-Prozess werden über mehrere Schritte Informationen abgefragt, und Sie müssen auch eine Telefonnummer angeben. Wenn Sie ein Konto erstellt haben, wechseln Sie vom OpenAI-Startfenster in den Bereich API. Klicken Sie auf das Menü-Icon in der oberen rechten Ecke und navigieren Sie zu den API-Keys im Abschnitt USER unter ACCOUNT • SETTINGS • API KEYS (siehe Abbildung 10.70).

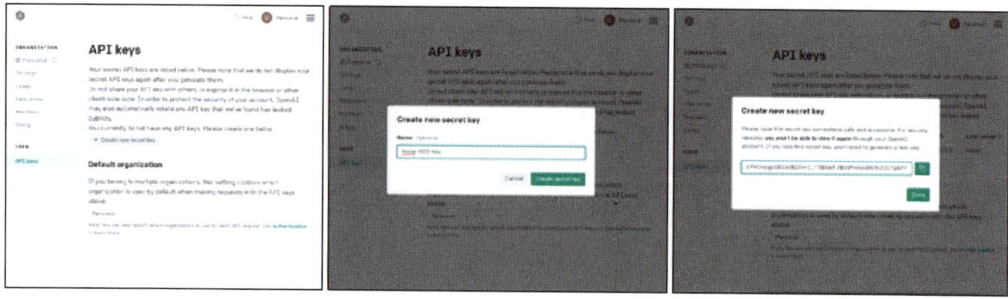

Abbildung 10.70 Einen API-Key bei OpenAI erstellen

Lassen Sie sich dann mit + CREATE NEW SECRET KEY einen neuen API-Key erstellen. Notieren Sie sich den Key und schließen Sie den Vorgang mit DONE ab.

Die API mit Postman testen

Häufig sehen sich Maker mit der Situation konfrontiert, mit ihrem Projekt eine neue API bedienen zu müssen. Vielfach handelt es sich bei dieser API für sie um Neuland, und ein Test in der Zielumgebung und mit dem Zielgerät kann sich zeitaufwendig sowie nervenaufreibend gestalten. Dies gilt insbesondere für Vorhaben mit dem ESP32, wo das Übersetzen und Flashen selbst kleinster Änderungen ihre Zeit brauchen. Hier setzt *Postman* an.

Postman (*https://www.postman.com*) ist eine Plattform zum Erstellen, Verwenden und Testen von APIs. Sie können mit Postman ganz einfach Daten an eine API senden und die zurückgegebenen Daten auswerten. Dazu stellt Postman einen umfassenden Satz mächtiger Tools bereit. Ein API-Repository mit vordefinierten APIs rundet das Angebot ab.

Erstellen Sie auch bei Postman einen Account. Sie landen dann im Home-Screen Ihrer Benutzeroberfläche (siehe Abbildung 10.71).

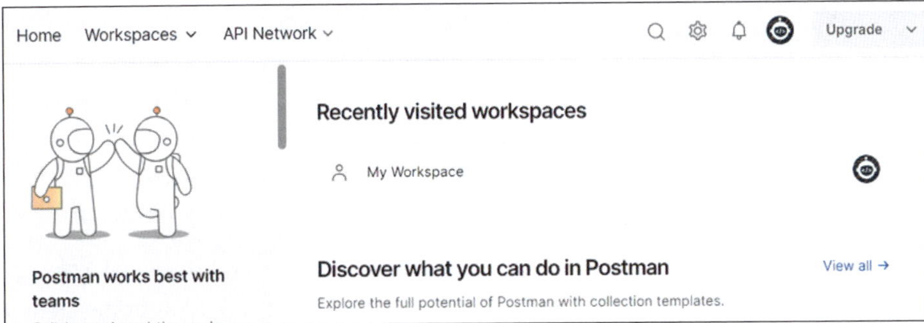

Abbildung 10.71 Der User-Home-Screen von »Postman«

Erstellen Sie über WORKSPACES • CREATE WORKSPACE einen Arbeitsbereich (siehe Abbildung 10.72).

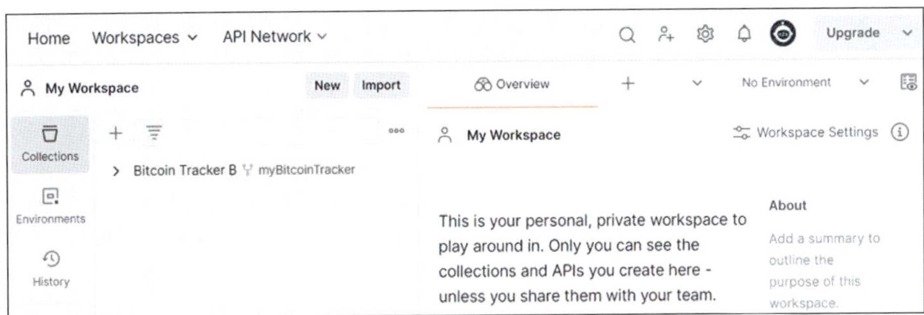

Abbildung 10.72 Der Workspace von »Postman«

Postman organisiert die APIs in *Collections* (dt. »Sammlungen«). Mit Sammlungen können Sie verwandte API-Elemente miteinander verknüpfen, um sie einfach zu bearbeiten, zu teilen, zu testen und wiederzuverwenden. Mit New erstellen Sie eine neue Collection.

Einfacher ist es, sich die Vorarbeit anderer zunutze zu machen und eine komplette Collection in den eigenen Workspace zu überführen – also einen Fork (dt. »Gabelung oder Abspaltung«) zu bilden. Klicken Sie auf das Lupen-Icon und suchen Sie nach ChatGPT. Wählen Sie aus der Trefferliste eine passende Collection (siehe Abbildung 10.73).

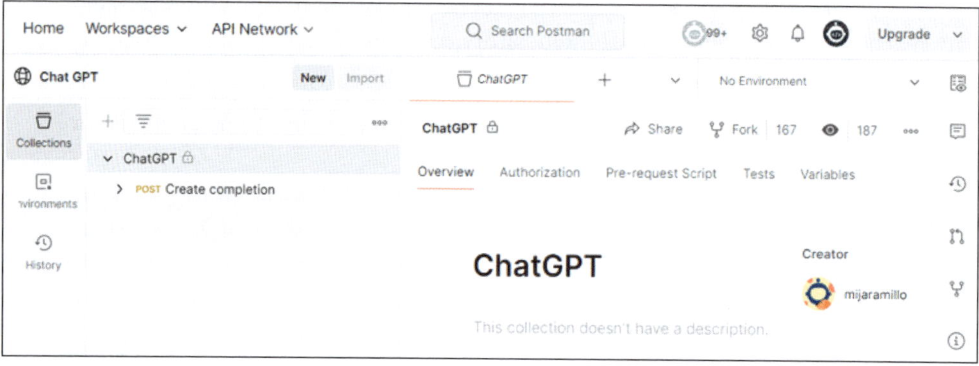

Abbildung 10.73 Eine Collection in »Postman«

Über Fork bilden Sie eine Abspaltung. Der Abspaltungsprozess erbittet noch ein paar Angaben (z. B. den Namen der Abspaltung). Klappen Sie das Menü unter der neuen Collection auf. Je nach Ursprungscollection können hier mehrere Einträge stehen. Maßgebend ist der Eintrag Create completion. Geben Sie im Reiter Params als Key Token mit dem Value Ihres OpenAI-Secret-Keys ein (siehe Abbildung 10.74).

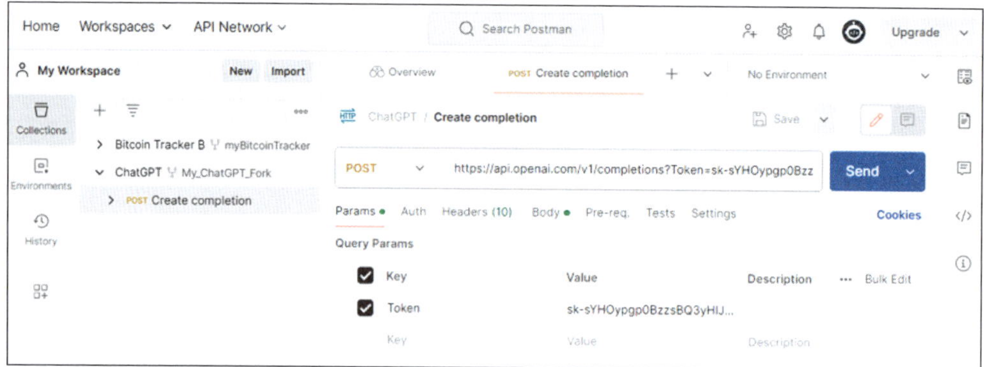

Abbildung 10.74 Eingabe des API-Keys

Wechseln Sie für den HTTP-Request-Rumpf zu Body (siehe Abbildung 10.75).

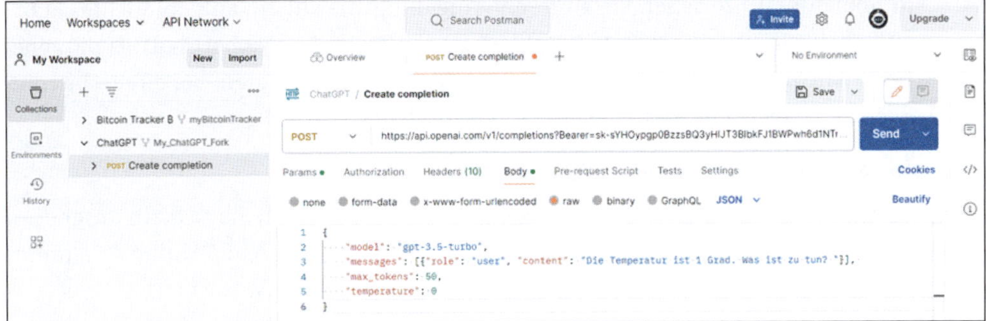

Abbildung 10.75 Der Body Ihres Requests

Der HTTP-Request-Rumpf ist ein JSON-Objekt mit einigen Name-Wert-Paaren: 10

- `model`: das ChatGPT-Modell; hier habe ich noch `gpt-3-5-turbo` verwendet, das aktuell freie Modell. Es wird allerdings im Sommer 2024 abgeschaltet. Die verfügbaren Modelle mit einer Kurzbeschreibung finden Sie unter *https://platform.openai.com/docs/models/*.
- `message`: die ChatGPT-Nachricht. Diese besteht wiederum aus zwei Elementen:
  - `role`: aus der Rolle, hier: `user`
  - `content`: aus der eigentlichen Anfrage
- `max:tokens`: definiert die Anzahl der für die Ausgabe zu verbrauchenden Token. Für einen Test kann dieser Wert auch im einstelligen Bereich liegen.
- `temperature`: Die »Temperatur« bezieht sich auf die Art des Ergebnisses und reicht von 0 bis 1. Wählen Sie aus, wie die Ergebnisse gestaltet sein sollen:
  - niedrige Temperatur (0 bis 0,3): konzentriertere, kohärentere und konservativere Ergebnisse
  - mittlere Temperatur (0,3 bis 0,7): ausgewogene Kreativität und Kohärenz
  - hohe Temperatur (0,7 bis 1): sehr kreativ und vielfältig, aber möglicherweise weniger kohärent

Mit SAVE sichern Sie Ihre Arbeit und mit SEND führen Sie den HTTP-Request aus. Dem unteren Teil des Fensters können Sie die HTTP-Response entnehmen (siehe Abbildung 10.76).

Body Cookies (2) Headers (11) Test Results 429 Too Many Requests 246 ms 736 B Save as example

Pretty Raw Preview Visualize JSON


```
{
    "error": {
        "message": "You exceeded your current quota, please check your plan and billing details. For more information on this error, read the docs: https://platform.openai.com/docs/guides/error-codes/api-errors.",
        "type": "insufficient_quota",
        "param": null,
        "code": "insufficient_quota"
```


Abbildung 10.76 Eine HTTP-Response mit »Postman«

In Abbildung 10.76 sehen Sie eine Fehlermeldung, die auf ein aufgebrauchtes Startguthaben zurückzuführen ist. Bei fehlerfreier Anfrage wären es bei ChatGPT die generierte Antwort oder z. B. bei OpenWeatherMap die Wetterdaten, bei einem Bitcoin-Exchange-Tracker der aktuelle Bitcoin-Wechselkurs usw. gewesen.

Die API mit einem Sketch bedienen

Schlagen Sie ChatGPT mit seinen eigenen Waffen und lassen Sie sich ein Programm erstellen. Eröffnen Sie einen Chat mit der Anfrage: »Schreibe ein Arduino-Programm für den ESP32, das ChatGPT fragt: Die Temperatur ist 1 Grad. Was ist zu tun?«

Sie erhalten einen ablauffähigen Codeschnipsel mit Erläuterungen, den Sie testen können, nachdem Sie die WiFi-Zugangsdaten sowie den OpenAI-Key ergänzt haben. Abbildung 10.77 zeigt einen Ausschnitt.

Abbildung 10.77 Ein ChatGPT-Arduino-Sketch, der von ChatGPT erstellt wurde

Nach erfolgreichem Test steht weiteren Experimenten nichts mehr im Wege: Kombinieren Sie den Code z. B. mit TTS, lassen Sie die aktuelle Temperatur durch OpenWeatherMap einpflegen, etablieren Sie verschiedene Tasks usw. Der Fantasie sind keine Grenzen gesetzt.

Anhang

A.1 Sensoren

Tabelle A.1 zeigt ohne Anspruch auf Vollständigkeit einige Sensoren (Ausgang: **a** = analog, **d** = digital, **b** = Bibliothek für das Auslesen nötig, **i** = I^2C):

Sensor	Gegenstand	Ausgang
Iduino SE054	Hall (Magnetfeld)	d
HC-SR501	PIR (Bewegungsmelder)	d
YL-69	Feuchtigkeitssensor	a/d
diverse	Feuchtigkeitssensor, kapazitiv	a
TC3200	Farbsensor	b
SM-520D	Neigungs-/Erschütterungssensor	d
ADXL335	Beschleunigungssensor/Accelerometer	a
GY-521	Beschleunigungssensor/Gyroskop	i
GP2Y0A21YK	Infrarot-Entfernungssensor	a
Lidar-3-lite	Laser-Entfernungsmesser	i
BMP180	Luftdrucksensor	i
MQ-135	Luftqualität/Gas	b
KY-040	Rotary Encoder	d
RCWL-0516	Doppler-Radar	a
ACS712	Stromstärke	a
LUFA 1PC	Regenwasser	a
DHT 11/DHT 22	Temperatur/Luftfeuchtigkeit	b

Tabelle A.1 Sensoren

Sensor	Gegenstand	Ausgang
BMP280/BME280	Temperatur/Luftfeuchtigkeit	i
BHT1750	Lichtsensor	i
HX711	Wiege-/Drucksensor	i
diverse	Geräuschsensor	d
PS-3150	Magnetschalter/Türkontakt	d
TCRT5000	IR-Lichtschranke	d
LM35	Temperatur	a
DS18B20	Temperatur	d

Tabelle A.1 Sensoren (Forts.)

A.2 Fritzing-Parts

Sensor	URL
HC-SR501	*https://github.com/adafruit/Fritzing-Library/blob/master/parts/PIR%20sensor.fzpz*
YL-69	*https://github.com/jonson/arduino-moisture-sensor*
433-MHz-Sender/-Empfänger	*https://github.com/AchimPieters/Fritzing-Custom-Parts*
SD-Kartenleser	*https://github.com/robertoostenveld/fritzing/blob/master/SD%20Card%20Module.fzpz*
RFID-RC522	*https://github.com/e-radionicacom/e-radionica.com-Fritzing-Library-parts-/blob/master/RFID-RC522.fzpz*
ST7735	*https://github.com/adafruit/Fritzing-Library/blob/master/parts/Adafruit%20TFT%201.8%20inch%20160x128%20w%20microSD.fzpz*
BMP280	*https://github.com/adafruit/Fritzing-Library/tree/master/parts*

Tabelle A.2 URLs für Fritzing-Parts

Sensor	URL
L298N	*https://github.com/yohendry/arduino_L298N/blob/master/H-Bridge%20with%20L298N.fzpz*
RFM95W	*https://forum.fritzing.org/t/hoperf-rfm95w-lora-module/10011*

Tabelle A.2 URLs für Fritzing-Parts (Forts.)

A.3 Verwendete Software und Softwareversionen

Software und Bibliotheken unterliegen einem mitunter rasanten Wandel. Nicht immer sind sie abwärtskompatibel. Tabelle A.3 soll Ihnen bei Schwierigkeiten Anhaltspunkte geben.

Programm/Bibliothek	Version
Windows	10 2022H2
Linux – Ubuntu	22.04 LTS
ESP-IDF	4.3
Arduino	1.8.19 bzw. 2.3
ESP32 by Espressif Systems	1.0.6
NTPClient by Fabrice Weinberg	3.2.0
SD by Arduino, Sparkfun	1.2.4
TFT-Built-In by Arduino	1.0.6
WiFi-Built-In by Arduino	1.2.7
Adafruit BMP280 Library by Adafruit	2.0.1
Adafruit GFX Library by Adafruit	1.7.0
Adafruit MQTT Library by Adafruit	1.0.3
Adafruit SSD1306 by Adafruit	2.0.2

Tabelle A.3 Versionen verwendeter Software und Bibliotheken

Programm/Bibliothek	Version
Adafruit ST7735 und ST7789 by Adafruit	1.5.15
Adafruit Unified Sensor by Adafruit	1.1.2
Arduino JSON by Benoit Blanchon	6.14.0
Arduino Trace by Benoit Blanchon	1.1.2
Blynk by Volodymyr Shymanskyy	0.6.1
CayenneMQTT by myDevices	1.3.0
DHT Sensor Library for ESPx by beegee-tokoyo	1.17.0
ESP32 Mail Client by Mobizt	2.1.1
FauxmoESP by Xose Perez	3.1.0
MFRC522 by GithubCommunity	1.4.5
PubSubClient by Nick O'Leary	2.7.0
Rc-switch by sui77	2.6.2
TFT-eSPI by Bodmer	1.4.20

Tabelle A.3 Versionen verwendeter Software und Bibliotheken (Forts.)

Weitere Arduino-Bibliotheken für Ihre Projekte finden Sie unter *https://www.arduinolibraries.info/architectures/esp32*.

A.4 RTC-MUX-Pin-Liste

Tabelle A.4 zeigt die RTC-Pin-Belegung und wie sie mit der GPIO-Pin-Belegung korrespondiert (siehe Espressif API Reference, GPIO & RTC: *https://docs.espressif.com/projects/esp-idf/en/latest/esp32/api-reference/peripherals/gpio.html*).

RTC GPIO Num	GPIO Num	Pad Name	Analog Function			RTC Function	
			0	1	2	Function 0 (FUN_SEL = 0)	Function 1 (FUN_SEL = 3)
0	36	SENSOR_VP	ADC_H	ADC1_CH0	–	RTC_GPIO0	–
1	37	SENSOR_CAPP	ADC_H	ADC1_CH1	–	RTC_GPIO1	–
2	38	SENSOR_CAPN	ADC_H	ADC1_CH2	–	RTC_GPIO2	–
3	39	SENSOR_VN	ADC_H	ADC1_CH3	–	RTC_GPIO3	–
4	34	VDET_1	–	ADC1_CH6	–	RTC_GPIO4	–
5	35	VDET_2	–	ADC1_CH7	–	RTC_GPIO5	–
6	25	GPIO25	DAC_1	ADC2_CH8	–	RTC_GPIO6	–
7	26	GPIO26	DAC_2	ADC2_CH9	–	RTC_GPIO7	–
8	33	32K_XN	XTAL_32K_N	ADC1_CH5	TOUCH8	RTC_GPIO8	–
9	32	32K_XP	XTAL_32K_P	ADC1_CH4	TOUCH9	RTC_GPIO9	–
10	4	GPIO4	–	ADC2_CH0	TOUCH0	RTC_GPIO10	I2C_SCL*
11	0	GPIO0	–	ADC2_CH1	TOUCH1	RTC_GPIO11	I2C_SDA*
12	2	GPIO2	–	ADC2_CH2	TOUCH2	RTC_GPIO12	I2C_SCL*
13	15	MTDO	–	ADC2_CH3	TOUCH3	RTC_GPIO13	I2C_SDA*
14	13	MTCK	–	ADC2_CH4	TOUCH4	RTC_GPIO14	–
15	12	MTDI	–	ADC2_CH5	TOUCH5	RTC_GPIO15	–
16	14	MTMS	–	ADC2_CH6	TOUCH6	RTC_GPIO16	–
17	27	GPIO27	–	ADC2_CH7	TOUCH7	RTC_GPIO17	–

Tabelle A.4 RTC-GPIO-Pin-Belegung

Index

C

D

E

F

G

H

M

N

O

P

Q

R

S

T

U

V

W

X

Y

Z